U0485679

走向创新型国家

徐冠华论自主创新战略

徐冠华／著

科学出版社

北京

内　容　简　介

本书是科技部前部长徐冠华院士在科技部任职期间撰写的部分文章和讲话的选编。全书系统地反映了他在贯彻执行党中央、国务院关于科技改革与发展的重大决策中的思考、感悟和实践，涉及中国科技发展的国际和国内环境分析，自主创新战略形成的历史过程，深化科技体制、科技管理改革和国家创新体系建设的脉络，国家中长期科技发展规划的制定和解读，贯彻科技和经济结合方针的思考，以及科技创新促进传统产业升级与新兴产业发展等重大问题，旨在留下真实的历史片断，给关注者、实践者和后来者一些思索和借鉴。

本书适合从事制定科技发展战略、政策的政府部门工作人员及从事相关领域研究的学者，高校及科研院所管理人员，国家高新区、创新服务机构的管理和工作人员，科技企业创业及管理人员，以及关注这些问题的科技人员、高校师生等阅读。

图书在版编目(CIP)数据

走向创新型国家：徐冠华论自主创新战略/徐冠华著 .—北京：科学出版社，
2014.10

ISBN 978-7-03-041062-7

Ⅰ.①走… Ⅱ.①徐… Ⅲ.①国家创新系统–研究–中国 Ⅳ.①G322.0

中国版本图书馆 CIP 数据核字（2014）第 128451 号

责任编辑：侯俊琳　牛　玲　高丽丽/责任校对：韩　杨　彭　涛
责任印制：徐晓晨/ 封面设计：黄华斌
编辑部电话：010-64035853
E-mail：houjunlin@mail.sciencep.com

科 学 出 版 社 出版
北京东黄城根北街 16 号
邮政编码：100717
http://www.sciencep.com

北京厚诚则铭印刷科技有限公司 印刷
科学出版社发行　各地新华书店经销

*

2014 年 10 月第　一　版　　开本：787×1092 1/16
2017 年 4 月第九次印刷　　印张：54
字数：1 120 000
定价：298.00 元
（如有印装质量问题，我社负责调换）

序 言

《走向创新型国家》这本书的第三次编审稿躺在我的书桌上已经两个月了,科学出版社的编辑同仁嘱我为书写篇序言,思绪万千,却不知如何落笔。回想过去二十年的岁月,太多的甜酸苦辣,如何谈起?

1994年,我受命担任中国科学院副院长,一年后调任国家科委副主任,从此狠心结束了科学研究生涯,走上了科学技术管理之路。当时的紧张、兴奋、期待,还有时时袭来的惆怅和失落,在我的脑海中不断闪现;无穷尽的会议、紧张的调研、冗长的讨论,以及有时激烈的争论,伴随着成功的喜悦、挫折的沮丧和失落的无奈,一幕幕情景接踵而来,至今难以忘怀。现在这一切都已成为过去,伴随着时光的流逝,这段历史最终凝结成这本书,这可以看作是我和众多同事们二十年的共同成果。

我们处在一个伟大的变革时代。时代的潮流把我这一名普通的科研人员卷入到这场变革的漩涡之中。20世纪80年代的科技改革改变了科技人员的思维方式,我第一次把自己从事的事业和国家的经济、社会进步联结在一起;在"面向"、"依靠"科技方针指导下,把科技的恩惠洒向农村的"星火"计划、推动高科技发展的"863"计划和培育高新技术产业的"火炬"计划先后实施,我感到豁然开朗,头脑中进一步拓展了科技为国家发展做贡献的空间。1995年,全国科技大会确立了"科教兴国"的国家战略,我也从此确立了"科技管理报国"的决心,走上了科技管理工作的领导岗位。

当时,科技工作正处在一个新的拐点。

一方面,我国已经确立了2020年全面建成小康社会和2050年基本实现现代化的目标。另一方面,人类社会正经历着重大历史性变革:以知识为基础的社会、全球化的国际环境和可持续发展的增长方式正在形成。中国科学技术发展面临新的机遇和挑战。我国的科技创新能力和发达国家仍存在较大差距,特别是自主创新能力不足,已是制约中国科技和经济发展的重要障碍。中国如何改变这种状况？

中国科学技术以跟踪、模仿为主的发展模式和中国经济以引进技术为主、以市场换技术的发展模式受到越来越大的挑战，转变增长方式已经成为日益紧迫的任务。科技进步如何推动中国经济转型？

社会主义市场经济已经建立，但计划经济的思维和管理方式仍旧时隐时现，有时还很突出。科技领域如何摒弃计划经济的思维，推动科技体制改革和科技管理改革，建立起以市场经济为基础的科技和经济结合的体制？

面对日益全球化的竞争与合作，中国科技如何在不断开放的环境中争取更大的发展空间？如何把握住更多的机遇，整合来自国内、国际两个方面的创新资源为我所用？

中国要建设创新型国家，科技创新活动必须从科研院所、高等院校走出来，组织起浩浩荡荡的创新大军，形成科技创新万马奔腾的局面。这一步如何迈出去？

本书是多年来讨论这些问题的一个方面的总结，它记录了我担任科技部领导以来，特别是2001年我担任科技部部长以后，面对机遇和挑战，同其他部领导成员一道，贯彻执行党中央、国务院关于科技工作的重大决策，谋划和推动科技改革、发展的思路和举措：力主自主创新战略，调整围绕跟踪模仿而进行科研和管理的思路，推动创新型国家的建设；改革国家主体计划体系，制定"人才、专利、标准"三大战略，实施12个"重大专项"；完成开发类院所企业化转制和公益类院所分类改革，启动国家高新区"二次创业"，开始建设国家创新体系；等等。这些在本书中都有反映。在整理这段工作的文稿时，我对过去发生过的事情、采取的决策和行动再次反思。书中有关科技改革、发展的重大议题，重要的谋划、决策，问题的处置，新老观念和做法的冲突，包括正确与失误，都是真实的历史片断，非常值得留给读者、留给历史，借此给关注者、实践者和后来者一些思索和借鉴。这也是我做这件文稿整理工作的全部心愿。

全书选择了我从1995年至2013年的部分讲话、报告和文章，共计134篇，约100万字。全书内容分为七个篇章，第一篇主要论述自主创新和国家科学技术发展战略方面的议题；第二篇讨论《国家中长期科学和技术发展规划纲要(2006—2020)》；第三篇讨论科技体制改革和国家创新体系建设；第四篇讨论产业创新环境建设与国家高新区发展；第五篇论及科技管理改革和人才队伍建设方面的重要议题；第六篇主要围绕科技创新促进经济增长方式转变进行讨论；第七篇探讨了传统产业升级与新兴产业发展的一些议题。全书以《走向创新型国家》为名，总揽全书各篇目，也以此来映照我国当前走中国特色自主创新道路，建设创新型国家，推进全面小康社会发展的前景。

此时此刻，面对即将出版的新书，我不禁再次回忆起我和科技部同事们一起走过的激荡岁月，回忆起那些春夏秋冬甚至在旅途，我们一遍又一遍修改文章和讲话稿的情景；回忆起在午夜、在我的家中，我们边吃面条边讨论写给中央的报告的情景；这些回忆令我心中充满了感动和怀念。没有大家的积极参与、鼎力支持和帮助，本书难以付梓。可以说，本书是所有同道者智慧的反映，我只是他们的一个代言者。我要特别感谢科技部的诸位同道！相信读者们看到此书，也会念起我国还有很多人默默地从事着科技管理、创新战略、科技政策等方面的研究和工作。好在我国科技事业已取得的发展和成效，正在印证着这些工作者的辛勤付出。

编书的过程是很艰难的。文献整理、编撰框架、篇章梳理、文章编排、文字审校等总是劳神费力，全书还编写了"导读"，帮助读者更快地进入书中感兴趣的部分。在此，我也要特别感谢科技部的同事们，以及中国科学技术发展战略研究院、火炬高技术产业开发中心、同济大学中国科技管理研究院、科学出版社等方面的有关专家和同志们。

我们在从事一个伟大的事业，一个前无古人的事业，我们感到自豪，感到欣慰！

徐冠华

2014年8月22日

目 录

序言　　　　　　　　　　　　　　　　　　　　　　　　　　　　/i
导读　　　　　　　　　　　　　　　　　　　　　　　　　　　　/001

第一篇　自主创新和国家科学技术发展战略

1. 科学技术发展趋势及其对经济社会的影响（1998年4月）　　　　　/019
2. 高技术产业与我国可持续发展（1998年8月10日）　　　　　　　　/033
3. 实施科教兴国战略若干问题的思考（1998年10月）　　　　　　　 /045
4. 组织实施国家重大科技产业化项目问题（1999年7月）　　　　　　/061
5. 科技全球化：中国的挑战、机遇及对策（2000年4月14日）　　　　/069
6. 西部地区同样具有跨越式发展的历史机遇（2000年5月22日）　　　/082
7. 大力构建有利于创新的文化环境（2001年2月18日）　　　　　　　/087
8. 把知识产权创造和保护提到战略高度（2001年2月19日）　　　　　/092
9. 加强基础研究，推动原始性创新（2001年3月20日）　　　　　　　/100
10. 技术引进与自主创新（2001年6月26日）　　　　　　　　　　　 /108
11. "十五"科技工作的若干重大问题（2001年8月30日）　　　　　　 /113
12. 原始性创新是自主创新的基础（2001年10月7日）　　　　　　　　/122
13. 中国科学技术发展与现代化（2001年10月18日）　　　　　　　　 /127
14. 社会发展科技工作要有新思路（2001年12月21日）　　　　　　　 /131
15. 切实抓好科技法制建设（2001年12月26日）　　　　　　　　　　 /137
16. 实施人才、专利和标准三大战略（2002年1月7日）　　　　　　　/141
17. 实施重大科技专项，提升国家竞争能力（2002年7月30日）　　　　/145
18. "十五"期间中国科技发展战略思路的调整（2002年8月30日）　　　/152

19. 加强集成创新能力建设（2002年12月8日） /157

20. 科技创新与创新文化（2003年4月17日） /161

21. 依靠科技抗击非典（2003年5月12日） /170

22. 学习"以人为本"思想（2003年7月11日） /174

23. 中国科学技术发展的几个重大问题（2003年12月4日） /177

24. 坚持以人为本的科技发展观（2004年3月24日） /186

25. 把自主创新摆在科技工作的突出位置（2005年3月2日） /188

26. 关于"十一五"科技发展思路的思考（2005年3月17日） /193

27. 推进香港与内地更加紧密合作（2005年10月5日） /196

28. 关于自主创新的几个重大问题（2006年3月23日） /199

29. 发展软科学是科技工作的重要任务（2006年7月29日） /209

30. 我国科技发展正处在重要的跃升期（2007年1月29日） /214

31. 21世纪的三个重要特征（2008年5月18日） /226

32. 坚定不移地走自主创新之路（2010年6月12日） /228

33. 人类有着共同的家园 必须做出共同的努力（2012年4月13日） /233

34. 建立以市场经济为基础的科技经济结合体制，是中国经济转型的关键
（2012年5月20日） /235

第二篇　国家中长期科学和技术发展规划纲要（2006—2020）

35. 中长期科技规划和规划战略研究的基本情况（2003年6月23日） /247

36. 鼓励争鸣，凝聚共识，做好规划战略研究（2003年6月25日） /260

37. 规划战略专题研究需要注意的几个问题（2003年8月16日） /263

38. 再谈规划战略专题研究需要注意的几个问题（2003年9月1日） /271

39. 在重大专项论证工作会议上的讲话（2003年11月26日） /275

40. 关于规划战略集中研究的几点要求（2003年12月9日） /277

41. 在规划战略第一次集中研究总结会上的讲话（2003年12月31日） /280

42. 在规划战略第二次集中研究动员会上的讲话（2004年4月5日） /285

43. 在规划战略第三次集中研究总结会上的讲话（2004年7月24日） /288

44. 中长期科技发展规划解读（2004年11月29日） /293

45. 规划配套政策的基本思路、内容与主要政策解读（2005年12月16日） /301

第三篇　科技体制改革和国家创新体系建设

46. 关于深化科技体制改革的思考（1997年5月30日） /307
47. 改革地方科技体制，促进地方经济发展（1997年9月） /318
48. 关于部门科技体制改革的几个问题（1998年1月19日） /325
49. 关于科研院所向企业化转制的几个问题（1999年5月26日） /330
50. 对向企业化转制科研机构的几点要求（2000年10月30日） /339
51. 深化社会公益类科研机构改革（2001年8月30日） /340
52. 促进我国科技中介机构的发展（2002年12月2日） /346
53. 国家创新体系建设的任务和方向（2002年12月20日） /359
54. 关于加强国家创新体系建设的问题（2003年1月6日） /371
55. 关于军民结合、寓军于民的思考（2003年2月8日） /375
56. 以区域创新体系建设为中心，加强地方科技工作（2003年4月15日） /382
57. 加快建立现代科研院所制度（2004年2月10日） /388
58. 推进县市科技工作，把科教兴国战略落实到基层（2004年10月28日） /391
59. 建设创新型国家的几个重大问题（2006年9月30日） /401

第四篇　产业创新环境建设与国家高新区发展

60. 开创生产力促进工作的新局面（1995年9月27日） /421
61. 加速我国高技术产业发展的几个问题（1996年1月9日） /425
62. 技术创新是国家高新区赖以生存和发展的灵魂（1996年5月23日） /432
63. 三种创新并举，促进民营科技企业发展（1996年9月9日） /445
64. 加快生产力促进中心的建设与发展（1996年12月27日） /451
65. 从国家高新区建设看我国高新技术产业的发展道路（1997年6月10日） /458
66. 建好农业高新技术产业示范区（1997年7月28日） /467
67. 发展民营科技企业必须转变观念（1997年12月24日） /469
68. 知识产权保护和高新技术产业发展（1998年3月18日） /472
69. 面向21世纪的民营科技企业（1998年11月18日） /480
70. 地方科委要加强对生产力促进中心的领导（1999年） /490

71. 关于建立风险投资机制的几个问题（1999年4月8日） /492
72. 完善环境，促进民营科技企业发展（1999年5月21日） /498
73. 开创留学人员归国创业的新局面（1999年7月8日） /502
74. 创业服务中心要提高孵化质量，实现多元化发展（1999年12月22日） /508
75. 科技全球化、加入WTO与中国高新技术产业发展战略
（2000年7月5日） /517
76. 对大学科技园建设与发展的几点意见（2001年3月） /521
77. 关于国家高新区"二次创业"的有关问题（2001年9月16日） /530
78. 民营科技企业要做创新的实践者（2001年9月18日） /540
79. 继往开来，开创生产力促进事业新局面（2001年11月20日） /546
80. 高举"火炬"旗帜，加快高新技术产业化发展（2003年9月19日） /556
81. 大学科技园建设中要处理好几个关系（2003年10月23日） /558
82. 科技金融结合是提高自主创新能力的基本保障（2005年8月27日） /563
83. 开创技术市场工作的新局面（2005年11月22日） /567
84. 认真解决资本市场存在的问题，保障自主创新战略的实施
（2006年4月7日） /574
85. 加快国家高新区自主创新能力建设的几个重要问题（2006年6月2日） /585

第五篇　科技管理改革与人才队伍建设

86. 印度科技发展对我们的启示——由印度核试验所想到的（1998年5月） /589
87. 关于开拓和完善科学基金工作的几点意见（1999年1月28日） /593
88. 改革科技奖励制度（1999年5月26日） /595
89. 关于加强"九五"科技攻关计划管理的问题（1999年5月28日） /599
90. 在创新人才发展战略研讨会上的讲话（1999年9月22日） /602
91. 人才的重要作用和我国人才资源的潜力（2000年3月9日） /606
92. 在"十五""863"计划第一次工作会议上的讲话（2001年7月4日） /609
93. 实施科学数据共享，增强国家科技竞争力（2002年11月28日） /615
94. 努力开创我国科普事业发展新局面（2002年12月18日） /621
95. 转变政府职能，加强科技宏观管理（2003年9月14日） /625
96. 关于"863"计划管理问题（2004年8月23日） /636

97. 全面启动国家科技基础条件平台建设（2004 年 11 月 12 日） /639
98. 在科技部转变职能、调整机构动员大会上的讲话（2006 年 2 月 8 日） /643
99. 建设创新型国家与创新型人才培养（2006 年 12 月 18 日） /651
100. 我国的科技管理体制改革与科研诚信建设（2007 年 3 月 28 日） /657
101. 充分发挥科学家在科技决策与管理中的作用（2007 年 4 月 30 日） /664

第六篇　科技创新促进经济增长方式转变

102. 实施技术创新战略　推进"两个根本性转变"（1996 年 2 月 15 日） /675
103. 提高企业集团的技术创新能力（1996 年 4 月 14 日） /679
104. 在技术创新工作会议上的讲话（1997 年 12 月 12 日） /686
105. 技术创新工程区域试点的几个问题（1999 年 6 月 9 日） /694
106. 优化体制和政策环境，推进创新型企业建设（2007 年 2 月 26 日） /698
107. 关于促进经济平稳较快发展的几点建议（2009 年 2 月 17 日） /709
108. 中国传统产业升级步履艰难，问题在哪里？
　　——以制笔产业为例（2010 年 7 月 9 日） /713
109. 深圳为全国自主创新发展做出表率（2010 年 10 月 21 日） /718
110. 政府造不出来乔布斯（2012 年 3 月 7 日） /725
111. 在《武汉 2049 远景发展战略》咨询会上的发言（2013 年 9 月 17 日） /728

第七篇　传统产业升级与新兴产业发展

112. 关于中国软件产业的发展（1996 年 9 月 2 日） /735
113. 发展空间信息技术，提高实用化和产业化水平（1997 年 2 月 21 日） /738
114. 统一认识，推动我国软件产业迅速发展（1997 年 10 月 27 日） /742
115. 发展地理信息系统产业（1997 年 12 月 1 日） /750
116. 全社会要高度关注"数字地球"（1999 年 1 月） /756
117. 关于轨道交通的发展建议（1999 年 4 月 18 日） /760
118. 农业科学技术推广、普及和产业发展中的几个问题（2000 年 11 月 5 日） /764
119. 加强咨询能力建设，促进中国咨询业发展（2000 年 11 月 8 日） /767
120. 探索符合国情的软件产业化道路（2002 年 9 月 10 日） /772

121. 关于发展大型飞机问题（2003年7月11日） /786
122. 中国重视ITER计划（2003年11月10日） /788
123. 抓住机遇　促进现代服务业的发展（2005年12月10日） /789
124. 在考察苏通大桥建设现场时的讲话（2006年8月31日） /796
125. 抓好制造业信息化，实现制造业转型（2006年9月12日） /799
126. 中国为什么参加国际热核聚变实验堆计划？（2006年12月6日） /804
127. 发展生物技术　推动生物产业革命（2007年6月27日） /809
128. 海洋高技术发展现状、趋势与海洋产业的发展（2008年11月28日） /813
129. 现代服务业的发展趋势与对策（2009年5月11日） /822
130. 以小型电动汽车为突破口，推动我国汽车产业转型（2010年6月23日） /830
131. 解放思想、立足改革，建立大型飞机产业（2011年7月17日） /833
132. 关于促进我国创新服务业发展的几个问题（2011年9月5日） /837
133. 在上海微电子装备有限公司的讲话（2011年12月2日） /843

附　录

奏响自主创新主旋律
　　——访科技部原部长徐冠华（2009年9月22日） /845

导 读

一、关于 21 世纪的新特征

21 世纪人类社会正经历着重大的历史性变革，日益表现出三个新的重要特征：以知识为基础的社会、全球化的国际环境和可持续发展的增长方式。这些新特征是制订国家科技发展战略和政策的出发点和依据。

（1）关于以知识为基础的社会，参见：

《科学技术发展趋势及其对经济社会的影响》（1998 年 4 月，见第一篇）；

（2）关于全球化的国际环境，参见：

《科技全球化：中国的挑战、机遇及对策》（2000 年 4 月 14 日，见第一篇）；

（3）关于可持续发展的增长方式，参见：

《高技术产业与我国可持续发展》（1998 年 8 月 10 日，见第一篇）；

《学习"以人为本"思想》（2003 年 7 月 11 日，见第一篇）；

《人类有着共同的家园 必须做出共同的努力》（2012 年 4 月 13 日，见第一篇）

二、关于自主创新

（一）自主创新，包括原始性创新，引进、消化、吸收基础上的再创新和集成创新，是我国科学技术发展的战略基点

（1）关于原始性创新。原始性创新能力已经成为国家间科技乃至经济竞争成败的分水岭，成为决定国际产业分工地位的基础条件。一方面，原始性创新往往带来技术的重大突破，带来新兴产业的崛起和经济结构的变革，带来无限发展和超越的机会。另一方面，今天的产业竞争正在加速由生产阶段前移到研究开发阶段，具有竞争优势的高技术产品和产业主要来自于原始性创新成果。参见：

《原始性创新是自主创新的基础》（2001年10月7日，见第一篇）；

《加强基础研究 推动原始性创新》（2001年3月20日，见第一篇）；

（2）关于引进、消化、吸收基础上的再创新。技术和技术能力是有本质区别的概念。技术可以引进，但技术创新能力不可能引进。实践证明，技术创新能力是内生的，需要通过有组织的学习和产品开发实践才能获得。我国的产业体系要消化、吸收国外先进技术并使之转化为自主的知识资产，就必须建立自主开发的平台，培养锻炼自己的技术开发队伍，进行技术创新的实践。参见：

《技术引进与自主创新》（2001年6月26日，见第一篇）；

《关于自主创新的几个重大问题》（2006年3月23日，见第一篇）；

《实施科教兴国战略若干问题的思考》（1998年10月，见第一篇）；

（3）关于集成创新。全球化进程促使集成创新成为当代技术开发、转移、应用的重要方式。随着知识、技术的国际化，发展中国家可以利用知识的外部性、研发的外溢效果，以及技术扩散和人才的流动，加速自身的知识积累和提高局部的科技实力，其中集成创新是有效的途径。参见：

《加强集成创新能力建设（2002年12月8日）》（见第一篇）；

（二）调整科技发展的战略思路，努力实现科技发展从以跟踪模仿为主向以自主创新为主的重大转变

（1）加强原始性创新，实现科技发展从跟踪模仿为主向以自主创新为主的转变。参见：

《原始性创新是自主创新的基础》（2001年10月7日，见第一篇）；

《中国科学技术发展与现代化》（2001年10月18日，见第一篇）；

（2）调整科技发展的战略思路，推动自主创新方针的实施。参见：

《"十五"期间中国科技发展战略思路的调整》（2002年8月30日，见第一篇）；

《中国科学技术发展的几个重大问题》（2003年12月4日，见第一篇）

《把自主创新摆在科技工作的突出位置》（2005年3月2日，见第一篇）

《社会发展科技工作要有新思路》（2001年12月21日，见第一篇）

《切实抓好科技法制建设》（2001年12月26日，见第一篇）

（三）制定和实施有利于自主创新的政策措施，建立有利于自主创新的科技体制基础

参见：

《建设创新型国家的几个重大问题》（2006年9月30日，见第三篇）

（四）以自主创新破解结构调整、经济增长方式转变和社会发展的难题

参见：

《把自主创新摆在科技工作的突出位置》（2005年3月2日，见第一篇）；

《关于"十一五"科技发展思路的思考》（2005年3月17日，见第一篇）；
《关于自主创新的几个重大问题》（2006年3月23日，见第一篇）
《坚定不移地走自主创新之路》（2010年6月12日，见第一篇）；
《深圳为全国自主创新发展做出表率》（2010年10月21日，见第六篇）

三、关于《国家中长期科技发展规划（2006—2020）》和建设创新型国家

（一）国家中长期科技发展规划（2006—2020）的制定

（1）规划工作的主要思路：明确国家目标；突出战略重点；重视科技与经济、社会发展的互动；强化制度创新；体现区域特色；具有国际视野；创造开放环境；鼓励公众参与。

（2）规划重点研究的战略问题：当前世界政治、经济等各方面的发展趋势及其对科技的影响；未来20年内中国经济、社会发展对科学和技术的迫切需求；影响中国科技发展全局的重大科学前沿问题和战略高技术问题等共九个方面。通过对以上战略问题的研究，确定2020年中国科技发展的战略目标，提出符合中国发展实际的科技发展战略选择，凝炼出未来科技发展的战略重点，以及实现目标所必需的、切实可行的保障措施和条件。

（3）规划战略研究需要注意的问题：在思想认识上，牢固树立"五种意识"：责任意识、大局意识、创新意识、市场意识和全球意识。在专家组织上，重点处理好"三种关系"：老专家和中青年专家之间的关系；自然科学界与社会科学界的关系；发挥国内专家作用与海外专家作用的关系。在研究过程中，强调"三大机制"：专题研究要与有关政府部门互动沟通；专题研究之间的学术交流；面向公众开放，鼓励各界参与。

（二）中长期科技发展规划总体战略解读

（1）把建设创新型国家作为我国面向2020年的战略选择：规划总体战略研究所取得的最重要的战略共识是，我国必须走创新型国家的发展道路，实现经济增长方式从要素驱动型向创新驱动型的根本转变；使得科技创新成为经济社会发展的内在动力和全社会的普遍行为；最终依靠制度创新和科技创新实现经济社会持续协调发展。

（2）把自主创新、重点跨越、支撑发展、引领未来作为指导我国科学技术发展的基本方针。

（3）科技发展思路上实现包括科技创新从以跟踪模仿为主向加强自主创新转变在内的五个战略转变。

(4) 科技工作整体部署上突出四个重点：一是实施一批重大战略产品和工程专项，务求取得关键技术突破，带动生产力的跨越式发展。二是确定一批重点领域，发展一批重大技术，提高国家整体竞争能力，包括：把发展能源、水资源和环境保护技术放在优先位置，下决心解决制约国民经济发展的重大瓶颈问题；以获取自主知识产权为中心，抢占信息技术战略制高点，大幅度提高我国信息产业的国际竞争力；大幅度增加对生物技术研究开发和应用的支持力度，为保障食物安全、优化农产品结构、提高人民健康水平提供科技支撑等共六个方面。三是把握科学基础和技术前沿，提高持续创新能力，应对未来发展挑战。四是加强国家创新体系建设，优化配置全社会科技资源，创造科技产业化良好环境，为全面提高国家整体创新能力奠定坚实的基础。

参见：

《中长期科技规划和规划战略研究的基本情况》（2003年6月23日，见第二篇）

《规划战略专题研究需要注意的几个问题》（2003年8月16日，见第二篇）

《再谈规划战略专题研究需要注意的几个问题》（2003年9月1日，见第二篇）

《中长期科技发展规划解读》（2004年11月29日，见第二篇）

《规划配套政策的基本思路、内容与主要政策的解读》（2005年12月16日，见第二篇）

《鼓励争鸣，凝聚共识，做好规划战略研究》（2003年6月25日，见第二篇）

《关于规划战略集中研究的几点要求》（2003年12月9日，见第二篇）

《在规划战略第一次集中研究总结会上的讲话》（2003年12月31日，见第二篇）

《在规划战略第二次集中研究动员会上的讲话》（2004年4月5日，见第二篇）

《在规划战略第三次集中研究总结会上的讲话》（2004年7月24日，见第二篇）

四、关于科技体制改革和国家创新体系

（一）深化科技体制改革的思考

（1）技术创新与科技体制改革：技术创新的概念既非单纯是技术性的，也非简单是经济性的。技术创新是科技与经济结合的集中体现，既贯穿市场的全过程，也覆盖国家、地方、部门、产业各个层面。企业的技术创新，不仅包括研究开发的创新，也包括产品的设计创新、制造创新、管理创新以及市场开拓创新，所有这些环节构成一个完整的企业技术创新体系。技术创新应该以提高市场竞争能力为目标，以提高竞争能力为检验标准，这应成为建设技术创新体系的出发点和归宿。

（2）基础研究与科技体制改革：基础研究机构改革的重点是结构调整、机制转换和人才分流。结构调整主要解决研究机构重复设置、专业分割等问题。转换机制的核心是建立开放、流动、竞争和联合的新型运行机制。机制问题不解决，研究所

的改革几年后又会复归，改革成果将付之东流。基础研究必须充分重视基地的作用。不论是大学还是院所，基础研究都不能完全以任务带学科，要通过基地和项目两种方式稳定和建设人才队伍。

（3）正确处理改革、发展与稳定的关系：加速建立社会保障体系是深化科技体制改革的重要边界条件；增量调整的原则，即只对投入的增量进行调整、存量不变是保持稳定的基本保障；区别对待的原则，即老人老政策，新人新政策；典型示范的原则，即面临的情况异常复杂，必须从试点开始，取得经验以后再全面推广。

参见：

《关于深化科技体制改革的思考》（1997年5月30日，见第三篇）
《实施科教兴国战略若干问题的思考》（1998年10月，见第一篇）；
《改革地方科技体制，促进地方经济发展》（1997年9月，见第三篇）
《关于部门科技体制改革的几个问题》（1998年1月19日，见第三篇）

（二）关于1999年的科技体制改革

（1）应用开发类科研机构向企业化转制，进入市场，以增强科研院所活力，促进科技成果产业化，为经济建设、社会发展服务。

（2）主要从事基础研究、应用基础研究和社会公益服务，无法得到相应经济回报，确需国家支持的科研机构，经有关部门认定后按非营利性机构运行和管理，或并入大学、医院及其他事业单位；这类机构中具有面向市场能力的部分，也要向企业化转制。

（3）促进改革的重点措施：对向企业化转制的科研院所，原有事业费全部保留，并享受免征企业所得税、城镇土地使用费、房产税等优惠政策；对按非营利性科研机构运行和管理的公益类院所，按重新核定的人员编制，大幅度增加人均事业费投入，同时还增加了基本科研业务费、离退休人员费、修购基金和研究生培养费等。

参见：

《关于科研院所向企业化转制的几个问题》（1999年5月26日，见第三篇）
《对向企业化转制科研机构的几点要求》（2000年10月30日，见第三篇）
《深化社会公益类科研机构改革》（2001年8月30日，见第三篇）
《加快建立现代科研院所制度》（2004年2月10日，见第三篇）

（三）国家创新体系建设

国家创新体系是融创新主体、创新环境和创新机制于一体，在国家层次上促进全社会创新资源合理配置和高效利用，促进创新机构之间相互协调和良性互动，充分体现国家创新意志和战略目标的系统。

本部分内容论述了加快国家创新体系建设的紧迫性、当前极待解决的突出问题、国家创新体系建设的指导思想、主要任务，并提出了国家创新体系建设的建议。同时，本部分也探讨了关于军民结合、寓军于民，区域创新体系建设等重要问题。参见：

《实施科教兴国战略若干问题的思考》（1998年10月，见第一篇）；

《"十五"科技工作的若干重大问题》（2001年8月30日，见第一篇）

《国家创新体系建设的任务和方向》（2002年12月20日，见第三篇）

《关于加强国家创新体系建设的问题》（2003年1月6日，见第三篇）

《关于军民结合、寓军于民的思考》（2003年2月8日，见第三篇）

《以区域创新体系建设为中心，加强地方科技工作》（2003年4月15日，见第三篇）

《推进县市科技工作，把科教兴国战略落实到基层》（2004年10月28日，见第三篇）

五、关于建设以企业为主体、市场为导向、产学研相结合的技术创新体系

建设以企业为主体、市场为导向、产学研结合的技术创新体系，是《国家中长期科学和技术发展规划纲要（2006—2020年）》（简称规划纲要）的亮点，是推进自主创新的重大举措。技术创新体系建设的成功，在很大程度上将决定《规划纲要》的成功，决定自主创新的成功，决定建设创新型国家的成功。

（1）实施技术创新战略，推进"两个根本性转变"。技术创新是一种技术经济实践活动，一方面，它是市场经济推动的结果，需要有适宜的市场经济体制环境；另一方面，也是通过对生产条件、要素和组织的创新，建立起配置合理、效能最高的生产经营系统。因此，从这个意义上讲，技术创新是实现市场经济所要求的资源配置最优化目标的有效手段和主要途径，也是建立和完善社会主义市场经济体制的一个重要目标。加强技术创新的工作，首先要建立健全有利于企业技术创新的机制和体系；抓紧技术创新能力建设，为技术创新创造良好的环境条件。实施技术创新工程，推进创新型企业建设，是加强技术创新工作、推动技术创新体系建设的重要内容。参见：

《实施技术创新战略 推进"两个根本性转变"》（1996年2月15日，见第六篇）

《提高企业集团的技术创新能力》（1996年4月14日，见第六篇）

《在技术创新工作会议上的讲话》（1997年12月12日，见第六篇）

《技术创新工程区域试点的几个问题》（1999年6月9日，见第六篇）

《优化体制和政策环境，推进创新型企业建设》（2007年2月26日，见第六篇）

（2）为什么《规划纲要》要把技术创新体系建设作为国家创新体系建设的突破口？为什么要把企业作为技术创新主体？为什么必须坚持产学研相结合？政府在技术创新体系建设中如何发挥作用？本部分内容将探讨这些问题。参见：

《实施科教兴国战略若干问题的思考》（1998年10月，见第一篇）；
《关于自主创新的几个重大问题》（2006年3月23日，见第一篇）
《建设创新型国家的几个重大问题》（2006年9月30日，见第三篇）
《优化体制和政策环境，推进创新型企业建设》（2007年2月26日，见第六篇）

六、关于科技中介服务体系建设

（一）科技中介机构是科技和经济结合的桥梁，它的发展水平是国家市场经济发育程度的重要体现

国外大企业的实践表明，在企业致力于研究开发产品和关键技术的同时，也十分注意遵循最有市场竞争力和最经济的原则，从市场上获取国内外先进的技术成果进行集成。至于大量的中小企业更是如此。从大学和研究机构来看，把自己的科技成果通过自身转化成商品是必要的，而且也有成功的经验。但是，大学和研究机构不可能把全部成果自行转化为商品，特别是市场竞争的选择更有利于减少科技成果转化失败的风险，增加成果转化成功的机会。因此，科技和经济相结合，不仅体现在研究开发机构办企业或企业办研究开发机构，更重要的是在产学研之间建立一条市场化、社会化的纽带或桥梁，这就是科技与经济相结合的中介服务机构。可以说，科技中介服务结构是实现科技成果转化的重要依托力量，它的发展水平是一个国家市场经济发育程度的重要体现。参见：

《实施科教兴国战略若干问题的思考》（1998年10月，见第一篇）
《"十五"科技工作的若干重大问题》（2001年8月30日，见第一篇）
《促进我国科技中介机构的发展》（2002年12月2日，见第三篇）

（二）大力发展各类科技中介机构，是推动科技和经济结合的重大举措

（1）生产力促进中心。参见：
《开创生产力促进工作的新局面》（1995年9月27日，见第四篇）
《加快生产力促进中心的建设与发展》（1996年12月27日，见第四篇）
《地方科委要加强对生产力促进中心的领导》（1999年，见第四篇）
《继往开来，开创生产力促进事业新局面》（2001年11月20日，见第四篇）
（2）创业服务中心（企业孵化器、专业技术孵化器、留学人员创业园、大学科技园）。参见：
《创业服务中心要提高孵化质量，实现多元化发展》（1999年12月22日，见第四篇）
《对大学科技园建设与发展的几点意见》（2001年3月，见第四篇）
《大学科技园建设中要处理好几个关系》（2003年10月23日，见第四篇）

《开创留学人员归国创业的新局面》（1999年7月8日，见第四篇）

（3）技术市场。参见：

《开创技术市场工作的新局面》（2005年11月22日，见第四篇）

（4）风险投资：实践表明，风险投资符合高新技术企业"高风险、高收益"的特点和"从小到大、滚动发展"的成长规律。建立有中国特色的风险投资机制和健全的资本市场，是解决我国高新技术产业发展资金紧张，促进有发展潜力的中小高新技术企业实现滚动投资、迅速发展的关键之一。参见：

《关于建立风险投资机制的几个问题》（1999年4月8日，见第四篇）

《认真解决资本市场存在的问题，保障自主创新战略的实施》（2006年4月7日，见第四篇）

《科技金融结合是提高自主创新能力的基本保障》（2005年8月27日，见第四篇）

七、关于实施国家重大科技专项

（1）技术跨越是后进国家追赶并超越先进国家的基本途径。工业革命后的历史发展证明，技术跨越是后进国家追赶并超越先进国家的基本途径。中国要赶上世界先进水平，完全重复先前发达国家所走过的道路，既不现实也不必要；但在短时间内全面超越发达国家也是不可能的。因此，应当考虑在关系国计民生和国家安全的重大技术和产业方面，充分利用科技进步的因素，选择有限目标，集中力量，重点突破，实现技术发展的跨越，为经济发展提供强大的产业支撑。

（2）国家以产业化为核心，组织实施重大专项，是促进科技与经济结合的重大举措。这将有利于发挥社会主义制度集中力量办大事的优势，有利于政府宏观管理和市场导向的有机结合，有利于发挥我国的人才资源优势，有利于克服研究开发方向的单纯技术导向，促进各种技术的集成，实现产品技术和生产力的跨越式发展。

（3）国家以传统产业改造和社会事业发展为目标，组织重大共性技术的开发、应用和推广，是促进科技和经济结合的另一重大举措。世界各国的发展历程表明，共性技术对整个行业或产业技术水平、产品质量和生产效率的提高有迅速、巨大的带动作用，具有重大的经济和社会效益。在社会主义市场经济条件下，政府可以在重大共性技术开发、应用和普及方面发挥关键性作用，推动传统产业的改造和区域经济的发展。

参见：

《实施科教兴国战略若干问题的思考》（1998年10月，见第一篇）；

《组织实施国家重大科技产业化项目问题》（1999年7月，见第一篇）

《实施重大科技专项，提升国家竞争能力》（2002年7月30日，见第一篇）

《在重大专项论证工作会议上的讲话》（2003年11月26日，见第二篇）
《西部地区同样具有跨越式发展的历史机遇》（2000年5月22日，见第一篇）

八、关于人才、专利和标准三大战略

（一）在科技经济全球化趋势下，人才的竞争、知识产权的保护和创造、技术标准的制订，已经成为科技、经济竞争中的主要内容和重要手段

实施人才战略就是要争夺高层次、高素质、创新型的科技人才，核心在于制定政策，持续营造一个有利于发现、培养和吸引人才的环境。实施专利战略，一方面要提高保护知识产权的意识，更重要的是要提高知识产权的创造、保护和运用能力。实施技术标准战略，关键是建立我国的技术标准体系。当今世界，谁掌握了标准的制定权，谁就一定程度上掌握了技术和经济竞争的主动权。参见：

《实施人才、专利和标准三大战略》（2002年1月7日，见第一篇）
《科技全球化、加入WTO与中国高新技术产业发展战略》（2000年7月5日，见第四篇）

（二）人力资源是中国的战略资源

（1）人才竞争是国家竞争的焦点。今天的国际竞争，归根结底是科技实力的竞争，而这一切又都归结为人才的竞争，特别是创新人才的竞争，其中创新尖子人才发挥着不可替代的作用，决定了整个竞争团队的水平。人才具有三个特征：不可替代性、多样性和稀缺性。要特别珍惜人才。

（2）人才的优势和潜力是中国最具有战略意义的优势。我国科技人力资源、研发人员总量，在读中小学生和大学生总量等已居世界前列，这是任何国家无可比拟的，我国独具的建设创新型国家的最大优势。投资于人力资源开发，培养大批具有现代科技素养和进取精神的创新人才，把人口负担转化为人力资源，使中国成为真正意义上的人力资源大国，是中国赶超世界先进国家的希望所在。

（3）坚持以人为本的科技发展观。科技发展为了人，科技发展服务人，科技发展依靠人。

参见：
《人才的重要作用和我国人才资源的潜力》（2000年3月9日，见第五篇）
《在创新人才发展战略研讨会上的讲话》（1999年9月22日，见第五篇）
《坚持以人为本的科技发展观》（2004年3月24日，见第一篇）
《建设创新型国家与创新型人才培养》（2006年12月18日，见第五篇）

（三）把知识产权创造和保护提到战略高度

（1）世界范围的科技革命正在形成新的高潮，推动世界经济迅速走向知识化、信息化和全球化的发展阶段。世界经济形态正在发生深刻的转变，由传统的以大量消耗原材料、能源和资本为特征的工业性经济向以知识为基础的知识性经济转变。知识经济是一种建立在知识、技术和信息的生产、传播和应用基础上的经济形态，是一种以知识、技术和信息作为促进经济增长主要动力的经济发展模式，其核心是在高起点上的创新。随着知识型经济的兴起，知识产权在企业乃至国家科技、经济发展中所处的战略地位进一步增强，知识产权保护问题已成为贸易摩擦的热点和重点，成为科技合作的前提和基础。从法律角度来看，知识产权是对科学技术、文化成果拥有的一种法权；从经济角度来看，它是一种具有重大价值的无形资产和智力财富；从市场竞争角度来看，它则是一种强有力的竞争资源和制胜手段。因此，当前许多国家把知识产权从原来的纯法律范畴提升到国家大政方针和发展方略的宏观高度，把加强知识产权工作作为在科技、经济领域夺取和保持竞争优势的一项重要战略。

（2）建立科技创新和知识产权管理有机结合的机制：加强知识产权战略研究，培养和发展自主知识产权产业；营造保护知识产权的政策和法制环境。

参见：

《把知识产权创造和保护提到战略高度》（2001年2月19日，见第一篇）

《知识产权保护和高新技术产业发展》（1998年3月18日，见第四篇）

九、关于高新技术产业化、国家高新区建设和民营企业发展

（一）我国发展高新技术企业，应当坚持"两条腿走路"的方针

一是发挥社会主义集中力量办大事的优势，在少数战略性领域，集中力量，高强度投入，实现跨越式发展；二是在社会主义市场经济条件下，我们更要鼓励和支持高新技术企业走从小到大、在激烈的市场竞争中大浪淘沙、滚动发展的道路。因此，政府不要忙于自己搞项目、建企业，应该将主要精力创造并维持一个有利于高新技术企业，特别是中小企业快速成长的硬件环境和政策环境。有了这样的环境，高新技术企业就像森林里的蘑菇一样成片生长。

（二）国家高新区是科技和经济结合的生动体现

高新区的优越性就在于把地方有限的财力、物力和智力资源集中起来，形成有利于高新技术企业健康和迅速发展的良好环境，为高新技术产品快速进入市场创造了条件。在市场竞争中实现了两个结合：改革与发展结合，科技与经济结合，探索

出一条在我国行之有效的发展高新技术产业的道路。参见：

《实施科教兴国战略若干问题的思考》（1998年10月，见第一篇）；

《从国家高新区建设看我国高新技术产业的发展道路》（1997年6月10日，见第四篇）；

《科技全球化、加入WTO与中国高新技术产业发展战略》（2000年7月5日，见第四篇）；

《加速我国高技术产业发展的几个问题》（1996年1月9日，见第四篇）

《关于国家高新区"二次创业"的有关问题》（2001年9月16日，见第四篇）

《建好农业高新技术产业示范区》（1997年7月28日，见第四篇）

（三）技术创新是国家高新区赖以生存和发展的灵魂

高新区努力探索在高新技术产业发展上形成研究开发能力、成果转化能力、产业发展能力和市场开拓能力，致力于建立比较完整的技术创新体系，这包括了从研究开发到市场开拓的全部内容，包含了产、学、研、贸等诸多方面，依靠体制创新、机制创新、科技创新和管理创新焕发出创新活力。高新区恰恰具备官、产、学、研、贸相结合的管理优势，为在高新区建立完整的技术创新体系提供了基本条件。

（1）进入新世纪，国家高新区必须着力推动国家高新区的"五个转变"，大幅度提高持续创新能力，实现国家高新区的"二次创业"。

（2）以增强自主创新能力为中心，提高国家高新区企业的市场竞争力。

参见：

《技术创新是国家高新区赖以生存和发展的灵魂》（1996年5月23日，见第四篇）

《关于国家高新区"二次创业"的有关问题》（2001年9月16日，见第四篇）

《高举"火炬"旗帜，加快高新技术产业化发展》（2003年9月19日，见第四篇）

《加快国家高新区自主创新能力建设的几个重要问题》（2006年6月2日，见第四篇）

（四）民营科技企业是发展高新技术企业的生力军

任何行为的转变，都源自于观念的更新和转变。十几年来民营科技企业发展中，一大批科技人员从大学、研究所、国有企业中走出来，正是观念的巨大变化。但是，观念的转变是一个过程，不可能一夜完成，为使民营企业和其他企业共同发展，政府和民营企业自身必须实现一系列观念转变，包括转变"产权"的观念、树立平等主体的观念、依靠技术创新提高市场竞争力的观念和通过政策启动市场，以市场引导企业发展的观念等。在转变观念的基础上，政府要鼓励和支持民营科技企业体制创新、技术创新、管理创新并举,建立现代企业制度,理顺产权关系,规范企业管理,加速规模化进程,加强知识产权创造和保护,增进持续创新能力,探索和发展有中国特色的企业文化,促进民营科技企业的大发展。参见:

《三种创新并举,促进民营科技企业发展》(1996年9月9日,见第四篇)
《发展民营科技企业必须转变观念》(1997年12月24日,见第四篇)
《面向21世纪的民营科技企业》(1998年11月18日,见第四篇)
《完善环境,促进民营科技企业发展》(1999年5月21日,见第四篇)
《民营科技企业要做创新的实践者》(2001年9月18日,见第四篇)

十、关于创新文化

(一)创新文化是观念创新、科技创新和体制创新的基础和前提

观念的创新、科技的创新、体制的创新都要回归于文化的创新,这不仅是逻辑的必然,也是历史的必然。因为文化是民族的母体,是人类思想的底蕴。要实现科技创新和体制创新,必须把建立创新文化当作重要的前提。历史经验已经表明,创新文化环境对国家和民族的创新能力发挥着关键的作用;新科技革命和经济全球化也迫切需要完善创新文化环境,以提高民族整体的竞争力;特别是在科学技术发展中,学科交叉、综合、渗透的大趋势需要开放的、有包容性的创新文化氛围。概括起来,中华民族伟大的复兴呼唤着创新文化先行。

(二)努力构筑创新文化环境

(1)树立与创新相适应的价值观。提倡追求真理的价值观,创造一个在"真理面前人人平等"的社会文化氛围;鼓励竞争的价值观,反对枪打出头鸟、尖子人才不能脱颖而出的局面;提倡热爱科学的价值观,不忘对科学的真、善、美的追求,避免"学而优则仕"的倾向。

(2)要努力理顺几个关系:经验和书本知识的关系;原创性与拿来主义的关系;科技创新和体制创新的关系;个人创新和集体创新的关系。

(3)要加大科技改革的力度,为创新文化建设创造良好的条件:加快建立开放的科研机制和宽松的科研环境;确立公平竞争的机制;改革科技评价机制;建立科技资源共享机制;强化全社会的科学普及机制。

(三)正确处理科技普及与科技创新的关系

科技普及与科技创新,是科技进步的两个基本体现,是科技工作的一体两翼。正象人的两条腿、车子的两个轮子,不可或缺。"创新"就是在科技前沿不断突破;"普及"就是让公众尽快尽可能地理解"创新"的成果,不断提高科技素质,使科

技创新真正进入社会，成为大众的财富，成为全社会的力量。"创新"为"普及"明确方向，丰富内容；没有创新，将无所普及。"普及"是"创新"的基础和目的；没有广泛的普及，民众对科技将失去兴趣，创新将得不到社会的支持，创新成果也没有去处。两者相互促进、相互制约，是辨证统一的关系。因此，科技发展必须做到"创新"与"普及"并举。

参见：

《大力构建有利于创新的文化环境》（2001年2月18日，见第一篇）

《科技创新与创新文化》（2003年4月17日，见第一篇）

《努力开创我国科普事业发展新局面》（2002年12月18日，见第五篇）

十一、关于转变政府职能，加强科技宏观管理

（一）转变政府职能的成败不仅关系到国家科技事业的发展，也关系到科技部自身存在的价值、合理性和未来

社会主义市场经济的确立，要求政府机构必须在行为理念和行为方式上实现大的转变。一方面，市场配置科技资源的基础性作用逐步确立，科技资源配置的主体正在由政府变为市场，要求政府科技管理部门必须重新思考自身的角色，并对传统的职能配置进行调整。另一方面，科技活动已经完全走出传统的经院，与经济社会活动形成有机的整体，政府科技管理工作的主体对象也不再仅仅是科研机构，而是协调和整合社会各路科技大军，包括地方、军队、企业、高校、中介服务等多方面的力量，为全社会科技活动创造必要的公共平台和政策环境。因此，政府科技管理职能要实现从以微观管理为主向以宏观调控为主的转变，认真解决如何加强科技发展的宏观战略研究；如何改变以项目为主的管理方式；如何建立高效的、鼓励创新的科技计划和经费管理体制；如何深化行政管理改革，建设服务型政府；以及如何面对新形势新任务，调整机关和事业单位的机构设置等诸多问题。

（二）转变政府职能的重点

处理好科技宏观管理和科技项目管理的关系，明确加强科技宏观管理的重点，做好机关司局和事业单位的机构和职能调整，落实"三定"方案赋予科技部的宏观管理职责和构建"四大事业板块"，推进专业化管理。参见：

《转变政府职能，加强科技宏观管理》（2003年9月14日，见第五篇）

《在科技部转变职能、调整机构动员大会上的讲话》（2006年2月8日，见第五篇）

（三）从解决突出问题入手，有重点、有计划地解决科技管理中的突出问题

（1）关于发挥自然科学基金的作用。自然科学基金要担当起发展与繁荣国家基

础研究的历史重任。科技部将与自然科学基金委员会共同努力,争取加大对科学基金的投入,并把国家对于基础研究项目的支持重点放在科学基金工作上,形成相对集中的经费渠道和规范的竞争环境,更多地发挥科学基金委员会的作用。同时,科学基金要做好与"973"计划、"863"计划等密切配合,搞好衔接,共同促进我国基础研究持续稳定的发展。参见:

《关于开拓和完善科学基金工作的几点意见》(1999年1月28日,见第五篇)

(2) 关于改革国家科技计划管理。科技管理部门要把宏观管理放在突出位置,重点抓好战略、政策和倾向性问题;要正确认识跟踪和超越的关系,处理好科技项目质量和数量的关系,改革项目立项和成果的评价体系、改革激励制度,切实加强原始性创新,强化科技成果转化。参见:

《关于加强"九五"科技攻关计划管理的问题》(1999年5月28日,见第五篇)
《在"十五"863计划第一次工作会议上的讲话》(2001年7月4日,见第五篇)
《关于863计划管理问题》(2004年8月23日,见第五篇)

(3) 关于科技奖励制度改革。参见:

《改革科技奖励制度》(1999年5月26日,见第五篇)

(4) 关于科学数据共享和国家科技基础平台建设。参见:

《实施科学数据共享,增强国家科技竞争力》(2002年11月28日,见第五篇)
《全面启动国家科技基础条件平台建设》(2004年11月12日,见第五篇)

(5) 关于加强科技诚信建设。重大社会变革、科技管理体制改革和科研诚信建设三者之间存在着互动关系。我们必须通过科技管理体制的改革,包括科技投入机制、项目管理、评价制度和激励制度等方面改革,促进科技诚信建设。参见:

《我国的科技管理体制改革与科研诚信建设》(2007年3月28日,见第五篇)

(6) 关于科学家在科技政策与管理中的作用:科技活动的决策与管理,不单纯是以鼓励自由探索为主要依据,也要充分考虑到市场需求、公众利益和国家意志。我们必须遵循不同类型的科技活动规律,发挥科学家、企业家和科技管理人员的作用,从我国现实需要和长远发展的角度出发,实施科学合理的决策管理体制和咨询机制。参见:

《充分发挥科学家在科技决策与管理中的作用》(2007年4月30日,见第五篇)

(四) 借鉴印度科技管理的经验

印度是发展中国家,从印度科技管理的经验中,可以得到不少有益的启示,包括集中使用资金,避免分散和多头投入;决策和管理分立,提高宏观科技管理的效率;重视基础研究,稳定一只高素质的人才队伍;科技和经济部门有机结合,为高技术产业快速发展,共同创造良好的政策环境。印度的经验值得我们借鉴。参见:

《印度科技发展对我们的启示——由印度核实验所想到的》(1998年5月,见第五篇)

十二、建立以市场经济为基础的科技经济结合体制是中国经济转型的关键

当前我国已进入经济转型的关键历史时期。人们越来越认识到，唯有创新才有转型。然而，多年来的实践证明，创新不可能一蹴而就，也不可能自然生成。从政府层面来看，只有充分发挥社会主义市场经济的作用，切实转变政府职能，大力推动经济改革和科技改革的结合和互动，才能有效调动和集成全社会的创新资源，形成浩浩荡荡的创新大军，推动国民经济走上创新驱动和可持续发展的轨道。

（一）建立以市场经济为基础的科技经济结合体制，是中国经济转型的关键

理论和实践都表明，科学技术要对国家经济和社会发展做出贡献，就必须要与经济活动结合起来。如何把科技和经济结合起来？发达国家的实践证明，那就是依靠市场。市场机制作为经济和社会系统配置资源的一种有效的制度安排，也为科技和经济活动的结合提供了连接的桥梁和纽带；同时，科技创新的不确定性和市场竞争的多元化需求只有通过市场、通过市场竞争的选择才能统一起来。

（1）推动科技改革和经济改革紧密结合，创造公平的市场环境、宽松的创新环境、市场化的产学研结合环境，减少政府过多的行政干预。

（2）认识和尊重科技和经济各自不同的规律，发挥市场在科技和经济结合中的决定性作用。

（3）要做好科技和经济结合，政府职能必须转变；发展创新服务业，是促进科技和经济结合的重大举措；推动传统产业自主创新是中国经济转型的当务之急。

（二）政府管理要摆脱计划经济思维

（1）政府造不出乔布斯。
（2）基础设施建设投入要开拓新思路。
（3）要研究传统产业的利润链和产业链。

参见：

《建立以市场经济为基础的科技经济结合体制，是中国经济转型的关键》（2012年5月20日，见第一篇）

《政府造不出来乔布斯》（2012年3月7日，见第六篇）

《关于促进经济平稳较快发展的几点建议》（2009年2月17日，见第六篇）

《中国传统产业升级步履艰难，问题在哪里？——以制笔产业为例》（2010年7月9日，见第六篇）

《关于促进我国创新服务业发展的几个问题》（2011年9月5日，见第七篇）

《在〈武汉2049远景发展战略〉咨询会上的发言》(2013年9月17日，见第六篇)

《深圳为全国自主创新发展做出表率》(2010年10月21日，见第六篇)

(三) 关于传统产业升级和新兴产业发展

本部分包括了本书中第七篇的全部内容，收集了仍可以找到的作者在科技部工作过程中有关传统产业改造升级、高新技术产业化和新兴产业发展的一些重大问题的讲话和文章，反映了作者对相关问题的观点、意见和建议，供读者参考。

第一篇

自主创新
和国家科学技术发展战略

科学技术发展趋势及其对经济社会的影响[①]

(1998年4月)

一、当代科学技术发展趋势[②]

以信息技术革命为中心的当代科技革命正在全球蓬勃兴起。它标志着人类从工业社会向信息社会历史性的跨越。在这种革命性的变化当中，科技进步发挥了关键的作用，表现出如下六个方面的特点。

（一）科学技术加速发展，呈现知识爆炸的现象

回顾20世纪，最为壮观的历史现象莫过于科学技术的飞速发展。据专家测算，人类在这100年所取得的科技成就和创造的物质财富远远超过了以往时代的总和。以此推算，人类在2020年所拥有的知识当中，有90%现在还没有创造出来；今天的大学生到毕业的时候，他们所学的知识已经有60%～70%已经过时。把当前人类知识增长的趋势用指数函数来描绘，也就是"知识爆炸"现象。伴随着"知识爆炸"现象的出现，科学技术研究的规模也呈指数函数增长。全世界用于科研的经费已经达到每年5000亿美元，从事科研的人数已经达到5000万。预计未来100年，从事科研工作的人数，将占世界人口总数的20%，创造性的科学工作将会成为21世纪末人类的主要活动。

（二）科学技术更新的速度日益加快，科技成果商品化周期大大缩短

在19世纪，从发明电到应用电时隔282年，电磁波通信从发明到应用时隔26

[①] 本文以1998年4月"世界科技发展趋势与实施科教兴国战略的思考"报告为基础，根据1999年10月20日中华人民共和国国务院办公厅在中南海举办的科技知识讲座"当代科技发展趋势和我国高新技术发展及产业化对策"（有两个版本，其中之一发表于《科技与法律（季刊）》1999年第4期），以及2002年《当代科技发展趋势和我国的对策》（发表于《中国软科学》2002年第5期）进行补充修改而成，数据以2002年的数据为基础。

[②] 在本文"当代科学技术发展趋势"部分中有部分内容或观点引自宋健主编、惠永正副主编的《现代科学技术基础知识》，科学出版社、中共中央党校出版社于1994年出版，参见40、41～42、44～45、47、48～49、56～57、59～60页。在此一并标出，文中不再赘言。

年；到了 20 世纪，集成电路仅仅用了 7 年的时间便得到了应用，而激光器从发明到应用仅仅用了 1 年。信息技术是科学技术加速发展、呈现指数增长的代表性领域，有以下三个典型的例子。

（1）微电子技术。自 1975 年以来，一直遵循摩尔定律增长，也就是单位面积集成电路上的晶体管数量，每 18 个月增加一倍，成本基本不变。

（2）计算机技术。每 5~7 年，计算机的速度增长 10 倍，体积减小 90%，价格下降 90% 左右。

（3）光纤技术。1975~1998 年，光纤带宽从每秒 2M 比特增加到每秒 400G 比特，增加了 20 万倍，成本指数从 100 下降到 0.08，下降了 99.92%，也就是每年平均带宽增加约 70%，成本下降约 30%。

从第二次世界大战以来，到 20 世纪末，短短 50 年，科学技术发展经历了五次大的革命：1945~1955 年，人类实现了对原子能的释放和控制，开始了利用核能的新时代；1955~1965 年，人造地球卫星发射成功，人类开始摆脱地球的引力，进入外层空间；1965~1975 年，DNA 重组实验成功，人类开始可以控制遗传和生命过程；1975~1985 年，微处理器大量生产和应用，扩大了人脑的能力；1985 年以来，以软件和网络化为标志，人类进入了信息化、网络化和全球化的新纪元。21 世纪，科技新时代的曙光已经出现在地平线上。

这五次大的科学技术变革，构造出 20 世纪蔚为壮观而又多姿多彩的历史画面。人类也正是由这些变革的合力带向了一个新的世纪、一个全球化的信息时代。

（三）各学科、技术领域相互渗透、交叉和融合

最近几十年来，科学的发展越来越依赖多种学科的综合、渗透和交叉，用于解决在科学发展上所面临的各种问题，也导致了一系列新的跨学科研究领域的出现，如环境科学、信息科学、能源科学、材料科学、空间科学等。学科分支已经从 20 世纪初的 600 多门发展到现在的 6000 多门。

科学和技术的高度融合是当代科学技术发展的一个基本特征。当前，科学和技术的结合和相互作用、相互转化更加迅速，逐步形成了统一的科学技术体系。在这个统一体当中，基础科学的作用日益增强，不断为技术的进步开辟新的方向，并且以更快的速度向应用开发和产业化转移。

当前科学技术的相互渗透、交叉和综合，集中表现在科学技术正在宏观和微观两个尺度上向着最复杂、最基本的方向发展。一方面，建立在多学科基础上的复杂系统研究已经列入科学研究的重大议程，例如，对社会系统、经济系统、大脑和生命系统、生态系统、网络系统等领域的研究，将对经济、社会和人类自身的发展产生重大影响；另一方面，对微观系统的深入探索，如对基本粒子研究和受控核聚变、基因、微机械、微加工和纳米材料的研究，可能将引起全新的技术革命。

数学和定量化方法的广泛应用是当代科学技术发展的又一个基本特征，标志着

人类对自然的认识已从定性阶段全面进入到定量阶段。量子力学的突破促使量子化学、量子生物学应运而生，使化学、生物学进入了定量化阶段，深化了人类对于化学、生物学基本原理的认识。数学和统计力学的发展，结合大规模计算和仿真技术的应用，深化了人类对于复杂系统的认识，促进了地学、环境科学等学科向定量化的演进。

（四）科学技术与人文、社会科学的结合

当代社会历史的客观进程表明，当代任何重大的科学技术问题、经济问题、社会问题和环境问题等都具有综合性质，这就要求把科学技术和人文、社会科学结合成为一个创造性的综合体。

科学的发展提示了自然科学和人文社会科学所存在的内在的紧密联系。"混沌理论"研究表明：在复杂的非线性相互作用的巨系统中，初始条件的微小变化会带来以后状态的巨大偏离。科学家举例说，假如在大气环流中，如果北京有个蝴蝶扇动一下翅膀，有可能几星期后导致纽约的一场暴风雨，也就是微小的不确定因素或系统外一个微扰有可能导致巨大的、不可预测的波动。这种科学观念启示我们，当代人类所面临的环境问题、社会问题、经济问题，都可能会由于微小的不确定性因素的干扰而引发重大事件。因而，人的及时干预和调控极为重要。这就要求自然科学与人文、社会科学的密切结合。

科学技术是一把双刃剑，一方面极大地推动了世界经济和社会的发展，改善了人类的生活条件；另一方面也引发了日趋严重的资源和环境问题，包括能源、粮食、温室效应、臭氧层破坏、大气和水污染问题等。这些问题都具有综合性质，既是科技问题，也是经济问题、社会问题。这些问题的解决超出了自然科学技术能力的范围，必须综合运用各门自然科学、各种技术手段和人文、社会科学的知识去研究和解决。所以，加强科技工作者和人文、社会科学家的联系，具有重大的现实意义。

（五）研究与开发的国际化趋势明显加快

全球性的信息网络，促进了世界各国的科研人员、科研机构，以及仪器资料等基础设施的流动和信息共享，大幅度降低了研究开发的成本，使得全球的研究开发资源有了可以充分流动和利用的巨大空间，出现了虚拟实验室等多种新型的研究组织形式，逐步形成一个"全球研究村"。

研究与开发的国际化现已成为发达国家争夺市场和资源，开展全球竞争的新形式。在这个进程中，发达国家无疑是最大的受益者。对于发展中国家来说，首先是一个挑战，因为这有可能加剧科技人员的流失；同时，跨国公司的产品还将更具有针对性和本土化的特征，有可能对民族产业产生更大的冲击。但另一方面，我们也要看到，研究和开发的国际化有可能成为一个机遇，也就是通过技术扩散和人才的

流动，加速提高自身的科技实力。

（六）科学技术特别是高技术已经成为经济和社会发展的主导力量

在20世纪以前，科学技术一直在经济发展中处于从属地位，基本的模式就是生产的实际需要刺激技术的发展，并进一步为科学理论的形成奠定了基础。例如，在生产力发展的驱动下，人们在1782年制造出往复式蒸汽机，但作为蒸汽机理论依据的热力学原理，直到19世纪中叶才建立起来。时至当代，生产、技术和科学的相互作用机制出现了逆转的现象。科学理论不仅走在技术和生产的前面，而且为技术生产的发展开辟了各种可能的途径。比如，先有了量子理论，而后促进了集成电路和电子计算机的发展。又如，运用相对论和原子核裂变原理形成和发展了核技术；运用分子生物学和遗传学的最新成就，形成了生物技术。所以，当代重大技术、工艺或工程往往是理论超前性的，也是知识密集型的。现代科学技术的这种特点，决定它在经济发展中成为主导力量。

实践已经证明，高技术及其产业是当代经济发展的火车头，可以促进劳动生产率大幅度提高。20世纪80年代以来，发展高技术及其产业已经成为一股世界性的潮流，高技术及其产业的发展水平已经成为一个影响国家综合国力的主要因素，成为衡量一个国家发达与否的重要标志。

总之，科学技术的飞速发展及其与社会、经济、文化互动的多样性，给我们带来了很多新的启示和新的理念，也影响着人类社会的各个方面。它要求我们按照全新的原则来组织研究工作和生产过程，对科研、教育和生产的体制进行革命性的变革。这从另一个侧面说明了中央深化体制改革的极端重要性。要实现这种变革，我们必须要做出相应的调整，首先是观念上的创新。

从教育方面来讲，为适应"知识爆炸"和多学科交叉、融合的发展趋势，我们必须改变原有的教育方式，从传统的知识教育、应试教育转向学习兴趣、学习能力的教育和创新信念、创新能力的培养，或者说向素质教育转变。

从科技工作上讲，要按照创新规律的要求，实现科学、技术、生产、服务的全程连接和紧密结合。这就要求我们必须从市场和国家目标出发，强化创新的各个环节，加速科学技术向现实生产力的转化；另外，必须立足于当代科学技术发展的特点和未来社会的根本要求，跳出原有的学科条块，营造一个更加开放、更加富有活力的创新环境，加强多学科的交叉和融合，加强科学和技术的结合，加强自然科学和人文社会科学的联合。

从经济发展上讲，我们应该更加重视科学技术在发展中的核心地位和推动作用，牢固树立科教兴国的战略观念，真正把经济和社会发展转移到依靠科技进步和提高劳动者素质的轨道上来。

二、当代科学技术进步对产业发展的影响

（一）产业结构正发生重大的变化，信息产业成为主导产业

以信息技术为代表的科学技术迅猛发展，已经成为引领经济增长和结构调整的主导力量。电子信息产业的发展及电子信息技术与传统产业的结合正迅速改变着一个国家的经济、社会的面貌。我们可以概览一下电子信息技术和产业已经或正在经历的变革[①]。

1. 信息技术迅猛发展，成为引领科学技术和经济社会发展的强大动力

微电子技术。芯片工艺技术将极大地影响信息产业的发展。目前，512M 的动态随机处理器已经大量进入市场。1G 的动态存储器（DRAM）已开始进入市场；预计 2010 年前后，16～64G 的产品将要问世。目前，大规模集成电路的光刻生产技术已经推进到 0.13 微米，2010 年前后有望提高到 0.07～0.05 微米的水平。微电子技术的前沿将面临传统硅工艺的突破和新的替代技术。虽然有人认为摩尔定律还有 10～20 年的发展余地，但专家普遍认为微电子技术即将进入"后光刻时代"，必须尽快研究与开发新材料、新手段，提出晶体管结构新设计和运算新理论。其中，生物芯片的研制有可能在近期取得重要进展。生物电子学研究表明，许多有机大分子在不同结构下具有存储、开关和信号传输的功能，超大分子的排列可以用于描述复杂的信息系统，因此运用生物膜自组装技术，在未来 15 年内，可能产生存储量达到 10^7G/毫米^3 而功耗仅仅为超大规模集成电路的 10^{-8} 的生物芯片。

计算机技术。微处理器的高速化和多媒体化，构成了计算机硬件的技术发展方向。目前，处理器的工作频率已经达到 2G 赫兹，2010 年左右将达到 10G 赫兹。并行处理技术已经非常成熟，美国已建成 3.8 万亿次/秒的大规模并行处理计算机（MPP），据《纽约时报》报道[②]，日本已建成处理能力相当于美国 20 台最快计算机总和的计算机。我国在这一领域也取得了相当骄人的成就。预计 21 世纪应用光子技术和生物芯片的功能、强大的计算机将要开始模拟人的大脑，用于认知传感和思维加工。

通信和网络技术。宽带化、数字化、多媒体化和智能化是通信和网络技术基本的发展方向。总趋势是数据、话音和图像三种技术的融合。美国新一代因特网计划，用比现有因特网快 100 倍或 1000 倍的高速网络，连接大学和实验室，容纳的用户可以增加 100 倍。全球移动通信的发展，经历了第一代模拟技术，到第二代以至

---

① 在电子信息领域的科技进步发展迅速内容论述中，本文所列举的数据主要是针对世纪之交时的情况。
② 参见：http://www.cas.cn/html/Dir/2002/04/21/4863.htm [1998-03-06].

于现在向第三代发展的过程。系统性和容量都有大幅度的提高，使个人移动接入、多媒体服务成为可能。信息网络技术当中物理带宽紧张和网络设备处理速度不高的两个关键问题将基本得到解决，今后 5~10 年，因特网将得到更加迅速的发展。在网络基础上的"4C"（计算机、通信、内容和消费电子[①]）的融合，以及个性化、多样化嵌入式产品的发展，使现有的微处理器（CPU）和操作系统垄断格局（也就是 WIN-TEL 体系）受到挑战。

由于对带宽强烈的要求，无论有线接入、无线接入还是主干网，更高的带宽将是下一个通信网络的主旋律。未来网络的主要功能是将分布在地球各个角落的宽带多媒体业务"无缝"地连接起来：用户可以在任何一个地方用任何一种接入方式访问全球任何一个数据库和网络，同时可以和任何用户保持任何方式的通信交流。传统网络由于技术和基础设施的局限，在网络安全、规模、性能、提供的业务等方面都存在缺陷，未来的网络必将朝着更大、更快、更及时、更安全、更方便的方向发展。

软件技术。国际信息产业结构正在进行战略性调整，由以硬件为主导向以软件为主导的方向过渡，软件的重要性日益显著。软件产业由销售软件产品向提供软件服务方向发展，利润来源向提供全面解决方案和技术服务转变。软件构件化设计技术既提高了软件的质量，又减少了对高层次软件人才的需求，降低了开发成本。因特网成为巨大的软件运行平台，软件的网络功能将会得到空前的加强。以 Linux 为代表的共享软件的出现，促使软件由垄断封闭型的开发向社会开放型的开发方向演化，代表了在网络上合作进行研究与开发的新趋势。

2. 信息产品日新月异，成为市场竞争的制高点

以数字化、网络化为基础，多媒体为特征，数字式电子信息产品将成为新一代产品中的主角。1996 年，世界计算机年销售台数第一次超过了工业社会最具有代表性的产品汽车的年销售总量，这具有重要的象征意义。现在，全世界微型计算机的年销售量已经超过 1.4 亿台，计算机互联网的用户已经超过 3 亿。

（1）有线通信。宽带综合业务数字网逐步取代普通光纤线路，成数量级地提高传输容量，它将成为新一代信息高速传输网络，成为信息高速公路的主干道。

（2）消费电子信息产品。数字式高清晰度电视、数字声广播将取代现行的模拟式电视和广播设备。特别值得注意的是，以数字化为基础，融计算机、电视机、电话、音响、传真机为一体的多媒体装置，将进入家庭、机关、企业及社会其他领域，取代现有分散的家用和办公电子产品。

（3）卫星通信系统。将进入大发展时期。预计未来 10 年内，全世界投资商将

[①] 即 computer、communication、content、consumption electronics。

向各种卫星系统投资 1000 亿美元。随之而来的是直播电视（direct TV）、直播广播（direct radio）、直播微机（direct PC）等，大批数字式新产品将大量涌入市场，通过一个小的室内天线即可清晰收到卫星传递的来自世界各地的电视、广播节目和其他数据信息。手持、车载的全球定位系统（GPS）可以以米级或厘米级的精度确定使用者在地球任何一点的位置，其大小如手表，价格不超过 100 美元，将作为普通产品得到广泛应用。

在信息技术快速发展的基础上，信息产业将会成为主导产业。发达国家的信息产业增加值比重已经占到 60%～70%，美国对计算机和通信设备的投资占资本设备总投资的 40%。20 世纪 90 年代以来，信息产业为美国创造了 1500 万个高薪就业机会，信息技术产品和服务出口增速 3 倍于美国的出口平均增速。到 21 世纪初，数字式信息产业将成为市场容量达几万亿乃至几十万亿美元的大产业，成为新产品的庞大家庭和市场竞争的制高点。

3. 产业结构变化的主要趋势是高技术化、信息化，信息产业的发展大大加快了传统产业改造的进程

电子信息技术和其他高技术将波及、渗透到产业中的各个领域。生物技术的广泛应用将改变农业的面貌，大幅度提高农产品的数量和质量，改变人类饮食结构；同时，农业信息化赋予现代农业以新的内容，促使农业向工厂化发展。电子信息装备和元器件制造业等高技术、高附加值产业成为第二产业中的主导产业。传统产业与电子信息技术的嫁接促进了产业的升级和自动化、智能化，加速了整个经济的信息化进程。信息化正在打破通信业、计算机业和影视传媒业之间的分工，使公众电话网、数据通信网和广播电视网开始交织成一个整体，大大降低了通信基础设施的费用，并提高了效率。网络化使计算机从单机、局部网、广域网走向全球化的网络与系统，将数据处理、信息通信、信息资源服务、金融服务、消费服务和大众传媒服务都纳入一个系统中，各种数据的大汇集带来了空前的技术发展前景和商业机会。

据统计，发达国家的信息产业加上与其紧密相关的产业，其生产增加值的比重已达到 GDP 的 60%～70%。1995 年，全球范围内信息产业的产值已经超过 1 万亿美元。以电子信息技术为支撑的现代第三产业，已取代制造业成为规模最大的产业。据美国数据集团估计，2000 年，通过计算机网络传输的各种数据服务业产值将超过 1 万亿美元。电子信息产业开拓了众多新的就业机会，加速了劳动力在产业中的大转移。据统计，1995 年美国蓝领工人占社会劳动力的比重已下降到 20%，有人预计到 2020 年，将下降到 2%，相当于现在农业人口的比重。信息服务业及其他第三产业的就业人口将占劳动力总数的 90%。这种产业结构、就业结构的变化程度，远远超过了 18 世纪工业革命后人类社会从农业化向工业化变革的程度。

（二）生物技术的突破正在酝酿新的主导产业

20世纪70年代以来，以DNA重组技术为核心的现代生物技术蓬勃发展。目前，在全世界每年授予1万多项专利技术当中，有近1/3出自生物技术。专家预测，到2020年，30项最主要的创新技术将有一半来自生物技术领域，生物技术和相关的产业将会成为21世纪的主导产业之一。生物技术发展当前正在酝酿大的突破，表现在以下几个方面。

（1）人类基因组计划。其目标是对人类数万个基因全部进行鉴定和定性。预计在2003年可完成全部基因组30亿对核苷酸序列的测定。人类基因组计划一旦完成，将给医学和生命科学带来不可估量的好处。将来，科学家可有目的地去鉴定和分离出更多的功能基因，开发人类遗传病的早期诊断技术，以及开发疾病治疗药物和基因治疗产品。

（2）生物芯片技术。生物芯片技术是国外20世纪90年代发展起来的一门新兴技术。它既不是一种电子元件，也不是所谓的生物计算机，而是利用微电子芯片的光刻技术、纳米技术和其他方法，将成千上万甚至更多的生命信息集成在一个很小的芯片上，从而将生命科学研究中的样品制备、化学反应和分离检测等步骤连续化和微型化。与利用生物芯片做成的各种用途的生化分析仪器和传统仪器相比，其不仅体积小、重量轻、成本低、防污染、分析过程全自动化，更重要的是它的分析速度和信息处理量得到成千上万倍的提高，同时也成千上万倍地减少了样品和试剂的需要量。这类仪器的出现将对生命科学研究、疾病诊断和治疗、新药的开发、司法鉴定、食品卫生监督等领域都带来一场革命，也会带动一批新的高技术产业的崛起。

（3）生物制药技术。这是目前生物技术领域中最重要的发展方向。利用转基因动植物生产药用蛋白是一种全新的药物生产模式。目前，国际上已经成立了几十家转基因动物公司，转基因牛、羊和猪的成功实例已有多种，生产出很多贵重的药用蛋白，科学家还正在培养奶汁当中含有药物的牛、羊。从效益上讲，一头这样的母山羊可以抵上一座投资1亿美元的药厂。此外，转基因动物还能够提供人体器官移植所需要的器官，从而使人类的医疗手段更加多样化。

（4）农业生物技术。近年来，在转基因动植物的研究方面取得了重大进展。生物学家正在设法往植物中插入更多的基因，重绘作物遗传蓝图，培育出生产改良食品、药物和化学产品的作物，使它们转变为生产化工产品和药品的"生物工厂"，包括培育产出塑料的作物、果实含有疫苗的作物、高含油量的大豆、有天然色彩的棉花等。未来"化工农业"、"药品农业"等新兴产业的出现，将改变传统意义上的农业概念。

（5）克隆技术和干细胞的研究。目前，克隆技术和干细胞的研究主要涉及经济动物和人类体细胞或干细胞。经济动物的克隆研究直接导致了"多莉羊"的诞生。

人类干细胞的研究用途不可估量，在包括医学在内的生命科学的多个领域，研究越来越深入。

干细胞及其衍生组织器官的临床应用催生了一种革命性的治疗技术——干细胞治疗技术，也就是再造正常的甚至更年轻的组织器官。通过这种技术可以使人们利用自己或者他人的干细胞和由干细胞产生的新器官，代替病变或衰老的组织器官，由此推动了一门新兴学科——再生医学的发展。

（三）企业组织结构经历新的调整

科技加速了企业组织结构和组织形式的调整。在现代企业的组织结构方面，变化趋势主要表现出以下特点。

1. 高新技术大企业中，研究开发与生产经营、销售服务的一体化

传统的企业组织结构是以生产为主形成的。虽然不少企业拥有实力较强的研究开发机构，但大多数是附属机构。20世纪70年代后，技术创新活动上升为企业经营的主体活动，研究开发组织与生产、销售组织逐步融为一体。特别是一批高新技术企业的崛起，大多是从几个科技人员将科研成果商品化开始，逐步使研究、开发、销售、服务成为连续性的生产经营活动，成为研究开发型的大型公司。例如，美国的英特尔、微软、奥瑞克、网景、惠普等公司已进入世界500家大企业之列，这些公司有一个显著特点，就是集技、工、贸于一体的知识密集型企业，科技人员是公司员工的主体。

2. 生产经营分工的专业化，公司结构出现"两头大中间小"的哑铃式组织结构形式

公司在掌握品牌、专利、总体设计等知识产权的前提下，将主要力量集中在研究开发、销售服务两头，将大多数零部件的生产放在其他专业性企业，通过合同的形式进行柔性合作，使生产组织结构成为开放式的体系。

3. 公司之间强强合并，谋取在行业国际市场中的垄断地位

高科技及其产业的发展，驱使垄断资本通过扩大经营规模追逐更多的超额利润。国际经济一体化，使这些公司从相互竞争转向联手与其他企业竞争，许多大公司掀起合并潮。例如，IBM公司花费35亿美元兼并莲花软件公司，试图获得计算机及软件业的霸主地位；波音公司与麦道公司的合并，使其稳坐世界飞机市场霸主的宝座；生产电脑网络的三康（3Com）公司以66亿美元并购数据机厂商美国机器人公司，成为电脑网络方面的领先者；英国电信公司支付208亿美元兼并了美国的微波通信公司。同时，许多大公司收缩业务范围，把经营集中在优势领域，以求在此方面有较大的经济规模和较高的市场占有率，从而强化垄断地位。这种垄断型高

技术跨国公司给发展中国家带来了巨大的挑战。

4. 跨国公司加强网络化和国际化，以谋求利用世界各地的资源优势，在世界范围实现生产要素的优化组合

国际互联网的形成、企业内部网的建设（美国在1997年将有80%～90%的公司建立内部网）为公司的内部管理和合作提供了现代化手段。跨国公司迅速发展，资源、市场、生产变得无国界，触角遍及许多国家。不少跨国公司在世界各地的分公司总数达上千个。这种国际性开放组织结构，使其能够广泛利用国际资源、劳动力，在世界市场竞争中占据优势，形成进军国际市场的联合舰队。同时，由于电子信息等产品开发的成本越来越高，即使大公司也难全部独揽，于是就出现了企业间的"技术联盟"，分工合作，共同开发，共占市场，共享利益。典型的在计算机领域的联盟，如英特尔公司主要研究开发、生产微处理器，IBM公司生产主机，微软公司生产系统软件等。随着信息网络的发展，还出现了"虚拟公司"的新概念。即围绕某一产品开发生产，不同公司（包括异地、异国公司间）进行协作或联合，进行一体化的研究、开发、生产和销售。

（四）科技创新能力成为国际市场竞争力的决定性因素

科学技术的更新速度日益加快，技术更新与产品更新几乎同步化，使技术创新能力已经取代价格等传统因素，成为在市场竞争中取胜的决定性因素。技术创新不但能够适应市场和消费的需求，更重要的是可以开拓市场，创造新的消费需求，引导消费结构的变化。计算机、移动通信等电子信息产品更新换代如此之快，其市场容量之大，往往超过了经济学家的预测。在高技术领域，往往是科技进步牵着市场的鼻子走。

科技创新成为产业结构升级的首要因素。在新兴产业中，技术与知识的含量不断增长。例如，半导体微型芯片的制造成本中约70%来自"知识"投入，制药业中"知识"投入成本占50%以上。与此相适应，高技术贸易与"知识"贸易业迅速增长，发达国家的高新技术贸易在国际贸易中的比重已占到40%左右。

值得提出的是，技术创新能力上的差距可能导致发达国家与发展中国家的差距进一步拉大。首先，以资源、劳动力、传统技术等为基础的低层次产业结构，与以高技术为基础的高层次产业结构相竞争，劣势十分明显。发展中国家的资源及初加工产品、劳动密集类产品的低价格竞争优势已逐步消失。新产品特别是高技术产品研究开发的成本越来越高，且研究开发实力主要集中在发达国家。美国等西方国家的一些高技术跨国公司，研发经费一般为其销售额的10%～20%，甚至更多，许多公司每年的研发经费投入都在几十亿美元甚至上百亿美元。1996年，IBM公司仅网

络软件的开发经费，就投入43亿美元，这比我国财政研发投入的总量还多[①]。其次，发达国家优越的工作和生活条件，吸引着世界各地的优秀科技人才，发展中国家人才流失严重，使本已倾斜的科技实力差距进一步加剧。

科技水平的差距已成为国际经济秩序不公平的重要原因之一。美国等一些西方国家仰仗其科技及相应的经济优势，将重点放在经济领域实现其称霸世界的野心，知识产权成为其称霸的一张王牌。1995年11月，世界贸易组织（WTO）通过了将知识产权与贸易挂钩的协定。1996年12月在新加坡WTO部长会议上，达成到2000年削减和取消信息产品关税的协定。目前，这类产品世界市场容量达6000亿美元，2000年可达7500亿美元，这种自由竞争将为发达国家进入别国市场打开绿灯。

技术创新之争既是综合实力的竞争，同时也是研发与开发投入的竞争，更是国家科技战略和政策的竞争。特别是在引导产业和制定产业技术标准等方面，国家的政策往往决定了技术创新竞争的成败。另外，技术创新能力上的差距，导致了发达国家和发展中国家差距的进一步拉大。所以，迅速地提高科技实力特别是技术创新能力，已经成为广大发展中国家发展经济、自强自立的当务之急，是事关民族利益、地位乃至民族生存的迫切任务。

三、当代科学技术进步对经济、社会发展的影响

以信息技术革命为中心的当代科技革命在全球的蓬勃兴起，标志着人类从工业社会向信息社会的历史性跨越。信息化、知识化将成为下世纪最鲜明的时代特征。世纪交替的历史时期，社会形态的这一重大变革，正引起人类生产和生活方式的深刻变化，推动着经济结构的重大调整，带来生产力质的飞跃，主要表现在以下四个方面。

（一）原始性创新成为现代技术革命和新兴产业发展的源泉

20世纪以前，科学技术在经济发展中处于从属地位。生产实际的需要刺激了技术的发展，并为科学理论的形成奠定基础。时至当代，生产、技术、科学的相互作用机制出现了逆转现象。科学理论不仅走在技术和生产前面，而且为技术、生产的发展开辟各种可能的途径。据有关资料统计，现代技术革命的成果约有90%源于基础研究及其他原始性创新。

历史经验表明，一项原始性创新，如尼龙、电视机、计算机、因特网等，总是会带动一批高技术企业的成长，开辟一大片新市场。越来越多的科技企业在全球市

---

① 当年我国财政研发经费投入仅为320亿元人民币，美元兑人民币的汇率为8.27。

场的竞争与合作中瞄准原始性创新，企业成为参与并推动原始性创新的重要力量。比如，美国的塞勒拉基因公司作为一家筛选人类基因的私人公司，正在同由政府公共基金支持进行人类基因工程研究的多个国家的科研机构展开竞争，以期抢先完成人类全部基因图谱的破译。

（二）科技进步成为新的经济和社会发展观的基础

科技进步是新的经济发展观形成和发展的重要基石。以信息产业为代表的高新技术产业，推动着世界范围的产业结构调整，极大地改变了全球产业格局。网络成为继铁路、公路之后新的基础设施；虚拟经济开始走上前台；一大批传统产业与新技术嫁接而获得新生。一些发达国家已经率先走上了以知识为基础发展经济的轨道。经济发展新规律已经在多个方面突破了传统经济理论的局限，推动其不断创新。在信息和网络时代，传统经济理论的基本前提——稀缺性原理受到挑战，主观稀缺性规律即人接受信息能力的有限性和信息供给无限性之间的矛盾成为重要经济规律。而摩尔定律（单位面积芯片的信息存储量每 18 个月增加 1 倍）、梅特卡夫定律（网络的价值与网络节点的平方成正比）、盖茨定律（高技术企业的增长取决于企业家创新）等的提出，较传统经济理论更好地解释了信息和网络时代出现的许多新经济现象。

科技进步也改变了人类的社会发展观，可持续发展成为社会发展的重要目标。可持续发展的核心是发展，其发展源泉将主要来自科学技术的进步。科技创新不断地突破"增长的极限"，使可持续发展成为现实。自 1973 世界石油危机至今的 30 年中，美国经济增长了 40%，但能源总消耗量只增长了 5%。科技创新还使人类活动范围不断拓展，向宇宙空间、海洋空间、南北极地及地球表层以下的巨大资源宝库延伸。太阳能、生物能等多种可再生新能源的开发和利用，将根本扭转生态环境不断恶化的局面，各种新的合成材料和基因工程创造出的动植物新品种，将极大缓解人类面临的资源枯竭问题。与此同时，环保产业迅速崛起成为新的支柱产业，预计本世纪末环保产业的市场规模将突破 6000 亿美元。

新的经济和社会发展观表明，科学技术已经成为未来经济和社会发展的战略性资源，科技进步将不断引导生产方式、经济结构，以及人类生活方式向更高层次发展。

（三）人类生产、工作和生活方式正在经历深刻的变革

终身职业的概念将会成为历史陈迹。新技术的发展和应用引起社会职业结构的调整，促使人们更加重视职业教育。办公自动化和信息化大大提高了政府和商务工作的效率。1995 年，美国已经有 760 万人上班不坐班，信息网络已经改变了工作的传统观念，有人预计在 21 世纪将会有 40% 的人在家里上班。信息革命对生活方式的变革，标志着人类在现代物质和精神文明方面大踏步地跨越。不同国家、社会和

民族之间的交流和融合将进一步增强。在美国等发达国家，人们可以通过信息网络，不出家门就可以进行购物、保健、图书阅览、教育、娱乐等活动。通过计算机网络的教育系统，大约可以减少40%的学习时间和30%的费用，而多获得30%的知识。1994年纽约建立的互联网购物中心，入网商店有2万多家，有1100多万户家庭网上购物。联机式网络保健服务病人可以在家选择外地医生看病。医疗保健这种革命性变革，仅在美国估计每年可以节省360亿～1000亿美元的医疗费用，而且将大幅度提高医疗质量和人们的健康水平。

（四）科学技术的发展强烈影响国家安全的理念和格局

随着社会经济和科学技术的飞速发展，国家安全的概念，其外延在扩展，内涵在深化。以军事安全为核心的传统安全观正在拓展为包括经济安全、军事安全、文化安全、社会安全，以及生态环境安全等内容的现代安全观，而科学技术越来越成为国家安全保障的核心要素。特别是对大国而言，没有强大的科学技术做后盾，就没有未来的国家安全保障。

1. 经济安全

冷战结束后，国家间的竞争已从主要是军事竞争转变为主要是经济竞争。集中表现在对全球化国际市场的占有，表现为国家科技竞争力和可持续发展能力。有的学者曾经谈到：对一个国家来说，失去市场比失去领土的后果更为严重；占领市场比占领领土能享受更多的好处。这个观点值得深思。的确在当代，以科技创新为基础的经济安全已经成为国家安全中极为重要的因素。有些国家可以花钱购买武器，或者靠别人的帮助获得军事安全，但是任何国家很难以同样的方式获得经济安全。这一点在当前的国际竞争中表现得越来越明显。

2. 军事安全

高技术已经成为国家军事安全的核心技术支撑力量，它是决胜的关键。高技术在军事领域的广泛应用，使未来的战争不可能靠人海战术取胜。未来的战争必将成为核威慑、信息威慑以至生物威慑条件下的高技术战争。特别是以信息、生物等高新技术为基础的信息战、生物战，其影响和破坏范围将远远超过传统战争，并能以特殊的方式对政治、军事、经济、科技、社会、文化和环境等产生全面和广泛的影响，成为真正的"无边界、无时限的战争"，将从根本上改变未来战争的方式。

3. 生态环境和社会安全

在以和平与发展为主题的时代，广义的安全包括人与自然的关系，包括人类自身的生存状态。在生态环境、健康、生活必需品等方面一旦出现重大问题，都将会严重扰乱社会甚至国际的安全结构。因为这类问题往往具有群体性、蔓延性和灾难性，有时还具有突发性。其中，很多问题没有国界的限制，其跨国界的蔓延防不胜防，这已经成为引发国际政治争端的一个诱因。全球的环境和生态问题，石油、淡水、粮食等重要战略资源的储备，核泄漏、疯牛病、艾滋病等，都已成为影响国家安全、全球安全的重要因素。如果对这些问题不及时加以防范，或者应对措施不当，不仅本国的经济和社会发展会直接受到影响，还常常会给国家在国际交往中带来负面影响。因而，这些问题也将会成为有关国家安全科技研究的重点。

（五）经济社会结构正在发生质的变化，知识型经济将逐步占据主导地位

工业革命使以自然资源为基础的自然经济转化为以资本为基础的资本型经济；信息产业革命正将资本型经济转化为知识经济。这将意味着知识和信息将代替自然资源、资本等要素，成为新的、主要的资源和经济要素；知识的创造、转化和传播成为人类最主要的社会生产活动；公司将成为不断学习、创新和利用新知识的组织。经济合作与发展组织（OECD）在其1996年年度报告中指出，其主要成员国国内生产总值（GDP）的50％以上是以知识为基础获得的。知识经济不仅仅改变了世界经济结构，也改变了传统观念。在农业经济时代，人们梦想占有土地；在工业经济时代，人们希望拥有资本；在知识经济时代，掌握知识将成为人们的追求。创造知识、应用知识的能力和效率将成为影响一个国家综合国力和国际竞争力的重要因素。

高技术产业与我国可持续发展[①]

(1998年8月10日)

我们即将迈入21世纪。随着冷战的结束，和平与发展成为当今世界的主流。世纪之交被世界各国视为争夺下一世纪竞争优势的至关重要的时期。中国作为发展中的大国，在国际经济和社会生活中发挥着越来越重要的作用。面对21世纪，我们如何抓住机遇、迎接挑战，走出一条有中国特色的发展道路，是摆在决策者面前的重要课题，也是关注国家发展、民族昌盛的有志之士共同思考的问题。

今天，我谈一谈中国面向21世纪的发展战略，主要包括三方面内容：一是科教兴国战略和可持续发展战略；二是中国为什么要实施可持续发展战略；三是中国如何走可持续发展的道路，主要谈发展高新技术及其产业与可持续发展的关系。

一、科教兴国战略和可持续发展战略

1995年，中共中央[②]、国务院[③]颁布了《关于加速科学技术进步的决定》，明确提出了实施科教兴国战略。党的十五大报告将实施科教兴国战略和可持续发展战略作为我国现代化建设的重要方针。这对于我国今后15年的发展乃至整个现代化的实现，具有十分重要的意义。

科教兴国，是指全面落实科学技术是第一生产力的思想，坚持以教育为本，把科技和教育摆在经济、社会发展的重要位置，增强国家的科技实力和向现实生产力转化的能力，提高全民族的科技文化素质，把经济建设转移到依靠科技进步和提高劳动者的素质的轨道上来，加速实现国家的繁荣强盛。

可持续发展的概念是在挪威首相布伦特兰夫人组织编写的《我们共同的未来》的报告中首先提出来的，并在1992年的联合国环境发展大会上得到了普遍接受。所谓可持续发展，是指既满足当代人的需求又不损害子孙后代需求的发展，它包含

[①] 节选自1998年8月10日的"面向21世纪的我国可持续发展之路"报告（有删节）。
[②] 即中国共产党中央委员会，简称中共中央。
[③] 即中华人民共和国国务院，简称国务院。

以下几个原则。

(1) 公平性原则。这里所说的公平性原则，既包括当代人之间的公平，也包括代际之间的公平。从当代人来看，现实状况是世界的两极分化严重且日益加剧。拥有全球 20% 人口的发达国家消耗了全球 80% 的能源、钢铁和纸张，其国民收入占全球的 85%；而人口占全球 75% 的发展中国家只占有很少的资源，尚有 10 亿人处于贫困、饥饿的状况。这种贫富悬殊的世界是不可持续的。从代际公平来看，人类赖以生存的自然资源是有限的，当代人不仅要考虑自身的利益，更要从可持续发展的观点出发，合理利用资源，给世世代代以公平利用自然资源的权利。

(2) 持续性原则。可持续发展是要满足人类的需求，而需求的满足并不是没有限制的，需求的限制是自然资源和环境。发展要以环境的承载力为极限，发展一旦破坏了人类生存的物质基础，其本身也就衰退了。可持续发展原则的核心，指的是人类经济和社会发展不能超越资源与环境的承载能力。

(3) 共同性原则。由于各国历史文化、自然条件、发展水平各异，对可持续发展所考虑的各因素的重要性是不一样的，发展的具体目标、发展模式和实施步骤也不同。但是，由于地球的整体性和相依性，每个国家都不可能独立地实现其本国的可持续发展。正如《我们共同的未来》中所说的，我们只有一个地球，我们面临着共同的未来。

可持续发展的核心，在于正确处理"人与自然"和"人与人"的关系，要求人类以最高的智力和最强的责任感，去规范自己的行为，去创造和谐的世界。人与自然的互为调和、协同进化，人与人的同舟共济、协同发展，利己利他的平衡、当代后代的协调，以及自助互助的公信、自律互律的制约等，构成了可持续发展的丰富内涵，构筑了人类追求文明进化的理想模式。虽然对于这一体系的严格解释和界定还在困扰许多领域的科学家、政治家及社会学家，而且这种困扰还将持续几代人，但是可持续发展的思想为人类展示了未来发展的美好前景。

今天，可持续发展是 21 世纪世界面对的几大中心问题之一，它直接关系到人类文明的延续，并成为参与国家最高决策不可或缺的基本要素，是国家发展战略目标的选择和诊断国家健康运行的标准，反映在各国的经济计划和发展规划之中。

我国于 1994 年编制了《中国 21 世纪议程》，成为世界上第一个编制国家 21 世纪议程的国家。党中央、国务院从中国的实际情况出发，顺应历史发展趋势，将可持续作为我国社会、经济发展的跨世纪总体战略。在短短的两三年时间内，可持续发展的思想不仅迅速为各级领导所接受，而且正在逐步成为广大群众和社会各界的共识。

虽然可持续发展是当今世界各国追求的战略选择，但它对于不同国家意味着不同的内容。中国对于可持续发展的理解既有全球共同性的一面，又有我们自己的重点。我国是发展中国家，正处于从不发达向发达、从计划经济向市场经济过渡的时期，发展经济、提高综合国力是首要需求，这必然有别于发达国家，并代表了发展中国家的普遍要求和利益；中国又是一个特殊的发展中国家，人口众多、幅员辽阔、人均资源相对不足；同时，中国有着悠久的历史和丰富的传统文化，强调的不是对自然的征服而是天人合一，并相对重视家庭和对未来的投资。因此，中国对可持续发展的理解体现了以下诸方面的内容。

第一，可持续发展的核心是发展，其中既包括经济的发展也包括社会的发展，以及保持、建设良好的生态环境。历史的经验和教训告诉我们，落后和贫穷不可能实现可持续发展的目标。中国要消除贫困，提高人民的生活水平，就必须毫不动摇地把发展经济放在首位，这是我们办一切事情的物质基础，也是实现人口、资源、环境与经济协调发展的根本保证。第二，可持续发展的重要标志是资源的永续利用和良好的生态环境，这是实现社会经济可持续发展的物质基础。第三，可持续发展是要求既考虑当前发展的需要，又考虑未来发展的需要，不以牺牲后代人的利益为代价来发展。当前，关键在于实现两个根本性转变，使国民经济和社会发展逐步走上良性循环的道路。第四，实现可持续发展战略的关键在于综合决策机制和协调管理机制自我改善，只有依靠完善的法律体系、政策体系和强有力的执法监督，建立可持续发展的综合决策机制和协调管理机制，才能使可持续发展战略得到贯彻和落实。第五，实施可持续发展战略最深厚的根基在民众之中，实现可持续发展必须转变观念和行为规范，只有广大干部群众正确认识和对待人与自然的关系，用可持续发展的思想、观点和知识改变传统的不可持续的生产方式、消费方式和思维方式，并使其成为人们的自觉行动，可持续发展才能真正实现。

总之，可持续发展战略是一种新的发展思想和发展战略，从本质上说，是人类发展模式的一次历史性转变，也是人类生产方式、消费方式乃至思维方式的革命性变化。可以说，科教兴国是实现可持续发展的基本手段和重要途径，而可持续发展是科教兴国战略的发展方向和重要目标。中国面向21世纪，要走一条以科技和教育为支撑的可持续发展道路。

二、实施可持续发展战略是中国新世纪发展的必然选择

国内外的发展经验证明，实施可持续发展战略是人类文明进化的必由之路和社会经济发展的最终归宿。

（一）可持续发展——历史的选择

第二次世界大战以后，出于重建家园的强烈愿望，世界各国纷纷将全部精力用于经济建设，出现了一股前所未有的"增长热"。在这一时期，发达国家物质财富的积累达到了惊人的水平，在短短的二三十年里，经济发展把一个饱受战争创伤的世界，推向了一个崭新的、高度发达的信息时代。在这一时期，发展主要是按照经济增长来定义的，也就是以国民生产总值（GNP）或国民收入的增长为主要衡量指标。自20世纪30年代凯恩斯主义者在经济学中取得主导地位后，GNP一直作为国

家统计体系衡量经济福利的综合指标和国民生活水平的象征，这意味着有了经济发展就有了一切，全然不考虑环境因素，其后果是许多国家产生了日益严重的农业问题、人口和失业问题、城市问题、环境污染和生态环境破坏问题等。

自工业化以来，发达国家走过的发展道路，就是常说的"高生产、高消耗、高污染"的传统发展模式。传统发展模式带来了一系列问题，主要表现在以下几个方面。

1. 世界人口急剧膨胀

自1950年以来，世界人口翻了一番，预计到下个世纪中叶还将再翻一番。1995年，世界人口已达57亿，而且还以每年8600万人的速度增长着，预计到2030年，世界人口将达90亿。人口如此迅速的增长，若不加以控制，势必会进一步破坏生态的良性循环，耗竭自然资源。此外，人口分布极不均衡，世界人口的72%集中在发展中国家，而未来新增人口的92%也将集中在发展中国家，这对自然资源本来就不足的发展中国家来说，无疑将造成更大的威胁。

2. 粮食短缺

由于人类大规模的经济活动，造成了森林和草地萎缩、土地荒漠化、能源和水资源急剧减少等方面资源环境的破坏；另外，由于各国自然资源与农业技术水平的差别，造成世界各地粮食产量极不均衡，占世界人口30%的发达国家，粮食供应有余，而占世界人口70%的发展中国家，粮食严重不足，有10亿多人口营养不良，近1亿人在饥饿、死亡的边缘挣扎。

3. 能源危机

工业发展、人口激增和人类对物质生活的奢求，极大地加快了能源的消耗速度，而地球上化石能源的供应却是有限的。

4. 环境污染

由于人口激增，人类对粮食及其他自然资源的大量耗用，生产活动的扩大，以及新化学物质的大量使用，造成了大气、水体、土壤的污染。环境污染已危及到人类的健康、生存和正常的繁衍。同时，在能源的开发和利用过程中，又破坏了森林、草原、耕地和河海等资源环境，并向大气、水体和土壤中排放大量的有害物质，进一步使生态环境恶化。

当发达国家跨越这一阶段并对此进行反思时，许多发展中国家仍然沿用这种发展模式，其结果便是使发展中国家不但与发达国家人均国民生产总值的差距进一步扩大，而且环境污染和生态破坏日益严重。

工业化以来出现的种种环境问题，使传统的发展模式受到了严峻的挑战。从20世纪60年代起，对环境问题的关注，对发展道路的反思和探索在世界范围内展开。

1963年，蕾切尔·卡逊的《寂静的春天》（*Silent Spring*）一书出版，引起了世界的轰动。书中列举了自工业革命以来所发生的重大公害事件，将环境保护这一严肃的问题摆在了世人面前。书中指出：人类一方面在创造高度的文明，另一方面又在毁灭已有的文明。生态环境恶化如不及时遏制，人类将"生活在幸福的坟墓之中"。

20世纪70年代初，以麻省理工学院梅多斯（D. L. Meadows）为首的研究小组，完成了长篇报告《增长的极限》（*Limits to Growth*）。梅多斯借助系统动力学模型，研究了世界人口增长、粮食生产、工业发展、资源消耗和环境污染五种因素对人类发展的影响，指出了地球的有限性。据此，罗马俱乐部①的成员得出了"零增长"的悲观结论，即为了避免因超越地球资源和物质极限而导致灾难性的后果发生，经济应保持零增长（甚至负增长）。他们认为，不能期望依靠科学技术进步来摆脱这种危机，只有停止地球上人口的增长和经济发展，才能维持全球的平衡。

《增长的极限》的发表，引起了科技界及政界对当代人口、粮食、能源、资源和环境这五大问题的密切关注和激烈讨论，使人类意识到所面临的问题的严峻性。从这一点来看，《增长的极限》是有一定的现实意义和历史意义的，但它得出的结论是错误的，作者否认依靠科学技术进步可以解决人类面临的困境。其在研究和探讨问题时，仅仅考虑物质能量自然系统的影响和作用，将全球的模拟模型简单化了，因而不具有可行性。

1972年6月，在瑞典斯德哥尔摩举行了人类环境会议。这是人类历史上第一次在世界范围内以"人类与环境"为主题召开的会议，是人类环境史上的重大转折。从这时起，各国纷纷采取环境保护措施，以治理污染，改善环境质量。但人们并未找到解决环境问题的正确办法，虽然局部问题有所改善，但从全球范围看，环境问题打破了区域和国家的界限，演变成全球气候变暖、臭氧层破坏、生物多样性锐减、土壤退化和荒漠化、酸雨等全球性的问题。

在全球环境继续恶化、经济发展问题更趋严重的背景下，联合国环境与发展大会于1992年6月在里约热内卢召开。在这次会议上，不论是发达国家还是发展中国家对环境问题的认识空前一致，可持续发展的思想作为会议的主导思想得到了普遍接受。会议促使各国首脑层对这一思想达到认同，同时把可持续发展由思想、理论推向了实践。

自联合国环境与发展大会召开以来，各国政府在通过制定新的可持续发展政策及战略，调整理顺政策和规划，使环境和发展协调一致方面做出了很多努力。在短短五六年的时间中，有150多个国家建立了与可持续发展有关的国家委员会或协调机构，以求找到适合本国的可持续发展道路；已有74个国家向联合国可持续发展委员会提交了执行《21世纪议程》的国家报告，许多国家制定了自己的可持续发

---

① 罗马俱乐部（Club of Rome）是一个关于未来学研究的国际性民间学术团体，也是一个研讨全球问题的全球智囊组织。

战略。这些国家中有为数众多的发展中国家，他们克服重重困难，主要依靠自身力量，在可持续发展的道路上迈出了重要一步。

（二）中国探索可持续发展道路的历程

新中国成立以来，尤其是改革开放以来，我国的经济建设和社会发展取得了长足进步。经济体制发生了深刻变革，国民经济实现了持续、快速增长，综合经济效益和科学技术水平有了一定的提高。

但是，我国的经济发展仍然没有走出资源型的经济模式，一直在走高投入、高消耗、低效益、低产出、追求数量增长而忽视质量提高的道路，这导致宏观经济效益的提高缺乏后劲。例如，我国社会总产品物资消耗1952年为42%，1987年上升到56%，1990年则高达62.6%；我国单位产值能耗是发达国家的3～4倍，能源平均利用率只有30%。这种靠资源消耗的增长模式，不仅使经济增长缺乏后劲，而且也带来了资源短缺、生态破坏和环境污染等问题。由于对森林和草原的滥砍滥伐，植被遭到破坏，导致了水土流失和土壤侵蚀。20世纪50年代我国水土流失面积为80万平方公里；20世纪90年代达到160多万平方公里，占国土面积的1/6。水土流失还造成耕地减少，我国人均耕地面积不足世界的1/2，并且其中有1亿亩[①]山坡地和边远劣地。我国水资源缺乏，全国有300个大城市严重缺水，其中还有不少城市面临着水污染问题。南涝北旱的现象每年出现，今年长江中下游地区洪水泛滥，给工农业生产和人民生命财产造成了严重损失，与此同时，黄河断流已成为制约黄河中下游地区发展的一大因素。1996年，我国各种灾害造成的经济损失占GDP的比值达3.2%。资源短缺和环境污染已严重威胁到社会经济的健康、快速发展。

中国是一个发展中大国，当前正处于经济快速增长的发展过程中，面临着提高社会生产力、增强综合国力的任务，同时又面临着相当严峻的环境问题。摆在我们面前的只有唯一的一种选择，即根据中国的具体国情，走可持续发展之路。

联合国环境与发展大会召开后，中国政府迅速部署编制《中国21世纪议程》，并于1994年开始贯彻实施。中国在发展中开始将经济、社会、资源与环境密切结合，注重在生态持续性、经济持续性和社会持续性上全面发展。可持续发展成为中国新世纪实现经济振兴和民族发展的一项重要战略。

（三）亚洲金融危机在经济的可持续发展方面给我们上了生动而又深刻的一课

自1997年6～7月起肇始于泰国的金融危机，在短短的几个月内席卷了整个东南亚，在泰国、印度尼西亚、马来西亚、韩国相继遭受严重冲击后，亚洲头号、世界第二大经济强国日本也出现了金融危机，并面临着一系列无法避免的挑战和问

---

① 1亩≈666.7平方米。

题。从 1997 年 7 月 1 日到 1998 年 7 月 2 日的一年的时间内，亚洲主要货币纷纷贬值，对美元的贬幅分别为：印尼盾 83.4%，泰铢 38.5%，马林吉特 39%，菲比索 36%，韩元 35%，新台币 19%，日元 17.5%，新加坡元 15%，亚洲经济遭受重创。

今天，东亚金融危机已经演变成了一场波及全球的经济危机。在这一年中，虽然国际上三次提供巨额紧急援助，但目前危机并没有结束，亚洲仍处于动荡之中，而且将长期面临萧条景象，工业和金融业调整的任务十分艰巨。与此同时，灾难已蔓延到俄罗斯、澳大利亚、新西兰等国。今年 7 月 3 日结束的"哈瓦那 98 拉美经济年会"指出，由于受到亚洲金融危机的影响，拉美 7 国 1998 年经济平均增长率将由预计的 5% 降低到 3.5%。欧洲经济也将受到影响，尤其是出口受到严重打击，萨洛蒙-史密斯-巴尼公司已经将明年参加实行单一货币的 11 个欧洲国家的经济增长率预测从 3% 降低至 2.6%。美国的经济也将受到危机的影响，其认为亚洲金融危机是所面临的最大威胁。

那么，为什么看上去生机勃勃的亚洲"小龙"、"小虎"如此不堪一击、说垮就垮呢？目前，这方面的研究很多，也得出了很多有价值的结论。我认为，可以说亚洲金融危机实际上是经济危机，本质上是科技危机。东亚国家在发展模式上虽然不尽相同，但其共同点在于：这些国家都片面追求高速度的发展，而忽视了提高经济增长的效率，这种靠大规模投入造成外延式经济增长是与通过科技和教育促进经济增长质量提高的内涵式发展相背离的，因而是不可持续的。

其实，早在 1994 年 12 月，美国斯坦福大学经济学教授保罗·克鲁格曼（P. Krugman）就曾发表了题为《亚洲奇迹的神话》的文章，对亚洲经济的持续发展提出了质疑，指出了亚洲"经济奇迹"背后所潜在的结构性矛盾。他预言，这些国家的经济增长速度将会放慢，而且很可能是急剧下降。

克鲁格曼认为，不是靠单位投入产出数量的提高而靠大规模投入造成的经济增长不可避免地会导致回报率递减，靠增加投入来实现经济增长，其增长必然是十分有限的。

亚洲新兴工业化国家，其快速的经济增长大部分是靠大规模动员一切力量取得的。一旦把迅速增加的投入计算在内，这些国家就谈不上什么快速经济增长了。以新加坡为例，该国经济从 1996 实现了令人瞩目的高增长，每年达 8.5%，是美国经济增长的 3 倍；人均收入增长了 6.6%，大约每 10 年就要翻一番，取得这样的成就似乎是经济奇迹。经济学家们却发现，这个奇迹的产生靠的是出汗而不是灵感，新加坡为使其经济增长所动员的力量是空前的：就业人口从 27% 升至 51%，劳动者受教育的水平大幅度提高，最主要的是该国对有形资本的投入从 11% 增加到 40%。但是通过分析可以看出，新加坡所有的经济增长均为可测度的投入增加所致，而其效率根本没有任何提高的迹象。

以上这些数字清楚地表明，促使新加坡经济增长的一次性因素居多，而这些因素不可能再次出现，以促进其经济继续增长。新加坡上一代人的就业人数比例几乎翻了一番，以后不可能再翻一番。只有一半人受过教育的劳动力变成了大部分工人获得了中学毕业证书的情形；而 30 年后新加坡人不大可能都获得博士学位证书。此外，40％的有形资本投入更是大大高于任何国家、任何时期的有形投资。由此观之，新加坡不可能再取得如同以往那样高的经济增长率了。

克鲁格曼认为，新加坡经济增长的例子是最典型的了。经济迅速增长的东亚其他国家不可能像新加坡那样多地增加劳动力，那样大幅度地提高教育水平，或使有形资本投入的比率升得那么快。但共同的是，这些国家的经济增长中几乎没有是靠提高效率所取得的，这是致命的。他指出，亚洲经济的高速增长不可能持续，而且隐藏着很深的危机。克鲁格曼的观点在当时对东亚经济发展的一片称赞中并未受到重视，但今天看来，他对东亚经济缺陷的分析值得认真研究和反思，对于我们今天提倡可持续的经济发展也很有意义。

（四）知识经济的兴起为人类走向可持续发展提供了机遇

一段时间以来，知识经济得到了人们的关注。实际上，知识经济所要表述的是一种新的复杂的经济状态。按照（OECD）的《以知识为基础的经济》中的说法，知识经济是指以现代科学技术为核心的、建立在知识和信息的生产、存储、使用和消费之上的经济。与以往的经济形态最大的不同在于，知识经济的繁荣不是直接取决于资源、资本、硬件技术的数量、规模和增量，而是直接依赖于知识或有效信息的积累和利用。

今天，经济学家们普遍认为，从 20 世纪 80 年代到 21 世纪前 20 年甚至更长的时间内，发达国家将处在信息或知识经济的长周期内，和平与发展仍然是全球的主题。和平的实现需要以和平为导向来应用科学技术，唯有对知识的有效利用方能促进人们之间的相互了解，并消除贫困、差异和不平等。在发展方面，不论发达国家还是发展中国家，除需要进一步发展生产力之外，还都将面临着另一个重大课题，即如何实现"可持续发展"，亦即如何实现科技、经济、社会的协调发展。可持续发展的关键，就是要用新的科学技术来解决由于过去对技术的盲用、误用所带来的问题。未来的知识经济必须建立在对科学技术自觉的使用上，真正按照自然规律和人类合理的目的来生产和消费。

从中我们可以看出，知识经济不仅在发达国家已逐渐成为事实，也是发展中国家面临的机遇，是发展中国家走向可持续发展的机遇。发展中国家和地区面临的优先课题是加快发展和消除贫困。加快发展就必须借鉴前人的成就，选择正确的技术路线或发展战略；消除贫困，关键是解决资源的有效利用和人的素质提高的问题，这两方面更是离不开科学技术。引入知识经济的做法，有可能更有效、更快捷地解决所面临的问题。在数字化、网络化的基础上，知识经济的发展可使人类对知识的开发和利用将处于更加有利的地位，先进的知识也可为更多的人所共享。启蒙思想家们曾梦想过用知识来彻底地解放人类，可以说知识经济将为这伟大梦想的实现提供新的机会和途径。

三、中国如何走可持续发展之路

中国要走可持续发展之路，首先，必须转变观念，使大家明白实施可持续发展战略的重要性和紧迫性，要让广大领导干部认识深刻、措施得力，让广大群众观念清楚、参与积极。其次，必须加强民主和法制建设。持续发展的法制建设是可持续发展战略和政策定型化、法制化的途径，是把可待续发展战略付诸实施的重要保障。再次，必须采取适当的产业政策和经济手段，包括制定促进经济增长方式从粗放型向集约型转变的产业政策，鼓励发展环保产业，以及通过税费征免、政府补贴、排污许可证及经济惩罚措施等经济手段，促进环境保护和可持续发展。最后，必须依靠科技进步。利用科学技术支撑环境与发展，是对历史经验的总结，也是人类生存与发展的必然选择。高新技术是现代科学技术中的最活跃、最富有生命力的部分，已成为世界各国进行战略争夺的制高点，大力发展高新技术及其产业是中国可持续发展的必由之路。

高新技术及其产业是推进可持续发展战略的核心和关键。目前，得到公认的高技术主要指六大技术，即生物技术、信息技术、新能源技术、新材料技术、空间技术和海洋技术。其标志性技术有基因工程、蛋白质工程、智能计算机、智能机器人、超导材料、人工定向设计新材料、核聚变、太阳能、航天飞机、永久太空站、海水淡化等。高技术产业主要有9个：生物工程技术、光电子信息产业、智能机械产业、软件产业、生物医学产业、超导体产业、太阳能产业、空间产业和海洋产业。

高技术及其产业实现了对传统技术发展观的转变。传统工业技术发明的设计目标都是单一地、尽可能多地利用自然资源，以获取最大利润，不考虑或极少考虑环境效益、生态效益和社会效益。而高新技术的设计目标是科学、合理、综合、高效地利用现有资源，同时开发尚未利用的富有自然资源，来取代已近耗竭的稀缺自然资源。例如，信息技术的软件、生命科学技术的基因工程等，它们对资源的耗费与传统技术不可同日而语。另外，传统工业技术发展的产业需要大量的资金设置，有形资产起决定作用，是资源依赖型经济；而高技术形成的产业则是知识、智力、无形资产的投入起决定性的作用，是智力型经济。目前，美国许多高技术企业的无形资产已超过了总资产的60%。因此，我们可以说，高技术及其产业主导的经济，是能够解决资源与环境问题的可持续化发展的经济。高技术及其产业，对可持续发展发挥着核心和关键的作用。

（一）高技术及其产业的高度增值、迅猛发展及其对经济发展的带动作用为可持续发展奠定了坚实的经济基础

高技术及其产业具有高增值性，能够显著地提高劳动生产率、资源利用率和工作效率，因而能为创业者带来巨大的社会效益和经济效益。例如，美国航天投资的效益比约为1∶14；即投资1美元，可回收14美元。高技术产业的劳动生产率和发展速度明显高于一般产业。据统计，OECD成员国的高技术产值，1970年为1720亿美元，1986年则增加到9860亿美元，16年间共增长4.7倍。而同期，制造业中的非高技术产品的产值则只增长了3.3倍。其中，以日本增长最为明显，其高技术产值1986年比1970年增长了10.2倍，而一般制造业的产值只增长了8.6倍。增长最快、产值最高的高技术产业要数信息技术产业。信息技术产业已成为高技术产业的支柱，已是发达国家的第一大产业，占GDP的60%以上，发展前途不可限量。1980～1995年，日本信息服务业的市场规模扩大了47倍，年平均增长率为6%。对于头号发达国家美国来说，以信息产业为主导的高技术产业对美国经济增长的贡献率为27%，而传统支柱产业建筑业为14%，汽车业只有4%。这一切使美国经济结构发生了深刻变化，呈现出低失业率、低通胀率和高增长率并存的态势，而且进入较长增长期。自1991年3月美国经济走出谷底至今，已持续增长7个年头，成为第二次世界大战以来美国经济第三个最长增长期。我国信息产业也同样呈现出连续高速增长的态势。1992～1997年，我国电子信息产业的工业生产年均增长率高达27.5%，是我国发展最快的产业之一。1997年全国电子信息产业的工业总产值达3800亿元，是1992年的3.8倍；完成销售收入2500亿元，实现利税185亿元，均是1992年的3倍；出口高达250亿美元，占全国出口总额的13.7%，取得了相当骄人的业绩。

正是由于上述高技术及其产业所能带来的经济高速发展，保证了人民最基本生活需要的满足和生活质量的不断提高，使可持续发展战略的推进具有了一个坚实的经济基础。发展是硬道理，而高技术及其产业在某种程度上正是发展的标志和象征。

（二）高新技术及其产业是社会可持续发展的稳固的技术支撑

社会可持续发展包括人口、居民消费和社会服务、消除贫困、卫生与健康、人类社区的可持续发展和防灾减灾等。对于中国来说，突出地表现为人口控制与优化和粮食问题。这两个问题不解决好，12亿人口的大国是无法走上可持续发展道路的。高新技术及其产业对社会发展具有的技术支撑作用不可替代。

对于人口来说，控制人口数量和提高人口质量都需要依靠医药卫生事业，而医药卫生是现代生物技术最先应用并最早显示效益的领域。在疾病的诊断、治疗、预防，以及计划生育和优生方面，生物技术提供了许多切实可行的手段和途径。例如，单克隆抗体技术于疾病的诊断与监测，具有特异性强、灵敏度高和标准化等特点；在疾病防治方面，已经通过基因工程制取了许多多肽类物及疫苗，如胰岛素、生长激素、干扰素、消化酶、凝血因子、肝炎疫苗等；在计划生育和优生方面，已经广泛使用单克隆抗体来诊断早期妊娠。随着生殖免疫学的发展，20世纪70年代以来免疫避孕在国际上也受到很大重视。因此，高新技术及产业特别是生物技术，是人口控制和优化的技术支撑和保证。

粮食是人类赖以生存的基本生活资料，也是社会可持续发展的重要物质保障。目前，如何有效地解决粮食问题已成为我国农业发展乃至国民经济发展中的头等大事。今天，在座的同志可能已读过美国世界观测所所长莱斯顿·布朗（L. R. Brown）博士所著的《谁来养活中国人》这篇文章。布朗先生预言，在 2030 年中国人口达到 16 亿高峰值时，中国需要进口 6.4 亿人口的粮食，总量达 3.74 亿～4 亿吨，超过届时世界粮食贸易总量，中国将使世界挨饿。如果果真如此，那么中国将会发生动乱，亚洲也不会安宁，世界也将不稳定。然而，我们的研究表明，布朗先生的预言不会发生。1949～1996 年，中国的粮食总量由 1132 亿公斤增加到 4900 亿公斤，增加了 3.32 倍，单产由 68.5 公斤/亩增加到 275 公斤/亩。中国用 7% 的耕地养活了占世界 22% 的人口。靠什么？靠的就是高新技术，是高新技术成果的推广应用在不断地提高着农业生产率。例如，两系法品种间杂水稻育种研究居世界领先水平，新的高产两系杂交组合单产比"三系"杂交稻增产 5%～10%，米质提高一级。大豆利用远缘杂交和生物技术手段从不育系中获得的杂交种，亩产可提高 20% 以上。茎尖脱毒马铃薯种苗已在生产上应用，为从根本上解决退化问题探索出了较为成功的路子。

另外，在改进施肥技术和方法、节水灌溉技术、病虫草鼠等灾害防治技术等方面，高新技术也在发挥着极其重要的作用。因此，高新技术及其产业是人口控制和优化与解决粮食问题的科学技术保障，是社会可持续发展的技术支撑体系。

（三）高技术及其产业的节能、节材、高效的智力（知识）经济属性及其对经济增长方式的转变是可持续发展的资源保证

可持续发展要求保证和加强人类生存与发展所必须依靠的资源基础。而高技术的指导思想就是科学、合理、综合、高效地利用现有资源，同时开发尚未利用的富有自然资源来取代已近耗竭的稀缺自然资源。高技术产业的特征是知识、智力等无形资产投入起决定作用，对自然资源、设备的依赖则小得多，属于知识密集型的集约经营产业。比如，生物技术革命中生物工程用的是和其用量相比无尽的基因；新能源革命中受控热核聚变用的是和其用量相比无尽的海水；信息技术革命中计算机的核心——硅片用的是和其用量相比无尽的石头。信息技术消耗的能源和原材料极少，但它却能优化资源配置，从而节约资源、提高资源利用效率。有专家估计，在 7 个主要工业化国家中，1995 年仅靠信息网络，资源利用效率已较 1985 至少提高了 20%，到 2010 年保守的估计可以提高 60%。而我国从现在抓起，到 2010 年信息网络技术至少可以使我国资源利用效率提高 30%，也就是说，可以使我国年资源可供利用总量增加近 1/3。

对于能源来说，太阳能技术、生物质能技术、潮汐能技术、地热能技术、风能技术和受控热核聚变技术等，可以使能源支持可持续发展得到保证。目前，世界上最看好的是受控热核聚变技术，即"海水变汽油"，1升海水所产生的能量就相当于300升汽油，被称为"彻底解决世界能源问题的技术"，这项技术估计到2050年就可以实现商业化。目前，迅速发展的新材料技术将极大地改变人们对传统矿产品和木材材料的依赖程度，如可代替制造汽车和船舶的金属材料的热可塑性分子复合体，预测将于2040年商用。一系列新材料的出现将节约大量矿产和森林资源，使更多的用材林变为生态林，这对缓解长期困扰我国的洪水问题具有重要意义。对于水资源问题，关键是要加强水资源管理。而利用先进的高新技术手段，诸如计算机技术、微波通信技术、遥感技术等就可以大大提高我国的水资源管理水平。比如，1995年在海河流域建立了一套完整的地理信息系统，加上先进的微波通信技术系统，海河流域水资源管理开始步入了新阶段。现代生物技术则正在改变着传统的食品、农、林、牧、渔的生产模式，大大地拓展着生物资源的获取途径，给"喘息"的地球投来了一线曙光。

（四）高技术及其产业的"绿色化"趋势为"环境与发展"问题的根本解决指明了方向

环境保护和经济发展是相辅相成的。可持续发展源于环境保护，实施可持续发展的关键也在于搞好环境保护。发展经济，必须统筹考虑环境的承载能力和改善环境质量的需要，走清洁生产和洁净能源之路，高技术及其产业的"绿色化"趋势则为这条道路指明了方向。当然，环境问题也是科技进步的伴生物，但它是随传统技术的发展而来的，是由传统技术的只求利润、不顾资源和环境污染的技术目标导致的。它将可以由技术目标"绿色化"的高新技术来解决。

由于各国对环境污染问题的高度重视，高新技术日益广泛地被采用，某些方面的环境污染正在治理或减缓。例如，据美国统计，自1972年以来，由于使用清洁煤燃烧技术，美国虽然人口增长了22%、经济增长了58%，但向空气中排放的SO_2却减少了25%，粉类减少了59%。其他如CO_2催化回收技术、CO_2植物固化技术、替代氟利昂技术、自然塑料解体技术、新废水处理技术等都将在21世纪初实现或已经实现。一些新兴高技术将逐渐代替传统技术，这些高技术在开发时以"绿色化"为方向，改变了传统技术无情掠夺自然资源的技术目标，而以人与自然协调为目的。不污染环境，不依赖于稀缺自然资源，综合高效利用自然资源，开发富有资源来替代稀缺资源，已经成为所有高技术的一条判据。与上述目标违背的技术，即使有极高的技术含量，也不能成为21世纪的高技术。在我国用适宜高新技术解决乡镇企业环境污染问题是完全可能的，当然大力开发有益于环境的绿色高新技术并使之产业化也就势在必行了。据目前估计，到2012年环保市场将有80%被有益于环境的高新技术占领。因此，如同可持续发展战略成为未来社会发展的主流一样，支撑和实现可持续发展的绿色适用高新技术也必将成为未来技术发展的主导趋势。

实施科教兴国战略若干问题的思考[①]

（1998年10月）

面向新的世纪和新的时代，我们应当转变观念，充分发挥社会主义市场经济条件下政府的宏观调节作用，努力加强调查研究，突出重点，通过系统地规划和经济、科技、金融等部门的共同推动，落实科教兴国和可持续发展两大战略，为解决国民经济和社会发展的重大问题作出贡献。本文拟就在社会主义市场经济条件下，在科技与经济结合中如何发挥政府作用的问题发表一些看法，不当之处请予以指正。

一、对当前科技进步和创新中几个关键性问题的思考

（一）技术跨越发展的问题

技术的跨越发展，是在借鉴发达国家经验的基础上，通过创新跨越技术发展的某些阶段，直接应用、开发新技术新产品，进而形成优势产业，提高国家的综合实力。工业革命后的历史发展证明，技术跨越发展是后进国家追赶并超越先进国家的基本途径。几次技术革命都带来了相关产业的巨大发展，并造成了科学技术中心和经济中心的转移，进而导致了在经济和社会发展中的超越现象。

英国是工业革命的发源地，蒸汽机的发明和应用带动了工业的发展。在相当长一段时间内，英国是世界科学中心和产业革命中心，是19世纪世界最强工业国。随着工业革命的普及，世界科技、经济发展的格局发生了改变。德国在19世纪中叶，采用了先进的钢铁生产技术和生产体制，促进了钢铁工业的发展，并以有机化学和煤化学研究为方向，发展了合成化学工业，使之成为重要的出口工业，打开了产业技术的突破口。1875年左右，世界科技中心由英国转移到德国。1895年前后，

---

① 根据1998年10月的文章《关于实施科教兴国战略若干问题的思考》（刊于《中国软科学》1999年第1期）、《关于实施科教兴国战略的若干问题思考》（《国家科技教育领导小组办公室简报》第15期，1998年12月31日）、《世界科技发展趋势及实施科教兴国战略的思考》（1998年4月）和《当代科技发展趋势和我国高新技术发展及产业化对策》（1999年10月）等整理而成。

德国的经济总量超过了英国,从而成为当时世界的经济中心。

美国经济的发展也是后来居上。本世纪初以来,内燃机和电力的普及带动了经济的迅速发展,美国迅速成为世界头号经济强国。第二次世界大战结束后,在美国"大科学"开始形成,依靠科技推动各主要产业如汽车、电信、航空、石油化工等的蓬勃发展,在世界市场上具有极强的竞争能力,成为世界当然的科技与经济中心。第二次世界大战后至今,虽然不断受到其他工业化国家的挑战,美国仍长期在主要高技术领域保持领先地位,并不断创新,拓展新的产业。

从工业革命以来工业化国家的发展历程可以看到某种规律性,即后进国家追赶并超越先进国家总是以科技进步作为动力,也只有依靠科技进步才能实现。这充分证明了科学技术对经济发展强大的推动作用。经济的崛起总是与科技创新及其在产业领域的应用密切相关。谁能在科技上有所创新,在新的产业领域有所突破,谁就能获得较快的经济增长。无论是先进国家还是后进国家,只要选择适当的发展战略,依靠科技进步,在经济上迎头赶上是完全可能的。

中国要达到世界先进水平,完全重复以前发达国家所走过的道路,既不现实也不必要;但在短时间内全面超越发达国家也是不可能的。因此,应该考虑在关系到国计民生和国家安全的一些重大技术和产业方面,充分利用科技进步的因素,选择有限目标,集中力量,重点突破,实现技术发展的超越,为经济上的发展提供强大的产业支撑。

当前,从国家科学、技术和产业发展的进展来看,我国已初步具备了实现技术跨越发展的基础和条件,表现在以下几个方面。

(1) 有较强的经济和科技实力。我国有较为完整的工业体系。通过改革开放20年的发展,我国的经济实力和科技水平都有较大幅度的提高。我国学科发展较为系统齐全,有完整独立的科学技术体系,有素质比较高的人才群体,有一批达到或接近世界先进水平的成果。

(2) 有发展上的后发优势。发达国家主导产业大都有一定规模并形成了关联紧密的产业体系,具有强大的惯性,进行结构调整成本过大。在我国,不少主导产业还处在初始阶段,不必重复产业发展的全过程,可以根据自己的国情、需要、目标和现实条件,直接从较高的起点开始,在技术水平、生产组织形式等方面实现跨越。

(3) 有新技术革命提供的良好机遇。针对当前高技术产业的竞争,美国经济学家提出了"胜者全得"的理论,即在技术上领先一步,有可能占据该领域的大部分市场。在新技术的应用上,所有国家和企业都面临着相同或相似的机遇,赢得市场优势的关键因素在于创新。

(4) 有社会主义制度集中力量办大事的优势。20世纪六七十年代"两弹一星"的研制成功就是其生动的体现。在综合国力明显增强的今天,我们完全有能力,也应当有信心取得新突破,创造新的辉煌。

这些年来，不少科学家都在考虑，能不能像过去抓"两弹一星"那样，把我们的科技和经济优势集成起来，在一些重大项目上实现突破。我们的各个部门在发展方面都有自己的计划，这些计划也有分散、重叠、视野狭窄等弱点。有限超越发展战略为克服上述缺陷、实现超越这个思路创造了空间，使我们有可能充分利用有限的资源和科技进步要素促进国家的经济发展。

能否从实际出发，精心组织，选择适当的技术或产业领域，这直接关系到技术跨越发展的成败。我们应当从国际环境、自身优势、发展目标、技术进展、战机把握和计划的可操作性等方面综合分析确定。现举几例说明。

1. 微电子和网络技术

信息产业是发展迅速、创新活跃的产业，我国面临着许多跨越发展的机遇。例如，在网络设施方面，我国数据通信起步晚，用户规模小，现阶段城域网可能只相当于发达国家大企业网的规模。因此，在网络建设中，可采用单一的 IP 协议和集中发展宽带 IP 网为基础的数据通信业务，并实现电话、数据、电视网络设施的统一，少走发达国家多网并行的老路，使中国在网络设施建设方面实现跨越发展。在集成电路方面，我们必须从国家安全利益出发，在集成电路产业上放弃单纯的跟踪，痛下决心，跳跃芯片集成度的几个档次，直取硬件发展的前沿技术，建立自己的微处理器产业。

2. 电动汽车

汽车工业作为支柱产业，从启动市场，带动经济发展，保持国家工业能力储备，以及集成各种最新技术等诸多方面上看，都极为重要。我认为，尽管还有很多争论，汽车进入中国人的家庭只是时间问题。但是未来中国不可能完全依靠发展以汽油或柴油发动机为动力的汽车，主要是因为面临着资源和环境的双重压力。中国石油在陆上、海上都没有重大突破，依靠进口已成定局。中国大部分人口集中于沿海，汽油、柴油机汽车的普及将带来巨大的环境问题。中国必须要寻求未来汽车工业的发展道路。毫无疑问，电动汽车是重要的发展方向。

有些西方学者认为，电动汽车之所以在西方没有发展起来，表面原因是成本没有降到可竞争的水平，但深层原因是传统汽车工业具有强大的惯性。因为生产电动汽车并不仅仅是发动机的更改，而是设计、制造、材料、电气、控制和社会服务体系的全面变革。这就意味着以传统汽车工业为基础的国家，整个工业体系面临着巨大调整，其代价难以承受。这实际上为我国提供了一个机会。我国汽车工业没有结构调整的沉重包袱，可以利用后发优势。如果把各方面的研究、设计、制造部门的力量联合起来，解决以电池为中心的关键技术问题，在世界上率先发展电动汽车，其影响将非常广泛和深远。

3. 清洁煤技术

中国的能源构成以煤炭为主，这不同于西方发达国家，而且除非在可控核聚变方面有重大突破（一般估计约需 50 年），这种格局不会改变。但目前我国煤炭利用水平低，不仅浪费资源，还带来了严重的环境污染。因此，发展清洁煤技术产业前景巨大，需求十分迫切，它立足于中国的资源优势，还能缓解环境压力，直接影响中国未来的发展。纵观西方市场，电力需求已渐近饱和，原有以煤为燃料的电厂已耗费巨大的投资，在传统技术的基础上完成了减少污染的技术改造。因此，尽管这些国家已开发出加压流化床发电、煤气一体化循环发电等高效率、低污染的煤发电技术，但应用和产业化进展迟缓。中国不同于西方，仍将继续建设大批以煤为能源的大型电站，在清洁煤技术上的突破，发展新型能源产业，将使中国煤发电技术实现跨越，环境治理将进入新的时代。

4. 高速轨道交通

先进的高速轨道交通有两种方式：一种是轮轨列车，另一种是磁悬浮列车；如日本正在发展的超导磁悬浮列车和德国已发展的常导磁悬浮实验线。德国的实验线长达 31.8 公里，时速可达 420 公里/小时；没有大气污染和严重的噪声污染，采取高架方式，很少占用耕地。德国专家认为，常导磁悬浮列车的产业化从经济和技术方面看已不存在问题，但德国只准备在 2004 年建成一条从柏林到汉堡（300 公里）的示范线，其原因是欧洲已有非常完整的高速公路系统和高速轮轨铁路系统，虽然磁悬浮列车从经济、技术综合评价上具有优势，但也无法继续发展。我国目前还没有完整的高速铁路和公路系统，民航也处在发展阶段。在部署未来有轨、公路和飞机交通系统时，各种高新技术处在什么位置，应是一个值得思考的战略性问题。

有的人担心，实施技术跨越式发展是"大跃进"的重演，实际上，跨越式发展和"大跃进"是本质上完全不同的两回事。跨越式发展首先集中于技术突破，是以科技进步为基础，由局部质变延伸到整个经济系统的更新，是内涵式的发展，而非"大跃进"那种单纯外延式的膨胀。当然，与任何高技术及其产业发展一样，技术跨越发展也有其特定的不确定性和风险。例如，日本在一般彩电技术领先的情况下发展高清晰度电视（HDTV），出现了技术方向的失误；日本为失误付出了代价，但没有失掉技术发展的机遇。在这场 HDTV 开发争夺战之中，日本也先期完成了必要的技术积累。最近有媒体报道，首先小批量向美国市场提供 HDTV 的厂商是松下在北美的公司。概括起来，可以这样讲，从历史大视角来看，错失机遇是最大、最残酷的风险。

（二）共性技术的开发、应用和普及

共性技术对整个行业或产业技术水平、产品质量和生产效率的提高有迅速、巨大的带动作用，具有重大的经济和社会效益。世界各国的发展历程表明，在市场经济条件下，政府可以在重大共性技术开发、应用和普及方面发挥关键性的作用，有力地推动传统产业的改造。现在，我国企业已经陆续进入市场，政府很难具体地帮助和支持个别企业的技术创新。但是，面对众多企业、众多农户的重大共性技术，政府可以发挥重大作用，包括政策的宏观调控、相关技术的研究投入，以及为培训、示范提供支持等都是重要的手段。当前，在高技术蓬勃发展的形势下，这种模式进一步得到了强化。

1993年和1994年，美国政府分别提出国家信息基础设施计划和空间信息基础设施等有关建设信息高速公路的计划，并且通过制定各种政策（包括制定电信法案，打破了美国企业在电话、有线电视、广播和无线服务上各自为政的格局），加强国家投入和利用竞争机制，推动因特网的普及和应用，这些举措使美国牢牢地树立了在信息技术革命中的主导地位。印度从科技入手，抓关键技术、总体规划、示范推广，成功地推行了"白色革命"、"绿色革命"和"蓝色革命"。"白色革命"使印度人均牛奶占有量为我国的10倍；"绿色革命"使印度成为粮食、棉花和其他经济作物的重要出口国；"蓝色革命"使印度跻身于世界十大渔产国之列。我国在农作物新品种、栽培技术（如地膜覆盖、旱育稀植等）、计算机辅助设计（CAD）技术的推广和普及等方面也积累了宝贵的经验。

我国是社会主义国家，历史已经证明，在国家集中力量办大事方面，我们具有无法比拟的优势。在市场经济条件下，在促进科技和经济的结合中，如何发挥这样的优势？我认为，充分利用国内外经验，做好共性技术的开发、应用和普及，正是发挥国家集中力量办大事的优势和发挥市场经济力量的一个结合点，是促进科技和经济结合的重要途径，更是推动改造传统产业的必由之路。现举例说明。

1. 先进制造技术

发展制造业的重要意义可概括为：国民经济的发动机、对外贸易的支柱和国家安全的保障。但近年来，我国在经济转轨的过程中，以机械制造业为代表的制造业陷入了困境之中，主要表现为：国家所需装备的2/3依赖进口；国内大约一半的生产能力闲置；企业技术来源主要依靠国外；国内产品开发周期长、交货慢已成为我国机械产品在国内外市场竞争中不断失利的首要原因。许多有识之士都在思考这样一个问题：21世纪我国国民经济和高技术产业究竟由谁来装备？

从日本、美国经济的兴衰可以看出先进制造技术的重要作用。第二次世界大战后，日本产业技术政策走出了一条技术引进—自主开发—个性化、创造性的自主开发的发展道路。20世纪七八十年代，正当美国视制造业为"夕阳工业"时，日本却悄悄地把主要力量投入到制造技术上，因而日本很多产业有能力率先将新产品投放市场，取得了巨大的经济效益和快速的经济增长，许多方面的国际竞争力处于首位。从对日本经济兴起的分析可见，在当今和未来竞争中谁重视了制造技术，谁就掌握了市场，谁就能在国际竞争中处于优势地位。

我国从 20 世纪 90 年代初开始，在国家科委①的支持下，全面普及 CAD 技术，大力加强具有自主版权 CAD 应用软件的开发与应用；以甩掉图板为基础大力发展、应用 CAD、计算机辅助制造（CAM）、计算机辅助工艺过程设计（CAPP）、计算机辅助工程（CAE）、产品数据管理（PDM）集成技术，提高了产品的整体设计水平。

当前，我国应当大力加强重点先进制造技术的研究开发和推广普及，着重发展以下四大技术。

（1）智能化制造技术。智能化制造技术，是指将信息技术、网络技术和智能技术应用于工业领域，为工业注入"智慧"的综合技术。

（2）虚拟制造技术。虚拟制造技术，就是在计算机上模拟产品、产品制造过程和企业运行过程，用于产品开发和企业运行的先期评测、优化和决策。

（3）精密制造技术。精密制造技术由精密成形技术与精密加工技术两部分组成。精密成形技术是采用物理、化学的方法，使材料转移、去除、结合或改性；精密加工技术是将原材料或毛坯加工成为预定的形状，由切削、磨削等传统机械加工方法结合高能束加工、电加工、水切割、微型机械加工等非传统加工方法。

（4）绿色制造技术。绿色制造技术，是指在保证产品的功能、质量、成本的前提下，综合考虑环境影响和资源效率的现代制造模式。

用信息技术改造传统产业，并与先进的生产模式及管理技术相结合，提高企业的整体创新能力，包括：采用信息技术改造传统工艺和装备及其制造过程；采用数控技术改造机床，提高其柔性、加工精度和效率；采用计算机工艺模拟技术模拟铸造、锻压、焊接等成形过程，从而可以减少重复性的试验；对我国企业而言，特有的问题是管理创新比起技术、设备的更新更迫切。因此，必须把技术和设备的创新与管理的创新结合起来，大力推广适合中国国情的先进生产模式和管理技术。

2. 城市空气净化技术

城市污染问题已经成为我国城市经济发展和社会进步的巨大障碍。我国 500 多座城市，大气质量达到一级标准的不到 1‰，北京、沈阳、西安、上海、广州名列世界十大污染最严重的城市之列。在全球空气悬浮颗粒物和二氧化硫浓度最高的 5 座城市中，中国占了 4 个（1987～1990 年）。如不能加以改善，各种潜在危害一旦爆发，后果将不堪设想。

近几年来，科技部、原机械部等建立了全国燃油汽车工作协调领导小组，围绕代用燃料汽车、电动汽车、智能交通、清洁能源等方面做了大量的研究工作，并形成了一批较成熟的技术，以解决汽车和燃煤污染为指向的城市空气净化技术的普及

---

① 即科学技术委员会，现为中华人民共和国科学技术部（简称科技部）。

已具备条件。建议开展"蓝天计划",包括制定大中城市减少大气污染指标的时间表;对现有技术进行筛选、集成、攻关,并实现产业化;积极推动使用无铅汽油、电喷装置和尾气净化装置;大力推动采用天然气、液化石油气等清洁燃料汽车;在若干城市组织电动汽车应用示范;在大城市大力开发、应用智能交通系统,减少由于汽车拥堵造成的大量尾气排放;大力推广洁净煤技术的应用等,争取在较短时间内还给城市一片蓝天。

3. 节水灌溉技术

目前,农业的节水问题已成为国民经济发展中的根本性问题。1997年,黄河断流226天,引起了社会的广泛关注。中国科学院地学部调研后认为,黄河水量减少,有自然因素,也有人为因素,但大量的引水是主要因素。黄河流域农业灌溉耗水量占总用水量的92%;灌溉水的利用率偏低,仅为25%。据估计,全年农业浪费用水量超过1000亿立方米,相当于黄河全年水量的1.7倍。黄河断流是一个标志,突显出我国节水问题的极端重要性。因此,必须当机立断,从节水上找出路,发展节水农业,大力应用和普及节水灌溉技术,把推广节水灌溉作为一项革命性的措施抓紧、抓好。

多年来,我国通过引进和自主开发,已初步掌握了管灌、喷灌、微喷、滴灌、车灌等设备制造和渠道防渗等应用技术,并且在各地进行了应用示范和推广,取得了明显的经济和社会效益,受到了农民的欢迎,但全面普及节水灌溉技术还有一些重要问题尚待解决。节水灌溉的关键技术及其产业化亟待突破,包括国产设备质量不稳定、寿命短,标准化、规范化和产业化程度低等。国家只要重视,完全有可能组织精干力量,对已有成果进行筛选、集成和进一步攻关,实现优秀成果的产业化和规模化;并在鼓励节水灌溉的金融政策、收费政策的支持下,进一步调动农民应用节水灌溉技术的积极性;通过大范围的技术示范和推广计划,经过中央和地方及有关部门的共同努力,一定可以在较短时间内使我国节水农业出现新的局面。

4. 城乡住宅规划、设计及新材料应用技术

当前,在中国经济快速发展的过程中,住宅成为越来越重要的消费热点,对启动消费、带动多种产业发展发挥着日益重要的作用。但是,当一座座新城区、新乡镇不断涌现之时,也可以看到其中存在的一系列问题。一是总体规划千篇一律,鲜有特色,大城市如此,小城镇、乡村也是如此,住宅建筑规范性差,设计没有体现超前性,很少考虑给水排水设备的更新换代;二是住宅配套产品少,目前各行各业多头开发,缺乏协调配合,缺乏系列化、成套化、规范化产品,且住宅产品设计与建筑设计严重脱节,住宅产品开发仍处在粗放型、自发性的发展阶段;三是对人居环境重视不够,住宅设计和建设不重视生态环境,不重视长远发展,人居环境不能满足住宅居住性、舒适性、安全性、耐久性、经济性和文明性的要求。一些发达地

区，特别是农村，经济上去了，个人也富了，但表现出的是房子盖了拆、拆了又盖，谈不上设计、装修的更新和进步及整个人居环境的改善；四是建筑材料陈旧，能源浪费十分严重，新型建材已得到了发展，但没有得到普及。原国家科委与建设部合作的小康住宅示范工程，在这方面取得了很好的效果。但是，规划设计的研究推广和普及急需加强，新型建材急需实现产业化，否则，将造成极大的浪费。城镇建设与发展一定要有系统的、超前的思维，总体及局部的设计要保证几十年甚至更长的时期内不落后，不必重复翻建、更新。

一是增加科研投入力度，加速住宅传统产业的技术升级。城乡住宅规划、设计及新材料应用技术是住宅建设领域的重大、共性和关键性技术，在制订国家重大科技计划时应给予重点支持。通过加强科研机构和企业的创新能力建设，加速住宅传统产业的技术升级，尽快提高城乡住宅建设的整体科技水平。关键技术包括以下几个方面。

（1）城乡住宅基础性技术，包括住宅统计指标与方法、住宅需求预测、住宅市场与技术政策、住宅最低标准研究等。

（2）居住环境质量保障技术，包括水质保障与节水技术、室内空气环境控制技术、居住区生活垃圾处理技术、居住区噪声防治技术等。

（3）住宅节能技术，包括墙体与门窗保温隔热技术、采暖计量成套技术、绿色照明技术等。

（4）新材料开发应用技术，包括新型墙体材料（如工业废料、建筑垃圾、秸秆综合利用）、地方建筑材料开发、新型化学建材（如门窗、管材、防水材料）等。

（5）村镇住宅建设相关技术，包括村镇住宅建造技术、村镇住宅功能评价与质量保障技术、天然能源和再生能源的利用技术等。

二是加大村镇住宅技术引导与示范的力度。我国村镇住宅市场大，技术基础差，抓好技术引导与示范，做到与乡镇企业发展、农村富余劳动力转移及当地经济发展相结合，使其纳入良性循环轨道，比城市住宅建设影响更大。对村镇住宅建设可成立一些服务机构，积极开展技术推广、培训与示范等，为农村住宅建设提供服务。

三是为城乡住宅建设可持续发展提供政策保障。推行住宅产品认证与住宅性能评价，对于耗用资源少、防止环境退化和提供健康环境的技术、材料与产品采取扶持政策，反之，则予以限制与淘汰。

总之，针对国民经济和社会发展中的紧迫问题，集成科技和经济各方面的力量，实施若干国家引导性、示范性计划，很有必要，也势在必行。从计划操作方面上看，我们应当强调开发、应用和普及共性技术，必须是科技、经济和产业部门密切结合，有的可以科技部门为主，有的可以经济部门为主；要保障科技与经济在计划实施中有密切的关联、协作，保持畅通的沟通渠道。这是保证上述计划得以有效实施的重要前提。

（三）高新技术产业化[①]

改革开放以来，我国科技人员紧紧围绕科技和经济结合这个中心问题，积极投身于高新技术产业化的宏伟事业中，取得了丰硕的成果，为优化国民经济结构、增强国家的竞争能力发挥了积极作用。突出表现在：一是高新技术产业在国民经济发展中日益占有重要的地位；二是国家高新技术产业开发区的建设产生了聚集的效应；三是民营科技企业在创新方面的作用日益突出。虽然我国高新技术产业发展取得了一定成就，但在整体国民经济结构中还十分弱小，面对与发达国家的差距急需迎头赶上。我国目前每年省、部级以上的科技成果有3万多项，专利产品7万多项，现在应用的科技成果仅仅是其中的很少一部分，这表明我国的高新技术产业化仍有极大的发展潜力。

根据改革开放以来我国高新技术企业成长壮大的经验，结合几十年来"两弹一星"创造的经验，我们形成一个重要的观点，即我国发展高新技术产业应坚持"两条腿走路"的方针。

一是要发挥社会主义集中力量办大事的优势。在涉及国家综合国力和国民经济发展的战略性高科技领域，国家应集中财力、物力和相应的智力、信息等要素，高强度投入，迅速占领阵地，从而带动一批高技术产业的发展，实现跨越式发展的目的。过去我们搞"两弹一星"是这样做的，今后搞重大工程和项目，如电动汽车、清洁煤、高速列车等，还要坚持这一重要的发展道路。

二是在社会主义市场经济条件下，我们还要鼓励和支持高新技术企业走从小到大，在激烈的市场竞争中大浪淘沙、滚动发展的道路。实践证明，企业不论大小，只要有好的体制和机制，只要有持续创新能力和正确的市场策略，就能够在市场竞争中很快发展起来。联想、方正、地奥、华为、远大等一批年轻的高技术企业，仅以几十万资产起家，在短短的几年时间里，迅速成为产值十数亿、数十亿的"小巨人"，成为我国国民经济发展中的新生代，显示了社会主义市场经济的作用，显示了高新技术的巨大潜力。

以程控交换机开发为例，长期以来，我国在此方面投入不少，但进展迟缓，几年前中国市场"四国八制"，基本上是被国外程控机垄断。短短几年后，一批小企业在掌握自有知识产权的基础上，结合灵活的经营机制，抓住市场机遇，迅速崛起。以巨龙04机、华为08机、大唐SP30机等为代表的国产大型程控交换机，目前已占有国内市场40％以上的份额。再以长沙远大科技集团为例，在1990年开始起步时，远大集团只有10多万元的起步资金，由于创业者掌握了几项燃烧器的专利，同时思想开放，善于经营，把自己的专利同国外先进技术如控制系统、电器系

[①] 本部分内容在原稿基础上有大幅删节，关于"高新技术产业化"问题的详细阐述请参见"第四篇高新技术产业发展与国家高新区建设"、"从国家高新区建设看我国高新技术产业的发展道路"等文章。

统等有机地结合起来,进行优势集成,形成了直燃式空调。这种空调一出现,很快就占领了 80% 的国内市场,1996 年产值已接近 20 亿元。实践证明,技术突破和市场机遇往往是不可预测的,也往往是计划不了的,如常言说的"有意栽花花不开,无心插柳柳成荫"。所以,国家应当致力于创造一个良好的政策环境,充分发挥市场的积极作用,让市场在竞争中择优,这于企业、于国家都有利。

企业的这种由小长大的发展并非中国特有,300 年市场经济的发展进程中这种情形比比皆是,通用、飞利浦、西门子等跨国大公司都是从作坊里发展起来的。即便当今资本主义发展到垄断阶段,也并未阻塞这条道路。比尔·盖茨白手起家搞微软,20 年间个人资产已超过 500 亿美元,成为全球首富。许多高技术大公司(如惠普、苹果、英特尔等)走的都是这一成长道路。

在市场经济条件下,众多成功的企业要经历"从小到大、滚动发展"的过程,这是经济发展的客观规律。充分认识在社会主义市场经济条件下大多数高新技术企业也要经历从小到大的发展过程,这对于未来中国高技术产业的发展有着重要的意义。它要求我们在经济体制转轨的进程中,及时地转变观念,充分重视这类有别于"大企业、大项目"一次性投入的发展模式,努力创造并维持一个有利于高新技术企业,特别是中小企业快速成长的环境,制定鼓励和促进高新技术企业从小到大发展的金融、税收和贸易等政策,尽快形成促进高新技术产业大发展的新局面。

(四)大力促进产学研结合,建立开放的技术创新体制和机制

冷战结束后,国家间的竞争已从主要是军事竞争转变为主要是经济竞争,集中表现在对一体化国际市场的占有,表现在国家的竞争力和可持续发展能力等方面。墨西哥和东南亚金融危机的教训值得认真吸取,其中重要的一点就是要保证国家的经济安全,必须保证其产品在国际市场上的竞争力,其决定性的因素是国家的创新能力,它构成了技术进步的关键和核心。这一点在当前的国际竞争中将表现得越来越明显。

技术创新能力弱是我国当前存在的突出问题。我们有门类齐全的研究开发体系,科技人员在数量上已处于世界前列,但我国科技实力的国际排序仅居第 20 位。飞机、移动通信、微机以外的各种计算机、软件等绝大多数国内市场为国外企业占领,汽车等大宗产品很少有自己的品牌。为什么中国的科技不能解决中国的经济问题?我以为主要是因为我们仍旧以计划经济的思维和管理模式解决科技和经济相结合的问题,缺乏对市场经济模式和自然科学规律两方面的深刻理解。现仅就个人的体验谈几点认识。

1. 观念

我们首先要更新技术创新的观念。技术创新的出发点是技术或产品革新,但它

绝不是一个纯技术性的问题。以企业技术创新为例，完整的企业技术创新过程不仅包括了研究开发的创新，还包括产品的设计创新、工艺创新、制造创新、管理创新，以及市场开拓创新等一系列环节。缺少后面的环节，研究开发的创新在经济上就没有了意义。因此，技术创新综合并包容了科技与经济要素，国家、部门和地方建立技术创新体系不能仅仅依靠科技体制改革实现，也不能仅仅依靠经济体制改革实现，而必须把科技改革和经济改革有机地结合在一起。

2. 体制

从技术创新的观念出发，企业是经济活动的主体，也应该是技术创新的主体。企业要想在市场中得以生产和发展，创新是它当然的使命，是其赢得竞争、赖以发展的手段。因此，产学研相结合的技术创新体制应以企业为核心，国家、部门和地方要为企业技术创新制定有效政策，创造有利环境，在大企业中建立为产学研结合提供支持的研究开发机构，为中小企业提供必要的多种形式的技术帮助，从而增强企业的技术创新能力和市场竞争能力。

在开放的产学研相结合的技术创新体制中，各级政府固然可以在重大项目技术创新中发挥领导作用，但是应当指出，在市场经济条件下，科技和经济之间的中介和服务机构处于更加重要的位置。国外大企业的实践表明，在企业致力于研究开发产品和关键技术的同时，也十分注意遵循最有市场竞争力和最经济的原则，从市场上获取国内外先进的技术成果进行集成。至于大量的中小企业，不可能也没有必要都建立自己的研究开发机构，要经常从市场获得技术，并完成技术创新的全过程。因此，无论大小企业都应有一个开放的技术创新系统，善于从市场上学习和获得创新成果。从研究机构来看，把自己的科技成果通过自身转化成商品是必要的，而且也有研究所办企业的成功经验。但是，研究机构不可能把全部成果自行转化为商品，特别是市场竞争的选择更有利于减少科技成果转化失败的风险，增加成果转化成功的机会。因此，科技和经济相结合，不仅体现在研究所办企业或企业办研究开发机构方面，更重要的是要在产学研之间建立一条纽带或架设一座桥梁，促进两方面的理解和沟通，这就是科技与经济相结合的中介和服务机构。

在计划经济体制下，我国科技与经济间的中介和服务机构几乎是空白，是经济和科技结合体制中最薄弱的环节。今后应当把建立科技与经济的中介和服务机构，作为在社会主义市场经济条件下产学研相结合技术创新体制建设的一项重要任务。这种中介机构包括技术服务机构，从事技术信息、技术咨询、技术培训、技术诊断等工作，如生产力促进中心；技术转化的机构，如工程中心；新企业孵化机构，如创业服务中心（国外叫企业孵化器）；技术市场，等等。当前，在深化科技体制改革中，要充分把握机遇，把一批从事低水平重复研究工作的研究机构调整为从事技术服务的中介机构。有了这些中介机构的服务，我国企业的技术创新能力和研究机构的发展将会出现一个新局面。西方发达国家和新兴工业化国家在这方面都有很多成功的经验，需要我们认真学习、总结和应用、推广。

3. 机制

产学研相结合的技术创新机制应当以提高产品的市场竞争力为核心。技术创新包含了研究、制造、管理、市场创新等诸多环节，技术创新的基本目的在于为市场提供更富有竞争力的产品，或者开辟新的市场，引导消费。因此，提高产品的市场竞争力是产学研相结合的技术创新机制的宗旨。在计划经济体制下，在科技与经济分离的情况下，人们习惯于以单纯的技术水平来论科研（主要指某些应用开发研究），这种思维定势割裂了科技与经济的关系。市场经济反复提示给人们这样一个事实：技术上最优，经济上未必最优。有些技术成果只能停留在徒具高水平的"样品"、"展品"阶段，虽然各种技术指标优越，但由于成本过高或缺乏产业化条件，并不能成为商品，永远不会获得市场回报。因此，我们应转变观念，对服务于当前经济发展的科技成果要从科技与经济两方面进行综合评价，特别要强调从社会和市场收益方面进行评价和制定激励政策。同时，对企业来说，技术创新也应当建立在开放的基础上，按技术经济综合最优的原则进行决策。大企业应研究开发自己的独创技术，也要按照最具市场竞争力的原则引进并集成外来技术。企业不从市场出发，单纯去追求某些指标，这不仅缺乏合理性，而且也会带来企业发展上的失误，如 IBM 曾一度放弃在自己优势技术领域的开发投入，而为能获得诺贝尔奖大量投资于基础研究，结果眼睁睁地看着微软在软件方面从技术到产值都跑到自己的前面。因此，最具有市场竞争力是技术创新的主要目标和评价标准，也是技术创新的出发点和归宿，更是制定技术创新政策的基本依据。当前，迫切需要把握这种指导思想，制定对科技人员的激励政策和奖励政策，把他们的工作引导到真正为经济建设服务的轨道上来。

二、为实现上述目标，要注意和解决的几个问题

（一）强化领导机构，大力推动科技部门和经济部门的协调

国际和国内经验表明，政府在组织重大科技项目和产业化，以及重大共性技术推广、普及中要获得成功，关键是要加强集中领导和协调。我国"两弹一星"的研制成功，是中央专门委员会组织有关部门、研究机构、大专院校团结协作、大力攻关的结果。仅参加第一颗原子弹研制工作的就有 26 个部委，20 多个省（自治区、直辖市）和 900 多个单位。为了解决"两弹一星"研制所需的材料、仪表和设备，共有 1600 多个单位、40 多万人承担了协作任务。美国"阿波罗"登月计划的成功实施，在很大程度上也得益于美国政府强有力的协调和科学管理。"阿波罗"登月计划在 10 年左右的时间里，组织了 1200 个分包工程代办商、2 万多家公司、120 余所大学，40

多万名研究人员和技术人员，耗资 330 亿美元，是科技史上空前巨大的系统工程。

我国要组织实施国家重大科技产业化项目，开发、应用和普及重大共性技术，引进中的消化、吸收和再创新，以及制定有利于高新技术企业发展的政策等，关键也是加强统一领导，做好政府各部门的联合和协调。当前，我国在宏观上科技与经济脱节的深层矛盾日益突出，在管理体制上表现得尤其明显。诸如，在运用最新技术成果实现技术发展跨越，在引进中的消化、吸收和再创新，以及制定有利于高新技术产业发展的政策等问题上尤为突出，非常需要经济、科技、财政、金融部门的大力协同。这就要求国家必须强化战略管理和指挥系统，建立国家重大项目领导机构，制订出像发展"两弹一星"那样有力度、带动性强的"科技-经济"整体发展计划和对应的策略，才能取得成功。

实现技术的跨越式发展，以及推广和应用共性技术、加速高新技术产业化等，这些都不是单纯的技术项目，而是涉及政策制定、人才培训、资金筹措、标准规范、引进消化吸收与再创新等多方面的工作。这类复杂系统工程的实施，国家宏观上要创造一些条件：一是经济、金融、科技等部门要分工明确，定位得当，以行业为链条，保持从应用、示范到推广、普及的通畅，形成系统、整体的合力；二是应按照"抓应用、促发展、见效益"——抓实际应用、促技术发展、见经济和社会效益——的方针，从示范入手，逐步推广和普及，在应用中发现和研究新问题，不断提高水平，并以经济和社会效益作为评判标准；三是要理顺机制、健全网络，完善以中介机构为基点的社会化推广服务体系。

（二）集中力量，突出重点

我国是发展中国家，研究开发经费是制约我国科技发展的重要因素。据统计，我国的研究开发经费只相当于美国经费的 2.1%～2.2%。我国又是从计划经济向社会主义市场经济过渡的国家，企业受观念、机制和能力所限，尚不能成为研究开发投入的主体，即使是面向当前市场需求的研究开发项目，政府投入还占相当大的比重，而不能像发达国家那样采取以企业为主的投入模式。这使我国已是很少的科技投入不得不更加分散，人力、设备投入也面临着类似的问题。在这样的条件下，如何使较少的投入发挥大的作用，集中力量、突出重点成为取得成功的关键。韩国、印度在这方面有一些成功的经验。20 多年来，韩国历届领导人分别抓住钢铁、造船、汽车工业不放，产品逐步升级，带动其他产业迅速发展；近年来，印度在空间、核能和海洋方面的投入近占其科技支出的 50% 以上，取得了举世瞩目的进展。我们应当认真吸取这些经验。

当前我国科研计划的主要问题是项目太多、管理分散、低水平重复现象严重。据我所知，国内有二三十家单位分头研制电动汽车；地理信息系统软件研制，一个项目就开发出 20 多套，每套人力投入只有几人年到十几人年，因为人力投入太少，徒有"水平"，而无实际应用价值。统计资料显示，印度的研究开发投入经费总量低于我国，但其科技人员的人均经费是我国的 3 倍。因此，我们需要痛下决心，集中力量，突出重点，每个五年计划抓几个大项目足矣！同时，重点项目一旦确定，要坚决避免蜂拥而起，出现"橄榄球效应"。要坚持引入竞争机制，实行招标制度，保证攻关成功。

（三）培养人才，鼓励创新

当前，人们在用知识经济描述未来发展。正因为如此，更加说明人是未来经济发展的决定性因素，是决定中国未来发展的关键。调动科技人员的积极性，是成功实施科教兴国战略的一个关键。眼下迫切需要鼓励实施尖子人才的政策，首先要认识到尖子人才具有不可替代的作用。我曾长期担任研究所所长，切身体会到：不管有多好的设备、多少课题经费，有一流的人才可能办一流的研究所，二流人才只能办二流研究所。我们不可能要求院所、大学、企业的所有人员都是一流人才，但要有一两个或两三个尖子，同其他研究人员一起形成一个梯队，其中一流人才决定了这个梯队的整体水平，在科技竞争中起着主导的作用。科学研究是这样，技术开发也是如此。美国经济学家提出的"胜者全得"的理论，说明了人才在技术创新市场竞争中的决定性作用。所以，要强调人才难得，人才来自教育。人才结构是金字塔形的，巨大的塔基支撑着塔尖，是普及教育大量投入的结果。所以，对尖子人才要非常珍惜。当前我国人才流失比较严重，到国外去的许多人是较为优秀的人才，这是巨大金字塔的"塔尖"。有一个部，4 万多科研人员中只有 42 名博士，大部分的人才流失了，这应引起我们的高度重视。当前，各国政府可用关税等手段保护本国的产品，控制有关的生产要素，唯一无法保护的就是人才。保护人才的根本途径是使尖子人才的工作和生活条件尽力与国际接轨，依此制定有关政策，依靠政策的力量，保留和吸引一批尖子人才，建立起一支由第一流人才领导的科技队伍。

我们应十分注意创造一个有利于一流人才成长的环境。历史经验表明，科技成果是人才和周围环境相互作用的产物。环境包括一个较好的研究集体、较高的学术起点、较丰富的研究积累、较自由的学术气氛和较充足的研究设备等。好的环境是产生一流人才、一流成果的重要前提。北京大学数学系和中国科学院数学研究所几十年来培养了十几名院士，主要得益于自身较好的环境。这就像森林中的蘑菇，只要温度、水分适当，就会成片生长。这种环境的形成是各种因素长期相互作用、积累的结果，应当很好地珍惜能提供这种环境的科研基地的作用。当然，这并不意味着要把已经不能适应时代发展的研究所仍然保存下来，让它活下去；即使保存的研究机构，也要调整结构，转换机制，分流人才，在改革中形成新的科研基地。

我们应建立开放、流动、竞争、联合的机制。首先要提倡竞争，人事、工资、奖励等制度一定要体现竞争的原则。"九五"遥感攻关项目，我们试用竞争机制，结果一些名不见经传的小单位、小人物中标，而国家用项目支持了十几年的大单位却名落孙山，这又应了那句老话："有意栽花花不开，无心插柳柳成荫。"所以，建立一个竞争的机制，对于发现人才、增加科研机构的活力是绝对必需的。当然要鼓励联合，但需要在竞争的基础上联合。否则，大家都平起平坐，你干一点，我也干一点；搞低水平重复，均分均得，大家都活不了，也都死不了，这种局面不能再继续下去了。

我们还必须改革奖励制度。这不是我一个人的意见，是许多科学家、工程技术人员的呼声。科技进步奖就是要奖励在关键技术研究中有突破，进而促进经济发展的项目。但在评奖过程中，不同程度地存在着形式主义和"一手硬、一手软"的情况。科学家们常有议论，如实讲，一些徒具"水平"的东西说硬也不硬，讲经济效益就更不硬了。面向市场的科技成果不转化、不形成产业就没有价值，因此，奖励制度必须改革。

（四）正确处理引进中的消化与吸收

技术引进是迅速学习国外先进技术，转变我国经济增长方式的有效途径之一。在这方面，新兴工业国家给我们提供了宝贵的经验。比如，韩国的汽车工业，通过引进并大力组织力量进行消化、吸收和再创新，得到了快速发展，已在国际汽车市场站稳了脚跟，具备了在用所有高新技术武装起来的汽车领域同发达国家竞争的能力和实力，这是很可贵的。

改革开放十几年来，我国也利用引进技术有力地推动了经济的发展，取得了历史性的成就。在今后，引进技术仍是我国经济发展的一条重要途径。但在引进工作中，也确实存在一些值得注意、需要认真解决的问题，其中重复引进就是国家经济建设中一个很突出的问题。造成重复引进的原因很多：追求局部利益，对有利可图的项目蜂拥而上，造成多头引进；追求短期利益，引进中重硬设备，轻软技术，急功近利等。在从计划经济向社会主义市场经济过渡的过程中，这些问题需要通过加强必要的宏观调控予以解决。重复引进的另外一个重要原因，是引进后没有很好地消化，没有吸收并加以创新，以至于不得不重复引进，这是本文重点讨论的方面。

加强科技和经济在宏观管理层次上的紧密结合，是解决引进中消化、吸收和再创新中存在的问题的一个关键。我国一些重大项目的引进主要由经济部门操作，由于管理体制的分割和利益分配的限制，科技部门没有或很少参与。长期以来，国家投入的模式和科技奖励的技术水平导向，使科技部门对引进技术的消化、吸收和再创新工作缺乏主动参与的积极性。这种部门的业务领域和追求目标的差异，以及缺乏必要的鼓励创新的动力机制，造成了引进和消化、吸收与再创新的脱节，技术创新跟不上，不能迅速转化成自主技术。

引进中消化、吸收和再创新的投入过低，是另一个亟待解决的问题。据统计，"八五"期间我国引进、消化、吸收中17个专项总投资124亿元，消化、吸收拨款合计才4亿元，仅占总额的3.2%。国外的一般情况是：消化、吸收经费应为引进经费的3倍，日本在经济振兴期达到10倍之多，我国比日本、韩国等国家约低近百倍。要改变这种局面，国家、部门和地方的科技部门和经济部门应当努力做到经济体制改革和科技体制改革相结合。从体制和机制入手，加强协调，突出重点，共同投入；科技部门应主动发挥配角作用，认真组织科技力量，协助经济部门做好技术引进与创新工作，通过共同努力，使我国一些大项目的引进能迅速走上引进、消化、吸收、自主创新的良性发展轨道，成为支撑我国经济发展、转变经济增长方式的重要途径。

（五）发挥地方的作用

改革开放以来，我国地方经济蓬勃发展，经济实力显著增强，对支撑国家发展发挥了越来越重要的作用。同时，地方经济和科技发展有自己的特点，特别是运行机制更加灵活，虽然技术相对落后，但是对于技术进步的要求迫切，有些企业不惜重金获取技术，网罗人才，表现出令人钦佩的远见和魄力。同时，地方的决策体系往往更有效率。所以，在可以预见的将来，地方科技的发展将会越来越迅速，在国家科技体系中将占有越来越重要的位置。

实践表明，原国家科委一些以地方为主操作的计划，如"星火"、"火炬"等计划都很成功。这些计划把改革与发展、科技与经济紧密结合起来，受到了地方广大人民群众和领导的支持和欢迎。再如，几大农作物发展计划及 CAD 推广计划、南方农药研制中心等都是以地方为主操作的，收效都很好。CAD 技术过去在中央部门推广，在建设部[①]、机械部[②]取得了好的成绩，但普及不够。后来我们对这个方针进行了调整，同时面向各省市，很快就获得了大部分省市的积极反应和热情的支持，短短的时间内取得了明显的进展。所以，国家科技部门在关注部门科技发展的同时，应当越来越重视和发挥地方科技力量的作用，把它放到重要的战略地位，逐步加大对地方科技的支持力度。

世纪之交，我国的科技和经济发展又进入关键时期。只要能抓住机遇，团结协作，埋头苦干，我们将在深入实施科教兴国战略中，把科学技术是第一生产力进一步落到实处，科学技术一定会为国民经济的持续、快速、健康、稳定的发展，为经济增长方式的转变开创一个新的局面。

---

① 2008 年更名为中华人民共和国住房和城乡建设部。
② 即中华人民共和国机械工业部，后并入中华人民共和国信息产业部。

组织实施国家重大科技产业化项目问题[①]

(1999年7月)

世纪之交，环球依然如此凉热。科索沃战争与我国驻南斯拉夫大使馆横遭侵袭，一些国力较弱国家的主权遭到肆意践踏。在这样的世界里，国家的安危唯系于综合国力，唯系于国家的技术创新和科技产业化能力。因此，通过国家意志，动员和组织科技、经济、产业、金融等各界的力量，集中发展一批对经济、国防、社会发展有直接和长远带动意义的重大科技产业化项目，实现经济和社会的跨越式发展，对于国家的安危和人民的福祉有着极端重要的意义。本文拟就此提出一些意见和建议。

一、我国发展科学技术坚持"有所为、有所不为"的极端重要性

（一）面临21世纪的挑战，我国的技术创新和科技产业化必须实现重大突破

当今世界，科学技术和高新技术产业高速度向前发展，科技创新瞬息万变，稍有迟疑，就有可能使产品丧失大部分市场，并导致技术、工艺乃至生产体系落后一代甚至几代。世界范围内金融或经济危机的突发与蔓延、一连串的企业购并浪潮，反映出模仿发达国家的技术或者等待发达国家扩散技术不可能保障国家经济技术的安全这一现实。我国在一些技术或产品方面，与发达国家不仅有时间差，而且还存在"代差"（尽管可能不是太长的时间）。正是由于"技术代差"的存在，"跟踪"、"模仿"难以起到预想的战略威慑作用，更容易被领先方锁定在"技术依附"或"技术引进"的路径之中。军事上是这样，经济上也是如此。所以，现实留给我国的出路就是一个，必须以自我为主，加强创新，加速科技产业化。只要我们看准目标、看准机遇，调动全民族的积极性，加快重大科技产业化项目的组织和实施，我们就能够在特定的领域里实现技术上的跨越，从而带动一批产业的发展，逐步实现中华民族赶超世界先进国家的战略目标。

---

① 本文作于1999年7月，为首次公开发表（有删节）。

(二）针对我国国情，我国技术创新和科技产业化必须坚持突出重点、有限目标

我国是发展中国家，研究开发经费不足是制约我国技术创新和科技产业化的关键因素。我国政府的科技投入比较低，1997年我国研究开发投入为481亿元，占GDP的比例为0.64%。我国的研究开发经费投入不论在总量还是强度上都属于世界较低国家的行列，据估算，我国的研究开发经费投入只相当于美国研究开发经费的2.1%~2.2%。1998年，美国研究开发总量比上一年增长了约3.5%，其投入的增量部分即为我国当年科技全部投入的1.5倍。美国IBM公司1996年网络软件的研究开发经费投入为43亿美元，折合人民币348亿元，而当年我国各类研究开发总投入只有405亿元。正是由于高投入，美国的研究开发和人才竞争战略是全球性的，而且对竞争者而言也是釜底抽薪式的，即通过吸引甚至买断等方式，把世界最优秀的科技人员招致到美国的大学、研究所或美资企业旗下，使许多国家和企业在关键领域被迫放弃向美国优势地位的挑战。

我国正处于由计划经济向社会主义市场经济的过渡期中，企业受观念、机制和能力所限，尚不能成为研究开发投入的主体，这就造成即使是有市场需求的研究开发项目，政府投入还要占相当大的比重，还无法采取西方发达国家那种以企业为主的投入模式。而短期行为的利益驱动，使得有风险的产业化项目很难进入政府计划的框架之内，加剧了目标狭窄、管理离散、投入平均的倾向，使得我国已是很少的政府科技投入不得不更加分散，科技投入不足的矛盾日益突出。这种结构性的投入不足，必须在社会主义市场经济建立的过程中逐步解决。我们一方面要努力增加政府的科技投入，建立多元化的投入模式；另一方面要从实际出发，集中并合理使用现有的科技投入，已成为必须引起高度重视的问题。

我国当前在科技投入方面存在的主要问题，有以下几个方面。

1. 机构设置重复，课题分散，低水平重复，投入效益不高

我国在"两弹一星"发展过程中，积累了集中优势力量进行重点攻关的经验。但从"六五"以来，课题分散、低水平重复现象日趋严重。例如，"六五"科技攻关项目为38项，"九五"增加到240项，增加了6倍多，但在同一时期，国家投入攻关的经费仅从15亿元增加到47.3亿元，如果考虑物价因素，实际增长会更低。国内有二三十家企业分头研制电动汽车；地理信息系统软件的研制，一个项目就开发出20多套，因为人力投入太少，徒有"水平"而无实际应用价值。我过去在研究所工作时有一位研究员同时做7个课题，原因就是课题经费太少，难以维持生存。现在许多科技骨干，包括青年科技骨干，整天跑课题、搞公关，科技创新如何能搞好？试想一想，即使有几万项如此这般小而散的成果，多数不能转化和产业化，投入效率之低不只是潜在的灾难。

2. 科技队伍数量与经费数量不匹配，人均经费过少

我国的全时科技人员总数达 83 万人，数量庞大。分散投入致使本来已很紧张的经费更是捉襟见肘。同时，由于项目投入强度低，科技人员生活待遇差，在激烈的人才竞争中处于被动地位，一批尖子人才流失到国外和外企，有创新意义的研究开发难以保证。在这方面，我们可以同印度进行比较。印度的科技投入总量不及中国，但由于印度将科技投入集中在有限的几个领域，队伍精干，人均经费约为我国的 3 倍。这样在维持科技人员生活的同时，可以有较多的投入完成科技创新活动。当前，印度在一些关键性的领域，如核技术、空间技术、软件产业乃至农业，与我国的差距正在迅速缩小，某些领域已走在我们的前面。印度的经验应当引起我们各界的注意。

3. 研究开发工作缺乏竞争机制

计划经济下的经费大锅饭体制没有打破，使得有的科研院所依赖思想严重。这既不利于用好科技经费，更不利于一些优秀科研机构、人才的发现和成长。"九五"计划中，部分项目试用竞争机制，结果国家用计划项目支持了十几年的大单位名落孙山，而一些名不见经传的小单位、小人物中标，成果迅速产业化，进入市场。还是那句老话，"有意栽花花不开，无心插柳柳成荫"。科技投入方面大家都平起平坐，你干一点，我也干一点，低水平重复，均分均得，这种"大家都活不好、也都死不了"的局面不能再继续下去了。

当前，大家对江泽民总书记提出的"有所为，有所不为"的方针一致拥护，但在理解上尚有差异，项目和投入分散的局面没有根本性的改变。因此，我们必须深入学习和理解江泽民总书记的指示精神，采取果断措施，集中力量，突出重点，每 5~10 年，从国家经济和社会发展的全局出发，抓几个重大的、有市场前景的、对提高产业能力影响极大的项目，提到议事日程上来。

二、国家以产业化为核心，组织重大产品和重大共性技术攻关是贯彻"有所为、有所不为"方针的重要措施

当前，加强科技宏观管理的一个紧迫性问题是：如何使有限的投入，发挥出最大的经济和社会效益。笔者主张，国家以产业化为核心，组织有限的重大产品和重大共性技术的攻关是贯彻"有所为、有所不为"方针的重要措施，原因如下。

（一）有利于发挥社会主义制度集中力量办大事的优势

社会主义制度具有集中力量办大事的优势。在涉及国家综合国力和国民经济发展的战略性高科技领域，国家应集中财力、物力和相应的智力、信息等要素，通过系统地设计、组织，高强度投入，迅速占领阵地，直取战略目标，从而带动一大批

高新技术产业的发展,并实现跨越式发展的目的。过去,我们搞"两弹一星"是这样做的,在社会主义市场经济条件下搞重大工程和项目,如下面提到的电动汽车、清洁煤、磁悬浮列车等,还必须坚持这一重要的发展道路。

(二) 有利于实现科技与经济的宏观结合

我国经济和科技发展计划虽有统一协调科技进步的要求,但还是自成体系、界面清楚、独立操作,这不符合创新的逻辑。当代科学技术发展的一个基本特征是现代科学和技术的结合加强,转化极为迅速,在高技术领域里研究开发和产业化已经没有明确的界线。改革开放以来,我们在科技与经济结合的微观层面上有了较大的改进,但宏观上科技与经济结合仍停留在原则上。在我国的现代化发展史上,还没有过面向市场的、超前性的、集科技、经济于一体的发展计划。实施以产业化为核心,组织重大产品和共性技术攻关的重大行动,将有助于在国家战略层面上实现科技与经济的结合,有助于通过科技、产业、市场等因素之间的良性互动,从中成长出民族的优势产业。

(三) 有利于实现政府宏观管理和市场导向的有机结合

重大共性技术的研究开发、推广普及是政府主导改造传统产业的重要途径。重大共性技术研究开发必须以市场为导向,以提高市场竞争力为目标,以市场成功为准则。但我国是发展中国家,市场经济体制尚处在完善之中,内地与沿海、城市与乡村的发展很不平衡。在这种形势下,要发挥出有限投入的巨大社会效益,就必须突出重点,通过政府加强宏观管理和政策引导,做好有限的重大共性技术研究开发、技术示范、技术推广和技术扩散等工作,这样才能有效地使全社会共同参与和推进产业化,实现创新的目的。

(四) 有利于发挥我国的人才优势

我国虽然平均教育水平不高,但人口总量大,受教育特别是受高等教育的总人数并不少,尤其是其中不乏尖子人才、创造性人才。我国的改革开放不断深入,20年来几十万人留学海外,其中也不乏高水平的科技人员,而且还有一批既熟悉科技、了解市场,又懂现代管理和国际惯例的人才。鉴于经费有限,我们选择有限目标,才有可能用和国际接轨的待遇,吸引部分杰出留学人员回国参加项目。国家实施以产业化为核心,组织重大产品和共性技术攻关的项目,将会为上述人才提供施展创造性才华的舞台。

(五) 有利于各种技术集成,避免研究开发上单纯的技术导向

技术集成或综合是实施产业化的根本模式。国家若能公布重大产品或重大技术明确的产业化行动,将吸引千百万科技人员围绕国家目标和市场需求进行技术创

新。这样就可以最大程度地改变过去研究开发那种重学术、重技术、轻市场、轻工艺设计等弊端；改变过去那种热衷于奖励、国际交流，但缺乏面向市场的动力和能力的局面；改变过去那种以学科或计划项目分解投入，配置科技资源的状况，将以市场为中心，合理配置科技资源。这样做下去，我国科技界、产业界的创新能力、竞争能力都将会很快获得提高。

三、关于国家实施国家重大科技产业化项目的几点思考

我国尚处于社会主义初级阶段。由于基础条件所限，不可能与发达国家去拼科技投入；更不能落入美国以拖垮苏联的模式，将中国拖入新冷战对抗的圈套。虽然我们在主要科技和产业领域与发达国家有一定的差距或"代差"，但我们能够在战略管理上有所创新，在有限的但对民用和军事都是非常关键的领域，集中投入，直取主战场的重要阵地，进行必要的战略部署，只有这样才能掌握未来国力竞争的主动权。我们必须利用世界20世纪90年代末和21世纪初的主流技术，选择一些重大项目，加速产业化，构建一个新的、能够支撑21世纪初"科技-经济-社会"发展大系统的技术平台，从而确保第三步战略目标的实现。

在战略构思、技术选择和项目实施中，应当始终贯彻以经济建设为中心，以"三个有利于"为标准的指导思想，从国内外的环境条件、国家科技与经济资源的实际出发，坚持如下几个原则。

（1）坚持市场导向和国家目标结合。从未来中国科技—经济—社会发展的全局出发，进行技术和产品战略选择。重大产品要有较大的市场容量，也应是消费和扩大内需的主要方向，同时能够带动国内众多产业的发展。重大技术要有广泛的应用，能够解决我们面临的主要矛盾，即能将我国某一领域或某些领域的整体技术水平迅速提升到一个新台阶的技术。优先考虑对国民经济、国家安全都有重大影响的领域，从平战结合、军民两用的共同方面寻找必要的突破口。重点选择市场在科技力量、资金投入、风险承受方面尚不足以独立承担的项目。

（2）充分发挥后发优势，实现技术发展的跨越。各国发展的历史经验表明，通过技术创新实现跨越式发展，是一个国家后来居上的成功道路。当代科学技术，特别是高技术及其产业的迅速发展，更为通过重大项目的技术创新实现跨越式发展提供了空间和机遇。中国完全重复发达国家所走过的道路，既不现实也无必要。但是全面超越发达国家也不可能，因此，应当考虑在关系国计民生和国家安全的一些重大产业方面采取坚决措施，充分利用科技进步的因素，实现技术发展的跨越。只有这样，才有可能在较短的时期内加速经济发展，迎头赶上发达国家，改变在综合国力竞争中的被动地位。

（3）注意现实性和超前性结合。我国正处于为加速科技进步、促进增长方式转变而进行战略抉择的关键时刻。在技术路线的决策上，既要看到现实性，也要有超

前性、预见性。没有现在的超前性，也就没有未来的现实性。创新一定要有所预见，有所超前，中国的市场如此之大，国情又十分特殊，发展的压力又如此之迫切，我们不可能永远依靠发达国家已经成熟的技术来继续我们的工业化，我们必须有足够的勇气，大胆创新，将自主创新和世界已有的科技、工业文明的精华结合起来，走出一条有中国特色的现代化之路。

根据上述原则，建议在"十五"及以后的中远期规划中，组织实施国家层次上的"科技—经济—社会发展"重大计划。例如，在能源、交通、农业、电子信息、汽车、住宅等领域中，组织实施电动汽车、磁悬浮列车、洁净煤发电、微电子电路设计与微处理器等重大产品的研究开发和产业化，推动先进制造技术、节水灌溉技术、小康住宅及配套技术等重大共性技术的开发和应用、推广和普及，建设数字化中国系统工程等。这个计划将对我国的国防安全、经济安全和环境安全都具有十分重大的意义。

（1）通过技术的跨越式发展，推动中国的生产力发展和经济增长方式的转变，大幅度提高国家科技和经济综合实力，提高竞争力，保障国家安全。过去，我们常常是根据发达国家已走过的发展模式进行工业化的设计，这一次将是采用发达国家没有尝试过的新的发展模式，将改变我国在国际竞争中的被动位置，提高抵抗各种经济危机的能力，改变在技术、关键产品和知识产权方面受制于人的不利局面。

（2）扩大内需，启动市场，拉动经济增长。该计划的实施将显著地增加国内经济力量的有效供给，提高投入的效益，并能使民族工业掌握技术演进和产品替代的主动权。

（3）促使国家科技力量和经济力量的高层次融合。要从根本上改变在指导思想、宏观管理和协同机制方面科技和经济分离的不利局面。一方面，将加强政府的引导性作用、创造环境和条件的作用；另一方面，将极大促进微观的科技、经济两方面的改革与发展，繁荣市场经济，塑造更有创新活力的经济主体。

（4）掀动技术革新、产品创新和新产业兴起的高潮。在基础建设、设备制造、材料、加工、软件、设计、运输服务、技术服务、信息服务等方面带动一大批新产业、新增长点崛起，使产业和经济结构得以调整，金融部门得到更多的投资热点，社会获得更多的就业机会。

（5）兼顾可持续发展。产品和技术的选择一开始就从可持续发展着眼，以可持续发展为标准选择和调控管理，将使我们在实施可持续发展战略、落实"21世纪议程"方面迈出更积极的步伐。

四、应当注意的几个问题及其建议

（一）强化指挥系统，建立国务院重大项目委员会

应建立国务院重大项目委员会，对重大项目统一指挥，统一行动，各部门协力

合办。应像当年组织"两弹一星"那样，调动各方面的力量，集中各种资源，一旦决策，务求必胜。

十几年来，我国科研院所的运行机制改革促进了一大批院所与企业结合或向企业转化，许多企业也建立起研究开发中心，从微观层次上促进了科技与经济的结合。随着改革的深化和经济的进一步发展，我国宏观科技与经济脱节的深层矛盾表现得更加突出，在管理体制上表现得尤其明显，诸如在技术跨越的基础上建设新型产业，对军民两用技术的研究开发和产业化，在引进技术中的消化、吸收和再创新，以及制定有利于高新技术产业发展的政策等问题上尤为突出，非常需要经济、科技、财政、金融部门共同努力，尽早制定像发展"两弹一星"那样有力度、带动性强的"科技—经济—社会"整体发展规划和相应政策，尽快实现高新技术的产业化和共性技术的推广、普及，进而带动国民经济整体向前发展。

（二）以市场为导向，利用市场机制，解决资源配置的问题

产业化必须以企业为主体。产学研相结合的技术创新机制也要以企业为核心。到目前，国内的大型企业在科技力量、资金投入、风险承受方面尚不足以承担这样重大的项目。国家要鼓励多家企业形成以技术为纽带的企业联盟，成为项目的主体。国家、部门和地方要为企业技术创新制定有效政策，创造有利环境。国家可以进行先期投入，在市场前景显现之后，可用市场机制来吸纳广大企业参与，以解决后期的大部分投入，从另一个侧面推动企业成为技术创新的主体。另外，在技术示范、推广、扩散的过程中，应将政府行为与市场导向结合起来，要特别注意发挥部门和行业的主导作用。

（三）项目组织在制度和管理方面都要有所创新

在项目实施中，应强调竞争机制，以提高创新能力为根本。切实实行项目招标制、首席专家制、人才聘用制等，并实行动态和开放式管理。借此机会，动员科技和经济两方面的力量，用全新的体制和机制，建好一批既能够面向市场开发，又能承担国家目标的产业技术开发基地，使之成为我国产业技术创新的重要力量。

提倡产学研结合，建立和完善有利于科技产业化的激励机制。推动科研院所、大学以有市场竞争力的产品和技术为导向，进行研究与开发。关键是应针对科技产业化的实际要求，改变过去那种单纯以技术水平论高低的做法，以技术和经济综合最优为标准，构建新的评价和奖励机制。在产业化过程中，应以市场回报作为主要的激励手段。在这一方面，应当借鉴国外的成功经验。

（四）自主创新和在引进、消化、吸收基础上的创新相结合

技术引进是迅速学习国外先进技术，转变我国经济增长方式的有效途径之一。在这方面，新兴工业化国家，如韩国发展汽车工业，能给我们以启示。改革开放以

来，我国利用引进技术推动了经济发展，取得了历史性成就。今后，在实施重大科技产业化项目时，引进必要的技术仍然是一条重要的途径。但在引进中，必须解决引进中的吸收和再创新的问题，以形成在引进基础上自主、持续的创新发展能力。

（五）调动和发挥地方的积极性

改革开放以来，各地经济蓬勃、健康地发展，面貌发生了明显的变化，经济实力显著增强，对支撑我国的经济和社会发展发挥着越来越重要的作用。同时，地方的经济发展和科技发展有自己的特点，特别是运行机制更加灵活；技术水平虽然相对落后，但是对于技术进步的要求非常迫切，地方决策体系也更有效率。但是地方经济实力很多没有进入国家经济发展的总体布局，重复建设、重复引进的问题时有发生，浪费了重要的资金和其他资源。因此，充分调动地方的积极性，将地方的财力、物力和人力吸引到国家重大科技产业化项目中，将对有效利用资源，避免重复建设发挥重大的作用。

当年，富尔顿把自己发明的蒸汽船献给拿破仑时，拿破仑依照常识地认为，一个冒着黑烟的铁家伙不可能像木船那样安全地浮在海上，于是拒绝了他认为是非常危险的发明；而富尔顿带着其蒸汽船到美国实现了产业化，美国以非常短的时间，在海上贸易、海上霸权方面获得了与英国、法国、德国同样的地位，甚至超过了它们。人们一致有这样的感叹：如果拿破仑接受了这一发明，那么英法之战定然是另一番结果，近代史也要重写了。

历史经验还告诉我们：找准重点，战略才有意义；抓住机遇，才会事半功倍。我国经济尚不发达，财富积累不易，用好政府的科技投入，是政府、科技界、产业界义不容辞的责任。好钢用在刀刃上，我们既要深思熟虑，又要分清轻重，就是要选择对未来有重大影响力的明确的技术或产品，下大力气，使之产业化，使之成为我国现代化建设史上浓墨重彩的创新篇章。

科技全球化：中国的挑战、机遇及对策[①]

(2000年4月14日)

20世纪90年代以来，随着世界性市场经济的不断发展和信息技术的飞速进步，经济全球化进程不断加快，主要表现为国际贸易迅速增长。作为经济全球化发动机的跨国公司，正在以庞大的规模和雄厚的实力左右着世界经济的发展，逐步向全球公司过渡。由于贸易、外国直接投资、跨国公司和全球公司的促进作用，国际金融市场迅速膨胀，各类金融衍生工具不断出现，导致了金融市场的全球化。与此同时，智力资源共享日益受到重视，许多国家开始借助其他国家的智力资源在激烈的全球竞争中保持自己的竞争力，通过合作参与竞争正成为国际经济关系的新特点。

经济全球化是一种全球范围内经济关系的重要变化趋势，其突出特点是生产资本的全球性扩张。经济全球化打破了世界垂直分工的模式，实现了生产要素在全球范围内的优化配置。而科学技术作为一种最重要的生产要素，随着经济全球化进程的加快，其发展也日益表现出全球化的特征。

一、经济全球化中的科技全球化

随着经济全球化的不断加快，以及科学技术在经济发展中的作用不断加强，科学技术的发展也出现了许多新的特点，其全球化趋势日益突出。这种始于20世纪80年代初期，并且在20世纪90年代以后加速发展的科技全球化浪潮，主要是由研究开发资源的全球配置启动的，而这一浪潮又进一步引起了国际科学技术结构的巨大变化，并对各国的科技、经济和社会发展产生了深远影响。

（一）科技全球化是经济全球化的重要组成部分

20世纪90年代以来，以信息技术为主要标志的高新技术取得了空前的发展，科学技术对经济发展的影响程度不断加深。跨国公司规模不断扩大，成为经济全球

---

① 2000年4月14日完成此文，本应在2000年6月的"二十一世纪论坛"2000年会议专题讨论会作报告，因故未能成行，向大会提交了本文。文章摘登于《21世纪》2000年第4期，题为《中国科技与全球化》。

化的主要载体。国际金融全球化，商品、技术，特别是资本在全球范围内的自由流动和配置，造成包括发达国家和第三世界国家在内的各国经济中你中有我、我中有你的复杂局面。

从整体看，经济全球化是各种全球化网络的交织与叠加，其中科技全球化是经济全球化的重要组成部分。因为推动经济全球化的根本力量是现代科学技术和生产力的进步，特别是近十年来，以信息技术为中心的高新技术的飞速发展，全球网络化程度进一步提高，在更深层次上推动了世界经济向全球化方向迈进。

同时，经济全球化进程进一步加快了科学技术的全球化趋势。经济全球化使得科学技术交流与传播的范围、速度、规模都达到空前的水平。先进的科学技术通过贸易向全球各个角落渗透，迫使每个市场竞争者必须在全球化的背景下从事研究开发活动。不同国家的研究机构之间的界限日益模糊，实验室之间、大学之间正在按项目要求实行重组。信息技术的飞速发展，以及虚拟实验室的出现，使得地域概念不再重要，一些重大的全球性项目在全球开展成为可能。一些跨国公司为了开拓世界市场，不断推进其研究开发活动的全球化，不惜以巨资投入到他们认为有广阔的市场前景和能够最好地发挥人才作用的国家或地区开办的自己的研究机构中，等等。

全球市场竞争的焦点是科技实力的竞争。经济全球化必然要求科技全球化，科技全球化又主导着经济全球化中的世界分工秩序与竞争格局。因此，在经济全球化中，科技全球化具有十分重要的地位和作用。

（二）科技全球化的内涵与特征

所谓科技全球化，其核心内容主要包括三个方面：其一，研究开发资源的全球配置，即按照比较优势原则在世界范围内配置研究开发资源，以求得研究开发产出的最大化；其二，科学技术活动的全球管理，即不仅研究开发的组织形式是向全球开放的，而且各国均须在统一的制度框架和标准下，按照共同的国际规则进行科技成果的交易，并为科技成果的持有者提供知识产权保护；其三，研究开发成果的全球共享，即在一定的规则和条件下，科技研究成果的应用是全球性的，科学技术知识的溢出和扩散成为世界经济中的一个重要现象。这三个方面相辅相成、互相促进，共同构成了科技全球化浪潮的主旋律。科技全球化的特征主要表现在以下几个方面。

1. 科学研究活动日趋全球化

科学研究的目的是获得对自然现象规律的新认识，研究的思路、手段和方法必须跟上世界科学前沿的发展，研究的成果必须在国际科学共同体中得到承认。随着科学技术活动范围的日益扩展和科学信息交流工具的不断发展，科学研究正朝着全球化的方向发展。研究项目的日趋复杂化，许多研究项目的研究对象涉及超越国家界限的大尺度范围，需要不同国家的不同知识机构的科研人员的智力优势互补，必须由不同国家的科学家互相交流、协作完成。大科学研究所需的昂贵仪器设备，使科研成本不断增加，需要不同国家分担成本，进行资源共享。科学研究的诸多新特点都表明，科学研究的全球化趋势正日趋明显，从事科学研究的科学家将更多地在全球化和网络化的开放环境中相互竞争、相互交流与合作。同时，全球化也正在对科学研究的对象、方向、范围、水平，科学家之间的学术交流与合作方式，以及学科交叉研究的发展产生重大而深远的影响。

2. 跨国公司研究开发的全球化程度不断加深，企业间策略性技术联盟迅速发展

长期以来，在跨国公司的诸多经营业务领域中，研究开发一直是全球化程度较低的业务领域，即使是许多全球化经营水平较高并且倾向于在全球范围内配置生产的跨国经营企业，其主要的研究开发力量也往往集中于母公司之中。随着经济全球化的发展，企业研究开发的全球化水平与企业经营的全球化水平之间出现了明显的不相称，而激烈的国际竞争又使作为研究开发结果的知识资源成为企业经营的核心资源。在这种情况下，跨国经营企业不得不逐步加大在国外从事研究开发的力度，从而使跨国公司的研究开发全球化成为世界经济中的一种重要趋势。同时，更多的发展中国家在接受外来投资的同时，对技术本土化的呼声日益高涨，采取了以市场换技术的策略。而跨国公司在关注核心技术的同时，开始将一般性技术转移到发展中国家从而获取利益，这也进一步加速了科学技术知识的全球流动。

企业间的策略性技术联盟始于20世纪70年代末期，主要发生于规模和性质各异的企业之间。这种联盟主要是企业之间达成的一种技术合作协议，而且这种技术合作协议将对合作双方的产品市场地位产生影响。进入20世纪90年代以后，跨国公司之间建立策略性技术联盟的趋势进一步加快。近年来，企业间策略性技术联盟的发展势头更为强劲。

3. 信息网络技术为科技全球化进程的加快创造了条件

20世纪90年代以来，科技全球化进程的不断加快，一个很重要的推动因素就是信息网络技术的迅猛发展。信息技术的飞速发展，正深刻地影响着人类的生活和工作方式，使得通过网络配置科技资源成为可能。通过信息技术及跨越国家的研究人员的活动，科学技术信息目前已在全世界范围内快速流动。其最突出的特点是，全球研究村和虚拟实验室的出现，改变了传统的科学研究模式，处于全球不同地区的科研人员可以在任何时间更便捷地进行跨国界的研究合作，科研效率大大提高。在网上进行技术开发合作方面，合作双方甚至不需要见面，不需要相互了解，合作双方可能是天各一方，但只要在网上达成协议，在网上交易，即可完成。信息网络的发展，也使得人们从外界获取科技信息的能力大大提高。可以预见，这种信息技术带来的巨大变化，在21世纪将变得更加重要，因为新技术的复杂性增加了跨学

科知识传递的重要性，而且全世界范围内变革的步伐都在加速。

4. 区域科技合作不断增强

区域科学技术合作一般是由政府倡导的，而企业又是各种技术创新活动的主体，因此，以策略性技术联盟为主要形式的企业跨国科技合作与以政府为主导的区域科学技术合作是一种互为补充、相互支持的关系。从世界范围来看，区域科技合作与区域经济合作基本上是相辅相成的，而且区域科技合作一般都是作为区域经济合作的一个重要内容而确立和发展起来的，它反过来又进一步促进了区域经济合作的发展和深化。

由于企业层次的研究开发全球化与国际科学技术合作同以政府为主导的区域科学技术合作相互补充、共同促进，科学技术活动从其目标、组织、实施到科学技术活动成果的管理与消费全部全球化了，并在此基础上孕育出了国际科学技术结构的两个重要变动趋势：其一是网络化趋势，即跨国公司通过策略性技术联盟与研究开发的发展形成的全球技术网；其二是集团化趋势，即不同国家通过区域科学技术合作而形成一个一个的区域性科技集团，通过国家的力量强化对全球科学技术资源的争夺。

二、科技全球化对发展中国家的挑战和机遇

在科技全球化进程中，科技资源通过在全球范围的优化配置，使得传统的地理和区域界限不再重要，科技人员的交流和互动程度大大增加，科学研究和技术开发活动更加便捷，跨国公司也可以充分利用分布在全球的人力资源和科研成果，服务于自身发展战略。科技全球化在给参与其中的各国带来机遇的同时，也蕴涵着巨大的挑战，特别是对于经济和科技基础还比较薄弱的发展中国家来说更是如此。

（一）科技全球化对发展中国家的经济、科技发展带来了巨大挑战

1. 发展中国家在经济、科技方面的相对弱势地位限制了其对科技全球化机遇的利用

发展中国家在世界经济中的弱势地位与其在当代国际科学技术体系中的弱势地位是密切联系在一起的。正如在经济全球化中发展中国家处于弱势地位一样，在科技全球化中，发展中国家同样处于弱势地位。从研究开发的投入来看，发展中国家低下的经济发展水平和人均收入水平决定了其不可能投入较多的人力、物力资源从事研究开发活动，因而在创造和获取现代科学技术的最新成果方面处于不利地位。另外，经济发展水平低下不仅限制了科学技术知识在发展中国家内部的创造和供应，而且也限制了发展中国家对科学技术知识的需求，包括发展中国家对经济发达

国家所创造的先进科学技术知识的需求,从而造成发展中国家对现代科学技术知识的需求严重不足,不能充分享有科技全球化带来的益处。

所以,对于发展中国家而言,能否掌握科技全球化所带来的利益的能力,将主要取决于本国的企业、研究机构能否成功抓住正在形成的全球技术基础所呈现的机会。政府作为政策制定者,也必须认识到科技全球化所带来的影响,以及国内和国际政策的相互依赖性,这对于成功地把握科技全球化的机遇也十分重要。

2. 科技全球化可能进一步拉大发展中国家与发达国家之间的科技差距

从科技全球化的动因及演化过程看,科技全球化主要是由发达国家及其跨国公司所主导和推动的,并且服务于这些国家及其跨国公司的全球利益,其收益主要流入了经济发达国家。这种科技全球化及由此带来的国际科技结构变化,进一步加强了西方发达国家及其跨国公司的国际科学技术地位,强化了科学技术资源向少数发达国家的集中程度,强化了他们对于世界科学技术资源的控制力,从而维持甚至扩大了他们与发展中国家之间业已存在的科学技术差距。

3. 科技全球化使发展中国家在科技资源争夺中处于不利地位,人才流失有可能加剧

世界历史的发展进程总是伴随着对资源争夺的竞争。传统上以争夺土地、矿产等自然资源为主的竞争,正逐渐让位于对知识和人才的争夺和垄断。随着科技全球化化进程的不断加快,对全球科技资源的争夺愈演愈烈。现代信息和通信技术的发展,形成了一个全球信息网络,使得全球的研究开发资源有了可以充分流动和利用的巨大空间,这使得科技资源的争夺更加迅猛和激烈。

发达国家无疑是研究与开发全球化化的最大受益者。通过吸引众多的全球研究开发资源和优秀科技人才,进一步增强了本国的创新能力。海外的研究与开发机构又为发达国家开辟全球市场创造了良好条件。研究与开发的全球化现已成为发达国家争夺市场和资源,开展全球竞争的新形式。对于广大发展中国家来说,科技人才的流失可能加剧。同时,跨国公司的产品将更具有针对性和本土化特征,对民族科技产业产生更大的冲击,从而造成其高科技队伍的不稳定性。

(二)科技全球化对发展中国家的科技、经济发展提供了难得的机遇

在科技全球化给发展中国家带来巨大挑战的同时,科技全球化也为其发展提供了难得的机遇。我们应该认识到,发达国家目前所表现出来的产业和技术优势是其长期积累的结果,而科技全球化则使得发展中国家可以分享到发达国家的这些知识积累。从长远的观点来看,目前国际科技结构变动对发展中国家的不利影响是相对的、暂时的、部分的,科技全球化在向发展中国家提出了严峻挑战的同时,又为发展中国家提供了难得的技术赶超机会。

1. 发展中国家利用国际科技资源的机会大大增加

研究开发全球化化及企业间策略性技术联盟高度集中于西方发达国家。发达国家在区域科技合作中居于支配地位等事实，虽然进一步加强了西方发达国家及其跨国公司在科技全球化浪潮中的主导地位，但是由此所引起的国际科技结构的变化绝不意味着向发展中国家的科技资源流动绝对地减少了。它只是表明，科学技术资源向发展中国家的流动速度及规模小于向发达国家的流动速度和规模，因而发展中国家在争取这种国际科技资源方面处于相对不利的地位。如果从绝对规模来看，则无论是发达国家投放在发展中国家的研究开发支出规模，还是向发展中国家的技术流动规模，其数量都有相当大幅度的增加。

2. 科技成果从发达国家向发展中国家的转移速度不断加快

科技全球化进程高度集中于经济发达国家并不意味着由此所带来的科技全球化收益也仅仅局限在这些国家之内。事实上，随着经济全球化与科技全球化的深入发展，以专利购买和技术许可为主要形式的国际技术贸易规模越来越大，甚至制成品贸易也越来越趋向于技术密集型产品了，而跨国公司的对外直接投资更是直接促成了科学技术知识，特别是产业技术从发达国家向发展中国家的转移。在这种情况下，研究开发收益从发达国家向发展中国家的溢出，以及技术的国际转移进程必然也会随之加速。有资料表明，1980~1994年，高技术产品占世界进出口总额的比重从10%增加到了17%，更多的技术密集型产品贸易表明国家之间的技术转移速度加快了。1975~1985年发展中国家的技术购买费用年均增长速度为8.93%，高于世界平均水平7.44%，1985~1995年发展中国家的技术购买费用年均增长速度进一步提高到17.95%。

3. 具备一定基础的发展中国家完全能够借助科技全球化浪潮，在某些领域实现跨越式发展

虽然科技全球化进一步拉大了经济发达国家与发展中国家在科学技术方面的差距，使得发展中国家处于一种非常不利的境地，但是由于发展中国家的情况千差万别，各国的经济发展水平与科学技术能力各不相同，因而在科技全球化浪潮中的地位也存在着明显的区别。因此，科技全球化对于作为一个整体的发展中国家有不利影响并不等同于对于所有的发展中国家的影响都是负面的，处境和地位不同的发展中国家对于科技全球化的态度也可能完全不同。在这个过程中，一些经济发展水平相对较高、科学技术基础设施比较完善的发展中国家，有可能通过积极参与国际科学技术的交流与合作，充分发挥后发性优势，进一步缩小与经济发达国家之间的科技差距，并最终完成经济技术的赶超。一般来说，现代工业的初步建立使这些国家对于现代科学技术知识有着极为强烈的需求，而经济的初步发展繁荣也使他们有足

够的支付能力购买自己所需要的科学技术知识，相对完善的国内科学技术基础设施也使他们对于外国先进科学技术知识有着相当强大的吸收能力。事实上，目前已经有一些发展中国家或地区在个别领域中已经成为具有世界竞争力的技术提供者，中国的航天技术在世界上享有重要地位，印度发达的软件产业已经使其成为世界第二大软件出口国，韩国的半导体技术已经进入世界三强的行列，巴西的运载火箭技术进步迅速并且已与美国展开了双边合作活动，等等。

三、科技全球化对我国经济、科技发展的影响

目前，我国正处于经济和科技发展的关键时期，科技全球化浪潮的到来，将对我国在新世纪的经济、科技发展带来深刻的影响。特别是随着我国即将加入 WTO，原有的以市场换技术的策略逐步失效，科技和经济发展的环境必将发生重大变化，提高自身科技实力和创新能力成为生存之本。能否充分利用全球化带来的机遇，将直接关系到我国未来的国家安全，以及在国际舞台上的地位和经济、科技竞争力。

（一）科技全球化对我国经济发展的影响

科技全球化对我国经济发展的影响是多方面的。从产业层面上来看，我国是一个二元色彩浓厚的国家，存在着多方面的发展不平衡。在现有产业结构中，高新技术产业比重低，高附加值产业比重小，产业国际分工处于下层，产业国际竞争力弱。当前，我国的高技术发展无论在规模上还是在技术水平上都与发达国家有较大差距。据联合国有关部门分析，我国的国民生产总值虽然排在世界第 7 位，但其工业技术的科技发展水平却只能排在世界第 26 位。庞大的经济规模与落后的产业技术水平形成了强烈的反差，这必将使得我们在科技全球化浪潮中处于非常不利的地位。

当今世界，高科技日益成为变革经济结构的动力。信息技术的飞速发展，将彻底改变经济增长方式及世界经济格局。高科技成果大规模商业化的结果，导致国际经济、产业结构和产品结构的重大变革。同时，促使各国建立新的经济结构模式，使传统产业部门的相对重要性发生变化。而科技全球化进程的不断加快，使得发达国家和大企业争相以优越的创业条件和高额的报酬从世界范围内吸引人才，跨国人才流动不断增加。跨国公司及大型金融机构正在采取新的全球战略，一方面在发达国家的信息、通信、医药、化学、电子、金融等市场进行大规模的兼并和联合，另一方面通过向原社会主义国家和第三世界进行经济渗透，努力建立冷战后的全球秩序。这将对我国经济发展提出新的重大挑战。

（二）科技全球化对我国科技发展的影响

科技全球化，特别是产业研发全球化对于我国科技资源的配置和科技活动的组

织有直接的影响，表现在影响技术发展的资金、人力资源、管理经验等诸方面，同时将促使政府和企业协同努力创造一个有利于在国内进行产业研究开发活动的环境。

1. 借助科技全球化进程，可以获取更多的资金和管理技术

对内和对外的研究开发投资，将有助于为科技长远发展获得必要的资本支持和技术积累。技术贸易规模的扩大和水平的提高为我国经济发展提供了多种技术来源，为我们充分利用学习者的后发优势提供了加快学习进程的有利条件。外国企业在我国的研究开发投资为我国经济的发展提供了满足市场需要的部分技术和资金。我国企业走出国门，可以利用国外的丰富的科技资源开发出适应国内市场和国际市场的产品。

科技开发的重要特征之一，就是技术知识的"溢出效应"。外资在我国设立研究开发机构和进行研究开发活动，其成果将对市场竞争者和上下游产品供应商带来溢出作用。这将为我国经济的整体技术水平的提高和产业结构的调整产生积极的影响。

2. 正确估量科技全球化对我国科技队伍的影响

随着跨国公司在华研究开发投资的不断增加，国内的许多科研单位和企业的一批人才将被外资研究开发机构吸引，同时一批海外留学生也将归国加盟外资研究开发企业。这必然会对我国科技人才队伍的稳定产生直接影响。

正如经济全球化所具有的双重性一样，科技全球化也有其积极和消极的方面。人才的流失虽然是科技全球化所带来的一个明显的不利影响，但从资源的有效使用方面看，外资在我国的研究开发机构为我国大批未能充分利用的科技人才创造了一个施展才华的机会，造就了新型科技人才。同时，一个人才的竞争市场的产生，为国内企业和科研机构创造出一种真正有效利用科技人才的压力，促使国内形成了充分利用科技人才的环境。

从长远而言，在国内从事产业研究开发的外资和国内机构都是培养我国急需的产业研究开发人才的重要基地。随着我国的改革开放的继续深入和经济的不断发展，人才环境将会得到更大的改善，内外资机构的人才流动会更加频繁，大量在外资机构获得工作经验的科技人才将会向国内企业和科研机构回流，有丰富经验的科技人才将对我国经济发展产生极大的促进作用。

（三）科技全球化对我国国家安全的影响

在科技革命的背景下，传统的国家安全概念不断拓宽，除传统的国防安全之外，威胁国家安全的多种因素不断出现。在经济全球化和科技全球化的双重推动下，经济安全、信息安全、金融安全、社会安全和生存环境的安全在国家安全中的

地位和作用相对上升。

随着人类进入互联网时代，信息安全的内涵大大增加，从面向数据安全概念的保密性、完整性和可获性，拓展到了面向使用者安全的鉴别、授权、访问控制，以及基于内容的个人隐私、知识产权的保护等。现代的信息安全已经涉及个人权益、企业生存、金融风险防范、社会稳定和国家的安全。信息安全在国家安全中的地位进一步提高。信息技术和信息产业是当前主要国家综合国力竞争的焦点。信息安全已成为世界性的现实问题，国家安全、民族兴衰和战争胜负，是国家和民族的头等大事，信息安全与它们息息相关。没有信息安全，就没有完全意义上的国家安全，也没有真正的政治安全、军事安全和经济安全。

随着科学技术的发展，军事竞争乃至战争的科学技术含量必然提高。而科技全球化，势必会促进军事方面敏感技术的流动加快，并伴随着高新技术武器装备研究开发人才的加速流动，从而促进武器装备技术含量的提高，甚至导致武器装备更新换代加快，从而使军事竞争更加趋向科技密集型。因此，科技全球化对我国国家安全的影响是十分深刻的。

四、实施有效战略，迎接科技全球化浪潮

我国作为最大的发展中国家，在科技全球化的浪潮中，同众多的发展中国家一样，面临着许多共同的挑战和机遇。在这个问题上，关键在于我国的经济全球化战略与政策是否得当，措施是否有力，从而趋利避害，获得最大收益。

我国经济结构的二元色彩决定了我国参与科技全球化进程的非平衡性，也就是说，在我国，不同地区、不同企业和产业参与科技全球化的程度存在着明显的差别，其参与科技全球化的时机也各不相同。在这种情况下，那些技术水平较为先进的地区、产业和企业有可能通过参与科技全球化进程来从经济发达国家获得最大程度的技术溢出收益，从而实现技术、经济的跨越式发展。

（一）我国参与科技全球化进程的基本原则

1. 确保国家安全的原则

科技全球化是世界科技发展的必然趋势，是国际科技和经济发展的新阶段。在科技全球化的今天，国家安全的概念也在逐渐发生转变。科技全球化扩展了国家安全特别是信息安全的内涵，大大提高了信息安全在国家安全中的地位，并且随着科技全球化进程的不断加快，人才、技术等的跨国界流动更加频繁，这一方面促进了知识的快速流动，另一方面也对国家的信息安全、技术安全带来了挑战。因此，作为发展中国家，我们必须在加入科技全球化进程中，时刻确保以国家安全为最高原则，加强对有关技术的知识产权的保护，提高有关人员的国家安全意识，防止有关

技术通过非正常途径流向他国。

2. 坚持对外开放的原则

科技全球化是世界发展的大趋势，我国不应该也不可能置身其外。如果我们不继续扩大开放，不以积极的姿态参与科技全球化，就不可能充分利用国际科技资源来加快我国的科技和经济发展。近20年来，我国综合国力增强，科技国际地位提高，恰恰是与不断扩大对外开放联系在一起的。拒绝对外开放和不顾国家经济安全的盲目开放都是不可取的。

3. 坚持趋利避害的原则

科技全球化一方面给世界各国发展经济带来了机遇，但也不应该忽视它所带来的负面影响。特别是对科学技术还不发达的发展中国家来说，这一点尤为重要。我们应该学会在科技全球化进程中趋利避害。发展中国家应该学会应付科技全球化带来的问题，不断审时度势，学会保护自己。

4. 坚持积极与稳妥的原则

科技全球化给发展中国家的科技和经济发展带来了前所未有的机遇，我们应该积极加入这一进程，早加入早主动，要充分利用科技全球化带来的各种机遇，引进外资和先进技术，学习先进管理经验。在积极推进我国融入全球化的同时，要使我国科技创新与经济全球化同步，依靠科技在全球竞争中站稳脚跟，提高竞争力，实施科技、经济全球化下的技术跨越战略。

（二）加快科学技术发展，提高科技实力，是参与科技全球化的基础和保证

当前，在科技发展领域，世界各国都面临着全球范围内的严酷竞争。美国、日本和欧盟等发达工业化国家和组织对科技发展的支持依然保持强劲势头。一些发展迅速的新兴工业化国家也着眼于取得世界技术领先地位的一席之地。这些国家深知，只有立足于自身科技实力的不断提高，才能更加从容地应对科技全球化的挑战。这也是许多正在实现工业化的国家都强调本土技术能力的发展，增加研究开发投资、制订研究计划、组建政府-产业联盟、鼓励技术人才发展计划、实现关键制造业部门的现代化、筹划信息高速公路等的主要原因。

科技全球化的新形势对我国科技发展提出了新的更高的要求。从当前世界科技发展的趋势看，科技在经济发展中的基础性作用不断增强，科技发展水平和实力在很大程度上决定了各国在国际舞台上的地位，科技竞争力决定了一个国家在未来竞争格局中的命运和前途。因此，应对科技全球化的挑战，充分利用科技全球化的机遇，首先必须加快自身科学技术的发展，从而为参与科技全球化浪潮奠定坚实的基础。特别是随着国际经济竞争的不断加剧，尖端、前沿的科学技术的流动更加困

难，这就使得我们必须立足于依靠本国的科研力量进行研究开发，并最终拥有自主知识产权。

从国内科技发展的趋势来看，面向新的世纪，在竞争日益激烈的国际国内环境中，为了实现我国现代化建设的第三步战略目标，我们必须将科学技术水平特别是自主创新能力的提高作为最重要的战略目标，要对作为经济和社会发展支柱的科学技术发展做出新的重大战略部署。这就要求我们认真研究科技全球化的特点和趋势，根据自身的优势和需要加紧调整科学技术发展战略和政策，强化已有科技优势，并在落后领域迎头赶上。要不断加大国家财政对科技投入的幅度，动员全社会不断加大对科技发展的投入，特别是要采取措施，促使企业尽快成为科技投入的主体。

（三）加强国际科技合作，以积极的态度参与科技全球化进程

我国在科学技术方面表现为一个优势与弱点都很突出的发展中国家，在科技全球化的浪潮中，必须有针对性、有重点地与外国，特别是经济发达国家开展经济技术合作，通过积极参与科技全球化进程，在某些领域实现技术的跨越式发展。事实上，我国经济发展的实践和理论研究都已经证实了与发达国家开展经济技术往来对于我国提升产业技术水平和更多地获得发达国家研究开发溢出效益的重要性。在这方面，关键是如何保持现有优势、扩大新优势的问题，是将科技全球化收益从可能性变成一种现实的问题。事实上，在科学技术基础还不是非常坚实的情况下，通过国际科技合作参与到科技全球化浪潮中去，是发展中国家获得先进科学技术知识供应的一条最为有利的捷径。

改革开放以来，我国科学研究的国际化趋势在不断加强，广大科研人员通过深入、广泛的国际合作与交流，不断汲取整个科学界的学术营养，从而使自身的学术水平得到提高。而科技全球化浪潮的到来，对我国科学研究国际合作提出了新的需求和挑战，要求我国的科学研究必须顺应全球化的潮流，抓住全球化带来的机遇和挑战，把国际合作交流放在一个重要的位置。

（四）培养一支高素质的科技人才队伍是迎接科技全球化挑战的根本

目前，人类社会正在向知识经济时代过渡，知识成为提高生产率和实现经济增长的驱动器。随着知识逐渐成为第一生产要素，拥有知识的人才则成为社会经济发展的最重要资源。当今世界，各国政府可以用关税等手段来保护本国的产品，控制有关生产要素的流动，但唯一无法控制流动的就是人才。

对于科学研究而言，人才更是成败的关键所在。科学研究是一项需要长期专心致志探索的创造性的活动，从事科学研究的人必须具有渊博的科学知识、活跃的科学思维和高度的献身精神。个人的创造性和献身精神是科学研究取得成功的必要条件。与国际同行保持密切交流和合作是科学研究工作者取得高水平成果的基本保

证，保持科学人才的国际开放和流动是任何研究组织、地区和国家赢得国际科学竞争和获取科学研究所产生的利益的基本保证。

当前，我国的人才问题具有空前的紧迫性。吸引和保护人才的根本途径是积极参与争夺人才的国际竞争，在尖子人才的工作和生活方面努力与国际接轨。在这方面，必须进一步改变观念、解放思想，依据使一部分有贡献的科技人员先富起来的思想，制定出有关政策，依靠政策的力量，在竞争中从国内外吸引国际一流人才，特别是要吸引有国际经历、杰出科技管理能力和奉献精神的青年人才，同时也要利用科学研究全球化的大趋势，通过国际科学合作与交流吸引外国的科学人才为我国科学技术水平的提高和技术创新能力的增强做贡献，这也是我国迎接科技全球化，充分利用全球化机遇的根本所在。

（五）不断提高企业的创新能力和国际化经营程度，是我国参与科技全球化的重要保障

随着我国经济的不断发展和外资的大规模进入，越来越多的跨国公司把持续扩大在我国国内市场中的份额作为公司战略的主要目标。继续利用现有优势保持业已建立的技术领先地位，限制国内可能的竞争对手和并购具有发展前景的开发项目，将是跨国公司在华投资的战略性选择。国内的企业除了在细小和分散的市场和开发项目上可能面临相对较小的竞争压力外，在所有具有重大发展前景和市场份额的技术和市场中，都将面对来自实力远大于自己的国外企业的竞争压力。

1．"通过合作参与竞争"是企业创新与发展的新型模式

长期以来，由于历史或体制上的原因，我国企业的创新活力一直非常低下，加之国际化经营程度较低，又进一步限制了企业利用国际科技资源服务于创新战略的空间。企业组织结构不合理，产业集中度低，专业化水平不高，大而全、小而全，企业之间缺乏有效的合作和分工，是影响我国企业竞争力的一个重要原因。随着科技全球化进程的不断加快和国际竞争的日趋激烈，企业的竞争力越来越依赖于其技术创新能力，即在产品和工艺中应用新技术和新知识的能力。企业必须适应飞速变化的市场条件，必须通过产品和工艺创新在技术进步日新月异的世界中取得领先地位。

随着创新的复杂性不断增加，对于单个企业来说，仅靠自身的力量来生产所有相关的知识，或把新知识应用于创新产品和工艺已经越来越困难。为了保证在创新中取得成功，企业更加依赖于来自其他企业或知识机构的互补性的知识和技能。创新不再是单个企业的活动，它需要一个积极的寻找过程，去开发新的知识和技术资源，并将其应用于产品和工艺中。所以，提高企业创新能力，迎接科技和经济全球化的挑战，一方面，企业必须加快调整和改组步伐，在市场经济规律的指导下，通过兼并、联合、重组等，尽快形成更为合理的经济规模，不断培养自己的核心竞争

力，以独特的优势参与国际竞争；另一方面，企业必须树立"通过合作参与竞争"的创新与发展理念，加强企业间的联盟，有条件的要积极和跨国公司建立合作联盟，在优势互补的基础上开展合作创新，不断加强国际化经营程度，充分利用各种国际科技资源，不断提高自身的创新能力和国际竞争力。

2. 搭建平台，为企业参与科技全球化进程营造良好环境

我国企业缺乏大规模地组织产业研发研究的经验，科技全球化特别是产业研究开发全球化将有利于我国企业在竞争环境中学习研究开发组织管理经验。目前，许多国家的政府都已经或正在采取措施，鼓励在本国内进行研发投资，或鼓励本国企业到国外进行研发投资，积极参与科技全球化进程。

目前，我国企业的国际化进程刚刚开始，率先进行研究开发国际化和全球化的主要是消费电子、信息和通信技术领域、经营管理较好、有一定国际竞争力的大企业集团，如海尔、四通、联想、华为、康佳、新科等在最近几年，开始在美国、欧洲等技术密集的国家和地区投资设立研究开发机构，作为了解国外科技动态、引进新技术和产品的窗口，同时作为获得国际运作经验的途径。尽管这些企业进行产业研发的时间较短，关于研究开发的组织、管理、成果的商业化等都处于积累经验和摸索阶段，但是这些企业通过在国外进行研发投资，对企业把握全球科技发展和技术创新脉搏，利用国外的丰富的科技资源开发出适应国内市场和国际市场的产品，从而提高企业的国际竞争力将起到巨大的推动作用。

由于我国企业在规模、技术、管理和产业经验等方面与跨国大集团存在较大的差距，在参与科技全球化的进程中面临着许多壁垒，这就需要政府采取有效措施，通过搭建建设性的合作平台，营造良好的环境，促进企业参与国际科技合作与交流。这也是在科技全球化背景下，以及市场机制逐步完善的条件下，政府支持企业发展的有效措施。另外，通过国际科技合作等途径，鼓励有条件的企业参与国际技术联盟，也是尽快提升我国企业技术水平和国际竞争力的有效途径。

西部地区同样具有跨越式发展的历史机遇[①]

(2000年5月22日)

当前,如何体现科学技术在西部大开发中的作用,是科技界面临的一个重大课题,尤其重要的是西部大开发是在信息技术飞速发展、经济全球化进程加快、我国即将加入WTO的大环境下进行的。这种大环境既是对西部大开发严峻的挑战,也是难得的历史性的机遇。

高新技术是引领经济社会发展的火车头,高新技术能不能在西部地区,也就是我国经济发展相对落后的地区得到应用,是大家非常关心的问题。对这个问题的认识不解决,高新技术在西部地区的应用就不可能取得突破。下面我谈几点看法。

一、西部同样具有实现跨越式发展的历史机遇

从历史的角度看,信息的传播和交流在人类发展中有重要的作用。人类的生存和发展经历了很长的历史时期,有文字记载的就有几千年的历史。在古代文明形成过程中,信息的传播、交流发挥了关键性的作用。农业文明是基于河流繁衍的,因为河流是农业文明中物流、人流和信息流的主渠道。古代世界农业中心的转移都发生在大江大河之滨。从两河流域的文化,也就是底格里斯河、幼发拉底河文化到尼罗河文化、恒河文化和黄河文化,人类在一个很长的历史时期内,陆续形成了一些文化、经济中心。为什么在河流沿岸人类的文明能够发展起来?我以为主要原因有两个:一个是沿河的土壤冲积形成的沃土适合人类生产的发展,另外一个就是河流作为信息和物质的载体发挥了重要的作用。通过河流把有关的信息沿河传播,信息的流动使得各种不同的族群、不同的文化互相撞击,促进了文化的发展,也促进了科学和技术的进步。在工业文明中,生产是以自然资源和技术革命推动的,火车、轮船代替了河流成为物流、人流和信息流的主要载体,早期新工业密集区的崛起大多发生在火车、轮船等现代交通工具所能到达的区域。美国是发展很快的一个国

[①] 根据2000年5月22日在信息技术与西部大开发战略研讨会上的讲话和2000年10月22日在西部论坛上的讲话整理而成。

家，除了优越的自然环境以外，很重要的一个原因是其是一个移民国家，通过来自不同国家、不同民族的移民作为信息载体，各种文化在这片土地上得到了汇集、升华、提高，形成了独特的美国文化，促进了美国经济、科学技术的高度发展。

当今世界，信息技术已经成为社会发展的一项强大的动力。世界银行在1998年发表的一项世界发展报告，分析了信息技术在各个不同国家和不同地区的发展水平以后指出，信息技术的应用程度和信息的获取能力不仅决定了一个民族今天经济发展的状况，而且也决定了这些国家和民族未来社会和经济发展的基础。信息技术不仅仅造就了一个强大的产业，而且由于它极大的关联性和渗透性，对社会的各个层面都会产生无与伦比的影响。我认为这个报告表达得很贴切。美国当代的发展为我们提供了鲜活的案例，到今年5月，美国经济已经按照两高一低的特征持续增长了109个月，这是美国近代史中持续增长最长的一个时期，打破了1961～1969年的经济增长的纪录。美国总统科学技术顾问委员会在分析美国长期、稳定、持续经济增长的原因时，认为根本原因是美国对科学技术持续的投入，尤其是从本世纪40年代以来对微电子、计算机和网络技术的支持和发展。信息产业对经济增长的贡献率平均达到35％，知识的获取和应用能力，以及人才已经成为竞争优势的决定性的因素。

从美国的经济发展可以看到，现代信息技术和其他高新技术，包括交通运输技术的广泛应用，已经突破了历史上各种自然条件对人类发展的限制，实现了国家经济的发展。所以，当代由于信息技术，以及交通技术、运输技术的高度发展，人类已经可以突破自然条件的限制，为落后地区的发展、信息的聚集、优化，创造了崭新的、完全不同于过去的条件。

20世纪中叶以后，在计算机、网络、生物技术的推动下，知识经济得以发展，信息的传播和交换在经济和社会发展中凸显其重要性。这为自然条件差、经济发展落后的地方，通过科技创新，实现跨越式发展提供了新的机遇。

以色列位于自然资源贫瘠的地区，自然条件并不优越，但是其依靠先进的科学技术，包括现代的信息技术得到了快速的发展。北欧的芬兰，只有500万人口，国土面积30万平方公里，资源单一，主要是森林，而且有相当大的一部分地区在北极圈以内，气候条件很差。20世纪20～30年代以前芬兰的经济就是以林业为主，如果说有什么工业的话就是造纸业、造纸设备制造等。但是这样一个典型的林业小国，近年来抓住了以信息技术为中心的高技术产业发展的机遇，造就了像诺基亚这样的跨国公司，一跃成为电子通信、计算机工程和生物工程为主的技术经济强国。现在芬兰的人均GDP已经达到25 000美元，60％的人有移动电话，9％的人上网，人均上网率为全球第一。

美国中西部内陆高原的犹他州，是典型的内陆高原，地理环境和我国西北地区相似，大约有35％的土地属于沙漠和干旱地带，气候干燥，雨量很少，历史上犹他州经济不发达，是传统的矿业区和农牧业区，但是犹他州也充分利用了现代发展的机遇,在20世纪80年代末提出要发展以信息技术为代表的高技术,州政府为此制订了一个发展犹他州信息高速公路的计划,重点支持发展盐湖城一带高科技工业区。通过近十年的努力,犹他州盐湖城地区目前已经成为可以和硅谷相提并论的高技术产业区,多年来犹他州经济增长保持在7%左右,远远高于全国的平均水平。分析历史和现代的发展,可以得出一个重要的结论:即使在自然条件恶劣的地区,经济同样可以得到发展,其中信息技术发挥了重要作用。

所以我认为,西部地区发展的关键之一是信息技术的应用、推广和普及。在高技术蓬勃发展的时代,很多经济学家都认为投资于人力资本、社会资本和无形资本的收益可以大大高于投资于自然资源的开发、物质资本和有形资本的收益。从西部地区发展的历史看一看,这是有道理的。据统计,在改革开放的初期,西北地区的人均GDP水平高于福建的人均GDP水平,其中青海的人均GDP水平高于广东的人均GDP水平;但是发展到1998年,广东和福建的人均GDP已经相当于西北各省的人均GDP的1.7~3.5倍。资本投入的增长率的差异性不是造成东西部地区经济增长差异的唯一因素。根据统计,实际上新疆的人均资本存量增长率高于广东,与青海、宁夏和福建大体相当,只有甘肃和陕西低于福建。数据进一步分析表明,有形物质资产的投入造成差异的作用大约只占19%,大部分原因直接或间接地归于信息、知识、教育、技术等无形因素的影响。所以,在西部大开发的过程中,一方面要增加有形资本的投入,要在保护资源的条件下开发西部的自然资源,但是仅仅靠这些是不够的,不可能缩小西北地区和沿海的差距。从历史到现在诸多的分析可以看到,东西部的差距在很大程度上是信息差距、知识差距、教育差距和技术差距。从这个意义上来讲,我们必须考虑在西部发展的过程中更要关注知识发展的战略、人力资源的开发战略和可持续发展的战略,它的核心是以人为本,从以物为中心转移到以人为中心,不仅考虑物资的增长,而且考虑到提高人的知识水平、教育水平、生活水平和生活质量。

二、科技进步促进西部大开发的几点思考

从以上的分析可以看出,西部地区一味埋怨落后是不够的。我们必须要解放思想、转变观念、加强开放、以人为本,下大力气、花更多的投入,立足长远,不计较眼前的效果,解决好信息差距、知识差距和教育等政策问题。同时,要做好以下几个方面的工作。

(一) 普及重大共性高新技术

我认为,在市场经济条件下,政府在共性技术开发、应用和普及方面可以发挥至关重要的作用,是实现跨越式发展的重要途径,如通过制定鼓励性政策和限制性政策进行宏观调控;加强政府在重大共性技术中关键技术上的研究开发投入,以及

为共性技术推广提供培训、示范支持等，都是很重要的手段。

西部大开发要发挥科学技术的作用，政府就应在开发、普及和推广重大共性高新技术方面做出更大的努力。比如，住宅规划、设计和新材料应用技术就是一例。东部地区一些城镇、乡村随着经济的繁荣，家家户户盖起了新居，一方面使人欢欣鼓舞；另一方面由于有些城镇在住宅规划、建设和新材料应用方面因循守旧，因而也造成长久的遗憾。如果西部能吸取经验，从现代城镇理念出发进行规划设计，发展新型的建材和建筑工艺，那么西部的城镇化建设、建材业的发展和人民生活水平的改善完全可以实现较大的飞跃。类似的情形，在信息技术应用、农业节水、发展网络教育、CAD的应用方面，西部完全可以高起点，力争实现从技术到社会生产力的跨越式发展。

科技部将通过"西部大开发科技行动"，重点实施一批科技创新示范工程，如节水、治污、特色资源深加工，以及相应产业、信息技术应用等。我们将支持地方科技部门有重点地采取相应的行动并配合其他部门搞好推广、普及。

（二）营造创新创业环境

营造一个有利于创新创业的环境，是政府在发展高新技术产业中的根本性任务。这一点西部比东部更为突出。高新技术产业具有技术更新快、产品生命周期短的特点，体制效率的问题极为突出。西部基础设施还比较落后，人力、财力、物力资源不足，人们的市场经济意识、创新创业意识还需要较大程度地提高。在这种条件下，就特别需要把有限的资源集中起来，创造一个局部优化的、科技、产业、人才、资金相对密集的环境。这就是我们为什么要大力加强西部的国家高新技术产业开发区的建设，加强各种创业孵化基地建设的原因。去年以来，国家已制定和出台一系列鼓励创业和扶持高新技术产业的政策。根据留学生们的反映，我们现已出台的政策，有的比发达国家的政策还要优惠。问题在于有的地区由于传统观念和部门的利益冲突，一些政策难以得到落实和执行。针对这一情形，西部必须把深化改革，落实政策，提高管理效率作为改善形象的主要任务。

在加快西部高新技术产业的发展中，科技部将通过实施西部"火炬"行动，继续推动现有在西部的国家高新区的发展，强化区内创新基地和孵化能力的建设，建好一批火炬创业园、大学科技园、留学生创业园和一批专业孵化器，引导大型国有企业建好一批高质量的小企业孵化器。在继续扶持和引导杨凌农业科技城建设和发展的同时，支持绵阳工业科技城的规划和建设。

三、培养和吸引人才是实现跨越式发展的关键

当前，世界范围内对高新技术、科技人才、知识产权的竞争异常激烈。我们必须深刻认识到人才问题的空前的紧迫性。国内外无数的创新成功及失败的事例从正

反两个方面印证了一个大道理，即人才特别是尖子人才具有不可替代的作用。西部也要痛下决心，在加强爱国主义教育的同时，按照尽可能与国际接轨的待遇和相应的措施来吸引、留住一批尖子人才。这是西部科技创新、发展高新技术产业之根本。

重视人才，迫切要求我们转变观念，使我们的工作、政策和体制一方面要体现以人为本的价值观，要建立相应的激励机制；另一方面，特别是要创造一个有利于尖子人才成长、创新人才辈出的文化氛围。为此，我们应当正视中庸价值观给创新带来的危害。因为在那种环境下，枪打出头鸟，大家不患寡而患不均，谁也不想冒险，并养成了随大流的习性，致使尖子人才难以脱颖而出，创新之士难以成就大业。西部大开发更要大力提倡敢为人先、敢冒风险的文化，提倡敢于创新、敢于竞争和宽容失败的文化。围绕西部人才的需求，我们要依据使一部分有贡献的科技人员先富起来的思想，落实有关的人才政策和创新激励机制。科技部将在人才培训和整体科技素质提高方面开展系列的人才培训工程，加强西部地区与国际的人才交流。

西部大开发的序幕已经拉开，这是召唤人们创新创业的大好机遇，是需要产业巨人也会造就产业巨人的伟大时代。我深信，西部这个曾给华夏文明带来辉煌的广阔地域，一定能成为中华民族实现伟大复兴的广阔舞台。

大力构建有利于创新的文化环境

(2001年2月18日)

一、我国创新文化建设的必要性和紧迫性

观念的创新、科技的创新、体制的创新都要回归于文化的创新，这不仅是逻辑的必然，也是历史的必然。因为文化是民族的母体，是人类思想的底蕴。要实现科技创新和体制上的创新，必须把建立创新文化当作一个重要的前提。这不仅是历史的经验，也是现实的迫切需要。

（一）历史经验表明，创新文化环境对国家和民族的创新能力发挥着关键的作用

世界历史说明：越是创新活跃的地方，越容易形成生产力发展的广阔舞台，成为世界科技经济中心。18世纪以来，世界科技中心和工业中心从英国转到德国，再转到美国，表面上是地理位置的更替，实质上是创新能力由弱向强的转移，是有利于创新的体制、机制和文化相互作用的结果。

元明以前，华夏大地在科技和经济很多领域都领先于世界。当时，我们在算学、天文学、农学、水利工程、造纸、印刷、纺织等方面取得了很多令人骄傲的成就，可为什么后来就落伍了呢？有封建体制的束缚，有社会教育的落后，有逻辑推理和实验科学体系薄弱等原因。还有非常重要的一点，就是中庸取向的价值观、厚古薄今、顺天承命的意识对创新思想的摧残，使很多创新的萌芽或者被扼杀，或者被扭曲成病态。

以史为镜，为什么同是资本主义制度的国家，科技、经济和社会发展有快有慢，不断出现快和慢的转移？为什么正在崛起的新兴工业国家，科技成果累累、科技人才辈出、科技产业腾飞？原因固然多种多样，如体制、机制不同，周边和国内

---

① 2000年12月5日在第三届中国软科学学术年会上的发言，刊于《中国软科学》2001年第3期。

的环境不同，等等。但有一点是共同的、确定无疑的，那就是文化环境是一个潜在的、深层次的、至关重要的因素。创新要有成果，出成果要有人才，出人才要有适合创新人才成长的土壤和环境。优秀人才只有在创新的文化环境中，才能发挥潜能，完成重大成果，开创卓越的事业。

（二）新科技革命和经济全球化迫切需要完善创新文化环境，提高民族整体的竞争力

新科技革命大潮带来几个重要的变化：其一是人才需求的多元化；其二是知识更新不断加速；其三是科技系统和社会系统的开放不断扩大。社会问题、全球问题，不断向传统观念和文化传统提出挑战。所有这些，要求我们的文化必须有所更新，有所前进，有所突破，营造知识快速更新和创新人才迅速成长的文化环境。

大家不难注意到，新一代人才从小学到大学、到研究生，其知识结构要更新几轮。知识的快速更新，创新人才的不断涌现，使得人们对在小生产条件下形成的权威崇拜趋于弱化。在科学技术领域，对权威的依赖将逐渐让位于对科学真理的尊重。当然，一方面我们应当肯定和尊重权威人士们所做的贡献；但另一方面更要注意到，在未来科学研究和市场竞争中最终获胜的，常常是名不见经传的年轻人。我们要悉心营造一种鼓励众多的、不知名的小人物成长的文化环境。没有这样的环境，就难以成批地、大量地涌现有创新素质、有竞争力的优秀人才。

总之，文化环境是竞争力的一个重要组成部分。良好的创新文化氛围是有创新能力的人才和有竞争力的成果的温床。在原创性已成为科技持续创新能力的核心的年代，在知识产权已成为重要的财富源泉的年代，在人才已成为社会经济发展的战略资源的年代，构建一种良好的、有利于创新的文化环境，是一个民族决胜创新时代的重要基石。

（三）学科交叉、综合、渗透的大趋势需要开放的、有包容性的创新文化氛围

当代，在学科不断交叉、综合和相互渗透中产生的新学科、新技术、新领域，往往正是创新的前沿阵地，是最能带动经济和社会发展的火车头。创新的实践表明，只有不同学科、不同学术背景和不同学术思想的科学家之间的思想撞击，才能迸发出创新的火花。正因为如此，开放在当代科学技术发展中具有特殊、重要的意义。如何建立一种更加开放的创新文化环境，是每个从事科研的人、每个即将步入科学殿堂的人、每个科技管理者需要深思的问题。过去，众多的研究所、众多的研究室囿于一个相对封闭的体系，自然科学之间、自然科学与社会科学之间、大学及研究所之间、不同的研究室之间缺乏大跨度、多层次的交流，因而不能形成开放的体制、机制和文化，如此下去，中国很难在科学技术的整体上赶上发达国家。

（四）中华民族的伟大复兴呼唤着创新文化的先行

实现中华民族的伟大复兴，是多少世纪中国仁人志士的梦想，也是历史赋予包括我们在内的这几代人的共同责任。任何一个民族的崛起都应被看作奇迹。但奇迹不会从天而降，也不能靠别人赐予。像老一辈革命家所说的，只能靠自己。纵观历史，一个民族的觉醒或崛起总是以文化的率先变革作为思想发动的先机。文艺复兴、启蒙运动曾对欧洲工业化给予了巨大推动；美国革命、改良运动为美国现代化注入了勃勃生机；"五四"运动也曾在中国近代和现代社会进步的历程中熠熠生辉。中华民族的伟大复兴最需要先进的科技成果和在创新中形成的高新技术产业，因而也最需要一种有利于创新的文化氛围。这从根本上呼唤着创新文化的先行，呼唤着全民族对构建一种有利于创新的文化环境的广泛认同和参与。

二、对构建有利于创新的文化环境的几点思考

（一）科技界要树立与创新相适应的世界观、科技观、价值观

我国科技战线在改造客观世界的同时，努力改造主观世界，已经迈出坚实的步伐。在深入开展社会主义精神文明建设中，应提倡以下观念。

1. 追求真理的价值观

科学技术事业的真谛在于追求真理。不断开放的环境，不断更新的知识，要求我们必须永远保持一种在真理面前人人平等的社会文化氛围。当前，我国科研活动面临的现实问题是迷信权威，真理面前人人平等的环境有待继续完善。现在申请的科研课题都习惯于名人和大人物挂帅，在重大学术讨论中青年的意见没有受到应有的尊重。这种现象蔓延下去，势必会制约科学技术事业的发展。名人数量有限，时间有限，精力也有限，为了科学繁荣和技术进步，我们一定要营造一个平等竞争、推陈出新、青出于蓝而胜于蓝的环境。

2. 鼓励竞争的价值观

提倡鼓励竞争的价值观，就必须清算传统的中庸价值观。传统的、保守的、惰性的中庸价值观非常不利于创新。在这种环境下，枪打出头鸟，谁冒尖就把谁打下来，尖子人才无法脱颖而出，创新人才难以成就大业；在这种环境下，众人不患寡而患不均，结果平均主义盛行，尖子人才大量流失；在这种环境下，大家习惯于四平八稳，谁也不想冒险，也不愿意承受失败，结果不易看到创新闪光，暮气沉沉。中庸的价值观还使人养成了随大流的习性，缺乏反潮流、反媚俗的勇气。由于中庸之道盛行，我们在历史上曾吃过大亏。我国清代龚自珍"我劝天公重抖擞，不拘一

格降人才"的呐喊，实质上就是在提示整个民族要抖掉禁锢人才辈出的中庸之道。封建时期的思想家尚且能够无情鞭挞中庸之积弊，立足于创新时代的中华儿女更应当与陈腐的中庸思想彻底决裂。我们要大力提倡敢为人先、敢冒风险的文化，坚持敢于创新、勇于竞争和宽容失败的先进文化的前进方向。

3. 热爱科学的价值观

重提热爱科学的价值观，并不是鼓励人们待在科学的象牙塔里，不问世事，而是希望每一个迈入科学事业殿堂的人，首先要以科技人员的身份要求自己，不忘对科学的真、善、美的追求。我们要鼓励科技人员有成就感，但要避免单纯追求名利；我们要鼓励和支持有管理才能的科学家担任领导干部，为国家做出贡献，但要避免"学而优则仕"的倾向。如果单纯追逐名利，特别是对官位的追求超过了对科学的追求，科学在此就失去了其原有的意义和价值。中国封建社会沿袭的官本位思想对创新文化环境建设的负面影响不可低估。它不仅是对科学内在价值和魅力的破坏，而且导致了急于求成、急功近利、短期行为等消极思想，这是我们必须注意改进的。

（二）构建创新的文化环境，要处理好以下几个关系

1. 经验和书本知识的关系

经验很重要，但现在看来，不少人对书本知识重视不够。过去，中国科技事业曾有过相对封闭发展的过程，知识和经验局限于自我积累。现在有了开放的环境，面对国际上已经积累的经验和书本知识，我们要学会高起点地开发和利用，在对现代科学的态度上重新认识，重新定位。

2. 原创性与拿来主义的关系

我们不放弃、不非难拿来主义，前提当然是要尊重国际惯例。在我国即将加入WTO、融入经济全球化的今天，我们要学会利用市场机制来获得知识和成果。但作为科技政策的基点，更要突出原创性科研活动，强化原始创新。在这方面要强调并突出民族的自信感。我们既反对非理性的民族狂热性，也应摒弃低迷沉沦的民族自卑心理。"五四"时期的先人们都曾"莫求先声于异邦"，今天的中国人更应有足够的自信心来迎接挑战、把握机会。外国人做过的，我们要以最快的速度做出来；外国人没有做过的，我们也应敢试敢闯。我们偶尔看到一些科技人员难以在科学探索中表现出应有的自信心，不敢做别人没做过的事，喜欢不加分析地跟着外国人的热点跑；人家做什么，我们就做什么。超导的"约瑟夫森效应"首先在我国实验室做出来，但却被认为实验错了。希望我们会有更多的科学家能够更加自信地创新。总之，一个国家要掌握自己的命运，必须努力探求原始性创新，走前人没有走过的

道路。国家要在政策、体制、奖励导向、资源配置和管理方面向促进原创活动的方向倾斜,并给予大力的支持。

3. 科技创新和体制创新的关系

两者的关系是生产力和生产关系的延伸,但不是简单的重复。在现代国家创新体系中,科技因素和制度因素相互联系、相互作用。科技界在谈科技创新时,容易出现重技术轻制度、重专业轻管理的倾向。的确,技术变革往往会引发生产体制、管理体制的变革,但这种变革不是随着技术进步自动发生的,它需要从旧的制度中脱胎和蜕变出来。相对于科技创新,通过体制创新完成制度变革的变量更多,作用更大,这是更高水平和层次上的创新。

4. 个人创新和集体创新的关系

科技创新离不开个人智慧的充分发挥,也不排斥个人的重要作用。但在大科学时代,现代科研活动和创新实践更多的是团队协作的结果。个人本位的思想、个人全能的意识和当代的科技进步是不合拍的。当然有全能全才的人固然是好,可即使出现这样的人也是大浪淘沙的结果,也是在社会交往与合作中产生的。所以,发扬集体主义和团队精神是提高创新效率的关键。由于受漫长封建制度及其思想的影响,我国小生产观念的残余根深蒂固,至今无时无刻不在阻碍着人们的观念创新。过去的计划体制、封闭环境所造成的研究机构的分散、重复,很容易诱发和滋长门户主义、小团体主义和行会思想,从而妨碍科学技术事业的健康发展。革除这些弊端还需要制度上的保障。"公平、公开、公正"的制度体系是保证团队精神得以发挥的重要渠道。所以,我们还要深化改革,进行有利于团队精神发挥的制度创新。时代欢迎创新方面的团队精神、合作精神和宽容态度,呼唤带领团队创新成功的帅才、将才和领导人才。

总之,决胜创新时代,中华民族最需要的就是使自身的创新能量得以释放。这是一个提升创新精神的时代,是一个昭示创新人才辈出的时代。科学精神的精髓是求实创新;科学技术的源泉是求实创新。创新是民族进步的灵魂,是国家兴旺发达的不竭动力。全社会必须关注创新这一时代主题,自觉地担负起构建有利于创新的文化环境的历史重任。

把知识产权创造和保护提到战略高度[①]

(2001年2月19日)

知识产权制度是保护智力劳动成果的一项基本法律制度，也是促进技术创新，加速科技成果产业化，增强经济、科技竞争力的重要激励机制之一。知识产权制度是通过一定的法定程序和条件，授予智力劳动成果完成人在一定期间内拥有独占权，并以法律手段保障这一权利不受侵犯。当今世界，在科技、经济和综合国力竞争日趋激烈的国际环境下，知识产权制度作为激励创新、保护科技投入、优化科技资源配置、调节公共利益与技术垄断、维护市场竞争秩序的重要法律机制，在国家经济、社会发展和科技进步中的战略地位进一步增强，成了世界各国发展高科技，增强国家综合能力竞争的战略选择之一。

新世纪之初，以信息技术、生物技术为代表的高新技术及其产业迅猛发展和经济全球化趋势的逐步形成，正以前所未有的深度和广度影响着世界各国的政治、经济、军事和文化，影响着人类社会生活的各个方面。能否在高新技术及其产业领域占据一席之地，成了维护国家主权和经济安全的命脉所在。几近白热化的科技竞争如此激烈，使得人们对"落后就要挨打"的理解有了更为切身的体会。在机遇和挑战并存的新时代，我国的知识产权领域也容不得丝毫乐观。我国即将加入WTO，科技、经济的竞争舞台也将更为广阔、更为激烈。如何顺应国际形势的新变化，增强我国科技、经济竞争实力，必须从战略的高度上重视知识产权创造和保护问题。

一、从历史的发展看知识产权创造和保护的重要性

中国有五千年悠久的文明发展史，曾向人类奉献过许多重大的发明创造，在历史的长河中留下了令人神往的灿烂轨迹。火药、指南针、印刷术、造纸术四大发明成了推动世界历史前进的巨大动力，祖冲之、张衡、毕昇、宋应星等古代杰出科学家向全世界展示了中华民族的聪明才智。然而，工业革命的序幕并没有在当时无论

[①] 根据2001年2月19日刊载于《瞭望》新闻周刊（第8期）的《把知识产权创造和保护提到战略高度》和2001年为《企业知识产权保护与管理实务》（法律出版社，2001年出版）作的序整理而成。

在科技水平还是教育和资本积累方面都是世界头号强国的中国拉开，尽管催生西欧工业革命的技术基础多是来自中国。对于这一历史现象，历史学家从多个角度进行了分析，其中之一是 1993 年诺贝尔经济学奖得主道格拉斯·诺斯（D. C. North）。诺斯指出，中国之所以在高度积累条件下未能出现工业革命，主要原因是缺乏一个企业家阶层，而一个社会要涌现出企业家阶层并使其不断发展壮大的条件是，社会需要创造出一种支撑企业家阶层的制度。诺斯认为，在作为工业革命发生前提的充分条件中被古代中国所遗漏的，正是作为一种催生企业家阶层的产权制度创新。在工业革命时期，西欧的发明家大量涌现，所以才有浪潮般出现的技术创新，这些创新成果经企业家的运作转化为商品（即向发明家购买专利）而带来经济的不断发展。作为产权制度的一种特殊范畴——知识产权保护制度的出现和发展，才使得发明家（当个人发明为社会带来的巨大社会效益通过知识产权保护制度将其很大一部分作为发明回报给发明家时）得以大量涌现，从而启动了工业革命并创造了现代经济增长的奇迹。

印证诺斯观点的历史事实是：1474 年的威尼斯共和国制定了第一部专利法；1709 年的英国颁布了第一部著作权法（《安娜法》）；1803 年法国制定了第一部商标法（《关于工厂、制造场和作坊的法律》）；1790 年美国通过了第一部专利法。亚伯拉罕·林肯称：专利制度是"给天才之火加上利益之油"。正是这一"利益之油"，西欧的企业家和发明家才能够将诸多潜在的生产要素资源组合起来，才能使工业革命得以迅猛地发展。

在世界知识产权制度建立的一两百年后，以电子信息技术、生物技术和航空航天技术为代表的新技术革命浪潮再次席卷全球。一些主要发达国家进一步认识到加强知识产权保护对于维护国家经济、科技优势，以及增强国家竞争实力的至关重要性，它已不再是传统法律意义上的民事私权，而成了国家及产业竞争优势的重要手段和具体体现，成了国家产业发展战略的一个组成部分。以美国为例，今日美国经济，特别是其高技术产业在整个产业结构中占主导地位的形成，是 20 世纪 80 年代以来美国政府持续加强对科技发展的宏观调控和支持力度，制定并实施积极的科技政策和法律，选择重点发展领域，积极调整产业结构，鼓励技术创新和创业的必然结果，其中，知识产权的立法和政策调整起到了不可忽视的作用。20 世纪 70 年代期间，欧洲、亚洲的发达国家和新兴工业国家（地区）在经济上的崛起，使美国产业界感到了巨大的竞争压力。于是，朝野上下进行了深刻地反思和检讨，结论之一就是认为美国在经济竞争中的最大资源和优势在于科技和人才，而由于对知识产权保护的不重视，使得外国能够轻易模仿，并依凭其无限量供应的廉价劳动力，制造廉价的产品而实现经济兴盛。为此，美国总统卡特在 1979 年 10 月的国情咨文中，以"不可忽视存在"的提法暗指日本，并将其作为新的竞争对手，提出"要采取独自的政策提高国家的竞争力，振奋企业精神"，并第一次把知识产权战略提升到国家战略的层面。里根时期（1982 年 11 月），美国设立了直属于总统的咨询机构"产业竞争力委员会"。该委员会在 1985 年 1 月发表的报告书中指出，美国在国外因知识产权的损失费每年达数百亿美元，并提出修改《综合贸易法案》，增加特殊301条款的政策建议，从而使知识产权问题成为美国谋求竞争优势、打压国际贸易竞争伙伴的一个大棒。20年来，美国的知识产权立法和政策沿着三个轨迹不断延伸、发展和完善，一是专利法、版权法、商标法等传统知识产权立法的不断修改与完善，保护范围不断扩大，保护力度加强。近两年来，随着信息及网络技术的发展，一些网络营销模式等意念（idea）也列入了专利保护范围。二是在调整知识产权利益关系，鼓励转化创新等方面强化立法。从《拜杜法案》（1980年）到《联邦技术移转法》（1986年）、《技术转让商业化法》（1998年）、《美国发明家保护法令》（1999年），一系列立法激发了美国大学、国家实验室等在申请专利、产学研结合及创办高新技术企业等方面的积极性和主动性。2000年，美国议院和众议院两院又通过了《技术转移商业化法案》，进一步简化归属联邦政府的科技成果运用程序。三是在国际贸易中，一方面通过其综合贸易法案的"特殊301条款"给竞争伙伴予以打压，另一方面又积极推动达成WTO的知识产权协议（TRIPS），形成了一套有利于美国的新的国际贸易规则。近年来，美国发明专利的数量大幅度上升。一些大型企业和跨国公司越来越重视其研究及创新成果，将大量巨细无遗的技术和方法，甚至管理模式申请专利，令模仿其产品、方法及管理方式的竞争对手，要支付"额外"费用、加重成本、降低边际利润、承担法律风险。知识产权制度建设已成为美国控制全球经济发展、保护科技竞争优势的一个重要手段。

对知识产权保护与管理问题的重视，也与近年来兴起的新经济成长理论和创新理论渐成主流思想有关。新经济成长理论认为，科技研发与实物生产完全不同，后者是有形的，生产成本也大体上是相同和固定的，而前者则是无形的，研究投入的巨大使其生产成本可以无限大，而一旦完成，便可无限生产，获取高额利润，而仿冒者则不必付出任何研究成本，因此，必须强化知识产权权利人的垄断权，保证其能够收回研发成本并最大限度地获取利益。因此，近年来知识产权的立法，在考虑知识产权垄断性与公众利益的平衡问题上，明显形成了强化前者的趋势。而技术创新理论则认为，知识产权制度与中介服务、税收优惠、奖励制度等一样，是创新环境建设中不可或缺的重要组成部分，是鼓励技术创新的重要政策工具，政府应当运用知识产权制度和政策，保护并鼓励科技发明和技术创新，使知识产权权利人享有独占利润的可能，因此，知识产权的创造与保护已成为国家创新体系建设的重要组成部分。

二、我国知识产权创造面临严峻挑战

改革开放以来，伴随着我国科技事业的不断发展和社会主义法治的不断健全，我国的知识产权制度目前已形成了包括专利、版权（含计算机软件著作权）、商标、商业秘密、植物新品种、集成电路布图设计在内的完整的法律体系。这些知识产权法律、法规经过不断修改和完善，已基本上与国际保护标准一致，也符合WTO规则的要求。在知识产权执法方面，形成了司法保护与行政保护相结合的综合体系。同时，经过十几年的广泛宣传和普及，全社会的知识产权保护意识也大为提高。知识产权制度已成为我国社会主义市场经济体系和国家技术创新体系的重要组成部分，在推进经济发展、科技进步和促进国际经济技术合作方面正发挥着越来越重要的作用。

在看到我国知识产权制度建设取得的巨大成绩的同时，我们也应当清醒地看到所面临的严峻形势和紧迫压力。这主要表现为：一方面是国外企业，特别是大的跨国公司和企业集团在高新技术方面以大量的专利申请对我国的围堵；另一方面是我国自主知识产权的严重不足和专利申请质量的低下。

近年来，为了扩大并占据中国市场，国外企业加速到我国申请专利保护。在一些高技术领域，国外企业占有的知识产权，无论在数量上还是在质量上都有大幅度增长，在一些重要的高新技术领域已对我国形成严重的包围态势。例如，在与石化工业密切相关的高分子化合物、有机化学（如催化剂、润滑油）等领域，1985年至1999年10月，外国公司申请上述领域中国专利的数量比来自国内的申请多，分别为57％、83％、68.5％和52.6％。在信息技术方面，1997～1999年的发明专利申请总量中，涉及电子信息技术的发明专利占到近1/3，而在这1/3的量中，国外申请是国内申请的5倍多，尤其是在通信技术、计算机与自动化、家用电器方面，来自国外的申请更是高达90％左右。

在看到国外发明专利申请的高增长态势的同时，我们也应当清醒地看到我国国内专利申请在质量上的严重不足。近年来，我国国内的专利申请数量的确是在持续增长。从1984年4月1日至2000年12月31日，我国累计受理三种专利（发明、实用新型和外观设计）申请达到117万件，其中国内申请量为97万件，占申请总量的83.0％。然而，国内专利申请大部分为技术含量相对较低的实用新型和外观设计专利申请，而国外的专利申请大部分为发明专利申请，所以国内专利申请在量上的优势，并非是真正的技术优势。专利制度实施16年来，真正代表发明创造技术水平的发明专利申请量始终没有能够在我国国内专利申请中占据主导地位，并从1985年专利制度实施第一年的43.2％持续下降到1999年的14.2％，2000年略有回升，也仅占18.0％。

三、我国知识产权保护和管理中存在的问题

从我国知识产权保护的总体状况看，真可谓"让人欢喜让人忧"。可喜的是，近年来，我国的知识产权立法和执法工作不断加强和完善，基本形成了保护知识产权的法治环境，对推动我国科技进步和技术创新起到了积极作用。在知识产权保护和管理方面，各地也涌现出许多好做法、好典型、好经验。令人担忧的是，我国知

识产权的保护与管理方面，还存在不少问题，突出表现在以下几方面。

（一）知识产权保护的观念和意识有待提高

随着社会主义市场经济的发展，知识产权保护问题已被提到了一个非常重要的地位。但对于在计划经济体制下成长起来的我国大多数企事业单位来说，能够从经济和市场的角度真正领会知识产权的深刻内涵，并善于在实践中加以灵活运用者，目前还不多。虽然一些科研院所和高等院校，如清华大学、中国科学院大连化学物理研究所、海尔公司、华为公司等单位已开始重视知识产权保护与管理工作，专利申请数量也逐步增多，而众多的科研机构、高等院校和中小型高科技企业的表现则差强人意，对保护知识产权的重要性缺乏足够认识，也没有掌握必要的保护措施和知识，与发达国家企业和科研机构的做法形成了强烈反差。

（二）科技规划、政策和知识产权战略的综合研究薄弱

当前最重要的问题是在制定科技规划、宏观技术政策，以及微观的企业技术创新活动中，对于各专业技术领域的国内外知识产权状况，以及在此基础上实施的知识产权战略和自身发展的技术路线严重缺失，仍停留在闭门"创新"的状态。一些重大的技术或领域发展规划（无论是专题还是课题），都缺乏相应的知识产权状况的辅助分析报告，在确定发展具有"自主知识产权"方面多少显得有点盲目。尽管在项目可行性研究中要求查新、了解国内外技术状况，但实际上往往不是没有做，就是流于形式。这样一方面导致重复开发、资源浪费，另一方面也容易侵犯他人的知识产权。

（三）知识产权保护和管理水平较低

企业是技术创新的主体，而从我国的实际情况看，1998 年国内专利申请总数为 96 233 件，而其中企业仅有 27 179 件，1999 年国内专利申请总数为 109 933 件，企业为 32 631 件。目前，仅有一些大型的高新技术企业设置了相应的机构和人员，专利申请量也逐步增多。而众多的中小企业在此方面，不是没有意识，就是没有能力。缺乏知识产权有效保护的中小企业，是很难在激烈的市场竞争中成长壮大的。这一方面反映出企业知识产权意识相对较差，依靠科技创新和知识产权保护的竞争意识有待提高；另一方面也反映出企业在技术来源上不具有原创性，开发能力弱，发明专利数量少。相对而言，科研机构、高等院校的知识产权意识和保护水平较企业要好，但也表现出参差不齐。另外，产学研结合的程度，也直接影响着已取得知识产权的科技成果转化速度。知识产权保护与管理的目的是使用，而知识产权的使用必须在市场和产业化中进行，加强产学研结合和产业化，也有利于知识产权成果的应用。

（四）国家科技计划项目成果形成发明专利的潜力尚待发掘

在现行科技管理体制中，目前，各级政府财政投入的各类科技计划项目仍是科技成果的主要来源。许多科研机构、高校把承担科技计划项目视为提高自己科技实力的表现，其专利申请的主要技术来源也多源于此。据统计资料反映，我国目前每年重大科技成果约 30 000 项，而从 1998 年几个重大科技计划完成成果的专利授权量仅 1369 件，其中发明专利为 462 件，形成了一个强烈的反差。因此，在增加我国知识产权总量方面，必须重视各类科技计划项目的知识产权管理工作。

四、采取有效措施，提升我国知识产权保护和管理水平

当前，经济全球化已成为不可逆转的潮流，加入 WTO 亦是大势所趋，中国的市场必然要与国际市场融为一体。这就意味着在以高科技为主要内容，以知识产权为保障的高科技产业发展中，我国科研机构和企业不可避免地要同积累了丰富知识产权保护经验并拥有大量知识产权的发达国家企业进行面对面的激烈竞争。就目前的情形看，我们在知识产权国际竞争方面面临的形势是十分严峻的，不仅表现为自主知识产权的数量少，更大的问题是质量差。要想在竞争日趋激烈的高科技领域中占据一席之地，并使我们在全球化的经济发展中处于有利地位，就必须从战略的高度上充分重视知识产权问题。从某种意义上来说，竞争胜败的关键因素之一，就在于能否建设一个合理、完善的知识产权制度，并通过知识产权保护形成一个公平、合理的技术创新环境，一个激励科技人员发明创造、激励科技成果转化和产业化的创新机制，一个富有效率、井然有序的创新秩序。加强与科技有关的知识产权保护工作，通过知识产权保护和管理促进原始性创新，提高科技持续创新能力，发展高科技，已迫在眉睫。

"十五"期间，要全面加强我国的知识产权保护和管理工作，必须紧紧围绕"加强技术创新，发展高技术，实现产业化"方针，充分发挥知识产权制度在规范科技管理、调节利益关系、激励和保障技术创新方面的重要功能和作用，创造有利于科技成果转化和产业化的机制和环境。以增加我国知识产权总量、提高原创性知识产权质量为目的，扶持和保护具有自主知识产权的高新技术产业的形成和发展，提升国家创新能力和综合竞争力为指导思想；以营造有利于科技创新的良好的知识产权宏观政策和法制环境为工作重点，着力做好以下几个方面的工作。

（一）加强知识产权宏观战略和对策研究

要围绕当前科技发展的政策方向和重大课题，研究相应的知识产权保护与管理对策，提出综合性的知识产权战略报告，为相关技术领域的发展提供知识产权方面的宏观政策指南。要结合科技规划、重大专题、课题的立项和进展，进行知识产

方面的评估和分析，突破国外的专利封锁，确定自己的知识产权发展战略，从知识产权方面提升立项的质量和目标的准确性。

当前，围绕信息技术、生物技术等相关高新技术领域发展的政策方向和重大课题，要有选择地进行相应的知识产权态势和知识产权管理保护对策研究，提出综合性的、全局性的知识产权战略研究报告。要通过掌握和了解国外及其他地区在相关专业技术领域的知识产权状况，准确确定"有所为"的技术发展领域；指导高新技术产业及产品结构调整，形成具有原创性的自主知识产权群；提高新技术产业竞争的控制能力，并通过有效的知识产权管理和保护，提升技术创新在科技、经济竞争中的实际效益，促进我国自主知识产权高技术产业的发展，提高国际竞争能力。

（二）完善知识产权促进科技创新的激励机制

加强科技创新、增强科技持续创新能力的关键是人才。建立公平合理、有效运行的激励机制是充分发挥科技人才的积极性和创造性的重要杠杆。科技成果及知识产权归属政策是调整技术创新中各方利益关系的重要手段。在此问题上，世界各国的做法不尽相同，但总的趋势是放权让利。我国现行的法规、规章一般非常原则地规定为"国家所有"，但谁代表国家来行使及如何管理都无具体规定，不利于科技成果的转化和利益的保障。

当前，我们应把工作重点放在加快研究制定调整科技成果及知识产权的归属政策上。目前，科技部正在研究制定《科技计划项目研究成果知识产权归属管理办法》，这个文件的基本思想就是要"放权让利"。对于执行国家科技计划项目所形成科技成果的知识产权，一般都由承担单位所有，国家只保留一定情况下的介入权。

我们要在总结科技体制改革和科技创新的成功经验的基础上，科学地界定职务成果与非职务成果，依法规范科技人员在从事知识、技术创新活动中应当享有的权利，激励和保障科研机构、高新技术企业组织研究开发和技术创新的积极性，合理调整单位与个人之间在技术发明和创新转化中所产生的权利与义务关系，以调动两方面的积极性和创造性。

（三）建立科技创新和知识产权管理有机结合的机制

随着社会主义市场经济体制的逐步确立，带有计划经济色彩的科技管理体制已难以适应形势的变化，改革和创新势在必行。我们要把加强知识产权保护与管理作为科技管理体制创新的重要内容和主要指标之一，贯穿于科技管理工作的各个环节和方面，促进科技创新与知识产权保护和管理工作的有机结合。

各级科技行政管理部门要充分发挥知识产权在科技管理体制创新中的导向作用，对于科技规划、重大专项和专题等计划课题，在立项前应当进行知识产权状况分析和评估，通过知识产权管理提升科技计划立项的质量和目标的准确性，避免低水平重复研究。应该将知识产权管理尽快纳入科技成果管理体系，提升科技成果的法律内涵和市场外延。在进行科技成果鉴定或验收之前，有关成果鉴定或验收的管理部门和组织单位应当要求科技成果完成者提交知识产权报告，对于需要申请专利的，应当要求当事人及时申请专利后再行组织鉴定。

（四）加强企事业单位知识产权管理、保护和服务能力建设

科研机构、高等学校和高新技术企业应当在技术创新工作中增强知识产权管理和保护的自觉性、主动性和紧迫性，逐步从依靠政策扶持转向主要依靠知识产权资源竞争优势上来，通过掌握自主知识产权，应用知识产权，形成市场竞争优势，提高竞争能力。

各个国家级高新技术产业开发区管理机构及其创业服务机构也应当对园区内的高新技术企业的知识产权管理和保护状况进行监控，随时掌握相关信息和动态，提供全方位的服务。

各级科技行政管理部门要积极引导、协调和支持科研机构、高等学校、高新技术企业建立知识产权管理制度，推动并帮助其提高意识、完善管理。

（五）大力加强知识产权中介服务体系的建设，培养知识产权的专业管理队伍

要积极支持和引导与科技有关的知识产权社会化服务体系的建立和完善。专利、商标等知识产权代理机构、律师事务所、资产评估机构，技术交易中介服务机构，以及科技成果评估机构等是我国技术创新体系中社会化服务组织的重要组成部分。要鼓励和扶持这些机构的发展，引导其按照市场需求，为科研机构、高等院校和高新技术企业及广大科技人员提供多种形式的知识产权中介服务，并不断提高服务质量和水平。要积极推动无形资产评估机制的建立和运行。要积极推动科研机构和高新技术企业知识产权自我保护和管理的社会组织建设，指导和帮助高新技术产业开发区及高新技术企业、科研机构、高等学校联合起来组成各类知识产权管理和保护的自律性和维权性社会组织，建立自我教育、自我保护、自我约束、自我发展的机制，形成专业性或者区域性知识产权管理和保护联盟，通过集体运作管理和保护好知识产权，提高我国高技术行业知识产权的整体竞争力。

要加强知识产权保护和管理的专门人才队伍建设，要面向科研机构、高新技术企业和广大科技人员，大力开展相关知识产权保护和管理知识的教育培训工作。

加强基础研究，推动原始性创新[①]

（2001年3月20日）

昨天，陈佳洱主任[②]做了很好的工作报告，听后很受启发，解决了我们过去一些有疑问但无答案的问题。国家自然科学基金对推动我国基础研究发挥了十分重大的作用，成绩有目共睹。近一年来，国家自然科学基金在营造良好环境、推动科技原始性创新、完善资助体系、加强机构建设等方面，进行了许多探索和创新，推动了我国基础研究的进一步发展。下面，我主要就我国基础研究的发展谈一些看法，供大家参考。

一、充分认识基础研究的重要地位和作用

自20世纪初以来，生产、技术、科学相互作用的机制出现了新的变化趋势。科学理论往往更多地走在技术和生产的前面，为技术、生产的发展开辟着各种可能的途径。导致20世纪人类经济和社会发生翻天覆地变化的新兴产业，都与科学上的重要突破紧密相关。量子理论的诞生，促进了集成电路和激光器的发展；相对论及原子核裂变原理的问世，导致核技术的形成，带动了原子能的应用；DNA双螺旋结构的阐明，奠定了全新技术——生物工程的基石。据有关资料统计，现代技术革命的成果约有90%源于基础研究及其他原始性创新。

今天，科学与技术之间的相互作用和相互转化更加迅速，形成了统一的科学技术体系。在这个统一体中，基础科学的意义和作用日益增强，为技术进步不断开辟新方向，并以更快的速度向应用技术的开发和产业化转移。同时，许多科学新发现、新理论的验证也更加依赖新的技术手段，依赖重大科学装置和新测量仪器。现代科学与技术的密切结合具有重要的实践意义，大大加快了科学发展的实际应用，科学的新发现能迅速形成在国际上具有竞争力的新产品和新产业。

科技全球化的新形势，也对基础研究提出了新的更高的要求。伴随着经济全球

[①] 2001年3月20日在国家自然科学基金委员会全委会上的讲话（节选）。

[②] 时任国家自然科学基金委员会主任。

化的发展趋势，特别是随着国际经济竞争的不断加剧，科学、技术的突破和伴随而来的新产业的诞生将对竞争中取得优势地位产生重大影响。只有立足于本国的科研力量加强原始性创新，并最终拥有自主知识产权，才能在经济全球化和科技全球化的格局中强化已有科技优势，并在落后领域迎头赶上。

面对国际科学技术发展的趋势，越来越多的国家都在致力于加强基础研究，以此作为掌握开启未来技术和产业大门的钥匙。美国不仅大力加强关系到现实竞争力的信息技术和生物技术的研发，而且更加重视各个领域的基础研究，这已成为当今美国推行其单极战略的重要组成部分。日本在经济连年不景气的情况下，仍然强调"必须向未知的科学技术领域挑战，最大限度地发挥创造性，开拓未来"，并由科技厅和通产省共同提出新的战略口号——"创造科学技术立国"。欧洲各国通过加强欧盟内部的科技合作，深入开展环境保护、生物医学、人体健康等方面的基础研究，力图在这些国际前沿竞争领域取得优势地位。即使是与我国处于相近发展水平的印度、巴西等国家，其研发经费用于基础研究的比例也远高于我国。

中国作为一个发展中的大国，无论是适应当前国民经济结构战略性调整的现实需要，还是满足未来经济社会发展的科学技术和人才支撑，都无法仰赖于他人，而是必须要不断巩固和加强自身的科学基础。我们今天在基础研究领域所做的一切努力，正是为了我们的子孙后代不再受制于人，为了我们的民族能够真正自立于世界先进民族之林。科技部将和有关部门共同努力，进一步唤起全社会对于基础研究的关注和重视，并且继续把加强基础研究、创造有利于大量创新人才成长的环境作为一项重要任务。

二、加强科技队伍和创新环境建设，大力推动原始性创新

原始性创新意味着在研究开发方面，特别是在基础研究和高技术研究领域做出前人所没有的发现或发明，从而推出创新的成果。它不是延长一个创新周期，而是开辟新的创新周期和掀起新的创新高潮。原始性创新孕育着科学技术质的变化和发展，促进人类认识和生产力的飞跃，体现一个民族的智慧及其对人类文明进步的贡献。

今天，原始性创新已成为世界科技竞争的制高点，成为国家竞争成败的分水岭。一方面，原始性创新往往带来熊彼特所指的"创造性破坏"，即带来技术、产品乃至产业和经济结构的大调整，带来无限发展和超越的机会。另一方面，现在的知识产权或专利保护制度及高新技术产业"胜者全得"的竞争模式，使人们在创新资源和收益的分配方面处于不平等的地位，掌握原始性创新的人们必然成为其中的最大受益者。因此，为抢占未来科技与经济发展的制高点，主要发达国家和一些发展中国家都在制定和实施各种基础研究和前沿高技术研究战略和计划，积极引导这些研究为国家目标服务。我国要掌握科技发展的主动权，提高自主创新能力，也必

须大力加强基础研究和高技术前沿研究，力争有更多原始性创新的突破。

近年来，我国科技发展取得了很大进步，在许多领域有所成就。但大家也要看到，我们的整体研究质量还有待提高，原始性创新成果的涌现还不够多。国家自然科学奖、国家技术发明奖这两类科技大奖的一等奖连续几年空缺。这已引起科技界乃至全社会的广泛关注。在加强原始性创新方面，各有关部门和人士都发表了很多重要意见，采取了一系列措施。关于如何在基础研究中突出重点，处理好国家目标与自由探索的关系，加强国家重点规划与自然科学基金之间的有机联系，去年基础研究工作会议已经有了比较明确的意见。我今天仅就创新人才培养、创新文化培育等方面谈两点意见。

（一）要把发现和培养创新型人才作为基础研究的核心任务

对于人才的重要性，无论怎么估价都不过分。在当前国际化竞争日趋激烈的条件下，我们必须树立这样的认识：一是人才的不可替代性。国内外无数的创新成功及失败的事例表明，人才，特别是尖子人才在原始性创新和高新技术产业化中发挥着不可替代的作用。一个研究集体是一个人才梯队，我们不可能、也无必要要求这个梯队所有人都是一流人才；但一定要有一两个或两三个尖子人才。而往往正是这一两个或两三个尖子人才的水平，决定了这个研究集体在国际科技竞争中的位置。重大科技项目的成功，关键在于对尖子人才的选拔和使用。二是人才的稀缺性。人才主要来自教育，来自包括基础研究在内的科学实践和其他社会实践。人才的社会结构是一个金字塔形，巨大的塔基支撑着塔尖，是普及教育大量投入所奠定的基础。因此，尖子人才不仅是个人才能和勤奋的产物，也是整个社会的产物，是国家教育、科技巨大投入的结果。所以，面对尖子人才大量外流的状况，我们对人才要格外珍惜。三是人才问题具有空前的紧迫性。当今世界，各国可以用关税、非关税壁垒等手段保护本国的产品，控制生产要素跨国界的流动，但是唯一无法控制流动的就是人才。在人才的问题上，只有一条路，就是横下一条心来，参与国际争夺人才的竞争，全力创造一种有利于留住人才、有利于尖子人才成长的环境。在这一方面，基础研究工作应当发挥更加积极和重要的作用。

几年前，一位华裔科学家在谈到中国的基础研究问题时，曾深有感触地说：国内有些研究单位十分重视研究设备的拥有和配置，他们津津乐道的往往是实验设备和仪器，好像这些才是研究所的实力和水平。可以说他们重视的不是人才，而是设备。但是，即使是最先进的设备，几年以后也会变得不先进了。没有人才，即使有最先进的设备，也不会产生出什么像样的研究成果。因此，关键是要彻底转变"见物不见人"的观念，切实做到以人为本。当前，在人才问题上有几点意见值得重视。

1. 把发现、培养和稳定人才，特别是青年尖子人才作为第一战略任务

美国国家科学基金会（NSF）是美国联邦政府资助基础研究的一个主要机构，它的战略规划有四个核心内容：一是人才的培养，即为美国培养世界一流的科技人才；二是为研究人员提供先进的研究设备；三是支持研究人员之间建立广泛的合作伙伴关系；四是加强研究和教学之间的广泛联系。我们由此可以得到这样的启示：基础研究的管理部门应当把发现和培养一流的研究人才作为第一位的重要目标，工作的重点是为人才成长创造良好的环境。今年国家项目验收时，曾遇到这样的情况：一个重大科技项目取得了一批国际先进水平的成果，但我们在感到欣喜的同时，也感到十分忧虑，因为参与这个项目的 80% 的博士已经去了国外。大家知道，项目的鉴定更多地意味着评论过去，而创造未来的很多人已经流失，怎么能不令人感到痛惜！所以今后我们在加强学科建设、基地建设的同时，应当强调并突出人才队伍的建设。每一个重大研究计划、每一个重大科学工程，都应当把发现、培养和稳定一流的科学家作为一个主要目标，将其列入工作日程和考核内容。

2. 注重从小单位、小人物中发现人才

在基础研究中，一些具有很强学术性、探索性、创新性的小项目，常常会对科学的发展产生不可估量的作用。据有关资料分析，20 世纪中后期，美国基础研究中的重大科学成就，75% 来自不为人们所普遍关注的小项目，诺贝尔科学奖的得主也大都是名不见经传的小人物。这不单是一种现象，而且有可能是一个带有普遍性的规律。因此，我们应当注意在科技项目的支持中，更多地做到"雪中送炭"，而不是"锦上添花"。要使那些有独立思考、独创精神的小人物和青年人才进入我们的视野。几万元、十几万元的支持经费，有可能使他们步入科学殿堂，孕育出伟大的科学家。

3. 为人才成长创造一个更为宽松的环境

自然科学的发现与发明，从来都是厚积薄发的结果。基础研究面对自然、社会和人类思维各方面的复杂问题，选题的多样性、发散性是必然的。而且由于基础研究所特有的不确定性和非共识性，"有心栽花花不开、无意插柳柳成荫"的例子举不胜举。因此，我们应当关注自由选题，给从事前沿探索的人以更宽松的环境。另一个不容忽视的问题是，当前许多科学家包括青年学术带头人，大量的时间和精力不是专注于科学研究本身，而是花在繁冗的事务性工作上，这种局面应当尽快地加以改变。

（二）要大力营造良好的创新文化环境

伟大的科学发现都孕育于深厚的创新文化。在当前的中国，营造创新文化环

境，必须在科技界乃至全社会弘扬科学精神，包括以下几个方面。

1. 勇于创新，敢为人先

创新是基础研究最本质的含义。任何科学上的发现和发明，不仅是一个认知过程，更是一个"飞跃"、"突变"的过程。只有敢于打破陈规、标新立异，才能获得不为旁人所知的真知灼见。相反，因循守旧、墨守成规都与创新无缘，更不可能达到理想的科学境界。特别是对于落后国家来说，如果没有科学上的创新与突破，就难免步人后尘和受制于人。在这一方面，我们要反对非理性的民族狂热性，更要摒弃低迷沉沦的民族自卑心理。"五四"时期的先人们曾喊出"别求先声于异邦"，今天的中国人更应有足够的自信心来迎接挑战、把握机遇。实际上，基础研究所固有的非确定性及当代科学前沿的新趋势，都决定了我们完全不必妄自菲薄，而是应当破除迷信，大胆探索，在具有一定基础和优势的领域率先实现突破。

2. 追求真理，宽容失败

科学研究的真谛在于追求真理。所以，我们强调，无论是科技管理者还是科研人员，无论是大科学家还是刚刚步入科学殿堂的年轻人，在讨论科学问题上应当是完全平等的。当前，更应当强调给科学家，特别是青年科学家更多表达意见的机会，逐步营造一个平等竞争、推陈出新、青出于蓝而胜于蓝的环境。同时我们还要看到，基础研究是一项风险性很大的事业，不可能只有成功没有失败。即使是那些所谓的失败者，也为建构科学大厦做出了同样难能可贵的贡献。更多的宽容，必将孕育和催生出更多的创新成就。

3. 鼓励竞争，崇尚合作

在科学发展中，竞争与合作是矛盾的统一体。没有竞争，科学发展就失去了一个重要的原动力；同样，没有合作，科学发展又会走入机械和僵化的末路。唯有形成竞争中的合作与合作中的竞争，才能保持强大的生机与活力。但在传统价值观念的深刻影响下，我国的科学发展既比较缺乏有序的、完全的竞争，又比较缺乏畅通的、协调的合作。一方面，受中庸思想的驱动，谁也不想冒险，也不愿意承受失败，缺乏反潮流、反权威、反媚俗的勇气；另一方面，门户主义、小团体主义和行会思想时有滋长，造成研究机构、研究项目、研究人员之间的分散、重复和相互封闭。这种局面不仅与科学精神相悖，而且也为当今社会潮流所不容。立足于创新时代的中华儿女应当与一切陈腐的思想观念和文化传统彻底决裂，大力提倡敢为人先、敢冒风险的文化和开放、包容的团队精神。

4. 热爱科学，淡泊名利

我们强调热爱科学的价值观，因为只有把科学内化为我们精神的一部分，才能有产生科学思想的热情和灵感。要充分认识到中国封建社会沿袭的官本位思想对创新文化环境建设的负面影响。它不仅是对科学内在价值和魅力的破坏，而且导致了急于求成、急功近利、短期行为等消极倾向。这是我们必须要注意改进的。

三、加强管理创新，努力提高基础研究水平

科学管理是提高基础研究效率和效益的重要保证。从总体上讲，加强基础研究的管理，就是要遵循基础科学发展的一般规律，营造一个开放的、宽松的研究环境。这里特别强调以下几点。

（一）要加强基础科学的发展战略研究

对于管理部门来说，组织开展基础研究工作，必须首先回答"干什么"的问题。当代科学前沿孕育着许多新的变化和趋势，学科间相互渗透、综合交叉，开辟了一个又一个全新的研究领域，也提供了一个又一个稍纵即逝的机遇。管理部门和管理者要把加强基础科学的发展战略研究，作为一项基本责任切实认真地抓紧抓好。要组织科学家开展全面、系统、深入和跨学科的战略研究，提出具有前瞻性、全局性和基础性的重大科学问题，为高层决策提供积极而富有价值的参考。同时，要通过持续的战略性研究，培养和造就一支跨学科的战略科学家队伍。

（二）要推动基础科学研究的开放与交流

目前，我国学术界闭塞的现象还比较严重，与国外学术活动非常频繁的情况反差强烈。部门与部门之间、研究所与大学之间、研究室与研究室之间、研究室内部不同科学家之间、课题组与课题组之间的学术交流少，跨领域、跨学科的交流更少。我们要采取切实措施，大力倡导和推动不同学科、不同学术思想、不同学派进行交流，使不同学科的科学家之间能够各取所长，形成科学思想的"核聚变"区，撞击出绚丽多彩的学术火花。特别是要积极鼓励和支持新兴学科、边缘学科和交叉学科的发展，促进自然科学与社会科学的交叉融合，努力在世界科学前沿形成我国的新优势，形成有中国特色的学科体系。

基础研究的国际化趋势已日益显著。许多重大的科学问题，已经远远超出一个国家力量所能解决的范围。无论是发达国家还是发展中国家，都在寻求基础研究领域内人才、资源和信息的共享。我们应当顺应这一时代潮流，努力提高我国基础研究的国际化程度，在国际科学俱乐部中占据应有的地位。"十五"期间，科技部将通过专门设立的"国际科技合作计划"，更多地支持我国科学家参与全球化、区域性的大型国际研究计划，并且吸引外国科学家参加我国的基础研究项目，形成全方位开放的格局。

学术期刊是学术交流的重要阵地，其质量的好坏与基础研究和人才培养工作的

关系十分密切。目前，我国学术杂志数量较多，但质量高、能与国际接轨的太少。我们要在竞争的基础上，支持办几个高水平、高质量的学术期刊，进入国际科技界，与国际期刊接轨，特别是要扶植一些在国际发行的高质量的英文期刊。花在支持学术期刊的资金不一定多，是小钱，但做好了，贡献和影响很大。同时，我们的刊物应当鼓励科学家写出真正的、公开的、实事求是的科学评论，这对于鼓励青年人投身于科学事业，明确努力的方向，树立良好的科学道德和作风，将会发挥重要的作用。

（三）要进一步完善基础研究项目的评估与激励机制

当前，我们的科学研究项目几乎无一失败，在成果鉴定中几乎都有"国际先进"、"国内先进"等评价。这不符合科学的规律和创新的规律。我们现有科技项目评审的某些观念和做法——如"凡遇风险、一票否决"等——虽然减少了选题失败的危险，但容易导致扼杀创新，特别是一些小人物的创新。并且容易导致单纯跟踪发展的倾向，只愿做别人做过的事，漠视他人的原始创新。因此，对科学研究的评价机制必须进行改革。

一是要形成透明的、可受公众监督的评估机制。国家各类基础研究项目的评估程序、方法、内容等应当公开，评估意见应当反馈到被评审人，从而增加被评审人的知情范围。只有这样，才能有效地规避暗箱操作，保证评估工作的公正性。

二是要注重对评估专家本身的评估。在目前的项目评估机制中，重视名人、重视保险性、跟踪国外选题方式等现象仍然存在，这不利于涌现出大量的原始性创新成果，不利于形成新人辈出的良好局面。为此，应当建立评估专家的信誉档案，对其在评估中的能力和公正性进行评估，引导评估专家科学、公正地履行自己的职责。

三是要扩大评估专家的范围。我们知道，未来能够出现突破和产生重大影响的，大量的是跨学科的研究成果。我们的科技管理部门在重视和推选交叉学科问题方面做了很多工作，但在这一方面课题的入选数量与交叉学科大发展的态势仍然不相称。这里主要是人的问题。人们习惯于在自己的专业范畴里评价自己知道的事情，这种机制不利于交叉学科的选题。解决这个问题的途径，关键就是要让尽可能多的同行专家参加评审，包括大胆吸收国外学者进入评估专家系列。

四是要树立新的激励导向。在激励机制的实施中，要从以往单纯对项目的评价转向重点对人的素质、能力和研究水平的综合评价；从注重项目人员排序（如仅奖励前几名）转向注重对创新的实际贡献，从而有利于形成研究团队，促进科学家之间的协作。

（四）要建立重要科研设备和科学数据资料的共享机制

收集、积累科学数据资料等基础性工作，是基础研究的重要组成部分。例如，动植物区系分类，生物多样性、标本库、样本库、冰川编目、土壤分类，资源环境领域的数据采集、分析、整理，以及科学数据库建设和数据共享等。由于种种原因，这部分工作一直未得到足够的重视，相对来说处于更困难的境地。科技部和基金委有责任推动有关方面对这类工作的关心和重视，并对其中的重要工作给予必要的支持。要大力提高我国基础研究的装备水平，加强科学仪器、实验动物、实验试剂、图书资料等方面的工作，为优秀科学家攀登科学高峰创造条件。同时，我们还应当注意到，仪器设备重复购置、数据资料相互封锁是一个长期得不到解决的问题。有关部门要共同努力，把建立公共资源共享机制，实现重要科研仪器设备和科学数据资料的共享作为一项重要的战略任务，认真研究解决。

总之，科学创新与自主开发能力已成为衡量一个国家综合国力的重要尺度。一个在科学上无所作为的民族，将注定是没有希望的民族。我们可以相信，曾经创造过辉煌历史和文明的中华民族，一定能够焕发出无穷的智慧和创造力，在新的世纪里实现国家的富强和民族的复兴。

技术引进与自主创新[①]

(2001年6月26日)

这次全国外资工作会议是一次重要的会议。根据会议安排，我就加强技术引进和创新，开创外资工作新局面讲几点意见。

一、技术引进是新时期吸收和利用外资的重要内容

外商直接投资是国际技术转移的重要渠道。改革开放以来，随着我国经济的发展和国内投资环境的改善，外商对我国直接投资大幅度增加，吸收外资在对我国经济发展产生巨大推动作用的同时，也对我国的技术引进和创新产生了明显的促进作用。一方面，与外资引进相伴随的技术转移已成为我国技术引进的重要组成部分，扩大了我国技术引进的规模，通过外资带来的技术与市场竞争压力，提高了我国技术创新的起点和水平；另一方面，我国科技创新能力的发展也提高了吸收外资的国际竞争力，对提高吸收外资质量、水平和效益，产生了巨大的推动作用。

进入21世纪，世界经济结构的加速调整与重构，为广大发展中国家引进技术带来了重大机遇。在资本跨国配置中，技术、人才和管理等要素的比重不断加大，流动不断加快。跨国公司在海外设立研究开发机构是经济全球化和知识经济兴起紧密结合发展的重要标志，表明跨国公司的全球经营战略在资源的全球配置方面更加注重技术资源的配置，一个以技术资源为中心的国际投资时代即将来临。在国际产业格局中，发展中国家有可能从被动的垂直分工转变为相对主动的水平分工。

从我国的情况看，近几年来，我国外商投资的技术含量不断提高，表现出三个新的动向：一是外资对我国制造业的投资比例逐渐提高，从1997年的53.1%提高到2000年的60.9%；二是外商投资中技术许可数量迅速增加，1999年，我国合资与独资技术许可105件，金额达20亿美元，分别比1997年增长了94.4%和25倍；三是跨国公司在我国大量创办研究开发机构，目前已达140多家，一些跨国公司在

[①] 2001年6月26日在全国外资工作会议上的讲话（有删节）。

华研究开发机构的经费投入达数亿美元。

在吸收外资的同时加强技术引进，是我国新时期经济发展对吸收和利用外资提出的必然要求。改革开放以来，我国社会生产力获得了空前发展，短缺经济已经被供给能力的结构性过剩所取代，经济发展的重点已经由规模数量型向质量效益型转变，产业结构的优化升级成为经济工作的中心。我国经济的发展与积累，国际经济结构的调整，对技术的支撑作用提出了更高的要求。在这种形势下，技术供给不足、创新能力不足已经成为制约经济和社会发展的瓶颈因素，成为我国经济发展中需要解决的重大问题。因此，我国在投资方面所面临的主要问题已经不是数量和规模，而是质量和效率。调整外资结构，加强利用外资中的技术引进，把引进外资与引进技术、管理和人才更加有机地结合起来，符合我国经济结构调整的现实需要，符合国家的整体和长远战略利益。

二、加强科技创新是新时期引进和利用外资的客观要求

在当代国际竞争中，技术竞争及技术控制已居于核心地位。无数事实都已证明，决定产业国际实力、涉及国家经济安全的关键技术，通常都是买不来的。中国是一个发展中的大国，这就决定了我国经济发展必须以国内需求为主，必须保持国内技术体系的相对独立性和完整性。在一些重要的竞争性领域保持科学技术的先进水平，是我国参与国际产业分工和国际竞争的基础条件。

创新与引进不是对立的，而是相辅相成的。自主创新能力是吸引国际资本投向的重要因素，对我国吸收外资的国际竞争力有着重要的影响；国内科技创新所达到的技术水平，在很大程度上决定了外资投入的技术起点。与吸收外资紧密相伴的引进技术水平的高低，是决定吸收外资质量的重要因素。据对北京市外商投资企业的调查表明：外资投入中所含技术的水平高低，与国内技术发展的状况高度相关，为取得市场竞争的优势，76.3%的外商投资企业采用了填补国内空白的技术，23.7%的外商投资企业采用了国内先进技术。因此，创新与引进不是互相排斥的力量而是合力。自主创新提高了吸收外资的质量；引进技术水平的提高，也促进了我国创新起点的提高。

自主创新是我国吸引外资、引进技术的重要筹码，可以有效地打破国外的技术封锁，降低技术引进成本。在这方面，有很多典型的例子，例如，"863"计划重点支持信息安全项目"PKI关键任务服务器"于今年2月研发成功的消息发布后，美国多家公司很快将原来的8.3万美元的加密卡降到1.2万美元，并向我方表示希望在PKI技术领域开展全面合作，愿意出资、出技术共建PKI技术实验室，共享技术成果；我国在相控阵雷达关键技术领域取得重大突破后，俄国大大降低了敏感技术的转让价格，同时大大提高了转让技术的水平。技术转让价格比原俄方报价降低了70%，而技术性能达到了俄方的最先进水平。在汽车电喷生产技术的引进过程

中，由于我国汽车电喷技术的研制成功，曾经拒绝向我国出口电喷生产技术的德国公司主动与我国合作，我方不仅争取到最新一代产品，而且节约了技术转让费用2200万马克。

自主创新对引进技术中的消化、吸收和再创新具有极其重要的意义。实践表明，如果没有前期的自主研究开发，就难以形成引进技术中的有利谈判地位，也难以对引进技术进行有效地消化和再创新。比如，上海市与德国进行的磁悬浮列车示范线项目合作，在一定程度上得益于国家科技攻关计划所积累的专家群体和技术能力，使得谈判过程比较顺利，而且也为未来的消化吸收和自主创新奠定了基础。

加大吸收外资中引进技术的消化、吸收和再创新，是提高外资有效利用率的根本性措施。多年来，我国对引进技术的消化、吸收与再创新的投入严重不足。据有关资料可知，日本和韩国用于引进技术的消化、吸收的资金至少3倍于技术引进资金，而我国用于消化、吸收和再创新的资金比例只有日本和韩国的1/10甚至几十分之一。因此，为提高吸收外资的效益，必须花大力气加强对引进技术的消化、吸收和再创新，否则，必然会陷入引进—落后—再引进—再落后，重复引进、重复落后的恶性循环。

应当看到，我国在技术引进、创新与吸收外资工作相互结合、相互促进方面还存在一些问题和不足。受我国经济长期运行情况的影响，在吸收外资工作中，对外资投入中的技术、人才因素缺乏足够的重视，重资金，轻技术，重硬件，轻软件。在吸收外资工作过程中，对引资数量考虑多，对引资的技术内涵、人才因素、引资后的效益考虑少，一些项目技术含量不高，低水平重复，影响了外资效益的充分发挥。我国在科技创新与吸收外资协同机制上还不够完善，创新对吸收外资过程中的技术支持不够，外资吸收后的技术消化、再创新开展严重不足，有利于吸收和利用外资的风险投资机制尚未建立起来。这些问题不及时加以解决，将会对今后工作的开展形成较大的制约。

三、加强政策引导，提高外资利用水平

做好新形势下吸收和利用外资的工作，关键是要紧紧围绕我国国民经济发展和结构调整的需要，围绕提高国家创新能力的需要，坚持积极有效吸收外资的方针，加强技术引进和创新，大力提高吸收和利用外资的质量和水平，提高外资的使用效益。"十五"期间，科技部门将根据国家的总体部署，重点做好以下几方面工作。

（一）加强技术引进和人才引进，优化吸收和利用外资结构

当代世界，技术、人才等要素已成为经济资源配置的中心，对资本流动具有强烈的牵引作用。科技部门要把技术引进、人才引进放在为吸收外资工作服务的突出位置，积极抢占经济资源配置的制高点。一是加强制度创新，消除一切阻碍人才、

技术引进与合理流动的因素，创造有利于人才、技术引进和加速人才、技术流动的政策环境；二是继续发挥国家高新技术开发区作为人才、技术引进基地的作用，强化区内创业服务中心、各种专业性企业孵化器、留学生创业园等技术、人才引进园区的建设，创造良好的环境条件，探索新的运行机制，为推动技术、人才引进起到引导与示范作用；三是制定切实有效的人才引进政策，如解决回国人员子女入学问题等，为优秀人才提供良好的生活条件与创新的创业环境。

（二）加强自主创新，培育高新技术企业，拓展吸收外资领域

我国吸引外资的两大传统优势是庞大的市场潜力和低廉的劳动力，随着周边国家的发展，今后将面临更加严峻的国际竞争压力和挑战。要保持我国吸收外资的国际竞争优势和水平，提高利用外资的质量和效益，我们必须在继续发挥市场潜力与低廉劳动力两大传统优势的基础上，充分利用我国巨大的科技力量资源，加强自主创新，大力培育高新技术企业和项目，逐步创立吸收外资的新热点，建立吸收外资的新优势，拓展吸收外资的新领域。大力推动我国高新技术企业建立健全法人治理结构，完善现代企业制度，以技术创新结合制度创新提高自身的发展水平，为我国今后更多地采取国际资本流动的主流方式——并购方式吸收外资提供基础载体，为我国吸收外资的方式与国际接轨奠定坚实的基础。

（三）引导外资在华设立研究开发和技术服务机构

在华设立研发机构，是跨国公司全球竞争战略的重要组成部分，这表明我国在世界经济发展格局中的战略地位明显提高，中国有可能成为新的国际技术转移中心。为适应知识经济的发展，抓住这一重大发展机遇，科技部门将积极与其他部门配合，结合吸收外资工作，推动外资投资企业在华设立研究开发机构和创业企业孵化器，鼓励外商投资企业引进、开发和创新技术。充分发挥高新区、经济开发区、出口园区的基地作用，引导跨国公司和外资企业将研发中心和研发重点向我国境内转移。结合加入WTO，进一步开放科技服务领域，特别是要鼓励外资在我国设立专业性的科技中介、服务机构，使其成为我国改善外资投入环境，提高外资投入服务质量的重要组成部分，并通过外资专业服务机构的进入，带动我国全社会科技综合服务能力和水平的不断提高。

（四）完善资本市场和风险投资机制，为外资进入我国创业投资领域创造良好的政策环境

在市场经济体制日益确立的今天，一个开放的、完善的资本市场，是保持和提高我国吸收外资国际竞争力的基础条件。特别是对于广大中小型科技企业来说，只有更多地借助与之相适应的风险投资机制，才能在市场环境下迅速崛起，不断成长壮大。我们要积极研究对策，进一步完善风险投资机制，努力吸收国际创业投资，

创造有利于创新活动与吸收外资紧密结合的政策环境，推动国内知识资本与国际金融资本结合。近期内，要重点制定政策，解决外资进入我国创业投资市场的法律地位问题、退出机制问题、退出后资本的汇出问题等。一旦条件成熟，要积极推动建立国内创业板市场。同时，要积极引导有条件的创新企业到海外上市融资，利用国际资本市场为我国开展创新和吸收外资服务。

（五）加强技术消化、吸收和再创新，促进自主创新能力的提高

外资引进的根本目的是提高我国经济的国际竞争力。在下一步吸收外资的工作中，尤其要重视对引进技术的消化与吸收，通过吸收外资和自主创新的有机结合，用高新技术与先进适用技术改造我国的传统产业。鼓励外资投资企业在我国境内积极转移高新技术和先进适用技术，在培育新的经济增长点的同时，有效提升我国量大面广的传统产业的技术水平。制定优惠政策，加大技术引进消化、吸收和再创新资金的投入力度。科技部门要与国内企业与紧密合作，加强对引进技术的消化、吸收和再创新，促进技术转移与自主创新能力的提高。

"十五"科技工作的若干重大问题[①]

(2001年8月30日)

年初以来,科技部党组深入研究和明确了"十五"期间科技工作的基本思路。现将涉及的若干重大问题向大家通报。

一、加强战略研究,提高自身管理水平和服务中央决策的能力

中央明确把改革开放和科技进步作为国民经济和社会发展的根本动力,这对科技工作者提出了很高的要求,我们每一位同志都感到责任重大、任务艰巨。我们要承担起这个责任,首先必须转变政府职能,加强宏观管理,特别是要加强科技发展战略研究。这是科技部工作突出的薄弱环节。从全局来看,改革开放以来,科技部在这方面还是做了不少工作,特别是为中央提出科教兴国战略做了大量的准备,有很大的成绩。但是回顾过去也有不足之处,例如,很多重要的科技计划,如"863"计划、"973"计划等主要是来自科学家的建议。最近,国务院召开了一系列科学技术报告会,有些报告会也是决策会,如生物芯片报告会、纳米技术报告会,国务院领导都在会上做出了决策。这一方面使我们深切感受到中央对科学技术的高度重视;另一方面我们也为没有能够及时向中央提出有关建议感到惭愧。当前,科学技术发展日新月异,经济发展一日千里,情况在不断变化,围绕一些重大的战略问题,包括改革与发展的问题,及时向中央提出建议,应当成为科技部的一项重大责任。我们必须加强对宏观问题的研究,善于从战略层次上审视和处理与科技工作相关的问题,有效地服务于中央决策,服务于科技工作大局。

当今世界,一国的科技发展与其经济、社会、文化、军事、外交乃至政治都有着极其密切的关联。我国正处于转型时期,如何更加科学、合理地发展和利用科学技术,将直接关系到现代化建设进程的全局。比如,农业和农村经济发展、加入WTO后的产业安全、国家创新体系建设、经济社会可持续发展等,都是与科技工

[①] 根据2001年8月30日在地方科技工作座谈会上的讲话和2001年7月12日在中国科学院2001年夏季党组扩大会上所做的特邀报告整理而成。

作有着密切关系的全局性重大问题。科技自身的发展也面临着一系列亟待研究解决和正确处理的重要战略性问题，例如，提升传统产业与发展高新技术产业的关系，技术引进与自主创新的关系，军用技术与民用技术的关系，科技创新与体制创新的关系，加入WTO对我国科技的影响与对策，加强地方、行业和高校科技工作，加强原始性创新等。开展这些宏观问题的研究，对于完成"十五"科技工作任务和促进科技事业的健康发展将具有重要的意义。

为加强战略研究，科技部将采取两项措施。一是拟成立科技部"专家顾问委员会"，聘请国内和旅居海外的科技、经济等领域具有宏观战略思维的专家，围绕国民经济和社会发展、国家安全的重大问题，研究提出我国科技改革与发展的实施建议；反映社会各界对于科技工作的意见和要求；评估科技部的工作绩效。二是科技部拟增设专门的司局级调研机构——战略研究室，负责组织重大战略问题的调研，协调我驻外使领馆科技机构、科技部科技信息研究所、中国科技促进发展研究中心等单位的调研工作，把各个有关部门的优势和力量组织起来，加强对各种渠道获得大量信息的分析、综合，及时向中央和科技部提供高质量的、有力度的建议。地方科技管理部门也应当从转变政府职能的角度，结合地方的优势和问题向地方政府提出相应的建议，这是科技部门的责任。科技部门应当在这一方面走在前面，要有敏锐的目光提出值得注意的重大问题。

二、积极推进国家创新体系建设

国家创新体系建设是一个重大的问题，也是"十五"期间科技部要重点解决和基本完成的重大任务。其中，首先要解决的是科技体制改革的问题。这项工作任务极其艰巨，难度很大。中国的科技创新如果不和体制创新相结合，投入再大，也是事倍功半，得不到应有的效果。近年来，我国国家创新体系建设取得了较大进展，特别是开发类科研院所企业化转制工作稳步推进，中国科学院"知识创新工程"试点初见成效，在我国科技发展史上都具有重要的里程碑意义。但从总体上看，企业还未完全成为技术创新的主体，科技资源的配置还不尽合理，创新的环境有待于进一步完善，国家创新体系建设的任务仍然很艰巨。科技部党组认为，作为政府科技主管部门，科技部应当把推进国家创新体系建设作为宏观管理的主要内容，以此为目标，把科技体制改革与科技发展工作有机结合起来，以开发类科研机构企业化转制为中心和突破口，深入推进科技力量布局的战略性调整，进一步突出科技发展的工作重点，全面改善创新环境和氛围，使科技创新对国民经济建设发挥出支撑作用。在科技体制改革方面，近期的重点主要包括以下几个方面。

1. 继续推进开发类院所企业化转制工作

目前，国务院部门属开发类院所企业化转制工作正在深入推进。同时，我们也清醒地认识到，这项改革的进程还远没有结束。一些转制院所还只是换了牌子，没有实现产权的多元化，更没有建立起有效的企业法人治理结构；中央确定的相关政策在部分地方还没有得到完全贯彻和落实。科技部将继续加强对转制工作的指导和协调，落实已有政策，采取新的措施，促进转制院所加快建立现代企业制度，增强持续创新能力。

2. 积极推进社会公益类院所的改革工作

根据国办发〔2000〕38号文件精神，科技部将积极做好社会公益类科研机构的分类改革工作。对农业部等22个部门所属的265个公益类科研机构，根据不同工作性质和特点，实行分类改革。有面向市场能力的要坚决推向市场（占总数一半以上），实行向企业化转制；根据国家目标和社会发展需要及可能，对主要从事应用基础研究或提供公共服务，无法得到相应经济回报、确需国家支持的科研机构，通过竞争择优，保留约100个机构、1万人的队伍（为现有人员的1/5），按非营利机构运行和管理；按照国办发〔2000〕38号文件关于增加人均事业费的精神，在重新核定编制后，使这支队伍的人均事业费由1.9万元增加到5万元。

3. 大力发展社会化科技中介服务机构

这是国家创新体系也是区域创新体系迫切需要解决的问题。长期以来，我们强调企业要有自己的研发机构，也强调研究院所要办自己的企业。毫无疑问，这在历史上都发挥了重要作用，而且我们今后还是要把企业作为技术创新的主体，要坚定不移地在大企业里建立研发机构。但是也要看到，科技与经济的结合应当是全方位的。西方的大企业都有自己的研发机构，但西方的大企业并不是所有的创新技术都由自己的企业来研发。一方面其掌握了足以在市场竞争中占优势的重大关键技术；另一方面，其按照最有市场竞争力的原则，在市场上选择必要的技术，实现和自己的特有技术的集成。大企业如此，大量的中小企业也是如此。从研究院所来看，在发展自己的技术，实现产业化，开辟新的经济增长点的同时，要通过市场转移自己的技术。经过市场竞争的选择，很多技术在市场竞争的过程中得到了优化，因此转移技术也是必要的。问题在于如何把企业和研发机构有效地联系起来，在市场经济条件下，这项工作靠政府无法完成，主要由中介服务机构实现。特别是对于千千万万个中小企业的技术创新活动，政府主要应当通过中介机构给予扶持和引导。因此，在社会主义市场经济条件下，大力发展各种类型的中介机构就成为一项极其重要的任务。它是把经济和科技联系起来的纽带和桥梁，发挥着不可替代的作用，包括提供必要的信息、咨询、培训、评估等工作。而在计划经济体制下，这类机构基本上是空白。科技部在这方面已做了大量工作，包括发展具有科技企业孵化器功能的大学科技园、软件园、留学生创业园和创业服务中心，为中小企业技术开发提供信息、咨询、培训、检测等服务的生产力促进中心，以及推动科技评价工作社会化的科技评估中心等。目前，各类企业孵化器已发展到200多家，在孵企业1万多家；生产力促进中心已发展到581家，年服务性收入约10亿元。但是应当看到，科技中介服务还很不完整，还缺乏完整的、系统的体系，缺少比较完善的体制和机制，面临的困难和问题很多。这些问题不解决，我们的创业板上市就会存在很大的风险。今后一个时期，科技部将把发展社会化科技中介服务机构，作为建立国家创新体系的重点工作之一。通过科技体制改革，动员科研机构、高等学校和社会力量参与中介机构的发展；通过组建行业协会完善行业分工、加强行业自律、推动行业协作，全面提高科技中介服务机构的整体水平，并研究制定促进发展的政策、法规体系，建立投入渠道，为科技中介服务机构创造公平、公开、公正的发展环境。现在，科技部已开始相关调研工作，将在深入调查研究、与有关部门充分沟通的基础上，进一步理清思路，加强体制、机制和政策的研究，于今年年底召开"全国科技类中介服务机构发展工作会议"，比较全面、系统地解决有关体制、机制方面的问题。

三、调动地方、高校和企业的积极性

调动地方、高校、企业及全社会力量投入科技工作，对于发展科技、贯彻科技是第一生产力的思想极为重要。这不仅是科技部职能转变的内在要求，而且事关科教兴国战略的大局。"十五"期间，科技部将努力打破以条条为主的传统工作格局，改变科技管理工作对象以行业主管部门为主、行业主管部门以研究院所为主、研究院所以操作项目为主的模式，形成部门、地方、高校和企业结合的新型科技管理体系。

目前，地方科技工作在国家整体科技工作中的地位日益突出。改革开放以来，地方经济实力的不断增强，对科技的需求十分迫切，并且与经济的结合比较紧密，地方政府对加强区域科技创新也更加重视，决策效率很高。要把地方科技力量更好地动员组织起来，在整个国家的科技工作中会发挥越来越重要的作用。同时，也应当看到，地方科技工作也仍然存在重复的情况，地方和地方之间、中央和地方之间都有重复。为此，科技部经过反复研究，出台了《科学技术部关于进一步加强地方科技工作的若干意见》，将把加强地方科技工作作为科技部的一项重大任务，认真做好对地方科技工作的指导和协调，为地方科技工作营造更加广阔的空间和良好的平台。一是加大以地方为主组织实施"火炬"计划、"星火"计划的工作力度；二是充分调动地方参与国家攻关计划、"863"计划的积极性，克服区域间科技项目重复、分散的问题；三是通过国家引导，鼓励地方参与国家重点实验室、国家工程技术中心，以及科技企业孵化体系建设、科技中介服务机构建设；四是通过科技兴县、兴市活动，加强重大共性技术的推广及普及，促进区域性传统产业的优化升级；五是加强地方科技工作的开放性，组织科技系统干部交流和培训，开拓地方全面参与国际科技合作的新局面；六是开展对地方科技工作状况的评估与检查。

高等院校是公共科学知识生产的主体之一。教育部门特别是高校对于国家科技工作的重要性，随着社会主义市场经济的发展已经越来越凸显出来。这是由高校自身的优势和特点决定的，一是青年人才多，有活力，有高度流动性；二是由于高校具有能激发创新思维的独特人文环境，大跨度的科学间交叉、综合、渗透，很容易通过碰撞产生创新的火花；三是高校是成长人才的沃土，数量巨大、源源不断地脱颖而出的创新人才，使其在原始性创新方面往往具有难以替代的优势。实现科技与教育的紧密结合，对于我国科技事业的持续发展具有重要的意义。据统计，我国高校目前从事科技活动的人员有27万多人。2000年，全国高等学校共获国家自然科学基金面上项目27 732项，占项目总数的75.23%；2000年，国家启动"973"计划项目共27项，其中教育部作为依托部门的有15项（作为第一依托部门的有9项）。在最近确定的"十五"、"863"计划领域专家委员会、主题专家组成员构成中，来自高校的专家已占到46%。这些数字反映出一种新的趋势，这就是高校科技工作在我国科技发展中的地位和作用越来越重要。忽略了高校科技工作，我们就会处于十分被动的位置。为此，科技部将采取有效措施，加大对高校科技工作的支持，支持研究型大学的建立，充分发挥高校科技资源的巨大潜力。重视和加强高校研究基地建设，科技部和行业管理部门将在高校择优新建和组建一批国家重点实验室，有些领域可组建国家科学研究中心或网络实验室，以充分发挥高校多学科的优势。调动地方力量，从基地和项目等方面加强对地方大学（包括西部地区）和一般大学有特色的基础和前沿科技研究的支持。鼓励部分科研单位进入高校，或与高校在人员交流、相互兼职、研究生培养等方面加强合作。支持大学科技园的建设，使之成为孵化高新技术企业和优秀创新人才的重要基地。当然，强调高校的作用不是贬低或使其代替研究院所的作用。研究院所有自身的优势，特别是在系统性、长期性、战略性的一些领域，有一支稳定的队伍对于科学技术的发展同样十分重要，因此研究院所和高校的作用是互补而不是互相代替。另外，教育和科技的结合也应该是双向的，应当给院所在培养硕士生、博士生方面提供更大的空间。

企业是技术创新的主体。近年来，一批中小型科技企业的迅速崛起，使我国科技事业的总体格局正在发生深刻的变化。确立企业在研究开发和技术创新中的主体地位，是国家创新体系建设的内在要求。科技部将通过制定政策，鼓励企业参与国家或地方重大科技计划项目的实施，参与重大共性技术的研究开发和推广应用，强化企业自身研究开发力量，引导企业联合组建研发联盟，促进产学研之间的协作。

四、切实贯彻"有所为、有所不为"的指导方针

"九五"期间，科技部采取了一些措施，贯彻中央关于科技工作"有所为、有所不为"的方针，如在国家计划项目中提出设立重中之重项目等。但从总体上看，如何理解和贯彻这个方针，还需要深入地研究。对于我国来说，无论是基础研究还是战略高技术研究，抓什么、不抓什么，先抓什么、后抓什么，这是战略决策的首

要问题。我国研究经费在过去几年有了大幅度增长，但和发达国家相比差距仍然很大。我国的研究开发经费不足美国研究开发经费的 3％，1997 年美国研发经费比 1996 年增加了 3.5％，仅这个 3.5％ 的增量就相当于当年我国全部科技投入的 1.5 倍。在这种情况下，如何集中资源解决一些重大问题就显得至关重要。

在这一方面，印度的有些经验值得我们借鉴。印度的科技投入总量没有我国多，但他们有一支精干的科研队伍，而且人均科技投入——对科技人员的人均科技投入——大约是我国的 3 倍。印度将政府支持的科技经费集中在有限的领域，如核能、空间技术和软件产业等，确实取得了很大的进展。实践证明，在物质基础比较落后的条件下发展科学技术，把有限的人力、物力、财力集中起来，优化组合，形成合力，集中力量解决那些一旦突破就能对经济发展和国防建设产生重大带动作用的关键技术，才能赢得时间，缩小差距，并在一些重点领域力争尽快进入世界前沿。

针对目前我国科技投入分散的问题，科技部党组研究提出，"十五"科技工作必须在贯彻"有所为、有所不为"的方针上取得明显进展。一是要按照建设国家创新体系的基本精神，努力打破部门之间、计划之间彼此分割、重复分散的格局，对现有科技资源进行国家层次上的规划与统筹；二是要逐步摆脱单纯技术性取向的科技工作格局，以提高战略性产业或产品的国际竞争力为目标，加强相关技术的配套集成与创新；三是要选择少数具有一定优势和潜力，对国民经济和社会发展具有战略性影响的领域，以重大专项形式予以优先安排，投入比例要占到整个计划投入的一半以上，力争在选定的战略方向上取得重大突破。

五、改革管理体制和运行机制，强化原始创新能力

原始性创新是一个国家科技实力的集中反映，也是技术创新的主要源泉。近年来，我国国家自然科学奖和国家技术发明奖的一等奖连续三年空缺，这在一定程度上反映出我国科技工作缺乏原始性的创新。这里涉及几个层次的问题。

（一）人才问题

人才在原始创新中的作用怎么强调都不过分。江泽民同志今年 8 月 7 日在北戴河会议重要讲话中，提出人力资源是第一资源的思想，这是对科学技术是第一生产力思想的进一步发挥，对于指导我们今后的科技工作极为重要。今后我们在科技体制改革、科技项目实施、科技政策制定、科技基础设施建设中，都应当把人才问题放到第一战略地位加以考虑。没有这一点，我们国家的原始性创新能力就不能得到切实提高。

（二）管理问题

首先，要正确处理跟踪和超越的关系。应当肯定，过去根据国际先进技术的发展趋势和国际科技发展的前沿选择一些领域进行跟踪是必要的。但是应当明确一点，跟踪的最终目的是为了超越。在技术领域单纯地跟踪很难在市场竞争中生存和立足。在技术领域，外国的跨国公司和专业企业都设置了很严密的专利壁垒，我们很难跨越专利壁垒来发展和人家相同的技术。在这种情况下，我们一些技术上的研究很难得到实际应用。其次，要正确处理数量和质量的关系。社会要求我们更多地解决一些生产、生活中的问题，但是要注意在处理这个问题上避免急躁，避免急于求成，避免用数量代替质量。一些项目中原始性创新的内涵被弱化，而工程量、工作量被强化了，用工作量代替原始性创新的倾向确实存在。这个问题应当引起高度重视。再次，是激励机制的问题。1999年对科技奖励制度进行了调整，设立了国家最高科学技术奖，大幅度减少了奖项，目的是为了解决科技人员把奖励和职称、住房等挂钩的问题。对应用性研究工作以获奖为基础的激励机制进行根本性调整，推动科技人员到市场中实现自我价值。科技项目竞标的评价体系也要调整。要形成透明的、可受公众监督的评估机制；注重对评估专家本身的评估；扩大评估专家的范围，让尽可能多的同行专家参加评审，包括大胆吸收国外学者进入评估专家系列；要从以往单纯对项目的评价转向重点对人的素质、能力和研究水平的综合评价，从注重项目人员排序（如仅奖励前几名）转向注重对创新的实际贡献，从而有利于形成研究团队，促进科学家之间的协作。要把专利的问题放到突出的位置，课题结题的时候应更多地注重发明专利而不只是重视成果。如果没有明确的专利发展战略，我们在创新中就会处于被动的位置。外国跨国公司把专利问题作为占领中国市场的重大战略问题，我们也必须制定相应的战略来应对。

（三）创新文化问题

世界科学发展史告诉我们，任何伟大的科学发现都是源于伟大的文化。四大文明古国的诞生，关键在于先进的人文社会科学孕育了深厚的文化底蕴。要实现科技创新和体制上的创新，就必须把建立创新文化当作一个重要的前提。要营造创新文化，在科学界培育勇于创新、敢为人先，追求真理、宽容失败，鼓励竞争、崇尚合作，热爱科学、淡泊名利的良好文化风尚。

六、大力加强农业和农村科技工作

农业和农村经济工作始终关系到我国改革开放和现代化建设的大局。特别是随着我国加入WTO的不断临近，目前农业和农村经济发展中的一些突出问题，如农民收入增长下降、农村劳动力过剩等将会更加尖锐。科技部党组研究认为，从当前形势和战略需求出发，大力加强农业和农村科技工作，具有重要的意义。为此，科技部将重点抓好以下几方面的工作。

（一）加大农村科技工作投入

农业和农村科技发展对科技的依赖程度不断加大，但农业科技投入明显不足。科技部将通过对自身计划和经费的调整，大幅度增加农业科技投入。一是在"863"计划中设立生物与现代农业技术领域，加强对现代农业技术研究的支持；二是从科技部历年结余的科技经费中，为农业科技成果转化基金配套1亿元；三是从科技事业费中调挤出部分经费，使"星火计划"的经费从3900万元/年增加到1亿元/年，科技扶贫经费从800万元/年增加到1200万元/年。

（二）推进农业科技园建设

近年来，各种类型的农业科技示范区呈现出蓬勃发展的态势。为了加强对农业科技园区的规范和引导，更好地发挥其在推广农业科技成果、促进农业科技企业发展等方面的作用，根据国办函〔2000〕13号文件的要求，科技部将于近期正式启动该项工作。我们认为，农业科技的发展必须打破传统的模式，坚持体制创新与科技创新的结合。农业科技园区建设将为新形势下探索我国农业科技研究与推广的模式提供有益的启示。

（三）调整和强化"星火"计划工作

"星火计划"是我国唯一的国家级面向农业和农村经济的科技计划。多年来，"星火计划"在普及农业科学技术、提高农民科技文化素质、促进区域性支柱产业发展中，发挥了重要作用，产生了深远的社会影响。根据当前新的形势和需要，科技部将适当调整"星火计划"的内容，进一步加强"星火计划"工作。主要是以稳定提高农民收入为根本目标，积极推进农村传统产业升级和产品的更新换代，培育农村新的经济增长点，促进农村经济结构调整和农村经济社会的可持续发展。重点包括：大力发展农副产品加工和特色产业，强化星火企业的技术创新与管理创新，加快星火技术密集区、星火产业带和小城镇建设，积极推进星火西进等。

（四）推广普及重大农业共性技术

一是推进农业信息化建设，以重大公益性信息源建设，针对一线的信息处理和网络化服务技术开发，以及农业信息化标准体系和技术平台建设等为重点，实施农业信息化科技行动；二是开发推广农业节水灌溉技术，把提高水资源利用效率作为农业技术创新的重要目标，特别是要在节水工程技术和降低作物生态需水量的基因工程技术方面取得新的突破；三是推进农业标准化建设，会同农业部、国家质量技术监督局等有关部门，以建立农产品技术标准体系、质量监督体系和社会化服务体系等为重点，使我国主要农产品标准化率有大幅度的提高；四是大力推进奶产业发展，与有关部门密切合作，通过总体规划和突破关键技术（如提高水奶牛出奶率、饲草种植）等，实现我国奶业的全面振兴，为促进农业结构调整和提高人民身体素质做出积极贡献；五是推进农村城镇化建设，与有关部门密切协作，通过制定发展规划、提供关键技术和标准、培育区域性支柱产业等，推动小城镇建设持续、规范和健康地发展。

七、进一步加强国际科技合作

科技工作要继续加大开放力度，加大国际合作的力度。一是要更多地做好科技外事。要注意为了外交的科技，同时也更要注意为了科技的外交。特别是为了科技的外交在发达国家中已经占有越来越突出的位置。要根据不同国家的情况制定不同的方针和战略。二是要更加关注与独联体国家和欧盟的合作，特别是俄罗斯有大量创新性成果，与其合作有非常广阔的前景。目前，黑龙江、山东、浙江都建立了中俄（独联体）科技合作园，取得了较为丰硕的成果，为促进中俄（独联体）科技合作发挥了重要作用。大家要对这一新的动向引起足够的关注。三是要进一步加大国际多边科技合作，这是我国更加开放的象征，是中国国际地位提高的象征，也是获得高水平科技成果的必要途径。我们参加的人类基因组计划，尽管只有1%，但是成果显著。我们正在积极准备加入欧洲"伽利略"计划，并准备更加积极地参加一系列有关全球变化的研究。我们还要争取尽可能多的国际科技组织总部设在中国，这对我们在某个领域获得大量的技术、信息和人才，提高我国科技的开放度和在国际上的地位，都具有很重要的意义。

最近，科技部制定并下发了《关于进一步加强地方科技工作的若干意见》，引起了地方积极和强烈的反响。加强地方科技工作是科技部工作思路的一个重大调整。这不是简单意义上的权力下放，更不意味着对科技部自身职能的削弱，而是适应市场经济体制和科技事业发展的现实需求，努力建设一个运转高效、调控有力、服务全局的宏观职能部门。具体来说，就是要从以抓计划和项目为主转变为以制定政策和营造环境为主，从以面向科研院所为主转变为以调动和配置地方、行业、企业、高校及全社会科技力量为主，从以追求单项技术成果为主转变为以强化技术集成和提高科技竞争力为主。这就需要我们在管理结构、政府职能、工作内容和方式等方面进行全面的调整，也需要地方科技管理部门的大力支持和密切配合，从而形成上下联动、相互协调的良好工作局面。

原始性创新是自主创新的基础[①]

(2001年10月7日)

应邀参加李政道教授"二十一世纪科学的挑战"大型学术报告会暨中国工业高科技论坛,并在高峰论坛上作演讲,我感到很高兴。利用今天的机会,我着重谈谈关于加强原始性创新、提高我国产业自主创新能力的问题。

原始性创新主要是指新的科学发现和技术发明,集中体现在基础研究和战略高技术研究方面。它不是延长一个创新周期,而是开辟新的创新周期和掀起新的创新高潮。进入新世纪,国际竞争格局正在发生深刻的变化。原始性创新已成为国家间科技乃至经济竞争成败的分水岭,成为决定国际产业分工地位的基础条件。一方面,原始性创新往往带来技术的重大突破,带来新兴产业的崛起和经济结构的变革,带来无限发展和超越的机会。另一方面,今天的产业竞争正在加速由生产阶段前移到研究开发阶段,具有竞争优势的高技术产品和产业主要来自原始性创新成果。知识产权或专利保护制度,以及高新技术产业"胜者全得"的竞争模式,使得国与国之间在创新资源和收益的分配方面处于不平等地位,掌握原始性创新必然会成为其中的最大受益者。因此,为了抢占未来科技与经济发展的制高点,主要发达国家和一些发展中国家都在制定和实施各种基础研究和前沿高技术研究战略和计划,积极引导这些研究为国家目标服务。

能否顺应当今国际科技、经济发展的趋势,增强我国的原始创新能力,将直接关系到我国在新世纪的国际竞争地位。自新中国成立以后,特别是改革开放以来,我国通过科技攻关、技术引进和技术改造,解决了国民经济和社会发展中的一大批关键技术问题,提高了产业技术水平和竞争力,推动了我国高技术产业的发展。但是,中国科技及其产业的发展仍有很大潜力。

目前,我国产业发展很多还是沿袭产业技术梯度转移的模式,技术发展也是以跟踪模仿为主。在传统经济形态下,这一战略曾经起到了十分积极和有效的作用。

[①] 2001年10月7日在李政道教授"二十一世纪科学的挑战"大型学术报告会暨中国工业高科技论坛——高峰论坛上的讲话。

然而，四年前[①]东南亚经济危机的教训和今天的国际竞争格局都已经表明，在开放的国际市场条件下，一个原始性创新能力不足的国家，将难以积极主动地进行自身经济结构的战略性调整，并有可能在由发达国家主导的新一轮国际产业分工中陷入被动。同样，在技术领域着重跟踪，将难以越过跨国公司严密的专利壁垒，使得跟踪发展的技术在市场上实际应用的空间十分有限。因此，技术发展主要靠跟踪模仿，将会进一步拉大同先进水平之间的差距，并将最终形成技术依赖。在今天的国际环境下，技术依赖远比资金依赖、市场依赖更加深刻和难以摆脱。

我国正面临着加入WTO的历史性机遇，我们要在扩大开放中积极学习引进国外的先进技术，提升我国产业技术水平。但是，我们必须认识到，产业的核心技术，特别是前沿和战略高技术是引进不了的。特别值得提出的是，当今科学技术发展的一个显著特点，是新兴学科、边缘学科不断涌现，技术更新速度不断加快，这就决定了即使发达国家也不可能在所有科学技术领域中具有绝对优势。像我国这样拥有丰富智力资源和一定科学技术基础的发展中国家，完全有可能利用后发优势，集中力量在具有相对优势的关键领域取得突破，实现技术的跨越式发展。这在今天不仅是必要的，也是可能的。因此，加强原始性创新，努力实现科技发展从以跟踪模仿为主向以自主创新为主的转变，应当成为我国新世纪科技发展战略的重要指导思想。

目前，我国原始性创新能力不足的状况及其现实影响日益突出和尖锐。一方面，在科学技术领域，国家自然科学奖、国家技术发明奖这两类科技大奖的一等奖连续几年空缺，反映出我国在揭示科学和技术原理、方法上缺乏具有突破性的成就；另一方面，在产业技术领域，我国的发明专利只有日本和美国的1/30，只有韩国的1/4。据有关资料统计，近15年来，外国企业和国内企业在中国申请发明专利的比例是6.4∶1。在信息技术领域，中国的发明专利的90%为外国企业所拥有，计算机领域这个比例为70%，医药领域为60.5%，生物领域为87.3%，通信领域为92.2%。我国加入WTO之后，中国的众多企业在生产和贸易上都必须面对外国企业日益森严苛刻的技术壁垒的挑战，加强原始性创新是我国必须面对的重大课题。

加强原始性创新，对于广大工业企业特别是高技术企业来说同样至关重要。今天的经济竞争，实质上已经演变为技术之争、专利之争和标准之争，这一切都必须是以原始性创新作为基础。无论是在高技术产业领域还是在传统产业领域，一个缺乏原创性专有技术的企业，都将越来越难以应对全球化的市场竞争。比如，我国已经成为IT产业大国，但由于CPU等关键技术为跨国公司所垄断，国内企业不得不面对产品采购成本高而附加值低的局面。中药产业是我国的传统产业，但由于技术瓶颈的制约，我国中药产品在国际植物药市场中所占份额仅为3%～5%，2000年我国进口"洋中药"的价值已超出同期我国中成药的出口额。从目前全球产业结构

---

① 即1997年。

布局的调整趋势来看，中国有可能发展成为21世纪全球最大的制造业生产基地，但如果核心技术、产品品牌及销售和服务等环节掌握在别人手里，我们就无法摆脱受制于人的境地，也很难实现赶超先进水平和发达国家的理想。我们认为，对于当代国际间的比较优势，科技界和产业界都应当有更为科学、全面和动态的理解。

分析我国原始性创新能力不足的原因，除了客观上科学积累不足之外，最主要的还在于缺乏与社会主义市场经济和科学技术发展规律完全适应的体制和政策支撑。首先，在计划经济体制下形成的科研体制的影响下，我国企业至今尚未成为研究开发和技术创新的主体。据有关资料显示，1999年我国大中型企业研发经费为40.6亿美元，企业研发投入占销售额的比重平均仅为0.5%，每个企业研发机构平均只有23.2名科学家和工程师，40.8%的企业研发机构没有稳定的经费来源。其次，尚未改革的从事面向市场需求的研究开发机构缺乏明确的市场导向和动力。再次，在管理体制和政策导向上存在着急于求成的倾向，影响了原始性创新思维的孕育和重大成果的产生。科研系统内部"开放、流动、竞争、联合"的机制还不够健全，有限的科技资源尚需进一步形成合理的配置与整合。对此，我们必须通过深化科技和经济体制改革，努力实现突破。

随着市场经济体制的逐步确立与完善，企业的生存与发展将在很大程度上取决于自身的技术创新能力，企业的研发能力也将成为我国工业化进程中最主要、最直接的技术支撑。所以，我们必须在学习引进的基础上，重点加强自主创新能力，掌握具有自主知识产权的核心技术和关键技术。近年来，我国科技体制和结构正在经历由局部改革到整体推进、由单项突破到系统优化的转折，其中一个重要目标就是强化面向市场的研究开发能力。我们将引导更多独立的技术开发类科研机构向企业化转制，或成为企业的研究开发中心，使得研究开发工作能够更好地满足市场对于技术产品的需求，从体制和机制上解决科技与经济相脱节的问题。在国家科技计划的投入方向上，我们将明确要求产业技术研究开发的重大项目应当由企业或企业参与承担。国家工程技术中心等科技基础设施建设也将向企业倾斜。

国际经验表明，发展中小企业特别是科技型中小企业，对于培育新的经济增长点、创造新的就业机会、规避经济和金融风险等都具有极其重要的作用。许多知名的高技术跨国公司，如微软、英特尔、康柏等，也都是在市场竞争中从小到大，逐步发展成今天的巨人的。近年来，我国民营科技型中小企业呈现出异军突起、蓬勃发展的良好态势。到2000年年底，全国民营科技企业已达8.2万家，从业人员556万人，全年总收入14 561亿元，实现净利润1011亿元，所创产值已占到全国高新技术产业总产值的一半以上。鼓励和支持高新科技产业化，是我国科技政策的重要方向。国家将通过制定鼓励发展科技型中小企业的政策，建立科技型中小企业创新基金，建立和完善社会化科技中介服务机构，加速建立风险投融资机制等方式，努力使科技型中小企业获得更快、更好的发展，成为孵化创新成果的重要摇篮和技术创新的生力军。我们还将继续发挥国家高新技术产业开发区的环境优势和聚集效应，让更多的科技型中小企业在国家高新区的良好环境下迅速成长壮大。这也是政府部门应当发挥自身功能和作用的重点领域之一。

加强知识产权保护，实施积极有效的专利战略，对我国强化原始性创新能力具有极其重要和深远的意义。目前，我国科技工作中要成果不要专利、要国内专利不要国际专利的现象仍然比较普遍，这与国外企业在专利上跑马圈地争抢我国未来市场的趋势形成了鲜明对照。事实上，我们强调的原始性创新，在技术上表现为突破，在市场上表现为独有，在法律上就是表现为一种权利，这与知识产权制度所要求的"新颖性"、"创造性"是完全一致的。今后，我们将以形成和拥有知识产权量作为科技评价的重要指标之一，使之成为科研机构和科技人员衡量科研业绩的重要标准。要加强科技项目研究开发全过程的知识产权管理，重大科技项目立项前，应就该项目技术领域的国内外知识产权申请、授权及实施等状况和趋势提出分析评估报告，并对项目承担单位规定明确具体的知识产权任务目标。通过委托知识产权中介服务机构进行研究开发过程中的知识产权跟踪服务，帮助研究开发机构进行知识产权信息分析，确定合理的知识产权战略，适时、适当地选择知识产权管理和保护方式并协助实施。

目前，我国科技系统相互封闭、重复立项的问题比较突出，产学研之间缺乏有机的协调，技术引进中多头引进、引进与自主研究开发脱节等现象比较普遍。特别是以单项技术研究为主的项目管理模式，使得每年所取得的数万项科技成果，很多由于缺乏优化组合与集成，最终不得不束之高阁，无法通过市场实现其应有的价值。这些体制和政策性障碍，都在一定程度上削弱了我国原始性创新的基础，也使国家有限的科技投入难以发挥有效的作用。为此，我们将重点通过强化国家战略部署和政府宏观调控能力，打破传统计划体制下形成的各种条条框框，遵循科技与经济发展的基本规律，实现科技资源的优化重组与合理配置。国家"863"计划、科技攻关计划和重点基础研究规划项目，都将明确强调学科间融合和部门间协作的必要性，强调从以发展单项技术为主转向以发展单项技术和多项技术集成的产品和产业为主。

在我国科学技术领域，原始性创新能力不足的一个重要原因在于现行科研管理体制存在弊端，使得一些科研工作急功近利，创新思想容易受到扼制，不利于优秀创新人才脱颖而出。今后3~5年内，我们将采取切实有效的措施，推进管理体制的改革。一是加大对基础研究和重大战略高技术研究的投入力度，一方面重点支持对提高国家竞争力有直接影响的重大项目；另一方面加大支持由科学家自由选题的探索性研究。二是建立起与原始性创新相适应的评价制度，鼓励具有原始性创新、风险大的研究项目，高度关注创新性强的小项目、非共识项目，以及学科交叉项目，邀请国外专家参加重大、重点项目的全程评估，减少和简化评估程序，完善评价活动的监督体系等。三是建立符合科学和技术不同发展规律的激励机制，重点打破以往技术开发研究从立项到获奖，再立项再获奖，并通过获奖最终与科研人员职称、工资、住房等挂钩的做法，技术开发人员应当更多地在市场中实现其价值和取得相应的回报。四是大力培养、吸引和稳定高水平创新人才，对有独立思考能力、独创精神的小人物和青年人才及时给予支持，对少数高水平人才在严格遴选的基础上予以持续稳定的支持，加大对在国际科学前沿做出有重要影响研究成果的顶尖人才的引进力度。五是大力促进学术界的开放交流。只有开放和不同学科、学术观点之间的撞击和交流，才能产生新思想的火花。因此，国家要大力促进研究所之间，研究所和大学之间，研究所、大学和企业之间的合作与交流；鼓励和支持研究机构积极参与重大国际多边科技合作计划；国家重点基础研究基地要逐步加大用于国际和国内开放性合作的经费比例，广开渠道鼓励和支持科学家参与国际国内学术交流和科研合作，制定有利于学术交流的考核指标体系。六是建立有利于原始性创新的文化环境，在科技界培育勇于创新、大胆探索，追求真理、宽容失败，鼓励竞争、崇尚合作，热爱科学、淡泊名利的良好文化风尚，倡导科学精神和科学道德，克服浮躁现象，反对学术腐败。

我们相信，一个曾经创造过灿烂文明的伟大民族，中国人民有责任和能力创造出新的科学技术成就，为人类新世纪的文明进程做出新的贡献。对此我们始终充满信心！

中国科学技术发展与现代化[①]

(2001年10月18日)

上海亚太经济合作组织（APEC）工商领导人峰会，是亚太地区面向21世纪的一次极为重要的会议，也是亚太地区各国政府和人民谋求相互协调、共同繁荣的突出标志。感谢中国国际贸易促进会[②]对我的盛情邀请。我谨代表中国科学技术部，向本次APEC工商领导人峰会的召开表示祝贺，并且预祝会议取得圆满成功！

进入新的世纪，世界各国政府都在思考和部署新的经济与社会发展战略。尽管各国之间的历史文化、现实国情和发展水平存在着种种差异，但关注和重视科技进步却是完全一致的。这是因为我们面对的是一个科技创新主导的世纪，是以科技实力和创新能力决定成败兴衰的国际竞争格局。一个在科技上无所作为的国家，将不可避免地在经济、社会和文化发展上受制于人，甚至有可能面临边缘化的命运。中国作为世界上最大的发展中国家，为了保持经济持续、快速、健康地发展，为了正确应对加入WTO后的各种机遇和挑战，必须把加快科技进步和创新置于经济社会发展的优先地位。为此，中国政府在制定今后五年国民经济和社会发展规划中，创造性地提出了以改革开放和科技进步作为主要动力。这是尊重当代经济、科技发展规律的正确抉择。众所周知，当今科学技术发展的一个显著特点，就是技术更新速度不断加快，科技成果产业化的进程不断缩短。由于许多高新技术产品的生命周期仅有3～5年，这就决定了发达国家并不具有在所有新兴科学技术领域中的绝对优势。中国将根据自身的国情和需求，充分利用后发优势，努力寻求技术发展的跨越。今后5～10年，我们将通过科技资源的系统整合与优化配置，集中力量在具有相对优势或战略意义的关键领域取得突破，在具有较强产业关联性的高技术领域强化自主创新和产业化能力。比如，信息技术领域的高性能计算机、超大规模集成电路；生物技术领域的遗传改良动植物、基因工程药物及疫苗；新材料技术领域的特种功能材料、高性能结构材料；现代制造技术领域的计算机集成制造系统（CIMS）、数控机床制造；新能源技术领域的洁净煤技术、电动汽车技术和可再生

[①] 2001年10月18日在2001年APEC工商领导人峰会中国专题上所作的报告。

[②] 即中国国际贸易促进委员会。

能源技术，等等。

加强原始性创新，努力实现由跟踪模仿向自主创新的深刻转变，这是中国政府确立新世纪科技发展战略的重要思想。原始性创新标志着科学技术质的变化和发展，体现一个民族的智慧及其对人类文明进步的贡献。作为曾经创造过辉煌远古文明的伟大民族，中国人民愿意承担起发展现代科学技术的应尽责任。为此，我们将按照有所为、有所不为的方针，支持中国科学家在国家需求和科学前沿的结合上开展基础研究，力争在基因组学、信息科学、纳米科学、生态科学、地球科学、空间科学等领域取得新的进展。同时，我们充分尊重科学发展的普遍规律，尊重科学家独特的敏感和好奇精神，鼓励他们进行"好奇心驱动的研究"。我们确信，一个日益开放和更加宽松和谐的科学环境，必将孕育出伟大的科技成就，催生出卓越的科学巨人。

我国推进国民经济结构战略性调整，对高新技术及其产业的发展提出了紧迫要求。尽管中国的科技资源相对稀缺，但在涉及国民经济发展全局的一些关键领域，我们不可能也没有必要重复产业技术梯度转移的固有模式。更为重要的是，我国工业、农业等传统产业的优化升级，为高新技术产业化提供了巨大的发展空间。事实上，在信息、生物、新材料等部分高技术及其产业领域，中国已经形成了一定的基础和优势，并在实现传统产业的高技术化方面进行了成功的探索与实践。今后，中国政府将进一步鼓励高新技术产业化，并把运用高新技术改造与提升传统产业置于科技政策的优先地位。我们将加强国家高新技术产业开发区建设，使之成为带动区域经济发展和产业升级的重要引擎，成为高新技术产业化的重要基地；大力发展科技中介服务体系，全面提高科技中介服务机构的整体水平，架构科技与经济紧密结合的桥梁与纽带；积极促进科技型中小企业的发展，不断开发具有自主知识产权和市场竞争能力的产品或服务，广泛培育新的经济增长点和造就新的就业机会。

以信息化带动工业化，推动国民经济信息化进程，是覆盖中国现代化建设全局的战略举措，也是中国科技发展的重要任务。世界科技发展的趋势表明，信息技术已成为当代最先进、最活跃的生产要素，信息资源对于经济、社会和文化等领域的强大渗透力和影响作用难以估量。信息化与工业化不是彼此分割的，而是相互传承与交叉的。信息技术的发展与应用，正是当今世界各国经济结构调整与重组的方向。中国是一个发展中国家，工业化的任务尚未完成。在市场、资源和环境等方面，今天的中国面临着比发达国家工业化过程更大的约束，这也决定了中国的工业化不能亦步亦趋，秉承简单意义上的规模扩张。我们认为，当代信息技术革命为我国提供了一个重要机遇，这就是以信息化带动工业化，用"低物耗"的信息化方式完成"扩大社会化"的工业化任务。为此，我们将重点突破微电子、软件、网络和信息安全等核心技术，为国民经济信息化提供有效、可靠的技术支撑；支持高性能计算机研究开发和推广应用，研制万亿次以上的高性能计算机，建设基于网络的"国家高性能计算环境"；实施国民经济信息化示范工程，大力推广计算机辅助设计、现代集成制造技术和智能化农业专家系统等共性信息技术系统，促进我国经济结构、产业结构的深刻变革。

中国科技发展的一个重要主题，就是始终关注和高度重视促进人与自然的和谐共存，努力寻求解决人口、资源与环境之间的深刻矛盾。随着工业化进程的不断加快，依靠科技进步保障和促进经济社会的可持续发展，将成为我国发展战略的重要目标。过去几年里，我们已经在推进煤炭清洁高效利用，利用信息技术提高国土资源综合治理，利用清洁能源降低汽车排污和净化大气环境等方面取得了成效。在未来五年的科技规划中，我们更加关注人口与健康、资源开发与利用、环境保护与生态整治、减灾防灾、城乡建设与居住环境等领域的重大科技问题，使人民的生活质量得到全面提高。按照国家西部大开发的战略部署，我们还将组织实施"西部大开发科技行动"，优先发展西部特色产业和生态产业，努力提高西部地区的科技创造能力，为促进区域经济的协调发展提供有效的科技支撑。

深化科技体制改革，建设国家科技创新体系，是我国新世纪科技事业必须应对的重大课题。中国领导人江泽民同志曾经提出："创新是一个民族进步的灵魂，是国家兴旺发达的不竭动力。"我们认为，21世纪的国家经济，必然是科技创新主导的经济。作为一个发展中的大国，中国不可能服从于完全被动的国际分工格局，而是必须通过创新不断获得新的优势，不断争取比较主动的竞争地位。为此，我们将通过深化科技体制改革，进一步解决科技与经济脱节的问题，并在国家层次上优化科技力量布局和科技资源配置，减少或消除创新活动中的系统失效和市场失效问题。企业作为技术创新主体的地位，将在我国国家创新体系建设中逐步得到确立。此外，我们还将推动产学研的紧密结合，加强科研基地和基础设施建设，新建并重组国家重点实验室，实施重大科学工程，健全科技中介服务体系，全面提高我国科技创新能力。针对我国不同区域之间科技发展的特点和优势，我们支持建立具有各自比较优势的区域科技创新体系，形成区域间优势互补、相互协调的良好局面。

越来越多的人已经认识到，在我们生活的这个世界里，"知识鸿沟"、"数字鸿沟"正在表现出不断扩大的趋势。技术创新开辟了以知识为基础的快速发展之路，但受益者却主要是那些相对富裕和受教育程度较高的国家和群体。由此所带来的不均衡现象，最终必然危及全人类的发展。如何让不发达国家及其人民能够更多地分享全球化和技术进步的好处，应当是全球政治家和科学家们深入思考的重大课题。可以肯定，未来国家间的经济合作，将会越来越多地建立在科技合作的基础之上。随着中国即将加入 WTO，我们将在更广泛的领域和更高的层次上参与经济、科技全球化进程。中国将按照平等互利、成果共享、维护知识产权的原则开展国际科技合作，支持中国科学家积极参与世界大科学工程，以及各种全球性重大科学问题的研究，鼓励跨国公司投资研究开发，并把引进技术和人才作为今后利用外资的主要内容。中国政府继续参与亚太经济合作组织科技产业合作项目等一些全球性和区域性多边大型研究计划，推动《21世纪 APEC 科技产业合作议程》的实施，促进

APEC框架下的科技合作不断向实质化方向发展。总之，中国将以更加开放的姿态面向世界和未来。

女士们，先生们，由于科学技术的长足发展，特别是以信息技术为代表的新的科技革命，完全改变了传统的时间、空间等的界限，极大地改变了世界的面貌，为当今社会进步提供了全新的发展舞台。我们相信，伴随着这场极其广泛而深刻的变革，中国有能力实现自身社会生产力的跨越式发展，也有能力为人类文明和进步事业做出积极的贡献。一个日益富强、文明的中国，必将有益于亚太地区乃至全球的稳定与繁荣。

社会发展科技工作要有新思路[①]

(2001年12月21日)

今天召开社会发展科技工作会议，研究部署"十五"社会发展科技工作。我讲几点意见，供大家参考。

一、加强社会发展科技工作，是转变政府职能，实现社会可持续发展的重大举措

社会发展科技工作覆盖面很广，涉及领域很多，不仅涵盖了人口、医药卫生、自然资源的合理利用与保护、生态保护与环境治理、海洋资源开发与保护、自然灾害防御、居住与城乡建设等众多领域，也涉及文化、体育、旅游及文物保护等方面的工作；不仅关系到人们的生活质量，也关系到人们的精神文化需求。

近年来，由于我国生态环境脆弱，以及过去一段时期规模扩张型经济增长方式，使得人口、资源与环境之间的矛盾加剧。在经济快速发展的同时，社会发展相对滞后。这要求我们必须以人为本，把环境保护与资源合理利用摆在重要位置，通过科技创新促进人口、资源与环境之间的协调发展。

随着经济的发展和城市化水平的提高，人们的温饱问题基本解决、生活水平总体进入小康后，消费观念、消费需求和消费热点正在发生显著变化，对出行交通、医疗保健、居住环境、文化娱乐、旅游等有着更高的要求。

在计划经济体制下，无论是在经济上还是在科技上，政府部门的管理不少反映在微观层次，通过稀缺资源的分配和对微观主体的干预，实现政府的意旨和目标。随着社会主义市场经济体制的不断完善，以及加入WTO后，我国政府的管理职能将发生转变，管理方式也会发生变化。一方面，政府的管理行为将主要反映在制定政策、营造环境等宏观调控方面；另一方面，基础性、公共性和公益性社会发展事业将会越来越受到各级政府的高度关注和重视，政府的科技投入也将越来越多地用

[①] 2001年12月21日在全国社会发展科技工作会议开幕式上的讲话。

于支持资源、环境和农业等前竞争领域。可以说，社会发展科技工作局面的好坏，在一定程度上是检验各级科技管理部门职能转变的一个重要标志。科技部召开这次社会发展科技工作会议，就是要向各地方、各部门传达一个重要信息，我们将越来越重视社会发展科技工作，并将采取实际措施，切实加强这方面的工作。

二、"十五"社会发展科技工作的若干重大问题

目前，我国面临着许多社会发展问题，都对社会发展科技工作提出了紧迫要求。如何做好"十五"期间社会发展科技工作？各方面意见不一，争执不下。我们应当从国家"十五"计划所确立的指导思想和原则出发，坚持有所为、有所不为的原则，突出重点，紧紧抓住影响全局的关键性问题，力争有所突破。下面我着重谈谈当前必须重视的几个重大社会发展科技问题。

（一）医药卫生问题

随着我国人民生活水平的不断提高，对医药卫生的要求也越来越高。在医疗领域，我们一方面缺乏相应的高效、特效药物；另一方面对增长较快的疾病也缺乏及时有效的应对手段。目前，我国人口疾病谱正在发生显著变化，由此引起的心脑血管、糖尿病和肿瘤等疾病发生率大大增加。这三类疾病的死亡人口已分别占到城市居民死亡的60%和农村居民死亡的49%。更加值得关注的是，加入WTO后，由于缺乏具有自主知识产权的创新药物，低成本仿制的医药产业，以及相应的医疗卫生保障体系将会受到很大的冲击。因此，我们要加强新药的研制与开发。要加快创新药物研究与开发能力的建设，建立我国创新药物研究与产业化开发体系，研制出一批提高生活质量和防治重大疾病的创新药物，提高创新药物研究的整体水平和综合实力，实现医药研究由以仿制为主向以创新为主的战略性转移。同时，要注重知识产权的保护，加大其产业化的力度，力争使我国创新药物研究在国际新药研究领域中占有一席之地。

（二）水资源问题

在我国资源环境问题中，水问题尤为突出。一方面，水资源供需矛盾加剧，已经成为我国21世纪经济与社会发展的主要瓶颈之一。城市居民年人均生活用水量已从1995年的71.3吨增加到1999的94.1吨，全国用水总量已经从1993年的5198亿立方米上升到1999年的5566亿立方米，全国年总缺水量约为360亿立方米，因缺水造成的工农业损失每年达数千亿元。另一方面，水资源污染严重，全国七大水系及太湖、滇池和巢湖中，只有不到40%的河段达到水环境质量3类标准，75%以上的湖泊富营养化加剧，50%的城市地下水不同程度地受到污染。随着工业化与城市化的进一步加快，工业用水和生活用水肯定要相应增加，我国本来十分紧缺的水

资源将会面临更大的压力。同时，我们更应当看到，我国水资源利用上的浪费现象也比较严重，农田灌溉水量超过农作物实际需水量的 1/3 甚至 1 倍以上，工业用水中的单位产品耗水率高于先进国家几倍甚至十几倍，城市水资源的重复利用率仅为 30%~50%。切实解决好水资源短缺、水资源污染和不合理利用等问题，是政府部门和科技工作者的重要职责。"十五"期间，我们要重点开展水资源的合理配置、调控模式，以及重大引水工程的战略和关键技术研究，开发节水技术、安全饮用水保障供给技术、空中水资源人工调控技术、污水资源化利用技术、雨洪利用技术、受污染水体修复技术、海水直接利用与淡化技术等，确保我国水资源的安全和可持续利用。

（三）农村城镇化问题

城镇化是国民经济发展到一定阶段的必然产物，也是调整经济结构、培育新兴市场、拉动经济增长、推动现代化建设的客观要求。近年来，我国城镇特别是小城镇的数量增长很快，1978~2000 年，全国建制镇由 2173 个增加到 20 312 个，人口达 1.7 亿，占全国城镇总人口的比重高达 40% 以上。小城镇的蓬勃兴起加快了我国城市化、现代化进程，但由于缺乏科学合理的规划、设计和产业分工布局，也产生了一系列问题，包括产业和人口集约化程度低，致使规模效益和集聚优势得不到有效发挥，基础设施落后的状况很难得到改善；城乡空间管理失控，过量侵占耕地，加剧了原本就十分紧张的人地矛盾；多数小城镇的经济属于粗放经营，工业结构小而全，产业素质偏低，缺乏市场竞争能力；从城市淘汰下来的高能耗、重污染产业，以及夕阳产业被迁移到小城镇，致使小城镇环境问题日趋严重。不解决这些问题，小城镇就不能健康发展。

科技工作要在小城镇建设中发挥应有的作用，关键是要找准"切入点"。第一是制定城镇科学规划及科学的规范和标准，推动建立适合当地的经济、资源、人口、文化传统，以及适合城镇发展整体功能的模式。第二是开发一批小城镇建设关键技术和标准，建立一批科技示范样板，形成适合我国国情的小城镇建设技术体系和科技成果转化体系。第三是科技进步推动小城镇的经济结构调整和产业升级，尤其是乡镇企业，必须吸收先进的技术和管理，改变高消耗、高污染、低效益的发展模式。依靠科技进步，大力发展农产品加工、农业资源综合利用、农村建材业、小城镇环境保护产业等，形成新的经济增长点。

（四）食品安全问题

加入 WTO 将不可避免地对我国农业这一弱质产业产生一定的冲击，同时对我国的食品安全也提出了严峻挑战，对此必须要予以高度重视。目前，我国出现的食品安全问题，除监管力度不够、相关法规不健全，更主要的是食品安全监控方面手段落后和技术水平低。只有解决了相关技术问题，配合建立有关法律法规，才能从根本上控制和解决食品的污染。"十五"期间，我们要在农业科技攻关中进行农药污染的控制技术、无公害蔬菜生产技术及饲料和兽药安全等研究。同时，要围绕建立我国的食品安全保障科技支撑体系，加强对国际食品安全技术法规对我国的影响及对策、进出口食品安全风险控制技术、进出口食品安全监测与预警系统、食源性危害的关键检测技术、食源性疾病与危害的监测和预警技术，以及食品安全控制技术的研究和开发，大力提倡和规范绿色食品，有效提高我国的食品安全保障水平。

三、调整工作思路，开创社会发展科技工作的新局面

当前，我国社会发展科技工作必须立足改革，提高认识，调整思路，开创社会发展科技工作的新局面。

（一）社会发展科技工作的各项活动必须与地方经济发展相结合，服务于地方经济发展的总体需要

科技部在制定国家社会发展科技创新工作总体目标和工作内容时，既考虑到地区差异，也注意国家社会发展科技工作的整体性。各地的社会发展科技工作也要照顾到国家整体利益，优先考虑国家目标，把各地的工作纳入到国家的整体坐标中。在开展地方社会发展科技工作中，要抓住中央关心的问题，抓住老百姓关心的问题，要特别优先考虑涉及与国家能源开发、环境保护等关系到国家可持续战略的总体目标，考虑国家安全和地区安全的科技需要，考虑提高人民群众生活质量的需求；要从国家的战略高度出发，按照"局部服从全局，地方服从整体"的原则，部署地方科技工作的方向和任务。衡量社会发展科技工作的标准应该是，社会发展科技是否为国家和地方的经济和社会发展，为人民生活质量的提高做出了贡献。

在这里，我要特别强调社会服务业的科技发展问题。目前，我国工农业已进入买方市场，但服务业总体上仍是供给短缺。中央明确要求大力发展服务业，这是从国民经济结构战略性调整，优化产业结构，提高人民生活质量的需求提出的。我国服务行业科技含量低是目前面临的重要问题之一。要充分发挥社会发展科技工作在加快发展服务业中的重要作用，抓住涉及范围极广的社会服务业对社会科技需求的新契机，加速文化、旅游、社区服务等领域的科技创新，既促进社会发展科技整体水平的提高，又为国家经济建设做出实质性贡献。

（二）社会发展科技活动具有明显的社会公益性，应当由政府主导

要强化政府在社会发展科技创新活动中的主导作用。政府用于科技的资金和项目，应当更多地转移到农村与社会发展科技工作之中。随着国家对社会发展科技投入的大幅度增加，各地方也应该有所增加。同时，要真正解决社会发展所面临的众多科技问题，还需要有企业的广泛参与。随着政府职能和分工的调整，政府对社会

公益事业管理应采用新的管理机制，引导全社会和企业的共同参与，共同解决社会公益事业和其他重大社会发展问题。

（三）解决社会发展问题应当走技术跨越之路，通过技术集成与技术创新，实现跨越式发展

科技部门要围绕社会发展面临的重点、难点问题，开展一些重大关键技术、共性技术的研究开发和应用。要充分利用现代高技术成果，包括信息技术、生物技术、新材料技术等，发挥后发优势，实现跨越式发展。要围绕人口控制与健康、资源开发与利用、污染控制与生态整治、生产安全与社会安全、防灾减灾、城镇建设与居住环境、文化事业等领域，加强先进适用技术的综合集成和现代高技术成果的应用。

社会发展的问题牵涉范围广、领域宽，依靠单一技术往往不能有效地加以解决。因此，必须要对现有成熟、适用的技术进行综合集成。要注重技术创新和管理创新相结合，研究和示范相结合，科技项目与国家、地方的重大工程实施相结合，集中解决制约我国社会发展的关键问题。"九五"期间，社会发展科技的创新性工作已经取得了很大成就，比如，通过科技项目将技术开发和社会化管理、市场机制相结合的新型模式进行城市环境治理，解决了传统上完全由政府包办环境治理的问题，在社会上产生了很好的影响。这种创新的科技工作不仅解决了科技开发自身的问题，更重要的是推动了整个社会事业的改革。可以说，在科技管理创新上，我们还有很大的运作空间，也完全应当有更大的作为。

（四）要加强科技体制改革，建立一支适应社会主义市场经济和社会发展科技特点的科研机构和人才队伍

"十五"期间，我国科技体制改革将进入到关键的攻坚阶段。与社会发展相关的科研机构体制改革，要根据国家科技体制改革大的方针和总体部署切实推进。公益类科研机构历来是社会发展的主要科技支持力量，在社会发展科技工作中发挥着至关重要的作用。在当前形势下，公益类科研机构应当进一步更新观念、深化改革，建立开放、竞争、流动的机制，运用市场机制加快科技成果产业化进程。国家将从战略高度积极扶持公益类科研机构的发展，加快改革进程，最大限度地发挥其社会服务功能。各级政府及有关部门也应当主动为公益类科研机构改革提供政策、资金和信息等方面的支持。

（五）中央和地方科技部门要密切配合，相互补充、集成，形成合力

科技部将针对制约国家社会发展的重大和全局性科技问题、行业共性关键技术问题等，组织各方面力量开展工作。地方科技部门也要抓住几个影响本地区社会发展的重大问题，开展技术攻关和示范推广工作。在这一过程中，科技部将切实加强

对地方、行业科技工作的指导和支持,加强信息的沟通和交流,加强国家科技计划和行业、地方科技计划的紧密结合,真正形成合力,办成几件大事。地方科技部门应当尽快调整自身的管理职能和工作重点,进一步加强对社会发展科技工作的领导和管理,加强与社会发展科技工作相关的管理及服务机构建设,增加对社会发展科技的投入。

我国传统文化历来强调天人合一,注重人与自然的和谐相处,这在今天仍然具有重要的现实意义。让我们用开拓进取的勇气,科学求实的态度,大胆创新的气魄,艰苦创业的精神,争取我国社会发展科技进步事业的新进步。

切实抓好科技法制建设[①]

(2001年12月26日)

这次会议的主要任务是总结和交流全国科技法制建设工作经验，安排和部署"十五"期间全国科技法制建设各项工作，推动我国科技事业实现新的发展目标。下面，我谈几点意见，供大家参考。

一、科技法制建设的现状和重要意义

科技法制建设是社会主义法制的重要组成部分。加强科技法制建设是贯彻依法治国方略、实施科教兴国战略的重要措施。江泽民同志明确指出："科技活动是人类认识、改造自然与社会的重要实践活动。适应科技发展的客观规律，把国家重大科技政策通过立法程序上升为法律，可以大大推进科技进步。历史和现实都表明，一国国家法制工作的好坏，直接影响着它的科技、经济发展和社会进步。"这一论述是对科技法制建设目标和基本任务的全面而具体的诠释。正是在这一论述的指导下，在全国人大[②]、国务院的直接领导下，在广大科技界、法律界的共同支持和努力下，我国科技法制建设取得了显著成绩，主要表现在四个方面。

一是促进科技进步和创新的法律体系初具雏形。我国相继出台了《科技进步法》、《促进科技成果转化法》、《国家科技奖励条例》等一系列鼓励创新、加速成果转化、促进高科技产业化的法律法规和规章；在社会主义市场经济立法中，也考虑到科技发展的需要；与此同时，地方科技立法非常活跃，进展很大。

二是科技法律法规的实施状况大为改观。立法是基础，执法是关键。近几年来，全国人民代表大会常务委员会、全国人民代表大会教科文卫委员会分别对《中华人民共和国科技进步法》、《中华人民共和国专利法》、《中华人民共和国技术合同法》、《中华人民共和国促进科技成果转化法》开展了执法检查，加大了法律实施监督力度，推动了各部门、各地区的法律实施工作。

[①] 2001年12月26日在科技法制和与科技有关知识产权保护工作会议上的讲话。
[②] 即中华人民共和国全国人民代表大会，简称全国人大。

三是严格依法行政，加快了科技管理的法治化进程。依法行政是依法治国的重要组成部分，也是科技管理工作必须遵循的基本原则。为贯彻国务院《关于全面推进依法行政的决定》，我部结合科技工作实际，从提高科技干部依法行政的意识和能力入手，严格依法行政，推进科技管理的法治化。

四是科研院所、高新技术企业，以及科技人员的法律意识普遍提高。在"三五"普法中，按照中央普法办的统一安排，科技部制定了《科技系统"三五"普法规划》，布置了以科技法律及市场经济法律为学习重点的普法任务，取得了明显成效。

总的看来，我国科技法制建设取得了很大进展，积累了重要经验。但是，在充分肯定成绩的同时，我们更要清醒地看到还存在许多问题。一是立法面较窄，系统性不强，科技体制改革和科技创新的许多领域和环节还存在很多法治空白点；科技法制体系还有待进一步完善；同时，立法质量有待提高，有的科技法律过于原则，操作性不强，缺乏必要的实施细则；一些地方科技立法趋同性强，特色不突出。二是科技行政管理中不适应依法治国、依法行政要求的传统观念、工作习惯和工作方法还大量存在，影响了科技行政管理质量的提高；执法质量不高也严重影响了人们对科技法制的尊重和运用。三是普法宣传不深，在普法内容上还不注重普及市场经济方面的法律，不少同志还存在着对法治的不信任、不理解的错误观念，广大科技人员尤其是科研机构、高科技企业的法律意识亟待提高。

党的十五大及时提出了依法治国，建设社会主义法治国家的战略要求。依法治国的基本治国方略，要求国家各项事业都应当纳入法制化轨道，科技法制建设就是依法治国基本方略在科技事业发展进程中的具体实践和基本要求。科技法制建设是把党和国家发展科技事业的各项方针、政策，以法律的形式规范化、制度化，创造有利于科技进步和创新的法治环境，使科技领域的各项工作实现"有法可依、有法必依、执法必严、违法必究"的重要制度。具体来说，在立法方面，就要通过立法把党的正确主张和人民的共同意志结合起来，上升为法律，实现党和国家促进科技事业发展的政策意志和战略目标，成为国家宏观管理科技事业、促进科技发展的重要手段。在执法方面，科技行政管理的主要方面和重要环节都应当遵循和符合法律的规定和要求，处理各项科技管理事务必须比以往更加注重运用法律、法规来规范和调整，必须从更大程度上依赖健全的法制环境和强有力的法律调控手段来实现。解决新形势下出现的许多问题，要综合运用经济手段、法律手段和必要的行政手段，而最重要的、最根本的还是要靠法制。加强科技法制建设，势在必行。

二、新世纪科技法制建设的基本任务

（一）加强科技立法，建立健全科技法律体系

在这方面，我们的基本思路是，从全局上和本质上把握有中国特色社会主义法

律体系内在的规律性，借鉴国外成功经验，有重点、分步骤地选择当前科技体制改革和科技事业发展中带有普遍性、共同性的亟待解决的问题予以法律规范，将通过实践证明行之有效的科技体制改革、技术创新等政策规范、措施、经验上升为法律规范。

1. 完善科技法律体系

一是在全国人大和国务院的领导下，做好有关《科学技术普及法》、《科研院所法》，以及促进高新技术产业化等相关立法的调研、起草等工作。同时，以促进技术创新为重点，做好有关立法工作。二是根据科技发展的新情况、新问题，不断完善《促进科技成果转化法》，并尽快制定配套的实施细则，加速高新技术成果转化为现实生产力。三是要研究制定促进高科技产业发展的法律规范。现代信息技术、生物技术等高科技发展迅猛，许多国家都开始研究制定促进和保障高科技发展的法律和政策措施。例如，美国制定了《千禧年数字化著作权法》，韩国制定了《科学技术革新特别法》等。四是要研究制定保障技术和知识产权等因素参与利益分配的激励措施，依法调整在技术创新活动中国家、单位、个人的权益分享，调动科技人员参与"创新、创业"的积极性和主动性。五是要以法律手段及时规范和巩固科技体制改革经验和成果。当前，国家经济贸易委员会管理的10个国家局所属242个科研机构的体制改革基本完成，国务院各部门所属社会公益类科研机构的改革也正在进行。实行转制后各类科研机构的性质、法律地位、管理体制将发生重大变化，这些都需要法律予以明确的规定。

2. 加强体制创新，立体立法

一是要研究制定有关科技项目的招标投标、评估、验收制度的法制化，促进和保障科技计划、科技成果等各项科技体制改革的顺利进行。二是要积极推动科普法制建设，为科技创新营造良好的社会氛围。

3. 推动地方科技立法

一是在国家立法后，要指导地方及时跟进，制定有关国家立法的实施细则和办法，保证国家法律的贯彻实施。二是要积极引导部分地方对某些在国家立法时机尚不成熟，但地方又确实需要的法案进行有益的探索，促进我国科技法制的不断完善。

（二）加大执法力度，全面推进依法行政

立法是基础，关键是执法。古人云："天下之事，不难于立法，而难于法之必行。""法令不行则吏民惑。"加强执法要成为我们下一步工作的重点。近期以来，国家和地方都已经出台了一系列鼓励科技创新的政策措施和立法，"十五"期间，

一些力度更大的政策和立法还将出台。制定措施是一方面，更重要的是要贯彻落实。各级科技管理部门要积极配合有关部门，加大对各项政策、法律的实施监督，保障我国科技进步和创新事业的顺利进行。

1. 从严治政，积极推动依法行政进程

依法行政是依法治国方略的重要组成部分，也是我国科技事业发展的重要保障。随着科技经济全球化和加入WTO，各级政府的角色将面临调整。依法行政，将受到跨国公司和WTO各成员方更多的关注。各级科技管理部门要把依法行政作为关系改革、发展、稳定大局的一件大事，真正落实到科技行政管理活动的各个方面、各个环节，尽快建立起符合国际惯例和我国国情的科技管理体制。

2. 普及与科技有关的法制知识

"十五"期间，各级科技管理部门要在"三五"普法的基础上，以科研机构、高新技术企业为重点对象，以市场经济法律和知识产权法律为重点内容，通过宣传、培训、考评等活动，在科技系统中广泛、深入地开展普法活动，进一步提高我国科研机构、高新技术企业，以及广大科技人员的法律意识，为科技创新能力的提高和综合国力的增强提供强有力的社会基础。

实施人才、专利和标准三大战略[①]

(2002年1月7日)

加入WTO以后，中国的科技工作既面临着机遇，也面临着挑战。总体上是机遇大于挑战。能否过好入世这一关，主要在于我们能不能积极应对，趋利避害，争取主动。积极实施人才战略、专利战略和技术标准三大战略，是科技部根据自身特点，提出的应对入世挑战的重要举措。

一、面向国际人才竞争战，积极实施人才战略

国际间的竞争归根到底是人才的竞争，核心是尖子人才的竞争。发达国家利用优越的工作条件，丰厚的生活待遇和各种优惠的政策，吸引全世界的科技人才。日本计划在今后几年内，采取各种措施，使外籍科技人员的比例要达到30%。美国、德国等在移民方面，都放宽了对高科技人才的限制，而一些跨国公司更是不择手段来挖取其他国家，特别是发展中国家的高技术人才。

根据美国科学基金会的调查，目前美国59%的高技术公司当中外籍科学家和工程师占到科技人员总数的90%。在加州硅谷工作的高级科技工作人员当中，有33%是外国人，从事最高级的工程学博士后当中有66%是外国人，所以在人才问题上，我们确确实实面临着尖锐的竞争。我们不能采取关闭国门的办法，限制科技人员的流出，因为这种流出从长远、从全局上看，有利于中国的经济和科技的发展。但是，我们应该力争做到进出平衡，有进有出，促使人才合理地流动。

实施人才战略的关键，就是要争夺高层次、高素质、创新型的科技人才，核心在于制定政策，持续营造一个有利于发现、培养和吸引人才的环境。

一是制定引进海外尖子人才大力度措施。根据国家重大项目的需求，有针对性地加大对海外顶尖人才，包括高水平人才团队的引进力度，并为他们提供一切可能

[①] 根据2002年1月7日在全国科技工作会议上的讲话，2002年5月21日在科技活动周上的形势报告"当代科技发展趋势和我国的对策"和2002年8月30日在中国科学家论坛上的讲话"十五期间中国科技发展战略与对策"等整理而成。

的保障条件，努力推动形成海外优秀人才回国创新创业的潮流。当前，回国的海外人才群体中有一些非常优秀的人才，但最优秀的人才还不够多。我们要加大这方面的工作力度，制定和实施工资、住房、子女安排等一系列的政策。

二是改革科技项目管理制度，逐步建立开放、流动、竞争、合作的机制。开放对于科学技术来讲非常重要。我们不能让一个研究所、一个研究室，大家从 20 岁毕业开始研究直到 60 岁退休，总是那三五十个人凑在一起，这样很难产生创新的思想，只有在人员的流动当中，在不同的学科、不同思想的交流中才能产生思想的撞击，产生创新的火花。国家科技计划和项目都将把发现、培养和稳定青年人才，特别是青年尖子人才作为重要考核指标。为促进开放和流动，实行课题制，实现固定科研人员和流动科研人员相结合；同时，还要改革科技项目评审制度。

三是改革科技经费管理制度，提高科研经费中人员费用的比例。国外的科研经费绝大部分是用到人身上的。科学家在拿到项目经费后就可以雇请硕士研究生、博士研究生、博士后工作人员来形成一个科研梯队。但是，我国科技管理中存在"见物不见人"的弊端：科研经费和工程的经费管理一样，买设备可以，不能用在人身上。最近几年，我们得到财政部门的配合，调整了人员开放和经费管理改革的力度，大约有 5%～10% 的比例可以用于人。但是，这与建立一个充满活力的创新队伍的要求还相差很远。

四是改革科技产业化激励机制。科技与财政两部门正一起研究怎样能够更好地利用股权、期权奖励等方式，建立新的激励机制，来体现科技人员和管理人员在高新技术产业化方面的创新价值。

二、积极实施专利战略，强化知识产权的管理

中国加入 WTO 以后，要签订 WTO 的多边的一揽子协议，其中就包括了和贸易有关的知识产权协议。在这方面我们面临着很尖锐的挑战，有两组数字可以表明这种情况。第一组数字是各个国家在高技术领域对专利的占有情况。比如，在生物工程领域，美国拥有世界专利总量的 59%，欧洲拥有 19%，日本拥有 17%，而包括中国在内的其他国家仅仅拥有 5%。在药物领域，美国拥有 51% 的专利，欧洲为 33%，日本为 12%，包括中国在内的其他国家仅仅拥有 4%。从这里面我们可以看到，我们在高技术产业发展当中所面临的严峻的挑战。第二组数字是外国公司在中国抢注专利的情况。根据统计，在信息通信、航空、航天、医药、制造、新材料等领域中，国外公司发明专利的占有量大约为 60%～90%。这两组数据就说明，如果我们要发展自己的高新技术产业，就必须跨过国外所设置的专利壁垒。特别是在高科技产业方面，我们面临着更为艰巨的任务。

实施专利战略，强化知识产权管理。随着 WTO 的《与贸易有关的知识产权协议》的实施，我国在知识产权保护方面将面临严峻挑战。从总体上看，我们不仅要

提高保护知识产权的意识,更重要的是要提高知识产权的创造、保护和运用能力。为此,科技部将与国家知识产权局①密切合作,大力实施专利战略。一是建立运用知识产权制度促进科技创新的利益激励机制。全面贯彻落实《专利法》中关于"职务发明创造申请专利的权利属于该单位,专利被批准后,单位为该专利权人"的规定,强化国家科技计划项目承担单位保护和管理自主知识产权的责任。二是发挥知识产权在科技管理中的导向作用,建立并强化科技评价体系中的知识产权比重。国家科技计划项目立项前都要进行国内外知识产权状况分析,"863"计划、科技攻关等重大计划项目应以发明专利的获得作为立项目标和验收指标。三是在科技计划项目管理经费中设立专门经费,用于支持申请国内外发明专利,并对专利维持费用给予适当补助。四是积极配合国家知识产权局,加快对重大科技计划项目中的发明创造申请专利的审批速度,促使其尽快形成市场竞争力。

三、加强技术壁垒研究,尽快建立我们的技术标准体系

　　WTO有一个技术壁垒协议。技术壁垒协议允许各个国家合理地运用技术规章标准和合格评定程序,来保证进口产品的质量,发达国家凭借自己的技术优势不断设置专利技术壁垒,来封锁其他国家特别是发展中国家的进口。现在,我们的许多企业已感到技术壁垒包括环境或绿色壁垒这些东西确实非常厉害。大家知道,日本的农产品价格很高,为了阻挡其他国家农产品进口,他就规定了非常严格的标准,比如,像稻米的进口,他就制定了114种标准,不符合标准就免进。欧洲为了限制中国的肉类进口,现在提出"氯霉素超标",烧掉了我们大量出口的肉类。实际上包括德国和法国的检验局都说中国的氯霉素超标不影响健康,但是它不但不让你进口而且还要烧掉。前一段时间,欧盟制定了一个标准,限制中国的打火机进口。中国温州的打火机价格很便宜质量也很好,占领了世界70%的市场,欧盟就提出来,低于2欧元的打火机要加上一个安全装置,免得孩子打开,把房子烧着。但是大家知道,要加上这个安全装置就要买他的安全专利,价格就要提升,从而没有办法再和其他的打火机竞争。应该讲这是很不公平的,表面上仅仅是针对2欧元以下的打火机,实际上是不让你中国的打火机进来,所以技术标准的竞争是一个非常尖锐的竞争。而我们国家在这方面确实是有大量的工作要做。因为我们缺乏自己的标准,很多是参照国际标准,所以没有办法阻止人家进口,而人家可以制定很多特殊的标准以环境、人身安全为由来限制你的进口。

　　标准的竞争已经成为非常尖锐的竞争。所以有的同志讲,现在的情况是:三流的企业卖产品,二流的企业卖技术,一流的企业卖专利,超一流的企业卖标准。我

---

① 即中华人民共和国国家知识产权局,简称国家知识产权局。

们国家在标准方面特别是在高技术标准当中确实还距离很远。现在做得比较好的是通信，第三代移动通信现在在国际上一共有三个标准，即 CDMA2000、W-CDMA，还有一个 TD-SCDMA，第三个被国际认可的标准是我国一些企业和院所与跨国企业联合开发出来的，有我们的自主知识产权，我们在其中注册了 92 项发明专利，这就意味着一旦第三代移动通信大规模进入市场，我们有可能有自己很大的市场份额。谁要做，谁就要买这些专利。所以，专利的竞争实际上已经成为在应用技术开发竞争当中的一个焦点。

实施技术标准战略，关键是要建立我国的技术标准体系。当今世界，谁掌握了标准的制定权，谁就在一定程度上掌握了技术和经济竞争的主动权。发达国家利用其在国际标准化机构中的领导权，尽可能将有利于本国的技术法规、技术标准及检测方法纳入国际标准。目前，我国的技术法规和技术标准滞后，至今尚未形成统一的认证体系，这在国际竞争环境下将会不可避免地受制于人。为此，我们将重点采取以下措施：一是加强国际标准化总体发展动态和我国标准化发展战略研究，尽快研究建立既符合世贸规则，具有国际先进水平，又能保护本国利益的国家技术标准体系。二是调整现有科研机构设置，支持有关部门建设国家标准技术研究机构及相应的人才队伍。三是增加技术标准研究投入，并把建立技术标准作为国家科技项目的重要内容和考核目标。重点支持包括信息、生物、电动汽车等战略性高新技术产业标准研究；加强中药、中文信息处理等我国有相对优势的领域的标准和计量检测手段研究。四是积极参与国际标准的制定及相关活动，争取在国际标准化领域获得更多的发言权。

科技部在 12 个重大专项当中，设立了一个重大标准专项，集中解决两个问题，一是在高技术领域标准的制定，例如我刚提到的第三代移动通信标准，类似的标准我们也要尽快地制定，争取在国际竞争当中取得优势。二是在中国有优势的领域，例如中药，这些国际标准有些已经被国外抢注，我们要抓紧做好工作。更重要的是建立国家的技术标准体系。总而言之，技术标准问题已经成为国家间经济竞争、包括科技竞争中一个重要的内容，我们必须在这方面有所作为。

实施重大科技专项，提升国家竞争能力[①]

(2002年7月30日)

重大专项是为了实现国家目标，通过核心技术突破和资源集成，在一定时间内完成的重大战略产品、关键共性技术和重大工程。本文阐明了我国实施重大专项的重大意义，在总结分析"十五"国家科技专项成就经验，以及存在问题的基础上，指出了今后我国在实施重大科技专项中应把握的重点。

一、实施重大科技专项的意义

美国、欧洲、日本、韩国等都把围绕国家目标组织实施重大专项计划作为提高国家竞争力的重要措施。历史上，我国以"两弹一星"、载人航天、杂交水稻等为代表的若干重大项目的实施，对整体提升综合国力起到了至关重要的作用。今天，我们实施重大科技专项对于提高国家竞争力、实现跨越式发展仍具有重要意义。

（一）调整经济结构的重要举措

重大科技专项是在我国加入WTO的大背景下提出的。我国加入WTO意味着将在更大范围和更深程度上参与经济全球化，必将对我国经济、社会、科技等产生深远的影响。一方面，在贸易全球化的条件下，我国可以更便利地分享世界范围内科技进步的成果，以加速产业结构调整，提高我国经济的国际竞争力。另一方面，我国必须调整科技发展战略和政策，以适应WTO一揽子多边协议（如《补贴与反补贴协议》、《贸易技术壁垒协议》、《与贸易有关的知识产权协议》及《信息技术协议》）的要求。总之，我国一些产业面临的严峻挑战，将大大刺激对科技的需求；同时，政府对产业补贴方式的调整，也给科技发展带来了空前机遇。

进入WTO后，我国科技发展战略必须做出相应的调整。一是要加大对科技的支持。按照WTO《补贴与反补贴措施协议》，政府必须减少对产业的直接补贴，通

[①] 根据2002年7月30日在"十五"国家重大科技专项工作会议上的讲话和2003年12月30日重大科技专项进展汇报整理而成。

过加大对科技的支持,特别是对基础研究、前沿高技术研究及其他竞争前技术研究与发展活动的支持("绿灯"条款),提高产业的市场竞争能力;对农业的补贴也需充分利用WTO《农业协定》中的"绿箱"政策,加大对农业科技研究开发及科技服务的支持。二是充分利用加入WTO后的过渡时期,抓紧时间,对一些关系国民经济和社会发展的重要领域,集中人力、财力,加强重大关键技术的研究开发及产业化,以面对过渡期结束后市场更加开放的挑战。三是认真应对外国公司在中国抢注专利的状况,将技术发展中着重跟踪的战略调整为突出创新、实现跨越。其基本思路是:以突出原始性创新,实现技术跨越为途径;以技术集成创新,开发新产品、建立新产业为目标;集中力量,突出重点,充分调动部门、地方、企业的积极性,合理配置科技资源,选择实施一批重大科技专项,迅速抢占一批21世纪科技制高点,力争3~5年取得重大技术突破和产业化。

(二)科技计划管理改革与创新的重大措施

核心竞争力的形成过程不仅是一个创新过程,更是一个组织过程。各种单项或分散的技术成果得到集成,其创新性和由此确立的企业竞争优势,给国家科技创新能力带来的意义将远远超过单项技术的突破。所以,应当注意技术的集成创新,注意实现以产品和产业为中心的各种技术集成。

根据当前新的形势,科技计划在组织形式、管理模式等方面要做出相应的改革和调整,科技计划管理体系的改革势在必行。"十五"期间,科技部在进一步加强新的国家科技计划体系,也就是"3+2体系"建设的基础上,通过三大主体计划,在关系国民经济和社会发展的战略性领域,集成资源,集中力量,以重大专项的实施为突破口,推动科技计划从注重单项创新转变到更加强调各种技术的集成,强调在集成的基础上形成有竞争力的产品和产业,尽快提高我国重点领域的国际竞争力。通过重大科技专项的实施,将为我国科技计划管理的改革、内容设置和操作模式提供有益的探索,提高在市场经济条件下,政府组织在重大战略技术方面集成创新的能力。

二、"十五"重大科技专项的基本考虑和确定

重大专项将充分发挥社会主义制度集中力量办大事的优势和市场机制的作用,力争在关键领域取得突破,努力实现以科技发展的局部跃升带动生产力的跨越式发展,并填补国家战略空白。"十五"期间围绕发展高新技术产业、促进传统产业升级、解决国民经济发展的瓶颈问题、提高人民健康水平和保障国家安全等方面,确定了一批重大专项。

(一)实施重大科技专项的基本考虑

应对上述挑战,我国科技发展战略必须做出相应调整,需要以大战略应对大趋

势，从国家层面上采取战略性应对措施，以加强和提升入世后的科技竞争力和产业竞争力，同时，增强我国科技创新的实力和能力。为此，我们应积极组织实施若干重大科技专项，提高重点科技领域的国际竞争力。一是从战略措施层面上应对加入WTO带来的挑战，落实"人才、专利、技术标准"三大战略；二是利用入世后的过渡时期，争取抢占一批21世纪科技制高点，力争短时期内在若干领域取得重大技术突破并为后续产业化奠定一定的技术基础；三是围绕国家发展战略目标，重点解决一些制约当前国民经济发展中的重大科技问题，为国民经济结构战略性调整和入世后可能带来的挑战和冲击提供现实的技术支撑；四是入世后的科技工作在支撑经济增长的同时，还要高度关注社会发展中的重大问题，强化对社会公益性、共性技术研究的投入和支持；五是探索在社会主义市场经济条件下科技管理的新模式，特别是探索集中力量办大事的机制。

（二）十二个重大专项的选择

根据国际国内经济、科技形势的发展需要，科技部在经过认真调研论证和充分听取各方面意见的基础上，经国家科技教育领导小组第十次会议同意，在"十五"期间重点组织实施12个重大科技专项。具体部署是：在抢占21世纪科技制高点方面，安排了"电动汽车"、"功能基因组和生物芯片"、"磁悬浮"等专项；在解决当前制约国民经济发展的重大科技问题方面，安排了"电子政务"、"超大规模集成电路与软件"、"农产品深加工与设备研究开发"、"奶业发展"等专项；在社会协调发展方面，安排了"创新药物和中药现代化"、"食品安全"、"现代节水农业"、"水污染治理"及"重要技术标准研究"等专项。重大专项将以提升核心产品和新兴产业的竞争力为中心，在大幅度增加国家投入力度的同时，集成国家、地方、企业、高校、科研院所等各方面的力量，力争在3～5年内取得重大技术突破和实现产业化。12个重大专项的实施，得到了社会各界的广泛关注和支持。这12个重大科技专项，预计总投入近200亿元，其中国家财政拨款达60多亿元，部门、地方和企业配套经费近140亿元。

三、"十五"重大专项实施取得的主要经验

重大科技专项的成功实施说明，在社会主义市场经济条件下，科技工作只要真正做到集中力量、集成资源是可以办成大事的。主要经验包括以下几方面。

（一）瞄准国家目标，加强部门协作和项目管理

1. 体现国家战略目标

重大专项的实施，根据国家发展需要和实施条件的成熟程度，逐项论证启动。

同时，根据国家战略需求和发展形势的变化，对重大专项进行动态调整，分步实施。对于以战略产品为目标的重大专项，要充分发挥企业在研究开发和投入中的主体作用，以重大装备的研究开发作为企业技术创新的切入点，更有效地利用市场机制配置科技资源，国家的引导性投入主要用于关键核心技术的攻关。

2. 加强部门协作

在重大专项的组织上，大力促进和实现中央各部门之间的联合、中央和地方的结合，以及各大科研计划资源的集成配置。在实施上，努力采取政府引导和市场推动相结合的方式，推进以企业为主体的创新和投入模式，建立竞争和滚动调整机制；在管理上，引入公开、公平、公正的招投标方式确定承担单位，实现产、学、研结合和技术创新、体制创新结合，以专项凝聚人才和队伍。

3. 加强项目管理

在重大专项的实施和管理中，一是加强对重大专项的过程管理，进一步强化责任制，加强跟踪与监督，确保各项工作的落实和按计划进行。二是加强对专项成果产业化政策的研究，为专项的产业化创造良好的环境和条件。今年将以电动汽车和创新药物与中药现代化两个专项为试点，从国家宏观层面研究提出不同专项推进产业化的配套政策和措施，以促进专项成果的转化和产业化工作。三是加强对专项的成果和知识产权管理，强化和促进技术创新，研究并制定重大专项成果和知识产权的管理措施和办法，鼓励并加强对专项创新成果的知识产权保护，强化开放意识，促进专项的仪器设备和数据的共享。四是注重在实施过程中及时发现有重大创新和突破的苗头，加大力度、集成资源，力争在影响我国竞争力的核心技术和重大产品上有新的突破。

（二）发挥企业的创新主体作用

随着市场经济体制的逐步确立和完善，要解决好技术与经济脱节的问题，必须从体制和机制上进行改革。要加大企业的参与力度，建立以企业为主体的科技创新和投入体系，使得研究开发从一开始就真正面向市场、面向应用。在过去的几个五年计划中，已经有不少这方面的经验和教训。在研究开发方面，一定要坚持以企业为主体，这不仅仅是个理论问题，首先是个实践问题。过去有不少研究开发成果，不能说技术水平不高，但是不能够形成产品和产业。比如，成本很高，没有市场竞争能力；比如，只可以手工操作，不能实现规模化生产。这些"水平很高"的成果，实在可惜，浪费了很多研究人员的青春，其原因就在于缺乏明确的市场导向。正是考虑到科学技术发展和产业化的客观需要及其自身的发展规律，所以一定要强调在研究开发当中，以企业为主体。当然，这并不排除、也不会削弱研究院所和高等院校在创新中的作用，而是通过市场引导，更好地让研究人员在市场竞争中，为我国经济和社会发展作出贡献。因此，国家重大专项的实施必须高度注重企业的参与，要把鼓励企业参与专项的研究开发当作一项重要的措施抓紧、抓好。在这方面，要强调并注意以下一些问题。

1. 要避免形式主义

要真正地参与，而不是形式上的参与。有的研究所，因为政府有这个要求，就找一些企业，请他们参加到项目中来，实际上决定权仍在研究所和大学手里，企业只是点缀。以前还有这种情况，企业说没资金，于是项目申报方说，没关系，你名义上投资，我拿到经费就把钱返回给你。所以，必须强调，项目中企业的参与是为了更好地发挥研究院所和大学的作用，要从思想上认清这一点，不要将其作为一个负担，搞形式主义。要广泛地向企业宣传，吸收企业界的专家参与专项的论证、目标的确定。在组织实施方面，要让企业参与专项的攻关，做好招投标咨询、培训各个方面的服务；在制度设计上，要保证重大专项中面向产业化开发的项目要明确和落实企业牵头或参与，避免挂名或"拉郎配"的各种现象。

2. 要积极探索建立面向市场的激励机制，保证企业参与的积极性

可以通过中央支持一点、地方匹配一点、企业和社会投入一点来保证资金的落实，真正给予企业一定的经济利益；通过采取成果产权共享等多种形式，联合或组织企业参与专项的攻关；往往只有一家企业参与专项时，有可能成功，也有可能不成功，风险较大；又因为我国的企业往往规模比较小、技术力量也比较薄弱，所以可以组织多个企业共同参与，分享知识产权，将来根据自己的优势和特色分别面向市场开发不同类型的产品。美国的电动汽车就是这种支持方式。政府支持几家大的汽车企业共同参与，在基本的技术平台上，大家分享专利，然后根据各自的特长来发展不同类型的电动汽车。在开发第三代移动通信技术时，大唐、华为、中兴等公司也是这样共同来做的，不同的企业发展不同的技术体系，共同分享所获得的专利。在这方面，专家应当做出探索，能够更好地让获得的专利真正成为促进我国整个产业发展的技术。

3. 要加强对企业参与的考核和监督，以保障专项目标的顺利实施，保障企业在参与专项工作中获得真正的"实惠"

要通过有效的考核和监督，保证企业必须要有实质性的利益关系，有投入、有相应的合同作保证，有严格的财务管理措施。要重点做好产业化的衔接，保证产业化资金的落实、到位，解决好利益共享机制，对所产生的知识产权和标准进行必要的推广和应用。地方科技主管部门要积极主动地承担起监督的责任，以确保企业参与重大专项实施的效果。

(三)调动社会各方面的积极性

调动社会各方面的参与，组织起浩浩荡荡的科技大军，形成科技工作万马奔腾的局面，这是科技工作也是重大专项的一个重要任务。能否调动社会各界来参与，是关系到重大专项能否顺利完成的关键，各级科技管理部门务必高度重视这一问题。

1. 要充分发挥地方和部门从事科技工作的积极性

地方和部门科技工作是国家科技工作的重要组成部分，在国家创新体系中占有重要地位。12个重大专项很多是跨行业、跨地区、跨学科的，涉及方方面面，是一个系统工程，仅仅靠某个部门或某个单位，不易实现目标，必须取得各方面的支持。目前，各专项都已经或将成立跨部门（地区）的协调领导小组，就是要加强各个方面的联动和协调，建立共同推进的机制。为了发挥部门和地方的作用，鼓励地方（部门）牵头组织有关项目的实施，并加强对专项的配套投入，切实加强科技资源的集成与整合。将专项的日常组织管理工作原则上交由相关部门或地方政府负责，希望组织部门调动和集成本部门和本地区的相关资源共同推进专项的实施；希望参与专项的地方尤其是要在促进专项成果的产业化方面，组织好本地区的企业参与实施，并提供必要的配套保障措施。要紧紧抓住重大专项实施的难得机遇，将地方和行业的科技工作落到实处，上下联动、共同推进，进一步调动和发挥地方和部门的积极性，优化全国的科技资源配置，形成科技工作万马奔腾的新局面。

2. 要积极调动广大科技人员的积极性、创造性

20世纪80年代以来，通过"863"计划、攻关等一系列科技计划的实施，也取得了一批高水平的科研成果。这一系列成果的取得，都离不开广大科技人员的共同努力和辛勤劳动。通过这些年的努力，已经培养和造就了一支能拼善战的科技大军，如何充分挖掘这支大军的潜力，充分调动其积极性，是实施重大科技专项，开展科技工作的成败的关键。在专项实施过程中，要采取切实有效的措施，如明确项目知识产权归属关系、转移方式、技术入股和期权等利益共享机制，来调动广大科技人员参与专项的积极性。要引导更多的科技人员进入市场创新创业，促进科研机构形成开放、流动、竞争的局面，以充分发挥各类人才的积极性和创造性。

(四)发挥机制创新的活力

机制创新，就是与时俱进，因时、因地、因人的特殊性，根据项目实施的需要，自觉地进行体制上的调整。目前，我国正处在从计划经济向市场经济转轨的过程中，处在科学技术高速发展的过程中，如果科技体制、机制不随形势变化作相应调整，工作就很难适应科技创新的特点，可能做了很大努力，结果事倍功半，甚至

做不成事情。有几个方面的问题需要引起大家的重视。

1. 要建立和完善高效、公平的竞争机制与滚动机制，营造专项实施的良好环境

建立和完善高效、公平的竞争机制与滚动机制，是保障重大专项目标实施的关键，也是营造专项实施良好环境的必要手段。科学家要避免部门的局限性，这是最突出的问题。现在所从事的事业之伟大，是部门的利益、大学的利益、院所的利益无法相比的。一定要从事业出发，建立一个公平、公正、竞争的机制。这是科技事业的基本保障。科学家要高瞻远瞩，从大局、从全局出发，切实把项目的公平、公正的机制建立好。同时，还要建立滚动、调整的机制，根据形势发展的需要，把一些新出现的重大问题纳入专项，对于不合适的项目及时予以调整，建立起快速吸纳创新成果和人才的滚动机制。这对于当前科学技术发展也是非常重要的，5年的时间的确太长，其间的变化不可想象，如果总是根据5年前的决定办事，不根据形势和条件的变化进行调整，那么项目很可能就做不好，甚至会失败。

2. 要建立和完善有效的评价与监督机制

要采取措施，对专项实施全过程进行公开、公平、公正的评价和监督，科技部正在制定有关规定。

3. 要建立合作与开放机制

要建立交流、沟通和开放的机制，拓展视野，使研究处在一个更高的起点。特别是要形成一个探索求真、开放活跃、竞争合作的科学研究氛围，形成有利于孕育重大创新思想、产生重大技术突破的良好学术环境。

"十五"期间中国科技发展战略思路的调整[①]

(2002年8月30日)

我国在"九五"期间科技事业得到较快的发展,在科技进步和科技进步推动经济和社会发展方面取得了进展,但也还存在着一些有待解决的矛盾和问题,包括原始性科技创新能力和集成创新能力不足;科技工作对于调整经济结构、改造传统产业和培养新兴产业的带动作用发挥不够;全社会科技力量的协调运作和有限科技资源的整合有待加强等。这些问题有的是多年来形成的,也有的是在改革和发展过程中新出现的,带有一定的全局性,针对这些问题,未来一个时期科技工作发展的思路,将做出必要的调整。

一、调整科技创新战略的指导思想,加强原始性创新,力争实现科学技术发展的跨越[②]

改革开放以来,我国在加强原始性创新方面做了许多工作,取得了不少成绩和进步,但是和国外相比,差距显然较大。我国已经连续4年国家自然科学一等奖和国家技术发明奖一等奖空缺;在产业技术领域,我国的发明专利数量只有日本和美国的近1/30,韩国的1/4,特别是高技术领域的发明专利,大部分或者绝大部分为跨国公司所有。原始性创新不足的问题已经成为需要整个科技界给予高度重视的问题。如果不能够及时解决,必然影响到我国未来的发展。

原始性创新不足的原因是多方面的,其中指导思想上一个值得注意的问题是,在产业技术和高技术发展中,我们主要立足于跟踪当前的国际先进水平,也就是做外国人已经做过的工作。今天,面对经济全球化的挑战,特别是面对加入WTO的挑战,我们必须调整这种以跟踪和模仿为主的发展思路。因为长期以来,跨国公司通过抢注专利,特别是高技术领域的专利,设置了重重的专利壁垒。如果我们仅仅

[①] 2002年8月30日在首届中国科学家论坛上的报告(节选),全文刊发于《求是》杂志2002年第13期。
[②] 2003年1月6日在全国科技工作会议上,作者在大会报告中将这一观点进一步表达为"努力实现科技发展向以自主创新为主的重大转变"。

跟踪国外的技术，就很难在这种基础上形成自己的专利；如果一味地要在这种技术基础上发展产业，就会在专利问题上和跨国公司产生诸多的法律纠纷。在这种条件下，即使有再多再好的成果，再接近国际水平，也很难形成新的产业。所以，从观念上我们要有一个改变，就是横下一条心来，强调要创新、要跨越，要走在他人的前面。

（一）要树立民族自信心，相信我们的民族，我们的科学家可以做外国人没有做过的事情

我们经常总结"两弹一星"的经验，首先是发挥了社会主义制度集中力量办大事的优势，这很重要；但同样重要的是，在研制"两弹一星"中，中国科学家表现出的高度的民族自信心，必胜的勇气和魄力。今天大家谈"两弹一星"已司空见惯，习以为常，但是回到40多年前20世纪的五六十年代，在当时我国经济和科技十分落后的发展水平下，我们的科学家有这样的勇气来研究开发"两弹一星"，想起来是何等不易！今天，我们非常需要发扬这种精神。我国现在的条件已经有了很大的改善，经济、科技、教育各个方面都有了很大的发展，我们完全有条件能够把原始性创新工作做得更好，能够把前人，把外国人没有做的事情做得更好。

（二）要鼓励探索，宽容失败

在这方面，我确实感到了我们和发达国家的差距。我举科技成果鉴定的例子来说明，大家知道，我们现在鉴定科研成果时，评价结果最低也是国内先进水平，再就是国际先进、国际领先水平，几乎没有遇到过哪个项目失败。这本身就不符合科学技术探索的客观规律。因为既然是探索，就意味着有可能失败。为什么会出现这种情况呢？原因很多，有学风的问题，也有评估体制和方法的问题，等等。但是更重要的，就是我们的管理人员、科研人员在选定和评审项目的时候，往往习惯于选定国外已经做过的工作，跟踪人家做过的工作，因为这些工作成功的把握比较大。但是，如果长期满足于此，将十分不利于科学技术的发展。所以，加强原始性创新必须鼓励冒必要的风险，宽容可能的失败。对一些有新想法、有争议的项目，一些多学科交叉的项目，要给予更多的机会。

（三）要重视对非共识项目、多学科交叉的项目的支持

现在有些项目，往往因为意见分歧被搁置。科技创新在初始阶段有争议是非常正常的，如果仅仅因为争议而被搁置，往往会丧失掉众多原始性创新的机会。如果等到大家意见都一致，或者多数人的意见都一致的时候再做，往往已经失掉了创新的机遇和市场的机遇。当今高新技术时代，"胜者全得"是市场竞争的客观规律。谁在技术上领先，谁就有可能在市场竞争中占领大的份额。从这个意义上说，和决策失误相比，不决策将是最大的失误。所以，我们的科技领导人和科学家面对创新

中的意见分歧，一定要在调查研究的基础上，敢于做出决策，敢于承担责任。总之，在鼓励原始性创新方面，我们有大量的工作要做，要从观念和制度上加以保证，使国家原始性创新能力能够有比较大的改善和提高。

二、调整科技创新的管理体制，牢固树立以人为本的价值观

人才问题，特别是尖子人才对于创新的极端重要性无论怎么估计都不过分。面对当今日趋激烈的国际性人才竞争，我们必须要改变重物轻人的观念，把"以人为本"体现到我们的各项工作中去。

贯彻"以人为本"的精神，一是要以充分发挥各类人才的积极性和创造性为目标，深化科技体制改革，引导更多的科技人员进入市场创新创业和促进科研机构形成开放、流动、竞争的新局面。二是着力于营造有利于科学家成长的良好环境和条件，包括通过科技公共基础设施建设、科学数据共享、科学资料提供等多种方式，为各类人才特别是那些"小人物"的创新活动给予公平的对待，发现和培养人才。三是继续推进管理机制改革，针对科学探索和技术创新的不同特点建立相应的评价体系和激励机制。四是大力弘扬科学精神，鼓励学术争鸣，保护不同意见，对青年人才给予更多的关心，不要求全责备。总而言之，在人才的问题上，政府的主要作用不是单纯选拔拔尖人才，而是要构建创新环境、完善创新服务和营造创新文化。

三、要调整科技创新的工作方针，下决心做到 "有所为，有所不为"，集中力量办大事

我们在科学技术发展当中，存在着急于求成的倾向。大家的愿望都是好的，都愿意多为国家做些事情。但是因为想做的事情太多，有限的经费就非常分散，导致每个项目的经费都不够、都做不好。另外，从中央到地方也存在着项目重复现象，不同的部门之间，中央和地方之间，地方和地方之间，很多项目重叠，有时候出现了一哄而上的"橄榄球效应"，造成了很大的浪费。因此，科技管理部门，一定要有效地集成全国资源，从中央到地方形成合力，集中力量做几件大事，而且下决心要把它做好。所以，在新的五年计划中，准备采取两个措施。一方面，要以产品或者新兴产业为中心开展一批重大专项，把国家的科技力量和资源集中起来，办几件大事。另一方面，考虑到技术路线的多样性和技术开发的高风险，可以把一些创新性强的项目适当分散；有些项目可以两三家在启动阶段同时做，用少量资金支持来发现和凝聚创新的起点，在这个基础上，形成新的支持重点。

根据这样一个指导思想，我们选择了超大规模集成电路和软件、电动汽车、信息安全和电子政务、电子金融、功能基因组和生物芯片、奶业发展、创新药物和中药现代化等一共12个重大关键技术，以科技专项实施。科技部准备支出55亿元资

金与企业、地方的投入结合起来，在一些重大的产业技术方面加大力度，力争实现突破，形成产业。

四、调整科技创新模式，更加强调各种技术的集成，努力形成有竞争力的产品和产业

长期以来，很多科技计划比较注重单项技术，这是技术开发初级阶段的必然过程。今后我们还要继续做好单项技术开发的基本功。但从科技和经济结合的内在要求来看，单项技术的研究开发往往因为缺乏明确的市场导向，缺乏和其他相关技术的衔接，很难形成有市场竞争力的产品或者新兴产业。所以，往往鉴定之日也就是这项技术活动的终结之时。事实上，核心竞争力的形成，不仅仅是一个技术创新过程，而且是一个组织过程。要使各种单项分散的相关技术成果得到集成，其创新性和由此而确立的企业竞争优势和国家科技创新能力增长的意义，远远超过了单项技术的突破。所以，我们也应当注重技术的集成创新，注重以产品或产业为中心，实现各种技术的集成。任何层次上的科技计划，都不应当仅仅只是分配资源，更主要的是要按照既定的目标组织和集成资源。否则，我们许多技术和成果就无法实现它应有的价值。在"十五"计划实施当中，我们就调整并贯彻这样一个思想：一些重大专项以技术集成为主线，以产品或产业为研究开发的中心。当然，强调技术集成就意味着事事并不是都要自己干，我们还是要按照最优市场竞争力的原则，来集成包括从市场上可以买到的技术。但是核心问题在于关键技术要掌握在我们手里，而且关键技术特别是战略高技术，我们永远是买不到的，必须要依靠我们自己的力量获得。

五、调整科技创新的政策对象，在注重科研院所的同时，更加强调调动和组织全社会的科技力量

随着科教兴国战略的深入人心，全社会关注和重视科技的程度在不断地增强。今天的科技工作，早已不只是科学家们深居斗室的冥思苦想，而是成为众多社会群体的自觉行为和价值取向。

地方科技工作在整个国家创新体系当中，承担着越来越重的使命。改革开放以来，地方的经济实力不断增强，对科技的需求非常迫切，并且和经济发展的结合比较紧密。地方政府对加强区域科技创新也更加重视。这就要求我们必须从宏观上加强对地方科技工作的指导和支持，促进地方科技资源的优化配置。比如，仅科技投入一项，地方的投入就可能超过中央财政的科技投入。

高等学校是科学技术知识生产的主体之一。高校具有能激发创新思维的独特人文环境，大跨度的学科间交叉、渗透，以及数量巨大、源源不断地脱颖而出的创新

人才，使其在探索性较强的基础科学和前沿高技术研究方面往往具有独特的优势。实践证明，高等学校已经成为我国创新体系的最重要的组成部分之一。实现科技与教育的紧密结合，对于我国科技事业的持续发展具有重要的意义，充分认识和发挥高等学校的作用，是科技管理部门的重要任务。

企业是技术创新的主体。近年来，国有大中型企业技术创新能力不断提高，一大批中小型科技企业迅速崛起，使我国科技开发力量的总体格局正在发生深刻变化。确立企业在技术创新中的主体地位，是国家创新体系建设的内在要求。部门也好，地方也好，高校也好，在应用技术的研发过程当中，必须要坚持企业是创新主体的原则，认真地支持企业的技术创新活动，这将最终影响我国经济和社会的发展。

总之，科技管理部门在继续发挥科研院所作用的同时，当前要更加注重发挥过去我们注意不够的省（自治区、直辖市）、高校和企业的作用。我们希望，通过调动地方、高校、企业及全社会力量投入科技工作，进一步组织起浩浩荡荡的科技大军，形成科技工作万马奔腾的良好局面。

加强集成创新能力建设[①]

(2002年12月8日)

继前贤精华，站巨人肩膀，集众学所长，成就新的知识和发明创造，自古以来就是学术领域吐旧纳新的规范，也是科技创新的基本方式和路径。当前，面对迅速膨胀中的知识体系和日趋激烈的全球产业竞争，加快我国的科技创新步伐，从来没有像今天这样紧迫和必要。系统集成是实现知识更新，应用新技术、生产新产品的有效途径。强化集成创新，提高面向全球市场的竞争能力，是各类创新机构必须认真面对的一个重要课题。

一、集成创新已经成为增强国家竞争力的重要手段

科技知识体系迅速膨胀，使科学知识及方法的集成既有强大的基础，也相应增加了难度。知识的汇集成就了今天庞杂繁复的知识体系，但知识的进一步发展绝不仅仅是将各门类的知识简单加总，而是系统的集成，更深入地开发，更高难度的创造。

各学科、各技术领域相互渗透、交叉和融合，既为集成创新提供了渠道，也增加了系统集成的复杂性。最近几十年来，科学的发展越来越依赖多种学科的综合、渗透和交叉，集成创新的方法越来越常规化、模式化。针对某一类对象，集中各方面的知识方法，解决一系列的具体问题，导致了许多跨学科、综合性学科的出现。

全球化进程促使集成创新成为当代技术开发、转移、应用的重要方式，研究者可以通过互联网搜集各方面的公共信息，通过软件对信息集成加工。互联网不仅给知识的集成和再创新带来了海量处理能力的变化，更带来了本质的变化。科技全球化已成为发达国家争夺产品市场和创新资源、开展全球竞争的新形式。发达国家不仅具有知识累积的优势，不仅具有信息基础设施的优势，还具有更强的知识或技术集成手段的优势。但我们也应看到，研究和开发的国际化有可能成为一个机遇，因

[①] 2002年12月8日（收稿日期）为《中国软科学》杂志2002年第12期"集成创新"专刊撰写的开篇稿。

为随着知识、技术的国际化，发展中国家可以利用知识的外部性、研发的外溢效果，以及技术扩散和人才的流动，加速自身的知识积累和提高局部的科技实力，其中集成创新是非常有效的途径。

集成创新方式日益多样化。集多项常规的技术改进可成就一项重大的创新，如莱特兄弟发明的飞机就是将汽车的发动机与几项特殊结构的机械组合在一起。集一项原始性创新，结合多项常规的技术改进，会给众多产品及产业带来天翻地覆的变化，如晶体管带给消费电子产品的创新，微处理器带给计算机的创新，未来的纳米类器件、生物芯片、电动汽车、磁悬浮轨道交通系统莫不如此。

二、努力提高集成创新能力

加强集成创新能力建设，科技人员、创新创业者及各类创新机构应在几个方面做到有所转变或提高。

1. 增强集成创新的意识

首先应提高对集成创新在当代创新创业活动中的作用的认识。广大科技人员、创新创业者，各类创新机构都应把全球科技资源及市场上可获得的各种创新资源作为组织集成创新的出发点。加强跨学科、跨专业的学习、培训。鼓励大跨度的学科或专业交叉和综合。

2. 提高集成创新的设计能力

拼凑及简单的组合都不等于集成。彭加勒认为："科学是由事实组成的，但科学并非只是事实的堆积，正如房屋不是砖头的堆积一样。"从中我们不难体会到，整体设计是系统集成的灵魂，在集成创新能力的建设中起着关键作用。设计同研究开发一样，也是创造性活动。加强集成创新能力建设，一定要把提高整体及长远构思、顶层设计、结构优化等能力作为关键内容抓紧、抓好，各类创新机构都应注重培育一批专业系统组织、设计的顶尖人才。

3. 提高集成创新的组织能力

集成创新不单是把一些要素组合起来，更重要的是要把各个有创新思想和素质的人为了共同的目标组织起来，使每个人都能运用组织的整体资源实现超出个人能力和局限的创造。所以，每个创新机构都应考虑用最好的信息手段集成整体资源和打造指挥系统；用最好的制度手段设计出能够因事而异，既有统一意志，又有个人心情舒畅的组织系统；而提供能够制定确保组织灵活性和人员流动性的制度，从而注重鼓励和促进制度创新，则是政府的一项主要任务。

4. 提高集成创新的普及程度

市场竞争中面向用户、加强服务的理念逐渐形成。这对技术的综合性应用提出了更高的要求，更加强调加强各种技术的集成，努力在集成创新的基础上形成有竞争力的产品和产业。因此，政府管理部门应更多地宣传、解析有影响的集成创新事例，包括技术产品事例、人才事例，普及集成创新的基本方式和方法，识别集成创新过程中的关键要素和环节。当前，面对信息化、全球化时代更应研究这个时代集成创新的特点规律，特别是要利用信息技术加强整体创新能力。

三、转变观念，加强集成创新能力建设

在这方面，要重视并处理好几方面的关系。

1. 经验积累和书本知识的关系

经验积累非常重要，必不可少，但现在看来，不少人对书本知识渠道重视不够。过去受发达国家的封锁，我国科技事业发展曾走过一个几乎是封闭发展的过程，也造成体制上的一些惯性：人员流动性和组织灵活性不强影响了很多人创新的视野。经验只能靠自我积累。现在有了开放的环境，面对国际上已经积累的经验和书本知识，我们要学会高起点地开发和利用，即对现代科技的发展模式，我们要重新认识、重新定位。这就需要我们边学习边集成，通过努力再内化为自身的知识积累、经验积累。对在世界范围内如何集成可利用的资源，特别是智力资源、技术成果，要认真地进行系统研究。

2. 原创性与拿来主义的关系

我们不放弃、不非难拿来主义，其前提是当然还要尊重国际惯例和有关法则。但作为我们政策的基点，更要突出和强化原创的科研活动。今天，我们有集成创新的意识和组织能力，加上激励创新的环境和机制，五千年的悠久中华文明和世界的先进科技都可以成为我们集成创新的资源。新一代的科技人员要有信心和能力，随时准备在集成的基础上开始更高水平的原始性创新。科技史告诉我们，原始性创新和集成创新是交织在一起的；经济史告诉我们，在市场经济条件下，激烈的竞争迫切要求每个国家、企业和研究机构都必须营造一个开放的创新体系，学会利用市场机制来获得知识和成果。这在当今的高科技条件下更是如此。但是一个国家或科技经济实体要想掌握自己的命运，那么它必须关注如何实现原始性创新，要有自己的集成能力和主要模式，能够走前人没有走过的道路。国家要在政策上、体制上、奖励导向上、资源配置和管理上向促进原创性活动的方向倾斜，并给予大力的支持。

3. 科技创新和制度创新的关系

技术变革往往会引发生产体制、管理体制的变革，但这种变革不是随着技术进步自动发生的。它需要从旧的制度中脱胎和蜕变出来。在科技成果产业化的不同阶段，技术因素和制度因素的作用都是动态的，越是到了产业化后期，就越是要吸纳更多的社会资源，制度和组织的因素就更重要。相对于科技创新，通过体制创新完成制度变革的变量会更多，也是更高水平和层次上的创新。很多事例告诉我们，集成创新就是靠组织和管理上的创新实现的。过去，科技界一谈科技创新往往有重技术、重项目、重资源、重硬件，轻制度、轻管理、轻组织、轻软件的倾向。加强集成创新，就是要根本扭转这些失之偏颇的倾向。

4. 个人创新和集体创新的关系

科技创新离不开人的智慧的充分发挥，当然也不排斥个人的重要作用。但在大科学、高技术时代，现代科研活动和创新实践更多的是团队协作的结果。所以，发扬集体主义和团队精神是提高创新效率的关键。中国受漫长的封建制度及其思想观念的影响，小生产的观念长期占主导地位。目前，中国的农村人口仍占主体，封建文化传统的残余根深蒂固，小生产的影响依然存在，无时无刻地渗透和影响着人们的观念创新，即使在一些高科技产业领域，我们也会看到小生产模式的影子。过去的计划体制、封闭环境所造成的研究机构的分散、重复，很容易诱发和滋长门户观念、小团体主义。其结果是，势必妨碍科学技术事业的健康发展。这是我们必须要改掉的。时代呼唤创新方面的团队精神、合作精神和宽容态度，呼唤带领团队创新成功的帅才、将才和领导人才。

科技创新与创新文化[①]

(2003 年 4 月 17 日)

由中国科学院研究生院举办的本次"中国科学家人文论坛",引起了科学界的广泛关注,体现了科学家们对当代科学人文精神的思考和探究。我认为,本次论坛有众多自然科学和社会科学学者、管理人士广泛参与,群策建言,将会促进自然科学与人文、社会科学更深入的交流,也一定会为我国新时期科技、教育乃至经济、社会发展提供很多很好的思想。借此机会,我就当前我国的创新战略与创新文化建设谈一些看法,求教于各位。

一、文化与科技创新的互动推动人类文明的演进

文化是科学技术进步的母体,是经济社会发展的先声。历史经验表明,文化影响着科技的生成、发展与传播,影响着创新的进程和结果。文化的进步必然包容当时的科技发展和创新成果。文化与科技创新的互动是近代文明演进的主旋律。当代的科技创新在与文化、经济和社会的互动中,扮演着越来越重要和主动的角色。

先进生产力的出现不以人的意志为转移,它总要寻找它的落脚点,而且往往在最适宜的文化环境里实现突破。一个社会的文化氛围不仅影响科技知识和成果的出现,更会影响到科学知识的传播,以及科技成果向现实的转化。工业化的历程告诉我们:越是创新活跃的地方,就越容易形成产业革命的广阔舞台,越容易形成创新集群,以及各类资源汇聚的经济中心;一旦创新活力丧失,就面临着在竞争中出局的危险。18 世纪以来,世界的科学中心和工业重心从英国转到德国,再到美国,表面上是地理位置的更替,实质上是创新能力强弱转换的结果,其中无不包含着深厚的文化根由。

英国是借助工业革命崛起的第一个国家。17~18 世纪,那里有较为宽松的宗教背景,有培根、莎士比亚等推波助澜的人文主义思潮,为牛顿、胡克、波义耳等科

[①] 2003 年 4 月 17 日在"中国科学家人文论坛"上的报告。

学家们进行自由的科学探索并提出有创见的理论提供了优越的环境。海上贸易的扩大使先进的市场意识、商贸手段大行其道，为纺织机、蒸汽机等技术的发明和产业化创造了有利条件。科学大师与企业家的竞相辈出，造就了英国当时的世界科学中心和产业贸易中心地位。但在此后，由于绝大多数科学探索活动封闭在皇家学会的小团体里，学术与生产相脱节，导致英国的科学及工业技术逐渐丧失了早期的领先优势。

德国的科学发展得益于马丁·路德的宗教改革和横扫欧洲的启蒙运动，以及康德、黑格尔等思想家对科学方法的总结和传播，也得益于歌德、席勒等领导的浪漫主义运动。在19世纪，德国科学家将大学教育与专业研究室结合起来，为学院文化注入了创新要素，大批青年人才有机会直接参与科学前沿的探索活动。这一模式催生了现代大学和研究开发机构，开辟了优化小环境、培养创新人才的先河。从这里走出的一大批人才成为德国崛起的重要力量。德国实现了先进的钢铁生产技术和生产体制的变革，促进了钢铁工业的发展；并在有机化学和煤化学研究方面有所超越，发展了合成化学工业，使之成为重要的出口工业，成为产业技术进步的突破口。1875年左右，世界科技中心由英国转移到德国。1895年前后，德国的经济总量超过了英国。但是科学的繁荣并不代表科学的强大，到后来，德国科学也饱受人种优异论、法西斯政治等极端主义的摧残，两次大战彻底改变了德国的命运和德国人的心态。

美国科技和经济的发展也是文化与创新互动的结果。美国是个移民国家，这决定了其文化的包容性，这是其文化促进创新的重要条件。开放性的移民文化为各种文化观念的撞击创造了条件；人们在竞争、迁徙中形成的实用主义思想观念，导致了更加重视策略、看重效果的行为模式。因此，以市场机制促进科技成果的产业化，探索管理机制的创新在美国都得到鼓励。20世纪初，许多技术发明并不是发生在美国，却在美国以最快的速度实现了产业化，如内燃机和电力的普及带动了美国经济的迅速发展。美国较早实现了规模化生产和科学管理，高生产率和便宜的商品是美国经济崛起于世界的有力武器。美国企业还较早地将研究开发机构纳入企业，并且成为企业的核心部门，解决了科研和生产的对接问题。在美国，"大科学"和开放式研究机构的形成，使科技与经济、政治、社会，特别是由于美国地位变化所带来的价值观的变化更密切地联系在一起。风险投资不管其源于何处，在美国可得到最快的发展，成功地实现了金融、投资和科技成果、人才的有效结合。第二次世界大战后至今，虽然不断受到其他工业化国家的挑战，但美国在主要高技术领域的领先地位仍然不可动摇。

从后进国家追赶并超越先进国家的事例中，我们可以看出这样一个共同的特点，即后发国家都是以科技进步为经济发展的动力。可这里同样也出现了"李约瑟式"的问题：为什么新的工业革命不是发生在初始科技和经济领先的国家而是在别的国度？我们还可以深入追问：同样是资本主义制度，为什么科技创新会有不同的结果？有很多学者对这类问题作了深入分析，众多结论都直指文化环境这一潜在的、深层次的因素。大家公认，现成的以及正在形成的文化可以从观念、制度、方法、习性、价值多个层面影响科学技术的发展，这种影响可能是积极的、正面的，也可能是消极的、起阻碍作用的。所以，一个社会越是希望科学技术健康发展，越是希望新的科技革命、产业革命走向成功，就越应该关注如何营造良好的、有利于创新的文化环境。

二、时代呼唤再造中国创新文化的辉煌

科技在中国的命运，是对创新与文化互动的一个最好的诠释。中华文明源远流长，文化的繁荣与起伏深刻影响着科技的发展，其中一些重大发现和发明深刻地影响了人类文明的进程，许多成就至今还令我们感慨和赞叹。特别是我们的先哲在认识自然现象中归纳整理出来的整体视角、辩证思维、因地制宜的认识方法等，不仅为我国天文学、医学、农学、工学等的发展提供了思想和方法基础，而且在今天仍然表现出令人叹为观止的后现代性。从先秦诸子的天人之辨，到汉代董仲舒的"天人合一"，再到宋明理学家的"万物一体"论，整体、和谐、统一的思维方式始终贯穿于中国古代思想史的全过程。传承数千年的中医药，正是得益于这一精深文化的滋养。当代科学已达到了一个分水岭，若要继续迅速进步，它们就必须统一起来，科学的融合可以开创一个新的复兴，这个复兴必须基于科学技术的整体观。这将意味着中国传统文化中的某些思维方式和价值取向，可能会重新获得其生命力。

不可否认的是，长期的封建帝制对人们的思想形成了强大禁锢，历代王朝对新兴产业和科技成果的出现也往往视而不见。同时，中国传统文化讲求中庸、偏重实用的思维习性，与近代科学执著于理性和实证探讨，追求启蒙，实现大众理想、人格自律的模式虽然在目标上不完全相悖，但却是很不一样的思想传统，影响了近代科学在中国的发生与传播。明代以后，当局者还以妄自尊大的观念、大一统体制推行闭关锁国政策，关闭了我国与世界交往的大门，中国与世界科技发展和工业革命失之交臂。正是因为在新科技知识和工业革命面前闭塞耳目、鲜有作为，造成了中国在工业文明发展中一直处于落后的局面，也饱尝到很多苦果。历史的教训令后人刻骨铭心，没齿难忘。

今天，我们又面临着历史性的重大机遇。越来越多的人已经预见到，科学技术发展日新月异，在未来30~50年里世界科学技术会出现重大原始性创新突破。信息科学和生命科学将是发展最迅速、影响最广泛的科学领域；信息技术、生物技术、空间技术、新材料技术、先进制造技术、洁净高效能源和环境技术等将不断取得新的突破；人类将继续拓展对宇宙空间、海洋、地球深部的研究探索，将更加注重人、自然、社会的协调发展；对物质世界本质的不懈探索和对数与形及其逻辑推演规律的研究，仍将是科学界最感兴趣的基本问题。未来科学技术很可能在信息科

学、生命科学、物质科学，以及脑与认知科学、地球与环境科学、数学与系统科学乃至社会科学之间的交叉领域形成新的科学前沿，发生新的突破。现代科学和技术所引发的重大原始性创新导致的生产力的根本变革，也必然导致全球生产关系的全面调整和利益格局的重新分配。这种高速的变革，使得先进国家不可能在所有的领域都能占据绝对的支配地位，后进国家不仅有后发优势，而且在某些领域还有可能具备不可替代的独特优势并产生突破。能否抓住这样的历史机遇，对于中华民族的复兴是一次历史性的挑战。

历史告诉我们，任何一个技术创新活跃的时代，无一例外都是伴随着人文创新的导引。比如，有了先秦诸子百家的学术争鸣，才有两汉农业文明的成熟；有了魏晋时代的思想解放，才有唐宋经济的繁荣；有了宋明理学和人性学说的矛盾冲撞，才有康乾盛世的歌舞升平。今天，突破传统文化中的相对僵化和保守，重构有利于创新的文化氛围，再造中国创新文化的辉煌，对于中国科学技术的健康发展，对于中国经济社会的持续繁荣，对于中华文明的传承与弘扬，都将具有极端重要的意义。

（一）树立"以人为本"的科学理念

与一般生产性活动最大的不同在于，创造性活动及创造性成果的出现，更多地体现了人们思想火花的迸发，这与文学、艺术等领域是相通的。特别是尖子人才在创新活动中具有不可替代的作用，往往一两个、两三个尖子人才的水平，就决定了一个研究集体在国际科技竞争中的位置。重大科技项目的成功，关键也在于对尖子人才的选拔和使用。特别是在当代创新活动中，人才的创造性意义和决定性作用更加突出。在国家层次上，这些年来我们常常谈到硅谷的创新，谈到美国雄厚的科技实力和综合国力，实质上支撑硅谷乃至美国经济社会发展的动力，很大程度上来自世界各国的无数尖子人才。据了解，全世界科技移民的40%被吸引到了美国，在全美国从事科学和工程项目工作的人员中有72%出生在发展中国家，目前仅在硅谷地区供职的中国科技人才就已超过10万人。2001年我曾经参加过我国一个科研项目的验收，这个项目取得了一批国际先进水平的成果，我们在感到欣喜的同时，也感到十分忧虑，因为参与这个项目的90%的博士已经到了国外。大家知道，项目的鉴定更多地意味着评论过去，而创造未来的很多人已经流失，项目的意义又何在？怎么能不令人感到痛惜！

认真分析我国人才流失的原因，我们不能不看到自身在管理理念上的落后，关键问题就在于重物轻人。国内一位电信领域的著名企业家对我说，有的同志十分关注国有资产的流失，但在他们的企业里，国有资产主要就是测试仪器和设备，几年以后因更新换代将会变得一文不值，真正宝贵的资产其实是企业内从事创新活动的人，却没有受到重视，以至于优秀人才大量流失！美国微软的员工只有1.6万人，公司的固定资产也就是计算机、服务器及一些房产，加起来不过几亿美元，但其市值已高达 700 多亿美元，其核心要素也就是拥有一批软件业的顶尖人才。因此，我们必须彻底转变"见物不见人"的观念，切实做到以人为本，把发现人才、培养人才、吸引人才和稳定人才，让人才的创造性得到最大程度的发挥，作为科技工作的主线。

（二）造就开放的科学环境

现代科学越来越趋向于复杂和综合，许多重大科学成就的取得，往往都是来自交叉和边缘学科。同时，科学与技术的互动，自然科学与社会科学的相互渗透，国家之间的科技交流与合作，都已成为当今科技发展的重要特征。因此，以合作与竞争互动为特征的科学家群体，已经成为当今科学研究的主导性力量。例如，大家熟知的美国桑塔费研究所，从事复杂科学研究的这一团队不仅包括著名的物理学家、数学家、生物学家、计算机专家，还包括一些经济学家、哲学家和文学家。哥本哈根学派、卡文迪许实验室、布尔巴基辩论会等，也都体现了科学家集体的创造效应。几年前，我参观了麻省理工学院的多媒体实验室，看到从事多媒体的研究人员来自各行各业，有哲学、心理学、宗教、儿童、艺术、生物、物理学方面的专家，真正搞计算机的并不多。每周几次的免费午餐会，往往出现激烈而友好的争论。看过以后，我确实相信，这种大跨度、多学科的撞击一定会产生创新的火花。在我国，封建文化传统的残余根深蒂固，小生产的影响仍无时无刻不在渗透和影响着人们的观念创新，门户主义、小团体主义和行会思想时有滋长。与国外学术活动非常频繁的情况相比，我国学术界的闭塞现象还相当严重。部门与部门之间、研究所与大学之间、研究室与研究室之间、研究室内部的不同科学家之间、课题组与课题组之间的学术交流不多，跨领域、跨学科的交流更少。在当今大科学研究、交叉学科研究已成主导的情形下，在科学研究国际化的趋势下，开放是创新的灵魂和源泉，对此我们切不可忘记。

（三）倡导追求真理、宽容失败的科学思想

对真理的执著追求是决定原始性创新取得成功的精神条件，而怀疑和批判则是一切创新活动的基本出发点。科技事业的真谛在于追求真理。今天的科学春天，是布鲁诺、居里夫人、爱因斯坦等无数科学家始终如一、执著企求、无私奉献换来的。不断开放的环境，不断更新的知识，要求我们必须永远保持一个在真理面前人人平等的社会文化氛围。这也是我国科研活动面临的现实问题。一个平等参与、公平竞争的文化环境，对于我们国家的科技发展来说极为重要。由于知识更新加快，新一代人才从小学到大学、到研究生，他们的知识结构已更新几个轮回。在这种条件下，人们对在小生产条件下形成的对权威的崇拜会进一步弱化。过去那种做事、评价和决策最终取决于权威的习惯做法，应当让位于科学、民主的方式和机制。我们一定要营造一个平等竞争、推陈出新、青出于蓝而胜于蓝的环境。

我国科学界比较缺乏应有的批判精神，这与传统文化中"以和为贵"的中庸思

想不能说没有一定的联系。我们的学者面对自己的导师、同行、学术前辈和学术权威，往往总是碍于情面，不具备应有的科学批判或学术批判意识。我们的科研项目几乎无一失败，并且往往总是"国际先进"、"国内领先"等，这不符合科学探索的客观规律。总之，当今不断开放的环境，不断更新的知识，要求我们必须永远保持一个在真理面前人人平等的社会文化氛围。无论是大科学家还是刚刚步入科学殿堂的年轻人，无论是科技管理者还是科研人员，在讨论科学问题上应当是完全平等的，特别是要给青年科学家以更多的发展机会，而不应当以权威压制人，以名望排挤人，以资历轻视人。

（四）摒弃急功近利、急于求成的浮躁习性

数学大师霍金在《果壳中的宇宙》一书中引用莎士比亚《哈姆雷特》里的一句台词："即使把我关在果壳里，我仍然认为自己是无限空间之王！"这就是科学探索至尊至上的理想境界，是世界上所有科学家梦寐以求的自由王国。相反，如果没有耐得住寂寞的气度，没有超凡脱俗的冷静，就只能永远与科学无缘。当然，我们不应当把人文性与科学性分离甚至对立起来。因为只有把科学内化为我们精神的一部分，才能有产生科学思想的热情和灵感。

需要特别指出的是，强烈的爱国主义精神是古今中外科学界的通性。比如，第二次世界大战期间，美国数万名科学家放弃各自的研究偏好，主动投入到"曼哈顿计划"中。我国在 20 世纪六七十年代"两弹一星"的研制中，也同样汇集了全国科技界的精英，在极端艰苦的条件下创造了人间奇迹。人们常说，科学是没有国界的，但科学家永远有自己的祖国。当今科技全球化趋势带给人们的是新的视野、新的理念，但国家利益的政治主张从来就没有过丝毫的减弱。对于每一个投身于科学事业的人来说，爱国主义精神永远都不会过时，永远都将是科学文化和科学精神不朽的内核。

继承和发展是人类文明永恒的主题。在中华民族几千年的历史中，我们的先人曾经创造过辉煌的业绩，为人类文明做出过灿烂的贡献，形成了独树一帜的优秀文化。今天，全面建设小康社会，走新型工业化道路，是党和国家面向新世纪、面向全球化所做出的重要战略抉择，关系到国家的昌盛和民族的兴衰。在这史无前例的征程当中，我们要历经一个又一个未知的挑战和困难，迫切需要我们在创新战略方面要有一个大的转变，在创新文化方面有一个大的突破。我们既要有秉承先辈精髓的民族自信，又要有与时俱进、海纳百川的开放气魄。这是历史和时代赋予中国当代科技界的重大责任。

三、政府在创新文化建设中的作用

人类在迎接新挑战、解决新的矛盾或问题时，必然要对旧的生产力、旧的生产

方式进行改造。创新文化是指人们在创新活动中的文化实践，也包括相应的实践成果，包括在思想观念、认知方法、价值取向、行为方式、制度模式等方面的转变或提升。创新文化是一种行为文化，是社会整体文化的一个侧面。它既作为环境因素，影响或制约创新过程，又作为一种渗透到创新主体的潜在因素，影响创新者的行为和表达。在当今激烈的人才争夺战中，各国政府可以用关税或非关税壁垒的手段来保护本国的商品，来抵制各种生产要素跨国界的流动，但唯一没有办法控制流动的就是人才。这种争夺既是基于优越的工作条件、生活待遇，更是基于和谐、宽松的文化环境。我们认为，创新文化是国家创新体系中的一项重要内容，创新文化建设必须在体制机制、文化环境、价值观念等几方面，下大力气做扎实的工作。同时创新文化建设还要融入到社会整体的物质文明、精神文明、政治文明建设中，以及文化创新的整体实践中。为此，我们应当深入贯彻"人才资源是第一资源"的指导思想，把吸引、发现和培养一大批尖子人才作为科技管理工作的首要任务，进一步倡导"以人为本"的创新理念，加快建立有利于激发和释放创新活力的科技管理体制和运行机制，努力实现科技发展以跟踪模仿为主到以自主创新为主的转变。

（一）加快建立开放的科研机制和宽松的科研环境

当代科学的内在发展趋势是学科间不断交叉、综合和相互渗透。这种趋势不断产生一些新的学科、新的领域。这些新的学科领域正是创新的前沿阵地，也是竞争最激烈、最能带动经济和社会发展的领域。在这种情形下，建立一个更加开放的科学文化环境对科技的发展极为重要。未来一个时期，解决开放的问题在国家创新体系建设中将占有十分重要的位置。我们要努力减少或消除各种不必要的行政壁垒，摒弃"山头主义"式的管理构架；在科研机构实施聘任制，建立公正、公平和透明的选聘机制，真正面向全国，面向世界选拔尖子人才；制定鼓励政策，以加强和促进科技系统内部的开放，包括研究人员之间的开放，专业领域之间的开放，研究机构之间的开放，以及行业之间、区域之间的开放。要大幅度加强科技对外开放，积极参与国际上的重大科技计划和科学工程；欢迎国外科学家参与中国的科技计划；鼓励科学家到国际学术组织当中担任职务，鼓励把国际学术机构的办事机构设在中国。

江泽民同志曾经指出，"要为科学家创造良好宽松的科研环境，鼓励科学家自由选题和探索"；"中国政府支持科学家在国家需求和科学前沿的结合上开展基础研究，尊重科学家独特的敏感和创造精神，鼓励他们进行'好奇心驱动的研究'。"这为我国科学研究和人才培养指明了方向。自然科学的发现与发明，从来都是厚积薄发的结果。科学研究面对自然、社会和人类思维各方面的复杂问题，选题的多样性、发散性是必然的。而且由于科学探索所特有的不确定性和非共识性，"有心栽花花不开、无心插柳柳成荫"的例子举不胜举。因此，我们应当更多地注意自由选题，给从事前沿探索的人以更宽松的环境，并且在竞争的基础上，不仅对项目，也对科研机构、科技人才给予稳定的支持。

（二）确立公平竞争的机制

通过近一个时期的探讨，我们认为未来我国创新体系和管理机制，应当本着"开放、流动、公平、竞争"的思路进行构建。国家将促进各类创新机构在开放的条件下加强能力建设，在流动的前提下加强资源配置，在公平的环境下鼓励参与，在竞争的基础上择优选拔和支持。不断开放的环境，不断更新的知识，要求我们必须永远保持一个在真理面前人人平等的社会文化氛围，特别是要高度关注小人物和青年人的创新灵感。在此过程中，我们应当大力弘扬科学精神、民主精神，鼓励学术争鸣，保护不同意见，不要求全责备。要鼓励年轻人敢于探索，敢于提出新观点，敢于面对失败。实际上，创新活动不可能有100%的成功率，科学探索也从来就没有绝对的失败者。我们要引导科技界认同和接受这样一条铁律。

（三）改革科技评价机制

科技评价问题既是一个管理操作问题，也是一个文化建设问题。我国目前的科研评价体系存在一定的弊端，突出表现在为减少选题失败而回避风险；不重视新人的原始性创新，将很容易导致创新思想受到扼制，使得优秀创新人才特别是处于创新思维最活跃时期的年轻人往往难以脱颖而出。随着我国科技力量的不断壮大和社会主义市场经济体制的确立，我们更要与时俱进，根据不同的创新目标，完善相应的激励机制，逐步形成为社会和科技界公认的科学评价体系。比如，要对创新性强的小项目、非共识项目，以及学科交叉项目给予特别关注和支持；对高技术研究成果的评价，要从以发表论文数量和水平为主转变为以获得发明专利为主，鼓励科技人员在市场中实现其价值和取得相应的回报；注重对于科技人员个人或团队素质、能力和研究水平的评价，注重研究人员对创新实际贡献的评价，改变现行奖励制度中按照科研人员排序进行奖励的做法，以利于推动形成研究团队，促进科学家之间的协作；建立国际同行评议专家库，邀请国外专家参与评审。重要项目聘请国外专家参加评估，以便选准具有国际科学前沿和创新性的课题，提高立项评估的公正性；加强对评估过程的监督，积极探索建立评审专家信誉制度，扩大评估活动的公开化程度和被评审人的知情范围，减少各种不正之风和非学术因素的干扰。当前要特别针对科技界的学术浮躁、急功近利等不良倾向，切实解决科技评价中急于求成的短期行为，尊重科技创新的内在规律，使科技评价不仅关注直接的、近期的和显性的价值，更要关注间接的、长远的、隐性的价值形态。正如唐代诗人杜甫所言："细推物理须行乐，何用浮名绊此身。"我们相信，在这种氛围下，一定会有更多的学人能够集中精力于科学本身，能够耐得住孤寂的煎熬。

（四）建立科技资源共享机制

这是目前我国创新体系中较为薄弱的一个关键环节。大家知道，如果没有良好的、与国际水准相接近的科研基础设施条件，要让我们的科研人员超越国际先进水平是难以想象的。事实上，正是由于我国科研基础条件的相对薄弱，许多科技人员在与国际同行的竞争中往往输在了起跑线上。同时，由于部门分割、体制封闭，我们在科研投入方面重复建设、资源浪费的问题也很突出，甚至有个别机构和专家学者垄断、把持由国家财政投入所获得的科研设施和数据资源。因此，加快建立科技信息、基础设施和资源有效的共享机制十分迫切和必要。我们将把加强基础设施建设作为政府支持科学技术发展、扩大公共职能的一个重要方面，通过"科研基础条件平台建设"，着力于营造有利于科学家成长的良好环境和条件，并为各类人才特别是那些"小人物"们提供更多公平参与的机会。

（五）强化对全社会的科学普及机制（略）[①]

同志们，一个民族在科技方面的作为影响着这个民族的历史命运。这在过去是如此，在今天和将来也都是如此。创新文化是国家创新体系中不可或缺的关键资源，也是国家竞争力的重要组成部分。良好的创新文化氛围，是源源不断地输出有竞争力的人才和成果的温床。在当今原始性创新已成为科技持续创新能力的核心的年代，在知识产权已成为重要财富源泉的年代，在人才已成为经济和社会发展的重要战略资源的年代，构建一个良好的、有利于创新的文化环境，已成为一个民族在创新时代决胜的必由之路。我们科技界乃至全社会都应充分认识创新文化建设的紧迫性和重要性，积极参与创新文化的建设，谱写华夏文明新世纪的光辉篇章。

[①] 关于"强化对全社会的科学普及机制"的内容请参阅第五篇的"努力开创我国科普事业发展新局面"。

依靠科技抗击非典[1]

(2003年5月12日)

当前,"非典"疫情侵袭我国大部分地区,严重危害了人民群众的身体健康和生命安全。为了战胜这一突发重大灾害,在党中央、国务院的坚强领导下,全国科技界通力合作、顽强拼搏、无私奉献,大力推进"非典"防治工作。各地科技管理部门加强领导,组织科研单位进行与抗击"非典"相关的医疗技术、诊断技术和相关药品的合作科研攻关和开发,初步形成了全国科技界抗击"非典"疫情的合力。4月25日,全国防治非典型性肺炎指挥部科技攻关组成立,集中办公、统一协调、快速决策,标志着依靠科技抗击"非典"斗争的全面展开。我代表科技部,向战斗在抗击"非典"第一线的医疗工作者、科技工作者和科普工作者表示崇高的敬意!

当前,科技界要从贯彻"三个代表"重要思想的高度,从保护人民群众身体健康和生命安全的高度,从维护改革发展稳定大局的高度,进一步加强协作,群策群力,坚定信心,全力以赴投入到抗击"非典"的战斗中。下面,我对今后一个时期的工作提几点要求。

一、要进一步做好统筹协调,形成依靠科技抗击"非典"的全国一盘棋

科研攻关能早一点成功,哪怕是一天半天,都是对人民群众生命安全的重要贡献。在抗击"非典"的日日夜夜里,我们的科研人员表现出了高度的使命感和责任感,从病毒基因图谱绘制到病毒检测诊断,再到药物研发,都做出了新的贡献。但是,面对严重的疫情,仍必须加强统筹,加强快速反应,急临床之所急,应患者之所需,集中优势力量和资源,在尽量短的时间内形成几项能提高预防效果、缓解或控制疫情的重大成果。这就需要打破常规,形成跨部门、跨地区、跨学科的配合与沟通,力戒项目重复、力量分散。全国防治非典型性肺炎指挥部科技攻关组已经确

---

[1] 2003年5月12日在"依靠科技抗击非典"电话会议上的讲话(有删节)。

立了"整合优势，协同攻关，尊重科学，实事求是"的工作方针，建立了"特事特办，急事急办，超常规运作"的工作机制，并将加大对地方科技攻关工作的指导和协调力度。抗击"非典"的战役要求我们必须加强各个部门之间的沟通和配合，加强跨部门、跨地区、跨学科的大联合和大协作。全国科技系统应当成为一个整体，组织成一支保证打得赢这场战役的集团军。各地在安排项目中要坚持"立足近期、兼顾中长、突出临床、集中兵力、解决关键需求"的原则，优先支持针对当前本地防治工作中急需解决的突出问题、瓶颈问题的研究；要认真对照项目汇编，凡是与国家科技攻关组、有关部门已立项完全或部分重复的课题，要作适当调整，要突出地方特色和优势，尽可能减少资源、资金的浪费，特别是时间的浪费。

二、要以科学务实的态度，积极探索防治"非典"的有效途径

当前，"非典"的元凶尚不完全清楚，对其致病机理、传播机理还未完全掌握，预防、诊断与治疗手段更是处在试验阶段。与彻底战胜"非典"的目标相比，科技攻关还有很长的路要走。为此，广大科技工作者一定要树立打持久战的思想，以脚踏实地的作风，理性分析，沉着应战，既不能丧失信心，也不能盲目乐观。要大力弘扬科学精神，按科学规律办事，尤其要避免各种不切实际的浮躁。各级科技部门和广大科技人员都必须认识到，面对与死神作殊死较量的严峻现实，我们不能有半点浮华，而是要脚踏实地，稳扎稳打，才能真正不辱使命。

我在这里还要特别指出，在抗击"非典"的科技攻关中，我们需要的是实实在在地救治患者，而不是开展一般的学术活动。因此，参与科技攻关的广大科研人员应当切实转变观念和作风，主动加强同一线医务人员的密切合作。医务人员绝不仅仅是临床信息、经验和材料的提供者，而且也应该是科研活动的参与者。没有他们的全面参与，一切目标都将难以实现。近期内，我们要着重解决三个问题：一是要尽快认识"非典"的流行规律和传播机制，提出切断传染途径的有效措施和方法；二是科学总结和提出指导性治疗方案，开发特异性诊治手段和有效药物，切实降低病死率，提高治愈率；三是组织防护攻关，提高人群特别是一线医护人员的防护能力。

三、要拓展科普渠道，提高全社会战胜"非典"的信心与能力

胡锦涛同志5月1日在天津检查"非典"防治工作时强调："要向广大人民群众宣传预防非典型肺炎的方法，让科学防病知识走进千家万户，用科学的力量增强人民群众战胜疫病的信心，用科学的方法提高人民群众自我保护的能力。"在全国开

展防治"非典"的科普活动，普及防治"非典"的科学知识，宣传防治非典的科学态度、科学精神，坚定广大人民群众依靠科学战胜疫病的信心，提高全社会的防疫、防病能力，坚决打一场防治"非典"的人民战争，具有极端重要的意义。当前的防"非典"科普工作，一是要以科学求实的精神和对人民高度负责的态度，利用多种宣传手段和切实有效的方法，开展形式多样的防治"非典"的科普活动，把与"非典"相关的发病机理、预防方法、传染途径和治疗手段等多方面的知识尽可能快地向全社会普及和传播。在科普宣传中，要切记不留死角，没有遗漏；要注重实效，避免形式主义；要采取一切有效措施，让科学防治"非典"的知识和方法尽快深入人心。要让广大人民群众认识到，"非典"是人类发展史上出现的众多流行病之一，尽管其危害严重，但困难是暂时的，正如人类克服天花、麻疹等疾病一样，人类也终将取得这场战役的最后胜利。二是要把在农村广泛开展防治"非典"的科普活动作为当前工作的重中之重。要让广大农民深入了解防治"非典"的知识，增强其科学预防的意识，树立战胜疫病的信心。各地方科技部门要充分发挥农村科普宣传网络的作用，针对农村地域广、人员分散、流动性大的特点，有针对性地开展防治"非典"的科普宣传活动。要及时了解广大农民对防治"非典"的认识和态度，坚决与各种封建迷信活动和蛊惑人心的谣言做斗争，配合当地政法部门打击巫婆、神汉的非法活动。要抓住防治"非典"科普宣传的有利时机，进一步建立健全农村科普工作的机制和手段，引导广大农民建立健康文明的生产生活方式。三是要以"依靠科学，战胜非典"为主题，做好2003年"科技活动周"的各项工作。今年的全国"科技活动周"将以"依靠科学，战胜非典"为主题，宣传在防治"非典"斗争中体现出来的伟大民族精神；针对当前广大群众关心的实际问题，深入宣传防治"非典"的知识和道理，使广大人民群众充分认识和了解"非典"的特征和规律，为群众释疑解惑；要系统宣传国家、地方针对防治"非典"工作采取的各项政策和措施，让公众了解更多关于防治"非典"的信息。

四、要坚持"两手抓"，继续推进各项科技工作有序开展

要按照温家宝总理"必须正确把握和处理好防治非典型肺炎和推动经济发展的关系，坚持一手抓防治非典型肺炎这件大事，一手抓经济建设这个中心不动摇"的指示精神，在抓好防治"非典"工作的同时，决不能放松今年各项科技工作的正常进行，努力保持各项科技工作良好的发展势头。根据年初全国科技工作会议的总体部署，我在这里再着重强调四项工作。

（1）组织制定中长期科技发展规划。在全国科技工作会议之后，科技部多次召开党组会议和部长办公会，研究和部署规划的前期准备工作，并组建了专门工作班子。下一阶段要把战略研究放在十分重要的位置，充分调动全社会的力量，对涉及我国国民经济、社会发展、国家安全，以及科技自身发展的全局性、战略性、前瞻

性重大问题，进行系统深入的分析和研究。各地方科技管理部门要在党委和政府的领导和支持下，把规划工作当成科技工作的一件大事来抓。要结合当地实际，针对区域经济社会发展对科技工作的重大需求，认真组织好战略研究工作。

（2）抓紧组织实施重大科技专项及各项科技计划工作。"973"计划、"863"计划、科技攻关计划，以及重大科技专项能不能取得预期的成效，很大程度上取决于今年的总体进展情况，科技部将按照预定计划进行中期评估。从目前的进展情况来看，各项计划和重大专项的实施总体上进展顺利，特别是许多专项已经取得了阶段性成果。各地方要进一步加强对专项工作的组织和支持，特别是要保证各项配套措施的落实。我们还要把握防治"非典"工作转变成一些科技工作的机遇，比如，对电子政务的需求空前紧迫，这就为我们开展相关科技工作创造了有利条件。

（3）进一步加强高新技术产业化工作。据统计，国家高新区今年第一季度经济运行状况良好，主要经济指标继续保持两位数增长，同比增长10个百分点以上。在经常性贸易受到"非典"影响的情况下，高新区和高新技术产业在经济增长和出口贸易方面应当发挥更大的作用。

（4）加强国家创新体系建设薄弱环节的建设力度。这次"非典"疫情集中暴露了我国在卫生与健康等社会公益性研究能力上的严重不足。今年，科技部把强化农业、卫生与健康、资源与环境等社会公益性研究力量作为重要任务，把科技投入的实际增量主要用于支持社会公益性研究，并将配合财政部争取得到更多的支持。各地方也要积极行动起来，努力转变思想观念，调整工作部署，切实强化社会公益性科研力量和队伍建设，把关注公众需求作为今后科技工作的重要方向。此外，对科技中介机构建设、科技基础条件平台建设等重点工作也都必须切实抓紧抓好，切不可有丝毫放松。

同志们，人类社会进化和发展的历史，在一定程度上正是战胜各种灾害的历史。我们清醒地看到，病毒其实并不可怕，可怕的是缺乏科学的态度和方法，缺乏依靠科学战胜艰难险阻的信心和勇气。能否打赢这场防治"非典"的战役，是对我们党和国家的一个考验，也是对我国科技界一次真刀真枪的考验。我们深信，在以胡锦涛同志为总书记的党中央的坚强领导下，中国科技工作者一定会高扬"两弹一星"精神，在这场特殊战役中向党和人民交出满意的答卷！

学习"以人为本"思想[①]

(2003 年 7 月 11 日)

今年暴发的"非典"疫情虽然是一个小概率的偶发事件，但它对新世纪的中国提出了一系列重大战略命题。面对这场突如其来的重大疫情，科技界表现出了对人民生命安全高度负责的态度和实事求是的精神。我作为科技攻关组的组长，受命于危难之时，深感责任重大，始终不敢有丝毫的懈怠。在党中央、国务院的坚强领导下，广大科技人员和战斗在一线的医护人员一样，夜以继日、无私奉献。到目前为止，我国已经在流行病学、临床、药物筛选和疫苗研制、防护攻关等方面，取得了阶段性进展，为有效控制疫情、降低病死率、缓解社会紧张情绪做出了贡献。

在防治"非典"的过程中，也充分暴露出相当长一段时期以来我们在宏观发展战略认识上的局限性。比如，在邓小平同志"发展是硬道理"思想的指导下，我国国民经济取得了举世公认的伟大成就，但我们对于"发展"内涵的理解可能并不够深刻和全面。在局部地区或特定环境下，"发展"往往被简单化和庸俗化地等同于 GDP 增长，付出了太大的代价，也造成了许多隐患。在环境方面，目前每年仅荒漠化土地就达近 3000 平方公里，全国 80% 以上的湖泊和 100% 的河流受到污染，大城市四周已经被不断增加的垃圾山所包围，日渐加重的大气污染有可能演化为类似于当年伦敦毒雾的灾难。在资源方面，全国近 400 个资源型城市面临着资源耗竭的困境，能源、水资源和矿产资源短缺的严重危机正一步步逼近。这种增长模式已经到了很难再维持下去的地步。

另外，社会危机也正日益突显出来。比如，就业问题，即使不包括农村的 1.5 亿～2.0 亿剩余劳动力，目前仅城市失业人口就已接近或达到 10% 左右，实际失业人数可能达到 2650 万～3000 万之多。再比如，贫富差距问题，全国农村还有近 3000 万人没有解决温饱问题，城镇贫困人口也已达到近 2000 万人。按照世界银行的数字，1999 年全国按人均收入计算的基尼系数已达 0.456，超出 0.4 的国际警戒线。中国社会科学院的一项研究表明，中国新的阶层分化已渐成轮廓。日益加剧的

[①] 2003 年 7 月 11 日"关于科技工作若干问题的汇报"报告（节选）。

阶层利润摩擦，有可能演化为阶层利益的对抗。实际上，"非典"危机在很大程度上只是冰山一角。许多人并没有注意到，我国已被看作是全球医疗体系中联系最为薄弱的国家之一。全国已经有500多万人患上了肺结核，有80万人感染了血吸虫，全国估计已有100万人感染了艾滋病。一些通常在较贫困国家流行的疾病，如小儿破伤风、乙型病毒性肝炎等，我国在亚洲地区的发病率也是最高的。

　　与医疗支出情况极其相似的是，在与人类自身发展密切相关的公共教育方面，我们也同样走进了误区。早在十多年前，邓小平同志就曾说过，十年发展最大的失误就是教育。遗憾的是，在经历了又一个十年后，我们不得不说最大的失误仍然是教育。这不仅仅表现在我们忽视了人文教育，还包括社会公德教育、民族意识教育和爱国主义教育。这些年来，我们总是主张精英教育思想，使得有限的教育经费集中投向于高等教育，也使得教育资源不断向城市和发达地区集中，这与全世界的公共教育支出状况和趋势背道而驰。据有关资料统计，2000年中央和地方各级政府预算内教育事业费用比上年增长15.9%，但低于财政收入的增长速度2.18个百分点。2001年，公共教育经费占国民生产总值的比例达到3.19%，但仍低于发展中国家的平均水平。在人均公共教育经费方面，我国只有9.4美元，而发达国家绝大多数在1000美元以上，瑞典高于2000美元；日本、美国、德国、法国等国在1000～1500美元，中等发达国家在100～500美元，大多数发展中国家低于100美元，印度也有11.47美元。特别是在全国农村义务教育经费支出中，所暴露出的问题更加突出。国务院发展研究中心的一项调查显示，目前在我国农村义务教育的投入中，乡镇负担78%左右，县财政负担约9%，省地负担约11%，中央财政只负担2%，而县乡两级负担的87%基本上都直接来自农民——实际上，农民直接承担了从小学到大学的全部培养成本。目前，全国每年有几十万适龄儿童因贫困而辍学，为未来经济社会的发展埋下了隐患。

　　科技情况也同样如此。多年来，我国对公益性科研的投入长期不足，不仅明显低于发达国家，而且低于一些发展中国家的水平，也低于国家对一些重点高校和科研院所的投入水平，这种局面至今也没有得到根本扭转。据有关资料分析，在农业科研方面，世界平均农业科研投资占农业总产值的比重一般为1%，发达国家超过5%，发展中国家约为0.5%，我国不到0.3%。在卫生与健康科研方面，2000年我国卫生事业研发投入仅为12亿元人民币，而美国2001年政府卫生科研经费为240亿美元。在林业科研方面，美国、加拿大、新加坡等国林业科研人员人均年科研经费为5万～15万美元，我国林业科研人员人均年科研经费仅为2万元人民币，甚至比印度的投入强度还低。这次防治"非典"的科技攻关，表面上检验的是我们的应急能力，实质上是对国家科研能力的全面考验，暴露出我国在这一方面长期积累下来的巨大"亏欠"。比如，根据传染病防治的有关法规，从事致病微生物及病毒的实验、科研等工作，必须在高级别的生物安全防护三级实验室[①]或生物安全四级实验室进行。我国 P3 实验室软硬件建设水平总体较低，没有一家 P3 实验室能进行大动物感染实验。这成为制约病原体研究、药物筛选和疫苗研制的瓶颈。我国菌、毒种和细胞库品系种类不全，保藏条件落后，病原分离、鉴别、检测技术和方法落后，尚未建立系统化、网络化的科研平台，对突发疫情病原体进行筛查、鉴定和防治的科研能力较差。

我总在思考，为什么出现了这些问题？如何解决这些问题？我以为，树立"以人为本"的发展观，更多地关注教育、医疗卫生、社会保障、贫困等民生问题，关注人口、资源、环境，以及区域发展差距等带有根本性的社会问题，这也许应当是由"非典"带给我们的最大启示，也是解决这些问题的关键所在。

[①] 简称 P3 实验室

中国科学技术发展的几个重大问题[①]

(2003年12月4日)

进入21世纪,世界各国政府都在思考和部署新的经济与社会发展战略。尽管各国之间的历史文化、现实国情和发展水平存在着种种差异,但关注和重视科技进步却是完全一致的。这是因为,我们面对的是一个科技创新主导的世纪,是以科技实力和创新能力决定兴衰的国际格局。一个在科技上无所作为的国家,将不可避免地在经济、社会和文化发展上受到极大制约。中国作为世界上最大的发展中国家,为了保持经济社会快速协调发展,为了正确应对经济全球化带来的各种机遇和挑战,为了切实保障国家的安全和领土完整,必须把加快科学技术发展置于国家战略的优先地位。下面,我重点就我国新时期的科技发展战略谈几点认识。

一、坚持以人为本,树立科学的价值观和人才观

坚持科技以人为本,首先要把满足人类自身发展的需求作为科技进步的重要目标。传统的经济发展观过分强调了经济增长,忽视了经济社会的协调发展,忽视了人的全面自由发展。我国国民经济发展到现阶段,各种社会发展问题表现得日益突出,也一定程度上受到了传统经济发展观的影响。按照联合国开发计划署今年公布的《人类发展报告2003》中有关人类发展的基本指标,我国的人类发展指数为0.721,还属于中等人类发展水平,在175个国家和地区中名列第104位,说明我国在这一领域的差距还十分显著。科学技术发展的终极目标是服务于全人类的福祉,科技进步所带来的利益应该公平地为每一个社会公众所享受。这既是公众所应享有的基本人权,也是以人为本的科技发展观的本质和基础。我国发展科学技术的最终目的,就是要优先满足人民群众不断增长的物质生活和精神生活的需要。我国新时期的科技发展战略,必须坚持以人为本,树立促进经济、社会和人的全面发展的基本价值观,使科学技术更好地服务于国家、服务于社会、服务于人民群众。

[①] 2003年12月4日在中国科技馆"部级领导干部科技讲座"上的讲话(有删改)。

坚持以人为本，还必须树立人才是科技发展第一资源的人才观。从科技发展的规律来看，当今世界，国家之间的竞争，实质是人才的竞争，重点是一流人才的竞争。目前，我国在人才竞争上面临着严峻的压力和挑战。据统计，从20世纪80年代初到2002年年底，我国出国留学人员共58.3万人，有15.3万人学成归国，43万人仍在海外学习和工作。最近10年，我国计算机应用服务业大约有35 000名科学家和工程师外流；最近6年，我国装备制造业约有12.8万专业技术人才外流，其中包括42 600名科学家和工程师；最近3年，我国高等院校大约有84 000名科学家和工程师外流，我国科技界大约有51 000名专业技术人才外流。另据调查，我国外流人才年龄轻，学历高，可塑性强，35岁以下的占50％，45岁以下的占99％，研究生以上学历的占77.8％。认真分析我国人才流失的原因，除了物质基础条件的差距之外，最根本的还在于"重物轻人"，缺乏有利于人才成长和脱颖而出的良好环境。因此，我们必须坚持人才资源是第一资源的指导思想，调整科技创新的理念和管理体制，牢固树立"以人为本"的价值观。通过改革科技管理体制，针对科学探索和技术创新的不同特点，建立起适应科学探索和技术创新不同特点的各类评价体系，基础研究要以有无原始性创新作为研究水平的主要体现，产业化研究要以市场选择而不是以纯粹的学术、技术导向作为创新成功的标准。通过政策引导和建立有效的激励机制，形成人才辈出、人尽其才、才尽其用的良好环境，建立起一支学科齐备、素质一流的宏大科技人才队伍。

二、强化社会领域科技创新，推动经济社会协调发展

加强社会领域的科技创新，是我国社会主义市场经济体制不断完善、社会结构实现重大转型的客观要求。改革开放以来，我国科学技术发展的指导思想主要是坚持"面向、依靠"的基本方针，科学技术主要服务于经济建设这一中心任务，这在特定历史条件下是完全必要的。今天，随着社会主义市场经济体制的不断完善，以及我国社会结构的重大转型，要求我们在进一步推动经济发展的同时，必须把推动经济社会的协调发展作为科技工作的中心任务。当前，与经济的快速发展相比，我国社会发展水平相对滞后，人口、资源、环境等方面的矛盾和问题日益突出。比如，在人口方面，庞大的人口数量制约着社会经济的发展和人民生活水平的提高，人口素质不足与高质量经济发展要求之间的矛盾比较尖锐，人口老龄化问题日趋突出。人口问题还直接反映在就业方面，"十五"期间，我国将新增劳动力4650万人，加上现有的1750万下岗待业劳动力和农村1.5亿剩余劳动力，要满足这2亿多人的就业，至少需要今后5年中每年增加几千万个工作岗位。在资源方面，我国人均水资源仅相当于世界人均水量的1/4，人均能源资源占有量不及世界平均水平的一半，石油仅为1/10，资源的短缺将成为影响小康目标顺利实现的重要瓶颈问题。在环境方面，一些地方以牺牲生态环境换取眼前利益和局部利益的短期行为，导致

我国生态环境整体功能下降，局部地区生态环境恶化，自然灾害连年不断。在健康方面，随着全国范围内温饱问题的基本解决，人民群众比以往任何时候都更加关心医疗卫生和健康保障问题。今年春季，我国部分地区爆发的严重"非典"疫情，暴露了我们在这一方面存在的制度和技术缺失问题。在区域和城乡之间，发展差距的扩大所带来的社会问题日益突显，这在很大程度上也可以归因于知识的差距。因此，如何保障13亿人的卫生与健康，如何进一步协调人口、资源与环境之间日益加剧的矛盾，如何培育新的经济增长点和创造更多的就业机会，如何让极少数边远贫困地区的农民尽快稳定地解决温饱问题，如何提高人们在生产和经济活动中的收益水平等，这是新时期我国科技事业发展必须应对和回答的重大战略命题。

科学技术必须为解决我国未来发展中的人口、健康、农业、资源、能源、环境、就业等重大问题提供科技支撑。今后一个时期，科技工作将确立社会领域重大科技攻关的任务和目标，重点解决以下几个方面的问题：基础医疗卫生服务特别是农村卫生保健体系建设，重大疾病的预防与控制，突发公共卫生事件应急体系等科技支撑问题；大气污染、水体污染、水土流失、土地荒漠化治理等环境领域的科技支撑问题；水资源、化石能源、矿产资源有效利用和开发替代资源等能源领域的科技支撑问题；依靠高新技术产业发展，培育新的经济增长点，创造更多就业机会的问题；依靠科技进步促进农业优质、高效、高产，提高农业生产效率和效益的问题；依靠科技进步改造、提升传统产业，提高社会生产效率和经济效益的问题。

三、加强原始性创新，实现科学技术的跨越式发展

原始性创新能力不足，是制约我国科学技术整体能力和水平实现提升和跨越的关键因素。目前，在基础研究领域，我们仅有15％的学科接近世界先进水平，而85％的学科与世界先进水平有较大差距；在产业技术领域，2002年我国的发明专利中，国外授权占到72.3％，国内授权仅为27.3％。到2003年，国家三大科技奖之一的国家技术发明奖一等奖已连续6年空缺，国家自然科学奖一等奖6年中只有两项，反映出我国在揭示科学和技术原理、方法上缺乏具有突破性的成就。

我国原始性创新能力不足的原因是多方面的，其中在指导思想方面值得注意的问题是，在产业技术和高技术发展中，我们长期以来主要立足于跟踪、模仿当前的国际先进水平。进入新的世纪，国际竞争格局正在发生深刻的变化，原始性创新已经成为国家间科技乃至经济竞争成败的分水岭，成为决定国际产业分工地位的一个基础条件。同时，当今科学技术发展的一个显著特点，就是新兴学科、边缘学科不断涌现，技术更新速度不断加快，科技成果产业化的进程不断缩短，高新技术产品和产业层出不穷。这就决定了中国没有必要在所有领域重复发达国家所走过的科技、经济发展道路。我们拥有丰富的智力资源和一定的科学技术基础，完全有可能利用后发优势，在广泛吸收国外先进科学技术成果的基础上，在部分具有相对优势

的关键领域取得突破，实现科学技术和社会生产力的跨越式发展。

我们必须充分认识到，原始性创新从来就不是一蹴而就的，而是日积月累、厚积薄发的结果。只有形成让研究者之间彼此关联、相互支撑的机制，让后人站在前人的肩膀上，而不是都要一切从头开始，才能形成逐渐真正具有突破性的原始性创新成果。目前，我国的科技管理体制偏重于以项目为主，较多地关注具体的科学技术问题，难以完全起到在科学数据、科研设备、科研队伍、科学传统等方面不断积累的作用。许多项目完成之后，其为社会提供的往往只是一篇论文或一个奖项。另外，学术界内部未能形成良好的交流与合作机制，存在着一定程度的学术封锁。甚至于仅仅只是一墙之隔的研究机构，也可能老死不相往来。为此，国家应当把形成科学有效的科技积累与共享机制作为重大战略目标，通过科技公共基础设施建设、科学数据共享、科学资料提供等多种方式，对各类人才特别是那些刚刚迈入科学殿堂的年轻人的创新活动给予公平的对待，为全社会更加深入的研究提供新的、更高起点和坚实的共享基础。目前，我国科学家正在生命科学、物质科学、信息科学、数理研究、深海基础研究，以及交叉学科如认知科学等基础研究领域不懈探索。在战略高技术领域，我国科技界、产业界正致力于信息技术、生物技术、节能与新能源技术、航空航天领域的研究与开发。可以预见，在不久的未来，我国将会出现重大原始性创新突破，将会走出一条具有中国特色的高技术产业跨越式发展道路。

四、坚持重大战略产品导向，实现关键技术的集成创新

科技核心竞争力的形成不仅是一个创新过程，更是一个组织过程。通过战略产品带动各种单项和分散的相关技术成果的集成，其创新性及由此确立企业竞争优势和国家科技创新能力的意义远远超过了单项技术的突破。美国著名的"阿波罗"登月工程总设计师说，"阿波罗"登月工程没有一项成果是新的发明创造，而是把众多已有的先进技术集成起来，实现了技术创新，取得了"整体大于部分之和"的效果。我国在"十二年科技发展规划"中提出的"两弹一星"战略产品，整体上带动了我国科学技术的重大发展，形成了我国的航天工业和核工业。

对于科技水平和经济水平相对落后的发展中国家，集成优势资源实现关键技术的突破和集成创新，是加快发展和实现后来居上的必然选择。在新的历史条件下，基于国家战略需求提出重大战略产品计划并实施成功，是我国科技发展水平和科技领先决心的集中体现，也是实现科学技术跨越式发展的重要条件。近期我国在载人航天工程取得的重大创新成就，正是国家战略产品带动实现技术集成创新的结果。

今后，我们仍然需要从国家战略需求出发，集思广益、科学论证，提炼出关系国家安全和国计民生的重大战略产品，以及顶层设计、高层决策、系统组织，组织全社会优势力量，重点突破关键技术，实现技术集成创新，力争在若干重点领域加快形成对国家安全和经济安全具有重大意义的战略产品和新兴产业。

五、建立健全军民融合的创新体制，提升国家科技动员能力

建立军民共享的技术研发体制，是世界主要国家发展国防技术的普遍规律。有关统计资料表明，国外军事装备技术中85%采用的是民用技术，纯军事技术只占15%。以美国为例，美国的国防部的研发经费一直占联邦政府研发经费的50%以上，为了提高资源的使用效率，美国在20世纪初期开始就建立了军民共享的技术研发体制。兰德公司管理的美国科技政策研究所2002年9月的一份报告表明，几乎所有美国国防部的武器开发研究都是由企业通过合同形式进行的。硅谷在第二次世界大战期间的迅速崛起，主要得益于美国国防部给予斯坦福大学、仙童（Fairchild）半导体公司、惠普公司等企业大批国防研究生产合同，为硅谷地区电子工业奠定了基础。军民共享的技术研发体系也增强了美国的国家动员能力，在伊拉克战争中，美军使用的很多高技术装备，如高技术通信器材、计算机软件、防毒软件及卫星照片分析技术等，有相当一部分都来自硅谷及其他地区的高科技企业。战争中应召入伍的上万名美国预备役人员，有相当比例是来自美国高科技领域的专业技术人员，其中大部分是私营企业的雇员。正是美国高科技产业领域计算机工作站、数据库软件和网络等商用信息技术的广泛渗入，才形成了美国实行"数字战"的军事战略。

在今后相当长的历史时期里，我国都将面临发展国民经济和维护国家安全的双重战略性任务。与美国等军事大国相比，我国国防科技水平有相当大的差距。国际现实告诉我们，仅靠引进技术来提高一个国家的军事技术水平，是注定要落后的。在和平时期，采用长时期大幅度增加军事科研经费的做法相对于我国的国情也是不现实的。所以，必须建立健全军民结合、寓军于民的创新体制，坚持自主创新、军民共享、以军带民、以民促军，不断改善军用和民用两种工业基础间的融合度，提高国家科技资源的使用与配置效率，扩大和增强国防科技工业基础，全面提升国家的科技动员能力。这是关系我国国防安全和主权统一的战略需要，也是当前国民经济发展的迫切需要。

六、坚持科技创新与科学普及并重，提高全社会的科技素养

科技创新与科学普及是科技进步的两个基本体现，是科技工作的一体两翼，像一个车子的两个轮子一样不可或缺。"创新"为"普及"明确方向，丰富内容；没有创新，将无所谓普及。"普及"是"创新"的基础和目的；没有广泛的普及，民众对科技将失去兴趣，创新将得不到社会的支持。两者相互促进、相互制约，是辩证统一的关系。实际上，科学普及的内在价值远远超出了科技应用的范畴，它所蕴藏的科学思维和探索精神，将为全社会的科技创新奠定最广泛、最坚实的社会人文基础。科学普及可以带动整个民族对知识和人才的尊重，激发人们追求真理的献身

精神和尊重科学、崇尚理性、实事求是的价值观念。

新中国成立以来，我国劳动者的科学文化素质不断提高，文盲、半文盲的比例显著下降，全社会受教育程度得到了显著提高。但与新型工业化的要求相比，我国劳动者整体素质仍然处于低水平。2001年的一项调查结果显示，我国公众具备科学素养的比例为1.4%，与发达国家存在很大差距。可以说，全民族从科技发展中受益还没有达到应有的程度，相当一部分群众难以享受到现代科技文明的恩惠。整个科技界应当把科技普及作为自己的重要使命和职责，努力破除公众对科学技术的迷信，揭去科学技术的神秘面纱，使科学技术从象牙塔中走出来，从神坛上走下来，走进民众、走向社会，确保科技发展始终为大多数人民的根本利益服务。

七、调动和组织全社会科技力量，形成浩浩荡荡的科技大军

近年来，科技体制改革取得了显著成效。通过技术开发类科研机构转制、公益类院所分类改革，以及中国科学院知识创新工程试点工作，我国科技创新体系及管理制度发生了根本性变化，市场配置科技资源的基础性作用日益突出。首先表现在企业作为技术创新的主体地位得到明显加强，2001年企业在全国研发经费总支出中所占比重达到60.4%，我国大中型企业中从事科技活动的人员已达136万人，占到全国科技活动人员总数的50%以上，其中科学家和工程师有79万人。民营科技型企业正在迅速成长为技术创新的重要生力军，2001年全国民营科技企业总数已达10万余家，拥有科学家和工程师100余万人，投入科技活动经费近500亿元。

科研院所作为最重要的科技力量之一，仍将继续发挥不可替代的关键性作用，绝大部分转制后的技术开发类科研机构平稳过渡，创新能力和活力得到显著提高，产业规模和效益大幅度提高，2002年实现总收入303亿元，其中通过技术转让、技术服务、技术承包和技术咨询的科技收入达到55.4亿元，有100多家转制科研机构完成了规范化的公司制改造，其中有10多家的骨干企业实现改制上市。社会公益类科研机构分类改革取得进展，确实需要国家支持的社会公益类科研机构得到切实加强，一支稳定服务于社会公益型事业的精干科研队伍正在加速形成。国家财政2001年和2002年分别投入公益类科研机构改革配套1.1亿元和2.5亿元，将人均事业费从过去的1万多元提高到4万元，为社会公益类科研机构改革提供了必要保障。

与此同时，其他社会力量积极投入科技的趋势也值得高度关注和重视。高等院校是科技创新的生力军，高校具有激发、扩散创新思维的人文环境，使其在学科交叉跨度大、探索性较强的基础科学和前沿高技术研究方面往往具有独特的优势。目前，高等院校科技事业发展迅速，在创新人才培养、科技园和基地建设，以及教育信息化等方面发挥着日益重要的作用，已经成为知识生产、知识传播、技术创新和成果转化的重要基地。地方的科研力量近年来也提高得很快，地方经济建设和社会

发展对科技的需求也日趋迫切，各地方政府对加强区域科技创新也更加重视。可以说，企业、高校和地方的科技力量正在成为区域经济社会发展的重要支撑。

总之，随着科教兴国战略的深入人心，全党、全社会关注和重视科技的程度达到了前所未有的高度。今天的科技工作，早已不只是科学家们深居斗室的冥思苦索，而是成为全社会的自觉行为和价值取向。

八、加强国际科技交流与合作，实现全球科技资源的有效利用

当在经济全球化的条件下，科技领域的国际合作与交流，以及知识和技术在全球之间的快速流动，正在成为世界性的趋势和潮流。比如，当前人类社会共同面临的一些具有重大挑战性的科学问题，如环境问题、资源问题、健康问题等，需要全球科学界的共同努力来进行应对。在科学前沿方面，对自然规律的揭示已经进入到前所未有的空间和尺度，包括在一些非常极端的条件下，应运而生的特大型科学工程或研究计划，如国际空间站计划、人类基因组计划等，需要通过各国政府、科技界乃至工业界的协同支持来实现。

未来我国科学技术的发展，必须在更大范围内参与全球科技资源的开发和利用，我国的科学家也应以更开放、更积极的姿态走向世界。要继续支持我国科学家、科研机构积极开展多种形式的国际科技交流与合作，特别是要支持国内更多的科学家到国际学术机构担任职务。要鼓励企业走出去利用全球科技创新资源，在参与激烈的竞争中提高企业的创新能力。要吸引国际学术组织把办事机构设置在中国，实现更高层次、更广范围的学术交流。在此基础之上，我们更要重视对国际性重大科技合作项目的参与和组织，一方面组织我国科学家和研究机构积极参与国际大科学研究计划，以及其他多边合作研究计划，比如，欧盟的"伽利略"计划和国际热核聚变实验堆（ITER）计划等，以充分利用国际科技资源，在世界一流水平的高起点上发展我国在全球卫星导航定位、核聚变等重大战略技术领域的创新能力；另一方面我国还要积极牵头组织大科学工程和研究计划，针对当前人类社会共同面临的一些重大挑战的科学问题和科技工程，如荒漠化治理、传统医学发展等开展研究。

九、推进创新文化建设，形成良好的创新环境

创新文化是国家创新体系中不可或缺的关键资源，也是国家竞争力的重要组成部分。构建一个良好的、有利于创新的文化环境，已成为一个民族决胜于创新时代的必由之路。中华文明源远流长，文化的繁荣与起伏深刻影响着科技的发展，其中一些重大发现和发明深刻地影响了人类文明的进程，许多成就至今还令我们感慨和赞叹。我们的先哲在认识自然现象中归纳、整理出来的整体视角、辩证思维、因地

制宜等认识方法，不仅为我国天文学、医学、农学、工学等的发展提供了思想和方法基础，而且在今天仍然表现出令人叹为观止的后现代性。

但是，中国漫长的封建帝制对人们的思想形成了强大禁锢，历代王朝对新兴产业和科技成果的出现也往往视而不见。同时，中国传统文化中的一些思维方式，与近代科学执著于理性和实证探讨，追求启蒙，实现大众理想、人格自律的模式虽然在目标上不完全相悖，但却是很不一样的思想传统，影响了近代科学在中国的发生与传播。直到今天，保守与封闭，缺乏怀疑与批判精神，急功近利和急于求成，都对中国的科技发展构成了严重制约。重构有利于创新的文化氛围，再造中国创新文化的辉煌，对于中国科学技术的健康发展，对于中国经济社会的持续繁荣，对于中华文明的传承与弘扬，都将具有极端重要的意义。

十、加强科技宏观调控，促进全社会科技资源的有效配置

完善社会主义市场经济体制，是改革与发展从局部突破进入整体推动阶段的客观要求。加强政府宏观调控能力，是当前科技工作中亟待解决的紧迫问题。一方面，国家层面的科技战略决策能力弱化，缺乏明确的国家目标和有效的宏观调控机制，部门分割的管理体制导致创新要素之间缺乏互动机制，公共科技资源在部门之间分割，科技投入多头分散，科研项目重复立项，已经制约了科技创新能力的提高。以今年防治 SARS 的科技攻关为例，初期各部门、各研究单位自行其是，一盘散沙，直到科技攻关组成立之后才有所改观。即使如此，早期诊断试剂仍有 20 多家在做，但只有 2～3 家企业的产品能够利用；疫苗也有 20 多家在做，但绝大多数不具备足够的能力。特别是 P3 实验室最初没有一家有能做研制 SARS 疫苗和药物所必需的大动物实验的能力，然后又是一哄而起，全国有几十家企业要投入建设。尽管科技部采取了很多办法，如下发通知、定点检查等，但由于行政管理体制上的高度分割，仍然难以得到有效解决。另以中分辨率成像光谱仪（MODIS）接收系统为例，目前的 MODIS 数据接收系统全套引进需要 100 万美元左右，即使是国产设备也要 180 万人民币左右。全美国只有 16 套，俄罗斯有 8 套，日本有 4 套，英国、法国、德国等欧洲大部分国家目前只有 1 套，由于实现了共享，完全满足了科研和生产需要。我国已建成 17 套，仅北京地区就有 8 套，一些科研单位还计划在未来几年内再进口 80 套。尽管如此，由于缺乏统筹规划和协调，也难以实现有效覆盖和共享。据科技部有关调研反映，目前国内大型科学仪器的利用率不足 25%，而发达国家的设备利用率达 170%～200%。

另一方面，体现国家意志、关系社会长远利益和公共利益的公益性研究和基础研究缺乏必要的资金投入作保障，科学技术对国家安全、经济安全的保障能力，以及对社会发展的公共服务能力严重不足。到 2000 年为止，我国研发费用中，用于基础性研究的比例只有 5%，不仅低于同期美国 18% 的水平，而且远远低于 1999 年

法国 23%、捷克 36% 的水平。据有关资料分析，在农业科研方面，世界平均农业科研投资占农业总产值的比重一般为 1%，发达国家超过 5%，发展中国家约为 0.5%，我国不到 0.3%。在卫生与健康科研方面，2000 年我国卫生事业研发投入仅为 12 亿元人民币，而美国 2001 年政府卫生科研经费为 240 亿美元。在林业科研方面，美国、加拿大、新加坡等国林业科研人员人均年科研经费为 5 万～15 万美元，我国林业科研人员人均年科研经费仅为 2 万元人民币，这一水平甚至比印度的投入强度还低。2003 年我国防治"非典"的科技攻关，表面上是检验我国科技的应急能力，实质上是对国家科研能力的全面反映，从中暴露出我国在社会公益研究方面长期积累下来的巨大"亏欠"。

按照党的十六届三中全会的要求，我们必须进一步加强政府科技主管部门的宏观调控能力，不断深化科技体制改革，逐步完善全社会科技资源高效配置和综合集成的机制，提高国家整体创新能力，提高科学技术对实现国家战略的保障能力。同时，在市场经济条件下，政府必须调整在推动科技进步中的职能定位，逐步从市场竞争比较充分的领域中退出，转为向社会提供更多的公共科技产品和服务。

坚持以人为本的科技发展观[①]

(2004年3月24日)

中国是一个人口众多、资源相对匮乏的国家。这种特殊的国情，一方面决定了我们在资源和环境方面面临着比西方发达国家工业化过程更大的挑战，决定了中国的工业化只能走新型工业化道路，决定了中国经济社会发展必须切实转入依靠科技进步的轨道上来；另一方面，大力培养具有现代科技素养和创新能力的各类人才，使我国从人口大国转变成人力资源大国，完全有可能使数量巨大的人口包袱转变成潜力巨大的人口财富。因此，我们要紧紧抓住发展这个第一要务，坚持以人为本，依靠科技进步，推动经济社会全面、协调、可持续发展。

一、科技发展为了人

中国是一个拥有13亿人口的大国，人口问题始终是我国社会可持续发展所面临的首要问题。长期以来，我国所面临的人口负担问题，不仅表现在庞大的人口规模上，更表现在人口质量上。据联合国开发计划署（UNDP）的《人类发展报告2001》，1987~1997年，我国每10万人口中科学家和工程师人数仅为454人，而日本为4909人，美国为3676人，俄罗斯为3587人，韩国为2193人，我国与这些国家相差5~10倍。大规模投资于人力资源开发，培养大批具有现代科技素养和创新能力的人力资源，把人口负担转化为人力资源财富，使中国成为真正意义上的人力资源大国，这是中国现代化进程的必由之路。因此，我国未来的科技发展，必须把提高公民的科学素质，培养现代人力资源作为重要目标，努力满足公众的基本科技需求，提高社会的科技公平程度，强化国家在科学教育、科学普及等方面的责任，不断扩大科技公共产品供给，促进科学技术的交流与扩散，鼓励公众参与科技决策，让社会成员最大限度地分享现代科技文明，真正使科学技术植根于人民，造福于人民。

[①] 2004年3月24日发表于《科技日报》（节选）。

二、科技发展服务人

国际经验表明，一个国家在人均国内生产总值处于 500~3000 美元的发展阶段，也往往是经济社会结构剧烈调整变化的关键时期。目前，我国就处在这样的发展阶段，广大人民群众自身的发展需求问题日渐突出和紧迫。比如，我国公众的卫生与健康保障条件仍然落后，特别是全国农村居民中有 90% 左右尚未建立起基本的公共卫生与医疗保障；就业问题正在成为我国较为严峻的挑战之一，并且表现出长期性、复杂性的特征；不断增强的活动强度和提高生活质量的要求，与生态环境的承载能力构成了尖锐矛盾。凡此等等，都要求我们必须从我国的基本国情出发，以满足广大人民不断增长的物质和精神需求作为基本的出发点，高度正视未来我国经济和社会实现可持续发展所面临的一系列重大瓶颈性约束和挑战，促进科技与经济、社会和人的协调发展。要实行积极的公共科技政策，把社会领域的科技创新置于科学和技术发展的重要地位，大幅度提高我国公共科技产品的供给能力和覆盖范围，努力使所有社会成员都能公平地分享到科技进步的福祉，获得新的发展机会。

三、科技发展依靠人

当今世界，人力资源已经成为一个国家经济和社会发展最重要的战略资源。目前，我国科技人力资源总量已达到 3200 万人，数量位居世界第一。但是，我们面临的突出问题是缺乏尖端人才和战略型科学家。近年来，我国本土科学家获得国际性权威科技奖的人数寥寥无几，在国际权威科学院中出任外籍院士的数量不仅大大低于发达国家，还低于印度。在科技创新中，尖子人才往往有着不可替代的作用，一两个或两三个尖子人才往往就决定了一个研究团队甚至一个国家在该领域的国际地位。历史上，正是因为有了钱学森、钱三强、邓稼先、华罗庚、李四光、周培源、竺可桢、茅以升、袁隆平、王选等一大批优秀领军人物，我国才能够在科技领域取得一系列突破性成就。优秀尖子人才的匮乏，使我国难以在激烈的国际科技竞争中占据科学前沿和把握重大的发展方向，因而也难以做出真正具有开创性的科技贡献。因此，我们必须坚持人才资源是第一资源的思想，构建有利于优秀人才脱颖而出的良好风气，培植鼓励创新探索、敢冒风险、宽容失败、尊重不同学术观点的文化氛围。要形成符合科技发展规律的评价与奖励制度，以此引导科技人员尊重科学真理，强化创新意识，培育开放理念，打破学术封闭。要彻底转变"见物不见人"的观念，把积极培养、使用、稳定和吸引人才作为科学和技术发展最重要的目标之一，建立起人才辈出、人尽其才、才尽其用的激励机制，充分激发广大科学和技术人员，以及全社会劳动者的聪明智慧和创新潜能。

把自主创新摆在科技工作的突出位置[①]

(2005年3月2日)

最近,胡锦涛同志对科技工作发表了一系列重要指示,强调要坚持把推动科技自主创新摆在全部科技工作的突出位置,坚持把提高科技自主创新能力作为推进结构调整和提高国家竞争力的中心环节,加快建设中国特色国家创新体系,在实践中走出一条具有中国特色的科技创新的路子。这些重要指示指明了我国科技事业的发展方向,对推进科技自主创新做出了部署,具有重要的意义。

一、加强自主创新是我们党对发展形势的准确把握和发展战略的重大部署

党中央高度关注科技发展,高度关注提高科技自主创新能力,反映了我们党对当代国际发展形势和科学技术发展规律的准确把握,反映了加快推进社会主义现代化建设对科技发展的新要求。

当代国际竞争归根结底是科技实力和创新能力的竞争。随着全球化进程的加快,资本、信息、技术和人才等要素在全球范围内的流动与配置更加普遍,科技竞争日益成为国家间竞争的焦点,创新能力成为国家竞争力的决定性因素。为此,世界上许多国家都把科技投资作为战略性投资,大幅度增加科技投入,超前部署和发展战略技术及产业。在这场竞争中,发达国家及其跨国公司利用自身的技术和资本优势保持领先地位,用技术控制市场和资源,形成了对世界市场特别是高技术市场的高度垄断,知识产权有可能成为影响发展中国家工业化进程中最大的不确定性因素。发展中国家如果能提高创新能力,不断提升比较优势,就可能获得发展的机遇和主动权,利用后发优势实现社会生产力的跃升;否则,也可能拉大和先进国家的发展差距,甚至被边缘化。

改革开放以来,我国经济建设和社会发展取得了巨大成就,已经成为对世界具

[①] 2005年3月2日为《求是》杂志(半月刊)撰写的专论(刊发于2005年第8期),题为《把推动科技自主创新摆在全部科技工作的突出位置》;后又发表在《中国软科学》2005年第4期(收稿日期为2005年4月18日)。

有重要影响的国家。20世纪的前20年，我国将要基本实现工业化和全面建设小康社会的目标，这将是人类历史上最为艰巨和宏大的社会进步过程，从根本上拓展了我国科技发展的战略视野。由此形成多层次、多样化的巨大科技需求，为我国科技发展提供了前所未有的战略机遇，也带来了前所未有的巨大压力。发展面临的新环境、新任务，以及基本国情和特殊需求，决定了中国未来只能走以创新为主导的发展道路。只有依靠科技进步和创新，才能突破发展面临的重大瓶颈约束，也才能赢得未来发展的主动权。

通过学习和贯彻胡锦涛同志有关自主创新的一系列重要指示精神，科技界要达成一个共识，充分认识我国科技发展面临的形势和任务，充分认识我们肩负的历史责任，把握新科技革命给我国带来的前所未有的重大机遇，下决心提高科技自主创新能力。要着力提高科技解决当前和未来我国经济社会发展重大问题的能力，着力提高为落实科学发展观提供知识基础和技术支撑的能力，着力提高保障国家安全的能力，为全面建设小康社会奠定坚实的科技基础。这是时代对我国科技发展的历史要求，是科技工作者的神圣使命。

二、推动自主创新是落实科学发展观的重要举措

进入21世纪，我国进入全面建设小康社会、加速推进社会主义现代化建设的新阶段。从现在到2020年，将是我国实现工业化的关键时期，经济社会结构迅速变化，各方面矛盾凸显，劳动力、资本和土地资源等传统生产要素对经济增长的边际贡献率将出现递减趋势。全面落实科学发展观，推动结构调整，保持经济社会持续协调发展，为加快科技发展提供了前所未有的机遇，也对加强自主创新提出了迫切需求。

（一）实现经济增长方式的根本转变，必须坚持自主创新

长期以来，我国经济增长主要依靠资源、资本和劳动力等要素投入的驱动。随着经济规模的不断扩大，能源、资源、生态环境对经济增长的约束逐步加大，城乡之间、地区之间发展的不平衡性日益突出，经济社会发展面临着一系列重大的瓶颈性约束，矛盾非常突出。如果继续沿袭传统的增长方式，那么经济增长所产生的巨大资源需求和环境破坏性影响，以及经济、社会各方面的负面影响，是我们根本不可能承受的。因此，提高自主创新能力，真正实现经济增长方式的转变，已经成为摆在中国经济发展面前的非常迫切的重大政策选择。

（二）推动经济结构调整和产业升级，必须依靠自主创新

20世纪90年代以来，推动经济结构和产业升级，改造传统产业，发展高新技术产业，积极培育中国产业新的比较优势和竞争优势，一直是经济发展的中心任

务。多年来，结构调整也取得了一些进展，但国民经济的结构问题并未从根本上解决，转变经济增长方式、提高经济增长质量的问题并未从根本上解决。其中很重要的一个原因是，现阶段我国经济结构调整的实质问题，已由数量结构变化转变为提高产业技术水平和产业素质，传统的主要着眼于生产能力结构调整的思想和方法很难见效。因此，要寻求新的思路和途径，把自主创新作为促进结构调整和提高国际竞争力的中心环节，通过提高产业技术水平和创新能力，培育新的增长点，拓展发展空间，实现结构调整的目标。

（三）应对日益激烈的国际竞争，提高国家竞争力，必须提高自主创新能力

加入WTO后，我国面临着更加开放的国际环境，也面临着严峻的国际竞争压力。作为一个科学技术发展水平相对落后的国家，我们必须把在引进国外先进技术基础上的消化吸收和再创新作为一项长期的战略性任务。但同时也应当认识到，随着我国参与国际竞争的深度和广度不断增加，发达国家及其跨国公司对我国的技术封锁不断加剧，我国产业创新能力弱、关键技术依赖国外的问题日益突出，国家竞争力受到严重影响。在涉及国防安全和经济安全的关键领域，核心技术受制于人的局面，使我国难以掌握战略的主动权。目前，知识产权、技术标准等已经成为我国参与国际竞争的巨大障碍。因此，强化自主创新能力，集中力量突破影响产业竞争力的关键技术，开发具有自主知识产权的核心技术，扭转我国在重要领域的关键技术依赖国外的状况，增强我国产业的国际竞争力，抢占国际竞争的战略制高点，维护国家经济安全，应该成为我国科技发展的基本战略。

三、把推动科技自主创新摆在全部科技工作的突出位置

经过几十年的努力，我国科技事业取得了举世瞩目的成就。载人航天、超级水稻、超级计算机等重大成就，反映了我国科技创新能力的不断提升。以促进科技与经济紧密结合为主要目标的科技体制改革不断深化，国家科技结构得到优化，市场配置科技资源的基础性作用不断增强，企业正在成为技术创新的主体。在科学论文、发明专利等重要指标上，都处在我国历史最好水平。但是，我们也应清醒地看到，我国科学技术总体水平与主要发达国家之间还存在较大差距，尚未成为对世界有重要影响的科学技术大国。国家创新体系尚不完善，体制和机制有待深化改革；自主创新能力不足，关键技术自给率低；科技投入不足，而且资源分散；科学研究质量不高；尖子人才匮乏，难以在激烈的国际科技竞争中做出具有世界水平的重大贡献。在综合国力竞争日趋激烈的形势下，自主创新能力不足已经对我国经济社会发展和国家安全构成了严重制约。我们一定要深刻理解、全面贯彻胡锦涛同志的指示精神，把推动科技自主创新摆在全部科技工作的突出位置，在实践中走出一条具有中国特色的科技创新的新路子。

（一）以推动科技自主创新为中心，努力实现科技发展思路的重大转变

在日益开放的国际环境下，我们有更多的途径和方式学习和借鉴国外先进的科技成果。但是，中国不可能仅仅依靠引进技术就可以满足自身发展的科技需求。实践也一再证明，核心技术是买不来的，技术创新能力是买不来的。中国科技进步必须牢牢建立在自主创新的基点之上，充分利用全球科技资源，提高自主创新能力，这应该是我国科技工作坚定不移的指导方针。为此，我们要积极调整科技发展思路，一是在发展路径上，要加强自主创新，不断增强科技持续创新能力；二是在创新方式上，要加强以重大产品和新兴产业为中心的集成创新，努力实现关键的技术集成和突破；三是在创新体制上，要以建立企业为主体、产学研结合的技术创新体系为突破口，整体推进国家创新体系建设；四是在发展部署上，要强调科技创新与科技普及、人才培养并重，扩大科技创新的社会基础；五是在国际合作上，要全面主动利用全球科技资源，有效服务于国家的战略需求。

（二）针对经济社会发展的重大科技需求，实现重点领域的技术集成创新和突破

为国家经济社会发展提供有力的科技支撑，这是中国科技工作义不容辞的责任。要坚持"有所为，有所不为"的方针，抓住那些对我国经济、科技、国防、社会发展具有战略性、基础性、关键性作用的重大课题，努力把科技资源集中到事关现代化全局的战略高技术领域，集中到事关实现全面协调可持续发展的社会公益性研究领域，集中到事关科技事业自身持续发展的重要领域和基础研究领域，抓紧攻关，力争在一些重大领域的科技创新方面取得突破，特别是在解决资源环境瓶颈约束的重大科技问题上要有所突破，在提高产业自主创新能力方面要有所突破，在解决经济社会协调发展的重大科技问题上要有所突破。

（三）围绕提高科技自主创新能力，加快建设中国特色国家创新体系

加快国家创新体系建设，是党和国家在新时期把握新机遇、迎接新挑战、实施科教兴国战略的基础性工作。当前，国家创新体系建设将进入到在国家层次上进行整体设计、系统推进的新阶段。我们要紧紧围绕提高科技自主创新能力这个主题，继续深化科技管理体制改革，重点解决影响发展全局的深层次矛盾和问题，解决国家创新体系中存在的结构性和机制性问题，努力建立一个既能够发挥市场配置资源的基础性作用，又能够提升国家在科技领域的有效动员能力，既能够激发创新行为主体的自身活力，又能将各部分有效整合的新型国家创新体系。当前要以提高企业创新能力为重点，围绕确立企业创新主体地位，建立以企业为核心、产学研结合的技术创新体系，力争在政策上、体制上有所突破。

（四）加强科技宏观管理，努力创造有利于自主创新的政策环境

当前，我国科技发展的环境发生了一系列重要变化，社会主义市场经济体系的建立和不断完善，广大科技人员和科研机构已直接面向生产、生活实践，科技活动与经济社会发展日益紧密，科技投入主体日益多元化，推进政府改革和提高党执政能力的要求，落实中长期科技规划等，对切实加强科技宏观管理提出了十分迫切的要求。我们应当深入学习、认真贯彻胡锦涛同志有关自主创新的讲话精神，从加强党的先进性建设、提高党的执政能力的高度，深刻认识提高科技自主创新能力的重要性和深远意义，按照科学发展观和统筹发展的要求，加强科技各方面工作的统筹协调，加强科技政策与经济政策的相互协调，为提高自主创新能力创造有利的政策环境，努力开创科技工作的新局面。

关于"十一五"科技发展思路的思考[①]

(2005年3月17日)

在2004年中央经济工作会议上,胡锦涛同志明确指出,提高自主创新能力是推进结构调整的中心环节。这是中央对发展形势的准确把握和对当前与未来经济社会发展的重大部署,具有十分重要的意义。我认为,应该将自主创新作为"十一五"计划的重要指导思想,贯穿于经济社会发展的各个方面。下面我谈几点看法。

一、用自主创新破解结构调整和转变经济增长方式的难题

从20世纪90年代以来,转变经济增长方式、推进结构调整一直是经济工作的重点。"九五"计划提出调整产业结构,实行经济增长方式从粗放型向集约型转变;"十五"计划提出以提高经济效益为中心,对经济结构进行战略性调整。但是,结构调整的效果并不理想,我们还没有摆脱"高投入、高消耗、高增长、低效益"的困扰。未来相当长一个时期,我们面临着突破资源环境约束、保持经济长期持续稳定增长、提高产业国际竞争力、建立和谐社会、维护国家安全等重大战略问题,没有科技创新能力的大幅度提高是根本不可能的。需要指出的是,过去我们一直讲依靠科技进步推动增长方式转变,现在强调提高自主创新能力,这两者之间密切相关但又有很大的区别。我以为,科技进步通常是指科技发展的结果或状态,而自主创新更多的是指要达到某种状态或结果的手段和途径。对我们这样一个发展中大国来说,面对十分复杂的国情和科技需求,面对日益激烈的国际竞争环境,不能把解决自身重大科技问题的希望寄托在别人身上。推进结构调整、促进增长方式转变的主要技术基础,必须由自己来建立。因此,将自主创新作为结构调整和提高国家竞争力的中心环节,就是使结构调整真正"破题",找到真正的切入点。这是我国经济发展战略和政策的重大突破,是党中央对未来发展的重大部署。

[①] 根据2005年3月17日在"'十一五'计划思路研讨会"上所提的意见(提纲)整理而成。

二、把加强自主创新贯穿于经济社会发展的全过程

1995 年，在邓小平同志关于"科学技术是第一生产力"的思想的指导下，中央明确提出实施科教兴国战略。10 年来，科教兴国战略的实施尽管取得了很大成就，但在许多方面也并未完全落到实处，存在着"口号式"、"公文式"科教兴国的现象。在一些同志看来，科技创新似乎仅仅是科技界的事，甚至科教兴国也只是科技教育界的事。因此，在实践中就表现出发展战略与具体政策脱节，经济政策与科技政策脱节，科技创新活动也仍然局限在科技界内部，没有变成全社会的共同行为。长期以来形成的单纯追求速度增长、规模扩张的发展思路和政策，始终未能得到根本调整。在此我想强调，创新首先是一个经济活动过程，加强自主创新首先也应当是一项经济工作，是需要全社会各方面共同参与的事业。中央将自主创新提高到事关国家竞争力的战略高度来认识，应当引起全党、全社会的高度重视。如果只将其作为一种政策理念，而不从制度和政策上进行具体安排，加强自主创新就会成为一句空话。根据中央的部署，将自主创新放在影响全局的突出位置，贯穿于经济社会发展的各个方面，这应当是制定"十一五"计划必须牢牢坚持的根本立足点。

三、加快建立以企业为主体、产学研有机结合的技术创新体系

改革开放以来，我国出现了一批依靠提高自主创新能力而获得市场竞争力的优秀企业。比如，华为公司多年来一直坚持拿出占销售额 10％以上的研发投入，年研发投入已经超过 30 多亿元；现有员工 24 000 人，其中超过 50％是研发人员；近年来，平均每天有 6 项专利申请，累计申请超过 5000 项，其中 85％为发明专利，授权超过 1000 件；拥有自主知识产权的通信设备产品已成功打入全球 90 多个国家和地区，其中包括 15 个欧美发达国家。但是，目前我国企业总体上还缺乏技术创新能力。据有关资料统计，全国规模以上工业企业研究开发投入占销售额的比重仅为 0.78％，拥有技术开发机构的企业仅占 25％，大部分企业没有技术研发活动。这种局面如果长期得不到改变，许多企业除了陷入无休止的低价倾销等恶性竞争之外，别无出路。因此，国家应当围绕提高企业技术创新能力，通过切实有效的改革举措和政策激励，使企业成为研究开发投入的主体、技术创新活动的主体、创新成果集成与应用的主体，调动全社会力量为企业技术创新服务，让更多的"华为"茁壮成长起来。

四、经济政策要向有利于促进自主创新的方向进行调整

长期以来，我国经济政策的基本方向是以支持经济增长为核心，一些经济政策

与科技政策存在脱节的问题。"十一五"期间，应该考虑进行适应调整：一是加强政府投入和政策引导。国家投资、消费、贸易、金融、政府采购等政策应当按照有利于促进自主创新的目标进行调整，发挥经济政策对自主创新的促进作用。这个问题不解决，中央提出的提高自主创新能力的战略思想将很难落到实处。二是把支持中小企业创新作为经济政策和科技政策的基点。据统计，我国65%的国内发明专利是由中小企业获得的，80%的新产品是由中小企业创造的。实践证明，中小型科技企业是最具创新活力也面临巨大创新风险的企业群体。发挥科技型中小企业的创新作用，需要政府创造更为有利的政策环境。我们应该制定有利于中小企业创新和公平竞争的法律和政策，建立健全中小型科技企业服务体系。政府支持企业的各种资源，应该明确向支持中小企业的技术创新活动倾斜。三是重视引进技术的消化吸收。技术引进与消化、吸收的严重脱节，是导致我国部分产业长期陷入"引进、落后、再引进、再落后"怪圈的一个重要原因。据统计，我国2002年技术引进与消化、吸收的经费投入比例为1∶0.08，而韩国和日本在相近发展时期的这项投入比例是1∶5～1∶8，差距非常之大。作为一个发展中国家，我们肯定还需要从国外大量引进先进技术。但如果不在消化、吸收上多做文章、做足文章，我们将很难走出技术依赖以致受制于人的被动局面。四是建立促进有效的技术转移机制。企业是技术创新的主体，也是技术集成与应用的主体。要通过建立健全知识产权激励机制和知识产权交易制度，发展各类科技中介服务机构，促进企业之间、企业与大学和科研院所之间的知识流动和技术转移，以及为社会开放国家科研基地和科技资源等方式，真正建立以市场为基础的科技成果转移、扩散机制，加快科技成果转移的步伐。

五、把现代服务业置于国家战略性产业高度加以关注和重视

与许多国家相比，目前我国第三产业发展明显滞后，发展水平不高，存在结构性缺陷，特别是现代服务业发展不足。在过去的10年里，我国服务业占GDP的比重（33.1%）几乎没有增长。在北京中关村上万家高新技术企业中，社会中介数量不到5%，而按世界主要高科技园区的发展规律来看，其数量最少应占企业总数的1/5，即2000～5000家，市场容量高达40亿～80亿元。在就业方面，目前我国服务业就业比重仅为29.3%，而世界上大多数低收入和中等收入国家一般为45%，发达国家大都在70%左右，如果我国服务业就业比重达到45%，就可以吸纳1.3亿人就业。因此，我们应当从根本上破除忽视服务业发展的旧有思维，从战略高度上提升认识，将服务业特别是信息和知识相对密集的现代服务业作为重要的战略性产业，抓住现代服务业向发展中国家转移的机会，加速服务业发展进程，优化国民经济整体结构，提高国民经济运行的质量。

推进香港与内地更加紧密合作[①]

(2005年10月5日)

近年来，内地与香港的科技合作日益紧密，在基础研究、应用研究等领域取得了一批重要成果，各方面的交流与合作已进入到一个新的层次。在基础研究领域，近年来内地与香港地区的科研机构联合建立了一批基础研究实验室，积极吸引香港科学家参与一些国家重大基础研究项目。值得一提的是，在"非典"科技攻关中，香港科技人员与内地科技人员紧密合作，首次在动物中分离到 SARS 冠状病毒。在应用研究领域，中国科技交流中心与香港高校联合建立了中国资讯科技虚拟创新中心、中国生物医药虚拟创新中心，内地一些应用科研机构也与香港高校联合建立了专业研究中心。作为对香港科技界的支持，我们对今天刚刚举行了成立典礼的香港中文大学太空与地球信息科学研究所给予了先期的支持。科技部也已批准在香港建立"新传染病预防控制国家重点实验室"和"脑与认知科学国家重点实验室"，昨天下午我很荣幸地参加了开幕典礼。这些研究机构已经或将要成为内地与香港开展长期应用科技合作和交流的重要基地。

2004 年 5 月 17 日，科技部与香港工商及科技局签署了《内地与香港成立科技合作委员会协议》，科技合作委员会确定将 IC（集成电路）设计、射频识别（RFID）、汽车零部件、中医药 4 个领域作为近期合作的重点领域。推动落实 4 个领域的合作是 2005 年国家科技部对香港科技工作的重点：一是吸收内地与香港有关专家成立 IC 设计、射频识别、汽车零部件、中医药合作工作组；二是确定两地在以上 4 个领域的具体合作项目，并推动合作项目的实施；三是赴香港举办"中长期科技发展规划"研讨会，吸引香港科技界参与到内地的科技发展事业中来，为内地和香港的科技发展服务；四是双方商定，两地将共同对内地与香港的科技资源进行调研，为国家中长期科学和技术发展规划的部署和实施提供决策依据。

香港目前拥有一批优秀的大学和研究所，培养和吸引了一批尖子人才，活跃着一支很强的科研队伍，建设了先进的科技基础设施和良好的产业化环境，每年都有

---

① 2005 年 10 月 5 日在香港的演讲"中国科技发展规划与香港的角色"报告（节选）。

一批在世界上有影响的科技成果诞生。香港国际信息流通，和国际科技界有密切和广泛的联系，有鼓励创新、宽容失败的良好氛围，有健全的知识产权保护制度和良好的投融资环境。开放的市场经济和繁荣的金融业为科技产业化发展提供了良好的条件。香港的社会经济发展为科技发展提出了多样化的重大需求，形成了门类齐全的科技体系。在发展科技上，香港与内地有很强的互补性。

加强内地与香港地区的科技合作，是国家科技发展总体战略的重要组成部分。结合国家中长期科学和技术发展规划的部署，香港在中国科技发展中将发挥更为重要的作用，扮演更加重要的角色。为了推进香港与内地的科技合作，我提出五点建议。

一、完善内地和香港的科技合作与交流机制，吸收香港的大学和科研机构参与国家科技计划

加强和完善内地与香港科技合作委员会的相关机制，进一步通过科技项目支持和产业化环境建设鼓励香港与内地科研人员和机构开展更加广泛和深入的科技合作。科技部要在国家科技政策的制定、国家科技计划的编制、国家重大科技项目的评审、国家"863"计划、"973"计划和国家科技攻关计划的项目组织和实施过程中加强香港科技界的参与。

二、支持与共建多种形式的科研和产业化基地，促进香港科技创新能力的提高

实验室、工程研究中心、科技园、生产力促进中心等是香港科技创新体系的重要组成部分。我们要努力为香港积聚创新活力提供多种形式的支持，目前已经开始在香港建立国家重点实验室。下一步我们将积极考虑在有条件的机构建立国家工程技术中心。我们还将积极支持香港科技园、数码港、应用研究院和内地的合作。同时也欢迎香港的高校和研究机构，以及科技企业在内地设立相应的基地。

三、鼓励发展有比较优势的学科，支持内地和香港共同组织推进重大国际科技合作项目

香港在信息、生物、医药、材料、能源等领域具有很好的基础。在此基础上应该瞄准国际目标，选择重点科技领域，组织一些重大国际合作项目。比如，中医药是世界医药的宝库。国家"十五计划"期间在中医药现代化研究开发方面投入了大量的资源，建立了4个国家级的基地。目前，我们正在组织力量，积极支持开展国际科技合作。我们希望启动一个由中国牵头，各国参加的中医药大科学研究计划。

香港在这方面已经有了很好的基础，我们乐于看到香港积极参与到其中来。

四、充分发挥香港科技界和香港资本市场的近距离优势，为全国科技成果产业化投融资起到桥梁和促进作用

科技型中小企业是国家技术创新的主要推动力量。中国的香港是亚洲第二大金融中心，内地许多科技型企业已在香港成功上市。香港可以利用其发达的资本市场体系，更多地支持内地科技型中小企业的发展，与内地金融机构共同构筑一个低成本的、适宜于创新创业的环境。香港科技界可以为内地科技成果在香港寻找金融支持起到推介作用，同时也可以帮助香港的科技成果在内地找到广阔的市场。我建议我们着手形成一个工作机制，促进科技界、产业界、金融界之间的信息交流。

五、在促进泛珠江三角洲区域合作中，科技要发挥更加重要的作用

泛珠江三角洲地区是我国经济发展十分活跃的地区。这几年经过多次的讨论，逐渐形成了以粤港为中心带动周边省区共同发展的共识。最近刚签署了一个泛珠江三角洲地区科技创新合作"十一五"专项规划，其中提出了五大基本任务和12个科技专项。科技部将采取措施，加强跨省区的科技资源整合与人才交流，实现优势互补，形成互惠互利的多赢格局，特别是将积极创造条件，推动重大专项的落实，加强泛珠江三角洲地区资源共享和基础科技平台的建设等。

女士们，先生们，我们国家正处在近代历史上最好的发展时期，面临着许多重要的发展机遇。让我们携起手来，共同创造一个有利于创新、创业的良好环境，依靠科技创新创造财富，共同开创中华民族繁荣昌盛的美好未来。作为一个富有智慧和创造力的伟大民族，我们也有责任为人类文明进步事业做出更大的贡献。

关于自主创新的几个重大问题[1]

(2006年3月23日)

我今天非常高兴能到这里来,有机会和这么多党政领导同志就加强自主创新、建设创新型国家的问题交换意见。我以前在不同的场合,多次讲过自主创新的问题。今天专门就落实自主创新战略的工作思路,谈一些心得体会,供大家参考。

一、关于以企业为主体、产学研相结合的技术创新体系

建立以企业为主体、产学研相结合的技术创新体系,是此次《规划纲要》[2]的一个亮点,是推进自主创新的重大战略举措,意义非同一般。可以说,技术创新体系能否建设成功,在很大程度上决定了自主创新战略的成败。

(一)中央为什么做出这样一个重大决策?

我以为,这是总结中国科技改革和发展经验的结果。改革开放以来,为了加快科技进步,科技系统和经济系统都做了重大努力。在科技系统内部,进行了一系列面向市场的改革,从1984年减拨事业费到1999年应用研究院所向企业化转制;同时,国家大幅度增加了对科技的投入,实施了"863"计划、攻关计划、"973"计划等重大科技发展计划,设立了自然科学基金,组建了一批国家重点实验室、工程中心等。在经济系统内部,通过大量引进技术,提高了产业技术水平。但大家认为,"科技与经济结合"的问题仍没有完全解决。主要原因是:经济、科技在两个相对封闭的系统内各自推动科技进步。产业技术进步主要依靠从国外引进技术,没有自己的创新能力,缺乏竞争力。科技改革和发展主要在科技系统内部完成,没有

---

[1] 2006年3月23日在浦东干部学院上所做的报告,后发表在《科技日报》2006年4月7日,同时刊登在《中国软科学》2006年第4期(收稿时间为2006年4月14日)。该文是继2001年10月在中国工业高科技论坛上的讲话"加强原始性创新,实现以跟踪为主向自主创新为主的转变"、2003年1月6日在全国科技工作会议上的报告"努力实现科技发展向以自主创新为主的重大转变"、2005年3月2日在《求是》杂志上的专论《把推动科技自主创新摆在全部科技工作的突出位置》之后,关于"自主创新"比较系统的论述。

[2] 即《国家中长期科学和技术发展规划纲要(2006—2020年)》,简称《规划纲要》。

完全走出自身的小循环，没有全面进入经济社会发展的大循环体系之中。因此，经济发展与科技发展形成了两条平行线，没有形成一个交汇点，导致了经济与科技在根子上的相互脱节。

（二）为什么要将企业作为技术创新主体？

多年来的经验告诉我们，科研机构的研究开发活动，存在着单纯的技术导向倾向，注重技术参数、指标的先进性，但对市场需求和市场规律缺乏把握，其成果往往不具有进入市场的能力。例如，有的成果技术水平高，但成本也很高，缺乏市场竞争能力；有的成果技术水平高，但达不到产业化生产的要求。这是多年来科技成果转化率不高的一个根本原因。在市场经济条件下，企业是经济活动的主体。技术创新活动本质上是一个经济活动过程，只有以企业为主体，才真正可能坚持市场导向，反映市场需求。讲企业成为技术创新主体，就是要使企业成为研究开发投入的主体、技术创新活动的主体和创新成果应用的主体。

（三）为什么必须坚持产学研相结合？

我国企业整体上创新能力不足，企业研发机构少。据统计，目前全国规模以上企业开展科技活动的仅占25%，研究开发支出占企业销售收入的比重仅占0.56%，大中型企业仅为0.71%；只有0.03%的企业拥有自主知识产权。而我国的科研机构和高等院校经过多年来的积累，已经具备了比较充足的技术条件和潜力，同时有源源不断的原始创新成果涌现出来。因此，建立以企业为主体的技术创新体系，必须尽快整合资源，充分发挥科研机构和高等院校的作用。

推动企业成为技术创新主体，首要的是要创造良好的政策环境。政府促进企业成为技术创新主体，可以采取包括项目、政策、服务等多种措施。但排在第1位的，应该是创造良好的政策环境。通过项目支持企业是重要的，但项目能够支持的企业数量是有限的，项目能够发挥作用的时效也是有限的。更重要的、长期起作用的是政策，也只有政策才能真正调动千千万万的企业投入技术创新。因此，制定长期对所有企业起支持、鼓励作用的政策，其影响高于项目的操作。市场经济的国家支持企业创新活动，主要也是采取政策支持方式，这是许多发达国家的经验。

政府的一个很重要的责任，就是要为中小高科技企业的发展创造良好的环境，促使他们能够更快地成长，而不是由政府具体操办高科技企业。政府怎样促进高科技中小企业的发展？这里主要谈两点：一是要充分发挥高技术园区在发展科技型中小企业方面的作用。这在中国尤其重要。因为从总体上来讲，我们的基础设施比较落后，还不能够完全适应高技术企业发展快、生命周期短的特点，所以需要一个局部优化的环境。二是要积极发展风险投资。创新型企业具有的不确定性和信息不对称两个特点，与银行的集中资金管理模式和审慎经营原则不相符合，这使他们很难获得商业银行的贷款支持。而科技开发周期长、投资较大、风险较大，财政巨额投入又使政府难以承受。从发达国家经济发展的历史来看，几乎每一次大规模的技术创新都是依托创业风险投资和资本市场发展起来的。目前，中国风险投资还不适应发展需要，投融资问题成为中小企业发展的最大问题。

二、关于重大专项的组织实施

《规划纲要》确定实施16个重大专项，受到社会各方面的广泛关注。国际经验表明，重大战略产品和工程事关国家的长远和战略利益。美国在战后为保持科技领先地位和制造业的竞争力，规划并实施了多项重大工程，如"阿波罗计划"、"星球大战计划"、"信息高速公路计划"等。这些工程的成功实施，为美国实施其战略意图提供了有力支撑。美国目前正实施的有纳米计划、氢能计划、美国竞争力计划（ACI）等十几项重大计划。俄罗斯、日本、韩国、印度、新加坡、欧盟等国家和地区也都定期发布和实施重大科技项目或计划。

通过实施重大工程和项目以局部的突破和跃升来实现国家目标，中国也有过成功的实践。新中国成立以来，我国先后通过了"两弹一星"、载人航天、杂交水稻等重大项目的实施，不仅取得了科技发展的跨越，带动了相关基础和战略产业的成长，也培养并产生了一批世界级的战略科学家和科学技术领军人物，为中国跻身于世界大国行列做出了重要贡献。"十五"期间，我们成功组织实施了集成电路、电动汽车等12个重大专项，取得了重要进展。此次《规划纲要》确定了一批重大项目，将在国务院的领导下，根据需要和条件，成熟一个、实施一个，力求取得突破，努力实现科学技术的跨越式发展。这些重大项目的实施将对提高我国竞争力、保证国家安全产生深远的意义。

现在的问题是，市场经济条件下怎样组织重大专项？在此，我谈三点看法。

（一）要科学决策

在重大科技项目及技术路线的选择上，机遇和风险并存。从某种意义上说，重大专项的决策问题是对我们决断能力的一个重大检验。国家主导项目决策，一旦错误，影响很大，可能彻底失败。因此，我们要通过有效机制保障科学决策，并慎重对待与重大项目相关的技术路线和政策问题。

（二）要敢于决策

关于重大技术发展的项目选择、路径选择出现争论是难免的。丁肇中先生曾说过，科学的进步往往是多数服从少数的过程。一件新事物出现后，意见不一致是经常的，反对的人占多数也是正常的。面对争论，面对机遇和风险，等待绝不是好的选择，政府必须承担起责任，大胆决策。我曾经在很多场合表达过一个观点，即大家观点都一致之日,也就是市场机遇和技术创新机遇消失之时。高新技术产业有一个大家所熟知的"胜者全得"的规则,即技术上领先一步,就可能占领大部分市场。决策失败,会带来风险;而不决策,将带来全面丧失机遇的更大风险。此外,重大专项一经决策,就不能动摇,必须持之以恒,必须给予持续和稳定的支持,确保项目不受干扰。

(三) 要宽容失败

重大科技项目也是探索性项目,面临着很多不确定性。失败也是由很多因素造成的,失败是成功之母,对失败的总结往往又是新的创新机会。日本如果没有当时雄心勃勃的第五代计算机开发计划,今天也不会在超级计算机方面占有重要的一席之地。如没有当年治癌药物的大开发,人类今天面对癌症可能会有更多的无奈和恐惧。值得注意的是,市场机制本身就具有化解风险的内在优势,除了有限责任公司,风险投资、产业联盟等,都是宽容失败的机制。但国有体制如何造就宽容失败的机制,还是一个亟待解决的问题。其中,一个迫切的问题是,要改革政绩考核模式,特别是对于地方政府和国有企业,如果不改革,那么面对风险,任何机构都不愿有所作为,不会产生创新的激情和动力。

三、关于自主创新与引进技术的关系

自主创新与引进技术的关系,是这两年讨论得比较热烈的话题。我谈三点看法。

(一) 为什么要强调自主创新?

在当今日益开放的国际环境下,虽然我们有更多的机会利用外国先进技术,但我们必须要把自主创新作为我国科技进步的基点。这里谈三点认识。

1. 技术创新能力决定国家竞争力

改革开放 20 多年来,我国主要通过大规模的技术引进,以及引进外国直接投资"以市场换技术"等方式,促进传统产业的技术改造和结构调整,取得了很大成绩。但是,随着国民经济的不断发展,一些新的问题和矛盾开始凸显:随着劳动力成本的逐步提高,我国越来越难以从单纯的劳动力比较优势中获得应有的利益。由于缺乏核心技术,我国企业不得不将每部国产手机售价的 20%、计算机售价的 30%、数控机床售价的 20%~40%支付给国外专利持有者。由于我们产品的利润率过低,广大劳动者的工资水平也很难得到提高,从而使得扩大内需、促进现代服务业发展等国家重大战略难以顺利实现。另外,一些产业领域正在表现出一定程度的对外技术依赖,大到飞机、汽车、制造装备,小到服装、日化用品,国外品牌和技术主导的格局日益显现。

2. 引进技术不等于引进技术创新能力

技术和技术能力是两个有本质区别的概念。在一定条件下，技术可以引进，但技术创新能力不可能引进。实践证明，技术创新能力是内生的，需要通过有组织的学习和产品开发实践才能获得。我国的产业体系要消化、吸收国外先进技术并使之转化为自主的知识资产，就必须建立自主开发的平台，培养、锻炼自己的技术开发队伍进行技术创新的实践。在发展技术特别是战略技术及其产业方面，强调国家意志并没有过时。通过自主创新提升产业素质，把资源禀赋决定的比较优势转化为核心技术的竞争优势，应当成为新时期我国技术进步的一个立足点。

3. 真正的核心技术是买不来的

从冷战时期的"巴统组织"（巴黎统筹委员会）到今天的"瓦森纳协议"，美国等西方国家对技术出口的控制没有削弱。近年来，针对我国连续发生的美国劳拉公司和休斯公司火箭发射事件、以色列预警机事件、捷克维拉（VERA-E）无源监视系统事件、美国中芯国际集成电路制造有限公司（SMIC）投资建设芯片生产厂受阻事件、欧盟对华军售解禁问题等，都反映出这一点。实践表明，真正的核心技术是很难通过正常贸易得到的。我们应当立足于自主创新，在充分利用全球资源的基础上，依靠自身的创造性努力来逐步解决所面临的核心技术问题。

（二）正确处理引进技术和自主创新的关系

自主创新不等于关起门来搞创新。坚持自主创新，绝不是排斥技术引进，而是把在技术引进基础上的学习和再创新作为增强自主创新能力的重要路径。自主创新包括三个方面的含义：一是加强原始性创新，努力获得更多的科学发现和技术发明；二是加强集成创新，使各种相关技术有机融合，形成具有市场竞争力的产品和产业；三是要在引进国外先进技术的基础上，积极地促进消化、吸收和再创新。值得注意的是，长期以来，我国在技术引进与消化吸收方面严重脱节，这已经成为一个老大难问题。回忆历史，第二次世界大战以后的日本，20世纪80年代以后的韩国，都是在充分消化、吸收国外技术的基础上，取得了重大的成功，他们在很多领域的技术引进和消化、吸收投入之比达到了1∶5或1∶8，这使他们的自主创新能力迅速提升；相比之下，我们国家引进和消化、吸收可以说严重脱节，2004年引进技术和消化、吸收投入之比仅仅为1∶0.15。作为一个发展中国家，今后我们肯定还需要从国外大量引进先进技术，但必须在消化、吸收上多做文章、做足文章，否则将很难走出"引进、落后、再引进、再落后"的被动局面。

（三）发挥政府在引导消化、吸收、再创新中的关键性作用

1. 政府要发挥组织协调作用

分析中国在引进技术消化、吸收中存在的问题，造成这些问题的原因主要是，技术装备引进方和技术装备制造方是不同的主体，分属于不同的系统。例如，发电设备生产属于机械系统，而使用者则是电力系统。其他领域也大致如此。因此，要统筹好引进技术与消化、吸收、再创新的关系，就需要在两个系统之间统筹协调。三峡工程之所以成功，就在于国家从一开始就进行协调，将消化、吸收作为引进的重要目标。从我国的实际情况看，这种跨系统之间的协调也不仅仅是依靠国家来实现，各个地方都有很大的空间。

2. 落实鼓励技术引进、消化、吸收的政策

这次纲要配套政策中，将引进、消化、吸收、再创新作为独立政策条款。配套政策提出，加强对技术引进和消化、吸收、再创新的管理，要求凡由国家有关部门和地方政府核准或使用政府投资的重点工程项目中确需引进的重大技术装备，由项目业主联合制造企业制定引进、消化、吸收再创新方案。

3. 用好政府采购政策

配套政策明确要求，要建立财政性资金采购自主创新产品制度，优先安排自主创新项目。改进政府采购评审方法，给予自主创新产品优先待遇。这里我想强调，过去对政府采购政策就是"同等优先"的提法，是不全面的，也无法实施。

近年来，我们在引进技术的消化、吸收方面积累了许多成功经验。一个成功的例子是三峡工程建设。在三峡工程的特大型水轮发电机组等重大装备的设计制造中，通过技术引进、消化、吸收和自主创新，使我国在特大型水力发电设备设计制造方面一举跨越了与国外近30年的差距，带动国内机电装备制造水平实现了跨越式发展。我国特大型水轮发电机组已进入自主设计、制造、安装的时代。实践证明，只要认识一致，组织协调有力，有政策支持，引进技术的消化、吸收和再创新工作是完全可以搞好的。

四、关于知识产权

随着经济全球化进程的加快，知识产权在国际竞争中的重要性与日俱增，逐渐成为国家和企业争取科技和经济竞争优势的重要手段，构成了企业和国家竞争力的一个核心要素，日益受到人们的关注和重视。

当前，我国的知识产权创造能力还不强，创新主体的知识产权意识还较薄弱，

众多产业缺乏核心竞争力，知识产权拥有量与经济发展水平不相适应，知识产权拥有量不能适应激烈的竞争形势，企业自主创新能力弱，尚未成为知识产权创造的主体，科研机构、大学特别是企业的知识产权保护、管理与运用的能力和水平急需提高，不能适应发展的需要。当前，需要特别重视三个问题。

（一）保护知识产权

保护知识产权不仅是 WTO 规则的要求，更主要的是我国自身发展的需求。可以说，没有知识产权保护，自主创新就是一句空话。我们要充分发挥知识产权制度的重要作用，激励自主创新、鼓励科技投资、优化资源配置、保护创新成果、维护竞争秩序，促进科技成果转化和产业化，促进我国自主创新能力的提高。为此，要建立健全知识产权保护体系，营造尊重和保护知识产权的法治环境，加强从事知识产权保护和管理工作的力量。

（二）创造和发展知识产权

应当把创造和发展知识产权作为我们发展战略的重要内容，要把实施技术标准战略和专利战略作为科技、经济发展的重要战略。在"十五"期间，国家组织实施了专利战略和技术标准战略，通过各界的努力，特别是知识产权机关的努力，在这方面最近有了很大的进展。近年来，我国专利的申请量以年均 18％的速度增长，2004 年发明专利首次超过了实用新型和外观专利，但总体上来讲，我们在全面、系统地实施专利战略和技术标准战略方面的工作还很不够。这个问题应当作为科技管理部门，也应当作为经济管理部门的一项重大的任务。

（三）防止滥用知识产权制约创新

一个健全的知识产权体系，应该是既包括知识产权权利保护机制，又包括知识产权权利的规制。在这方面我们现在还存在制度和政策方面的缺位，需要尽快完善国家知识产权制度，防止滥用知识产权制约创新。知识产权滥用，是相对于知识产权的正当行使而言的，它一般是指知识产权的权利人在行使其权利时超出了法律所允许的范围或者正当的界限，导致对该权利的不正当利用，损害他人利益和社会公共利益的行为。比较常见的是，利用知识产权形成垄断和不正当竞争，滥发警告函或滥用诉讼权利，在商誉和经济上都可能给竞争对方造成很大损失，对正常的市场竞争也会造成扭曲和妨碍。目前，在很多国家和地区，规制知识产权滥用行为早就是一个重要的法律理论与实践问题。例如，在美国，其知识产权保护水平很高，而其对知识产权滥用行为的规制（尤其是从反垄断法角度进行规制）也很严格。近年来，我国在知识产权等领域的司法实践上，对知识产权的保护力度一直在加强。但是，我国在规制知识产权滥用和反垄断方面，步子迈得不大，对此应该引起高度重视。

五、关于创新人才队伍建设

经济全球化的迅速发展，使人才使用和人才资源也日趋国际化。人才竞争，特别是高层次科技人才的竞争正成为当代国际竞争的焦点。

（一）关于吸引创新人才的国际经验

美国之所以到现在这么有创新的活力，保持了多年的经济高速增长，很重要的原因就是其从全世界网罗到了最优秀的人才。美国把吸引全世界的一流人才作为国家战略，取得了很大的成功。第二次世界大战前后，美国从欧洲吸引了包括著名物理学家爱因斯坦、航天工业专家冯·卡门、核物理学家费米在内的数千名科学家，为"曼哈顿工程"的成功奠定了基础。目前，在美国拥有博士学位的物理学家、数学家和计算机专家中约50％是外国出生者，近10年里美国获得诺贝尔奖的学者中有一半是外国人的后裔。美国之所以能够吸引到这么多优秀人才，与他们的政策有关。早在1946年，美国就制订了吸引外国留学生的计划，20世纪60年代又推出了《国际教育法》，扩大与外国交换留学生，同时为这些外国留学生取得永久居留权和加入美国国籍打开大门。美国每年发给外国留学生、交流访问学者和高技能人才的签证超过70多万。此外，美国多次修改移民法，不断放宽对技术移民的限制，每年允许6000名外国科学家和科技人员直接到美国合法定居。美国在吸引人才方面的做法和经验，对于我们未来参与国际人才竞争，有重要的参考意义。

（二）中国最大的优势是人才优势

我国是一个人口大国，人口问题始终是我国可持续发展所面临的首要问题。但是，人口负担只是问题的一个方面，同时还应认识到，巨大的人口也是一笔巨大的财富。我国科技人力资源总量已达3850万人，研发人员总数达109万人，分别居世界第1位和第2位；我国大学生总量在校生已超过1500万人，在学研究生接近100万人，正向社会源源不断地输送高层次人才。到"十一五"期末，我国的人才总量将位居世界的前列，这是任何国家无可比拟的，也是我国独具的走创新型国家发展道路的最大优势。把人口负担转化为人力资源财富，使我国成为真正意义上的人力资源大国、人才强国，是我国现代化进程的必由之路，重要的是要全面调动和激发各类人才的积极性、创造性。

（三）人才队伍建设的基本思路

针对国际竞争态势和我国发展的实际需要，我们明确提出：中国科技发展必须坚持以人为本的思想。这里特别强调三点。

1. 要高度重视尖子人才的培养

国内外经验表明，人才特别是尖子人才在科技发展中发挥着不可替代的作用。尖子人才往往决定着一个研究机构、一支研究队伍的水平和实力。在当今科技资源全球流动和科技竞争日益激烈的背景下，我们需要大批尖子人才和战略科学家。有了一批尖子人才，我国就可以在激烈的国际竞争中占据科学前沿，把握重大的科技发展方向，获得更多具有开创性的科技成果。

2. 要坚持更加开放的人才观念

对人才国际流动持开放态度，坚持来去自由。改革开放以来，我们在人才引进、使用方面有了较大的提高。但总的来看，在人才引进、人才使用方面还是有一定的限制；引进的人才主要还是留学回国人员；一流人才引进的少。今后，要特别强调，采取更加开放的人才政策，不论国籍，吸引全球科技人才，参与中国科技创新。

3. 更加注意市场化的操作

这里特别想提一提要充分发挥猎头公司的作用。美国在第二次世界大战以后，大量地网罗全世界的精英人才，主要是为了获取这些人头脑当中的智慧。而在当今，"猎头"已经成为一个实实在在的行业，主要是受企业的委托，搜寻中高级的管理和技术人才。为什么我要强调这一点呢？就是在人才问题上完全靠政府操作有局限性。因为我们急需的人才很大程度上是中高级人才，而中高级人才并不愁没有工作做，找到这种人才要靠大量的细致的调查研究，需要艰苦的寻找过程。这显然是政府不易做到的。因此，必须更多地运用市场机制，这就要靠猎头公司。通过猎头公司在全球发现、挖掘和网罗人才，研究策略，用各种办法把优秀人才挖过来，为我所用。

六、关于国际科技合作

科学发展的动力在于不同思想和文化的撞击。激烈的科学争论与兼容并蓄的科学宽容，往往能够引发重大的创新突破。通过广泛深入的国际交流与合作，充分吸纳他人的智慧和技术优势，符合科学技术自身发展的内在需求。在新的历史时期，我们提出坚持自主创新，是建立在不断扩大和加强国际科技合作，充分利用全球科技资源战略思想的基础之上的，主要有三个基本考虑。

（一）全球化与国际科技合作

全球化的环境为国际合作提供了可能。当代科学技术的复杂性，以及人类共同面临的全球性问题，需要国际社会通过组织实施大科学计划加强科技交流与合作，这是当代科学技术发展的一个重要特征。近年来，科技全球化正在成为经济全球化的重要表现形式，科技创新资源在全球范围内的整合和有效配置，使传统科研组织结构和创新方式发生了重大变化，为发展中国家加快技术进步提供了机会和可能。

（二）国际科技合作与中国科技发展

这有利于实现中国的战略利益。中国作为一个正在迅速崛起、并将对世界产生重要影响的国家，积极进行国际科技合作，参与国际大科学工程，涉及中国的战略利益。当前人类面临着共同的问题，中国的科学家有责任、有义务参与到解决这些问题的过程中来，这将直接提升我国的国际地位，获取国际科技资源，其意义将来可能更加明显。近几年，我国通过参加"伽利略计划"等合作研究与谈判，使我国科学家快速接触到科学研究前沿，分享到世界先进科学研究的成果和理念，锻炼了队伍，培养了人才。由我国科学家负责牵头、16个国家和地区的80多个实验室参加的"人类肝脏蛋白质组计划"已经启动，开创了中国科学家领衔重大国际科学研究计划的先河。

（三）发挥华人科学家的作用

大量的华人科学家活跃在世界各地。改革开放以来，我国有几十万出国留学人员，他们中间的许多优秀人才，活跃在世界科技前沿领域和跨国公司研究开发一线。这是一支十分庞大的科技人才队伍，是我们可以利用的宝贵资源。

近年来，我国在开展国际科技合作、利用国际科技资源方面取得了丰硕成果。特别是我国科学家通过参与国际间的科技创新活动，在基础研究、重大疾病防治，以及有关生态、环境、气候、灾害等科研领域，及时掌握世界科学技术发展的最新趋势，充分利用各国的科学研究设施。

今后我们将进一步确立在全球范围内利用科技资源的战略思想，引导国内的科研机构和企业从一般性的科技交流向全方位、主动利用全球科技资源转变。加快形成国际化研发体系，全面提升国际科技合作层次和规模，服务于国家战略目标。

发展软科学是科技工作的重要任务[①]

(2006年7月29日)

20年前,国家科委召开了全国软科学研究工作座谈会,万里同志代表国务院在会上发表了《决策民主化、科学化是政治体制改革的一个重要课题》的讲话。这是当时的中央领导集体在总结我们党执政理论、执政经验,以及执政教训的基础上提出的执政理念和战略思想,对于推进我国的政治体制改革和经济体制改革产生了深远影响。同时,这次会议对我国的科技工作也产生了重要影响。万里同志在讲话中提出的要综合运用现代科学技术知识,为各级决策提供科学依据和支持,促进决策的民主化、科学化和制度化的要求,丰富和完善了邓小平同志"科学技术是第一生产力"、"知识分子是工人阶级的一部分"的思想,把科学技术引入了国家政治生活和经济建设的决策过程,极大地促进了我国软科学事业的繁荣和发展,激励了广大科技界积极参与国家重大决策问题的研究和咨询。

软科学事业应时代之运而生,在社会主义现代化建设实践中实现了长足发展,其重要性得到了全社会的普遍认同,并成为支撑各级领导部门正确决策的科技基础,成为实现决策科学化、民主化的重要手段。从12项产业技术政策的制定到三峡工程综合评估论证,从京九铁路沿线开发论证到我国汽车产业的发展战略,从大飞机论证到京沪高速铁路研究,从环渤海经济区发展战略到图们江开发、澜沧江及湄公河流域开发战略等,无一不凝聚着软科学工作者的智慧。特别是国务院领导的国家中长期科学技术发展规划战略研究,是近年来规模空前、规格最高的一次软科学研究。2000多名来自科技、经济、管理、企业等方面的专家,分20个专题进行了为期一年多的战略研究。这次战略研究摸清了我国科技的家底,深化了对我国科技发展的方向、目标和重点的认识,提出了走自主创新道路、建设创新型国家等一系列重大建议,这些建议目前已经成为国家的重大战略决策,成为推进我国社会主义现代化建设的政策实践。

最近,胡锦涛主席在中共中央政治局第三十二次集体学习上的讲话中强调,要

[①] 2006年7月29日在"纪念全国软科学研究工作座谈会二十周年纪念会"上的讲话(原稿)。

坚持科学执政、民主执政、依法执政。温家宝总理也多次强调要进一步完善决策机制，实行科学民主决策。这是在我国经济建设和政治体制改革不断推进的新形势下，中央和国务院对软科学事业发展提出的新任务和新要求。科技部将认真贯彻党中央、国务院的精神，重点抓好以下四个方面的工作。

一、把发展软科学事业作为科技工作的重要内容

我国的软科学事业发展到今天，已经具备了良好的政治环境、社会条件和科技基础，软科学研究队伍在面向国民经济和社会发展重大问题开展的研究中，业已积累了十分丰富的经验。据统计，2003～2004年度全国软科学研究机构已经达到1773个，从事软科学研究活动的人员达3万多人，全国软科学研究项目1万多项，公开发表论文超过6万篇，直接用于决策参考的内部研究报告、内参文章近2万篇。在为软科学事业日趋繁荣感到鼓舞的同时，我们也看到，随着社会主义现代化建设的推进，领导机关、决策部门面临着越来越多的更为复杂的决策问题。其复杂性不仅表现在这些问题具有综合性、动态性和非线性的特点，而且表现在决策的难度上，往往不容易取得一致的意见。比如，在我们这个人口众多、人均资源不足、生态状况欠佳的发展中国家建设创新型国家，是一个巨大的经济、科技和社会进步工程，如何系统推进，如何解决发展中的矛盾和问题？国际上没有现成的经验和模式可以照搬，我们必须发挥软科学的优势，既要有政治智慧和战略视野，更重要的是要运用自然科学、社会科学和工程技术等多学科知识，对有关决策问题进行从定性到定量的综合集成分析，提出科学的、合理的决策建议。

当前，自然科学的学科之间、科学和技术之间、自然科学和人文社会科学之间的相互交叉、渗透、融合趋势日益显著，为解决各类决策问题提供了更为丰富的理论与方法，拓展了支撑决策的技术手段。我们必须抓住机遇，把发展软科学事业作为科技支撑经济社会发展的一种重要方式，在科技工作中重点部署、优先支持，从宏观战略研究、软科学基础研究和科技咨询与信息服务业三个层次上系统推进，全面提升软科学的研究质量和水平。一是准确把握科技、经济和社会发展的决策需求，组织具有前瞻性、全局性和战略性的重大战略问题研究；二是实现项目、基地和人才培养相结合，锻炼、造就一支综合素质优良的软科学研究队伍，特别是要着力培养兼具战略视野和综合集成能力的优秀软科学人才；三是发展软科学的理论与方法，把系统科学、运筹学、博弈论、预测科学、仿真技术、信息管理等现代科学技术的前沿方法和先进手段引入软科学研究领域；四是创造良好的环境和条件，发展科技咨询服务业；五是切实增加投入，特别是要增加各级软科学研究计划的资金投入，为软科学研究创造良好的基础条件和资金保障。

二、把加强战略研究作为推进政府职能转变的重要途径

制定国家中长期科学和技术发展规划的经验表明，加强战略和政策研究是政府宏观管理的重要内容。全国科技大会之后，科技部党组研究决定，把科技管理的重心切实放在统筹全国科技规划、宏观协调上来，放在营造有利于自主创新的政策环境上来，争取在战略研究、宏观协调、政策制定、创新能力和队伍建设等方面有新的进展，努力实现从管理型政府向服务型政府的转变，从以项目管理为主向以宏观调控为主的转变。特别是加强战略和政策研究，是实现上述目标的关键环节。我们通过整合科技部系统的相关研究力量，以"小核心、大网络"的组织方式，组建中国科学技术发展战略研究院，以形成一支有较高研究水平，并能及时为科技决策提供高质量咨询服务的宏观战略研究队伍，构建能有效支撑科技宏观决策、政策制定和管理创新，具有国际水平的国家科技发展战略研究基地。针对工作中的一些薄弱环节，我们还将着力加强宏观战略与政策研究的基础性工作。比如，发挥好国家软科学计划的指导作用，引导地方、部门和行业加强科技发展的战略和政策研究；加强技术预测，健全技术预测机构和队伍，完善技术预测方法，建设国家技术预测平台，提高技术预测的科学性和权威性，为国家科技创新政策、发展战略、发展规划、计划的制订和调整、优先发展领域的选择，以及研发资金投向和重点等提供决策支撑等。

在加强战略研究的同时，科技部还进一步采取措施，切实推进政府职能向宏观管理转变。一是按照科技宏观管理的科学内涵和机制要求，对科技部内设机构进行了优化调整，重点强化战略研究、规划制定、政策法规、评估评价等宏观管理职能，把宏观管理职能与项目管理有机结合起来，以更好地实现政府管理目标。二是通过制定和完善科技政策，引导全社会科研活动和自主创新。从今年起，科技部将定期发布各部门、各地方执行国家重大科技计划，落实重大科技政策的情况。三是加强与相关部门、行业，以及地方的协调配合，加强国家科技计划与经济社会发展规划的衔接。在国家科技计划管理中，加大部门和地方参与的力度，形成社会各方面力量共同参与的管理机制。建立健全国家科技计划协调机制，促进科技资源的合理配置和高效利用，实现高等院校和科研机构、中央与地方，以及军民科技力量的进一步结合。

三、把组织科学家参与国家重大决策咨询
作为科技支撑发展的重要方式

鼓励科学家参与国家决策，是社会主义民主制度优越性的集中体现，是我们党密切联系群众的重要途径，也是发挥科学技术支撑经济社会发展重要作用的一种特

殊形式。新中国成立以来，在"两弹一星"、三峡工程、国家"863"计划、人类遗传资源保护和利用等许多重大问题的决策上，中央领导都认真听取了各方面专家的意见。科学家作为社会主义大家庭中的一员，充分享有并行使了社会主义民主权利，同时，科学家发挥自身的专业特长和经验，为国家决策贡献了真知灼见。近年来，党中央、国务院进一步完善了科学家参与决策的制度化建设，拓展了科学家参与科技决策的范围和渠道。中央政治局①专门建立了定期听取现代科技知识讲座的机制，学习了解国内外科技的发展趋势，听取各领域的科学家对国家科技发展的具体建议。国家"973"、"863"等各项科技计划都建立了比较完备的专家咨询和评审评价机制，把决策建立在科学论证、咨询的基础上，充分尊重科学家的意见和建议。

国家中长期科学和技术发展规划的制定，集中体现了党中央、国务院坚持决策科学化、民主化的执政思想，规划领导小组的组长温家宝总理多次强调，必须坚持科学化、民主化的原则，最广泛地听取和吸收科学家对于规划制定的意见和建议。规划领导小组副组长、国务委员陈至立同志召集了多次座谈会，和科学家代表进行面对面的交流。规划还首次建立了中国科学院、中国工程院、中国社会科学院的"三院"咨询机制，多次征询各方面专家的意见。此外，规划领导小组办公室还通过媒体向社会公众征询意见和建议，发动各个层面的科研工作者参与到规划的研究和制定工作中来，这些举措取得了良好的成效。规划也集中反映了科学家和其他各方面专家服务于国家决策的专业水平和能力，在科技发展思路、战略目标和战略任务方面，在科技发展的重点领域和主题之间的优先性和重要性方面，在国家的科技政策与措施方面，都提出了翔实的研究结论、科学的论证依据和建设性的意见。我们必须认真总结这些经验和做法，进一步完善科技决策咨询机制，鼓励和动员科学家发挥科技界的优良传统，树立强烈的责任感和使命感，先天下之忧而忧，更好地服务于各级领导部门的决策需求。

四、把发展咨询服务业作为软科学研究向市场化、社会化的战略延伸

推动软科学事业发展，必须坚持改革的思想、改革的措施。当前，随着我国社会主义市场经济体制的逐步完善，软科学研究的市场化、社会化发展已经成为必然趋势。一方面，随着社会主义市场经济体制的不断完善，我国经济活动中的决策主体趋于多元化，特别是企业成为经济活动的主体，面对竞争激烈的市场，企业对信息和咨询服务的需求日益突出，现代咨询服务业正在成为一个成长性极好的新兴行

---

① 即中国共产党中央政治局，简称中央政治局。

业，为软科学发展创造了新的空间和机会。另一方面，软科学研究主体也趋于多样化，据统计，目前事业法人性质的仅占全国软科学研究机构总数的 1/3，越来越多的企业法人和社团法人加入到软科学研究队伍。从国际经验来看，思想库（Think Tank）作为独立的软科学研究机构，在国家政策的制定过程中发挥着日益重要的作用，业务领域涉及经济、科技、社会、法律甚至军事、政治等诸多方面，比如，美国兰德公司、斯坦福大学胡佛研究所等。

我们应该高度重视咨询和信息服务业的发展，把咨询和信息服务机构作为重要的中介服务机构，在扶持政策、支撑条件、技术手段和信息数据共享等诸多方面创造良好的发展环境。同时，我们要鼓励政府部门所属研究机构，以及高校的软科学研究面向经济、社会生产第一线，面向各类市场主体需求，推进软科学研究成果的商品化、产业化。此外，要充分发挥行业协会的功能，联合各类咨询机构和企业，形成咨询业自我管理、自我发展、严格自律的良好体制和机制。

发展软科学事业，是科技工作的一项重要任务，也是时代赋予我们的历史使命。希望通过这次纪念会，促使全社会更加重视软科学研究，促使各级领导机关完善科学民主的决策制度，促使更多的优秀人才积极参与国家重大决策问题研究，促使咨询和信息服务业加快发展，为我国的社会主义现代化建设做出更大贡献。

我国科技发展正处在重要的跃升期[①]

(2007年1月29日)

经过多年的努力,我国科技事业发展的步伐日益加快,科技创新能力不断提高,对经济社会发展的支撑能力大大增强,适应社会主义市场经济的国家创新体系初步形成。2006年,党中央、国务院召开了进入新世纪的第一次全国科技大会,把建设创新型国家、增强自主创新能力提升为国家战略,为我国未来科技发展绘就了宏伟蓝图。建设创新型国家,要求我们必须准确把握现有的科技基础和能力,充分利用难得的历史机遇,增强信心,鼓足干劲,推动科技事业大发展。

一、当前我国科技发展的基本情况

"十五"以来,在党中央和国务院的领导下,我国科技事业取得了显著进展,正处于重要的跃升期,为提高自主创新能力和建设创新型国家奠定了良好基础。

(一)科技创新能力和国际竞争力持续增强

一是基础研究成果数量和质量大幅度提高。2005年,我国国内科技论文总数已达35.51万篇,比2004年增长了14.6%,论文总量是1996年的3倍。"十五"期间,国内科技论文年增长率在15%左右,特别是2002～2005年的论文数量年均增量超过3万篇。2005年,我国在国际上发表的论文总数达到15万篇,占世界总数的比重接近7%。论文被引用次数也有大幅度增加。2000～2005年,我国国际科学论文数从世界第8位提升到第4位,被引用次数从第19位上升到第13位。在最活跃的生物、纳米等前沿学科领域,我国科学家发表的论文数量迅速增长,其中2005年纳米领域是世界第2位,生物领域是世界第6位。这些情况表明,中国受世界同行关注的基础研究成果正在快速增长。

二是发明专利数量明显提升。2005年我国专利申请和授权量均出现迅猛增长,

[①] 2007年1月29日在全国科技工作会议上的讲话"我国科技发展进入重要跃升期",刊登于《中国高新技术产业导报》2007年2月5日,整理后发表于《中国软科学》2007年第5期。

三类专利的申请和授权量都达到了历史最高水平。2005年，我国专利申请总量达47.6万件，较上年增长34.6％，两年内增长16万余件。其中发明、实用新型和外观设计三种专利申请在连续5年平均年增长20％以上的基础上继续高速增长，同比增长达到18年来的最高水平。从国内专利申请和授权量在过去10年的变化看，"十五"期间的申请总量为128.5万件，比"九五"期间高出147.6％；"十五"期间的授权总量为68.4万件，比"九五"期间高出一倍。这种变化在一定程度上表明，我国原创性的技术突破迅速增加。

三是科技人才特别是青年科技人才队伍加速形成。大批科技人才迅速成长，特别是中青年科技人才已经成为我国科技事业的中坚力量。"十五"期间，45岁以下的中青年科研人员占研究队伍总人数的近80％。在"863"计划的课题负责人中，45岁以下的中青年专家达到55％以上。在2005年国家科技奖的获奖者中，45岁以下的中青年科学家占到60％。一批高质量的海外专家为国服务，仅2002年和2004年，"863"计划吸引留学人员归国分别为1126人和3155人，聘用国外专家分别为114人和476人。同期，科技攻关计划吸引留学人员归国分别为1049人和1823人，聘用国外专家分别为88人和212人。

（二）科技投入规模不断扩大

一是我国科技经费持续增长。"十五"期间，我国的研发总经费年均增长速度高达18.6％，5年累计研发总经费是"九五"期间的2.5倍。2005年研发总经费首次突破2000亿元，达到2450亿元。研发经费持续多年的高增长，使得我国研发活动的国际地位逐年提高，科技投入总量与美国、日本等发达国家的差距进一步缩小，由2000年的世界第9位升至2004年的世界第6位。研发总经费占世界主要国家的比重由2000年的1.7％提高到2004年的2.7％。全国科技大会以来，全党全社会认真贯彻大会精神，形成倡导和推进自主创新的良好局面，全国科技投入有了进一步提高。2006年研发经费支出2943亿元，比上年增长20.1％，占国内生产总值的1.41％。中央财政2006年安排科技投入716亿元，比上年增加19.2％；2007年安排科学技术支出881.21亿元，比2006年增长20.1％。

二是科技人力资源规模位居世界前列。我国建设创新型国家的最大优势，就在于拥有一支世界规模最大的科技人力资源队伍。2005年，我国科技人力资源总量3500万人，位居世界第一位；研发人员全时当量136.5万人年，位居世界第二位。"十五"期间我国研发人员总量每年增加了44.3万人，年均增长8.2％，约为"九五"期间年均增长率的2倍；研发科学家工程师总量年均增长9.98％，高于研发人员的年均增长速度，从而使得我国研发人员中科学家工程师所占的比重逐年提高，2005年达到82.0％，研发科学家工程师数达到111.9万人·年。

(三）科技进步对国民经济和社会发展的贡献日益突出

一是一批关乎国民经济和社会发展的重大技术被攻克。近年来，我国在载人航天工程、超级计算机、移动通信系统、核心软件、集成电路装备、大型燃气轮机等领域相继取得重大突破。以信息领域为例，4项高端技术的突破为彻底改变信息关键技术受制于人的局面奠定了基础：曙光4000A高性能计算机研制成功，在性能价格比和性能功耗比等方面处于国际领先水平，使我国成为继美国、日本之后第三个能制造和应用10万亿次商用高性能计算机的国家；国内首款64位高性能CPU通用芯片——"龙芯2号"研制成功，在此基础上开发的低成本计算机具有市场竞争优势；"银河麒麟"计算机操作系统实现了典型服务器操作系统的全部功能，具有高安全性、高可用性和强实时性，是我国目前通过认证的安全等级最高的操作系统，也标志着我国操作系统研发水平迈上了新的台阶；0.1微米等离子体刻蚀机和大倾角离子注入机成功研制并进入市场，光刻机也将在近期完成，使我国在集成电路重大设备制造技术领域步入国际先进行列。在生物技术领域，超级稻育种技术继续保持世界领先水平，先后育成超级优质杂交水稻品种221个；"十五"期间，"863"计划共有15个品种获得一类新药证书，109个新药品种进入临床试验阶段；重组人p53腺病毒注射液是世界上第一个批准上市的基因类药物；2型糖尿病治疗药物太罗①改变了我国没有自主知识产权糖尿病药物的历史；我国自主研制成功在世界领先的抗艾滋病新药西夫韦肽，疗效明显优于国际上最新抗艾滋病药恩夫韦肽（T20），是我国第一个在美国获得专利许可的生物技术类药物。

二是国家高新技术产业基地已成为拉动区域经济增长、促进经济结构调整的重要引擎。从1991年以来，53个国家级高新技术产业开发区取得了长足发展。到2005年，这些高新区工业增加值占到全国工业企业工业增加值的9%。高新区工业增加值占所在城市工业增加值的比重达到20%以上的有31个，其中达到30%以上的有18个，达到40%以上的有7个，区内企业研究开发经费总额达到802亿元，其中高新技术企业研究开发经费占产品销售收入的比例达到2.79%，远高于全国大中型工业企业0.76%的水平。在区内企业4万多种产品中，企业自有技术的产品已超过70%。这些数据表明，国家高新区已成为最具活力的高新技术产业基地和技术创新基地。

三是企业技术创新的积极性明显增强。经过多年来的科技和经济体制改革，我国科技结构已经发生了深刻变化，市场配置科技资源的基础性作用正在得到体现。2000年我国企业研发经费支出为537亿元，2005年增长到1673.8亿元，年均增长率达42%。2000年国内企业获得职务发明专利授权仅占国内职务发明授权总数的

---

① 太罗为商品名，通用名为罗格列酮钠片。

28%，2005年已提高到52%，远远超过大专院校和科研单位的发明专利授权。转制为企业的开发类科研院所的创新能力显著增强，2005年中央级240家转制院所申报专利2348项，授权专利1351项，是2001年的两倍多。

总体上看，当前我国科技发展正处在重要的跃升期和历史上最好的发展阶段。但是，我们必须清醒地看到，发达国家在科技领域占优势的压力将长期存在，我国科技迎头赶上的任务十分艰巨。我们必须下大气力解决制约我国自主创新能力提升的主要矛盾，充分利用已经积累的科技基础和能力，有效把握全球新科技革命和我国经济高速增长所带来的大好机遇，加快推进创新型国家建设。

二、科技工作成效显著

我国科技事业的快速发展对科技工作提出了更高的要求。近年来，科技部在党中央、国务院的坚强领导下，高举邓小平理论和"三个代表"重要思想的伟大旗帜，以科学发展观为指导，认真学习党的十六大和十六届三中、四中、五中、六中全会精神，深入贯彻落实党中央、国务院有关构建社会主义和谐社会、建设创新型国家等重大战略部署，团结科技界开拓创新、真抓实干，全国科技工作成绩十分显著。

（一）组织中长期科技发展规划战略研究、《规划纲要》编制及配套政策制定工作

2003年，根据党的十六大提出制定国家中长期科技发展规划的要求，国务院启动《规划纲要》研究制定工作，这次规划工作是我国在社会主义市场经济条件下制定的第一个中长期科技发展规划，也是社会各界广泛参与的一次规划。在国务院的领导下，科技部会同有关部门组织全国2000多名专家学者，开展了近两年的战略研究。作为规划领导小组办公室的挂靠单位，科技部不仅承担了极其繁重的组织、协调和服务工作，而且从各个司局和事业单位抽调大量人员，全身心地参与战略研究的所有专题研究工作，抽调人员数量占科技部全体工作人员的50%以上。这次战略研究是中长期规划工作的一个亮点，摸清了我国科技的家底，形成了新时期科技发展的指导方针、发展目标和重点任务。

2004年，在国务院的领导下正式成立了《规划纲要》起草组，科技部动员各方面力量，投入到《规划纲要》的前期准备、框架设计、任务提炼与政策梳理、草案形成和征求意见、结构和内容的调整和修改等各项工作之中。在此过程中，科技部很好地发挥了组织和参谋作用，准备了大量素材和参阅材料，部领导亲自带领起草组连续工作近一年的时间，数易其稿，圆满完成了《规划纲要》起草任务。《规划纲要》已经由国务院正式发布实施。

2005年，中央要求科技部等部门开始研究制定《规划纲要》配套政策。在研究阶段，由规划办组织国家发改委①、财政部等部门分别牵头，成立了12个专题工作小组，共有23个部门的200多位管理人员和专家参与工作。在广泛调研的基础上，形成了配套政策草案，报国务院审议后正式发布。配套政策颁布后，为了更好地发挥其效果，国务院要求科技部等部门牵头，制定配套政策实施细则。在细则制定的过程中，科技部积极会同各有关部门，就政策落实有关情况和问题沟通协商；与地方联动，充分听取地方意见，了解和掌握地方需求，并使地方政策措施充分体现国家有关政策精神。

（二）实施三大战略和12个重大科技专项

"十五"初期，为了积极应对我国加入WTO所带来的机遇和挑战，有效应对国际贸易中非关税壁垒所带来的严峻形势，科技部制定了"人才、专利和技术标准"三大战略，组织实施了12个重大科技专项，对促进我国科技进步与经济发展产生了重要影响。

在人才战略方面，科技部把在国家科技计划中发现、培养和稳定青年人才作为重要任务，采取了一系列措施，诸如提高科研经费中人员费用的比例，探索在高新技术企业实行期权等多种形式的激励机制。通过向国内外公开招聘学术带头人，建立开放竞争的人才流动机制，吸引海外优秀人才回国创业，提高人才薪酬等措施，积极参与国际人才的竞争。人才战略实施5年的时间里，承担"973"计划、"863"计划的青年科研人员和归国人员均提高到半数以上，归国留学人员以年均13%的速度持续增长，企业研发人员占全国研发人员总数的比例已超过60%，一支以中青年科学家为中坚力量、老中青相结合的科技人才队伍基本形成。

在专利战略方面，科技部建立了运用知识产权制度促进科技创新的利益激励机制；发挥知识产权在科技管理中的导向作用，国家科技计划项目立项前都要进行国内外知识产权状况分析，获得知识产权成为应用开发类科研项目的基本目标；与国家知识产权局密切合作，加快重大科技计划项目中创造发明的专利审批速度。当前，我国专利申请量以年均18%的速度增长，国内发明专利申请量自2005年以来开始超过国外申请数量，我国专利数量在世界的排名快速提升。

在标准战略方面，针对一些发达国家以标准强化技术垄断地位、阻碍我国产品贸易出口的趋势，科技部制定了技术标准战略，填补了我国在标准战略与政策方面的空白。"十五"期间，围绕技术标准战略，科技部积极推进建立既符合WTO规则，又能保护本国利益的国家技术标准体系，重点支持信息、生物、电动汽车等战略高新技术产业的标准研究，完成近100项国家标准和行业标准研制工作，有效地

---

① 即中华人民共和国国家发展和改革委员会，简称国家发改委。

保护了自主知识产权，初步形成了各部门、各地方联合推动技术标准工作的格局。

科技部还把握国家经济社会发展的重大需求，在充分听取各方面专家意见的基础上，果断决策，集中各项科技计划与资源，组织实施了12个重大科技专项。重大科技专项探索了在市场经济条件下，发挥社会主义制度集中力量办大事的优势，解决国民经济和社会发展中重大科技问题的道路。重大科技专项汇集了全国2万名科技人员，3000多家企业、科研机构和高等学校参与其中，中央财政投入80亿元，地方、部门配套投入40多亿元，企业投入超过100亿元。目前，12个重大科技专项在信息技术、清洁能源汽车、食品安全、水污染治理、功能基因和生物芯片、新药创制等领域已经取得了多项重大技术突破，申请国内外专利和软件著作权近2000项，开发新产品、新材料1200多项，形成技术标准700多项，形成了一批有自主知识产权和市场竞争力的产品，其对经济社会发展的影响在今后几年将逐步显现。

（三）组织实施《规划纲要》确定的16个重大专项

实施重大专项是《规划纲要》提出的一项重大战略任务，是我国科技工作的重中之重。在党中央、国务院的统一领导下，科技部作为国家主管科技的部门，会同国家发改委、财政部等部门，做好重大专项实施中的方案论证、综合平衡、评估验收和研究制定配套政策等工作。

在总结"十五"期间科技部实施的12个重大专项管理运行经验，以及对国外科技专项计划管理体制及运行机制进行广泛分析的基础上，科技部对重大专项的组织实施采取了新的机制和体制：在组织领导上，强调从国家高层统筹协调，设立相应的协调管理机构；在目标确立上，充分体现国家意志，统筹考虑技术目标与国家政治、军事、经济和社会发展战略目标；在资源保障上，在保障政府专项资金投入的同时，形成政府引导、企业等全社会共同投入的多渠道投入机制；在政策协调上，必须建立科技和经济协调一致的政策，同时还要做好与国家科技基本计划的衔接和协调。

目前，国务院对科技部有关重大专项的实施建议已经批复，重大专项实施方案编制工作总体进展顺利，大型飞机研究重大科技专项已经国务院批准正式立项；新一代宽带无线移动通信、重大新药创制等7个专项已完成实施方案编制工作，提交专家论证；高档数控机床与基础制造技术等4个专项，已启动方案编制工作；国防领域5个重大专项正在按照有关程序积极开展工作。

（四）启动"十一五"科技计划

"十一五"是全面落实《规划纲要》的开局阶段和关键时期。科技部按照建设创新型国家的总体目标和要求，结合当前经济社会发展的紧迫需求，根据《规划纲要》提出的急需近期突破的重点任务，以提高自主创新能力为战略主线，以改革为动力，在计划部署上着力加强五个方面的"统筹"，即统筹近期和长远的安排，充分体现科技的支撑和引领作用；统筹项目、人才、基地的安排，提高科技的持续创新能力；统筹军民科技资源，加强军民结合，大力发展军民两用技术；统筹科技创新和制度创新，深化科技体制改革，以构建企业为主体、产学研结合的技术创新体系为突破口，全面推进国家创新体系建设；统筹全社会的科技资源，充分发挥各方面的积极性，集成各方面力量，选择若干重点领域，组织实施一批重点科技项目，力争取得突破。

为此，"十一五"科技计划采取了以下调整措施：一是下决心把解决能源、资源、环境保护技术放在科学技术优先发展的位置，大幅度增加对能源、资源和环境技术的支持力度。二是体现统筹发展、和谐发展、科学发展的要求，加强社会公益类研究，调整工业领域和农业与社会发展领域的经费比例，由原来的7∶3调整为5∶5。三是对基础科学和前沿技术研究给予相对稳定的经费支持，克服急躁，鼓励探索，宽容失败。四是体现人才、项目、基地的统筹，将科技平台建设计划与"863"计划、攻关计划、"973"计划一同作为国家主体科技计划体现集成和共享的思想，把国家实验室作为科技平台建设的重要内容。五是围绕落实纲要重点领域、前沿技术、基础研究等任务，在充分征求行业部门、地方、企业等方面需求和意见建议的基础上，实施"863"计划、"973"计划、攻关计划等其他国家科技计划重大项目。六是在计划管理中进一步发挥部门和地方的作用，国家科技计划从起步阶段就要充分考虑部门和地方的需求，国家重大科技项目管理和实施要吸纳部门和地方参与。

（五）大力推进以企业为主体的技术创新体系建设

推进以企业为主体、市场为导向、产学研相结合的技术创新体系建设是党中央、国务院提出的战略任务，是全面推进中国特色国家创新体系建设的突破口，是落实《规划纲要》的关键环节，也是科技发展和改革的重要内容。为大力推进以企业为主体的技术创新体系建设，科技部会同有关部门采取了积极措施。

一是实施"技术创新引导工程"。科技部会同国资委[①]、总工会[②]等部门联合推动"技术创新引导工程"，主要目标是引导建立以企业为主体、市场为导向、产学研相结合的技术创新体系；引导形成拥有自主知识产权、自主品牌和持续创新能力的创新型企业；引导增强战略产业的原始创新能力和重点领域的集成创新能力。主要内容包括：开展创新型企业试点工作；引导和支持若干重点领域形成产学研战略联盟；加强企业研发机构和产业化基地建设；加强面向技术创新的公共服务平台建设等六个方面。目前，已经确定了103家企业开展首批创新型企业试点工作。

二是探索支持企业技术创新的良好机制。科技部改革了科技计划支持方式，科

[①] 即国务院国有资产监督管理委员会，简称国资委。
[②] 即中华全国总工会，简称总工会。

技计划将更多地反映企业重大科技需求，更多地吸纳企业参与。在具有明确市场应用前景的领域，建立企业牵头组织、高等院校和科研院所共同参与实施国家科技计划的有效机制；大力推动企业技术创新平台建设，加强企业研究开发机构和产业化基地建设，在转制科研院所和其他具备条件的企业中建设国家重点实验室和工程中心；积极扶持中小企业的技术创新活动，继续推进科技中介服务机构的建设，为中小企业创造更为有利的政策环境。

三是积极改善企业创新的投融资环境。实施自主创新战略，需要更大程度地发挥风险投资和资本市场的功能和作用，对创新型小企业提供有力支撑。科技部通过积极推动创业板，深化"三板"试点，完善代办股份转让系统等，推进了多层次资本市场体系的建设，引导风险投资参与自主创新战略的实施。与中国证监会[①]、中国证券业协会、深交所[②]等建立联合工作机制，推进"科技型中小企业成长路线图计划"，开展对符合上市条件的科技型中小企业和高新技术企业的培育工作。

（六）加强科技宏观管理与统筹协调

为落实党中央、国务院转变政府职能的要求，近3年来，科技部一直大力推动转变政府职能，加强宏观管理改革，把工作重点转移到战略研究、规划和政策制定、环境建设等方面，努力提高管理水平和效率，为实现科技发展战略部署提供机制和体制保障，取得了一定进展和成效。

一是调整部内机构设置。从2006年开始，为配合科技计划管理体制转变的需要，更好地履行科技部"三定"职能，科技部以加强宏观管理、转变政府职能为总目标，以推进科技计划管理改革为切入点，对内部机构的设置进行了调整，着力明确了部机关综合司局和专业司局在计划管理工作中的职责分工，推进了以四大板块为框架的事业单位专业化建设。其中，组建了中国科技发展战略研究院，加强了科技战略研究；成立了科技基础条件平台管理中心，以改善科研工作环境，实现科研设备、数据共享；成立了科技经费监管中心等单位，规范资金运行，保证资金安全，提高经费使用效益。

二是推进科技计划管理改革。以计划管理改革为突破口，带动科技整体管理水平的提高。第一，按照"公平、公开、公正"的原则，建立了国家科技计划信息管理平台，实现了网上申报、立项和评审。第二，减少具体的、直接的项目操作，在计划执行和项目管理上更多地发挥部门、地方、企业和专业机构的作用。例如，支撑计划首批启动的项目中，委托部门、地方、企业组织实施的项目占到82％，95％以上的项目都有企业参与，1/3以企业为牵头承担单位。"973"计划4个重大科学计划全部委托中国科学院、教育部组织实施。第三，建立和完善科技计划管理的新

---

① 即中国证券监督管理委员会，简称中国证监会。
② 即深圳证券交易所，简称深交所。

机制，引入第三方评估监理机制，加强对计划实施绩效和管理绩效的考评，提高计划管理的效率和透明度。第四，会同财政部设立了公益性行业科研专项资金，加大对部门（行业）的支持力度。第五，加强科技经费预算管理，开展了科技主体计划的概预算评审和评估工作，初步建立了支持自主创新的多渠道的投入格局。

三是改革科技成果鉴定制度和科技奖励制度。为形成科学、合理的国家奖励的标准和导向，科技部取消了政府组织成果鉴定，将奖励、验收与成果鉴定脱钩，减少面向市场研究的奖励数量，加大对创新型人才的奖励数量。同时，改革科技评价制度，对基础研究和前沿高技术研究与面向市场的研究开发，采取不同的评价办法和激励机制，减少基础研究、前沿科学探索中过于频繁的量化评价活动，淡化对创新性强的项目的评价，对于面向学科发展和科学前沿问题的研究，鼓励探索、宽容失败。

四是加强科技统筹协调。科技部把工作的重点转移到了战略研究、规划和政策制定、环境建设等方面。第一，建立部门联席会议制度。为了加强部门之间、军口和民口之间科技资源配置、科技计划、重大项目的沟通和协调，建立了相关部门参加的联席会议制度，定期就科技资源配置和各类科技计划安排进行沟通协调，以改变部门互不衔接、立项重复分散的问题。第二，构建科技信息和资源共享机制。建立覆盖相关部门的国家科研项目信息数据库，严堵多头申请、交叉和重复立项。制定科技项目统筹协调管理办法，形成科技计划的年度报告制度。会同各有关部门，建立国家科学数据、科技信息共享机制，扩大实验设备、科技数据、自然资源等各类科技资源的共享。第三，共同推动技术创新体系建设，与六部门联合成立专门协调指导小组，共同推进产学研结合工作。第四，建立省部会商制度。目前，已与12个省市签署了合作协议，围绕地方和区域重大科技需求，突出综合集成，与地方联手实施重大科技行动。

（七）从制度上遏制学术不端行为

2002年以来，针对科技评价和计划管理制度不健全、评价体系不完善、评价方法不规范等问题，以及科技界反映的学术浮躁、学术腐败等现象，科技部从改革和完善科技管理入手会同有关部门做出了《关于改进科技评价工作的决定》，相继出台了《科学技术评价办法（试行）》、《国家科技计划项目评审行为准则与督查办法》、《关于在国家科技计划管理中建立信用管理制度的决定》、《科技部落实建立健全惩治和预防腐败体系工作方案》等一系列政策性文件，从多个方面加强制度建设，标本兼治，铲除滋生腐败的土壤，治理学术浮躁等不正之风，优化创新环境。

2006年，科技部发布了《国家科技计划实施中科研不端行为处理办法（试行)》[①]，将对科研不端行为的调查和处理纳入了法制化的轨道。为保证《处理办法》得以有效实施，科技部还与教育部、中国科学院、中国工程院、国家自然科学基金委员会、中国科协[②]等部门和单位建立了科研诚信建设部门联席会议制度；成立了科研诚信建设办公室，接受对科研不端行为的举报，组织和协调调查处理工作；邀请科技界、法律界等领域的部分资深专家，组建高层次的专家咨询委员会，对影响重大的科研不端行为的查处提出咨询意见；建立与部门、地方共同实施的工作机制。

（八）开展全方位的国际科技合作

国际科技合作根据国家总体外交的要求和科技发展的战略部署，围绕全面建设小康社会的奋斗目标，以增强国家自主创新能力和提高国家科技竞争力为中心，努力开创全方位、多层次、广领域、高水平合作的良好局面。一是营造更加开放的国际科技合作环境。我国已与152个国家和地区建立了科技合作关系，科技部与其中99个国家的相关部门签订了政府间科技合作协定，初步形成了较为完整的政府间科技合作框架。二是服务国家需求组织重大合作项目，使我国在一些重点领域紧跟国际前沿，为解决国民经济发展的一些重大技术瓶颈问题提供了有效支撑。三是支持参与国际多边大科学计划和工程。先后参与了国际热核聚变实验堆研究计划、伽利略全球卫星导航计划等国际大科学工程和计划。2006年，科技部正式启动中医药国际科技多边合作计划，这是第一个由中国政府倡议制订的国际大科学工程研究计划，得到了许多国家的普遍关注和积极响应。

（九）积极推进党风廉政和干部队伍作风建设

近年来，科技部党组认真贯彻党中央、国务院关于党风廉政建设和反腐败工作的部署，贯彻胡锦涛总书记在中国共产党中央纪律检查委员会（以下简称中纪委）第七次全会上对领导干部作风建设的要求，坚持教育、制度、监督并重，在中纪委驻部纪检组的支持和协助下认真解决突出问题，广大党员干部的廉政意识和作风建设取得了显著的成效。一是认真传达学习党中央、国务院、中纪委的有关文件和会议精神，贯彻落实中央的《建立健全教育、制度、监督并重的惩治和预防腐败体系实施纲要》，结合科技工作实际，坚决把政风建设和反腐倡廉各项任务落到实处。二是坚持依法行政，不断完善规章制度，从源头上预防和治理腐败。按照行政许可法的要求，编制政务公开目录，及时向社会公开行政的实施依据、公开形式、范围和时限，将推进政务公开与政府行政管理体制改革相结合，与行政审批制度改革相结合，与科技计划管理改革相结合，与廉政建设和作风建设相结合。三是建立健全

---

① 简称《处理办法》。
② 即中国科学技术协会，简称中国科协。

领导体制和工作机制，把加强领导干部作风、政风建设和反腐倡廉贯穿于科技管理改革的全过程，加快职能转变，增强科技管理干部的廉洁从政意识和拒腐防变能力。四是深入实际，开展全方位、多层次的监督检查工作，确保反腐倡廉和领导干部作风建设深入开展并落到实处。

三、科技工作的主要经验

我国科技工作之所以能与时俱进，取得显著成绩，关键在于科技战线的全体同志坚定不移地执行了党中央、国务院的重大决策，以科学发展观为指导，坚持了以下几个基本做法。

第一，坚持把解决国民经济和社会发展的瓶颈问题放在科技工作的优先位置。科技事业与国家的命运休戚相关，科技界与祖国和民族的兴衰休戚与共。科技发展必须服务于国家目标，服务于经济社会发展和国家安全的需求，服务于人民群众的需要，事业才能不断发展，科学家才能真正实现自己的理想和人生价值。我国有着极其特殊的国情和需求，不能指望别人来解决在我国发展中所面临的大量科学技术问题。科技工作必须从基本国情出发，高度正视未来我国经济和社会实现可持续发展所面临的一系列重大瓶颈性约束和挑战，把自主创新作为结构调整的中心环节，坚定不移地依靠科技进步与创新，使国民经济和社会发展切实转移到科学发展的轨道上来。

第二，坚持着眼科技持续发展，重视科学的长远价值，超前部署基础研究和前沿高技术研究。原始性创新往往孕育着科学技术质的变化和发展，是科技创新能力的重要基础和科技竞争力的源泉，也是一个民族对人类文明进步作出贡献的重要体现。科技要引领未来，就必须对事关国家长远发展的基础科学、前沿技术研究给予稳定支持、进行超前部署。同时，在科技管理中必须把基础研究、前沿技术研究和面向市场的应用研究区别开来，把市场性科技活动与公益性科技活动区别开来。针对基础研究和前沿技术研究的特点，必须建立一个鼓励探索、宽容失败的评价体制和激励机制；必须创造一个更加开放的、促进交流与合作的科研环境；必须建设一个有利于知识积累和数据共享的基础条件平台；必须营造一个更加注重人才、不断发掘人才潜力的环境。

第三，坚持以改革作为科技发展的根本动力，充分发挥市场机制在配置科技资源中的基础性作用。科学技术是第一生产力，改革的目的就是要进一步解放和发展科技生产力。我国的科技体制改革一直走在改革开放的前列，经过20多年的不懈努力，我国科技体制已经发生了深刻变化，广大科技人员的积极性得到极大提高。今后，随着创新型国家建设的不断推进，随着社会主义市场经济体制的不断完善，我国科技体制改革还将不断深化。我们必须坚定不移地深化科技体制改革，完善国家创新体系建设，为全社会科技创新提供最有效、最可靠的体制保障。

第四，坚持把环境建设作为科技工作的基本任务，着力加强科技政策协调和创新文化建设。良好的创新环境是加强自主创新的必要条件，是确保建设创新型国家战略决策真正落到实处的关键。政府支持科技创新可以采取多种方式，但能够长期起作用的是政策。特别是推动企业成为技术创新主体，首要的就是创造良好的政策环境，通过有效的激励政策真正调动广大企业投入技术创新。与此同时，一个良好的创新文化氛围对于科技发展也至关重要。创新要有成果，出成果要有人才，出人才要有适合创新人才成长的土壤和环境。优秀人才只有在创新的文化环境中，才能发挥潜能，完成重大成果，开创卓越的事业。科技工作必须把科技政策协调与创新文化建设作为科技工作的重要方面，为科技创新营造良好的环境。

第五，坚持人才资源是第一资源的思想，激发广大科技人员的创造活力。联系科技工作的实践，科技部对人才是第一资源的认识极为深刻。一是人才珍贵。人才特别是尖子人才在原始性创新和高新技术产业化中发挥着不可替代的作用；重大科技项目和高科技产业的成功，关键在于尖子人才的选拔和使用。二是人才难得。人才的社会结构是一个金字塔，国家和社会的巨大投入使大量受到基础教育的一般人才构成金字塔的塔基，支撑着处于塔尖位置的尖子人才。尖子人才之所以能够脱颖而出，不仅是个人才能和勤奋的产物，也是整个社会的产物，是国家科技教育巨大投入的结果，尖子人才的流失是国家和社会巨大投入的流失，所以对人才要格外珍惜。三是人才问题紧迫。当今世界，各国可以用关税、非关税壁垒等手段保护本国的产品，控制生产要素跨国界的流动，但人才流动是无法控制的。在人才问题上，我们只有一条路，就是横下一条心来，参与国际争取人才的竞争，全力创造一个有利于留住人才、有利于尖子人才成长的环境，吸收全世界的优秀人才参与中国的创新活动。

这些做法，是对多年来科技界和广大科技工作者的成功实践总结，也是我们在今后工作中必须坚持、丰富和发展的宝贵经验。坚持这些做法，科技工作就能保证正确的方向，就有了力量源泉，就能动员全社会力量，形成科技工作千军万马的良好局面。

21世纪的三个重要特征[①]

（2008年5月18日）

今天，我们在这里召开首届"浦江创新论坛"。作为论坛主席，我对到会的各位领导和专家表示热烈的欢迎，对为此次论坛做出辛勤工作的各方面，特别是上海市政府、同济大学和上海张江（集团）公司表示最诚挚的感谢！

"浦江创新论坛"是致力于创建创新战略与政策研究的高层国际论坛。论坛邀请国内外政府官员、著名专家、知名企业家，就坚持走中国特色自主创新道路，增强国家自主创新能力发表见解，为推动中国的经济社会发展走上科学发展的道路作出贡献。

在科学技术的引领和推动下，21世纪人类社会正经历着重大的历史性变革，日益表现出三个重要的新特征。

一是以知识为基础的社会。知识的积累和创造将成为国家财富增长的主要途径和方式，学习、获取、应用和创造新知识将成为人类生产和生活的基本手段。由此，将引发人类社会和人类活动方式的深刻变革。

二是全球化的国际环境。随着全球化进程的不断深化，各个国家的发展将不可避免地融入全球化进程之中。对于发展中国家来说，这既是巨大的机遇，也是严峻的挑战。充分利用这个机遇，可以加速现代化进程；缺乏强劲的科技创新能力，则将面临被边缘化的危险。

三是可持续发展的增长方式。科学技术是双刃剑，一方面引发人类经济社会的巨大进步；另一方面，又带来了一系列新的矛盾和问题。面对能源、资源紧缺的约束，以及全球气候变化、科学伦理等诸多问题的困扰，人类社会需要做出共同的努力，寻求人与自然和谐相处的新途径。

当代经济社会发展的这些新特点，是科技进步的结果；同时也对科技进步提出了更高的要求。中国作为一个人口众多的发展中国家，在经过了30年的高速发展之后，已经进入了一个新的阶段。在这个阶段，增强自主创新能力、建设创新型国

[①] 2008年5月18日在"浦江创新论坛"上的开幕词。

家已经成为国家发展战略的核心，成为提高综合国力的关键。如何以科技创新支撑发展和引领未来，是深入贯彻和落实科学发展观、推动经济社会发展转型的重大战略问题。

当前，中国已经具备了建设创新型国家的重要基础和良好条件。

一是中国拥有充沛的科技人才资源。中国科技人力资源总量和研发人员总数分别居世界第一位和第二位，这是极其重要的优越条件，是中国建设创新型国家最宝贵的战略资源和竞争优势。

二是中国拥有巨大的市场需求。巨大的国内市场资源为中国自主创新成果提供了宽广的应用舞台。13亿人口大国的市场既具规模性，幅员辽阔、发展水平不平衡的市场又颇具多样性，这为中国的各类型、各层次自主创新活动提供了最宝贵的市场需求动力。只要将这种国内市场资源的重要性认识提高到足够的高度，启动、发挥本国市场对自主创新活动的牵引作用，建设创新型国家的经济引擎就会无比强大。

三是中国拥有较强的科技实力。经过几代人前仆后继的努力，中国的学科布局日趋完整，科研能力不断增强，一些重要领域的研究开发能力已跻身于世界先进行列，整体科技实力在发展中国家位居前列。更重要的是，一批创新型企业和创新型城市正在加速崛起。此次将在论坛上发表演讲的企业和城市就是这些创新力量的代表。

同志们，党中央已经指明了前进的道路，新的征途正在展开。我们一定要鼓足勇气，抖擞精神，脚踏实地，团结一致，排除一切障碍，推动中国进入创新型国家的行列。

我们对此满怀信心！我们为之全力以赴！

坚定不移地走自主创新之路[1]

(2010年6月12日)

几年来，自主创新战略取得了重大成就。在为自主创新所取得的成果而欢呼雀跃的时候，我们也要有清醒的认识。在国内，对于实施自主创新战略还有模糊认识、混淆之处和制约因素；国际上，一些国家和企业集团的要员对这个战略质疑、不满甚至横加指责。曾经力主实施自主创新战略并亲历这一战略提出全过程的全国政协教科文卫体委员会[2]主任、中国科学院院士、科技部原部长徐冠华日前接受本报独家专访，就为什么提出自主创新，如何认识自主创新，如何看待这一战略实施中的问题，应如何实现建设创新型国家的战略目标等回答了记者的提问。

一、自主创新是我国可持续发展的必然选择

记者：自2006年自主创新战略提出以来，自主创新已经成为我们的国策。党的十七大又提出将"增强自主创新能力，建设创新型国家"作为国家发展战略的核心。您是当时的科技部部长，是这一战略的亲历者，请您谈谈自主创新战略出台的历史背景和意义。

徐冠华：中国选择自主创新的发展道路，是基于全球化发展和知识经济的时代背景，以及中国自身发展的内在要求。也就是说，自主创新是我国发展的必然选择。

从世界的发展趋势来看，科学技术已经成为推动经济和社会发展的主导力量，自主创新能力是国家竞争力的决定性因素。回顾历史，自主创新就是后进者进行技术赶超、实现产业升级、提升国家技术能力和打造国家竞争优势的必由之路。德国、美国、日本、韩国等国家在不同历史阶段的崛起和发展都证明了这一点。如今，发达国家利用自身的技术和资本优势，并以知识产权、技术壁垒等新的贸易手

---

[1] 2010年6月12日发表在《科技日报》上的记者访谈稿（记者胡菊芹），原题为《坚定信心和决心，走自主创新之路》。

[2] 即中国人民政治协商会议全国委员会教科文卫体委员会，简称全国政协教科文卫体委员会。

段控制市场、资源和媒体，试图长期保持其领先地位。

从国内的发展情况看，技术创新能力不足，以及缺乏核心技术已经成为发展的最主要瓶颈。在大到飞机、汽车、数控机床，小到服装、日用化学品、碳酸类饮料等的诸多产业领域里，表现出很强的对外国技术的依赖，国外资本、品牌和技术主导的格局日益显现。

值得强调的是，技术并不等同于技术能力，引进技术并不会自动带来技术能力的生成和发展，真正的核心技术是买不来的。实践也证明，技术能力是组织内生的，需要通过有组织的技术学习和产品开发的实践才能获得。

其实，随着劳动力成本的逐步提高，我国越来越难以从单纯的劳动力比较优势中获得应有的利益。缺乏核心技术，导致产品的利润率过低，劳动者的工资水平也很难得到提高，从而使得扩大内需、促进现代服务业发展等国家重大战略难以顺利实现。另外，在WTO规则下，知识产权、技术贸易壁垒和反倾销已成为我国众多企业参与国际竞争所面临的重大障碍，中国遭受的反倾销调查数量已经连续10余年居世界第一。所以，没有基于自主创新的核心技术和知识产权，我国产业发展将难以突破发达国家及其跨国公司的技术垄断，难以获得有利的贸易地位。

二、自主创新的力量已初步显现

记者： 经历了国际金融危机的洗礼，全球寻求新的经济增长点，在抢占未来竞争战略制高点的新形势下，对于理解自主创新战略有什么新的启示？

徐冠华： 在应对国际金融危机中，中国反应最快、力度最大、回升最早、增幅最高，是全球经济的一大亮点，也为保持世界经济的稳定和全球经济复苏做出了重要的贡献。从我国政府实施的一系列应对危机的重大决策和部署来看，其中一个重要特点和经验就是依靠科技创新。

事实也是如此。在应对危机中，自主创新的力量充分显现。企业、产业及区域的创新能力和危机应对能力是成正比的，如拥有较强创新能力的高新技术开发区在实践中就显示出很强的抗风险能力。在金融危机之下，国家高新区特别是中西部的国家高新区仍然保持着百分之十几到二十几的增长率。可以说，国家高新区已成为具有活力的高新技术产业基地和技术创新基地，成为实施自主创新战略进程中的一面旗帜。

自主创新战略提出以来，国家已经取得了巨大的成就，科技发展进入了一个重要的跃升期。这一时期，我国成功举办了北京奥运会，也经受住了汶川地震、金融危机等重大挑战的考验。在此过程中，科技发挥了重要的引领和支撑作用，为全面夺取抗击特大自然灾害的重大胜利，保持经济社会平稳较快发展做出了重要贡献。这次金融危机也暴露了我国经济发展中的一些深层次的矛盾和问题：经济生活中不协调、不平衡、不稳定、不可持续的现象依然存在，高投入、高消耗、高排放和低效益的经济发展方式仍未根本改变。特别是在应对全球气候变化，以及发达国家发展绿色能源科技、低碳经济的浪潮下，转变经济发展方式刻不容缓已成基本共识。这进一步要求我们要增强自主创新能力，抢占科技竞争的战略制高点，在新一轮科技革命和产业革命中赢得先机。

三、坚定信心和决心，走自主创新之路

记者： 现在一些国家和企业集团的要员对我们的自主创新战略质疑和不满，特别是对我国一些支持自主创新战略的政策措施，如政府采购等不满，甚至"恐慌"。您对此有什么看法？

徐冠华： 这是可以理解的，因为自主创新影响到了原有的利益格局。

从历史演进的视角来看，人类社会的发展，从把土地作为最重要的生产要素，到资本，再到现在的知识，发达国家已经把知识作为获取超额利润的最主要手段，从而在全球财富分配格局中拥有绝对的份额和话语权。而自主创新已经成为他们继续获取超额利润的最大障碍。前段时间他们指责中国侵犯知识产权，现在他们阻挠中国制定支持自主创新的政策。这是新形势下一个问题的两个方面。

我想特别强调，中国有选择自己发展道路和发展战略的权利。无论是过去还是现在，利用政府采购、税收等优惠政策来鼓励本国的创新和促进产业发展都是世界各国通行的做法，包括发达国家，美国亦是如此。①

相比之下，我国至今仍未能全面落实保护和促进国内企业创新的经济政策。有的政策虽然出台，如"首台首套"政策，但是在实际操作中难以实施，政府采购中的"国货歧视现象"仍旧可见。以汽车为例，尽管包括比亚迪、奇瑞、吉利在内的13个自主汽车品牌2007年就已入围政府采购目录，但实际效果并不理想，比亚迪的政府部门采购仅占销售总量的1%。

现在不少人对政府采购政策存在片面的理解，即把政府采购归纳为"同等优先"；然而"同等"实际上是不存在的。比如，软件产品在开发、编程过程中往往会留下许多漏洞，需要用户在不同环境下大量而反复的使用中不断发现问题，不断进行修改和完善。这既是软件产品开发的一般规律，也是技术进步的一般规律，包括微软的产品也是在不断的"打补丁"的过程中得以完善和逐步升级。如果一开始就先验地要求产品非常完善，则中国的软件产品永远不可能进入市场。在价格上，当我们的公司推出一个新产品的时候，跨国公司的产品往往通过降价把它挤垮，我们的小公司怎么与之竞争？所以，以价格和技术水平"同等优先"为原则的政府采购，容易演化为"国外产品优先"，使国内一些优秀的产品被排除在市场之外。

---

① 美国的具体做法详见《建设创新型国家的几个重大问题》一文的第二部分第三小节。

从重大科技专项的进展来看，在各方面的共同努力下，各个专项已进入全面组织实施阶段，引起了国际社会的关注，包括非议。在下一步的工作中，要坚定信心和决心，瞄准国家科技发展的重大战略需求，探索健全市场经济条件下的新型举国体制，切实把社会主义集中力量办大事的优势和市场配置资源的竞争优势有机结合，力争实现重大科技专项工作新的更大的突破。

四、政府要为自主创新营造良好的政策环境

记者： 现在离创新型国家建设目标只有10年的时间了，要实现这个目标，让全社会的创新活力竞相迸发，政府未来的工作着力点应该在哪？

徐冠华： 今后10年要想取得进展，关键在于以企业为主体、产学研相结合的技术创新体系建设能否取得成功。

技术创新首先是个经济问题，其次才是科技问题。概括来讲，它是技术、管理、金融、市场等各方面创新的有机结合。技术进步是一个累积性的过程，技术创新要对经济发展产生影响，必须要采取产品形式。产品的设计和开发是企业产品导入市场过程中最基本的活动，只有采取产品形式才能使研发得到回报，使技术得到普及。企业熟悉市场需求，有实现技术成果产业化的基础条件，可以为持续的技术创新提供资金保证，能够形成创新与产业化的良性循环。只有以企业为主体，才有可能坚持技术创新的市场导向，迅速实现科技成果的产业化应用，真正提高市场竞争能力。因此，抓住了企业为主体的技术创新体系这个突破口，就抓住了进一步深化科技体制改革的主线，就可以形成科技发展新的战略安排和科技资源配置的新框架，一些多年未能解决的体制和政策问题就有可能被理顺，并得到解决。

政府的引导和支持在以企业为主体的技术创新体系建设中可以发挥重大作用。特别是在政策引导和环境营造方面，政府可以有所作为。政府支持企业技术创新可以采取包括制定政策、资金投入、项目支持、提供服务等多种措施，但起决定性作用的是政策。在一定的条件下，政府通过科技项目支持企业技术创新是可行的，但不可能成为主要的支持方式。中国有几百万个企业，政府项目有多少？政府可以支持三五年，但不可能永远支持。特别是对于千千万万的中小企业来讲，包括税收、金融、政府采购等在内的各项激励政策是长时间、普遍起作用的因素。

许多国家的实践表明，中小企业研发新技术、新产品的效率远远高于大企业。道理很简单，创新是中小企业生存和发展的内在要求。如果中小企业没有自己的核心技术和技术诀窍，就不可能在激烈的市场竞争中创办和生存，更谈不上发展。因此，必须高度重视中小企业的创新活动，给予其有力的政策支持。

科技经济结合和中介机构建设是政府要解决的另一重大问题。国外的经验表

明，科技和经济的结合主要是通过市场实现的。市场中谁在起作用？中介。把千千万万的企业和千千万万的研究机构连接起来主要靠大量的、各种类型的中介机构。可以说，在市场经济条件下，科技中介服务机构是产学研的纽带，是连接科技和经济的桥梁。要真正能够全面实现产学研结合，就必须充分发挥各种类型的中介机构，特别是市场化中介机构的重要作用。而我们目前的现实，主要是政府通过项目来支持科技和经济的结合，因此，就环境建设而言，一项重要的工作是要完善中介机构体系的建设。

人类有着共同的家园　必须做出共同的努力[①]

(2012年4月13日)

　　面前的这本书《继续生存10万年，人类能否做到？》，让我回忆起3年前在中国科学院遥感应用研究所召开的一次别开生面的讨论会。记得议题是"小行星撞击地球和外星人入侵的监测和应对"，当时很多人参会，发言者充满激情，侃侃而谈，至今历历在目，震撼我心。我不禁想到，当时会议讨论的只是一个孤立的自然事件，都能引起人们如此浓厚的兴趣，而眼前的这本书，作为一部科学专著，同时也是一部充满趣味性的科普读物，对宇宙中的天体威胁、地球灾害、气候变化、未来能源、水资源和生物资源、逃离地球等各方面都做了描述和分析，用科学的论据和丰富的想象力，对人类文明的历史进行了全面反思，并以科学家的高度责任感，对人类未来的生存发展方式和途径进行了规划和探讨，一定会让一批中国读者着迷，填补一段知识空白，满足人们长期的期待。

　　我十分赞赏作者的能力和见识，他们以宽泛的视野、渊博的知识，以及对自然历史、人类历史和未来的深刻理解，将未来10万年人类的前景，用优美、流畅的文字呈现在读者面前。这是一个充满希望的前景，一个让子孙万代安心的情景。但我也有担忧，因为历史常是未来的一面镜子，如果让时光倒流，历史有可能对这一前景说"不"。人类文明已经延续5000～6000年，两河流域、印度、中国、希腊、美洲等地都创造过独特的文明。在人类文明发展过程中有些曾经经历过空前的繁荣，但是以后逐渐地消亡了，留下的只是一些残石断壁的历史遗迹。为什么古代文明消失了？历史学家进行了分析：环境的变迁、气候的变化、战争、疾病等，外部环境变化通过内部矛盾起作用，使这些古老的文明最终走向毁灭。这令人不禁想到，当前人类的文明会走向何方？历史上消失的文明虽然都是区域文明，但是如果仍旧沿用已有的应对方式，全球文明可能最终也会消失。

　　人类发展问题跨越了国界，需要全世界、全人类共同承担和解决。在能源短缺、气候变暖、灾害加剧等当前这些全球问题的解决过程中，科学技术，包括空间

[①] 《继续生存10万年，人类能否做到？》书评，2012年4月13日刊登于《人民日报》海外版。

观测技术的发展发挥着至关重要的作用。中国作为发展中的大国，一直积极参与研究和解决人类社会未来发展面临的问题，也高度重视空间科学技术的发展。从20世纪50年代开始人造卫星的研究工作，到目前已经初步建立了长期稳定运行的卫星对地观测体系和覆盖全国的地面卫星遥感数据接收系统，开展了空间科学的研究。经过多年的努力，中国空间科学技术的发展取得了巨大的进步。同时，中国也培养了一大批空间科学技术领域的专业人才，这些人才越来越广泛地活跃于国际舞台。我们欣喜地看到，作者也是空间科学家，书中也有中国科学家的研究成果。

历史经验表明，当一个民族面对共同的敌人时，总会团结起来，强敌造就了一个民族的强大凝聚力。当前，全人类面临着诸多严峻的共同威胁，有可能造成人类的毁灭，人类应当团结起来，争取一个10万年的光明前途。回忆历史，展望未来，该书传达的信息十分明确，"人类有共同的家园——地球村；人类的未来是共同的未来；人类要生存下去，必须做出共同的努力"，"人类既要重视当前的发展，也要考虑未来的生存"。当前的问题是，人类对自身面临的诸多问题的紧迫性认识不足，也缺乏解决问题的战略考虑和安排，这也应当是出版该书的一个重要意义。

《继续生存10万年，人类能否做到？》由科学出版社于4月出版。

建立以市场经济为基础的科技经济结合体制，是中国经济转型的关键[①]

（2012年5月20日）

当前我国已进入经济转型的关键历史时期。人们越来越认识到，唯有创新才有转型。然而，多年来的实践证明，创新不可能一蹴而就，也不可能自然生成。从政府层面来看，只有充分发挥市场经济的作用，切实转变政府职能，大力推动经济改革和科技改革的结合和互动，才能有效调动和集成全社会的创新资源，形成浩浩荡荡的创新大军，推动国民经济走上创新驱动和可持续发展的轨道。本文以制造业为例，加以说明。

一、中国经济转型面临的几个困难问题

改革开放以来，我国经济高速发展，取得了举世瞩目的成就。但是，随着社会经济的发展，一些深层次问题逐步显现，其中制造业的问题备受关注。

（一）传统产业步履维艰

我国传统产业规模巨大，在解决就业、维护国计民生以及保持社会稳定等方面都具有重要意义。然而，我国传统产业普遍处于国际产业分工低端和低利润的现实状况堪忧。不少人认为传统产业是夕阳产业。究竟传统产业现状如何？前景如何？这里以制笔业为例分析。据统计，我国各种笔的产量均居世界首位，圆珠笔产量更是占有全球80%的市场份额，是当之无愧的世界制笔大国。但从整个价值链来看，我国制笔业大而不强，甚至还面临着生存危机，这是为什么？核心问题有两个：一是圆珠笔的"空芯化"。所谓"空芯化"指的是圆珠笔的笔珠、笔芯和墨水主要依靠进口，或者加工设备、技术进口。中国制笔企业主要分布在制造环节价值链的最

[①] 2012年5月20日在中欧国际工商学院2012创新中国高峰论坛的讲演。本文由徐冠华执笔，包括郭铁成（中国科学技术发展战略研究院）、王彦敏（北京师范大学）、刘琦岩（科学技术部调研室）、朱岩梅（同济大学）、何斌（北京师范大学）和张赤东（中国科学技术发展战略研究院）等共同完成。

低端。中国企业出口一支圆珠笔的价格为 0.50~1.00 元人民币，但在美国市场可以卖到 1 美元以上（相当于 6.3 元人民币以上）。中国制笔企业在制造环节所获得的不到 1 元人民币收入中，扣除进口的笔头、笔芯费用和劳动力等成本，赚取的利润只有 2~5 分人民币；二是制笔产业链其他环节的缺失。在美国市场上从 1 元人民币到 1 美元的增值，主要是通过制造以外的产业链其他环节创造的，包括产品设计、采购、物流、批发经营、零售服务等，但这些创造高利润的产业链环节也同样为外国企业所控制。尽管我们的职工获得的仅是低廉的工资，尽管我们付出了高资源消耗、高污染排放的代价，但是制笔业增值的绝大部分都被占有核心技术、关键部件和产业链中价值链高端的外国企业所占有。很明显，制笔产业不是没有利润，而是我国企业缺乏占有制笔业价值链高端的能力。制笔业的尴尬处境在中国传统产业中具有代表性。

（二）高技术产业与新兴产业中的无序发展与"低附加值陷阱"

我国一些地方政府努力发展高技术和新兴产业，实行各种优惠政策，把产业发展的重点向高技术倾斜，既取得了成绩，也带来了问题。从实践中看，一些地方政府对发展高技术产业和新兴产业缺乏全面认识，表现为热衷于概念的炒作、雷同式布局、低层次的竞争、技术的盲目引进、无核心技术支撑等，是升级版的"GDP 主义"。这种因无序发展带来的资源浪费和战略性发展机遇的错失，必然重蹈许多传统产业的覆辙——重复投资与产能过剩。以光伏产业为例，2011 年由于无序发展陷入困境。数据显示，浙江 374 家中小光伏企业中，至少有 50% 处于半停产状态，而在拉晶和切片等环节，停工的企业甚至达到 70%~80%，已经破产转行的企业也不在少数，产业的利润率也由 139% 骤然下滑到 20%，这种状况发人深思。

历史上也曾经有过深刻的教训。本世纪初的短短几年里，一场技术替代的危机——以液晶面板为主的平板显示器对 CRT 显像管的替代，给中国彩电工业带来了"毁灭性打击"。我国曾经花费 20 年的时间，通过大规模的技术引进，使彩电工业价值链的 95% 转移到了中国，成为当时引进技术成功的典型。然而，到了 2008 年，中国彩电工业由于没有能力参与液晶面板代替 CRT 显像管这一全球性的产业技术替代过程，只能被动跟随，以至于彩电价值链的 80% 再度转移到了国外。在此过程中，我们有了产能之名，但却没有创新之实，最终只能在新的技术变革和市场竞争中被淘汰出局。现在有不少地方并没有吸取教训，无序、缺乏战略指导和技术支撑的发展模式在一些新兴产业里仍在重演。

高技术通常意味着更高的利润和更高的附加价值。但是我们有些高技术产业并没有获得高利润，反而滑入了"低附加值"的陷阱。在一些高科技企业，职工从事的工作和经济活动的性质，与制笔这样的传统制造业并没有什么本质的区别。国际经验表明，一国在高技术产业链低端活动的成功，譬如在装配线上拧螺丝这样的活动，并不会必然带来在这些高技术产业高端活动上（如设计、开发、品牌推广等）

的成功。事实上，在不少的高技术企业里，我们仍然处于价值链的老位置上，甚至被锁定在组装、加工、制造的"低附加值"环节。

我国高技术产业陷入"低附加值"的陷阱，根本上还是由于缺乏核心技术。由此，我国企业不得不将每部国产手机售价的20%、计算机售价的30%、数控机床售价的20%～40%支付给国外专利持有者。据调查，苹果公司每售出一台iPhone手机，苹果获得其中58.5%的利润，而做组装代工的中国企业获得的利润只有1.8%。所以，高技术产品组装线并没有从根本上改变中国产业活动的性质，产业升级的目标也不可能在这种路径下实现。

（三）中小企业存活率低，难以做大做强

中小企业是经济发展的主力军，是孕育大企业的摇篮。尽管这些年中小企业经历了蓬勃的发展，但是存活率低、难以做大做强的问题仍然具有普遍性。究其原因，融资困难和技术创新能力不足是制约中小企业发展的关键。

资金短缺、融资困难是普遍制约我国中小企业成长的首要问题。中国社会有大量的民间资本，巨额资金游走于房地产业，投资和投机性需求造成房价飞涨。一方面是大量的民间资本苦苦寻找出路，另一方面是企业融资困难和融资成本高，原因何在？关键是我国的金融体制缺乏满足中小企业发展需求的金融中介体系、金融产品体系和金融市场体系，尤其是缺乏有品牌、有信誉、有能力的中介服务机构。中小企业难以通过一定方式和渠道从社会，更难从主流金融机构获得低成本的、公平和低风险的金融产品和服务。

缺少技术研发和创新能力是中小企业进一步发展的另一个重要瓶颈，过去那种主要依靠低劳动成本和外延式扩张的出口优势正在逐渐丧失。低利润使得企业没有研发能力，又缺乏市场化的公共研发机构、研发平台和技术平台；知识产权保护不力使得企业研发成果未进入市场已被其他企业仿制；技术信息和市场信息不足制约了企业的扩展能力。与世界上许多市场经济国家相比，中国的中小企业所获得的来自政府的政策支持和服务明显不足。相反的，在一些重大政策调整中，中小企业甚至被边缘化。

二、从科技与经济结合的视角看造成这些困难的原因何在

十多年来，国家大力推动经济转型、扩大内需，效果并不明显。这是为什么？我们从科技和经济结合的视角来分析一下中国经济转型面临的问题。

（一）自主创新能力薄弱，核心技术缺乏

自主创新能力薄弱，核心技术缺乏，是制约中国产业转型的关键因素。小小圆珠笔，为什么步履维艰？道理和信息产业一样，就在于"空芯化"，前面提到过，

就是笔珠和油墨两者技术上还不过关。解决这些问题目前的方式是靠进口，或者引进设备和技术生产。在这种条件下，主导权何在？高利润何在？彩电产业，从显像管到平板，为什么遭到颠覆性挫折？也在于缺乏核心技术，缺乏持续创新能力。中国从制笔和彩电产业的发展中得到什么教训？最根本的教训是技术可以引进，但创新能力是引进不来的。实践已经一再表明，技术创新能力只能是内生的，也只有通过有组织的学习和产品开发的实践才能够获得。如果中国的产业要消化国外先进技术并且能够转化为自主的知识资产，那就必须建立起自主的开发平台，培养自己的技术开发队伍，进行技术创新的实践。

改革开放以来，引进资金和技术的发展模式为中国经济发展做出了历史性贡献。但是长期存在着单纯引进技术、忽视消化吸收的倾向，一直没有得到解决。今天，单纯依靠引进资金、技术的经济发展模式已经走到尽头、难以为继。这主要是因为当前中国低端制造业已经占据国际市场大部分份额，单纯量的扩张已经没有大的发展空间；另一方面企业之间的激烈竞争，劳动力和资源环境成本的提高、以及人民币汇率的调整已将现有模式下的利润空间逐步挤压殆尽。因此，尽管根据市场竞争需要引进技术仍然是合理的，但在国家战略和制订政策层面上必须明确，只有依靠原始性创新、集成创新和引进消化吸收再创新，才是中国经济未来发展的必由之路。

企业核心技术缺乏还源于国家创新能力的匮乏。这种匮乏除了因为我国研究基础薄弱、研究经费投入不足之外，重要的原因还在于对科学研究的规律认识不清，造成科研管理中急于求成和学术浮躁的现象。一是对科学研究的探索性、不确定性和风险认识不足，在强调科学研究和实际应用结合时，有急于求成的倾向，习惯于用管理工程的模式管理科学技术，严重削弱了市场选择技术的原则和对科学技术探索失败的容忍和宽容，这势必造成了以"跟踪、模仿"为特征的科技成果泛滥，很多成果既不能推动科学技术进步和积累，更不能解决生产和应用的实际问题；二是对科学研究的长期性、继承性和科学积累的重要性认识不足，以政府操作项目为基础的科技管理方式和以量化指标为基础的科技评价和激励体制，造成了科研人员和科研管理部门不断追逐利益和利益最大化的格局，科技进步所必备的那种宽松的学术氛围、自由的学术讨论和稳定的科技条件远未形成，这一切都放大了学术浮躁的气氛。

（二）社会化、市场化的创新环境不健全

创新的动力来源于市场竞争的需要。社会化、市场化创新环境不健全、公共服务的缺失，以及公平的市场竞争环境的缺失，抑制了企业技术创新的积极性，也使得企业很难从社会、从市场获得技术创新的必要资源。

1. 政策环境的问题

当前我国企业创新动力和能力不足，与现实的政策环境密切相关，主要表现在

以下几个方面。

第一，各级政府通过各类科技项目支持企业技术创新的投入过多，对面向所有企业的普惠性、长期性的政策性投入，以及创新服务机构、服务平台的建设投入不足。诚然，政府通过少数重大项目、产学研联盟支持涉及国家经济安全、国防安全的重大战略性技术是必要的，但是千千万万的传统产业、千千万万的中小企业很难从这种类型的支持中享受到科技的阳光。许多国家的实践经验表明，只有社会化、市场化创新环境，只有普惠性、长期性的政策支持，才能调动全社会各类企业、科研院所、高校人员的积极性，才能组织起浩浩荡荡的创新大军，形成全国自主创新万马奔腾、蓬勃发展的局面。

第二，GDP导向机制促使地方政府在长远利益和现实利益之间博弈和权衡，妨碍了中央政府制定鼓励创新政策的落实。同时，不平等的市场竞争环境既使得许多国企不愿意冒技术创新的风险，而是通过强化市场垄断地位获得超额利润，又挫伤了民营企业创新的积极性，企业技术创新的主体地位难以确立。

第三，政府部门之间协调不力，没有形成科技政策和经济政策相互协调、形成合力的创新政策体系，难以建设和支持以企业为主体的技术创新体系。这个政策体系应当包括相互协调的投入、税收、金融、政府采购、贸易、知识产权、人才、科技计划等政策措施，从而激励企业和全社会自主创新。

2. 市场环境问题

社会化、市场化创新环境建设的关键是现代服务业的发展，特别是创新服务业的发展。在这方面，我国和发达国家存在着巨大的差距，这是经济转型和科技经济结合的重大障碍。中国现代服务业发展落后的原因很多，其中一个根本原因在于我们总是把第三产业孤立于第一产业、第二产业之外，并且按照这种思路去发展第三产业。实际上，第三产业很多部分都是在第一产业、第二产业的基础上逐步发展、逐步分离出来的。所以第三产业不仅仅服务于人，不仅仅服务于社会，很重要的是要服务于和支持第一产业、第二产业的发展，即所谓生产型服务业。大量的创新服务机构和创新中介机构，对于第一产业和第二产业起到了不可替代的支撑作用。我们可以这样说，没有现代服务业，就没有现代农业和现代制造业。脱离了现代服务业的第一产业和第二产业，就是传统的农业和传统制造业。所以，中国经济转型一定要依赖于现代服务业的发展，特别是创新服务业的快速发展，科技和经济的结合也只有在市场化的创新服务业充分发展的条件下才能真正实现。

（三）政府的管理思路、管理方式还没有完成从计划经济向市场经济的转变

制笔业、彩电业、光伏产业等案例说明以下问题。

1. 过度注重规模总量的扩张，一定程度上忽视了质的提升和改善

GDP 导向是典型的计划经济思维，过度注重产值的增长，忽视了附加值的提升。与此相联系，对传统产业和广大中小企业重要性的认识不足，片面强调高技术企业的发展，仅从产业的产品和技术性质而非实际的经济和产业活动的性质来判断附加值的高低。这些思维反映在政府管理实践中，就是为对传统产业改造和中小企业发展支持的乏力。

2. 宏观层面和战略层面把握不足，过多依赖微观层面的项目操作

战略规划、前瞻性布局的不足导致对产业技术换代、市场前景判断的失误；

对于战略性新兴产业技术和市场机会的前瞻性研究和部署不足，研发不力，不能有效地担当新兴产业的技术支撑。

政府各个部门之间发展规划、战略和政策协调和衔接不力，导致在研发、市场、金融、贸易在整个产业链上布置相脱节，难以形成协同有力、配合有序的高价值产业链。

三、建立以市场经济为基础的科技经济结合体制，是中国经济转型的关键

（一）建立以市场经济为基础的科技和经济结合体制

理论和实践都表明，科学技术要对国家经济和社会发展做出贡献，就必须要与经济活动结合起来。如何把科技和经济结合起来？发达国家的实践证明，那就是依靠市场，市场机制作为经济和社会系统配置资源的一种有效的制度安排，也为科技和经济活动的结合提供了连接的桥梁和纽带；同时，科技创新的不确定性和市场竞争的多元化需求只有通过市场、通过市场竞争的选择才能统一起来。

要做到充分利用市场机制，加快科技和经济结合的步伐，国家必须抓紧做好几个方面的工作。

一是大力推动科技改革和经济改革的紧密结合。企业的创新，不仅包括研究开发等技术创新，也包括产品的设计创新、工艺创新、管理创新以及商业模式创新等一系列环节。单纯的技术创新不能解决市场竞争力的问题，因此，孤立的科技改革和孤立的经济改革，不能解决科技和经济结合的问题，必须大力推动科技改革和经济改革的紧密结合，全面落实科技政策和经济政策协调一致的促进自主创新的政策。

二是大力创造公平的市场竞争环境。在科技创新和竞争中，无论是内资还是外资、民企还是国企，大企业还是小企业，均应得到公平竞争的机会。从这个意义上

说，各级政府应当把竞争的功能交给市场，从而最大限度地减少政策寻租。同时，市场竞争要求企业的科技创新能力必须能够转化为企业在市场上的竞争力，才能实现真正意义的科技和经济的结合。因此，企业不能仅仅以科技创新为中心，而必须以提升市场竞争力为中心，统筹科技创新、管理创新、商业模式创新的布局，关注整个产业链的发展。

三是大力推动科技体制改革，营造宽松的创新环境。技术进步和创新的最根本特性就是不确定性，即使最内行的专家也难以判断哪种技术最终会得到市场的认可，政府官员更难以做出正确判断。因此，单一的用实施项目的行政手段来判断、选择"优胜者"，成功率会很低，并很可能把创新的"幼苗"扼杀在摇篮之中。因此，政府不要过多地介入和干预微观的创新活动。我们要给予科学家和技术人员更加自由的氛围和更加宽松的环境，摒弃现有的以政府为主导的技术创新的奖励和评价体制。

四是大力创造市场化的产学研结合的环境，减少政府过多的行政干预。尽管对于一些战略性的产业，政府主导的产学研结合是必要的。但是也要看到，对于千千万万中小企业、高校、研究院所，以及千千万万知识产权的持有者来讲，产学研结合主要靠政府是做不到的，要靠市场，要靠中介机构，这是走产学研结合的桥梁和纽带。只有这样，我们才能看到一个浩浩荡荡的产学研结合的大军。

（二）加强科技和经济的结合呼唤政府职能的转变

当前，社会主义市场经济体制在我国已经初步确立，但在管理、服务方面政府职能仍然存在许多越位和缺位现象，根本原因是政府的管理思路、管理方式还没有完成从计划经济向市场经济的转变。中国经济要转型，科技要与经济紧密结合，必须实现政府职能根本转变。

政府职能的转变，主要是要解决政府通过项目实施，干预微观的经济和创新活动问题。项目操作是从计划经济体制一直延续下来的，运用有度，效果快而且明显；无限延伸则带来了巨大的问题。当前，政府部门通过各种项目管理政府事务有不断扩大的趋势，耗掉了政府部门的主要精力和大部分资源，极大地削弱了政府宏观管理的能力。同时，这作为政府对企业技术创新的主要支持方式，具有明显的局限性，表现为：

（1）只能面向很少的企业，主要是大企业和国有企业，时间也只是3~5年，众多的传统产业、中小企业难以受惠，不是普惠性、长期性的政策。

（2）主要针对产业链中"制造"这一环节，和产业链的其他环节，如管理、物流、商业模式等不易形成有效衔接。

（3）容易导致寻租行为，有的企业花国家的钱不心疼，有些企业甚至就是为获得国家经费资助而设立的，导致国家资金浪费。

中国经济转型绝不仅仅涉及少数大企业和高技术企业，更要涉及传统产业，涉及千千万万的中小企业；中国的经济转型不是三五年可以实现，而是需要长期的努力，所有这些靠项目的操作难以实现。因此，政府通过项目支持企业技术创新，主要适用于涉及国家经济和国防安全的战略性领域，不应成为国家支持企业技术创新的主要方式，对科技创新而言，政府要做的更重要的事情是构建创新的政策环境和市场环境。

当前最需要的是，政府应当大力加强对市场经济环境建设的支持，主要体现为对市场化的创新活动，对创新环境建设的支持。市场化的创新环境建设，政策的制定和落实，是一项长期的任务，两三年看不到效果，甚至长期不能看到直接的效果，也正因为如此，在这方面实现政府职能的转变是一项极其艰巨的任务。政府在创新环境建设中应当把握的原则是：凡是通过社会能够解决的问题交由社会解决；凡是通过市场能够解决的问题交由市场解决，并要以社会化、市场化的政策为基础。比如面向中小企业的科技创新、知识产权的商业化、技术转移和扩散、科技创业和风险投资、生产性的专业技术服务等，完全可以交由创新服务业去解决。总体上，政府的职能定位应当是提供具有非竞争性和非排他性的公共物品和公共服务，制定和落实公共政策以及支持事关国家长远发展的战略性研究、前瞻性布局以及重大基础研究诸方面，以期收到事半功倍的效果。

关于政府支持科技项目的问题，除国家继续支持战略性领域的项目外，政府加大科技投入的重点包括：一是大幅度增加基础研究和前沿高技术研究领域的支持；二是采取有力措施严格落实研发投入、税前抵扣等国家对企业技术创新的政策性投入；三是大幅度增加创新服务业和社会化的公共技术服务平台的投入力度。

（三）传统产业不是夕阳产业，推动传统产业自主创新是中国经济转型的当务之急

当前，需要进一步明确高技术产业和传统产业的关系，明确传统产业在国民经济中的地位。各国发展经验表明，即使在发达的经济体中，传统产业仍然是非常重要的力量，并且继续扮演着重要角色。根据 OECD 在 2000 年的统计数据显示，高技术和中等高技术产业（如汽车制造等）只占到整个附加值（value-added）的 8.4%，在日本占到 9.9%，在欧盟占到 8.3%，在美国这一数字仅为 7.9%。由此可见，应该对高技术产业对于一国 GDP 的贡献给予恰如其分的估计和评估。事实上，传统产业并不绝对等同于低利润、低附加值，传统产业也有高附加值和高利润，关键取决于企业在产业链中所处的位置。前面所谈到的圆珠笔的案例就给出了很好的注解。

研究表明，即使是在高技术部门表现很优越的发达国家，也认识到在低技术产业部门也可以创造很高的创新绩效。并且，传统经济部门推动和使用新技术的力量不容忽视，它们也会为本国的高技术部门创造空间，从而实现可持续发展。近来，美国奥巴马政府也重提"振兴制造业"，要大力发展"新兴制造业"，可见传统制造

业并不传统，并不是悲观主义者眼中的"夕阳产业"，通过把高技术活动扩散到低技术产业部门中，传统产业依然可以"太阳照常升起"。

当前，最紧迫的问题是呼吁经济、科技管理部门高度关注传统产业的创新发展。现在谈转变经济增长方式，听到的绝大多数都是有关发展高新技术产业和战略性新兴产业的声音。这些固然重要，但是决不能把传统低技术产业孤立在主流的科技政策、创新政策和产业政策之外，这是急需解决的问题，也是我国科技发展需要深刻反思的现象。

（四）大力加快发展创新服务业，推动中国经济转型

创新服务业是通过市场机制为企业自主创新提供专业服务的产业，是现代服务业核心内容之一。现阶段创新服务业包括：设计服务行业、研发服务行业、创业服务行业、知识产权服务业、基础技术服务业、技术改造服务业、人才猎头服务业等。发展创新服务业，为政府由通过项目对经济活动实施微观干预，调整到市场化和社会化的宏观管理，提供了一种现实的选择和出路。

创新服务业是战略性产业，对我国提高自主创新能力，对转变经济发展方式、调整优化产业结构，对服务业的转型升级，都具有重要意义。创新服务业发展关乎国家创新体系建设和中国经济转型大局。中央政府应制定创新服务业发展的统一规划，明确创新服务业的战略定位和战略方向，包括创新服务机构的法律地位、经济地位、管理体制、运行机制等，就科技服务业发展的愿景、思路和目标，科技服务业发展的重点和任务，支持科技服务业发展的综合政策措施等战略性问题，进行规划设计，指导我国创新服务业的发展。

加强创新服务业的开放、国际合作和交流。像改革开放初期那样大量派人出国学习理工一样，大规模派留学生出国学习服务业、特别是创新服务业；大量引进海外高层次创新服务人才回国服务，聘请国外高层次创新服务人才来华讲学或在我国创新服务机构中任职；国家创新人才计划应把创新服务人才纳入资助范围；建立创新服务人员专业培训制度，组织业务骨干出国培训或到国外创新服务企业中任职；加强学科建设，设立和创新服务相关的专业，培养各级各类创新服务人才。

创新服务业提供的公平、有效的创新环境，将会使不同产业内不同主体从中普遍受益。这个有着极为广阔发展潜力的新产业，必将会对我国的创新事业带来新的动力和支持。因此，我们应当从战略高度来认识、理解并支持创新服务业建设，力争早日迎来我国创新服务业蓬勃发展的春天。

四、发挥国家优势，中国经济转型一定可以实现

总结全文，尽管中国在经济转型过程中存在诸多的困难和问题，但是我们信心依旧，这缘于我们全国人民对国家未来发展前景的高度认同、缘于中国经济转型具

有多方面的、潜在的优势的认识。这些优势包括以下五个方面。

（1）中国共产党和中国政府对于国情、本土市场的需求以及对中国文化内涵和民族精神的深刻理解是坚持自主创新、实现科技与经济结合，推动创新驱动发展的国家基础。

（2）中国具有的广阔的、多层次、多元化的市场资源是其他国家无可比拟的战略资源。13亿人口的巨大市场资源，有利于形成大批量生产和低流通的成本优势，进而获得技术路线和技术标准的主导地位。

（3）中国具有的高智力劳动密集的比较优势，以及由此形成的"低成本研发"和"低成本复杂制造"新的国家竞争优势。

（4）中国特有的在市场经济条件下，集中国家力量发展战略性产业和战略技术的组织优势及其技术溢出的能力。

（5）中国传统产业的技术创新和产业链创新方面仍有极大的空间。

我们相信，通过政府、企业和全国人民的共同努力，科技和经济紧密结合的局面一定可以形成，中国实现经济转型的目标一定可以实现。

第二篇

国家中长期科学和技术发展规划纲要（2006—2020）

中长期科技规划和规划战略研究的基本情况[①]

(2003年6月23日)

我现在介绍本次规划的背景、规划工作的安排和规划战略研究工作的部署，并提出需要本次论坛重点讨论的几个问题。

一、本次规划工作的历史责任和重要意义

这次制定的国家中长期科学和技术发展规划，是我国发展社会主义市场经济以来第一个中长期科技发展规划，是新世纪我国第一个科技发展规划，是国家进入全面建设小康社会新阶段的第一个发展规划，也是本届政府重点抓的第一个规划。正确认识本次规划工作的历史责任和重要性，是我们搞好这次规划工作和战略研究工作的前提。

(一)制定本次规划，是关系我国新世纪现代化事业和实现中华民族伟大复兴的重大事件

我国历史上曾经是一个先进的封建经济大国，后来迅速衰落为任人欺侮宰割的半殖民地、半封建国家。一个重要原因是闭关锁国，没有跟上世界工业革命和科技革命的潮流，现代科学的传统十分薄弱，教训惨痛。今天，中国的发展面临着新的机遇和挑战。

第一，"知识经济"时代的新格局。正当我国还处于工业化过程的时候，世界发达国家已开始进入"知识经济"时代，在发展战略上提出了新思路，人才资源、知识产权和技术标准正在成为发达国家争夺国际市场战略制高点和控制世界经济格局的主要手段。

第二，科技迅速发展的新机遇和新挑战。在未来30或50年，世界科学技术发

---

① 本文主要依据2003年6月23日在规划战略研究论坛上的讲话和2003年11月13日在国家中长期科学和技术发展规划国际论坛上的讲话整理而成。文中部分内容参考了2003年3月27日在中国科技院所联谊会"科技发展与改革"报告会上的讲话和2003年8月16日在国家中长期科学和技术发展规划战略研究专题启动工作会议上的报告。

展很可能在信息科学、生命科学、物质科学,以及脑与认知科学、地球与环境科学、数学与系统科学乃至社会科学之间的交叉领域形成新的科学前沿,发生新的突破。现代科学和技术所引发的生产力新的变革,必然导致全球生产关系的全面调整和利益格局的重新分配。

第三,全面建设小康社会的奋斗目标。党的十六大提出,"要在本世纪头20年,集中力量,全面建设惠及十几亿人口的更高水平的小康社会";"要在优化结构和提高效益的基础上,国内生产总值到2020年力争比2000年翻两番"。要实现"翻两番"这样一个宏伟目标,必须解决产品结构、能源供应、生态环境和自然资源等对经济增长越来越强的约束,走出一条科技含量高、经济效益好、资源消耗低、环境污染少、人力资源得到充分发挥的新型工业化道路。这要求我们在未来15~20年内逐步建立起一个坚实的科学技术基础。

第四,社会主义市场经济体制的客观要求。在社会主义市场经济体制的背景下,国家科技活动结构和方式发生了根本性的变化,以市场为主导的科技资源配置格局正在形成。新时期的科技规划必须在市场经济基本框架下设计,重点处理好市场机制与国家意志的关系,动员和引导全社会各方面的力量投入到科技发展之中,促进全社会创新资源的合理配置和高效利用。

第五,科技经济全球化的新局面。加入WTO,使我国面对更加开放的国际环境,科技创新资源和人才的全球化快速流动,要求我们必须以开放的眼光制定规划,从世界水平看原始性科学创新,从提高国际竞争力看技术创新与集成,积极参与国际竞争与合作,从战略的高度部署自己的科技发展。

面对新的国际国内环境,我国科技发展能否抓住历史机遇,关系到我国能否应对新的科技革命引发的巨大变革,能否应对经济全球化和竞争白热化带来的挑战,关系到我国能否顺利实现全面建设小康社会的目标,直接影响我国能否早日实现现代化并进而实现中华民族的伟大复兴。

因此,我们要未雨绸缪,及早规划,周密部署。要根据世界科学和技术的发展趋势,围绕全面建设小康社会对科技的需求,从我国科学和技术水平现状出发,制定我国未来科技发展的总体战略和目标,确定发展重点,提出确保国家安全和提高国际竞争力的关键技术,并在此基础上制定国家中长期科学和技术发展规划。

历史证明,1956年我国制定的"十二年科技发展规划"[①],极大地推动了我国科学技术事业的发展,为"两弹一星"的成功、国防实力的提高和国家经济社会的发展做出了不可磨灭的历史性贡献,确定了中国作为世界大国的地位。今天,我们描绘面向未来的中国科技发展蓝图,也必将为我国新时期现代化事业做出重大贡献,这是在新世纪实现中华民族伟大复兴的一项历史性任务。

---

① 即《1956~1967年科学技术发展远景规划》,下文简称为《十二年规划》。

（二）为在本世纪中期跨入世界科技强国之列奠定基础，必须从战略的高度、从现在起，规划我国科技的发展

改革开放20多年来，党中央、国务院对科学技术事业十分重视，先后做出了一系列重大部署。树立了"科学技术是第一生产力，而且是先进生产力的集中体现和主要标志"的指导思想；先后制定了"面向、依靠、攀高峰"和"创新、产业化"的科技工作指导方针；实施了科教兴国战略和可持续发展战略；组织实施了"攻关计划"、"星火"计划、"863"计划、"火炬"计划、"攀登计划"、"973"计划、"技术创新工程"及"社会发展科技计划"等一系列重大计划，中科院进行了"知识创新工程试点"，特别是在推进经济体制改革的同时，针对计划经济体制下科技与经济脱节的问题和科技发展缺乏活力的问题，对科技体制和机制进行了坚持不懈、卓有成效的改革。

在党中央、国务院的领导下，在改革的推动下，在广大科技人员的共同努力下，我国科技事业取得了重大的变化。科技工作者的地位得到了显著提高，尊重知识、尊重人才已经成为我们今天全社会的重要价值观；加强原始性创新初见成效，科技创新能力明显提高，科技战线为经济建设提供了一批关键技术；市场机制在科技资源配置中发挥基础性作用，科技力量的布局发生了重大转变，广大科技人员的市场经济观念和竞争意识不断加强，一大批科技人员和应用开发机构进入市场创新创业，今天企业的研究与开发投入已占全社会的60%以上，企业逐步成为研究开发活动的主体；高新技术产业化成效显著，大批科研机构和科技人员致力于高新技术成果商品化、产业化；国家高新区从无到有蓬勃发展，各种科技园、创业园等孵化器发展迅速，民营中小型科技企业如雨后春笋在全国兴起，成为国民经济新的增长点。

但是，我们必须清醒地认识到，从国家经济、科技水平十分落后和国家财力有限的情况下起步，过去20年的努力，还不可能改变我国科技水平落后发达国家的格局，也不可能解决科技发展中存在的所有问题。与发达国家和一些新兴工业国家相比，我国科技实力仍存在许多差距，科技竞争力还比较弱。瑞士洛桑管理学院2002年度《世界竞争力报告》显示，在参评的49个国家中，我国的综合竞争力排第31位，科技竞争力排第24位。还有学者根据科学投入与产出、科学突破能力和对世界科学的贡献等因素综合考虑，把世界各国的科学水平划分为"科学核心国"、"科学强国"、"科学大国"、"科学边缘国家"和"科学不发达国家"五个层次，我国和印度、巴西等被划入第四个层次。

面向未来20年全面建设小康社会的宏伟目标，科技发展的任务十分艰巨。科技工作中尚有不适应新时期新任务要求之处。科技创新能力不足，尤其是原始性创新不足；科技供给能力还不能满足经济、社会发展和国防建设的需要；科技投入总量不足，目前我国研究与开发经费总量不到韩国的一半，只有美国的1/25；科技人才，特别是学科带头人和高水平研究团队，严重不足；科技发展的体制、机制和政策环境还不够完善；科技中介服务机构的发展仍然薄弱；科技基础条件严重短缺，远远不能满足科技发展的需求，同时缺乏科技资源共享机制；科技促进社会发展不力的矛盾日益突出，人口与健康、资源与环境、农业、公共安全等社会公益领域的科研事业十分落后，迫切需要加强。

面对科技发展的巨大需求，我们在差距和困难面前绝不能退缩，要发扬民族精神，树立远大目标，力争在未来20年内使我国成为科技大国，并在本世纪中期跨入世界科技强国之列。实现这个目标，关键取决于本世纪前20年能否打下一个好的基础，取决于我们能否制定和实施好科技规划。我们必须从战略的高度、从现在起，对我国未来科技自身的发展，进行认真规划和部署。

（三）这次规划本身将为科技发展工作带来空前机遇

制定国家中长期科技发展规划是确定国家科技发展战略的重大决策性工作，将指明我国未来科技发展的方向和科技工作的总体布局。温家宝总理在国家科教领导小组第一次会议上指出，制定中长期科技规划要把战略研究放在十分重要的位置。本次规划工作把战略研究工作置于核心地位，通过战略研究确立国家全局性、战略性和长远性目标，确定重点发展领域和重大任务，凝练重大科技项目和工程，为规划的制定奠定基础。

我们必须充分认识本次规划的权威性及其重大意义。以前，科技部和各有关部门、单位都分别做了大量的科技发展战略研究，提出了不少有关科技发展的重大决策建议。但是，由于都是各部门、单位各自完成的战略研究，各方面参与得不够，缺乏权威性，特别是部门之间对战略研究的结果发生争议时，无法统一，很难及时做出重大决策，这使得我们的科技发展工作错失了一些重要机遇。这次规划战略研究工作，是在温家宝总理、陈至立国务委员亲自领导下，组织各方面力量和专家，采用科学化、民主化程序进行的，这必将确保战略研究结果的科学性和权威性，也必将确保规划决策的权威性。

我们还必须认识本次规划对统一科技工作思想的重大意义。规划工作的过程，是统一科技界认识的过程，是提高和统一全社会对科学和技术认识的过程，也是向党中央、国务院集中反映科技界建议的过程。本次规划应该是一个为未来15～20年中国的科技发展确定目标、凝聚社会共识的规划。科学技术的发展，不是凭空而来，它需要一定的社会环境和基础，需要广泛的社会支持。这种社会支持从哪里来？就是从公众对科技发展重要性的理解中来，从政府相关决策部门对科技发展的统一认识中来，从产业界、企业界对科技发展的积极参与中来，这些都需要全社会对科技发展达成共识。有了这种共识，我们发展科学技术才能得到充足的资金、丰富的人力资源、足够的物质条件和广阔的应用舞台。这次规划制定工作，为我们凝聚起这种关于科学技术发展的社会共识，使中国的科学技术事业进一步获得广泛的社会支持，提供了机会。上下思想统一了，全社会认识基本一致了，行动就能协调，党中央、国务院的重大科技决策就能落到实处，科技发展的速度就能大大加快。总之，这次规划将切切实实地把我国科技发展事业向前推进一大步。

二、本次规划工作的主要思路

本次规划的时限是从2006～2020年。制定一个既符合中国国情，又适应全球化趋势，既能满足未来中国经济社会发展要求，又符合科学技术发展规律的中长期科技发展规划，是一项艰巨而复杂的系统工程。为了做好本次规划，我们着重强调一下几方面。

（一）明确国家目标

制定和实施国家科技发展规划，是政府行为，因此，制定规划必须有明确的国家目标、必须强调国家意志。本次规划主要目标是为在2020年实现全面建设小康社会的宏伟目标提供强大的科学和技术支持，为更长远的未来中国的发展奠定一个坚实的科学技术基础。因此，本次规划必须以全面建设小康社会、走新型工业化道路、落实"科教兴国"战略和可持续发展战略为主线，站在国家利益的高度，从总体上解决中国科技发展的重点、布局和体制、机制问题，建立适合中国国情的科技体系，发挥其对科技发展的指导和规范作用。

体现国家目标必须正确处理好国家和部门的关系。现在有些部门利益驱动比较严重，评项目也好，建基础设施也好，在很多方面很难摆脱部门和小团体的利益。如果制定国家中长期发展规划，最后只是部门利益的集合，那么这个计划就没有任何指导意义。在体现国家利益的时候，必然对部门利益有所取舍。因此，在这项工作的起始，就要确立，一定要从国家全局出发考虑和处理问题的原则。

（二）突出战略重点

中国是一个发展中国家，在未来相当长的一个时期内，能够投入科技发展的资源必然是有限的，科技发展的方向和领域必然是有重点选择的。因此，科技规划要充分考虑中国国情和现阶段的实际能力，遵循"有所为、有所不为"的原则，着眼于促进国民经济和社会发展、产业结构调整和科学技术自身发展的全局，牢牢抓住科技中长期发展的战略重点，紧密结合解决国家经济、社会发展和人民群众生活中的关键问题，避免面面俱到，做到精心选择、突出重点，集中力量，力争取得重大突破。

要突出重点，就必须解决分散的问题。我们曾经制定很多规划，有的很好，发挥了重大的作用，也有的制定完毕，进了保险箱，其原因在于规划过于全面，所以缺乏指导性。因此，一定要根据国家利益做出取舍。对很多事情，特别是在科技发展的初始阶段，往往是众说纷纭，甚至在很多情况下反对意见居多。在这种情况下，科学家，特别是科技界的领导人，要有勇气在众说纷纭当中做出决策。很多事情，当大家的意见都一致的时候，就已经失去了技术创新的机遇和由此带来的市场机遇。领导人的责任就是要有勇气、眼光、和魄力，在众说纷纭中及时做出决策。这也是我们在制定中长期发展规划中必须要认真解决的一个重大问题，即突出重点，敢于和善于做出决策。

（三）重视科技与经济、社会发展的互动

当今世界，科学技术的发展，既有经济、社会需求拉动的作用，也有科学技术自身推动的作用。因此，对科学技术发展进行长远规划，不仅要强调科学技术对经济、社会发展的责任，强调解决经济、社会发展中必须解决的技术问题，而且要强调科学和技术的紧密联系，强调科学技术与经济、社会的互动关系，从科学、技术、经济和社会相互作用、相互依存、相互制约的系统论角度制定科技发展规划；既要重视科学技术发展与经济、社会发展的需要相结合，也要重视对科学技术的总体发展趋势、发展方向进行把握，以发挥科学技术发展对经济、社会发展的先导作用，从而使科学和技术发展在近、中、远期都能最大程度地与经济、社会发展密切联系，并有效增强知识和技术的战略储备和可持续创新能力。

（四）强化制度创新

适应市场经济体制的要求，中国必须进一步推进科学技术体制的创新。如果只是孤立地从科技创新这个角度来制定中长期发展规划，那么很可能是一个不容易操作，甚至不能操作的规划。科技规划必须和制度创新、体制创新紧密地结合。在继续发挥社会主义制度优势的同时，在市场经济体制的基本框架下，设计新的科技体制，建立和完善国家创新体系。要重点处理好市场机制与国家意志的关系，发挥国家科技政策和宏观科技管理制度的引导、规划和激励作用，发挥市场经济对科技资源配置的基础性作用，动员和引导全社会各方面的力量投入到科技发展之中。特别重视政策和法制环境的创造，充分运用市场竞争与合作机制提高科技创新的效率和效益。重视加强科技产业化和企业技术创新能力的建设。

（五）体现区域特色

与其他国家相比，中国的国情之一是区域间的资源条件和发展水平差异甚大，东部、西部之间，城市、乡村之间都是如此。我们在科技政策上一个很重要的不足，就是对于这种区域间的不平衡缺乏在科学技术发展上的针对性。经济水平的落后，并不意味着在科技上就一定无所作为，关键在于我们能不能因地制宜，使科技真正成为区域经济发展的内生变量。区域之间发展是既不平衡又相互关联的，如果仅仅是千篇一律的科技政策，没有区别，那只能进一步强化区域间科技活动的壁垒

和区域内科技工作的形式主义。因此，在这次制定规划当中，一定要注意到实际发展的不平衡，从不平衡当中找到切入点。

（六）具有国际视野

要适应经济科技全球化的新格局，规划的制定必须具有全球意识和全球视野，要面向世界，在全球科技竞争与合作中找到中国科学和技术发展的位置。

科技的灵魂是开放。这个开放一定是面对全世界的、面对整个科技发展的。没有对国际科技发展的深刻理解，制定的只能是一个坐井观天的规划，自认为很好，实际上很多工作别人已经做过了，或者是别人已证明失败的工作。所以一定要把开放的问题放到很突出的位置。在制定规划中，要积极利用国际上的顶尖科技人才。尽管我们国家在人才竞争中还处于相对弱势的地位，但只要我们在这个问题上引起高度重视，积极吸引海外特别是华人中的尖子人才参与这项工作，我们就一定会有可能在一些领域有所作为。

（七）创造开放环境

规划制定的过程实质上也就是凝聚全社会的智慧和力量，逐步协调、统一思想和行为的过程。1956年的《十二年规划》之所以获得成功，一条很重要的经验在于它广开言路，集中了各方面的智慧，反映了科技界、产业界和政府共同的声音，也因此成为大家共同的行动纲领。如果我们闭门造车地制定规划，得不到包括科技界、产业界等社会各界共同的理解，那该规划的可操作性就要大打折扣。只有开放，只有各种不同意见的争论、讨论和交融，才能够在规划当中产生创新的思想。

（八）鼓励公众参与

随着人们生活水平的提高，中国广大公众对科学技术对其日常工作、生活的影响日益关注，对科学技术发展有着各种各样、越来越多的广泛要求。促进公众理解科技与开展科技创新是科技发展的两个基本方面，如车之两轮、鸟之两翼，不可或缺。为保证本次规划真正体现中国大多数人民的根本利益，整个规划工作过程，将面向广大公众开放，促进公众对我们工作的理解并积极参与进来，使得规划制定成为在全社会形成共识、统一思想、集思广益的过程，成为发扬民主、科学决策的过程。

三、规划重点研究的若干战略问题

制定中长期科技发展规划是确定国家科技发展战略的重大决策性工作，将指明我国未来科技发展的方向和科技工作的总体布局。因此，规划制定必须要把战略研究放在十分重要的位置，充分调动全社会的力量，对涉及我国国民经济、社会发展、国家安全,以及科技自身发展的全局性、战略性、前瞻性重大问题,进行系统而深入的分析研究。要重点研究十个方面的战略问题。

(1) 研究当前世界政治、经济、军事、文化、公共健康、生态环境等的发展趋势及其对科技的影响,分析我国经济、社会发展、国家安全对于科技的需求和新的阶段性特点,客观评价我国的科技实力和在国际竞争中的地位,确立以自主创新为主导的发展战略,提出科技发展的指导方针和战略目标。

(2) 研究当前国民经济、社会发展和国家安全的迫切需求,分析技术发展的机遇和趋势,筛选出全面建设小康社会和保障国家安全迫切需要科技支撑的战略性问题和重大瓶颈问题,强化科技与经济和社会发展的紧密结合,实现技术的跨越式发展。

(3) 研究影响科技发展全局的重大科学前沿问题和战略高技术问题,提出科学技术发展的优先领域和重点方向,以及重点学科布局的方案,增强科技的持续创新能力,攀登世界科学高峰。

(4) 研究我国区域科技和经济发展的特点,因地制宜,提出区域科技发展的总体战略,促进地方科技创新能力的提高,推动区域经济、社会和科技的协调发展。

(5) 研究科技体制改革进程,提出国家创新体系建设的组织框架,理清政府、市场和科技创新主体的定位与功能,进一步深化科技体制改革,优化科研力量布局,全面提高科技创新能力。

(6) 研究加强军民结合、寓军于民的体制和机制建设,实现军用技术和民用技术相互促进的良性循环。

(7) 研究提出开发我国科学技术人力资源和提高社会公众科技素养的总体思路,正确认识实现国家的现代化,关键是以人为核心的科学技术现代化,加强科技队伍建设和人才培养,确立"以人为本"的科技发展观。

(8) 研究如何大幅度增加科技投入以及科技资源优化配置与高效利用的体制、机制问题。

(9) 研究如何加强科技基础设施、支撑体系与科技资源共享平台建设,提出为全社会提供公共科技产品和服务的总体部署。

(10) 研究促进科技发展的法制环境,提出立法和重大政策的建议,为科技发展提供法律和政策支撑。

通过对以上战略问题的深入研究,要提出符合我国发展实际的战略选择,凝练出未来科技发展的战略重点,明确今后一段时期我国科技发展的目标,以及实现目标所必需的、切实可行的保障措施和条件。

四、规划的时限、体现形式和工作机制

本次规划期限为 2006~2020 年。规划文本由《2006~2020 年国家科学和技术

发展规划纲要》(简称《纲要》)和《2006～2010年国家科学和技术发展计划》(简称"十一五"科技计划)组成。

《纲要》是我国中长期科学技术发展的纲领性、指导性文件。在《纲要》的指导下，根据国民经济和社会发展"十一五"计划的总体部署，制定国家"十一五"科技计划。各行业、各地方根据国家科技发展的总体部署，结合各自的实际，制定相应的科技发展规划。

温家宝总理指示：制定国家中长期科技发展规划，是我国科技工作的一件大事，一定要加强领导、精心组织、大力协同，充分发挥各方面的积极性。规划制定的过程，实质上也应当是凝聚全社会智慧和力量、逐步协调统一思想和行为的过程。规划应能充分反映产业界、科技界等社会各界的共同意愿，最终成为各方面自觉的行动。因此，经国家科教领导小组批准，采取以下规划工作的组织形式和工作机制。

成立国家中长期科技发展规划领导小组，负责规划制定过程中重大问题的决策。领导小组下设办公室，具体负责规划工作综合协调、战略研究的组织和规划文本的起草等工作。办公室设综合组、文件组和战略研究组。

规划的研究和制定采取"集思广益、科学决策"的工作原则，"先整体、后局部"的工作程序。为了在规划制定和战略研究过程中，充分发挥科技、经济、管理、社会等各方面专家的作用，尤其是发挥一线优秀专家的作用，建立战略专家库，以广泛组织社会各界专家参与规划的战略研究、制定和咨询等工作。同时，建立相应工作机制。

一是沟通协调机制。建立部际联络员制度，加强协调和联系，及时沟通和交流各方面进展等情况。

二是战略咨询机制。建立战略咨询制度，要在战略研究、纲要起草两个关键阶段，给定时间，请中科院、工程院、社科院提出咨询报告，充分发挥"三院"在规划重大决策中的咨询作用。

三是公众参与机制。通过国家中长期科技发展规划网站等方式，动员广大公众积极参与，充分征求社会各方面的意见和建议。

规划工作整体上分为战略研究、纲要起草和纲要审定等三个阶段。

五、关于规划战略研究的总体部署

(一) 规划战略研究的指导思想和目标

这次规划将包括规划纲要和"十一五"计划，战略研究主要为规划纲要编制服务。战略研究的结果将是规划纲要编制的主要依据，绝大部分研究成果将纳入规划纲要中。当然，有的可能还要经过进一步论证才能写入规划。总之，战略研究是规划工作的核心和基础，规划纲要文本必须基于战略研究的结果制定。因此，战略研究能否做好，事关重大，特别要突出以下几点。

第一，从国家目标出发，树立全局观。制定科技规划是事关我国科技发展长期战略重大决策，必须从全局性、战略性、前瞻性的高度，重点研究科技发展的宏观战略、总体布局以及政策措施等重大问题，既考虑当前，又着眼长远。一切从国家利益出发，站在国家和民族的高度，打破部门、地方界限，统筹加以考虑和布局，进行系统性、综合性研究。

第二，从国民经济与社会发展、国家安全和可持续发展对科技的重大需求入手，凝练科技发展的重点。围绕我国国民经济与社会发展、国家安全、可持续发展与科技自身发展的重大战略问题，有针对性地提出科技发展的方向、目标和重大科技问题，提出促进科技发展的战略措施。

第三，充分发扬民主、鼓励争鸣。在战略研究中，要大力贯彻"百花齐放、百家争鸣"的方针，努力创造一个有利于新思想、新观点产生的环境，通过广泛的交流、积极的争论，达到集思广益、形成共识的目的。要充分发挥中科院院士、工程院院士、社科院科学家的作用，同时，用好海外科学家这一宝贵资源。

第四，充分利用已有的研究成果和宝贵经验。规划战略研究不是从零起家，而是要从认真分析现有资料入手，进一步深入研究。近年来科技部门、教育部门、科学院、工程院、各产业部门以及社会各界都结合自身工作开展过大量的战略研究，取得了不少建设性的研究成果，要广泛收集这些宝贵的资料，并进行系统整理，使这次规划战略研究有一个更高的起点。要做到资源共享，创造一个好的研究平台。另外，国际上一些典型国家制定科技规划和科技计划的经验也要学习和借鉴。

战略研究的目标是力争实现"三个突破"。

第一，在科技发展的总体战略上有所突破。提出未来15～20年我国科技发展的总体战略、指导方针和切实可行的战略目标。

第二，在重大科技发展任务上有所突破。根据国家长远发展和近期需求，提出我国科技发展的战略重点、优先领域和关键技术等，凝练出类似过去"两弹一星"那样的具有重大战略意义的科技发展任务和项目。

第三，在科技发展政策环境和支撑条件上有所突破。根据科技发展的需要，提出科技投入的增长和保障机制，配套的基础条件、政策措施等，确保规划任务的顺利实施。

（二）规划战略研究的主要内容

关于规划战略研究的主要内容初步划分为四个部分，并提出了一些研究专题等[①]。

---

① 关于规划战略研究专题设置，在2003年6月23日规划战略研究论坛上初步提出了17个专题，在同年8月16日规划战略研究专题启动工作会上确定为20个战略研究专题。

1. 科技发展的宏观战略问题研究

重点研究当前世界政治、经济、社会、军事、文化、公共健康、资源与生态环境等方面的发展趋势与科技发展之间的相互影响，研究分析社会主义市场经济条件下我国经济与社会发展以及国防建设对于科技的需求和新的阶段性特点，客观评价我国的科技实力、存在问题和国际竞争中的地位；同时研究国家创新体系建设的现状、薄弱环节及组织特点，包括军民创新体系的融合等。

拟设置专题，包括：科技发展总体战略研究，科技体制改革与国家创新体系研究。

2. 科技发展的重大任务研究

围绕全面建设小康社会、国民经济与社会发展、国家安全和可持续发展的迫切需求，筛选出需要科技支撑的战略性问题和重大瓶颈问题，分析各有关领域的科技发展趋势，提出本领域的科技发展战略目标与重大科技任务；依据科技自身发展的规律，从世界众多科技发展前沿中，准确把握和提出对我国未来经济、社会和科技发展产生重大影响的科学问题和战略高技术问题，研究科技基础设施建设问题。

拟设置专题，包括：制造业发展科技问题研究，农业科技问题研究，能源、资源与海洋发展科技问题研究，交通科技问题研究，现代服务业发展科技问题研究，人口与健康科技问题研究，公共安全科技问题研究，生态建设、环境保护与循环经济科技问题研究，城市发展与城镇化科技问题研究，国防科技问题研究，战略高技术与高新技术产业化研究，基础科学问题研究，科技条件平台与基础设施建设问题研究等。

3. 科技发展的投入与政策环境研究

重点研究与科技发展相配套的基础条件、政策措施等，如科技投入的增长和保障机制，科技资源的优化配置，科技人才资源的开发与科技普及，科技知识产权的管理，促进科技发展的法制环境建设，研究区域科技发展问题等，为科技发展和规划任务的顺利实施提供条件保障和政策环境。

拟设置专题，包括：科技人才队伍建设研究，科技投入及其管理模式研究，科技发展法制和政策研究，创新文化与科学普及研究，区域科技发展研究等。

4. 重大科技专项研究

在各专题战略研究的过程中，根据"成熟一个、论证一个"的原则，陆续开展重大专项的研究论证。

（三）规划战略研究的组织与工作机制

在规划领导小组的领导下，建立沟通协调、战略咨询和公众参与机制，组织战略研究工作。

第一，统一领导、及时沟通。规划的战略研究工作在规划领导小组的统一领导下完成。规划领导小组办公室负责具体组织工作，办公室下设综合组、文件组和战略研究组，由各有关部门抽调精干人员脱产集中办公。在规划研究制定过程中，建立联络员制度，进一步加强与领导小组成员单位、有关部门的协调和联系，及时沟通和交流战略研究进展，同时加强与地方的联系，指导地方的科技规划工作。

第二，整体设计、专题研究。战略研究工作一定要处理好整体与局部的关系。围绕科技发展战略、重大科技问题以及如何开展规划战略研究工作等，进行广泛的研讨，在分析国内外的科技发展趋势基础上，确定战略研究的重点和专题，使得战略研究工作从一开始就做好顶层设计，更加有针对性。

建立包括科技、经济、社会、管理等各方面的战略专家库，开展规划战略研究工作。成立以战略专家为主体的若干专题研究组，尽可能调动一线科技人员参与，开展战略研究工作。同时，设立总体战略专家顾问组，即时把握战略研究的整体动态，加强与各研究专题以及各研究专题之间的交流与沟通，建立研究工作的定期交流讨论制度和研究阶段成果的动态报告制度。

第三，公众参与、多方咨询。建设规划战略研究工作网站[①]，在做好必要的保密工作前提下，充分利用网络等现代化手段，通过开辟网上专题论坛等方式，广泛吸纳社会各界对此次规划的意见和建议。

在开展战略研究过程中，随时邀请国内外知名专家，对研究的进展及重大战略问题，听取咨询意见和建议。初步研究报告形成后，将研究报告提交中国科学院、中国工程院、中国社科院，给出一定的时间，请"三院"提出咨询报告。

六、本次论坛需要重点研讨的几个问题

温家宝总理在科教领导小组第一次会议上指出，本次规划要侧重发展问题。当前，我国已经进入全面建设小康社会的发展阶段，未来 15～20 年，我国经济、社会发展和国防建设将对科技提出巨大需求，这就迫切要求科学和技术自身要有一个大的发展。科技工作进入了一个新的阶段。

希望大家在这次论坛上，围绕促进新时期科技事业的大发展，重点讨论以下三方面问题。

[①] 该工作网站已经于 2003 年 5 月 12 日开通。

1. 当前科技发展面临的机遇和挑战

温家宝总理指出，未来 10～20 年，是我国经济社会发展的重要机遇期，也是科技发展的重要机遇期，我国科技发展的机遇究竟在哪里？要认真研究。因此，请大家根据国内、国际形势，从国民经济、社会发展和国家安全的要求出发，就如何认识未来我国科技发展的机遇与挑战，以及这次规划应当从哪些方面做出战略安排以把握好发展机遇进行讨论。大家来自科技和经济界的各个领域，对于科技发展的机遇与挑战有亲身体会，希望大家能把这个问题议透。

2. 新时期科技发展的指导方针

温家宝总理指出，搞好规划编制，要有一个正确的指导方针，这是我们制定规划的基础。《十二年规划》的指导方针是"重点发展，迎头赶上"。这次规划的指导方针应该是什么，怎么概括？需要认真地研究和思考。这个问题是本次规划需要确定的一个重大战略性问题，它涉及全面建设小康社会的战略途径选择，涉及对我国科技实力的基本估价、科技发展未来的方向和战略选择，希望大家各抒己见。当然，这个问题还要在宏观战略课题中专门研究，这次也不急于做定论。

3. 战略研究的专题设置

战略研究工作最终要落实到具体的战略专题研究上，专题的设置决定着战略研究的出发点。温家宝总理指出，我们所做的战略研究不是一般的战略研究，而是国家科技发展战略的研究，是全局性、长远性、前瞻性的战略研究，必须从一开始就明确这一点；这样，才能避免局限性和片面性，避免只从部门的、学科的角度考虑问题。

因此，从什么角度设置专题，设置哪些专题，这个问题非常重要。总体上看，战略专题不宜设置过多，有些需要研究的问题可以安排在战略专题下的研究课题层次。规划办公室初步提出了 17 个专题，请大家进行充分地讨论。

总之，这次论坛是一个广开言路的论坛，请同志们以严谨的科学求实精神，负责任的科学态度，充分发表意见，依靠大家的智慧，制定一个科学的《战略研究工作方案》，为战略研究工作以及规划制定工作奠定坚实的基础。

鼓励争鸣，凝聚共识，做好规划战略研究[①]

（2003 年 6 月 25 日）

论坛就要结束了。论坛中我们认真学习了温家宝总理、陈至立国务委员的重要讲话精神；邀请了 5 位来自经济、社会、科技、产业界的专家，从不同角度就未来中国科学技术发展战略做了发言，表达了各种不同的观点；80 多位来自不同领域和部门的专家和代表，围绕如何做好国家中长期科学和技术发展规划工作，如何开展规划战略研究工作进行了讨论和争鸣。大家畅所欲言，各抒己见，气氛活跃，发表了很多好的意见和建议。大家一致认为，这次论坛召开得很及时，很有成效，圆满地完成了任务。在此，我代表国家中长期科学和技术发展规划领导小组办公室对各位专家表示衷心的感谢！

我认为，经过大家的讨论，我们在今后规划战略研究目标、组织和研究方法上达成了众多共识，集中体现在以下几个方面。

第一，党中央、国务院高度重视科技工作和规划工作，大家深受鼓舞，十分振奋。大家一致认为温家宝总理关于本次规划侧重于发展问题的指示，以及在规划领导小组第一次会议讲话中关于做好规划的十条原则，为规划的制定指明了方向。大家一致认为，通过各方面的大力协同，我们一定能制定出一个好的规划，规划的实施也一定能够取得成功。同时，大家也深感规划工作责任重大，一定要从国家整体利益和长远利益出发，把规划做好，不辜负中央的期望。

第二，大家回顾了《1956~1967 年科学技术发展远景规划》[②] 制定和实施的成功经验，充分肯定了《十二年规划》的历史地位，并从中得到启示：我们这样的社会主义国家，集中力量办大事的制度优势一定要在新时期的科技规划中得到继承和发扬；新时期的科技规划在注意发挥市场机制作用和充分利用开放环境的同时，要继续强调发挥政府的主导作用，只有这样才能瞄准国家目标，有所为，有所不为，集中力量，突出重点，实现科学技术的跨越式发展，缩小和发达国家的差距。

第三，大家充分肯定了规划领导小组对规划工作的安排，认为规划的指导思想

[①] 2003 年 6 月 25 日在中长期科学和技术发展规划战略研究论坛上的总结讲话（有删节）。
[②] 简称《十二年规划》。

考虑到了我国的国情和现阶段的实际能力,考虑到了科技自身发展的规律,注重了科技发展的体制机制保障,反映了开放的时代特征,既注重当前,又兼顾长远,是一个科学的指导思想。大家还特别赞同要把战略研究工作置于规划工作的核心地位,通过战略研究确立国家的全局性、战略性和长远性目标,避免规划搞平衡,搞部门项目叠加,确保决策科学化。

第四,大家认为,本次规划工作在组织和机制方面有不少突破。例如,规划工作建立"三院"咨询机制,在我国是第一次,举办这种大规模的规划战略研究论坛也是第一次,这都是突破,有利于做到发扬民主,鼓励争鸣;吸纳中国社会科学院和社会科学领域的专家参加规划工作也是第一次,这将有利于避免就科技论科技,就项目论项目,确保规划的制定和实施与经济、社会发展更紧密地结合。此外,通过建立国家中长期科学和技术发展规划网站,开辟报刊规划论坛等方式与公众交流规划制定工作的意见,动员广大公众积极参与也是一个突破。这既有利于促进公众对科学技术的理解,使规划工作和人民日常生活息息相关,也有利于规划工作"集思广益、科学决策"。

第五,进一步认识到加强社会科学家和自然科学家交流的极端重要性。论坛第一天几位经济界的知名专家对科技与经济的关系,以及规划如何制定等方面提出了很多很有见地的观点和建议,其中有的对我国科技在经济和社会发展中的作用提出了某些质疑。很多科技界专家第一次听到这样的观点,感到很惊讶,很困惑,在感情上不同意,不接受。但是经过讨论,大家深切地感到,从不同意见的讨论和交流中受到了启发。特别是这种观点在经济界、产业界有代表性,更引起了大家的思考。大家认为,经济学家提出不同的观点是一件好事,这让科技界清醒地认识到,关于科技和经济的关系,科技界的看法并没有得到全社会的普遍认可,也说明自然科学家和社会科学家的深入交流极为重要。

第六,一致强调未来落实规划的重要性。这是从历次规划执行中得到的教训。大家特别指出了部门之间的协调问题,认为这个问题在我国长期以来没有得到很好的解决。如果部门协调不好,各干一块儿,仍然回归到重复分散的老路上去,规划的国家目标将难以实现。大家还强调,要通过立法来保障规划得以长期坚持不懈地实施。规划工作的全过程应该包括规划的制定、规划的实施和规划的管理。过去,我们对规划制定重视较多,往往忽视了规划的实施和管理,结果规划制定完了就成了一纸空文,不能发挥宏观指导作用,无法确保规划在国家各个部门和领域得到切实的落实。因此,通过立法来保障规划的实施很有必要。

以上六个方面,可能远远不能概括这次论坛上我们达成的许多一致的观点和共同的感想。但我相信,这些共识将在规划工作当中得到充分体现。

根据会议达成的共识,我想就战略研究工作强调几点要求。

第一,战略研究要强调创新,在理论、观念、重大项目的提出、政策环境建议等各方面都要强调创新。创新是规划的灵魂,没有创新,战略研究将难以取得突破,也难以指导未来中国科技的发展。因此,要把创新精神,贯彻于规划制定的始终。

第二,要强调争鸣,鼓励各种思想观念的交流和碰撞。包括自然科学和社会科学之间,不同部门之间,不同学科之间,不同组织之间,不同机构之间的交流和碰撞。我们相信,只有通过反复地碰撞,才能产生创新的火花,才能使规划有新意。

第三,要强调科学精神。首先体现在认真地、周密地调查研究,包括对不同国家、不同地区、不同时间尺度、不同群体、不同科学和领域,各个方面情况的充分了解。要做到占有足够的资料、数据和对资料数据的科学分析,力求加强科学性,避免片面性。

第四,一定要明确政府和市场的关系。注意区分哪些工作是政府主导的,哪些是通过市场机制解决的;哪些是政府直接干预的,哪些是政府间接调控的。在规划当中,政府和市场各自的作用,在规划中应以明确的方式表达和体现。

第五,要强调关注凝练重大战略性项目,通过重大战略性项目的实施,带动一批重点学科的发展,带动我国制造能力的提升,促进一批新兴产业的崛起。

组织本次规划战略研究论坛,也是开展战略研究的一种方式,标志着战略研究工作的开始,从这次论坛讨论热烈的情况可以看出,大家意犹未尽,反映了大家报国的热忱,规划领导小组会在今后不同的阶段,继续举办论坛或各种研讨会,这样的研讨将贯穿整个战略研究阶段,有些问题的研讨,将贯穿整个规划制定的过程,我相信在党中央、国务院的领导下,在科技界和社会各界专家的共同努力和支持下,一定能做好本次规划工作。

规划战略专题研究需要注意的几个问题[①]

(2003年8月16日)

一、关于规划战略专题研究的基本要求

规划战略研究是高层次、大规模的战略研究,我们的经验不多。如何开展专题研究,怎样才能完成专题研究任务,怎样确保研究的质量?这是我们大家共同面对的课题。根据战略研究的特点,规划办公室经过研究,制定了《战略研究工作方案》及《实施细则(试行)》,提出了一些具体要求和规范。在这里,需要强调几点。

(一)要组建结构合理的研究队伍

研究队伍的质量,决定着研究的成败。专题组由组长、副组长和研究人员构成。各专题组长已经规划领导小组批准。专题组长全面负责本专题的研究工作。各专题副组长由规划办公室与专题组长协商提出,由规划办公室审定并报规划领导小组备案。专题副组长负责协助专题组长开展专题的研究和组织工作,保证研究工作按总体计划进度高质量完成。副组长一般要将50%以上的时间用于专题研究工作。专题组长如果不能脱产,每个专题组至少要保证有一位脱产的副组长。专题组的骨干研究人员原则上由组长、副组长共同商定,报规划办公室备案。

各专题组的专家队伍组成要尽可能多样化,要有科技、经济、社会和教育等不同领域的专家,有的要包括国防领域的专家,以及来自科研院所、大学、企业和管理部门的专家。既要有权威性的知名专家,也要有优秀的中青年专家。要注意吸收不同部门、不同观点、不同学科包括社会科学领域的专家参与研究工作。希望各专题组建一支老中青结合、结构合理的研究队伍。

专题组内部要分工明确、责任到位。专题组应指定其中一位脱产参加研究的同

[①] 2003年8月16日在国家中长期科学和技术发展规划战略研究专题启动工作会议上的报告(节选)。

志作为专题秘书,负责与规划办公室保持联系。目前,个别专题的副组长、骨干人员配备尚未完成,有的还在协商之中,要抓紧完成。

(二)要做好专题研究的整体设计

要使专题研究顺利起步,首先要做好顶层设计工作。要按照战略研究工作的指导思想和要求,制定出科学的、合理的、可操作的专题研究方案和专题任务分解方案,做到宏观有序,合理布局。

专题研究的首要任务是研究相关领域的发展战略和目标,然后根据发展战略和目标,研究发展的战略重点和主要任务。专题研究方案的设计应该遵照这个次序,以保证专题研究的整体性和从整体出发提出发展战略。

有的专题根据需要可以分解为若干课题,但要明确专题与课题之间的关系、课题与课题之间的关系,明确最后进行综合的方式,确保整体性。专题研究结果不应该是专题分解后的简单综合。同时,在专题设计与研究过程中,鼓励专题之间的合理交叉融合,但也要减少专题间不必要的重复,保持整个专题研究的完整性。希望大家抓紧设计研究方案,本月底,我们将通过召开专题开题报告会的方式对各专题的研究方案进行论证。

(三)要采用科学的研究方式

要客观分析和合理继承现有研究成果,确定研究的起点和路线,指明创新的方向。

要认真地、周密地进行广泛调查研究,包括对国内外、不同群体、不同领域和学科、中央和地方等各个方面情况进行调查研究,占有足够的资料和数据,并做科学分析,力求科学性,避免片面性。

要采用科学、先进的理论和研究方法。战略研究依据的理论和方法是否科学、先进,决定了研究结果的可信度。要充分估计战略研究问题的复杂性,综合采用自然科学、经济学及其他社会科学领域先进的理论、研究方法和分析工具,体现自然科学和社会科学的交叉和融合,进行系统研究。尤其在确定科技发展重大任务方面,要注意避免仅依靠自然科学和技术领域的专家的倾向,要充分听取经济界、产业界以及企业家的意见。

要对国内外科技发展的经验和教训进行总结,对国外典型案例进行解剖分析,并与我国有关情况客观对比。比较国内外情况,要注意不同的历史背景、不同的发展阶段,辩证地、历史地研究分析。

在提出重大战略性项目和任务方面,要从国家发展重大瓶颈问题分析入手,寻找切入点与突破口,逐渐深入,逐步凝练。要研究提出一套公认的指标或标准,譬如,这些重大战略性项目的实施,能够带动一批重点学科的发展,掌握一批重要的自主知识产权,占领国际科技竞争的制高点,有效增强科技战略储备和持续创新能力，带动我国制造能力的提升，带动一批新兴产业的崛起等等。科学前沿是重要的指标之一，但科学前沿不一定都要列入。

（四）严格遵照专题研究的基本内容要求

根据规划制定的总体要求，专题研究的基本内容应主要包括以下几个方面。

一是发展趋势分析。系统分析国内外的经济、政治、社会、军事等的背景，以及本研究领域的发展趋势和特点。

二是现状分析。在系统研究我国国情的基础上，深入分析本研究领域我国发展的现状、优势及问题，并与国外相对比提出我国的主要差距、阶段特点，以及未来发展的重大需求。

三是发展思路研究。根据形势和现状，研究本领域未来发展的总体思路，包括指导思想、方针原则、发展途径等，提出未来 15 年本领域科技发展的总体目标，以及未来 5 年的阶段目标。

四是战略重点和主要任务研究。根据目标和需求，研究本领域发展的战略重点和总体布局与部署，提出优先发展的关键技术和重点，以及重大项目等。

五是政策措施研究。研究为实施上述目标和任务而采取的对策和措施，包括政策、保障、条件、环境，以及未来规划的实施方式等建议。

二、战略专题研究需要注意的几个问题

搞好战略研究，制定一个好规划，关键在人，在我们有高度的思想认识，建立一支好的队伍，充分发挥各方面专家的作用，最大程度地吸收全社会的智慧。作为专题组长之一，我利用这个机会，就专题研究中需要注意的几个问题，谈几点感想，与大家交流、共勉。

（一）在思想认识上，要牢固树立"五种意识"

1. 要有强烈的责任意识

从事专题研究的同志，要有强烈的责任感和历史使命感，把专题研究工作作为一项共荣的任务，本着对国家、对社会、对公众、对历史负责的态度来做好专题研究工作。我们这次承担的专题研究工作，不是平时一般的软课题研究工作，也不是科技部或者其他哪个部门委托的战略研究工作，而是在党中央、国务院领导下的国家科技发展战略研究工作。我们肩负着党和人民的重托、全社会的期待，要以最大的热情，全身心地投入到研究工作中去。在座的各位专家本身工作很忙，有的身兼数职，能不能把主要精力甚至全部精力都用在专题研究上，是大家一直非常担心的问题。专题研究任务艰巨，时间又紧迫，时间精力不集中，将无法完成任务。我们

恳切地希望在座的诸位同志把手头的工作放一放，能交的就交掉，能推的就推掉，能脱产的就脱产。人的一生中，能参与这样重要的工作，机会难得，是一种幸运和莫大的光荣。

2. 要有大局意识

要把国家利益放在首位。要使规划避免成为部门项目叠加的规划或学科领域叠加的规划，从战略研究一开始，就要防止部门和学科利益的导向。参加规划工作的每个同志，应当把自己当成是国家利益的代表、人民利益的代表、民族利益的代表，而不是某个单位、某个部门、某个学科领域的利益代表，更不能是一个受自身利益支配的个体。如果先入为主，把某个单位、某个部门、某个学科领域乃至个人对一些具体项目的偏好带进研究过程中，甚至把规划工作看成一次竞争和分配资源的机会，专题研究工作就有被庸俗化和部门、学科利益化的危险，国家科技发展的大局就会被耽误。我们希望并相信各位专家，能够始终自觉地将国家的利益摆在首位。也希望大家提出好的建议，共同努力从这次规划的组织、机制和程序上，切实防止部门、单位和学科领域利益的不利影响。

3. 要有创新意识

专题研究要与时俱进，大胆创新。面对新时期新阶段新任务的要求，要开辟科技发展的新格局，必须与时俱进，提出新思路、新战略、新举措。因此，要把创新精神贯彻到专题研究的始终。在理论、观念、重大项目的提出、政策环境等各方面都要强调创新。特别是有关科技自身发展问题，尤其要强调创新。科技发展战略研究，贵在提出科技创新和突破的思路，创新是科技规划的灵魂。没有创新，中国的科学在世界上就没有地位；没有创新，就不可能获得自主知识产权。虽然我们的国力有限，科技实力不强，不可能谋求科技发展全方面取得突破性创新，但国内外历史经验证明，只要我们紧紧围绕主要战略目标，集中力量，大胆创新，总能在某些重要领域、某些前沿方向取得重大突破。我们要有求实精神，更要有强烈的民族自信心，两者兼具，就能勇于创新，敢于突破，不怕失败！我们的科技发展思路不能还是过去跟踪模仿的那一套，否则，这次战略研究将难以取得突破，拿不出什么新东西来，难以指导未来中国的科技发展。

4. 要有市场意识

我们都是从计划经济时代走过来的，比较熟悉和习惯计划体制下的发展模式，因此，要特别强调树立市场意识。在战略研究过程中，要时刻记住我们是在社会主义市场经济体制下思考和制定国家中长期科学和技术发展规划，与我们过去在计划经济体制下有很大的区别。要处理好国家战略目标、科技发展的基本规律与市场经济规律的协调问题，明确政府与市场的关系。必须针对未来规划的实施，理清政府、企业和市场的不同作用。一方面要重视发挥社会主义集中力量办大事的优势，充分尊重科技事业发展的自身规律，在规划制定中突出国家利益和政府意志；一方面，要尽量使国家利益和政府意志，能够通过公开、公平竞争的市场机制而体现出来，充分发挥这只"看不见的手"的资源配置作用。特别要注意发挥市场对于技术创新以及产业化的基础作用，发挥企业在竞争领域的主体作用。要区分什么是市场能够做并且能够做好的事情，什么是必须政府主导的事情。凡是市场和企业能够发挥主导作用的领域和发展阶段，不应让政府过多介入，要强调政府在引导和规范公平、公正的市场环境方面的职能。在提出发展战略、凝练重大项目、遴选关键技术等各个环节，都要把市场竞争因素和成本效益因素作为重要考量，特别是产业领域的工作，不能回到只追求所谓技术水平、不考虑市场竞争力的老路上去。如果做不到这些，专题研究就会失败，规划就不会有强大的生命力。

5. 要有全球意识

就是要有全球视野，把专题研究和规划制定工作摆到全球化的大环境中。科技发展有世界性的普遍规律，作为发展中国家，要奋起直追，我们必须最大程度地吸收和借鉴发达国家先进的技术、先进的科技发展战略、先进的科技管理经验，了解世界科技发展前沿，掌握发展动态，预测发展趋势。另一方面，中国有自己的独特国情和发展经历，国际上一些做法，未必适合我们，即使是先进的也不一定能生搬硬套到中国来。总之，规划工作是一项面向未来的战略性工作，更应当具有全球视野。一些短期看来不具备的条件，或难以克服的障碍，长远看可能就不成为问题。我们的思想多解放一点，视野更宽一点，战略规划的步子就可能迈得更大一点。

（二）在专家组织上，要重点处理好"三种关系"

这次规划工作的规模，是最近几十年来没有的，粗略地估计，大概有上千名各界专家将直接参与到规划工作中来，随着战略研究的展开和规划工作的推进，肯定还会有更多的专家直接或间接参与进来，包括海外专家。要充分发挥各方面专家的作用，形成合力，关键是处理好各方面专家的关系，调动各方面的积极性。

1. 要处理好老专家和中青年专家之间的关系

我们国家拥有一批长期工作在科技战线、为国家科技发展做出重要贡献的老专家，他们经验丰富，具有战略眼光和把握全局的能力，是广大科技工作者的榜样。改革开放以来，我们又培养了一大批青年科技才俊，包括从海外学成归来的年轻学者，他们才思敏捷，思想活跃，对科技发展前沿十分敏感，创新意识强。这次组成的战略研究专题组能否同时发挥老、中、青专家的作用，把不同年龄专家的优势结合起来，是决定专题研究乃至规划工作成功与否的一个关键。要做到这一点，就要处理好老专家和中青年专家之间的关系。年轻专家要尊重并虚心学习老专家在长期工作中积累的丰富经验和远见卓识，学习他们的大局观；老专家要爱护和鼓励中青年专家的工作热情和创造精神，尊重并认真听取他们的意见，要敢于给年轻人压担子，通过专题研究培养出一批优秀的有科技战略思维的青年尖子人才，未来的规划毕竟要依靠他们来实施。要相互取长补短，共商大业。

2. 要处理好自然科学界与社会科学界的关系

规划工作是一项系统工程，影响因素之多样性、影响机制之复杂性以及影响范围之广泛性，都要求我们在研究过程中，把自然科学和社会科学结合起来。从根本上说，科学技术发展战略的研究，其本质是一种软科学研究，是综合运用自然科学和社会科学的研究方法和分析工具，寻求解决科学技术发展思路和途径问题，因此，必须吸收社会科学家参与到专题研究中来。同时，要认识到加强社会科学家和自然科学家交流的极端重要性。事实证明，自然科学技术对我国社会经济发展的推动作用，并没有得到社会科学界特别是经济学界的全面认同。自然科技界对经济学界的一些观点也不能理解。这与两者之间长期交流不够、缺乏相互理解有关。我们制定的规划能否得到落实，取决于它能否得到全社会的理解和支持，特别是社会科学界的理解和支持。因此，在专题研究和规划工作的整个过程中，加强自然科学界与社会科学界之间的交流，增进相互之间的理解，至关重要。

3. 要处理好发挥国内专家作用与海外专家作用的关系

我们的规划工作和战略研究工作，主要依靠国内专家，同时也要积极发挥海外专家特别是海外华人专家的作用。国内专家比较了解我国科技发展的现状和问题，有切身体会，能够较准确地把握国家未来经济、社会发展对科学技术的客观需求，提出可行的战略措施。海外专家长期从事科技前沿问题的研究，见多识广，问题感强，能够较准地把握世界科技发展的未来趋势走向。特别是许多海外华人专家，有着一片报国的热忱，愿意为祖国的科技发展贡献智慧和力量。因此，应该注意充分发挥内外两部分专家的优势，从而真正使我们的战略研究和规划既有全球视野又符合中国国情，既跟上世界科技发展的潮流，又能够解决中国的实际问题。

（三）在研究过程中，要强调"三大机制"

这次规划工作，能否凝聚全社会关于科技发展的共识，能否得到社会各界的普遍认同，与我们是否有一套好的工作机制密切相关。《实施细则》中已经提出了有关设想和要求。在这里，我想突出强调专题研究中的互动沟通、学术交流和开放参与三个方面。

1. 专题研究要与有关政府部门加强互动沟通

科技规划最终要落实到国家各领域的发展规划中去。专题研究要避免部门利益化，不等于对政府部门避而远之。相反，专题组要和相关政府部门积极建立联系，尊重他们长期从事相关领域管理和研究工作所积累的丰富成果和实践经验，了解他们的想法，同时在相互讨论的过程中达成相互理解或形成共识，这样才能真正体现全局利益。当前，各部门围绕全面建设小康社会的宏伟目标，都在制定或筹备制定本领域的发展规划，专题研究一定要加强与有关方面的沟通。加强互动沟通，才能使国家科技发展规划与国家经济、社会发展规划相互紧密结合。经济、社会发展规划能对科技发展规划提出需求，帮助科技规划更好地立足于现实；科技发展规划具有前瞻性，能够指出未来可能突破的方向，帮助经济、社会发展规划更好地引领未来。希望我们的战略研究工作，能够避免就科技论科技，能够从国家经济、社会发展和国防建设需求出发，大跨度、多视角研究科技发展战略和政策问题，为使科技规划与经济、社会发展规划相互紧密结合作出贡献，也为后人的规划制定工作树立一个榜样。

2. 要加强专题研究的学术交流

战略研究能够取得成果，关键是能否再学术界凝聚共识。科技发展的前瞻性规律，学科交叉融合趋势，决定着科技发展未来突破方向的不确定性，因此，战略研究的过程应该是学术界广泛讨论、交流的过程。专题研究不可能就靠我们这些专家来完成，还要调动和发挥更多专家的积极性，广泛吸收学术界的智慧。专题组既是一个研究组，也是一个组织和调动各方面专家、综合相关领域学术界各种研究观点和意见的协调组。专题组应与国内外专家之间加强学术交流，特别是要与"三院"专家多交流、与工作在科研一线的专家多交流、与在市场竞争中拼搏的专家多交流。不同专题组之间也要有合作、有交流，特别是有交叉的专题之间，我们鼓励不同的专题从不同的交流研究相关问题。专题组要尽可能与咨询机构之间加强交流，国内有不少咨询机构专业从事战略研究工作，虽然在自然科学领域不算权威，但他们有的学习和掌握了一套较先进的战略研究方法，值得借鉴。

这次规划战略研究工作层次很高，在座的很多同志都是相关领域的专家、权威，有很深的造诣，有独到的见解，这是规划工作的宝贵财富。但是，在研究过程中，我们还是要先放下定见，积极交流，多听听各方面的观点和意见，特别是不同的观点和意见，否则，个人的见解也可能成为凝聚共识过程中的障碍。要通过讨论、交流、争鸣，力争使战略研究结果不再是既有成果的重复和简单叠加，而是不同思维和观念在激烈碰撞中，浴火重生，实现辩证式螺旋上升，融合成新的共识，进入新的境界。我希望并相信每个参与专题研究的同志，都能有一种求真、求知的精神，从头开始的勇气和海纳百川的气魄。

3. 要面向公众搞开放式研究，鼓励各界参与

促进公众理解科技与开展科技创新是科技发展的两个基本方面，如车之两轮，

鸟之两翼，不可或缺。要保证我们的规划真正贯彻"三个代表"重要思想的要求，体现大多数人民的根本利益，整个规划工作过程，必须面向广大公众开放，促进公众对我们工作的理解并积极参与进来。不能简单地理解，面向公众开放就是对公众进行单向地宣传教育，更重要的是要让我们的规划得到社会公众的理解和认同。今天的科学技术事业是如此广泛，科学技术活动不再是仅仅局限在国有的科研机构、大学和企业，民间的科学技术活动十分活跃，特别是许多私营、民营企业对技术创新十分敏感，对国家的科技发展战略十分关心。随着人们生活水平的提高，广大公众对科学技术对其日常工作、生活的影响也日益关注，对科学技术发展有着各种各样、越来越多的广泛需求。我们要有意识地更多关注基层的需求、关注普通老百姓的需求、关注不同发展水平地区的需求，要鼓励社会各界参与我们的规划工作，认真研究他们的建议和意见。要避免把我们的规划搞成科技神坛上的规划，神秘的规划，更不能搞成华而不实、高高在上的东西，我们的规划必须与人民群众的切实、长远利益息息相关。因此，我们的战略研究工作要向全社会信息公开，专题组要在规划办公室的统一组织下，在遵守保密规定的前提下，充分利用各种媒体，包括已经开通的"国家中长期科学和技术发展规划"网站，尽最大限度满足社会公众的知情权，接受各界的征询，听取社会基层的呼声，这是我们义不容辞的责任。

再谈规划战略专题研究需要注意的几个问题[①]

(2003年9月1日)

经过两天连续紧张的会议,完成了19个专题的开题报告。会上,办公室的同志和各专题组的代表,本着对国家高度负责的态度,对各专题组的报告进行了评议,提出了许多对各专题研究工作有益的意见和建议。针对大家在评议中集中反映的问题,再重点强调以下几个方面的要求,不妥之处,请专家指正。

一、突出重点,加强综合分析和论证

总体战略研究的最终成果包括科技发展的指导思想、目标、战略思路、重大任务和项目、实施步骤和政策保障等内容。总体战略源于各专题的研究成果,专题是整个战略研究的基础。但是,各个专题的战略研究,不是一般意义上的专题内各行业科技或学科领域战略研究的汇总,必须突出重点,加强专题内各课题的综合分析和论证。各个专题可以根据需要进行研究任务的分解,但是必须保证专题的整体性。专题研究任务的分解与综合,是一对矛盾,不分解就无从下手,也不能有效综合;分解后不注意综合,就会形成简单叠加的结果,无法形成重点,无法沉淀出重大任务和重大项目。当前,应更加强调综合的重要性,强调保证专题研究的整体性和从整体出发研究提出专题总体战略的重要意义。我们希望每个专题都应该在组织上和时间上保证围绕专题的总体战略,突出重点进行专题内各课题的综合研究和论证,这才是专题研究的重点工作。有关专题从组织上要加强综合研究与论证,从一开始就要跟踪统筹、协调专题下各课题的研究,并保证在时间上集中一段时间进行专题下各课题的综合研究和论证工作。这是在战略研究中必须把握好的一个重大原则。

二、要重视科技与经济、社会发展的互动,避免就科技论科技

当今世界,技术的发展,既有经济、社会需求拉动的作用,也有科学推动的作

[①] 2003年9月1日在国家中长期科学和技术发展规划战略研究专题开题报告会上的总结讲话(有删节)。

用。从近年来世界各国的经验来看，对科学技术发展进行长远规划，不仅强调科学技术对经济、社会发展的作用，强调解决经济、社会发展中必须解决的科学技术问题，而且强调科学和技术的关系，强调技术与经济、社会的互动关系，从科学、技术、经济和社会相互作用、相互依存、相互制约的系统论角度制定科学技术发展战略，既重视技术发展与经济、社会发展的需要相结合，也重视对技术的总体发展趋势、发展方向的把握，以发挥科学技术发展对经济、社会发展的先导作用，从而使科学和技术发展在近期、中期、远期都能最大程度地与经济、社会发展密切联系起来。

因此，我们的科技规划，要避免就科技论科技的倾向，必须同时考虑需求拉动和科学推动两种作用。一方面，要根据经济与社会发展、国家安全和可持续发展的需求，确定未来技术发展的重点领域；另一方面，也必须考虑有无可能通过科学技术的突破，确实促进这些领域发展的飞跃。只有将这两方面结合，我们的规划才可能既为近期、中期中国的经济、社会发展和国防建设提供利益最大化的技术，也为未来、长远发展奠定战略技术基础，体现科学界、技术界、经济界，以及社会各界对未来发展的期望。

关于面向经济、社会发展和国防建设需求的重要性，我们过去强调的较多，也达成了共识。但是，在实践中落实得还不是很理想，未来仍然要强调这方面的重要性，并在规划中给予充分体现。有的同志提出，有些专题研究要增加经济界、企业界的专家，这个意见很好，请有关专题考虑。关于技术突破的先导作用，过去强调的不是很多，容易被忽视。如果这次规划我们忽视了技术突破的先导作用，或者缺乏取得技术突破的信心，我们的规划就是被动的，不可能有前瞻性，也谈不上战略性，技术的发展将缺乏可持续发展的动力，也就摆脱不了技术落后的局面。也只有这样，才能反映科技规划自身的特点，才能制定出有别于一般经济规划的科技规划。

从这次开题报告总体来看，大家在这方面的认识还不是完全到位。这次开题报告会，不少同志在评议中指出，总的来看对需求的认识比较到位，都比较强调围绕需求来制定科技发展战略，但谈未来技术的突破少，对未来技术突破的可能分析不多，对技术突破对未来经济、社会发展和国防建设的影响分析不够。有的专题甚至没有这方面的考虑。如果按照目前这样的研究思路，战略研究可能很难取得创新性的成果。因此，希望大家对照自己的开题报告，进一步思考这个问题。

三、要重视人才的作用

需要明确的是，人才既是未来科技发展的条件保障，也是科技发展的重要目标之一。作为发展中国家，特别是在基础研究方面，在未来相当长一段时期内，培养人才应该是一个主要目标。科技发展的任务要靠人来完成，而且是经过严格的科学研究训练的人。科技发展的水平，体现在人才队伍的水平上。没有人才队伍建设方面的考虑,科技发展的长远目标就会落空。因此,科技的发展,最重要的是要落实到人才培养上来,落实到人才队伍建设上来。在这方面,我们过去有深刻的教训。科技工作中长期见物不见人,人才重使用轻培养,人才资源没有作为第一资源对待;有时任务完成了,但是队伍没有带出来,发展后继无人;有时人才培养出来了,却流失到国外去了。科技发展不把人才队伍建设作为重要目标,忽视科技创新过程中对人才的培养,那么我们就只有过去,没有未来。

我们要求本次规划战略研究,要突出人才培养的目标。各有关专题要把未来人才队伍建设纳入本专题战略目标的内容之中。各专题涉及人才状况、人才需求、人才评价时,要做分析和研究。现在大部分专题对这方面的考虑不多。同时,各专题的专家研究队伍要尽可能加大中青年专家的比例,让他们多承担研究任务,多一些锻炼的机会。我们希望通过开展战略研究,为未来培养一批战略科学家,培养一批具有战略思维的科技管理人才。

四、要突出国情的分析

对我国国情进行充分地研究和分析,是战略研究的重要着眼点,也是避免就科技论科技的前提。我们进行的专题战略研究,是系统性的研究,必须确定系统的边界和初始条件,包括约束条件,只有这样才能在此基础上制定战略。我国的国情,就是系统的重要条件因素。我们只有对国情分析清楚了,才能真正从国家目标出发,找准我国国民经济与社会发展、国家安全和可持续发展中的重大问题和瓶颈因素,从而有针对性地提出科技发展的战略、目标和措施。

对国情进行深入的分析,对我国的现状与发展面临的问题有一个全面、系统的了解,这是每个专题都要进行的基础性工作。从本次规划的时间段来讲,要分析未来15~20年我国总的国情,要分析哪些国情是可能变化的,朝哪个方向变化,哪些国情是基本不变的,或变化不大的。譬如,我国是一个人口大国;公众受教育水平与科学文化素质较低,但受过高等教育的总数较大;水资源短缺且分布极不平衡;能源紧张;土地退化、损毁严重;区域经济发展不平衡,等等。这只是几个例子,针对不同课题,还有许多基本国情在未来很长时间内不会有大的变化。在专题研究开始阶段,要做到对国情进行全面分析很困难,但是,对于基本国情,特别是过去相当长一段时间内基本没有变化,未来相当长一段时间内也不大可能发生大的变化的国情,各专题组应该从开始就能够结合本专题的研究内容做出分析,这是制定规划的基础。

五、必须坚持解放思想、实事求是

科技发展战略研究,对于大多数人来说都是全新的课题。客观地说,每一个人的思维都有定势和框框，要跳出来不容易。但既然承担起了这份历史责任，我们就需要解放思想、扩展视野，勇于和善于用新的思维来思考科技发展的重大战略问题。战略研究既不是就事论事，也不是相关事务的简单相加，而是要从历史、现实和前瞻的宽广视角出发，从复杂的经济、社会和科技问题出发，总结和提炼出真正具有战略性的思想、重点、目标和重大举措。从20个专题的开题报告来看，许多专题的研究思路都具有一定的开拓性和创新性，这对于最终形成高质量和经得住历史检验的战略研究成果来说，是十分可贵的。我们希望各专题组在研究过程中，都要强调解放思想，加强创新，处处闪现出创新的火花。

同时，实事求是地分析我国科技发展状况，是专题研究的基本要求。作为国家科技发展规划，分析现状，既要总结取得的成绩和经验，也要分析存在的问题和教训。总结成绩和经验，是为了更好地继承前人的工作，为未来的规划制定和实施提供扎实的基础；分析问题和教训，是为了找出差距和避免未来走弯路。对待成绩和问题、经验和教训，要实事求是，历史、客观地分析，避免走向极端。对成绩和问题估计不准确，都将带来错误的判断，做出错误的决策。

在这里，我还想就开题报告讨论中反映的较集中的两个具体问题作一下说明。

一是关于专题之间研究内容的重叠、交叉问题。专题出现交叉和重叠，主要是由于专题划分采用了不同的坐标系，这是正常的，也有利于从不同的视角来观察和处理同一问题，有利于从比较中得到正确的结论。但是，要避免完全重复，特别是不能同一组的人在不同的专题中研究相同的问题。专题研究完成后，我们还会组织专家，对重叠、交叉所得出的不同结论，进行综合研究和论证。

二是关于总体战略专题、科技体制改革专题和创新体系建设专题与其他专题的关系问题。对此，大家提出了很多建议。有的同志认为这两个专题应当先行一步，以便于参照这两个专题的要求和成果开展研究。这个建议不具有可行性，因为所有专题同时起步，不只是这两个专题与其他专题存在着互动的关系。实际上，20个专题之间都存在着不同程度的互动关系。就总体战略专题来说，科技发展总体战略的提出，既要基于本专题自身的研究结果，也要基于其他各专题的研究成果。不了解全面的研究情况，单靠总体战略专题来提出总体发展战略，将缺乏坚实的基础。总体战略专题的工作与其他专题的工作是密切联系、相互作用的，不能割裂开来，不能分谁先谁后。当然，为了加强互动，今后要加强总体战略专题与其他专题的交流。

同志们，按照预定的时间进度，我们较好地完成了专题研究和开题工作。这是大家共同努力的成果。从现在开始，专题研究工作将进入实质性的攻坚阶段，工作的深度、广度和难度都将大幅增加。我们相信，大家会认真消化、吸收这次会议的成果，总结和借鉴各专题好的思路，研究吸收来自会议上的各种意见和建议，并将其落实到今后的研究工作中去。

在重大专项论证工作会议上的讲话[①]

(2003年11月26日)

我代表中长期科技规划领导小组办公室对各位专家来到北京参加本次会议,表示衷心的感谢。各位都是各领域的学术带头人,对有关领域的技术、经济问题都有深刻的理解,相信经过共同努力,三个重大专项的论证工作一定能够取得进展。

今天我对参加这次重大专项论证的同志们谈几点要求。

一、要充分地认识到所担负的重大使命,
承担起应负的历史责任

我们今天启动了三个重大专项的论证,今后还要陆续启动其他重大专项的论证,这些专项都可能对中国的经济、社会和科技发展产生深远的影响。所以,我们的责任非常重大。党中央、国务院对中长期科技发展规划十分重视,特别提出这次中长期规划一定要提出一些重大的任务,并对这些重大任务有明确的表述。这也是这次中长期科技发展规划的一个精华所在。在20世纪50年代,我们制定了"十二年科技发展规划",在规划的基础上,诞生了"两弹一星"的重大成果,为我国在很长一段时间内获得应有的国际地位,能够在复杂的国际环境下生存和发展,发挥了历史性的作用。我们今天承担着和当年决策"两弹一星"一样重大的历史使命。一段时期以来,我们以单项技术的开发为中心,取得了一批科技成果。但是,在此基础上,有关以产品或产业为中心的各种技术的集成发展都比较薄弱,急需加强。这还涉及探索在市场经济条件下,如何把社会主义集中力量办大事的优势与市场经济的特点和优势有效地结合起来的有效途径,这是一项重要的任务。各位将要做出的任何决策建议,都要对历史负责。做出正确的决策,可能会推动我国经济、社会的发展;做出错误的决策,可能使我国在经济、社会、科技发展各个方面遭受挫折。可以说各位将要签的字,字字都是千斤重,我们一定要有使命感和责任感,准

[①] 2003年11月26日在北京召开的重大专项论证工作会议上的讲话(节选)。

备承担历史的重任。

二、一定要从国家利益出发，从全局出发，充分发表意见，特别是不同意见

各位专家对一些问题有不同的看法，这是正常的，因为每个人都处在不同的环境中，都会从不同的角度来观察问题。但是，我们今天坐到一起，目的就是通过比较、论证不同角度观察事物所得到的判断，去伪存真，从而得到正确的结论。要做到这一点，首要的就是我们参加论证的同志，一定要明确自己不是部门的代表，也不是学科的代表，而是国家的代表。我们必须本着这样的精神，才能够把论证工作科学、公正地做好。在讨论过程中，我也要求大家注意团结。各位不论有什么观点，目的都是一样的，都是为了做好这件事，都是为了国家的利益。也正因为如此，也要求大家充分发表不同意见，不怕表面的团结。通过讨论，使大家能够更好地统一思想，把工作做好。

三、一定要做到时间服从质量

重大专项论证涉及的都是比较复杂的问题，有些是科技界长期争论的问题，指望几天之内得到一个结论，不现实，也很仓促。所以，我们只能在保证质量的前提下，争取尽量快一些，对于重大专项的意义、技术规划、关键科技问题、经济效益等，必须认真研究，统一认识，统一意见。所以，质量最重要，时间要服从质量。

四、关于保密的问题

这是重大专项论证中的一件大事。这些重大专项涉及的问题很多都是国家机密，论证中用的不少材料，密级也很高，要自觉地按程序做好保密工作。同时，要做好对各位同志在讨论过程中各种不同意见的保密工作，要给大家宽松的环境，我们可以自由地发表意见，而不要有所顾虑。

关于规划战略集中研究的几点要求[①]

(2003年12月9日)

明天,国家中长期科学和技术发展规划第一次集中研究就开始了。我们汇聚全国来自科技、经济、管理等各个方面的精英,共同研讨中长期规划的战略问题,这是加强战略研究的一项极为重要的举措。下面,我代表办公室就规划集中研究提出三点要求,供大家参考。

一、各专题组要高度重视这次集中研究,认真抓好

这次集中是陈至立国务委员布置的任务,是规划领导小组对战略研究的组织方式的直接要求。各专题组一定要充分认识这次集中研究的重要性,聚精会神、一心一意地把这次集中作为一场关键战役打好。陈至立国务委员特别指出,专题组组长是专题研究的第一责任人,要对专题研究的结果负责。希望各专题组组长认真负责地抓好这次集中研究工作。原则上,各专题组组长要主持这次集中研究。组长确有困难不能参加的,至少要保证有一位副组长全脱产主持工作,这是最基本的要求。各专题组要保证有足够的骨干研究人员脱产参加集中,不能打折扣,必须真正脱产。办公室将对集中人员进行考勤,并将情况及时上报。

我想强调的是,这次集中必须是真正的、不折不扣的集中。与历史上几次重大规划制定相比,这次集中1个月时间已经是很少很少、很短很短的了,如果连1个月的集中也保证不了,规划的质量就不能得到保证,我们各位都无法向党中央、国务院交待。希望大家珍惜这次机会,克服各种困难,充分利用好集中的每一天。通过一个月时间的集中研究,使战略研究基本有个眉目,有一个深入讨论的基础。

二、要把集中研究作为深入研讨、充分交流,
统一思想、统一认识的过程

我想再次强调,规划战略研究不是写文章,而是做研究工作。如何开展研究,

[①] 2003年12月9日在规划集中研究预备会上的讲话。

也许有不同的理解，事关集中的效率和能否达到集中的目的。虽然集中结束时，要提交研究报告，但是，集中绝不是单纯为了写报告、作文章。否则，几个人关起门来写就是了，没有必要组织近 2000 人的队伍来"写文章"，也没有必要把 500 多名专家集中起来。所以，我们应该把集中研究的过程作为深入研讨、反复碰撞、统一思想、统一认识的过程，贯彻始终。这样，通过集中我们不仅汇聚了思想，而且统一了思想，是能够贯彻执行的思想，做到这一点，是最重要的。

首先，要在专题组内部统一思想。各专题经过 4 个月的努力，研究的初步结果已经出来了，不乏一些重要的观点和结论，有的还闪烁着创新的火花。但是，也必须看到，前一段时间相当一部分专题几乎没有真正地集中过，没有长时间坐在一起持续深入地进行研究，因此，也不能保证这些研究结果是专题组内部经过各种不同观点的激烈碰撞、反复锤炼、充分交流的结果。实际上，不少专题内部并没有就一些重要内容和观点达成一致，在凝练战略思路、重点任务和重大项目方面还有众多研究工作要做。所以，这次集中的首要任务就是要实现专题组内部的充分交流、碰撞和研讨，在专题组内部统一思想、达成共识。

其次，要在相关专题之间统一思想。20 个专题是一个统一体，应该相互印证、互相支持、互为补充，而不能相互矛盾、相互抵触。同时，20 个专题，几乎每个专题都会与其他若干个专题有联系，甚至内容上有交叉。因此，相关专题之间的交流十分重要。前段时间，大家忙于本专题的研究，没有太多时间与相关专题之间进行交流。虽然有部分专题也开展了一些交流活动，但终归是很初步的。在专题的初步研究结果没有出来时，交流也很难开展。随着各专题集中研究的深入，相关专题之间交流的条件也基本具备。从各专题的反应来看，大家都迫切期待着专题之间的交流。而这次集中为专题之间的交流和研讨提供了极大的便利。因此，大家要把与其他专题进行交流作为一项十分重要的工作，认真对待。同时，要抓住这次集中的机会，与相关部门进行沟通交流，听取各方面对本专题初步研究结果的意见。总之，各个专题的研究结果，不能仅仅是反映本专题组的观点的结果，而应该是经过与专题组外部各有关方面进行充分交流的结果，应该反映科技界、有关部门和公众等各方面的共识。

最后，也是最重要的，就是要在战略研究的整体上统一思想。20 个专题分开来看，只是一个个孤立的专题，在整个规划战略研究中相互处于什么位置，还需要明确。只有将 20 个专题摆在一起，进行总的综合分析，才能体现规划战略研究的整体性和全局性。总的综合研究的结果体现为规划战略研究总报告，要能够反映本次战略研究的全貌。总报告不是组织一个班子写出来的，而是要通过这次集中来对 20 个专题进行更高一层次的总的综合研究来解决。总的综合研究也不是办公室将各个专题的研究结果进行简单叠加，而是各个专题共同参与进来，围绕重大战略问题、总体发展战略、重点任务和领域等，统一思想、达成共识。各个专题围绕本专题领域的重大问题、发展战略、重点任务、重大项目、政策措施都会有研究结论，但是，这些都有待于在战略研究总的综合研究中进行检验，有的可能与总的综合研究结论不一致，这就需要调整。所以，围绕总的综合研究，必须进行大范围的研讨，各专题的研究要与总的综合研究进行互动，最终达成一致，形成共识。

我之所以一再强调这些，就是希望大家不要把主要精力放在写报告上，而是要集中精力进行各个层次的研讨、交流和碰撞，加强对科技发展总体战略、各专题整体发展战略及重大问题的深入思考，围绕战略思路、战略重点进行科学凝练、严密梳理，统一思想和认识，做出真正科学意义上的战略性研究结论。

三、要从战略性入手，不要从项目入手

战略研究的结果，不论是在专题层次上还是战略研究整体层次上，最终要体现在重点任务、重点领域和重大项目上。大家都很关注最终列哪些项目，这是可以理解的。有的专题也在为从众多的项目中凝练出真正的重大项目费了很大力气，花了不少精力。在这里有必要再次强调，战略一定要首先从战略性研究入手。

提出一个项目相对来说比较容易，真正搞清楚战略思路可以说是很难很难，但是很关键。对于这次规划，温家宝总理和陈至立国务委员多次强调战略性，强调要搞好战略研究。大家也都希望要避免规划搞成项目叠加的规划。要做到这一点，关键是要突出战略性。一个项目是否重要，主要看它是否符合发展战略的要求，因此，发展战略没有搞清楚，重大项目也不可能真正凝练出来。一个项目，即便很成熟，从局部上来看有很多可列为重大项目的理由，但是从经济、社会发展和国家安全重大问题或重大制约因素入手，也可能就排不上队。所以先要研究战略，才能理清发展战略思路，才能确定我们的发展目标，才能有的放矢地进一步凝练重点任务和重大项目，才能做出优先顺序安排。因此，战略研究一定要从战略性入手，重点任务和重大项目的提出必须基于明确的发展战略。战略性突出了，战略思路清楚了，重大项目提出是水到渠成的事。

在规划战略第一次集中研究总结会上的讲话[①]

（2003 年 12 月 31 日）

明天是 2004 年元旦，首先给大家拜年！见到大家很高兴，心情也很激动。许多同志，特别是不少专题组组长，年龄都比我大，20 天来一直在这里辛苦工作，我非常感动，也很感谢！

这 20 天，大家做了大量的工作。各专题的研究报告我都看了，有些是认真地读了、学习了，有很多体会和收获。总的来说，这 20 天的成绩很大。过去有些报告没有眉目，现在 20 个专题报告都已成型，有不少专题还有新的突破。没有这 20 天的集中，要取得如此进展是不可能的。为了搞好这次集中，很多同志都克服了工作和生活中的种种困难，特别是专题组组长都率先垂范，一直坚持脱产研究，亲临现场，组织指挥研究工作。组长有困难不能参加的，也都关心着集中研究的情况，并且指派副组长脱产主持集中研究工作。还有不少专题组有几名负责同志同时坚持参加集中研究。骨干研究人员参加集中研究情况也基本到位，从签到情况来看，每天参加集中研究的人员总数均保持在 400 人以上，出勤情况令人满意。各专题组都十分珍惜这次集中研究的机会，充分利用好每一天，日程也安排得很紧张、很充实；许多同志，特别是一些老同志，废寝忘食，忘我工作；深更半夜，不少房间仍然灯火通明。这反映出了各专题组对本次集中研究的高度重视，也反映了参加规划战略研究的同志们对本次规划工作的认真、负责。

从前面两个单元的进展看，大家的确是在努力把集中研究的过程作为深入研讨、充分交流，统一思想、统一认识的过程，把这次集中研究作为战略研究的一次重大措施来做好。集中研究的要求得到了落实，集中研究的目的基本达到，集中研究的成效明显，这是大家有目共睹的。有几个方面的成效值得着重讲一讲。首先，各专题组的内部思想得到了进一步统一。不少专题研究报告的一版与零版相比有了明显的改观，有些报告有重大的变化。其次，专题之间的交流富有成效。各专题都听取了其他专题的意见，对其他专题也提出了意见。有的专题还与有关部门进行了

[①] 2003 年 12 月 31 日在中长期科学和技术发展规划战略集中研究阶段总结会上的讲话。

交流，并且针对公众关注的内容，在报刊上发表文章，面向广大公众征询意见。这种交流非常重要，有利于20个专题作为一个思想统一的整体，向中央、国务院提交一份合格的答卷。再次，大家开始重视从战略性研究入手。有不少专题都把不少精力用在突出战略性上，把解决战略性问题作为重要任务，加强了综合研究，而且取得了新的进展。这一点是集中研究的一个重要收获。

短短20天的集中研究，不可能解决战略研究中存在的所有问题，有些问题还需要在下一步的工作中着重加以解决。从目前20个专题的报告来看，确实还有一些问题需要与大家商量、交换意见。下面，我就怎样做好战略研究提出几点意见，供大家参考。

一、要把做规划战略研究与编制规划区别开来

做规划战略研究与编制规划不是一回事，不能混淆起来。规划纲要是国家政策性文件，内容应是非常简练、明确的。纲要要写入科技发展指导方针、发展战略、战略目标，要对科技发展的重点战略任务、重点领域进行优先顺序安排，也要对一般性科技任务进行布局，应包括重大制度安排和主要政策措施等。

规划战略研究是为编制规划纲要服务的。编制规划纲要的主要依据将是规划战略研究的结果，绝大部分战略研究结论将纳入规划纲要中，当然，有的可能还要经过进一步论证才能写入规划。规划战略研究，就是要通过科学地、严密地研究和分析，得出科学的结论，确保规划纲要的编制建立在科学的基础上。显然，编制规划与做战略研究，这两者有着重大区别。

获得科学的战略研究成果，为规划纲要编制提供科学的依据，是战略研究的最终目的。因此，战略研究的过程必须强调科学性、严密性、逻辑一致性，每得出一个结论都应该列出充分的论据，这是与编制规划的最大区别。战略研究的任务，是站在国家发展的全局性、战略性、前瞻性的高度，围绕国家发展目标，研究分析世界科学和技术的发展趋势，研究分析全面建设小康社会对科技的重大需求，研究分析国家未来发展中必须依靠科技解决的重大问题，研究分析我国科学和技术水平现状和差距，研究提出我国未来科技发展指导方针、发展战略、战略目标、重点任务以及政策措施。这些不同的研究工作，要环环相扣、紧密相连，前后分析要逻辑一致，论据和结论要互相对应。对世情、国情、科情以及对科技需求的分析，不能是一般性地、泛泛地分析，而是要紧紧围绕为后面的发展战略、重点任务、重点领域的选择提供有力的论据。前面的分析要透彻，后面的重点战略、重点任务和优先领域才能抓得准，战略措施和办法才能找得准。后面提出重点战略、重点任务，必须严格地基于前面的分析。否则，如果把战略研究当作编制规划来做，就很容易把结论直接写入研究报告，而看不到它的论据，看不到前后的逻辑性，看不到这些结论从何而来。

从当前各专题提交的研究报告（征求意见一稿）来看，研究的科学性、严密

性、逻辑性不够是普遍的问题，报告平铺直叙，论据乏力，许多结论很难令人信服。这需要我们在后面的研究工作中着重加以改进。

二、要对战略重点进行轻重缓急排序

通过深入地研究，对战略重点做出轻重缓急排序，才能真正突出重点，突出重中之重，才能找到解决问题的真正突破口，才能理清解决问题的主要途径和次要途径，才能区别当前任务和长远任务，才能在规划中做出明确的战略部署。

如果只是一些重点任务、重点领域的一般性罗列，势必难以确定主攻方向，也无法对这些重点进行全面、合理的安排。譬如，能源领域，未来的战略重点可能包括洁净煤技术、先进核能技术、可再生能源技术、节能技术、氢能和燃料电池技术等等，就有必要对这些重点做优先顺序安排，包括提出不同阶段的优先顺序安排。否则，依靠科技解决能源问题，到底现在从何处入手，不同的阶段主要采取什么方案，还是不清楚。总不能齐头并进、全面突破吧？只要是重点，都会有安排，但是要有个优先顺序，要对每个重点取得突破的可能性进行分析，要明确每个重点在什么阶段能够解决多大的问题，只有这样，我们才能在规划中做出明确的战略部署。但是，各专题几乎都没有做这方面的研究，至少专题研究报告中看不到这方面的内容。我们要求各专题补充这方面的内容。

三、要在集思广益的基础上，突出创新

这次战略研究，应力争在科技发展的总体战略上、科技发展重大任务上以及科技发展政策措施和支撑条件上有所突破。要取得突破，必须与时俱进，大胆创新。要把创新精神，贯彻专题研究的始终。在理论、观念、重大战略以及政策措施等各方面都要强调创新。特别是有关科技自身发展问题，尤其要强调创新。创新是这次科技规划的灵魂。

要在集思广益的基础上，努力取得创新。各个专题都集中了许多有新思想、新观点的专家，很多问题可以通过反复研讨和争鸣来碰撞出创新的火花，并在集思广益的基础上，统一思想，达成具有创新性的共识。但是，有些问题特别是关于重点战略、重点任务、优先领域的确定等问题，可能会有不同的观点和认识，会由于种种原因很难达成具有创新的共识，这就要求各专题组长、副组长确实负起责任来，发挥决策作用，善于从各种意见的甄别中、各种方案的比较中，选择有创见的意见和方案，切忌在创新这个问题上妥协，不能为达成共识而牺牲创新。妥协往往造成思路不清、重点不突出，妥协可能会让专题组内的每个专家都满意，但是研究出来的结论就很难有创新点，就没有什么价值，这对国家是不负责的。我们应该通过集思广益，反复研讨，深入交流，出来更多的创新点和火花。如果我们的战略研究绕

一大圈，创新的火花都被磨灭，最终又回归到老一套思路上，战略研究就没有完成任务，我们的规划就难以指导未来中国的科技发展。

从目前看，专题研究报告中的创新点不多。大家提出的战略思路、重点任务，新意不多；提出的战略措施中共性的、普遍性的较多，创新性的、突破性的较少，特别是针对本专题领域的战略重点提出的新途径、新办法和新措施不够。这里要强调一点，各专题要和专题1区别开来。专题1重点是研究一般性战略，可能对不少专题领域都适用。但是，各专题的重点是根据本领域自身的特点和要解决的问题来提出针对性的战略措施和政策，特别是要提出创新性较强、具有特色的政策措施。规划办公室要求各专题提交的最终研究报告要列出创新点来，希望大家进一步重视突出创新。

四、要重视科技发展对经济社会发展的先导作用

科学技术发展对经济社会发展具有先导作用或反作用，这是当代世界科学技术发展的一个重要规律。因此，我们的规划及战略研究，既要重视满足经济社会发展、国家安全和可持续发展对科技的现实需求，也要注重科技对经济社会发展的先导和引领作用。

科技对经济社会发展的先导作用，表现为依靠科技突破促进经济社会发展的新思路、新途径。有些经济社会发展中的重大问题，可以通过科技的重点突破，找到全新的解决方法，解决用已知的技术路线和方法难以解决的问题，甚至引领新的产业崛起。譬如，能源问题、水资源问题、重大疾病防治问题等制约经济社会发展的重大瓶颈问题，大家都知道这些问题是已知的技术路线和方法难以解决的。如果只是在现在已知的技术中找办法，可能不会有根本性出路。如果我们根据世界科技发展趋势和中国国情对新的突破的可能性进行科学分析，很有可能找到解决问题的新办法、新思路，真正实现技术的跨越发展。

但是，实事求是地看，目前我们提出的科技发展战略和战略重点，还是较多地偏重基于眼前的科学技术能力、已知的技术路线、国外已走过的道路，对于通过未来科学技术发展的新突破来引导经济社会发展，仍然研究不够，预见不够，或者缺乏信心。鲜见有实现技术跨越的重大决心和宏伟蓝图。这一点，希望大家在后面的研究工作中给予更多的关注和重视。

五、需要进一步明确几个关系

（一）关于战略研究总报告与各个专题报告的关系

战略研究总报告是在各专题报告的基础上，站在国家全局的高度，通过对世界科技发展趋势及重要特点，我国经济社会发展的迫切需求，科技可能产生重大突破

和创新的领域，以及我国科技发展的差距和不足等的分析，提出几项事关国民经济社会发展和国防安全的、需要依靠科技优先解决的重大问题。这些问题的提炼，是从国家目标和需求出发，不可能从每个专题报告中均匀抽取，肯定会出现有的专题报告内容体现得多一点，有的少一点。大家对这个问题要正确地看待和理解。

战略研究总报告和各专题研究报告绝不是相互取代或涵盖的关系，各有各的作用和功能。我们不但要提交一个高质量的总报告，同时也要提交高质量的专题报告。如果总报告成功，而专题报告不成功，这次战略研究也不能算成功。反之，有了20个高质量的专题报告，而总报告不成功，不能体现各专题研究的精华和国家目标，会给这次战略研究带来更不利的影响。所以，当前各专题组还是要集中精力把本专题的战略研究做好，不要计较本专题的内容有多少进了总报告。将来总报告出来后，我们会向各专题组征求意见。总报告起草组的同志会同各专题组参与的同志一起起草好总报告。可以说，没有各专题的参与和大家良好的研究基础，总报告是做不好的。

（二）关于战略重点与重大专项的关系

战略重点绝不代表重大专项，两者不是一一对应关系。战略重点是根据发展战略的需要确定的重点任务或优先领域，一般来讲宽泛些。重大专项往往表现为一些重大产品或工程，体现局部突破带动整体跃升的需要。关于重大专项及其论证，将是下一步的工作。所以，当前各个专题还是先把主要精力放在研究重大战略和战略重点上，不要忙于提出重大专项。

（三）关于重点任务和经常性任务的关系

这次战略研究，要确定未来15年内科技发展各阶段的重点任务，主要是需要集中国家资源来完成的重点任务，其特点是阶段性较强。但是，这些重点任务仅仅是这次国家科技规划和今后科技工作的一部分，也是政府支持重点的一部分，绝不代表全部。肯定还有很多重要的、经常性的科技发展领域和任务不能在这次战略研究得到体现。这些经常性的科技发展任务，主要通过5年计划或年度计划给以安排，有的可能成为年度计划的重点，投入的强度也不会小。所以，各专题不要把一般性或经常性任务往战略重点任务里面挤，更不要以重点任务为名搞打包。

同志们，战略研究的时间很紧，任务仍然很重。希望各专题组在新年元旦过后，认真总结取得的成绩和存在的不足，研究采取改进的措施，把下一步的研究工作做好，确保高质量完成战略研究的任务。

在规划战略第二次集中研究动员会上的讲话[①]

(2004年4月5日)

规划战略研究工作顺利完成了与部门、行业协会、企业交流阶段的任务。两个月来,规划办公室与各专题组一道,围绕专题研究报告(第三稿)的主要内容,特别是针对重大问题、重要观点和主要研究结论等,开展了与相关部门和单位进行的大量交流和研讨活动,广泛征求了意见与建议。期间,办公室先后组织召开了13次交流座谈会,20个专题组也都分别组织与有关方面进行了交流。参与战略研究交流的部门近30个,行业协会9个,企业100多家,科研院所20多家,还有一些研究会、高新区和地方政府部门参与了交流。基本覆盖了主要相关方面。

交流取得了预期效果。通过交流,专题组与各部门和单位就专题研究报告第三稿的重要观点、重大问题和主要研究结论等,进行了激烈的碰撞、争鸣;各部门、单位对专题研究初步成果有了更深入了解,进一步统一了思想;各方面提出的许多建设性意见和观点,使专题研究得到了启发和补充。总的来看,通过交流,各专题研究在研究报告第三稿的基础上,又得到了深化、凝练和提升,特别是在贴近国民经济、社会发展的实际需求方面有了新的进展,为形成正式征求意见稿(第四稿)奠定了好的基础。陈至立国务委员在此期间听了20个专题的全面汇报,对战略研究取得的成果给予了肯定。

经过20个专题组、2000名左右专家7个多月的紧张研究,国家中长期科学和技术发展规划战略研究取得了重要成果,基本完成了研究任务。现在,战略研究工作开始进入准备向温家宝总理汇报、"三院"咨询和正式征求部门意见的新阶段。为了圆满完成这一阶段的任务,规划办公室安排第二次集中研究。下面,我对这次集中研究谈几点要求。

这次集中的任务是深化研究、修改专题研究报告第三稿,完成专题研究报告第四稿(正式征求意见稿)。

集中结束后,专题研究报告第四稿就要正式对外送出,进行"三院"咨询和征

[①] 2004年4月5日在规划战略第二次集中研究动员会上的讲话(节选)。

求各部门意见,这代表专题研究报告基本定型。从外界来看,第四稿的质量就基本代表了这次战略研究的质量,它的水平就标志着各专题研究的水平。因此,大家都要知道第四稿的重要性。

综合各方面提出的意见,在这里我想指出几个需要引起特别注意的共性方面,供大家改进研究时参考。

一是关于建立资源节约型、环境友好型社会。建立资源节约型、环境友好型社会,是中国今后发展面临的重大任务,是我国走不同于发达国家、有自己特点的新型工业化道路的必然要求,也是我们全面建设小康社会面临的最大挑战和难点所在,这对新时期科技工作提出了特殊要求。这种要求要在规划战略研究中得到全面反映,各专题要把在战略研究之中贯彻建立资源节约型、环境友好型社会这一重要精神作为这次集中研究的重点来加强。

二是关于凝练科技发展的战略目标。科技发展战略目标的凝练步骤,应该首先根据2020年全面建设小康社会的经济、社会发展目标,分解出各专题领域的经济、社会发展目标,其次再根据专题领域的经济、社会发展目标来凝练出本领域的科技发展目标。这些目标之间应该是环环相扣、紧密相连、前后逻辑一致的。

从各专题研究报告第三稿来看,多数专题对2020年全面建设小康社会的经济、社会发展目标的分析是准确的,对本领域经济、社会未来发展目标的分析是比较透彻的(当然个别专题这方面也还存在不足),但是,相对来讲,在此基础上各领域科技发展战略目标的凝练不是很理想,主要是科技发展战略目标与经济、社会发展目标的逻辑关系不是很清楚,联系不是很密切;有些专题提出的科技发展战略目标的表述是原则性的,比较含糊,不具体,缺乏针对性和时代特色。此外,中长期科技发展目标凝练不够。一些专题对目标和重点任务缺乏时间尺度上的分析,提出的目标和重点任务多是近5年可以实现的,中期和远期的安排不够明确,看上去类似"十一五"规划。这些问题势必影响专题研究成果的质量,希望务必通过这次集中研究得到解决。

三是关于条件和保障措施。大部分专题都重视了科技发展条件和保障措施的研究,提出了不少建议。这部分的研究结论,对于我们将来能否得到足够的条件和充分的保障措施,完成科技发展的重点任务和实现科技发展战略目标,至关重要。但是,总的来看,各专题提出的建议一般性、共性的多,针对性、特殊性的少,尤其缺乏有突破性的措施建议。而且,不少政策措施缺乏与前面战略目标和重点任务的支撑关系。这一点也要作为改进专题研究报告的重点。

四是关于战略重点的分类和层次。一些专题提出的重点任务、重点领域、重点课题以及重大专项之间有些概念混淆。不少重点任务是大口袋,包括的范围过宽。专题之间对什么是重点任务、重点领域、重点课题以及重大专项的认识有差异,表述的语言不一致,有必要进行规范、统一。为解决这个问题,规划办公室初步提出了一个重点任务分类安排,供各专题参考。也希望大家提出好的建议。希望各专题按照统一的分类进一步凝练重点任务,并在第四稿中统一表述。

五是关于重大专项工作。从已经上报的 47 个项目来看,重大专项凝练得不是很理想,约有一半项目的内容不符合重大专项的要求,尤其缺少令人震撼的、眼睛一亮的项目。如何从各专题提出的重点任务中提炼出重大专项,还需要进一步加强。下一步工作,一是要继续拓宽重大专项的来源;二是分清不同的重点任务的属性,在现有上报的专项基础上继续凝练。希望通过这次集中研究,重大专项的凝练能够上一个大的台阶。如果来不及完成,集中过后还要继续凝练。

以上五个方面,希望作为这次集中各专题重点研究的问题,作为修改第三稿、完成第四稿需要重点加强的内容。

在规划战略第三次集中研究总结会上的讲话[①]

(2004 年 7 月 24 日)

我就中长期科技发展规划战略研究工作的历程,取得的成绩和下一阶段的工作,谈几点意见。

一、一年来中长期科学和技术发展规划战略研究工作回顾

从 2003 年 6 月起,国务院开始组织制定未来 15 年国家中长期科学和技术发展规划。历经一年的努力,基本上圆满完成了规划战略研究任务。回顾这次规划战略研究走过的历程,有几个方面值得认真总结。

(一) 党中央、国务院的高度重视和强有力的领导,为规划战略研究工作提供了保证

党的十六大提出要制定国家科学技术发展长远规划。本届政府把制定国家中长期科学和技术发展规划作为一项重要工作。为了搞好规划工作,国务院成立了国家中长期科学和技术发展规划领导小组,领导规划工作。温家宝总理对规划及战略研究工作始终十分重视,高度关切,先后多次主持会议研究规划工作,做出了一系列重要指示。早在 2003 年 5 月 30 日新一届国家科教领导小组第一次会议上,温家宝总理明确指出,要加强领导,精心组织,大力协同,把这件关系国家兴旺发达和中华民族繁荣昌盛的大事抓紧抓好。在随后召开的国家中长期科学和技术发展规划领导小组第一次会议上,温家宝总理进一步对规划工作提出了三个方面的总要求和十条重要原则。这些要求和原则是规划及战略研究工作的总的指导方针。

温家宝总理对搞好规划战略研究工作寄予了很高的期望,特别强调指出,制定规划要把战略研究放在十分重要的位置,要重视和做好规划的战略研究。温家宝总理还在各种会议上多次强调本次规划战略研究工作的重要意义,他还亲自接见了参

[①] 2004 年 7 月 24 日在规划战略第三次集中研究总结会上的讲话(节选)。

加规划战略研究国际论坛的部分外国代表。在今年 3 月举行的十届全国人大二次会议上所作政府工作报告中，温家宝总理肯定了规划战略研究取得的阶段成果。从今年 4 月初到现在，温家宝总理先后主持了 5 次规划领导小组会议，听取了 10 个专题研究的汇报，对进一步深化战略研究做出了一系列重要指示。温家宝总理充分肯定了战略研究工作取得的成绩，认为规划战略研究工作做得很好，组织工作做得也很好，准备也很充分。在两院院士大会的报告中和在战略研究几次汇报会上的讲话中，他都对搞好规划战略研究做了明确指示。黄菊副总理和国务院其他领导同志也十分关心规划工作进展情况，在听取规划战略研究工作汇报时对规划及战略研究工作做了重要指示。

陈至立国务委员一年来对规划及战略研究工作抓得很紧，多次听取规划办公室的工作汇报，先后对规划工作方案的制定，规划战略研究的专题设置，专题组组长人选原则，战略研究的组织方式以及如何做好战略研究工作等，做了一系列明确的指示。陈至立国务委员多次亲自主持召开各种规划工作会和座谈会，在先后出席的规划战略研究各种工作会议上发表了一系列重要讲话，针对搞好规划及战略研究工作，提出了要用科学发展观来指导战略研究，要着眼于战略性、全局性、长远性和前瞻性，要有全球意识和国际视野，要处理好战略研究与凝练项目之间的关系等一系列明确、具体的要求。在战略研究取得初步成果时，陈至立国务委员逐个听取了 19 个专题的汇报，对进一步深化战略研究工作提出了重要意见。

国务院的高度重视和强有力的领导，为规划战略研究工作提供了强有力的保障。

（二）科技界和社会各界的广泛参与，形成了发扬民主、集思广益的规划工作机制

这次规划战略研究是一项浩大的系统工程，凝聚了数千位专家的大量心血和劳动。规划战略研究工作走过了很不平凡的一年。从去年 6 月开始，我们先后举办了 200 多位专家参加的规划战略研究论坛，组建了 1000 多名专家组成的 20 个专题研究队伍，召开了 300 人以上规模的专题研究工作启动会议、专题研究开题报告会议和战略研究交流会议，进行了为期 40 天 500 人参加的第一次集中研究，组织了 19 个专题向陈至立国务委员汇报初步成果，组织了与国务院近 40 个部门和行业协会及 100 多家企业的全面交流，开展第二次集中研究，组织了 10 个专题向温家宝总理汇报阶段成果，在路甬祥院长、徐匡迪院长、陈奎元院长主持下开展了为期 2 个月的"三院"咨询，征求了各部门、各地方意见，进行第三次集中研究等。各个专题自己还组织了数百次座谈研讨会和调研活动。20 个专题下设了 180 多个课题，组织了我国科技、社会、经济和管理界大批骨干研究人员参与战略研究，人数超过 2000 人。各专题研究报告正式稿五易其稿。完成了 3 个重大专项的论证工作。为了搞好战略研究，成立了国家中长期科学和技术发展规划总体战略专家顾问组。所有这些，都是在一年之内完成的。

在战略研究过程中全面实施了沟通协调、战略咨询和公众参与三大机制，努力使战略研究过程成为发扬民主、集思广益、统一思想的过程。一是规划战略研究专题设置方案和研究报告委托"三院"进行了战略咨询，广纳各界专家精英的智慧。二是大力推动和组织战略研究工作与相关部门、行业、企业间开展交流，使战略研究工作贴近经济社会各领域的需求。三是通过报刊、电视、网站等媒体，及时介绍报道规划战略研究工作情况，接受各界对规划的征询，听取社会基层的呼声。

（三）开放式的研究，扩大了规划及战略研究工作的国际视野

通过举办邀请17名国际知名战略专家和20名海外华人专家参加的战略研究国际论坛、委托我国驻外使（领）馆召开海外留学人员规划工作座谈会、组织专题组专家前往国外调研等多种渠道和方式，将本次规划置于全球开放环境下，密切关注国际科技的新变化、新趋势和新特点，注意借鉴和吸收世界各国的先进经验、先进技术，努力使未来我国科技发展战略具有全球战略色彩。

（四）把科技与经济社会发展、国家安全和可持续发展的紧密结合，作为规划工作的出发点和立足点

一是各专题都是根据2020年全面建设小康社会的总目标，分析提出各自领域的经济、社会发展目标，在此基础上结合科技发展的趋势凝练本领域的科技发展目标，突出科技发展目标对经济社会发展目标的支撑作用。

二是重视科技与经济社会发展和国家安全的互动。一方面根据经济社会发展和国家安全的需求来确定未来技术发展的方向，这是现阶段工作的重点，是避免就科技论科技的关键。另一方面，加强了对世界科技发展趋势的分析，结合中国国情，预见有可能产生的技术突破，力争找到解决当前突出的经济、社会和国家安全问题的新办法、新思路，带来经济、社会和国家安全等领域发展的飞跃，实现技术跨越发展。

三是加强了自然科学与社会科学相结合。各专题组研究人员的构成，注意了自然科学专家与社会科学专家的合理配置。各专题都十分重视综合运用自然科学和社会科学知识，来寻求依靠科技解决经济社会发展中重大问题的思路和途径；既通过自然科学技术发展战略的研究提出了解决问题的对策，也通过社会科学研究提出需要国家综合采用的重大宏观政策建议，以从经济、社会和科技等系统的角度来寻求解决方案。

四是强调用科学发展观统领整个战略研究工作。把依靠科技建立资源节约型、环境友好型社会，作为中国走不同于发达国家、有自己特点的新型工业化道路的必然要求，作为全面建设小康社会面临的挑战和难点所在，重点加以研究。

（五）强调政府主导与发挥市场机制作用相结合

战略研究重视了国家战略目标、科技发展的基本规律与市场经济规律的统筹协调，明确政府与市场的关系。一方面注意发挥社会主义集中力量办大事的优势，在规划制定中突出国家利益和政府意志，组织实施一批以重大产品和工程为目标的重大科技项目，力争取得重大突破；一方面，努力使国家利益和政府意志，能够通过公开、公平竞争的市场机制而体现出来，发挥市场资源配置作用。尤其强调发挥市场对于技术创新以及产业化的基础作用，发挥企业在竞争领域的主体作用。在提出发展战略、凝练重大项目、遴选关键技术等各个环节，把市场竞争因素和成本效益因素作为重要考量，特别是产业技术领域的工作，避免回到只追求所谓技术水平、不考虑市场竞争力的老路上去。

上述特点，是本次规划战略研究阶段取得的重要成功经验，将对未来的规划制定模式产生重大影响。

一年来，战略研究集国内外科技界、经济界、企业界、管理界、社会学界之大智慧，动员人数之众多、研究过程之开放、研究领域之广泛、研究内容之丰富、争论辩论之激烈、国际国内影响之深远，都是空前的。正如温家宝总理指出，这是一项重大工程。

一年来，战略研究工作日程安排之紧张，工作量之巨大，任务之繁重，也都是空前的。各专题组的专家们以百折不挠的精神，以对国家和民族高度负责的态度，持之以恒地探索，坚持不懈地研究，付出了大量心血和无数个日日夜夜的劳动，不辱使命，顺利圆满完成了战略研究任务。这证明，我们有一支高水平的战略研究和管理队伍，这是一支能打硬仗的队伍，是一支值得党和人民完全信赖的队伍。

大家付出的心血和劳动已经结出了硕果，为我国的科技发展事业又一次做出了突出和重要贡献，我们应该感到欣慰，感到自豪，感到骄傲！

二、关于中长期科学和技术发展规划的下一阶段工作

规划制定工作即将走过科技发展战略研究阶段。在今后一段时期里，我们将重点做好以下两方面工作。

（一）提出对经济社会发展相关政策的建议

要充分利用这次战略研究所做的大量基础性研究工作，加强经济社会发展宏观政策研究，为国民经济和社会发展决策提供咨询。战略研究表明，许多问题不仅是科技问题，而且是社会科学、国家意志和法制及政策导向问题。我们已经设置了10个与经济社会发展密切相关的专题进行研究。

（1）农业发展战略与技术经济政策研究；

(2) 制造业发展战略与技术经济政策研究；
(3) 能源与资源发展战略与技术经济政策研究；
(4) 海洋发展战略与技术经济政策研究；
(5) 交通发展战略与技术经济政策研究；
(6) 现代服务业发展战略与技术经济政策研究；
(7) 人口与医药卫生领域发展战略与技术经济政策研究；
(8) 公共安全发展战略与技术经济政策研究；
(9) 生态建设、环境保护与循环经济发展战略与技术经济政策研究；
(10) 城市发展与城镇化发展战略与技术经济政策研究。

在现有专题组专家队伍的基础上，吸收经济、社会领域的专家和管理专家，参与研究工作。目前队伍组建基本完成，这次集中结束后，即全面启动研究工作。取得研究成果后将向国务院提交国民经济社会发展相关政策建议报告。

(二) 编制规划纲要

规划工作从现在开始进入纲要编制阶段。在前期规划战略研究的基础上，高水平、高质量、高效率地完成《国家中长期科学和技术发展规划纲要》的编制工作，是今年下半年至明年初规划工作的重中之重。规划纲要编制工作将遵循以下原则。

(1) 要充分吸收和反映战略研究的成果；
(2) 强调与国民经济和社会发展的紧密结合；
(3) 要体现前瞻性和创新性；
(4) 突出重点，有所为、有所不为；
(5) 强调可操作性。

规划纲要的编制必须充分发挥各方面的作用。规划纲要的编制工作应建立在民主、科学的基础上，要调动一切的积极性。首先要发挥各部门、行业、地方的作用，吸收部门、行业、地方的相关专家参与，充分利用已有的成果，做好科技规划与部门、行业和地方等规划的衔接；其次是充分依靠专家，吸收科技、经济、社会、管理等各方面的战略专家参与，尤其要发挥参与战略研究专家的作用，避免部门利益、单位利益的冲突和影响，同时，纲要的编制还要继续发挥战略专家顾问组和"三院"的咨询作用；再者，要充分利用规划工作已有的渠道，广开言路，动员、鼓励公众的积极参与，广泛征求社会各界对纲要编制的意见和建议，保障纲要编制工作的开放性、透明性和民主性。

在规划纲要编制过程中还要凝练和论证重大专项。

中长期科技发展规划解读[①]

(2004年11月29日)

今天召开部门与行业科技工作座谈会,主要是通报国家中长期科技发展规划制定的进展情况,听取部门与行业的意见和建议,为进一步做好部门与行业科技工作提供参考。

党的十六大提出制定国家中长期科技发展规划,是我党在新时期做出的一项重大决策。党中央、国务院高度重视,中共中央政治局常委会[②]把制定规划作为一项重点工作,国务院把这项工作列入政府的重要议事日程,作为本届政府要着力做好的一件大事。2003年6月份,经国务院批准,成立了由温家宝总理任组长,国务委员陈至立为副组长,23个相关部门主要领导为成员的规划领导小组,规划领导小组办公室设在科技部。

规划工作的第一阶段是中长期科技发展战略研究。从去年6月份开始,经过各方面一年多的共同努力,战略研究工作现已圆满完成,取得了重要成果。国务院高度重视这项工作,国务委员陈至立逐个听取了19个专题阶段成果汇报,温家宝总理先后7次主持国务院会议,听取规划战略研究专题汇报,并对战略研究取得的成果给予了高度的评价。他指出,通过此次规划战略研究,摸清了我国科技的家底,进行了一次非常重要的国情调查;通过战略研究,深化了对我国科技发展的方向、目标和重点的认识,提出了建设创新型国家,依靠科技进步建立资源节约型、环境友好型社会等一系列重大的战略思想,深化了我们对科学发展观的认识;通过战略研究,形成了一系列重大的判断,为搞好当前宏观调控和研究制定"十一五"规划提供了重要依据;通过战略研究,锻炼出了一支国家科技战略研究队伍,培养了一批科技帅才。这次战略研究成果的意义已经超出了专题研究本身,对各部门都有重要的参考价值。

规划战略总体组在综合各专题研究成果的基础上,就未来我国科技发展的总体战略形成了以下重要的认识。

[①] 2004年11月29日在部门与行业科技工作座谈会上的讲话(节选)。
[②] 即中国共产党中央政治局常务委员会,简称中共中央政治局常委。

一、把建设创新型国家作为我国面向 2020 年的战略选择

这是本次规划战略研究取得的最重要的战略共识。研究表明，半个多世纪以来，各个国家都在不同的起点上，努力寻求实现工业化和现代化的路径，形成了不同的发展类型。一些国家主要依靠自身丰富的自然资源增加国民财富，如中东产油国家；一些国家主要依附于发达国家的资本、市场和技术，如一些拉丁美洲的国家；还有一些国家，也就是发展比较成功的国家，其主要特点是把科技创新作为基本战略，大幅度提高自主创新能力，形成日益强大的市场竞争优势。

国际学术界把这些国家称为"创新型国家"，有 20 个左右，如美国、日本等发达国家，也有近几十年来迎头赶上的芬兰、韩国等。其特征是：创新能力综合指数明显高于其他国家，科技进步贡献率在 70% 以上，研发投入占国家 GDP 的比重大都在 2% 以上；对外技术依存度指标都在 30% 以下；这些国家获得的三方专利，即美国、欧洲和日本授权的专利数占世界总量的 97%。特别值得提出的是，芬兰、韩国等国家在 10～15 年左右的时间内，实现了经济增长方式的转变，这对我国有重要的借鉴意义。

韩国是从落后国家发展成为创新型国家的成功范例。1962 年韩国人均 GDP 只有 82 美元，与我国当时的水平大体相当，到 2001 年达到 8900 美元，比我国高出 9 倍之多。现在，韩国人口只有 4700 万人，经济总量大致相当于我国的 40%。在半导体、汽车、造船、钢铁、电子、信息通信等众多领域，韩国都比我国起步晚，但技术能力和国际竞争力已走到我国前面，并跻身于世界前列。韩国的成功，主要得益于其把培养和增强自主创新能力作为国家的基本战略。一是始终致力于培育和发展自身的技术能力。韩国从 20 世纪 60 年代引进国外先进技术开始，就制定了消化吸收的完整战略，其技术引进与消化、吸收经费比例达到 1∶5。二是持续增加研究开发投入。全社会研发投入占 GDP 的比重从 1980 年的 0.77% 增长到 2001 年的 2.96%。三是大力支持企业研发活动。韩国企业研究开发机构从 1978 年的 48 个，增加到 2003 年的近 10 000 个，企业成为技术创新的主体。目前，韩国正在实施新的科技发展规划，目标是到 2005 年进入世界前 12 个领先国家行列；2015 年成为亚太地区的科学研究中心，并进入世界前 10 个领先国家行列；到 2025 年进入世界前 7 个科技领先国家行列。韩国依靠科技创新实现国家富强的成功经验，对于我国有很好的借鉴意义。

我国特定的国情和需求，决定了我国不可能选择类似产油国家的发展道路，也不可能走拉丁美洲国家的发展道路。规划总体战略研究得出的一个重要结论是，我国必须走创新型国家的发展道路，实现经济增长方式从要素驱动型向创新驱动型的根本转变；使得科技创新成为经济社会发展的内在动力和全社会的普遍行为；最终依靠制度创新和科技创新实现经济社会持续协调发展。

这主要基于以下四个方面的认识。

（1）全面建设小康社会的目标，决定了我国必须走创新型国家的发展道路。按照全面建设小康社会的要求，意味着我国必须保持从改革开放以来到2020年，经济连续40年保持7%以上的高速增长，这在世界经济史上，对于一个大国来说是前所未有的。通过大量的测算，如果我国科技创新能力没有根本的提高，科技进步贡献率仍保持目前39%的水平，要实现翻两番的目标，就要求投资率达到52%的特高水平，这是很难想象的，是世界上没有先例的；即使投资率可以保持近年40%左右的高水平，科技进步贡献率也必须达到60%，即在目前水平上提高20个百分点，才能实现建设小康社会所要求的经济增长目标。

（2）人口众多和资源、环境的瓶颈制约，决定了我国必须走创新型国家的发展道路。我国人口众多，面临着要在较短时间内满足庞大劳动力就业、城市人口迅速膨胀、社会老龄化、公共卫生与健康等一系列重大需求。我国人均能源、水资源等重要资源占有量严重不足，人均石油可开采量只占世界平均值的1/10，人均水资源量只占世界平均值的1/3；我国生态环境脆弱，面临着日益严峻和紧迫的重大瓶颈约束，所有这些都是世界发展史上前所未有的。世界各国的经验表明，只有依靠科学技术才是解决这些瓶颈约束的根本途径。

（3）保障国防安全和经济安全，决定了我国必须走创新型国家的发展道路。在全球化进程中，中国面临着日益复杂的国际环境和许多不同于其他国家的新问题。实践表明，在涉及国防安全和经济安全的关键领域，真正的核心技术是买不来的。如果我们不掌握更多的核心技术，不具备强大的自主创新能力，就很难在世界竞争格局中把握机遇，甚至有可能丧失维护国家安全的主动权。

（4）我国已经具备一定的建设创新型国家的基础和能力。通过大量的测算、分析和比较，我国虽然处在人均GDP为1000美元的时期，但是科技创新综合指标已相当于人均GDP为5000～6000美元国家的水平，是世界上少数几个有可能通过科技创新，实现快速发展的大国之一。更加宝贵和可以引以为豪的是，我国的科技人力资源总量已达3200万人，研发人员总数达105万人，分别居世界第一位和第二位，这是走创新型国家发展道路的最大优势；经过几代人的努力，我国已经建立了大多数国家不具备的比较完整的学科布局，这是走创新型国家发展道路的重要基础；我国具备了一定的自主创新能力，生物、纳米、航天等重要领域研究开发能力已跻身于世界先进行列；我国具有独特的传统文化优势，中华民族重视教育、辩证思维、集体主义精神和丰厚的传统文化积累，为我国未来科学技术的发展提供了多样化的路径选择。

更为重要的是，我国还具有社会主义制度的政治优势，邓小平理论、"三个代表"重要思想为我国科技发展提供了坚实的理论基础，党的十六届三中全会提出的科学发展观反映了科学技术发展的内在规律，科教兴国战略、可持续发展战略和人才强国战略日益深入人心。因此，我国完全有条件也有可能走创新型国家的发展道路，提高综合国力和国际竞争力，实现中华民族的伟大复兴。

二、把"以人为本，自主创新，重点跨越，支撑和引领经济社会持续协调发展"作为指导我国科学技术发展的基本方针

总体战略专题初稿中提出，从现在起到2020年我国科学技术发展的指导方针是："以人为本，自主创新，重点跨越，支撑和引领经济社会持续协调发展"，以后进一步凝练为"以人为本，自主创新，重点跨越，引领未来"[①]。

（1）以人为本是我国科学技术发展的基本思想。以人为本，是几十年来我国发展实践最珍贵的经验总结。坚持以人为本，首先是要把发现、培养和凝聚各类科技人才特别是尖子人才作为科技工作的基本要求，把充分调动广大科技人员的积极性和创造性，创造良好的环境和条件作为科技管理的根本任务；二是要把满足广大人民不断增长的物质和精神需求作为出发点，努力使所有社会成员都能分享到科技进步的福祉和新的发展机会；三是要把科学普及放在与科技创新同等重要的位置，提高广大人民群众的科技素质，为建设创新型国家奠定广泛、坚实的社会基础。

（2）自主创新是我国科学技术发展的战略基点。一是要加强原始性创新，努力获得更多的科学发现和技术发明；二是要在引进国外先进技术的基础上，积极促进消化、吸收和再创新，任何创新都不可能从基础做起，都需要站在前人已有研究的基础上，原始性创新如此，引进技术的创新也是如此，任何发明、发现更是如此；三是要以产品和产业为中心，按照有利于提高市场竞争力的原则，使各种相关技术有机融合，加强集成创新。

（3）重点跨越是加快我国科学技术发展的有效途径。一是要树立坚定的民族自信心和自豪感，摒弃无所作为、盲目迷信他人的思想；二是要坚持有所为有所不为，当前特别是要敢于明确有所不为；三是要从全局出发做出重大科技决策，抓住稍纵即逝的发展机遇。我们认为，对创新性事物，不一致的意见是经常出现的。管理者需要在充分听取各方面意见的基础上，坚定、大胆地决策，这是其责任和职能。科学发现和技术发明的产生必然带有一定的风险，历史上也是如此。但是，可能的风险是必须冒的，如果等到意见一致了再想决策，可能早就丧失了发明的机遇和市场机遇。

（4）支撑和引领经济社会持续发展是我国科学技术发展的长期根本任务。我国科学技术发展不仅要从当前的紧迫需求出发，解决制约经济社会发展的各种重大技术瓶颈，而且要把支撑未来经济社会的发展作为科技发展的长期根本任务。要对科

[①] 规划纲要的指导方针经过广泛讨论，最终在党中央、国务院发布的《国家中长期科学和技术发展规划纲要（2006—2020年）》中确定为"自主创新，重点跨越，支撑发展，引领未来"，相对于初稿中提出的指导方针，去掉了"以人为本"，细化提出了"支撑发展、引领未来"。——编者注

学技术发展超前部署，不断探索新的发展方向，创造新的市场需求，开拓新的就业空间，引领未来经济社会的发展。

三、在科技发展思路上加快实现五个战略转变

根据上述科技发展的指导方针，针对我国科技发展中存在的突出问题，在发展思路上要加快实现五个转变。

（1）在发展路径上，从以跟踪模仿为主向加强自主创新转变。跟踪模仿是促进科技进步的一个重要途径。但是，在全球化环境下，以跟踪模仿为主的发展路径表现出明显的局限性，难以突破发达国家及其跨国公司构筑的知识产权壁垒，难以从根本上解决我国国家安全和自身发展所面临的重大战略问题，难以实现后来者居上的发展目标。我们必须确立自主创新的战略基点，力争在国际竞争中掌握更多的主动权。

（2）在创新方式上，从注重单项技术的研究开发向加强以重大产品和新兴产业为中心的集成创新转变。单项技术研发是科技活动的必要方式。但是，以单项技术为主的研发，如果缺乏明确的市场导向和与其他相关技术的有效衔接，将很难形成有竞争力的产品和产业。因此，我们应当注重选择具有较强技术关联性和产业带动性的重大战略产品，在此基础上实现关键技术的突破和集成创新。

（3）在创新体制上，从以科研院所改革为突破口向整体推进国家创新体系建设转变。近20年来，我国以科研院所改革为突破口的体制改革取得了明显成效。当前，我国需要在进一步深化科研院所改革的基础上，整体解决国家创新体系中存在的结构性和机制性问题，加快进入到在国家层次上整体设计、系统推进国家创新体系建设的新阶段。

（4）在发展部署上，从以研究开发为主向科技创新与科学普及并重转变。科技创新与科学普及是科技进步的两个基本方面，是科技工作的一体两翼，不可或缺。全面建设小康社会，必须提高全体公民的科技素质，实现科技公平。广大公众只有具备良好的科学素养和科学精神，才能充分理解科学、支持科学和参与科学，也才能充分享受科学技术发展带来的福祉。

（5）在国际合作上，从一般性科技交流向全方位、主动利用全球科技资源转变。全球化环境、现代信息技术的广泛应用和国际大科学工程的深入开展，使我国能够在更大范围、更深层次上学习先进的科技成就，分享研究开发资源和管理经验。为此，我们应当确立在全球范围内利用科技资源的战略思想，加快形成国际化研发体系，全面提升国际科技合作的层次和规模，服务于国家战略目标。

四、在科技工作的整体部署上要突出四个重点

前面提到的建设创新型国家的含义是指：在 2020 年科技创新能力从目前的世界第 28 位提高到前 15 位，为全面建设小康社会提供支撑，并为我国在 21 世纪上半叶成为世界一流科技强国奠定坚实的基础。为此，我国未来科学技术的发展重点应从四个方面进行部署。

（一）实施一批重大战略产品和工程专项，务求取得关键技术突破，带动生产力的跨越式发展

重大战略产品和工程事关国家长远和战略利益。一项重大战略产品计划的成功实施，不仅能够有效带动相关学科、技术和产业的发展，形成新的经济增长点，而且能够充分体现国家意志，提升我国的国际地位，振奋民族精神。未来 15 年，我国应当根据自身的国情和需求，把握科技发展的机遇，在关系国计民生、国家安全的重点领域组织实施若干重大战略产品和工程专项。

（二）确定一批重点领域，发展一批重大技术，提高国家整体竞争能力

立足于我国的国情和需求，在全面安排的基础上，对重点技术领域进行规划和布局，一方面支撑当前经济和社会发展，有效服务于重大战略产品和工程专项的顺利实施；另一方面提高科技的整体竞争力，引领未来经济社会发展方向，并为提炼新的重大专项奠定基础。

（1）把发展能源、水资源和环境保护技术放在优先位置，下决心解决制约国民经济发展的重大瓶颈问题。重点开发节能技术、清洁煤技术、核能和可再生能源、节水和海水淡化技术、环境保护技术，依靠科技创新，开源节流，保护环境，实现从资源耗费型向资源节约型转变，从忽视环境的增长向环境友好型增长转变。

（2）以获取自主知识产权为中心，抢占信息技术的战略制高点，大幅度提高我国信息产业的国际竞争力。紧紧抓住世界范围内信息技术更新换代的重要机遇，突破一批关键技术，提高市场竞争能力，促进现代服务业的发展，加速国民经济的信息化进程。

（3）大幅度增加对生物技术研究开发和应用的支持力度，为保障食物安全、优化农产品结构、提高人民健康水平提供科技支撑。当今发达国家都在集中力量发展生命科学和生物技术。美国联邦政府已把 50% 的民口科技投入集中在这一领域。大量事实表明，未来 15~20 年有可能形成和信息产业并驾齐驱、充满活力的生物技术产业。农业和健康科技是我国科技工作的薄弱环节，要以发展生物技术及应用为突破口，加快农业和健康领域的科技发展。

（4）以信息技术、新材料技术和先进制造技术的集成创新为核心，大幅度提高

重大装备和产品制造的自主创新能力。以重大成套装备和高技术装备、新一代绿色制造流程和装备、制造业信息化为重点，全面提升我国制造业的自主创新能力；攻克汽车、大型发电设备、船舶、飞机等高成长性、高关联度产业的关键技术，支撑制造业自主品牌的崛起。

（5）加快发展空天技术和海洋技术，拓展未来发展空间，保障国防安全，维护国家战略利益。从保障国家未来的发展出发，我国必须在空天和海洋技术领域取得突破。以建设海洋强国为目标，重点发展海洋生物资源可持续利用技术、海底资源勘探和深海技术。

（6）加强多种技术的综合集成，发展城市和城镇化技术，现代综合交通技术，公共安全预测、预防、预警和应急处置技术，以及支撑现代服务业的科技基础，提高人民的生活质量，保证公共安全。

（三）把握科学基础和技术前沿，提高持续创新能力，应对未来发展的挑战

（1）稳定发展基础学科，高度关注和重点发展交叉学科。必须坚持学科推动和需求牵引相结合，坚持稳定支持和超前部署，重视科学的长远价值，实现基础研究和应用研究协调发展。一方面，要对基础学科进行完整布局。数、理、化、天、地、生是科学技术发展的基础。我国在这些领域的积累还不够丰厚，应当给予稳定支持。另一方面，要加强交叉科学的研究。在工程科学等具有广泛应用前景的领域进行重点部署；争取在生命科学等前沿交叉学科领域取得突破；促进管理科学等自然科学和社会科学交叉领域的研究。

（2）超前部署，准确把握和重点支持前沿高技术研究。前沿高技术是国家科技创新能力的综合体现，是新兴产业革命和新军事变革的重要基础。我国应重点在信息、生命（包括医学）、地球系统科学等必争的前沿领域超前部署。

（四）加强国家创新体系建设，优化配置全社会科技资源，创造科技产业化良好环境，为全面提高国家整体创新能力奠定坚实的基础

（1）深化改革，构建适应市场经济体制和科技自身发展规律的新型国家创新体系。我国正处在从计划经济向市场经济转型的过程中，国家创新体系建设应当针对传统体制的系统缺失和薄弱环节，加快建立一个既能发挥市场机制配置资源的基础性作用，又能够提升国家在科技领域的有效动员能力；既能够激发创新行为主体内在活力，又能够实现系统各部分有效整合的新型国家创新体系。这包括以企业为核心、产学研有机结合的技术创新体系；科学技术研究和高等教育紧密结合的知识创新体系；军民结合、寓军于民的国防科技创新体系；社会化的科技中介服务体系；体现各自特色和优势的区域创新体系。

（2）强化国家公共科技基础条件平台建设，为全社会科技创新和产业化活动提

供有效支持。国家公共科技基础条件平台,主要包括科研设施、资料、数据及相应的共享机制。一个功能完备、开放共享的科技基础条件平台,有利于为全社会科技创新活动提供公平竞争的环境,使得各类科技人员包括"小人物"的创新活动都能得到及时、有效的支持;同时也有利于持续地增加全社会的科学积累,使后来者能够在更高的起点上攀登科学高峰。支持公共科技基础条件平台建设已经成为许多国家重要的公共政策,我国加强这一工作具有重大的战略意义。

重点包括:大型科学装置,公共实验平台,科学数据系统,科技文献系统,网络科技环境,计量、检测和技术标准体系等。

(3)创造良好的发展环境,加速实现高新技术产业化。高新技术产业发展是国际竞争的制高点,引导着产业结构的调整方向。高新技术产业化必须与走新型工业化道路紧密结合,用高新技术改造传统产业。高新技术产业高风险、高成长性的内在特点,决定了政府必须以营造良好的环境为主要目标,支持高新技术企业在激烈的市场竞争中从小到大、大浪淘沙、滚动发展。

实现高新技术产业化的重点是创造有利于国家高新技术产业发展的基础条件和政策环境,大力培育和建立科技创业服务体系、科技投融资体系和创业板市场,建设好国家高新技术产业开发区。

目前,规划已经进入纲要编制阶段。今年8月,国务院批准成立了各有关方面专家组成的纲要起草组,负责规划纲要的编制工作。编制纲要要更加突出国家目标,体现国家意志,充分发挥政府的主导作用。纲要起草组在充分吸取战略研究成果的基础上,加强了与有关部门、行业及大型企业的沟通和结合,成立了若干专门研究小组对重大问题深入研究,特别是对重大科技发展任务和政策措施不断提炼升华,使规划纲要更加贴近国民经济和社会发展的实际需求。

规划配套政策的基本思路、内容与主要政策解读[①]

(2005年12月16日)

制订和实施《国家中长期科学和技术发展规划纲要（2006—2020）》（以下简称《规划纲要》）相配套的政策措施，确保《规划纲要》确定的指导方针、任务和目标得到落实，是党中央、国务院做出的重要决策。经过6个月的努力，形成了《实施〈国家中长期科学和技术发展规划纲要〉的若干配套政策（草案）》（简称《配套政策》）。现将有关情况说明如下。

一、当前科技改革面临的主要问题和《配套政策》的基本思路

加强自主创新，建设创新型国家，是党中央、国务院做出的重大战略决策。确保这一战略决策落到实处，关键是要制定和实施一系列有力的政策措施。在我国现象政策体系中，加强自主创新尚未成为有关政策的重点，激励企业成为技术创新主体的政策较薄弱，经济政策和科技政策还不够协调，有利于增强自主创新能力的政策体系尚未形成，难以适应建设创新型国家的战略要求。目前，影响自主创新的政策问题主要有四个方面：

第一，科技投入方面。一是我国研究开发投入占GDP的比重较低。我国2004年全社会研究开发投入占GDP的比重仅为1.35%，低于世界平均1.6%和发达国家一般2%以上的水平。二是财政科技投入总量偏低、结构不尽合理，还存在分散重复和浪费等问题。

第二，税收政策方面。一是对企业加大研究开发投入的激励政策力度不够、限制较多，存在某些重要政策缺失。二是生产型增值税加重了企业机器设备购置成本，抑制了企业技术改造和设备更新的积极性，目前，全世界只有中国和印尼两个国家实行生产型增值税。

第三，金融政策方面。一是国家在引导金融支持企业自主创新方面缺乏有效政

[①] 2005年12月16日"关于制订《实施〈国家中长期科学和技术发展规划纲要〉的若干配套政策（草案）》的说明"（节选），并根据实际发布的政策文件做了修改。

策,中小企业的创新活动尤其难以得到金融支持。二是创业风险投资的政策环境尚不完善,高新技术企业在种子期和起步期很难得到资本金支持。三是缺乏支持自主创新的多层次资本市场。

第四,政府采购政策方面。目前我国政府采购政策的主体目标是提高财政资金的使用效益和抑制腐败,而各国通行的政府采购政策所承担的支持新兴产业和企业创新的主要功能发挥不够。

此外,在引进技术的消化吸收再创新、知识产权、人才队伍、创新基地与平台建设等方面,都还存在着与加强自主创新的政策要求不相适应的问题。

针对上述问题和配套政策的目标,制定配套政策的基本思路是:突出自主创新这一主线,以营造有利于自主创新的环境为中心,以促进企业成为技术创新的主体为重点,调整有关政策,制定可行的措施,促进形成经济政策与科技政策协调一致的政策体系。具体突出以下几点:一是突出重点,有针对性地解决当前制约自主创新的主要政策问题;二是采用综合措施,包括投入、税收、金融、政府采购、贸易、知识产权、人才、科技计划等方面政策,激励企业成为技术创新的主体;三是力求在经济政策与科技政策相协调上有实质性的突破,特别是在税收、金融、贸易、政府采购等方面形成推进自主创新的政策合力;四是注重政策的可操作性,切实能够解决实际问题。

从现在已经形成的《配套政策》文本来看,总体工作思路及具体政策思想基本得到体现。认真贯彻落实这些配套政策,将对《规划纲要》的实施产生积极的作用。

二、《配套政策》的内容和主要政策进展

(一) 第一部分:科技投入

提出了确保财政科技投入的稳定增长,切实保障重大专项的顺利实施,优化财政科技投入结构等方面政策。主要政策进展包括:"2006年中央财政科技投入实现大幅度增长";在此基础上,"十一五"期间,"财政科技投入增幅明显高于财政经常性收入增幅增长水平";"统筹落实专项经费,以专项计划的形势逐项启动实施";"建立财政科技经费的绩效评价体系"等新政策。

(二) 第二部分:税收激励

提出了鼓励企业加大研究开发投入,加速研究开发仪器设备折旧,促进高新技术企业发展,支持企业加强自主创新能力建设等方面税收政策。主要政策进展包括:取消了现有政策中"企业技术开发费用增长幅度在10%以上"的限制,直接提出"允许企业按当年实际发生的技术开发费用的150%抵扣当年应纳税所得额",且

使政策受益范围从工业企业扩展到各类企业。提出了"对符合国家规定条件的企业技术中心、国家工程（技术研究）中心等，进口规定范围内的科学研究和技术开发用品，免征进口关税和进口环节增值税"；"对主要投资于中小高新技术企业的创业风险投资企业，实行投资收益税收减免或投资额按比例抵扣应纳税所得额等税收优惠"等新政策。

（三）第三部分：金融支持

提出了加强政策性金融和商业性金融对自主创新的支持，改善对科技型中小企业的金融服务，加快发展创业风险投资事业等政策。主要政策进展包括：提出"国家开发银行在国务院批准的软贷款规模内，向高新技术企业发放软贷款，用于项目的参股投资"；"中国进出口银行设立特别融资账户，在政策允许范围内，对高新技术企业发展所需的核心技术和关键设备的进出口提供融资支持等新政策。

（四）第四部分：政府采购

提出了建立财政性资金采购自主创新产品制度，建立政府首购自主创新产品制度等方面的政策。主要政策进展包括：提出"建立自主创新产品认证制度"；"加强预算控制，优先安排自主创新项目"；"对具有较大市场潜力并需要重点扶持的自主创新试制品或首次投向市场的产品，政府进行首购"等新政策。

（五）第五部分：引进消化吸收再创新

提出了加强对技术引进和消化吸收再创新的管理，限制盲目、重复引进，支持企业以及产学研联合开展消化吸收再创新等政策。主要政策进展包括：提出了"重点工程项目中确需引进的重大技术装备，由项目业主联合制造企业制订引进消化吸收再创新方案，作为工程项目审批和核准的重要内容"；"鼓励引进国外先进技术，定期调整鼓励引进目录"，"限制盲目、重复引进，定期调整禁止进口、限制进口技术目录"等新政策。

（六）第六部分：创造和保护知识产权

提出了掌握关键自主知识产权，鼓励参与制定国际标准，推动以我为主形成技术标准，切实保护知识产权，缩短发明专利审查周期，加强技术性贸易措施体系建设等措施。

（七）第七部分：人才队伍

提出了加快培养创新人才，支持企业培养和吸收创新人才，积极引进海外创新人才，改革和完善科研单位人事制度，建立激励自主创新的人才评价和奖励制度等措施。

（八）第八部分：科技创新基地与平台

提出了加强实验基地、基础设施和条件平台建设，加大对公益类科研机构的支持力度，加强企业和企业化转制科研机构自主创新基地建设等措施。

（九）第九部分：加强统筹协调

提出了建立合理配置科技资源的统筹机制，建立政府采购、引进技术消化吸收再创新以及促进"军民结合、寓军于民"的协调机制等措施。

第三篇

科技体制改革和国家创新体系建设

关于深化科技体制改革的思考[①]

(1997年5月30日)

自1985年以来，围绕科技和经济结合这一核心问题，我国在科技体制改革上进行了卓有成效的探索和实践，科学技术作为第一生产力在经济建设中发挥着越来越重要的作用。正确认识和分析当前科技体制改革取得的成绩和面临的问题，对于"九五"期间深化科技体制改革，促进两个根本性转变具有十分重要的意义。

一、中国科技体制改革的成绩

科技体制是经济体制的重要组成部分。长期以来，在计划经济体制下形成的我国科技体制存在许多弊端，主要表现在两个方面：一是封闭，二是"大锅饭"。

第一，市场机制的先天不足，造成了"小而全、大而全"的封闭体系，它们在各自的范围内进行着低水平、重复性的研究工作，造成了资源的浪费。第二，在这种体制下，政府是科技投入的主体，因此在一定程度上导致了研究工作的单纯技术导向，缺乏面向市场、面向企业需求的机制和动力。第三，"大锅饭"在科技系统中所导致的后果实际上比在经济部门中更为严重，因为科技发展的决定性因素是人才，所以缺乏竞争机制的科技系统，特别不利于人才的涌现。

面对科技体制中存在的这些问题，从1985年开始，我们果断地进行了以减拨事业费为开端的科技体制改革。经过十多年的探索与实践，积累了一些经验，取得了相当的成绩，主要表现在以下几个方面。

(一) 科技人员面向市场、面向经济的观念大为增强

十几年前，大多数科技人员，包括从事技术开发的人员，比较习惯于政府投入的模式，认为这是天经地义的；大家最关心的是研究成果水平，并以此作为衡量贡献的主要标志。经历了十几年改革以后，科技界的这种观念已经有了很大变化。从

[①] 在"21世纪中国科技发展战略学术研讨会"上的发言，其摘要于1997年5月30日（收稿日期）发表在《中外产业科技》1997年第5期"部长访谈录"部分。

事应用开发的科技人员,已经接受了从市场竞争中获得项目的方式。另外,在衡量成果和确定项目的时候,满足市场需要已成为一个重要的考虑因素。近年来,尤其是最近两年以来,经济界的观念也有了很大转变。科技是第一生产力越来越成为管理人员,特别是经济部门管理人员的实际行动。所有这些变化,不仅仅对今天,而且将对未来科技和经济的发展产生深远影响。

(二) 为经济发展服务的能力有了较大程度的提高

观念上的变化,必然导致行为上的变化。过去十几年中,科技界在面向市场、为经济建设服务方面取得了明显的成绩。据初步统计,目前已有 80% 以上的科技力量进入了国民经济建设主战场,1500 多个科研开发机构和企业建立了长期稳定的合作关系,有 500 多家科研机构直接进入企业或企业集团。十年前,我国基本上没有技术市场,科技体制改革以来技术市场迅猛发展,1996 年交易额已突破 300 亿元。另外,52 个国家级高新技术产业开发区 1996 年实现技工贸总收入 2300 亿元,工业产值 2100 亿元,人均产值近 17 万元,为国民经济和社会发展做出了重要贡献。

(三) 市场机制对科技资源的配置发挥着日益重要的作用

经过十几年的科技体制改革,我国科技投入结构发生了重要变化。据 1996 年度对中央级 869 家科研机构的统计显示,该年度中央级科研机构实现的事业收入是当年财政拨款的 2.83 倍,达 128 亿元,其中来自市场的横向收入占 79.1%。

许多同志经常谈到科研机构经费紧张,面临诸多困难。试想一下,如果 10 年以前没有开始面向市场的科技体制改革,那么今天很多科研机构定会处在更困难的境地。从这个意义上讲,改革对科技界的发展非常重要,也非常必要。应当看到,横向收入的分布主要是在以技术开发为主的 300 多个国家的研究所中;400 多个属于基础类和社会公益类部属研究所的横向收入占总收入的比例还不到 6%,说明基础和社会公益类研究所的自我发展能力还非常薄弱。

(四) 企业的技术创新机制开始建立

目前,大中型企业已陆续建立了 14 000 多个技术开发机构。在由计划经济向市场经济转轨的过程中,这些机构的技术将和企业管理创新、市场开拓创新等有机地结合起来,逐渐形成企业的创新体系,为企业的技术开发和产业发展做出更大贡献。

二、中国科技体制存在的问题

但我们也应清醒地认识到,我国的科技体制还存在不少问题,主要可以归纳为以下几个方面。

（一）企业的技术创新能力还十分薄弱，远未成为技术开发的主体

目前，我国企业的科技投入只占社会全部科技投入的 13.8%，而美国和日本都已达到 60% 以上。例如，中国机械行业科技开发投入占销售额的比例大约为 1%，而日本则可达到 4%～10%；电子行业中比较出色的熊猫集团，科技开发投入只占营业额的 3%，而国外相应的一些企业已达到 20% 以上。由此可见，发达国家的企业不仅是技术开发的主体，而且还是整个国家科技投入的主体。我国在这方面还有很大差距，原因是多方面的。

首先是转变观念的问题。长期以来在计划经济体制下形成的思维方式和行为方式有强大的惯性。一些地方和企业的领导人，对于科技工作的认识，特别是对于科技在市场竞争中重要意义的认识，还需要有一段时间才可能取得一致。有些地方的同志反映，争取科技经费很困难，但炒房地产却能一下子拿出几亿元、十几亿元，为什么增加科技投入就这么困难呢？从根本上讲，还是认识问题，是转变观念的问题。

其次是机制问题。目前，我国还处在从计划经济向市场经济的过渡阶段，还缺乏技术创新的动力和机制。例如，在计划经济体制下，解放牌汽车可以 20 年一贯制不必改型。但在市场经济条件下，产品如不能在一两年内对性能、设计、生产和工艺进行创新，品牌很快就会失去魅力，就容易被淘汰。当然，对我们的企业来讲，这种转变还需要一个过程。

再次是能力问题。目前，我国相当部分大中型企业经营状况比较差，有的是负债经营，因此还不具备投入这方面的能力。

（二）研究人员老化，课题分散、重复现象严重，科研储备有待加强

我国有一支庞大的科技队伍，科研院所共有 5800 多个，其中部属院所 1058 个，总人数有 60 万人之众。受传统的"大而全、小而全"观念的影响，科研机构重复设置、科研工作低水平重复的现象仍较为严重。在面向市场的过程中，一些院所为了争取生存而采取的承包制、责任制等措施，在一定程度上助长了项目小型化、分散化的倾向，减少了科技储备，这虽然是前进中的问题，但必须引起重视。

（三）科技投入偏低

目前我国研发投入占 GDP 的比例仅为 0.5%，和发达国家的 2.5%～3%、新兴工业国家的 1.5%～2.5% 的投入水平有较大差距。从增长率来看，西方国家科技投入年增长率为 8%～10%，而同期的经济增长率只有 3%～5%，科技投入年增长率远远高于同期经济增长率。在这方面我们仍需大力改善和提高。

(四）人才流失严重，研究队伍老化

我国科技界存在着大量的人才流失，科研机构很难稳定青年队伍，这是不争之事实。在某个部委4万多科技人员群体中，有博士学位的只有42人。由于稳定队伍措施乏力，研究队伍老化的隐忧已日渐形表。

上述问题影响深远。相当一个时期以来，我国的多数产业，包括高技术产业的主体技术大多以引进为主，这种格局到现在还没有发生根本性变化；在基础研究方面，虽然论文国际排名在继续提高，但发展速度落后于一些新兴工业化国家和地区；科技发展后劲不足，在有些领域的优势已面临丧失的危险。这些问题确实值得我们高度重视，努力加以解决。

三、关于深化科技体制改革的几点思考

（一）技术创新思想与科技体制改革

深化科技体制改革，最主要的任务是结构调整、机制转换和人才分流，这不可能仅在科技系统的框架内解决，必须有经济部门的积极参与。技术创新的思想是连接科技部门与经济部门的纽带，并能够促使科技和经济在利益、竞争、改革、发展乃至国家战略等许多方面实现结合。因此，技术创新观念的确立和创新体系的建设，应是促进两个根本性转变的当务之急。

技术创新的概念既非单纯是技术性的，也非简单是经济性的。技术创新是科技与经济结合的大系统，既贯穿企业产销的全过程，也覆盖国家、地方、部门、产业各个层面。企业的技术创新，大家能理解也接受这样一个概念，它不仅包括研究开发的创新，也包括产品的设计创新、制造创新、管理创新，以及市场开拓创新等一系列环节，所有这些环节构成一个完整的企业技术创新体系。

国家、部门和地方的技术创新体系，不能仅仅从科技的角度来考虑，应该把科研、设计、生产，以及市场、金融、贸易等各个方面有机地结合在一起。从这样一个角度来考虑，单纯的科研机构的结构调整和机制转换，不能解决建立国家技术创新体系的问题。应当说，技术创新体系的建立，是科研部门和经济部门共同的目标与任务。所以，科技和经济的结合应当首先做到科技体制改革和经济体制改革的结合。

这里有两点特别值得强调。一是技术创新虽然包括了研究、制造、管理、市场创新等许多环节，但提高市场竞争能力的思想贯穿始终。技术创新应该以提高市场竞争能力为目标，以提高竞争能力为检验标准，这应该成为建设技术创新体系的出发点和归宿。基于这样一个观念，我们有些认识就需要统一。在科学研究中，一些服务于经济建设的科研项目的评价，必须要从技术和经济两个方面综合考虑，技术

上最优，经济上未必是最优；最具有市场竞争能力应当是评价的基本标准。

技术创新体系应当是一个开放的体系。结构调整的目标不是形成新的"小而全、大而全"的封闭体系。在这方面应有明确的认识，否则改革就会迷失方向。从总体上来看，产品应当是各种技术优势集成的产物。企业除了掌握关键技术以外，多数技术还是要从国内外引进。这种引进是在开放的市场基础上，按照经济-技术最优的原则进行组合，从而产生最具竞争能力的产品。所以，在建立技术创新体系的过程中，应当将提高市场竞争能力原则作为基本的指导方针。

从这一方针出发，有几个问题值得我们认真考虑。

1. 关于科技和经济的宏观结合问题

在过去的十几年中，我们为促进科技和经济结合做了很大努力，包括产学研、研究所办企业、大中企业办研究开发机构等，这些工作毫无疑问都是很重要的。但问题在于，当研究所、企业在微观上努力促进科技与经济相结合的时候，我们的管理部门，包括经济管理部门和科技管理部门，应当如何以构建国家的创新体系的目标出发，从宏观上把科技和经济结合的工作做得更好。这是我们应当认真思考的一个重大问题。

2. 加强科技和经济的中介机构的建设

自从进行科技体制改革以来，我们很多大企业都建立了自己的研究开发机构。这对于形成企业技术创新体系是非常重要的，但并不意味着要形成一个新的封闭系统。国外大企业的实践表明，企业本身一方面致力于研究产品创新的关键技术，但是引进包括国内、国外的先进技术，仍是大企业技术体系的重要组成部分；最有市场竞争力仍是大企业选择和采用技术的基本原则。

从研究机构来看，把自己的科技成果转化成商品也是非常必要的，而且现在也有很多研究所办企业的成功经验。但是应当讲，研究机构不可能把自己的全部研究成果都由自己转化为商品，市场竞争的选择更利于增加成果转化成功的机会。因此，在企业和研究机构之间要建立一座桥梁和一根纽带，是促进科技和经济结合的一项非常重要的任务。在计划经济体制下，我们在这方面的能力非常薄弱，今后应当把建立这样一个纽带作为一项关键的任务，包括技术转化机构，如工程中心；技术服务机构，包括从事技术信息、技术咨询、技术培训、技术诊断等工作，如生产力促进中心；以及技术市场等。如果有了这些中介机构来服务我们的企业和研究所，科技和经济结合将会出现一个新局面。西方发达国家和新兴的工业化国家在这方面都有很多很成功的经验，需要我们认真学习、总结和加以推广。

(二) 深化科技体制改革与基础研究的发展

深化科技体制改革，"稳住一头、放开一片"，就是为了给基础研究创造一个良好的基础，使之与社会主义市场经济相适应，与"面向、依靠、攀高峰"的目标相一致。在改革方面，基础研究要考虑在以下方面采取措施。

1. 重点要做好结构调整和机制转换

结构调整主要要解决研究机构重复设置、专业过细、比较封闭的问题。20世纪50～90年代，是科学技术高速发展的时代，学科之间不断发生交叉、渗透和综合，进而形成新的学科，学科门类在50年间从五六百门发展到现在的6000门左右。虽然我们在学科设置上已作了相应调整，但总的来讲，还不能够完全适应科技和经济发展的需要。

转换机制的核心是要建立开放、流动、竞争和联合的新型运行机制。科学研究是高度创造性的劳动。人的一生创造性的周期长短是不一样的，有的很长，像爱迪生直到去世前还在不断地申请发明专利；但是对多数人员来讲，其创造力都有高峰时期。在计划经济体制下，一个人从大学毕业开始，一直到退休为止，不管他是否仍适应科学研究的需要，原有的体制和机制都很难鼓励他走出去创造新的事业，否则他可能是个出色的企业家，出色的大学教授，或者出色的政治家。我们的队伍之所以庞大，一个很重要的原因就是原有的队伍建设机制只进不出，不流动，结果队伍越来越庞大。这是对人才的严重浪费。

从研究工作本身的特点来讲，科学研究需要不断有创造性思想的撞击，需要不同学科交流的撞击，来产生新的思想火花。如果一个研究小组的人员几十年在一起，出现创造性成果会比较困难。所以，如果在深化科技体制改革中，不解决机制问题，不建立一个开放、流动、竞争和联合的新机制，那我们的研究所改革几年后又会复归，改革成果将付之东流。

2. 基础研究更应重视基地的作用

科研成果应当是人才和周围环境共同作用的产物。环境包括一个比较好的研究集体，一个比较高的学术起点，比较丰富的资料积累，比较好的学术气氛和比较充足的研究设备，还包括好的社会环境。有了这些，就会造就人才，就能出成果。这就像森林中的蘑菇，只要有一定的温度、水分，长出来的蘑菇就不止一个，而是一片、一群。北京大学数学所和中国科学院数学研究所新中国成立以来产生了十几名院士，就是生动的例子。基地的形成不是一年两年，而是长期相互作用和积累的结果，应当很好地珍惜这些科研基地的作用。当然，这并不意味着要把已不能适应时代发展的研究所保存下来，而是要从总体上来认识这个问题，也要区别对待。

发挥重点科研基地的作用，要注意在转换机制的基础上促进联合。我曾经参观了由中国科学院、高等院校、部门和地方科研机构联合组建的上海生命科学研究院，很受启发，它的特点不再是名义上的联合，而是实质上的联合，它成立了理事会，由理事会聘任从研究院主任到主要科学家，这些人的选择不再局限在中国科学院内，而是面向整个社会，在这个基础上，形成了上海生命科学研究院。我想这个模式，当然也包括其他的模式，是值得我们参考的模式。与此同时，我们要避免那种以争取课题为目的所形成的形式上的联合。如果没有认真解决体制和机制上的问题，而是把大家凑合在一起举一杆旗子来争取经费，那就等于增加了一个新的分钱的机构，这是我们在联合中要极力避免的。

3. 关于大学和研究院所的关系

不可否认，高校与科研院所两者之间有很多相似之处，它们同是技术创新、科技进步机制建设中的主体因素，又都是高科技产业化的主力军；同样从事的是知识生产、信息加工、促进科技进步的职业，也同样是精英或学术带头人的运作模式；在对人员的素质要求、职业规范管理方面上也有近似的地方。

但是，也应该看到两个体制在社会功能和目标模式、管理机制、社会的联系方式、职业传统和作风方面，均有着很大差异，同时两者科研工作是针对不同层次范围的问题，受政治、经济、文化等环境因素制约的机制也不一样，变化发展的规律和方式也不一样，因而两者总体不能合并也不能相互替代。可以想象一下，即使左右手，其器官、功能有很多重叠、重复的地方，可若把两手摁在一起，反而耦合掉或丧失了许多功能，甚至不能当一只手来使。因此，两者必须合作、配合，才能办好许多事情。

同时，大学和科研院所又都具有各自的优势。大学青年人员多，思想活跃，有交叉学科的优势，有利于发挥个人的创造能力；科研院所则在战略性、系统性和长期性的研究方面有利于组织稳定的科技力量从事攻关。这一点在美国亦不例外。像李政道院士最近带来的资料显示，在基础研究方面，美国的科研院所和大学两者获得的经费支持大体相当，大学获得的国家经费多一些，而院所获得的部门支持多一些。所以，理顺关系首先要解决的问题是稳定一个投入和支持格局。今后还要促进高校和科研院所的联合，像上海生命科学研究院那样联合承担课题，优势互补，这是发展方向。

4. 基础研究中的支持方式

在基础研究领域，不论是大学还是科研院所，都不能完全以任务带学科，要通过基地和项目两种方式来稳定和建设人才队伍。基地和项目的作用要同学科的发展目标、队伍建设、青年人才的培养联系起来，在这方面科研机构的领导者要有充分的调控权，科技人员比国家科技管理部门人员更了解科技发展日新月异的变化，而多层次的管理机构很难对这种变化及时地进行响应和调控。况且，一些科研问题及其深远影响往往在开始阶段也很难为多数人接受和理解。基础研究具有先导性和潜在影响的作用，在专业研究特点上要讲求水平和高质量，特别是要讲求创新和创造力，因而它对基地的基础条件和人才素质有着非同一般的要求。所以，加大基础研究的投入，并使之发挥效力，这将决定中国科技在 21 世纪的地位。

四、关于推进科技事业改革与发展的几个问题

关于进一步推进改革和发展，总体思路是促使地方和部门加大改革力度，宏观上是协调加指导，应着重探讨并解决好以下几个问题。

（一）加强科技的投入

加强投入有两方面的含义：一是有意识地、显著地加大量的投入；二则是强化投入的管理。

首先从国际横向比较来看，加强科技投入是十分迫切的，前面已经列举的一些数字表明，我们国家的科技投入在总量和比例方面（研发投入/GDP），不仅同发达国家比不了，在比例方面即便是同新兴工业化国家，以及印度、巴西等国相比也有差距。最近几年，我国的经济实力在不断上升，而科技实力却上升迟缓，必须加大投入，以改变局面。

发达国家的经验表明，经济增长中技术进步的贡献从本世纪初的 5% 左右，在 20 世纪 80~90 年代已提高了 60%~70%，就是主要靠研发投入和改善教育换取的结果。正是把握住了技术革命的机遇和技术创新的方向，使得发达国家经济承受住了一次次大大小小的经济危机。科技进步的因素既不同于现成的自然资源，也不同于可以滚利的资金，必须预先投入、储备和开发。凭借先进的技术可以获得垄断地位，获得可观的独占利润，所以谁也不肯把最先进的技术拱手让人。如果我们完全采取技术引进策略，虽然可节省某些科技投入，但那样也使得我国的经济发展锁定在由国外的技术决定的路线上，这是不可取的。所以我们的科技事业必须有所投入，而且国家若要实现大的发展，也必须给予大的投入。

再从国家发展的要求来看，在资源及人口的压力下，中国只能走知识经济和技术创新的道路，即主要是以研发投入来实现创新，谋求高质量的经济增长。而且从国家"八五"的经济发展和科技事业成就方面看，我们已具备了相当的支撑进一步改革和发展的条件。

加大科技投入要注意向科技体制改革投入，要向新体制、新方向、新机制、新组织投入。要注意把加强投入同"结构调整、转变机制"协同起来。在立足于促使企业成为技术开发主体的同时，努力尽快构建起多渠道的（包括风险投资在内的）科技投入体系。其中，国家的投入，应以示范引导为根本，部门和地方的投入应把重点放在产业及地方技术创新组织、能力的建设上。在发展方面我们各部门和地方有许多计划，要加强各计划间的协调、衔接和组合，以联合来加强科技项目投入的强度和力度。

我国正处在由计划经济向社会主义市场经济过渡的阶段，企业在促进技术创新

的机制、能力上还存在着不足和困难,因此即使面向当前经济发展的一些重大科研项目,仍是以政府投入为主还是不可避免的。但应强调的是,在组织一些面向当前生产的重大科技攻关项目中,应采取推动企业成为技术开发主体的政策,这里的核心是要坚持以市场为导向,从企业的需求和收益出发,让企业直接参与,这对于改变我们的投入格局是非常必要的。

目前,我国的科技投入还是比较低的,科技改革的目的之一就是能够把有限的科技资源进行合理地配置,发挥更大的效益。当然改革是需要投入的,比如,加强科研基地建设,提高科研能力,建立社会保障体系,建立开放、流动、竞争的机制,如果没有投入谈何容易。简单地讲,如果现在要把人员流动起来,起码流动人员要有住的地方,当然类似这样的问题很多。所以,在深化科技体制改革中,争取增加必要的投入,应该是一个想方设法认真加以解决的重要问题。

(二) 要正确处理改革、发展和稳定的关系

第一,要加速建立社会保障体系。大家都知道这个问题是深化科技体制改革的一个很重要的边界条件。要开放、流动、竞争,要结构调整,没有一个社会保障体系会遇到很多困难,虽然不能说是无解,但确实求解困难。所以在这方面,希望在国家和部门两个层次上共同努力,加快这方面的工作步伐。

第二,要实行增量调整。增量调整的原则是保持稳定的重大措施。它的含义是只对投入的增量进行调整,存量不变。通俗地讲就是两锅肉,原来的一锅肉分法不变,原来怎么分现在还怎么分,但是新增加的一锅肉跟大家说好按新的规则来分。这既有利于保持稳定,也有利于把握改革与发展的方向和进度。

第三,要区别对待。对人要区别对待,老人老政策,新人新政策。在改革的实践中可以看到,青年一代对改革的适应能力比较强。有的研究所炒了不少青年,算了一下大约占30%左右,但是没有什么大的动荡,因为青年的顾虑不多,有的到企业去了,有的炒股票发财了,当然也有的人较惨。但总的来讲,没有太大的动荡,可以接受。但是对于年龄比较大的,那就要比较稳妥。很多人做了一辈子科研,爬大山爬了一辈子,爬到50多岁爬不动了,你要分流往哪里分?所以,对这些问题要慎重考虑,采取特殊的政策。对不同层次的研究和领域要区别对待。前沿的研究要看领先程度,基础研究要看质量和水平,当前的研究要看效益。对部门、地方也要根据不同的方向、不同的程度给予相应的对待。

第四,要进行典型示范。我们面临的情况异常复杂,所以必须稳步推进。可选择几个部、几个研究所开始试点,然后适当扩大试点范围,取得经验以后再全面推广,不要急于一下子就全面推开。我们希望深化科技体制改革的过程不要引起太大的社会振荡,而是把这个过程作为协调各个方面工作,吸收各个方面力量,推动科技事业的改革持续下去。

五、调动科技人员的积极性是推进科技体制改革的关键

人的创造性是科研活动的关键。社会主义现代化事业需要科技人员贡献他们极大的创造力。从总体上来讲,中国科技人员有很高的社会主义觉悟,体现了高度的爱国主义精神,为国家的科技事业发展、经济建设和社会发展做出了重大的贡献。在今后的深化科技体制改革进程中,我们还是主要靠科技人员的积极性。

1985年科技体制改革开始的时候,邓小平同志讲"改革科技体制,我最关心的还是人才"。今天,我们来重温这句话,甚感此话道出了科技事业的真谛。科技人才是科技活动的载体,是第一生产力的开拓者,所以改革的措施最后要归结到人的头上。人才难得,才尽其用更是难得。科技体制改革的一个重要目的就是释放科技人才的创造力,使之成为社会主义现代化事业的持续动力。所以,我们的改革措施,就是要围绕人才涌现、才尽其用来做文章。

要从政策入手,引导科技人员在科技与经济的结合中,发挥其不可替代的作用。现在提出要对国家科研计划项目实行招标制,引入竞争机制,目的就是为了避免每个人都有一点,死不了也活不了的"大锅饭"的局面;另外,也是为了避免一些大的单位靠上级吃饭,项目总要拿一份的思想。现在看来,一些实行招标制的试点很有成效,确实调动了各个方面的积极性,有利于形成有创新活力的研究群体,发现新的人才。在实行招标制的同时,还要实行课题制,在经费管理上,给研究组的课题负责人更大的活动空间,以利于科技工作的开展。开发型研究所要采取企业运行机制,同时在政策上引导,解决分散、小型化的问题。

在奖励制度方面,对攻关项目,在各部门执行过程中要解决一手硬、一手软的问题。所谓一手硬就是水平是硬的,所谓软是指在应用的经济效益方面是软的。这个问题可能在各部门中都不同程度地存在。另外,对于不同类型项目要采取不同的奖励办法,基础类以论文质量和数目来衡量,前沿领域则以技术水平来评价。

用人制度也是很关键的方面,要采取一系列政策措施,核心是开放、流动和竞争,使过去研究机构人员积压、缺乏活力的局面有一个比较大的改变。要充分调动科技人员参与改革与发展的积极性,制定相关的政策是完全必要的,而更重要的具体措施就是赋予院所长以自主的权力,否则政策既到不了位,也没法操作。我再强调一下,对基础研究而言,院所长无自主权,就谈不上稳定或留住人才,谈不上竞争机制的调动,也谈不上就研究项目在院所内进行优势集成。院所和人才是"山不在高,有仙则名"的关系,一流的人才,就像金字塔的"塔尖",需要有大量的基础的东西作铺垫,但没有"塔尖",铺垫得再多,也总有一种缺憾。所以,没有一流的科技人才,造就一流的科研机构是不可想象的。

人才来之不易。我们既要把目光落在队伍的整体建设上,更要把焦点放在一流人才这一核心上。要改变我们自己培养的高学历人才流向国外、流向外企的局面,

下大气力提高科技人员的生活待遇、居住条件。小平同志还有一句话，人们也不该忘掉："凡是人才，真正行的，要提高他们的物质待遇。"要稳定青年科技队伍，重要的是使青年科技人员减小与其他行业、地区在物质待遇上的反差感，这样的行动国家在宏观上要做，部门、地方、企业、大学、科研机构在微观上也要做。同时，在工作和研究中要向青年人提供能把他们引向前沿或攀高峰的机会，这样青年才会成长，我们的科技才会有崛起的希望。

改革地方科技体制，促进地方经济发展[①]

(1997年9月)

这次会议是自1996年国务院《关于"九五"期间深化科技体制改革的决定》颁布以来，我部召开的第四次地方科技体制改革会议。下面，我就加快地方科技体制改革工作的有关问题谈几点意见。

一、深化地方科技体制改革中需要明确的几个问题

在新的形势下，针对各地经济发展和社会进步对科技工作的迫切要求，如何加速科技成果转化和高技术产业化，增加科技储备，加强科技队伍建设，是我们在科技体制改革中需要认真研究的重大问题。结合地方科技工作的特点，以下几个问题需要我们进一步加深认识，形成共识。

（一）要坚持应用研究的市场导向

当前，值得注意的是科研成果鉴定水平提得越来越高。我记得"六五"时提国内先进，"七五"提国际先进，现在就是国际领先。当然，有一些项目水平确确实实有了提高，但也应当讲有水分，有"水平"贬值的倾向。但这还不是主要的问题，主要的问题是我们把面向当前经济建设的研究成果的评价标准集中在水平方面，有"一手软、一手硬"的倾向，讲科技水平比较硬，讲经济效益比较软。我们有些样品、样机，摆在那里很漂亮，各项指标也很好，但其中有些永远不可能成为商品进入市场，比如制造成本很高，没有市场竞争力，有的无法实现产业化等。这些问题和我们的评价与激励导向有关系，我们把面向市场需求的科研成果评价标准，与基础研究、前沿高技术研究的评价标准等同起来，这种导向实际上阻碍了科技成果的转化。导向机制极为重要，是政府的指挥棒，指挥棒往什么方向指，科技人员就往什么方向走，因此导向机制必须认真研究和解决。要按照最具市场竞争力

[①] 1997年9月在党的十五大之后召开的在全国地方科技体制改革现场会上的讲话（节选）。

的原则，按照技术和经济综合最优的原则评价面向当前经济建设的科技成果并建立相应的激励机制。要彻底转变计划经济体制下单纯地或偏重学术水平导向的观念和政策，把面向和开拓市场需求、提高市场竞争力、形成新的生产力作为地方科技工作的主要导向。从课题立项、研究开发、转化推广以及激励政策各个方面坚持这一导向。

（二）调动科技人员从事科技成果转化和产业化的积极性，是当务之急

人的创新性在高新技术发展中起着决定性的作用。现在人才流失严重，我们急需建立吸引人才的机制。我曾长期担任研究所的所长，一个深切的感受就是人才在研究所的建设中的决定性作用。一流人才能够办一流的研究所，二流人才不管有多少经费和多好的设备，只能办成二流的研究所。研究所的竞争，包括科技企业的竞争，实际上是人才的竞争。同样，高新技术产品在市场竞争中技术领先也至关重要，这就要求企业从事创新人才梯队位居前列，特别是领军人才的创新能力起着决定性作用。

要充分认识到科技成果转化、特别是高技术产业化的风险，建立鼓励科技人员从事科技成果转化和发展高新技术产业的激励机制。美国朋友向我介绍，美国10年内高技术企业能生存下来的只有5%～10%，或者说90%～95%的企业在10年中或者垮掉，或者被兼并。客观地讲，我国目前的高新技术产业的风险还不是特别大，原因很多，其中之一是一些真正有创新、但是风险巨大的科技成果并没有产业化，为什么？因为缺乏激励机制，缺乏资金的扶持。

认识到产业化的巨大风险，就需要建立相应的激励机制。在这方面，我国已于1996年通过了《中华人民共和国促进科技成果转化法》，其中第二十九条规定，"科技成果完成单位将其职务科技成果转让给他人的，单位应当从转让该项职务科技成果所取得的净收入中，提取不低于20%的比例，对完成该项科技成果及其转化做出重要贡献的人员给予奖励"；第三十条规定，"采用股份形式的企业，可以对在科技成果的研究开发、实施转化中做出重要贡献的有关人员的报酬或者奖励，按照国家有关规定将其折算为股份或者出资比例。该持股人依据其所持股份或者出资比例分享收益"。去年，科技部和国家工商局联合下发了《关于以高新技术成果出资入股若干问题的规定》，文件第三条规定，"以高新技术成果出资入股，作价总金额可以超过公司注册资本的百分之二十，但不得超过百分之三十五"。这些政策都是很重要的激励政策，但是有相当多的科技人员并不了解这些政策，说明我们宣传不够，同时也缺乏具体的实施办法。我们有关部门以及各地，要下决心着手激励机制的研究，落实有关政策，把科技人员的利益同高新技术企业的发展紧密联系起来，激励科技人员投身于高技术产业化工作。

（三）正确处理科研机构和自办企业的关系

科研院所办的企业，比如联想、方正等，是比较成功的，但是也有很多并不成功的，企业长不大，一个很重要的原因是没能很好地解决研究所与所办企业的关系。从办研究所的角度出发，往往更关心的是从企业拿到更多的经费支持院所自身科研的发展，这与企业发展有矛盾。研究所内企业的科技人员往往在职称待遇等方面也受到歧视，企业发展也不能很好地和个人利益挂钩，造成心理上的失衡，加剧了矛盾。这些年高新技术企业的发展表明，坚持以"自主经营、自负盈亏"为主的"六自"方针，明晰研究所与自办企业之间的产权关系，使企业家有更大的活动空间，对促进院所办企业的发展，对科研机构的发展都十分重要。

（四）要建立有利于成果转化及高技术产业化的投入模式

国外一个很成功的经验就是建立风险投资体系，它不仅包括风险投资，还包括高新技术企业上市的股票市场、资产、信用评估、配套的机构和政策等。在这方面，地方政府有很大的工作空间，有的地方已开始探索建立风险投资，有的地方已出台了扶持高新技术产业发展的担保、贷款、贴息等金融政策，这些进展令人鼓舞。

（五）要高度重视中介机构在成果转化中的重要作用

在发达国家，除了有较强的研究开发机构外，都有较为完善的中介服务体系，特别是各类为中小企业服务的中介机构，在成果转化中起到了重要的作用。我国的中介服务体系十分薄弱，虽然科研机构数量较多，但有能力的中介机构十分缺乏，大量企业不知到何处去获取合适的技术成果，不少科研机构成果也找不到转化科技成果的渠道，只能自己小打小闹的转化，先进技术成果的社会效益和经济效益远远不能发挥。这些年，各地在改革中建立了一批生产力促进中心、创业服务中心以及技术市场等，在促进成果转化中发挥了重要作用，呈现出很好的发展势头。这些中介机构的作用，并不亚于研究开发机构，我们要给予充分重视，并作为改革的重点工作加以推进。

二、地方科研院所改革的走向和定位

今后科研院所改革的基本走向是，逐步实现运营企业化、成果商品化、资源配置市场化、福利分配货币化、社会保障社会化，促使大多数院所实现自我发展、自我约束，成为具有较大自主权的独立社会法人和市场竞争主体。除稳住并加强少数重点科研机构外，大多数科研机构要进入市场，以进入企业、转制等各种途径实现与经济的紧密结合。

研院所的定位要坚持三个面向，即面向市场、面向经济建设和社会发展、面向社会需求，切实增强科技创新能力和成果转化能力。三个面向是一体的，面向市场，很重要的是面向经济建设，面向生产实际，从社会需求出发，才能找到生存的空间和发展的支点。各级科委要对各类科研机构深入调研，在充分掌握第一手材料的基础上，结合本地支柱产业、基础产业和高新技术产业的发展目标，根据承担项目任务的情况、技术经济实力和发展潜力，指导不同类型的科研院所选择不同形式的定位，要力求明确、具体和可以操作。

（一）大多数技术开发类院所，向企业转制，或以市场为媒介，产权为纽带与企业进行多种形式的结合，或转变为为中小企业服务的技术中介机构

一些技术开发类院所既有一定的技术开发能力，又有一定的主导产品，都具有较强的市场生存能力，通过改造可以成为科技企业，或通过吸收其他法人投资改造成国家控股的有限责任公司，或者联合、兼并企业成为高新技术企业集团，有条件的可成为上市公司。这类院所转制后，可以利用企业灵活的市场机制，把具有先进水平和广阔市场前景的成果尽快商品化、产业化，形成一定经济规模和市场占有率的拳头产品和支柱产业，同时也具有较强的研究开发能力，以加快地方高新技术产业的发展。地方百人以下的小所占多数，这类院所可探索采取股份制、股份合作制、转成民营或租赁拍卖等形式向科技企业转制，通过部分股权量化给科技人员，激励科技人员的创新和转化的积极性。

在自愿的前提下，有条件的科研院所可由政府组织对口进入企业或企业集团，或通过市场、中介机构等自主进入企业。探索科研院所打破行业、地区所有制界限，进入非国有企业，实行跨所有制的资产重组。有的院所可先委托大企业管理，然后再逐步进入。院所也可以通过参股的形式，拿出一部分固定资产入股，或一部分技术入股，与企业进行多种形式的联合。

要积极鼓励和引导一些技术开发和技术服务型科研院所转变成面向广大中小企业的生产力促进中心、技术咨询、技术服务等中介机构。这些机构要面向市场、采用国外非营利机构的模式发展，在促进成果转化中发挥积极作用。对于其中介转化活动，政府应给予必要的扶持。

（二）一批有实力的农业类科研院所，发展为区域农业研究开发中心，多数农业类科研机构应进入农业技术服务推广和产业化经营体系

根据农业科研工作周期性、地域性、综合性和以社会效益为主的特点，围绕农业发展中的优良品种培育、病虫害防治、生物技术、节水农业建设等重大问题，进一步优化农业科研机构的力量布局，优化专业学科结构和人才结构，加大投入强度，切实稳住一支精干的科研力量，成为开展区域性重大农业科技攻关和综合技术研究的农业研究开发中心。

鼓励大部分农业类科研机构围绕区域农业技术推广和产业化经营的需求，逐步成为农业技术服务推广中介机构，有条件的可以成为科技先导型经济实体，与农村区域性支柱产业相结合，构成技农贸一体化、产供销一条龙的科技服务网络，加速农业产业化经营的进程。

（三）对公益类科研机构要有步骤地精简和组合，在稳住一批重点机构的基础上，促进大多数机构发展成为面向社会服务的科技中介机构

按照精简机构数量、高效利用资源的原则，在合理规划的基础上，对设在本地区的社会公益性科研机构进行布局。保留少量从事社会可持续发展的重点机构，由政府给予重点支持，同时要推动其实行开放式管理，逐步实现组织网络化、功能社会化、服务产业化，形成一定的自我发展能力。引导其他各类公益性科研机构通过盘活各类经济资源，大幅度提高自我发展能力，建立具有生机和活力的运行机制，发展成为区域性或行业性科技服务、咨询机构。

（四）部分承担地方重大科技项目、具有较强实力的综合类科研机构发展成为区域研究开发中心

这类院所要按照"研究开发主体与产业实体并存"的发展模式进行内部结构调整，实行"一院（所）两制"。通过内部人员分流，在"研究开发主体"中稳住少数科研骨干，以承担国家和地方重大科技项目为主要任务，地方财政给予重点支持。鼓励和支持这些机构中的大部分科技人员创办或进一步发展"产业实体"，以此为基地进入市场，自我发展，要明确"产业实体"和"研究开发主体"的产权关系，给"产业化实体"自我发展的空间，在院所内部形成稳妥结合、互为依托的良性循环。

对中央部门下放到地方的科研机构，交由地方管理，地方科委要对其走向和定位，置于地方科技体制的大系统中统筹考虑。

三、以转换机制作为深化改革的突破口

通过转换机制，增强科研机构的活力，调动科技人员的积极性，是深化科技体制改革成功的关键。在这方面，各级科委大有可为，有很大的工作空间。科技部正在抓紧研究制订一批政策，希望各地也要结合自己的实际情况，尽快在制订深化改革的配套政策方面有所突破。国家科技部准备同国家有关部门制定的有关政策包括以下几个方面。

（一）对大多数科研机构，特别是向科技企业转制的科研机构，要把实行"六自"方针，逐步向现代企业制度过渡，作为机制转变的重要内容

我们在发展高新技术产业，特别是执行"火炬"计划过程中，实行的机制，就是"自愿组合，自筹资金、自主经营、自负盈亏，自我约束，自我发展"的机制，是多年来发展高新技术产业的宝贵成果。支持科技人员按照"六自"方针创办和发展高新技术企业，应当成为一项长期坚持的基本政策。要对科技人员创办和发展的高新技术企业彻底实行政企分开、所有权和经营权分开。要加速规范高新技术企业制度，有条件的大型高新技术企业应按照公司法进行公司制改造，中小型高新技术企业要积极探索新的企业组织形式，向现代企业制度过渡。

（二）关于科研机构产权制度改革

鼓励科研机构通过股份制将科技无形资产与企业有形资产优化组合，以科技增量盘活企业存量；允许科研机构从技术转让收益和实施技术成果新增留利中提取一定比例，或以个人股份的形式，奖励技术成果的主要完成人和对成果转化有突出贡献的科技人员；科研机构整建制转为企业时，可根据"促进科技成果转化法"的规定，以个人股的形式给突出贡献的科技人员予以奖励。

（三）关于对科研机构税费优惠的政策

对整建制转为企业的科研院所，要制订在一定期限内免征土地、设备占用费、固定资产投资方向调节税、房产税等政策。允许科研机构按企业政策兼并国有大、中、小型企业；支持一批转成企业或自办企业的科研机构改制上市。

（四）关于科研机构人事制度改革

在科研机构中大力推行岗位聘任制和全员合同制；实行固定编制和流动编制相结合的用人制度，在重点科研机构中实行首席专家项目负责制；逐步向社会公开招聘院所长，并进一步完善院所长负责制和扩大科研机构的自主权，科研机构可自主决定各级职称比例和数量。对中层业务和管理干部的任免，一般实行下聘一级，逐级负责。要通过人事制度改革，增强科技队伍的活力和凝聚力，创造人尽其才、优秀人才安心工作、脱颖而出的环境。

（五）关于科研机构分配制度改革

在科研机构实行档案工资和课题工资相结合的分配制度；要打破大锅饭，进一步放开工资总额管理，试行在"工资总额增长低于经济效益增长，人均工资增长低于劳动生产率增长"的前提下，科研机构可自主决定其职工的工资水平、分配档次和分配办法；探索技术要素参与分配的各种有效形式，充分体现知识和技术应有的价值。

（六）关于解决科研机构社会保障问题

要积极探索科研机构社会保障社会化的有效途径，加快建立科技人员的社会保障体系。对进入企业、转为企业和向企业化转制的科研机构中现有的离退休人员，地方财政要注入专项资金一次性解决。在此之前，有条件的科研机构要有目的地储备一定资金，为科技人员进入社会保障体系，先建账，后入网，做好准备。对按改革进度转成企业或进入企业的科研机构，三年内退休的职工，要保证其养老保险金水平不低于事业单位职工的养老保险金水平。科技人员的住房问题应纳入各地安居工程统筹考虑解决。

（七）关于争取加大科技投入的政策

科技投入要坚持多渠道、多层次的方式。各级政府在落实科教兴国战略的过程中，要加大对科技的投入，有条件的地方可建立成果转化、产业化风险基金。制订鼓励企业、社会团体增加科技投入的政策，在使企业作为技术开发主体的同时，成为技术开发投入的主体。制订支持科技产业发展的融资、信贷、担保等金融政策。同时，对转成科技企业的院所，地方财政应拿出一笔启动资金注入。对于区域技术开发中心，要从稳住人员、设备更新改造、基地建设等方面加大投入力度，提高其创新能力和成果储备。

此外，科技奖励、科技计划管理的政策，也要加以改革。以上这些改革配套政策，请大家提出意见，以便进一步完善。其中也有一部分地方有权制定的政策，各地可以率先突破，以加快本地进而推动全国深化科技体制改革的步伐。

关于部门科技体制改革的几个问题[①]

(1998年1月19日)

近些年,科技体制改革虽然取得了很大成效,但由于经济体制、科技体制两个方面都还存在着一些深层次的问题,科技与经济在体制上紧密结合的改革目标尚未完全实现。企业总体上还没有成为技术开发的主体,企业技术创新的体制和机制尚需建立和完善,还不能满足科技机构进入市场的需要;科技机构条块分割的局面、小而全的问题,尚未从根本上解决;科研机构社会负担较重的问题,制约着改革和发展;优化配置科技资源,着力解决科研机构与企业相脱离、科研成果与生产相脱节的问题,实现科技与经济的紧密结合,切实发挥科技进步在经济发展中的决定性作用,任务仍十分艰巨。这些问题必须在下一步深化改革中重点加以解决。

一、深化改革的指导思想、基本思路和目标

今后一个时期内的科技体制改革,要贯彻"面向、依靠、攀高峰"的基本方针和"稳住一头,放开一片"的改革方针,按照三个层次的部署,促进绝大部分科技力量进入经济发展大循环,优化配置、高效利用科技资源,加速科技成果转化,大幅度提高生产力发展水平和经济效益,提高整体科技水平、自主创新能力和综合国力。

为此,要围绕党的十五大提出的任务和目标,把握经济体制改革、经济结构调整和世界科技发展趋势,对科技体制进行战略性结构调整和运行机制的根本转变:从体制上实现科技与经济的有机结合,科技链与产业链有机衔接,科研机构与企业在体制上紧密融合,产学研有机联合;跨部门、跨地区优化配置科技力量和科技资源;使各类科研机构依据其不同目标,按照不同机制得到加强,优化内部结构,增强活力和竞争力。具体内容包括以下几方面。

(1) 通过政策引导,鼓励多种形式的联合,改变部门、地区重复设置科研机构

[①] 1998年1月19日在科技体制改革部门座谈会上的讲话(节选)。

形成的"小而全、大而全"的局面以及按学科和专业配置科技力量的状况，逐步形成按市场需求、国家目标和科技发展需要配置科技资源的新型科技结构。

（2）发展科技服务产业，大力推动一批科研机构向第三产业转移，努力开展技术中介、技术咨询、技术信息、技术转化、技术培训的机构建设。

（3）根据增量调整的原则，将国家财政对科研机构给予普遍支持，逐步调整为国家重点支持一支精干的研究开发队伍，大部分科技力量进入市场、按照市场机制运行，不同层次的科技工作按照不同的机制得到加强。

（4）将技术开发体系以科研机构为主体，调整为以企业为主体，绝大部分科研机构向企业化转制。

（5）通过政策措施，尽快在科研机构内部建立"开放、流动、竞争、协作"的运行机制，同时，将科研机构内部专业设置过细、老化，科研机构办社会、人员臃肿、非研究人员过多、小而全的封闭式管理，调整为重点加强综合学科、交叉学科、新兴学科，专业、人才结构优化，突出研究开发队伍，在组织结构和人事制度等方面实行开放式管理。

到2000年改革的目标是通过战略性结构调整和运行机制的根本转变，初步建立起以少数精干的独立科研机构、高等学校为主体的科学研究体系，以企业为主体、产学研相结合的技术开发体系，以及社会化的科技服务体系，形成适应社会主义市场经济和科技自身发展规律的新型科技体制的基本框架。国家通过各种形式的投入"稳住"一批人从事基础研究、社会公益研究以及行业共性、关键性和长远性技术的研究开发队伍，大部分技术开发型机构基本完成向企业化转制，按照市场机制为经济建设服务，自我发展壮大。

二、推进科技宏观管理制度和运行机制的改革

（一）改革科技计划管理体制，逐步实行课题制

国家重大科技计划项目实行公开招标，强化竞争机制。完善项目负责制和项目实施的保障、监督机制。对承担国家计划人员试行课题工资制。

（二）改革科研机构产权制度

允许进入市场自主经营、自我发展的科研机构，对国家拨入、企业投入和社会资助的资产，享有占有、使用、收益和依法处分的权利；可根据发展需要进行重组。允许奖励个人股，实行技术入股、创业股。

（三）改革科研机构人事制度

对国家重点科研机构的行政一把手逐步实行公开招聘。推行岗位聘用制和单位

聘用制。实行内部职称制。建立富余人员分流安置制度。对院士、博士生导师严格退休年龄。对富余人员鼓励提前退休。

(四) 改革科研机构分配制度

对自主经营、自负盈亏的科研机构，在"工资总额增长低于经济效益增长，人均工资增长低于劳动生产率增长"的前提下，自主确定工资水平。对其他科研机构大力推行工效挂钩或工资总额包干。实行科研机构内部分配货币化。

(五) 将解决科技人员特别是青年科技人员的住房问题纳入国家"安居工程"

鼓励各地方率先进行科研机构职工养老保险制度改革试点，逐步建立面向科技人员的社会保障体系。

三、对科技系统的组织结构进行战略性改组

(一) 技术开发类机构——率先突破

加快科技产业的发展和用高新技术改造传统产业是技术开发类机构的主要任务之一。科研机构和高等学校是发展高新技术产业的主力军之一，已有了相当多的高新技术中试成果。要抓住有利时机，将一批具有国际先进水平和广阔市场前景的成果尽快实现商品化、产业化，使一批适用于民用的军用技术尽快向民用转移，重点扶持一批到本世纪末年产值过几十亿、百亿元的高新技术企业和企业集团，形成具有相当经济规模和市场占有率的拳头产品和支柱产业，促进高新技术产业发展跃上新台阶。为此，要促进大部分技术开发类机构转变为科技企业，一些有实力的综合性大院大所除稳住少而精的科技力量从事长远性和基础性研究、加强成果储备外，多数科技力量以多种形式发展高新技术产业。

主要从事行业或区域共性、基础性、关键技术研究开发的大院大所，继续保留事业法人资格，实行企业管理制度，一定时期内享受事业单位和转成企业的科研机构的各种优惠政策。各部门要采取切实措施，通过加强基础设施建设和必要的经费投入，在优化专业结构的基础上，稳住一支精干队伍，从事行业关键、共性和未来技术的创新。通过兼并其他企业和院所，吸收相关大企业进入其理事会，成为行业技术创新中心和整体技术升级的先导。要切实加强这批大院大所"稳住一头"的工作，提高持续创新能力，加强科技成果的储备。

一批自我发展能力强的机构整建制改造成国有独资企业，或通过吸收其他法人投资改造成国家控股的有限责任公司，或联合、兼并企业成为高技术企业集团；有条件的可成为上市公司。

有条件的机构可由政府组织对口进入大型国有企业或企业集团，或通过市场、

中介机构等自主进入企业。允许科研机构打破行业、地区所有制界限，进入非国有企业，实行跨所有制的资产重组。一批机构可先委托大企业管理，然后再逐步进入。

鼓励和支持部分科研机构转化为面向中小企业进行技术扩散和技术服务的咨询企业，包括行业服务中心和生产力促进中心。

对全国4000多个小型科研机构，除少数通过任务给予支持外，通过"企业化、民营化、规模化"进入市场。多数机构通过吸收在职职工入股改造成股份合作制企业。一批机构通过租赁、出售等方式实行民营化。

（二）农业类机构——以"稳"促"放"

农业是国民经济的基础。根据人口增长速度测算，到2030年人口高峰时期，我国粮食总产量需要达到6.5亿吨。在人均农业资源远低于世界平均水平的情况下，农业的出路只有依靠科技进步。要在深化科技体制改革中，大力强化农业的科技基础，积极推进农业科技革命，坚持自主研究与技术引进相结合，高新技术与常规技术相结合，科学研究与转化推广相结合，在一些关键技术领域尽快突破，为下世纪农业上新台阶积累充足的科技成果储备。

充分发挥各级重点科研院所和大学的作用，加强合作。要适应现代大农业发展对科技进步的要求，围绕农业发展中的优良品种培育、病虫害防治、生物技术、节水农业建设等重大问题，进一步优化农业科研机构的力量布局。以部分重点农业科研机构和大学为主体，优化专业、学科结构，建立与之相适应的组织结构和管理方式，切实"稳住"一支精干的科研力量以及少量基础性研究机构，以合理配置农业科学研究、技术开发、技术推广的力量为重点。

围绕农业产业化经营的需求，引导畜牧、水产、林果、特产类等适于放开的机构，以"放"为主，有条件的可以向企业化转制，与农业产业化经营的龙头企业进行多种形式的结合。

要把转变运行机制、分流人才作为农业类科研院所改革的重要内容之一，切实注重农业科研与生产的结合，加强科研成果转化，提高面向市场的自我发展能力。

（三）社会公益类机构——区别对待

围绕可持续发展战略，调整社会公益型科研机构布局。对从事减灾防灾、资源勘探、生态环境监控、标准、计量、数据采集和积累等社会公益类研究的少量综合性大院大所，优化专业、学科设置，精干出一支科研队伍，由国家给予稳定支持；其余人员分流进入市场，大力发展与科技进步相关的第三产业。

从事医药、水利工程、环境保护等产品研究开发的机构，比照开发类机构，以"放"为主，或实行企业管理制度，或整建制改造成企业、进入企业。

科技服务类机构结构调整的目标是进入市场、自我发展，鼓励多种模式的大胆探索。

对情报信息类机构，以组建中国科技信息中心为契机，打破条块分割，逐步构建网络化、社会化的全国科技信息服务网，成为科技服务体系的有机组成部分。一般信息类机构逐步向信息咨询企业转制。

（四）基础类机构——要有新作为

基础研究要根据"有所为，有所不为"的方针，调整学科（专业）和组织结构，在未来五年中，初步形成既有广大科学家自由申请、自由探索的"面"上工作，又有事关下世纪初国民经济和社会发展重大科学问题的重点工作，合理布局科技力量，重点支持符合国家目标和国际科学前沿的重大领域，积极促进具有一定国际影响的基础研究基地较快成长，培养出一批工作在世界科学前沿的中青年学术带头人，力争取得一批有重大影响的研究成果，为今后15年进一步开展重大科学前沿的创新研究，特别是加强和部署有关下世纪我国国民经济、社会发展的重大科学问题的研究，带动基础研究乃至科学技术事业的全面发展，奠定坚实基础。

近期内要紧密结合重点基础研究规划纲要的实施，以少数重点大学和中国科学院为基础，通过项目、基地、人才三位一体组建多种形式的基础研究基地。

（1）通过国家重大基础研究计划项目的组织实施，推动分属于不同部门或机构、具体承担国家项目的研究室和专业，突破"条块分割"，建立长期稳定的协作关系；或选择专业相近、设置重复的机构，在竞争的基础上实现联合，以学科为主线形成中心。这些中心要通过共同承担国家项目、人员交流、数据共享、仪器设备共用，逐步走向人、财、物管理一体化，形成全新的、学科综合的国家基础研究基地。

（2）对以新兴学科和交叉学科为主、专业方向符合基础研究发展战略重点、正在承担国家重点计划项目的机构，在优化学科、专业设置和人才结构的基础上，整建制改造成某一领域内的国家基础性研究基地。

（3）加大对重点实验室特别是学科交叉点上的重点实验室的投入强度，进一步完善运行机制和管理制度，作为国家基础研究新基地的生长点和结构性调整工作的新突破口。

（4）鼓励业务骨干逐步流向新基地；引导其他机构或人员逐步转向技术开发、咨询服务，形成自我发展能力，最终完成基础类机构的结构调整和重组。

1998年改革的任务十分繁重，至为关键，改革的实施仍是在国家宏观指导下，以部门负责操作为主。希望各部门的同志们，抓紧完善、落实改革的规划和实施方案，调动科研院所和广大科技人员的积极性，加强对本部门改革的指导和支持，加大改革的力度，取得更大的成效。

关于科研院所向企业化转制的几个问题[①]

(1999年5月26日)

我想就如何贯彻经国务院批准的10个国家局所属的242个科研机构的转制方案，谈几点意见。

一、深化科技体制改革的必要性和紧迫性

改革开放以来，我国的科学技术进步在这一时期也取得了重要进展，总体上研究开发水平已处于发展中国家的前列。然而，我们也清醒地认识到，国家的科技进步还远不能满足经济、社会发展及国家安全的需要。长期以来，我国实行外延型经济发展战略，科技进步在经济增长中没有处于中心位置，客观上造成了劳动生产率低下、产业结构不合理、产品质量差、资源浪费和环境污染等一系列问题。据统计，我国科技进步对经济增长的贡献率大约在30%左右，远远低于发达国家的60%～70%的水平，而我国资本投入对经济增长的贡献率高达61.6%，日本仅为23.8%，美国为19.7%，德国为22%。除少数领域外，我国主要行业的技术与世界先进水平的差距约为20年，多数行业的主体技术仍以引进为主；由于引进中的消化、吸收和创新不够，造成一定程度的"引进、落后、再引进"的不良循环。世界上主要工业化国家的高技术产业在工业增加值中的比重已达30%～40%，在1∶3出口额中的比重已达40%以上；而我国的高技术产业仅占工业增加值的11%，出口额比重仅占5%～7%。随着国际竞争不断加剧，我国的经济活动空间将不可避免地受到越来越多的束缚和挤压，这对于我们这样一个资源相对短缺、经济竞争力弱的发展中国家来说，是全面而深刻的挑战。

过去，我们习惯于和发达国家相比。现在，如果冷静地思考一下，就会发现在高新技术及其产业发展方面，某些发展中国家追赶我们的脚步也越来越近。以印度为例，在一些关键性的领域，如核技术、空间技术、软件产业等，印度与我们的差

[①] 1999年5月26日在10个国家局所属242个科研院所改革座谈会上的讲话，刊发于《中国软科学》(1999年第7期)。

距正在迅速地缩小，甚至在某些领域已经走在我们的前面。这使我们有一种强烈的紧迫感，必须加快科技进步的步伐，在激烈的国际竞争中承担起促进经济和社会发展的重大使命。

我们要加速发展科学技术，就必须付出新的更大的努力，包括深化经济体制和科技体制改革，加大科技投入，加强科技-经济发展的规划和实施等，重点是深化科技体制改革问题。

1985年以来实施的科技体制改革，在推动科技进步、促进科技与经济结合方面发挥了重要作用，科技人员面向市场的观念有了提高，科技工作完全依靠国家投入的格局有了变化，科研机构结构调整的步伐加快，科技进步对经济增长的贡献增加。但是随着社会主义市场经济体制日趋完善和经济的发展，我国现行科技体制中的一些深层次问题日益突出，亟待解决，主要表现在以下几个方面。

1. 独立于企业之外的科研机构过多

这种状况不利于强化研究开发工作的市场导向，使得市场经济条件下应由企业担负的科技投入不得不依赖政府，加上机构重复设置导致课题重复，使政府本已十分有限的科技投入严重分散。

2. 鼓励科技人员创新和实现科技产业化的激励机制不足

分配制度、奖励制度使很多必须面向市场的研究开发工作，存在着重学术、轻效益的倾向，大批研究开发项目完成之后便被束之高阁，或只成为展品和样品，如何在经济社会发展中应用这些成果往往被忽视。企业缺乏吸纳技术的机制和能力，科研机构来自企业的任务少、成果转化难。

3. 科技经济中介机构十分薄弱

在市场经济条件下，科技经济中介机构能够在优化配置资源、促进科技与经济结合中发挥重要作用。我国在计划经济体制下，这类机构几乎为空白，改革开放以来虽然得到发展，如创业服务中心（企业孵化器）、生产力促进中心和技术市场等，但社会对其重要性认识不够，数量不足，管理体制和机制亟待规范。

4. 相当一批科研机构的专业设置多年来未进行大的调整

这种状况已不能适应最近20年来学科之间、科学和技术之间相互交叉、渗透，新的学科和技术不断出现的新形势，以及激烈的市场竞争要求，有些科研机构短期行为较重，共性技术、战略高技术、关键技术创新少。

5. 科研机构尚未建立"开放、流动、竞争、协作"的机制，活力不足，制约创新

研究开发是高度创新的活动，只有在人员的不断流动重组、多学科的不断交叉碰撞中，才能不断涌现出新观念、新思想，产生创新的火花，不同的人员也有不同的创新周期。但现行的人事管理制度、工资制度和社会保障制度，使人员固化，缺乏有效的更新和吸引人才的机制。

6. 人员流失现象严重

人才是科技发展的决定性因素。一流人才办一流研究所；二流人才，即使有再好的设备条件，再多的经费，也只能办二流的研究所。一个研究梯队的人员结构应当是金字塔形，处于塔尖的虽然只有几个人，但他们的科技水平和创新能力，却代表了整个梯队在国际、国内科技竞争力中的位置。当前我国科研机构中的尖子人才，特别是青年尖子人才出国、跳槽现象十分普遍。这里有待遇问题，也有用人机制等方面的问题。这不能不引起我们对人才问题的高度重视。

以上存在的这些问题，造成创新不够、转化不足、科技产业化程度低，已成为制约科技促进经济发展的巨大障碍。

二、关于向企业化转制的几个问题

当前，我国亟须提高科技对经济增长和国防安全的贡献率。这就需要切实解决科技体制中存在的上述深层次问题。对此，中央明确指示，要以推进科技与经济紧密结合、加速建立以企业为主体的技术创新体系为目标，推动应用开发类科研院所转制，进入市场，增强科研院所的活力，促进科技成果产业化，为国家和当地经济建设、社会发展服务。从这个意义上讲，242个研究院所是先行者，要先走一步。当然，这里涉及很多问题，如为什么要企业化？为什么要属地化？现就这些问题谈几点意见。

（一）企业化问题

应用开发类研究所转制，走科技产业化道路，是针对我国科研体制的弊端提出的战略决策，是科技体制改革的重大突破。实行企业化，有几个突出的优越性。

1. 有利于改变我国科研机构结构不合理的状况，强化研究开发工作的市场导向

独立于企业之外的科研机构过多，是我国科研机构结构不合理的集中反映。我国研究开发人员在科研机构、高校和企业三个部门的分布比例是：52%、28%和

15%，即大部分在科研机构。而美国的分布比例是：7%、15%和75%；日本的分布比例是：5%、27%和65%，即大部分在企业。我国的研究开发经费在科研机构、高校和企业的分布比例是：50%、13%和27%，也是大部分在科研机构。美国的分布比例是：10%、14%和76%；日本的分布比例是：7%、16%和75%，还是大部分在企业。我国科技人员和经费分布不合理的状况，导致研究开发的市场导向不强，科技产业化程度低。当然，要改变这种结构不合理的状况需要一个过程，现在的改革就是从企业化入手，使这种局面尽快加以改变。

2. 有利于进一步贯彻"有所为，有所不为"的原则，突出重点，集中力量加强我国急需的高新技术研究开发工作

我国的科研课题分散是一个非常严重的问题。我国的研究开发经费大约只相当于美国的2.1%～2.2%。美国一家高技术公司1998年网络软件的开发费用达43亿美元，相当于350亿元人民币，仅比我国当年研究开发总投入的405亿元人民币稍低。这只是一个公司开发一个网络软件，而我国要实施基础研究计划、科技攻关计划、"863"计划、攀登计划等多个国家计划和地方科技计划，突出重点的紧迫性可想而知。我过去在研究所工作时，有一位研究员同时做7个课题，原因就是课题经费太少，难以维持生存。现在很多科技骨干，包括青年科技骨干，整天跑课题、搞公关，这样科技创新怎么能搞好？科研项目要突出重点，项目数量要较大幅度地压缩，同时还要实行项目招标制度。因此，当前多数研究机构，特别是中央所属研究机构都可以分到国家科技项目一杯羹的局面将很快结束。在这种情况下，研究院所企业化，逐步具备面向市场的能力，能够从市场上获得经费自我发展，才能使政府的科技投入逐步集中到有竞争能力的科研院所，集中到战略高技术、重大共性技术创新和必要的基础类、社会公益类研究中。

3. 有利于按照市场导向的原则，合理配置科研机构资源，加速高新技术产业发展

在现有科技体制下，科技型企业多在科研机构内处于从属地位，企业的赢利多用于支持科学研究，对在企业发展中作出贡献的科技人员缺乏有力度的激励措施，因此企业自我发展受到制约，相当一部分很有前途的科技型企业难以长大。科研院所企业化，就是要把发展高科技企业放在突出位置，引导科研院所根据市场需求，优化配置科技资源，加速发展高新技术产业。我们相信，在激烈的市场竞争中，一定会有一批科研院所成长为有很强技术创新能力的大中型高新技术企业。

4. 有利于在保持稳定的前提下，形成合理的人才布局

我们现行的人事制度、晋级制度、分配制度，使人员固化，缺乏有效的更新和吸引人才的机制，还导致科研机构人员过多、效率不高、大部分科学事业费被

"吃"掉。中央民口 799 个科研机构中，现有职工约 30.1 万人。其中，专业技术人员 23.5 万人，但承担研究开发课题的人员只有 6 万人，占专业技术人员总数的比例仅为 25.5％。多余的人员怎么办？从稳定的角度出发，不可能让大家都到社会上去，何况很多同志为发展中国的科技事业做出了很大贡献。在这种情况下，人才分流势在必行。"分流"不是贬义词，"分流"的含义是人尽其才。研究院所企业化，发展高科技产业，逐步形成我国的高新技术产业和研究开发基地，给科技人员创造了一个大有用武之地的广阔空间。

（二）属地化问题

人们对这个问题可能比对企业化更加关心，这也可以理解。因为历史上的两次"下放"，有的研究所受到了损失。但是，现在我们是在新的历史条件下推动这项工作，社会环境和过去相比已发生了根本性变化，主要表现在以下几个方面。

1. 地方对科技进步的需求迫切，为地方服务大有可为

改革开放 20 年，地方经济得到快速发展，经济实力明显增强，对科技进步的需求迫切，支持的力度也有很大提高。同时，地方决策效率比较高，企业机制比较灵活，很多企业不惜重金聘人才、买技术，表现出令人钦佩的远见和魄力。比如，宋健同志提出"甩掉图板"，科技部普及和推广 CAD 技术。开始我们组织有关部门搞建设部、机械部等也取得了很大进展，但在全国范围内对各行业的影响总是不够大。后来我们把各个省（自治区、直辖市）调动起来参加，很快形成燎原之势，CAD 的普及工作大大加快，其中包括地方相当大的科技投入、推广投入和培训投入。又如，我们搞了一个南方农药基地，到底是放在部门，还是放在地方？开始有争论，我们决定放在地方试一试，结果地方的投入很大，而且按时到位，项目进行得很顺利。现在的形势确实和以前有所不同，地方对科技工作给予了很大支持。据了解，这次 242 个院所中的一批机构要下去，一些接收的省市主动做调查研究，讨论怎么迎接、怎么发挥作用，包括增加投入。因此，我们对地方科技工作的认识要有一个转变。

2. 属地化是社会主义市场经济条件下企业管理体制变革的必然趋势

属地化不同于计划经济体制下的"下放"，它是在市场经济体制下，在政企分开的原则下企业管理体制的变革。同时，我们总结了过去的经验，在改革方案中规定，研究所属地化后 5 年内实行理事会制度，由地方有关部门代表、中央有关部门代表、单位职工代表和注资企业代表组成的理事会确定研究所的方向，决定主要领导人选，这将为改制后的研究所提供很大的自由度和发展空间。因此，一些同志对属地化之后地方政府会不会轻率调走研究所的人、分掉研究所的资产、不恰当地调整研究所的方向等方面的担心，都是不必要的。

另外，有人猜测，研究院所放到中央大企业工委，以后就能得到中央经费的支持；而放到企业、放到地方就得不到支持。这种看法也不对。这次改革不仅仅是隶属关系的变化，在机制上也要作相应的调整，其中一点就是政府对研究机构（含科技企业）支持方式的改变，这就是实行项目招标制，引入公平的竞争机制，不论是进入中央大企业工委的，还是进入其他国有企业，或者是放到地方，大家都在同一个起跑线上，平等竞争，谁有本领谁就做；包括设备、仪器，也要在竞争的基础上根据国家的需要，根据在竞争中获得的项目的需要给予支持，所以在这方面的担心也是没有必要的。为了支持242个院所的改革，科技部已准备拿出一部分经费，按竞争的原则来决定支持对象。至于其他方面的问题，比如，属地化后能不能用原来的名称，现在明确地说，不会强迫换牌子，除了已不再有的部门名称以外，其余的均可保留。

（三）关于战略高技术和重大共性技术的研究开发问题

有的同志担心科研院所企业化后会影响战略高技术和重大共性技术的研究和开发，这种看法不够全面。政府对面向市场的研究开发工作的支持方式也将进行重大调整，从过去以支持科技项目为主调整为以支持科技产业化为主，形成从注资支持产业化开始，推动研究院所（科技型企业）在市场竞争中获得收入，再从事新的研究开发的良性循环。国务院很快就要批转关于建立中小企业创新基金的决定，拿出10亿元人民币拨款，20亿元人民币贷款，采取拨款、贴息、资本金注入等不同方式，支持处于不同发展阶段的高新技术中小企业，这就为实行企业化的研究机构提供了良好的发展机遇。我们希望通过这种支持，在社会上引发出一个创办高新技术企业的热潮，并逐步形成一个良性循环，支持面向当前市场需求的技术创新活动。

在面向市场的技术创新活动能够形成良性循环机制时，就有可能把政府的研究开发投入集中到战略高技术和重大共性技术的研究开发上来，大幅度地增加投入强度。同时，我们要建立招标制度，形成竞争机制，使战略高技术和重大共性技术的研究能够在一个更大的空间展开，使我们有可能发现更多的有生命力的研究集体和尖子人才。

总之，应用开发类研究院所向企业化转制将极大地改变我国科研体系的整体布局和运行机制。这项改革和其他配套改革的实施将使我们有可能采用非行政命令的手段，即依靠竞争，包括市场竞争和科研项目的竞争，逐步形成能够坚持市场导向、有市场竞争能力的高新技术研究开发基地和高新技术产业化基地。为科技进步促进经济和社会发展做出实在的、有力度的贡献。

三、政府促进和支持高新技术产业化的几项措施

关于中央为鼓励应用开发类科研院所向企业化转制所制定的优惠政策已经公

布，我在这里不专门论述。现仅就政府促进和支持高新技术产业化的措施谈一些情况。

1. 鼓励科技人员从事成果转化和发展高新技术产业的政策

高新技术产业具有不同于传统产业的特点。首先，高新技术产业具有高风险性，产品的技术突破和市场机遇难以确定、不可预见。高风险的压力使科技人员不愿轻易"下海"，在获得商业银行贷款支持方面也面临很多困难。其次，高新技术产品更新快、创新频繁，生命周期很短，市场竞争十分激烈。高新技术企业的发展依赖于有利于创新的环境和机制，特别是人才的作用尤为突出，企业的成败兴衰往往取决于几个关键人才。因此，政府制定政策，鼓励科技人员"下海"发展高新技术产业，是一项极为重要的任务。

最近，科技部会同国务院6个委办局已经发布了《关于促进科技成果转化的若干规定》，这个文件发表以后，在科技人员、科技企业家中产生了强烈的反响。关于这方面的政策，主要有以下几方面的内容。

第一是技术参与分配。文件规定，以高新技术成果向有限责任公司或非公司制企业出资入股的，高新技术作价的金额可以达到公司或企业注册资本的35%，另有约定除外。这个口子开得很大，确实考虑到高新技术产业的一些特殊情况。比如，软件，有人提出35%也不够，我们在综合考虑各个方面的情况后，经过有关部门同意，做出了这样的规定。

第二是科研机构、高等院校转化职务技术成果要奖励成果完成人和转化人员。奖励额不低于技术转让净收入20%或连续3~5年不低于实施成果新增留利的5%。采用股份形式向企业实施转化的，也可以用不低于科技成果作价金额的20%的股份给予奖励，持股人依据其所持有股份享受收益。为了加强政策的可操作性，又进一步规定，上述奖励总额超过技术转让净收入或科技成果作价金额的50%，以及超过实施转化年净收入20%的，由该单位职工代表大会讨论决定。这是从兼顾两方面的利益出发，既要给职务发明者利益，也要给研究院所利益，这样可操作性就比较强。

第三是关于促进职务技术成果转化的政策。国有科研机构、高等院校的职务技术成果，单位在成果完成以后，一年内未能实施转化的，科技人员可依据与本单位签订的协议，自行转化职务发明成果。对于这方面的规定，一些院所长也许并不是很高兴，但是从发展高科技产业的全局出发，还是需要的。

第四是兼职方面的政策。科技人员在不得侵害本单位或原单位的技术经济权益和完成本职工作的前提下，可以在其他单位兼职从事研究开发和成果转化活动；高等院校要支持本单位科技人员利用节假日和工作日从事研究开发和成果转化，学校应当建章立制予以规范和保障。这些规定并不是我们的发明，在美国的一些高等院校，包括麻省理工学院、斯坦福大学、哈佛大学等都是允许教授每周有一天，也就是每年有 52 天去从事科技产业的发展的，他们的很多教授同时也是企业的老板。

2. 关于科技奖励制度的改革

我国实施科技奖励制度已有几十年的历史。改革开放以后，我们召开了全国科技大会，表彰了一大批科技成果，建立了科技奖励制度，这对提高整个社会对科技工作重要性的认识，提高科技人员的社会地位，改善科技人员的生活待遇，都发挥了重大作用。但是发展到今天，出现了一些新情况。一是奖励项目过多，每年国家级奖励有 800 多项，省部级奖励达 12 000 多项；各个层次的奖励都与人员工资、福利、职称挂钩，获奖已在一定程度上成为科技人员的主要追求目标，研究开发的基本目的——推动经济发展和社会进步，反而被不少科技人员所忽视。二是奖励级差过小，力度不够，特别是对做出杰出贡献的拔尖人才没有重奖，激励强度不够，尤其是缺少榜样性、权威性的最高奖项。三是面向市场的一些应用开发研究，有重学术、轻效益的倾向，大批项目获奖后便被束之高阁，或只成为展品和样品。

针对以上问题，我们将对奖励制度进行重大改革，包括设立国家最高科技奖——国家最高科学技术奖；弱化部门和地方奖励，大幅度减少奖励数目；对不同类别的奖项采取不同的评审标准和办法，强化研究开发成果的市场导向作用。

我们希望科技奖励制度改革和上述鼓励科技人员发展高新技术产业的政策有效结合起来，形成一个新的机制，一方面把研究成果奖励同各种待遇挂钩弱化，另一方面强化对研究成果产业化的奖励力度，形成一个鼓励科技人员和科研院所以更大的积极性发展高新技术产业的正确导向。

3. 关于支持科技企业发展的金融政策

第一是设立中小企业创新基金。我们希望这个基金能够起到示范作用，吸引地方政府、企业和金融机构对科技型中小企业进行投资，逐步建立起符合市场经济客观规律的高新技术企业投资机制，进一步优化科技投资资源，营造有利于中小科技企业创新和发展的环境。

第二是要发展多元化的融资渠道。风险投资在西方，特别是在美国的高新技术产业发展过程中发挥了重大作用。我国立即建立风险投资机制的条件还不成熟，所以必须立足于现实条件，抓紧建立多渠道的高新技术产业资本市场，其中商业银行贷款仍是资金来源的主渠道，企业在获得商业银行贷款方面面临的主要问题是贷款担保。为此，有关部门正在制定为中小企业银行贷款提供担保的办法。

第三是建设风险投资的中介服务体系。高技术产业本身的高风险性和技术、市场难以预测的特点，决定了以培育高新技术企业作为回报途径的风险投资必然是如履薄冰、如临深渊。因此，要尽快地研究和掌握国外发展高新技术产业的经验，特别是在高风险条件下实现高回报的资金管理体制，加速建立我国风险投资的中介服务体系，包括建立项目咨询、评估和监管机构与机制，从而降低和规避风险，提高培育高新技术企业的成功率。这方面的关键是人才。风险投资的管理人员应该是懂技术、懂管理、懂金融、懂市场，智力高度密集的复合型人才。如何从国外吸引有风险投资经验的管理人才和培养国内人才，是我们当前面临的一项重要任务。科技部火炬中心已经决定首先在中关村和浦东建立风险投资的中介服务机构，探索这方面的经验，为高新技术产业的发展提供中介服务。

242个科研机构的转制已经成为深化科技体制改革的一个突破口。我们现在所从事的是一项探索性的、有重大意义的工作，经过我们的共同努力，这次改革一定能够取得成功。

对向企业化转制科研机构的几点要求[1]

(2000年10月30日)

今年年底要完成企业化转制工作。转制科研机构在完成工商登记的基础上,要大力做好调整结构、转变机制的工作。要以内部机制的根本转变为重点,充分运用市场机制促进科技产业化并不断增强科技创新能力。

(1) 科研机构企业化转制,不能仅仅是翻牌,必须真正按照建立现代企业制度的要求,建立规范的法人治理结构,积极推进产权制度改革,建立多元化的产权结构,利用资本市场解决院所发展的资金制约问题,有条件的要积极争取上市。

(2) 在对内部结构进行重大调整的同时,加快转变运行机制,实行人事、分配、财务等制度改革,把科研机构的技术和人才优势通过市场机制充分发挥出来。

(3) 要进一步增强持续创新能力。科技创新是企业在市场竞争中生存和发展的立身之本,科研机构的科研优势不仅不能丢而且要积极增加科技投入,积极争取国家科研项目,继续增强创新能力,确立其在市场上的竞争优势。

(4) 要高度重视调动科技人员的积极性。积极采用更为灵活有效的分配激励机制,认真落实国家有关技术、管理等生产要素参与分配的政策,积极探索股权、期权等激励措施,充分调动科技骨干和管理骨干的积极性。

我们相信,应用开发类科研院所只要坚持改革,一定会在加强技术创新,发展高科技,实现产业化方面取得重大进展。

---

[1] 2000年10月30日在2001年全国科技工作会议上的讲话(节选)。

深化社会公益类科研机构改革[①]

（2001年8月30日）

一、深化社会公益类科研机构的改革势在必行

新中国成立以来，我国社会公益性科研事业从无到有，从小到大，逐步形成了一支数量可观的科研队伍。据统计，目前全国县以上政府属社会公益类科研机构有2400多家，从事科技活动人员36万多人。国务院部门属公益类科研机构有265个，主要涉及农业、林业、水利、卫生等22个部门，在职职工总数约5.5万人。社会公益类科研机构所从事的工作以向全社会提供公共技术和服务为主，关系到国计民生和社会的可持续发展，是政府协调社会发展不可缺少的技术支撑。几十年来，公益类科研机构在促进农业发展、抵御自然灾害、保障人民健康、保护生态环境等方面，取得了一批重要的科研成果，为我国经济和社会可持续发展发挥了很大的作用，做出了重要的贡献。

在十多年的科技体制改革中，公益类科研机构也进行了一些积极的探索，如开展技术有偿转让和服务、实行课题承包制、创办科技产业等，并取得一定成效。据1999年决算数据，在公益类院所总收入中，面向市场的技术服务性收入占35.7%，生产经营性收入占3%，但总体上，这类机构的改革和技术开发类机构相比滞后，主要依靠政府财政投入的局面仍未改变，一些院所生存和发展面临着较大困难。据统计，部门属公益类院所人均经费只相当于开发类院所的1/3到1/2，科技人员年收入绝大部分在1.5万元以下，工作条件较差，生活待遇较低，骨干人员特别是青年人才流失现象严重。

公益类院所自身存在的观念问题和体制、机制弊端，是造成这种局面的重要原因。

（一）相当一部分已经可以面向市场的工作尚未转变机制

改革开放以来，随着生产的发展和市场机制的建立，我国对社会公益类科研机

[①] 2001年8月30日在社会公益类科研机构改革工作座谈会上的讲话（节选）。

构的界定已不十分准确，往往是面向市场的科研工作和必须由政府支持的科研工作在一个机构中并存，并都主要靠政府投入单一渠道支持，如种子类、农资类、药物类、水利工程类、环保工程类中的大多数院所，已具备了面向市场的条件，一些机构也进行了成功实践，但大部分机构由于受"等、靠、要"思想的约束，仍认为自己应由国家经费支持，不按市场机制运作，活力、动力不足，成果转化不力，在经济和社会发展中未能起到应有的作用；另一方面确需政府支持的科研工作，因为有面向市场能力的机构耗费了相当一部分经费和其他资源，投入严重不足；再加上科研机构设置重复、人员过多、管理和运行机制陈旧，使得科研队伍不稳、创新能力匮乏，高水平的成果较少，不能满足经济和社会发展对公益类科研工作的需求。这个问题不解决，我们即使加大对社会公益性科研机构的投入，也很难起到应有的作用。

（二）队伍庞大，机构重复，人浮于事现象突出

全国公益类科研机构有 2400 多个，机构分属于不同的部门和地方，交叉重复现象严重。我国拥有世界上规模最庞大的农业科研机构和队伍，包括 1100 多个县级以上农业类科研单位，在职职工 12 万人，但人均农业科研人员投入不足发展中国家平均水平的一半；青岛一地集中了大大小小的海洋类科研机构近 20 家，专业设置大同小异；有一个城市研究小麦育种的单位多达 14 家以上，同一单位又有若干课题小组，任务基本相同。类似这样的现象还很多。在相当一部分科研机构中，只有 1/3 左右的科研人员长期承担政府科研项目，而一半以上的人员从未承担过政府任务。大部分经费用来养人，造成科技资源的浪费。

（三）没有完全建立"开放、流动、竞争、协作"的机制

科研机构在分布上条块分割，归部门、地方所有，难以做到跨部门、跨地区的竞争择优。研究院所之间、研究院所内部各实验室之间相互封闭，缺乏科技创新所必需的学科交叉与人才流动，专业陈旧、设备老化问题比较普遍，成果产出率低；同时，由于工作、生活条件差，一些年轻有为的科技人员纷纷出走。

这些弊端严重制约着公益性科研事业的发展，如果不进行改革，彻底加以解决，国家投入再增加几倍，也难以从根本上扭转困境。因此，要加强我国公益性科研事业，必须从深化改革和增加投入两方面入手，在调整结构、分流人才和转变机制的基础上，提高国家财政的支持力度。

二、社会公益类科研机构深化改革的思路

社会公益类科研机构的工作以向全社会提供公共技术和服务为主，关系到国计民生和社会的可持续发展，是政府协调社会发展不可缺少的技术支撑，这类机构工

作性质决定其难以获得相应的经济回报，按照国际上通行的做法，这类机构及其从事的研究工作以政府支持为主，社会支持为辅。根据中央《决定》和国办文件的要求，按照不同类型社会公益类科研工作的不同特点，对社会公益类科研机构的进行分类改革。

（1）社会公益类科研机构中具有面向市场能力的要通过转成企业、进入企业或转为中介机构等方式向企业化转制。

（2）主要从事应用基础研究或公共服务性研究、无法得到相应经济回报的科研机构，经有关部门认定后按非营利性机构运行和管理，或并入大学、医院及其他事业单位；这类机构中具有面向市场能力的部分，也要向企业化转制。

具体操作办法是：按照国家目标和要求，确定一批重点专业和研究领域，通过竞争择优，最终形成几十个社会公益类重点科研机构和总体上不超过现有人员30%的精干、高水平的科研队伍，在此基础上，国家加大经费投入强度，大幅度提高其创新能力。这类机构的改革在试点的基础上，年内形成总体方案，明年开始实施。

三、促进社会公益类科研机构改革的重点措施

（一）加大政策的支持力度，鼓励有面向市场能力的科研机构向企业化转制

国家对有面向市场能力的社会公益类科研机构企业化转制，采取十分慎重的态度，总的想法是在大力推进改革的同时，要保持稳定。在中央领导的直接关怀下，有关部门制订了十分优惠的政策，其核心内容是原有的事业费全部保留。这是根据社会公益类科研机构退休人员较多、收入比较少、职工待遇低的实际情况而采取的必要措施；否则，如果不能保持在职人员和退休人员现有的生活水平，势必对今后的改革和稳定造成不利的影响。

同时，在科研项目经费方面，转制科研机构可以与其他科研机构一样，通过公平竞争获得国家项目经费的支持。只要有实力、有竞争能力，转制后获得的项目支持不会减少，还会随着国家加大科研投入而继续增加。一些公益类院所转制后的实践说明，具有面向市场能力的社会公益类科研机构企业化转制后，通过产业化获得收益增强了创新能力，也改善了职工生活。另外，这类科研机构企业化转制后，科技部还将通过中小企业创新基金、技术开发专项资金等渠道加大支持力度。总之，国家制订的政策是相当优惠的，具有面向市场能力的公益类科研机构企业化转制后，将获得大的发展空间。

这里要说明的是，企业化转制后的科研院所，不能仅仅是生产物质产品的普通企业，而是以生产高科技产品和向社会提供技术成果为主的科技型企业。因此院所转制后技术优势不能丢，而且要不断增强，因为这是在市场生存和发展的核心竞争力。同时转制院所要加快建立现代企业制度，按照现代高新技术企业发展的要求和

内在规律,改革内部各项管理制度,切实采用企业的运行机制,探讨建立由股东会、董事会、监事会和经理层组成的法人治理结构和企业决策机制。通过采用先进的企业组织形式,把科技和人才优势转化为市场竞争优势,在国内和国际高新技术产业竞争中占有一席之地。

(二)对按非营利性科研机构运行和管理的公益类院所,达到改革目标、经有关部门验收并重新核定编制后,国家增加其人均事业费投入

这次改革绝不是削弱社会公益类科研机构,而是在改革的基础上,进一步加大对社会公益性科研工作的投入。因此核心是加强,而不是削弱。

但加大投入的重要前提是深化改革。在目前机构、队伍和机制状况下,即使政府的科技投入增加1~2倍,也不可能使当前社会公益科研工作的困境有根本的改变。只有通过改革,使具有面向市场能力的部分进入市场,在市场中获得更大的发展,才能逐步形成一支少而精的队伍从事确需国家支持的公益性科研工作,同时采用新的管理办法和运行机制,经费投入才能发挥最大的效益。国办发38号文件明确提出:非营利性科研机构"达到改革目标、经有关部门验收并重新核定编制后,国家对其增加人均事业费投入"。通过有关部门的共同努力,今年国家财政划拨1.5亿元的经费,用于对按非营利性科研机构管理和运行的公益类院所改革到位后加大投入,把人均事业费从目前的不到2万元提高到5万元,以后逐年增加。科研项目经费、基本建设经费以及仪器设备改造经费等投入要与改革紧密结合,有效集成,通过加大投入,改善科研条件和科技人员待遇,使他们能够专心致志地从事科研工作,瞄准国家目标和公益研究需求,大幅度提高公益性科研工作的研究实力和创新能力。

(三)加快科研机构内部运行机制改革,充分调动科技人员积极性

深入贯彻人才资源是第一资源的战略思想,科技工作要坚持以人为本,把充分调动科技人员的积极性作为深化改革的出发点和立足点。通过深化科研机构内部运行机制改革,克服过去存在的"吃大锅饭"、论资排辈等观念和机制弊端,解除长期束缚科技人员积极性和创造性的旧框框,使科技人员中蕴藏的巨大能量进一步得到释放。

以建立"开放、流动、竞争、协作"的新机制为目标,把人事和分配制度改革作为内部机制改革的重点。贯彻中组部、人事部和科技部联合印发的《关于深化科研事业单位人事制度改革的实施意见》,逐步推行院所长公开招聘制度;全面实行人员聘任制和岗位管理;改革工资结构,探讨实行基本工资、岗位工资和绩效工资等组成的分配办法,切实体现能者多劳和多劳多得,适当拉大收入分配差距;落实技术、管理等生产要素参与收益分配的政策,鼓励科技人员在创新和产业化的实践中先富起来。

同时，要营造促进创新的良好文化环境，鼓励创新，宽容失败，克服传统、保守和中庸思想的对科研创新的不利影响，倡导实事求是、科学严谨、无私奉献和团结协作的科学精神和先进文化，在宽松、适宜和有序竞争的政策和文化环境中，使科技人员的聪明才智得到充分的发挥。

四、实施改革的操作原则

在社会公益类科研机构改革的具体操作中，要注意遵循以下原则：

（一）以部门为单位整体推进，成熟一个，启动一个，示范引导，逐步推开

按照国办发 38 号文件，制订所属科研机构改革的总体方案是各部门的责任。改革方案应明确向企业化转制科研机构的具体途径，拟按非营利性科研机构管理和运行的，要提出调整结构、分流人才和转变机制的具体措施。各部门的改革方案对这两方面的工作做出全面安排后，科技部、财政部、中编办联合批复启动实施；拟申报按非营利性科研机构管理和运行的，还需经国家税务总局确认，以便享受有关税收优惠政策。实施中也要对两方面工作给予同等重视，全面推进。在核定非营利机构人员编制的问题上，根据改革目标、发展需求和国家财政的支持能力，在总体比例的控制下，尽量考虑各部门的具体情况，合理确定。鉴于各部门的情况差别较大、很不平衡，在启动时间上不搞一刀切，但应在"十五"期间全部完成。

（二）加大经费投入的调控力度，体现谁改革，支持谁，先到位，先支持的精神

经费使用实行"存量不变，增量调整"，对改革方案达到要求并开始启动的部门，给予改革配套经费支持；改革方案不符合要求或不启动改革的部门，不拨付改革配套经费。今后随着各部门改革的逐步推开，改革配套经费也将增加，让科技人员的待遇获得比较明显的提高，切实稳定科研骨干。科技部所掌握的其他资源，也要按照这一精神，向改革好的院所倾斜。

（三）鼓励和支持基础好的地方加快改革，带动全局

对公益类院所改革进度快、力度大的地方，科技部要加强指导工作，联合地方政府共同推动，争取较早完成改革任务，做出示范，带动中央部门属公益类院所改革。

（四）坚决贯彻落实各项改革政策

对已经出台的各项改革政策，要坚定不移地贯彻落实，李岚清副总理曾明确提

出，"对推诿、扯皮或不按政策办事，对改革大局造成严重影响的单位和有关责任人，要追究其责任"，对此有关部门和地方要切实给予重视。同时要坚持"老人老办法，新人新办法"的原则，确保科技人员特别是已离退休老同志的切身利益不受影响，使改革在稳定中顺利推进。科技部将继续加强对改革工作的指导和协调，对已经发现的政策漏洞，积极协调有关部门尽快解决，重大问题将及时向国务院报告。

促进我国科技中介机构的发展[①]

(2002年12月2日)

科技中介机构是科技服务体系的主要力量。大力发展科技中介机构是今后一个时期加强科技创新的重要举措，是推进国家创新体系建设的重要内容。

一、发展科技中介机构的重要意义

面向社会开展技术扩散、成果转化、科技评估、创新资源配置、创新决策和管理咨询等专业化服务的科技中介机构，属于知识密集型服务业，是国家创新体系的重要组成部分。生产力促进中心、科技企业孵化器、科技咨询和评估机构、技术交易机构、创业投资服务机构等，是科技中介机构的主要形式。在市场经济体制下，科技中介机构以专业知识、专门技能为基础，与各类创新主体和要素市场建立紧密联系，为科技创新活动提供重要的支撑性服务，在有效降低创新创业风险、加速科技成果产业化的进程中发挥着不可替代的关键作用。

我国科技中介机构是国家创新体系中的薄弱环节，科技中介缺位是制约我国科技和经济结合的重大障碍。今后，应当把建立健全科技中介机构，作为在社会主义市场经济条件下各级政府的一项重要任务。

（一）发展科技中介机构是加速实现工业化的重要环节

世界经济发展的实践表明，工业化进程既是大量采用先进生产设备、实现规模化和标准化大生产的过程，也是生产方式走向社会化和专业化的过程。社会化协作和专业化分工使得市场主体之间既相互竞争又相互依存，经济社会关系日益复杂多样，有效协调各方行为、化解利益冲突、保护公平竞争、保障市场规范运行的需求日益突出，并且成为提高经济活动整体运行效率和效益的重要前提。对此，政府不可能完全依靠自己的力量包打天下，任何一家企业都不可能包打天下。中介机构正

[①] 2002年12月2日在全国科技中介机构工作会议上的讲话（节选）。

是在市场经济条件下为满足工业化进程中这一日益增长的社会需求而迅速发展壮大起来的，其功能也从协调各方行为、化解利益冲突、保护公平竞争为主，逐步向帮助企业提高技术和管理水平、降低经营风险、提高生产效率、获取市场资源等方面延伸。经济鉴证、法律事务、金融证券、信息咨询、科技服务等各类中介机构大量涌现，成为整个市场经济体系的重要组成部分。中介机构的发展壮大，又进一步促进了社会化协作和专业化分工，加速了工业化进程。因此，中介机构是加速实现工业化的重要依托力量，中介机构的发展水平是市场经济发育程度的重要体现。在各类中介机构中，科技中介机构的主要功能是在各类市场主体中推动技术扩散，促进成果转化，开展科技评估、创新资源配置、创新决策和管理咨询等专业化服务，在工业化进程中比其他中介机构更具有提升全社会科技创新能力的重要作用。

当前，我国经济发展正处于工业化进程的中期阶段，我们要实现产业结构优化升级，提高管理水平和生产效率，提高社会化大生产的程度，提高综合国力和国际竞争力，使社会生产和经济活动在更大范围内、更加专业化的层次上加强协作，以科技创新加速工业化进程，就必须对培育和发展中介机构，特别是科技中介机构给予高度重视。

（二）发展科技中介机构是加速科技成果转化的关键措施

总结我国多年来科技成果转化的经验教训，有些科技成果不能顺利转化并不完全是技术本身的问题，而更多是由于自身管理和项目运作，特别是一些科技人员缺乏把握市场需求和变化的能力，缺乏在市场中有效运作技术项目的能力，缺乏把握金融风险的能力。在计划经济条件下，科技活动的机制是政府安排项目，科研机构组织研发，再将科技成果转给国有企业，因此不需要中介机构。在市场经济条件下，科技中介服务机构是产学研的纽带，是连接科技和经济的桥梁。各类信息服务机构、知识产权机构、资产评估机构、投融资机构、共性技术服务机构，以及各种类型的企业孵化器等中介机构，将千千万万个企业和众多大学、研发机构联系起来，形成有利于创新成果应用和产业化的网络，是提高创新效率、降低创新风险的一个重要途径。坚持科技面向经济建设，并不是要所有的大学、科研机构都去干企业的事，而主要是围绕企业的技术创新活动，发挥大学、科研机构应有的作用。要真正能够全面实现产学研结合，就必须充分发挥各种类型的科技中介机构，特别是市场化科技中介机构的重要作用。

世界发达国家都把支持科技中介机构建设作为政府促进科技创新、加速科技成果产业化的重要举措。目前，全世界90多个国家和地区共创办科技园区400多个，成为培育高新技术产业的重要基地。这些园区的成功不仅是靠优惠政策实现的，更为关键的是建立了比较完备的科技中介服务体系，有力地促进了成果转化和高新技术产业的发展。

1989年美国国会批准成立了面向全国的技术服务机构——国家技术转让中心，

其主要任务是将联邦政府每年拨给的 700 多亿美元,用于资助国家实验室、大学等把科研成果迅速推向工业界,尽快成为产品,以增强美国工业的竞争力。该机构和全国 10 万多名研究人员和 700 多家国家实验室建立联系,向各行业提供科技成果转让的一站式增值服务。美国大学每年共产生 5000 多项专利,市场上价值 400 亿美元的经济活动归功于大学专利的许可经营。此外,美国大约有 900 多个企业孵化器,其中的 51% 是由政府或非营利性机构资助运行的非营利性孵化器。

德国的技术创新一直领先于欧洲其他国家,其中一个原因就在于高效率的科技中介机构广泛存在,使企业的技术创新保持着明显的优势。遍布德国的 370 家史太白基金会技术转让中心,为中小企业技术创新提供持续支持,使德国各类科研单位的科研成果能够迅速推向企业。德国各个大学和多数科研机构都建有技术转让办公室,得到众多咨询、开发或示范中心的支持,专职负责科研成果向工业界传播。

法国在全国 22 个大区建立了技术推广网,为中小企业提供技术信息服务,专职从事服务工作的人员近 2000 人;为加速技术转让,又由法国科研中心、国家创新署和 7 家全国性科研机构共同出资,创建了股份制技术转让公司,主要从事科研机构的科技成果转让服务。

英国贸工部[①]近年来也加大了对企业孵化器的支持,重点是生物技术企业孵化器。实践表明,没有科技中介机构的发展,新科技革命带来的巨大成果就不可能迅速转化;没有科技中介机构的发展,将会大大延缓新经济在发达国家的兴起。

长期以来,困扰我国科技和经济发展的一大难题是科技与经济脱节。经过近 20 年的科技体制改革,这一情况得到了很大改善;特别是一大批科研机构转制为高新技术企业后,面向市场的动力和活力大为增强,科技与经济脱节的问题开始从根本上得到扭转。但是每年仍有大量的科研成果沉淀在高校和科研机构中,主要原因是缺乏连接企业、科研机构和高校的有效渠道。多年来我们一直大力提倡产学研相结合,要做到这一点,一方面应发挥政府的组织协调作用,特别是对于重大科技成果转化的组织协调,这就是有人总结的"官产学研";另一方面,对于千千万万中小企业和科研机构、高校之间的联系,政府是做不了的,更多的是要依靠科技中介机构实现科技与经济、金融的结合。我们与发达国家在科技创新能力方面的差距,不仅表现在研究开发上,也表现在科技中介机构服务的能力和专业化水平上。

(三)发展科技中介机构是科技管理部门转变政府职能的重要方式

当前,转变政府职能工作正在加速进行,大幅度削减行政审批,取消一系列政府直接参与市场资源配置和市场运行的规章制度,使政府不再过多干预微观经济活动,将主要工作转到宏观经济调控、市场监管、社会和公共事务上,这既是我国加

---

① 现为英国商业、创新与技能部 (Department for Business, Innovation & Skill, UK)。

入 WTO 后必须履行的承诺，也是建立和完善社会主义市场经济体制的必然选择。在转变职能的过程中，凡是通过市场机制能够解决的问题，应当由市场机制解决；通过市场机制难以解决，但通过规范、公正的中介机构能够解决的问题，则应当通过中介机构解决。所以，中介机构的发展数量、服务水平和自律能力，直接关系到政府职能转变的进程；没有高水平的中介机构承接从政府中分离出来的大量管理和服务职能，政府的职能转变就不可能彻底，也难以达到预期的效果。

（四）发展科技中介机构是提高政府决策水平的有效途径

科技管理部门在确定科技发展战略、制订科技计划、确立科技工作重点领域、推动技术跨越发展等重大决策中，怎样能够抓住机遇，准确判断，科学决策，使国家的投入发挥最大效益，是经常面对和需要解决的重大课题。目前，科技管理部门普遍采用了专家评审和领导决策相结合的办法，但是科学的探索性也决定了专家意见的多样性，如何在综合分析各类专家意见的基础上做出决策，仍然时常困扰着我们。这就需要培育一批高水平的科技中介机构，运用现代化的技术手段和分析方法，长期跟踪某一领域的科技发展态势，系统、全面地积累相关信息，能够对各种专家意见进行综合分析，提出决策咨询意见和建议，从而使决策更加科学准确。此外，对重大科技计划、科技政策的实施效果做出客观、全面的评价，也同样需要科技中介机构。因此，促进科技中介机构的发展，是转变政府职能的重要前提和保障，也是各级科技管理部门不断提高决策和管理水平的迫切需要。

二、我国科技中介机构存在的问题

从整体上看，我国科技中介机构的发展仍处于起步阶段，服务能力远远不能满足日益增长的服务需求，突出表现在以下几个方面。

（一）科技中介机构发展不平衡

一些地方受观念、科技水平、人才和市场经济发展程度等诸多不利因素的制约，科技中介机构发展相对滞后，与当地日益增长的服务需求严重脱节；业务领域的发展也存在不平衡现象，生产力促进中心、各类科技企业孵化器发展较快，科技评估、创业投资服务等为科技与金融结合服务的机构发展较慢，不能满足高新技术企业发展过程对资金的巨大需求。

（二）部分科技中介机构服务水平、质量和人员素质偏低

一些机构是从政府部门分离出来的，不仅在运行方式上遗留着行政机关的烙印，机制不活，等客上门，主要业务也仅仅限于原有的行政管理范围，对政府的依赖性强，系统服务能力不足；一些机构缺乏清晰的业务定位和核心竞争力，专业化

水平低，限于一般性的信息咨询和服务业务，特色不突出，优势不明显，无法满足客户的综合服务要求，也难以形成规模效益；多数机构还没有创出自己的品牌和信誉，没有形成专业化分工和网络化协作的服务体系；相当部分从业人员专业能力不足，知识背景比较单一，在市场中开展服务的经验不足，熟悉科技中介服务业务的跨学科、高素质的复合型人才还十分匮乏；个别人甚至不讲职业道德，不顾行业信誉，导致社会上存在着"轻视中介、怀疑中介、嫌弃中介"的倾向。

（三）科技中介机构公共信息基础设施薄弱

中介服务的生命力在于知识和信息，完善的公共信息平台是科技中介机构获取信息的重要保障。我国的公共信息平台等基础设施建设，还远不能满足科技中介机构的发展要求。区域性信息网络还没有形成，公共信息资源由个别部门独占的现象普遍存在，难以共享，导致科技中介机构获取信息、处理信息的能力较低，更多地依赖社会关系和非正规渠道，信息的及时性、准确性和完整性都无法得到保障；获取信息的非正规性又进一步导致了不公平竞争。这已成为我国科技中介机构发展的一大障碍。

（四）政府部门对科技中介机构的管理和支持错位

目前，各级科技行政管理部门已开始向"政务、事务、服务"相分离的方向改革，但是职能转变还远不彻底，该放下去的"事务"、该放开由社会承担的"服务"还没有与"政务"完全脱离，导致科技中介机构发展的空间不大，难以充分发挥作用。一些部门对科技中介机构的支持方式出现"错位"，未能深入研究其发展规律和真正需求，很难提出有效的扶持措施，另外却又热衷于"兼做中介、控制中介、代替中介"，不利于科技中介机构的发展。

（五）促进和规范科技中介机构发展的政策法规体系缺乏

大多数类型的科技中介机构的法律地位、经济地位、管理体制、运行机制等还未明确。在扶持政策方面，也仅有"四技活动"税收减免等少数措施；在行业管理方面，除咨询、评估、技术市场等领域在少数地区有行业管理措施外，其他科技中介服务领域少见有类似制度在实施；在机构制度建设方面，很多机构仍然参照事业单位进行管理，非营利性机构等新型制度尚未真正得到实施；正是由于法律法规不健全，多头管理，政企政事不分，导致科技中介市场的运行还不规范，存在无序竞争和不正当竞争。

当前，我国科技中介机构的发展正处在十分关键的时期，如果能够正确认识科技中介机构的发展状况、基本规律和主要问题，有针对性地采取一系列有效措施，就能够推动科技中介机构在质和量两个方面的发展跃上一个新台阶。

三、我国科技中介机构发展的指导方针

今后一个时期，科技部将把发展科技中介机构作为科技工作的一项重要任务，以提高科技创新的运行效率和效益为出发点，以深化科技体制改革、转变政府职能为动力，充分发挥政府的扶持、引导作用和市场导向作用，鼓励多种模式的探索和实践，推动各方面力量按照专业化、市场化、社会化的方向兴办各类科技中介机构，使之成为国家创新体系的重要内容的有力支撑，成为提高国家科技创新能力的重要力量。

（一）坚持市场导向和政府推动相结合

科技中介机构是市场经济的产物，市场机制是科技中介机构发展的根本动力。发达国家的成功经验和各地的实践表明，巨大的社会需求、良好的市场环境和合理的社会分工是科技中介机构健康发展的基础；反之，科技中介机构的发展就难以摆脱计划经济体制的束缚而举步维艰。在推动科技中介机构发展的工作中，在制定政策和采取措施时，必须遵循市场规律，尊重科技中介机构的市场导向。对于推进产学研相结合的工作，特别是对于促进中小企业的技术创新活动，应更多地通过科技中介机构，按照市场机制来实现。

我们也要看到，由于我国尚处于经济与社会转型期，市场和政策环境不健全，科技中介机构的行业自律性不强，政府在科技中介机构发展中的宏观管理、政策法规体系建设、市场培育、规范运行等方面，还必须发挥至关重要的推动和引导作用。同时，不同地区的政府在发挥作用方面也应当各有侧重：较发达地区的政府应当将工作重点逐步转向动员社会力量发展科技中介机构，建立政策和法律法规环境，搭建公共信息平台，促进行业协会发展，通过协会加强对科技中介机构的引导和管理；欠发达地区的政府在创办示范性科技中介机构方面还应继续发挥作用，并可运用政府资源对其发展给予支持。

（二）坚持以发展为主题，发展和规范相结合

从总体上看，目前的科技中介机构不是多了，而是还很不够，特别是适应市场需求、真正能够为创新创业提供支撑性服务的机构还很缺乏；已有的各类机构在发展模式、功能定位、业务专长等方面也大多处于不断探索和创新阶段。因此，从时机上看，从实践的积累上看，当前要继续以发展为主题，像动员和引导科技人员创办民营科技企业一样，调动和支持各方面力量积极探索，大胆实践，特别要调动科技界和经济界的积极性，投入科技中介机构发展和服务体系建设，努力创造良好的环境和条件。同时，还必须清醒地认识到，规范化运行是促进科技中介机构健康、持续发展的重要保障，在大力发展的基础上，在不断积累实践经验的基础上，应当

对科技中介活动逐步加以规范，一方面要制定和完善政策和制度，另一方面要充分发挥行业协会的自律作用，使科技中介机构走上良性循环的发展轨道。

（三）坚持全面推进与分类指导相结合

种类较多，业务活动覆盖面广，是科技中介机构的一大特点，这也给政府部门的工作带来了一定的复杂性和难度，要求既要注重总结提炼科技中介机构发展的共性规律，制定相应的宏观政策措施，给予全面推动，也要善于把握不同类别、不同发展层次的机构的特殊性，进行分类指导。对不同类型的科技中介活动，如生产力促进中心、科技企业孵化器、科技咨询机构、技术市场等，都应当深入研究其发展规律和特点，实行与之相适应的政策和措施。"分类指导"是"全面推进"的基础，做好"分类指导"，才能实现"全面推进"。在这方面要注重借鉴国际上的成功经验。发达国家对中介机构大多按营利性和非营利性进行划分，实行不同的管理制度，以体现公平竞争和政府导向作用。有条件的地方应当进行这方面的探索，营利性机构自主经营、自负盈亏，改制为企业或按企业化管理，完全按照市场机制发展壮大；政府主要创造公平竞争的环境，鼓励其不断拓宽业务领域，大胆实践多种形式的赢利模式。非营利性机构要以服务为宗旨，将主要业务集中到难以取得相应经济回报的服务领域，建立绩效考核制度，政府给予必要资助并且与绩效考核挂钩。

（四）坚持地方建设与部门推动相结合

科技中介机构发展最直接的动力是当地的服务需求，最直接的效果是促进当地的科技进步、经济繁荣和社会发展。所以，发展科技中介机构必须首先调动地方的积极性，整合地方资源，紧紧围绕地方科技创新与经济发展的需要。离开了地方的重视、投入和政策环境建设，部门再重视、再支持也难以取得成效。另外，部门的工作如果不顾当地的实际情况，盲目建设，也将欲速则不达。各有关部门要根据本部门的优势和基础，组织和调动所属科研机构、高校积极参与当地科技中介机构的发展，对地方特色鲜明、发展较快的机构给予扶持，将地方建设与部门推动紧密结合起来。同时要加强部门之间的联合和协作，共同研究制定相关政策和措施，以促进各地科技中介机构的全面发展。

（五）坚持专业化分工与网络化协作相结合

科技中介机构要提高服务质量和水平，必须走专业化发展的道路，这就使得任何一家机构都难以为科技创新全过程独立提供综合配套服务。为此，近年来国际上出现了科技中介行业网络化发展趋势，已出现了城市网络、区域性网络和国际化网络。例如，美国俄亥俄州政府实施的"托马斯·爱迪生工程"，建立了11个孵化器，相对独立，各有侧重，在活动和服务的提供上又互相支持，互通信息，这种统一协调的结果使爱迪生孵化器系列成为全美国知名度最高的政府支持的孵化器项目。在欧洲也出现了覆盖全欧的创新中继中心网，由欧盟委员会利用"创新和中小企业计划"资助建立，共有 68 个中心，通过互联网互通信息，相互支持，成为欧洲重要的、也是最成功的技术合作与转让中介网络。网络化协作使科技中介机构在品牌、服务、管理等多方面的标准化得到加强，全面提升了机构的形象和影响，从而提高了机构的整体经营效率和市场竞争力。这些成功范例为发展科技中介机构提供了很好的启示。

（六）坚持实践探索和理论创新相结合

理论来自于实践，同时也是促进实践发展的先导。中国的科技中介机构是伴随着中国的科技、经济体制改革不断深化而发展起来的，也是通过不断地摸索和创新发展起来的，有很强的中国特色。因此，在充分借鉴国际成功经验的同时，也要重视和形成自己的理论体系，指导实践进一步深化，找到适合中国国情的发展道路和模式，通过理论创新开创科技中介机构发展的新局面。

四、建设科技中介服务体系的重点任务

科技中介服务体系是科技和经济结合不可或缺的桥梁和纽带，是当前国家创新体系的薄弱环节，建设科技中介服务体系，政府应当发挥关键性作用。

（一）加强科技中介机构的能力建设

1. 组织和动员专业技术力量建立健全科技中介机构

这包括结合科技、教育体制改革，推动一批科研机构整建制转为科技中介机构；立足于技术条件和人才优势，组织科研机构、高校兴办各类科技中介机构；提高科技情报信息机构的信息采集、分析和综合加工能力，与技术交易机构共同发挥区域技术转移中心的作用。要发掘社会资源，引导政府部门所属的政策调研、软科学研究等事业单位转变运行机制，在为政府决策服务的同时，面向社会开展科技咨询、评估活动；鼓励国有企业、民营企业和科研单位联合兴办科技企业孵化器或生产力促进中心，盘活存量资产；继续支持科技人员创办科技类民办非企业单位，从事科技中介服务。

2. 拓展科技中介服务内容，提高服务质量

具备条件的地方要积极采取措施，推动当地的科技中介业务向技术集成、产品设计、工艺配套，以及指导企业建立治理结构、健全规章制度、完善经营机制等服务领域拓展，充实服务项目的技术内涵，满足日益多样化、系统化、高层次的服务需求。结合当地经济结构调整，进一步加强面向特定行业、特定创业人员的服务业

务，提高服务的专业化水平；针对投融资渠道不畅问题，大力发展创业投资服务机构，吸引社会资金支持科技创新活动。

3. 吸引和培养各种优秀人才，尽快形成高素质人才队伍

科技中介服务是一项创新性工作，一定要有创新型的人才。人才问题始终是提高和保证科技中介服务质量和水平的最突出问题。要深化科技中介机构内部管理制度改革，吸引专业人才进入各类科技中介机构，带动服务质量的提高。对一些优秀人才在工作条件、生活条件上给予必要的保障，在政策上给予必要的激励，让这些人热心于从事科技中介服务工作，能够充分施展他们的创造、劳动和智慧。科技管理部门将把科技中介人才的培养作为实施人才战略的重要内容，做出统筹规划和安排，制定切实的措施予以落实。

4. 结合科技基础条件平台建设，扶持和培养一批大型骨干科技中介机构

这些机构对整个行业的发展至关重要，可以起到良好的辐射带动作用，树立起品牌和示范效应。各地方要建立稳定的投入渠道，选择有区域优势的生产力促进中心、科技企业孵化器、技术交易机构等，在共用技术开发平台建设、服务设备购置、从业人员培训等方面加大支持力度，打造精品服务项目，提高服务质量和水平。紧密结合科技计划管理制度改革，择优扶持一批科技评估、咨询机构培养高层次人才，提高项目论证、实施策划和效果评估能力，深入参与各类科技计划和成果转化工作的组织实施。"星火"计划、农业科技成果转化工作要重点支持农业龙头企业、农村经济技术合作组织，提高其对先进适用技术的应用能力。

5. 不断创新服务方式和服务手段

科技和经济的高速发展，对科技中介服务的创新也提出了越来越高的要求。近年来，在美国出现了专门孵化互联网企业的创业孵化集团，融合了风险投资、多元化控股集团和孵化器的功能，实现了创意、管理和投资在孵化器内的一体化，是孵化器发展的一次升级。科技中介机构要紧跟科技发展的步伐，不断创新服务方式、服务手段和组织形式，迅速提高服务水平。科技中介机构不仅要服务于创新活动的下游，把科研机构和高校的创新成果商业化，还要向创新活动的中上游延伸，直接参与到科研机构和高校的创新活动当中，从研究开发开始建立长期的合作伙伴关系。

（二）创造中介机构发展的良好环境

1. 建立公共科技信息平台

各地方要尽快解决公共信息渠道不畅、供应不足的问题，打破信息封闭，整合

政府部门、科研单位、信息研究分析机构的信息资源，建立区域性公共信息网络。各级科技管理部门要进一步向科技中介机构开放科技成果、行业专家等信息，为其提供及时、准确、系统的信息服务。从明年开始，科技管理部门将结合科技基础条件平台建设，下大力气支持以科技情报信息机构、成果管理机构、技术交易机构为基础的公共科技信息平台建设，并联合有关部门制定实施科技资源的共享制度。

2. 转变政府职能，充分发挥科技中介机构的作用

科技管理部门要把依靠科技中介机构完善管理和服务，作为转变政府职能的重要内容，对科技中介机构能够承担的工作，特别是面向中小企业的科技创新计划、先进技术推广、扶持政策落实等，要积极委托有条件的机构组织实施。大力推行"行政决策咨询"制度，对重大事项决策、重大项目论证和重要工作部署，要进一步依靠科技中介机构，支持其独立客观地开展工作，在推进决策科学化、民主化的同时，为科技中介机构创造更广阔的发展空间。国家高新区要在办好创业服务中心的基础上，选择一批功能互补的科技中介机构建立紧密的业务关系，使之成为高新区服务功能的有效延伸，实现高效管理和优质服务。科技管理部门在注重发挥科技中介机构作用的同时，也要加强指导和监督，提高他们的服务水平，杜绝可能发生的消极现象。

3. 加强科技中介机构与科研机构、高校、其他中介机构的联合与协作

通过广泛建立协作网络，使科技中介机构一方面能够充分利用科研机构、高校的专业知识、优秀人才和技术开发、检测、中试设施，作为开展中介业务的重要支撑；另一方面能够与法律、会计、资产评估等服务机构和投融资机构协调配合，相互集成，为科技创新全过程提供综合配套服务。

4. 逐步建立有利于科技中介机构发展的政策法规体系，营造公平有序的市场环境

要加紧研究和制定促进、规范科技中介机构发展的政策法规体系，逐步明确各类机构的法律地位、权利义务、组织制度和发展模式，理顺政府与科技中介机构的相互关系，形成法律定位清晰、政策扶持到位、监督管理完善、市场竞争平等的良好发展环境。应当特别指出，科技中介机构是一项新生事物，全国性立法工作将是一个长期的过程。在这种情况下，地方率先总结经验，制定地方性法规，具有突出重要的作用，不仅有利于规范当地科技中介机构的建设，而且将有力地推动全国性立法，从而推动我国科技中介机构的全面发展。

5. 为科技中介机构开展国际合作提供渠道

要把推动科技中介机构的国际化进程，作为扩大国际科技合作与交流、组织开

展出国培训等工作的重要内容，通过"请进来、走出去"的方式组织国内外机构的业务交流，学习和借鉴发达国家的成功经验，特别是先进管理经验和专业化运作模式，使国内机构的服务水平逐步与国际接轨。同时，要支持有条件的机构积极开拓国际业务，在参与国际竞争中加快发展步伐。

（三）开展大规模学习和培训

我国科技中介机构是随着社会主义市场经济体制的逐步建立而发展起来的，历史较短、积累较少，在知识和经验等方面都存在先天不足，这是目前制约我国科技中介机构发展的一个重要因素。所以必须把学习和培训作为一项紧迫任务，抓紧抓好。

在学习方面，要虚心向国外学习。我国的很多科技中介机构还处于起步阶段，发展时间不长，而发达国家的中介机构已经经历了很长的发展历程，机构本身积累了丰富的发展经验，政府在扶持、引导和管理方面也积累了成熟的经验，形成了比较完善的规范和制度。因此，向发达国家学习，是推动我国科技中介机构提高服务能力、加速自身发展的一个重要途径，特别是在与科技创新密切相关的评估、金融、风险投资等还非常薄弱的领域，更要向国外学习。在学习中，有的可以采用拿来主义，先拿来用，用了一段时间后再结合我国的具体国情加以改进和创新；有的可以高薪聘请国外人才讲课或在机构中担任职务，面对面地、更直接地向他们学习；有的也可以派业务骨干出国，进行短期或长期学习，但要切忌搞形式主义，派外语好的业务骨干出去，静下心来认真学习和钻研，真正学到他们最核心的经验、知识和技能。

同时，我国的科技中介机构之间也要相互交流、相互学习。发展慢的地方要向发展快的地方学习，刚起步的机构要向已经取得初步成功的机构学习，经验少的人要向经验多的人学习。科技管理部门要把组织科技中介机构之间的学习、交流和考察作为一项重要工作，有条件的可以组织发展较慢的地区派人到发展快的地方兼职，亲身体验、边干边学。

在培训方面，应清醒地认识到，我国科技中介机构的大部分从业人员都是改行过来的，在科技中介服务方面没有受过系统的教育和培训，再学习、再培训的需求尤为迫切。应当对此给予高度重视，通过大力开展培训工作，尽快提高从业人员的业务水平和素质。要把培训作为促进科技中介机构发展的一项基础性工作，对从业人员必须掌握的基本知识和技能提出明确要求，根据人员知识结构有针对性地确定培训重点，制订相应的培训计划，并在时间和经费上予以保证。培训内容既要包括法律法规、政策制度、职业道德、行业规范、公共关系，以及现代科技、经济发展趋势等方面的综合知识，也要包括企业管理、市场营销、技术创新等方面的专门知识，以及科技中介服务的方法、规则、手段等专业技能。培训要与科技中介机构的资格认证结合起来，以保证人员和机构的质量。科技中介机构自身要充分认识培训的极端重要性，要有战略眼光，在培训上舍得投入，这方面的投入是有高回报的。

加强对各类科技中介机构从业人员培训工作的指导；对重点机构的主要经营管理人员，对科技评估、知识产权等目前仍然十分薄弱、迫切需要加快发展的科技中介服务领域，将直接组织开展培训工作，加大投入力度。地方科技管理部门也应抓好培训工作，深入了解当地科技中介机构的培训需求，针对发展中的具体问题进行培训，注重实效，并作为一项长期工作坚持不懈地抓下去。

（四）发挥行业协会的作用

行业协会在科技中介机构的管理和建设中发挥着不可替代的作用，建立健全行业协会是加强政府指导、完善科技中介管理体制的重要环节。各地方要以促进科技中介机构的规范、健康发展为宗旨，以会员制为主要形式，按照自愿、平等的原则组建各类科技中介行业协会，组织开展同行业交流、跨行业协作和市场开拓活动，建立科学、民主的决策程序和行之有效的自我管理、共同发展模式。

各级科技管理部门要加强监督和管理，指导行业协会的自身建设，使之能够吸引优秀人才，为行业发展提供国家政策咨询、市场调研和预测、项目引进、国际合作和交流、人才培训、行业自律等方面的服务，及时向有关部门反映科技中介机构的意见和建议，成为科技中介机构与政府、中小企业、科研单位联系的重要渠道。

推动行业协会建立行业自律制度。科技管理部门要积极争取当地政府对行业协会开展行业自律给予授权和支持。行业协会要以国家法律、法规和政策为依据，制定和实施行业行为规范、服务标准、执业操守、违规惩诫、资质认证、信誉评估等行业管理制度，组织本行业的科技中介机构和从业人员自觉遵守、共同维护，形成重合同、守信用、诚信经营的行业风尚，使行业发展走上法制化、规范化的轨道。

（五）建立良好的信誉体系

良好的信誉是科技中介机构生存和发展的基础。世界著名的美国安达信会计事务所，因涉嫌帮助安然公司造假而陷入信用危机。这一事件提醒我们，"诚信"是市场经济活动中的安身立命之本，任何机构和个人贪图一时之利而置规则于不顾，必将受到规则的惩罚。当前我国科技中介机构发展受到制约的原因之一，是缺少信誉评价体系，致使很多客户存在矛盾心理，一方面迫切需要中介服务，另一方面又感到风险较大，态度谨慎。因此，引导科技中介机构建立良好的信誉体系，应当提上议事日程。

建立信誉体系，要积极探索依托行业协会开展信誉评价和监督工作，以科技中介机构为对象，以用户为中心，以服务质量为重点，采用科学、实用的方法和程序，对科技中介机构的服务能力、服务业绩和社会知名度、内部管理水平、遵纪守法情况、用户满意程度等进行客观、公正的评价，评价结果向社会公布。信誉评价工作要以维护科技中介行业信誉、提高专业化服务水平、促进科技中介机构发展为宗旨，以公平、公开、公正和自愿参加为原则，不得以赢利为目的；要建立信誉评价信息发布和查询制度，推动信誉监督管理社会化；要与科技中介机构从业人员培训计划的实施相结合，促进人员素质的全面提高。对取得较高信誉的科技中介机构，科技管理部门在重大科技决策、科技计划实施、科技成果转化等工作中要充分发挥他们的作用。

(六) 抓紧任务落实

根据各自的科技、人才、资源特点，抓住机会，研究并提出各地方、各有关方面新形势下发展科技中介机构的战略、目标和工作重点，将相关工作提上重要议事日程，落实到具体任务之中，有针对性地制定和完善扶持、激励、规范的政策措施，综合运用经济、政策、法律等手段推进科技中介机构的发展。加快政府职能的转变，改进工作方式，提高办事效率，研究和把握科技中介机构的发展规律和特点，在加强监督和管理的同时，尊重广大科技人员的首创精神，及时解决实践中出现的新情况、新问题。

发展科技中介机构，需要各方面的共同支持，共同创造环境条件。各级科技管理部门、各国家高新区要积极联合有关部门，在指导科技中介机构发展、组织开展试点示范、建立健全政策法规体系、培育和规范科技中介服务市场、总结推广成功经验、提供必要的经费支持等方面发挥重要作用。大力宣传科技中介机构对科技创新的重大意义和贡献，促进社会了解、重视和支持科技中介机构，充分调动各方面的积极性，共同推动科技中介机构的快速发展。

国家创新体系建设的任务和方向[①]

(2002年12月20日)

国家创新体系是融创新主体、创新环境和创新机制于一体，在国家层次上促进全社会创新资源合理配置和高效利用，促进创新机构之间相互协调和良性互动，充分体现国家创新意志和战略目标的系统。加快国家创新体系建设，是党和国家在新时期把握新机遇、迎接新挑战的基础性工作，对于我国经济、社会、科技的持久发展和中华民族的伟大复兴，具有重要和深远的意义。

一、加快国家创新体系建设的重要性和紧迫性

(一) 科技改革与发展为加快国家创新体系建设奠定了基础

近年来，围绕建立社会主义市场体制的总体目标，科技体制改革进一步深化，科技进步和创新不断取得新的成就，为新时期加快国家创新体系建设奠定了坚实的基础。一是科技体制改革取得了历史性突破。通过技术开发类科研机构企业化转制改革、公益类院所分类改革，以及中国科学院知识创新工程试点工作，我国科技创新体系结构已经发生了根本性改变。通过实施科学基金制，初步建立了与社会主义市场经济体制相适应的国家管理和支持基础研究的有效模式。国有大中型企业技术创新能力有所增强，科技型中小企业特别是民营科技企业迅速成长，科技中介服务机构不断壮大。市场导向成为技术创新的主导力量，市场机制在科技资源配置中的作用更加突出。二是创新制度环境逐步完善。1999年全国技术创新大会召开以来，国家先后出台了《技术进出口条例》、《国家科研计划项目研究成果知识产权管理的若干规定》等20多个有关科技创新的法规和政策。各地也结合实际出台了许多地方性政策法规，促进了区域创新活动的蓬勃开展。三是全社会科技投入不断增加。2001年全国研发总支出达到1042.5亿元，占到国内生产总值的1.1%，首次突破千

[①] 根据2002年12月20日在科技部党组中心组关于"加快国家创新体系建设"(扩大)学习会议的发言和2003年1月6日在2003年全国科技工作会议上的讲话等整理而成。

亿元，全社会支持科技创新的能力跃上了新的台阶。其中，企业的支出达到630亿元，较上年增长17.3%，高出总体增长水平，已占到总支出的60.4%。四是科技进步对经济和社会发展的支持能力正在提高。2001年我国高新技术产业的工业产值达到1.8万亿元，产品出口达到464.5亿美元，对出口增量的贡献率达到55.5%，成为拉动国民经济增长的重要力量。信息技术、生物技术的蓬勃发展及其广泛应用，对传统产业结构优化升级也产生了强大的推动作用。农业、制造业等领域的技术研究取得了许多重要突破，提高了产业技术水平和竞争能力。人口、资源与环境领域的科技进步，也为我国可持续发展战略的实施奠定了坚实的技术基础。

（二）创新能力薄弱使我国现代化建设面临新的挑战

1. "技术瓶颈"已成为我国经济社会发展的重要制约因素

长期以来，我国的产业竞争力主要建立在自然资源和简单劳动的比较优势上。当前，我国经济进入以结构调整为主线的发展阶段。随着市场竞争的加剧和资源、环境压力的增大，产业发展对技术需求的紧迫性也在日益增加，技术供给不足的矛盾日益尖锐。宏观经济中的主要问题，不仅反映为有效需求不足，而且也反映为有效供给的不足，深加工产品和高附加值、高技术含量产品主要依赖进口。在制造业领域，占全部固定资产投资约40%的设备投资中，有60%以上要靠进口来满足，高科技含量的关键装备基本上依赖进口。这种局面如不能尽早得到扭转，必将抑制国民经济的快速增长，抑制国民经济结构的战略性调整。

2. 原始性创新能力不足不利于我国进一步扩大开放，主动参与国际竞争

我国加入WTO后，将极大地加快对外开放的步伐，进一步加深国内经济与国际经济的融合。但是，由于我国科技原始性创新能力不足，难以产生重大的科学发现和技术发明，难以获得在国际竞争中具有决定性作用的专利成果，从而在国际分工中有可能长期被固化在低技术、低附加值环节。目前，我国已授权的发明专利只相当于日本和美国的近1/30、韩国的1/4，国内企业正在形成对国外技术成果的持续依赖。我国制造业规模迅速扩大，但大量核心技术还是掌握在跨国公司手中。原始性创新能力薄弱，核心技术供给不足和受制于人，这对于我国未来产业和经济安全构成了潜在隐患。

3. 当代新技术革命对我国提出了严峻挑战

当代新技术革命是经济结构升级和优化的源泉。以信息和生物技术为代表的新技术革命极大地改变了世界的经济格局。创新能力已成为决定经济增长的关键因素，创新资源成为当今国际竞争的焦点。研究表明，世界科技发展的不均衡性要远大于世界经济的不均衡性，当代绝大多数领域的技术制高点被发达国家所控制。根

据世界银行的统计，在全球研发投入中，美国、欧盟、日本等发达国家和地区占86%；在国际技术贸易收支方面，高收入国家获得全球技术转让和许可收入的98%。在生物工程、药物等领域，美国、欧盟和日本拥有95%左右的专利，包括我国在内的其他国家仅占4%~5%。作为一个发展中大国，我国与发达国家及新兴工业化国家相比，在科学积累和技术水平方面不仅存在着巨大差距，而且一些重要领域的差距还有不断扩大的趋势。

4. 许多国家已将加强国家创新体系建设作为全球化条件下国家发展战略的重要措施

从20世纪80年代以来，美国通过强化知识扩散能力与知识应用能力，为其新经济的崛起奠定了强有力的技术基础。欧盟先后出台了《创新政策绿皮书》、《创新欧洲：第一行动计划》等。韩国明确提出了科技开发战略由跟踪模仿向创造一流科学技术转变。最近公布的《全球竞争力报告2001~2002》显示，我国的创新能力得分不仅远低于欧美等发达国家，而且也落后于巴西、印度等发展中大国。这种差距主要就是表现为创新政策、创新集聚环境和创新合作等方面的制度性差距。在我国科技快速发展的同时，其他国家也正以更快的速度发展科学技术和提高创新能力，竞争态势相当严峻。

（三）我国的国家创新体系建设正进入新的阶段

目前，我国科技事业正处在一个十分关键的转折时期。全面建设小康社会对科技创新提出了全新的要求，国民经济持续、快速的增长为科技发展提供了强大的需求动力，规模巨大和多样化的市场格局更为科技进步创造了巨大发展空间。随着经济全球化的发展，以及我国加入WTO，技术获取的来源和渠道更加丰富，这为我国在某些技术领域的集成创新提供了更多的可能性。积极利用后发优势，通过原始性创新和系统集成实现技术的跨越式发展，将成为我国科技发展的必然选择。

面对各种新的形势和要求，我国科技创新战略需要进行重大的调整：一是调整科技创新战略的指导思想，更加强调原始性创新，力争实现科学技术发展的跨越；二是调整科技创新的管理体制，牢固树立"以人为本"的价值观；三是调整科技创新的工作方针，下决心做到"有所为，有所不为"，集中力量办大事；四是调整科技创新模式，从注重单项技术创新转变到更加强调各种技术的集成，强调在集成的基础上形成有竞争力的产品和产业；五是调整科技创新的动员机制，充分调动和组织全社会各方面力量投入和支持科技创新。

一个国家的整体创新能力不仅来自企业和研究机构内在活力的增加，更来自科学的制度安排和良好的社会经济环境。当前，国家创新体系建设将进入到在国家层次上进行整体设计、系统推进的新阶段。发展环境的变化，要求我们在多年来改革与发展的基础上，以增强国家整体创新能力为目标，加速建立一个既能够发挥市场作用，又能够根据国家战略有效动员和组织创新资源，既能够激发创新行为主体的自身活力，又能够实现系统各部分有效整合的国家创新体系。在这一体系中，政府将发挥更加积极和有效的作用，官产学研的结合将更加紧密和协调，社会资源将得到更加广泛和充分的利用，体系的对外开放程度将不断扩展和延伸。根据这一思路，新时期国家创新体系建设应具有三个突出特点：①充分发挥市场配置资源的基础性作用与强化政府宏观调控功能相结合；②激励微观创新机构的自身活力与推进总体结构调整和系统整合相结合；③推进科技体制改革与强调科技、教育、经济体制改革联动相结合。

二、国家创新体系建设亟待解决的突出问题

（一）宏观调控问题

当今世界，一个国家的创新能力特别是战略高技术领域的创新能力，往往与该国在全球的政治地位密切相关。创新活动已不单纯是经济范畴的内容，同时也是一个国家政治、经济战略意图的体现，是各国在世界政治、经济舞台上地位和实力的反映。强化创新活动中的国家意志，已成为许多国家共同的战略选择。与经济社会发展对科技创新的迫切需求相比较，目前我国在创新活动组织、创新资源配置和创新制度供给方面缺乏有效的宏观调控及战略协同机制。突出地表现在：一是有关部门、各地方之间在创新活动组织中彼此分割、相互脱节，重复现象仍然比较突出，创新效率不高，无法真正做到集中力量办大事；二是军民两大研发及产业体系之间长期处于分离状态，造成两大创新体系有一定程度的割裂、封闭。一些重要的研究开发活动往往在军民两个体系间重复进行，不适应当今军民技术日趋融合、高新技术两用化的趋势。

（二）创新体系结构问题

目前，我国国家创新体系结构总体上趋于优化，但创新机构之间相互作用的网络体系远未形成。同时，我国国家创新体系还存在明显的薄弱环节，结构性缺陷亟待加以弥补和完善。一是企业的技术创新主体地位尚未真正确立。大中型工业企业约有一半的企业没有技术开发活动，40％左右的企业研发机构没有稳定的经费来源，众多中小企业难以获得必要的技术支持。二是公益性科研机构和力量相对薄弱的问题十分突出。经过几轮改革，目前部门所属的公益类科技队伍只有1.5万人。但是，由于经费投入严重不足，一些公益类研究机构难以有效地开展研究开发活动，骨干人员特别是青年人才流失现象严重。农业、卫生与健康、资源与环境、标准等领域的公益性研究，都远不能满足社会发展的基本需求。三是中介服务机构不健全的问题未能得到有效解决。有关科技中介服务的法律法规不健全，针对中介机构的综合性指导意见和扶持性、规范性政策几乎空白。一些中介机构服务能力不

足，对政府的依赖性较强。经济欠发达地区的中介服务机构发展更为滞后。

（三）创新环境问题

据调查显示，创新环境的不尽如人意仍然是现阶段制约我国创新进程的关键因素。首先是在硬环境方面，科技基础条件十分薄弱，公共科技的基础平台远未形成。科技基础条件投入长期严重不足，科技基础设施普遍比较落后，广大科技人员及社会公众难以迅速了解国际科技发展的最新动态，难以得到必要的公共科技基础支持。同时，由于缺乏国家层次上的整体规划和统筹布局，事实上无法实现科技资源和基础条件的有效共享，造成国家有限的资源分散、重复和浪费。其次是在软环境方面，有关创新的制度、政策和文化不能适应创新体系建设和发展的要求。突出表现在：科技系统缺乏相互开放的环境，机构之间的学术交流、人才交流明显不足；科技评估和决策机制不够健全，小单位、小人物或非共识性科研项目难以得到及时支持；缺乏支持原始性创新、宽容失败的文化氛围，跟踪模仿意识在很大程度上已成为创新和超越的羁绊。

（四）科技投入机制问题

面对当今激烈的国际竞争态势，世界各国在调整创新政策中，都把加大科技投入、强化公共科技创新平台建设作为基本的战略措施。目前，我国在科技投入机制方面还存在一些突出的问题。一是与国民经济和社会发展相适应的财政科技投入稳定增长机制不健全。在国家财政支出结构中，科技投入始终没有得到足够的重视。近年来，国家财政科技投入总量虽有所增加，但占同期财政支出的比例却在逐年下降。这种状况与我国所处工业化阶段不相适应，不仅难以支撑起我国相对完整的科学技术体系，更难以满足新型工业化进程的紧迫需求。二是引导和激励社会各类资源积极投入的调控机制不健全。财政资源与社会资源不能良性互动。政府投入难以起到示范、引导、调整的作用，社会资金也难以通过政府资金的先期介入寻找到更好的获利或避险空间。企业研发投入占销售额的比重长期在低水平徘徊，投入强度明显偏低。此外，社会资金不能有效进入到研发和产业化领域，未能充分分享科技创新成果和分担科技创新风险。针对科技型中小企业的资本市场尚未健全，对这类企业的成长构成了较大制约。三是与科技发展规律相适应的科技投入管理机制不健全。对国家科技经费的使用缺乏全过程的有效监管，部分科技经费未能保证专款专用，对科技经费的使用效果也缺乏科学、公正的评价。现行的五年计划科技投入模式，无法适应当今科学技术日新月异的发展形势和要求，难以进行适时的动态调整。在科技投入及支出结构中，国家重点实验室等科技基础工程缺乏必要的运行经费，科研项目经费用于流动人员的部分严重不足，部分科技事业经费难以择优支持跨部门、跨区域的科技项目，从而使得开放、流动、竞争、协作的机制难以有效地建立起来。四是科技投入结构有待完善。现有的研发投入结构中，基础研究和应用类研究的比例明显失衡，国家支持基础研究的投入力度不够，使得许多重大基础性问题的研究难以获得稳定、持续和充足的支持。这也是我国近年来缺乏重大科学发现和技术发明的一个重要原因。科学积累不足，技术储备不够，对后续的应用研究和产业化发展造成了不利的影响。

三、国家创新体系建设的主要任务

（一）国家创新体系建设的目标

国家创新体系建设的主要目标是：到 2010 年，初步建立适应社会主义市场经济体制和科技自身发展规律的国家创新体系，全社会研究开发经费占国内生产总值的比重达到 2%；国家科技基础条件、创新体制和创新文化等方面的建设取得明显成效，国家重点科研基地建设达到世界先进水平，重点领域的原始性创新能力实现大的飞跃。到 2020 年，建立比较完善的国家创新体系，全社会研究开发经费占国内生产总值的比重达到 3%，国家科技竞争力进入世界前列。

（二）国家创新体系建设现阶段的主要任务

1. 强化科研机构、大学的创新能力

未来国家创新体系建设要着重发挥科研机构和大学在科技创新和人才培养方面的核心作用，建立以公益类院所为主体的国家公共科技供给和服务体系。为了保证涉及国计民生和国家利益的重大公共技术及公益服务的有效供给，要在公益类科研机构分类改革的基础上，形成一支为国家目标服务的、稳定精干的科研力量，按非营利性机构运行和管理，国家大幅度提高支持强度。其主要任务是承担事关国家目标、经济社会可持续发展和人民生活质量等的公益性研究，面向社会开展无法得到相应经济回报的公共服务。加强中国科学院创新能力的建设。中国科学院在国家创新体系中占有重要的地位。要通过进一步推进和深化知识创新工程试点工作，积极探索符合中国国情的现代科研院所管理制度，进一步优化学科布局，形成一支精干、高效的科学研究队伍，将其建设成为具有国际先进水平的科学研究基地、培养造就高级科技人才的基地和促进我国高技术产业发展的基地。其主要功能是紧紧围绕国家战略目标，承担基础性、战略性和前瞻性的研究工作，并与企业、大学及其他科研机构形成相互开放、分工合理的结构布局，在国家层次上实现创新资源的优化配置和创新成果的充分利用，进一步发挥大学在国家创新体系中的基础性作用。在未来国家创新体系建设中，大学应继续深化科研体制改革，重点开展自由探索的基础研究，同时还应新建和组建一批多学科交叉的国家重点实验室，从事围绕国家目标的基础研究和战略高技术研究，并向社会提供公共科技产品及服务。通过联合

承担国家科研任务和开放实验室等,加强与科研机构之间的结合。通过加强研究型、综合性大学建设,大力培养优秀创新人才,促进自然科学与社会科学、人文科学的深入融合。此外,大学还应当成为区域研究开发中心,并不断通过向产业的技术转移和扩散,提升区域创新能力。

2. 确立企业在技术创新中的主体地位

使企业真正成为技术创新的主体,是国家创新体系建设的核心任务之一。目前,我国产业结构调整已进入创新主导的发展过程,企业发展将由重点提高生产能力转向重点提高创新能力,企业技术需求和技术投资能力也大大提高。因此,国家应当采取积极的措施,为各种类型的企业提供公平有效的创新支持,真正确立企业在技术创新中的主体地位。企业应当成为技术创新投入和组织的主体,在全社会研发投入中发挥更加积极的作用,并利用和集成企业内外的各种要素和资源,解决企业乃至行业发展中的重大技术性问题。当前的重点工作应当是:进一步加强国有大中型企业技术创新机构和能力的建设,发展以企业为主导的工程技术中心,引导企业调整、制定创新发展战略,加大对创新的投入;进一步发挥民营企业在高新技术产业化方面的积极作用,鼓励民营企业参与国家和地方重大科技计划;进一步引导转制科研机构加强应用基础研究和增强持续创新能力,在相应的产业领域发挥先导和支撑作用;进一步鼓励外资企业在我国设立研发中心,开展本土化的创新活动。同时,大力促进产学研的结合与互动,支持企业与大学、科研机构通过共同建立实验室或研发机构、共同承担国家任务等形式,加强多种形式的合作研究,推动企业广泛建立技术创新战略联盟。

3. 健全社会化、网络化的社会中介服务体系

社会中介服务机构是耦合各创新主体的环节,主要开展与创新活动直接相关的信息交流、决策咨询、资源配置、技术服务及科技鉴定等业务。它在促进政府、各类创新主体与市场之间的知识流动和技术转移方面发挥着关键性作用,主要包括:直接参与技术创新过程的机构,如生产力促进中心、创业服务中心(孵化器)等;利用技术、管理和市场等知识为企业和社会提供咨询服务的机构,如科技评估中心、情报信息中心、知识产权事务中心等;为创新资源流动与配置提供服务的机构,如技术产权交易机构、人才中介机构等。当前创新中介机构的建设重点是为科学研究提供服务的中介机构,为中小企业提供服务的中介机构,为农村经济和科技发展提供服务的技术推广机构。

4. 建立富有特色的区域创新体系

区域创新体系是国家创新体系的重要组成部分,区域创新体系的多样性和差异性是国家创新体系的活力所在。国家应注重发挥各地的创新积极性,把突出区域特

色及加强区域之间的相互联系作为制度设计和政策制定的重要出发点。通过与地方共建若干创新基地等形式，带动区域经济的发展。注重培育和发展跨省市的区域创新体系，以产业集群为核心的区域创新体系和以中心城市为载体、辐射周边地区的区域创新体系。各地高新技术开发区是地方创新的密集区，要推动高新区以强化技术创新能力为核心的"二次创业"，加强高新区在地方技术转移和高技术产业化中的龙头作用，提高地方的创新能力。

5. 建立规范、高效的宏观调控体系

在未来相当长的时期内，加强政府在国家创新体系中的宏观调控与引导作用仍然是非常必要的。其主要内容包括：一是宏观管理体系，重点进行有利于创新的制度设计，建立健全法律法规体系，为创新活动提供制度和政策保障；二是科技计划体系，重点围绕国家重大战略目标组织和集成社会创新资源；三是科技投入体系，重点通过国家财政投入及其他经济手段，形成对科技创新的持续支持和社会资源的有效动员；四是条件支撑体系，重点提供科技基础设施、科学数据等公共产品及服务，为全社会创新活动构建公平、有效、共享的平台；五是创新评价体系，重点对不同性质、不同类型、不同区域、不同阶段的创新活动和国家财政资助的科研机构绩效进行科学、合理的评价，引导创新方向及创新资源的合理配置。

6. 建立有利于创新创业的文化氛围

进一步解放思想，大力弘扬科学精神、创新精神，树立民族自信心，培植鼓励创新、探索、敢冒风险、容忍失败、尊重不同学术意见的文化氛围，探索激励和约束相结合的管理机制。要把创新文化建设作为科技界、产业界加强精神文明建设的一项重要内容，积极引导各类创新机构开展各具特色的、富有创新活力和凝聚力的创新文化建设。

（三）建立健全国家创新体系良好的运行机制

1. 开放机制

国家创新体系建设必须以推动开放流动、促进资源共享为重要目标。一是国家科技计划对全社会的开放，广泛动员和吸收企业等社会力量参与；二是科研机构管理的开放，特别是依靠国家财政投入建立起来的国家大型研究设施、信息数据系统必须对社会全面开放，形成健全有效的共享制度；三是学科之间的开放，特别是应当大力加强自然科学与人文社会科学的相互融会，以更好地引导和把握科技发展及其应用的方向；四是对国际的开放，提高国家科技计划或科研项目的对外开放程度，积极鼓励国内科研力量参与国际重大科技合作项目。

2. 协作机制

建立广泛的、多层次的创新合作网络及机制，促进各创新机构之间的分工协作，促进人员的合理流动，重点是产学研结合机制、企业创新联盟机制及军民协作开发机制。

3. 激励机制

体现"以人为本"理念，形成一个促进创新、加快应用的有效激励机制。在原创性活动中，通过科技评价制度、奖励制度、科研管理制度及创新文化环境建设等，促进优秀创新人才脱颖而出。在创新成果转化方面，充分发挥市场机制的引导和激励作用，通过强化知识产权保护、保障创造性劳动的合理收益等，为创新创业人员的成长和发展提供必要的支持。

4. 竞争机制

打破部门和行业垄断，鼓励各类机构平等参与承担国家重大计划和任务；创造良好的制度环境、政策环境和科技基础条件平台，为全社会所有单位和科技人员提供成长发展的沃土，营造公平竞争条件下创新人才脱颖而出的良好环境。

四、加强国家创新体系建设的若干建议

（一）建立健全宏观科技调控机制

紧紧围绕国家战略目标，加强宏观调控，减少或克服部门利益的影响，切实解决好科技资源分散重复、低效配置等问题：①推动科技法制化进程。采取切实措施落实已有的《中华人民共和国科技进步法》和《中华人民共和国成果转化法》；围绕科技投入、科研机构建设、科技资源共享等重大科技问题，开展相关的立法前期研究，使之尽早纳入立法程序。②研究制定《国家中长期科技发展战略规划》。由国务院、中央军委[①]联合组织专门委员会，抓紧研究制定面向未来战略需求的国家中长期科技发展规划，在此基础上集成全社会力量，实现国家重大和长远战略目标。③加强在国家层次上的顶层设计。健全科技宏观决策机制，实行对国家财政科技经费的整体预算，加强对国家科技投入的监督管理与绩效评估。④成立国家科技咨询委员会。由高层次战略专家组成，负责就我国科技发展总体方针、战略规划、重点方向和重大经费安排等问题，向党中央、国务院提供政策建议与咨询意见。

---

① 即中国共产党中央军事委员会，简称中央军委。

(二) 建立多元化科技投入体系,大幅度增加财政科技投入

目前,我国中央和地方财政对于科技投入的增加不仅是必要的,而且是完全可能的。从适应和利用 WTO 的有关规则来看,增加科技投入也是世界各国促进技术创新、提高国家竞争力的通行做法。据研究测算,按照全面实现小康社会建设目标的要求,2010 年全社会研究开发经费占国内生产总值的比重应达到 2%,2020 年应达到 2.5%～3%。为此建议:①建立稳定增长的财政科技投入增长机制。在国家财政预算体系中设立研发政府预算收支一级科目。迅速扭转近年来国家财政科技拨款占财政支出比重逐年下滑的局面,较大幅度提高财政科技投入水平。②创建多元化、多层次的金融资本市场体系。鼓励创业投资,积极推动建立创业板和场外交易市场,引导和激励社会资源对科技创新活动的投入。

(三) 加强创新体系薄弱环节的建设力度

1. 大力推进企业技术创新工作

重点包括:①鼓励企业增加研究开发投入。国家应通过多种政策和措施,发挥国有大中型企业技术开发中心、国家工程中心的作用,加强企业研究开发机构建设。要充分发挥税收政策的引导作用,在继续用好减免税政策的同时,加大对企业研究开发投入的税收抵扣。②支持企业建立和发展各种形式的创新战略联盟。通过重大项目带动和市场化利益共享机制,建立技术创新联盟,是国际上最常见的创新组织形式。我国应当积极探索由行业协会牵头,以骨干转制科研机构为依托,组建由相关企业联合出资的行业技术开发中心,形成企业创新战略联盟,促进企业之间优势互补和利益共享。③大力支持中小企业创新活动。中小企业是最富有活力的创新源。国家应当大力扶持中小企业的创新,对中小企业提供技术援助和建立健全市场投融资机制。国家科技型中小企业创新基金应当加强对生产力促进中心、科技型企业孵化器等机构建设的支持,共同为中小企业提供多要素的创新平台。

2. 积极强化社会公益性科研活动

进一步深化公益类科研院所分类改革,对按非营利性机构运行和管理的公益类科研机构,在优化结构、精干队伍的基础上,大幅度提高国家财政的支持力度。改革到位后,在国家层次上形成约 100 个机构、1.5 万人的规模,稳定服务于国家目标和公众需求的公益性研究队伍。国家保证其人均基本运行经费达到 10 万元/年以上,并增加科研装备投资。

3. 积极发展科技中介服务机构

加速建立健全有关创新中介机构发展的法律法规,引导此类中介机构规范和健

康地发展。大力加强农村科技中介服务机构建设，为农村技术转移提供通畅有效的渠道。鼓励现有各级各类科研机构充分发挥自身人才、信息和技术等优势，通过改革转制为科技中介服务机构。鼓励和规范国外中介服务机构进入我国中介服务市场，促进国内中介服务业的发展。

4. 加强国家科技基础条件平台建设

当今国与国之间的发展差距，已经不再由一般资源的占有量和一般基础设施建设规模所决定，而是更多地取决于对科学技术资源的开发和利用能力。工业化社会的基础设施主要表现为物化的建筑、机器设备等，而信息化和知识经济社会的基础设施则主要表现为科技基础设施。为此，各国政府都把建设一流的科学技术基础条件作为国家创新体系建设的基本任务，作为拉动内需的一项重要举措。在加入WTO后，我国应当大幅度加强科技基础设施建设，对现有大型科技设施、自然科技资源、科技文献和科学数据等进行战略重组和系统优化，加强以资源共享为核心的制度建设，形成布局合理、功能齐全、开放高效、体系完备的网络化、数字化、智能化的基础性公共平台。

（四）实施国家战略产品专项计划

随着当代技术体系的日益国际化，世界上许多国家都对直接关系国家经济繁荣和国家安全的关键技术及战略产品发展加强干预。我国作为发展中的社会主义大国，选择少数重大战略产品作为突破口，积极促进关键技术及产业发展，保持战略技术及产业领域的相对完整性和独立性，是维护国家主权和长远利益的重要基石，是国家政治意志的集中体现。为此建议在保持和加强对长期性、连续性和基础性科技活动支持的同时，抓紧研究并组织实施国家战略产品专项计划，促进重大技术成果的集成，带动相关高科技产业的兴起和发展。

（五）促进军民创新体系的融合

江泽民同志深刻指出："坚持寓军于民，是一个关系国民经济和国防科技建设全局的重大问题。"为了有效解决国家创新体系中的军民分离格局，应当努力建立国家竞争力导向的国防技术政策，由单向的"军转民"转向"建立军民共用技术基础"。在科技管理体制上，应当积极协调、整合军民科技管理部门的工作，形成军民两大科技系统资源共享、协同配合的机制。除特殊需要外，军品科研及生产项目一般应实行全社会招投标。积极探索并推进军事科研机构的改革，积极引入民营机制和竞争机制，对有条件的国防科研单位或军工企业应当实行属地化管理。

（六）努力营造有利于创新的政策环境

重点包括以下四个方面。

（1）政府采购政策。通过推动相关立法，以及颁布政府采购的技术标准和产品目录，依靠政府采购引导社会投资规模和方向，降低创新企业进入新兴技术及产业领域的风险，为国家战略技术及产业提供必要的市场空间。

（2）创新评价政策。重点鼓励新人的原创性研究活动，突出市场实现在产业化创新评价中的权重。

（3）科技奖励政策。深化国家科技奖励制度改革，加大对国家自然科学奖、国家技术发明奖的奖励力度，强化市场机制在科技进步中的激励和导向作用。

（4）税收激励政策。根据WTO的规则，加快调整（或重新出台）政府支持高新技术产业、战略产业、弱势产业的财税政策，以及激励企业增加研究开发投入、科技中介机构增强创新服务能力的财税政策。

关于加强国家创新体系建设的问题[①]

(2003年1月6日)

一、建设国家创新体系的指导思想

推进国家创新体系建设，是党的十六大提出的紧迫任务和要求，也是实现科技持续健康发展的制度基础。改革开放以来，我国创新体系建设取得了较大进展。但从总体上看，仍存在着一些不容忽视的问题。一是宏观调控问题。在创新活动组织、创新资源配置和创新制度供给等方面缺乏有效的宏观调控和战略协同机制。二是创新体系结构问题。创新机构之间相互作用的网络体系远未形成，企业的技术创新主体地位尚未真正确立，公益性科研力量相对薄弱的问题仍显突出，中介服务机构不健全的问题未能得到完全解决。三是创新环境问题。科技基础条件薄弱，公共科技基础条件平台尚待形成，有关创新的制度、政策和文化不能完全适应创新体系建设和发展的要求。四是科技投入问题，科技投入总量不足，科技投入结构有待完善，财政科技稳定增长的投入机制和社会资源有效动员机制都需要强化。这一切都对我国创新能力的不断提升构成了重大障碍。

随着科技工作面临的环境和要求的深刻变化，对我国国家创新体系建设提出了更加紧迫的要求。全面推进国家创新体系建设，必须实现科技体制改革从分类推进向系统推进的转变。现阶段的国家创新体系建设，必须强调以提高自主创新能力为目标，促进全社会创新资源的合理配置和高效利用，促进各类创新机构密切合作和良性互动；必须强调以完善环境、转变机制为重点，把推进科技体制改革与强调科技、教育、经济体制改革联动有效结合起来；必须强调军民结合和寓军于民，促进军民之间两大创新体系的相互融合；必须强调区域特色，把突出国家整体目标与建设有特色的区域创新体系有机结合起来；必须强调政府在制度供给中的核心作用，把政府引导与有效动员全社会创新资源有机结合起来。

为此，我们要在科技体制改革取得突破的基础上，尽快建立国家创新体系。通

[①] 2003年1月6日在2003年全国科技工作会议上的讲话（节选）。

过深化科技管理的行政审批制度改革和机构改革，做好科技中长期规划，建立科技的财政预算制度，协调几支科技大军，共同构筑国家创新体系。在国家研究机构布局中，重点加强基础研究、战略高技术研究和社会公益性研究的力量。强化企业技术创新主体的地位和能力。积极发展科技中介服务机构。加强科学技术基础设施建设，实施国家科技基础条件平台工程。统筹协调军口与民口的科技创新，建立军品高技术促进经济社会发展和民品市场需求推动军民两用技术发展的机制。通过国家创新体系建设，真正实现科技、经济和教育的有机结合，形成各种创新要素的紧密互动，使各方面科技力量相互关联、优势互补，在不断提高微观活力的基础上形成总体创新优势。

二、围绕国家创新体系建设的整体目标，加大重点薄弱环节的工作力度

关于加快国家创新体系建设的有关文件，已初步征求了有关部门和地方的意见，并将向国家科教领导小组汇报。根据国家创新体系总体框架分析，社会公益类研究机构、科技中介机构和科技基础条件平台是现阶段国家创新体系的薄弱环节。这些机构和设施在国家创新体系中的地位十分重要，不可或缺，也是世界各国公共财政支持和投入的重点领域。因此，我们必须加大工作力度，力争今年见到成效。

要继续深化科技体制改革，重点加强对社会公益性科学研究的支持。近年来，我国开发类科研机构向企业转制的改革已经取得重大进展，但企业化转制不是开发类科研机构改革的结束，还必须完善法人治理结构，建立现代企业制度，实现运行机制的转变。今年科技部将加强对转制科研机构的跟踪指导和政策完善工作，尤其是根据十六大提出的对国有资产管理体制进行改革的要求，配合有关部门出台深化转制科研机构产权制度改革的政策文件，为转制后的科研机构建立现代企业制度提供依据；还要联合有关部门和地方，加大在转制科研机构开展股权激励试点工作意见的力度，加强培训，组织示范，监督检查，开拓运行机制转变的新局面。

目前，我国社会公益性科学研究力量相对薄弱，是国家创新体系中的薄弱环节之一。加强社会公益性科学研究，一是全面启动社会公益类研究机构的分类改革。有面向市场能力的研究机构要向企业化转制；确需国家支持的社会公益类研究机构，国家要在调整结构、转变机制、分流人才的基础上加大支持力度。二是加大投入。实践证明，社会公益性研究机构分类改革后，保留了一支精干队伍，增加了活力和竞争力。但是，经费不足仍旧严重制约着社会公益性科学研究的发展，特别是卫生与健康、资源与环境、农业、标准等领域的社会公益性研究远不能满足社会发展的需求。科技部将把今年科技投入的实际增量主要用于支持社会公益性研究，并将配合财政部争取得到更多的支持。我们也希望地方科技管理部门把支持社会公益性研究放在突出位置，使社会公益性研究状况有较大的改善。三是健全机制。科技

部将会同有关部门，尽快起草社会公益类科研机构管理条例和改革验收条例，推动这些机构建立开放、流动和竞争的运行机制。

加强科技中介服务机构建设，引导科技中介服务业快速健康地发展。科技部提出，今年是"科技中介机构建设年"。部门和地方的科技管理部门都要采取切实可行的措施，力争取得实质性进展。当前工作的重点有以下几个方面：一是大幅度加大对科技中介机构的支持力度，扶持和培育一批大型骨干科技中介机构，重点发展当前急需的资产评估、投资服务类等中介机构；二是以加强从业人员培训为突破口，打造精品服务项目，提高服务质量和水平；三是结合科技基础条件平台建设，重点支持科技信息机构、成果管理机构、技术交易机构的公共科技信息平台建设，制定科技资源的共享制度；四是抓紧制定促进和规范科技中介机构发展的政策法规体系；五是指导建立和充分发挥行业协会在科技中介中的积极作用，指导行业协会建立行业自律制度，并积极探索依托行业协会开展信誉评价和监督工作，以用户为中心，以服务质量为重点，采用科学、实用的方法和程序，对科技中介机构进行客观、公正的评价。

启动科技基础条件大平台建设，促进科技资源的社会共享。"九五"、"十五"以来，我国科技基础条件设施得到了加强。但从总体上看，科技基础条件薄弱、资源分散的问题依然十分突出。一方面，大型科研设施严重匮乏、分散落后；另一方面，还存在着盲目重复购置，使用效率不高的问题。由于缺乏国家层次上的整体规划和政策引导，无法实现科技资源的有效共享，我国科技人员难以及时了解和掌握国际国内最新的科技文献和数据，无法有效利用先进的科研设施，高水平的科研工作难以顺利开展，严重影响了我国科学技术的发展，制约了原始性创新活动的有效开展。

建设国家科技基础条件平台，就是要通过加强大型科技设施建设、科学数据与科技文献资源共享、自然科技资源保存与利用、构建网络科研环境，形成一个开放、高效的科研保障体系。这项工作是政府的职责，也是当前各国政府关注的焦点和公共财政支持的重点。平台建设关键是要加强法规和制度建设，以建立共享机制为中心，通过必要的增量投入激活存量，以整合和集成现有资源为重点，形成一个为全社会科技创新服务的公共平台。有关平台建设的问题，科技部、教育部、中国科学院、中国工程院和国家自然科学基金委员会形成了完全一致的意见。李岚清副总理审阅了平台建设报告并作了重要批示。财政部对此问题表示赞同和支持。国家科技基础条件平台建设将于今年启动。这是一项系统工程，必须在顶层设计的基础上，加强不同部门和地区的配合和协调；必须引导和发挥高校、科研机构、企业，以及各类民间机构的积极性，形成政府主导、社会共建的良好局面。

三、完善科技评价体系，强化科研基地建设，积极引导和支持原始性创新活动

规范科技评价工作，建立健全科技评价机制。一个科学、健全的科技评价体系，对于科技事业的健康发展具有极端的重要性。应当看到，目前我国的科技评价体系还不够完善，突出表现在：对不同性质的研究开发活动缺乏明确的针对性；对非共识研究项目缺乏特殊评价机制；对研究人员和研究团队的评价导向不全面；评价过程和结果不够公开透明；评价人员的组成不够合理等。为此，科技部在广泛听取专家和有关科技管理部门意见的基础上，起草了《关于改进科技评价工作的若干意见》征求意见稿，希望以此引导科技界树立良好的学风，为优秀创新人才的成长和各类原始性创新活动提供优越的环境。其主要内容包括：一是坚持"公平、公正、公开"的评价原则，建立和健全专家信誉制度、公示制度和申诉制度，合理规范科技评价行为。二是改进科技评价方法，简化评价指标，注重评价实效。对优秀机构和研究群体给予稳定支持。改进和完善评价指标体系，区别不同评价对象，明确各类评价目标。三是完善科技激励机制，倡导质量第一，克服浮躁、急功近利等短期行为。提倡内在的价值判断，反对主要以论文发表的数量评价个人学术水平的做法，而要以代表性重点论文提交有国际同行专家参加的评议代之。注重研究群体评价，培养团队精神。四是公平对待"非共识"、"小人物"和"小单位"，对不涉及国家安全的重点项目和有争议项目的立项和评审，要邀请国际同行参与评议。各级科技管理部门和科技界要认真贯彻落实《关于改进科技评价工作的若干意见》的精神，切实采取相应的措施，坚决纠正科技界存在的不良风气。

大力加强科学研究基地建设。对现有国家重点实验室、重大科学工程、野外观测台站等科学研究基地进行整体规划，形成一批布局合理、装备先进、共建共享、流动开放、高效运行的国家基础研究与应用基础研究基地。继续推进规模较大、多学科交叉集成的国家实验室试点工作；完善国家重点实验室的布局，建立"优胜劣汰"的竞争机制；推动国家重点实验室深化改革，调整结构，炼就科技发展目标和高水平的研究队伍，扩大开放和交流，建立新机制，增强凝聚力和竞争力。引导和推动部门、地方建立重点实验室，逐步形成由国家重点实验室、部门和地方重点实验室组成的新的国家实验室体系。

关于军民结合、寓军于民的思考

(2003年2月8日)

海湾战争、科索沃战争、阿富汗战争给予我们的警醒和启示是深刻的。21世纪，我们要确保国家主权独立、领土完整，确保中华民族不受侵犯，就必须尽快提高我国军事科技水平和国防实力。当前，我们应充分注意寓军于民、民为军用的问题，最大限度地发挥我国整体科技资源支持国防建设的潜力。

一、美国和苏联的历史经验和教训

20世纪50年代以来，电子信息通信技术、新材料技术、生物工程技术等高度市场化的"成熟技术"在军事上的大量应用，使武器装备、作战理论、作战模式等都发生了深刻变化，同时也实现了军备来源的多元化和市场化。20世纪80年代以前的历史表明，军用技术往往成为带动民用技术发展的火车头，最新的技术装备往往最先在军用领域进行实验、鉴定和应用，然后再扩展到民用领域。但由于20世纪80~90年代后信息技术的迅猛发展，从根本上改变了这种惯例和模式，越来越多的民用技术走在了前面，并有带动军用技术和装备发展的趋势。这种反向互动引起了各国的高度关注。

美国在这方面的做法较为典型。二战以来，美国充分利用民用科技优势和民间科技力量为军事服务，大量吸收民用科学技术装备军队，率先把市场上成熟的高新技术应用在军事领域；大力发展军民两用技术，大力促进军用先进技术转为民用，体现了当代军事科学技术及其武器装备的主要发展趋势。这些以民促军的做法，不仅大大降低了高技术武器的使用成本，而且还有助于美国民用技术通过军需的巨大牵引而延长其产业链条。

(一) 充分发挥民用科技优势为国防建设服务

有关统计资料表明，国外军事装备技术中85%采用的是民用技术，纯军事技术

[①] 2003年2月8日2003年总装备部科技委年会论文（节选）。

的只占15%。在科索沃战争中，北约用于作战的近60多颗卫星中绝大部分是民用卫星，同时北约还利用了摩托罗拉的通信系统和一些著名软件公司开发的软件。在美国国防部和商务部列出的关键技术中，有80%是军民重叠的技术。美国95%的军事通信利用了民间网络，其中有15万台以上的军队计算机连接了互联网。美国实施军事装备政府招标采购制度，大约有1/3的民用企业不同程度地参加了军口企业，军需对民口的依托非常紧密。全美国60%的科学家和工程师都参加国军工科技生产工作。

（二）依靠民间科技力量大力发展军民两用技术

冷战结束后，美国政府致力于军民科技工业一体化，其《重组美国国防工业》就是美国在冷战后重组国防工业，力图实现军民科技工业一体化的总计划。通过采用通用技术和工艺，统一配置劳动力、生产设备和元器件、原材料，满足国家国防和民用两方面的需求，以节约投资，扩大技术交流，加速军用技术和民用技术的双向转移，增强整个科技工业体系的活力和国际竞争力。美国大力发展军民两用技术，在确保提高军事技术的同时，促进民用工业技术水平的提高，达到了事半功倍的效果。美国国防部的国防先进技术研究计划局（DARPA）十分重视军民两用技术的开发和应用，10个办公室中有5个负责军民两用技术。DARPA与民间企业合作密切，推动了军民两用技术的发展。

（三）积极推动军用先进技术转为民用

二战期间，美国启动了研制原子弹的"曼哈顿"计划。战后，由于原子能的和平利用和放射性同位素的广泛应用，"曼哈顿"计划的军事研究成果迅速向民用领域扩散和转移，产生了一系列新型民用科技和产业，如核电工业、放射医学、同位素检测、激光等。20世纪80年代初，美国提出了"星球大战"（SDI）计划。在该计划实施的过程中，美国战略防御局成立了技术应用办公室，推动SDI计划中的军用技术大量向民用转移，从而为20世纪90年代以来美国高科技产业的发展奠定了强劲的技术基础。目前，美国正在实施的国家导弹防御系统（NMD）研究开发，其战略意义也绝不仅仅表现在政治和军事方面，而且对于美国保持在航空航天、制导、计算机、通信、材料、生物和其他诸多前沿科技及产业领域的主导地位，将会产生更加积极而深远的影响。

（四）苏联军民分离的教训反证了美国的成功经验

军民技术分离的做法已被证明是失败的，为各国所抛弃。苏联是一个军民技术分离的典型例子。冷战时期，苏联投入了大量的资源用于和美国的军备竞赛，形成了规模庞大的国防科技开发体系，国防工业基础雄厚，门类齐全，科研生产能力很强，在一段时期内形成了足以与美国相抗衡的强大军事实力。但由于其庞大的国防工业体系独立于民用工业之外，十分封闭，军民严重分离，长期庞大的军费投入拖住了经济发展。随着经济实力的减弱，军事实力也难以持续提高。苏联解体后，俄罗斯逐步认识到军民分离的弊病，并采取了有力措施，在军民结合方面开始注入市场机制，鼓励军工技术向民间转移，并且取得了初步成效。

综合来看，自20世纪90年代以来，美国通过科技政策的调整，实现军事技术研发项目的商品化转移，并使民用技术顺畅地服务于国防任务的军事项目，有力地推动了国防同民用科技工业基础间的统合。相反，曾经拥有众多科技人才和强大实力的苏联之所以遭到解体的命运，一个重要原因就在于其从科研到生产上采取单纯的军事导向，忽视了民品发展和科技成果的应用与产业化，忽视了军民之间的有机协调与互补。这些经验和教训值得我们深入地总结和汲取。

二、"军民结合、寓军于民"的重要意义

改革开放以来，党中央、国务院十分重视军民结合工作，取得了明显成效。但是，目前我国军民结合主要还是侧重于军转民方面，军民结合的科技潜力还远远没有发挥出来，特别是在民为军用方面尤为不够。我国拥有一支规模较大的民用科技队伍，建设了大量民用科技基础设施（如实验室、研究所等），储备了一批国际前沿的高技术成果，高新技术产业发展已达到相当规模，民口广泛开展了国际科技合作，了解并掌握国际科技发展动态。这些都可以成为国防建设的重要战略资源。

军民结合、寓军于民是一个关系国民经济和国防建设全局的重大问题。随着科学技术在20世纪的迅猛发展和广泛应用，军事技术和民用技术日趋融合，高新技术两用化的趋势越来越明显，许多先进技术的发展已经越来越依赖民用市场的推动，进而很快用于发展武器装备。目前，我国国防科技水平与美国等军事大国相比，有相当大的差距。国际现实告诉我们，仅靠引进技术来提高我国的军事技术水平，是永远要落后的。在和平时期，采用长时期大幅度增加军事科研经费的做法显然已经过时。一个明显的事实是，在我国经济尚不发达的情况下，不可能以牺牲经济发展的办法建设现代化的国防工业。因此，不断改善军用和民用两种工业基础间的融合度，从而扩大和增强国防科技工业基础，使之更好地服务于国家的未来军事需求，不仅关乎国民经济的发展，也关乎国防现代化建设的全局。

（一）军民结合、寓军于民，有利于形成军民两用技术发展的良性循环

国家有限的投资资源，由于军民分离及其组织形式的不同，导致资源不能合理利用和基础投入强度过低。国外经验表明，军事装备中民用技术占了大多数。因此，大力促进民为军用、发展军民两用技术具有重大意义。军民两用技术的特点和优势在于它必须进入市场。通过激烈的市场竞争的考验，也有利于提高其技术水平；同时，在市场上获得的经济回报，也有利于提供其改进技术必需的资金，形成

不断创新的良性循环。但是，目前国家财政总的科研经费的落实，由于军口民口缺乏必要的协调，难以集中投向既能确保国防需要，又能最大程度地促进国民经济发展的军民两用项目上。在安排民用研究开发攻关项目时，目的单纯，缺乏从一开始就有计划地考虑军用前景的机制，反之亦然。另外，民用科技基础设施不能与军用科技基础设施建设统筹合理安排，难以做到军民两用，重复建设亦难以避免。

（二）军民结合、寓军于民，有利于国防科技水平的持续提高

过去我国武器装备发展的重点是机械化，现在仍然处在完成机械化的阶段，武器装备总体水平较低，尤其是高科技含量不高，这与国外武器装备高度现代化有很大差距。就武器装备现代化的工业基础而言，20世纪60～70年代军工系统相对于民用工业具有的人才、设备和技术优势正在逐步丧失。而且，新概念武器的重大突破，离不开基础研究，我国基础研究的主要力量在民口。因此，充分发挥民口科技优势，及时有效地为军工持续发展提供科技支撑，避免军事装备技术出现断层，是我军新时期实现武器装备现代化的关键所在。

（三）军民结合、寓军于民，有利于推进我军武器装备与国防科技的跨越发展

当前，我军信息化建设面临着四个突出的矛盾，即信息通信技术要求高与系统作战技术理论不成熟的矛盾，信息战范围涉及广与我军信息技术力量不足的矛盾，军队机械信息化装备研制投入需求大与专项经费不足的矛盾，军民结合、寓军于民、军民兼容、军民同步的发展形式与发挥民用信息人才、技术和设备优势的矛盾。信息化对我军装备现代化的门槛很高，这是我军武器装备与国防科技实现跨越式发展的关键所在。信息化对现代战争提出了崭新的要求，即根据信息战需要，迅速将我军传统作战实力转化成现实信息战能力的一种力量。可以预见，信息化战争所提出的要求主要有以下几个方面：一是在战前"和平"时期持续存在并贯穿战争始末的信息战的长期性要求；二是在政治、经济、技术和军事领域广泛进行信息战的社会性要求；三是综合利用各个领域的信息资源，将诸军种、多兵器凝聚成联合协同作战能力的总体性要求；四是控制海、陆、空、天、电五维战场，以确保国家安全的特殊性要求。归根结底，是要通过促进军民结合，有效解决装备制造业信息化和工业化的问题，大大拓展我军将来信息作战的平台，最广泛地摄取信息资源，适时动员和补充信息化力量，从而保持我军武器装备信息作战能力的可持续性。

（四）军民结合、寓军于民，可以避免机构重复设置，提高研究开发的效率

由于军民的分离，同类机构在不同系统分别设置，造成不合理竞争。同类机构在同一地区重复设置，造成严重浪费。同类机构在同一系统逐级设置，造成大量重

复建设。促进民为军用，加强军民结合，可以使我国整体科技资源配置和布局趋于合理，改变"大而全、小而全"的现状，有利于军民科技之间取长补短，提高科研水平和效率，缩短军事技术研究开发周期。

（五）军民结合、寓军于民，有利于稳住一支高水平的国防科技研究开发队伍

在市场经济条件下，维持一支稳定的高水平的国防科技队伍，是一个需要认真研究并解决的重大现实问题。在今天，军事装备不可能再延续过去的模式进行，因为想维持庞大、完整、系统、独立的军工研发体系，一如既往地延续过去那种军事武器装备的论证、研制、生产、存储、维修和保障，条件已经发生了无情的变化。如果从民为军用的角度出发，拓展国防科技队伍的研发平台，通过任务招标在全国范围内使民口大量的优秀科技人才直接有效地参与军工研究开发工作，这对于稳住一支高水平的国防科技队伍是十分有利的。

三、稳步推进国防创新体系建设

我国作为一个发展中的大国，在当前乃至今后相当长的时期里，都将面临着维护国家主权和促进经济发展的双重战略性任务。多年来，我国国防科技工业形成了强大的研究开发能力，积累了大量可以转为民用的科技成果。在民用科研领域，我国也已具备了雄厚的基础，许多民用的高科技实力已经超过传统军工部门。面对21世纪高新技术发展的严峻挑战，我国新时期贯彻军民结合的方针，就是既要发挥军的优势，又要发挥民的优势，扩展保军的途径和实力，加大带动国民经济发展的力度、深度和广度，使军民结合进入到新的发展阶段。

促进民为军用的重要性和紧迫性不容置疑。但是，依靠现有的体制和机制难以实行，国家应把如何充分发挥民用科技资源在国防建设中的作用摆上重要议事日程，并采取有力措施加以推进。当前，最迫切的是要从以下两个方面着手。

（一）军民结合的体制

坚持寓军于民，是一个关系国民经济和国防科技建设全局的重大问题。为了有效解决国家创新体系中的军民分离格局，应当努力实现国防工业技术创新模式的转换，建立国家竞争力导向的国防技术政策和军民共用技术基础，使国防科技在更深的层次上与国民经济发展相一致，使我军军事装备的发展逐步建立在国民经济和科技的整体基础之上。近年来，通过不断地深化改革，我国已在军转民方面取得了重要进展，但是军民分割的总体格局并没有从根本上得到突破。军事技术的研究与开发并没有考虑民用的前景，也很少考虑利用民用技术的可能；民用科研和产业领域很难顾及到军事用途，缺乏军品市场的应有牵动。促进科技要素在军民之间的双向

流动和转移，当务之急是要从两个方面来寻求突破。

一是使深化科技体制改革与军工企业、军工科研院所结构调整紧密结合。目前，民口开发类科研机构的企业化转制工作已经取得了重要进展，正在实现跨部门、跨地区、跨所有制的资源组合。今后，我们将按照军民结合、寓军于民的方针，进一步加强科研院所转制中的统筹规划与协调，引导和鼓励有条件的科研院所与国防科技工业之间紧密结合，形成军民两大科技系统资源共享、优势互补、利益共享、协同配合的机制。

二是必须充分调动企业和科研机构的积极性。在市场经济环境下，脱离市场的军工产业不可能具有持久的生命力。应当鼓励探索适应军民两用产品或产业发展的新体制和新机制。在推进军民结合的过程中，必须始终坚持发挥市场配置资源的基础性作用，广泛引入竞争机制，最大限度地运用市场机制配置资源，在当前显得尤为重要和紧迫。

（二）军民结合的机制

抓紧研究制定我国中长期科技发展规划，并将促进军民创新体系的融合作为"规划"中的重大战略问题予以重点考虑。根据党的十六大关于"制定科学和技术长远发展规划"的要求，于2003年全面启动制定我国科学和技术中长期发展规划的工作。这是新时期国家科技发展的一项战略任务，是实现科技发展战略向自主创新转变，大幅度提高科技创新能力、国际竞争力、对经济社会发展支撑力的重大措施。规划制定的一个重点就是促进军民结合、坚持寓军于民的问题。为此，我们应优先在以下两个方面取得进展。

一是对重大科技攻关项目实行统一招标制度。充分发挥军口、民口的科技优势，避免重复投入和重复建设，对军口、民口科技攻关有关项目实行招标制度，保证资源的合理、高效利用，以确保集中国家最优秀的科技力量参与国防和经济发展的科研项目，保证科技项目高速度、高质量地完成；开展民用技术转军用的试点，探索军口技术通过市场采购民用技术转军用的途径、方法、机制和模式，充分利用政府采购等政策性措施，为战略技术及产业的成长提供较长时期的、可预见的市场空间。

二是积极组织实施国家战略技术重大专项。在实施国家战略技术重大专项中，必须始终坚持突出战略技术发展中的国家意志和以自主创新为主发展国家战略技术的主导思想。一方面，发展战略技术是国家长远和根本利益所在，是未来经济长期增长的基础。战略技术的实现通常需要几代人、几届政府持续不断的努力，需要国家和社会的持续投入。因此，必须在国家层次上形成明确的发展目标、重大战略部署、强有力的组织，以及相应的政府措施。另一方面，历史经验证明，战略技术长期依赖国外的状态存在巨大隐患，而且真正意义上的核心战略技术通常是买不来的。无论国际政治、经济局势如何变换，我国在战略技术发展上都必须摒弃无所作为、依赖他人的思想，必须树立强烈的民族自信心，必须始终坚持以自主创新为主。为此，一是应抓紧组织实施国家战略技术重大专项，在保持和加强对长期性、连续性和基础性科技支持的同时，紧紧围绕国家科技及产业发展的重大战略目标，组织和集成全社会创新资源，在技术和产业关联度较大，涉及国计民生和国家安全的极少数战略技术领域集中力量寻求突破。当前，应选择航空、船舶、数控机床、软件、材料、生物、电子信息和通信等产业作为军民结合、寓军于民优先发展的重点突破领域。二是要积极建立战略技术发展支持体系，重点包括：由国家财政对战略技术重大专项给予持续、稳定的支持；建立国家战略技术的新型决策机制，提高决策的规范性、合理性和安全性，避免决策的失误；以重大工程项目为依托，强化技术及产业集成，强化国家竞争力导向。

以区域创新体系建设为中心，加强地方科技工作[①]

(2003年4月15日)

今天，科技部召开区域创新体系建设研究工作研讨会。这次会议，将交流各地在加强地方科技工作，推进区域创新体系建设方面的成功经验和好的做法，探讨实践中还存在的问题，研究提出下一步各地开展区域创新体系研究和建设工作的思路和具体内容。在此，我讲几点意见。

一、区域创新体系建设的重要意义

区域创新能力是国家创新能力的重要基础。我们强调区域创新体系的建设，一个基本想法就是要充分发挥地方在推动自主创新方面的重要作用，形成科技事业万马奔腾的局面。目前，国家创新体系建设的工作已经摆上工作日程。以区域创新体系建设为中心，进一步加强地方科技工作，是其中的一个重大课题。

建设区域创新体系是加强地方科技工作的重要途径，可从以下几个方面来认识。

（一）经济全球化实质是全球经济区域化

当今世界，经济全球化的主流过程往往是跨国公司在各地整合资源，寻求最具竞争能力区域的过程。新的世界分工不再遵循国家边界或政体脉络，而是按照区域的竞争力来进行。企业的竞争能力不仅取决于其所在的国家环境，更重要的是其所在的区域的整体环境。事实表明，全球的技术、资源和分工在不同层次上迅速变化，并越来越聚集于有个性的、创新能力强的地区。今天，人们也许对某个国家或地区的产业优势或竞争力不是十分熟悉，却对硅谷的IT产业、新竹的计算机制造、班加罗尔的软件业耳熟能详。在这些崛起的区域内，区域的形象超越了大企业的形象，甚至超越了行政和国家的边界，在全球化国际分工中显示出不可替代的重要作

[①] 2003年4月15日在北京香山区域创新体系建设研究工作研讨会上的讲话（有删节）。

用。在今后世界经济结构战略调整中，区域经济的发展将扮演更加重要的角色。区域化已经成为世界经济发展的一个重要趋势。应对全球化的挑战，必须更加关注区域的发展，这也是科技工作的一个重要课题。

（二）提高区域竞争力和创新能力是区域经济持续发展的必然要求

创新是经济社会发展的不竭动力。考察世界经济的发展史不难发现，在每一个阶段，异军突起的区域往往是创新活动易频繁发生的区域。世界经济中心的转移总是与世界科技中心的转移相伴而生。当今时代，创新能力和竞争力已经密不可分，区域创新能力正日益成为地区经济获取国际竞争优势的决定性因素，成为区域发展最重要的能力因素。面对日趋激烈的国际竞争态势，面对产业的大转移、结构的大调整所带来的不确定性的挑战，面对区域就业和增收问题所产生的压力，提高区域创新能力和竞争力从来没有今天这样紧迫和必要。

（三）区域创新体系建设是提高区域创新能力的根本保证和重要内容

创新体系有层次之分，也有机构之分。区域创新体系是国家创新体系的重要组成部分，跨国的区域创新体系又有超越行政的功能。国家创新体系框架下的区域创新体系必然带有层次性特征，而区域创新体系的多样性也是国家创新体系的活力所在。建设完善的区域创新体系，将为国家创新体系的建设夯实基础。因此，新时期区域创新体系建设必须从国家战略的高度，遵从国家创新体系的整体设计，同时必须以区域的资源特色、战略目标为着眼点，把增强区域创新能力作为建设国家创新体系的重要内容，通过创建区域创新体系来逐步健全和完善国家创新体系。

完善而又充满活力的创新体系，可以最大限度地提高创新效率，降低创新成本，使创新所需的各种资源得到有效的整合和利用，各种知识和信息得到合理地配置和使用，各种服务得到及时、全面供应。各个成功区域的实践无不有力地证明了这一点，在这些区域之中，都有一个层次清晰、网络互动的区域创新体系在支撑着区域内创新产业的发展，建设区域创新体系是一个地区创新能力提高的根本保证。

二、区域创新体系建设的基本思路

（一）区域创新体系建设是地方科技工作的中心任务

近几年来，地方经济发展迅速，各地都面临着区域经济结构的战略性调整，以及大力发展区域特色经济和促进社会可持续发展的紧迫任务，对科技创新提出了更高和更为迫切的要求，科技工作还很难完全适应这些要求。主要的问题表现在：科技对区域经济支撑能力薄弱，科技人员的积极性未能有效发挥；制约地方科技与经济根本结合的体制和机制问题仍然较为突出；地方科技体制改革还有待深入推进。

许多地方科技项目投入与建设项目的投入不够匹配、不够平衡，地方之间科技项目低水平重复的问题还比较严重。一些地方的工作缺乏系统性和整体性，难以集成现有资源形成强大的技术创新能力。因此，我们必须进一步重视和加强地方科技工作的开展，大力推进区域创新体系建设，通过引导地方区域创新体系的建设，从宏观上加强对地方科技工作的指导和支持，促进地方科技资源的优化配置。

（二）区域创新体系建设必须突出重点，服务于地方经济和社会发展的目标

创新体系建设致力于科技与经济的结合，使科技更好地服务于地方经济和社会的发展。必须紧紧围绕当地经济和社会发展所面临的突出问题，概括并提出区域创新体系建设的指导思想、组织结构、进行机制和保障及服务体系，着力于发现制约区域创新能力提高的薄弱环节和存在的问题，采取有力的措施予以解决。

（三）区域创新体系建设必须重视培育创新环境

一个地区的创新能力不仅来自企业和研究机构内在活力的增加，更来自良好的创新环境，包括基础设施的硬环境，也包括像金融、税收和贸易政策等方面的软环境，以及有利于高新技术企业创新求发展的社会文化氛围。培育和建设完善的创新环境，要以市场为导向，充分发挥地方政府的引导和调控作用，发挥地方政府贴近企业、贴近市场的优势，把地区有限的人力、物力、财力集中起来，形成一个局部优化的产业化环境。在这一方面，各级科技管理部门起着重要的指导作用。

（四）区域创新体系建设必须突出区域特色，形成区域产业竞争优势

在全球化的背景下，经济发展出现了十分明显的区域优势和区域特性。具有鲜明区域特点的产业集群在各地蓬勃发展，对当地乃至全国经济社会发展产生了巨大的影响，包括电子电器产业集群、ICT产业集群、材料产业集群、各类服装产业集群等。作为区域发展的实现载体，产业集群对区域发展的意义非常明显。不仅发达国家依托各具特色的产业群，使其经济发展获得了一次次飞跃，许多发展中国家的某些区域，如印度的班加罗尔等地，也实现了自身经济的跨越式发展，呈现出异军突起的新局面。

（五）区域创新体系建设必须把促进区域间的联系和互动放在突出位置

创新体系的一个重要特征就是在体系的各主体间存在联系紧密的、复杂多元的网络关系。网络化程度越高，网络连接越紧密，创新的能力就越强。因此，推进区域创新体系建设，一定要避免重复、封闭，画地为牢的做法，而要尊重区域经济发展的规律，在注重建设本省区创新体系的基础上，更加重视具有较强内在经济联系的经济区域，培养跨省市的区域创新协作网络，实现大联合、大协作、大创新。鼓励东、中、西部地区广泛开展科技交流与合作，要在优势互补、合作双赢的基础上

推动不同地区开展广泛的科技交流与合作引导和组织实施跨地区的重大科研开发和产业化工程项目。

(六) 区域创新体系建设必须坚持分类指导

我国地域辽阔，各地经济社会发展的程度相差很大，各地的特征与优势更是千差万别，各地在创新体系建设中所处的阶段也各不相同。因此，在区域创新体系建设中，必须坚持分类指导，强调不同地区、不同阶段的重点和目标。从现阶段的总体情况来看，东部地区应重点发展外向型经济和提高国际竞争力；中部地区应重点发展优势产业和改造传统产业；西部地区应重点做好生态环境保护和科技发展能力建设。当然这只是一般的原则要求，落实到具体问题上还要具体分析。近20年的发展已经证明，一些自然资源匮乏、产业基础落后的国家和地区，可以扬长避短，后来居上，如美国犹他州凭借信息、生物技术产业的发展，摆脱了传统的以农业为主的产业结构；英国威尔士地区通过大力提倡创新创业，经过10年的发展，由一个以煤炭等传统产业为主的地区，发展成为以信息技术产业和服务业为主的地区。这些事例表明，区域创新体系没有万能统一的模式，不同模式间不存在绝对的可比性，区域创新体系的要素、环境和目标总是千差万别，必须坚持分类指导。

三、突出特色和优势，加快建设区域创新体系

近年来，区域创新活动日趋活跃，一些地区已经具备了进一步提高区域创新能力的基础和潜力；同时加强对地方科技发展的引导和统筹协调，在中央和地方、地方和地方之间形成合力，避免盲目重复投资，也日益成为一项更加紧迫的任务。

(一) 加强区域创新体系的战略研究

目前，关于国家创新体系的研究已经具备了相当的基础，但关于区域创新体系的研究才刚刚开始。今天，开这样一个研究工作研讨会就是一个很好的开端，可以集成各方面的优势，汇集各方面的资源，协调各方面的行动，促进研究工作迈上一个新的台阶。要把区域创新体系的研究作为国家创新体系研究的一个重要内容，作为国家创新体系研究在区域层次上的延伸。既要研究宏观的政策和战略，也要研究具体工作中的方法和重点；既要研究国际前沿理论发展的现状和趋势，也要研究国内成功经验和典型案例。地方科技管理部门要充分发挥自己的优势，正确把握国内外发展的新动向、新趋势，围绕当地经济和社会发展需要，为政府宏观决策提供科学依据。要把区域创新体系的研究作为地方科技及经济发展战略和规划中的一项重要内容。通过研究，使我们进一步明确区域创新体系的真正含义和内在机制，更加理性和科学地明确推进地方科技工作的方向和重点。

（二）继续深入推进地方科技体制改革，促进创新体制与机制不断完善

地方科技体制改革是国家整个科技体制改革工作的重要组成部分。当前，推进应用开发类科研机构向企业化转制，是地方深化科技体制改革的重点。地方技术开发类科研机构要通过转为企业、进入企业和转为中介机构等方式向企业化转制。各地在基本完成工商注册工作的基础上，要把转制与改制相结合，根据《转制科研机构产权制度改革的若干意见》的精神，积极探索产权多元化的实现途径，加快建立现代企业制度，完善公司治理结构。深化转制科研机构内部运行机制改革，要积极采用更为灵活有效的企业人事和分配制度，落实技术、管理等要素参与股权和收益分配的政策。

国家还将要全面启动社会公益类科研机构的分类改革工作。我们在总结推广宁夏、广东和辽宁沈阳公益类科研机构改革试点经验的基础上，2003年各地公益类科研机构改革工作要全面展开。公益类科研机构分类改革的主要思路是：对主要业务已能够创造市场价值、获得市场回报的公益类机构，以及多年来很少承担各类科研任务的机构，都要向企业化转制；对主要从事应用基础研究或公共服务，无法得到相应经济回报、确需政府财政支持的机构，在调整结构、分流人员和转变机制的基础上按非营利性机构运行和管理，保留一支精干的公益队伍，财政大幅度提高其人均事业费投入；鼓励有条件的科研机构转为面向中小企业和"三农"服务的中介机构。鼓励科研机构进入高校或与高校开展多种形式的联合。

在"十五"期间，要完成地方各类科研机构改革工作。到2005年，转制科研机构都要建立现代企业制度并有效地运转；公益类科研机构分类改革工作基本到位，非营利性科研机构的组建工作基本完成；初步形成"开放、流动、竞争、协作"的新机制；建立起适应区域经济社会发展需要和科技工作发展规律的新型地方科技体系框架。

（三）加强能力建设，完善创新服务体系

当前，科技中介机构能力不足已经制约了科技创新和创业的进一步拓展。大力发展科技中介服务机构已经成为区域创新体系建设的一个十分紧迫的任务。在去年召开的全国科技中介机构工作会议上，科技部提出了2003年是中介机构建设年，各地方要切实采取有效措施加快科技中介机构的建设。目前，一系列措施和办法正在制定和实施之中，包括扶持培育骨干科技中介机构、搭建科技中介信息平台、指导和推进资质认证和信誉评价、研究制定有利于科技中介机构快速发展的税收优惠政策，加强从业人员和管理干部的培训，更好地发挥行业协会的作用等。各级地方科技管理部门要把促进科技中介机构的发展作为一项重要的工作内容。围绕科技中小企业的困难和需求，搭建为科技中小企业创新创业发展的技术平台和信息平台。同时，以改革为动力，鼓励一批具备条件的科研机构转为中介机构，特别是要在改

革中加强农业科技推广服务体系建设，形成农业类科研机构、高等学校、各类技术服务机构和涉农企业紧密结合的农业科技推广服务网络，为农村经济的发展提供有力的科技动力。

（四）大力扶持民营科技企业的发展

民营科技企业已经成为科技创新的一支重要力量，在区域创新体系建设中，必须十分关注民营科技企业，使他们和其他各种类型企业一道成为技术创新投入和组织的主体，成为共性技术、关键技术的创造者和拥有者。要积极培育产业技术的龙头企业，让一部分企业先强起来。支持各类企业与大学、科研机构通过共同建立实验室或研发机构，共同承担国家任务等形式，加强合作研究。要加大对民营科技企业创新创业活动的支持，使民营科技企业对国家的科技计划、扶持措施有充分的了解，鼓励更多的民营企业承担国家科技计划任务。研究制定鼓励民营科技企业技术创新的政策和具体的实施办法，鼓励技术和管理参与分配。要加大对科技执法工作的督促，推动中央关于加强技术创新、发展高科技、实现产业化的相关政策法规的落实。

（五）发挥高新技术园区在高新技术产业化中的龙头作用

高新区在促进地方科技和经济的发展中取得了令世人瞩目的成绩。我们必须充分认识国家高新区在区域创新体系建设中的重要地位和突出作用，继续推动以强化技术创新能力为核心的国家高新区"二次创业"。首先，要不断创新和完善高新区管理体制。高新区成立以来蓬勃发展的一个重要因素就是建立了一套好的管理体制，在继续推进高新区发展的过程中，仍然要十分注重体制的创新和完善，防止体制的复归。其次，要结合科技基础条件平台的建设，共同增加对高新区创业服务机构的投入，完善创业服务体系。最后，要围绕解决高新区高新技术企业融资困难的突出问题，加快建立适应高新技术产业化要求的风险投资和信用担保体系。与此同时，要调整和完善高新区评价指标体系，加强考核管理，引导国家高新区进一步提高创新能力，增强辐射地方经济和社会发展的能力，在建设区域创新体系中发挥更大的作用。

（六）重视和发挥大学的作用

充分重视和发挥大学在区域创新体系建设中的作用，促进创新知识的生产、流动和创新人才的培养，促进产业群的形成和升级。世界各国的经验表明，高校不仅在创新人才的培养、创新知识的产出和传播方面有着非常重要的基础性作用，而且在促进区域高技术产业集群的形成上也具有不可替代的作用。因此，要树立"不求所有，但求所用"的大人才观念，把驻地中央院所和高校作为区域创新体系的重要组成部分；地方科研项目要向驻地中央院所和高校开放；鼓励中央院所、高校与地方单位联合承担国家科研任务；中央科研院所和高等学校要增强为地方发展服务的意识，与当地经济和社会发展紧密结合。

加快建立现代科研院所制度[①]

(2004年2月10日)

坚持以人为本,以促进开放流动为核心,按照"职责明确、开放有序、评价科学、管理规范"的原则,建立现代科研院所制度,是十六届三中全会《中共中央关于完善社会主义市场经济体制若干问题的决定》对科研机构机制转变和制度创新提出的发展方向。建立现代科研院所制度是一个长期探索、不断完善的过程,需要广大科研院所在实践中不断探索、积累和规范,也需要加强理论研究和有效地借鉴国外的成熟经验。在十多年来的改革过程中,科研机构普遍在院所长负责制、人员聘用制、收入分配制度、考核评价制度、项目管理制度、财务管理制度等方面进行了积极的探索,特别是在公益类科研机构改革中引入非营利性机构的运行机制,取得了一定的进展,积累了一些经验,为建立现代科研院所制度奠定了基础。当前,加快推进科研机构改革,加速建立现代科研院所制度,要重点体现以下几个方面的要求。

一、落实以人为本

树立人才资源是第一资源的思想,把调动科技人员的积极性和创造性,作为一切制度建设的出发点和落脚点。各级政府主管部门要把营造各种人才成长的环境作为主要任务;科技计划要把发现、培养和稳定人才作为最重要的考核指标;要进一步转变观念,改变过去在科技计划实施和科技成果鉴定中,过分关注成果技术水平,忽视人才培养的倾向。

二、加强开放和共享

推动科研机构扩大对国内外开放,实行科研院所长和科研岗位公开招聘,加强

[①] 2004年2月10日在部门属公益类科研机构体制改革工作会议上的讲话(节选)。

科技交流与合作，强化科研机构的社会责任意识和提高公众参与程度，积极探索理事会决策制度。促进国家科研机构、国家大型研究设施和信息数据系统向社会全面开放，形成健全有效的共享制度。

人员开放是现代研究院所的重要特征。社会公益类科研机构改革取得实质性结果的重要标志就是建立开放、流动的新机制。各有关部门、改革院所要以此为契机，打破部门封闭的围墙，特别是思想意识中的围墙，形成全面开放的态势和良好的改革氛围。中国气象局的一院八所面向海内外公开招聘中国气象科学研究院院长和8个专业研究所所长，气象科学研究院在全球公开招聘了11名首席研究员，充分发挥首席研究员在科研项目、组织实施和人才培养方面的作用，在国内外产生了很大反响。新组建的北京生命科学研究所人员也是面对国内外开放招聘，聘请了包括3位诺贝尔奖获得者在内的评选人员，选拔了一位所长，一位副所长，聘请了全世界公认的第一流的科学家，很快就组成了一批以海外华人为主的队伍，现在已经开始工作，引起了巨大的反响。这次改革一定要在一个开放的机制、开放的环境下进行，现在我们有的聘用制实际上还是内部的循环，还不能通过这次改革把最好的人员，以及在国际上能站得住脚的人员招进来。当然，不是说要将现有的人员重新推倒，但是一定要在力所能及的范围内，在更加开放的环境中选择领头人。

资源共享是现代研究院所的基本条件。我们一方面要通过改善基础条件平台尽可能提高我们国家的科技人员攀登科技高峰的能力，另一方面要同时加强对有关设备、资料、数据各个方面的共享，改变过去那种每一个项目完成以后，交一份报告，拿一个奖，然后再开始的状况。当然这里面不是没有积累，也有积累，我们希望有更充分的积累，包括数据、资料、人才、设备，让每一个项目都能够使中国的科技创新平台增加一个高度，不断地积累，使得我们的科技人员可以从更高的起点出发，攀登科技高峰。现在有些中国科技人员在国内是一条虫，在国外是一条龙，这是机制的问题，也是积累的问题。国外科研人员可以利用已有的数据和资料，从很高的起点开始攀登科学高峰。我们一定要理顺体制和机制，加强基础条件平台的建设和共享机制的建立，为我国千千万万人才的涌现创造环境。

三、健全人才流动机制

扩大科研机构用人自主权，推行聘用制和岗位管理，实现由固定用人向合同用人，由身份管理向岗位管理的转变；实行岗位任期制，实现人员能上能下和能进能出。加强科技人才信息平台建设，为科技人才流动提供信息和便利的服务。健全科技人才流动法规，切实保障科技人才流动中单位及个人的合法权益。

改革过程中最困难的问题就是分流人才的问题。一方面科研机构中的待分流的人工作了几十年，是党和国家的宝贵财富，解决方案必须周到妥当；另一方面，研究人员的流动和更新是其活力的根本保证。我们如何在保持稳定的条件下解决这个矛盾，充分调动各类人员的积极性，是最困难，也是最实际的问题。国家气象局想了很多办法，分流到业务单位 200 多人，到公司的将近 100 人，由人才交流中心管理的有 60 多人，提前退休 40 多人，在保持稳定的基础上确实得到了妥善的安排。中国地质科学院制定了暂行办法，提出了提前离岗、提前退休、学习培训、开发安置、自谋出路等分流渠道，为分流提供了政策保障。

我们一定要认真总结改革试点单位的改革经验，制定相应的政策，科技部要会同有关部门加快步伐，认真做好这项工作。各个部门要创造新的经验，切实避免形式主义的倾向。

四、完善评价激励机制

加快科研单位工资制度改革，以岗位工资为核心，形成符合科研工作特点、科学规范的员工薪酬制度；按照不同岗位的特点，建立对科技人员的定期考评制度；构建激励创新、宽容失败和民主和谐的创新文化。加强对以国家财政投入支持为主的科研机构的绩效评估，提高科学管理水平和资金投入效益。

最近，科技部会同有关部门研究发布了关于改革科技评估制度的决定，重要的是要根据不同性质的研究采取不同的评价办法。对于面向市场的研究，主要按照市场反映评价；对于社会公益性研究，主要根据发挥社会公益的作用评价。要创造一个更加宽松稳定的环境，让科学家能够安下心来多做一些研究工作，要鼓励探索、宽容失败，要克服浮躁和急于求成的情绪，切实把中国的科技包括基础研究、社会公益性研究、战略高技术研究提到一个新的高度。

推进县市科技工作，把科教兴国战略落实到基层[①]

(2004年10月28日)

这次会议是科技部多年来第一次专门围绕加强县市基层科技工作召开的。会议的主要议题是：认真总结近年来县市科技工作的成绩和经验，深入分析存在的问题和面临的新形势，全面部署加强全国县市科技工作，把科教兴国和人才强国战略落实到基层，充分发挥科技进步在落实科学发展观、促进县域经济社会发展中的关键作用，依靠科技富民强县。

一、县市科技工作的基本经验

近年来，全国各地全面推进县市科技工作，把科教兴国战略落实到基层，取得了成效，积累了丰富的经验。

（一）找准经济社会发展和人民群众的迫切需求，是科技工作的基本出发点

县市科技工作能否有效开展，能否取得党委、政府的支持，关键取决于对地方经济社会的实际作用和贡献。科技部门必须针对当地经济社会发展的实际要求，围绕经济建设和社会发展的中心任务部署县市科技工作，把科技工作变成党委政府的中心工作。许多县市科技工作的成功实践证明，只要能够紧紧围绕经济社会发展这个中心任务，科技工作就能够受到党委政府和有关部门的重视，能够受到广大群众的欢迎和积极响应，能够成为全社会的共同行动。

（二）发挥基层科技人员的首创精神，是加强县市科技工作的内在动力

县市基层情况千差万别，科技工作涉及经济社会的方方面面，内容非常复杂。搞好县市科技工作没有固定套路，没有统一模式，必须由一线的科技人员针对具体

[①] 2004年10月28日在全国县（市）科技工作会议上的讲话（有删节）。

问题不断探索，不断创新，创造性地解决。近年来，许多县市在加强科技工作上创造的新思路、新模式、新机制层出不穷，如科技特派员、科技专家大院、科技110、农民技术协会、公司加农户等成功做法，都是来自基层科技人员、科技管理干部的创造。经验表明，科技人员的首创精神，以及科技部门的积极性、主动性，是搞好县市科技工作的最重要动力。

（三）实施党政"一把手抓第一生产力"机制，是加强基层科技工作的有力保证

目前，全国90%的县市都成立了科教领导小组，形成了"一把手亲自抓科技"的工作制度。许多地方党政一把手亲自抓县域科技发展规划的制定，抓科技进步示范，抓技术人才引进，抓优先增加科技投入和改善科技部门工作条件。1996年，浙江省率先在全国实行县市党政领导科技进步目标责任制，形成了主要领导挂帅、科技部门领唱、其他部门合唱、全社会共同抓科技工作的良好局面。自1998年中组部、科技部联合转发了浙江省的经验后，目前全国已有15个省（自治区，直辖市）开展了这项工作。实践证明，实行"一把手抓第一生产力"，是强化对科技工作的领导、落实科技政策、保证科技投入、改善基层科技能力、发挥基层科技工作作用的有力措施，是地方落实"科技兴县（市）"工作的重要举措。

（四）依靠科技发展区域特色产业，是推进县市科技工作的主要着力点

随着我国经济的快速发展，科技产业化已成为促进我国经济增长的主要方式。许多地方依靠科技进步，发挥区域自然资源优势，培育了具有区域特色和市场竞争力的产业。正是依靠科技创新，鄂尔多斯羊绒产业成为全国的龙头产业和基地，云南发展成为全国乃至世界的花卉生产基地，青海金诃藏药走向世界，山东寿光蔬菜产业迅速壮大，甘肃会宁县、定西利用苦咸水资源发展温室白灵菇等高档菇类等，有力地带动了当地农民脱贫致富，繁荣和发展了县域经济。各类具有特色的科技园区也得到较快发展，一些科技园区已经成为最富有活力的区域经济增长点。

（五）实行中央和地方上下联动，是推进基层科技工作的重要方式

在推动县市基层科技工作中，许多地方党委政府高度重视各部门相互联动，形成了齐抓共管、上下联动的局面。通过资源整合，集中力量扶持了一批对地方经济社会发展具有重要带动和支撑作用的科技项目，有力地引导县市科技工作与省地和国家科技工作有机结合，为县市科技工作创造了更大空间。科技部与有关省市共同推动一批重大项目的实施，如科技扶贫、科技三峡行、星火密集区建设、火炬开发带建设等，都对县域经济产生了重要影响。

二、县市科技工作存在的问题和今后的工作思路

在今年全国科技工作会议上，我们把 2004 年确定为"县市科技工作年"。从年初开始，科技部会同地方科技部门，对县市科技工作进行了一次全面调查，获得了大量第一手材料。目前，全国县市科技工作的发展很不平衡，总体十分薄弱，已经成为全国科技工作最薄弱的环节之一。县市科技创新和服务体系不健全，科技推广能力较弱，企业创新能力不强，农民迫切需要的大量使用技术得不到满足。在经济落后、科技工作开展得不好的县市，科技落后与经济发展滞后相互影响，形成恶性循环。特别是在中西部地区的广大县市，科技工作困难重重，情况堪忧。一些地方县市科技工作"说起来重要，做起来次要，忙起来不要"，存在着不同程度的形式主义。据统计，全国 1/4 的县市科技工作较好，1/2 的县市科技工作仅能维持、难有发展，1/4 的县市科技工作基本处于停滞状态。县市科技工作存在的突出问题，有以下几个方面。

（一）市场经济条件下的县市科技工作机制尚不健全

虽然一些地区在探索科技工作新模式、新机制上取得了多方面进展，但对大多数地区来说，机制缺陷问题仍然相当突出。主要表现为：缺乏吸引、调动科技人员服务基层的有效政策和措施，科技人员不能发挥作用且流失严重；适合市场经济规律和要求的新型科技服务体系尚未建立；信息共享平台建设较慢，信息资源匮乏，科技信息资源不能有效共享，很难扩散到县市的农村和企业。

（二）科技投入严重不足

据统计，全国 30.6% 的县市科技经费很少或者没有，其中 6% 的县市没有科技经费。与此同时，科技投入分布不平衡的问题也非常突出。在 2003 年县市财政科技拨款的 99.7 亿元中，东部地区财政科技拨款 71 亿元，中部地区 16 亿元，西部地区仅 12 亿元。2003 年，170 个县市的财政科技拨款预算为零，这些县市主要分布在西部地区。

（三）科技管理部门缺乏基本工作条件，职能弱化

由于经费紧张、人员不足、设施陈旧、创新能力薄弱、不受重视等问题，相当数量的县市科技管理部门工作条件很差，不能有效地开展工作。近年来，一些县市科技管理机构被撤并；许多地区原有的科技推广体系已经不复存在，新的科技推广体系亟待建立；科技场馆非常缺乏，一些县市的科学普及工作无法开展；不少县市缺乏基本的科技工作手段和设备。一些地方县市的科技部门成为无指标、无经费、无下属单位、无实际工作的"四无单位"，陷入了"经费紧张开展工作难，职能萎

缩发挥作用难，缺乏手段执法难"的局面。

面对发展的新形势和新要求，面对县市科技工作存在的困难和问题，科技界的同志，各级党政领导同志，特别是县市的主要领导同志，一定要有紧迫感和使命感，同时也要有搞好县市科技工作的信心。我们在调查中看到，一些经济条件很差的县市，由于党政主要领导同志的重视和科技人员的努力，科技工作也搞得红红火火、有声有色，发挥了重要作用。因此，只要我们真正从思想上重视，在措施上落实，切实把县市科技工作摆在国家科技工作的重要位置，摆在各级党委和政府工作的重要位置，从中央到地方采取有力措施，加大支持力度，实现多管齐下，形成推动基层科技进步的强大力量，通过持续不懈的努力，局面一定会大有改观。

近年来，我国科技工作的环境和条件发生了重大变化，应当积极调整工作思路，使县市科技工作更好地适应新的形势和要求。当前加强县市科技的主要工作思路，有以下几个方面。

1. 以促进科技成果转化和产业化为主线

县市科技工作最突出的问题是接受和转化科技成果的能力不足。由于转化机制不健全，接受能力弱，信息不畅，使科技成果的供给和需求脱节。一方面，大量先进适用的科技成果闲置，难以扩散到农村、企业和农户；另一方面，县市经济社会发展对科技的迫切需求得不到满足。因此，加强县市科技工作，应当把加速成果转化摆在中心位置，加强各方面的协调和配合，积极探索和总结有利于科技成果转化的有效机制。更要以需求为导向，加强科技中介服务体系建设，促进科技成果供需对接，实现产学研的结合。要通过科技成果转化这个主线，实现星火、火炬、农业科技成果转化资金、中小企业创新基金、农业科技园区等各项工作及相关科技资源的集成，使之在推动县市科技进步中发挥更大的作用。

2. 以科技服务平台建设为突破口

县市科技服务能力的形成，关键取决于科技服务体系建设和科技基础设施条件建设。目前，基层科技基础设施建设已经远远落后于交通、城市建设等基础设施建设，远远落后于教育基础设施建设，严重影响了县市基层科技工作的顺利开展。因此，加强县市科技工作，应当以建设科技服务平台为突破口，重点加快科技信息网络、科技成果推广体系、科技中介服务体系、科技基础设施条件等方面的建设，集成各方面科技资源，建立健全共享机制，形成社会化、网络化的县市科技综合服务平台体系。

3. 以中西部欠发达地区为重点

解决我国区域经济社会发展不平衡、科技发展不平衡的问题，特别是解决中西部经济欠发达地区的问题，关键在科技。从目前的情况看，经济欠发达地区县市科技投入能力低的局面短期内很难改观，不仅影响到许多现实问题的解决，而且还将进一步影响到这些地区的长远发展。加强县市科技工作，重点也应当在中西部。要结合中西部地区县市的实际情况，针对农民脱贫致富、农村经济结构调整与新型产业培育、特色资源开发、生态环境保护等紧迫问题，集成相关科技资源给予重点支持。各级政府应当通过提供政策和加大投入力度，特别是要通过中央和地方两级财政转移支付，直接支持中西部欠发达地区县市的科技事业。

4. 以地方为主，调动和集成社会各方面的有效力量

加强县市科技工作，要以地方力量为主，地方政府承担主要责任。要努力争取党政领导和各有关部门的支持，充分调动地方的积极性和各方面的资源，上下联动，协同推进。这里要特别强调，加强县市科技工作是全社会的事业，不能局限在科技界内部，更不能局限在科技管理部门内部，必须动员全社会的力量共同参与。在工作思路上，必须坚持开放的原则，研究新思路，建立新机制，充分发挥市场配置科技资源的基础性作用，增强社会各方面对县市科技工作的关注度和支持力度。

5. 以政策为引导，充分激发广大科技人员的积极性和创造性

加强县市科技工作，不仅要大力增加投入，争取各方面人力、物力的支持，更应当充分发挥政策的引导作用，采取各种积极措施，创造有利于科技进步的良好环境和条件，最大限度地调动各方面的积极性。特别是要充分激发广大科技人员的积极性和创造力，使优秀科技人才能够引得来、稳得住、下得去，在基层科技实践中实现自己的人生价值。

三、县市科技工作的主要任务

近年来的实践表明，以科技成果转化为主要内容的县市科技工作收效明显，最容易惠及广大民众，最符合县市科技工作的特点，也最适合县市经济社会发展的需求。我们认为，今后县市基层科技工作仍然应当以促进科技成果的转化和应用为主。加强县市科技工作，必须紧紧围绕科技成果应用这个中心任务来调整部署、配置资源和提高能力。

（一）高举"星火"、"火炬"计划旗帜，大幅度提高科技成果转化力度和对经济社会发展的支撑强度

"星火"计划、"火炬"计划是我国科技促进地方经济社会发展的重要创举。在当前新的形势下，我们要继续把"星火"计划、"火炬"计划作为县市科技工作的重要旗帜，集成相关科技资源和力量，调整工作思路，形成新的工作机制，使之迈上新的台阶。"星火"计划要在继承过去18年发展经验的基础上，以科技富民为基

本宗旨，突出农民科技培训、农村科技服务体系建设和先进适用技术产业化三个重点，实施粮食丰产科技工程和"星火富民"科技工程；要围绕县域特色、优势资源的开发利用和传统产业的改造升级，大范围推广农产品和资源深加工技术，延长农业产业链，提高农产品附加值，加快农业产业化步伐。"火炬"计划要以促进高新技术产业创新能力为核心，加强统筹规划和政策协调，突出地方特色和优势，重点加强区域特色产业基地建设和创业服务体系建设，增强技术创新能力，实现我国高新技术产业更快、更大的发展。

（二）按照新的机制切实加强县市科技服务体系建设

目前，县市科技服务体系建设面临着新的形势和任务。农业科技服务从过去的以单项技术、产中服务为主，转变为以集成技术、全程服务为主，从过去的以政府推广体系为主，逐步转变为依靠政府引导，充分动员社会力量的新型科技服务体系。加强县市科技服务体系建设，必须在工作思路、运行机制上有所突破。要继续大力推广"科技特派员"制度、农业专家大院等各种行之有效的科技服务模式，进一步丰富和拓展服务内涵，使人才、技术、信息和资金等各种要素相互结合，形成符合市场经济规律的科技投入与回报机制。要通过财政上支持、组织上保障、机制上放开，鼓励和支持更多的科技人员、机关干部到基层和农村，为农民提供直接的科技服务，积极创办、领办科技型企业。要采用多种形式，表彰和奖励有突出贡献的基层科技人员。

（三）因地制宜推进县市科技信息服务网建设

加强县市技术信息服务平台建设，是加速科技成果转化应用的当务之急。要围绕提高各级科技管理部门的信息化水平、科学管理水平和科技服务能力，更好地为广大农村、中小企业提供技术及相关信息服务，以构建面向基层的全国科技信息服务网为抓手，带动基层科技信息服务工作的全面提升。当前，重点是加快县市信息基础设施建设，充分发挥县市科技服务平台的信息"中转站"、"放大镜"作用。要加快农村科技信息网建设，充分利用现有网络基础设施，通过电信宽带、远程教育网、党员教育网等信息网络，以及电话、寻呼机、电视、广播等多种形式，把各种技术及市场信息及时送到乡村、企业和农户，有效解决信息服务的"最后一公里"问题。同时，要加快各类科技信息资源建设，集成国家、部门、地方技术资源，形成基层实用的信息库，有效解决基层信息化建设中"有路无车"的问题。要加强"863"计划、农业"专家系统"在县市基层的推广和应用，提升农业信息化水平。

（四）重点推动区域特色产业和技术创新基地建设

国家制定区域科技发展规划，按照分类指导的原则，引导和协调地方建立有特色的区域创新体系，形成有竞争力的区域性支柱产业。通过国家重大科技专项支持，国家和地方联动，形成一批布局合理、具有区域特色、竞争能力强的产业基地和产业集群。重点在中西部地区、东北老工业基地等建立一批现代装备制造、农产品深加工、资源深加工等产业基地，发展具有国际竞争力和知名度的科技型产业密集区。积极推进区域内外的科技交流与合作，引导和组织跨地区的重大科研开发和产业化工程项目。支持地方建立与发展公共科技机构、竞争前研发的公共研发平台、企业研发机构、非营利性科研机构，解决区域共性和关键技术问题。支持重点区域科技基础条件建设、科研人才培养和重大科技创新工程的实施。支持开展大区域生态、资源、环境及可持续发展综合研究。

（五）大力开展科学普及和技术培训工作

实践证明，开展有效的技术培训，对于帮助农民增收和实现就业具有直接的作用。我们必须坚定地把科学普及和技术培训摆在与科技创新同等重要的地位，作为科技工作不可或缺的"一体两翼"来加强。要采取多种方式，按照分级培训方式，组织好专业技术人才、乡土人才和科技管理人员的培训，强化各级党政干部科技知识培训。通过培训，大力提高基层科技人员的创新能力和服务能力，提高各级科技管理干部的管理水平，提高各级党委、政府主要领导的科技意识和领导水平。同时，要大力普及科技知识，提高广大群众特别是农民的科技意识和应用先进适用技术的能力，为转移农村劳动力、扩大就业提供有效服务。

四、采取有力措施，把加强县市科技工作落到实处

加强县市基层科技工作，是实现全面建设小康社会目标的基础性工作，是落实科学发展观和科教兴国战略的关键性举措。在各级党委、政府的领导下，在有关部门的支持和配合下，全国科技系统一定要振奋精神，加倍努力，尽快把县市科技工作提高到一个新的水平。在此我提出几点具体措施和要求。

（一）加强对县市科技工作的领导与考核

加强县市科技工作，必须强调各级党委政府和主要领导的责任，强调各级科技主管部门的责任。我们要认真总结和推广各地实施党政"一把手抓科技第一生产力"的成功经验，把抓科技进步作为地方党政领导贯彻科学发展观和新的政绩观的重要内容。各省市科技主管部门应当积极行动起来，把抓好县市科技进步作为今后一段时期的重要任务。从明年开始，科技部将会同组织部门做好党政主要领导抓科技进步目标责任制考核工作。

（二）明确和强化科技管理部门的职能

县市科技管理部门职能定位不清、作用弱化，是目前反映最多、呼声最强的问

题之一。如何结合实际，明确科技工作和科技部门的工作定位，开拓工作空间，是摆在县市科技部门面前的一个紧迫问题。县市科技管理部门的基本职能是，围绕当地经济社会发展的中心工作提供系统的科技服务和支撑。目前，应该重点强化四个方面的职能：一是参谋助手职能。要充分利用科技系统的信息、技术和人才等优势，针对县域经济社会发展中的热点、难点和长远发展的战略问题，为地方党委政府提供咨询建议，起到"参谋部"、"咨询部"的作用。二是综合管理协调职能。通过深化改革，转变政府职能，加强科技行政管理，依法行政，提高执政能力。通过营造政策环境，调动各部门推动科技进步的积极性，统筹规划、组织协调各方面的科技力量，共同做好当地的科技工作。三是公共服务职能。要主动承担起向公众提供科技知识和信息服务的职能，强化科技中介服务，做好项目、技术、人才引进和科技招商工作，加强科学普及和技术培训等公共科技服务。四是组织科技示范职能。发挥龙头企业、示范基地、示范户的带动作用，做好特色农业生产基地、农产品和资源深加工示范，以及围绕生态环境、居住环境改善等方面的试点示范工作，带动县域特色产业的发展。

特别需要指出的是，县市科技管理部门应当表现出更加积极的主动性和进取精神。有为才能有位，我们不仅需要有明确的职能和条件，更需要有认真负责、开拓创新、勇于实践的精神面貌。为了发挥综合协调部门的作用，县市科技部门一定要主动向其他部门学习，配合其他部门工作，在促进县市各领域科技进步上，既学会当领唱，也学会当配角。要适应新形势的要求，不断学习，特别是要学习现代科技知识和现代管理技能，丰富自身的知识积累，提高工作水平和服务能力。

（三）国家科技计划进一步向县市延伸

加强县市科技工作，要求国家科技工作和科技计划向县市延伸，国家科技资源向基层倾斜。一方面，"星火"计划、"火炬"计划要进一步增强对县市科技产业化的示范引导作用，科技攻关计划、"863"计划，以及农业成果转化资金、中小企业创新基金的相关内容和评价指标要进行调整，使工作内容更多地延伸到县市基层；另一方面，加强中央和地方科技资源的整合，以及部门之间的资源集成，共同围绕县市经济社会发展的紧迫需求，切实办成几件大事。

（四）多渠道、大幅度增加科技投入

县市基层科技工作是国家科技投入容易见效的地方。一些科技活动的投入并不大，但往往可以产生显著的经济效益和社会效益。因此，要广泛动员各方面力量，通过多种渠道、多种方式增加对县市基层的科技投入。首先，要将县市基层科技纳入各级公共财政支持框架。近年来，科技部不断增加对地方特别是县市基层科技工作的投入力度，"星火"计划、农业科技成果转化基金等专项投入超过3亿元，"火炬"计划、攻关计划、中小企业创新基金、成果推广计划、科技扶贫计划等对县市

的投入规模也有数亿元。最近，国家财政已经明确，今后每年将在科技基础条件平台建设专项中增加1亿元经费，专门用于支持基层科技服务平台建设。从今年开始，国家将连续支持县市基层科技试点工作，今年将增拨1亿元专项经费，明后年还将滚动增加到2亿元和3亿元，形成每年4亿元的稳定专项支持规模。这充分反映出中央对于县市科技工作的高度关注和重视。其次，要切实提高财政科技投入效率，认真研究制定有效的财政科技投入增长机制、分配使用办法和监督制度，解决好财政资金的有效使用和管理问题，使其真正发挥作用。最后，要形成能够激励企业投入、农民投入、社会其他主体参与的投融资机制，使县市基层科技成为社会投资的重点领域。需要强调的是，国家投入只是引导性的，更重要的是各地方要努力增加财政科技投入，特别是经济实力较强的地区要大幅度增加财政对县市科技工作的投入。

（五）抓好一批县市科技工作试点示范

加强县市科技工作，既要体现市场经济规律，又要发挥各级科技管理部门的作用和各有关方面的积极性。在继续加强科技兴市（县）、可持续发展实验区、农业科技园区建设等工作的基础上，当前要面向经济比较落后、科技工作比较薄弱的县市，针对经济社会发展中的关键和紧迫问题，重点抓好县市科技工作试点。通过科技项目带动，提升县域经济的技术含量，促进"三农"问题的解决，带动县域经济社会发展。根据初步计划，我们将联合地方政府和有关部门，在3年内重点抓好300个县市科技试点工作。要注意动员社会各方面的力量参与，特别是要采取具体措施，要求国家高新区、高等院校和科研院所等机构根据自身的特点和优势，与科技发展水平相对落后的县市进行科技合作与对口支持；鼓励科技先进示范县与经济科技欠发达县市开展"一对一"帮扶工作。经过3年左右的努力，使占全国县市1/3的中西部和东部地区经济落后县市科技工作局面得到较大改观。

（六）加强基层科技队伍建设

加强县市科技工作，不是简单地增加投入和解决工作条件，而是要体现"以人为本"，发挥人的关键性作用。近年来，不少地方通过加强科技队伍建设，包括人才培养、技术培训、人才交流等多种形式，提高县市科技队伍素质，引进优势人才，取得了明显效果。但总的来说，县市基层科技队伍还远不能满足发展的需要。当前，应紧紧抓住培养、吸引、用好人才三个环节，搞好基层科技队伍建设。一是要推进县市科技体制改革，整合县市科技力量，加强人才培养。特别是要加强基层和农民科技带头人的培训工作，培养乡土科技人才队伍。二是要努力为基层科技人才营造良好的工作条件和生活环境，大量吸引科技人才投身基层。鼓励和吸引科研机构、大学、机关事业单位的科技人员以多种形式为基层进行技术服务，鼓励、支持大中专毕业生到基层建功立业。要进一步贯彻落实《中华人民共和国促进科学技术成果转化法》和国务院转发的《关于加速科技成果转化的若干规定》中关于效益分成、股权激励等分配制度，激励科技人员在科技研究与开发、成果转化与推广工作中作出贡献。要制定相应的办法，解决好引进人才的医疗、劳保等问题，解决好科技人员到基层工作期间的工资和福利待遇问题，工作成绩突出者优先晋升职称、职务。要鼓励专业技术人才通过兼职、定期服务、技术开发、项目引进、科技咨询等方式，为县域经济社会发展服务。三是要通过事业留人、发展人，真正使基层各类科技人员人尽其才，才尽其用。对优秀科技人员要进行表彰和奖励；有条件的地方要设立专项经费，重奖做出突出贡献的科技人员。

同志们，我国实现全面建设小康社会的宏伟目标，必须走创新型国家发展道路，必须建立起深厚的全社会的创新基础。科学技术事业的繁荣和发展，必须真正惠及亿万民众，必须得到广大人民群众的充分理解和支持。我们一定要从关系国家发展的长远和全局出发，高度重视和加强县市科技工作，为我国科技事业的繁荣和发展做出更大的贡献。

建设创新型国家的几个重大问题[①]

（2006年9月30日）

在年初召开的全国科技大会上，胡锦涛总书记明确提出：坚持走中国特色自主创新道路，为建设创新型国家而努力奋斗。这是新时期我们党做出的事关社会主义现代化建设全局的重大决策。下面就学习和贯彻中央重大决策中的几个问题，谈一些认识。

一、关于国家创新体系建设

改革开放以来，我国以科研院所为重点的科技体制改革取得了明显成效。当前，科技体制改革进入到在国家层次上进行整体设计、系统推进国家创新体系建设的新阶段。发展环境的变化，要求我们在多年来改革与发展的基础上，以增强自主创新能力为目标，解决影响发展全局的结构性和机制性问题，建立一个既能够发挥市场作用又能够根据国家战略有效动员和组织创新资源，既能够激发创新行为主体自身活力又能够实现系统各部分有效整合的国家创新体系。

（一）建设以企业为主体、产学研有机结合的技术创新体系

建设以企业为主体、产学研结合的技术创新体系，是《规划纲要》的一个亮点，是推进自主创新的重大举措。技术创新体系建设的成功，在很大程度上将决定《规划纲要》的成功，决定自主创新的成功，决定建设创新型国家的成功。在这个问题上达成的广泛共识，是多年改革实践的经验总结，是在社会主义市场经济条件下对经济与科技关系问题认识的一个重大飞跃。

促进科技与经济结合，是近20多年来我国科技体制改革的主导思想。小平同志早就指出："经济体制，科技体制，这两方面的改革都是为了解放生产力。新的

[①] 2006年9月30日刊载于《科技日报》，发表在《中国软科学》（2006年第10期）。本文是在多年研究与工作基础上形成的关于"创新型国家建设"的系统论述，除原文之"加强科技人才队伍建设"部分因与其他部分重合度较高且后面还有创新人才专题而删掉外，其他部分都基本完整保留，故本文中的个别观点将会与相关部分有重复。

经济体制，应该是有利于技术进步的体制。新的科技体制，应该是有利于经济发展的体制。双管齐下，长期存在的科技与经济脱节的问题，有可能得到比较好的解决。"改革开放以来，在推进科技进步方面，科技系统和经济系统都取得了很大进展。在科技系统内，一方面进行了一系列面向市场的改革，从1984年减拨事业费直到1999年应用研究院所向企业化转制，改革是成功的；在发展方面，国家大幅度增加了对科技的投入，实施了一系列重大科技发展计划，设立了自然科学基金，建设了一批国家重点实验室、工程中心等，取得了很大成绩。在经济系统内，围绕生产实际需求，从国外引进技术，产业装备水平有了很大的提高，支撑了经济增长。但是要看到，两个方面的科技进步都主要是在各自相对封闭的系统内部完成的，形成了两条并行线，没有广泛的交汇点，科技与经济结合的问题并没有从根本上得以解决。两个系统独立运行的结果，一方面是产业技术进步主要依靠从国外引进技术，许多重要产业没有形成自己的创新能力，一些重要领域甚至形成对国外技术的依赖，在国际竞争中常常陷入被动局面。另一方面，虽然大学、科研机构面向市场的研究开发方面做了大量工作，但由于自身特点所决定，大学和科研机构往往对市场需求缺乏深刻的了解，其研究开发活动的目标经常被表达为先进的技术指标，注重技术上的突破。在很多情况下，研究开发成果的技术水平虽高，但成本也很高，不具备市场竞争力；或者技术水平高却不具备产业化生产能力。这是多年来科技成果转化率不高的重要原因。《规划纲要》提出建设以企业为主体、产学研相结合的技术创新体系，就是要从体制上根本解决两个方面不足的问题。

有的同志提出，为什么技术创新体系要以企业为主体？我们认为，技术创新首先是一个经济活动过程，它是技术、管理、金融、市场等各方面创新的有机结合。企业熟悉市场需求，有实现技术成果产业化的基础条件，可以为持续的技术创新提供资金保证，能够形成创新与产业化的良性循环。只有以企业为主体，才有可能坚持技术创新的市场导向，迅速实现科技成果的产业化应用，真正提高市场竞争能力。因此，抓住了以企业为主体的技术创新体系这个突破口，就抓住了进一步深化科技体制改革的主线，就可以形成科技发展新的战略安排和科技资源配置的新框架，一些多年未能解决的体制和政策问题就有可能理顺，并得到解决。

建设以企业为主体的技术创新体系，必须坚持产学研相结合。大学和科研机构是科技创新的重要源泉，特别是原始性创新的重要源泉。充分发挥大学和科研机构在技术创新中的作用，是我们必须长期坚持的方针。经过近年来的改革，科研院所的创新能力和科技服务能力显著提升，面向市场、为企业服务的意识和能力显著提高，已经成为技术创新的一支宝贵力量。近20多年来，我国企业有了长足发展。但从总体上看，企业规模还不算大，企业的技术创新能力还比较薄弱。据统计，目前全国规模以上企业开展科技活动的仅占25%，研究开发支出占企业销售收入的比重仅为0.56%，大中型企业仅为0.71%；只有0.0003%的企业拥有自主知识产权。依靠我国企业目前的技术实力和能力，要与基础雄厚的跨国公司进行技术创新较量，难度可想而知。因此，建立新的技术创新体系，既要突出企业的主体地位，又必须坚持产学研的结合，两者同等重要。

政府在建立以企业为主体的技术创新体系中如何发挥作用？我体会要注意三个方面的问题。

第一，政策是关键。政府支持企业技术创新可以采取包括制定政策、资金投入、项目支持、提供服务等多种措施，但起决定性作用的是政策。依靠项目支持企业，特别是支持大企业固然非常重要，但项目能够支持的企业是有限的，发挥作用的时间也是有限的。对于千千万万的中小企业来讲，包括税收、金融、政府采购等在内的各项激励政策是长时间、普遍起作用的因素。在《规划纲要》的60条配套政策中，约有40条与促进企业成为技术创新主体有关，在税收扶持、政府采购、加强引进消化吸收等方面均有重要突破。目前，如何把这些政策细化好、应用好，最为关键。

第二，政府投入支持企业的技术创新。有一种观点认为，在市场经济条件下政府不能通过投入支持企业的创新活动，这种看法是不准确的。20世纪中后期，随着高技术产业的崛起，西方主要发达国家政府充分认识到"创新"是促进经济发展的根本源泉，开始更多地运用财政手段，在一定条件下直接支持企业的技术创新行为。外国政府（地区）支持企业技术创新的方式主要有三种类型：一是设立专项计划的方式。主要包括美国的小企业创新研究计划（SBIR）、加拿大产业研究支持计划（IRAP）、加拿大技术伙伴计划（TPC）、英国小企业研究和技术奖励计划（SMART）、芬兰国家研发基金（SITRA）等。二是成立专门基金的方式。主要包括英国RVCF基金、新加坡技术开发基金、澳大利亚创新投资基金、瑞典ALMI基金等。三是通过国有经济部门的方式。主要包括国有金融机构或国有控股公司提供投资或信贷，支持企业技术创新。

以美国为例，美国小企业创新研究计划，要求国防部、国立卫生研究院和国家科学基金会等10个部门，每年在研发预算中安排2.5%的经费，对中小企业实施无偿资助。在1983~2003年的21年里，政府通过此计划给予小企业的资金约达154亿美元，共资助了76 000多个项目。另外，政府也对企业开展战略高技术的研发及技术成果产业化给予大力支持。2003年美国政府启动了"氢燃料计划"，预计5年内投入12亿美元；2005年布什要求国会在5年里追加5亿美元拨款，并计划在10年里拨款25亿美元补贴消费者购买节能混合动力汽车。

事实上，在WTO框架下支持企业研发和创新已成为各国政府的普遍做法。我们要认真研究这些经验，尽快形成政府支持企业创新的投入机制。

第三，要特别关注中小企业的创新活动。中小企业特别是科技型中小企业，是科技创新的重要力量。许多国家的实践表明，中小企业发明新技术、新产品的效率远高于大企业。1982年美国盖尔研究所对20世纪70年代121个行业的635种创新产品进行分析研究，发现中小企业每百万职工提供的技术创新是大企业的25倍，

50%~60%的科技进步发生在小企业身上，80%以上新开发的技术是由中小企业来付诸生产的。我国的数据也表明，65%的国内发明专利是由中小企业获得的，80%的新产品是由中小企业创造的。为什么这些中小企业有这么多创新？道理很简单，创新是中小企业发展的内在要求。如果中小企业没有自己的核心技术和技术诀窍，就不可能在激烈的市场竞争中创办和生存，更谈不上发展。因此，必须高度重视中小企业的创新活动，给予其有力的政策支持。还要强调的是，高新技术产业具有高风险性的特点，产品生命周期较短，更新换代很快。因而，高技术企业一般的发展模式是从创业开始起步，在市场竞争中由小到大、大浪淘沙、优胜劣汰、滚动发展。实践表明，国际一些知名的高技术大企业（如惠普、微软、戴尔等）都是从小企业成长起来的；这些年来，我国的联想、海尔、华为、中兴等高技术企业走的也都是同一条发展道路，这是市场经济条件下高技术企业成长的主要形式。政府的作用不是直接操办企业，而是创造一个有利于中小企业成长的硬软环境。政府通过创造环境支持中小企业创新，将是对自主创新的有力支撑。

（二）建设科学研究与高等教育有机结合的知识创新体系

经过几十年的发展，中国已经形成了一个庞大的科研机构群体，具有了较强的研究实力。建设创新型国家，要进一步发挥科研机构，特别是国家科研机构在我国科技事业发展中的骨干和引领作用。同时，还要大力发挥高等院校的基础和生力军作用。长期以来，由于计划经济体制的影响，我们对高等院校在科研工作中的作用重视不够，高等院校的巨大潜力还没有充分发挥。在此，我们重点讨论发挥高等院校在创新中的作用问题。

高等院校创新人才聚集，有良好的基础设施、自由的学术氛围和多学科交叉的影响，这些特点使高等院校成为产生新知识、新思想的沃土，是培养科技创新人才的主要基地，也是科技知识生产和传播的重要基地。在欧美国家，大学在知识创造中一直起着重要作用。根据OECD的统计报告，在美国、日本和德国等发达国家，大学是仅次于产业部门的第二大研究开发活动主体。在我国，"十五"期间高等院校研究与开发人员总数保持在25万左右。高等院校还承担了2/3左右的国家自然科学基金项目和大量的"863"计划等项目，依托高等院校建立的国家重点实验室占全国总数的近2/3。实践已经表明，高等院校已经成为我国实施自主创新战略的一支十分重要的力量。

推进国家创新体系建设，要进一步发挥高等院校在知识的创造和应用中的基础性作用，建设科学研究与高等教育紧密结合的知识创新体系，支持有条件的高等院校建设高水平的研究型大学。以建立开放、流动、竞争、协作的运行机制为中心，促进科研院所之间、科研院所与高等院校之间的结合和资源集成，形成一批高水平的资源共享的基础科学、前沿高技术和社会公益研究基地。同时，认真解决高等院校学科设置不够合理、科研工作定位不够明晰、科研管理比较薄弱等问题。

（三）建设军民结合、寓军于民的国防科技创新体系

从当今世界科学技术发展趋势看，军民技术日趋融合，高新技术两用化的特征越来越明显。建立军民结合、寓军于民的创新体制，已经成为世界上主要国家共同的政策取向。一个典型的例子是美国。20世纪80年代以来，美国通过科技政策的调整，推动了国防科技和民用科技的统合，依靠民间科技力量大力发展军民两用技术，在确保军事技术水平提高的同时，促进民用工业技术水平的提高，收到了事半功倍的效果。美国军事装备技术的军民通用性已高达80%以上，全美国80%以上的科学家和工程师都在直接或间接地为美国国防服务。另一个例子是苏联。据西方国家估计，在冷战时期，苏联的国防投入占其GDP的比重达12%～20%。一方面，巨大的国防投入和相对独立的国防工业，赋予苏联强大的军事实力，使其成为与美国相抗衡的军事大国；另一方面，国防工业处于完全封闭的状态，先进的军用技术不能有效地转为民用，国防工业对国民经济的带动作用没有充分发挥，军民分割的情况十分严重。到20世纪90年代初，庞大的国防工业生产能力过剩，而民用工业发展严重滞后，民品供应严重不足，国民经济受到严重影响，是导致苏联最后解体的因素之一。

经过多年的发展，我国的国防科技工业已经逐渐形成了一个相对独立的研发和生产体系，国防科技已具备了较强的研究开发能力。但由于长期形成的军民分割的格局没有得到根本解决，军民之间相互结合的研究开发体系尚未形成，造成了不必要的重复和浪费。在今后相当长的历史时期里，我国都将面临发展经济和维护国家安全的双重战略任务。建立军民结合、寓军于民的创新体制，发展军民两用技术，实现军民技术成果的双向转移，不仅关乎国民经济的发展，也关乎国防现代化建设的全局，是新时期国家创新体系建设的一项关键内容。

根据《规划纲要》的部署，我们要尽快建立军民结合、寓军于民的国防科技创新体系，从宏观管理、发展战略和计划、研究开发活动、科技产业化等多个方面，促进军民科技的紧密结合，加强军民两用技术的开发，形成全国优秀科技力量服务国防科技创新、国防科技成果迅速向民用转化的良好格局。今后一个时期，要进一步加强军民结合的统筹和协调，建立促进军民结合的科技管理体制；改革相关管理体制和制度，积极鼓励军口科研机构承担民用科技任务，国防研究开发向民口科研机构和企业开放，扩大军品采购向民口科研机构和企业采购的范围；建立军民结合、军民共用的科技基础条件平台，促进资源共享；统筹部署和协调军民基础研究，加强军民高技术研究开发力量的集成，实现军用产品与民用产品研制和生产的协调，促进军民科技各环节的有机结合。

（四）建设各具特色和优势的区域创新体系

区域创新能力是国家创新能力的重要基础，区域创新体系建设是建设创新型国

家的重要组成部分。我们强调区域创新体系的建设，一个基本想法就是要充分发挥地方在推动自主创新方面的重要作用。从我国改革开放的实践来看，尊重基层的实践经验和首创精神，激发地方的创造力和积极性，是推进各项事业兴旺发达的关键。20世纪80年代初的农村家庭联产承包责任制拉开了改革的序幕，此后改革和发展的许多重大突破也是从地方、局部率先实现的。

近年来，伴随我国区域经济整体水平的显著提升，区域创新活动日趋活跃，一些具有较强竞争力和创新特色的创新区域开始出现，充满活力的高新区和产业集群已经成为区域自主创新的重要基地和载体，已经具备了进一步提高区域创新能力的基础和潜力。全国科技大会后，各地认真贯彻落实大会精神和《规划纲要》的部署，积极制定政策措施，大幅度增加科技投入，形成了推进自主创新、建设创新型国家的热潮。目前，14个省（自治区、直辖市）财政科技投入的增长率已超过上年投入的50%，山东、湖北、湖南、安徽、江西等省份2006年财政科技投入事业费或三项费都比上年增长了一倍以上。其中，深圳市明确提出要敢于把深圳改革开放25年来积累的财政实力投入到自主创新中去，"十一五"期间，深圳市、区两级政府财政科技投入将达到100亿元，预计深圳市全社会研究开发投入累计将达到1000亿元。看到这些数字，非常令人振奋。同时也要看到，加强对地方科技发展的引导和统筹协调，整合区域创新资源，在中央和地方、地方和地方之间形成合力，避免盲目重复投资，也日益成为一项更加紧迫的任务。

加快区域创新体系建设的重点，一是要以促进区域内科技资源的合理配置和高效利用为重点，围绕区域和地方经济与社会发展需求，根据区域经济和科技发展的特点和优势，大力培育和发展产业集群，推进高新技术开发区"二次创业"，促进区域优势产业的发展。二是要加强对地方科技工作的指导，集成中央和地方的科技资源，形成中央和地方联动的机制，支持有条件的地方组织实施国家重大科技项目。三是要把促进中小企业发展放在突出位置，积极建立公共科技研发服务机构，支持生产力促进中心、科技型企业孵化器等机构的建设，共同为中小企业创新提供多方面的服务。

（五）建设社会化、网络化的科技中介服务体系

在市场经济条件下，科技中介服务机构是产学研的纽带，是连接科技和经济的桥梁。各类信息服务机构、知识产权机构、资产评估机构、投融资机构、共性技术服务机构，以及各种类型的企业孵化器等中介机构，将千千万万个企业和众多大学、研发机构联系起来，形成有利于创新成果应用和产业化的网络，是提高创新效率、降低创新风险的一个重要途径。在计划经济条件下，科技活动的机制是政府安排项目、科研机构组织研发、再将科技成果转给国有企业，因此不需要中介机构。总结这些年来科技成果转化的经验教训，我们发现，有些科技成果不能顺利转化并不完全是技术本身的问题，而更多是由于自身管理和项目运作的问题，特别是一些

科技人员缺乏把握市场需求和变化的能力，缺乏在市场中有效运作技术项目的能力，缺乏把握金融风险的能力。坚持科技面向经济建设，并不是要所有的大学、科研机构都去干企业的事，而主要是围绕企业的技术创新活动，发挥大学、科研机构的应有作用。在我国，科技中介服务体系是国家创新体系中一个十分薄弱的环节，加强科技中介服务体系建设是各级政府，特别是各级地方政府的一项重要的任务。

有的同志认为，应该强调政府在产学研中的作用，提出"官产学研"结合。我们认为，官产学研针对一些大企业、大项目是有效的，但政府的触角不可能延伸到千千万万个企业，特别是中小企业。要真正能够全面实现产学研结合，就必须充分发挥各种类型的中介机构，特别是市场化中介机构的重要作用。

加强中介服务体系建设，政府可以发挥关键性作用。一方面，要制定出台积极的政策，加快有利于科技中介机构发展的软环境建设；另一方面，要采取实际措施，推进信息网络、企业孵化器、公共技术服务平台等硬环境的建设。当前，要针对科技中介服务行业规模小、功能单一、服务能力薄弱等突出问题，推进社会化、网络化的科技中介服务体系建设。要加快科技基础条件建设和重点科技服务机构建设，结合科技服务平台建设和科技资源整合，搭建具有区域性、公益性、基础性和战略性的科技服务平台；加强科技服务机构的人才培养，特别是金融、保险、信息等急需人才和复合型人才的培养。

二、制定和实施有利于自主创新的政策措施

确保建设创新型国家战略决策真正落到实处，关键是要制定和实施强有力的政策措施。《规划纲要》及其配套政策把促进经济政策和科技政策的协调与有机结合，将形成明确的激励自主创新的政策导向作为重点，取得了许多突破。进一步细化和落实这些政策，是目前必须认真做好的一项重要工作。这里谈谈其中几个重要的方面。

（一）实施积极的促进自主创新的公共财政政策

近些年来，在国家财政收入增长的同时，财政科技投入也在不断增加，有力地支持了科技事业的发展。但从总体上看，财政科技投入的增长仍低于财政收入的增长速度，仍不能满足科技发展的需要。存在的主要问题有：一是研究开发投入占国内生产总值的比重较低。我国2005年全社会研究开发投入占国内生产总值的比重仅为1.34%，低于世界平均1.6%和发达国家一般2%以上的水平。1995年，《中共中央、国务院关于加速科学技术进步的决定》提出的到2000年研究开发投入占国内生产总值的比例达到1.5%的目标，至今仍未实现。二是政府投入比重偏低。我国政府财政研究开发投入占全社会研究开发投入的比重从1995年的50%下降到2003年的29.92%，远低于世界多数国家相应发展阶段政府投入占50%左右的水

平，更低于印度、巴西的 60%～70% 的水平。三是科技投入结构不合理。在全部研究开发投入中，基础研究投入比例偏低，影响了原始性创新能力的提高；公益类研究投入长期不足，社会公益性科研工作困难的局面尚未得到根本改变。四是在科技经费管理中还存在着薄弱环节，存在着科技经费使用效率不高、使用不规范的现象。

目前，落实建设创新型国家的战略决策，需要实施促进自主创新的公共财政政策，加大财政支持科技创新的力度，建立多元化的科技投入体系。为此，政府各个部门已达成共识，并且将采取以下措施。

第一，大幅度增加财政科技投入。确保"十一五"期间财政科技投入增幅明显高于财政经常性收入增幅，各级政府在年初预算分配和财政超收分配中财政科技投入增长幅度达到法定增长的要求，从而保证《规划纲要》提出的科技投入目标能够实现。

第二，调整财政科技投入结构。加大对基础研究、前沿高技术研究、社会公益性研究和科技基础条件建设的支持，引导地方和行业部门加大科技投入力度，重点解决行业和区域经济社会发展中的重大科技问题。

第三，建立和完善多元化、多渠道的科技投入体系。综合运用财政拨款、基金、贴息、担保等多种方式吸引社会资金向创新投入；推动创业风险投资事业发展和促进多层次资本市场建设，政府引导金融机构加大对高新技术产业的投入力度。

（二）提高保护、创造知识产权的水平

近年来，国家采取了一系列政策措施加强与科技相关的知识产权工作，运用知识产权制度提升我国科技创新的层次，取得了明显进展。在专利数量不断增长的同时，专利的质量和结构也有了改善，主要表现在：国内申请量超过国外申请量；发明专利申请量分别超过实用新型和外观设计申请量；国内发明专利申请量超过国外申请量；职务发明申请量超过非职务发明申请量。

在取得上述成绩的同时，我们也清醒地看到，当前我国提高自主创新能力和加强知识产权保护方面还存在一些突出和亟待解决的问题，主要包括：知识产权拥有量难以适应激烈竞争的新形势；企业自主创新能力弱，尚未形成专利申请的主体；知识产权意识不强，管理能力相对较弱；跨国公司滥用知识产权阻碍我国自主创新的问题日益凸显。

为解决上述问题，必须把创造和保护知识产权问题放到提高自主创新能力的战略高度上予以考虑。我们要根据《规划纲要》的精神，从以下几方面采取措施。

第一，鼓励创造知识产权。全面强化科技计划知识产权管理，国家科技计划要在项目申报、项目评审、项目验收等方面进一步完善知识产权指标并增加其权重，引导建立以科技计划项目为龙头，企业、科研机构和大学共同参与的知识产权联盟。对事关综合国力和国际竞争力的重大科技领域、重要高新技术产业和国民经济

重点行业，以掌握核心技术及其知识产权为主要目标，在国家层次上组织实施专利战略，编制必须掌握自主知识产权的重要产品和装备目录，通过科技计划和建设投入给予重点支持。

第二，建立健全知识产权保护体系。科研机构、高等学校和政府等有关部门要加强从事知识产权保护和管理工作的力量。国家科技计划和各类创新基金对所支持项目在国外取得知识产权的相关费用，按规定经批准后给予适当补助。切实保障科技人员的知识产权权益，职务技术成果完成单位应对职务技术成果完成人和在科技成果转化中做出突出贡献的人员依法给予报酬。

第三，加强知识产权管理。改革发明专利审查方式，提高专利实质审查工作效率，缩短审查周期。建立重大经济活动的知识产权特别审查机制。对涉及国家利益并具有重要自主知识产权的企业并购、技术出口等活动进行监督或调查，避免自主知识产权流失和危害国家安全，防止滥用知识产权制约创新。

第四，建立和完善与科技相关的知识产权政策体系和支撑服务体系。积极支持专利代理机构、评估机构、法律服务机构与各类创新主体建立紧密的合作关系，从科研项目知识产权工作的方案制定、成果技术秘密保护、知识产权申请，到技术转让或入股等各个环节，实现知识产权管理服务等工作与科技创新活动的有机结合。

（三）建立和完善风险投资和资本市场

由于创新活动的不确定性和信息不对称性特点，与银行资金的安全性、流动性、效益性原则不相符合，因而创新活动不易获得银行的贷款支持。科技创新周期长、投资较大、风险较大，巨额投入又使政府财政难以承受。因此，风险投资和资本市场就成为创新创业发育成长不可或缺的条件。从发达国家的经验来看，大规模的技术创新都是依托创业风险投资和资本市场发展起来的。据统计，美国90%的高技术企业都是按创业风险投资的模式得以发展的。

从我国的实际情况来看，由于风险资本发育不足，自主创新缺乏一个基本的资本市场支持，金融问题已经成为制约自主创新和中小科技企业发展最为突出的一个问题。主要表现在：一是国家在引导政策性金融和商业性金融支持企业自主创新方面缺乏有效政策，中小企业的创新活动尤其难以得到金融支持。二是创业风险投资事业发展缺乏国家有效的政策扶持，高新技术企业种子期和起步期很难得到资金支持。三是缺乏支持自主创新的多层次资本市场，创业板尚未建立起来。

我国资本市场存在的制度性缺陷，影响了我国创业投资的发展，成为科技创新与资本结合的最大瓶颈。一方面，由于众多具有自主创新能力的科技型中小企业无法进入资本市场，中小企业缺乏直接融资的渠道，最近我们高科技中小企业到中国香港上市、到新加坡、到美国纳斯达克上市的数量，已经超过了在国内资本市场上市的数量。另一方面，资本市场缺少风险投资退出的制度安排，导致我国风险投资总体上处于缓慢发展状态，风险投资的规模、项目与目标均不能满足科技创业企业发展的需要。自 2002 年以来，我国风险投资的发展开始减缓，2003 年、2004 年连续两年呈现投资总额绝对量下降的趋势。而且风险投资出现主要投向处于相对成熟阶段企业的趋势，对处于种子期的科技创业企业投资不足。

实践表明，没有一个完善的风险资本市场，没有一个有效的退出机制，中国的科技型中小企业就很难发展，中国的自主创新就会面临障碍。实施自主创新战略，需要更大程度地发挥风险投资和资本市场对科技型中小企业的支撑作用、催化作用。当前工作的重点包括：一是大力推进多层次资本市场体系建设。当前的中小企业板仍是主板市场的组成部分，离真正意义上的创业板市场还有很大距离，中小企业板不能代替创业板，因为门槛不一样，机制也不一样。积极推进创业板市场建设，培育更多的有活力、有发展前途的创新型小企业上市，将有助于投资者树立对我国证券市场的信心。同时，要深化"三板"试点，完善代办股份转让系统等，进一步活跃市场交易，提高交易效率，完善各项制度建设。在此基础上，将其逐步覆盖到具备条件的未上市高新技术企业。二是加强对风险投资发展的引导力度。鼓励有关部门和地方政府设立创业投资引导基金。以政府示范性引导资金拉动全社会各类资金投资设立风险投资机构，扩大风险投资的资金来源，增强国内风险投资机构的资金实力。三是积极引导风险投资参与自主创新战略的实施。推动多层次资本市场的形成，进一步集成资源，鼓励和支持风险投资机构参与国家科技计划项目的产业化，帮助和推动具有较强自主创新能力的高新技术企业上市融资。

（四）用好政府采购政策

我国政府采购政策在提高财政资金的使用效益和抑制腐败方面发挥了积极作用，而政府采购政策所应承担的支持新兴产业和企业发展的主要功能仍有待发挥。西方国家在这方面给我们提供了宝贵的经验。早在 1933 年，美国在《购买美国产品法》中就规定国际采购必须至少购买 50% 的国内原材料和产品。美国预算补充法案等法律，都按规定了执行《购买美国产品法》的义务。美国成为 WTO "政府采购协议"成员后，美国的对外贸易法规定《购买美国产品法》仍然适用。我国加入WTO 之后，政府采购将成为政府支持企业技术创新的最合法、有效的手段之一。

我们有些同志对政府采购政策有一种不全面的理解，即把政府采购归纳为"同等优先"，这种看法有片面性。因为"同等"实际上不存在，比如，软件产品从开发到应用，编程中往往会出现许多错误，需要经过大量用户的使用，不断修改、完善，一个小公司如此，大公司也是如此，比如，微软的软件就有不少"补丁"。如果一开始就要求产品非常完善，中国软件产品永远不可能进入市场。另外，在价格上，当我们的公司推出一个新产品的时候，跨国公司的产品往往通过降价把你挤垮，我国的小公司怎么与之竞争？所以，以价格和技术水平"同等优先"为原则的政府采购，容易演化为"国外产品优先"，使国内一些优秀的产品被排除于市场之外。

这次《规划纲要》的配套政策，在解决这些问题上有了新的突破，明确提出：一是建立财政性资金采购自主创新产品制度，根据一定条件，优先安排自主创新项目；二是改进政府采购评审方法，给予自主创新产品优先待遇；三是建立激励自主创新的政府首购和订购制度。我们一定要用好这些政策。

（五）落实引进技术的消化、吸收、再创新政策

我们强调自主创新，不是关起门来搞创新。坚持自主创新，绝不排斥技术引进，而是把引进技术基础上的消化、吸收、再创新作为增强自主创新能力的一个重要路径。在这方面，必须解决我国技术引进中存在的一个老问题，即引进技术与消化、吸收的严重脱节。

我们总结引进、消化、吸收、再创新的成功经验，政府的组织协调非常关键。我国的引进技术的消化、吸收成为问题，除了有企业和单位自身的原因外，体制也是一个重要原因。由于技术装备引进方和技术装备的制造方通常是不同的主体，分属于不同的系统，要做好引进技术与消化、吸收、再创新，就需要两个系统间的统筹协调。

为了加强技术引进和消化、吸收、再创新，当前要抓紧落实《规划纲要》制定的有关政策。

第一，加强对技术引进和消化、吸收、再创新的管理。凡由国家有关部门和地方政府核准或使用政府投资的重点工程项目中确需引进的重大技术装备，要求由项目业主联合制造企业制定引进、消化、吸收、再创新方案。

第二，限制盲目、重复引进。定期调整禁止进口、限制进口技术目录。限制进口国内已具备研究开发能力的关键技术；禁止或限制进口高能耗、高污染和已被淘汰的落后装备和技术。

第三，对企业消化、吸收、再创新给予政策支持。对关键技术和重大装备的消化、吸收和再创新，政府给予引导性资金支持。对消化、吸收、再创新形成的先进装备和产品，纳入政府优先采购的范围。同时，支持产学研联合开展消化、吸收和再创新。

第四，实施促进自主制造的装备技术政策。规定国家和地方重点工程建设项目采用重大装备和技术，应符合装备技术政策。

三、形成有利于自主创新的科技体制基础

与以往相比，我国现阶段科技发展环境的一个重要变化，是社会主义市场经济体制已经初步建立，全方位、多层次的对外开放格局基本形成，为科技事业的进一步繁荣发展奠定了更有利的体制基础。当前，完善有利于自主创新的体制和文化环境，需要强调以下几个问题。

（一）建立有利于加强基础科学、前沿技术和社会公益研究的体制机制

原始性创新往往孕育着科学技术质的变化和发展，是科技创新能力的重要基础和科技竞争力的源泉，也是一个民族对人类文明进步作出贡献的重要体现。科技要引领未来，就必须对事关国家长远发展的基础科学、前沿技术研究给予稳定支持，进行超前部署，这是此次《规划纲要》的又一亮点。

加强基础科学、前沿高技术和社会公益研究是《规划纲要》制定过程中达成的一个广泛共识。基础研究具有几个重要特点：一是具有很强的探索性，研究有高度的不确定性，既有成功，也常有失败，而失败往往是成功之母；二是具有原创性，"只有第一、没有第二"，其成功必须基于对全球研究现状的深刻理解和不同学术观点的反复撞击；三是需要长期积累，一项重大的原始创新成果，往往需要几代人深入、系统地研究，厚积而薄发；四是杰出人才及其团队在基础研究重大突破中往往具有决定性作用。加强基础研究，要充分考虑这些特点和规律。对于社会公益性研究，则必须坚持应用导向和公共需求导向，发挥应用部门的主导作用，加强应用部门和大学、研究机构的紧密结合。总体而言，对于基础研究、前沿技术研究和社会公益性研究工作，除了加大投入、稳定支持以外，在如何管理的问题上统一认识更为重要。

总结正反两个方面的经验，我们认为在科技管理中，把基础研究、前沿技术研究和面向市场的应用研究区别开来，把市场性科技活动与公益性科技活动区别开来，是科技活动认识上的一次飞跃，是科技管理思路的一个重大突破。这就要求我们不能用管理面向市场的应用研究的方式管理基础研究、前沿技术研究和社会公益性研究，同样也不能用管理基础研究、前沿技术研究和社会公益性研究的方式来管理面向市场的应用研究。加强基础研究和前沿技术研究，必须建立一个鼓励探索、宽容失败的评价和激励机制；必须创造一个更加开放的、促进交流与合作的科研环境；必须建设一个有利于知识积累和数据共享的基础条件平台；必须营造一个更加注重人才、不断发掘人才潜力的环境。

贯彻《规划纲要》，就必须按照科学技术发展的内在规律和要求，对基础研究、前沿技术研究和社会公益类研究的支持方式、管理方式进行调整。这是一项重大任务。"十一五"期间，根据《规划纲要》的精神，将采取以下措施。

第一，调整科技投入结构和支持方式。大幅度增加对基础科学、前沿技术和社会公益类研究的投入力度。今年国家自然科学基金规模在去年的基础上增加了32%，"973"计划投入增加20%，中国科学院"知识创新工程试点"投入增加20%。国家科技计划中工业领域和农业与社会发展领域的经费比例，将由"十五"期间的7∶3调整为"十一五"期间的5∶5。建立稳定支持与竞争性支持相结合，项目与人才、基地相结合的新的投入机制。安排行业科研经费和基本业务经费，对高水平的研究基地和队伍给予相对稳定的支持。

第二，建立与基础研究、前沿技术研究相适应的管理体系。一是按照国家赋予的职责定位加强科研院所建设，切实改变目前部分科研院所职责定位不清、力量分散、创新能力不强的局面，优化资源配置，集中力量形成优势学科领域和研究基地。二是在研究院所建立开放合作的运行机制，为实行固定人员与流动人员相结合的用人制度提供政策保障，全面实行聘用制和岗位管理，特别是要实行向全社会公开招聘科研和管理人才的制度。三是扩大科研院所在科技经费、人事制度等方面的决策自主权，提高科技资源整合能力，增强科研院所自主发展能力。四是规范科研院所整体创新能力的动态评价制度，在合理设定的期限内，从完成国家任务情况、科研成果、人才队伍建设、管理水平等方面，对科研院所创新能力进行评价，评价结果作为国家调整和支持科研院所发展的重要依据。

第三，改革基础研究、前沿技术研究的评价制度。当前一个突出的问题是，在许多基层单位，对从事基础研究人员的评价过于频繁和量化，甚至每年将发表论文数量与工作绩效和收入挂钩，这种现象比较普遍，不利于科学家潜心深入地开展研究工作，助长了浮躁和急功近利的行为。另外，对前沿技术研究的评价，有过于强调市场化的趋势，常常要求一个研究人员或团队完成从研究开发到市场实现的全过程，这是不切合实际的。我们在《科学技术评价办法》中提出，基础科学和前沿高技术研究与面向市场的研究开发具有不同的规律和价值导向，应该采取不同的评价办法和激励机制。特别是对探索性强、高风险的项目和创新性强的"非共识"项目应淡化对项目有关研究基础和可行性研究的评价，经过特定的程序，提供一定额度的资助，促进人才脱颖而出。

第四，加强科研基地和基础条件建设。根据《规划纲要》提出的重大科技需求，在新兴交叉学科领域，特别是当前我国相对薄弱和空白领域内开始组建若干国家实验室，同时研究解决国家重点实验室运行费用支持的问题。国家还将通过加大基本建设投资、科研仪器设备购置经费投入，组织实施国家科技基础条件平台建设，有效改善社会公益研究的基础条件。

（二）切实加强科技宏观统筹协调

长期以来，由于传统体制的影响，我国科技资源配置上的部门分割、行业分割和条块分割，缺乏围绕国家目标形成分工合作的科技创新机制，创新活动实现国家层次上的统筹协调比较困难，造成了资源浪费和低水平重复。这里举两个例子。美国发射的MODIS卫星的数据接收站，在美国只建设了16座，覆盖全国，满足军民两用；俄罗斯建设了8座，欧洲大部分国家只有1座。而我国在2004年就建成了30座，仅北京地区就有8座。2003年"非典"期间，全国同时开展早期诊断试剂研制的单位有20多家，开展疫苗研制的单位有30多家，启动P3实验室建设的单位有35家。据了解，我国大型科研设备利用率只有25%，而发达国家是170%。因此，解决重复和分散的问题，必须加强统筹和协调。

近年来，科技部在推进科技宏观管理体制改革，加强和部门、地方、军民之间的统筹协调方面做了不少努力，提高了整合科技资源、组织重大科技活动的能力。今后，我们将会同有关部门重点采取以下措施。

第一，建立部门联席会议制度。在国家中长期科技发展规划制定期间，中长期规划办公室很好地发挥了统筹、组织和协调作用。吸收这一成功的经验，为了加强部门之间、军口和民口之间科技资源配置、科技计划、重大项目的沟通和协调，将建立相关部门参加的联席会议制度，定期就科技资源配置和各类科技计划安排进行沟通和协调，以改变部门互不衔接、立项重复分散的问题。

第二，建立部省会商制度。近两年来，科技部非常重视加强地方科技工作，与部分省（自治区、直辖市）建立了更为紧密的信息沟通和工作联动机制。特别是全国科技大会以后，各省（自治区、直辖市）大幅度增加了科技投入，中央和地方、地方和地方之间重大项目、科研设施等重复问题将会日益突出。为了解决这一问题，要建立部省会商机制，围绕区域重大科技需求，加强中央和地方科技资源的整合，联手推动重大科技行动。

第三，积极推动建立跨部门的科技项目数据库。针对科技项目立项中多头立项、重复立项的问题，推进科技项目共享数据库的建立，为解决重复问题提供必要的技术支撑。

第四，完善科技咨询和决策机制。推进科技管理和决策的科学化、民主化，在科技管理、计划安排、项目立项、过程监督等方面增加透明度，实行政务公开；完善专家咨询和参与决策的机制，更新和完善专家库，规范咨询、监督程序，多方面发挥专家的咨询作用。在落实《规划纲要》的过程中，广泛听取地方、部门、企业和社会各界的意见。

（三）推进科技管理改革

落实《规划纲要》各项任务，需要在科技管理制度改革上有大的进展，要树立新的管理理念，探索新的管理办法，建立新的管理制度。这里谈谈科技计划、经费和评价奖励等方面改革的一些考虑。

第一，关于科技计划管理改革。改革开放以来，我国的科技计划及管理不断调整和完善，基本适应了各个阶段科技发展的要求，反映了不同时期发展和改革的重点，为经济社会发展和科技自身发展做出了重要贡献。随着我国社会主义市场经济体制的建立和不断完善，要求进一步推进政府职能转变，依法行政，对国家科技计划的管理也提出了更高的要求。目前，我国国家科技计划管理中还存在着一些与发展不相适应的矛盾和问题，如适应于探索性研究和面向市场研究的不同管理体制需要明确和完善；计划管理的公开、公正、公平有待加强；管理的效率有待提高；部门、地方在科技计划管理中的作用需要进一步发挥等。为适应新形势发展的要求，必须对科技计划管理进行改革。一是围绕落实《规划纲要》的目标任务，优化调整科技工作的布局，建立由重大专项和基本计划组成的国家科技计划体系，其中基本计划主要包括科技支撑计划、高技术研究与发展计划（"863"计划）、基础研究计划（国家自然科学基金和"973"计划）、科技基础条件平台建设专项、政策引导类计划等。同时，建立与各个计划相适应的管理制度和运行机制。二是建立国家科技计划信息管理平台。实行网上申报、立项、评审，建立科技计划信息公开公示制度，形成行为规范、运转协调、公正透明、廉洁高效的计划管理模式。三是完善专家机制，建立涵盖面广泛的专家库，从专家库中随机抽取专家组成评审、评估、论证等专家组，建立专家信用管理和回避制度等。四是建立和完善科技计划管理监督制约机制。制定了加强科技计划管理与健全监督机制的意见，规范计划管理各个环节的职责和任务；引入第三方评估监理机制，加强对计划实施绩效和管理绩效的考评。五是积极推进科技计划管理职能的转变。科技管理部门将把注意力更多地放在加强统筹协调、提供支撑服务、强化执行监管和创造有利环境等方面，减少对项目的直接管理。项目的组织和实施将更多地发挥行业部门和地方科技管理部门的作用。

第二，关于科技经费管理改革。在财政等部门的大力支持下，近年来我国科技投入不断增加，财政科技支出结构不断优化，经费管理制度不断完善，有力地促进了各项科技事业的发展。但由于科技预算管理体制条块分割、多头管理，造成在支出结构上还存在竞争性项目经费比例偏高，机构运转和人员经费保障水平较低等问题，在经费执行中还存在科技经费监管不到位，一些单位多头申报项目，甚至违反财经规章制度等现象，经费使用效益有待提高。按照公共财政的要求，前不久国务院办公厅已经转发了财政部、科技部《关于改进和加强中央财政科技经费管理的若干意见》，提出以提高资金使用效率为核心，进一步优化支出结构、统筹资源配置、强化监督管理。一是改革经费管理模式，对于基础研究、前沿技术研究和面向市场的研究，要按各自特点采取不同管理模式，特别是对基础研究、前沿技术研究不要采用工程项目的管理模式；二是完善科技经费监管制度，突出公开、公平、公正，加强经费管理的规范化、制度化建设，规范科技经费运行，严肃财经纪律，切实防止腐败行为；三是建立以预算管理为核心的经费监管新机制，实行预算评审评估机制，改变重项目管理、轻预算管理的状况。

第三，关于科技奖励制度改革。科技奖励制度具有很强的导向性，是科技发展重要的指挥棒。1999年以来，我国在奖励改革方面进行了积极探索，减少了国家奖，取消了部门奖，大幅度压缩了地方奖，起到了积极作用。但目前仍然存在一些突出问题：一是评价奖励导向不尽合理，特别是对面向市场的研究活动的奖励机制尚需完善。二是设奖仍旧过多，存在着大量科技人员追求奖励，以获奖作为科研活动的主要目标的现象。据统计，每年仅获全国省级科技进步奖的有7000多项，获奖人数有近3万人，参与申报的人数就更多。三是以项目奖励为主，形成了众多搭车的现象，其中既有领导搭车，也有权威搭车，这必然助长学术不端的行为，挫伤了真正从事科研活动的人员,特别是青年科研人员的积极性。因此,必须坚定不移地推进奖励制度改革。我们正在慎重研究国家奖励的标准和导向问题,采取措施,减少面向市场研究的奖励数量,加大对创新型人才的奖励力度。

(四)营造良好的创新文化氛围

一个创新型国家必然是全体社会成员关注创新、支持创新、参与创新的国家。大力发展创新文化,培育全社会的创新精神,是建设创新型国家的一项重要任务。当前,我们必须坚持以科学发展观为指导,努力营造具有中国特色的、有利于自主创新的良好的创新文化氛围。一个具有中国特色的创新文化,必须具有以人为本的科学理念、追求真理的科学精神、诚实守信的科学守则、整体和谐的科学观念。以此为基础,尊重科学技术自身规律,形成自由、宽松的科研环境;加强科学普及,提高公民科学素养,促进全社会形成尊重科学、崇尚理性、实事求是的价值观念,以及关注创新、支持创新、参与创新的良好社会氛围。

这里要特别谈谈传统文化在促进创新方面的重要作用。中华民族是一个富有创新精神的民族,我国古代有过辉煌的科技文明成就,为世界文明发展做出了巨大的贡献。发展中国特色创新文化,需要我们深刻把握传统文化的精髓,真正认识和发挥传统文化在促进创新方面的积极作用,将传统文化与当代科学技术发展、当代文化思想融会贯通,构建具有丰富思想内涵和科学实践性的创新文化。特别要注意的是,应当用马克思主义的历史观和文化观分析传统文化的创新因素,树立民族自信心和自豪感。那种把封建文化视为中国传统文化,进而认为中国传统文化阻碍创新的看法,是不科学的。中国文化承载了中华民族五千年的历史,生生不息、绵延至今,依然富有生机和活力,有其内在的合理性,是中华民族创造力的不竭源泉,是建设创新型国家的宝贵财富。我们认为,目前科技界存在的许多不正之风,如官本位思想、门户主义、小团体主义、压制后学、枪打出头鸟、论资排辈、缺乏宽容等现象,不能归咎于中国传统文化,恰恰相反,这些都是封建主义残余,需要努力克服。如何进一步发挥中国传统文化在推动当代科技发展中的作用,是值得我们深入思考的重大问题。

科学道德和学风建设是创新文化建设的重要内容。我国科技工作者素有心系祖国、求真务实、团结协作、淡泊名利的优秀品质。新中国成立以来,我国科学技术之所以能在较短的时间取得巨大的成就,这与广大科技工作者的优良传统和辛勤努力是分不开的。但也要看到,当前科技界违背科学道德规范、败坏学风的不端行为、道德失范及学风浮躁现象时有发生,有的还比较严重。一些人急功近利、心浮气躁,科研成果粗制滥造;不顾科研工作的职业操守,弄虚作假,欺骗社会大众。问题涉及项目申请、研究实施、项目评审、成果宣传等多个方面。尽管这种现象在科技界还是极少数,但对科技事业的危害性不容低估。加强学术界的自律,进一步端正学风,弘扬科学道德已是当务之急。当前,要认真学习胡锦涛总书记关于"八荣八耻"的重要论述，树立社会主义荣辱观，推进科学道德建设，大力弘扬科学精神，倡导诚实守信，重点做好以下工作：一是积极推进法制化进程。近年来，科技部先后颁布了国家科技计划项目评估评审行为准则与督察办法等近30项政策文件。今后，要加大政策的执行力度，规范管理、加强监督、遏制学术不良之风。二是加强信用管理。建立健全参与科技创新活动的机构和人员的违规记录档案，对于情节严重的失信行为，核实后予以公布和处理，以示警戒。三是认真查处各种学术不端行为。科技部已经制定了关于加强学风建设、杜绝学术不良行为的有关条例，征求各方面意见后将尽快下发实施。

（五）积极利用全球科技资源

近年来，科技全球化正成为经济全球化的重要表现形式，科技创新资源的全球整合和有效配置，为发展中国家利用国际科技资源提供了机会和可能。在新的历史时期，我们提出坚持自主创新，就是建立在扩大和加强国际科技合作，充分利用全球科技资源战略思想之上的。

科学技术的竞争不等于经济竞争，科学技术竞争是一个典型的赢者通吃的领域。要成为第一，就必须真正拿出有价值的科学发现和技术发明，就必须比别人站得更高、看得更远。而要做到这一点，就必须首先学习前人的成就，充分了解别人，吸纳他人的智慧和技术成就，"站在巨人的肩膀上"，攀登科学技术的新高峰。

当代科学技术的复杂性和人类共同面临可持续发展、全球气候变化等重大问题，需要全球科学家共同努力。因此，加强科技交流与合作，组织实施国际大科学计划，就成为当代科学技术发展的一个重要特征。科技合作往往是经济合作的先导，在一些技术领域的合作往往可以促进有关产业合作的迅速发展。中国的科学家有责任、有义务参与到解决人类面临的共同问题中来，积极进行国际科技合作，参与国际大科学工程，将直接促进各国科学家的了解，有利于我们利用国际科技资源。

引进技术是中国向世界学习先进科学技术知识的一个重要方面。作为一个发展中国家，今后我们还将积极引进国外先进技术，更加重视对引进技术的消化、吸收和再创新。同时，我们将继续努力营造良好的政策环境，鼓励跨国公司在华设立研发机构，鼓励中国企业和科研机构与国外开展技术合作，加快形成国际化研发体系，为推进中国产业技术进步做出新的贡献。

建设创新型国家，任重而道远。我们要紧密团结在以胡锦涛同志为总书记的党中央周围，高举邓小平理论和"三个代表"重要思想的伟大旗帜，全面落实科学发展观，树立坚定的民族自信心，敢于创新、敢于争先、敢于跨越，为促进经济发展、实现社会和谐、维护国家安全和建立强大的自主创新能力奠定基础，使我国真正成为创新型国家。这是我们这一代人必须担负起的历史责任，是我们对子孙后代的庄严承诺。

第四篇

产业创新环境建设与国家高新区发展

开创生产力促进工作的新局面[①]

(1995年9月27日)

全国生产力促进中心工作会议今天开幕,中国生产力促进中心协会也在今天正式成立,我表示热烈的祝贺。下面我就生产力促进中心的工作谈几点意见。

一、建立生产力促进中心是促进科技和经济结合的重大举措

生产力促进中心是我国新型科技体系的重要组成部分。就工业科技而言,新型科技体系主要由四部分组成。

(1) 大型企业或企业集团的技术中心。企业是市场竞争的主体,是技术进步和技术开发的主体。大型企业必须建立、健全自己的研究开发机构,这是企业提高自主开发能力、技术创新能力和市场竞争能力的必备条件。

(2) 国家和行业共同支持的少而精的共性基础技术研究机构。从我国发展的实际情况看,国家不仅要支持发展基础研究和高技术研究,也要支持产业技术中的共性基础技术的研究和开发。目前,我们正在进行调查研究,准备先推一两个工业行业试点。

(3) 部分开发类研究所向企业化转制,形成高新技术企业群体。

(4) 为中小型企业服务的技术支持体系。为数众多的中小型企业和乡镇企业,自身科技力量薄弱,需要社会服务体系的技术支持。

20世纪80年代以来,我国的中小企业迅速发展,特别是乡镇企业的异军突起,已在我国国民经济中占据重要的地位。据统计,我国工业企业中,中小企业在数量上已占99%,从业人数占74.6%,产值占67.8%,利税总额占49.7%。其对于扩大就业、稳定社会起着重要的作用。同时,我们也应该看到,中小企业、乡镇企业从总体上说普遍存在着人员素质差、产品质量及综合技术水平低、生产效益不高、污染严重等问题,亟待科技界给予帮助和支持。

[①] 1995年9月27日在全国生产力促进中心工作会议暨中国生产力促进中心协会成立大会上的讲话。

各国政府也总是把扶持的重点放在中小企业。以美国的制造业为例，它拥有35万家中小企业，就业工人800万。这些企业鲜有自己的技术开发力量，也缺乏选用技术的能力。为了解决这个问题，1988年美国政府实施制造技术中心计划，在一个地区设立一个中心，为中小企业展示新的制造技术和设备，使企业了解最新的、最适合于他们使用的技术和设备，帮助他们选用，并进行培训。目前，全美国已建立了约30个中心，并且今后要在全国建立170家这样的中心。

把科技成果推向中小企业是一项系统工程，包括许多环节。几年来，我们抓了科技成果推广计划、"火炬"计划、"星火"计划，逐步完善技术市场体系，在科技成果转化方面取得了明显成就。现在抓的工程技术中心的建设，也是通过对技术成果的工程化，使之更适用于企业。工程化的成果要大面积地转移到企业中去，不仅要依靠工程技术中心的力量，也需要生产力促进中心在工程技术研究中心与企业之间架起一座桥梁，同时利用其诊断、咨询、信息、培训等软件服务，提高中小企业的整体素质和对新技术的接纳能力。工程技术中心与生产力中心应成为推动科技成果转化为现实生产力的转化器。

因此，从国内中小企业发展的迫切需求出发，借鉴国外的经验，在我国建立相应的社会技术支持体系，促进中小企业的科技进步，提高其整体技术素质，是落实"科教兴国"战略的重要内容，是推动科技和经济结合的重大举措。

二、充分发挥生产力促进中心的作用

我国生产力促进中心所肩负的历史使命，是要成为政府推动企业科技进步的助手，成为中小企业的技术后盾，成为市场信息的传播者和科技成果商品化的通道，成为企业发展的智囊团。

在工作中，要注意把握好以下几点。

（1）坚持促进生产力发展的基本宗旨。推动生产力的发展，首先要抓科学技术这个第一生产力。一个国家的综合国力不仅反映在其科学研究水平上，还要看其技术开发和应用能力。科研成果只有转变为经济发展所需要的实用技术，才是现实的生产力。生产力促进中心的工作重点应放在那些能提高市场竞争能力的实用技术和能提高生产率的综合技术的推广应用上，不断提高企业的技术水平。

（2）生产力促进中心是一个新机构，应当从一开始就在新体制、新机制下运行。中心的费用来源要明确逐步过渡到以自筹（主要是服务收入）为主，以国家和地方为辅的模式。当然，在初创阶段，国家、地方、部门要为中心的基本办公条件、服务手段提供必要的支持。要特别注意中心人才队伍的建设，要制定吸引优秀人才进入中心的政策。

（3）以中小型企业为服务重点。中小企业在我国国民经济中占有重要地位，建立与完善中小企业社会服务体系，是经济发展的需要，是历史的必然。生产力促进中心通过自己的努力和各方面的支持，应该发展成为中小型企业技术服务体系的中坚和核心。

（4）要成为开放式的组织、协调和信息中心。生产力促进中心一头联系企业，一头联系研究院所、大专院校，应成为技术、信息集散的枢纽和供需双方联系的桥梁。钱学森同志有个观点，他认为现在计算机技术中有硬件、软件，还有一个新的发展叫"组织件"，即 orgware，用它把各方面的关系联系起来。"组织件"是比硬件、软件层次更高的东西，是必须重视的。生产力促进中心就要注意发挥"组织件"的作用。

（5）要注重社会效益。生产力促进中心是非营利性的科技服务机构，它以企业的需求为基础，以政府的政策为依据，在很大程度上体现政府的意志，在政府的支持下，主动开展为企业的技术服务工作。这种工作性质决定了生产力中心是一个不以赢利为目的的组织，它的发展要走"背靠政府，面向企业"的道路。

三、为生产力促进中心的发展创造条件

生产力促进中心必须有一个大的发展，国家科委将把它作为一项具有战略意义的工作，长期、持久地抓下去，并为其发展创造条件。

当前，为进一步推动生产力促进中心的工作，要着重解决五个问题。

（1）政府各部门应围绕推进中小企业的技术进步工作，紧密配合，形成合力。科委将积极配合，支持行业、省市推进企业技术进步的计划，特别是推进中小型企业、乡镇企业技术进步的计划。

（2）科委将协调与中小企业、乡镇企业科技进步有关的各项工作、计划和政策，如成果推广计划、"星火"计划等，使生产力中心有更广泛的环境依托和支持力度。

（3）科委、有关部门要在资金、政策、人才、服务手段等方面，支持生产力促进中心的建设，将其纳入地方、行业的科技与经济计划。机械部在构筑新的机械工业科技体系时，把为中小企业、乡镇企业服务的技术支持体系列为重要的组成部分之一，而生产力促进中心在该体系中又起着桥梁和枢纽的作用。这样就把生产力促进中心的地位落到了实处。这是有远见的，值得借鉴。在当前生产力促进中心工作取得一定进展的情况下，地方科委应主动争取、推动各行政主管部门、金融机构、工商税务部门等参与中心的活动，以加强中心的活动能力。

（4）要形成一个工作"载体"，把各生产力促进中心的力量有效地组织起来。在生产力促进中心发展规划中提出的"生产力促进工程"就是个载体，希望通过这个"工程"使生产力促进中心在社会公众中树立起新的形象。在该工程取得成效后，还要适时地出台其他"载体"。借助这些"载体"，把生产力运动一浪高于一浪

地向前推进。

（5）加强人才培训，生产力促进中心能否蓬勃发展，关键在于人，在于人才队伍，这是事业成功的最基本保障。当前及今后相当一段时期，要特别重视队伍的建设，尽快培养一支有献身精神、高素质的生产力促进骨干队伍，培养一批科技型的生产力促进中心领导人才和企业型的生产力中心技术人才。

加速我国高技术产业发展的几个问题[①]

(1996年1月9日)

一

首先,谈谈高技术产业的特点。

(一) 高投入

高投入有两个方面的含义,首先是对于一些关键性的,对于整个国民经济发展全局有影响的高技术产业,必须集中力量,大幅度增加投入,争取在短期内实现突破,比如,IC产业,如果没有几十亿元投进去,很难在短期内看到成果,如果没有成果,那就很难带动国家的微电子产业发展起来。现在的状况是投入非常分散,多家都在干,多家的投入都不够,这种局面需要改变。其他像航天技术等也都需要国家有很高的投入。这里面并不是指所有高技术企业都是一定要以高投入作为起点。高投入的另一个含义,是指高技术企业必须有持续稳定的科技投入,这是高技术企业的共同特点。我国的传统产业,科技的投入很低,仅0.1%~0.2%而已,因此传统产业技术改造的速度非常慢,产品没有竞争能力,而高技术企业的一个很重要的特点是产品的更新周期非常快,要不断更新以便适应市场的竞争,如收录机的变化十几年来也是天翻地覆,从磁带到光盘,从大光盘到小光盘,日新月异,如果没有保持很高的科技投入,而一年前的产品现在已经卖不出去了,所以必须保持很高的科技投入。我到过十几个高新技术产业开发区,参观了几十家搞得比较好的高科技企业,其共同特点就是都保持了很高的科技投入。最低的占市场销售收入的5%,最高的可达20%,其产品在市场上有很强的竞争能力。这是高技术新技术企业的一个特点,希望在座的各位领导对这个问题给予高度的重视。

[①] 1996年1月9日在广西科技活动周省厅级领导干部科技讲座上的报告(节选)。

(二) 高风险

高技术产业的风险比较大，它不像传统产业。传统产业比较好办，一个钢铁厂可以照搬另一个钢铁厂来建设，一定容易搞出来，发电厂、炼矿也是如此。机械制造业，指的是传统的机械制造业，风险也不大，当然效益也不高。可是对于高技术产业而言，因为它往往带有探索性，风险确实要比常规产业大，因此加强管理，做好对高技术产业投资的评估就具有非常重要的意义。另外，在当前条件下，提供风险投资的担保还应当是政府行为，否则就很难引导高技术的发展。银行在逐渐商业化，它要考虑到赚钱，但作为政府来讲，怎样冒些风险支持高新技术发展起来，是应当考虑的。再有，高技术还有另一个重要的风险：市场风险。高技术的产品日新月异，变化非常快，产品更新的周期很短，所以市场风险也很大，因此一定要加强懂技术的市场开发人才队伍的建设，对于高技术产业来讲，这是很重要的一环。

(三) 高效益

一般高技术产业劳动生产率可能是传统产业的10倍，实际上远远不止，现在有些搞得比较好的高技术企业人均劳动生产率已经达到百万元以上。长沙高技术开发区有一个远大空调公司，中央电视台常见它的广告，参考消息也占了半个广告版，说明它很有钱。这个厂子是1990年建设起来的，老板是个30岁的青年人，大学毕业生，他起家的时候只有10万元，一辆旧车子，一台复印机，凑成10万元。但他掌握了技术，燃烧器搞得很好，在这个基础上开发空调，1993年其产值是100多万元，1994年是1亿多元，1995年已经到了7亿元。我到他那里去参观，比我见到的一些西方企业还要现代化，厂房一尘不染，像到了星级宾馆一样。车间的管理都是用监视器，全部自动录像，搞起来的就是这么个青年人，在湖南省省政府科委的支持下几年就发展起来了，效益确实很高。

(四) 要有持续创新能力

刚才我讲高技术产业一个很重要的特点是产品更新的周期短，日新月异，这是一个方面。另外一个方面，企业面对的是一个开放的市场，一个在国际水平上竞争的市场，这两点构成了对技术更新的强烈需求，就是一定要有持续的创新能力。为什么要讲持续创新能力？首先你要有新技术，有创新能力。解放牌汽车可以30年一贯制照样卖，是因为其处在市场封闭的条件下，但在开放的条件下我们有些产品不要说维持30年，3个月就会被淘汰，因为其面临的是一个开放的市场。也正因为如此，所以你不但要有一次创新，生产出好的产品，以后还要不断地创新。高技术企业术很好，开始时市场也很好，但它不舍得投入，经过一段时间后衰败了，维持不下去了，所以高技术企业一定要有持续创新能力。这就要求高技术企业一定要加强自身研究开发能力的建设，一定要加强和研究所和大学的紧密联系，没有这样的建设，高新技术企业就很难维持和发展。

（五）高技术企业需要人才和知识的高度密集

高技术产业本身的特点就决定了它是人才和智力高度密集的企业。我参观过很多高科技企业，一个最深的感受，就是人才济济。在这些企业中，本科生、硕士生、博士生到处可见，比研究所还要兴旺，把一些很有能力的青年人才聚集在那里，是一个很有活力的青年科技人员的群体。吸引人才是高技术企业能够成功的一个必要条件，特别是青年科技人才，在高技术企业中发挥了重要的作用。另一个特点就是年龄结构非常年轻，企业家多数都是 20 几岁到 30 岁出头的青年，平均年龄没有超过三十四五岁，年龄大的也有，但是很少。这是由高技术自身的特点决定的。因此，大胆地启用青年科技人才、青年管理人才，对高技术企业的发展起着决定性作用。

（六）科技开发、企业管理和市场开发的统一

这是高技术企业成功的一个重要原因。台湾创建了新竹高科技园，搞得很成功，它的创始人是台湾前国科会主任徐贤修先生，他到内地来过很多次，也谈过一些意见，其中有一条建议是很可取的，就是在建设高科技园区，发展高技术产业当中一定要注意科技开发、企业管理和市场开发三者的统一。现在大家对于科技人才的重要性有了深刻的理解，对于企业管理人才的重要性也有了比较深刻的理解，我在这里再把市场开发的人才的重要性强调一下。对于高技术企业来讲，市场开发人才是我们三方面人才的不可分割的组成部分，因为市场开发对于高技术企业来讲，尤其重要。我们需要有这样的人才，对于市场的动向，对于市场的需求有着非常敏锐的感觉，有很深的洞察力，也就有先见之明，否则你的产品就无法适应市场的需要。另外，市场开发的人才要有很强的市场开拓能力，否则你的产品生产出来了，没有市场支撑，很快产品老了，也就完了，所以市场开拓的人才很重要。国外高技术企业中技术研发人才都是层次非常高的人才，企业管理、市场开发中也同样是一些层次非常高的人才，不像我们，一说采购员、推销员，层次就是低的，这种观念必须更新。

（七）国际和国内市场的高度统一，或者说要有一个国际化的观念

这从两个方面理解。首先，应当在国际化的基础上组织高技术产品的开发。我还是举远大空调这个例子，实际这个企业掌握的自有技术是产品技术完成的很小的一部分，就是一个燃烧器的技术，是它的专利，其他的东西都是在国际市场上寻求最先进、又便宜的技术和自己的技术组装起来形成的产品，它的控制系统等是从西门子、松下和其他地方引进来的，然后组装起来的，形成整体技术，有非常高的利润，据说它的利润率差不多占有一半。这个思路非常好。我们经常习惯于搞一个产

品，产品各个组成部分都要由自己来搞。这一思路是非常重要的。另外，我们的产品，特别是高技术的产品，必须树立不仅立足于国内，更重要的是要立足于国际竞争的思想，因为现在中国的市场是一个逐渐开放的市场，具有国际先进水平的产品不断进入国内市场，如果产品没有国际竞争力，在国内也就没有竞争力。这个指导思想要非常明确，否则你就不可能在激烈的市场竞争中生存下来。这就是高技术和高技术产业的特点。

二

其次，谈谈如何发展高技术产业。

先谈我们国家的高技术产业的现况，我国的高技术和高技术产业在过去 20 年里取得了很大的成绩，比如，空间技术和核技术，生物技术的某些方面等，这些成就都是举世瞩目的。但也应当看到，不少领域跟发达国家的差距还在进一步拉大。微电子技术，国外已进入 0.3 微米，而我国还处在 3 微米的水平。在航天技术方面，日本已经成为世界上第三个向月球发射航天探测器的国家，印度已经发射了三颗传输式的遥感卫星，而且第三颗是用自己的火箭发射上去的，而我们国家最低观测卫星还要依靠返回式的手段，也就是在空中拍照，然后拍成胶片后返回地面。从计算机技术上来看，日本和美国已经分别进入了神经计算机和光计算机的阶段，当然是研究开发，还没有产业化。高技术产业这方面从 1971~1986 年西欧的高技术产值从 51 亿美元上升到 2000 亿美元，美国由 90 亿美元上升到 4100 亿美元，日本从 30 亿美元上升到 3200 亿美元，而我们国家到 1993 年是 500 亿美元。和我们的周边国家相比，当然有先进之处，但也有落后的，比如，和韩国相比。韩国已经成为汽车的出口大国，在计算机方面已经跻身到和美国、日本争夺 64 兆位的地位，也就是动态的存储器。韩国声称到 2000 年时，将成为世界第七大科技强国。我国台湾省的计算机硬件的产值，已跃居世界第 4 位，1993 年台湾的高技术产品的出口额已占其出口总额的 30%，成为第一大出口产业。而我们 1993 年的高技术产品出口额只有 46.8 亿美元，占出口总额的 5%。因此，我们在高技术产业方面的任务相当繁重，要加大努力，缩小这方面的差距。怎样来发展我们国家的高技术产业？我认为有两个方面：一是在国家的支持下，发展有一定规模的关键性的高技术产业，比如，大规模的集成电路、航天技术，也包括一些生物技术等，这样就能保证迎头赶上国际的先进水平。二是要做到大中小结合，从小到大，在市场竞争当中逐步地把高技术产业发展起来。下面，我重点谈谈大中小结合这个问题。大家都知道，"火炬"计划是一个高科技的产业化计划，我认为这是一项很成功的产业化的计划。为什么说这个计划很成功呢？我认为首先它的思路比较正确，从发展的角度上来讲，它抓住了采用高新技术转变经济增长方式的重要的一环；从改革的角度上来看，特别是从科技体制改革的角度来看，它抓住了产业化、科技成果的转化；从形式上来看，这个计划把高新技术开发区的建设作为主要的一环,这样就有利地调动了地方的积极性,把地方有限的资金、技术力量集中起来,形成一个优势,使局部地区形成具有优势的软硬件环境,以及在局部地区的一个比较好的改革的环境,这样就特别适合于我们高技术发展所需要的快的特点。高技术在过去搞得不好,往往是机制的问题,比如,高技术产业从立项到审查,到最后批下来,两三年过去了,产品早已经完了。在开发区内这样一个局部的优势环境,软硬件都很好,高技术能很快发展起来。比如,像大庆高新技术产业开发区,他们有一个高技术企业,从申请入区到产品出来,只用了一个月的时间,因为他们有标准厂房,审批手续很快就从头到尾办下来了。这对于高技术企业的发展来讲是很重要的。另外,它的机制也比较灵活,高新技术企业多是民营企业,大家不要把民营企业和私营企业混同起来,民营主要指的不是所有制,而是指自主经营,自负盈亏,很多民营企业也是国有,也是全民所有制,当然集体所有制也有。所以,高新技术开发区发展还是很快的。最近几年,高新技术开发区的产值基本上是以每年翻三番的速度增长。全国一共52个开发区,到去年虽然只有一半是两年左右的时间,另一半是4年时间,产值已经达到了860多亿元,和经济开发区已经相当。所以,高新技术开发区有非常强大的生命力。对于地方来说,发展高新技术产业,促进高技术产业从小到大这样一个发展过程是非常重要的一个环节。

三

再之,谈谈发展高技术产业的思路。

(一) 要抓住关键

大家知道,"火炬"计划要发展,必须和国家及地区的经济发展计划紧密结合,不能自成体系,自我封闭。这是一个非常重要的指导思想。总的来讲,发展高新技术产业需要为经济发展战略从粗放型向效益型再向密集型的转变作出贡献。但对不同的地区来讲,各有优势和特色,有的有资源优势,也有的有技术优势。高技术产业的发展,一定要和地区发展战略密切结合起来,否则就很难顺利地发展下去,包括和其他部门的协作等方面都会遇到很多困难和问题。这就是抓住关键。

(二) 要突出重点

突出重点有两个方面:一方面,高技术产业开发区一定要坚持走大中小相结合的道路。有些同志对于我们高技术开发区内的企业,一提现在有几百万元的产值,就不屑一顾,很看不起,但我们不要忘记,即使在美国这样垄断资本已经高度发达的国家,也可以从一些很小的企业滚出一些非常大的举足轻重的企业来。比如,在计算机领域内,开始的时候都是一二十万美元起家,现在搞得这么大,何况我们国家,技术基础这么薄弱,有些小企业在激烈的市场竞争条件下也存活下来,说明它有很强的生命力，有可能成长为有规模的高新技术企业，对这一点必须有充分的认识。另一方面，从国家行为来看，不可能支持所有这些企业的发展。因此要有重点，要从地区的技术和资源优势出发，有重点地支持一些企业，使其在市场竞争中逐渐形成规模。高技术企业规模优势很重要，你不能形成规模，成本降不下来，不能形成一个有效的市场网络，在市场的竞争中就会处于劣势。因此，作为政府，应当尽可能地扶持其中一部分企业上规模，这就是突出重点的含义。

（三）要强化创新

我有个想法，不一定对。我们搞研究工作，就是要搞一些成果出来，作为搞研究，特别是从事基础研究，也包括一些应用基础研究，论文的价值是永恒的，今天有效，10年或20年后，它终究是一个里程碑，不管这个里程碑是小的还是大的。但是对于搞工程来讲，仅仅搞一个论文或样机出来究竟有多大意义，在我的头脑中是有怀疑的。我想对于搞工业来讲，你对国家的贡献，你对人类的贡献是应当形成产业，形成产品，可以在社会上出售的，受到市场承认的，这是你成绩的真正体现。所以，我们讲的创新应当讲是在形成商品的这个基础上的创新，而不是论文上的创新，也不是样机上的创新，而是要进入市场。在强化创新的过程中，我觉得关键在于转化，也就是怎样能够把我们的成果转化成产品。现在看来，我们的研究所也好，大学也好，搞了很多成果，但这些成果长期以来一直放在实验室，其价值也随着时间的增加最后被淹没，非常可惜，究其原因关键就是转化的问题没有解决好。我们不能期望这些小企业都能搞自己的研究所，这对资源、人力都是浪费，对于大的企业集团来讲，应当有自己的研究体系。但对于众多中小企业来讲，重要的是我们现在要为他们提供一个转化的能力。这方面，我觉得应当是国家科委和地方科委的一项非常重要的任务，就是转化能力的建设，包括体制和机制的建设。在我们很多高新技术开发区内，搞了很多创业中心，有些是成功的，有些是不怎么成功的，但是作为一个新事物来讲，肯定它是一个很重要的发展方向，应当在这方面多继续探索。要通过创业中心这样的形式及其他的，比如，现在在搞的生产力促进中心等，把我们的一些研究所，我指的是现在做重复性研究的一些研究所，把其方向转到进行技术转化的轨道上来，这样也可以解决其自身的生存问题。这方面有大量的工作需要今后努力把它做好。再有，创新也包括机制和体制方面的创新，强化创新既包括技术上的自主创新，也包括制度和机制上的创新。实现制度创新，当务之急是在社会主义市场经济体制下，建立现代企业制度和灵活、高效、科学的高新技术产业开发区管理制度。广西也在这方面做了很多的努力，给我留下了深刻的印象。这方面的创新也很重要，我认为机制上的创新很多情况下可能比其他方面创新的意义更大。农业，首先是从农业家庭联产承包责任制搞起来的，促进了农业和乡镇企业的大发展，当然国家给予支持，科技也作了投入。乡镇企业刚开始时受到很多非议：浪费资源、污染环境、腐蚀干部等，但乡镇企业有很好的机制，现在发展起来，其产值已经占了全国工业总产值的 60%，所以机制方面的创新是非常重要的。我们在这方面也作了很多探索。比如，如何能够把一些科技人员吸引到高新技术企业中来，有些地方搞了技术入股的方式，把科技人员的利益和企业的发展紧密地联系起来，吸引了一些海外留学人员回国工作等，但还有很多工作需要继续努力。

（四）要加强集成

加强集成有两方面的含义：一是要动员各方面的力量来发展高技术产业，高新技术开发区现在主要由国家科委操作，地方科委也起到重要的作用。我想只靠科委一家，这个事情无论如何也是无法完成的，应当发挥计委①、经贸委②、财政部门等各个方面的力量。所以，宋健主任对我说，我们要开个会，开一个高新技术产业开发区的市长会，把各个方面的经验介绍一下，以便对于推动高新技术开发区的发展起到更大的作用。二是加强集成，指的是加强优势集成，不要小而全，而是要在市场的水准上，把各个方面的优势集成起来形成自己的产品。

（五）要重视人才

上面我讲到徐贤修先生，他跟我介绍了台湾新竹的经验，他说新竹开发区搞成了，主要是吸引了一批在美国留学的人才，我以为这个经验对于内地未必完全适用，因为我们国内就有一大批人才，我们首先要把国内这一批人才用起来，然后面对国际市场的竞争，吸引国外的留学人才，当然也非常重要。他特别谈到你不要把国外一些刚毕业的博士生招回来，因为他们和国内培养的博士水平差不多，还可能不如国内的博士生，我以为他的这个意见也是对的。我们应当吸引怎样的人才，我认为最好是在国外高技术企业里面干了三五年，既有企业管理经验，也了解国际市场需求的人才，把他们吸引回来。现在看我们从 1979 年派出去的第一批留学生到现在已经有 16 年的时间，时机已经成熟了，很多留学人员在国外摔摔打打七八年、九十年，已经具备了这方面的知识，不仅是专业的知识，也有管理的知识和市场的知识。我到国外接触很多留学人员，他们过去生活条件不太好，现在生活条件基本满足了，追求的是高层次的精神需求，这些人多数是爱国的，希望为祖国做贡献。现在我们也具备把这些人吸引回来的条件。你们柳州开发区涡卷压缩机，就采取了技术入股的办法，不但把国外的留学生吸引回来，而且连外国人也来了，参加了涡卷压缩机的开发工作。产品已经搞出来了，这确实很不容易。他们遇到技术上的难题，包括一个零件坏了、一个垫片坏了，国内找不到办法，但他们这些人了解，一个传真发回去，三四天的时间就把东西拿回来了，这就省事多了，顺利多了，更重要的是他们了解市场的需求，国际市场的需求，在这方面，广西也为国家积累了宝贵的经验。

---

① 即原国家计划委员会，简称计委。
② 即原国家经济贸易委员会，简称经贸委。

技术创新是国家高新区赖以生存和发展的灵魂[①]

(1996 年 5 月 23 日)

在"国家高新技术产业开发区所在市市长座谈会"即将结束之际,我代表国家科委作会议总结。

一、"八五"期间国家高新技术产业开发区建设的基本评价

"八五"期间,在试点的基础上,我国的高新区经历了从无到有的初创阶段,经过 5 年的奋斗,基本实现了高新区的功能定位、合理布局,以及软、硬环境建设和高新技术产业的初步发展。高新区在发展新兴产业,改造传统产业,带动地区经济发展和推进经济和科技体制改革等方面做出了积极的贡献,探索了我国发展高新技术产业的道路。

(1) 高新区发展迅速,正在逐步形成我国发展高新技术产业的基地。

(2) 高新区初步体现了科技与经济结合的优势,探索了一条孵化、培育高新技术企业,加速高新技术成果转化的新路。

(3) 高新区形成了一大批新的产业,成为地区经济新的增长点,成为当地经济最有发展前景的区域之一。

(4) 高新区积极探索、大胆改革,在管理体制和运行机制上进行了改革和探索,积累了许多新的经验。

(5) 高新区的建设和发展带动了当地的新城建设和旧城改造。

5 年的实践,高新区发挥体制、机制、技术、人才、政策等优势,初步探索出一条在社会主义市场经济体制下,从小到大的发展我国高新技术产业的道路,成为我国发展高新技术产业的重要组成部分。

二、这次会议形成的几个主要观点和经验

几年来,各地在兴办高新区的实践中,总结了许多好的经验和做法,同时也形

[①] 1996 年 5 月 23 日在西安国家高新区所在市市长座谈会上的讲话(有删节)。

成了许多重要的观点，主要有以下六个方面。

（一）省、市政府的重视和支持是高新区取得成功的关键

几年成功的经验和失败的教训表明，高新区之所以能在短短几年有一个较大的发展，省、市政府的重视和支持是关键，归纳起来有以下几个方面。

1. 确立高新区在区域经济发展中的优先地位

我国的科技力量在一些城市相对较强，但比较分散。把省市的有限财力、物力和技术资源集中起来，在高新区的小范围内，形成局部优化的软硬件环境和政策环境，能极大地促进高新技术产业的发展。各地党委、政府十分敏锐地把高新技术产业作为优先发展的产业，把建设高新区作为实现"两个根本性转变"的重要内容。例如，北京市政府把高新技术产业化工程列为北京市八大科技系统工程的第一位，把高新区作为北京2010年发展规划的重要部分；上海市政府把高新区作为发展21世纪主导产业的基地，重点发展微电子、通信及生物医药等产业；大庆市政府把高新区的建设作为大庆市二次创业的标志，全力支持高新区的建设和发展；天津、长春、苏州、合肥等17个高新区所在地的人大通过了高新区的地方性法规，确立了高新区的法律地位。

2. 创造高新区发展的良好政策环境

创造良好的政策环境，是高新区发展的必要条件，特别是在国家对高新区没有直接投入，我国的高新技术产业还比较弱小，还有待于形成自我发展机制和自我完善能力的情况下，制定优惠政策就成为高新区赖以生存和发展的基本条件。5年来，各地政府在国家给予高新区优惠政策的基础上，因地制宜地制定了促进高新区发展的地方性优惠政策。在当前国家宏观区域性政策弱化的情况下，许多省市政府在省市权限内，进一步加大了改革力度，最大限度地给予高新区政策支持。例如，乌鲁木齐、洛阳、南宁、长春等市将高新区财政收入全留或税收全部返还政策继续延长5年；苏州、长沙、桂林等市将土地开发和城市建设的各种税费全留在高新区，支持高新区建设；一些地方规定高新区所交纳的教育基金全部用于高新区的教育事业，高新区兴建住宅可享受安居工程政策等。

3. 建立新型的管理体制和运行机制

高新区良好的管理体制和运行机制是高新区得以快速发展的先决条件。许多高新区之所以发展迅速，其中最重要的因素就是理顺了管理体制，而个别高新区则因为管理体制不顺，政策难以落实，资金难以到位，项目难以引进，人才难以留住。在过去的几年，大多数省市政府认识到了管理体制对高新区发展的重要性，从一开始就将高新区作为"科技特区"来办，按照市场经济和国际惯例的要求，合理划分

政府、企业和社会职能，为高新区建立了适应高新技术产业发展的管理体制和运行机制，赋予高新区管理委员会规划、建设、土地、财政、工商、税务、项目审批、劳动人事、进出口业务等省市级经济管理权限和部分行政管理职能，在高新区实行"封闭式管理，开放式运行"，设立综合机构，简化办事手续，精简办事人员，使高新区实现了快速、健康的发展。石家庄、济南、成都、重庆等高新区也在市政府的大力支持下，及时调整了管理体制，为进一步发展奠定了基础。各省市在确定高新区管理体制的同时，也建立符合社会主义经济体制的运行机制，从而保持了高新区企业旺盛的生命力。

4. 建立高效精干的领导班子

高新区是世界新技术革命和我国改革开放的共同产物，每前进一步都需要探索和拼搏，需要一批事业心强、懂科技、具有改革开拓精神、知识和年龄结构合理、团结精干的管理队伍。在这方面，绝大多数市政府精心挑选、认真组织，为高新区配备了较好的领导班子和管理队伍，并率先实行全员聘用制，逐步建立起适应市场经济条件的干部建设制度。

5. 创造良好的资金环境

高新区的建设需要大量的资金投入，而资金短缺又是每个省市政府面临的主要问题。在国家对高新区基本没有资金投入的情况下，为加速本地高新区的发展，许多省市政府积极想办法，多渠道地为高新区筹措初始资金，同时积极创造良好的金融环境。贵州省、贵阳市先后给贵阳高新区投入财政支持1亿多元。湖南省、长沙市也为长沙高新区筹措了启动资金近5000万元。长春、南京等市通过发行债券、财政贴息的方式，为高新区解决了几千万元的建设资金。合肥、长沙、重庆等市在高新区建立了科技银行、信用社。惠州、株洲、郑州、南宁等市则为高新区的建设做好大市政配套工程。

谈及这个问题，我想特别提一下陕西省政府和西安市政府对西安高新区的重视和支持。大家这次在西安开会感受很多，一致感受到西安高新区之所以发展如此迅速，最重要的一点就是当地政府的重视。陕西省、西安市政府充分认识到西安地处内地，经济发展比沿海慢。要加快步伐，只能从实际出发，充分发挥优势，大胆探索走一条内陆城市发展高新区的道路。几年来，西安市党政领导始终把高新区工作列为政府的首要工作，把高新区的建设和城市改造、未来城市建设融为一体。在确立地位、政策、体制、班子、改革和投入等方面，全力支持高新区，从而极大地推动了西安高新区的建设和发展。陕西省、西安市党政一把手是重视和支持高新区发展的突出典型。

（二）技术创新是高新区长期赖以生存和发展的灵魂

高新技术产业最大的特点就是技术更新快，这就要求其具有持续创新能力。高新区的任务是发展我国的民族高新技术产业，如果不进行技术创新，高新区就将蜕变为一般的工业区和加工区。高新区建区以来，始终坚持探索在高新技术产业发展上形成研究开发能力、成果转化能力、产业发展能力和市场开拓能力，致力于建立比较完整的技术创新体系。在市场经济条件下，完整的技术创新体系包括了从研究开发到市场开拓的全部内容，包括了产、学、研、贸等诸多方面，依靠体制创新、机制创新和管理创新焕发出创新活力。高新区恰恰具备官、产、学、研、贸相结合的管理优势，从而为在高新区建立完整的技术创新体系提供了基本条件。在现阶段，高新区技术创新活动可以划分为自主研究、开发、创新和引进技术的消化、吸收、创新两个主要内容。技术创新活动的主要载体是高新技术企业，技术创新活动的关键环节是将科技成果转化为商品。根据高新区几年来的实践，推动技术创新工作主要有以下几种做法。

1. 建立以创业中心、大学科技园为核心的高新区技术创新基地

创业中心是在吸取国外孵化器成功发展经验的基础上，结合中国国情建立的一种推进科技成果商品化的专门机构，其宗旨是依靠国家有关政策和各级政府提供的必要条件，创造科技成果转化的环境，培育高新技术企业，促进高新技术成果的商品化。大学科技园是我国科技、教育体制改革的产物。大学科技园充分发挥了高等院校的研究开发优势，促进高等院校科技成果的转化，培育高新技术企业，加快高新技术产业及教育事业的发展。在办好创业中心和大学科技园的同时，高新区不断建立和完善包括信息、咨询、金融、外贸、法律、保险、审计、会计、资产评估、产权交易、技术市场、人才交流与培训等中介和服务机构，在高新区初步建立起以创业中心、大学园区为核心的技术创新基地。

2. 积极推进成果转化，探索建立风险投资机制

由于我国目前尚未建立风险投资机制，极大地制约着高新技术产业的发展。"八五"期间，相当一批高新区在推动高新技术成果转化、探索建立风险投资机制方面进行了不懈的努力和尝试。例如，重庆、深圳、沈阳等地通过建立担保基金，为高新技术企业承担信贷担保；上海、昆明、西安等地的创业中心为孵化企业提供风险金和孵化基金；江苏、河北等地在高新技术产业发展基金中拿出一部分用于支持风险项目；北京、上海、深圳等地还和外国企业合资组建风险投资基金，支持高新技术产业的发展。风险投资机制的建立不仅是资金问题，而要与现代企业制度、资产评估机构、产权交易市场的建设，以及股市运作统筹考虑，才能形成风险投资的必要条件，才能真正完成风险投资的全过程。在这方面，我们还要进一步不断深

化改革，做好试验。

3. 强化高新技术企业的技术创新能力，重点扶持拥有自主知识产权的高新技术企业

企业是技术创新的主要载体。在市场经济条件下，判定企业技术创新能力高低的两个基本指标是企业科技人员含量和研究开发的投入比例。近几年来，各省级科委准确掌握高新技术企业的认定标准，在高新区内集中了一大批具有较强创新能力的高新技术企业。其用于研究开发的投入占企业销售额的比例多的达 20% 以上，少的也高于 5%；这些骨干企业科技人员的比例多的达 70% 以上，一般也达到 40% 左右。实践证明，高新区内成功的高新技术企业，绝大多数保持了较高的研究投入，这已成为一条成功的经验，值得各地认真吸取。

在高新区建设中，各地都把扶持重点放到拥有自主知识产权的高新技术企业，以便形成我国民族高新技术产业的基本队伍。北京高新区充分发挥大学和科研院所多、科技实力强的优势，注重扶优扶强，形成了联想、四通、方正等一大批技术开发能力强、技术水平高的企业集团；西安高新区精心选择重点项目，大唐等一批民族高新技术企业发展迅速；武汉和成都高新区重点支持邮科院[①]的通信产业和中国科学院的新医药产业，使这两家科研院所办的高新技术企业成为武汉和成都高新区的龙头企业；长春、中山等一些高新区，对自主开发的项目加大投入力度，向辐射交联材料、镍氢电池等项目注入几千万元的资金，推动其迅速形成规模；大庆、广州等高新区积极为大学、科研院所创办的高新技术企业提供优质优价的厂房和土地，在政策、资金、信息服务等方面实行重点倾斜。

4. 对引进技术的消化、吸收和创新能提高我国高新技术产业的发展起点

高新区在引进国外先进技术的同时，注重利用高新区的科技、工业优势，对引进技术进行消化、吸收和创新，加快引进技术的国产化进程。绵阳高新区长虹集团是我国著名的军工企业，该企业在引进国际先进技术的基础上，发挥军工企业的科技优势，开发出具有国际先进水平的大屏幕彩电，迅速形成规模占领市场；青岛高新区海尔集团，在引进国外先进技术的基础上，开发出双无氟、节能型产品，技术达到国际先进水平，占领了国内外市场，走出了一条发展民族高新技术大企业的成功之路。

实践证明，在高新区建立完整的技术创新体系和风险投资机制，强化企业的技术创新能力，加强对引进技术的消化、吸收和创新，就完全有可能将官、产、学、研、贸相结合的管理优势转化为技术创新的综合优势，从而成为高新区长期赖以生

---

① 即武汉邮电科学研究院，简称邮科院。

存和发展的灵魂。

（三）对传统产业进行改造和提升是高新区的一项重要任务

传统产业改造和提升，是这次会议讨论的一个热点问题。高新区要为传统产业的改造作出贡献，这已成为许多省市政府和高新区的共识。高新区在发展新兴产业的同时，用高新技术和民营机制激活、改造、提升老企业，是高新区发展所面临的新的任务。就这个问题，我想谈三点认识。

1. 高新区具有"辐射源"的作用，可以通过技术、机制、人才等的辐射，促进传统产业改造

几年来，高新区一方面大力发展新兴产业，初步建立起了我国发展高新技术产业的基地，另一方面充分发挥了技术、机制、人才的"辐射源"的作用，积极向区内外的老企业和乡镇企业辐射高新技术成果，帮助建立符合市场经济的企业运行机制，提供急需的技术人才和技术服务，通过辐射，激活了这些老企业和乡镇企业的各种生产要素，提高了这些企业的整体素质，建立起了企业的创新机制，从而提升了这些企业。从另一个意义上讲，高新区为改造传统产业做出贡献既是我国经济发展大局的需要，也是传统产业比较集中的大中城市的迫切愿望。只有通过新兴产业发展和传统产业改造这"两条腿"的支撑，我们才能繁荣经济，推动社会的发展与进步。

2. 要利用政府的推动作用和市场机制，探索高新技术产业和传统产业联合发展的途径

改造传统产业是一个复杂的课题。我们既要看到高新技术产业和高新区在科技成果、创新、人才和技术服务等方面所拥有的自身优势，也要看到传统产业自身也有很多优势，如巨大的资本存量、人才资源、技术工艺、经营规模和营销网络等。所以，政府各部门在帮助双方相互寻找切入点，促进优势互补，推动双方合作发展方面是大有可为的。

3. 在改造传统产业方面，各高新区要因地制宜，选择适宜的方式进行

许多高新区在大胆实践的基础上，对改造传统产业，发展高新技术产业，进行了认真的总结，提出了很多好的思路。给我们印象较深的有：一是沈阳、哈尔滨等地的高新区在理顺产权关系和转换经营机制的前提下，从原有的大中型企业分流出相应的人、财、物和场地，组建一个或多个新的高新技术企业，利用高新区的政策环境，按照市场经济规律运作，采取现代管理模式组织运营，取得了较好效果。沈阳高新区以这种方式组建的高新技术企业已达136家，开发高新技术产品240个。二是武汉、杭州、北京、济南等地采用承包、租赁、股份制改造及兼并等方式，对

传统产业的生产要素进行优化重组，利用原有场地、设备和人员，通过技术、资金和新的管理机制的注入，使老企业实现了再生。仅济南高新区三株实业公司一家企业，就对济南市的十几家传统制药企业进行了兼并改造，不仅搞活了这十几家企业，而且通过盘活资源存量，使三株实业公司得到了迅速发展。三是青岛、苏州等地的高新区，配合城市建设的总体发展，对传统企业进行"异地改造"，在这些企业从城市中心迁出的同时，高新区不失时机地对这些企业进行改造，使其顺势发展成为高新技术企业。四是吉林、大庆、保定等地的高新区，围绕吉化、大化、保定胶片厂等国有大型企业，创办用高新技术改造传统产业的试验区，加快了这些企业的技术进步。五是上海市与中国纺织总会联合创办纺织科技城，针对纺织行业的技术改造，发展高新技术产业。此外，在高新区比较密集的地区建立高新技术产业开发带，依托高新区的技术和人才优势向区外企业辐射，也是改造传统产业的有效途径。

（四）改革开放是高新区发展的强大推动力

我国是一个发展中大国，虽然有着较强的科技实力和工业基础，但产业技术水平不高，劳动生产率还很低。当前，我们正面临经济体制由计划经济体制向社会主义市场经济体制转变，经济增长方式由粗放型向集约型转变的新形势。这就要求高新区肩负起两个重要的历史使命：一是通过综合改革，探索在高新区建立起比较完善的社会主义市场经济体制，以利于高新技术产业的建立和发展；二是通过高新区的建设，建立以依靠科技进步为主要标志的集约型经济增长方式，形成我国高新技术产业的重要基地。高新区的蓬勃发展既显示出改革开放的丰硕成果，又为科技、经济体制综合改革提供了相对独立的，大小适中并门类齐全的试验场所，成为进一步深化改革的舞台。同时，这也为当前科研院所体制改革、人才分流创造了许多好的经验和启示。

高新区改革的基本目标是根据发展社会主义市场经济的要求，在高新区内逐步建立起符合市场经济运行规律、适应高新技术产业发展与国际惯例和规范衔接的管理体制、运行机制和服务支撑条件，为最大限度地解放和发展科技第一生产力，建立具有自主知识产权的民族高新技术产业，提供最佳环境条件。通过在高新区实行产权制度、分配制度、劳动人事制度和社会保障制度的改革，建立起社会主义市场经济的基本环境条件；通过现代企业制度的建立和政府职能的转变，使政府对高新区的管理由以行政手段为主过渡到主要依靠经济、法律手段进行宏观调控，并通过产业政策的引导使高新区企业健康发展。

几年来，高新区大胆探索，在许多方面率先进行了改革实践，取得了宝贵的经验。在产权制度改革方面，大力推进股份制，改革企业管理体制和经营机制。中山、上海高新区总公司的股票成功上市，成都、长春、苏州高新区总公司的股票也即将上市；深圳高新区内的民营高新技术股份制企业，根据自身发展需要设立创业股和管理股，不仅从深层次推进了企业产权制度的改革，也起到了良好的激励作用。在分配制度改革方面，高新区企业在"两个不超过"的原则下，自行确定职工的分配形式、工资标准和工资总额，在一定程度上吸引和保留了发展高新技术产业所急需的人才。在劳动人事制度改革方面，高新区普遍实行了聘用制，打破了铁饭碗、铁交椅和人员编制的使用界限，创造了灵活的用人机制。在社会保障制度改革方面，青岛、西安、成都、厦门、重庆等部分高新区已开始实施就业保险、养老保险、人身安全保险、医疗保险和住房基金制度等。高新区管委会在政府职能转变和机构设置方面，体现了"小政府、大社会"，"小机构、大服务"的原则，成为机构精简、人员精干、依法行政、高效服务的新型政府管理机构。高新区坚持按照现代企业制度的要求，使高新区企业在自愿组合、自筹资金、自主经营、自负盈亏、自我约束、自我发展的基础上努力发展成为产权制度股份化，筹资方式多元化，资源置制国际化，经营管理科学化，规模发展集团化和科研生产一体化的现代高新技术企业。

高新区的改革不仅为高新技术产业的发展提供了符合社会主义市场经济运行规律的小环境，而且为全国的改革起到了积极的示范作用，提供了新经验。

（五）多渠道筹措资金，建立多元化投资体系，是高新区发展的重要保障

由于我国正处在由计划经济向市场经济转变的过程中，适应于市场经济运作和高新技术产业发展的金融体制和投资体系尚有待完善，致使高新区投资短缺的矛盾始终没有得到很好地解决。这次会议，代表们在发言中介绍了科技发展如何与金融改革相结合，介绍了如何以多种形式、多种渠道筹措资金的做法，开阔了思路。

几年来，高新区的建设和发展，得到了金融界的大力支持，各商业银行在高新区设立了分支机构，大多数高新区建立了科技信用社，对高新区筹措资金起到了至关重要的作用。但是，仍有一些地方在科技如何与金融结合方面迈不开步子。一方面是金融体制改革有待于进一步深化，原有的金融观念有待于改变；另一方面也说明我们科技部门和高新区在这方面的工作有待提高。要从高新技术产业发展需要和金融体制市场化两个方面做好这篇"文章"，要进一步增强工作的主动性和灵活性，要善于争取金融界的支持。在这个问题上，沈阳和长沙等地为我们提供了很好的经验。他们从转变观念、统一认识入手，解决了高新技术产业发展和金融事业发展的统一问题，不仅使金融界的同志从感情上愿意支持高新技术产业的发展，而且从利益上也做出了同样的选择，使科技与金融的结合建立在坚实的基础上。

有一个重要的认识需要引起大家的注意：在我国现阶段高新技术项目风险大不大？经过仔细分析会发现，有两类项目的确风险比较大：一类是那些尚处于研究阶段的高新技术项目，这类项目的开发需要风险投资的支持；另一类是投入巨大、国际水平高的技术项目，如超大规模集成电路，这类项目需要国家有巨额投入。高新区目前已经开发成功和引进的高新技术项目大多技术比较成熟，并占领了部分市

场，这类项目风险较小。相反，那些技术比较落后，市场趋于饱和，面临高新技术产品竞争的传统产业项目的投资风险却很大。实践表明，高新区企业的投入产出比高，资金使用效益好，企业信誉好，呆账、滞账比例明显低于区外企业，关于这样的事实，高新区要加大宣传力度，以消除错误观念。

目前，我国高新区建设的资金主要来自金融部门、房地产开发、引入外资和社会筹措。各地在实践中要积极探索多元化、多渠道筹资的方式，总结出要通过"筑巢引凤"和"引凤筑巢"，吸引进区企业的资金；通过适度地产和房产的开发，得到产业发展资金；采取带资贴息进行建设的方式，缓解建设资金的短缺；通过发行债券、股票上市，开展保险业务等方式，吸纳社会资金等十余种行之有效的方法和措施。希望各地能不断创造和总结这方面的经验，促进全国高新区的进一步发展。

（六）人才是高新区能否持续发展最重要的因素

未来世界范围内的竞争是高科技的竞争，归结到底是人才的竞争。关于这个问题，许多代表谈了不少的体会。我想利用这个机会再强调三点。

1. 高新区是吸引我国优秀人才，包括是吸引海外留学人员回国从事高新技术产业发展的理想场所

"八五"期间，高新区充分发挥自身优势，为科技人才提供了施展才能的广阔舞台，越来越多的高校、研究院所的科技人员进入高新区开发项目，创办企业。截止到1995年年底，中国科学院研究所、部委研究所、地方科研院所、大专院校系统办的高新技术企业有2470家，在全国高新技术企业近100万从业人员中：大专以上学历人员占32%，硕士生16 000人，博士生2300人，并吸引了1850名留学回国人员。北京、西安等地的高新区积极创造条件，吸引人才；上海高新区专门实施了12项引进智力的工程；团中央、国家科委、国家教委、人事部和中华人民共和国国家外国专家局等5个部门还联合创办了海外青年学子科技园。

"稳住一头、放开一片"是进一步深化科技体制改革坚定不移的方针，高等院校、科研院所分流人才是"九五"期间的一项重要任务。各高新区要抓住时机，积极创造条件，为分流的人才提供良好的环境条件。有条件的高新区，在区内可整建制地接收科研、教学单位以增加当地的智力密集度。

改革开放以来，我国先后有二十几万的学子到国外深造，相当一部分学成后在国外一些高技术企业就业，他们不仅掌握了国际高新技术研究开发的前沿知识，而且懂得国际市场发展的规律和要求。因而在"九五"期间高新区要注重吸引海外人才，特别是有多年实践经验的人才。要进一步深化改革，创建吸引人才的条件，有条件的地方可以通过技术股、管理股、创业股等方式，为人才的稳定和发展创造条件。以抵制跨国公司的争夺，满足高新技术产业发展的需要。在当地人才匮乏的高新区，要采取有效措施，大力引进外地和海外人才。

2. 高新区的发展要不拘一格选人才，特别是青年人才

高新区建设发展的同时，科技企业家的队伍日益壮大和成熟起来，一批中年科技企业家风华正茂，一批青年企业家意气风发，初步形成了一个群星闪烁、蓬勃发展的局面。高新区要有一个大的发展，需要更多的人才。一定要大胆使用各类人才，特别是要让青年人才担当起发展高新技术产业的重任，只有打破论资排辈的陈规，才能保证高新区持续的创新能力。要放手使用、积极选拔和培养、造就一批发展高新技术产业的将才和帅才。

3. 高新区的发展需要不断培训人才

高新技术产业的高速发展，常规教育不能满足需要，我们要像黄埔、抗大那样，在发展高新技术产业的大潮流中，培养一批科技企业家大军。要认真组织，采取多种方式、多种层次、国内外培训并举的方式，积极利用并创造条件开展高新技术产业急需人才的培训，特别是高新技术企业家的培训。要逐步建立高新技术产业的培训队伍和培训网络，以满足高新技术产业发展的需要。

三、"九五"期间高新区的发展思路和措施

"八五"期间，我国的高新技术产业开发区取得了突出的成绩，较好地体现了高新区的功能和宗旨，越来越得到人们的好评和关注。但是仍然存在一些问题。高新区在全国范围内发展尚不平衡，少数高新区建设发展速度较慢；产业特色不够突出，一些地方的产业优势没能得到体现，有产业雷同的现象；高新区的技术创新潜力尚未充分发挥，对引进技术的消化、吸收和创新不够。面对存在的问题，在"九五"期间，需要我们共同努力加以解决。

党中央、国务院已经把办好高新技术产业开发区纳入国民经济"九五"计划和2010年发展规划，这是对高新区工作的充分肯定。"九五"期间，高新区的总体发展思路是：坚持"发展高科技，实现产业化"的指导思想；坚持实施"两个根本转变"和"两大发展战略"的方向；坚持抓住关键，突出重点，强化创新，加强集成的方针；在国家宏观政策弱化的情况下，高新区的发展在战略上将更多地依靠省市政府的领导和扶持；高新区将从初创时期的以优惠政策和基本条件招商引资逐步转移到主要依靠高新区的政策扶持、功能发展和软、硬环境建设不断优化所形成的综合优势；从依赖招商引资的外延发展方式逐步转移到主要依靠技术创新和机制创新所形成的集约化发展方式上来。只要我们认真实施"三个坚持、一个依靠、两个转移"的总体发展思路，即使国内外经济形势发生新的变化，高新区仍将立于不败之地。为实施"九五"期间总体发展思路，实现高新区"九五"规划目标，将采取以下主要措施。

1. 进一步优化高新区软硬环境

以促进高新科技成果商品化、产业化、国际化为宗旨，围绕国民经济发展的总目标和总任务，充分发挥高新区的功能优势，把发展新兴产业、改造传统产业、塑造高新技术大企业作为"九五"期间的工作主线。高新区所在地各级政府要把高新区建设列入当地"九五"计划和 2010 年发展规划，放在经济、科技和社会发展的重要战略地位，进一步强化高新区政策环境，完善管理体制，配好领导班子，调整高新区发展空间，加大投入力度，突出产业特色，作好长远发展规划，面向 21 世纪搞好基础设施建设，作好 2010 年建设发展规划，为高新区的大发展创造出更加优化的环境。

2. 突出重点，塑造大企业，发展名牌产品

各高新区要大力培育和扶持销售额在亿元以上的高新技术企业；重点发展若干有自主开发能力，销售额在 10 亿元以上的高新技术骨干企业，并以此为基础形成高新区的支柱产业；国家科委将进一步抓好重点高新区，增加倾斜力度，使其在全国起到示范带头作用。高新区要形成地方特色，发展名牌产品和技术。各高新区要认真保护和支持一批具有知识产权的名牌产品和技术，使其尽快跨上规模经济的台阶，迅速占领国内外市场，成为民族高新技术产业的骄傲。

3. 完善技术创新体系

"九五"期间，创业中心的发展方针将由初创时期以"服务为主开发为辅"，逐步进入到为技术创新全过程服务的新阶段。创业中心要逐步形成自身的专业特色，在孵化楼的基础上逐步发展成为培育高新技术企业的孵化区域，在较大城市中还可以逐步形成包括若干创业中心、大学科技园的孵化网络。各高新区要进一步创造条件，办好创业中心和大学科技园，进一步提高服务水平，增强服务手段，特别是要逐步建立风险投资机制，大幅度提高成果转化率、企业成活率和成功率，大幅度提高产业项目的自主开发比例和民族高新技术产业的实力。国家科委将择优认定若干国家创业服务中心。

4. 改造传统产业，发展新兴产业

高新区要坚持发展新兴产业与改造传统产业并重的"两条腿走路"的原则，为解决当前国家所面临的"难点"问题作出贡献。同时，要从传统产业中挖掘资源、人才和市场，以弥补高新技术产业发展的不足，有条件的高新区要从试点入手，认真学习兄弟区改造传统产业的经验，结合"市情"、"区情"，进一步探索改造传统产业、发展新兴产业的成功途径，为发展高新技术产业，振兴国有大中型企业创出新经验。

5. 大力推动国际化进程

高新区的国际化工作要为高新技术成果商品化、产业化做好服务，要推动和支持高新区企业进入国际市场并逐步发展成为高新技术跨国公司。高新区要重视国际化人才队伍的建设，努力提高国际合作与交流的水平。高新区企业要努力实现在国际市场上的资源优化组合，努力提高我国高新技术产品的国际竞争能力和市场占有率。国家科委将继续办好国际基金并向高新区倾斜，同时选择一批有条件的高新区和高新技术企业，作为国际化工作的试点和示范。在联合国有关机构的支持下，国家科委将选择具备条件的创业中心试办国际孵化器。

6. 深化改革，推动发展，为全国改革作出贡献

"九五"期间，高新区要继续深化改革，探索建立按照市场经济规律运作，符合国际惯例和高新技术产业发展的管理体制，进一步推动产权制度、分配制度和劳动人事制度的深入改革，合理划分市场经济条件下政府、企业、社会的职能，建立高新技术产业发展所急需的风险投资机制和各种社会保障制度，为"九五"期间高新区大发展创造更加宽松的条件，同时也为实现全国的体制改革作出贡献。国家科委将会同中共中编办、特区办[①]抓好改革试点区。

7. 加强合作，优势互补，实现全国协调发展

实践告诉我们，全国高新区发展的不平衡是一种必然，因为高新区所依托的改革开放、科技、经济的发展在全国范围内本身就不平衡。然而高新区发展的经验同时也告诉我们，只要加强高新区之间，尤其是沿海区与内陆区，南方区与北方区之间的交流与合作，就可以实现优势互补，互帮互促，就可以实现全国高新区适度的均衡发展。

"九五"期间，国家科委将在继续推动高新区之间交流的基础上，开始高新区之间中层干部的定期交换工作，先搞试点，逐步推开。通过干部定期交换，一方面强化高新区之间的互补与合作，另一方面为高新区培养和造就一支年富力强、大有作为的青年干部队伍，为20世纪末、21世纪初高新区的全面发展，在全国取得举足轻重的地位创造一定的条件。

8. 加强协调，通力合作，为解决高新区面临的困难而奋斗

国家科委将与国务院有关部门进一步加强协调、沟通与合作，研究解决高新区发展所面临的主要困难。国家科委将会同有关部门制定国家发展高新技术产业的优

---

① 即国务院特区办公室，简称特区办。

惠政策，进一步提高国家对高新区发展的支持力度，进一步搞好高新区宣传工作，使社会各界更加了解高新区，支持高新区的建设，为高新区在"九五"期间的大发展奠定基础。

高新技术产业的发展，将决定着我国在 21 世纪中叶能否进入发达国家行列，将决定着我国的国际地位和中华民族的命运。让我们团结协作，努力拼搏，为高新区的建设发展，为我国高新技术产业的兴旺发达，为实现几代人前赴后继为之奋斗的理想做出应有的贡献。

三种创新并举，促进民营科技企业发展[①]

(1996年9月9日)

1996中国民营科技促进会年会今天开幕了，我代表国家科委对这次年会的召开表示热烈的祝贺！借此机会，我就民营科技改革和发展中的问题谈几点意见，供大家讨论时参考。

一、民营科技企业发展面临的形势

经过十多年的努力奋斗，我国民营科技产业蓬勃发展，为"二次创业"奠定了基础。主要体现在：企业数量增长迅猛、产业化规模不断扩大；技术水平明显提高，竞争能力不断增强；造就了一大批具有创新精神的民营科技企业家；改革的实践为开发类科研机构企业化、国有企业机制转换提供了借鉴，等等。

然而，我们也必须看到，民营科技企业虽然有了较快的发展，但目前其产业规模、产值、利税、对科技进步的贡献率，以及在国民经济中所占的比重仍很小，民营科技企业自身还面临着资金短缺、人才流动过于频繁等问题，特别应指出的是，随着社会主义市场经济逐步建立、完善，以及民营企业的发展壮大，民营科技企业中一些深层次矛盾和问题逐渐显露出来，突出的是产权模糊、管理不规范、技术储备不足等，这些由企业制度和机制衍生出的问题严重制约着其进一步发展。

同时，我们还应该看到，国内外形势的深刻变化固然给企业带来了良好的发展机遇，但伴随的挑战更加严峻。这些挑战对民营科技企业至关重要的有几个方面。

（一）国际上，各国竞相角逐高新技术领域，高新技术已成为当前以科技为核心的国际竞争的制高点

近一段时间以来，西方国家通过优化国家技术创新系统，加强国际合作，增加高新技术领域的科技资源投入强度，努力提高高新技术及其产业的国际竞争力。

---

① 1996年9月9日在中国民营科技促进会年会上的讲话。

西方国家的国家创新系统从单纯强调突破性创新或增量性创新向增量性创新与突破性创新并重过渡。在美国，从以军需为主导向以民用为主导转变，强化民品开发；在日本，重新制定"科技政策大纲"，突出基础研究的地位，扩大技术储备等。

西方国家通过国家计划重点支持和鼓励企业进行国际合作的关键技术无一不是高技术和新兴技术。例如，美国的"先进制造技术计划"，欧盟的"尤里卡计划"，美国与日本签订的"联合光电子计划"等。

西方国家加大了对高新技术产业资金投入强度。以移动通信产业为例，在我国的"八五"期间，欧美研究开发总量近14.8亿美元（我国不到0.07亿美元），研究开发与销售额之比为10%~16%（我国为2%~6%），人均研究开发经费为8.6万美元（我国为0.062万美元）。

由于如此强化高新技术及其产业开发和培育，其市场竞争力得到了显著增强。还以移动通信产业为例，欧美新产品比重为50%（我国虽达46%，但以引进组装为主）；产品出口比重为56%（我国为11%）；产品更新时间为1~2年（我国为3~6年）；国内市场占有率为90%（我国为1.3%）。

这些都表明，在以高新技术为核心的国际竞争中，西方国家不断调整战略，力争占据高新技术的制高点，而我国企业由于技术创新能力和市场竞争力薄弱，在激烈的国际竞争中处于劣势地位。

（二）国内经济形势变化也将对民营科技企业产生影响

这方面主要表现为以下两点。

一是在经济体制转轨的过程中，一系列改革措施给企业带来了机遇和风险。例如，国家高新技术开发区优惠政策的弱化，给高新技术产品的开发和出口增加了成本；金融体制的弱化，给高新技术产品的开发和出口增加了成本；金融体制的改革，意味着银行要按照市场经济规律，以利益驱动为原则，规范其商业行为，并采取资产抵押等措施尽可能降低投资风险。这对资产规模不大的民营科技企业而言，解决其成果产业化贷款困难等问题的难度进一步加大。

二是在国内外市场逐步接轨、逐步实现"国民待遇"的过程中，来自国外企业和国内国有企业竞争的压力增大。从今年起，我国关税总水平由35.9%下降到23%，这意味着国外高新技术产品在我国市场的竞争力因价格降低而得到提高。从根本上讲，发达国家企业竞争力的提高得益于经济增长的质量高于我国。据统计，我国经济增长靠资本投入实现的占61.6%，而日本占23.8%，美国占19.7%，德国占22.5%。这些国家的经济增长主要靠科技进步，如日本科技进步对经济增长的贡献率为55%，美国为47.7%，德国为55.6%，而我国在30%左右。面对这样的状况，中央提出，要实现经济增长方式从粗放型向集约型转变，这对每一个企业都有现实意义。同时，也应当看到，随着国有企业改革的进一步深化，国有企业在转换经营机制的基础上，加上在技术装备、人才、信息、管理等方面的固有优势，与民营企业相比，在同一产业进行竞争的能力将会优于后者。例如，海尔集团加大技术开发力度，平均3~4天就出一项专利，8~10天出一项新产品。再如，邯郸钢铁集团采用"模拟市场核算，实现成本否决"的技术创新模式，经济效益迅速提高，使一个并不起眼、默默无闻的钢厂成为全国工业的楷模。

综上所述，民营科技企业应该全面、准确地分清形势，针对发展中的问题，采取切实可行的战略措施，努力成为我国国民经济发展的生力军。

二、民营科技企业改革和发展需要强调的几个问题

（一）实行体制创新、技术创新、管理创新并举的方针

体制创新、技术创新和管理创新之间是什么关系？我认为，体制创新是技术创新的前提和基础，是企业成为市场竞争主体和创新主体的关键，同时它也为技术创新提供动力源泉。技术创新是体制创新的最终目的，其能力和活跃程度直接反映了企业的持续发展能力和生命力；同时，出自自身的需要，技术创新又对企业生产关系、组织结构提出调整要求，即体制创新使得技术创新和体制创新互为动力。管理创新则是在满足技术创新的需要，通过建立新的管理模式，对生产要素进行合理组合，确保创新效益的最大化。因此，三种创新是驱动企业发展的三只轮子，只有坚持三种创新并举的方针，才能推动企业持续、健康发展。

（二）建立现代企业制度

我国民营科技企业从诞生起就实行"自筹资金、自由组合、自主经营、自负盈亏"的方针，机制灵活是其优势之一。但如果我们看不到民营科技企业由于产权模糊、规范化程度低等影响企业大发展这一状况，民营科技企业就会在激烈的竞争中被淘汰。所以，民营科技企业一定要从自己的实际出发，按照规范的要求，构造良好的企业财产组织形式、经营形式和内部治理结构。也就是说，要建立与市场经济相适应的现代企业制度。

民营科技企业建立现代企业制度，实行体制创新，有多种模式，如私营股份制、集体股份制、合作股份制、国有民营股份制等。无论采取什么形式，都应符合"三个有利于"的原则。具体而言，我认为民营科技企业实现体制创新成败的主要标准，有以下几个方面。

（1）是否有利于经营决策权与监督权分离，有效地调动全体员工的积极性，发挥劳动者的主人翁精神。

（2）是否有利于充分利用生产要素，优化资源配置，促进企业的上规模、上效益，解决企业资金不足等问题。

（3）是否有利于组织管理规范化、制度化，信息管理现代化。

(4) 是否有利于建立起技术创新体系和机制。

(5) 是否有利于进入社会化、专业化协作系统，并与国际接轨。

总而言之，企业体制创新的最终的标准是看企业的经济效益、社会效益是否提高，员工的生活水平是否提高。

（三）建立、健全技术创新体系

现代企业与传统企业在技术管理方面的区别之一是，技术进步含量不断提高。建立现代企业制度的根本目的是调整生产关系，解放和发展生产力，其最终的成果体现在产品的市场竞争力的提高。这必然要求企业有很强的产品和技术开发和创新能力。一个健全、完善的技术创新体系和机制是企业技术创新能力不断提高的根本保证。

从目前我国的民营企业现状来看，技术创新资金筹措不足和投入机制不畅是突出的问题。资金短缺严重影响了科技成果商品化、产业化进程。民营科技企业要建立多渠道、多形式融集资金的机制，包括自筹资金（如集资、部分产权转让和发展第三产业等）、融资（如与其他实体联合开发等）、筹资（如与外商合资、引进外资等）等。政府为民营科技企业设立贷款担保资金，也是一个有效途径。

这里，我想特别强调以下三点。

一是民营科技企业要有持续创新能力。一些企业靠某项技术起家，但高新技术及其产品更新很快，如不能够持续创新，就会或垮台，或蜕化，这方面的例子屡见不鲜。

二是实现持续创新，关键是要有足够的研究开发投入。我国一些成功高新技术企业的实践经验表明，以不同行业和不同产品而言，研究开发投入应占销售额的5%～25%，这样企业才能保证有持续创新能力。

三是创新的关键是人才。成功的高新技术企业背后都有一个人才群体，特别是有一批蓄意进取、勇于开拓的青年人才。民营科技企业要充分发挥其机制灵活的优势，不拘一格，大胆地选拔、使用和培养人才，确保企业的持续发展。

（四）强化管理创新

民营科技企业经过创业初期，步入"二次创业"阶段后，管理不规范是其进一步发展的障碍之一。

管理也是生产力。现代化工业生产迫切需要现代化管理思想、管理方式、管理制度。这要求我们的企业要根据自身状况在产品开发、生产、销售管理方式上实现创新，特别是要加强市场开拓方式的创新。

高新技术产品更新快，这是市场竞争中的一个重要特点。没有对市场需求的高度敏感能力和完善的市场销售网络，以及与市场变化相适应的营销管理方式，其结果是或者因为产品落后，或者因为市场体系不健全，还没有打开市场，企业的产品就已经过时。再者，在管理上改变"小而全、大而全"的观念也很重要。一个企业应当是开放的，应当在掌握自己专利技术的基础上，在国际或国内市场上按照性能价格比获得技术，实现优势组合，而不能一个产品的所有技术全都要自己开发。

这里还要强调几点。

一是企业要按照建立现代企业制度的要求，根据企业发展的不同阶段，选择不同的组织管理体系，尽可能解决企业中集权与分权、垂直与横向、母公司与子公司等管理问题。

二是在技术开发、生产、销售管理上，要强化岗位责任制，制定相应的文件规定，变"结果管理"为"过程管理"或"动态管理"，规范员工的行为。

三是财务预算中对技术创新经费投入要有硬性约束。

四是收入分配要有具体的制度规定。在建立市场经济的过程中，分配机制值得研究。一些内部股份合作制的企业采取"按劳分配"和"按股分红"相结合的机制，有效地调动了企业员工的积极性，有关这方面的经验应该注意加以研究和总结。

五是企业应有长期发展规划和战略。

（五）发挥企业家在创新过程中的主导和核心地位

企业家是技术创新活动的倡导者。只有具有创新意识的企业家才能捕捉到企业技术机会、市场机会，做出果断的决策，承受一定的风险，并对企业的生产要素（资金、技术、人才、设备等）进行重新组合，实现创新。国内外的实践表明，正是企业家的创新活动，推动了产品结构的日新月异和产业结构的高级化，推动了社会生产力的发展。

真正的企业家必须具备：一是勇于开拓、不墨守成规的创新意识；二是勇于献身、不惧怕困难的事业心；三是分秒必争、不懈惰的紧迫感。

当然，企业家的出现和成长，需要市场经济这一"温床"。在建立社会主义市场经济的过程中，要努力为企业家创造良好的成长与繁衍环境。同时，民营科技企业的经营者要敢为人先，努力充实自己，在实践中成为名副其实的企业家。

（六）发挥科技企业在改造中小企业中的作用

随着"抓大放小"方针的贯彻落实，企业改革逐步深入，产业结构调整进程进一步加快。在改造传统产业、盘活资产存量的过程中，科技企业发挥了积极作用，积累了宝贵的经验。在这里，我强调三点：

一是要按照中央确定的企业改革方针，在实践中大胆探索改造现有企业、特别是中小企业的不同模式。这些模式包括兼并、联营、承包、租赁等。

二是在改造的过程中，要充分利用现有企业的各生产要素进行合理组合，建立新的高新技术企业。

三是发挥原有企业的优势,合理调整资源,使之成为加工生产基地。

(七)各级政府、科委系统要为民营科技企业发展创造良好的环境条件

民营科技事业是在改革开放的实践中出现的新生事物,在发展中还存在不少困难,特别是缺少持续发展的环境条件。各部门和地方政府要按照中央的要求,把发展民营科技产业列入议事日程,制定出长远的发展规划,特别是要加强对民营科技企业的政策引导和扶持力度。例如,根据各地的实际情况,研究和制定促进民营科技企业发展的地方优惠政策,建立科技贷款、风险担保机制等。

(八)民营科技促进会要为民营科技企业发展做贡献

中国民营科技促进会是推动民营科技事业发展的社会团体。其成员有来自政府、企业、研究所、大学、新闻单位等不同层面的同志。这里,我提几点希望。

一是当好政府助手。首先要加强民营科技理论和政策研究,特别是民营科技企业改革和发展的问题研究,为政府宏观决策提供依据;其次要积极宣传和贯彻政府推动民营科技的方针和政策,体现政府意志。

二是当好企业后勤。首先要积极组织多种形式的经验交流会,加强信息沟通;其次要开展政策咨询、信息咨询、技术咨询等活动,特别是要向企业导入现代化管理模式,促进企业进一步拓宽服务领域;最后要总结和推广企业发展经验。

三是加强与地方政府、其他民营科技组织的合作和交流,形成合力,共同为促进我国的民营科技事业大发展、再铸辉煌做贡献。

加快生产力促进中心的建设与发展[①]

(1996年12月27日)

首先我代表国家科委对与会的地方科委、各市市长、各部门的领导同志,以及从事生产力促进工作的同志们表示感谢。我希望以这次会议为一个起点,大家同心协力把生产力促进中心的工作推上一个新的水平,做出更好的成绩。

自1992年国家科委倡导建立生产力促进中心以来,经国家科委批准或省市科委批准,已经登记在册的生产力促进中心有75家,进入正常运作的有56家,分布在全国17个省(自治区、直辖市),9个行业,从业人员达到2557人。据不完全统计,共为1500多家企业提供了企业诊断、技术咨询、技术开发与推广等服务,为7万家企业提供了信息服务,为企业培训各类人员(包括专业人员、管理人员)6.6万人次。山东、江苏、河南生产力促进中心通过服务获得的收入已达到数百万元。

四年来,我们引入了一个新的概念,建立了一套新的组织网络、工作模式和运行机制,培养了一批生产力促进骨干队伍,一个有一定规模、有特色、有较好的社会效益,为中小企业、乡镇企业服务的社会服务网络雏形已基本形成,一个自主经营、自我创新、多种形式、通力合作、联合推进的局面已经出现。

在此,我对为我们中心的建设、发展、成长作出贡献的各方面人士,特别是直接从事这项开创性事业的各生产力中心的同志们表示深深的敬意!下面我谈三个问题。

一、充分认识生产力促进中心工作的重要性

进一步提高对生产力促进中心工作的认识是加快生产力促进中心建设与发展的前提条件。建立生产力促进中心,是实现"两个根本转变"的需要,我们要从"两个根本转变"的高度对生产力中心的定位进行再认识。

经济体制由计划经济向社会主义市场经济转变,要求改革现有的科技体制,促

---

① 根据1996年12月27日在生产力促进中心工作座谈会上的讲话和1997年8月29日在第三次全国生产力促进中心工作会议上的讲话整理而成。

进科技和经济结合。深化科技体制改革的主要任务就是要进行结构调整和机制转换，包括建立健全国家、部门、地方和企业各层次的技术创新体系。我国的技术创新体系存在的问题，有以下几个方面。

一是企业的技术创新能力薄弱。在发达国家，服务于当前经济发展的研究项目，主要由企业投入，是市场导向、企业行为，我国处在从计划经济向社会主义市场经济的过渡时期，很多研究工作，单单依靠企业还有困难，在机制、动力、能力方面还存在问题。所以，一些服务于当前经济发展的研究项目，仍以政府投入为主，在某种程度上存在着技术导向和单纯追求水平的倾向，对市场需求的技术、经济的综合考虑不足，用研究成果解决生产实际问题的能力亟待加强。

二是研究机构重叠。很多研究院所在做低水平的重复性研究工作；老化现象严重，有人员的老化问题，也有学科的老化问题。在短短的四五十年里，随着科学的交叉、渗透和综合，新学科不断诞生，从四五百门发展到6000多门，我们虽然也陆续建立起新学科，但从总体上来看，现有学科结构与整个科学技术与经济发展的要求不相适应。

三是技术经济中介机构十分薄弱，国家技术创新体系中科技成果的转化环节急需加强。在过去10年的改革中，一些研究院所积极推广自己的成果，实现产业化，但由于研究所没有足够的设备和资金，转化的成果只能是部分的，或者是少量的；很多大中企业建立了自己的研究机构，取得了一些成功的经验；但是不论是研究所，还是企业，不能研究、开发事事都自己做，搞一个新的封闭体系。即使大企业自己的研究开发体系也只能集中开发一些关键技术，大量的技术还是需要从企业外取得，这就是开放和优势集成。所以，技术创新体系应当是一个开放的系统，各种中介机构承担着技术信息、技术咨询、技术培训、技术交易及技术转化的职能，这是科技与经济发展的客观需要。从这个角度来看，生产力促进中心是我国技术创新体系的一个重要组成部分，是把科技与经济联系起来的一个重要的桥梁和纽带。

同样，从粗放型向集约型经济增长方式的转变也在呼唤生产力促进中心这样一个组织形式。为实现经济增长方式的转变，我们要推动企业走依靠科学技术求发展的道路，要认真研究在社会主义市场经济的条件下，高新技术企业从小到大的发展规律。联想、方正公司起步仅10年，联想计算机居国内市场第1名，方正排版系统不仅占领了中国内地市场，而且已进军我国香港、台湾地区，以及日本；国产程控机已经把国外的部分产品挤出去，改变了外国独占市场的局面。这说明了高新技术企业的一个重要特点：尽管启动时企业规模很小，只要有技术、市场的开拓能力，以及高的管理水平，就有极强的自我发展能力。因此，可以说小企业蕴藏着大企业的萌芽。即使没有形成大的企业，小企业对稳定社会、繁荣经济也是非常重要的。在西方国家，在中、小企业就业的劳动力远远超过50%，创造的产值也超过50%。在我国中小企业占企业总数的80%以上，产值占68%，也是很高的比重。但是，一提到我们的小企业，往往容易与浪费资源、污染环境、低的效率等联系到一起（这种看法正在改变)。但在西方,小企业一般都有自己的技术诀窍,虽然规模不大,但都有市场竞争能力。这对我们很有启发,我们的中小企业必须要改变自己的生产增长方式,否则在市场经济下发展到一定程度就不能生存下去。我们中小企业素质的提高靠谁来做,不能完全靠生产力促进中心,但是中心确实担负着部分这样一个很重要的使命。很多同志谈到许多发达国家、新兴工业化国家,包括发展中国家都有生产力促进中心这种形式,这说明在市场经济条件下,有其存在的合理性和必然性。所以,尽管我们遇到了很多困难,对此有一些不同的看法,都不足为奇。我们要看到它发展的必然性,坚信生产力促进中心广阔的发展前景,鼓足勇气把这件事情办好。

二、政府的支持和指导是办好生产力促进中心的关键

改革开放以来,地方科技工作在国家整个科技工作中的地位越来越重要。这是由于地方经济飞速发展,地方经济实力大大增强,同时地方决策的效率较高,企业机制也比较灵活,对技术进步的需求强烈。一些企业重金聘请大专家,不惜成本买技术,比一些大中型企业更有魄力。国家科委推出的"火炬"计划、"星火"计划,科技兴县、科技兴市活动,都是面向地方为主,投入的很少,但效果十分明显;CAD推广应用工程在地方也搞得很有生气;南方农药基地建设,四个农药基地都是靠地方搞起来的,国家科委出了一点小钱把地方的大钱调动起来。整个发展趋势表明,地方政府在推动科技进步中的作用越来越大。所以,生产力促进中心要依靠省市领导,依靠地方科委领导来推动,没有这些同志的支持,这项工作就开展不起来,希望同志们把这个信息带回去。对于地方同志来讲,也有一个转变观念的问题,尤其是做科技工作的同志,要从传统的工作模式中走出来,要对宏观投入的重要性和必要性有一个新的认识。现在从国家科委到地方科委都在加强宏观管理,加强规划、政策方面的研究,这是非常必要的。地方的领导同志们在考虑经费时,能否少上一个项目,把生产力促进中心的工作做一做,它的辐射作用就不是推动一个项目、十个项目,而是推动一大片工作。

三、生产力促进中心发展中应把握的几个关键问题

(一) 生产力促进中心的组建

组建生产力促进中心要注意正确处理好几个关系。首先要处理好生产力促进中心建设中数量和质量的关系。数量和质量是矛盾的对立和统一,在不同的时期、不同的形势下,有不同的主要矛盾方面。当前生产力促进中心有一个在数量上有较大发展的机遇。这是因为:一是中小企业对技术创新的迫切需求。中小企业机制灵

活,但技术比较落后,已经不能够适应发展的需求,如果不能提高技术创新能力,生存和发展都会遇到比较大的问题。二是今后几年对科技改革和结构调整都要加大力度。在调整中,我们要不失时机地把一部分研究所的资源,包括人力、物力和财力利用起来,优化重组,建立生产力促进中心。三是经过5年的实践,已经积累了组建生产力促进中心初步的经验。

我们要求生产力促进中心在数量上有一个较大发展,但同时也要注意保证质量。要做到这一点,首先要加强领导。我们希望地方科委把通过科研机构结构调整建立生产力促进中心的工作放在重要议事日程,并在人员、资金、设备、房屋等方面给予必要的支持,也可以在工作较好的生产力促进中心下面先组建分中心,成功后逐步脱钩。我们要大力加强100家国家级生产力促进中心的建设,形成骨干,带动其他的生产力促进中心的发展。

生产力促进中心的组建一定要与科技体制改革相结合,和地区的经济发展、行业的结构调整相结合。充分利用现有的科技资源,不搞重复建设是一个大原则。这样做的好处,一是可以收到投资省、见效快、效益高的效果;二是有利于调整存量,发挥现有资源的利用效率。总之,当前国家资金支持的强度较低,依托现有机构建设生产力促进中心是比较现实的选择。当然,这并不意味着建设生产力促进中心只是把原有研究所的牌子换掉,而是要根据生产力促进中心的要求调整方向,并在此基础上,进行必要的结构调整和机制转换,坚决反对把生产力促进中心变成安排人员的机构。同时,我们也不排除必要的新建或在其他实体的基础上建立生产力中心,把存量的调整和增量的补充有机地结合起来。

在生产力促进中心的建设中,要特别注意自身能力的建设。当前,提高综合服务能力是生产力促进中心的重要任务。我国生产力促进中心成立的背景虽然各不相同,但普遍存在综合服务能力不足的问题,而综合服务能力恰恰反映了生产力促进中心在社会化服务体系诸多机构中的特定优势。因此,生产力促进中心要努力具备为企业提供信息、咨询、培训、技术支援的能力,逐步具有软硬兼备的手段,否则就无法开拓潜在的需求市场。同时,生产力促进中心自身的建设,一定要以提高市场竞争能力为目标,注意从实际出发,根据当地的中小企业特点开拓新的服务领域,这是一些生产力促进中心打破沉闷局面获得生机的重要的经验。深圳生产力促进中心提出,中心在搞好基本业务的同时,一定要发展具有一定特色的服务项目,这是拓展业务局面、扩大社会和经济效益的重要突破口。我们应当推广这方面的经验,把生产力促进中心工作搞活、搞好。

(二) 生产力促进中心的机制

一是运行机制。在社会主义市场经济条件下,生产力促进中心具有双重属性:公益性、市场性。中小企业是国民经济的重要组成部分,在维持就业、发展经济,以及培育大企业等方面发挥着重要作用。政府通过培育市场,推动企业技术创新,提高中小企业经济增长的速度和质量。从这一点出发，生产力促进中心是体现政府意志，不以赢利为目的的科技服务机构，这是它的公益性。但同时它又是市场经济的产物，它要按市场经济的规则来运作，它的服务要收取一定的费用，形成自我发展能力，这是它的市场性，也是它的生命力所在。从实际出发，生产力促进中心主要服务于中小企业，对企业服务收费太多，小企业负担不起，所以一定要有政府的支持，这也是西方发达国家支持中小企业发展的惯常做法。但是光靠政府支持还不行，因为这样一个服务机构，如果不能够获得收入，就不能体现它的服务效益，也不利于改善中心工作人员的待遇，弄不好就成为只养人不做事的衙门。总的来讲，还是应当按照政府支持，不以赢利为目的，从事生产力促进的模式发展。所以，首先是地方政府对生产力促进中心要给予投入，特别是在起步阶段，要以地方政府的投入为主。其次是生产力促进中心要树立在服务中求发展的观念，逐步通过服务获取收入，形成良性循环。做到良性循环的关键是服务质量，即对企业的发展是否有实际作用。山东的信息服务、宜昌的CAD技术推广、机械中心的质量认证和标准信息服务，企业都是愿意出钱的，这给了我们很好的启示。

关于搞实体、经营的问题。从立足未来发展来看，生产力促进中心搞实体、经营不是方向，国外这样做的也有，但很少。特别是在当前我国由计划经济向社会主义市场经济过渡的阶段，法律、法规不是十分完善，生产力促进中心的管理更缺乏经验，搞实体、搞经营，弄不好，人力、资金都会向自己的企业倾斜，中心面目全非，名存实亡，所以不应当提倡。

二是协作机制。生产力促进中心的工作，是国家科委的一项工作，是地方科委和行业主管部门的一项工作，但不能只靠这些科技部门来做，没有计划、经济、财政和金融部门的配合，我们的工作很难做好。我们希望得到地方计划、经济、财政和金融部门多方面的支持和理解。有些生产力促进中心以地方经济部门管理为主，我看这也很好，值得提倡。

（三）队伍的建设

人才是搞好生产力促进中心的关键。首先，一定要选好一把手，一把手一定要是热心于生产力促进事业、有管理能力、懂专业的干部。二是要建立起开放、流动和竞争的用人机制。

生产力促进中心是新事物，只要从一开始就用新的机制来运行，这个机构就会充满活力。刚开始干，按新的模式进行没有障碍；建立起来以后再改就很难。要下大力气吸收和稳定一批从事生产力促进的人才，要在增加服务收入的基础上，较大幅度地改善骨干力量的工作条件和生活条件。

队伍建设中要注意人员的培训工作。从前段试点工作来看，我们的任务和队伍的结构有较大的矛盾，这个问题不解决，生产力促进中心很难承担自己的任务、完成自己的历史使命。所以，对于生产力促进中心工作人员的再教育问题，应当放到生产力促进中心建设与发展的突出位置。搞技术的人要学经济、学管理、学市场、学金融；搞管理的人要学技术。希望各级科技部门对这项工作要给予高度重视。

（四）网络建设

信息化是当前社会经济发展的主要趋势。改革开放，开放的含义首先是获得信息，生产力促进中心要解决的重要问题之一是信息沟通。大家知道，很多企业知道自己的问题所在，但是不知道从哪里可以得到解决，如果有一个很好的信息网络，问题解决就容易得多，因此对这件事要下大力气做好。另外，人才的信息也很重要，生产力促进中心不可能是一个庞大的机构，也不能事事自懂，所以要有一个人才信息库，遇到一些问题，组织专家诊断。信息网络建设中关键是要从实际出发，不能不顾效果，一哄而上。要做好调查研究工作，有针对性地建立信息网络。威海的同志提出，当前计算机信息多，但针对性、计划性不足；宏观信息多，微观信息不足；重复转抄的信息多，直接来自用户的第一手信息不足。针对这些问题，他们提出在信息收集和信息库的建设上，要以自建动态信息库为主，在信息队伍的建设上要坚持以组织社会力量为主的方针，促进了信息网络的建设，获得了重要的经济效益，他们的经验值得我们考虑和借鉴。

（五）关于国际化的问题

没有一个国际化的环境，没有一个开放的环境，中国的经济很难在国际市场竞争中立足。生产力促进中心的工作，从开始就要对国际化给予充分的认识。有的同志为自己的新技术、高技术产品达到20世纪八九十年代的国际技术水平而沾沾自喜。实际上，这些产品如果性能价格比不是最优的，没有国际市场的竞争力，在开放的环境下，也就没有国内市场的竞争力。如果不和国际接轨，不了解国外的情况，包括对手工产品的技术和市场诸方面的情况，就无法参与国际市场竞争。所以，生产力促进中心从开始就应当把国际化问题提到日程上来，特别是沿海省份更应如此。

（六）加强对生产力促进中心工作的领导

生产力促进中心是国家科委的一项重要工作，建议国家科委组织专门的工作班子，从事生产力促进中心工作，包括调研、制定规划、政策、网络建设等宏观管理工作。有些同志建议国家科委制定生产力促进中心的规程，我个人的意见是目前模糊一点好，处于起步阶段，框得太死不好干，还不如把空间放大一点，或制定得尽可能原则一些，这样反而有好处。另外，把工作基点还放在依靠地方和部门来推进，同时也要做好各部委间的协调工作，争取共同推动。大家也知道协调工作往往旷日持久，如果等协调好再下文件，时间就过去了，所以总的来讲还是大家先去做，做出样板就比较好推进，协调工作就比较好做。

当前，我们提出要建设 100 家国家级的生产力促进中心。要通过 100 家国家级生产力促进中心的建设，带动"百、千、万生产力促进工程"的发展。建设国家级生产力促进中心，首先要制定考核体系，然后在 20 世纪末分期分批地由国家科委认定，对进入国家级生产力促进中心的单位应当由各级政府给予重点支持。我希望大家把这个信息带给地方科委，带给省市各部门领导。我们尽可能加大国家科委的支持力度，但主要还是靠地方和部门的投入。

我们要加强宣传，争取全社会的支持。对于生产力促进中心对科技与经济的结合到底能做哪些工作，要宣传，要争取全社会的理解与认识。这不仅是国家科委的责任，也是地方和部门共同的责任。我们大家要共同努力，把这项工作做好，把生产力促进中心工作推到一个新的高度。

从国家高新区建设看我国高新技术产业的发展道路[①]

(1997年6月10日)

自1995年2月调任国家科委副主任以来,我一直分管高新区和高新技术产业发展的有关工作。因此,有机会对30多个国家高新区进行了实地考察,认识由表及里,由浅入深。本文从我工作中的一些体验出发,谈谈认识和体会,同时为进一步推动我国的高新区建设和高新技术产业发展提出一些建议。

一、高新区的发展及其影响

(一) 高新区发展迅速,成绩斐然

从1991年建立第一批国家高新区至今,在不到6年的时间里,高新区得到了迅猛发展。1996年技工贸总收入已达到2300亿元,工业总产值2100亿元;同年实现利税240亿元,出口创汇38亿美元。

近6年来,高新区技工贸总收入、总产值、利税,以及出口创汇的平均增长率分别达到92.4%、93.6%、97.4%和99.6%。产值过亿元的企业已从1992年的39家发展到目前的380家,超过10亿元的大企业已有17家。一些著名企业在微电子、通信、生物制药、材料等关键高新技术领域,已产生了一批自有知识产权的名牌产品,并具备了参与国内外市场竞争的实力。高新区人均年产值达17万元,远高于我国工业企业的人均劳动生产率,这是一个非常值得重视和深思的数据。因为这样一个结果并非是在一个三五千人的企业内取得的,而是在近120万就业人口的规模上得到的平均数。在市场经济条件下,高生产率意味着高产出、高收益和高竞争力。

(二) 高新区的发展在区域经济中所占的位置越来越显著

在一些主要城市,高新区的发展地位越来越重要。例如,1996年苏州高新区工

---

① 1997年6月10日刊载于《人民日报》理论版。

业总产值已占苏州市区工业总产值的 33.2%；青岛高新区总产值已占到全市总产值的 16.6%，西安高新区总产值占全市总产值的 14.3%，哈尔滨高新区总产值占全市总产值的 14%，北京高新区总产值占全市总产值的 10%，且这种趋势仍在上升、扩大。

国家高新区作为当地的科技经济特区，大多具有相当于市级的综合经济管理权限。但他们不搞权限割据，对区内实行功能管理，管理统一，机构精简，工作高效，注重服务；对外搞好协调，组合社会各方面力量，衔接社区职能。区内高新技术产业的发展壮大为国民经济增长方式的转变起到了先导和示范的作用，为区域经济发展带来了勃勃生机。

（三）高新区走出一条中央、地方联手，多快好省地发展新产业的道路

高新区以国家战略作引导，以地方调控为主要手段，多元并举，共同发展。基于市场经济的根本要求和三个"有利于"标准，国家以政策开辟产业和市场空间，地方聚集优势、创造环境，在发展高新技术产业方面形成了巨大的合力。国家和地方只是在起步阶段给予极小的资金支持（一些高新区的启动经费才几十万元），绝大部分产业发展资金都来自银行贷款。通过国家"火炬"计划，1991~1995 年高新区累计安排科技贷款近 90 亿元，平均每个区 5 年共使用这一计划贷款资金不足 2 亿元。从区域面积上讲，52 个高新区共计占地 676.16 平方千米，其中投入开发的土地不足 200 平方千米，平均每个区不到 4 平方千米。这使得国家和地方以较小的投入，换来了巨大的经济和社会效益。

高新区的发展吸引了各方面的关注。江泽民、李鹏、乔石等党和国家领导同志先后去各地高新区视察指导，对高新区的这些成就给予了充分的肯定和赞扬，勉励大家要"办好高新技术产业开发区"，"加快高新技术产业的发展"。

的确，高新区始终向改革和发展的前沿探索、挺进，坚持走科技和经济结合的道路，又将成功的经验大力向区外传播辐射，促进了传统经济体制的转轨，带动了一批大中型企业加入发展高新技术产业的行列，为中小企业的发展指明了出路。所以说，高新区的影响已不仅仅局限于高新区，也仅仅不局限于发展高新技术产业之上，它已经步入我国经济发展的大舞台，并且完全有资格被推向国际舞台。

二、高新区对发展高新技术产业的促进作用

为什么高新区的建设与发展令人瞩目？为什么高新技术产业能在高新区内如此迅速地发展？我认为其中的关键因素是高新区促进并实现了两个结合，即改革与发展结合、科技与经济结合，从而找到了发展高新技术产业的动力和机制，并创造出有利于高新技术企业健康、迅速成长的良好环境。

（一）在改革方面，高新区大胆创新，积极探索，努力创造高新技术产业发展所必需的体制和机制优势

高新区按照社会主义市场经济的要求，形成以公有制为主体（包括集体所有制和全民所有制），多种所有制形式并存的体制环境。不管所有制形式如何，区内企业绝大多数本着"自愿结合、自筹资金、自主经营、自负盈亏、自我约束、自我发展"的"六自"原则，来构建其经营机制，努力向现代企业制度方向发展。许多科研院所、大专院校在科技体制改革的推动下，将自己的科技成果和部分人才分流、转移到高新区去，创办高新技术企业，获得了新的发展空间。在企业制度改革方面，很多高新区实行了股份合作制，探索实行技术股、创业股，允许科技人员和管理人员以自己的技术成果和创业实绩拥有企业股份，很好地把企业的发展与企业职工的利益结合起来，形成新的激励机制。

（二）在发展方面，高新区充分发挥"聚集效应"，为高新技术产业的发展提供良好的舞台

高技术发展不同于传统的技术扩散，表现出资本主动跟着人才、信息转移、汇聚的聚集效应。聚集效应有助于技术、管理、市场等各方面信息的集成与交流，使企业既能够跟踪科技前沿领域的发展，同时又能够关注市场需求的变化；有助于在企业创立、倒闭、兼并、扩充的过程中，加快生产要素的转移和优化组合；有助于行业规模经济的形成和优势的确立。

高新区的发展正是充分利用了其在人才、智力、信息和政策、体制、机制方面的优势，创造出高新技术产业发展所必需的这种聚集环境。目前，高新区内汇集了产学研各路优势。进入高新区办企业的科研院所、大学共有2470家，累计申报专利2521项，实现技术性收入70多亿元。凭借聚集效应及高新区所创造的良好的软、硬件环境，52个高新区5年来吸纳了全国近20 000万名硕士、2000多名博士和近2000名留学归国人员。国家"863"计划、攻关计划、"火炬"计划等的许多项目被注入高新区。高水平的研究开发活动，创造了一系列具有世界科技前沿水平的成果和产品，如"曙光1000"高性能计算机、08及SP30大型程控交换机、高性能材料、生物工程产品等，这些产品不仅已占领和夺回部分国内市场，并且还在不断开拓国际市场。

（三）促进科技与经济结合，加快科技成果的转化

在科技与经济结合方面，高新区抓住了核心问题，即立足于科技成果的迅速转化，致力于高新技术成果的商品化、产业化和国际化进程，并为此进行功能上的建设和环境上的配套服务。我们有80多个创业中心（国外叫孵化器）在此发挥了重要的作用。它们的主要功能是提供各种可能的优越条件，把高科技成果经过孵化，

尽快在工艺和规模上取得突破，形成有竞争力的产品。有了梧桐树，就不怕引不来金凤凰。来高新区进行孵化的成果分别来自科研院所、大中型企业、民营科技企业、军转民机构，甚至还有外国企业和科研机构等。短短几年里，高新区共孵化约 5000 余家企业，每年这里要诞生 300 多家有希望的高新技术企业。

高新技术产品的特点是生命周期很短，少则几个月，多则一两年就会被淘汰。在市场经济条件下，企业若不能及时将有市场潜力的科技成果迅速地转化成有竞争力的产品，那么在市场竞争中就会陷入被动。因此，创造环境优势，快速实现高新技术的商品化和产业化，是发展高新技术产业的先决条件。高新区的优越性就在于它把地方有限的财力、物力和技术力量集中起来，形成局部优化的硬件环境、软件环境和政策环境，从而为高新技术产品尽快进入市场创造了条件。

（四）突出高新技术产业特色，营造有利环境

在许多高新区，人们普遍有这样一个共识，即良好的生产经营环境也是生产力。在很多高新区，企业从申请进区到生产出产品只需用一个月的时间。这里有许多现成的标准厂房，区内硬件设施配套齐全，制度和政策环境起到了决定性的作用。只需搞好审批、信息、服务软件环境，产业化就会很快地搞起来。

当然，高技术企业的发展也存在新陈代谢的现象，这是经济中正常的矛盾运动。高新区有严格的管理制度，对经营不好或方向有偏的企业，一律照章处理，以维护有利的发展局面。在高新区，企业既有走向成功的有利环境，也有处理企业失败的可利用条件。首先，高新区实行"自负盈亏"的原则，给企业充分进出市场的自由，自己承担风险，自谋生路，没有哪家企业向政府伸手要求解决问题。此外，高新区创设一个很好的科技资源和生产要素的聚集环境，能够促使刚刚退出市场的资源和要素，经过快速有效的重组，再次进入市场和生产经营的循环中，实现资产的增值。

高新区不仅创造了有形的环境和条件，而且通过崭新区域形象的树立，创造了许多无形的资产和优势。现在落户高新区及区内企业生产的产品，同高新技术本身一样，也具有无形的附加值。所以，高新区本身就是品牌，是一个集体名牌的标志。高新区代表着创新、高品质、高效率的形象，这有助于高技术企业打好品牌战略。所以，高新区发展了高新技术产业，而高新技术产业又帮助高新区树立了在经济和社会发展方面具有先导作用的区域形象。这也是我们几年来建设发展的又一重大收获。

三、高新技术企业成长和崛起的启示

高新区这几年的发展是成功的。结合我国几十年来发展高新技术产业的经验，我们可以从中概括出这样一个重要的观点：中国发展高新技术产业一定要"两条腿

走路"。

一是要发挥社会主义制度的优越性，集中力量办大事。在涉及国家综合国力和国民经济发展的战略性高科技领域，国家应集中财力、物力和相应的智力、信息等要素，高强度地投入，迅速占领阵地，从而带动一批高技术产业的发展，实现跳跃式发展的目的。过去我们搞"两弹一星"是这样做的，现在我们搞重大工程和项目（如航天、核电、909工程），还要坚持这样做。这是一条重要的发展道路。

二是在社会主义市场经济条件下，我们更要鼓励和支持高新技术企业走从小到大，在激烈的市场竞争中大浪淘沙、滚动发展的道路。企业不论大小，只要有技术创新的能力，有开拓市场的本领和经营管理水平，就能够在市场竞争中很快发展起来。关键是社会要完善体制和机制因素，并能提供成果快速孵化、商品化、产业化的有利环境。高新区正是创造了这样的环境条件，使得像联想、方正、地奥、华为、远大等一批年轻的高技术企业，仅以几十万资产起家，在短短的几年时间里，迅速成为高技术产业领域中产值数十亿的小巨人，成为我国国民经济发展中的新生代，显示了社会主义市场经济的作用，显示了高新技术的经济价值。

在市场经济条件下，众多成功的企业要经历"从小到大、滚动发展"的过程，这是经济发展的客观规律。承认在社会主义市场经济条件下大多数高新技术企业也要经历从小到大的发展过程，以及对这个过程有充分的认识，这对于未来中国高技术产业的发展有着极其重要的意义。它要求我们在经济体制转轨的进程中，及时地转变观念，调整政策，创造并维持一个有利于高新技术企业，特别是中小企业快速成长的环境。我们应从完善社会主义市场经济的高度来认识这项工作。

当然，并非高新区内所有的高新技术企业都可以成长为大型企业。但上述企业在市场竞争中崛起的成功经验，对引导我国中小企业、乡镇企业、私营企业的发展的确很有意义。中小企业在国民经济中占有极其显著的位置（1996年的统计数据表明，我国工业企业中，中小企业在数量上占98.74%，工业总产值占60.28%，工业增加值占52.22%）。中小企业原有的产品结构和技术层次有不少已不能适应市场竞争的需要，沿海地区的乡镇企业已开始向高新技术化转变。所以，下一步高新区如何推广经验，吸引有能力的中小企业转向高新技术产业，这是必须认真对待的问题。

回顾高新区和高新技术产业的发展道路，可以引申出以下几点重要启示。

（一）良好的体制和灵活的机制是高新技术企业成长的关键因素

我国发展高新技术企业，既有成功的经验，也有失败的教训。归根结底，决定企业发展的是经营的体制和机制问题。高新区内企业实行灵活的民营管理体制和运行机制，从产权制度、劳动人事制度，以及社会保障制度等方面进行改革，初步建立起符合市场经济运行规律，适应高新技术产业发展和同国际惯例接轨的管理体制、运行机制和服务体系。实行民营管理体制的高技术企业法人，拥有支配人力、物力、财力等资源的权力，面对市场行情能迅速决策。这是高新技术企业迅速成长的关键因素。

（二）持续创新是保持企业竞争优势的不竭动力

成功的高新技术企业，很重要的特点是技术创新能力较强。因为与市场经济向传统经济体制提出的挑战相比，来自不断加快的技术创新对企业的挑战更为紧迫，也同样具有毁灭性。现在，我国高技术企业的研究开发投入占销售额的比重相当大，低者达到3%，高者达到25%~30%，这与一般工业企业（研究开发占销售额的平均比重大大低于1%）形成了鲜明的对照。借助于区域创新能力和聚集效应的影响，企业和院所面向市场搞开发，结合市场需求进行科技成果的转化，从而实现科技与经济的源头结合、从开发到市场销售的全程结合。只有这样新经济增长点才能卓然而出，才能持续地壮大成为有活力的产业群体。

此外，很多高新技术企业在观念上实现了将企业技术创新体系作为一个开放体系的飞跃。"事事自己干"，"大而全，小而全"的观念已行不通了。这种开放的企业技术创新体系，一方面立足于发展自己的独创技术，作为参与市场竞争与合作的根本；另一方面集成国内外市场上"性能-价格"比最优的各种技术，以生产最有竞争力的产品。企业在初创阶段练就出快速反应和引导市场的能力，显示了其要成为未来市场和产业主角的潜力。

（三）人才，尤其是青年人才作用的发挥是事业成败的关键

蓬勃发展的高新技术产业向人们证明，活跃于高新区舞台上的一大批有志于造就民族高技术产业的青年人才，是高新技术产业发展欣欣向荣的中坚力量。高新区是年轻人开拓创业、施展才华的舞台。我国成功的高新技术企业领导人，平均年龄在30岁左右。工作在高科技研究与开发前沿的科技人员、管理人员，以及一线工人的平均年龄就更为年轻。在高新区120万直接就业人口中，大专以上学历约占1/3。高素质是高新技术企业充满活力的重要原因之一。

高技术本身的特点决定了企业要大胆起用青年人才，特别是有创新能力的人才。近二三十年来，计算机技术、信息技术、生物技术等飞速发展，各种知识综合交叉，各种仪器设备从零件到系统，都发生了革命性的变化，向传统技术手段、生产方式、管理方法、经营理念提出必须有所改变的要求。青年人具有掌握新知识快、思想活跃、创造力强、精力充沛、勇于拼搏等优势，适合高新技术及其产业发展的需要。从这个意义上说，高新技术产业是青年人的事业。

四、加速发展高新技术产业的政策建议

科技工业园是一种国际现象，全世界已有900多个，美国就有160个，韩国有

13个。国外科技园区往往需要10～15年的成熟阶段。我国高新区和高新技术产业虽然取得了长足的进步，但从总体上讲，仍然处在健康成长的初创期。在初创阶段，我国的高新区和区内的高新技术产业还存在着一些不足，发展中还存在着许多困难，面临着许多挑战，主要表现在以下几个方面。

（1）企业运行机制有待于进一步完善，这是高新区二次创业能否成功的关键。体制上投资实际主体与投资名义主体间的错位等涉及产权制度的问题，正越来越明显地制约着一些高新技术企业扩大规模、滚动发展。高新区内产权制度改革和加快股份制改造已经成为高新技术企业深化改革的迫切要求。

（2）企业的综合竞争能力仍不够强，总体规模不够大，出口创汇能力还不显著，在研究开发投入水平、资金、市场开拓等方面与国外大企业抗争仍有困难。

（3）各地高新区发展还不平衡。目前，除一批企业已实现了自我发展外，大多数高新技术企业还没有成功地度过成长期。在区内风险投资机制、民营科技企业担保机制，以及社会化服务体系尚不健全的情况下，企业的自我发展能力还比较脆弱。

高新技术产业的发展，需要国家的进一步支持，特别是要健全有利于高新技术产业发展的体制、机制和政策环境。同时，国家应当吸取西方发达国家和新兴工业化国家对高新技术企业实行扶植政策的经验，大力促进企业由小到大、滚动发展的过程，走出一条在社会主义市场经济条件下，发展我国高新技术企业的特色道路。为此我们应调整和完善相关政策，以进一步优化高新技术企业发展的环境条件，主要包括以下几个方面。

（一）金融政策

高新技术产业资金运作的一个重要特点是高风险和高效益。当前，制约我国高新技术产业发展的最重要因素是风险投资体系的建设问题，而问题的核心是我们对风险投资属性的认识。曾经多次有人呼吁国家建立风险投资基金，也有人建议放开风险投资市场。按照市场经济体制的要求，风险投资应属于市场行为，以赢利为目的。我们应针对现在科技与经济结合的难点和关键环节，尽快制定相应的金融政策，利用市场机制尽快完善风险投资体系的建设。我们还需要有一个健全有效的融资渠道，股票、债券、担保、保险都可以用作支持手段，并完善风险监控、分担等机制。健全的股票市场对风险投资有巨大的支持作用，即通过成功企业股票的升值，弥补失败企业的损失，使风险转移和分化，这是国外走过的成功道路，是高新技术产业蓬勃发展的重要原因之一。这些政策的落实，特别有助于有发展潜力的中小高新技术企业实现滚动投资、迅速发展壮大。我们要解决好高新技术产业发展资金紧张的难题，绕不开风险投资这一他山之石。

（二）税收政策

优惠的税收政策是促进高新技术产业迅速发展壮大的直接手段。高新技术企业在初创阶段生产经营方面的成功很大程度上依赖于优惠的税收政策。经营失败后，只要有好的税收政策引导，失败也会孕育更大的发展。每一个高新技术企业的倒闭对投资者、经营者而言都是个灾难，但对于社会则不然。企业倒闭后，生产要素依然存在，需要尽快加以重新组合。只要有一个较好的社会保障体系，企业的倒闭、破产也会变成积极的社会过程。随着市场经济实践的深入，人们会逐渐提高这方面的心理承受力。这一点已为高新区的实践所证明。在宏观环境抓大放小之际，我们应尽快制定相应的优惠税收政策，以鼓励资本存量与高新技术在生产经营上的要素重组。

高新技术企业为知识密集型企业。在其经营活动中智力投资占有很重要的位置，尤其是以信息产业更为突出。合理的税收政策应把企业大量的智力、无形资产的投入作为生产要素打入成本。否则，在知识型经济不断发展的今天，容易造成企业不合理的税收负担，在一定程度上构成对高新技术产业创新和发展的障碍。由于高新技术企业的产品生命周期和设备生命周期都很短，设备必须快速折旧，不断更新，包括进口先进设备，使得我们的企业与传统企业相比，需要缴纳更多的进口税，从而增加了成本，削弱了市场竞争力。我们应学习、借鉴、吸收国外有关高新技术产业方面的税收政策，解决不利于民族高新技术产业发展的困难和问题，为高新技术企业尽快地成长开辟道路。

（三）贸易政策

涉及高新技术产品的贸易政策之一是出口贷款问题。西方发达国家通过买方信贷、卖方信贷等出口信贷方式来支持高新技术产品的出口。我们也急需制定相应的政策，推动我国高新技术产业的发展。在船业贸易中，我国以低价格卖出自产船舶，同时又以高价进口外国的船只，原因之一在于进口船只可以在相当一段时间内享受国外提供的贷款，以缓解自身资金紧缺的矛盾。事实上，这个问题不仅存在于造船业，在其他很多行业也都有强烈的反映。这对于我国民族高新技术产业的发展来说同样也是障碍。

此外，世界上包括美国、日本、韩国、欧洲共同体许多国家和地区在内都实行政府采购政策。它的含义是对于使用由纳税人提供的资金所执行的采购，在技术经济指标大致相同的条件下，要优先购买自己国家的产品。我们也应抓紧制定相关政策，切实利用政府采购政策，保护本民族的高新技术产业。

反倾销政策是现在一些资本主义国家经常用来制裁我们的主要工具。他们利用反倾销政策，在纺织品、钢铁等很多领域对我们征收100%、200%或更高的关税。但我们国家对于国外商家在我国的倾销，才刚刚开始做出必要的反应。我们应进一步制定我国在高新技术领域的反倾销政策，以保护我们国家和企业正当的利益不受侵害。

总之，我国高新区和高新技术产业的发展已到了壮大规模、走向国际化的关键时期，需要我们进一步完善环境，加大力度扶持。只要我们抓住机遇，团结协作，埋头苦干，我们的高新技术产业就一定会有一个大的发展，就一定会为国民经济的持续、快速、健康发展，为科教兴国战略的深入实施，为增长方式的转变开创一个新局面。

建好农业高新技术产业示范区[①]

(1997年7月28日)

今天,杨凌农业高新技术产业示范区举行成立大会,我代表国家科委表示热烈的祝贺!

这次国务院批准杨凌农业高新技术产业示范区纳入国家高新技术产业开发区序列。一方面说明党和国家高度重视农业的发展,特别是农业高新技术产业的发展;另一方面,示范区的建立对稳定和发展科技队伍,进一步调动科技人员的积极性,推动农业高新技术产业的形成和发展,推动旱地农业的科技进步和生产力水平的迅速提高,以及探索20世纪我国农业发展的道路等,都具有极为重要的意义。

国家科委作为示范区建设领导小组成员,一定要认真学习和贯彻党中央和国务院领导同志的指示,抓住机遇,把示范区办好。当前,特别要和示范区广大员工共同努力,做好以下几个方面的工作。

一、转变观念,以市场为导向,以产业化为中心,尽快形成农业高新技术产业

农业高新技术产业的建立必须以市场为导向,要认真研究市场,结合当地资源,依靠杨凌在干旱、半干旱农业、水土保持等方面的技术优势,精选项目,重点突破,迅速建立一批市场前景好,能够形成规模的产业,并逐步增强示范区的实力。示范区的成效关键是有适销产品,尤其是高新技术产品、高附加值产品、名牌产品,示范区要在市场竞争中求得生存和发展。

二、深化改革、促进创新

杨凌拥有十多家教学科研单位,5000多名科技人员,在农业高技术研究、关键

---

① 1997年7月28日在杨凌农业高新技术产业示范区成立大会上的讲话(节选)。

技术储备，以及生产示范方面都有很强的优势，但这种科学技术优势还有待于进一步转变成示范区农业高新技术产业的优势，关键要深化改革。首先，要做到优化科技结构、合理配置科研力量，做好农科教、产学研结合，同时，要建立有利于科技成果产业化的机制，有效地发挥科技第一生产力的作用。创新是高新技术产业发展的不竭动力，要特别注意创新机制的建立，办好创业服务中心。要下大力气抓好科技成果转化、引进技术的消化、吸收和持续创新能力的提高等工作。

三、创造条件、留住人才、吸引人才

高新区成功最重要的一条经验是，拥有一大批有志于建立民族高新技术产业的人才，尤其是青年人才，他们是高新技术产业发展所需要的中坚力量。示范区一定要广开纳贤之门，留住人才，要努力运用政策的力量，同时创造必要的工作和生存条件吸引省内外、海内外的各种急需人才，特别是青年人才到示范区施展聪明才智，也要注意发挥中老年科技骨干人员力量的作用。只要拥有人才，示范区就大有希望。

发展民营科技企业必须转变观念[①]

(1997年12月24日)

任何行为的转变，都源于观念的更新和转变。回忆十几年民营科技企业的发展历史，一大批科技人员能够从大学、研究院所、国有大中型企业走出来，已经是观念上的巨大变化。但是，观念上的转变不是单一的，它是一系列认识所构成的一个体系，所以转变观念应当是一个过程，它不可能一次完成。为了使民营科技企业能够继续前进，并且和其他企业相辅相成共同发展，挑起振兴经济的重担，民营企业自身必须继续完成一系列观念的转变；同时，民营科技企业从产生到成为异军突起的力量，所要求的政策环境和社会环境也会相应地发生变化，政府部门如何顺应民营科技企业的发展势头，更好地服务于民营科技企业，创造优良宽松的政策环境，也需要有一系列的观念转变。

一、建立平等主体的观念

主体平等是市场运作的原则之一，即所有自然人和法人在市场交易中保持平等。过去我们有不平等的因素，比如，"一平二调"、地方保护等，形成了事实上的市场主体不平等现象。但是，今天的企业，包括民营科技企业、国有企业和三资企业，在市场交易面前应当是完全平等的，民营科技企业要树立平等主体的意识；政府部门在信贷、投资、订货及政策导向等方面，要营造平等的市场环境。正如江总书记在十五大报告当中所强调的那样，在社会主义市场经济的条件下，要坚持公有制为主体、多种经济成分共同发展的方针。一切符合"三个有利于"的经营方式和组织形式都可以而且应当用来为社会主义服务。这为各种各类企业均是市场交际的平等主义提供了理论和政策依据。

二、转变产权观念

十五大报告为我们打破僵化的所有制观念提供了依据。民营科技企业对资本的

[①] 1997年12月24日在中国民营科技促进会1997年年会上的讲话（节选）。

观念应有新的突破,这里主要是探讨解决科技人员无形资本投入的产权问题。以前讲"谁投资,谁所有"的原则,这里所讲的投资主要是指资金和物质的投入,科技人员、发明家的发明等创造性的劳动不包括在内,得不到应有的回报,于是产生了"搞导弹,不如卖茶叶蛋"的奇特现象。造成这种现象的原因何在?我认为"谁投资,谁所有"的原则没有错,问题是人们对资本的看法。其实,科技人员、企业家在完成技术创新、管理创新和市场创新的时候,也是在进行投资,而且是高效的投资。尤其是在知识经济迅速发展、信息社会即将到来的今天,智力投资越来越显示出难以替代的重要性。所以,应当改变硬件如厂房、设备的投入是投资,而软件(一系列的创新)不是投资的观念。科技人员的大脑是最有潜力的设备,他们的成果应用于物质生产也应该属于资本投入,与现金、厂房、设备等生产要素组合,就会增值并产生利润。关于智力投资的体现问题也值得研究。美国计算机软件方面的佼佼者之所以愿意到微软去工作,他们看中的不仅仅是高薪,而是比尔·盖茨要给这些优秀的加盟者配股,按配股分配利润。杰出者几年之后就可以成为百万富翁,这在微软公司已达数千人。所以,在美国硅谷,往往是发明者、工程师的股份大于现金的投资者,因为发明家、工程师能够带来超额利润,能够使投资者的股本在几年的时间内成倍、成十倍地增长。现代经济中,现金、机器设备、场地、厂房虽然仍旧很重要,但是智力作为创新的资本更加重要。十五大报告指出,要完善分配结构和分配方式,坚持按劳分配和按生产要素分配结合起来,允许和鼓励资本、技术等生产要素参与收益分配。江总书记的重要讲话给我们指明了方向。我们要改变传统的资本观念,努力提高科技人员的经济地位、社会地位,迎接知识经济时代大好发展时机的到来。

三、建立依靠技术创新提高企业市场竞争力的观念

技术创新是转变经济增长方式的一个决定性手段,是技术进步的核心和关键。在当今时代里,以技术创新为主要内容的技术进步已经成为各国经济发展的首要因素。传统的资本经济正在被新兴的知识经济所取代。技术创新能力已经取代了资金、劳动力等传统因素,成为国际竞争力中最具决定性的因素。因此,转变观念,以技术创新为核心,努力提高市场竞争能力,已成为民营科技企业一项紧迫的任务。在这方面,我想强调虽然技术创新的基本内容是技术的变革,但它绝不仅仅是一个单纯的技术概念。以企业的技术创新为例,完整的企业技术创新体制不仅包括了科学研究的创新,还包括了产品设计创新、制造创新、管理创新,以及市场开拓创新等一系列环节。缺少后面的环节,科学研究的创新在经济上就没有意义了。因此,技术创新必须是科技与经济要素的综合。

技术创新的目的在于向市场提供有竞争力的产品,或者开辟新的市场引导消费,所以提高产品的市场竞争力是建立技术创新机制中必须贯彻始终的思想。为什

么要强调这一点呢？因为这里包含着科技工作者转变传统观念的问题。在科技和经济分离的情况下，人们总是习惯于从单纯的技术水平论科研，这种思维定式割裂了科技和经济的关系。技术创新强调以市场为导向，以效益为中心，技术上最优，但经济上未必最优。也不能停留在徒具高水平的"样品"、"展品"阶段。因此，应当转变观念，对服务于当前经济发展的科技成果要从技术和经济两方面进行综合评价。同时，对企业来说，技术创新也应当在开放的基础上，按技术经济最优的原则进行。大企业要研究开发自己的独创技术，也要按照最具有市场竞争力的原则引进和集成外来技术，不从市场竞争出发，单纯去追求某些指标，同样缺乏合理性。最具有市场竞争力是技术创新的主要目标和评价标准，也是技术创新的出发点和归宿。这是技术创新观念最重要的问题，对于科技人员、科技企业家都有现实意义。

四、建立用政策启动市场、以市场引导民营科技企业发展的观念

政府部门靠政策调节市场的供求，通过对利率、产业结构、投资政策、就业机会等方面的调整，刺激投资、促进经济增长。地方政府要推动本地区民营科技企业经济增长，使之在短期内成为带动地方经济发展的龙头，就要放水养鱼，培植经济发展的动力源，使民营科技企业尽快从自我发展型走上带动辐射型发展。实践证明，哪个地方政府善于用市场的办法来引导，哪个地方的民营科技企业就会有大的发展，出现新的经济增长点。有了经济增长的热点，相应的配套资本就会跟进，经济的总体水平就会迅速提高。

政策启动市场的另外一个重要方面就是要为民营科技企业创造一个好的环境。民营科技企业区别于非科技企业的一个重要特征，就在于它有很强的技术创新能力。一个民营科技企业应尽可能把有限的资本用于技术开发，而把一般性功能交给社会化分工的服务体系去处理，使企业的技术创新能力越来越强。实际上，有竞争力的民营科技企业，其大部分原有的一般的企业功能都社会化了。美国硅谷的科技企业主要从事开发和关键部件的生产，全都由社会上与之配套的中介组织和加工工厂去解决。这样就形成了良性循环，使企业能够集中精力在核心领域里不断开拓创新。发展民营科技企业，也有必要配套建立社会化的服务协作体系，使民营科技企业能够在一个比较好的市场环境中得到发展。

知识产权保护和高新技术产业发展[①]

(1998年3月18日)

全国高新技术产业开发区知识产权工作会议今天召开了。这次会议的召开，对于建立符合社会主义市场经济规律和高新技术产业发展规律的高新区知识产权管理制度，增强我国高新技术企业的竞争能力和发展后劲，提高我国高新技术产业的经济规模和增长速度，具有重要意义。下面我对这项工作谈几点意见，供大家参考。

一、推进技术创新和保护知识产权是 高新技术产业发展的两大潮流

本世纪将近尾声，新世纪的曙光已依稀可见，人类又将迎来一个百年一遇的世纪跨越。回顾20世纪90年代以来世界科技、经济发展的历史潮流，有两个现象令人瞩目。

一是世界范围的科技革命正在形成新的高潮，推动世界经济迅速走向知识化、信息化和全球化的发展阶段。世界经济形态正在发生深刻的转变，由传统的以大量消耗原材料、能源和资本为特征的工业性经济向以知识为基础的知识性经济转变。知识经济是一种建立在知识、技术和信息的生产、传播和应用基础上的经济形态，是一种以知识、技术和信息作为促进经济增长主要动力的经济发展模式，其核心是在高起点上的创新。历史昭示我们，在知识型经济迅猛崛起的时代背景下，高新技术已成为最重要的生产要素，高新技术创新在世界经济发展的潮流中越来越居于决定性的地位。

二是随着知识型经济的兴起，知识产权在企业乃至国家科技、经济发展中所处的战略地位进一步增强，知识产权保护问题已成为贸易摩擦的热点和重点，成为科技合作的前提和基础。知识产权问题，无论是传统的商标、专利、版权、商业秘密，还是新兴的计算机软件、集成电路布图设计和植物新品种，说到底是有关科技

---

① 根据1998年2月底在长春"全国高新技术产业开发区知识产权工作会议"上的讲话（全文于1998年3月18日正式印发）和1997年4月2日在全国企事业单位知识产权保护试点工作会议上的讲话整理而成。

成果和知识财富归谁所有，如何使用和转让，以及产生的利益怎样分配的问题。从法律角度来看，知识产权是对科学技术、文化成果拥有的一种法权；从经济角度来看，它是一种具有重大价值的无形资产和智力财富；从市场竞争角度来看，它则是一种强有力的竞争资源和制胜手段。随着以新科技革命为依托的知识型经济的兴起和发展，知识产权无论在国际国内，都已成为政治、经济、文化、科技生活中的一个受到普遍关注的焦点问题。

不知同志们注意到没有，作为世界贸易体系的关贸总协定[①]从1948年1月1日生效到1995年1月1日WTO成立，共进行了八个回合的多边贸易谈判。前六回合谈判都仅围绕关税减让这个单一的主题。第七回合谈判虽然涉及知识产权，但并未将其列为主题。到第八回合谈判也就是乌拉圭回合谈判的时候，正值世界新科技革命和知识性经济蓬勃兴起之际，知识产权问题被列为一个重要主题，经过八年多马拉松式的艰苦磋商，最终达成《与贸易有关的知识产权协议》，确定了知识型经济背景下国际竞争的基本规则，这已成为国家经济新秩序的重要组成部分。

同志们对前几年中美知识产权谈判的激烈争端恐怕还记忆犹新。问题的起因在于美国国会、政府和产业界将其经济衰退归结于其知识型产业和知识产权没有得到充分、有效的保护，从而于1988年出台了"特别301条款"，规定了对不保护美国知识产权和不向美国以知识产权为基础的产业开放市场的"重点国家"实施经济制裁。美国曾三次将中国列为"重点国家"，对我国挥舞贸易报复的大棒。美国的"特别301条款"实质上是采取霸权主义的极端政策，维持其在知识经济中的现有优势。美国在知识产权问题上的强权政策不只是针对我国，就是对其盟友日本、德国、加拿大也是如此。美国人的这种做法虽然霸道，但也从侧面反映了他们对知识产权是何等重视。不仅美国把保护知识产权列为国家的重要政策，日本、欧盟成员和新兴工业化国家也都在纷纷研究制定面向21世纪的知识产权保护战略，并将其纳入国家经济、科技的总体发展战略，以加强其在世界科技、经济竞争中的现有优势，力求在21世纪争得更大的市场份额。

站在世纪之交，回归历史潮流，我们更加清醒地认识到，以高新技术产业为主体的知识型经济正日益崛起，并将成为21世纪经济发展的主导力量，而推进技术创新和保护知识产权则是培育和发展知识型经济的重要环境和条件，是发展技术密集、知识密集的高新技术产业的基本保障。所以，发展高新技术产业和加强知识产权保护这两股潮流在20世纪末期同时兴起，不是偶然的，而是历史的必然，它深刻体现了世界科技、经济发展的客观规律。

---

① 即关税及贸易总协定，简称关贸总协定。

二、努力培育和切实保护自有知识产权，是发展我国高新技术产业的重要环节

社会主义市场经济把知识产权保护问题提到了一个非常重要的地位。在市场经济体制下，知识产权作为无形资产，不仅具有可观的经济价值，而且作为一种法定的独占权，更具有可观的商业竞争价值，是一种进可攻、退可守的重要竞争手段。知识产权所能提供的这种竞争优势，对保障高新技术企业的发展尤为重要。高新技术企业作为技术、知识密集型企业，具有高投入、高风险、高收益的特点。在国际上，高新技术企业又被称为知识产权型企业，表明知识产权是其存在和发展的基础。事实上，国外的高新技术企业历来十分重视知识产权的培育和应用。例如，美国电话电报公司（American Telephone & Telegraph Company，AT&T）1994年年底已取得了2.5万件专利，而IBM公司每年获得专利的数量也都超过800件，1996年更猛增到1867件，高居1996年世界企业获得专利数量的榜首；摩托罗拉公司1996年获得的专利也达到1064件，高居全球第三位。日本的企业在这方面也不甘落后。1996年，佳能公司、日本电气股份有限公司、日立公司和三菱公司获得专利的数量分别高居世界排行榜的第二、四、五、六位。在我国，随着经济、科技体制的进一步转轨，高新技术企业和高新技术产业开发区必须对发挥知识产权资源优势给予高度重视。只有切实加强对知识产权的保护，才能使高新技术企业形成高投入、高收益的良性循环，才能构筑高技术产业化、国际化的基础。

几年来，我国高新区的知识产权工作，经过大家的共同努力，取得了一定的成绩，但从总体上看，不容乐观。据统计，在高新技术产业开发区企业的主要产品中，拥有各项专利的产品约占20.2%，其产品销售额所占比重仅为17.6%。根据国务院知识产权办公会议室对22个高新区调查了解的情况来看，不少高新技术产业区知识产权工作处于相当薄弱的状态。在调查的22个高新区中，成立了知识产权管理机构的只有6个，配置专业法律服务机构的仅4个。在调查的9038家企业中，设有知识产权机构的只有146家，建立知识产权保护制度的也才620家。近万家高新技术企业所拥有的专利才1696项，注册商标1059件，著作权163项。平均起来，6家企业才有一项专利，9家企业才有一个注册商标。高新技术产业本身就是以知识产权为基础的产业，需要有大量知识产权作为发展后盾，而我国高新技术企业的知识产权工作却是如此落后，又怎么可能推动我国高新技术产业超常规发展，进而迎接知识型经济蓬勃发展所带来的竞争与挑战呢？

同志们，我们面临的任务十分艰巨，形势十分紧迫。我们今天所处的已不再是闭关锁国、自成一体的时代，改革开放使我们完全置身于一个开放的国际大环境中。世界经济一体化、全球贸易自由化的进程在加快，发达国家、发展中国家将分别在2010年和2020年全部取消关税。在1989~1996年，亚太经济合作组织平均关

税水平已由15.4%降至9.1%。18个成员方中，包括我国在内只有4个成员方的关税水平超过15%。中国香港和新加坡已基本实现零关税。美国和日本表示，到2000年将关税分别下降至2.0%和1.5%。东盟自由贸易区计划到2003年，北美自由贸易区决定到2005年实现贸易自由化目标。自1992年以来，我国关税也连续三次大幅度调整。目前，我国的平均关税为17%。我国还承诺，参加WTO后，将把关税逐步降到发展中国家的平均水平。从这种趋势可以看出，依靠关税壁垒保护国内市场、保护民族工业的传统做法已经成为一条走不通的"死胡同"。可以设想，在关税壁垒逐步取消、全球市场融为一体后，无论是发达国家的企业，还是发展中国家的企业，都将站在同一起跑线上进行竞争。胜败只取决于产品的质量和成本，取决于产品的科技水平和知识含量，这归根结底也就是取决于知识产权的占有量和知识产权的保护水平。这就意味着，在保护知识产权方面先天不足的我国企业不可避免地要同积累了丰富知识产权保护经验并拥有大量知识产权的发达国家企业站在同一起跑线上竞赛。在这个开放的国际大环境中，加强知识产权保护已经成为一种必然的趋势。我们所制定的每一项知识产权法律都必须认真付诸实施。法律在实施上是公正、公平的，对中外知识产权权利人都一视同仁。但是，如果我们的企业不重视知识产权问题，不在知识产权领域占有一席之地，那就享受不到法律所规定的权利，但这不能免除其承担不侵害他人知识产权的义务。所以，如果我们的高新技术企业不尽快在知识产权拥有量和知识产权保护水平上练就一番硬碰硬的好功夫，那么在日益严峻的市场竞争环境中，恐怕连和人家同台比试的资格都没有，更不用说克敌制胜了。

当我们大多数高新技术企业的知识产权保护意识还处在沉睡或者萌芽状态的时候，大批跨国公司就已纷纷利用知识产权抢占我国市场。根据中国专利局[①]的统计，在一些技术含量高、经济效益大的高技术重要领域，如医药、电子、通信、化工、航空、航天等，外国来华申请的专利在我国专利申请总量由已占压倒多数，所占比例在80%左右，在有些领域中甚至达到了90%以上，出现了对我国民族高新技术产业构成技术包围圈的趋势。相比之下，我国企事业单位在这方面的行动则过于迟钝。据统计，近几年来我国每年取得省部级以上的科技成果达3万多项，而其中申请专利的还不到10%；"863"计划实施10年，产生了1200多项高新技术研究成果，但取得专利的仅200项左右。应该说，我们的知识产权拥有量上不去，并不完全是因为我们的研发能力、创新水平不如人，关键之一是我们的知识产权意识没有到位，未能清醒地认识到这个问题的严峻性和紧迫性。

经过十多年的不懈努力，我国已建立起基本完备的知识产权法律制度，形成了一个有利于保护知识产权的法律环境。对这个环境，我们的企业可以利用，外国的

---

① 即中华人民共和国专利局，现为中华人民共和国国家知识产权局。

企业也可以利用。知识产权这块阵地我们不去占领，别人就会去占领；谁先占领了，谁就掌握了主动权。前几年有一些同志认为保护知识产权就是保护外国企业的利益。这种认识当然是错误的。但是，如果我们的企业不去主动地利用国家建立的知识产权制度提高自己的竞争能力，保护自己的竞争优势，不在知识产权领域中占有自己的一席之地，那么我们就无法遏制外国的企业利用我国的知识产权制度占领我们的市场，挤垮我们的产业。这可不是危言耸听、杞人忧天，而是迫在眉睫的严峻现实。我们必须对此有清醒的、深刻的认识，再也不能在知识产权问题上无所作为、听之任之，必须尽快行动起来，抓紧研究和提出我们的对策。

同志们，中华民族自古以来就是一个富有创造精神和创新能力的伟大民族。以四大发明为代表的众多发明创造，曾使古代中国出现过持续千年的繁荣。所以，尽管在知识产权方面形势严峻，但我们丝毫也不应有悲观的情绪，不应该有任何丧失信心的观点。事实上，我们的科技人员是富有创造性的，只要有一个良好的机制、有一个宽松的环境，我们的发明创造和知识产权就可以层出不穷。记得几年前，我们数字程控机的国内市场仍然百分之百被跨国公司占领。但只用了几年时间，现在我们拥有自有知识产权的数字程控机就已在国内新增市场中占到40%以上的份额。最近家电市场上相当火爆的VCD机，更是由我国的企业首先研制出来的。事实说明，我们的企业完全可以在高科技领域、在知识产权领域有所突破、有所作为。关键在于我们要把加强知识产权保护同推进高新技术产业发展的各项制度、工作结合起来，进一步发挥广大科技创业者的创造才华，引导高科技企业自觉地转入到重视并依靠知识产权的发展轨道上来。

三、加强高新区知识产权保护工作要解决的几个问题

提高高新技术企业的知识产权培育、运用和保护能力，是当前加快发展高新技术产业中一项十分紧迫的任务。但在社会主义市场经济条件下，如何管好、用好知识产权，特别是在当前经济体制由计划经济向市场经济转变、经济增长方式由粗放型向集约型转变的过程中，如何做好高新技术企业知识产权保护这篇大文章，还是个新领域、新课题，没有一套现成模式或成熟方案可供遵循，需要大家发挥开拓进取精神，积极探索，大胆试验。现阶段，主要是要解决好以下几个问题，做好以下几方面的工作。

（一）解放思想，转变观念，理解保护知识产权的战略意义，树立保护知识产权的自觉性和紧迫感

在发展社会主义市场经济这一新的历史条件下，无论是高新区的领导层，还是高新技术企业的管理者，都必须更新观念，改变那些在计划经济体制下形成并延续至今的轻视知识产权、认为知识产权可有可无的错误看法，要深刻认识知识作为无

形资产和竞争武器的重要价值及其在开拓、占领国内外市场、保护竞争优势和发展后劲方面的积极作用，要从企业经营大计和发展战略的高度上重视和看待知识产权问题。在这方面，有几点错误认识必须要纠正。

第一，认为知识产权这种无形的知识财富看不见，摸不着，不如有形资产那样实实在在，所以在生产经营中片面强调增添设备、扩建厂房，忽略对知识产权的开发和培育。这种做法是处于低级生产阶段的企业行为，这样的企业在市场经济的大风大浪中是不堪一击的。

第二，把知识产权工作等同于一般的事务性工作，认为知识产权是小事一桩，与企业生产经营的大政要略相距甚远，没有必要烦劳日理万机、主持生产经营大事的企业领导亲自过问。这种轻视知识产权工作的企业家在市场经济的大潮中是难以把握正确航向的。国内外凡是头脑清醒、目光远大的现代企业领导，无一不把知识产权视为关系到企业竞争能力和发展前途的"生命线"。在发达国家的企业中，重大的知识产权问题都必须拿到董事会上研究才能决定，并且至少要有一名副总裁负责主管企业的知识产权事务。

第三，认为保护知识产权是政府的职责，政府部门应当对企业的知识产权提供全方位的保护，企业除了遵守有关法律以外不需要主动做什么工作。这是一种长期处于计划经济体制下所形成的对政府的依赖心理。这种依赖政府的心理，缺乏知识产权的自我保护意识。实际上，知识产权工作是涉及企业整个生产经营活动的全局性问题，包括如何防范和制止侵权，如何开发、培育新的知识产权，如何实施知识产权，以及如何运用知识产权去开拓市场，去指导企业的研究开发行为和生产经营方向。企业的领导者应当主动地从指导企业经营发展的高度对其进行通盘考虑，做出统筹安排。

第四，认为在当前的司法、执法工作中，地方保护主义问题严重，再加上人情风、关系网的影响，使知识产权难以得到真正有效的保护，所以加强知识产权工作不会有什么实际效果。毋庸讳言，当前的司法、执法环境尚不够完善，确实存在不少社会不正之风和消极现象。但这些问题毕竟是支流，而非主流，是暂时的，而非长久的。而且随着体制改革的深入和廉政建设的加强，这些社会弊病和腐败现象终究会逐步得到消除。我们不可因噎废食，丧失对知识产权保护工作的信心和积极性。

（二）要把加强知识产权保护提上高新区管理工作的重要议事日程

企业的知识产权保护问题在本质上是一种市场行为。但是，当前我国正处于由计划经济向社会主义市场经济过渡的阶段，企业的市场行为尚未完善成熟和规范的情况下，高新区管理部门要充分发挥其宏观指导作用，通过制定相应的鼓励政策，运用行政手段和政策力量调动广大高新技术企业内在的主动性和积极性，推动知识产权保护工作的发展。从目前调查了解的情况来看，不少高新区管委会的领导及管理干部，知识产权保护的意识也不强，在千头万绪的高新区管理工作中，不知道该把知识产权保护工作定位在哪个适当的位置上，往往其他工作一忙，就把这项工作抛之脑后。这种状况显然无法适应形势发展的需要，必须尽快改善。要把加强知识产权保护作为高新区的一项重要的管理和服务职能切实抓好，把这项工作作为深化改革、加速发展的一项重要内容纳入发展规划，进行统筹安排，要深入研究符合高新技术产业发展特点的知识产权管理模式，探索和建立有利于推进高新区知识产权保护工作的运行机制，如将知识产权拥有量和保护状况列入高新技术企业的考核内容，表彰知识产权工作做得好的优秀企业，对拥有过硬知识产权的高新技术产品和企业实行倾斜支持政策，等等。国家科委将在国家高新区评价指标体系中增加有关知识产权保护的指标。

（三）要发挥高新技术企业自身的积极性和主动性，增强其知识产权自我保护意识

保护知识产权是全社会的责任，需要政府、社会和企业几方面的共同努力。政府的保护主要表现为制定相应的法律，设立管理部门和纠纷解决机构；社会的保护主要表现为全社会形成一种尊重他人知识产权、不故意侵犯他人知识产权的风气；企业自身的保护则表现为建立相应的规章制度，加强管理，堵塞漏洞，防范知识产权流失和被盗用。在上述三方面的保护工作中，企业自身的保护非常重要。因为政府已制定了保护知识产权的重要法律，但如何根据国家的法律制定相应的规章制度来加强知识产权的内部管理，就是企业自己的事情了。这就如同国家虽然制定了刑法，但人们还要靠安装防盗门来保护自己的家产一样。所以，尽管国家建立了比较完善的知识产权保护制度，但广大高新技术企业自身还要通过建章立制，加强管理来为自己的知识产权装上一扇牢固的"防盗门"。各个高新区的管理部门要移到区内企业研究制度知识产权战略，健全内部知识产权管理制度，提高自身培育和保护知识产权的能力，并善于运用知识产权的有力杠杆，实时技术创新，培育新生产力的生长点，提高企业的技术创新水平和经济竞争能力。

（四）要切实抓好高新区知识产权的学习、宣传和培训工作，大力提高高新区管理部门和区内企业的知识产权保护意识和知识水平

加强知识产权保护是一项层次较多、涉及面广的社会工程，学法、知法、懂法是守法、用法和执法的前提，我国知识产权制度建立时间不长，全社会知识产权法律意识比较薄弱，特别是相当一部分高新区管理干部和高新技术企业的经营人员还缺乏必要的知识产权保护意识，一部分人对知识产权甚至还有这样那样的错误认识。正确的行动来源于正确的思想。因此，当前做好高新区知识产权保护工作的当务之急，是要按照国务院知识产权办公会议的要求，开展相应的宣传教育活动，有针对性地对领导干部、经营管理人员、科研开发人员直至一般职工分别进行不同内容、不同形式的知识产权培训，务必使上述各类人员能够掌握并始终保持与其所从事的工作、所担任的职位相适应的知识产权知识。各级领导干部在学习和掌握知识产权法律知识方面要率先垂范，为干部群众树立表率。在学习中要注意理论联系实际，学以致用，切实解决本高新区、本企业在实践中的突出问题。

（五）要充分发挥行业协会和区域协会的积极作用，创办高新技术产业开发区知识产权的保护联合自律组织，建立集体保护机制，提高知识产权保护的社会管理、社会服务水平

知识产权保护工作范围广、任务重，特别是在打击侵权假冒行为方面，单个企业往往显得势单力薄，难以使自身知识产权得到有效保护。因此，要推动区内高新技术企业加强团结，联合起来，通过创办知识产权保护同盟之类的行业保护机制，依靠集体和社会的力量，加强内部自律，协调对外行动，优化小环境，面向大市场，共同创造一个有利于保护知识产权的社会大环境。

有关的行业保护和自律组织要在保护知识产权方面发挥纽带和依托作用，积极向司法机关、行政执法机关和协调指导机构反映产业界的政策要求，在成员企业权利受到侵害时，协助其调查取证、申请仲裁和提起诉讼，为成员企业提供高效、便捷、诚信的知识产权服务，在高新区内建立自我教育、自我保护、自我约束、自我发展的机制，使我国企业的知识产权保护制度建立在自主、自卫、自立、自强的基础上。让我们共同努力，牢牢抓住世纪之交的这个重要历史机遇，把一个焕然一新的高新技术产业开发区知识产权工作局面带入21世纪！

面向 21 世纪的民营科技企业[①]

(1998 年 11 月 18 日)

今天召开民营科技企业座谈会，目的是总结交流五年来民营科技工作的经验，研讨面向 21 世纪的民营科技企业发展战略。会议的议题十分重要，意义重大。现在我代表科学技术部讲几点意见。

一、民营科技企业的新发展、经验和贡献

大家知道，民营科技企业大多由科技人员创办，实行"自筹资金，自愿组合，自主经营，自负盈亏"，主要从事技术开发、技术转让、技术咨询、技术服务和科技成果产业化活动。"民营"两字不是这一企业群体经济成分的标志，而是对他们共同拥有的新的经营机制的高度概括。在目前的民营科技企业中，国有经济成分占 21%，集体经济成分占 47%，个体和私营成分占 13%，股份制和股份合作制占 9%。这一多种经济成分并存的企业群体所共有的特点是：政企分开，实行以市场为导向、以技术创新为动力，按照市场机制运行的发展模式。

几年来，民营科技企业呈现出新的态势和特点：发展迅猛，技工贸总收入与效益同步增长；一大批大中型民营科技企业迅速成长；经营活动的国际化步伐明显加快；企业管理日趋规范化、科学化。

民营科技企业随着自身实力的不断增强，对经济和社会发展的贡献日益显现出来。他们不仅为国家上交税金，为居民提供就业，为社会创造财富，更在以下几个方面或已发挥了突出作用，或已显示出巨大潜力。

（1）民营科技企业为深化科技体制改革乃至经济体制改革，进行了有益的探索。

（2）民营科技企业已成为发展高新技术产业的生力军。

（3）民营科技企业已成为区域经济发展中充满活力的新增长点。

[①] 1998 年 11 月 18 日在深圳民营科技企业工作座谈会上的讲话（节选）。

（4）一大批具有良好市场前景的科技成果得到迅速、有效的转化。

（5）在带动国有中小型企业改革和发展方面初露头角。

民营科技企业能够迅猛发展、为社会做出巨大贡献，一方面得益于改革开放的大环境，党和政府的充分肯定，以及社会各界的大力支持；另一方面则得益于自身的技术创新能力、民营机制和高素质的企业经营者。

民营科技企业初始的投入十分有限，主要靠技术创新滚动发展。技术创新能力来自员工构成中高比例的科技人员，长期不懈的科技投入，以及以市场为导向、以产品创新为目的的技术创新路线。据统计，在民营科技企业固定的从业人员中，科技人员所占比例在30％左右，近几年来加入民营科技企业队伍的硕士、博士和同等学力的归国留学生近25 000人。民营科技企业研究开发投入占企业技工贸总收入比例，多年来保持在5％左右。为了提高企业竞争力，相当一批民营科技企业与高等学校、大院大所加强了合作，建立了产学研联合机制，有些还建立了自己的研究开发院和研究所。深圳华为公司建立的中央研究部，共有500余名研究开发人员，平均年龄不到28岁，1996年的研究开发投入就达1.8亿元。

民营机制可以概括为：在决策上的高度自主权与科学化、民主化的决策形成机制；在资产上的高度调配权与科学高效的资产运营、管理机制；在用人上的高度选择权与创造人尽其才的内部宽松环境机制；在内部分配上的高度调控权和按劳定酬的激励机制。"民营机制"比较彻底地实现了政企分开，确立了企业作为市场竞争主体的独立地位，使企业在具备技术创新能力的同时，能够抓住发展机遇，减少市场风险，在激烈的竞争中生存与发展。

民营科技队伍中涌现出来的一大批优秀经营管理者，大多是科技人员出身，主要来自国有科研机构、高等学校或企事业单位，受过党的多年培养和教育。他们拥有自信、自立、自强的品格，以及顽强拼搏的精神，能够凝聚企业员工的人格魅力；掌握了现代科学技术知识、经营管理知识和市场经济知识，有敏锐的市场洞察力、风险意识、创新意识和果断决策能力；特别是拥有以发展民族工业为己任的责任感和使命感，能够有效驾驭技术创新和"民营机制"两大要素，率领企业在国内外市场上开拓进取。

技术创新能力、"民营机制"和高素质的企业经营者，使民营科技企业在全社会适应市场经济新体制的进程中走到了前列，创造出一个又一个业绩，形成今天人们所看到的特点鲜明、生机勃勃的新兴产业群体。这是民营科技企业应当十分珍视的宝贵财富，也是必须长期坚持的成功经验。

应当看到，随着我国社会主义市场经济体制的逐步建立，政策法规的不断完善，民营科技企业发展的社会环境正在发生根本性变化。民营科技企业以其为我国经济发展和社会进步所做出的贡献，已经赢得了全社会的理解、重视与支持。特别是党的十五大在股份制、所有制结构，以及资本、技术等生产要素参与分配方面的理论突破所引发的人们思想观念的更新，使民营科技企业正面临着空前良好的发展机遇。我们必须把握难得的机遇，扎扎实实地开拓进取，以此作为今后一个时期民营科技工作的主旋律。下面，我代表科学技术部就民营科技企业发展提几点要求。

（一）继续鼓励科技人员大力发展民营科技企业

这是科技体制改革的重要方向之一。我国拥有近2000万人的科学技术大军，每年取得上万项科技成果。但调查表明，我国科技人员的任务饱满程度，以及职务科技成果的转化率，都不能令人满意。这无疑是一种巨大的资源浪费。在科技进步对经济和社会发展至关重要的今天，这种浪费的影响更是十分深远，必须尽快从根本上加以改变。科技体制改革和民营科技企业发展的实践已经证明，引导一部分科技人员进入市场兴办民营科技企业，是发挥我国科技资源潜力，实现科技与经济结合，促进科技以更大的规模、更快的速度，更富有成效的方式为经济建设服务的重要途径；也是科技人员解放自己，施展智慧才能，实现自我价值的重要选择之一。因此，要支持更多的科技力量发展民营科技事业，包括在国有科研机构调整结构、分流人才的进程中，引导一批科研机构整建制转为高新技术企业，借鉴民营机制发展高新技术产业；允许中小型国有科研机构的科技人员通过集体承包、租赁、收购等方式，将民营机制引入本单位发展科技产业；允许科技人员在与本单位签订利益分享协议的前提下，带着职务技术成果创办民营科技企业，等等。目前，我们正根据《中华人民共和国促进科技成果转化法》研究制定新的政策，中央批准后将尽快发布实施。

在继续动员科技人员发展民营科技企业方面，还要重视吸引出国留学人员。改革开放20年来，我国的出国留学生已经达到30万人，现在已经有10万人回国工作，留在国外的还有20万人。这批人中的相当一部分不仅学有所成，而且还在一些公司工作过，积累了丰富的工作经验。他们当中有研究开发、经营管理、资本运营等各方面的人才。如果能使其中一部分人带着技术成果、管理经验和资金充实到民营科技队伍中来，无疑将加快民营科技企业整体素质的提高，使这项事业更加兴旺发达。因此，对出国留学人员回国创办高新技术企业，应在办理企业注册审批和其他相关手续上为其提供便利，在企业税收、场地、注册资金、项目立项、人员进出境等方面给予优惠。有条件的地方可以创建出国留学人员创业园。

（二）实行"培育科技大企业"与"扶持科技小企业"并举的发展战略

民营科技企业要为我国科技、经济、社会发展做出更大贡献，特别是要在培育新兴产业方面有所作为，就必须形成一批经济规模过百亿元、具有雄厚的研究开发实力、能够在国内外市场上与国际跨国公司一争高下的大型高新技术企业集团。目前，已有一批企业呈现出良好的发展势头，但数量还很少。必须把培育一批大型的民营高科技企业集团作为今后一个时期民营科技工作的一个重要课题，使一批企业在较短的时间内进入世界大企业之列。培育大企业要有雄心壮志和必要的措施，更要按市场经济规律办事,让企业在优胜劣汰的市场竞争中滚动发展,充分发掘出企业自身的潜力;绝不能由政府部门指定哪家企业要成为大企业,哪家企业不能成为大企业。政府部门的作用是在公平竞争环境、资金筹集渠道、生产要素的优化组合等方面为大企业的形成创造必要的条件,而且这些条件对所有的企业都应当是均等的。

在着力培育一批大型民营高新技术企业集团的同时,要对扶持中小型民营科技企业的发展给予同等重视。中小型科技企业经营灵活,勇于创新,新技术常常掌握在他们手中;在开拓潜在市场、探索新经济增长点方面具有大企业所无法比拟的群体优势,因而已成为各国经济活力的重要源泉。在市场需求日趋多样化、社会分工日趋专业化的今天,只有大力发展遍布全国城乡、渗透各行各业、生产经营专业化的中小型科技企业,才能真正满足人们日益增长、日益多元化的社会需求。明天的大企业,也将来自今天的中小企业群体之中。在各地已相继出现一批大型民营科技企业之后,切不可轻视或放松扶持中小企业的工作;应当一如既往地关心中小企业,继续在政策上给予必要的扶持。国务院从今年开始拨出专款,资助中小型企业的技术创新活动,这将促进我国民营科技企业的蓬勃发展。这笔专项经费由科技部管理和使用,科技部正在据此制定支持中小型科技企业的发展计划,希望各地也能相应地采取新的举措。

(三) 推动民营科技企业建立产权清晰、制度规范、管理高效、行为灵活的企业制度

诞生于 20 世纪 80 年代初期的集体科技企业是民营科技企业的主体。十几年来,集体科技企业数量持续增加,规模不断扩大,同时自身存在的一些深层次问题也逐渐暴露出来,阻碍了集体科技企业的发展。产权关系不清晰就是一个普遍存在的突出问题。这一问题是由旧体制造成的,责任不在企业;解决这一问题必须立足于保护各方面的积极性,立足于支持集体科技企业的发展。1996 年,国家科委会同国家国有资产管理局出台了一系列文件,提出集体科技企业的产权界定工作要"维护国家、集体和其他出资者的合法权益,促进集体科技企业健康发展","按照'谁投资、谁所有'和'鼓励改革、支持创业'的原则客观公正地进行",并对若干问题的解决做出了明确规定。很多地方据此解决了一批企业在产权关系方面的历史遗留问题,消除了企业发展的后顾之忧,得到了广大科技人员和企业家的拥护。但也有一些地方迟迟没有开展工作,使企业为解决这方面的问题直接找到了科技部;还有极个别地方不愿意承担责任,把矛盾上交。科技部与原国家国有资产管理局联合发布的文件,赋予了地方科技管理部门和国有资产管理部门必要的权限,广大民营科技企业也寄予厚望,希望各地科委按照"三有利"的原则,积极稳妥地解决产权关系方面的遗留问题,为民营科技企业的发展多办实事。

界定产权不是目的,目的在于引导民营科技企业以产权界定为基础完善企业制度，为未来发展建立坚实的法律基础。因此，要与产权界定工作相结合，推动大型民营科技企业实行公司制改造，建立规范化的股权结构、法人治理结构和内部管理制度；鼓励中小型民营科技企业积极探索新的企业组织形式，逐步向现代企业制度过渡。同时，要进一步落实民营科技企业的自主权，使任何单位和个人都不干预民营科技企业的合法生产经营活动，充分尊重民营科技企业的市场主体地位和法人财产权，保持企业经营班子和研究开发队伍稳定，赋予企业经营者对经营决策的自主权、对企业财产的调配权、对企业用人的选择权和对企业内部分配的调控权。做到了这一点，产权界定工作才真正达到了目的。

（四）在国有中小企业和科研机构的改革中积极发挥民营科技企业的作用

党的十五大提出对国有企业进行战略性改组，目前国有企业全面进入"抓大放小"的改革之中。我们认为，"放小"绝不是"甩包袱"、"一卖了之"，而是要鼓励确实有经济实力和科技实力的社会组织盘活这部分国有资产，使这部分资产具有的创造社会财富的价值，能够得到更充分的发挥。一大批民营科技企业经过十几年的发展，已经具备了相当的经济实力和科技实力，完全有能力运用高新技术为一部分国有资产注入新的活力。这些民营科技企业也大多处在"二次创业"的关键阶段，急需聚集新的生产要素壮大自身的产业规模。因此可以说，鼓励有实力的民营科技企业为国有企业的"放小"改革尽一份力，既有利于真正盘活而不是单单卖掉这部分国有资产，也有利于民营科技企业自身的发展。

另外，我国的科技体制改革也在向纵深推进，相当一部分科研机构将进入市场，整建制改造为科技企业，更加直接地为经济建设服务。这批机构有数十年的科技积累，蕴藏着巨大的发展后劲和潜力，但目前正面临着体制、机制转轨，也需要积累更多的市场经营经验。如果能够采取有效措施，引导民营科技企业将自身的市场经营优势与科研机构的科技优势结合起来，不仅会大大加快科研机构转变机制、适应市场的进程，也将在相当程度上解决一批民营科技企业中存在的研究开发后劲不足的问题。

因此，要鼓励经济实力和技术创新能力强的民营科技企业通过高新技术作价入股、租赁、兼并、收购等方式，参与国有中小企业的战略性改组。要促进民营科技企业与科研机构的联合，按照利益共享、风险共担的原则建立双边或多边技术协作网络，使人才、技术资源互补，共同开展技术创新。对于民营科技企业与科研机构联合兴建中试基地、工业性试验基地、工程技术中心、开放实验室等，应当给予支持。有条件的地方可进行国有科研机构进入民营科技企业的改革探索，形成科研生产经营一体化、跨所有制的高新技术企业集团。

（五）拓宽民营科技企业的资金融通渠道

资金筹措渠道不畅，是民营科技企业发展中一道难解的题。创业初期的民营科技企业普遍缺乏风险投资扶持，小型企业借贷缺乏有效的担保机制，大企业在快速发展期缺少新的资本金注入，等等。多年来民营科技企业一直在呼吁着、期待着有关部门着手解决这一问题；各级科技管理部门也多方疏通渠道，尽其所能地给予帮助。今年国务院决定拿出一笔资金，专门用于扶持中小科技企业的技术创新活动，表明中央对解决这一问题的高度关注。国务院的这一举措也为地方政府做出了表率。我们希望各级科委要以此为契机，争取当地政府也能比照这一方式，资助包括民营科技企业在内的中小企业的科技创新活动。

运用风险投资机制扶持中小企业，是国际上的成功经验，也是发展民营科技企业的必由之路。各级科技管理部门为此进行过多次出国考察，提出过各种版本的调研报告，科技部已将建立风险投资基金作为一项重要任务，成立了由副部长牵头的工作小组，与财政、银行、证券管理部门的人员合作，共同进行可行性研究，提出包括基金筹措、基金管理与运营、基金投入企业后的产权交易渠道等完整的方案，力争尽快上报、取得新的突破。我们也希望地方科委采取多种措施，上下共同努力，更快地解决问题。

在利用股票市场加速发展高新技术产业方面，今年也有新进展。国务院证券管理部门已要求地方政府在推荐企业改制上市时，必须保证有一家高新技术企业，并将以高新技术企业名义上市的上报材料转交科技部等部门审核。由于这一措施的实施，部分省市科委已参与到地方政府推荐企业改制上市的筛选工作之中，这无疑增加了包括民营科技企业在内的高新技术企业利用股票市场筹集发展资金的机会。省市科委能够参与企业筛选工作的权限来之不易，希望省市科委珍惜这份权限，用好这份权限，严格把关，使当地政府每年能够从国家下达的股票发行计划额度中，有一定比例用于支持高新技术企业，包括民营科技企业。

银行信贷仍然是扶持民营科技企业发展的有力杠杆。中国人民银行已经明确提出，要运用银行信贷支持高新技术成果的商品化、产业化，凡符合条件、能提供合法担保的，不论是科研单位、高等院校、科研生产联合体还是民营科技企业，优先发放科技贷款与技改贷款予以支持；对通过高新技术成果推广促进亏损企业扭亏的，只要还款有保障，希望银行根据实际情况发放贷款；同时，要探索建立科技贷款担保基金，分散科技贷款风险。地方科委要积极配合各类商业银行做好相关工作，特别是要向银行推荐具有良好市场前景的成果转化项目。只要我们多层次、多渠道地共同努力，就能够为民营科技企业争取到更多的资金来源。

（六）在民营科技企业中贯彻落实国家鼓励科技创新的税收政策

近年来，国家出台了一系列鼓励科技创新的税收政策，力度也相当大，包括研究开发新产品、新技术、新工艺所产生的各项费用，可不受比例限制，计入管理费用；为开发新技术、研制新产品所购置的试制用关键设备、测试仪器设备，单价在10万元以下的，可一次或分次摊入管理费用；科技开发投入年增长幅度在10%以上的，可再按实际发生额的 50% 抵扣应税所得额；直接用于科技开发所进口的仪器、设备、试剂和技术资料，可根据有关规定免征增值税，并享受减免关税的优惠政策；中试设备报有关部门批准后，折旧年限可在国家规定的基础上加速 50%，等等。但是由于宣传的力度不够，民营科技企业和广大科技人员并没有完全了解和掌握，因而这些政策也没有充分发挥出应有的激励作用。各级科委要继续为民营科技企业争取新的扶持政策，同时也要大力宣传、逐一落实国家已经出台的各项政策，使民营科技企业在这些政策的激励下，不断增加科技投入，依靠科技创新在激烈的市场竞争中争取优势，保持优势，发展优势。

（七）发展中介机构，为民营科技企业提供社会化服务

社会中介机构是市场经济中不可缺少的有机构成部分。他们在掌握翔实信息的基础上，综合运用科学知识、技术、经验和技能，客观独立地为政府部门、企事业单位决策和运行提供智力服务。其作用不仅在于自身为社会创造了产值和就业机会，更重要的是他们把知识和技术全面扩散到社会各个层次、各个角落，对政府、企业、其他社会组织在发展战略选择、资源优化配置、市场驾驭等关键环节上的科学决策，发挥着至关重要的导向和推动作用。社会中介机构虽然不能直接创造物质财富，但能使物质财富的直接创造者更具活力和创造性。

民营科技企业大多由科技人员创办，具有研究开发方面的优势，但在如何选择研究开发和成果转化的具体方向，使之与国家发展目标、市场需求、自身优势相一致，如何降低风险、提高成功率、集中有限资源重点突破等方面，创业者们往往受自身能力所限，感到难以决断。一批民营科技企业经过一段快速成长期后速度明显减缓，一个重要原因就是"方向不明，多头出击，力量分散，没有形成拳头产品和主导产业"。社会中介机构依托其稳定可靠的信息渠道，专业化的市场调查、评估和预测，无疑能为企业"选择方向"助一臂之力，并在新产品的市场营销策划、合作对象选择、完善生产经营管理等环节提供多方面的后续服务，从而成为企业发展的有力支撑。

要把兴办面向社会化的中介机构作为进一步促进民营科技企业发展的重要措施，加大对各类工程技术中心、生产力促进中心、创业服务中心的投入强度，提高其服务能力和水平，使之能够根据企业需求开展技术中介、技术孵化、技术集成、技术培训、企业技术诊断等服务工作。大力发展咨询机构，为企业提供战略咨询、管理咨询、市场咨询服务，加速企业拳头产品和主导产业的形成。努力办好创业服务中心，以优惠的价格为支持科技人员的成果转化活动，提供孵化场地和服务设施。要引导各类社会中介服务机构实行开放式的管理，组织网络化、功能社会化、服务产业化，逐步形成覆盖全国的创业服务体系。

（八）促进民营科技企业加强自身建设

一是人才问题。在市场经济条件下，企业角逐市场、发展壮大的决定性因素是人才，既包括科技人才，也包括经营管理人才。大部分民营科技企业的创业者本身就是难得的人才，历尽艰辛、倾注全部心血使企业发展到今天；企业维系了自己的全部情感。但如果因此就把企业作为自己的"一亩三分地"，囿于自我，使企业的发展仅仅止于个人的能力所及，就走向了事物的反面。一些民营科技企业掌握了一项很好的技术或产品，市场前景广阔，但创业者们却拒各方人才于门外，实行"夫妻店"经营，一直难有大的作为，有的已为此而付出了失败的沉重代价，令人十分惋惜。保障民营科技企业的自主权，绝不是提倡创业者对企业实行有碍于发展的"独占"。希望创业者们不要把企业仅仅视为一份财产，而要将其作为一项事业，作为供各方人才施展才华、为现代化建设服务的舞台。要从这样的高度突破自我，以博大的胸襟广纳天下贤才，在企业内部培养、选拔和重用人才，实行国家法律、法规和政策中规定的各项人才奖励措施，把企业的成功与人才的前途结合起来，依靠人才使企业不断攀上新的发展高峰。

二是持续创新问题。大多数民营科技企业都是立足于一项新技术、新产品发展起来的。但是应当看到，当今科技发展日新月异，产品和技术更新速度明显加快，以科技为主导的市场竞争非常激烈。如果仅仅满足于、止步于一项创新成果，将会很快在市场竞争中落伍。一批民营科技企业在经历了初创时期的繁荣之后，有的垮台，有的不得不调整方向不再是科技企业，是严重的教训。民营科技企业必须重视持续创新，一方面不断充实创新型人才，这个问题前面已经谈到；另一方面要加大科技投入。国外的高科技企业为保持科技优势，科技投入可高达25%～30%。我国的民营科技企业目前不可能都达到如此高的投入，但必须在事关长远发展的研究开发上舍得花钱；只有今天的投入，才有明天的发展。近几年，一批民营科技企业已经认识到持续创新的重要性，纷纷与大院大所、大专院校"联姻"，借助他们的人才优势和科技储备，解决自身的发展后劲问题，这是十分可喜的现象，应当给予鼓励和支持。

三是知识产权保护问题。知识产权制度是鼓励发明创造的重要法律制度。以技术创新为特征的民营科技企业，应当学会运用这一法律武器，保护自己的研究开发成果，这是现代企业必须具备的基本素质。特别是在国际经济日趋一体化的今天，更应当将其作为一个企业保持优势、赢得竞争的必备手段。做不到这一点，就是放弃优势，退出竞争。民营科技企业应当把知识产权保护工作贯穿于技术创新的全过程，对创新不同阶段的成果及时申请专利；对于那些不宜向社会公开、使用寿命长、不易破解的技术，也要采取严格的保密措施。另外，还要了解别人的知识产权成果，在制订自己的技术创新计划时，做到高起点创新，实现跨越式发展。

四是管理问题。管理事关企业的成败兴衰，必须作为民营科技企业加强自身建设的一个重要课题。先进的管理可以使企业的生产要素得到优化组合，达到人尽其才，物尽其用，货畅其流，充分发挥作用，产生最大的效益。一批民营科技企业已有相当规模的经济资源和业务往来，但在管理上却仍旧停留在创业初期，凭经验进行市场判断，凭意志和愿望进行经营决策，凭个人威信进行内部管理。在机遇与风险并存的市场竞争中，这样的企业最容易出现决策失误，经济效益低下，大起大落，甚至在竞争中被淘汰。要引导民营科技企业对科学管理给予高度重视，研究学习先进的管理思想、管理制度和管理方法，从实际出发建立与本企业的发展规模、发展阶段相适应的，科学规范的决策机制和管理制度，充实和培养专业管理人才，充分发挥他们的作用，使企业的生产经营活动立足于完善的决策机制和管理制度，能够有效地抓住市场机制，降低生产成本，规避经营风险。

五是经营作风问题。经营作风关系到企业的社会形象和信誉，因此也关系到企业的长远发展。要鼓励民营科技企业学习和掌握新的经营理念、新的经营方法，去开拓潜在的新市场；同时也要注意极个别企业在经营作风上出现的偏颇，如利用广告对产品效能做不切实际的渲染，刻意追求"轰动效应"，等等。这些做法也许能奏效于一时，但从长远来看对企业的发展有害而无益。要使民营科技企业认识到，自身的优势在于科技创新，经营方式的创新应当服务于科技创新，只有立足于科技创新才能真正获得持续健康的发展，如果舍本逐末，得到的"轰动"只会是暂时的。

（九）科技管理部门要进一步转变职能，努力提高为民营科技企业服务的能力

在民营科技企业近20年的整个发展进程中，都留下了各级科技管理部门的工作印记。这项事业中也凝聚着我们的辛勤努力。但随着社会的进步，随着民营科技企业自身素质和能力的提高，我们必须相应地转变自己的工作方式，增强自己的专业知识，提高自己的服务水平。做不到这一点，我们就难以跟上这项事业发展的步伐。

一是要牢固树立服务意识。多年来，民营科技企业一直把科技管理部门视为自己的"娘家"，原因在于我们的多数同志工作都是立足于服务、扶持和指导，不干预企业的自主权，没有管、卡、压。这是科技管理部门在推动企业发展方面的成功经验，体现了市场经济条件下政府部门与企业之间的积极关系；也是科技管理部门在民营科技企业中具有感召力的根本原因。我们必须始终坚持把服务作为各项工作的基本出发点。只有这样我们才能够始终凝聚着这支队伍，引导这项事业的发展。

二是要提高对工作的预见性。多年来，一些科技管理部门，包括科技部在内，都是根据民营科技企业提出的问题，研究拟定相关政策，政策往往滞后于实践。这种工作方式缺乏对政策框架的系统设计，难免陷于被动。目前，我们所研究拟定的政策，大多侧重在税收减免，进出口信贷、政府采购、反倾销等方面的政策还没有涉及；民营科技企业对这些政策的要求也不十分强烈。但随着改革的深化和实践的发展，这些政策的研究制定很快会提上议事日程。科技管理部门对此要有预见性，率先学习和掌握，及时提出意见和建议。为此我们必须首先更新自己的知识结构、人才结构、业务结构，从自身素质上保证能够胜任工作。这是我们在这项事业中面临的新挑战。

三是要增强服务手段。一些地方科委在建立面向民营科技企业的风险投资基金、贷款担保基金等方面，已经进行了积极探索，取得了成功经验，大大提高了自身为民营科技企业服务的能力。希望各地方能够广泛交流经验，相互学习，相互借鉴，相互促进。有了服务手段，就能够提高我们扶持、引导民营科技企业发展的力度，使这项事业更加兴旺发达。

地方科委要加强对生产力促进中心的领导[①]

(1999年)

一、生产力促进中心工作是地方科技工作的重要组成部分

我在科委工作这几年，一个很重要的体会是在我国的科技体系中，地方科技发挥着越来越大的作用。科技部的一些计划如"火炬"计划、"星火"计划、CAD推广应用、科技兴市等都是以地方为主的科技计划，并取得了实实在在的成果。这是我们地方的同志努力推动的结果，也是我们地方科技工作的作用日益重要的一个象征。从科技部来讲，我们要充分认识到并从各方面来发挥地方的作用。生产力促进中心工作也是地方科技工作的一个新的重要的部分，在发挥地方科技的作用中是一个不可缺少的环节。

二、地方科委要加强对生产力促进中心的领导，加大生产力促进中心工作的力度，加快生产力促进中心发展的速度

我们现在面临着发展生产力促进中心空前的机遇，绝对不能错过这个机遇。为什么要这样讲？首先，中央对发展中小企业已经给予了高度的重视；其次，我们面临着深化科技体制改革的形势，研究院所的改革在一两年内要有较大的进展，一些研究院所可以调整为中介服务结构。希望各个省（自治区、直辖市）的同志们回去以后向有关领导，向科委主任汇报一下，不要错过这个机会，不要再观望、等待，要在发展生产力促进中心方面迈开一个比较大的步伐。

这里有两个问题：一是经费问题，有的同志说科技部力度不大，的确如此。我们一年就是1000万元，比不上一个省的投入。所以告诉大家，要把希望放在自己

[①] 1999年在地方生产力促进中心工作研讨会上的讲话（节选）。

身上，从发展的实际需要出发，办好这件事情。一个省的投入比科技部整个投入都多，我看到数据后很激动，说明我们地方同志一旦解决了认识问题，潜力是巨大的。二是条件问题，大中城市生产力促进中心的发展速度相对比较慢，而大中城市的条件恰是最好的，研究人员多，很多研究机构面临着改革，有房子、有人、有设备，调整一下方向，投资不多，效果不小，看看我们能否加大这方面的工作力度。希望经过我们大家的努力，在今后的一年中，生产力促进中心有一个比较大的发展。

三、加强对生产力促进中心工作的管理

刚才我讲了一个方面，就是我们的态度要积极。现在讲另一方面，要加强管理，不要搞形式主义，不要搞一风吹。一风吹起来的事情将来可能一起风又把它吹掉。我们这些生产力促进中心能不能生存下去，取决于我们地方科委和科技部在这方面能不能实施有效的管理。我们省（自治区、直辖市）科委的同志们要加强对生产力促进中心的领导，制定行之有效的办法，使各种类型的生产力促进中心管理工作能够有一个新的面目。

科技部也要加强生产力促进中心的管理工作，高新司[①]要加大这方面工作的力度，制定必要的标准，规范生产力促进中心的行为，特别是要加强对国家示范中心的考核。中央和地方一定要同心协力把生产力促进中心工作管好、做好，不要把生产力促进中心变成国家机关改革以后安排人事的地方，我最担心的就是这一点。希望同志们特别注意这个问题。

四、加强有关政策法规的研究工作

我们总是强调宏观管理，宏观管理做什么？我想一个就是研究制定政策，科技部要尽可能地为生产力促进中心争取一些支持政策。在这方面我们过去做得不够，今后要加强，使我们的中心通过政策引导，迈上一个新台阶。

---

① 即国家科技部高新技术发展及产业化司，简称高新司。

关于建立风险投资机制的几个问题[①]

(1999年4月8日)

我国在从计划经济体制向社会主义市场经济转轨的过程中，必须根据高新技术产业的特点，建立和完善有利于高新技术产业发展的体制、机制，制定鼓励和支持高新技术产业发展的政策，包括金融政策、税收政策和贸易政策。其中，建立风险投资机制是我国发展高新技术产业亟待解决的关键环节之一。

一、建立风险投资机制是实现高新技术产业化的重大措施

（一）我国拥有发展高新技术产业的巨大潜力

改革开放以来，我国科技人员紧紧围绕科技与经济结合这个中心问题，积极投身于高新技术产业化的宏伟事业中，取得了丰硕成果，为优化国民经济结构、增强国家的竞争能力发挥了积极作用。但是应当看到，目前我国每年省、部级以上的科技成果有3万多项，专利产品7万多项，现已应用的科技成果仅仅是其中的一小部分；我国拥有近百万研究开发队伍，真正投身于高新技术产业发展的也仅仅是其中的一小部分。所以，我国的高新技术产业仍有极大的发展潜力。

（二）充分认识高技术产业发展规律

高新技术企业在市场竞争中走从小到大、大浪淘沙、滚动发展的道路，反映了高新技术产业发展的一般规律。

充分认识这一规律，对于未来中国高新技术产业的发展有着重要意义。它要求我们在经济体制转轨的进程中，及时转变观念，充分重视这类有别于"大企业、大项目"一次性投入的发展模式，努力创造并维持一个有利于高新技术中小企业快速

[①] 1999年4月8日在由中国民主建国会中央委员会和中国人民政治协商会议全国委员会教科文卫体委员会联合召开的"进一步推动我国风险投资事业发展"研讨会上的讲话，发表在《进一步推动风险投资事业发展》（第1版）（民主与建设出版社，1999年6月1日出版）。

成长的环境，制定鼓励和促进高新技术企业从小到大、滚动发展的金融、税收和贸易等政策，尽快形成促进高新技术产业大发展的新局面。

（三）建立风险投资机制是促进高新技术企业从小到大、滚动发展的重大举措

经合组织科技政策委员会于1996年发表了一份题为《创业投资与创新》的研究报告，对风险投资下的定义是：风险投资是一种向极具发展潜力的新建企业或中小企业提供股权资本的投资行为，其基本特点是：投资周期长，一般为3~7年；除资金投入之外，投资者还向投资对象提供企业管理等方面的咨询和帮助；投资者主要通过股权转让活动获取投资回报。

经济结构、产业结构的调整总是从科技成果的商品化、产业化开始，而科技成果又大多被中小高新技术企业所吸纳。风险投资就是通过为这类中小企业提供创业和发展所必需的股权资本，并提供经营管理服务，推动高新技术产业的发展。风险投资的目的不在于不断地获得股息或红利，而在于当投资对象的市场评价较高时，通过股权转让活动一次性实现尽可能大的市场回报，这是风险投资与其他投资形式的主要区别。

美国是风险投资的发祥地，从1946年问世以来，在促进美国高新技术产业发展方面发挥了重要作用。1978年以来，美国连续两次降低资本增值税，有效地刺激了风险资本急剧增加，到1982年投资额达到14亿美元。近几年，美国的风险投资发展更为迅速，实际投资额由1994年的53亿美元增长至1997年的115亿美元，三年间增长了1.17倍。风险投资扶持的企业经营时间一般较短，存续期不足五年的企业占全部被投企业的一半以上，雇员不足50人的企业占全部被投企业的55%左右。1996年由风险投资支持的公司上市数量创历史新高，共有261个公司上市，共融资118亿，平均每个公司融资4500万美元。

风险投资之所以能在发展高新技术企业中取得巨大成功，关键在于这种资金运作方式把高新技术企业的"高风险"和"高效益"有机结合起来。据了解，美国高新技术企业10年存活率仅为5%~10%，这样巨大的风险使一般的投资者望而却步。但由于成功的高新技术企业的投资回报率在2~3年间可增长10~20倍，企业上市后股票市值大幅上涨，风险投资者可通过成功企业股票超额升值，弥补失败企业的损失，使风险转移和分化。因而，风险投资的年回报率约为20%，大大高于其他投资活动的回报率，这是风险投资支持高新技术中小企业发展的动力所在。

实践表明，风险投资符合高新技术产业高风险、高收益的特点和"从小到大，滚动发展"的成长规律。美国高新技术产业之所以比欧洲和日本发展得更加迅速，一个重要原因就在于美国拥有大量的、十分活跃的风险投资活动和健全的股票市场。这已作为一个重要的成功经验，被发达国家和地区广泛采用。充分借鉴这一经验，结合我国具体国情，建立具有中国特色的风险投资机制，健全股票市场，是解决我国高新技术产业发展资金紧张的难题,促进有发展潜力的中小高新技术企业实现滚动投资、迅速发展的当务之急。

二、建立我国风险投资体系的基本设想

风险投资体系是指与风险投资活动有着内在联系的各种机构、机制、制度等的总和。其主要内容包括投资主体、撤出渠道、中介组织等。发达国家的经验表明,风险投资体系的格局,对高新技术的开发及其成果的产业化,起着至关重要的作用。

(一) 风险投资主体

风险投资主体的主要功能是吸收各类投资者的资金,为高新技术产业化提供资本金、经营管理及其他方面的支持。主导性机构是风险投资公司和风险投资基金。

风险投资公司是以风险投资为主要业务的非金融性企业,主营业务是向处于起步阶段的高新技术企业进行投资,为高新技术企业提供融资咨询,参与被投资企业的经营管理,为投资对象短期融资提供担保等,最终通过转让由投资所形成的股权获取回报。风险投资公司的主要管理人员应当是既有一定的技术背景又有管理经验、专门从事风险投资的专家型人才;公司应当建立合理的激励与制约机制,利用期权和管理干股等有效手段,确保风险投资公司的出资者与经营管理者利益的有机结合。

风险投资基金是专门从事风险投资以促进高新技术产业化的基金,可分为私募和公募两种。私募型基金是小范围定向募集,主要资金来源是大企业、金融机构和国外投资者,具有规模小、运作灵活、负面影响小、易启动的优点。公募型基金的主要资金来源是社会公众,具有筹资规模大、基金券可交易等优点。基金主要投资于处于产业化后期的高新技术企业,作为扩大创业资本来源、促进高新技术产业化的重要手段。基金的发起人中应当有高新技术企业、风险投资公司和符合条件的金融机构。

(二) 风险资本撤出机制

撤出是指风险投资通过转让股权获取高额回报的经营行为。撤出机制是风险投资体系的核心机制和关键环节。没有便捷的撤出渠道,风险投资就难以良性运转。为保障风险投资在可获取最高回报时能够有效撤出、实现良性循环,必须解决风险资本的股权流动、风险分散、价值评价等一系列问题。风险投资的撤出方式应当包括股份转让、企业购并、企业结业清算等。其中最重要的、不可替代的撤出渠道是股票市场。

目前,我国沪、深两个证券交易所中的第一板市场(即 A 股),主要解决的是

技术业已成熟的大中型企业的资本金筹集问题。由于在我国的第一板市场法人股不能交易和指标控制等原因，风险资本难以有效撤出，因此需要探索建立有利于风险资本良性循环的新的资本市场，即第二板市场和场外市场。新的资本市场的主要职能是解决中小型高新技术企业在资本金筹集、资产价值评价、投资风险分散、风险股权流动、高新技术资源配置等方面的问题，其应当具备的特点：一是不再有国有股、法人股和公众股之分，全额流通；二是将股票发行的指标控制改为标准控制；三是适当降低上市条件，以符合中小企业的实际情况。新的资本市场的运行规则应更加符合国际惯例，其监管应更为严格，量化指标更为合理，将使之成为真正的投资板块。

（三）中介服务体系

充分发挥社会化的中介机构在风险投资中咨询、评估、监督的作用，是保障风险投资良性运转的重要因素。风险投资是特殊的经济活动领域，不仅要求目前已有的中介机构为其提供服务，还要针对它的特殊性和专门需要，设立包括行业协会、科技项目评估机构、督导员机构等一些专门的中介机构。

中介机构的设立要注意政企分开的原则，使之成为自创信誉、自负盈亏、独立承担经济法律责任的法人实体，按照诚信、公正、科学的原则，依法开展经营活动。

（四）政策法规体系

在培育风险投资体系的初始阶段，政府是否采取某种倾斜政策，是否能选取恰当的管理方式，将直接影响这一重大改革举措的发展进程。国家应当通过引导、优惠、调控、监管等一系列政策和鼓励措施，并给予必需的初始资金支持，推动风险投资体系的建立，促进风险投资机制的形成。风险投资的政策环境应当包括金融、证券、财税、监管和风险防范四个方面。

（1）研究风险投资公司和基金的管理办法，在审批程序、经营范围、法律责任、监管措施、激励与制约机制等方面做出规定，确立风险投资机构的法律地位。

（2）研究设立第二板股票市场和场外市场，并制定有关管理办法，解决股票全额流通问题。

（3）研究鼓励风险投资活动的税收优惠措施，如对其投资收益、投资增值给予减免税收优惠，允许设立风险准备金，鼓励外资进入风险投资领域的政策等。

（4）研究建立有效的金融证券监管体系，防止过度炒作，不正当交易行为和发生较大股市风波。

三、当前亟须解决的几个问题

(一) 法规建设是建立风险投资机制的基础

建立具有中国特色的风险投资机制,支持高新技术产业和科技型中小企业的发展,在我国是一个新课题,起步阶段既要积极,又要稳妥。首先要规范市场参与者的行为,制定符合风险资本运动规律的规则,这样才可以避免出现一哄而起和无章可循的局面。

推动与风险投资相关的政策法规体系的建立,应当首先出台一个具有指导性、纲领性的法规,明确风险投资的性质、业务范围、享受的优惠政策、市场准入条件、监管等关键问题。以此为核心,形成符合我国特色和国际惯例的、比较完备的政策法规体系。

(二) 中介服务体系建设是当前建立风险投资机制的关键

风险投资周期较长,在美国最快为3.7年,一般为5~7年。如果我们现在就着手建立风险投资机构、开展风险投资活动,对"撤出机制"的需求也至少要在3~5年之后。此外,只有通过风险投资活动成功地培育出一批高新技术企业,建立"撤出机制"才有意义。因此,我们不要把目前的工作都局限在建立"撤出机制"上,更应当大力规范金融市场,提高培育高新技术企业的成功率;其中一项关键性工作是抓紧建立风险投资的中介服务体系。

高新技术产业本身所具有的高风险性和技术突破、市场机遇难以预测等特点,决定了以培育高新技术企业作为获取回报途径的风险投资机构,必然是"如履薄冰,如临深渊"。因此,需要尽快研究和掌握国外发展高新技术企业过程中,在高风险条件下实现高回报的资金管理体制,加速建立我国的风险投资中介服务体系,包括建立咨询、评估、监管机构和机制,以及相应的行业协会,从而降低风险和回避风险,提高高新技术企业的成功率。这方面的关键是人才,风险投资管理人员应当是懂技术、懂管理、懂金融、懂市场的智力高度密集的复合型人才,如何从国外吸引这方面的专业人才和培养国内人才,是我们面临的重要任务。

(三) 循序渐进,逐步建立新型资本市场

我国的一板市场尚处于培育阶段,股票投资者还有很大的盲目性,各类投资机构、中介机构对高新技术项目的判断能力都有待于提高,建立以二板市场为主导的"撤出机制"不可能一蹴而就。另外,发展我国高新技术产业时不我待,不能坐等建立二板市场的条件成熟后再去培育和扶持高新技术企业。当前,在抓紧建立风险投资中介服务体系的同时,还要立足于现实条件,大力培育多元化的高新技术产业

资本市场，包括投资、担保、贴息、中小企业创新基金等，加大对高新技术企业的支持力度，为建立我国完整的风险投资体制创造条件。同时，应当尽快优选一批有发展潜力的高新技术企业进入国际市场融资，利用国际资本市场追捧高新技术企业的契机，高效率地筹集发展资金。

在着手建立二板市场、场外市场时，应与一板市场形成升降机制，相互联系，构成多层次的资本市场体系。通过上升机制，企业可以经过场外市场、第二板市场和第一板市场的阶梯式培育逐步走向成熟，上市公司的质量经过前一级市场的"培育"而提高；通过下降机制，将质量降低的上市公司退入场外市场或停牌、摘牌，使上市公司的质量与其市场层次相对应，杜绝业绩不良上市公司沉淀于一板、二板市场，给资本市场带来各种风险。建立这种阶梯式的升降机制可以规范资本市场运作，有效防范金融风险。

完善环境，促进民营科技企业发展[①]

(1999年5月21日)

民营科技企业是改革开放的产物。伴随改革开放进程的不断深入和发展，广大科技人员、民营科技企业，紧紧围绕科技和经济结合这个中心问题，积极投身于科技成果转化和高新技术产业化的宏伟事业中，取得了丰硕成果，在发挥第一生产力对经济和社会发展的推动作用方面做出了突出的贡献。

从现在起到下个世纪前10年，是我国实现第二步战略目标、向第三步战略目标迈进的关键时期。在这一时期，深化改革，加快发展的意义非同寻常。面对民营科技企业发展的大好时机，我们要贯彻和落实党的十五大精神，坚持公有制为主体、多种经济成分共同发展的方针，坚持"一切符合三个有利于的经营方式和组织形式都可以而且应当用来为社会主义服务"这一指导思想，坚持实践是检验真理的唯一标准，解放思想，实事求是，开拓创新，把民营科技企业继续推向前进。

一、应为民营科技企业的发展创造公平竞争的环境条件

尽管目前民营科技企业的发展环境有较大改善，但社会上仍然存在若干对待不公平的问题。少数地方民营科技企业的合法权益得不到充分保障，侵权案件时有发生。此外，办事难、摊派多、干扰大、地位低等不平等问题仍然不同程度地存在。这一切都不利于经济和科技体制的深化改革，不利于民营科技企业的健康成长。

主体平等是市场运作的原则之一，即所有自然人和法人在市场交易中保持平等。过去我们有不平等的因素，比如"一平二调"、地方保护等，形成了事实上的市场主体不平等现象。但是，今天的企业，包括民营科技企业、国有企业和三资企业，在市场交易面前应当是完全平等的。民营科技企业首先要树立平等主体的意识。政府部门在信贷、投资、订货，以及政策导向等方面，要营造平等的市场环境。因此，面对未来跨世纪发展目标的需要，一方面，要深入学习贯彻党的十五大

[①] 1999年5月21日在中国民营科技促进会暨中国民营企业世纪战略研讨会上的讲话（节选），全文发表于《中国科技产业》1999年第8期（总第122期）。

精神，加强对民营科技企业理论和政策的研究，积极为民营科技企业创造公平竞争的环境条件；另一方面，要大力宣传和表彰民营科技企业的先进经验和事迹，争取全社会更广泛的理解、重视和支持。

国家、部门和地方设立的各类科技发展专项基金要对民营科技企业开放，鼓励民营科技企业参与和竞争，支持其成果转化的活动。要鼓励有实力的民营科技企业申请政府科技计划项目，特别是高新技术成果商品化、产业化项目，从计划管理制度上保证其平等参与竞争，对获得项目的民营科技企业给予同等支持。国有科研机构、高等学校要对民营科技企业开放实验仪器设备，允许其有偿使用国有科技资源。

在实施国家产业政策、技术政策、贸易政策、金融政策和财税扶持等有关政策中，要对民营科技企业一视同仁，鼓励他们发挥科技创新优势，开发新产品，壮大新产业，培育新的经济增长点。积极为中小型民营科技企业解决普遍面临的贷款难、担保难等问题；探索建立民营科技企业贷款担保基金，分散贷款风险，支持民营科技企业获得科技创新项目贷款。允许符合条件的民营科技企业按照政府规定的程序，通过发行债券和股票、进入国际资本市场融资等方式筹集企业发展资金。

二、民营科技企业的长期发展，要立足于持续创新和知识产权保护等措施

在初创期，民营科技企业大多是立足于一项新技术、新产品发展起来的。但是应当看到，当今科技发展日新月异，高新科技产品和技术更新速度明显加快，以科技为主导的市场竞争非常激烈。如果仅仅满足或止步于一项创新成果，将很快在市场竞争中落伍。一批民营科技企业在经历了初创时期的繁荣之后，有的垮台、有的不得不调整方向不再是科技企业，教训甚为深刻。民营科技企业必须重视持续创新，一方面不断充实创新型人才，另一方面要加大科技投入。国外的高科技企业为保持科技优势，研究开发投入可高达 25%～30%。我国的民营科技企业目前不可能都达到如此高的投入，但必须在事关长远发展的研究开发上舍得花钱。只有今天的投入，才有明天的发展。

知识产权制度是鼓励发明创造的重要法律制度。以技术创新为特征的民营科技企业，应当学会运用这一法律武器，保护自己的研究开发成果。这是现代高新科技企业必须具备的基本素质。特别是在国际经济全球化不断加快的今天，更应当作为一个企业保持优势、赢得竞争的必备手段。做不到这一点，就是放弃优势，退出竞争。民营科技企业应当把知识产权保护工作贯穿于技术创新的全过程，对创新不同阶段的成果及时申请专利；对于那些不宜向社会公开、使用寿命长、不易破解的技术，也要采取严格的保密措施。另外，还要了解别人的知识产权成果，在制订自己的技术创新计划时，做到高起点创新，实现跨越式发展。

三、理顺产权关系，规范企业管理

首先，要推动民营科技企业建立产权清晰、制度规范、管理高效、行为灵活的企业制度。就集体科技企业而言，目前自身存在的一些深层次问题开始阻碍集体科技企业的发展。产权关系不清晰就是一个普遍存在的突出问题。这一问题是由旧体制造成的，责任不在企业。解决这一问题必须立足于保护各方面的积极性，立足于支持集体科技企业的发展。1996年国家科委会同国家国有资产管理局出台了一系列文件，提出解决问题的办法，希望各方面按照"三个有利于"的原则，积极稳妥地按照有关规定解决产权关系方面的遗留问题，为民营科技企业的发展多办实事。

其次，界定产权不是目的，目的在于引导民营科技企业以产权界定为基础完善企业制度，为未来发展建立坚实的法律基础。因此，应与产权界定工作相结合，推动大中型民营科技企业实行公司制改造，建立规范化的股权结构、法人治理结构和内部管理制度；鼓励中小型民营科技企业积极探索新的企业组织形式，逐步向现代企业制度过渡。

同时，要进一步落实民营科技企业的自主权，使任何单位和个人都不干预民营科技企业的合法生产和经营活动，充分尊重民营科技企业的市场主体地位和法人财产权，保持企业经营班子和研究开发队伍稳定，赋予企业经营者对经营决策的自主权、对企业财产的调配权、对企业用人的选择权和对企业内部分配的调控权。做到了这一点，产权界定工作才真正达到目的。

四、加强面向民营科技企业大发展的中介和服务机构建设

中介机构在科技成果商品化、产业化方面，以及整个产业的持续创新方面起着非常关键的催化作用。在开放的产学研相结合的技术创新体制中，各级政府固然可以在重大项目技术创新中发挥领导作用；但在市场经济条件下，科技与经济之间的中介和服务机构处于更加重要的位置。国外大企业的实践表明，在企业致力于研究开发产品和关键技术的同时，也十分注意遵循最有市场竞争力和最经济的原则，从市场上获取国内外先进的技术成果进行集成。至于大量的中小企业，不可能也没有必要都建立完善独立的研究开发机构，要经常从市场获得技术，并完成技术创新全过程。因此，企业无论大小，都应有一个开放的技术创新系统，善于从市场上学习和获得创新成果。从研究机构来看，把自己的科技成果通过自身转化成商品是必要的，而且也有研究所办企业的成功经验。但是，研究机构不可能把全部成果自行转化为商品，特别是市场竞争的选择更有利于减少科技成果转化失败的风险，增加成果转化成功的机会。因此，科技和经济相结合，不仅体现在研究所办企业或企业办研究开发机构，更重要的是在产学研之间建立一条纽带或架设一座桥梁，促进两方

面的理解和沟通，这就是科技与经济相结合的中介和服务机构。西方发达国家和新兴工业化国家在这方面都有很多成功的经验，需要我们认真学习总结和应用推广。

在计划经济体制下，我国科技与经济间的中介和服务机构几乎是空白，是经济和科技结合体制中最薄弱的环节。今后应当把建立科技与经济的中介和服务机构，作为在社会主义市场经济条件下产学研相结合技术创新体制建设的一项重要任务。这类中介机构包括技术服务机构，从事技术信息、技术咨询、技术培训、技术诊断等工作，如生产力促进中心；技术转化的机构，如工程中心；新企业孵化机构，如创业服务中心（国外叫企业孵化器）；以及技术市场等。当前，在深化科技体制改革中，要充分把握机遇，把一批从事低水平重复研究工作的研究机构调整为从事技术服务的中介机构。有了这些中介机构的服务，我国民营科技企业的技术创新活动的开展将会出现一个新局面。

五、培养人才，鼓励创新

实施积极的人才政策，调动社会各界特别是科技人员的积极性，是成功实施科教兴国战略的关键之一。吸引和开发人才的工作，一方面要加强教育，激发青年的爱国热情和投身于社会主义事业的积极性；另一方面要加大用人制度改革力度，尽力使尖子人才的工作和生活条件与国际接轨，依此制定有关政策，依靠政策的力量，保留和吸引一批尖子人才，建立一支由第一流人才领导的研究开发和创新队伍。

不论是科研机构，还是企业，都应建立开放、流动、竞争、联合的机制；人事、工资、奖励等制度也要体现竞争的原则。"九五"国家遥感攻关项目，我们使用竞争机制，结果一些名不见经传的小单位、小人物中标，而国家用项目支持了十几年的大单位却名落孙山。这又应了那句老话，"有意栽花花不开，无心插柳柳成荫"。所以建立一个竞争的机制，对于发现人才、增加科研机构和企业的活力是绝对必要的。当然也要鼓励联合，但需要在竞争的基础上联合；否则，大家平起平坐，你干一点，我干一点，均分均得，低水平重复，这种大家都活不好、也都死不了的局面不能再继续下去了！

随着国家深化科技改革的一些举措陆续出台，我国民营科技企业的发展也面临着大好的机遇和条件。我们坚信，民营科技企业的大发展，一定能够促进民族高新技术产业的不断壮大，一定能够为中华民族在21世纪的繁荣昌盛，开辟更为广阔的发展空间！

开创留学人员归国创业的新局面[①]

(1999年7月8日)

科技部、人事部、教育部等单位联合举办的"海外学人科技创业园工作座谈会"今天开幕了！本次会议的召开，表明留学人员归国创业的工作，已经进入国家建设和发展的重要议事日程，成为各方面关注的大事。

中国的近现代史是中华民族告别愚昧和落后、逐渐走向文明和强大的历史。近现代的仁人志士中，留学生群体更是群星闪耀，人才辈出。从詹天佑、严复、鲁迅，到李四光、竺可桢、茅以升、华罗庚、钱三强、邓稼先、钱学森等，举不胜举。正是他们当中一大批英才，通过智慧和努力，在推动中华民族向现代文明发展的进程中起到了不可替代、难以估量的历史作用。

20年前，我国向国外大量派遣留学人员的工作与改革开放同时起步，并随着改革开放的深入而发展。20年来，党和政府始终坚持"支持留学，鼓励回国，来去自由"的方针，不断推进和完善有关的工作。我国出国留学人员已有10多万人回国，成为我国社会主义现代化建设的一支重要力量。

我们正处在一个科学技术突飞猛进的时代，以科技为核心的综合国力的竞争更加激烈，而竞争的实质还是人才的竞争，特别是掌握先进科技的优秀人才的竞争。谁能培养和吸收足够的人才，谁就能在激烈的竞争中占据优势，就能控制科技前沿的制高点。面对中华民族在新世纪的宏伟蓝图，我们应更多、更快、更好地吸引留学人员归国创业，努力在促进科技成果转化、高新技术产业化、培养新经济增长点、促进国家产业结构调整方面作出贡献。

广大在外留学人员也是我们国家宝贵的财富和重要的人才资源。吸引他们专门回国工作或以适当的方式为祖国服务，是新时期尊重知识、尊重人才工作的一个重要方面。随着形势的发展，很多留学人员已不满足于回国搞教学、搞科研，想在技术创新和产业化方面成就一番事业。留学人员归国创业，他们的目的首先是创业，即干一番在国外无法成就的事业，这是主流，是爱国热情和积极的人生态度的高度

[①] 1999年7月8日在1999年海外学人科技创业园工作座谈会上的书面发言，刊登于《科技日报》1999年7月8日。

统一。当然，干产业需要赚钱，但创业人的最终目的是为国家和民族把产业做大，成为有国际竞争力的强手。改革开放，我们欢迎国外的企业到中国来投资，我们同样也希望更多的留学人员把握机会，归国创业。在看待留学人员归国创业的问题上，我们必须从面向新世纪挑战的国家发展战略高度出发，充分认识到留学人员归国创业是我国现代化建设的必要的组成部分，孕育着新兴产业和生产力发展的方向。留学人员归国创业是对祖国的一种回报，也是对人民的一种回报。

大量留学人员群体的形成，得益于国家的改革开放政策。他们当中有志之士归国创业，理应受到鼓励和保护。与传统的产业发展相比，留学人员创业群体有这样一些特点：创业人员一般接触到了先进的产业思想，掌握了先进的技术工艺，想方设法运用先进的管理经验等。而这些思想、技术和经验，正是积极推进"两个根本性转变"过程中迫切需要的。各级科技管理部门、高新技术产业开发区管理机构、创业服务中心，应切实根据留学人员归国创业的特点，结合本地经济和社会发展实际，创造更为有利的发展环境，努力使留学人员归国创业受到与国内企业一样的平等待遇，同时在工作和生活上给予关心和照顾。

针对留学人员归国创业遇到的问题和困难，要切实提供帮助，做好创业服务。我国的社会主义市场经济体制还处于不断完善的阶段中，在目前尚不富裕的条件下，有关部门应集中力量，创造一个局部优化的环境，使留学人员归国创业能有一个良好的起点，良好的环境和良好的支撑条件，尽快使留学归国创业人员所掌握的技术、管理经验付诸于创业实践，发挥出应有的潜力。

创业是一项充满困难和风险的事业。有资料显示，像美国这样市场经济发达的国家，其高新技术企业十年的存活率仅为 $5\%\sim10\%$，所以创业不仅需要资本、技术，更需要勇气，在中国创业就需要更大的勇气。当然我国巨大的市场潜力和高速发展的经济也蕴藏着无限商机。我们希望看到更多创业人士抓住机遇，走向成功，希望看到更多的民族产业不断崛起。我们应尽我们所能，齐心协力，政府有关部门和创业服务机构在各个环节上开源挖潜，在信息、技术、资金等方面创造条件，努力为留学归国创业的人员提供最好的服务和必要的支持，使他们尽快壮大起来。

借此机会，我对归国创业的朋友们提四点希望。

第一，要想国家大事。记得老一代学者们总爱重复一句豪言壮语：祖国的需要就是我们的志愿。现在，我要对创业人士们说，国家最大、最迫切的需要之一就是发展高科技、实现产业化，谁抓住了这样的机遇，谁就能在开拓国内市场上掌握主动权。我们不妨回顾一下，詹天佑设计中国第一条铁路，侯德榜开创民族制碱工业，钱学森领导了我国的航天科研和产业等，尽管他们在创业过程中，遇到了千辛万苦，但最后成功了，实现了报国和创业的统一。在今天，国家的现代化建设不断出现新的需要，希望你们将国家的需要纳入创业思考和企业发展的战略框架之中。我想这样的创业一定能够赢得人民的理解，也能得到政府的支持。

第二，要做大市场。留学人员归国创业也要向我们的民营科技企业学习，向国内外成功企业好的经验学习，立志使企业面向国内外市场，走从小到大、滚动发展之路，努力成为市场上有竞争力的强者。历史在前进，时代决定了新一代留学人员归国创业必须要面对市场的挑战。希望广大创业人士认真研究市场、开发市场，并学会利用市场资源，不断壮大企业实力。要同国内的企业、研究机构和大学积极交流，形成伙伴和联盟，共同开拓国内外市场。

第三，创业不能等。现在进入创业群体的人还不够多。当然有各种各样的原因。有些人还在观望，看看政策，看看条件能否会好一点。我想有一点大家都有共识，就是随着我国迈着坚实的步伐走向社会主义市场经济，我们的政策和有关条件会变得更好。市场不等人，商机不等人，而且国内的企业的技术、管理水平进步非常之快。所以，创业决策要当机立断，我和大家一样希望看到越来越的留学人员走向归国创业的舞台，一展才干。

第四，创新无止境。一旦步入创业舞台，创业人士就必须进入创新的角色。创新理论大师熊彼特就认为，创新是企业家的天职。在我们面前，市场需求不断变化，新的创新人才不断涌现。没有创新，不进则退。希望广大留学归国创业人员不仅要树立创业的志向，还要磨砺持续创新的锐气。市场最后的胜利者绝不会只选择一次性的成功者。我希望众多创业者能够笑到最后。

同志们，朋友们，改革开放使我们的生产力或得了较大的解放。世纪之交，致力于民族高新技术产业发展是难得的机遇，也是我们这一代人创业报国的使命。我作为一名老留学人员，有幸能够与大家并肩战斗，愿意为大家服好务。让我们大家一起努力，把留学人员归国创业的工作搞得更好，为中华民族在新世纪的崛起做出我们应有的贡献。

创业服务中心要提高孵化质量，实现多元化发展[①]

(1999年12月22日)

在新的世纪，我国的现代化建设要迈出新的步伐，民族高新技术产业要有一个大发展，创业服务中心的工作担负着更加重要的使命。在未来五年中，创业服务中心在总体发展、水平、服务功能等方面都要有较大的提高。对于未来发展的目标和措施，总的基调是：步伐再快一些，形式再多一些，标准再高一些。

各地科技、高新区和创业服务中心等管理部门要根据加速发展、完善服务、吸纳投入、创造氛围的方针，在以下几个方面大力推进创业服务中心的发展。

一、利用当前的有利时机，加速创业服务中心的发展

当前，在国务院的领导下，科技部正会同有关部门制定政策，推动科技体制改革继续走向深入。预计到明年年底，开发类的科研机构将完成向企业转制的工作，这将是近年来科技体制改革迈出的又一重大步伐。社会公益类的科研机构当中有面向市场能力的也要逐步地转为企业、进入企业或转为中介服务机构。在深化科技体制改革中，加强中介机构的建设，是一项极为重要的任务。在这方面，各级科技管理部门发挥着指导作用和引导职能。要加快发展的步伐，把一批从事低水平重复研究工作的研究机构调整为从事包括创业服务中心、生产力促进中心在内的科技和经济的中介机构。这是创业服务中心发展所面临的空前机遇。

在科技成果商品化、产业化方面，在开放的产学研相结合的技术创新体制中，以及整个产业的持续创新方面，科技和经济中介机构处于非常重要的位置，起着关键的催化作用。在计划经济体制下，我国科技和经济间的中介机构几乎是空白，是科技和经济结合体制中最薄弱的环节。在国家促进科技和经济结合、科技成果转化和技术创新、技术转移等项工作中，我们需要大量的中介机构。今后，我们必须把

[①] 1999年12月22日在全国创业服务中心工作会议上的讲话（节选），全文刊发于2000年1月7日《科技工作情况》（总第1875期和第1876期）。

创办和发展科技与经济的中介机构,作为在社会主义市场经济条件下技术创新体系建设的一项重要内容,作为面向经济主战场、服务于现代化建设的一项重要工作,作为改革开放新形势下科技工作和管理职能延伸的一个重要方向。

在众多科技和经济中介机构中,创业服务中心是一种重要的形式。经过十几年的发展,我们已有许多成功的经验和发展模式。目前,我们已经发展了100多家创业服务中心,但这个数目和与高新技术产业发展的大好形势是不相称的,与即将出现的广大科技人员、大学教师、留学回国人员、青年学生投身到高新技术产业发展洪流当中的大好形势也是不相称的。所以,我们要强调充分利用当前深化科技体制改革的机遇,加快创业服务中心发展的速度,加大相应的工作力度,多快好省地建设和发展一批新的有生气的创业服务机构。

二、创业服务中心要多元化、多样化发展

创业服务中心的多元化发展,主要是指投资主体的多元化和要素参与的多元化。创业服务中心未来的发展必然要走主体多元化、形式多样化、服务社会化、组织网络化的道路。因此,我们必须调动各方面的积极性,鼓励多方面力量参与并发展形式多样的企业孵化器,吸引官、产、学、研、金融、中介、贸易等一切必要的要素或发展力量,投入到创业服务中心的建设和发展中来。

在创业服务中心多样化的发展中,当前的重点是应发展大学科技园、留学人员回国创业园、大中型企业办的企业孵化器和专业技术孵化器。

(一)发展大学科技园

要积极在科技资源比较密集的大学和研究院所的周边地带,营建科技园,为有创业愿望的科技人员、大学教师、青年学生提供较好的环境。事实证明,就近建科技园,便于将科研、教学、产业化和技术咨询、服务等活动有机协调起来,这种方式很有效。目前,大学教师、科技人员有很高的创业积极性,而且国家也制定了鼓励他们投入产业化活动的政策:如无形资产可以入股;成果一旦转化,其拥有者可获得不少于20%~100%的收益;如果失败,还有回原单位的机会等。另外,大学教师还可以用部分工作时间参与产业化活动。这些政策大多是发达国家通行的做法,有的比发达国家的政策还要优惠。

(二)积极发展留学人员回国创业园

海外留学人员是参与高新技术产业化一支不可多得的重要力量。我们应更多、更快、更好地吸引留学人员归国创业。留学人员回国创业园的建设要根据地方的实际,要相对集中,不要分散,要根据其企业发展外向度较高的要求,提供必要的国际化服务。

（三）鼓励有条件的企业创办企业孵化器

企业办孵化器也是一个重要的新形式。大中型企业、上市公司和发展起来的民营科技企业也可以成为创业服务工作重要的参与力量。要积极鼓励有条件的企业进行尝试。各地科技部门要积极参与、指导和支持大中型企业，上市公司和有条件的民营科技企业要根据需要发展新型的创业服务中心。要为国有大中型企业，特别是对于那些面临困境的企业，充分利用其现有的资产存量，在企业内建立企业孵化器，引进一些高新技术产业化项目，使老企业在发展新产业中发挥积极的作用。企业办创业服务中心要与国企改革和发展相结合，同企业的持续创新发展相结合，同新经济增长点的培育相结合。

（四）重点发展一批专业技术孵化器

高新技术产业群体中，有一些产业在研发和产业化的多个阶段中，大部分中小企业可共享一些实验设备、测试仪器、资料信息、基础原材料等，而这些资产是创业中的小企业无法负担的。如果我们能够建设一批专业技术孵化器，提供必要的共享资源，将为技术性强的中小企业发展营造一个较好的外部环境。

专业技术孵化器中比较突出的是生物工程、软件产业和集成电路设计产业的孵化器，这类产业专业性很强，共享资源要求较多，在一个局部区域很容易形成聚集效应，可孕育出有生命力的新企业。这三类产业，也是国家当前迫切需要发展的战略产业。

（1）软件产业。当前，国家和各地方都比较重视发展软件产业。在《中共中央国务院关于加强技术创新，发展高科技，实现产业化的决定》[①] 当中，特别提出针对软件产业的优惠政策，增值税从17％减至6％，开发人员的工资可计入成本等，这表明党和国家对发展软件产业的高度重视。软件是信息产业、信息化发展的核心和灵魂，它事关我国在21世纪的经济安全和国防安全。大家知道，印度在20世纪80年代中期，软件产业发展与我国同时起步。但十几年后，印度的软件产业得到高速度的发展，现在是世界第二大软件出口国。印度人对此颇为自豪，他们讲，所谓的IT是什么呢？就是India Tomorrow。中国怎么办?！中国的软件产业怎么办?！发展民族软件产业是我们面临的一项非常迫切、非常重要的任务。我们现在在"火炬"计划的框架里，基于高新区的发展环境，已经创办了13家软件产业园。我相信，在这些软件产业园中，经过几年的发展，会产生一些大的软件企业，但仅有这13个软件产业园是不够的。有条件的高新区和科技资源密集的地方，都应该考虑建立软件产业的孵化基地。这需要一些配套措施，包括鼓励软件应用的政策，知识产

---

① 以下简称《决定》。

权保护，培育软件人才，积极开拓面向国际市场的环境和条件等。所以，软件产业园的建设是一项很重要的任务。必须注意的是，在发展软件产业园方面各地绝不能一哄而上，要力求从本地的产业基础出发、从市场需求出发。

（2）集成电路设计产业。大家知道，目前我国集成电路从设计到制造都处在一个相对落后的位置。集成电路设计是微电子产业中增值最高的部分。比如，英特尔公司是做集成电路设计的，它的利润是世界个人计算机行业前十名厂商利润的总和。集成电路设计是我国的弱势产业。我们很多电子产品领域确有很大的市场份额，如电视机、个人计算机、程控交换机、移动电话、VCD、DVD 等，但关键部分的集成电路是别人的，大部分钱被别人赚走了。结果，我们是产值很大、利润却很小。所以一定要集中力量，发展包括制造和设计在内的民族集成电路产业。当然，集成电路制造、IC 的生产，主要应依靠国家集中力量，集中投入；并从长期着眼，立足于技术跨越，发展新的集成电路生产技术和生产体系。但对于集成电路设计，我们要更加重视走从小到大、大浪淘沙、滚动发展的道路。在这方面，要让市场竞争去选择、去优化，在竞争当中形成一批民族的、有自主知识产权的精于集成电路设计的企业。发展集成电路设计的专业技术孵化器，更要严格限定范围，更要看客观条件，更不能浮躁。集成电路设计除需要特殊人才外，还需要特定的工作基础。但面对中国信息化发展的巨大需求，仅有上海一家这类孵化器是不够的。其他几个有条件的城市也应认真研究这一问题。

（3）生物工程产业。生物工程产业的特点就是对于公用设施的要求非常迫切，每一个小企业都很难单独负担，而生物工程又是在 21 世纪除信息产业以外最有潜力的产业。大力发展生物工程产业的专业技术孵化器必然是大有前途的。

三、完善服务功能，提高孵化能力和质量

（一）创业服务中心首要的功能是孵化"企业"，核心是培育企业家

创业服务中心的功能绝不能仅仅定位于孵化"技术"，对此必须有明确的认识。要围绕培养企业家的需要，不断提供企业管理、市场开拓、金融服务、国际贸易等业务和技能的培训，使创业者、下海的科技人员尽快成为一个合格的企业家。这是创业服务工作的中心任务。

（二）创业服务中心要率先完善信息化设施，这样才能为现代高科技企业创业和成长提供有效的现代化服务手段

创业服务要有精品意识、名牌意识，提高服务质量的关键是管理。创业服务中心要学习或借用现代企业的做法，完善机构的管理、监督、决策、用人等机制。要不断总结创业服务中心好的管理经验、方法和模式，使之广为传播和共享。要按照

未来企业发展的要求，不断为创业者提供专业化、规范化、社会化的服务，提高办事效率，满足创业企业快节奏发展的要求。

（三）创业服务中心要完善融资服务

积极吸引各种支持创新的基金和民间投资基金到创业服务中心来，寻找投资合作的项目、伙伴等。同时，还要积极开展活动，吸引更多的风险投资进入创业服务中心。

目前，各地用于支持中小企业创新的资金大约有 70 亿元左右的投入。这是一件好事，表明了地方政府对发展高新技术企业的高度重视。但是高新技术产业的风险很大，在美国高技术企业 10 年的成功率在 5%～10%。大部分企业在市场竞争当中，或者垮掉，或者被兼并。中国的实际情况是，在项目选择时，投资方通常对有风险的项目不敢投入。究其原因，是因为咨询和评估中介不够发达，投资管理机制不够完善，一些可以规避的风险没有规避掉。现在的问题是，如果这 70 亿元没有运作好，不能成长出一批高技术企业，那么风险投资就容易失掉信誉，这是很危险的事情。所以必须做好风险投资的管理工作。特别是要做好高技术企业评估、监管等工作，尽可能提高成功率。这可以作为我们创业服务中心或者地方科委开展风险投资有关工作的重要内容。

发展我国的风险投资中介服务体系，关键是人才，我们迫切需要一大批懂技术、懂管理、懂金融、懂市场的知识高度密集的复合型人才。如何从国外吸引这方面的专业人才和培养国内人才，是我们共同面临的重要任务。

（四）提高创业服务中心国际化参与的能力

随着 WTO 大门的打开，高新技术企业国际化的要求日益迫切，还会有越来越多的出国留学人员回国创业，这对未来创业服务中心国际化参与能力提出了新的要求。在这方面，我们首先是要学习，学习新规则、新规范，更新知识，提高能力；其次，要结合国情和区域发展实际，为创业企业和留学人员创办的企业提供必要的国际化服务。另外，要加强对有出口创汇能力和有自主知识产权的企业的支持，支持他们参与国际竞争和跨国发展，以他们的成功经验现身说法，带动一大批企业在国际化的大潮中迅速得到锻炼和提高。

四、加强创业服务人才队伍的建设

人才是未来经济发展的决定性因素，是决定中国未来发展的关键。调动科技人员的积极性，是成功实施科教兴国战略的一个关键。当前迫切需要落实鼓励尖子人才的政策。好的创业服务中心一定要有一流的人才，这些人不仅要懂得科技，还要懂金融、管理和市场，是综合性人才。他们的水平对创业服务机构的素质，乃至整个产业化进程都起着至关重要的作用。

当前人才流失比较严重，创业服务中心也遇到同样的问题，这应引起有关管理部门的高度重视。我们要树立这样的观念，即创业服务人员的工作同科技人员一样，是创造性的工作，创业服务也是一种创新实践。只有树立这样的观念，才能制定相关的政策，吸引和留住一流的人才从事创业服务工作。在这方面，一要加强思想工作，引导更多的年轻人充分认识创业服务工作的重大意义和远大前景，激发他们的积极性；二要加大用人及分配制度改革力度，建立开放、流动、竞争、激励的机制。在吸引和使用人才方面，鼓励尖子人才的政策要大胆地尝试。尽量使一流人才的工作和生活条件与国际接轨，依此制定有关政策，依靠政策的力量，保留和吸引一批一流的人才从事创业服务工作。必须郑重指出，创业服务中心不是安排人的地方，恰恰相反，是需要有第一流人才在这里工作的地方。在这方面一定要有观念的转变。三要加强培训，提高创业服务中心人员的整体素质。在科研机构调整的过程中，对这个问题尤其要予以注意。因为研究工作和创业服务工作是两回事，两门学问。如果不学习，不培训，让研究人员直接做创业服务工作，将难以取得成效。在这方面，科技部火炬中心、各省科委承担着重要的责任，一定要把培训工作搞好。让我们的研究所在调整方向以后，能正常地开展工作，真正发挥创业服务中心的作用。

创业服务中心在基地建设、队伍建设、机制建设方面的出色表现和不断完善，预示着这项事业有着更加辉煌的未来。有幸创办这样的机构、参与这样的事业，是荣誉，也是责任；是机遇，也是拼搏。我们责无旁贷，必须奋勇向前，以饱满的热情、百倍的努力，用不断壮大的民族高新技术产业，把中华民族带入一个新的时代。

科技全球化、加入 WTO 与中国高新技术产业发展战略[①]

(2000 年 7 月 5 日)

今天,有机会与来自海内外的专家学者共同探讨新世纪中国高新技术产业发展的战略与政策选择,我感到非常高兴。下面,我想就科技全球化、加入 WTO 对中国高新技术产业发展的影响,以及未来中国高新技术产业的战略选择等问题谈几点看法。

一、我国高新技术产业发展的现状与面临的挑战

20 世纪 50 年代后,世界范围内高技术产业蓬勃发展。这一时期,我国在航天、核能、电子等高技术领域取得了大批重要成果,但高技术产业化、市场化进程比较缓慢。80 年代后,国家提出了"面向、依靠"的科技工作方针,积极推进科技体制改革,实施了一批高技术研究与开发计划和高新技术产业化计划,揭开了中国高新技术产业发展的序幕。进入 90 年代,我国建立了 53 个国家级高新技术产业开发区,形成了我国高新技术产业培育和发展的重要基地;中央发布了"关于发展高科技、加强技术创新、实现产业化"的决定,同时,各地方把发展高新技术产业作为振兴地方经济的重要举措,出台了一系列鼓励和支持措施。各类新兴的高新技术企业如雨后春笋般地涌现出来。我国高新技术产业进入了迅速成长阶段,目前已呈现出以下好的态势。

(1) 一批具有知识产权、有竞争优势的产业正在形成,市场所占份额逐步扩大。

(2) 一批有技术创新能力和竞争实力的高新技术企业从小到大,迅速成长、壮大。例如,目前我国 53 个国家级高新技术产业开发区内,过亿元的高新技术企业已达 970 多家,过 10 亿元的企业已有 100 多家。

---

① 2000 年 7 月 5 日在武汉中国高新技术产业与资本市场论坛上的讲话,刊发于《经济界》(双月刊)2000 年第 5 期,原题为《中国高新技术产业发展战略研究》。

（3）国家高新技术产业开发区成为城市经济的新增长点。工业总产值从1991年的87亿元，增加到1999年的5943.6亿元，在前几年工业生产总值每年翻番的基础上，1999年仍保持37％的年递增速度。

（4）通过实施"863"计划、科技攻关计划，以及国家计委、国家经贸委、信息产业部在发展高新技术及其产业方面的一系列计划和措施，我国已在不同高新技术领域取得一批高水平的高技术成果，为今后高新技术产业发展提供了技术基础。

总的来看，我国高新技术产业化发展仍处于初级阶段。产业规模相对较小且分散，在不少领域与发达国家的差距仍较大，国内高技术产品市场大部分被国外产品所垄断。高技术产业在国民经济中所占份额较小，对经济增长的带动作用不充分。目前，从大环境上讲，经济发展阶段、产业结构、市场发育程度尚处在较低级阶段，高新技术产业的发展必定受其制约。同时，有利于高技术产业发展的新的经济和科技体制的建立尚未完成，风险投资事业在我国才刚刚开始，创新创业环境还很不完善等也制约了我国高新技术产业的发展。

随着科技全球化和加入WTO，我国高新技术产业面临着新的重大发展机遇。各种生产要素在全球范围内的优化组合，将大幅度提高企业竞争力；一个更加开放的市场环境，为有持续创新能力的高新技术企业创造了更大的发展空间，从根本上促进了中国经济的发展。但是，我们也要清醒地认识到，随着科技全球化和加入WTO，我国高新技术产业发展也将面临严峻挑战。

（一）我国高新技术产业将重新调整在全球高技术产业分工中的地位

高新技术产品关税的降低和国内市场的大幅度开放，使中国高新技术产业的发展势必受到冲击。与纺织、轻工等优势比较突出的产业相比，中国高新技术产业的优势并不明显，全球市场份额的争夺将十分惨烈。产品和技术周期的大幅度缩短，研究开发成本和风险的增加，使得中国高新技术企业要摆脱处于产品和技术替代末端的状况十分困难。不能有效抵御国外产品冲击的某些产业，将成为跨国公司高技术产品的组装基地和销售市场。

（二）高新技术企业的研究与开发成本将会大幅度上升

加入WTO之后，与贸易有关的知识产权协议的全面实施，可能会使那些长期以仿制为主的产业部门受到严重冲击。由于在外商投资和设备进口方面不再附加技术转移和国产化等要求，原有的市场换技术战略可能会失效，中国高新技术产业的技术供应要么需要按照商业条件来从国外获得，花高价买进，要么独立进行研究开发具有自主知识产权的技术和产品，而这两者都会大幅度增加生产成本。

（三）高技术人才流失将会进一步加剧

科技发展全球化使得人才争夺也全球化了。发达国家纷纷放宽对高素质人才的移民、定居的限制，凭借自身强大的经济实力和优厚待遇，吸引世界各地的优秀科技人才。跨国公司也纷纷在当地设立研究开发机构，延揽高技术人才。我国一直处于人才竞争的劣势，科技人才的流失有日渐加剧的趋势。

（四）适应国际通行规则的要求，政府角色需作调整

WTO主要是约束政府行为的。中国各级政府在发展高新技术产业方面的角色将面临调整。具有政府行政干预色彩或地方保护主义的做法必须摒弃。一些不符合国际通行规则的法律法规要逐步调整。依法行政，将受到跨国高技术公司和WTO组织各成员国的更多关注。

二、我国未来高技术产业发展的战略和政策选择

当前，我国将要进入"十五"期间，国民经济结构战略性调整和国民经济信息化是这一时期的重要任务。我国高新技术产业发展必须紧密围绕这一重要任务。根据经济、科技全球化和我国即将加入WTO带来的深刻变化，我们必须制定我国高新技术产业发展的对策和战略，采取切实可行的政策措施，确保我国高技术产业快速健康发展。

（一）选准高技术产业发展的突破点，实施技术跨越战略

江泽民同志在党的十五大报告中指出，应该"重视运用最新技术成果，实现技术发展的跨越"。从现在起到下世纪中叶，要从目前较低的经济和技术发展水平出发，实现赶上中等发达国家的目标，亦步亦趋地沿袭发达国家工业化的老路和发展方式是行不通的，必须依靠技术跨越发展。这一战略思想在经济、科技全球化的环境下尤为重要。我国很多重要产业和发达国家相比有10年以上的技术差距。这些产业在现有技术基础上追赶、超越发达国家十分困难，在经济、科技全球化的环境中更是如此。技术跨越发展可以在集成自主创新和国外先进技术的基础上，充分利用后发优势，跨越技术发展的某些阶段，直接应用、开发最新技术和最新产品，进而形成优势产业，达到在较短时期内迅速逼近甚至超过世界最先进水平的目的。

实施技术跨越战略，是具有一定科技基础的发展中国家在全球市场竞争中谋求局部技术优势的必然选择。当前，我国的综合国力已经明显增强，高技术及其产业经过多年的发展，已经具有了一定的基础。充分把握高技术及其产业发展的规律，认真分析现有的优势，特别是我们所具有的后发优势，从较高的起点开始，不重复某些产业发展的过程，完全有可能比发达国家更快地进入新产业领域，在技术水平、组织形式等方面实现跨越。

实施技术跨越战略，必须坚持"有所为，有所不为"的方针，充分发挥社会主义制度集中力量办大事的优势，把有效的财力、物力、人力和其他资源集中起来，

要树立积极、主动的开放观念，及时把握全球的高技术最新进展，在充分借鉴国外先进技术的基础上，注重二次创新能力的提高，在有限的战略性领域集中力量，选择符合世界高技术产业发展方向，市场前景广阔，对我国产业结构优化、国民经济发展、国家竞争力提高有重大带动作用的产业重点突破，从而带动一批新兴产业，实现经济和社会的跨越式发展。例如，软件产业及网络技术；集成电路设计及制造；生物技术及新医药；清洁煤技术；电动汽车；轨道交通；电子商务与知识型服务业等。

（二）大力扶持科技型小企业的发展，特别是民营科技企业的发展

大力发展科技型小企业在经济、科技全球化的条件下具有极为重要的意义。一方面，科技型小企业面对国内市场多方面变化的需求有迅速做出反应的能力，外国跨国公司在此方面无法比拟；众多的小企业将越来越成为支撑国民经济极为重要的力量；另一方面，以技术创新为特征的科技型小企业，是未来具有国际竞争力的大企业的摇篮。高新技术企业技术创新的机遇和市场机遇无法预测，在激烈的市场竞争中成长的大型高新技术企业具有极强的生命力，是我国经济赖以生存的基础。

当前，我国以科技人员为主创办的民营科技企业已达7万多家，年销售额近1000亿美元，每年以近50%的速度增长。政府继续鼓励和支持民营科技企业的创办和发展，把扶持科技型小企业、民营科技企业的发展作为加速高新技术产业化的重要突破口，促进这些小企业在激烈的市场竞争中大浪淘沙、滚动发展，逐步筛选出更多的像联想、方正、阿尔派那样的高新技术大企业。国家尊重和保护民营科技企业的合法权益，积极为他们创造公平竞争的环境，在享受国家政策、承担国家计划等方面实行公平待遇。

继续支持各地办好高新技术创业服务中心等企业孵化器。推进大学科技园建设，鼓励和扶持大学科技人员创办各种所有制形式的高技术小企业，或分流进入其他高技术企业。美国斯坦福大学和麻省理工学院的教授和学生，每年都创办许多高技术小企业。我们也要创造相应环境，充分发掘大学教师和科技人员的创新创业潜力。

国家高新区的建设，可以把有限的人力、财力和物力资源集中起来，形成局部优化的环境，包括基础设施建设和各项扶持政策，以适应高新技术产业技术更新快、产品生命周期短的特点。同时，区域的聚集效应将有利于信息交流和包括智力人群在内的各类生产要素的优化组合，发挥群体优势，从而更有力地与跨国公司竞争。为此，政府有关部门要加大53个国家高新技术产业开发区改革和发展的力度，创造更有利于高技术企业发展的软硬环境。中央和地方政府要加大对智力密集的重点园区的支持力度，力争使其尽快发展成为国际一流的科技园区。鼓励一部分高新区成为高技术产品出口基地。对一些不符合条件的将取消国家高新区的资格，督促高新区不断深化自身的改革，强化服务和环境建设。

（三）加快运用高技术改造传统产业

中国加入WTO后，传统产业面临着严峻的挑战。在激烈的国际竞争中能否生存，除体制和机制外，技术创新是关键。国际和国内经济发展的经验证明，在传统产业改造中，针对制约传统产业发展的突出问题，推广和普及对提高生产工艺和技术水平有重大作用的共性技术，有着十分重要的意义。政府在普及重大共性技术中，可以发挥关键性作用，包括制定鼓励性和限制性政策，加大关键共性技术的研究和开发支持力度，以及利用政府引导的中介机构进行示范、咨询、培训、信息服务等。当前，特别要大力开发、普及先进制造技术，推广住宅规划、设计及新材料应用技术和节水灌溉技术，推动电子商务发展等。国家把发展高新技术产业作为带动整个产业结构优化升级的关键举措，使高新技术产业发展与高新技术改造传统产业相结合，加速我国工业化、产业高技术化和国民经济信息化的进程。

高新技术改造传统产业的重点是在搞好国有企业特别是国有大中型企业方面有所作为。要认真总结和推广"技术和制度双创新"、"一厂一角"、"企业孵化器"等促进国有大中型企业技术进步的经验和模式，使一批有创新能力的国有大中型企业改造为高技术大企业，为搞好国有大中型企业做出新的贡献。

（四）实施"走出去"战略，加强企业创新能力，造就一支积极参与国际竞争的高技术企业群体

在全球化和加入WTO的新形势下，高新技术企业必须要有全球化意识，企业的竞争和发展战略必须面向全球。国内与国外市场将没有边界，高新技术企业如满足于过去的国内市场份额，独守一隅，将无法生存，也不是发展壮大之道。因此，企业要积极地走出去，向国际化、全球化方向发展。

走出去，靠实力。必须把提高企业的自主创新能力和形成自主知识产权作为重要目标。要将研究开发与技术引进有机结合，在高起点上强化创新，提高自主创新能力，培育和形成拥有自主知识产权的高技术产业。积极引进和利用国外资金，加快我国高技术产业发展。以市场为导向，努力扩大国产高技术产品全球市场占有率，带动出口增长和出口结构的优化升级。现阶段中国高新技术产业还处于国际分工的较低层次。未来中国高新技术产业的发展，除了在一些关键的技术上实施跨越之外，更多的高新技术企业，特别是中小企业，还要依靠利用劳动密集型与技术密集型相结合的优势，占有全球市场。盲目贪大图快，反而会处于竞争的不利地位。目前，负债累累的韩国三星电子在发展存储器方面的深刻教训说明了这一点。

政府鼓励高新技术企业通过合作参与竞争。有条件的要积极与跨国公司建立合作联盟，在优势互补的基础上开展合作创新；或与国外高水平的研究开发机构合作，或在国外高技术人才集中的地区设立研究开发机构，不断加强研究开发与经营的国际化程度；企业要学会利用各种国际科技资源，提高自身创新能力和国际竞争

力。我国已经有一些企业在海外进行研发投资,如海尔、联想、华为、四通、康佳和新科等都在国外设立了研究开发机构,并取得了成功。政府要采取有效措施,通过拆卸人员进出的门槛,搭建建设性的合作平台,营造良好的环境,为企业走出去提供便利。要制定符合市场经济规律和国际惯例的支持高技术大公司跨国经营的措施,造就一批能够具有较强国际竞争力的、能够带领我国高技术产业走向世界、占领全球市场的企业。

(五)实施面向全球的高技术产业人才战略

发展高新技术产业的关键是创新创业人才,特别是跨世纪的优秀青年人才。当代高新技术产业发展异常迅猛,对高素质人才的需求猛增,高新技术产业的竞争实质上是人才的竞争。目前,我国雄厚的教育基础和丰富的高素质人才储备,已经成为发达国家延揽和争夺的对象。根据美国国家科学基金会的统计,仅从1988~1996年,中国在美国获得理工科博士学位者已达17 000人,为除美国以外的世界各国之首。更值得注意的是,IBM、微软、英特尔、宝洁、朗讯等国际著名的跨国公司纷纷在我国设立研究开发机构(目前,已有28家跨国公司在中国设立了32家独立的研究开发机构,主要分布在电子信息行业),以优越的条件吸引国内的优秀人才,在我们的家门口筑起了争夺人才的桥头堡。当今世界,各国政府可用关税壁垒或非关税壁垒等手段保护本国的产品,控制有关的生产要素的流动,但唯一无法控制流动的就是人才,保护人才的根本途径就是下定决心,积极参与争取人才的国际竞争,在加强爱国主义教育的同时,努力使少数尖子人才的工作和生活条件与国际接轨。只有具有全球化的视野和开放性的思维,培养和吸引高素质人才的战略和政策措施才能富有成效,才有可能打赢这场事关民族振兴的人才争夺战。

创造吸引和留住人才的创新创业环境是政府人才战略的核心任务。我们要大力提倡企业家精神,倡导敢于失败、允许失败、接受失败的鼓励创新创业的社会文化环境,促使一大批具有全球市场竞争意识的企业家成长起来。特别是要把为海外留学人才回来创新创业提供便利条件作为我们工作的重点,积极推进留学人员创业园建设。

高新技术企业也要放眼全球,加强对青年人才的培养和选拔,提高快速收集、处理、保存大量人才信息的能力。要在人才培训、分配与奖励制度等方面采取更加灵活的措施,真正做到以人为本。

(六)深化改革,进一步发挥科研院所在高技术产业化中的重要作用

十多年的科技体制改革,使得一大批产业部门科研机构及中科院技术创新类院所具备了面向市场的自我发展能力,有大量的高新技术成果储备和高新技术产业化的基础。目前,这些科研机构正在实施企业化转制,包括转变为科技型企业,进入高新技术企业,或以科研院所为核心,以多种形式联合现有企业,组成新的高新技

术企业集团。

科研机构转制为企业后，通过转换运行机制，转变观念，建立现代企业制度，通过采用全新的市场机制和管理制度，把自己在研究开发方面的优势和特色充分发挥出来，调动科技人员从事科技成果产业化的积极性，确立自身在市场竞争中的优势，把产业化做大。我们相信，由此将诞生一大批在国内外市场竞争中叱咤风云的大型高新技术企业或企业集团，成长为国家高新技术产业化基地和国家高新技术发展基地。

（七）采取更加灵活有效的政策措施，为高新技术产业的更快发展创造良好环境

高新技术产业的发展，必须依赖一个高效率的政府，依赖一个良好的政策体系。我们要进一步吸取发达国家和新兴工业化国家的经验，尽快建立适应高新技术产业发展的财税、贸易、政府采购、改革等制度和政策，提高政府服务的效率。

国家已经出台并将继续制定各项鼓励科技成果转化的政策措施，进一步落实知识与技术参与分配的政策，积极为高新技术企业成长创造良好条件。已经出台的政策包括：对高新技术产品实施税收优惠政策；实行政府采购政策；对技术转让、技术开发和与之相关的技术咨询、技术服务的收入免征营业税；对软件开发企业的软件产品按6%征收增值税；对高新技术产品的出口，实行全额退税；对国内没有的先进技术和设备的进口提供税收优惠等。国家还将研究WTO诸协议中对发展中国家和个别产业规定的有关优惠条款，为我国高技术产业争取更多的发展余地和发展空间。

三、积极发展高新技术产业资本市场，多元化开辟高新技术研究开发和产业化的投入渠道

发展高新技术产业，必须要有高投入。高新技术产业的市场竞争特性，决定了政府在高新技术产业投入方面不可能参与太多，主要依靠市场机制，依赖多元化的资本市场渠道，依赖企业自身在投入方面的努力。

（一）积极发展风险投资事业，加快高新技术企业上市步伐

风险资本是促进科技成果产业化的强有力的手段，特别是在实施成果产业化的创业阶段，风险高、成功率低，通常的融资渠道不可能提供这种创业资本，必须依靠风险资本。据统计，20世纪90年代美国的风险投资每年只有50亿美元，但到了1999年增加到500亿美元。而今年第一季度达到226.8亿美元，增长极为迅速。

我国风险投资事业目前已引起各方面的关注，但投入渠道上主要还是依靠各级政府的财政注入，这在发展初期是必要的。从国际经验看，最终还是要依靠各种政

策刺激民间资本加入风险投资。目前，风险投资企业主要由两部分组成：一是以政府出资引导其他的投资为主体的企业，一是通过引进外资或进行合资。有一批券商也准备进入这个领域。

国家已经出台了关于风险投资的意见，一些法律法规也要根据风险投资规律的要求修改。在风险资本的退出机制方面，国家将在适当时候推出科技板或二板股票交易市场。同时，继续实行高新技术企业优先上市的政策，不受指标和规模的限制，适当放宽上市条件。

发展风险投资事业，需要金融界与科技界联手合作，需要职业金融家的积极介入。我们要大力发展风险投资中介服务机构，提高科技人员的创业素养，培养与风险投资相关的管理人才、评估人才、咨询人才，积极为风险投资事业发展创造条件。

（二）促进商业银行加大对高新技术企业的投资力度

商业银行的投资是高新技术产业发展壮大的主要资金渠道。1999年，美国对信息技术设备和软件的实际投资达到5100亿美元，比1995年的2340亿美元增加了1倍多。1998年信息技术产业的研究开发投资达到4482亿美元，占美国公司全部研究开发投资的近1/3。这些资金的来源主要来自美国商业银行的贷款。我国银行对高新技术产业的支持也起了十分重要的作用，"火炬"计划的实施效果就是证明。今后，银行界对高新技术产业的支持仍然十分重要。

金融机构的信贷支持作用对科技型中小企业的发展壮大十分关键。长期以来科技型中小企业在获得贷款方面一直比较困难，主要原因之一是缺乏贷款担保机制。国家应当制定为科技型中小企业银行贷款提供担保的办法。另外，进一步通过国家贴息支持等方式鼓励商业银行对科技型中小企业的信贷。

（三）充分发挥政府创新基金的作用，扶持中小型科技企业

政府设立基金，支持科技型中小企业技术创新，这是许多OECD成员国采用的办法。从我国国情来看，各级财政有义务不断加大对高新技术产业发展的财政支持力度。1998年中央财政拿出10亿元拨款、20亿元银行贷款，建立科技型中小企业创新基金，支持科技型中小企业从事科技成果产业化。国家把创新基金作为政府支持中小企业从事科技成果产业化的一项长期政策。拨款用途分三个部分：贴息；无偿拨款；有偿使用但无息返还。许多省、市地方政府根据本地区情况，也建立了相应基金。充分用好这些基金，做到雪中送炭，必将对中小型科技企业的发展起到促进作用。

（四）促进高新技术企业加大研究开发的投入

从根本上讲，高新技术企业自身在研究开发投入方面的积极性是整个高新技术

产业发展的关键。从研究开发投入强度来看，1996年，OECD成员国的研究开发支出占增加值的比例为：航天航空工业为36.3%，计算机及办公设备制造业为30.5%，医药制造业为21.6%，电子设备及通信设备为18.7%。相比之下，1996年中国高技术产业的研究开发经费只有27.9亿元，占高技术产业增加值的4.8%。其中，航天航空工业为13.3%，医药制造业为3.8%，计算机与办公设备制造业为3.6%，电子与通信制造业为0.7%。可见，中国高技术产业的研究开发强度与发达国家相去甚远。国际上，在IT产业领域，企业研究开发投入占企业销售额的比例都在10%以上，我国企业与之相比的差距很大。

去年，国家已经规定，高新技术企业每年用于研究开发的经费要达到年销售额的5%以上。达不到这个要求，企业很难有竞争力。国家对高新技术企业实施的一系列税收优惠等政策，就是要鼓励企业增加研究开发投入。企业只有把更多的财力投入到持续创新方面，才能不断提高自身的竞争力，才能在高技术产业领域生存发展下去。

对大学科技园建设与发展的几点意见[①]

(2001年3月)

创办和发展大学科技园，做好技术创新源泉的工作，对于促进我国高新技术产业化，对于区域经济和国家整体经济的发展，具有重要的战略意义和深远影响。现在我对大学科技园建设与发展谈几点意见。

一、要充分利用当前有利时机，加速大学科技园发展

当前，各方面都非常重视高新技术产业化工作。中央制定的鼓励发展高新技术产业的一系列政策，包括2000年中央颁布的《中共中央国务院关于加强技术创新，发展高科技，实现产业化的决定》，为激励科技人员和大学师生投入高新技术产业化的发展，创造了一个良好的政策环境。今年，我到美国考察时，和中国留学生谈到我们制定的政策，大家一致认为我们的政策，特别是激励政策和扶持政策是有力度的，不比美国和其他发达国家的政策力度小。现在面临的问题是，这些政策的贯彻落实。总的来讲，各方面认识一致了，又有了好的政策，预示着我国高新技术产业一个大发展的新局面正在到来。

在这种形势下，我们抓好大学科技园建设，把它建设成我国高新技术产业和高新区持续、自主创新的重要源泉，就显得特别重要。这些年来，我有一个很深的感受，就是大学在我国科技发展中的地位越来越得到整个社会的认同。大学在我国科技总投入结构中的比重，包括从企业获得的投入，从基础研究、高技术研究，以及其他各方面获得的研究项目和科研经费，都有了较大幅度的增长。高等学校创造了大批的重大科技成果，有的已经产业化，在我国国民经济，特别是高新技术产业发展中起到了重要作用。从这个意义上讲，大学作为我国高新技术产业发展的一个重要的技术创新源泉，正发挥着越来越重要的作用。

大家知道，我国设立国家高新区的主要目的是开发和利用高等院校、研究院所

[①] 2001年3月刊发于《中外科技信息》（2001年第3期），"大学科技园的建设与发展"（节选）。

的智力资源，发展高新技术产业。从这点上看，大学科技园与高新区有着天然的联系。一方面，高新区运行的好坏、发展质量的高低，特别是高新区持续创新能力的强弱，在很大程度上取决于对我国智力资源的开发利用程度。另一方面，建设大学科技园的重要目标就是要把它建设成高新区持续、自主创新的源泉，不断为高新区发展提供新的经济增长点。因此，高新区和大学科技园有强烈的互补性，能够在一起共同发展。

目前，各方面都在研究制定"十五"发展计划。大学科技园"十五"发展计划一定要和国家"十五"科技、教育发展计划结合起来。首先要与国家科技发展计划接轨。我们在国家层次上推进大学科技园的工作刚刚起步，一定要做好总体规划，这对于今后大学科技园的发展至关重要。各大学科技园在规划过程中，一定要和各地的高新区建设接轨，充分利用高新区已有的硬件环境和软件环境，结合当地高新技术产业发展的要求，推进大学科技园建设。

二、要坚持因地制宜、多种模式、多元化发展的方向

各地的情况不同，因而大学科技园的发展模式也不尽相同。"一校一园"和"多校一园"的发展模式都可以探索，关键是要从实际需要出发，充分发挥不同地区的特点和优势，充分利用现有的资源。无论采取哪种模式，大学科技园一定要坚持开放、多元化的方针。一是大学科技园建设投资主体多元化，充分利用各种社会资金，加速园区建设；二是服务对象多元化，既要为大学师生创业提供支持，也要为来自社会上，以及来自国外的创业者提供服务；三是培育的企业的投资主体多元化，大学科技园培育的企业要按照现代企业制度运行。

在建立综合性孵化器的同时，要注意发挥大学的学科优势和科研优势，发展一批专业孵化器。很多产业在研究开发和产业化的各个阶段中，中小企业群体可以共享一些实验设备、测试仪器、资料信息、基础原材料等。如果建设一批专业孵化器，提供必要的共享资源，这将为有知识的创业者和中小企业的发展建设一个比较好的环境。在这些方面，大学具备良好的基础和条件。专业孵化器中比较突出的是软件产业类、集成电路设计产业类和生物工程类的孵化器。这类产业的专业性很强，共享资源要求也比较多，在一个局部区域很容易形成聚集效应，可以产生一批有生命力的新企业。

三、完善服务功能，提高孵化能力和质量

一般而言，大学科技园应当具备四种基本功能，即技术创新基地、高新技术企业孵化基地、创新创业人才聚居和培养基地及高新技术产业辐射基地。我国大部分大学科技园正处于建设阶段，要抓紧建设，尽快建立、健全各项基本服务功能。

在完善服务方面，我在这里想强调四点。

第一，管理创新是实现服务创新、提高服务质量的关键。大学科技园的创业服务要有经济意识、名牌意识，学习和借鉴现代企业的做法，完善决策、监督、管理和用人机制，不断总结大学科技园好的管理经验、方法和模式，使之广为传播和共享。要按照未来企业发展的要求，为创业者提供专业化、规范化、社会化的服务，提高办事效率，满足现代企业创业快节奏发展的要求。大学科技园不仅仅是提供硬环境和政策环境，不是修了孵化楼、享受了优惠政策就行了，更重要的是要提供科技企业发展需要的服务。

第二，大学科技园的首要功能是孵化企业，培育企业家。大学科技园的功能绝不能仅仅定位于孵化技术，对此，必须要有明确的认识。要围绕培育企业和培养企业家的需要，不断提供企业管理、市场开拓、金融服务、国际贸易等业务和技能培训，使创业者尽快成为合格的企业家，这是创业服务工作的中心任务。

第三，要完善融资服务。要积极吸引各种支持创新的基金和民间投资基金，到大学科技园来寻找投资合作的项目、伙伴，吸引更多的风险投资进入大学科技园。大家知道，自从去年国家建立科技型中小企业技术创新基金以来，已经支持了1000多家科技型中小企业，主要是拨款和贷款贴息，共达8亿元，平均每个企业得到75万~80万元的支持。大学科技园的企业要充分利用这个条件，科技园有责任向有关小企业提供必要的信息、培训和咨询，为这些小企业进入国家支持的小企业行列创造条件。当前，各地方用于支持科技型小企业创业的基金已超过10亿元，表明地方政府对发展高新技术产业的高度重视。现在关键的问题是，要把这些资金运用好，提高资金利用效率，培养出一批高的、新的科技企业。大学科技园在这方面有很多有利条件，因为背靠大学，有很多专业技术人才，也有很多懂经济、懂金融的人才，要把这些人才的作用充分发挥出来。我们迫切需要一大批懂技术、懂管理、懂金融、懂市场的知识密集的复合型人才，发展我国的风险投资中介服务事业。

第四，加强创新服务人才和创新文化建设。我们要树立这样的观念，即大学科技园的创业服务人员、管理人员同企业家、科技人员一样，也都是从事创造性的工作，从事着一种创新实践。只有树立这样的观念，才能制定相应的政策，吸引和留住一流的人才从事创业服务工作。在这方面，一是要加强思想工作，让更多的年轻人充分认识到创业服务工作的重要意义和远大前景，激发他们的积极性。二是要加大用人制度改革力度，在分配政策方面大胆尝试和探索，尽量使一流人才包括一流管理人才的工作和生活条件与国际接轨。

要建立鼓动创新的文化，鼓励冒险，容许失败。研究工作如此，高新技术企业发展，以至于大学科技园发展也是如此。企业，特别是科技型小企业的生生死死的过程实际上是一个积极的社会过程，是各种生产要素在激烈的市场竞争中不断优化、重组的过程。我们要容许创业者失败，容许他们在失败中奋起。

四、几点希望

第一，大学要为大学科技园发展和创新，为创业者提供必要的条件。大学的领导一定要注意到高新技术产业的特点，给创新创业的科技人员创造一个良好的、宽松的环境。大学主要通过经济关系，而不是行政关系推进大学科技园建设，要以产权为纽带，把大学的发展与大学科技园的发展联系起来。

第二，地方政府部门要加强对大学科技园工作的支持。大学科技园建设是国家技术创新工程基础设施建设的重要内容，科技部将为大学科技园工作提供一定的经费，教育部也将对其给予经费支持。但是，推进大学科技园建设必须发挥多方面的积极性，重点在地方。

第三，大学科技园要大胆开拓，勇于创新。我们曾提出国家高新技术产业开发区是科技体制、教育体制、经济体制改革的试验区。我们一定要用改革的精神，在创造环境、转变机制、改革产权制度等方面，积极探索，大胆实践，推动我国大学科技园更好、更快地发展。

关于国家高新区"二次创业"的有关问题[①]

(2001年9月16日)

今年是小平同志"发展高科技，实现产业化"题词十周年，又是江总书记提出"本世纪在科技产业化方面最重要的创举是兴办科技园区"著名论断五周年。今天，我们重温题词和论断，总结国家高新区发展经验，探讨在新的历史条件下建设国家高新区、壮大高新技术产业的对策措施，引导国家高新区实现持续的技术创新和体制创新，实现国家高新区的"二次创业"。

一、充分认识国家高新区在实现我国高技术产业化中的战略地位和作用

（一）国家高新区十年来取得了引人瞩目的成就

十年前，国家高新区依靠改革开放和自主创新，开始了在市场经济尚不充分的条件下我国高新技术产业化道路的探索。十年期间，国家共批准建立了53个国家高新区。十年来，国家高新区始终高举创新的旗帜，充分发挥政府和市场两方面的积极作用，大力发展民营科技企业，实现了高新技术产业的飞速发展。国家高新区主要经济发展指标十年来年均增长率都在60%以上。2000年，53个国家高新区实现技工贸总收入9209亿元，工业总产值7942亿元，财政收入460亿元，出口创汇186亿美元，上述指标分别是1991年的106倍、112倍、118倍和103倍。国家高新区的快速发展不仅显示出其旺盛的活力，也对国家和地方科技、经济和社会的发展产生了积极影响。

1. 国家高新区已成为我国高新技术产业发展的基地，成为拉动经济增长的重要力量

我国目前高新技术产业的收入、产值有一半以上源自国家高新区。2000年国家

[①] 2001年9月16日在武汉国家高新区所在市市长座谈会开幕式上的讲话（有删节）。

高新区工业增加值达1979亿元，比上年增加503亿元，为全国工业增加值新增部分的24%。绝大部分国家高新区已经成为拉动所在城市经济发展的主导力量，如在1999年，苏州高新区的工业增加值在全市工业增加总值中所占比重已达到50%，绵阳占45%、吉林占40%、无锡占25%、西安占18%、北京占14%等。国家高新区为这些城市国民经济的结构调整和持续、健康、快速发展提供了动力。

2. 国家高新区已成为我国科技成果转化和产业化的重要基地，成为培育高新技术企业的摇篮

十几年来，作为创新创业基础设施的科技企业孵化器从无到有，从小到大，蓬勃发展。全国目前有各类科技企业孵化器250余家，数量居世界第3位；其中，有国家创业服务中心61家、火炬软件园19家、留学人员创业园21家、大学科技园22家，等等，它们大部分建在国家高新区内。这些孵化机构为广大创业者提供场地、设施和咨询、培训等服务，组织开展风险投资活动，有效地推动了技术、资本与产业的结合。2000年据对其中131家创业中心的统计，现有孵化场地272.1万平方米，在孵企业7693家，累计毕业企业2770家。科技企业孵化及相关的创新创业服务正在成为一个全新的产业。

3. 国家高新区正在探索并走出一条依靠科技进步和劳动者素质提高的集约化经济发展之路

国家高新区从建设伊始就开始探索新的产业发展模式，投入最多的是科技和人力资本。在国家高新区目前251万直接就业人口中，大专以上学历人员占1/3，具有中高级职称人员41万人，还有硕士生5万多人、博士生9000余人、留学归国人员近万人。国家高新区的研发投入一直保持较高的强度。2000年，我国约有1/5的研发资金投入到国家高新区有关企业的创新项目上，区内企业科技开发投入占销售收入的比例平均在3%以上。国家高新区以创新和高素质人才为基础，创造出年人均收入37万元、人均利税4.2万元的高产出业绩，远高于全国的平均水平。

4. 国家高新区培育和成长起一批有竞争力、有创新活力的高新技术企业

国家高新区通过不断完善区内的软硬环境和建立面向市场经济的运行机制，为创业型企业的规模化成长提供了很好的条件。在1991年，国家高新区过亿元的企业仅有7家，国家高新区的全部收入仅相当于华为公司2000年总收入的一半。而到2000年，在统计的2万多家企业中，年产值过亿元的企业已经达到1252家，超过10亿元的企业达到143家，超过100亿元的企业有6家。这些企业近年来将近6000项省部级以上的科技成果实现了产业化，使具有自主知识产权和企业自有技术的高新技术产品占国家高新区内产品产值总额约70%。

5. 国家高新区培养了一支包括科技企业家、科技专家和高新区管理专家在内的科技产业化大军

国家高新区已经成为我国高新技术产业人才的栖息地，吸引了 250 多万名各类人才投身到创新创业的事业中来。他们当中已经成长起一批科技型企业家，一批科技专家，一批熟悉高新技术企业孵化、风险投资和高新区管理等方面的专家。这批人才是国家高新区最宝贵的资源，也是我国实施科教兴国战略和人才战略的重要力量。

十年来，国家高新区的建设备受各界关注和支持。在园区基础设施建设、电子信息及其他新兴产业的发展、高新技术产业示范基地建设、"科技兴贸"战略实施和出口基地建设、改造和提升传统产业、投融资、担保活动的开展、管理体制改革、人才交流和培训、城市规划和旧城改造、精神文明建设等诸多方面，都得到了国务院各有关部门强有力的支持。正是由于大家齐心协力，国家高新区正逐渐实现先进生产力和先进文化的交融与共同繁荣。

（二）国家高新区十年发展的基本经验

回顾国家高新区十年的创新历程，它之所以取得如此之快的发展，如此显著的进步，主要得益于以下几个方面的经验。

1. 充分发挥地方政府的积极性和创造性

国家高新区建设与发展的经验是 53 个国家高新区创新共同探索的结晶。建设和发展比较好的国家高新区有一共同点，即当地领导非常重视。凡是国家高新区发展好、面貌转变快的城市，国家高新区的发展一定是当地党政主要领导、当地政府工作中的头等大事之一。在这些地区，第一把手都把国家高新区当作抓"第一生产力"的一个重要的着眼点。第一把手带头，为国家高新区的改革和发展创造环境和条件。同时，国家高新区第一把手的选择非常关键，要有一个好的带头人，要配备一个精干的领导班子，这是办好国家高新区最重要的前提。

1996 年，前国家科委在西安召开了第一次国家高新区市长座谈会，开始了以地方政府为纽带，整合中央和地方各方面力量，集中发展国家高新区的新阶段。五年过去了，在地方党政的领导下，国家高新区的建设和发展与时俱进，发生了一系列新的变化。例如，北京中关村，其政策从创业初期的 18 条到后来的 22 条，再到去年出台的《中关村科技园区条例》，率先确立了区域创新政策体系；再如，上海科技成果转化机制的探索，科技产业化政策的落实，聚焦张江的战略，深圳国家高新区的"开放式管理"和虚拟大学园的建设，西安国家高新区"种子基金"设置和国际化的开展，成都国家高新区"一站式"服务，苏州国家高新区的"小政府、大服务"的管理模式，杨凌国家高新区"省部共建"和"省内共建"的机制，吉林国家

高新区从后进变先进的改革做法等，都是国家高新区建设和发展经验中的精华内容。

2. 大力发展民营科技企业

高新技术产业具有创新机遇和市场机遇的双重不确定性，事先很难预测，也往往计划不了，它内在地要求企业必须有一个灵活有效的机制。国家高新区大力推动民营科技企业的技术创新和体制创新，使之担当起高新技术产业化先锋和主体的角色，在区内推行中关村民营科技企业试行的以"自主经营，自负盈亏"等为内容的"六自"方针，促使企业建立起有效的决策、开发、经营、用人、分配等机制，确保企业能够快速响应技术和市场变化，不断增强市场竞争能力。

大多数民营科技企业都建立了较为灵活的激励机制，以要素参与分配的方式，通过设立技术股、创业股和管理股将企业利益和员工利益融为一体，在企业内部形成了承认人才、尊重人才、留住人才、大胆使用年轻人才的制度和氛围，使企业保持着蓬勃发展的活力。企业的发展壮大，为国家创造了税收，也为社会创造了就业机会。民营科技企业减员或倒闭，都是自行在市场中找出路，进行各类资源的重新组合或配置，从来不找政府，也不给社会增加新的负担。这种新型的政府、企业、社会的协调关系，是国家高新区得以快速发展的重要原因。

3. 建立新型的管理体制和市场化的运行机制

良好的管理体制和市场化运行机制是国家高新区得以快速发展的先决条件。许多国家高新区之所以发展迅速，其中最重要的因素就是理顺了管理体制，大胆地进行行政管理制度、劳动人事制度、激励和约束机制的改革，按照市场经济和国际惯例的要求，合理划分政府、企业和社会职能，实行"小政府、大社会"、"小机构、大服务"的管理模式，开发社会化支撑服务体系。很多国家高新区管委会被赋予了规划、建设、土地、财政、工商、税务和项目审批、劳动人事、进出口等省、市级经济管理权限，在区内实行"集中管理，开放运行"，有效地摆脱了旧体制、旧观念的约束，综合设立机构，并创造出"一站式"、"一网式"管理和"一条龙"服务等成功经验，简化办事手续，精简办事人员，为高新技术企业提供优质、高效的服务。

4. 以提高市场竞争力为目标，强化企业的持续创新能力

为适应高新技术产品技术更新快、市场竞争激烈的挑战，企业必须将自身的发展立足于创新能力建设之上。在国家高新区内成功的高新技术企业都不惜重金吸引高素质的科技人才、市场开拓和企业管理人才，根据企业的发展需要设立自主的或者合作的研发机构，强化技术创新能力。目前，我国高新技术企业的研究开发投入占销售额的比重相对于传统产业都比较高，低的为3%左右，高的达到30%。2000

年，国家高新区企业的技术开发投入占全年总收入的平均水平在3.0%以上，这与我国一般企业远不到1%的平均水平，形成了鲜明对照。这些投入或者用于自主研究开发，或者用于引进国外技术的"二次开发"。实践证明，让企业面对市场自主开发、自主创新，是形成企业生存能力和竞争优势的根本点。

5. 有效地发挥创新人才，特别是青年人才的积极作用

人是生产力发展的决定性力量，对于先进生产力更是如此。国家高新区的主要政策都是以发挥人才创新作用为取向，同时利用各种可能的手段为创新者提供施展才华的舞台和必要的服务，引导企业强化激励机制，灵活地留人用人。国家高新区产业最显著的特点是创新速度快、范围广、参与要素多，在生产方式、经营方法上与传统产业相比都有革命性的变化。高新技术企业成功的关键是人才作用的发挥，而且高新技术产业的特点决定了首先要大胆起用青年人才。青年人具有掌握新知识快、思想活跃、创造力强、精力充沛、勇于拼搏等优势，特别适合高新技术及其产业发展的需要。我国大多数高新技术企业创业时人员的平均年龄在30岁左右或者更小，正是这样一批有志、有为的青年人才将创新的活力注入了新兴的高科技企业。

二、国家高新区发展不平衡问题

高新区发展不平衡问题从国家高新区创办开始就存在。现在，这种不平衡越发突出、越发明显，原来的不平衡表现在国家高新区之间，只是几倍、十几倍的差距，而现在这种差距已经扩大到几十倍、近百倍。这样发展下去，不仅对地方经济发展不利，而且将加剧区域发展的不平衡，影响国家综合国力和竞争力的提高。

为什么有的国家高新区发展慢，或者说发展上不够理想？我认为，不少国家高新区发展慢有客观上的原因，特别是在工业基础、经济实力、智力资源等方面存在着差距。可是我们也应看到，有些国家高新区并不完全具备这些方面的优势，依然发展很快。深圳市是从渔村发展起来的，现在已经成为新兴的现代化大城市；其他一些国家高新区也呈现出这种发展态势，包括中西部的一些国家高新区。我们还遇到一个新的情况，即原来发展比较快的国家高新区在近年出现了停滞的现象，同时，还有一些原来发展比较慢的国家高新区在短短的一两年的时间发生了根本性的转变，从后面走到前列。众多的事实表明，我们不应当再把过多的因素归结于客观的不利条件，重要的是要正视自身存在的问题，要把更多的注意力用来检查和分析我们以多大的决心，以什么样的体制机制、用什么样的人来建设和发展国家高新区等一系列深层次的问题，并且积极寻找解决问题的办法。

初步分析，有些国家高新区发展比较慢的原因主要有几个方面。

（一）有些地方对科技型中小企业的重要性认识不足，对创造有利于中小高新科技企业发展的环境注意不够

我们的市领导要转变观念，对发展中小高新技术企业的重要性要有更充分的认识，要把工作的重点从抓高新科技项目，转变到创造一个有利于发展高新技术产业的环境上来，包括硬环境，如高新区的建设；也包括软环境，首先是落实中央的《中共中央国务院关于加强技术创新，发展高科技，实现产业化的决定》所确定的政策。一年的时间过去了，据了解在有些地方有些政策至今落实不了，部门之间互相推诿、无人拍板，把大量的机遇都给耽误了。

另一个观念的转变也很重要，就是高新区要从仅仅热衷于招商，转变为更加重视创新和创业。当然，特别是在初始发展阶段，招商是重要的，高新区也不能排除这一项工作；但更重要的是，要抓住在技术创新基础上形成的新的经济增长点。我们不要怕这些企业目前很小，只要企业能够持续技术创新，有市场竞争能力，用不了几年时间，企业就一定会很快发展起来的。

（二）改革不到位，授权不充分，政策不落实，体制、机制没有完全理顺

在国家高新区深化改革进程中，有些现象应该特别予以关注。

1. 体制复归

国家高新区在发展高新科技产业中的优势在于它具有高效的管理体制，只有这样的体制才能够适应高新技术产业产品技术更新快、生命周期短等特点的要求。大多数国家高新区都这样做了，并且取得了明显的成效。但个别国家高新区从一开始就搞一个庞大的机构，办事效率很低，内部互相扯皮。有的国家高新区在开始阶段很好，但逐渐出现了向旧体制复归的趋势。有的地方因为政府机关改革，国家高新区就成为安排精简人员之地。问题的本质不在于多出十几个人、几十个人，而在于人越多事越难办。这个问题不解决，国家高新区就会丧失改革和创新的优势，高新技术产业就很难得以发展。所以，现在应当再次强调，国家高新区管委会一定要建设一个高效的领导机构。高效就一定要精干；一个庞大、平庸的队伍是实现不了高效的目标的。同时，国家高新区还要改变传统的管理方式，不要事无巨细都管起来，不要干涉企业内部事务；要依照市场机制培育区内企业，并为这些企业提供高效的服务。

2. 授权不充分

由于没有得到足够的授权，所以有些国家高新区的改革很难进行下去。一些国家高新区管委会要用很大一部分时间，为一些鸡毛蒜皮的小事和周围地区、兄弟部门扯皮，长此下去，就很难把主要精力用于高新技术产业的发展。我们希望，国家

高新区所在市的市领导学习先进国家高新区的管理经验，给当地国家高新区足够的授权，让国家高新区能够放手工作，保持高工作效率。

3. 政策不落实

目前，国务院已经制定出一批有力度的激励和扶持政策。国外留学人员认为，国内制定高新技术产业发展的激励和扶持政策至少不比西方发达国家相应政策的力度小，并为此深受鼓舞。现在的问题是，有的地方有些政策落实不下去，关键是抓得不紧，协调不够，这和绝大多数地方的情况形成了鲜明的对照。所以，现在一方面要根据形势需要制定新的政策，但更重要的是要把中央和地方已经制定的政策真正落实下来。

（三）缺乏吸引和激励人才的有效机制

当前，国家高新区急需对人才问题给予进一步重视。高新技术产业的竞争，归根结底是人才的竞争。一些发展相对滞后的高新区反映，他们当前面临的突出问题首先是缺乏技术创新人才。大家知道，在高新技术产业发展当中，只要在技术上领先一步，哪怕是一小步，就可能在市场当中占有很大的优势，这就是西方经济学家常说的"胜者全得"理论。没有第一流的人才，企业就很难在市场上占有相当的份额；而销售额的减少又会使企业进一步失掉在人才方面的竞争力，陷入人才缺乏的恶性循环之中。相当一些国家高新区也面临着缺乏管理人才、金融人才和产业化人才的问题，必须采取积极措施，转变在人才竞争中的不利局面。

三、推动国家高新区实施"二次创业"，实现共同发展

目前，多数国家高新区已经完成了初创阶段的主要任务，初步建立了适合高新技术产业发展的经济管理体制和市场推进机制，奠定了产业发展的基础，体现了创新资源的聚集优势。一批有创新能力和竞争能力的高新技术企业正在成长壮大，一批具有自主知识产权、有成长优势的新兴产业正在形成，一批高新技术的企业孵化基地和产业化基地正在迅速崛起。多数国家高新区已经成为区域经济新的增长点，为培养所在城市的新兴支柱产业和带动区域经济发展做出了重要贡献。这些都为国家高新区在新时期实现新的腾飞奠定了良好的基础。进入新世纪，科技革命蓬勃发展，高技术产业迅速崛起，我们必须抓住机遇，迎接挑战，推动国家高新区和高新技术产业的发展迈出新的步伐，实现国家高新区的"二次创业"。

（一）支持国家高新区在"二次创业"中实现五个转变

实现国家高新区"二次创业"，就是要在总结过去十年发展经验的基础上，根据新的形势和要求，提出新时期国家高新区发展的新思路。

一是国家高新区要从注重招商引资和优惠政策的外延式发展向主要依靠科技创新的内涵式发展转变。国家高新区在发展初期，基础条件差，国家又不可能给予大量的直接投入，在这种情况下，国家高新区依靠招商引资和优惠政策聚集产业发展资源是必要的。但是，国家高新区发展到现阶段，主要沿用以往的发展模式，已经不能适应在新形势下壮大我国高新技术产业、提高创新能力和竞争力的发展要求。

二是国家高新区要从注重硬环境建设向注重优化配置科技资源和提供优质服务的软环境转变。国家高新区发展，要求具备一定规模的硬件条件。但是，目前从总体上看，软环境建设滞后于硬环境的发展，因此在今后相当一个时期，必须把改善软环境放到更加突出的位置。

三是国家高新区要努力实现产品以国内市场为主向大力开拓国际市场转变。我国即将加入WTO，国际国内竞争将融为一体，高新技术产品将面临更加严峻的国际竞争，必须把提高我国高新技术产品的国际竞争力，作为我国国家高新区今后发展的重要任务。

四是国家高新区要推动产业发展规模由小而分散向集中优势发展特色产业和主导产业转变。回顾我国国家高新区的发展历程，我们在产业总体规模上已经取得突破性进展，但是和国际高新技术产业的高速发展相比，无论是在规模上、质量上，还是在产业布局方面都存在着较大差距，因此，必须发挥优势，逐步形成具有自己特色的产业和主导产业。

五是国家高新区要从逐步的、积累式改革向建立适应社会主义市场经济要求和高新技术产业发展规律的新体制、新机制转变。过去十年中，我们在建立国家高新区新型管理体制和运行机制方面进行了积极探索，取得了重要进展。随着我国全面参与全球化进程，我国高新技术企业面临着新的发展机遇，这就要求国家高新区必须继续深入推进体制改革和机制创新。

（二）支持国家高新区在"二次创业"中加强四个能力建设

一是加快实施知识产权战略，提高企业的自主创新能力。知识产权是现代企业重要的无形资产，是创新能力和竞争力的核心要素。当前，我们必须提高认识，加强知识产权知识和相关法规、有关国际惯例的宣传和普及。要引导广大企事业单位和科技人员转变知识产权观念，不但要尊重和保护他人的知识产权，更重要的是要提高自身知识产权保护能力和运用管理能力，学会把发明专利、技术秘密、驰名商标等知识产权作为创新创业、产业扩张、市场开拓的重要武器。

二是大力发展多种类型的科技企业孵化器，强化包括国家高新区内在的创新创业孵育能力。高新区的特色在于创新孵化，高新区持续的竞争力也在于创新孵化。各地要根据当地资源、产业发展方向和市场需求，大力发展科技企业孵化器，包括综合企业孵化器，如创业服务中心、大学科技园、科研院所创业园、军转民创业园、留学生创业园等；积极创办专业孵化器，如软件产业基地、集成电路设计孵化器、生物工程类孵化器，进一步吸引更多的人才到高新区创新创业。同时，要注意提高我国科技企业孵化器发展的质量。鼓励有条件的国内外机构、大中型企业、民营科技企业创办各种类型的孵化器，推进孵化器的多样化、多元化、网络化和国际化发展。

三是提高国家高新区对传统产业的辐射能力。当前，具备一定优势的国家高新区，要充分发挥高新技术产业基地和人才队伍的作用，继续加强和周边经济互补的作用，一方面，引导和鼓励国家高新区企业基于市场原则和周边企业广泛开展技术转移、技术合作、兼并、并购、战略联盟和资产重组；另一方面，在一些国家高新区比较集中且发展态势比较好的地区，积极推进高新技术产业带的建设。

四是提高国际化能力。高新区作为我国高新技术产业的基地和对外开放的窗口，必须适应国际竞争的要求，在国际化方面走在前列。要进一步加强科技兴贸战略的实施力度，扩大高新技术产业的出口基地的规模和能力，特别是要重点支持软件产品的出口工作。区内企业要学会利用国内国际两个市场和资源，熟悉并掌握国际惯例和市场规则，提高跨国经营的能力。为了帮助我国科技型中小企业走向国际，科技部拟按照"政府引导、社会投资、企业化运作"的模式，在国外建立孵化器组织，以此为基地推动中小企业的国际化拓展。

国家高新区过去十年的经验已经证明，我们可以实践好江泽民总书记提出的这一"最重要的创举"。未来几年，我们将以"二次创业"为契机，将国家高新区和高新技术产业推向一个新的高度。我们有能力用不断发展和日益强大的高新技术产业，迎接新世纪中华民族的伟大复兴。

民营科技企业要做创新的实践者[①]

(2001年9月18日)

我和大家一样都很高兴来到烟台这样一个美丽的滨海城市参加中国民营科技促进年会这个盛会。在"十五"计划开局和我国即将进入WTO的关键时期,在这里召开这样一个年会,商讨一些重大问题,非常及时和必要,我首先预祝大会圆满成功。

下面我根据谢绍明理事长的要求,就民营科技企业今后的发展谈一些意见,也谈几点希望,并且对科技部在支持民营科技企业方面想做的工作向大家作一个简要的汇报,供大家参考。

一、日益壮大的民营科技企业

自1992年邓小平同志南方谈话发表和1993年原国家科委、原国家体改委[②]联合发布《关于大力发展民营科技型企业若干问题的决定》,并且召开全国民营科技型企业工作会议以来,随着我国改革开放和现代化建设事业的全面推进,我国的民营科技企业已经实现了持续9年的高速增长,并且呈现出下面所述的一些新的发展态势和特点。

(1) 民营科技企业的超常规发展。
(2) 民营科技企业已经成为区域经济发展的重要力量。
(3) 现代企业制度开始建立,企业管理日趋规范化、科学化。
(4) 自主开发和研制的产品逐渐占据主导地位。

民营科技企业取得的这些成绩,是引人注目的。但是我们既要看到民营科技企业的快速发展,也要对民营科技企业发展过程中的问题有一个清醒的认识。概括起来,存在的问题主要有以下几个方面。

[①] 根据2001年9月18日在中国民营科技促进会2001年会暨企业发展高峰论坛上的讲话(发表于《中国科技产业》2001年第7期)和2000年11月11日在中国民营科技促进会2000年会上的讲话整理而成。

[②] 即原中华人民共和国国家经济体制改革委员会,简称国家体改委。

（一）思想认识方面的问题

加速科技成果的转化和产业化，首先需要解放思想、提高认识和转变观念。当前有不少同志思想认识、观念还不能够完全适应科技创新和民营科技企业大发展的要求。一些管理干部对高新技术产业发展的特点，对民营机制创新的特点认识不足，仍然自觉不自觉地沿用计划经济的思维方式指导民营科技企业的发展，推进高新技术成果转化和产业化。表现在具体工作当中，就是比较注重自己操作项目或者由政府机构操作项目，轻视环境建设；重视财政投入，轻视市场的作用。一些科研机构和高校的领导同志片面强调单位利益，对知识科技人员创业缺乏热情。目前，科技人员创业的政策措施相当一部分还难以落实。一些科技人员过分看重科技成果的价值和作用，对产业化开发和市场开拓的重要性和存在的风险认识不足，在成果转化中对科技成果要价过高，影响了科技成果的及时转化。所以，进一步转变观念，深化对高新技术产业发展的特点和规律的认识，仍旧是我们今后工作中的重要课题。

（二）政策落实方面的问题

首先，一些政策在执行当中手续繁、周期长，不利于落实。例如，国家放宽了知识产权作价入股的比例，而很多科研机构、高等院校的成果作价评估时往往要经过复杂而且耗时的程序，层层审批，使一些技术成果丧失了良好的商机。有些地区在执行政策过程中对非国有企业不能一视同仁，比如，对科技企业实行税收减免，本来是国家采取的扶持性措施，但有的地方在对科技企业进行公司制改组时，要求将税收减免的资金转变为国有股并要参与管理和收益分配，挫伤了这些企业的积极性。另外，有些政策还缺乏配套操作措施，比如，国家决定要对高新技术产品实行税收的扶持政策，现在除了软件和集成电路以外，其他的政策还需要落实。关于风险投资、风险担保、科技人员股权和期权奖励等，也还没有形成更加具体的、可以操作的政策。同时，随着形势的发展，一些新政策的制定也提到日程上来，比如，关于技术转让的机制、关于高技术产权交易的机制、关于国家支持科研项目所获得的专利所属等问题，都有待于我们在今后要尽快地加以解决。因为认识没有完全到位、政策没有完全落实，导致了民营科技企业发展的不平衡，这已经成为制约民营科技企业总体上继续扩大规模、提高素质的新的障碍，也制约着融资问题、人才问题的根本解决。

（三）创新能力方面的问题

随着全社会发展高新技术产业的热情不断高涨，企业对科技成果的渴求日益强烈，成果转化率有了提高，但目前在产业化过程中，技术水平较高，市场前景较好，拥有自主知识产权的项目十分难求，大量风险资金由于找不到好项目而闲置。

科技持续创新能力不强,技术后劲不足的问题,是推进高新技术产业化过程中暴露出的新矛盾。由此下去,势必影响我国高新技术产业的持续发展。

从企业方面讲,民营科技企业的进一步发展也面临着几大难题,其一是企业的现代企业制度建设还没有从根本上得到确立,相当一批企业产权模糊,产权结构和企业法人治理结构不尽合理,企业管理重经验,轻制度和规范,对用人和分配方面的激励和约束机制,缺乏有效的运用。其二,我国还没有形成职业经理人队伍。民营科技企业经理人市场发育缓慢,企业用人机制开放度不够,有些企业在用好人才、留住人才、激励人才方面,缩手缩脚,作为不大。其三,多数民营科技企业的知识产权意识、创新能力和国际化开拓能力仍需加强。这些问题将是我们下一步工作要认真面对和着重加以解决的重要课题。

二、新时期民营科技企业的基本思路和主要任务

民营科技企业发展的基本思路如下。

(1) 政府部门以落实已制定的政策为主,根据需要或继续制定和出台相应的政策,为促进高新技术产业化和民营科技企业发展营造创新创业的环境。

(2) 企业以建立和完善现代企业制度为根本,明晰产权,优化产权结构,健全法人治理结构,探索和运用一些行之有效的激励机制和约束机制,增强知识产权保护意识,增加科技投入,努力成为科技创新的主体。

今后一个时期的主要任务有以下几个方面。

(一) 推进现代企业制度的建设

建立现代企业制度不是一项行政任务,应该成为民营科技企业必须具有的素质和参与市场竞争的出发点。"九五"期间,一批民营科技企业在现代企业制度建设方面取得了重要进展,达到了产权清晰、管理规范、信息透明、分配合理的要求。但是,还有相当多的民营科技企业,由于历史的原因,在过去较长的时间里形成了模糊的产权关系和家族式的管理模式,一直延续下来,没有实质性改变,这不利于民营科技企业持续健康地发展。企业规模比较小的时候,产权关系模糊、家族式的管理一般问题不大,但是当企业发展到一定规模以后,这种管理方式由于缺乏竞争机制,容易任人唯亲和个人决策,导致企业内部管理的混乱,甚至后院起火、企业分裂。最近几年,一些著名的民营科技企业遇到挫折,多数和这种落后的管理制度有关。这些企业应该认真总结经验教训,也应该引起民营科技企业家的高度关注。

当前,民营科技企业要加快推进现代企业制度的改革,依照有关的法规和国际惯例实现所有权和管理权的分离,用尽可能短的时间率先完成公司治理的革命。公司治理是企业发展到一定程度融入社会经济大系统中的一次关键性的变革,是企业走向成熟的变革。民营科技企业要实现公司治理的革命,就要依法建立和完善董事会

制度，丰富其功能，建立独立董事，以及在其中发挥重要职能的薪酬委员会、审计委员会等，对企业持续的技术创新、管理创新提供制度保障。民营科技企业要积极开展试点工作，学习和借鉴国际上的通用做法，按照政府的政策、规章，设计出有吸引力、竞争力的薪酬结构，对经营管理层、技术和其他骨干人员开展以股权、期权为激励手段的尝试，为高新技术企业角逐人才的国际竞争创造条件。

（二）加速民营科技企业规模化的进程

加速规模化的发展是民营科技企业在市场经济体制下应对日益激烈的国际化竞争挑战的必然选择。高新科技企业的规模化问题应当说比传统产业更为紧迫，高科技产品的生命周期很短，技术更新很快，如果不能在短期内形成规模，没有完全进入市场就已经失去了竞争的机会。所以，对于高新科技企业来讲，规模化的问题已经成为我们面临的非常突出的问题。企业要做大，要研究市场环境，研究开发的竞争能力，也要研究企业成长的基本途径，学会用资本运作和其他必要的手段，包括生产方式、管理方式的创新，去驾驭更多的市场资源。

在这方面在座的都是一些成功的企业家，我很难提出更多的建议，仅就我所知的提出一些想法。

一是以知识、市场为导向，进行兼并和收购。硅谷的大多数高科技企业没有上市，当然我这里并不是否定上市，可以说没有高科技的股票市场，没有纳斯达克的风险市场，也就不可能有必要的兼并。目前，世界企业并购此起彼伏，发展很快。我国有800万多家民营企业，相当一部分要通过并购来实现资源的优化组合和优化配置，在这方面民营科技企业一定要有所作为。

二是实行"两头在内、中间在外"的发展模式，加快做大做强的步伐。"两头在内"是指科技企业要紧紧抓住研究开发和市场开拓这两头，以市场为导向进行研发，不断研发出新的产品增强占领市场的能力；而中间生产环节可以充分利用其他企业的资源完成。这种企业利用市场竞争的机制组成联合体，可以大大加快企业的扩张过程，提高生存能力和市场竞争能力。

三是通过资本市场和金融手段，通过资产的重组和上市求得发展。现在大家都在考虑上市的问题，有的在国内上市，有的同志期盼着创业板，还有的到香港或者海外上市。虽然目前股票市场普遍低迷，但资本市场仍旧是高科技企业扩大生产规模的重要手段。有些同志也提到有些高科技企业采取"借壳上市"的办法，在很短的时间内完成了规模化过程，发展非常迅速。当然，现在看来，确实有成功的经验，我们也要注意不要采取弄虚作假的手段，要保证国有资产不能流失，更重要的是要承担起企业的社会责任。

（三）增强民营科技企业整体创新能力

民营科技企业在市场竞争的激励下，保持适当比例的研究开发投入，是提高企业技术创新能力的基础。通过企业技术创新能力的加强和研究开发投入的提高，使企业逐步成为技术创新的主体。

我国民营科技企业从20世纪80年代后期直到90年代初期一直保持了比较高的研究开发投入，1993年研发投入曾经达到技工贸总收入的11.5%；1994年后，投入比重逐年下降，1997年降到3.9%，成为最低点；1998年开始回升，达到4.5%左右。随着研究开发投入的逐年降低，民营科技企业的经济效益也逐年降低。衡量经济效益的一个重要指标就是企业的产值利税率，1993年民营科技企业的产值利税率曾经达到23.2%；1994年以后逐年下降，1998年降到11.6%；1999年开始回升。可见，民营科技企业的研究开发投入多少和其经济效益高低成正相关关系。为此，要推动民营科技企业持续快速发展，有赖于通过加强研究开发，源源不断地提供具有自主知识产权的技术成果。

据统计，我国技术创新能力强的企业，其研究开发投入一直保持在销售额的6%，甚至在10%，最高达30%。但也有相当一批企业持续创新能力不足日益突显，这些企业越来越缺乏拳头产品，缺乏核心技术，有些已经开始放弃自己的专业特长，改谋其他生路，这些问题应当引起民营科技企业家的高度重视。

中央要求企业成为技术开发投入的主体，随着科技改革的深入，我国的科技研究开发事业正在大规模地向以企业为主的方向转移，所以我们希望民营科技企业一定要加强技术创新能力的建设，大幅度增加科技投入、大幅度地提高创新能力和市场竞争能力。这不仅仅是我国国民经济发展的需要，也是每个民营科技企业自身生存和在激烈的市场竞争中发展的实际需要。

在增强民营科技企业整体创新能力中，我们还希望民营科技企业要积极参与企业孵化器的发展。近年来，我国的科技企业孵化器从小到大蓬勃发展，科技企业孵化器和相关的创新、创业服务正在成为一个新的产业，全国目前有各类科技企业孵化器250多家，数量居世界第三位。这些孵化器中不乏大中型企业、民营科技企业、上市公司办的企业孵化器，也出现了民营机制的企业孵化器，这些孵化机构为广大创业者提供场地、设施、咨询服务，有效地推动了技术和资本的结合。企业孵化器和风险投资的结合，正在成为我国创业企业发展的一种新的模式。

我希望有更多的民营科技企业参与企业孵化器的发展。一方面民营企业有实力和资金，但更重要的是有民营机制。当前的孵化器大部分是政府出资办的，是非营利性机构。在创新设施基本上空白的时候，政府的引导完全必要，但我相信有民间资本和民营机制的介入，我国的企业孵化器一定会得到更快的发展。美国有近千家各种类型的企业孵化器，中国市场之大，有那么多人愿意创业，应该说孵化器本身的市场规模和潜力也很大。另外，办好企业孵化器也可以作为企业的创新战略、实施产业化、激励内部人员、扩大企业资本经营渠道的一项重要内容。科技部、地方科技管理部门都要大力支持民营科技企业创办企业孵化器，并且给予必要的指导和扶持。

（四）重视知识产权保护，加快发展有自主知识产权的产业

我国即将加入 WTO，WTO 的知识产权协议规定了成员保护知识产权的最低标准和争议解决机制，所以知识产权既是法权又是无形资产，同时也是国际经济新秩序的重要组成部分。创新成果只有用知识产权来武装，才能在日益激烈的国际市场竞争当中处于优势地位，否则就容易陷入被挤压、受遏制的局面。今后，我们进入国际市场的关键将不是关税壁垒，而是技术壁垒，实质上是专利壁垒。

当前，我国发明专利的申请和保护，处于一种很不利的形势。据统计，1994～1998 年，外国在我国有关高新技术领域发明专利的申请在信息领域占 90%，在计算机领域占 70%，在医药领域占 61%，在生物技术领域占 87%，在通信领域占 92%，在半导体领域占 90%。我们自己在这些方面的专利相当少。这一方面与科技创新投入不足有关，另一方面也同我们科技人员长期以来重发现、轻发明，重论文、轻专利的观念有关，和政府对科技人员的激励机制有关。我国科研机构、大学有不少的发明创造，只是通过发表学术论文，参加学术研讨会，公布了有关的结果，获得了一个高水平的评价就完成了研发的一个循环。这样做的结果实际上失去了很多技术产业化的机会，非常可惜。现在我们面对经济全球化的趋势和我国即将加入 WTO 的挑战，科技战线，包括民营科技企业在内，一定要转变观念，把知识产权提到重要的议事日程；不但要尊重和保护他人的知识产权，而且更重要的是要提高自身的知识保护能力和运用管理能力；要把发明专利、技术秘密、著名商标等知识产权作为企业扩张、市场开拓的重要武器。我们不仅要制定企业的知识产权的经营战略，而且要善于运用知识产权战略在市场竞争当中争得主动。国家也要把知识产权作为参与竞争、实现持续发展的重要资源，制定国家战略，发展具有自主知识产权的产业，提高企业、科研机构的竞争能力。

在这里，顺便提一下关于"反倾销"的问题。现在很多高科技企业和研究机构反映，我们在与跨国公司的竞争中经常遇到一个困难问题。当我们没有掌握关键技术的时候，跨国公司或拒绝向中国出售这些关键技术和使用这些技术的关键产品，或高价出售。一旦我们在关键技术的研发上取得突破进入市场的时候，这些公司立刻用原来几分之一甚至 1/10 的价格挤垮我们的产品。这在国内市场的竞争中，使我们处于非常困难的地位。据了解，对这些跨国公司的倾销行为，我们很少做出反应。我们的公司、企业还缺乏这方面的能力，包括经费支持，也缺乏必要的法律知识。我建议，包括民营科技企业在内的各类公司，要更多地通过行业协会、各种形式的中介组织，联合起来保护我们的利益，包括在必要的时候申请倾销调查，保护民族高科技产业的发展。

（五）加强民营科技企业家队伍的建设，培育企业家群体

民营科技企业家在民营科技队伍发展当中起着决定性的作用，民营科技企业家

人才队伍的建设对我国国民经济的发展和国家创新系统的建设都十分重要，应当把培养跨世纪的民营科技企业、企业家当作今后长时期内推进民营科技企业发展的重点工作。为此，各级政府部门要努力创造环境条件，包括学习、出国考察等，帮助有一定规模的企业制定出自己的人才战略、人才规划，建立自己的经理人市场选拔机制，并且在经营实践当中培育适合自己企业的带头人才。我们的民营科技企业一定要营造一个"拴心留人"的环境，积极探索和运用国际上都认可的、行之有效的激励机制和约束机制，用股权、期权等手段留住一批第一流的人才和关键人才，以适应日益激烈的国际人才竞争的需要。我们在各地看到，一批在20世纪80年代中期以前创办的民营科技企业的创业者，现在年龄已经偏大，培养青年科技企业家的任务更加繁重。我们了解到，中国国内也好、国外也好，高科技的领头人大都是30～40岁，我相信我们的企业家也有这样的远见，能够更快地培养出一批有活力的、有市场头脑的接班人。

（六）探索和发展有中国特色的企业文化

大多数民营科技企业在发展中都建立了有自身特色的企业文化，用于激励企业和员工不断创新、不断发展。企业文化的建设是企业发展的灵魂，要通过企业文化的建设，使民营科技企业树立适应21世纪的文化价值观，进而使企业出现崭新的形象。当前企业文化建设的重点：一是树立新时代的企业价值观，要树立企业为振兴中华、为社会创造财富的全新价值观；二是弘扬新的企业精神，要提倡服务社会、奉献社会、讲求诚信、质量第一，创造高效益、高境界；三是发展创新经营的理念，要注意科技进步和经济效益的统一，新产品开发和抢占市场的统一，敬业乐群和同甘共苦的统一；四是建立现代企业制度，建立科学、严明、规范的制度，这是企业发展的基本保证；五是推动企业的整体创新，无论是企业家还是员工，都要有危机意识和创新理念，使企业在激烈的市场竞争中立于不败之地。

三、各级政府要加强对民营科技企业的支持

十几年来，在宋健、李绪鄂等同志的大力的倡导下，科技部一直致力于民营科技企业的发展。在新的形势下，科技部要更加努力把科技部各个部门、各个司局的力量集成起来，加强对民营科技企业的支持，加强对以民营企业为主体的国家高新区发展的支持。在这里，我谈几个方面的工作。

（一）深化改革，营造有利于民营科技企业发展的环境

尽管目前民营科技企业发展的环境有较大改善，但社会上仍然存在若干对待不公平的问题。少数地方民营科技企业的合法权益得不到充分保障，侵权案件时有发生。此外，办事难、摊派多、干扰大、地位低等不平等问题仍然不同程度地存在。

这一切都不利于经济和科技体制的深化改革，不利于民营科技企业的健康成长。

主体平等是市场运作的原则之一，即所有自然人和法人在市场交易中保持平等。过去我们有不平等的因素，比如，"一平二调"、地方保护等，形成了事实上的市场主体不平等现象。但是，今天的企业，包括民营科技企业、国有企业和三资企业，在市场交易面前应当是完全平等的。民营科技企业首先要树立平等主体的意识。政府部门在信贷、投资、订货，以及政策导向等方面，要营造平等的市场环境。因此，面对未来跨世纪发展目标的需要，一方面，要深入学习贯彻十五大精神，加强对民营科技企业理论和政策的研究，积极为民营科技企业创造公平竞争的环境条件；另一方面，要大力宣传和表彰民营科技企业的先进经验和事迹，争取全社会更广泛的理解、重视和支持。

国家、部门和地方设立的各类科技发展专项基金要对民营科技企业开放，鼓励民营科技企业参与和竞争，支持其成果转化的活动。要鼓励有实力的民营科技企业申请政府科技计划项目，特别是高新技术成果商品化、产业化项目，从计划管理制度上保证其平等参与竞争，对获得项目的民营科技企业给予同等支持。国有科研机构、高等学校要对民营科技企业开放实验仪器设备，允许其有偿使用国有科技资源。

在实施国家产业政策、技术政策、贸易政策、金融政策和财税扶持等有关政策中，要对民营科技企业一视同仁，鼓励他们发挥科技创新优势，开发新产品，壮大新产业，培育新的经济增长点。积极为中小型民营科技企业解决普遍面临的贷款难、担保难等问题；探索建立民营科技企业贷款担保基金，分散贷款风险，支持民营科技企业获得科技创新项目贷款。允许符合条件的民营科技企业按照政府规定的程序，通过发行债券和股票、进入国际资本市场融资等方式筹集企业发展资金。

现在，当务之急是必须切实落实科技成果转化政策。1999年，《中共中央国务院关于加强技术创新，发展高科技，实现产业化的决定》及一系列配套措施已经制定了有力度的扶持和激励政策。国外留学人员表示，国内制定的扶持和激励政策使他们深受鼓舞，认为这些政策至少不比西方的相应政策的力度小。现在的问题是在有的地方政策落实不下去，其中有政策本身操作性不强的问题，也有相关部门推诿扯皮、久议不决的问题，还有执法力度不够的问题。所以，现在的主要问题不是急于更新政策，而是要保障现有政策充分有效地实施，并发挥其集成效应。一是针对当前制约民营科技发展的突出问题，联合有关部门，抓紧研究制定相应政策和具体的实施办法。在鼓励技术和管理参与分配，在建立、健全高新技术产业的风险投资机制，在扶持中小科技企业的发展，在促进科技中介服务体系建设，在保护知识产权有关的政策方面，尽快地拿出可行的办法。二是要加大对科技执法工作的督促检查，要推动中央关于高科技创新和科技产业化的相关政策法规的落实。

（二）提高科技企业创新能力

首先是要加大对民营科技企业创新创业活动的支持。当前一个突出的问题是，很多民营科技企业对国家的科学计划、扶持措施缺乏了解，不知道如何申请、申报。这样就使得许多好的企业、好的项目难以得到国家的扶持。今后，我们将开拓信息沟通渠道，及时发布相关指南，让民营科技企业更多地了解相关的申报程序和渠道，鼓励更多的民营企业承担国家计划任务和科技型中小企业创新项目。二是我们要积极地引导"863"计划、国家攻关计划的成果，在我国高科技企业包括民营科技企业实现产业化。最近几年，我们陆续建立了一些软件、集成电路设计、光电信息、新材料等产业化基地。今后，要继续加大这方面的工作力度。

（三）建设科技中介服务体系

一是大力加强创业服务中心、大学科技园、留学人员创业园、各类专业孵化器的建设，大幅度地提高孵化民营科技企业的能力；二是要大力加强生产力促进中心的建设，为中小科技企业包括民营科技企业提供经营管理技术、市场营销、信息、人才、财物、融资、法律等方面的专业化服务。特别是围绕促进智力要素和资本要素的结合，科技部准备从国外引进一批具有技术评估、资产评估（包括无形资产）能力的专业人才，加强相关的中介机构的建设。

（四）促进民营科技企业国际化

一是要充分发挥我国驻外科技机构的作用，积极地从国外引进先进技术进行消化、吸收和二次创新；二是要按照政府引导、社会投资、企业化经营的模式，推动在国外建立中国的科技园，为我国的企业特别是高新科技企业到国外进行产品研发、市场开拓创造条件，提供平台。

（五）培训人才

发展高新技术企业不仅需要有较高水平的专业技术人才，也需要各种各样的经营管理人才，我们将根据我国高新科技企业对人才的需要，加大人才培训的力度，以国家高新区为核心，做好企业管理、专利、国际市场开拓、产权交易等方面的人员培训工作。

最后，我想借这个机会，给民营科技促进会提一些希望。民营科技促进会一直是民营科技发展的坚强后盾，为各地民营科技企业的发展做了很多工作，取得了很好的成绩。今后，民营科技促进会的主要工作包括：一是继续发扬密切联系企业和企业家的传统，把民营科技促进会办成民营科技企业家和民营科技的管理者之家。在新形势下，民营科技促进会要加强对新形势、新问题的研究，及时为政府提供把握民营科技的状况、进展、面临的问题等方面的信息，加强调研，加强理论研究，向政府献言献策。二是应当开拓广阔的渠道，为民营科技企业的发展开展多方面的服务。当前，有关"服务"的问题，更多的是由政府承担。现在，政府一定要转变管理职能，否则，不堪重负还会耽误了大事。民营科技促进会应当在服务方面多做工作，不断地开拓业务渠道，加强独立工作的能力，促进民营科技企业整体形象的建立，特别是要开展多方面的咨询服务，提高业务化的服务能力。三是要加强信息沟通，大力宣传民营企业在体制、机制和技术创新方面的做法和经验。当前，民营科技企业发展的形势非常好，我们的责任是让全社会更多地了解民营科技企业发展的状况，得到社会更多的理解和支持，这对于民营科技企业未来的发展非常重要。

同志们，民营科技企业的发展已经势不可挡，成为国家和社会不可缺少的产业力量，投身于民营科技企业的大发展，就是以创新、创业的精神和力量塑造民族经济实力，塑造国家的未来。

继往开来，开创生产力促进事业新局面[①]

（2001年11月20日）

第四次全国生产力促进中心工作会议今天开幕了。这是在我国加入 WTO 的新形势下，面临的新的机遇和挑战，是全国生产力促进工作者共商"十五"发展大计的一次重要会议。我代表科技部对这次会议的召开表示热烈祝贺！

下面，我想谈三个问题。一是我国加入 WTO 后的科技形势和对策；二是关于科技中介服务机构；三是对生产力促进中心工作提几点希望。

一、加入 WTO 后的科技新形势和应对措施

几天前，WTO 部长级会议通过了中国加入 WTO 法律文件，标志着我国成为 WTO 的新成员。这是我国现代化建设事业中具有历史意义的大事。加入 WTO 后，我国将在更大范围和更深程度上融入到经济全球化进程，这必将对新世纪我国经济、社会和科技等领域产生重要而深远的影响。从科技的角度看，一方面，在国际贸易自由化的前提下，我国可以更好地利用世界范围内科技进步的成果，以加速产业结构调整，提高我国的国际竞争力；另一方面，我们又必须调整科技政策和发展战略，以适应一揽子多边协议，如《补贴与反补贴协议》、《技术性贸易壁垒协议》、《与贸易有关的知识产权协议》、《信息技术产品协议》等。同时，加入 WTO 后，近期内我国一些产业将面临严峻考验，这将大大刺激对科技的需求，既给科技工作创造了新的空间，又给我们带来了新的挑战。

面对新的形势，我们必须有新的对策。最近，科技部研究了我国科技领域的应对措施，概括起来有六个方面。

一是要充分利用加入 WTO 后的过渡期，按照"有所为，有所不为"的方针，对一些关系国民经济和社会发展的重要领域，集中资源，加强关键技术研究开发，力争在三五年内取得重大技术突破，并实现产业化，提高在一些关键产品、新兴产

[①] 2001 年 11 月 20 日在第四次全国生产力促进中心工作会议上的讲话。

业方面的国际竞争能力。

二是强化知识产权的管理，积极实施专利战略，建立运用知识产权制度促进科技创新的激励机制，运用知识产权手段促进科技创新。

三是加强技术性贸易壁垒研究，尽快建立、健全既符合 WTO 规则，又能保护我国利益的国家技术法规、技术标准体系和合格评定程序，大幅度提高在这方面的研究投入和能力。

四是充分利用科技型中小企业机制灵活、调整容易、参与国际竞争和吸纳就业能力强的特点，大力发展科技型中小企业，使其成为大企业和高新技术产业的摇篮。为此，要制定和落实有关政策，加速我国高新技术产业的发展。

五是积极培育科技中介机构，建设科技服务支撑体系。科技中介服务机构是国家创新体系建设的关键环节，是社会主义市场经济建设的重要组成部分。我国加入 WTO 后，科技中介机构的建设尤为重要，尤显薄弱。大力发展科技中介服务机构是当务之急。

六是认真贯彻落实江泽民总书记提出的"人才资源是第一资源"的战略思想，以人为本，加强科技中介机构人才队伍建设。科技部将在营造宽松的政策和社会环境方面，加大工作力度，充分发挥激励政策的作用，创造一个人尽其才、人才辈出的良好环境。

二、加强科技中介服务机构建设

目前，各级领导对加强技术创新、发展高科技、实现产业化的目标，都比较明确和重视。但是对于发展科技中介服务机构这项重要任务，总体上讲，宣传和落实还不到位。根本原因在于不少同志还没有真正认识到科技中介服务机构在高新技术产业化过程中所具有的不可替代的作用，还停留在计划经济体制下的思维模式。过去，在计划经济体制下，科技和经济的结合主要通过政府来实现，政府给予财政支持，研究所做项目，最后转给特定的企业。但在市场经济条件下，这个机制发生了很大的变化。当然，政府还要发挥作用，特别是在一些重大项目上要发挥作用。但更要在众多企业，特别是千千万万中小企业和研究院所之间架起一座桥梁，更重要的是靠市场、靠社会来做。社会靠谁？主要靠中介服务机构。所以，发展科技中介服务机构，是发展社会主义市场经济的重要内容。

我国加入 WTO 后，建设科技中介服务机构的任务更为紧迫，形势更为严峻。一方面，我国正处在从计划经济向社会主义市场经济的过渡时期，科技中介服务机构还很薄弱，还处于初级发展阶段，在法律、政策、社会环境、人才等方面还存在着不可忽视的差距。另一方面，我国加入 WTO 后，国外的中介机构必然会涌入，国内的科技中介服务机构如不抓紧时间加速成长，一旦外国机构大量涌入，很可能使我们自己的中介机构处在被动的局面。所以，加强我国科技中介服务机构的建设，已经是一项迫在眉睫的重要任务。

今后一个时期，科技部将把发展社会化科技中介服务机构作为建立国家创新体系的重点工作之一，按照国家创新体系建设的总体要求，大力推进信息、咨询、评估、培训等各类科技中介服务机构的发展。我们将配合和协调各主管部门和有关部门，采取以下几个方面的措施。

一是积极推进科技中介服务机构法律法规和政策环境建设，明确各类科技中介服务机构的法律地位、法律责任、组织制度、行业规范和服务标准。科技部将加强与财政、税收、工商等部门的配合和协调，研究制定对不同科技中介服务机构的扶持政策。

二是大力推进科技中介服务机构行业协会的建设和发展，逐步建立以行业自律管理为主的行业管理体系。

三是不断完善科技中介服务机构发展的基础设施，加强科技中介服务机构的服务管理网络平台、公共信息平台建设，实现区域性网络互相连接，资源共享，提高科技中介服务机构获取信息、处理信息的能力。

四是利用加入WTO的有利条件，加强国际合作，推动我国科技中介服务机构国际化。

三、努力开创生产力促进工作的新局面

生产力促进中心是我国科技中介服务体系的重要组成部分。几年来，我国生产力促进中心从无到有，从小到大，蓬勃发展。2000年已经达到581家，服务企业已达到3万多家。已逐步发展成为我国科技中介服务体系的中坚力量，成为推动中小企业技术创新的一面旗帜。生产力促进中心的成功实践，也为建设有中国特色的科技中介服务体系，探索了一条崭新的道路。

"十五"期间，我们要加快生产力促进中心的发展步伐，要在质量上有一个大的提高，在数量上有一个大的发展，实现组织网络化、功能社会化、服务产业化，大力提升我国中小企业的生产力水平和竞争能力。

在这里，我想提几点希望。

（一）要从发展先进生产力的战略高度，进一步提高对生产力促进中心工作重要性的认识

发展生产力是人类社会永恒的主题，发展和传播先进生产力是生产力促进中心的第一要务。生产力促进中心在科技和经济结合的过程中诞生，是科技和经济结合的桥梁和纽带。把以高新技术为代表的先进生产力带到广大的中小企业中去，帮助中小企业提高生产力水平，是生产力促进中心肩负的光荣历史使命。所以，生产力促进中心首先要成为发展先进生产力的代表，成为先进生产力的传播者。

我们要认识到，生产力促进中心工作对于推动中小企业发展的极端重要性。广大中小企业在我国经济中发挥着重要作用。这不仅仅因为中小企业支撑了我国大部分人口就业，支撑着经济总产值相当大的份额，而且创新型的中小企业颇具竞争力与发展潜力，它是我国未来大企业的摇篮。我国有这么多的中小企业、这么多研究院所和高等院校，我们要组织起浩浩荡荡的科技大军，仅仅靠政府、靠政府官员是做不到的，还要靠各类中介组织，包括生产力促进中心，去引导和服务。所以我们现在从事的事业是一项非常光荣、伟大的事业。随着时间的推移，我们会越来越清楚地看到这一点。李绪鄂同志生前对生产力促进运动非常关心，他认为生产力促进中心未来发挥的作用至少不比高新技术产业开发区小。当然，我们不好作这种横向比较，但生产力促进中心极为重要这一观点是非常正确的。

（二）要不断开拓新的工作领域，形成核心服务能力

我国各地生产力水平和经济发展的情况不同，生产力促进中心在考虑整个工作布局的时候，都要从促进科技和经济结合的实际需要出发，从地区的实际出发，尽可能选择和发现新的工作方向，开拓新的工作领域，形成核心服务能力。特别是一些业务比较单一的生产力促进中心，要在这方面多做探索，这对未来的发展非常重要。

从工作内容上讲，生产力促进中心一定要结合当地中小企业的需求，关注国内外产业发展环境变化、高新技术产业进展，开拓新的服务领域，尤其是那些涉及众多中小企业未来发展的重大技术问题。过去，一些生产力促进中心在新技术示范方面做了大量工作，比如CAD技术、快速成型技术，效果都非常好，各方面反映强烈，解决了众多企业未来发展的问题。这种示范性工作，还应该继续做下去。

当前，我们还要特别注意两个新的领域。一个是中小企业信息化。推动国民经济信息化是我国的一项重大战略决策，中小企业信息化是重要内容之一。信息化对于中小企业提高管理水平和竞争能力也同样非常重要，希望大家给予关注。另一个是中小企业国际化。在我国加入WTO的新形势下，推动中小企业国际化是一个应该关注的新的领域。生产力促进中心可以结合当地实际，选择一些特定产业领域的中小企业，宣传WTO规则，介绍国际标准，推广世界通行的管理、研发和生产范例，帮助中小企业熟悉国际惯例，尽快提高国际竞争能力。

（三）加强人才队伍建设

当今和未来世界各国间的竞争，从根本上说是人才的竞争。生产力促进中心工作是一项开拓创新性的工作，一定要有开拓创新型的人才。人才问题始终是提高和保证生产力促进中心质量的最突出的问题。我们一定要把人才问题放在首位。一方面，我们不仅要吸引、凝聚国内的优秀人才，也要引进国外的优秀人才。对优秀人才，要敢下决心，在工作条件、生活条件上给予必要的保障，在政策上给予必要的

激励，让这些人愿意而且热心于从事生产力促进工作。如果生产力促进中心的每个服务领域都有一两个开拓创新型的人才，有一两个领军人物，那么生产力促进中心的服务质量就会有较大的提高。另一方面，要加强培训。我们从事生产力促进工作的同志绝大多数是半路出家，没受过正规的训练，如果不经过必要的培训，就很难适应未来的工作和经济发展的需要。所以，希望大家将培训工作放在重要的位置。总之，大家一定要把发现人才、培养人才放在突出的位置，不拘一格地选人才和用人才。

（四）积极探索国际化途径

生产力促进中心国际化是一个重要问题。我国加入 WTO 以后，国外的中介机构将陆续进入我国的科技服务市场，这对于正处于发展初期阶段的生产力促进中心来说，是一个严峻的挑战。我们必须迎接这个挑战。一方面，我们要加强对 WTO 规则的学习，尽快熟悉国际惯例，以国际标准重新审视我们的各项工作，找出我们和国际同类机构之间的差距。另一方面，我们要积极寻找合作机会，与国际同类机构开展多种形式的合作，把国外先进的管理经验和服务引进来，尽快提升我们自己的服务能力，使我们的服务和国际接轨。

对于引进国外服务的问题，国务院领导非常重视。我们的外汇储备充足，银行储蓄也很多，不缺钱，我们引进外资的重点要转向引进技术、管理和服务，要把国外先进的技术、管理和服务引进来。生产力促进中心负责同志要高度重视引进国外管理和服务这个问题，在国家政策的引导下，加强这方面的研究，摸索这方面的经验。生产力促进中心有了国际化经验，就可以更好地为中小企业国际化服务。

（五）各级科技部门要把生产力促进中心工作长期、持久地抓下去

科技部一直非常重视生产力促进中心的建设和服务，把它作为国家技术创新体系、科技中介服务体系的重要组成部分。一是在科技计划体系中，已把生产力促进中心作为加强产业化环境建设的重要内容，进一步加大了资金支持力度。二是要把生产力促进中心工作，与原始性创新、战略高技术研究、推进高新技术产业化和重大共性技术、关键技术研发推广工作紧密结合起来。尤其是重大共性技术推广工作，一定要和生产力促进中心的工作结合起来，为生产力促进中心的服务工作提供一个工作平台和环境依托。三是要大力营造一个更好的政策环境和社会舆论环境。我们要通过各方面的支持，使生产力促进中心工作在"十五"期间有一个大的飞跃。

地方政府尤其是各级科技主管部门要高度重视这项工作。依靠地方科技力量，推动生产力促进中心的发展，是我们的一个重要思路。改革开放 20 年来，各地的经济实力，尤其是东部地区的经济实力有了很大增长；同时，生产力促进中心工作是地方科技工作的重要载体。地方科技部门离中小企业最近，联系最方便，最清楚

中小企业的科技需求。通过抓生产力促进中心工作，可以使众多中小企业享受到科技带来的利益，也会促进地方科技的发展。这是推动科技和经济结合的一个有效手段。希望科技厅、科委的同志们要充分认识到这一点，一定要创造条件，加速推进生产力促进中心工作，要制定生产力促进中心发展计划，在资金、政策、人才、服务手段等方面给予支持，使生产力促进中心有更广泛的依托环境和更大的支持力度，得到更快的发展。

高举"火炬"旗帜，加快高新技术产业化发展[①]

(2003年9月19日)

全国高新技术产业化工作会议暨"火炬"计划实施15周年总结和表彰大会今天召开了。本次会议的主要任务是：总结"火炬"计划实施15年来的成就和经验，研究今后10～20年"火炬"计划的发展方向和重点任务，为加快高新技术产业发展、全面建设小康社会做出更大贡献。

下面，我代表科技部作工作报告。

一、"火炬"计划实施15年取得历史性成就

20世纪80年代，以信息技术为代表的新技术革命在世界范围内兴起，给刚刚步入改革开放进程的中国带来了重要机遇。1988年，旨在促进高新技术产业化的"火炬"计划正式实施。党中央、国务院审时度势，做出了"发展高科技，实现产业化"的伟大战略部署。当今，"火炬"计划走过了15年创新创业发展之路，在以下几个方面发挥了旗帜性作用。

(1) "火炬"计划成为引导科技第一生产力面向经济建设主战场，走有中国特色高新技术产业化之路的一面旗帜。

(2) "火炬"计划成为引导科技体制、经济体制、金融体制改革有机结合，大胆探索、成功实践的一面旗帜。

(3) "火炬"计划成为引导企业面向市场持续进行科技创新，促进经济结构优化调整的一面旗帜。

(4) "火炬"计划成为凝聚和团结广大科技人员、留学回国人员创新创业的一面旗帜。

过去的15年中，"火炬"计划取得了丰硕成果，成千上万的"火炬"计划工作者用智慧和汗水，为推动我国高新技术商品化、产业化和国际化做出了不可磨灭的

[①] 2003年9月19日在全国高新技术产业化工作会议暨"火炬"计划实施15周年总结和表彰大会上的讲话，刊载于《中国高新技术企业》2003年第5期。

贡献。他们作为改革的先行者，以发展中国的高新技术产业作为崇高的使命，艰苦奋斗，无私奉献，开拓创新，体现了中华民族坚忍不拔、励志图强的优秀品质，为后来者留下了珍贵的精神财富。我们深切地感受到，今天高新技术产业化的良好局面多么来之不易！在这里，我提议大家以热烈的掌声，向获得"火炬"计划先进集体和个人表彰的单位和同志们表示崇高的敬意！向所有为中国高技术产业做出努力和贡献的同志们表示衷心的感谢！

二、"火炬"计划实施 15 年来的主要经验

"火炬"计划为我国高新技术产业化发展创造了宝贵经验，集中体现在以下四个方面。

（一）注重高新技术产业化环境建设，以体制改革和机制完善促进发展

"火炬"计划实施的 15 年，正是我国经济体制、科技体制和经济结构发生重大变化的时期。在市场条件、法规环境、基础设施、创新意识和社会文化氛围方面，都还不能完全适应高新技术产业化的要求。所以，充分发挥政府的宏观调控和引导作用，致力于营造一个局部优化、有利于产业化要素聚集的良好环境，不仅是从中国现实国情出发的必然选择，而且也是政府职能转变的客观要求。"火炬"计划的实践证明，决定高新技术产业发展的关键因素不仅是物质资本的数量和质量，更重要的是与人力资本潜力发挥相关的社会和经济组织结构，是与高新技术产业化密切相关的制度和环境。只要政府对力量和资源运用得当，即使相对落后的国家和地区，也可以实现高新技术产业的快速发展。科技部党组经过深入研究，把"火炬"计划主要定位在"科技产业化环境建设"上，这是对"火炬"计划 15 年来在引导、示范和推动高新技术产业发展成功实践的肯定，也是对"火炬"计划在新阶段历史使命的进一步深化。

（二）鼓励科技人员创新创业，大力扶持科技型中小企业

纵观世界各国成功的高技术企业，大都经过了在激烈的市场竞争中，从小到大、大浪淘沙、滚动发展的历程。正是基于对这一规律的认识，"火炬"计划始终大力扶持各类科技型中小企业，特别是民营科技企业的发展。从建立孵化器到发展风险投资，从企业家意识培养到企业管理系统的完善，从创建科技型中小企业创新基金等入手，到推动"孵化器＋风险投资"这一创新模式，着力推进科技型企业的能力建设和持续发展，培育了一大批技术含量高、经济效益好的中小型高新技术企业。目前，在国家高新区内，有 80％的企业是民营科技企业，是我国高新技术产业化最富有活力的生力军。

（三）充分发挥各部门、各地方的积极性，集成科技创新资源，构建支持产业化发展的创新平台

与传统产业相比，高新技术产业具有投资风险大、技术附加值高、技术更新快、产品生命周期短等特点，这决定了研究、开发与产业化必须密切相连，否则将丧失发展的机遇。"火炬"计划特别注重集成各方面的科技创新资源，引导企业提高技术创新能力，培育拥有自主知识产权的高新技术企业。"973"计划、"863"计划和国家攻关计划的实施，为"火炬"计划提供了丰富的技术创新源，形成了衔接国家各大科技计划的较为完整的创新和产业化链条。国家科研机构、高校和地方的大批研究成果，也都集聚到"火炬"计划中，不断转化为现实的生产力。根据2002年的统计，国家高新区内企业产品的主要技术来源于国内和具有自主知识产权的占83.2%；由大专院校、科研院所直接兴办的高新技术企业已达1026家；有4905项国家自然科学基金、"863"计划、国家和地方攻关计划、国家和地方"火炬"计划、国家成果推广计划项目在国家高新区实现了产业化。

（四）重视人才，为高新技术产业发展注入了活力

人才是高新技术产业的第一资源。高新技术企业的成功经验表明，发展的关键是人才，特别是青年人才和尖子人才。我国大多数高新技术企业创业时人员的平均年龄在30岁左右，正是这样一批有志有为的青年人才，将创新的活力注入了新兴的高新技术企业。15年来，"火炬"计划坚持把培养人才、吸引人才作为发展高新技术产业的关键之一，作为实现高新技术成果商品化、产业化、国际化的根本保证。注重扶持懂技术、善管理、会经营、勇于创新、敢于在市场竞争中奋力拼搏的科技管理人才和科技实业人才，切实保障科技人员的合法权益和地位，引导企业强化激励机制，充分调动科技开发人员和管理人员的积极性，吸引、培养和造就了一批科技实业家和经营管理人才。这是"火炬"计划在新阶段仍然必须坚持的基本经验。

这些宝贵经验，归结起来，就是始终坚持走有中国特色的高新技术产业化道路。这是"火炬"计划为我国高新技术产业化做出的最有价值、最为重要的贡献。

三、高举"火炬"旗帜，促进高新技术产业化发展的基本思路

"火炬"计划实施15年来，已经积累和形成了高新技术产业化的宝贵经验，聚集了全社会发展高新技术产业的重要力量。今天，我们正处在一个承前启后、继往开来的历史转折点上，我们要继续高举"火炬"旗帜，以提高创新能力为核心，推动我国高新技术产业尽快步入从大到强的历史新阶段。新时期高新技术产业化发展的基本思路包括以下几个方面。

(一) 加强高新技术产业的创新能力建设

高技术产业的竞争，本质是创新能力的竞争。从国际间发展态势来看，跨国公司主要是依靠知识产权和组织能力的优势取得高新技术产业领域的竞争主动权。历史的经验表明，这种优势不可能产生于要素禀赋依赖的比较优势，更不可能从外国技术的引进和模仿、跟踪中获得。我们必须坚定不移地走创新发展道路，高度重视原始性创新和知识产权在高新技术产业化中的关键性地位和作用，切实加强创新能力建设，形成比较完备的知识积累，从根本上提高我国高新技术产业的持续竞争力。当前，我们一方面要继续加强企业作为技术创新主体的作用，通过政策有效引导企业持续增加研发投入；同时，将不断完善要素市场发育，为各类创新活动提供资源配置的渠道和平台。经过坚持不懈的努力，把我国高新技术产业化能力提升到一个新的水平。

(二) 加快实现战略高技术产业的跨越式发展

国际经验表明，选择若干关系国家安全、国计民生和产业关联性强的战略高技术产业领域，谋求重点突破，实现跨越式发展，是后发国家实现赶超的有效途径。作为一个发展中的大国，中国必须在信息、生物、装备制造等若干战略产业领域尽快摆脱在知识产权方面受制于人的不利局面，形成和保持生产技术体系的相对独立性和完整性。这是我们参与国际产业分工的必要条件，是应对国际政治、经济竞争的重要基石。目前，我国的综合国力已经明显增强，高新技术产业初具规模，形成了一定的基础和能力。准确把握当前新技术革命的趋势，认清国际间高技术产业的竞争态势，抓住机遇，就完全有可能站在与发达国家相同或相近的起点上，比发达国家更快地进入某些新的产业领域，在技术水平、产业规模、竞争能力上实现跨越。当前，国家正在研究制定中长期科学和技术发展规划，其中一个重要目标就是提炼出类似于"两弹一星"的重大战略产品，并且在此基础上集中力量培育和发展具有国际竞争力的战略性产业。

(三) 促进高新技术改造提升传统产业

高技术产业与传统产业是相互依存的关系。一方面，高技术产业的发展很难脱离传统产业的经济与制度基础；另一方面，高技术产业发展又使传统产业效率大为提高，运转更为有效。许多发达国家的高技术产业化，不仅表现为新兴产业的迅速崛起，更表现为高新技术向传统产业的广泛渗透。目前，传统产业仍然是我国国民经济的主体，是就业的主渠道和国家财政收入的主要来源。但是，由于技术基础落后，效益较低，传统产业累积的庞大资产存量潜能并未充分发挥出来。在一定意义上，促进传统产业的高技术化，应当是我国国民经济结构调整的重点。我们必须认识到，中国的高新区和高新技术产业，不应成为与传统产业相脱离的"经济孤岛"。

发挥高新技术产业的产业关联性和带动性，增加传统产业科技含量，在更高水平上提升传统产业的竞争力，实现产业结构的调整和劳动生产率的提高，是"火炬"计划必须承担的重要使命。

（四）推动高新技术企业"走出去"参与国际竞争

在经济、科技全球化的条件下，高新技术企业必须树立强烈的国际化意识，竞争的市场和发展的目标都应该拓宽到全球视野。高新技术企业如果偏安一隅，将无法生存，更谈不上发展壮大。所以，我们的高新技术企业家应该具备雄心壮志，具备与他人争先的勇气，积极大胆地走出去，带领企业直接面对全球竞争。要实现"走出去"，关键是要靠企业竞争力的提高，特别是创新能力这一核心竞争力的提高。我们一方面要加强自主创新能力，形成知识产权的优势；另一方面要与国际间先进技术和资本结合，广泛建立技术联盟，力争从外国直接投资带来的技术溢出中获得尽可能多的收益。通过实施"科技兴贸"，努力开辟在海外市场与跨国公司直面竞争的新战场，不断扩大高技术产品出口份额，带动我国出口增长和出口结构的优化升级。

（五）实施面向全球的高技术产业人才战略

在高新技术产业领域，人才已经成为竞争制胜的关键。进入21世纪，尽管世界范围内的信息产业出现了周期性的调整，但是人才的争夺仍然十分激烈。我国具有雄厚的教育基础和丰富的人才储备，中国的优秀人才历来都是发达国家延揽和争夺的主要对象。目前，我国在海外留学和工作的学子已达43万人，位居发展中国家之首。但是，与众多发展中国家的情形一样，近年来我国优秀人才流失的现象依然存在。更加值得注意的是，跨国公司纷纷在我国设立研发机构，以优越的条件吸引国内优秀人才，人才的争夺已经到了我们的家门口。摆在我们面前的唯一选择，就是积极参与国际人才竞争，全力创造一个有利于吸引人才、留住人才和培养人才的良好环境。我们要大力倡导企业家精神，倡导鼓励创新创业、允许失败的社会文化氛围，促使一大批优秀企业家人才脱颖而出；要有针对性地加大对海外顶尖人才，包括顶尖人才团队的引进力度，努力推动形成海外优秀人才回国创新创业的潮流；要鼓励高技术企业的用人制度、薪酬制度改革，重视人力资源开发，探索运用包括股权、期权在内的多种形式的激励机制，充分体现"以人为本"的先进管理理念，体现人才的创新价值。

四、以"二次创业"为核心，全面开创"火炬"计划和高新技术产业化工作的新局面

自2001年国家高新技术产业开发区所在市市长会议以来，国家高新区"二次

创业"工作已经全面启动，在今后一段时期里，"火炬"计划工作要以深化国家高新区"二次创业"为核心，带动全国高新技术产业化工作进入"二次创业"发展的新阶段。

（一）加强优势创新资源集成，提高高新技术产业自主创新能力

作为一个发展中国家，我国的创新资源还不十分丰富。我们必须集中各方面优势创新资源，调动各方面力量，汇集到"火炬"计划的旗帜下，形成推进高新技术产业化的强大合力。科技部将把"火炬"计划作为促进科技与经济结合、加速科技成果转化、实现科技产业化的主导性计划，发挥"火炬"计划在高新技术产业化工作中的核心作用。一是加强科技资源在国家高新区的集聚和整合。通过政策引导和科技力量的合理布局，在国家高新区形成科技资源的集聚和融合，在国家高新区范围内重点布局一批具有国际一流水平的工程类国家重点实验室；支持高新技术企业兴办工程技术中心、企业研究院和组建技术联盟；鼓励科研机构、高等院校与国家高新区开展多种形式的合作；大力发展和完善科技企业孵化器、生产力促进中心、大学科技园，培育一大批具有自主知识产权优势的高新技术企业；推进国家科技计划成果在国家高新区实现产业化，力争使每个国家高新区都有1～2项国家科技计划成果产业化的示范性工程或标志性产品。二是加强对科技成果的整合与集成。通过建立重大关键共性技术产业化平台等措施，把目前分散、分割的科技成果集成起来。鼓励以企业为主，联合有关科研单位承担国家重大科技产业化计划；科研单位提出并承担的面向市场的应用研究开发项目，必须要有若干家企业的合作与需求意向；对于科研院所完成的项目，如果在2～3年内未实现转化，将依照有关法规强制转移到企业中去。积极探索组建国家技术转移联合体，加强科技成果供需信息的沟通，实现科学家、企业家、投资家的联合，促进资源共享机制的形成，减少科技产业化中的交易成本，加速科技产业化进程。三是加强国家科技计划间的整合。积极推动"863"计划、攻关计划等国家科技计划与"火炬"计划的紧密结合。最近，科技部已经决定启动"863"计划引导项目，主要目的就是要实现国家和地方在高技术研究开发方面的上下联动，加强同"火炬"计划的衔接集成，推动"863"计划项目的产业化。同时，按照中央的指示，科技部已集中力量在"十五"期间重点组织实施12个重大科技专项。"火炬"计划要抓住这些机遇，积极推动这些科技成果到国家高新区产业化，积极发展对经济增长有突破性重大带动作用的高新技术产业。四是加强中央与地方科技资源的整合。围绕区域经济发展，根据地区科技与经济基础、资源优势等，按照突出重点、分类指导的原则，加强宏观引导，努力培育并形成若干具有特色的高水平技术创新和产业化基地。充分调动和发挥地方科技工作者的积极性和创造性，建立适应区域科技发展的区域创新体系。通过对科技资源的整合、集成，形成推进我国高新技术产业发展、传统产业技术升级的合力，真正做到集中力量办大事，形成一批对区域经济增长有重大带动作用的高新技术产业群。

(二）加强科技与金融的结合，完善高新技术产业的投融资环境

"火炬"计划在推进科技与金融结合方面，进行了积极的探索和尝试，初步建立了我国高新技术产业化的融资平台。在新的时期，要继续推动科技与金融结合工作的逐步深入，探索实践"优良科技资源激活金融资产，金融资本催生优良科技资源"的有效途径。积极推进适合高新技术产业化的多元投融资机制的建立。一是加强银政、银区合作，推动国家高新区"二次创业"战略的实施。继续利用国家高新区基本建设贷款贴息政策，引导银行贷款支持国家高新区基础设施建设，以降低国家高新区融资成本。继续加大科技与金融结合的创新力度，拓宽国家高新区建设的融资渠道，探讨利用国债资金、企业债券、信托基金等形式为国家高新区基础设施建设和产业发展募集资金。二是积极推动多元化资本市场的建立。科技部门将在原有工作的基础上与有关部门密切合作，继续不遗余力地推动风险投资事业的发展，使之成为促进高新技术产业化的助推器。针对科技型中小企业股权融资特点，配合有关部门积极研究和推进符合我国国情的技术产权交易融资工作，积极研究建立一整套包括组织建设、制度设计、技术支持在内的规范体系。三是围绕科技型中小企业的融资需求特点，探索新的融资模式和机制。在创业中心、留学人员创业园、软件基地、生物医药基地等科技企业相对集中。资产质量相对高的区域，通过对企业孵化器和在孵企业开展信用评价和小额授信试点，探索对成长期的科技型中小企业融资风险分散的融资模式。总结完善现行科技型中小企业创新基金贷款贴息政策资助方式，丰富贷、保、贴联动的内容，开展创新基金的小额资助工作，通过对成长期科技小企业信誉评价与授信试点，为其顺利起步和发展创造条件。四是积极推动"火炬"计划项目及其他产业化项目的融资工作。积极探索政府资助与银行贷款、社会资金联合支持科技项目产业化的有效途径和形式，构造金融服务的快速通道。最近，科技部与国家开发银行正在研究共同设立"中国高新技术开发专项资金"，把科技部作为国家科技主管部门的体制和组织协调优势与开发性金融机构的融资优势有机地结合起来，合理地将国家用于支持科技发展的财政资金和开发银行信贷资金结合在一起，用以支持国家科技产业政策实施，促进科技型企业的发展。同时，科技部也将拨出1亿元资金，与国家开发银行合作，联合地方政府共同设立专项担保基金，专门用于引导国家开发银行以信贷方式支持创业投资机构发展。

（三）加强高新技术产业化服务体系建设，完善高新技术产业的发展环境

高新技术产业化服务体系建设是环境建设的关键和重点。当前，完善高新技术产业化服务体系，强化对高新技术企业的综合服务能力，仍然是"火炬"计划工作的重中之重。一是要重点发展各类科技企业孵化器，包括办好现有国家创业服务中心、软件专业园区和国际企业孵化器；发展一批以集成电路设计、生物医药、新材料、光电子等为主的专业技术孵化器；联合有关部门加快大学科技园、科研机构创

业园、军转民技术产业园、留学人员创业园的建设。科技部还将要研究、制定科技企业孵化器评价指标体系，通过指标体系引导科技企业孵化器进一步重视提高孵化能力和服务水平。二是要加强孵化服务的公共技术基础设施平台建设。科技部将安排专项经费，重点支持一批企业孵化器发展网络基础设施、公共服务平台、专业公共开发平台，为提高科技型中小企业技术创新能力创造条件。三是鼓励多种模式发展高新技术产业中介服务机构。积极引导生产力促进中心、风险投资机构等科技中介机构的发展，为科技型中小企业发展打造市场化服务平台。

（四）加强国际化工作，努力开拓高新技术产业国际市场

在高新技术产业领域，广泛而深入的国际竞争已越来越成为其显著的特征。构建全球化发展战略，增强国际化视野，是我国高新技术产业化迈向更高层次、发挥更大作用的必由之路，也是在经济全球化和我国加入WTO大背景下的必然选择。"火炬"计划要以提升国际竞争能力为重点，努力开拓高新技术产业国际化发展的空间和渠道，建设若干具有国际一流水平的国家高新区，建设一批具有国际水准的科技企业孵化器、特色产业基地，以及强化"火炬"计划项目、科技型中小企业创新基金的国际化导向，形成一批国际知名的高新技术企业和一大批能够参与国际竞争的科技型中小企业，推进我国高新技术产业发展水平迈上一个新台阶。一是为高新技术企业"走出去"提供支持和服务。以中美科技企业孵化器、中俄科技园区和中新（新加坡）科技园区建设为突破口，为有志于在海外市场直接参与国际竞争的高新技术企业提供咨询服务和孵化基地，帮助国内企业以多种形式利用国外创新资源，同时为有志于到中国创业的外国企业和留学生提供信息服务。二是向国际间特别是发展中国家输出高新技术产业化发展的经验。利用联合国和相关国际机构及双边合作的渠道，积极输出我国在发展高新区和孵化器方面的经验，扩大中国高新技术产业在国际上的影响，扩大高新技术产品出口。三是继续大力实施"科技兴贸"行动计划。配合商务部和有关部门，加强战略研究，形成时效性强、有针对性的政策与措施；充分发挥我国驻外科技、商务机构的作用，加强面向高新技术企业的国际市场信息服务；充分利用跨国公司在华科技资源，鼓励其与国内企业开展多种形式的技术合作；积极开展对发展中国家特别是周边国家的技术贸易。

（五）加强高新技术产业集群建设，发展高新技术特色产业和主导产业

通过对硅谷、新竹等世界典型的高科技产业园区的研究表明，发达的产业集群，是高新技术产业化基地提高持续创新能力，实现可持续发展的重要条件。培育高新技术产业集群，既有助于通过聚集效应优化创新创业环境，也有助于依靠集群的力量提升高新技术产业化基地内企业的核心竞争力。近年来，我国广东、浙江、江苏、四川等地一批富有特色的高新技术产业带正在迅速兴起，初步形成了依托区位或资源优势的新兴产业集群，表现出强大的市场生命力。科技部将与有关部门和

地方加强协调，进一步促进高新技术产业集群的发展。一是引导地方政府重视产业集群的发展。通过地方政府的规划，集成国家高新区、大学科技园、"火炬"计划软件产业基地、"火炬"计划特色产业基地和专业技术孵化器等高新技术产业化基地的优势基础，注重发挥市场有效配置资源的机制，培育和发展高新技术特色产业集群。二是合理布局国家高新技术产业化基地。今后，"火炬"计划项目、科技企业孵化器和科技型中小企业创新基金项目的安排，都要从空间布局上进一步加大对产业集群的支持和引导。三是加强产业集群的技术供应能力。通过科技计划的引导，促进技术创新链与产业链融合，把科研活动、产业化基地与产业集群有机结合起来。

（六）加强体制改革，全面建立市场经济条件下发展高新技术产业的新体制和新机制

近年来，我国科技体制改革取得重大突破，为高新技术产业发展提供了良好的制度环境。今后，科技部将继续深化科技体制改革，加强对转制科研院所的跟踪指导和政策完善工作，使他们在高新技术产业化领域发挥更大的作用。同时，我们还要在以下几个方面推进高新技术产业化领域的改革工作。一是要全面推进国家高新区的综合改革。科技部将联合有关部门，共同研究如何在国家高新区率先建立适应社会主义市场经济体制的管理体制和运行机制，积极推进各项改革。二是探索建立高新技术产业化的激励机制。去年，国务院办公厅批准实施财政部、科技部联合制定的《关于国有高新技术企业开展股权激励试点工作的指导意见》，这个文件对建立高新技术产业化有效激励机制十分重要，希望各地方和国家高新区要认真贯彻，并尽快组织试点实施。三是推进国家高新区开发建设模式的调整。科技部将积极配合有关部门完成对全国开发区的清理整顿工作，并以此为契机，认真研究国家高新区开发模式的转变，切实解决国家高新区发展的空间问题。四是建立国家高新区评价指标体系。在完善国家高新区评价指标体系的基础上，建立以评价国家高新区创新能力为核心的指标体系，引导国家高新区加强"创新、产业化"能力。

（七）加快运用高新技术改造提升传统产业

今年，温家宝总理在考察东北老工业基地中，提出了"用新思路、新体制、新机制、新方式，走出加快老工业基地振兴的新路子"的重要指示。我国传统产业所面临的问题比较复杂，但技术水平落后、产业集成度不高、创新能力弱是一个普遍性问题。在今后15~20年里，伴随国际制造业加速向我国转移的大趋势，我们必须从战略上推进从制造业大国向制造业强国的转变。为此，各级科技部门也应当发挥积极作用，为国民经济结构的战略调整提供强大的技术支撑。在高新技术产业化方面，当前要重点做好以下几项工作：一是充分发挥"火炬"计划的宝贵经验，把创新、产业化的精髓移植到传统产业中，创造传统产业自我选择、自我更新、自我

发展的良好局部环境;二是深入总结在沈阳等老工业城市开展"利用高新技术改造传统装备制造业基地"的经验,继续选择若干城市开展传统产业的振兴行动试点;三是大力提高传统产业的信息化水平,加快信息技术在传统产业领域的扩散和应用,提升传统产业的信息化、集成化和市场化水平;四是鼓励国家高新区及高新技术企业与传统产业领域的国有企业进行资产、技术和人才等方面的合作与重组,广泛运用新的生产要素盘活传统产业存量要素。

同志们,"火炬"计划和高新技术产业化工作不但是科技工作的重要组成部分,而且也是推动区域经济发展、促进国民经济结构调整的有效途径,体现了科技与经济紧密结合的现实要求和战略意义。各级科技管理部门要把"火炬"计划作为科技工作的重中之重,把"火炬"计划作为创建区域创新体系的主体工作来抓,为"火炬"计划的深入实施提供强有力的组织保障,创造更加有利的条件。要切实加强"火炬"计划的管理机构、管理队伍和管理体系建设,努力提高"火炬"计划的管理水平。科技部对地方科技工作质量的评价和考核,要把国家高新区工作和高新技术产业化工作的状况和水平作为一个重要标准。同时,我们也希望地方各级党委和政府继续加强对"火炬"计划工作的关心和支持,共同开创"火炬"计划和高新技术产业化工作的新局面。

大学科技园建设中要处理好几个关系[①]

(2003 年 10 月 23 日)

去年 6 月,科技部和教育部联合印发了《关于充分发挥高等学校科技创新作用的若干意见》。在新形势下,高等学校的科技工作要顶天立地,一手抓原始创新,一手抓产业化。高等学校在发展高科技、实现产业化方面负有重要的历史使命。刚才,周济部长说,建设高水平大学,必须坚持育人为本,教学、科研、社会服务协调发展。我很赞成这个提法。现代社会经济发展,要求高等学校必须走出传统的象牙塔。一流的大学不但要在教学、科研方面是一流的,而且要在服务社会方面,特别是推动高新技术产业化、振兴区域经济方面也是一流的。现在,大学科技园作为高等学校服务社会的重要载体,已经得到政府、学校、社会的广泛认可,我们要不断总结经验,把它办得更好。我认为,大学科技园建设一定要注意处理好三个关系。

一、大学科技园与依托大学的关系

大学科技园之所以叫大学科技园,其最大的优势,就是有大学取之不尽、用之不竭的智力资源作后盾。因此,一方面,大学要主动向科技园开放人才、技术、实验室、图书馆等资源,允许其共享,发挥学科优势,培育特色产业。另一方面,大学对科技园的管理又必须按市场经济规律办事。大学和科技园之间最好是一种经济关系。大学要在积极支持科技园建设的同时,通过建立现代企业制度规范对科技园的管理,按资产关系承担义务、行使权利,减少不必要的行政干预。应当明确,大学校长的主要任务不是直接办企业,而是为大学科技园创造必要的环境,这就需要在贯彻落实政策上进一步下工夫。全国技术创新大会以后,各部委先后出台了 40 多个配套文件,其中包括允许高校科技人员每年用一定的时间从事科技成果转化和产业化,允许技术成果作价入股,允许给做出贡献的科研人员和管理人员以股份期

[①] 2003 年 10 月 23 日在第二次全国大学科技园工作会议上的讲话(节选)。

权等。这些政策都有很强的导向性。今后，要进一步落实政策，加强试点和示范，把这些政策用好。

二、大学科技园与国家高新区的关系

大学科技园和高新区都是国家发展高新技术产业的重要基地，但二者定位不同。大学科技园是"苗圃"，主要任务是孵化科技企业和培育科技企业家。高新区是"大田"，主要任务是使大学科技园孵化出来的小企业在这里迅速成长为参天大树。既然大学科技园的主要功能是孵化，就不要追求面积，而应该把提高孵化质量放在首位，重视加强公共服务平台和中介机构建设。有条件的大学科技园要尽可能建在国家高新区。这样做，一方面可以使大学科技园能够利用高新区的环境和政策，借鉴高新区的经验，少走弯路，另一方面又有利于高新区增强自主创新能力，加快"二次创业"的步伐。高新区管委会要满腔热情地支持大学科技园的发展，帮助其排忧解难。

三、大学科技园与所在地政府的关系

实践证明，但凡办得好的大学科技园，无不与当地政府的重视和支持紧密相关。不少大学科技园现在是省、市、区、校四家联办，有效地整合了资源。可以说，没有当地政府的高度重视和支持，就不会有今天大学科技园欣欣向荣的局面。值得注意的是，要真正办好一个大学科技园，并通过它把大学的科技能量充分释放出来，需要一个过程。因此，一方面，地方政府对大学科技园不能急功近利，不能只看它现在创造了多少产值，更不能仅仅将大学科技园作为招商引资的工具，而是要登高望远，看到它对当地未来创新与发展的巨大影响。另一方面，大学及其科技园，要积极主动地融入区域经济，把服务于地方作为义不容辞的责任，加速成果转化与产业化，努力为当地的经济与社会发展做出更大贡献。

科技金融结合是提高自主创新能力的基本保障[①]

(2005年8月27日)

很高兴来参加此次科技金融创新发展高层论坛。下面,我就科技和金融结合,促进自主创新的有关问题谈几点意见。

一、金融结合工作的进展与问题

世界各国的经验表明,良好的资本市场和金融环境是实现科学技术蓬勃发展、大幅度提高科技创新能力的基础和保障。科技创新活动从基础研究、开发中试,再到工业生产三个环节中,所需资金比例大体上为 1∶10∶100。其中,在开发中试和工业生产重要环节的投入,主要来自产业投资和金融投资。美国等发达国家在高技术产业领域独占鳌头,一个重要原因是发达的资本市场条件下形成的风险投资机制,对大批具有独创性的科技创新给予了充足的资本支持。像英特尔、微软等高科技企业,就是在风险投资的支持下起步,经过从小到大、大浪淘沙、滚动发展的历程发展壮大起来的。

在我国,金融部门为科技事业的发展提供了重要资金来源,支持了高新技术的商品化、产业化和国际化发展。这使得包括联想、方正、华为等在内的大批高新技术企业,在短短几年、十几年内迅速成长为高新技术产业的巨人。近年来,随着社会主义市场经济的逐步完善,经过各级科技部门和金融部门不懈的努力和探索,我国的科技与金融结合工作取得了突出的成效,主要表现在以下几个方面。

一是科技金融结合的力度不断加大。目前,在全国贷款总量13万亿元基础上每年新增的1万亿元中,支持科技发展的贷款约占22%~23%。也就是说,银行每贷出4元钱,就有近1元钱流向科技产业。以1999年为例,全国各类银行支持科技进步的贷款总额达到1.69万亿元,其中,专门针对高新技术企业的贷款达到7600亿元,占贷款总额的45%。

[①] 2005年8月27日在科技金融创新发展高层论坛上的讲话(节选)。

二是多种形式的合作模式正在形成。今年,在工、农、中、建①四大国有商业银行的支持下,科技部向银行推荐了1246个高新技术项目,合计申请贷款229亿元。银行贷款已成为产业化计划中继企业自筹后的第二大资金来源。此外,科技部先后与中国农业银行、国家开发银行、华夏银行签署了银政合作协议;与国家开发银行合作,利用政策性贷款,支持"863"计划、重大科技专项和科技型中小企业。今年年初,科技部、中国人民银行还共同在宁夏召开座谈会,深入探讨科技服务"三农"与农村信用社创新服务相结合的有效途径。这一系列的合作,标志着在科技成果转化的不同发展阶段,我国有利于充分发挥各类金融机构作用的不同形式的合作模式正在形成。

三是科技金融结合的机制和方式不断创新。现阶段,我国多数省市乃至地县,都比较普遍地建立起风险投资机制、信贷担保机制、科技信用评估机制、知识产权抵押机制和产权交易机制等。去年,单是浙江省就出现各类所有制的担保公司88家。此外,一年来,科技部与中国农业银行对拥有优质科技资源的领域,采用"授信额度、对口支持"的做法,产生了较大的影响。

四是科技金融互动双赢局面正在形成。在金融部门积极支持科技事业发展的同时,各类银行也得到了相应的良好回报。

尽管我们已经取得了长足进展,但是与中央提出的加强自主创新工作全局要求相比,科技金融工作还有着显著的差距。无论是科技资源的现有积累,还是经济社会发展对科技创新提出的紧迫需求,均远远超出了现有金融的支持规模。商业银行科技信贷的风险补偿机制不健全,对科技发展的支持力度有待进一步加强;资本市场层次单一,创业投资基金的发展机制不健全,大量科技创新成果的产业化面临资金瓶颈。例如,前一阵中关村热谈一个词,叫"胡晖现象"。胡晖是一个归国留学生,2002年6月,在中关村驻美国硅谷办事处的推动下,与另外两个搭档一起回中关村创业,以15万美元在中关村国际孵化器里注册了一个公司,重点研发远程医疗技术;去年被一家纳斯达克上市公司以1800万美元收购,两年增值120倍,一时被称为"胡晖现象"。人们不禁会问,中关村为什么没有能力把胡晖的公司做大做强?一年前,胡晖带领着他的团队在一个极其简陋的实验室里艰苦创业,15万美元早已告罄,工资已停发数月,最基本的日常费用也捉襟见肘,但研发成果却让人叹为观止,因为它能让世界上能上网的医院都可以对人体器官进行实时三维立体分析会诊。而当时国际上最先进的远程诊断技术,仅能达到二维图像的水平。然而,胡晖的产品在中国却受到了冷遇,定价5万元无人购买,免费提供试用也无人愿意。"非典"期间,胡晖赠送了六套产品给北京的卫生系统,迄今还在那里睡觉,无人使用。是中国的医院不需要吗?不是。当那家收购胡晖产品的美国威泰尔公司以10万~20万美元的价格向中国的医疗机构出售时,那些医院却动了心。且不谈那些

---

① 指中国工商银行、中国农业银行、中国银行和中国建设银行。

医院的态度所反映的问题。胡晖公司曾想在国内找融资，曾主动找上门来的几家投资商考察了公司后，又放弃了投资的想法。中关村为了帮助创业者更好地融到资金、加速产权交易，出台了"三三会"制度，即每个月的第三周的星期三下午，选择三个有代表性的技术，轮流在中关村下属的12个留学生创业园中向社会推介，但很多创业投资公司、风险投资公司都是派出"小兵"或实习生。公司的负责人、合伙人、高级经理等重要人物都不出场。现在"海归"企业成功拿到的大额融资，几乎全部来自海外，令人深思。

二、加强体制机制创新，促进科技和金融结合

从企业的角度看，需要提高企业自有资金对金融资本的风险保障。总体上讲，高新技术产品市场与传统产品市场相比，本质上存在不成熟性、不确定性、难预测性等风险因素。因此，商业银行在介入科技项目上是比较审慎的，单纯的一个科技项目，如果没有企业一定比例的自有资金是比较难获得银行贷款的。因此，为了吸引银行提供贷款支持，企业应当采取一些措施提高自有资金比例，降低项目风险程度，更好地吸引银行提供贷款支持。

从政府的角度来说，许多高新技术企业的规模普遍比较小，自有资金不足，对银行而言风险偏大，因此往往难以获得贷款支持。为了促进扶植这些企业，政府可成立专门的担保公司，为企业提供担保。国家开发银行和科技部从2004年起在北京、上海、西安、重庆等地区开展科技型中小企业"打包贷款"试点工作。这种模式规避了融资平台不能从事对企业直接贷款的管制，也回避了受托银行和开发银行之间的"银行间资金拆借"不能超过半年的规定，这不仅是一种金融创新，更是政府研发投入的创新，将在总结经验的基础上，扩大试点、加快推广。

从商业银行的角度来说，要提高风险识别能力。银行要应用现代风险管理技术研究风险；银行从业人员要加强行业研究，跟踪科技新动向；还要与科技人员加强交流，以开放、积极的心态深入了解科技，提高对科技项目的风险识别能力。金融机构首先要更新观念，其次要主动了解中小企业科技应用前景和需求，还要善于利用社会力量，对科技成果进行科学评估。这样才能勇于渗透到科技领域中去，从单纯给贷款的狭小圈子里跳出来，找到金融与科技结合的新途径、新办法，实现金融服务方式和手段的创新，千方百计地为科技成果的应用，提供融资方便。

激励创业投资投向早期阶段项目。根据调查，2004年，我国创业投资的行业分布与以往大体相同，高新技术产业仍然是创业投资的绝对重点，但是传统产业对创业投资的吸引力持续增强。成熟阶段的项目明显增多，这反映出我国创业投资对短期利润需求显著提高，而且更加偏爱风险相对小的成熟项目。因此，积极采取有效措施，规避早期投资风险，激励创业投资投向早期阶段项目，将对中小企业尤其是一些创新型初创企业发展具有重要意义。在这方面，科技型中小企业创新基金的管

理,近来获得了广泛好评。

在支持方向上突出"自主创新"。包括支持相关高新技术领域中自主创新性强、技术含量高、具有竞争力、市场前景好的研究开发项目,资助重心前移,培育、形成一批能够在经济结构调整中发挥重要作用、具有自主知识产权的产品群及产业。同时,支持科技成果的转化,与国家科技计划和改造传统产业的项目衔接。发挥创新基金"雪中送炭"的作用,加大对种子期、初创期的科技型中小企业,尤其是孵化器内的企业的支持,培育一批成长性好、核心竞争力强的科技型中小企业。

在基金管理上,全面提升信息化水平。推出"创新基金网络工作系统",构建全国性的创新网络工作平台,全面提升信息化水平,强化电子政务能力,使创新基金管理工作更加透明有效。为了进一步引导社会资源共同支持科技型中小企业,推动建立创新基金社会化协作体系。今年将以实施"科技型中小企业成长路线图计划"为切入点,探索建立"政策性母基金"引导社会资金向早期企业的投入,根据科技型中小企业成长各阶段的特点,建立从天使投资、创业抚育、政策性融资到资本市场的投融资体系。

此外,积极开展和深圳证券交易所的合作,为高新技术企业的上市开辟渠道,推动中小企业板块健康发展;积极推动创业板市场体系建设和设立场外交易市场;大力发展债券市场,鼓励企业运用多种方式通过债券市场直接融资;发展投资银行业务;探索建立科技产业发展银行或中小企业发展银行等措施也正在积极考虑之中。

三、自主创新也是提高金融行业竞争力的基础

科技对于现代金融的重要性是十分明显的,同时,金融又是以产业竞争力为基础的,只有具备强大的产业竞争力才能支撑持续繁荣的金融。特别是在全球化条件下,一国的产业如果没有自己的核心竞争力,就没有自己的金融安全,没有金融安全,也就谈不上国家安全。上世纪80年代和90年代连续发生的拉美经济危机和东南亚金融风暴,其根本原因就是缺乏自主科技创新能力支撑的国家竞争力。例如,阿根廷,早在1913年,人均GDP就达到了3000美元,20世纪90年代末期,达到了9000多美元,被国际理论界认为有可能是第一个跨入发达国家行列的发展中国家。但由于缺乏自主创新能力,产业结构单一,经济、技术过度依附发达国家,最终导致国家经济主权的丧失,在很短的时间内就陷入了经济危机之中,至今没能走出低谷。

在我国,金融安全一直是中央、国务院和社会各界高度关注的问题。目前,我国的许多高新技术产业如通信、信息、生物和汽车等大都为外资所控制。在中国高科技出口产品额中,外资所占比例为90%,在汽车产业中,外资处于绝对控制地位,在信息产业中,我国是处在低端,高端领域基本上为外资所控制。而更为严重

的是，这种情况不仅仅限于这些高技术领域，在一些传统领域也表现出类似的态势。如果这种情况长期得不到改变，那么无论是我国的经济还是金融都会面临重大的安全问题。因此，支持具有国际竞争力的高新技术产业发展、支持自主创新能力的提高，也就同时在确保我国的金融安全。

另外，科学技术的发展必然带动包括金融业在内的整个社会的变革，提高自主创新能力对于加速金融现代化进程至关重要。银行业的效率和竞争力的提高，业务品种的创新，管理效能的增强，金融效能的开拓等都需要科技的大力支撑。随着网络和电子技术不断应用于银行业务领域，全球银行业已经从传统银行时代逐步进入"超级银行"时代。因此，对现代金融科技的掌握和运用，已经成为商业银行能否在市场竞争中抢占制高点的关键。据了解，招商银行这些年得到了较好的发展，科技手段的应用是取得这些成绩至关重要的因素。他们很早就提出"科技兴行"的口号，在国内金融界率先应用现代信息技术，打造先进的业务平台和管理平台，取得了竞争优势。他们用事实说明，在当今科技高度发达和发展的时代，商业银行如果要在竞争中站稳脚跟，求得竞争优势，就必须更加广泛地采用现代科技手段。随着新的技术手段的出现，银行业的革新必然会紧跟其步伐，可以说科技促进金融一刻也不会停止。现代金融业是现代服务业的关键领域，应当把它作为优先发展的科学技术来考虑。

开创技术市场工作的新局面[①]

(2005 年 11 月 22 日)

为适应社会主义市场经济发展和科技工作新形势的要求,技术市场要跟上发展、跟上转变,要服务科技和经济发展大局,面向加强自主创新、建设创新型国家,着力抓好以下几个方面的工作。

一、加强技术市场理论研究和新阶段技术市场发展的战略研究

技术市场发展 20 多年,有了很好的积累,需要好好总结。但是,技术市场工作的实践日新月异,新情况、新问题不断涌现。科技部门的同志往往习惯于用科研的规律和经验来探讨技术市场这一问题,往往关注技术市场在促进科技成果转化中的作用,忽略了技术市场作为要素市场的体系和制度建设;关注交易功能的实现,忽略了信息交流、风险规避、机会发现、中介服务、信用评估等其他功能的完善;仅仅把技术市场看作科技工作的一部分,很少将经济与科技结合起来抓技术市场工作。因此,要根据中央精神的要求,加强技术市场理论和发展战略方面的研究,结合加强自主创新和建设创新型国家等新的发展战略目标,认真研究解决今后较长一段时期内技术市场发展的若干重大问题,提出新主张、新举措。

二、加大技术市场基础条件和网络体系建设力度

要积极建设连接国内外的技术市场信息网络体系。创造条件逐步开办并形成统一运行标准和规则的网上技术市场,创造技术市场主体平等获得信息的条件,有效降低技术交易成本,提升技术市场整体服务功能和水平。要积极建立公共科技信息平台,整合政府部门、科研单位、信息研究分析机构的信息资源,建立多层次的公共信息网络,向科技中介机构开放技术、成果和专家信息。结合国家创新体系和科

---

① 2005 年 11 月 22 日在全国技术市场工作会上的讲话(节选),全文刊发于《中国新技术新产品精选》2005 年第 6 期。

技基础条件平台建设，支持以科技情报信息机构、成果管理机构、技术交易机构为基础的公共科技信息平台建设，制定并实施科技资源共享制度。

三、加强与其他科技工作的结合和集成，提高技术市场服务于科技进步和经济发展的能力

（一）技术市场的发展要与科技中介发展相结合，积极发挥市场中介的主体作用

与市场经济发达国家相比，我国的市场中介还很不发达，其服务功能较弱，不能提供配套的、有效深入的服务；部分机构内部缺乏有效的管理机制，经营困难，自律性不强；大部分从业人员来自科技界，对市场经济的规则陌生，缺乏相应的知识和实践，既懂技术，又熟悉市场和法律的高素质中介人才匮乏，在建立全新的经营理念、创服务品牌方面的意识较弱。这些问题严重地制约着技术市场的发展和完善，必须大力加强科技中介组织建设，提高其市场运作能力。加强科技中介机构的能力建设，支持和培育一批区域性骨干科技中介机构；积极探索建立技术市场的社会信用体系和科技中介机构信誉评价体系，建立和完善科技中介执业制度，制定服务标准，创新服务方式、手段和形式，建设多元化、运转协调高效的创新服务体系。

（二）技术市场发展要与县市科技工作相结合，在服务于县域经济发展的进程中促使技术市场工作扎根基层

科教兴国要落到实处，不落实到基层不行。基层科技工作是我国科技工作的重要组成部分和前哨阵地，基层科技工作相当一些内容与技术市场工作高度相关。当前，我们特别强调要加强县市和基层科技工作，当然包括加强县市和基层的科技主管部门的工作，包括加强他们的职能，改善他们的条件，给他们更多的任务，给他们创造更广阔的舞台。探索基层科技工作与技术市场的结合，要以当地的经济发展、支柱产业、主导产业或产业集群为核心，不断培育和发展面向区域发展需要的技术市场和技术服务组织。要进一步推动面向农村、农民、农业生产的技术市场服务，从单纯推广农业技术向农业产业化链、供应链转移，在技术推广、物流配送、批发销售过程中组织和协调教育培训等环节，发挥市场中介的重要作用，为农民致富、建设社会主义新农村作出贡献。

（三）技术市场发展要与区域产业集群的发展相结合，大力发展专业性的技术市场

集群化是产业呈现区域集聚发展的态势，产业集群的崛起是产业发展适应经济

全球化和竞争日益激烈的新趋势，是为创造竞争优势而形成的一种产业形态。从我国目前大量已生成的产业集群发展状况看，还存在多方面的内在不足，如企业规模偏小，产品档次偏低，集群自主技术创新能力严重不足，分工和专业化程度不高，产业链不完善等，大部分产业集群模仿多于创新产品，技术含量低，不仅影响有潜力的大企业成长，也削弱了小企业的赢利能力和发展空间，阻碍了产业链的延伸，危及集群的自我发展和集群竞争力的提升。对此技术市场完全可以发挥积极的促进作用，加快区域产业集群的科技进步步伐，特别是要学习广东、浙江的有关经验，将技术市场和产业集群的发展结合起来，大力培育和发展专业性的技术市场，加强区内企业和相关技术市场机构的分工协作，建立基于市场的产业集群创新机制，推动产业创新升级，提升国际竞争力。

（四）拓宽渠道，推进技术市场的国际化发展

国际化发展已成为未来技术市场发展的方向，经济和科技的全球化必然要求技术市场的国际化。技术贸易、知识产权已是国际贸易体系中权重越来越大的内容，技术市场在世界贸易中的地位和作用提升到了前所未有的高度。这就要求我国技术市场发展要有全球视野，在全新的平台上，按照新的规则，建立符合国际惯例的技术市场促进体系和管理服务体系，在更大范围、更宽领域、更高层次上，参与国际技术市场的竞争与合作。要加快与国际技术市场的对接，迅速提高技术转移服务机构的国际化水平。要把国际科技合作与技术市场的国际化发展结合起来，广泛开展与发达国家和地区，以及国际组织的技术转移合作，既从中吸纳先进的技术市场管理和运作经验，又要把我们的技术市场、技术成果和服务对象推向国际市场，特别是要利用好技术市场机制，做好与发展中国家的技术合作。

四、加强和改善对技术市场工作的领导

技术市场作为要素市场，其效能能否得到充分发挥，取决于市场体系和制度建设的健全与完善。技术市场今后一个时期发展的主要任务是加快和完善现代技术市场体系建设，把我国技术市场建设成适应科技发展规律和社会主义市场经济体制的，具有完善的法律政策保障体系、高效运行的市场监督管理体系、健全的社会化中介服务体系，协调有力、竞争有序、运作规范，能够有效配置科技资源的统一、开放的现代技术市场体系。

在技术市场体系建设和持续完善的过程中，政府的作用需要加强而不是削弱。政府，特别是科技行政部门，应按照"转变职能、理顺关系、提高效率"的原则，切实转变职能，积极探索新时期技术市场发展的方针和政策，推动我国技术市场在规模、结构、制度和规范管理方面再上新台阶。进一步充分发挥政府宏观调控、激励和保障机制的作用，为技术市场提供必要的法律环境和政策环境，建立全国统一

的法规体系，形成统一规范的大市场，明确技术市场的监管主体，建立公平、公开、公正的交易原则，采取优惠的财政、金融、税收政策扶持技术市场发展，并通过完善的技术成果产权激励机制和知识产权保护制度推动技术创新与技术转移。技术市场监管部门和机构，必须行动起来，在净化市场环境中发挥其应有的职能，坚决打击技术市场中的违法行为，加强对虚假技术交易、以非法手段侵犯知识产权等行为的重点整治。

同志们，技术市场是我国当年科技和经济改革发展的先锋，作为当时科技体制改革的两大突破口，其发展经验对今天的国家创新体系建设有着重要的借鉴意义。我国的"十一五"计划即将开局，新世纪全面建设小康社会的伟大事业已经起航。让我们团结起来，共同努力，振奋起当年投入到培育和开发技术市场的气魄，在加强自主创新，建设创新型国家的征程上，奋发有为，再立新功。

认真解决资本市场存在的问题，保障自主创新战略的实施[1]

(2006年4月7日)

我十分高兴参加第八届中国风险投资论坛。本届论坛以"落实自主创新战略，开创中国特色风险投资新局面"为主题，必将对发展具有中国特色的风险投资和资本市场，对促进自主创新战略的实施产生深远影响。

下面，我就这个问题谈几点意见和想法。

一、风险投资和资本市场是促进企业自主创新的基本要素

今年1月，党中央和国务院召开了全国科学技术大会，提出了提高自主创新能力，建设创新型国家的战略目标。我们认为，健全的风险投资体系和完善的资本市场是企业自主创新的基本要素。

（一）企业是自主创新的主体，而创新型小企业是其中最为活跃的力量

目前，许多国家都十分重视小企业特别是创新型小企业的发展，将它们视为技术创新的主要载体。在美国，70%以上的专利是由小企业创造的，小企业平均的创新能力是大企业的2倍以上。在我国，小企业提供了全国约66%的发明专利、74%以上的技术创新、82%以上的新产品开发，已经成为技术创新的重要力量和源泉。

创新型小企业具有两个特点：不确定性和信息不对称性，这与商业银行的集中资金管理模式和审慎经营原则不相符合，使得它们难以获得商业银行的贷款支持。科技开发周期较长、风险较大，也使政府难以承受。而风险投资与新型资本市场独特的资本性融资，既可以满足这些小企业直接融资的需求，又可以达到风险共担、收益共享的目标。这一点已经被世界各国风险投资的实践和新型资本市场的发展所证实。美国纳斯达克市场、英国替代投资市场（alternative investment market,

---

[1] 2006年4月7日在中国第八届风险投资论坛上的讲话，刊发于2006年5月16日《科技日报》头版。

AIM)、韩国科斯达克市场，以及日本的几个新市场已经成为全球支持创新型小企业融资的重要平台。

（二）实施自主创新战略，需要更大程度地发挥风险投资和资本市场对创新型小企业的支撑作用和功能

（1）发挥风险投资和资本市场对创新型小企业发展所具有的引导、示范和带动作用。通过资本市场功能的发挥，带动、牵引整个科技投融资体制改革和科技创新激励机制的实现，并取得实质性突破。

（2）发挥资本市场推动风险投资发展的决定性作用。风险投资整个行业的兴起必须首先解决退出机制问题，而只有借助资本市场才能建立起市场化的退出渠道，并促进风险投资不断循环增值。

（3）发挥资本市场促进创新型小企业做优做强的作用。资本市场可以向创新型小企业提供充足的资本支持，推动创新型小企业强化规范运作和基础管理，促进创新型小企业通过购并等方式迅速成长壮大，加快科技成果的转化与产业化。

二、当前风险投资和资本市场的制度性缺陷制约了其对企业自主创新支持作用的发挥

改革开放以来，我国风险投资和资本市场从无到有，取得了巨大的成绩。同时也应看到，我国风险投资和资本市场还不够强大，发展速度落后于国民经济增长的步伐，甚至出现了边缘化趋势，不能满足高新技术企业高速发展所面临的旺盛的融资需求。

首先我国风险投资还存在制度性缺陷，主要有以下几个方面。

（一）我国风险投资明显出现外强于内的局面

目前，境外风险投资机构在国内非常活跃，内资风险投资却呈现出低迷态势。造成以上现状的主要原因，除管理机制方面的原因外，很重要的一点是外资的运作方式大多采取投资于成长期或成熟期的企业，而后快速在境外上市，达到股本退出获利的目的。而内资风险投资机构由于我国资本市场的缺陷，没有建立起适合不同企业融资的多层次的资本市场，不能为风险投资的退出提供多渠道、高效率的股权交易平台，造成其投入的资金无法及时变现退出，使境内风险投资机构的资金流动性严重下降，而产生行业萎缩。

（二）风险投资机构的组织形态单一，影响风险投资的发展

由于没有有限合伙制的法律制度安排，我国的风险投资机构的组织形态只能以公司的方式出现，单一的组织形态对风险投资的资金进入，以及决策效率和激励约

束机制等都产生了较大的影响。

(三) 风险投资资金来源不足

由于我国风险投资的发展环境和制度存在缺陷，大量民间资本不愿进入风险投资行业，致使国内风险投资的资金来源严重不足，过多依靠政府的资金投入。

(四) 缺乏有力的引导政策，尚未形成对风险投资的政策支持环境

2005年十部委出台的《创业投资企业管理暂行办法》，对促进和规范风险投资机构的发展具有积极意义。但有关支持风险投资发展的税收政策、引导基金政策，以及证券、保险资金参与风险投资的政策等，仍还在研究制定之中。我国资本市场正处于变革之中，虽然有了很多改善，但也存在一些问题，主要有以下几个方面。

(1) 国内直接融资比例持续下降，海外上市蔚然成风。从海外成熟市场的数据来看，在发达国家的社会总融资额中，直接融资比例通常在60%左右，中国资本市场直接融资额比例最高的是在1998年，一度达到社会总融资额的15%。2002年，直接融资占社会总融资额的比例跌到4%；2003年和2004年进一步下跌至3%；2005年直接融资不超过500亿元，比例更跌到1.5%左右。同期大量优质企业赴海外上市，到2004年年底，深、沪两市上市公司共1376家，净资产总额共19 259亿元，净利润总额1734亿元，而境外上市公司中仅前10家公司，净资产总额就达到11 433亿元，净利润总额却达到2354亿元，比深、沪两市公司的利润多36%。中国香港、美国、新加坡3个主要上市地共有296家中国企业上市挂牌，总市值达3492.04亿美元。相比国内深、沪上市公司，流通市值11 688.64亿元（折合1413.38亿美元），海外上市规模已经大大超过了国内市场。从可流通市值比较，海外市场已经是国内市场的2.47倍。

(2) 国内发行与上市的暂停，影响了国内资本市场的正常发展与国内拟上市企业的上市需求。股权分置改革以来，中国证券市场暂停了国内市场的发行与上市工作，这种暂停主要是为了保障股权分置改革的顺利进行，这是正确的。但由于暂停时间较长，且无明确的启动时间表，已经影响很多拟上市企业正常的发展需求与合理预期，促使部分优秀企业更多地谋划海外上市，如2005年在海外上市的百度、无锡尚德、奥瑞金种业、神华煤业、中星微电子等。近期，一些省市政府部门也在组织部分优秀的高新技术企业赴海外上市融资。

(3) 资本市场现有的制度安排还不适应科技型中小企业的发展需要，主要表现在：①现行发审制度不便于科技型中小企业进入资本市场。企业上市周期长、成本高、程序复杂。首次公开募股（initial public offering，IPO）一般需要2~3年的时间，期间还充满了许多不确定因素。而且，企业上市后再融资必须间隔1年，再融资的发行审核基本等同于IPO，同样无法适应高技术产品生命周期短、技术更新快的特点，不能满足科技型中小企业实施技术更新、产品升级换代对资金的急切需

求。②现行发审标准不利于创新型企业进入资本市场。现行发审标准强调企业过去的经营业绩和赢利能力等硬性指标，较少注重企业的研究开发能力、科技含量和成长潜力等软性指标，较适用于成熟型企业，不适用于创新型企业。按照现行发审标准，当年的新浪和现在的百度都无法达到我国的发行标准。③中小企业板规模有限，资本市场层次单一。中小企业板设立已有一年多的时间，上市公司仅有50家，融资额仅120亿元，仅相当于宝钢一次增发的融资额，与我国13万多家科技型中小企业总规模极不相称，也与近年来赴海外上市的科技型中小企业数量不相称。中小企业板发展速度和市场规模非常有限，根本无法满足中小企业的融资需求。

我国资本市场存在的制度性缺陷，影响了企业自主创新能力的提高，影响了我国创新型小企业的生存与发展，成为我国科技与资本结合的最大瓶颈。

一方面，众多具有自主创新能力的科技型中小企业无法进入资本市场。在国内资本市场无法满足需要的情况下，大量企业只能选择境外上市。2004年共有84家内地企业到中国香港、新加坡和纳斯达克等交易所上市，海外IPO融资额是内地市场IPO融资额的3倍。海外上市在一定程度上满足了我国科技型中小企业的融资需求，比如，三大门户网站新浪、搜狐和网易，以及百度，如果不能在纳斯达克上市，就不可能持续经营下去。我国大量优秀企业被迫到海外上市，反映了国内资本市场的制度缺陷，影响了我国企业特别是高新技术企业的进一步发展和壮大。日本有2700家上市公司，但只有13家公司在纽约证券交易所上市，17家公司在纳斯达克上市，占本国上市公司总数的1.1%。就是作为发展中国家的印度也正在采取各种措施，鼓励本国企业在国内上市。

另一方面，资本市场缺少风险投资退出的制度安排，导致我国本土创投总体上处于相对萎缩的状态，风险投资的规模、项目与目标均不能满足科技创业企业发展的需要。自2002年以来，我国风险投资的发展开始减缓，2003年、2004年连续两年呈现投资总额绝对量下降的趋势。而且风险投资出现主要投向处于相对成熟阶段企业的趋势，对处于种子期的科技企业的投资不足。

三、加大风险投资和资本市场对创新型中小企业支持与服务力度的几点思考

不久前公布的国务院关于《实施〈国家中长期科学和技术发展规划纲要〉的若干配套政策》，对发展促进自主创新的风险投资和资本市场提出了明确的政策要求。中国人民银行、证监会[①]、银监会[②]、国家发改委、财政部、科技部等部门正在国务院的领导和统筹协调下，加快研究提出发展我国风险投资和资本市场的具体政策措

---

① 中国证券监督管理委员会，简称证监会。
② 即中国银行业监督管理委员会，简称银监会。

施。从科技工作考虑,对风险投资和资本市场的需求重点有以下几个方面。

(一)大力推进多层次资本市场体系建设

1. 积极推动创业板

当前的中小企业板仍是主板市场的组成部分,离真正意义上的创业板市场还有很大距离,中小企业板不能代替创业板。当前,设立创业板的环境已有了明显的改善:随着公司法、证券法的修改完善,以及股权分置改革的深入,我国证券市场的监管能力、措施和专业人才队伍的逐步加强,都为创业板的推出创造了极为有利的条件;去年科技部火炬中心与深圳证券交易所开展了科技型中小企业和高新技术企业上市资源的调查工作,根据对全国高新园区5万多家重点企业近三年的数据进行统计,有2197家科技型中小企业主要财务指标基本符合上市条件,其中有700多家已被深圳交易所列为重点培育对象。积极推动创业板,培育更多的有活力、有发展前途的创新型小企业上市,将有助于投资者树立对我国证券市场的信心。我们应根据不同类型、不同成长阶段的创新型企业的不同特点和风险特性,结合新《公司法》和《证券法》制定相应的发行上市条件,早日进行创业板试点,满足不同类型、不同成长阶段的创新型企业多样化的融资需求。

2. 深化"三板"试点,完善代办股份转让系统

科技部和证监会、北京市政府一起继续推进中关村科技园区未上市高新技术企业进入代办股份转让系统的试点工作,积极动员更多的高新技术企业和合格投资者进入代办系统,进一步活跃市场交易,提高交易效率,完善各项制度建设。在此基础上,将其逐步覆盖到具备条件的其他国家高新技术产业开发区内的未上市高新技术企业。代办股份转让系统将会成为未来"三板"建设的核心,对于大量暂时达不到上市门槛的高新技术企业,可以先进入代办系统进行股份转让交易,待条件成熟后通过转板机制进入中小企业板或未来的创业板,代办股份转让系统应该成为创业板的"孵化器"。同时,应研究将产权交易中心纳入多层次资本市场体系。

3. 大力推进中小企业板创新

目前,中小企业融资需求旺盛,应尽快重启中小企业板的新股发行。考虑到中小企业板股权分置改革已经完成,主板市场的改革也在顺利推进,建议在中小企业板率先进行"新老划断",既可以为股权分置改革营造良好的市场环境,探索全流通条件下的新股发行机制,也可以对科技型中小企业群体和创业投资机构形成积极的影响。

加快中小企业板制度创新的步伐。根据新《中华人民共和国公司法》和《中华人民共和国证券法》,在总结创新型小企业发展规律和特点的基础上,制定不同于

传统企业的发行审核标准，重点关注创新型小企业的研究开发能力、自主知识产权情况和成长潜力。充分发挥保荐机构和证券交易所的作用，逐步提高发行审核的市场化程度。抓紧建立适应中小企业板上市公司"优胜劣汰"的退市机制、股权激励机制和小额融资机制，推进全流通机制下的交易与监管制度创新，构筑中小企业板的强大生命力。

改革发审制度，提高发审效率，设立面向具有自主创新能力的科技型中小企业发行上市的"绿色通道"。在现有法律法规的框架下，对具有较强自主创新能力和自主知识产权，较好的赢利能力和高成长性，并符合发行上市条件的科技型中小企业，建立高效快捷的融资机制，尽可能简化审核程序，提高发审效率，提供更快捷、便利的融资。建议取消首次公开发行前为期一年的辅导期；适当放宽保荐机构推荐企业家数的限制；快速审核，证监会自受理企业发行申请之日起在两个月内做出核准决定；过发审会后，由企业、保荐机构和交易所协商发行时间等。

（二）尽快制定出台有限合伙制的法律

目前，"合伙企业法"正在修订中，其中特别提出了有限合伙方面的条款。有限合伙制是国外风险投资机构普遍采用的组织方式，能够有效吸引社会资金流入风险投资行业，有限合伙制在我国制度安排将会使我国风险投资的资金规模得以迅速扩大，运行效率更为提高，为做大做强我国风险投资起到积极的推动作用。

（三）加强对风险投资发展的引导力度，设立国家风险投资引导资金（即"母基金"）

科技部对设立国家风险投资引导资金进行了深入研究，并一直在推动这方面的工作。其意义主要有两个方面：一是可以在风险投资的资金供给方面，以政府示范性引导资金拉动全社会各类资金投资设立风险投资机构，扩大风险投资的资金来源，增强国内风险投资机构的资金实力；二是可以通过引导资金的影响，引导风险投资机构加大对种子期和初创期科技型中小企业（尤其是自主创新能力强的企业）的投资，以此提升我国企业的自主创新能力。

（四）制定对风险投资的税收优惠政策

对风险投资从高新技术企业所获得的股权转让中的增值部分给予必要的税收优惠，鼓励个人参与风险投资。

（五）积极引导风险投资参与自主创新战略的实施

我们一直非常重视推动全国风险投资事业的发展和促进自主创新的多层次资本市场的形成，将进一步集成资源，按照"加强引导、密切合作、完善基础、积极服务"的指导思想，出台相关措施，引导风险投资参与自主创新战略的实施，鼓励和支持风险投资机构参与国家科技计划项目的产业化，帮助和推动具有较强自主创新能力的高新技术企业上市融资。

风险投资和资本市场在当今经济、科技发展中，正发挥着越来越重要的作用。随着我国自主创新能力的提高，科技对经济社会发展的贡献将会日益增加，使我们每一个人都可以更加直接地感受到科技进步带来的变化。同时，大量创新型企业的发展壮大也为风险投资和资本市场提供了投资资源，使投资者可以分享中国科技发展的成果。《规划纲要》的颁布实施，使我们迎来了又一个科学的春天，我们相信这股春风也能给我国风险投资和资本市场的发展带来更多春天的气息。科技部愿与海内外金融界的各位朋友携起手来，共同推动中国科技事业的发展！

加快国家高新区自主创新能力建设的几个重要问题[①]

(2006年6月2日)

国家高新区经过十多年的发展,已经取得了突出成绩。在建设创新型国家的进程中,国家高新区作为承载发展高新技术产业重要使命的"国家队",面临着新的任务、新的要求和新的发展机遇,也必须对发展模式、管理体制和政策措施做出战略调整。

一、大幅度提高自主创新能力是新时期高新区的中心任务

改革开放以来,我国通过大规模的技术引进,以及引进外国直接投资,促进了传统产业的技术改造和经济增长。但是,随着国民经济的不断发展,一些新的问题和矛盾开始凸显:一是随着劳动力成本的逐步提高,传统的比较优势也将逐步丧失,我国越来越难以从单纯的劳动力比较优势中获得应有的利益。二是由于收益率过低,广大劳动者的工资水平也很难得到提高,从而使得建设社会主义新农村、扩大内需、促进现代服务业发展等国家重大战略难以顺利实现。三是一些重要的产业领域出现了对外技术依赖。在WTO的规则下,知识产权、技术贸易壁垒和反倾销已成为我国众多企业参与国际竞争所面临的重大障碍。四是随着我国经济实力的不断增强,美国等西方国家对技术出口的控制日趋苛刻,反映出西方国家把对华技术控制作为扼制中国崛起的一个重要手段,使得真正的核心技术很难通过正常贸易得到。

在全面建设创新型国家的历史新阶段,国家比以往任何时候都更加迫切需要增强自主创新能力,大幅度提升科技竞争力和产业竞争力。在这方面,作为发展高新技术产业的重要基地,高新区无疑是一支可以发挥关键作用的有生力量。

目前,国家高新区内高新技术企业总数是区外的两倍,吸引了近400万人就

[①] 2006年6月2日在国家高新区管理高级研修班上的讲话(节选),全文刊发于《中国高新区》2006年第6期。

业，其中大中专以上学历的高素质人才占 1/3 以上，初步形成了企业、人才、资金、技术等创新资源的集聚效应。高新技术产业的集聚和创新资源的集聚达到一定规模，就会形成专业化的网络创新体系，这是高新区持续增强创新能力的重要基础。国家高新区经过十余年的建设和持续积累，区内高新技术企业已经具备了一定的自主创新能力。据统计，国家高新区科技活动经费支出总额已经超过了全国科技活动经费支出总额的 1/5，企业技术来源的 80％ 是国内自主创新的技术。这在很大程度上弥补了我国企业研发投入不足的问题。而且从企业收入的结构看，产品的销售收入是核心增长源，这也说明企业从技术中获得的增长动力已经超过了从贸易中获得的增长动力，颠覆了高新区发展初期的"贸工技"发展路径。

但是我们也应看到，目前高新区的发展水平距离国家赋予的历史使命和紧迫要求还有相当大的差距。一些高新区盲目追求经济指标，过分依赖招商引资、以地生财的发展模式，甚至出现相互之间恶性竞争的现象。在科技创新方面的投入和要素引入方面，高新区与世界一流科技园区相比，差距也十分显著。目前，我国高新区企业研发经费支出占营业性收入的比例只有 2％ 左右，而 20 世纪 90 年代末期，大部分 OECD 成员国高技术产业的研发投入强度已经超过 20％。我国台湾的新竹科技工业园区 1999 年企业研发投入经费占到当年总产值的 5.94％，几乎是我们的 3 倍。由此可见，高新区要真正成为促进技术进步和增强自主创新能力的重要载体，还必须做出更大的努力。

二、创新环境是高新区建设的关键

一个良好的创新环境与自然界中的生态环境有着共同的规律，是孕育创新、培育企业必要的空气、阳光、水分和土壤。只要环境适宜，企业就如同森林中的蘑菇，会成片地自然生长起来。高新技术产业发展面对的是竞争开放的市场，任何一项新技术的价值都只有在市场竞争中才能得到体现，任何一个企业都必须在市场竞争中实现优胜劣汰，市场这只无形的手最终决定了技术的价值和企业的生存。在市场经济条件下，政府的作用主要体现在制度的供给上，为高新技术产业营造适宜的制度环境，包括良好的创新环境、创新服务和创新文化，形成这种"长蘑菇"的生态环境。从世界范围内科技园区发展的经验和教训来看，创新环境是决定科技园区成败的关键。例如，美国的硅谷之所以获得巨大成功，主要是因为拥有鼓励创新创业的环境。研究硅谷的学者总结硅谷创新环境的优势有八个方面，包括：有利的竞争规则、很高的知识密集度、员工的高素质和高流动性、鼓励冒险和宽容失败的氛围、开放的经营环境、与工业界密切结合的研究型大学、高质量的生活和专业化的商业基础设施，包括金融、律师、会计师、猎头公司、市场营销，以及租赁公司、设备制造商、零售商等。这些因素使得硅谷成为一个人文、科技、生态比较适宜的栖息地，就像高科技的热带雨林，而不是普通的培植单一作物的"种植园"，因此能够非常灵活地适应外部环境的变化，保持可持续发展。

长期以来，我国处于从计划经济向市场经济过渡的阶段，硬环境和软环境还不能够完全适应高新技术产业发展的苛刻要求，行政管理体制不能够完全适应像高新技术企业那样高度依赖市场竞争的企业的发展。在计划经济体制下，我们往往是通过科技项目支持企业研发，但是项目能够支持的企业数量是有限的，项目能够发挥作用的时效也是有限的。而长期起作用的是创新环境，也只有良好的政策、良好的文化氛围形成的创新环境才能真正调动千千万万的企业投入创新活动。从这个意义上讲，国家建立高新区的目的就是要创造一个局部优化的环境，采取新的机制、新的模式发展高新技术产业。事实证明，这一决策是完全正确的。高新区的发展，主要就得益于坚持不懈地改革管理体制和运行机制，为高新技术产业发展创造良好的环境和条件。

当前，高新区要采取措施，大力加强创新环境建设。特别是要建立有利于创新的政府管理模式，从过去注重招商引资、注重操作项目，转变到注重创新环境建设上来，更多地发挥市场机制的作用，在市场竞争中筛选出最有生命力的企业、企业家和产品。值得肯定的是，许多国家高新区，以及所在城市在创新环境建设方面已经做了大量的、有益的探索。比如，深圳市较早地出台了无形资产评估的政府规章、企业知识产权技术秘密保护的法规、技术入股的管理办法，率先创办了无形资产评估事务所，较早实现了人才自由流动，创设了国际高新技术成果交易会，同时，也是我国较早开展科技创新要素市场和投融资体制改革的城市。这些举措营造了宽松的创新环境，凝聚了有效的创新资源，激发了社会各界的创新活力。深圳现在许多高科技大企业，比如，华为、中兴等公司就是在这种环境下从小企业成长起来的。

类似的例子在各高新区还有不少。上海采取以智力流动为主要特征的"柔性流动"方式吸引科技人才进入科技园区，目前人数已达6万人，其中硕士以上学历的有8000人。中关村科技园区着力打造留学人员归国创业的空间和条件，平均每个工作日有两家留学人员的企业注册成立，现已有留学人员创办的企业2700余家，部分企业已经具有相当的规模。比如，空中网公司成立仅两年就在纳斯达克成功上市，创中国公司赴纳斯达克上市最快纪录；百度公司创中国互联网公司纳斯达克上市最高市价纪录。深圳、上海、北京等地高新区在创新环境方面的探索和经验十分宝贵，应该总结、推广。今后，高新区在环境建设上还需要作更多的努力，先行先试，为全国起到先导、示范作用。

三、关于建设高新区的技术创新体系

推动企业成为技术创新主体，促进产学研的结合，除了具备良好的创新环境之外，技术创新服务体系，特别是中介机构的完善也是一个重要方面。近年来，高新区建立了较为完善的技术创新服务体系，积累了经验。目前，国家高新区内共建设孵化器184家，占全国的39.7%。许多高新区还积极探索建立了多元创新服务体系，设立了毕业企业孵化基地，营造了从企业初创、成长到产业化等不同发展阶段的"接力式"创新服务环境，为企业提供了全过程服务，促进了科技型中小企业的健康快速成长。

今后，高新区要在建立以企业为主体的技术创新体系方面继续走在前列。

一是继续在企业和大学、研究机构之间构筑好纽带和桥梁，大力发展中小企业。

大学科技园、生产力促进中心、技术市场、技术转移中心等科技中介机构是促进产学研密切合作的有效方式，要进一步创新工作思路；创新基金的工作与高新区技术创新体系建设要有机结合，更好地扶持创新型科技中小企业的发展。

二是精心打造产业链，进一步加快形成产业集聚。

国际经验证明，高技术企业的聚集效应非常重要，特别是高技术园区人才的交流、信息的交流和产业链的形成，有利于企业创新创业。

四、关于知识产权战略

目前，国家高新区在知识产权的管理、实施和保护方面，进行了许多有益的探索，取得了良好进展。当前，高新区要特别重视三个问题。

一是创造和发展知识产权。这项工作应当成为高新区的一项重大任务，把知识产权制度摆在促进高新区体制创新和科技创新的突出地位，实施知识产权战略，完善工作体系，制定激励政策，推动企业发展自主知识产权。在这方面，一些高新区的做法值得推广和宣传。比如，西安高新区联合陕西省知识产权局及西安市知识产权局设立了知识产权办公室，组织开展知识产权促进活动，为企业提供免费的培训、咨询、知识产权保护援助、知识产权信息检索等服务，设立专利奖。同时还设立了每年100万元的知识产权资助基金，对高新区企业申请国内外专利、商标及版权给予资金支持。这些举措有效地激励了高新区企业努力创造知识产权。

二是保护知识产权。保护知识产权不仅是WTO规则的要求，更是我国自身发展的需求。高新区要充分发挥知识产权制度的重要作用，率先在区内建立健全知识产权保护体系，营造尊重和保护知识产权的法治环境，加强从事知识产权保护和管理工作的力量。

三是培育自主品牌。一个企业、一个产品的品牌，其价值是难以替代的，需要长期培育。对我国而言，培育自主品牌不仅是企业竞争和发展的需要，也是关系我国经济全局和长远发展的大事。我国是制造业大国，但尚未成为制造业强国，除了缺少核心技术以外，自主品牌的缺失也是一个主要的因素。许多企业尽管拥有世界规模的生产能力，但只不过是跨国公司的"加工厂"。由于缺少世界级的品牌支撑，制造业的附加值和竞争力都处于全球产业链的低端。而一些致力于打造自主品牌的企业，经过多年的艰苦努力已经取得了显著成效。例如，华为从一家很小的通信产品企业成长为国际性的电信设备供应商，关键有两条：一是树立民族自信心，从进军海外的第一天起就立志要把华为做成世界一流的中国品牌。为了改变国外客户对中国产品的传统认识，他们首先树立中国的形象，再推广华为品牌，最后才让客户认识华为的产品。二是把企业的自主创新能力作为培育品牌的核心内容。华为每年用于研发的投入占企业销售收入的10%以上，在公司当年的高新技术产品产值中，具有自主知识产权产品的产值占到50%。在重点领域核心专利的支撑下，华为海外市场销售额迅速增长，2004年已经达到22.8亿美元，跻身于国际主流通信设备商的行列。高新区应该有华为这样的眼光和气魄，要培育拥有自主品牌的产品和企业，让高新区成为"中国创造"的代名词，成为自主创新的标志，成为中国高技术产业的象征。

五、大力发展风险投资和资本市场

国际经验表明，健全的风险投资体系和完善的资本市场是高技术产业发展的基本要素，这是由高技术产业的成长规律所决定的。高新技术企业一般从创业开始起步，包括国内外著名的大企业，如大家熟知的惠普、微软、戴尔等，以及我国的华为、联想、海尔等，都是在市场竞争中由小到大、大浪淘沙、滚动发展起来的。可以说，没有创业企业，就没有高技术产业的未来。

创业企业具有两个突出特点：一是信息的不对称性。这与商业银行的集中资金管理模式和审慎经营原则不相符合，使得他们难以获得商业银行的贷款支持。二是科技开发周期较长、风险较大，也使政府难以承受。对于这些企业发展所急需的资金需求，只有风险投资与新兴资本市场才能更好地满足。风险投资独特的资本性融资，既可以满足小企业直接融资，又可以达到风险共担、收益共享的目的。因此，世界各国都普遍采取发展风险投资的做法来支持创业企业的成长。

改革开放以来，我国的风险投资和资本市场从无到有，取得了很大的成绩。但是，也应当看到，我国风险投资和资本市场的发展速度明显落后于国民经济增长的步伐，远远不能满足高新技术企业高速发展所产生的巨量融资需求，主要表现在组织形态单一，资金来源不足，缺乏有力的引导政策等。我国资本市场存在的制度性缺陷，影响了企业自主创新能力的提高，影响了创新型小企业的生存和发展，成为我国科技与资本结合的最大瓶颈。近年来，一些成长性好、资产优良的创新型企业纷纷到海外资本市场融资，这种现象值得我们关注。

《规划纲要》的配套政策对发展促进自主创新的风险投资和资本市场提出了明确的要求。目前，中国人民银行等多个部门在国务院的领导下，加快研究提出发展我国风险投资和资本市场的具体政策措施。科技部正在积极推动多层次资本市场体系建设、有限合伙制法律的制定和对风险投资的税收优惠政策尽快出台。

国家已经在发展风险投资方面给予了高新区先行先试的必要条件。作为落实《规划纲要》的 60 条配套政策之一，非上市股份制高新技术企业股权报价代办转让系统，即所谓的"三板"已经在中关村园区率先启动试点，目前已经有三家企业在深圳交易所挂牌交易，还有一些企业在进行股改，准备挂牌。我相信，中国的风险投资和资本市场必将会不断发展完善，为解决高新技术企业的融资需求发挥越来越重要的作用。

六、大力发展现代服务业

长期以来，我国没有处理好工业化与服务业发展的关系。与世界上许多国家相比，我国第三产业明显滞后，发展水平不高，存在结构性缺陷，特别是现代服务业发展不足。在过去的十年里，我国服务业占 GDP 的比重（33.1%）几乎没有增长。据推算，如果我国服务业就业比重达到目前大多数低收入和中等收入国家服务业就业比重 45% 的水平，就可以多吸纳 1.3 亿人就业。这对于建设社会主义新农村、加快经济结构调整、扩大劳动力就业，无疑提供了新的途径。因此，我们应当从战略高度上提升对服务业的认识。

当前，全球范围内服务业的发展正呈现出三个重要的趋势：一是新技术的广泛应用大幅度提升了服务业的生产效率，创新了服务过程。OECD 成员国 2000 年服务业的研发费用占所有企业研发经费总额的比例达到 23%，美国、澳大利亚等已经超过 30%。二是信息和知识相对密集的现代服务业发展迅猛，成为全球经济增长中耀眼的亮点。三是经济全球化加速了发达国家的现代服务业向发展中国家转移。在这一新形势下，我们必须抓住机会，把服务业特别是现代服务业作为重要的战略性产业，加速发展进程，优化国民经济整体结构，提高国民经济运行质量。

从世界主要高科技园区的发展规律来看，其产业附加值的构成中制造环节所占的比例呈降低的趋势，而服务业特别是现代服务业中研发、人力资源开发、软件与信息服务、金融服务、会计审计律师、物流与营销等专业化生产服务和中介服务所占的比例越来越高。园区内专业化服务和中介机构往往占到了企业总数的 1/5 以上。

目前，我国高新区的现代服务业正处于起步阶段，具有很好的发展前景。高新区发展现代服务业，应把握好以下几个方面。

一是要加快科技服务业发展，包括委托研发、科技咨询、工程设计、生产力促进、技术交易、科技信息、科技孵化、创业投资、检验检测、知识产权、软件增值等服务。这些服务广泛渗透于经济社会的多个方面，不仅能促进第三产业的发展，对于第一、二产业也具有积极作用。

二是促进制造业与服务业融合，发展生产型服务业。在打造国际制造业中心和承接国际服务业转移时，应把信息服务、现代物流、现代金融、电子商务等支持国民经济高效运行的生产性服务业作为发展的重点。

三是要促进教育、培训、咨询、法律、专业服务等中介服务机构的发展，打造知识型服务业。

四是加快用信息技术改造传统服务业。利用信息技术对传统服务业进行改组改造，提高其技术水平和经营效率，进一步发挥我国传统服务业的经济潜力。现代服务业这个课题非常重要。我在这里提出来，主要是希望引起大家的关心、关注和重视。

七、推动高新区国际化

我们强调自主创新，绝不是自己创新，不是关起门来的创新，而是在开放条件下的自主创新，是在充分利用全球科技创新基础之上的自主创新。

从当前国际竞争的态势来看，高新技术及高技术产业已经成为国家间科技竞争的制高点，成为决定国际产业分工地位的一个基础条件。在高技术领域取得优势，往往带来"胜者全得"的效果。目前，我国还十分缺乏在世界高技术前沿占据优势地位的高技术企业。以计算机产业为例，我国主要的计算机生产企业基本上只能贡献在控制生产成本和分销渠道上的优势，核心技术和关键部件都受制于人，不得不将售价的30%支付给国外专利持有者。因此，在全球化条件下，我们必须把市场和资源的目标拓展到全球视野。高新区必须在继续做好引资引智的基础上，瞄准世界高技术产业的前沿，做优做强园区主导产业，努力打造世界级的高新技术企业和产品。

一是重点支持企业"走出去"参加国际竞争。鼓励企业"走出去"是中央的重大战略部署。能否实现"走出去"，关键在于企业的核心竞争力。它不是来源于劳动力优势、资源优势，而是建立在自主创新基础之上的、以自主知识产权为标志的能力。在这方面，高新区已经拥有一批如华为、联想、中兴等优秀的企业代表，在国际市场竞争前沿与跨国公司激烈角逐；也有信威、西电捷通等一批以自主知识产权构建技术标准的新一代高新技术企业，正在高新区内孵化、成长；高新区还通过建立海外科技园、国际企业孵化器等多种形式，积累了支持企业进军海外市场的经验。但特别需要指出的是，企业"走出去"绝不等同于产品出口加工。目前，高新区出口，有相当大的部分是跨国公司的出口加工产品，外资企业在出口创汇中占据强势地位。这种模式不仅不可能成为我国企业"走出去"的有效支撑，甚至可能在一些领域危及我国的产业安全。因此，高新区应该进一步探索和发挥国际化服务平台的作用，降低企业海外发展的风险。通过支持自主品牌"走出去"，不断扩大高新技术产品的出口份额，带动我国出口增长和出口结构的优化。

二是善于把握产业转移的重要机遇。随着高新技术产业的迅速发展和经济全球化的不断深入，世界产业结构正在发生深刻的变化。世界产业结构正在向高科技化、服务化的方向发展。世界产业结构的重心正在向信息产业和知识产业转移，产业结构高科技化的趋势日益突出。发达国家为了抢占全球经济的制高点，在强化高新技术产业竞争优势的同时，通过国际生产网络的扩张推动了全球产业结构的调整。以跨国公司为主导的国际分工进程加快，促进了资本、商品、技术、人员及管理技能等生产要素的跨国界流动，形成了制造业的全球价值链，进而推动了全球产业结构的调整。产业转移不再是个别企业的孤立行为，而是在国际生产网络的基础上，形成了以跨国公司为核心，全球范围内相互协调与合作的企业组织框架。国际产业转移由产业结构的梯度转移逐步演变为增值环节的梯度转移。国家高新区要抓住这个难得的历史机遇，在对转移产业做好认真判断和筛选的基础上，积极承接国际产业转移，推动产业结构升级，使新产业不断涌现，同时，促进高新技术向传统产业渗透，加强利用高新技术改造传统产业。

在高新区"二次创业"的新阶段，科技部将推进国家高新区资源集成，注重宏观指导，调动各地方、各部门支持高新区建设的积极性，为加快高新区的发展共同努力。

第五篇

科技管理改革与人才队伍建设

印度科技发展对我们的启示[①]
——由印度核试验所想到的

（1998年5月）

继东南亚经济危机之后，在我国周边国家中，发生了另一重要事件——印度三日内连续五次核试验——同样引起了我们的关注和思考。以印巴核试验为序幕，局部"冷战式的"竞争开始升级，对世界和平与发展的大环境形成了新的冲击。

本文暂且不论印度核试验的政治、军事、外交等目的，只就与科技发展有关的问题作一探讨。因为中印两国有着相似的国情，在过去几十年的发展中，两国在不同的科技领域，各自形成了一定的优势。现在重新认识和估价印度所取得的进步，同时分析印度的科技发展给我们的启示，对我国很有借鉴意义。

一、印度科技和某些产业的发展

过去，我们常常拿自己的科技跟发达国家比，淡薄于与发展中国家相提并论；现在，冷静地观察一下中国和印度的科技发展，我们看到，在核技术、空间技术、信息产业等高技术领域中，印度在几个关键技术或产业化方面已经追上或者超过了我国。

印度炫耀其核技术表明，他认为自己值得这样做。据报道，印度在短时间里进行的五次核试验中，已基本上解决了热核反应（但非标准氢弹）、核装置小型化和计算机模拟等关键技术问题。印度核技术起步很早，目前其核电站设备国产化率已达到90%，其实验快堆1997年7月已成功并网，并将于2001年开始建造50万千瓦的快中子增殖堆电站；而我国的实验快堆将于2003年才能建成。所以联系到印度在民用核技术方面的发展，印度的核能力不可小视。

与核技术相比，印度的空间技术也许更让其自鸣得意。1991～1997年的6年中，印度跨过了两代卫星发展历程。1997年9月，印度用自己的火箭发射了新遥感卫星，这颗卫星连同两年前升空的另一颗卫星，是1997年整个地球空间轨道上性

[①] 本文写成于1998年5月，为首次公开发表。

能最好的民用全色遥感卫星，其分辨率达5.8米，重访周期为4天（时间最短），优于在轨的美国、法国等国的民用遥感卫星；而我国正准备发射的中巴卫星的分辨率仅为20米。印度民用卫星是传输式的，而我国的卫星直到现在还是返回式的。传输式卫星在数据采集、处理、持续性等方面，都大大地好于返回式卫星。有消息称，到2000年，印度还将大幅度提高其空间开发预算，并积极研制多功能航天飞机，它可将小型卫星送入轨道，还具有"出色的情报工作、监视和侦察能力"。

近年来，印度的科学技术不仅有所进步，其科技产业也有新的发展。作为未来信息时代的主导产业，印度的软件产业令许多发达国家刮目而视。目前，印度是继美国之后的世界第二大软件出口国，1997年其软件出口额达到18亿～20亿美元。印度先后建立7个国家级、两个邦级的软件园区；区内提供一系列优惠政策，基础设施优良，并配有培训和其他技术方面的服务。印度有一支14万人的高素质软件队伍，通过ISO9000认证的软件开发企业有100多家，是世界上通过国际化组织软件企业认证最多的国家，其软件质量在世界上享有良好声誉，吸引了很多跨国集团公司到印度投资开发。十年前，中印两国的软件产业几乎在同一起点上，两国都曾被看作是"最有潜力的两个软件产业大国"，而十年后，我们与印度之间在软件产业发展方面有着明显的差距：在1997年约120亿元的软件销售额中，国产软件仅占30%；我们的软件出口与印度差距则更大。这其中的缘由应值得我们深思。如果让此差距发展并扩大下去，在全球信息产业的大发展中，我们将难以参与新的国际分工和竞争，也将无法把握中国信息产业的未来。

基于科学技术的发展，印度在经济发展上也取得了令许多发展中国家目前都在积极仿效的经验。例如，印度成功地推行了"白色革命"，发展牛奶产业，现在其人均牛奶占有量是我国的10倍，这对改善民众的体质起着重要的作用；推行"绿色革命"使印度成为粮食、棉花和其他经济作物的重要出口国；推行"蓝色革命"使印度跻身于世界十大渔产国之列。在取得这一系列的成就过程中，印度开发出一整套行之有效的做法。以"白色革命"为例，整个计划由国家奶业发展委员会协调，注重总体规划，抓关键技术（提高奶牛出奶率的技术），从示范到推广，保持与奶业相关的科研、加工、运输、管理和市场等各环节的良性畅通，最后实现奶业的振兴。这是一条不同于西式的现代化饲养业的发展道路。

二、印度科技发展给我们的启示

在相当长的时期里，国内外各种人士在作比较研究时，印度常被拿来与中国作横向比较，得出的结果往往是：中国在经济等各方面总体上发展要比印度快，有些方面快许多。长此以往，单纯数量和总量速度上的比较，使人们形成了一些固定的看法甚至误区，即印度各方面都比较迟缓；在短期内印度难以赶上我国。即便是一些有识之士也曾指出，印度在科技、教育等方面有许多可借鉴之处，但这些看法常常被湮没在大量的将印度社会文化矛盾和落后当作主流的看法之中。

此次印度"敢犯天下之大忌"进行核试验，肯定不限于单纯在核技术方面所取得的进步和优势。实际上，印度的科技，特别是基础研究在世界科技发展中有很高的地位（见《九十年代世界科技纵览》，第 133 页）。从印度发展科技事业的做法中，我们可得到以下四点有益的启示。

（一）集中使用资金，避免分散和多头投入

印度的科技投入比较集中。过去的十几年，其重点科技发展领域集中在核能、空间、电子和海洋等。以 1986~1987 年为例，印度科技部向空间、核能、海洋开发三个部投入的经费占科技部发放的研究经费的 50%，电子领域的科研享受国家的直接拨款。虽然其研究与开发投入总量不及我国，但其由于投入相对集中，使印度从事研究与开发的科学家和工程师的人均经费约为我国的 3 倍。所以，印度的科学家和工程师有较多的经费从事科技活动，而不像我们目前的许多科研单位，其科技投入仅用于应付科技人员基本的生活需要。

（二）决策和管理分立，提高宏观科技管理的效率

印度的科技管理是一种决策和管理分立的政府建制。决策机构指由专家组成的内阁科技顾问委员会，现在是总理领导下的国家科学技术委员会；管理机构包括科技部和原子、空间、海洋和电子这四个技术性很强的专业局。印度社会具有尊重知识、尊重科学、尊重人才的良好传统和氛围，凡遇到决策环节，一般必设专家委员会，而且还赋予其一定的职能和权限。

决策层的委员会行使下列职能：与国家计划委员会配合，准备、评价和更新国家的科技计划；确定科学技术发展的模式，优先发展领域和资源的分配方案；支持教育和人才培训的发展；负责国际科技交流与合作，等等。科技顾问委员会的组成精干，由知识面广、有国际前沿视野、专职的科学家组成；有时也吸收社会科学家和经济学家为成员。近年来，这种委员会还吸收了若干在国外取得成就的年轻专家出任高级职务，他们所居地位，超越了印度文官制度规定的升迁阶梯的限制。委员会甚至过问科技人员的津贴标准，等等。例如，印度政府接受委员会的建议，同意设立额外的位置，以使著名科学家能够被安排在适当的职位并得到适当的工资级别；建立"科学家基地"，使一些高水平的科学家从国外回到印度，很方便地进行高水平的研究与开发。

提高科技工作的管理效率，关键是要针对科技工作的特点来确定管理体制。科技工作不同于经济工作，可由市场效果或经济景气直接给出评判。科技发展中有两个关键问题：一个是视野，不应局限在专业或小项目圈子里而漠视国际潮流、漠视高新技术的机遇；二是客观、公正的评价，特别要避免评价体系上的自我封闭。印度的决策和管理分立的管理体制，在一定程度上避免了由单一部门自己命题、操作、管理及评价全包在一起的封闭性，使科技预测、决策、执行、协调和评估等工

作得到有效分工，避免可能出现的大的失误。

（三）重视基础研究，稳定一只高素质的人才队伍

印度研发投入占 GDP 的比值（1%左右）要高于我国，其基础研究构成的比例与发达国家相当，一般在 16% 左右，高出我国同类研究所占份额约 10 个百分点；在基础研究的支出总量和人均经费方面，印度都要高出中国。在基础研究方面，印度也取得了一些处于世界前列的成就，印度在国内工作过的科学家已有两人得到了诺贝尔科学奖。加之，印度有一个比较发达的高教体系，使他们拥有一定规模的高技能的科技人才群体。印度每万人口中大学生数为 57.1 人，中国为 17.6 人，美国为 568.3 人。我国现在每年博士授予数量刚刚接近印度 20 世纪 70 年代的水平。在其研究发开发活动中，印度有博士资格的超过 20%，拥有硕士资格以上的约占 60%。印度以其特有的科技和人才优势，成为国际科技合作中较为活跃的参与者。

（四）科技和经济部门有机结合，为高技术产业快速发展，共同创造良好的政策环境

印度对高技术产业的支持力度很大。以软件产业为例，为把软件产业扶持成为优势产业，把握信息产业的先机，印度政府有针对性地制定了一系列政策措施：①印度政府专门成立了一个（多部门）软件促进委员会，公布软件出口政策；②对软件产业加以规划，统一布局，集中力量；③开展全国电脑普及教育计划；④建设软件技术园区，留住国内人才，吸引海外人才，并为软件人员出国进行技术服务提供便利；⑤通过外引、内联，发展可为软件产业提供大市场支撑的电子信息业。⑥根据情况的变化，及时调整政策。1997 年，印度政府将原先为 100 家出口型和出口促进区内的企业制定的优惠政策，扩大到软件技术园区及电子硬件产业园区。软件产业更新速度非常之快，及时修订和出台优惠政策非常关键。印度扶持软件产业的做法，与印度在推行"白色革命"、"绿色革命"、"蓝色革命"等振兴计划中许多好的做法一样，都值得我们学习。

此次印度核试验带给我们的既有启示，也有警示。我们不要盲目的乐观，不要囿于过去的认识和印象，要有一种加快我国科技进步的使命感。受印度经验的启发，我们应联想到，其他一些发展中国家或新兴工业化国家和地区，发展本国、本地区的科技、经济的经验也应值得学习，特别是发展本土资源型和资本密集型经济等经验，如巴西依靠科技力量发展自己的经济作物和资源型经济，韩国协调国家和企业的关系使汽车业尽快成长为支柱产业，我国台湾省借助中小企业的优势来促使微电子产业升级，等等。在未来的科技发展中，我们如能进一步发扬自己的制度优势，发扬我们在改革开放中积累起来的一切好的经验，加上创造性的智慧和敢于创新的胆识，通过勤奋不懈的努力，我国的科技人员在有些领域会做得更好，一定会使中国的科技事业扎实地并且也会是大踏步地向前迈进。

关于开拓和完善科学基金工作的几点意见[①]

(1999年1月28日)

面向21世纪和世界范围内的挑战,我国的科学技术事业必须有一个大的发展,科学基金的工作承担着重要的使命。为此,有几个方面的问题请大家考虑,以期进一步开拓和完善科学基金工作。

一、科学基金要担当起发展与繁荣国家基础研究的历史重任

基金工作要充分有效地运用国家资源,持续稳定地支持基础研究和应用基础研究,这是自然科学基金的基本任务。基金制是国际上支持科学研究开发的普遍做法,它为科技工作者从事基础研究和探索提供了公平竞争、协调发展的环境。为了简化工作关系、提高工作效率,避免经费多渠道投入与项目的低水平重复,今后科技部将与基金委共同努力,争取加大对科学基金的投入,并把国家对于基础研究项目的支持重点放在科学基金工作上,形成相对集中的经费渠道和规范的竞争环境,更大地发挥基金委的作用。同时,基金委要做好与国家重点基础研究发展规划("973")项目、"863"计划等密切配合,搞好衔接,共同促进我国基础研究持续、稳定地发展。

基金委支持基础研究,要突出自身的特点,让中国的科学家释放智慧、潜能,争取几年时间能有新突破,包括解决一两个可继承民族遗产、具有中国特色、又能为世界共享的科学问题。争取在不远的将来问鼎诺贝尔奖,这无疑将是对科学技术发展和民族振兴的重要贡献。

[①] 1999年1月19日在国家自然科学基金委员会第三届第五次全体委员会会议上的讲话,发表于《科技日报》1999年1月28日。

二、突出重点，发展新兴学科、边缘学科和交叉学科，建立一支精干的基础研究队伍

我们要根据国情、财力和自身优势，选择科学前沿，以及对国民经济和社会发展有重大带动作用的基础研究领域进行部署，把有限的资金用好。

科技与经济、社会相互作用的历史告诉我们，新兴学科、边缘学科和交叉学科对科技、经济、社会和文化的未来发展有重大意义。但由于学科和观念所限，在实践中有些领域往往被忽视、受歧视。我们必须采取有力措施，加大这方面的支持力度。

突出重点，仍是我国科技工作亟待解决的问题之一。印度是发展中国家，但在基础研究和空间、核能、软件诸方面取得了突出的成就。印度在国内工作过的科学家已有两人获诺贝尔奖。究其原因，其中之一是投入相对集中。印度的研究开发投入总量不及我国，但科技人员人均研究开发的经费约为我国的3倍。所以，印度科学家有较多的经费从事科技活动，而不像我们许多科研单位，科技投入仅用于科技人员生活基本生活费用，科技骨干忙于社交，争取课题。我过去工作过的研究所，一位研究人员有7项课题，这样的研究工作如何能搞好？这种大家都"活不了，也死不了"局面不能再继续下去了！必须痛下决心，进一步采取措施，突出重点，增加强度，用开放、竞争、流动的机制，逐步建立一支精干的基础研究队伍。

三、进一步完善有利于创新的机制

科学基金已经建立了鼓励创新的机制、平等竞争的机制和科学民主的机制，在使创新的研究项目优先得到资助，鼓励科研人员以科学的态度进行研究工作等方面，做了许多工作。但是，基金的创新机制、平等竞争的机制和科学民主的机制，还需要在新形势下有所发展和提高。

基础研究的创新，最重要的是要选好题。目前，仍旧存在着选"保险题"的倾向，有风险、有创新的题目仍旧不易得到支持。实事求是地说，当前我们的机制只能在微观上，即在小学科内部是合理的，但在宏观上，特别是对跨学科的项目认识上，还存在诸如真正的小同行太少、科学保护主义等问题，必须加以改进。

"保险题"倾向的原因在于自信心不足，不敢做外国没有做过的事，喜欢跟着外国人的热点走，人家做什么就做什么。例如，超导的"约瑟夫森效应"首先在我国实验室里做出来，但却被认为实验做错了。我们培养的许多有才干的人到国外成为一流的"做手"，验证工作做得很漂亮，但提出新想法的人却较少。希望我们有更多的科学家拿出勇气，改变这种状况。

要关注"小人物"，要宽容失败。创新必须在选题上下工夫，提出的问题要有

新奇和突破性的特点。学科交叉孕育创新，社会经济发展中提炼的科学问题，也往往会孕育创新。如果说目标明确的大项目立项，需要一定基础和条件，有较好的突破前景的话，小项目要更加允许冒险和失败。在这方面，基金委应该创造比别人更好的、更宽松的有利于创新的环境和机制。通过基金委的工作，发现并退出一批不知名的、但有创新才能的"小人物"、"小单位"，这将是对国家的重要贡献。

四、要把发现和造就优秀人才作为重要的职责

培养跨世纪的优秀人才，特别是年轻科技人才的成长，是历史的要求。基金委应把发现、造就人才作为最重要职责，为优秀科研人员特别是杰出青年科技人才的成长创造条件。要完善青年科学基金制度，切实做好资助青年的专项基金工作，逐步提高国家自然科学基金中资助青年科技人才项目的比重。要敢于把重大科研项目交给青年科学家，给他们压担子。既要加强对国内青年学者的培养，又要鼓励出国留学人员为所在国和祖国双向服务，吸引他们回国工作。要加强跟踪调查和后期管理，在资助效果上下工夫。要与有关部门密切配合，实施好跨世纪优秀人才计划。

强调培养年轻人才，不是说不发挥中老年科技人员的作用。杰出的青年人才在成长过程中，背后都有老一辈科学家的栽培和支持。没有团队的精神，没有老中青科技人员协同作战，我国的科技事业包括基金项目研究工作，就不可能兴旺、发展。因此，老中青相结合是必要的，应创造一切条件，为老中青结合，发挥相互帮助和支持的团队精神而努力。

五、提高科学基金的管理水平与质量

要在新形势下，通过学习与创新，进一步提高科学基金的管理水平和质量。基金委应该抓住一些重点问题进行研究。例如，科学基金中的人头费问题；加强对青年人才的支持力度，解决培养纯基础研究方面重量级人才问题；科学基金与"863"计划、国家重点基础研究发展计划项目衔接的机制问题等。

要特别研究改进评审机制。目前的评审机制，一个突出的问题是评审专家中小同行少，不懂行的人评懂行的情况广泛存在；个别评委思想境界不高，以及一票否决、扼杀创新，等等。解决这些问题要开拓思路，完善评审专家遴选办法，建立评审专家激励机制；对非共识性项目，请海外的专家参加评审；选择最有实力的少数单位承担项目，不搞拼盘，不搞捆绑式支持；明确更新原则，坚决停掉多年没有进展的题目等。

六、采取必要措施，做好基础性工作，办好学术刊物

对影响重要基础研究工作进程的关键性仪器，影响重要基础研究成果显示的图书出版工作，以及有影响的学术期刊建设等，给予必要的支持。

数据积累等基础性工作是基础研究的重要组成部分。长期以来，由于种种原因，这部分工作难以得到支持，相对说来处于更困难的境地，如动植物区系分类、生物多样性、样本库、标本库、冰川编目、土壤分类，资源环境领域的数据采集、分析、整理，科学数据库建设和数据共享等。这类工作是科学研究的基础，是创新的重要前提。科技部和基金委有责任推动有关方面对这类工作的关心和重视，并对其中的重要工作给予支持。

学术刊物质量的好坏，与基础研究和人才培养工作的关系很密切。目前，我国的学术杂志太多、太滥，质量高、能与国际接轨的太少，需要整顿。是否可以请基金委考虑，在竞争的基础上——关键是竞争，支持办几个高水平、高质量的学术刊物，走进国际科技界，与国际期刊接轨。特别是要扶持一些在国际发行的高质量的中、英文期刊。花在支持学术期刊的资金不一定多，是小钱，但做好了，贡献就会很大。

改革科技奖励制度

(1999年5月26日)

一

我国实施科技奖励制度已经有几十年的历史。在改革开放之初,我们召开了全国科技大会,表彰了一大批科技成果,重建了科技奖励制度。历史地看,我国的奖励制度对于整个社会提高对科技工作的认识,提高科技人员的社会地位,改善科技人员的工作条件、生活条件,激励青年科学家不断地涌现,都发挥了重要的历史性的作用。

但是,奖励制度发展到今天,也暴露出不少问题。

(1)奖励过多过滥。每年国家级奖励有800多项,省部级奖励达12 000多项。每年获奖人数(省、部级以上)大约有8万人。各个层次的奖励与科技人员的实际待遇又紧密挂钩,包括职称、工资、住房甚至退休待遇,等等。有人曾经统计过,科技奖励最多要和科技工作者的46项待遇挂钩。科技工作者工作模式变成是争取项目,然后争取得奖,再争取项目,再争取得奖。所以,奖励制度把科技工作者的导向,包括从事应用开发类研究的科技工作者的导向都集中到获奖上来。

(2)对于面向市场的一些应用开发研究,鼓励了重学术、轻效益的倾向,大批项目获奖后便被束之高阁,或只成为展品和样品。这也招致浮夸之风盛行,成为科技界不正之风的主要来源。这样下去,科技人员更多关注的是获奖,而不是形成产业和实际的生产力,对于发展科学技术、科技和经济充分结合都十分不利。

(3)对做出杰出贡献的拔尖人才没有重奖,激励强度不够,尤其是缺少榜样性、权威性的最高奖项。作为一个荣誉,我们奖励的力度不够,缺乏像诺贝尔奖这个层次的国家重奖。当然,这不是奖励8万人,不是8000人,也不是800人,而是奖励几个有重大贡献的科技工作者。

---

① 本文分三个部分:第一部分节选自1999年5月26日在10个国家局所属242个科研机构改革座谈会上的讲话;第二部分节选自2002年4月28日在中央党校所作的形势报告;第三部分节选自2000年民营科技企业促进会年会上(重庆)的讲话。

所以，奖励制度需要进行重大改革，包括设立国家最高奖励制度，弱化地方或部门奖励，大幅度减少奖励数目。不同类别的奖项采取不同的评审标准和办法，强化研究开发类成果的市场导向。我们希望把有关奖励制度的改革和鼓励高科技产业发展的政策结合起来，形成新的机制。一方面弱化奖励同各种待遇挂钩的联系，另一方面要强化对科技产业化的奖励，形成一个鼓励科技人员和科研院所以更大的积极性推动科技成果产业化。

二

2000年，我们已经进行了科技奖励制度的改革，取消了部级奖，减少了地方设奖的数目，取消了地方的厅级设奖。今后还要在这方面继续做出努力。与此同时，我们设立了国家最高科学技术奖。把奖励作为崇高的荣誉来激励整个社会，激励整个科技界来做好科技工作。

当然，现在奖励制度的改革也是多方面的。比如，我们现在规定，国家一等奖奖励9个人，二等奖奖励7个人，三等奖奖励5个人。但是大家可能也知道，现代的科学技术不是家庭作业，往往一个团队是由几十个人甚至几百个人的来工作。如果只奖励几个人，其他的人怎么激励？因而也出现了一些怪现象，比如，有的地方夫妻两个人搞一个项目，开一个夫妻店，不求大奖，得一个三等奖，两个人都有份。所以，有必要继续深化奖励制度的改革。

三

这次奖励制度的改革，一是设立加强国家最高奖励；二是弱化部门和地方奖励；三是大幅度减少奖励项目。同时，还对评奖标准办法进行了改革，强化了研究开发类成果的市场导向。

我们制定了激励科技人员面向市场的政策，用更多的市场回报肯定和奖励有贡献的科技人员。有关部门现正在制定相应的办法，包括股权和期权奖励等。我们希望通过"激励"这个指挥棒，引导大多数从事应用开发的科技人员，把主要的精力面向市场，面向国家的重大需求。

我们预期，激励科技人员成果转化政策，将对民营科技企业发展产生巨大影响。主要表现在三个方面：一是将有大量科技成果流向民营科技企业；二是将有大批科技人员到民营科技企业兼职从事技术开发和转化；三是将增加高水平、可转化科技成果的产出，为民营科技企业发展提供技术储备。

关于加强"九五"科技攻关计划管理的问题[①]

(1999年5月28日)

科技攻关计划是面向国民经济主战场，解决国民经济、社会发展中带有方向性、关键性和综合性问题的重要科技计划，认真抓好"九五"攻关计划的实施，加大技术创新力度，加强科技产业化工作，对适应新形势的要求，迎接新世纪的历史任务，将起到承前启后、继往开来的作用。如何做好攻关计划管理，我们面临着一些突出问题，下面我谈几点意见。

一、建立和完善竞争机制，进一步加强攻关计划的管理

（一）要强化宏观管理

各级科技管理部门，要把宏观管理放在突出位置。

首先，要抓战略。要注意项目进展中有关发展战略的研究，及时调整方向，避免重大失误。我国的攻关计划基本上按五年周期实施，但当前科技发展很快，五年过程中，往往会发生非常大的变化。我希望我们的计划管理人员要充分注意这方面的问题，努力适应科技发展和经济发展的新要求，作好调查研究并及时做出调整。

其次，要抓政策。我们现在正处在从计划经济向社会主义市场经济过度的阶段，项目的管理也处在改革的过程中，如何引入竞争机制，是我们面临的一个突出的问题。科技部计划司的同志们做了很多努力，比如，建立招标制度、项目评估制度等。但在这方面还不够完善，我们还需继续努力。不仅是科技部，也需要有关部门和地方共同配合做好这方面的工作。

再次，抓倾向性问题。在攻关的过程中，不断暴露出一些具有共性的倾向性问题，比如，刚才讲的创新不够，创新引导的方向不准确等，希望我们从事管理工作的同志，一定要及时发现，加以引导，认真解决。

[①] 1999年5月28日在科技发展"十五"计划暨攻关计划工作座谈会上的讲话（节选）。

（二）要充分发挥部门和课题负责人的作用

国家科技攻关项目目前有两种不同的管理方式，从国家计委转来的项目和原国家科委的项目，管理不同，各有优缺点。希望大家在"九五"过程中注意总结，在"十五"计划中形成一个新的管理体制。但是不管采取哪一种方式，都要注意真正发挥组织单位、承担单位和项目、课题负责人的作用。

我们面临的情况是，从"六五"、"七五"到"八五"计划，所有科技攻关项目基本上都可以过关，都可以有一个鉴定，绝大多数至少是国内先进水平，这种局面必须改变。一方面，一定要发挥组织单位、承担单位和项目、课题负责人的作用，根据合同做到有权有责；另一方面，这些同志一定要切实地负起责任。要建立起考核制度，对"九五"攻关中的表现记录在案。"十五"要采用竞争的机制，"九五"计划中搞得好的单位、课题负责人，在争取"十五"项目的过程中，会成为争取新的国家项目的一个重大优势；搞得不好的单位、个人，将会严重影响在"十五"课题中的竞争实力。总之，要赏罚分明，攻关项目"吃大锅饭"的现象应该结束了。

（三）要做好鉴定和验收

科技体制改革的深化，要求必须改革成果鉴定制度。"九五"攻关计划项目要以验收方式进行，不再进行成果鉴定。为什么这样做？要从我国科技奖励制度改革谈起。科技部很快要出台科技奖励制度改革方案，将对现有的科技奖励制度作大幅度调整。众所周知，我国的科技奖励制度，改革开放初期在唤起全社会重视科技第一生产力的作用、调动科技人员的积极性、改善科技人员待遇等方面都发挥了历史性的作用。但是，在计划经济条件下制定的奖励制度，随着社会主义市场经济的发展，存在诸多不适应，集中表现在几个方面：奖励项目搞得过多、过滥。每年获奖的省部级以上项目，大约有 12 000 项，获奖人数约 8 万人。由于这些奖励与科技人员的职称、工资、住房，以至于养老、退休都紧密挂钩，势必引导部分科技人员将追求的主要目标定位在获奖上，而科技工作主要的目标——促进经济和社会发展反而受到忽视。同时，作为一种崇高的荣誉，我们奖励的力度不够，缺乏像诺贝尔奖这个层次的国家重奖。当然，获这种奖的不是每年 8 万人，也不是每年 8000 人，而是每年一到两个人，目的是高举弘扬科学的旗帜。另外，在评奖过程中，应用开发类研究，有重学术、轻效益的倾向。根据科技奖励存在的这些问题，现有科技奖励制度需要进行重大改革，包括设立国家最高科学技术成就奖；弱化部门和地方奖励，大幅度减少奖励数目；不同类别的奖项采取不同的评审标准和办法，强化应用开发类研究成果的市场导向等。在这样的形势下，科技部决定"九五"攻关计划成果不再作鉴定。我相信，这个决定会得到科技界同志们的理解和支持。众多的同志都参加过很多鉴定会，我参加鉴定会也感到很难堪，记得"七五"鉴定会大多数成果是国内先进水平，"八五"是国际先进水平，那么"九五"、"十五"怎么办？评什么水平？很难说了。有的同志讲，鉴定会已经成为科技界行业不正之风的一个风源。当然，以后还会评定少数国家奖，其中应用开发研究主要看经济和社会效益。所以，"九五"攻关收尾，重点是把验收工作做好。验收工作主要从加强科研管理的角度出发，客观地评估项目是否按照合同完成。当前，科技部和财政部正在共同制定"九五"科技攻关计划验收办法。对攻关计划的管理、运行机制、人才培养、经费使用等方面进行评价。我们希望各单位要认真执行验收办法的有关条款，确保验收质量，避免把验收会开成一个变相的鉴定会。我们也希望在验收过程中，注意从市场竞争能力和产业化前景等方面尽可能给予准确的评估，发现有产业化前景、潜力大的重大项目，采取多种措施给予支持。

二、充分利用深化科技体制改革的机遇，加快科技产业化的进程

大家知道，前两天科技部和经贸委联合召开了国家经贸委所属10个国家局242个研究所的科技体制改革座谈会。这次改革是我国科技体制改革的一次重大突破，它意味着这242个研究院所要实行企业化，进入市场竞争，在竞争当中成长为我国高新技术产业基地和研究开发基地。随着242个研究院所的转制，科技部会同有关部委制定了一系列鼓励科技产业化的政策，为促进科技成果转化提供了良好的条件。"九五"科技攻关计划要充分利用这些条件，促进现有科技成果的转化，尽快地形成新的经济增长点。在此，我想强调几点。

（一）要鼓励科技人员尽快利用"九五"攻关成果发展高新技术产业

大家知道，最近出台了《关于促进科技成果转化的若干规定》，这个规定主要包括几个方面的内容：技术参与分配。文件规定以高新技术成果向有限责任公司或非公司制企业出资入股的，高新技术作价金额可达公司或企业注册资本的35%，另有约定的除外。这样就为体现知识的价值提供了一个大的空间。文件还规定，科研机构、高等院校转化职务科技成果，要对成果完成人和转化人员给予奖励，奖励额不低于技术转让净收入的20%，或连续3~5年不低于实施成果新增留利的5%。采用股份制向企业实施转化的，也可以用不低于成果作价金额20%的股份给予奖励。我们希望原则上形成一半对一半的格局，科技人员大约占一半左右的股份，研究院所、大学占另外一半。规定还鼓励研究院所的科技人员兼职，鼓励大学教师利用部分工作时间和业余时间从事科技成果转化活动。科技人员下海一旦失败，在两年时间内还可以回原单位竞争上岗，继续享受原有的待遇。所有这些政策的目的，就是鼓励科技人员去冒高科技产业化的风险，并使有贡献的科技人员先富起来。据了解，这个决定在科技界、高等院校反应很强烈，得到科技人员、科技企业家的热烈拥护，据说有些院所长可能还有些顾虑。但是从全局上看，这件事必须要做。我希望我们的研究院、所长、大学校长们支持这项决定，推动这项决定在"九五"攻关

成果上落实，促进我国高新技术产业的发展。

（二）要为科技人员利用"九五"科技成果，发展高新技术产业创造良好的环境，重点是解决资金问题

中央关于建立科技型中小企业创新基金的决定，近日已由国务院发布，国家用10亿元拨款，20亿元贷款支持科技型中小企业创新，采用拨款、贷款贴息、资本金注入等形式支持科技型中小企业。这个基金的创立，其意义不仅仅在于其本身，还在于其可以带动地方、部门采用同样的办法支持科技型中小企业的发展。同时，中央已责成财政部正在制定有关科技型中小企业贷款担保的办法。总之，实现科技成果产业化的条件，已经有了很大改善。我们有了调动科技人员积极性的政策，我们有了资金的支持，现在如果还讲成果转化推不动，就有些说不过去了。希望各个部门、各个地方在执行公关计划中，对这个问题给予高度重视，推动科技产业化的发展。

在创新人才发展战略研讨会上的讲话[①]

(1999年9月22日)

今天,我非常高兴能够参加教育部举办的"面向21世纪创新人才发展战略研讨会"。这对于研究贯彻《中共中央、国务院关于深化教育改革,全面推进素质教育的决定》和《中共中央、国务院关于加强技术创新,发展高科技,实现产业化的决定》精神,探讨加速培养我国创新人才的途径,十分重要。下面我想谈几点个人意见,供大家参考。

一、创新人才,尤其是高水平的尖子人才,是决定各国在未来国际竞争中地位的关键

今天,当我们站在新世纪的大门前,展望世界经济社会发展的新趋势和新特点,对创新型人才重要性的认识,要比过去任何时候都更加清醒、更加深刻。知识经济已见端倪,知识已经成为当今经济发展最重要的源泉。人是知识的载体,创新人才更是新知识、新思想的创造者。今天的国际竞争,归根结底是科技实力的竞争,而这一切又都归结为人才的竞争,特别是创新人才的竞争。尤其是尖子人才具有不可替代的作用,决定着整个人才梯队的水平,在科技竞争中扮演着主导角色。

世界科技发展的历史早已证明,杰出的创新人才往往会使科技的发展产生跳跃式的突破。从我们熟悉的牛顿和爱因斯坦,到为现代电子计算机发展奠定基础的维纳、肖克利、冯·诺伊曼等;从摘取数学皇冠上明珠的陈景润,到"杂交水稻之父"袁隆平,无不证明了这一点。科学技术的发展,其核心就是人才。

在高新技术产业领域,创新人才发挥着决定性作用。创新经济学的创始人熊彼特早在本世纪30年代,就提醒人们要注意具有创新精神的企业家对于促进经济增长的重要性。我们所熟悉的那些国内外著名的高新技术企业的成功,往往都与一些创新型人才的名字紧密相连。微软与比尔·盖茨,苹果电脑与史蒂夫·乔布斯,雅

[①] 1999年9月22日在"面向21世纪创新人才发展战略研讨会"开幕式上的讲话。

虎与杨致远，方正与王选，东大阿尔派与刘积仁。正因为如此，尖子人才在高新技术产业市场竞争中具有决定性作用。

当前，为了加强技术创新，加速科技成果产业化，我国特别需要一大批适于在市场竞争前沿创新、创业的人才，需要一大批在激烈的市场竞争中发起、组织和领导创新、创业活动的科技型企业家。因此，发展创新人才确实是迫在眉睫。

二、对创新型人才的培养和激烈争夺，已经成为国际竞争的焦点

人力资源的重要性及其不足必然导致全球的创新人才"争夺战"。现在的人才是全球培养，全球流动，全球争夺。各国政府在创新人才培养和争夺方面，使出浑身解数，纷纷出台新的政策，美国推出了"教育技术计划"，其目的是要将最先进的技术应用于美国教学；欧盟的《2000年议程》已经把教育和培训作为欧盟政策支柱之一；法国在1998年推出了"为法国进入信息社会做准备"的政府行动计划，明确提出下世纪的竞争是人才与智力的竞争。在争夺人才方面，美国参议院通过关于增加外籍专业技术人员去美工作临时签证提案，为美国公司争夺人才打开了大门；法国政府制订了五年内吸引16万外国留学生的计划；加拿大甚至提出了通过减少特殊人才的税收来制止智力流失的建议。

跨国公司在全球人才争夺战中扮演了重要角色，他们将寻觅和争夺创新人才的触角伸向全球的各个角落。1994年以来，IBM、微软、英特尔、宝洁等国际著名的跨国公司纷纷在我国设立研究开发机构，以优越的条件吸引国内的优秀人才。正如英特尔公司前董事长格罗夫所说："中国拥有众多优秀的科学家和工程师，这给我们创造了一个良好的条件，我们可以建立起一支世界级的队伍，进行出色的研究。"我们的家门口已经建起了跨国公司争夺人才的桥头堡，这不能不引起我们对此问题的高度重视。

近年来，研究和开发的国际化趋势越来越明显，发达国家无疑是研究与开发国际化的最大受益者。通过吸引众多的研究开发投资和优秀科技人才，进一步增强了其创新能力。研究与开发的国际化现已成为发达国家争夺市场和资源，开展全球竞争的新形式。对于广大发展中国家来说，这既是一个机遇，有可能通过技术扩散和人才流动，加速提高科技实力；另外，这也是一个挑战，可能会加剧发展中国家科技人才的流失。同时，跨国公司的产品将更具有针对性和本土化特征，对民族的产业产生更大的冲击。

当前，人才流失现象比较严重，到国外去的许多人是最优秀的人才。应该说，人才流动是大趋势，但它是双向的、可逆的，可以向不同方向流动。许多人才流失，并不仅仅是因为生活待遇问题，而是因为无法施展才能，无法体现其价值。缺乏激励人才脱颖而出的机制，缺乏良好的创新、创业环境，怎么能留得住人才？

当今世界，各国政府可用关税等手段保护本国的产品，控制有关生产要素的流动，但唯一无法控制的就是人才，保护人才的根本途径是积极参与争夺人才的国际

竞争，我们要在尖子人才的工作和生活条件等方面努力与国际接轨，并制定相应的政策，依靠政策的力量，保留人才，吸引人才，特别是既懂科技，又懂经营的国际人才，在这方面，我们要做的工作还很多。

三、要创造良好环境，选拔青年俊才，尽快使一大批创新创业人才脱颖而出

新中国成立50年来，党和政府在落实知识分子政策、培养和造就高水平的人才等方面，都取得了显著的成绩，尊重知识、尊重人才的思想在全社会都得到了积极的响应。但是，也应该看到，在人才队伍的建设方面仍存在一些不容忽视、亟待解决的问题。集中表现在科技界中缺乏竞争机制，"吃大锅饭"，按资排辈的现象还比较普遍，在一定程度上制约了一些高水平人才的涌现。

令人欣喜的是，党和国家领导人越来越重视中青年科技骨干的成长问题。江泽民总书记在1998年6月接见两院院士代表时，通过回顾世界科技发展的历史，说明了很多科学家的重要发明创造，都产生于风华正茂、思维敏捷的青年时期，指出创新就要靠人才，特别是要靠年轻的英才不断涌现出来。蓬勃发展的高新技术产业也向人们证明了，具有创新精神的青年人才，是高新技术产业发展的中坚力量。成功的高技术企业领导人，多数是年轻人，平均年龄在30岁左右。工作在高科技研究与开发前沿的科技人员、管理人员，以及一线人员的平均年龄就更为年轻。高技术本身的特点决定了要大胆起用具有创新能力的青年人才。近二三十年来，信息技术、生物技术的飞速发展，各种知识综合交叉，各种仪器设备从零件到系统，都发生了革命性的变化。青年人具有掌握新知识快、思路活跃、创造力强、精力充沛、勇于拼搏等优势，特别适合高新技术产业发展的需要。从这个意义上讲，高新技术产业是青年人的事业。

具有丰富经验和学识的老专家学者是我们国家宝贵的财富，他们在培养青年创新人才等方面发挥着重要的作用。高水平的科技成果是人才和周围环境相互作用的产物，一个较好的研究集体、较高的学术起点、较丰富的研究积累、较自由的学术气氛和较充足的研究设备等，都是创新人才发展壮大的重要条件。好的环境是产生一流人才、一流成果的重要前提。北京大学数学系和原中国科学院数学研究所几十年来培养了十几名院士，主要得益于自身较好的环境。这就像森林中的蘑菇，只要温度和水分适当，就会成片生长。

四、进一步贯彻全国技术创新大会精神，把支持创新人才发展的政策措施落到实处

今年8月份召开了全国技术创新大会，发布了《中共中央、国务院关于加强技

术创新，发展高科技，实现产业化的决定》，一批相关的配套政策也已经出台。在该决定和相关的配套政策文件中，在鼓励人才成长，调动科技人员创新创业的积极性，营造有利于创新的环境方面，提出了很多务实、具有可操作性的政策措施。认真贯彻落实这些政策措施，将有利于形成创新人才脱颖而出的机制，营造有利于创新人才发展的良好环境。我在这里简单介绍一下有关的政策要点。

（1）允许和鼓励技术、管理等生产要素参与收益分配。在部分高新技术企业中进行试点，从近年国有净资产增值部分中拿出一定比例作为股份，奖励有贡献的职工特别是科技人员和经营管理人员。在发达国家高新技术产业发展过程中，无形资产入股和期权激励已经被证明是鼓励创新创业的行之有效的办法。

（2）在职务科技成果转化取得的收益中，企业、科研机构或高等学校应提取一定比例，用于奖励项目完成人员和对产业化有贡献的人员。

（3）要进一步采取切实措施，以多种形式吸引优秀海外人才。除兑现国家已有优惠政策外，要在户籍、住房、子女入学等方面为他们提供便利。各有关部门要为从事高新技术国际合作与交流的中外人员提供往来方便。

（4）完善科技人员管理制度，鼓励转化科技成果。科研机构转制为企业后，实行企业的劳动用人制度和工资分配制度。继续由政府支持的科研机构，要实行以全员聘任制为主的多种用人制度。改革现行职称制度，推行岗位职务聘任制。对科研机构内部的职务结构比例，政府人事主管部门不再实行指标控制，由科研机构根据自身需要，自主设置专业技术岗位和职务等级，确定岗位职责和任职条件。科技人员竞争上岗，所取得的岗位职务和相应待遇仅在聘期内适用。科研机构实行按岗定酬、按任务定酬、按业绩定酬的分配制度，自主决定内部分配。

（5）特别设立国家最高科学技术奖，对在当代科学技术前沿取得重大突破或在科学技术发展中有卓越建树的，在技术创新、科技成果商品化和产业化中创造巨大经济效益或社会效益的杰出人才实行重奖。

这些政策表明，党和国家对创新人才的成长和发展给予了高度重视，也寄予了殷切的希望。当前的工作重点是要把这些精神和政策落到实处，认认真真地为创新人才的发展做几件实事。当然，以上这些政策还不是人才政策的全部，我们还需要在今后的工作中不断制定新的政策。今天这个研讨会，我想就是朝这个方向迈出的重要一步。

同志们，新世纪的脚步声已经越来越近了，作为一个在科技战线上工作了三十几年的科技工作者，我深切地感受到，创新人才对国家科技和经济事业发展是至关重要的。我衷心地希望，通过我们这一代人的努力和工作，能够为 21 世纪我国创新人才的发展，构筑一个坚实的基础，搭建一个绚丽的舞台。

人才的重要作用和我国人才资源的潜力[①]

(2000年3月9日)

创新是经济发展和社会进步的不竭动力。一个充满活力的经济总是创新活跃、人尽其才。人才是创新之本，制定出能充分发挥各类人才作用的政策是实施科教兴国战略的关键。

一、充分认识我国人才资源的潜力和人才问题的紧迫性

我国是人口大国，人力资源潜力巨大。经过几十年的建设，我国的教育、科技事业都取得了很大的进步。虽然我国的教育、科技总体水平尚处于欠发达状态，即按人口统计的教育、科技发展水平较低，但是人才资源的总量并不低。1998年，我国的高等学校1022所，在校大学生340.9万人。到1998年，全国从事科技活动人员已达281.4万人，其中科学家和工程师149万人。科技人员的总量规模与美国、日本、俄罗斯、欧盟大体相当。这意味着，倘若我国各类人才的智慧得以充分发挥，我国科技、教育、经济、社会将具有很大的发展潜力。

目前，在人才资源开发方面，我国面临着两大主要问题：一是创新不足，难以适应当代科技和高新技术产业发展的需要；二是人才流失较为严重。人才问题成为国家持续发展和提高竞争力的隐忧。据资料显示，通过各种渠道，我国移居美国的本科以上的各类专业人才已达45万多人。截至1995年年底，国家共向外派遣各种留学生25万人，回国服务的约8万人，尚有16万多人滞留国外，其中60%以上在美国。有人估算，到2000年，我国42%以上的正、副教授和50%以上的研究员、高级工程师、农艺师等将退休。全国100多万高级专门人才中，35岁以下的仅占11%。

发达国家依靠优越的工作和生活条件，制定一系列优惠政策，吸引全世界的优秀人才。美国国家科学基金会的一项调查表明，目前美国59%的高科技公司中，外

[①] 2000年3月9日在全国政协九届三次会议大会上的发言。

籍科学家和工程师占到科技人员总数的90％。在加利福尼亚州"硅谷"工作的高级科技人员33％是外国人；从事最高级的工程学博士后中，66％是外国人。因此，在人才问题上我国面临着严峻的挑战。

二、充分认识各类人才在经济和社会发展中的重要作用

人是信息社会最宝贵的财富，知识正成为世界经济体系中最重要、最具决定性的要素。人既是知识的创造者，也是知识的载体。在现代生产体系中，人的增值价值远大于固定资产或其他资本，并且固定资产或其他资本的增值率也有赖于人的作用的发挥。树立正确的人才观是我们实施科教兴国战略，迎接知识经济时代到来的关键。在这里，我想特别强调三点。

（一）人才具有不可替代性

科技发展的历程表明，重大科技发现、发明及其产业化成功的关键在于尖子人才的选拔和使用。我曾长期担任研究所所长，切身体会到：一流人才可办成一流研究所；二流人才不管有多好的设备、多少课题经费，至多能办成二流研究所。一个研究开发群体是一个梯队，我们不可能要求梯队中所有成员都是一流人才，但一定要有一两个、两三个尖子人才，而正是这几个尖子人才的水平决定了这个梯队在国际科技竞争中的位置。高新技术产品更新快、创新频繁、市场竞争十分激烈，人才作用更加突出，高新技术企业的成败兴衰往往取决于几个关键人才。充分认识少数尖子人才的重要作用，应成为我们新时期重视人才工作的一个着眼点。

（二）人才具有多样性

我们强调创新，强调是完整的、全程的创新。绝不能单纯地突出科学技术层面的革新，或者片面地强调有技术专长的人才，而忽略管理、市场、金融、法律方面的知识或人才。技术创新是一个多因素共同发生作用的过程，包括产品的创新，也包括管理创新、工艺创新及市场创新等。人才或知识结构不完善，也就不可能出现完善的创新链、产业链，实现产业化。

（三）人才难得，要珍惜人才

人才来自教育，是一个金字塔，巨大的塔基支撑着塔尖，是普及教育大量投入的结果，据统计，我国在受到初等教育的每5300人中才产生一位博士；相应地，每投入3580万元才培养出一位博士。当然，这个投入不仅产生了一位博士，还产生了其他受到不同层次教育的人才，但是关键在于国家没有这样大的投入，就不能培养出一位博士。因此，尖子人才不仅是个人天资和勤奋的产物，而且是社会的产物，是国家巨大投入的结果。当前，到国外去的许多人都是最优秀的人才，是巨大

的金字塔的塔尖，我们要格外珍惜。

三、制定和实施有力度的人才政策，为人才成长和人尽其才创造良好的环境

（一）制定鼓励创新、创业的人才政策

当今世界，政府可以用关税或非关税壁垒等手段保护本国的产品，控制有关的生产要素的流动，但唯一无法控制流动的就是人才。面对人才的激烈的国际竞争，我们一方面要坚定不移地推进改革开放，继续鼓励人才的合理流动；另一方面，要下定决心积极参与争夺人才的国际竞争，在加强爱国主义、社会主义教育的同时，使少数尖子人才的工作及生活条件等方面与国际接轨。在这方面，应当进一步转变观念，解放思想，依据使一部分在现代化建设中有突出贡献的人先富起来的思想，制定有关政策。依靠政策的力量，在竞争中从国内外选拔国际第一流的人才，使他们在当前国家急需工作中——如提高教育和科研水平、发展高新技术产业、开发西部等发挥骨干作用。要加快社会保障体系的改革和用人制度的改革，坚决、稳妥地建立起"开放、流动、竞争、协作"的用人机制，为各种人才发挥其创新潜能提供制度保障。

（二）创造尖子人才成长的良好环境

我们既要注意吸引尖子人才，也要注意培养尖子人才，关键是要创造一个有利于尖子人才成长的环境。历史经验表明，科技成果是人才和周围环境相互作用的产物。环境指的是一个较好的研究集体、较高的学术起点、较丰富的研究积累、较自由的学术气氛和较充足的研究设备等。良好的环境、创新氛围是产生尖子人才、一流成果的重要前提。这种环境的形成是各种因素长期相互作用、积累的结果。要培养一流人才，应当很好地发挥能提供这种环境的科研基地的作用。

（三）大力提倡在科学上的冒险精神、创新精神和竞争精神，建设激励创新人才不断涌现的文化

文化是一种环境，其影响更深刻、更持久。一个创新的文化要鼓励冒险，容忍失败。当前，科学研究成果绝大多数是"国内领先、国际先进"的状况，不符合科技创新高度探索性的客观规律。目前，科技项目选题、评审的某些观念和做法，虽然减少了失败的风险，但容易使人步入单纯地"跟踪"的技术路线，容易扼杀有创意或根本性的创新。要逐步建立起鼓励在研究开发上冒险和容忍失败的文化，鼓励创新人才大胆试、大胆闯，这样才有可能出现有重大意义的甚至革命性的创新成果，实现跨越式发展。

在"十五""863"计划第一次工作会议上的讲话[①]

(2001年7月4日)

我借这个机会就"863"计划的有关问题谈几点意见,供大家参考。

一、关于突出重点、有限目标

改革开放以来,我国科技投入逐年增加。"九五"期间,"863"计划民口经费,从原来15年共57亿元人民币,增加到现在5年共150亿元人民币,这确实是一个很大的增长。同时我们也应当看到,由于国家经济发展水平的制约,我国总体的科技投入还是比较低的。研发投入占GDP的比例徘徊在0.6%~0.8%,与发达国家和一些新兴工业化国家相比仍然有比较大的差距。我国的研发经费大约只相当于美国的2.2%~2.5%。美国在1998年的研发经费比1997年增加了3.5%,这3.5%的增量就相当于我国当年的全部科技投入的1.5倍。美国IBM公司1996年用于网络的研究开发的经费达43亿美元,折合348亿元人民币,而当年我们国家的科技投入加起来只有405亿元人民币。所以,如何在有限资金的情况下突出重点,在一些涉及我国经济、社会发展和国家安全的战略性高技术领域实现突破和跨越,就显得越来越重要,也是需要我们认真研究和解决的重大课题。

我们现在面临的主要问题是分散。我举个例子,我过去在研究所工作,我们研究所有一个研究员同时做7个课题。主要原因是每个课题的经费都很少,难以维持他的研究队伍。这种情况导致科技骨干,包括我们的青年科技骨干要用相当多的时间去跑项目、搞公关,浪费了宝贵的精力。我认为印度在这方面的经验值得我们借鉴。印度在科技投入从总量上没有我国多,但是印度有一支精干的科研队伍,人均科技投入——我指的是科技人员的人均科技投入——大约是中国的3倍。印度将政府支持的科技工作集中在有限的领域,把有限科技经费集中投入到这些领域,比如,核能、空间技术和软件产业等。政府还用了很大的力量在农业技术方面搞了

[①] 2001年7月4日在"十五""863"计划第一次工作会议上的讲话(节选)。

"白色革命"、"绿色革命"和"蓝色革命"等。在有限的领域——对印度来讲是至关重要的领域——确实取得了很大的进展。所以，切实地解决我们在项目安排上的分散问题，对现有科技资源进行国家层次上的规划与统筹，把力量集中在对国民经济和社会发展具有战略性影响的技术领域，是一个突出问题。

"九五"期间，科技部为解决这个问题做出了努力，但是受到管理体制的制约、科技队伍的制约，集中的程度还是不够。"十五"期间，科技工作必须在贯彻"有所为、有所不为"的方针上取得明显进展。从"十五"科技发展规划中可以看到，我们正在努力解决好这个问题，特别是在"863"计划中，根据国家的长期、中期发展需要，针对一些对国民经济、社会发展和国家安全有重大战略意义的高技术领域，我们以重大产品和集成技术为中心，设立了一批重大专项。我们期望这些重大项目能够在未来实实在在地解决几个涉及国家经济发展、社会发展和国家安全迫切需求的重大产品和重大技术及其集成问题。另外，在"863"计划中，还有很多主题项目。这些项目同样也有一个坚持"有所为、有所不为"方针的问题，也要选择一些能够突破的研究方向，集中力量在技术上加以突破，解决当前存在的比较分散的问题。

二、关于加强原始性创新

原始性创新是一个国家科技实力的集中反映，也是技术创新的主要源泉。我希望我们的专家和从事科技管理工作的同志对于这个问题一定要高度重视。大家知道，我国国家自然科学奖和国家技术发明奖的一等奖连续三年空缺，这在一定程度上反映出我国科技工作缺乏原始性的创新。社会各界对这个问题都非常关注。我认为这里有认识问题、管理问题和政策问题需要研究和解决。

（一）应当在认识上正确地解决跟踪和超越的关系

应该说，我们根据国际科学技术的发展趋势，选择一些研究领域跟踪国际科学技术发展前沿的做法是必要的。任何一个国家都不可能在所有科技领域都居于领先地位，特别是对于发展中国家更是如此。但是应当明确，跟踪的目的完全是为了超越。在技术领域单纯地跟踪，在市场竞争中很难立足。因为在高技术领域，如果在技术上能够领先一步，哪怕是一小步，就有可能占领大部分市场。所以，在高技术领域一定要跨越、要超越、要创新。要做到这一点，我们就必须大力加强原始性创新。

（二）要处理好科技项目安排中质量和数量的关系

关键是要克服急躁情绪。当前，因为项目有产业化的要求，有应用的要求，所以大家非常着急，似乎觉得把一个项目做得越大越好，以此造成规模效应。但实际上，对规模当中到底蕴藏着多少原始性的创新考虑不够，难以取得实质性进展。

造成原始性创新不足的问题，除了客观上研究基础薄弱、研究经费投入不足之外，另一个重要原因就在于现行科研管理体制存在弊端，因此，为鼓励原始性创新，就必须立足于改革。

1. 要改革激励制度

对应用研究工作以获奖多少为标准的激励机制进行根本性调整，更多地强调科技人员从市场得到激励，在市场实现自我价值。我们现在的奖励制度，获奖和诸多待遇挂钩，比如，和职称、工资、住房，甚至养老挂钩。这就导致部分从事应用技术开发的科研人员认为，从争取课题开始到项目获奖为止就完成了一个循环；然后再开始争取课题，再得奖；并以获了奖就作为为国家作出贡献的标志、体现自我价值的标志。这种机制导致科研人员迷失方向，忘记了"863"计划研究为经济和社会发展服务的总体目标。在这种激励机制下，很多研究成果并不能解决生产问题，虽然它可能在某些环节技术水平很高，但是不能够产业化；有些虽然可能产业化，但无人关心和实施，成果被放到保险柜里，这是巨大的浪费。大家知道，在基础研究领域，如果你发表一篇在理论上有突破的论文，科学技术史上会有你的位置；但是如果你将一项应用技术成果放到保险柜里，就等于什么贡献都没有，你在历史上也不可能有任何位置。所以，我们必须改革激励制度，要让从事应用研究的科研人员，一定要到市场上实现自我价值。我们要把激励制度，包括股权、期权，以及其他的激励措施真正地建立起来，激励科技人员进入市场、推动应用。

2. 要改革项目立项的评价体系

我们的项目评价体系往往更多地注重大单位、大人物，向大单位、大人物倾斜。我希望"863"计划要给小单位、小人物更多的机会。做到在竞争面前，在科学面前人人平等。对那些有很强的探索性、创新性的小项目给予必要的支持，而且要通过不断地凝练，筛选出真正有创新意义的重大结果。我从事科技管理多年，一个切身的体会是"有心栽花花不开，无心插柳柳成荫"。总体来讲，重点院校、大研究所在整体科研水平上是高的，对带动国家整体水平发挥着关键性的作用；但是这种带动作用的果实未必一定出现在大单位；随着人员的流动、信息的流动，科技成果往往是由小单位、小人物涌现出来的。我们应当加强评估的开放性。对于立项否定的项目，要给予书面说明，让被否定的人心服口服。在不失密的前提下，还可以征求国外专家的意见。总而言之，在项目的评估方面，我衷心地希望能够有所变革，让更多创新的成果出现，更多有利于原始性创新的措施出台。

3. 改革项目成果的评价体系

现在对成果的评价和鉴定，其结果最低也是国内先进水平，还有很多国际先进水平、国际领先水平，几乎听不到哪个项目失败，这不符合科学研究的客观规律。另外，我们现在的奖励制度，在奖励人数上规定获一等奖设 9 名、二等奖设 7 名、三等奖设 5 名，这样很难调动团队的积极性。当今高技术的发展，需要多个领域综合攻关，一些重大的产品、重大的行业技术，没有成百名科学家共同努力是不可能成功的。"只取前几名"的奖励方式，其结果就是鼓励开夫妻店。因此，奖励必须从注重项目人员排序转向注重对创新的实际贡献，从而有利于形成研究团队，促进科学家之间的协作。

三、关于人才

"863"计划 15 年来最大的成就就是为我国高新技术研究事业培养了一大批高新技术研究开发人才，这是我国未来发展高新技术的基础。在当前激烈国际竞争的情况下，对人才的重要性怎么估计都不过分。国内外无数创新成功和失败的事例都说明，人才特别是尖子人才在原始性创新、高技术研究和产业化方面的作用不可替代。从这个意义上讲，"863"计划应当把发现、培养和稳定人才，特别是青年尖子人才作为第一战略任务。

据有关资料分析，在 20 世纪中后期，美国科学研究重大成就中 75% 来自不为人们所关注的小项目。许多诺贝尔科学奖得主，原来也都是名不见经传的小人物。据我所知，有些小单位、"小人物"拿到几万元项目经费就把所有精力都倾注到项目中去，做出了非常出色的成果；几万元、十几万元的经费就有可能使一些青年尖子人才步入科学殿堂。所以，我们在组织"863"计划项目的时候，应当特别强调人才建设，要把发现、培养和稳定一流的科学家作为主要目标，列入工作日程和考核内容，使"863"计划成为孕育大科学家的摇篮。

四、关于知识产权

目前，关于保护知识产权、鼓励我国自主知识产权发展是我们面临的一个十分尖锐的、必须尽快解决的重大问题。借此机会，我想突出地谈一下这个问题。最近，一位同志在给我的一封有关知识产权情况的信中谈到，根据 2000 年美国科学和工程指标的资料，在美国商标局申请专利的所有外国人中，日本人最多。1963~1985 年的 20 年间，我国台湾省在美国申请专利 568 件；1985~1995 年的 10 年间是 9400 件；而 1996~1998 年的 3 年时间达到 7000 件，发展速度之快是非常惊人的。韩国在美国申请的专利长期不如中国台湾，但 1998 年韩国在美国申请的专利数首次超过了中国台湾。中国内地在美国获得专利的数量尽管每年有所增加，1998 年达到历史最高水平，但也只有 72 件，仅居世界第 28 位。1998 年，国家知识产权局在批准国内申请的专利中，发明专利只占 2.7%，大部分是外观设计和实用新型专利。

在外国申请者所获得的中国专利中,发明专利要占到47.2%。这个数字触目惊心,要引起大家的高度重视。我国每年有重大科技成果3万项,其中应用技术成果大约有2.6万~2.8万项,而每年受理的国内发明专利申请只有1万件。国家科技计划中,知识产权也是一个薄弱环节,1998年攀登计划、"863"计划,"火炬"计划和"星火"计划等完成成果的专利授权量仅仅1369件,其中发明专利462件。我们应当看到,对比起来差距非常大。尤其是面对我国将要加入WTO的形势,我们没有专利,我们的产品就没有办法进入市场,更谈不上参与国际市场竞争。

"863"计划已经开始重视专利的问题。"863"计划要求今后要在研究项目立项前,必须对专利占有情况进行调查,我认为非常必要。别人已经取得突破的技术,必须说明实施中绕过现有技术壁垒的途径,否则难有所作为。总之,在国外跨国公司纷纷把专利作为参与国际竞争的重大战略考虑时,我们必须有所回应,建立自己的专利发展战略和专利布局。今后在"863"计划实施中,也必须把专利的占有,特别是发明专利的占有和质量作为衡量项目成功与否的重要标准。

五、关于加强"863"计划管理工作的问题

首先,关于加强发展战略研究的问题。当前,高新技术的发展日新月异,每个月甚至每一周都有新的变化、新的成果,因此,密切追踪世界科技和经济发展的趋势是所有专家的一项重大任务。我们要负起责任,从国家全局出发,突出"863"计划的战略性,紧密结合国家发展目标,选准一旦突破,就能够对国民经济、社会发展和国家安全有重大影响的方向。我们要有国际视野,突出计划的前沿性;我们也要有历史的眼光,突出计划的前瞻性。这里要强调的是,我们在考虑项目时,一定要从自己所从事的领域中走出来,站到国家科技和经济全面发展的高度来审视所提出的建议。这就要求大家要真正成为战略科学家,而不是某一个领域的科学家。当今科学技术的发展与国民经济和社会发展的全局有着密切的关系,我们需要树立起全局的思想。一些项目从个人所在领域的技术发展讲是必要的,但是从全局讲,可能就应当放到次要的位置,或者需要和其他领域密切协作形成合力。因此,我们应当避免片面性,希望专家们都能成为战略科学家。

其次,要加强协调,充分调动各个方面的积极性。"863"计划中有许多项目涉及多个部门,需要加强协调。科技部首先要做出表率,和国家计委、经贸委、中国科学院、工业和信息化部等各部门加强协作,切实把国家的资源用到一起,集中力量做几件大事。我想强调的是,我们应当注意调动地方和企业的积极性。改革开放以来,地方的经济实力增加得很快,对发展科技尤其是高技术及其产业的积极性很高,东部地区尤为如此,但遗憾的是,很多地方是在做一些重复性的科技项目。"863"计划是我国发展高技术的一面旗帜,如果能够把地方的力量,包括投入和队伍,在"863"计划的旗帜下统一起来,用少的投入,把地方大的力量组织起来,

在国家的整体目标上形成合力，那将是一个创举。

最后，要加强技术创新和体制创新的密切配合。经验表明，单纯的技术创新很难为国民经济和社会发展做出很大的贡献。专家委员会和专家组在工作中应当积极进行体制创新的探索。首先，应当认真地探讨和解决产业化的问题。"863"计划的项目中有些是长期的项目，是为国家未来发展做准备的项目，我们必须坚定地支持这些项目。但是我们也必须有一些项目，能够在今后五年中对国家经济和社会的发展做出贡献。怎样解决产业化问题，希望大家认真研究。同时，在管理体制上我们要致力于创造一个有利于创新的环境，有利于公平竞争的环境。在这个方面，我希望专家组、专家委员会和管理人员之间，建立起相互促进、相互支持又相互制约的机制，切实保证优秀的项目能够得到支持，切实堵塞有可能出现的不当行为。这就要求我们要在管理体制上进行创新，克服在管理工作中存在的形式主义的倾向。例如，填写项目申请书需要写几十页，需要花费很多时间。实际上专家也好，管理人员也好，不一定有时间认真看如此长的材料。我希望能减轻科学家的负担，希望他们有更多的时间从事科研。这仅仅是一个方面的问题，其他各个方面的管理工作，一定也要立足于更好地为科学家服务，立足于更多地减轻科学家的负担。这是专家委员会和专家组的光荣任务。让我们共同努力，通过机制创新，使"863"计划在原有的基础上更有活力，能够为我国的经济、社会和国家安全做出更大的贡献。

实施科学数据共享，增强国家科技竞争力[①]

(2002 年 11 月 28 日)

科学数据作为信息时代一种最基本、影响面最宽的科技创新资源，具有显著的科技推动能力、投资引向价值、应用增值潜力和决策支持作用，它能够从根本上满足科技进步与创新、社会发展、经济增长和国家安全等多种需求，是科技创新基础条件平台的重要组成部分。

当前，经济发展的全球化和全球性科技活动不断增强，导致全球范围内对科学数据信息资源的交流、互通和深度使用的强烈需求和高度依赖。面对科技创新国际竞争的严峻挑战，在我国实施科学数据共享，整合离散的海量科学数据资源，建立健全数据资源的共享机制，发挥科学数据的最大价值，是增强国家科技竞争能力的有效途径，是信息时代全球科技发展的必然选择。

一、科学数据共享对提高国家科技竞争力的支撑和促进作用

(一) 科学数据是科技创新的重要源泉

在人类步入了知识经济时代的今天，基于全球信息化、经济一体化的科技竞争力已经成为一个国家综合国力的集中体现，成为一个国家经济快速、持续发展的助推器。

基础性科学数据是科技活动发展的成果，也是科学技术滚动发展的基础平台。一个好的科学思想、理论假说和应用技术，必须在掌握大量前人资料和科学数据的基础上才能形成，同时也必须在大量相关数据的支撑下才能被证伪。始于对科学数据系统化的综合分析，进而促进新的科学思维的产生，这已是实现科技创新的重要方式，并继续推动交叉学科的发展。特别是当代科学技术的发展趋势明显呈现出大科学、定量化和注重过程研究等特点，越来越依赖于系统的、高可信度的基本科学

[①] 2002 年 11 月 28 日在主题为"中国科学数据共享"的香山科学会议上的发言，刊登在《中国基础科学》(2003 年第 1 期) 的中国科学数据共享学术讨论会专辑。

数据及其衍生的数据产品。而科学研究工作的本身也就是科学数据的生产过程。也就是说，科学数据既是科技活动的产物，又是支持更复杂的科学研究及科技创新所不可替代的基本资源。在竞争激烈的科技创新全球化时代，拥有科学数据就意味着拥有了无穷的创新资源和最佳的创新能力，就有了提升国家科技竞争力的广泛基础。

（二）科学数据共享是科技产业化的必由之路

在信息化时代的今天，以科学数据网络化推动信息化、以信息化推动产业化、以产业化推进经济的跨越式发展，已经成为摆在世界各国面前的首要任务。科学数据资源作为信息化建设的基础条件和促进科技竞争的重要手段，已逐渐成为一个国家科技创新、科技发展、科技管理和科技产业化的重要基础。实施科学数据共享是国家实现科技成果产业化的必经之路。

（1）通过科学数据共享，可以把全社会的各个阶层都带进信息社会，让每一位公民都在"数据—信息—知识—理论—决策—效益"链条的各个环节上发挥才华，让广大民众在科学数据的流动和应用过程中充分挖掘科学数据的各种科学价值、应用价值、科普宣传教育价值。这样不仅有助于全体国民科学素质的提高，而且有利于整个国家科技水平的提升，进而为科技普及和科技转化奠定坚实的基础。

（2）通过科学数据共享，有助于尽快提高科技产业在整个产业结构中的比重及单个产业的科技含量，有助于尽快推广我国科技成果的广泛应用和及早转化，更有助于全国范围科技产业布局的规模化和合理化。显然，这一进程需要国家信息基础设施支持的数据共享、扩散与应用。由此可见，科学基础数据已经成为信息时代新经济发展最为重要的战略资源。

（3）实施科学数据共享，有助于政府决策的及时化、科学化和合理化。当前，复杂多变的国际形势和快速发展的国内环境，客观上要求政府决策更加依赖于包括科学基础数据在内的，各种大量、系统、完整、准确和及时的信息。所以说，完整、准确和及时的科学数据是政府部门制定政策和进行科学决策的重要依据之一。

（三）科学数据共享是科技竞争能力持续提升的保证

当前，以科技进步为核心的科教兴国战略具有强烈的竞争性特征，只有具备了强大、持续的科技竞争力，才能确保我国经济发展在达到小康水平后，能够依靠自我创新保持社会经济发展的可持续局面。综观古今中外，没有一个国家可以依靠科学技术的不断引进而成为持久的强国。发达国家上百年发展的历程也已证明，只有依靠自身强大的科技实力和完善的产业化转化机制才能使一个国家的综合国力居于世界领先地位。

在我国，增强科技竞争力的关键在于依靠科技体制改革、完善国家科技基础设施和加强产业技术转化。因此，建立一个具有强烈竞争性的科技发展环境，迅速提高我国的自主科技创新能力，必须基于信息共享，特别是基础性科学数据的最大限度的共享。只有通过有效的科学数据共享，才能迅速形成竞争性的科技发展环境，进而确保我国科技竞争能力的持续提升。

二、我国科学基础数据及其共享现状

发达国家很早就认识到了科学数据共享在形成科技竞争环境、节约科技投入、促进科技创新、增强国家科技竞争能力的过程中所起到的关键性作用。因此，近20年来，从国际组织到单个国家（如美国、英国、法国、加拿大、日本、新加坡等）都先后通过国家的政策引导和投入，实现了科学数据共享；通过颁布信息共享的相关法规，加强了对科学数据的采集、管理、发布和服务工作。科学数据的共享使用，取得了巨大的社会经济效益。

新中国成立以来，我国在许多科学领域组织开展了不同程度和规模不等的观测、探测、调查和试验研究工作，通过科技攻关、高技术研究及产业化、重大基础研究与科研基地的建设等，积累了大批宝贵的科学数据和基于这些科学数据所获得的大量综合性信息，基本构成了我国海量科学数据的大致轮廓。这些科学数据为我国的创新性科学理论的产生、资源的开发利用、重大工程的建设和环境保护提供了重要的基础资料和运算依据，已成为我国科技创新、经济发展和社会进步的重要基石。

到目前为止，我国已先后建成一批国家级科学数据中心，建成规模不等、质量各异的科学数据库五六千个，内容基本覆盖了科学技术的各个领域。各有关部委还相继成立了专门的信息中心，负责收集和整理本部门所采集的各类数据资料，通过建立数据库和产品加工，向用户提供信息服务和相应的技术支撑。

在国家信息网络的基础设施建设方面，我国已步入了新的发展阶段，国家信息基础设施建设蓬勃开展。科技网、教育和科研网、金桥网、中国公用互联网和全新一代的宽带网等一批网络基础设施相继建成。这些都为科学数据的广泛、方便、快捷的共享提供了基础和技术保障。因此可以说，目前从国家层面上整体推动我国科学数据共享的时机已经基本成熟。

数据是信息时代最重要、最活跃的资源。中国作为一个数据大国，拥有较为丰富的科学数据资源，也已经形成了较为完善的信息网络，但科学数据资源的共享程度极低。要从数据资源大国走向数据资源强国，形成强大的数据资源挖掘和使用能力，形成强大的科技竞争实力，必须解决科学数据最大程度的共享问题。目前，在我国科学数据的共享方面仍存在以下问题。

（一）各类科学数据的建库潜力巨大，尚未充分挖掘

过去几十年所积累的科学数据，大多数仍处于资料堆或档案柜中，没有经过

有效的整理和建库，很多资料随着当事人的退休或故世，已经无法整理。同时，目前各部门已经建成的数据库，还难以有效满足我国的经济建设和可持续发展的要求，并且这些数据库在标准化、规范化方面存在很多问题，相当一部分数据库根本没有标准可循。就数据库的作用来讲，确实能为相关行业的持续发展产生有效支撑的还不足已有数据库总量的 1/10，而一些领域的基础性公共数据库仍有待建立。

（二）数据的共享程度较低，缺乏国家层面上的宏观管理和调控

由于种种原因，目前我国一些部门行业或单位的数据库往往局限于本部门（行业）、本单位使用，甚至个人专用，缺乏部门间的交流和沟通，更没有形成面向社会的科学数据共享。

（三）保障科学数据共享的各类政策法规有待进一步建立和完善

例如，信息共享立法或管理办法的制定、数据密级的划分、共享中知识产权的保护、产权单位的补偿和用户的分级等政策性措施都需要尽快研究。

（四）数据库维护举步维艰，数据库更新任重道远

长期以来，由于国家和单位在科学数据方面的经费投入严重不足，因而导致了许多科学数据库按照项目方式一次性建设，缺乏持续的数据来源，很容易变成"死库"而逐渐降低或丧失其应用价值。

三、实施科学数据共享的主要措施

为了能够真正实现科学数据共享，切实提高我国的科技竞争能力，借鉴国际上科学数据共享的经验，在我国实施科学数据共享工程必须首先采取以下措施。

（一）切实改变传统的科学数据占有观念，打破信息壁垒，实现科学数据的合理流通

我国科学基础数据的采集、管理和维护，基本上是通过政府投资完成的。可以说，我国绝大多数科学数据的所有权应归国家所有，是国有资产，而非数据生产单位或个人的私有财产。通过政府的合理引导和有效监管，在确保国家安全和相关知识产权的前提下，大力促进信息公开，实施最大限度的科学数据共享，进而更加有效、更大范围地服务于社会和广大民众，是社会发展的必然。依托完善的科学数据共享管理体系和政策机制，改变传统的科学数据所有观念，坚决打破部门间与行业间的信息壁垒，是确保科学数据共享有序、渐进开展的关键。

（二）建立一套有利于科学数据共享的管理体制和数据标准，实现数据共享的规范运作

实施科学数据共享，离不开相关的法律支持和制度保障。因此，必须首先建立一个有利于科学数据共享的管理、政策和法律环境，这是实施科学数据共享的重要保障。只有有了这样的环境依托，才能确保科学数据从采集、集成，到共享、应用的良性循环。同时，实施科学数据共享，还必须建立一个有利于科学数据共享的数据标准环境，这是实现科学数据共享的重要前提，也是保护和发展我国科学数据及其衍生产品的相关权益，促进和实现与国际接轨的必要条件。

（三）切实加强部门间的合作和交流，实现数据共享的联合推动

实施科学数据共享，建立以国家科学数据库群为核心的数据共享平台，不是一个行业、一个部门或者某个人的事情，它需要国家与全社会的联合推动。因此，在政府的合理引导和有效监管下，依托共同的数据共享标准和管理体制，立足现有各部门、各单位的业务范围，根据科学数据的不同类型、性质、作用、投资渠道和安全要求的差异，对不同类型、不同时期的基础科学数据，应有不同的管理模式和管理政策，为实施科学数据共享创造合理、良好的运行机制。

只有把科学数据这项宝贵的国家信息资源从狭隘的单位、部门或个人所有中解放出来，形成国家数据中心和部门数据中心相结合的集中与分布式、多级纵横的共享结构，才有可能真正使科学共享数据成为我国科技竞争能力提高的有效支撑。

四、建设科学数据共享工程，实现数据共享

"科学数据共享工程"是在国家的整体规划与管理下，整合各部门、各单位的科学数据资源，利用国家公用网络基础设施，通过制定共享政策法规、完善管理体制与服务体系及其运行和共享机制，使各部门、各单位所积累的科学数据资源纳入国家科学数据共享统一框架的一项宏伟工程。通过这项工程，将把我国不同领域的科学数据中心和共享服务网有机地整合起来，形成跨部门、跨地区、跨学科、多层次、集中与分布式相结合的国家科学数据共享服务体系，实现多年积累的基础性、公益性科学数据的分类分级共享，以此推进我国科学数据共享管理的跨越式发展，使海量的科学数据资源的潜在价值，在广泛应用中得以充分发挥与增值，从而提高国家投入的效益，增强科技创新能力。

可以说，"科学数据共享工程"是在国家发展的迫切需求和现代信息技术迅猛发展的背景下产生的，是一种崭新的共享管理理念的具体体现。要完成这一工程，需要在国家整体规划与管理下，通过政策的调控、法规体系的保障和共享技术的支撑，并在共享实践中不断增强共建共享观念，在实践中彼此交流、融合和不断完

善。通过工程的实施，将保证科学数据资源的各种现实和潜在的价值得以充分发挥，从而不断增加科技资源的存量与战略储备，提高我国科技的可持续创新能力。

实施科学数据共享工程，有助于满足国家重大决策对科学数据资源的需求，满足部门间对科学数据资源共享的需求。实施科学数据共享工程，可以使作为信息资源重要组成部分的科学数据面向全社会共享，有利于全民科学素质的提高；有利于对国家数据资源的有效管理，避免资源的大量流失或重复投入，提高整体经济效益；有利于对国际科学数据资源的有效利用，分享全人类的科技成果；有利于推动信息化社会的孕育，培育科学数据服务业，带动信息产业化。

本次香山科学会议的主要目的就在于联系中国科学数据共享的实际情况，广泛交流涉及科学数据共享机制和数据共享服务体系建设等问题，寻求符合我国实际情况的科学数据共享途径和方法，为我国科学数据共享工程的有效实施做出贡献。

努力开创我国科普事业发展新局面[①]

(2002年12月18日)

一、正确处理科技普及与科技创新的关系

科技普及与科技创新,是科技进步的两个基本体现,是科技工作的一体两翼。就像人的两条腿、车子的两个轮子,不可或缺。"创新"就是在科技前沿不断突破;"普及"就是让公众尽快尽可能地理解"创新"的成果,不断提高科技素质,使科技创新真正进入社会,成为大众的财富,成为全社会的力量。"创新"为"普及"明确方向,丰富内容;没有创新,将无所谓普及。"普及"是"创新"的基础和目的;没有广泛的普及,民众对科技将失去兴趣,创新将得不到社会的支持,创新成果也没有去处。两者相互促进、相互制约,是辩证统一的关系。因此,科技发展必须做到"创新"与"普及"并举。

过去,我们的科技发展工作比较重视科技创新、产业化,对科技普及这同样重要的另一条腿、另一个轮子重视不够。归结原因,主要是我们在认识上不到位,没有真正把握科技发展的内在规律,没有全面确立科技发展始终体现人民利益的宗旨,没有切实把人民群众对科技普及的需求作为科技发展的动力。我们要打破旧的观念,提高认识,统一思想;确实认识到加强科技普及,对于充分发挥科技第一生产力的作用、实施科教兴国和可持续发展战略、全面建设小康社会的重要性;确实认识到通过迈开两条腿、推动两个轮子,才能加快科技、经济、社会协调发展;确实认识到只有加强科技普及,才能使科技发展真正体现人民的根本利益。我们必须在这个问题上,实现认识上的飞跃。

整个科技界都要十分明确地把科技普及作为自己的重要使命和职责。我们要努力破除公众对科学技术的迷信,撕破披在科学技术上的神秘面纱,使科学技术走出象牙塔、走下神坛、走进民众、走向社会。广大科技工作者要努力与公众保持良好

[①] 2002年12月18日在全国科学技术普及工作会议工作报告(节选)。

的沟通，促进公众理解科学，争取全社会的广泛支持，把科技前沿的不断突破与公众科技素养的提高有机结合起来，把科技发展与让更多的人民群众享受现代科技文明的好处结合起来，只有这样，才能保证科学技术沿着正确的轨道发展。广大科技工作者要认识到，我们有责任确保公共科技资源的投入产出效率，只有将我们的创新成果尽快地向社会扩散、向公众传播，才有真正的效率可言；只有将我们的创新过程始终向公众展示，才能赢得人们的信任。因此，准确把握新时期公众对科技的需求，向公众传播科学知识，在全社会弘扬科学精神，是时代赋予我国科技界的一项神圣而庄严的使命，是每一位科技活动者、每一个科技单位、每一个科技管理部门义不容辞的历史责任。各级政府部门要进一步提高科普工作的地位。政府的科技规划、科技计划、科技政策的制定和实施过程，要体现对科普的要求和责任，每一个环节都要向社会信息公开，真正使我们的科技工作，与广大人民群众的日常生产生活息息相关。

总之，正确处理好科技普及与科技创新的关系，使科技普及与科技创新相伴相随、始终如一，把科技发展与大多数人民的根本利益紧紧结合起来，这是今后科技工作必须遵守的重要原则。

二、努力开创科普事业的新局面

（一）科技普及工作要适应全面建设小康社会的需求

科普工作要做到与时俱进，就必须在理论和实践方面体现时代性、把握规律性、富于创造性。在过去一个较长时期里，我国的"科普"是指"科学技术普及与推广"，其基本含义是"普及科学知识，推广科学技术，提高公众的科技文化素质"。由科学家和工程师将深奥的科技知识用通俗易懂的方式向公众进行传播，这是适应当时我国经济社会发展和国民素质的实际情况提出的科普思路，实践证明是有效的。今后仍然要坚持不懈地做下去。

但是，我们要看到，全面建设小康社会，意味着在基本解决了温饱问题之后，开始着眼于提高大多数人的物质和精神生活质量。随着科技的迅猛发展和国民素质的提高，越来越多的人已经不满足于掌握一般的科技知识，开始关注科技发展对经济和社会的巨大影响，关注科技的社会责任。克隆动物、转基因作物、食品安全、环境污染、药物副作用、高科技犯罪、全球变暖问题等，都与人民生活质量和身心健康密切相关，也都是公众日益关注的焦点。人们需要了解国家关于这些问题的政策，想要知道科学家们在做些什么工作，近期会有什么样的结果等。如果公众不了解最新的科技动态，那么科技就无法更好地服务于社会，无法得到社会的认同，也无法最大限度地减少科技的负面影响。此外，随着人民的物质生活日益富足，闲暇时间越来越多，广大人民群众对提高自己的科学文化水平，建立科学、健康、文明的生活方式的愿望将日益普遍。

当代科技的迅猛发展，不仅在改变着人们的生产、生活方式，也越来越多地影响着人们的伦理道德和价值观念，科学的社会功能、科学与人文的关系都发生了很大的变化。而且，科学技术在今天已经发展成为一种庞大的社会建制，调动了大量的社会宝贵资源；公众有权知道，这些资源的使用产生的效益如何，特别是公共科技财政为公众带来了什么切身利益。

这些新问题、新趋势都是新时期科普工作需要重视的。这要求我们的科普事业要继往开来，不断创新。要求科普工作促进公众对科学的理解。在继续做好科技界向受众单向传授科技知识的同时，要推动科学家与公众之间的双向互动，强调科学家从事科学研究的社会责任。

近年来，世界各国的科学普及事业经历了一个广义化、全面化和系统化的过程，从"科学普及"（popularization of science）阶段到"公众理解科学"（public understanding of science）阶段再到现在的"科学传播"（science communication）这一新的阶段。科学传播学研究如何有效地传播科学知识、科学方法、科学精神、科学思想；科普工作者应该具备什么样的素质；政府应该如何引导和投入科普事业；政府、科学界、教育界、新闻媒体、企业界之间如何进行统一协调，良性互动，以有效提高国民的科学文化素质等。我国的科普事业要积极地适应这一发展趋势，我们科普工作的理念、理论要跟上发展的潮流；要重新审视计划经济体制下沿袭下来的科普工作的观念、做法和体制机制，其中不符合社会主义市场经济条件下开展科普工作要求的，不适应新时期新任务、新目标的，要敢于打破、革除。要在借鉴国外理论和成功经验的基础上，大胆创新，揭开我国科普事业发展的新篇章，走出一条适合我国全面建设小康社会要求的科普事业发展的新路子。

（二）根据不同的社会需求，突出重点，有针对性地开展科普工作

科普工作的对象是全体民众，他们之间既有共同的需求，也有各自不同的需求。就整个社会而言，普及一般性的科技知识，特别是弘扬科学精神，是共同的需求。针对具体对象的多样化需求，则要求科普工作的内容、手段、方法的多样化，不能简而化之地都采用一套模式。

就我们国家的现实情况来看，青少年、农民和城市社区居民，是目前及今后相当长一段时期内科普工作对象的重点群体。就世界范围来看，青少年始终是科普工作关注的重点对象，是世界各国构筑未来竞争优势的希望。发达国家大量的科普活动、设施和作品都是针对青少年的。我们作为发展中国家，要后来居上，更要目光长远，加强对青少年的科普教育，使他们对科学产生向往和热爱，掌握正确的学习方法，培养创新精神，使他们成长为身心健康、具有高素质的全面发展的新人。因此，针对青少年的科普工作要作为重中之重。

我国有9亿多农民，农民素质的提高是我国全民族素质提高的关键所在。加强农村科普工作，提高广大农民科技文化素质，是从根本上解决农业、农村和农民问题的关键措施之一。结合农村经济发展和提高农民收入，引导广大农民逐步形成科学的生产方式和文明的生活方式，是农村科普教育的一个重要落脚点。

全球化和信息传播技术的发展，加快了科技知识的传播速度，带来了知识资源在不同群体之间、不同地区之间，以及不同国家之间的分配相差悬殊，产生了"知识鸿沟"、"数字鸿沟"等问题。这些也要通过有针对性的科普和教育来解决。总之，要通过有针对性地开展科普工作，提高不同群体适应全面建设小康社会所必需的各种素质和能力。

（三）通过深化改革，推动科普事业发展

科普事业是公益性事业。长期以来，我们在计划经济体制下形成了科普事业发展的体制机制；如何建立市场经济体制下科普事业发展的体制机制，仍然是一项重要任务。今后，要加快科普工作体制机制转轨的步伐，通过制度创新，探索一条调动各方面力量办科普事业的新路子。这方面市场经济发达国家有许多好的经验，我们要认真学习和借鉴。

当前，要把科普工作的改革与科技改革结合起来，纳入到整个科技改革工作中统一部署。要结合社会公益事业的特点，探索建立非营利性科普机构、科普场馆的管理体制和运行机制；要通过体制机制创新，使科普工作的劳动成果得到应有的承认，使科普工作者得到应有待遇，以稳定一支高水平的科普队伍。要通过政策引导，调动企业和民间资本投入公益科普机构建设，参与管理。要引入市场激励机制，鼓励民间社会力量自筹资金，兴办兴建营利性科普机构或设施，发展科普产业。

转变政府职能，加强科技宏观管理[①]

(2003 年 9 月 14 日)

最近，科技部各司局和直属事业单位就转变政府职能的问题进行了广泛调研。现在，我结合研究讨论中反映的各方面情况和问题，重点就如何进一步转变政府职能、加强科技宏观管理谈几点认识和意见。

一、加强宏观管理是政府机构改革的基本方向，是科技部履行自身职责的必然要求

我国政府管理的理念、职能和方式脱胎于传统计划管理体制。改革开放以来，政府管理体制沿着有中国特色的社会主义方向，适应社会主义市场经济的要求，进行了一系列改革，取得了明显的效果，但是，在理念、职能和方式等方面仍与现实要求不完全适应：一是政府的错位、越位和缺位，一些该由市场或中介组织做的事，政府仍有行政干预；一些该由政府管的事，却又往往没有人管或没有管好。二是政府管理缺乏透明度，习惯于靠内部文件指导工作，靠行政审批制度进行调控，没有完全做到依法行政。三是行政效率不高，一些权力部门门难进、脸难看、事难办，5 天能办完的事可能要拖到 50 天甚至 5 个月，把许多好的机遇都拖掉了。四是一些部门权力利益化，有的政府部门之间争权、争利，形不成管理的合力。有人说，现在是国家权力部门化，部门权力利益化，部门利益个人化。这种判断过于绝对，但现象还是存在的。

我国的科技管理体制，也是在学习苏联高度计划经济体制下的科技管理模式和机制基础上建立起来的。从新中国成立到改革开放初期，全社会科技资源和科研活动均在国家计划体制下围绕国家任务和目标进行。这种体制确保了"两弹一星"等重大科技项目的实施，在科技基础极端薄弱的条件下实现了战略领域的重大科技突破，有力地保障了国家安全；但是，随着社会主义市场经济体制的逐步建立和完

[①] 2003 年 9 月 14 日原题为"加强科技宏观管理的必要性和紧迫性"的讲话。

善，这种高度计划的科技管理体制已经不能适应国家和企业参与全球竞争的需要。

目前，市场机制在配置科技资源方面的基础作用得以确立，科技系统结构微观层面（如院所内部运行机制）和中观层面（如科研机构）的调整取得进展，但由于受传统行政分割体制的束缚，宏观层面的改革力度不大。无论是产学研之间、部门之间和军民之间，还是在政府科技管理部门（科技部、国防科工委、中国科学院、中国工程院、自然科学基金委、教育部、发改委等）之间，体制分割、政出多门、相互掣肘的现象相当严重，科研力量、政府科技项目难以有效协同，各种优势资源难以共享和集成，使我国本来有限的科技资源难以得到合理的使用和发挥最大的效益。这种高度的行政分割体制，削弱了政府宏观调控能力，影响了国家意志和战略目标的顺利实现。

政府宏观调控职能的不到位，直接导致了一系列突出问题，包括：国家层面的科技战略决策弱化，缺乏明确的国家目标和有效的宏观调控机制，不利于集成全社会科技资源实现战略性跨越和赶超；有关部门、各地方在创新活动中彼此分割、政出多门、各行其是、相互脱节，科研活动分散重复的现象严重，科技装备、科技文献和科技数据没有实现有效共享等。据测算，国内大型科学仪器的利用率不足25%，而发达国家的设备利用率达170%～200%。

也正是在这样的环境下，我们可以看到一个明显的悖论：这就是国家科技投入越来越多，科技人员的科研经费越来越充足，但对国家安全、经济发展和社会进步具有决定性意义的科技成就仍不够多。实际上我们今天面临着太多的科学难题，面临着太多容易被人"卡脖子"的技术症结，产业发展正在形成严重的对外技术依赖。回顾20世纪五六十年代，在那样艰苦的条件下，老一代科学家创造了"两弹一星"这样惊天动地的奇迹，今天却反而显得有些无所作为，这难道不值得我们深刻地反思吗？我从来不愿意把这种问题简单地归咎于科技人员，而是希望更多地从政府自身行为上找原因，从制度建构上找差距。比如，中央电视台采访我时，我给科技人员在防治非典科技攻关中的表现打了满分100分，因为他们的表现的确是一流的，是令人感动的。如果说有什么问题的话，那也主要是我们政府机构的问题，是管理制度上的问题。

社会主义市场经济的确立，要求政府机构必须在行为理念和行为方式上实现大的转变。比如，要以服务导向代替传统的政府中心主义，承担起为社会提供服务、信息，以及协调社会秩序的角色；要由以往的直接控制转变为以间接调控为主，更多地利用法律、政策等杠杆来引导和规范社会活动；要由过去的无限政府向有限政府转轨，做该做的事情，把该做的事情做好。尤其是在今天，一方面，市场配置科技资源的基础性作用逐步确立，科技资源配置的主体正在由政府变为市场，要求政府科技管理部门必须重新思考自身的角色，并对传统的职能配置进行适当的调整；另一方面，科技活动已经完全走出传统的经院，与经济社会活动形成有机的整体，政府科技管理工作的主体对象也不再仅仅是科研机构，而是协调和整合社会各路科技大军，包括地方、企业、高校等方面的力量，为全社会科技活动创造必要的公共平台和政策环境。这实际上都要求我们要从过去以微观管理为主转向以宏观调控为主，否则就无法适应变化了的环境和形势，就难以履行起政府机构应有的职责。

同时，我们所强调的科技宏观管理，绝不仅仅是针对工作层次而言的，还包括管理者的战略视野、思维方法和组织协调能力等。所以，对于科技部来说，宏观管理工作绝对不只是少数人的事，也不只是由具体的职能部门来承担，而是科技部的主体性工作，应当体现在每一个职能部门、每一个干部的管理行为上。

从目前的情况来看，我主张科技部的宏观管理工作至少应当包括以下几个方面：一是战略研究，这是所有业务工作的基础，决定着我们工作的方向正确与否。在中长期科技发展规划中，今年的重点任务就是做好战略研究，通过研究形成未来科技发展的指导思想、战略目标，凝练出重大的科学技术问题。二是政策和法规的研究制定，这涉及对全社会科技资源的合理调控与配置，涉及对全国科技活动的引导与规范。这两年来，我们一再提出要完善市场经济条件下的创新环境，充分调动企业、高校和地方的科技力量，但这些显然不是单靠发文件和行政命令等传统管理方式就能够实现的。我们必须把自身的工作重心切实转变到依法行政上来，所有的行政行为都应当做到有法可依。三是体系建设，包括机构、制度、队伍、环境条件等方面的建设，都是比管理项目更为重要的任务，也是市场经济条件下政府公共管理的基本内容。四是管理集成。这里既包括社会科技力量的集成，也包括技术的集成，都需要通过宏观调控和组织来实现。五是重大倾向性、突发性问题，如国家能源安全、信息安全中的科技支撑问题等。

应当看到，随着科学技术的发展变化，世界各国都对如何强化政府在科技领域的宏观调控职能，引导社会科技资源的有效使用和合理配置给予了充分重视。美国长期以来一直实行政策引导型科研管理体制，科技资源多元分散。进入 20 世纪 80 年代以后，由于日本和德国在全球经济、科技竞争中日益强大，对美国形成了严重威胁，原有的高度分散的管理体制已经不适应美国的国情，近年来美国通过国家创新体系的建设，努力在政府、企业、大学和研究机构之间建立良好的互动关系，形成对科技资源的科学配置。日本和韩国原有的科技体制也是一个部门分散的体制，日本有 13 个政府部门、韩国有 14 个部门都管理科技开发活动，为解决部门分割造成的科技投入分散和浪费问题，他们采取在国家最高科技决策层次对国家重大科研项目和科技经费预算统一决策的方式，取得了良好成效。对于我们这样一个科技水平相对落后、科技资源紧缺的发展中国家来说，如何合理调配和高效利用有限的科技资源，其意义就显得更为重要和突出。

二、科技部是否及在多大程度上实现管理职能的转变，不仅关系到国家科技事业的健康发展，而且关系到自身存在的价值与合理性

近年来，科技部在加强宏观管理方面已经迈出了实质性步伐。比如，针对加入WTO后科技工作所面临的机遇与挑战，我们提出实施人才、专利和技术标准三大战略，组织实施12个重大科技专项，目前已经取得了重要的阶段性成果；针对科技发展新的特点和规律，我们提出对科技发展的总体思路进行必要的调整，努力实现从以跟踪模仿为主向以自主创新为主，从注重单项创新转变到更加强调各种技术的集成，从注重获得技术成果转变到注重形成有竞争力的产品和新兴产业，从注重科研院所转为调动和组织全社会科技力量，以及牢固树立"以人为本"的理念和价值观等一系列转变；针对科技基础条件薄弱、公共科技资源分散分割等问题，提出并组织实施科技基础条件平台建设，等等。这一些重要思想和重大举措，受到了中央，以及社会各界的高度认同，得到了有关方面的积极响应。

特别值得提出的是，在今年防治"非典"的关键时刻，科技部受命于危难之时，负责组织防治"非典"的科技攻关工作。在较短的时间里，科技部全体同志团结一心，夜以继日，迅速组织起了一支数千人的攻关队伍，取得了一系列研究成果，为依靠科技控制疫情、提高治愈率、降低病死率和稳定社会情绪起到了重大作用。实践证明，科技部的干部队伍是有能力、有觉悟的，关键时刻是能够打得赢硬仗、啃得下硬骨头的。

但是，无论是研究部署科技发展战略，还是组织防治突发性公共事件，其中所暴露出来的宏观管理问题的确值得进一步研究和反思。这些年来，我们围绕加强科技宏观管理的讨论，比较多地集中在项目管理上。有的同志认为，科技部应当从项目管理中超脱出来，把主要精力放在抓战略、抓法规、抓政策、抓基础等方面；也有的同志认为，项目是一种重要的调控工具，可以为宏观战略目标的实现提供必要支撑，科技部不应当放弃项目管理。凡此等等，在我看来都有一定的道理。我认为，问题的关键可能不在于要不要抓项目，而在于抓什么项目，如何抓项目，以及抓到什么程度，也就是所谓把好事办好的问题。应当承认，目前科技部的工作主体就是抓项目，业务司局同志的主要精力也都是放在抓项目上。我了解到，许多同志抓项目抓得十分辛苦，经常加班加点，没日没夜，从制定项目指南到组织专家评审，从过程监督到成果验收，付出了极大的辛劳。大家想得较多的就是如何把国家有限的科技经费用好，如何能够产生对国家有益的成果和人才，思想态度和工作精神实在难能可贵。我相信，如果没有强烈的责任心和使命感，是很难有这种良好的工作表现的。但是，我们可以换一个角度看看，尽管大家付出了很多心血，科技部的项目管理工作是否得到了科技界的普遍认同？仅仅靠我们现在这样抓项目能不能

把中国科技事业搞上去？科技部还有没有比抓项目更为重要和关键的任务？这些问题值得我们深思，我们不妨从项目管理的问题作初步的分析。

（一）关于项目管理和宏观管理的关系问题

尽管目前各类项目都有比较完整的管理程序和规则，总体上也是积极有效的，但仍然存在一些比较突出和尖锐的问题。比如，目前的项目管理基本上都是基金管理模式，这对于目标不够确定的自由探索研究可能是有效的，但对于目标明确的国家科技计划恐怕未必完全适用。大规模集成电路设计与制造是"863"计划的重点目标，我国的研究开发人才十分稀缺，比较理想的管理方式就应当是组织和集成全国优势力量，而不是对现有的研究机构和队伍"择优"支持。12个重大科技专项本来就是希望打破原有的管理模式，按照严格意义上的项目管理理念去组织队伍，但有些专项还是给人以"口袋项目"的印象，缺乏必要的综合与集成。所以说，我们现在的项目管理内容，不是主要放在相对宏观的遴选国家目标、组织研究队伍、创造研究环境上，而是放在微观的经费分配上，这就有点本末倒置了。

以项目评估工作为例，我们目前的项目评估工作大都是由机关和直属事业单位来组织进行的。我们是否想到过，科学、规范的项目评估应当有科学、规范的评估方法和评估工具，应当依靠专业化的评估人员。遴选专家进行评估，只是众多评估方法之一，而且存在相当大的局限性，只能针对特定的评估内容，而不应当以此包办所有的科技项目评估。也就是说，本应高度专业化的工作，在我们目前的管理体系中却主要是由非专业的官员和专家来做，这就很难规避暗箱操作、权力寻租等不良行为的发生。据了解，一些科研单位和科技人员的主要精力不是放在研究上，而是放在争取项目和经费上，找了机关再找事业单位，找了事业单位再找评审专家，管理成本无限地增长，管理环节无限地延伸，但管理效率并不见得会提高。最近，部青年联合会对青年同志做了一次问卷调查，其中涉及对科技项目评审评估的评价，青年同志对廉洁程度的评价较低，对公平性的评价最差，认为体制和监督不严密，社会关系网的运作，即"人情关系的作用"较大。在科技经费实现效益的评价上，回答"说不清"的青年占到61%，认为"效益较低"和"效益很低"的占24%，没有人认为"效益很高"。自我评价尚且如此，外界的意见就可以理解了。在这种情况下，即使我们花的力气再大，费的心血再多，也是做了不该做的事，更谈不上把该做的事情做好。

更为重要的是，即使我们把科技部所管理的经费都用好了，对全国科技工作的影响其实也是十分有限的。据统计，到2001年，科技部管理的科技经费为78.6亿元，仅占当年中央财政科技拨款的17.7%，占国家财政科技拨款的11.2%，占全国研究与试验发展经费支出的7.5%，而在全国科技经费筹集额中仅占3.0%。因此，大量的科技经费实际上广泛地分布在其他部门、地方、企业等各个方面。科技部作为政府科技主管部门，其主要职能应当是通过有效的宏观调控工具，合理引导和配置全社会的科技资源，而不是仅仅局限于自身所管理的有限经费上。也就是说，中国的科技事业能不能搞上去，不取决于科技部的项目管得怎么样，但却在很大程度上取决于科技部能不能为全社会科技资源的合理配置提供有效的服务和支撑。所以，我不反对科技部管项目，但主体业务绝对不应当是管项目。科技界的一些同志把科技部戏称为"项目部"。一个政府部门居然留给人们这样的印象，无论如何都不能说是正常的。

最近，科技部人事司对部分业务司局的工作情况做了一次调查，结果表明，有些业务处长多达36%的时间用于项目管理和相关工作，11%的时间在外出差，主要也是从事与项目有关的工作，用于宏观政策研究的时间只有3%。有些司局长28%的时间用于项目管理和相关工作，29%的时间在外出差。大家可以想一想，除去完成国务院和部党组交办的任务、起草报告、出国、参加各种会议，我们的干部用于宏观政策研究的时间确实少得可怜。在这种情况下，我们怎么谈得上转变政府职能？又怎么谈得上提高管理质量和水平？

（二）在科技计划体系方面，科技界目前反映比较多的是重复分散问题

无论是在科技部自身管理的科技计划之间，还是在科技部与其他部门和机构之间，重复立项问题相当严重。这种情况尽管可能是个别的，但却足以反映出目前科技计划体系构架的缺陷和漏洞。虽然主体研究发展计划只有"973"计划、"863"计划和科技攻关计划，但在部内各司局之间以及司局内部处室之间，相对独立的项目经费出口多达20多个，彼此之间并没有进行充分协调和有机整合。有的同志反映，同一位科研人员能够同时分别从科技部的6个计划渠道中拿到经费。至于在部门之间，由于受到国家目前的科技经费预算管理体制的影响，基本上也都是各行其是。仅在基础研究领域，科技部每年有10亿元左右的资金用于支持基础研究，中国科学院的大部分资金、基金委的全部资金也都用于基础研究，三家都是自成体系，相互封闭，没有一个有效的机制来合理配置这些资源。这种局面发展下去，就很难避免为分配经费而争取经费的部门寻租行为。

关于科技计划体系结构，还有一个值得高度关注的问题，这就是如何建立科学研究不断积累的体制机制。目前的科技计划设置，比较多地关注具体的科学技术问题，但却忽视了在科学数据、科研设备、科研队伍、科学传统等方面如何实现不断接续的积累。在今年防治"非典"中，我们不仅缺乏有效的科技应急机制，而且全国没有一个可供进行大动物病毒攻击实验的P3实验室，没有一个比较完整的病毒数据库。可以说，很多工作都是从ABC开始做起的。这也在一定程度上反映出目前我国科技计划体系所存在的结构性缺陷，这就是只注重建设而不注重积累。科技进步的过程是日积月累、厚积薄发的结果，只有让后人站在前人的肩膀上，而不是都要一切从头开始，中国的科技事业才有希望。

（三）在科技决策方面，目前存在着决策主体缺位的情况，主要在于没有完全理清政府部门与项目评审专家之间的关系

一方面，专家认为所有的科技决策最终都是由政府官员做出的，决策的正确与否跟专家没有关系；另一方面，官员们强调所有的决策都是严格遵循专家的意见，专家评分是最后的依据。这也就是说，无论我们的决策作得对不对，无论科技经费投得值不值，只要程序都做到了，就无所谓责任，因为无法明确谁是决策的责任人。在我看来，这样的决策机制是有问题的，至少是不完善的。

在当今各国的许多重大决策中，专家往往都发挥着不可或缺的咨询作用，这也是时代进步的重要标志。但是，我们也应当看到，专家也是有其主观和客观局限性的，专家参与咨询和决策本身也有个科学性的问题。更为重要的是，重大战略问题的决策往往并不只是个技术问题，历史上许多标志性的重大科技工程，如美国的曼哈顿计划、星球大战计划、中国的"两弹一星"计划、载人航天计划等，都是政治家的果敢、魄力和智慧起到了决定性作用。所以我一直认为，专家的咨询作用是必需的，但这不能与决策简单地画等号，更不能把决策失误的责任推给专家。作为官员和政治家，我们不能因为要承担责任而不作决策。在科学技术突飞猛进的今天，不作决策或迟作决策就意味着机遇的丧失，这要比决策失误所带来的后果更为严重。

最近，有一位学者给国家中长期科学技术发展规划领导小组提交了一封公开信，题目是《政府科研投资中的制度性"软腐败"》。信中说，改革开放以来，政府在推进科技投资决策科学化方面做了大量工作，但政府科技投资中的软腐败，仍然如皇帝新衣一般在"圈内"尽人皆知。政府科技投资长期效益低下，也已是无法回避的基本事实。政府能否真正转变观念、解放思想，对科技投资制度及时进行大刀阔斧的改革，不仅将决定政府科技投资能否真正走出"软腐败"的怪圈，决定中国科技的竞争实力，也将决定中国科技文明的进程，决定中国科学家群体的基本素质将去向何方。坦率地说，我读了这封公开信后，感到有一种深深的负疚感。古人说："是非审之于己，褒贬由之于人，得失安之于数。"但作为科技部部长，我仍然为自己没有能充分尽到责任而内疚。在此我也希望大家都能够好好地想一想，党和人民把我们放在这个职位上，到底对我们寄予了什么期望？我们自己的行为又是否完全符合这种期望？

三、实现科技管理职能的转变，有赖于广大干部职工的正确认识和积极参与

转变政府职能，加强宏观管理，这个问题已经反反复复提了多年，但整体效果始终不尽如人意。这里既有外部大环境的原因，也有我们自身的问题。需要强调指

出的是，要实现科技管理职能的转变，需要大家的广泛认知和参与。下面我谈几点具体的个人意见，供大家在进一步学习"三个代表"重要思想中深入思考。

（一）关于转变观念、提高认识问题

我始终认为，思想认识问题不解决，所有的努力都将会事倍功半。对于转变政府职能这一命题，一些同志可能还没有真正从思想上引起重视，没有产生足够的危机感。相当长一段时期以来，各方面对科技部的反映很多，既有正面的，也有负面的。我们有的同志认为不值得大惊小怪，主张置之不理。还有一些同志听不得负面的声音，总认为是别人跟自己过不去。作为科技部部长，我对此表示深深的忧虑。因为无论是作为国家机关还是作为个人，我们都没有掩盖矛盾和问题的权力。正确的态度应当是进行认真、理性的分析，如果确实有问题，那就应当努力去纠正和完善；如果是沟通不够造成的，那也应当多做说服和宣传工作。党和人民把我们放在这个位置上，就是要我们认认真真地为科技人员服务，为国家和民族的根本利益负责。

必须强调指出的是，转变政府职能，加强宏观管理，这是一项我们不能不面对的行政改革任务。既然是改革，就必然会有阻力。说到底，这种阻力一方面来自思想观念和认识水平；另一方面就是来自小团体利益和个人利益。这些年来，大家都反映自己管的经费少了，很少有人说钱多了。我不知道同志们是否想过，我们所管理的每一分钱都不是简单的阿拉伯数字，而是无数纳税人的血汗钱。当我们掌握这种资源分配权的时候，本应当有战战兢兢、如履薄冰的感受。如果我们不能把这些钱用好，不能让这些钱最大程度地回馈和造福人民，就会愧对党和人民的信任。更大的权力不是意味着更多的好处，而是意味着更多的责任。今年，部党组出台了多项政策鼓励业务司局干部驻外、轮岗或赴地方挂职，但报名的人不多。为什么？我看关键就在于思想认识不到位，在于一些干部不能正确处理权力、利益与管理的关系。现在全党全社会都在兴起学习贯彻"三个代表"重要思想的新高潮，对于我们每一个党员干部来说，重要的不是说得怎么样、写得怎么样，而是要体现在行动上。请同志们千万不要过分看重权力、看重个人或小团体利益，一定要多想想权力是谁赋予的，利益又应当是归谁的。

（二）关于管理结构调整问题

目前，我们在管理上过分趋向微观，并且存在这样那样的问题，与我们现行的管理结构有很大关系。机关各业务司局及司局内部业务处室的建构，往往都是把功能定位在微观管理的事务性工作层面上，定位在具体的技术领域中。一些同志对项目管理的程序十分熟悉，但却不注重培养自己的战略意识和宏观思维能力，不注重发挥科技政策与法规对科技活动的鼓励和引导作用，不注重总结项目管理中存在或反映出的各种问题。而且长此以往，有些业务工作形成了不是靠机构、机制而是靠某一个人去管理和推动的局面。所以，按照科技公共管理的基本内容和要求，我认为科技部的内设机构仍然有优化调整的必要性，特别是根据加强宏观管理的需要，像科技体系建设、重大专项组织与科技应急管理等宏观职能，实际上是缺位的，应当加以健全。对于由多个机构分头管理的业务工作，应当进行适当的归并，以体现管理的完整性和统一性，避免政出多门。

另外，如何处理好部机关与直属事业单位之间的关系，也必须通过结构上的调整来解决。现在的情况是，机关业务司局的同志几乎都对目前事业单位的职能定位有很大意见，认为是典型的"二政府"；事业单位对业务司局的意见更大，认为许多工作都是事业单位做的，机关的同志还要处处插手和干预，很难避免产生矛盾。客观上看，科技部业务司局与事业单位的职能分工的确不够明晰。哪些是政府该做的，哪些可以是交由事业单位承担的，似乎摆在桌面上不是问题，但实际上问题很大。许多工作实质上是由机关和事业单位混在一起做的，责任主体模糊不清。事业单位的工作定位，很大程度上取决于人为因素的作用，而不是建立在稳定的机制之上。有的同志提出，把目前的十多家直属事业单位整合成三个大的业务板块，包括科技战略及政策研究、科技评估和科技项目管理，以此推进事业单位管理的专业化、规范化和制度化，促进事业单位自身的发展。我认为，类似于这样的建设性意见，都是值得研究和讨论的。

管理结构的调整与优化，还应当强调不同管理层次的责任问题。我认为，科技部目前的管理层级并没有完全建立起来，许多工作表面上看起来程序健全、有章可循，实际上责任并不明确，也没有实实在在的问责制。比如，许多文件从科员到处长、司长，经过了很多环节，大家都是画圈圈，甚至连错别字都懒得去改一改，就直接交到了部长手里。所以，我这个部长当得非常吃力，因为我不仅要作决策，还要帮大家修改病句，修改错别字。科技系统出身的干部大都有一个优点，就是不太讲究管理层级，习惯于直截了当地解决问题。这种做法在单一问题上似乎表现得比较有效率，某种意义上还体现了领导的平易近人，但却打破了行政管理所必需的层级关系，久而久之就使得管理程序名存实亡，大家也容易产生惰性，只知道画圈签字而忘记了责任。许多同志都反映现在的会议多，会议质量低，我看其中就有这个原因。各级都不负责任，只得把问题上交，让部领导来定，让部务会、党组会来定。在这种情况下，我也就成了"会议部长"，有时刚从一个会议上下来，马上又要转到另外一个会议上。由此看来，这个问题不解决，整体工作效率和质量都会大打折扣。

（三）关于科技计划体系问题

目前的科技计划体系的确存在一定的结构性问题，不仅无法适应科技发展自身的要求，而且也很难避免计划之间的分散重复，客观上造成了管理的微观化。比如，科技部主管的三大主体计划（"973"计划、"863"计划、攻关计划），基本上是按照科研活动的不同阶段进行布局的，但现实中很多科研活动其实并没有所谓阶段上的明确区分。据分析，"863"计划有20%以上的经费、攻关计划有10%以上的经费是用于支持基础研究的，"973"计划中也同样有相当一部分经费用于支持工程技术领域。同时，各计划内部又是按照领域进行划分，并以此分解到相关司局和处室。这种横向和纵向的两次分割，与国家科技计划所要求的核心宗旨，如国家目标明晰，产品及产业带动，综合集成等要求会产生了一定程度的背离。

产业化的情况也是如此。仅就园区和基地管理工作来说，继国家高技术产业开发区之后，这些年来又陆续开展了民营企业科技园、大学科技园、留学人员创业园、软件园、生物谷、中国"光谷"、农业科技园、"863"成果转化基地等工作。在我们的思维定式里，似乎只要一提到产业化，就是要建园区、建基地。毫无疑义，我支持基地建设的思路，无意否定建设园区和基地的积极意义，但产业化工作肯定不只是基地和园区工作所能涵盖得了的。特别是我们有那么多的机构和人员在从事园区和基地管理工作，相互之间又缺乏纵横向的协调集成，就很难避免给人以各行其是、一盘散沙的感觉。

所以，我主张大家认真地加以思考，看看能否利用这次研究制定中长期科学和技术发展规划的机遇，打破目前的科技计划总体格局，根据新的形势和要求进行一次新的构建。比如，科技部能不能提出并且集中力量来组织实施国家重大战略产品计划，充分体现国家战略意志，体现产品和产业带动，体现技术集成和原始创新，从而在关键领域实现跨越式发展。从目前的情况来看，这项工作除了科技部以外，没有别的部门去做，而且别的部门也做不了。另外，在研究开发基地建设、产业化基地建设、公共科技基础条件平台建设等方面，能不能形成健全稳定的计划支持体系；对一般性的研究开发活动，能不能基本上委托部门和地方科技管理机构组织管理，科技部只负责进行宏观指导和必要的监督与评价。我在这里所提出的都不是定论，只是一种思考，一种方向，希望能够引发大家更加深入的讨论。

（四）关于项目管理问题

这些年来，为了促进项目管理的公正、公平，各司局和事业单位的同志动了不少脑筋，想了不少办法。之所以还不是太令人满意，我认为关键在于没有从根本上转变管理理念，而是更多地在原有管理架构上修修补补。目前的项目管理大致上有三种模式：一是由机关业务司局直接管理；二是委托直属事业单位管理，或由机关和事业单位共同管理；三是专家管理。无论是哪一种管理模式，都只是体现在管理主体的调整上，而对一些深层次问题基本上没有触及到。比如，如何避免把管理项目简单化地理解为分配资源；如何解决目前项目过于细微、分散的问题；如何推进咨询、评估等管理环节的专业化、规范化；如何实现管理过程的公开透明；如何减少直至消除不同计划之间的重复立项行为等。现在看来，这些问题都是绕不开的，是回避不了的。

当然，有些问题与国家大的计划体制、财政体制有关系，我们能够调整的空间还相当有限。但从自身的管理来看，我认为还是应当有所作为的。在此我还是提出几个带有方向性的思考，供大家研究讨论。首先，要注重从国家战略需求出发，凝练出类似于12个重大专项这样的大项目来，在此基础上实现资源的集成、计划的集成、技术的集成。至于一般性项目，应当全部委托相关部门或地方科技部门进行管理。其次，要通过对部属事业单位有关职能的全面整合，加速建立起专业化的科技项目评估体系，推进重大科技项目评审评估的专业化。再次，要坚决推行项目管理的公开透明，在严格遵守国家保密规定的前提下，各计划都应当核定出强制性公开的信息。最后，要尽快完善国家科技计划项目数据库，统一标准，提高查重功能。对重复申报项目的单位和个人，应当有相应的处置办法。

（五）关于干部队伍建设问题

干部队伍建设问题是一个常提常新的话题，因为我们任何一项工作的成败都取决于我们的干部。我多次说过，科技部干部队伍的整体素质是较高的，是能打硬仗的，作为部长我为有这样一支队伍感到自豪。但是，我们也要清醒地看到，随着我们科技工作领域的不断拓展，对每个干部的能力提出了更高的要求。应当说，近年来科技部干部队伍的整体能力与有些部委相比显得较弱，特别是在宏观管理能力上已不太适应我们所肩负的职责。我有时到国务院开会感到难堪。因为在讨论问题的时候，我的手里常常是有关司局报上来洋洋十几页纸的"流水账"，有的时候不得不"现编现卖"。这也从一个方面反映出我们的同志还是习惯于就事论事，缺乏宏观的视野和理性的思考。

为了解决这些问题，我主张要把加强领导干部能力建设贯穿于干部队伍建设的全过程，不要单纯地认为加强干部队伍建设就是更多更快地提拔干部，如果用这种观点指导我们的干部队伍建设，势必造成人心浮动，一味看重职级的晋升，从而忽视了修炼"内功"，直接影响到科技部干部队伍整体能力的提高。在干部队伍建设的指导思想上，要努力实现三个方面的转变：一是把注重干部的选拔使用转向注重对干部的培训和锻炼；二是把注重干部的业务培训转向注重对干部的能力培训；三是把单纯强调干部岗位轮换转向有目标地培养干部的多岗位锻炼。

另外，从对科技部干部队伍知识层次和知识结构的分析中可以看出，目前科技部的干部整体学历较高，硕士以上学位的干部占了40%左右，但主体还是自然科学背景。这也是造成微观管理格局难以扭转的重要原因之一。实际上，管理本身也是一门艰深的学科。与自然科学不同，管理科学主要是面对人，以及人与人之间的关系。一个缺乏基本管理知识和理念的同志，即使有再高深的自然科学背景，恐怕也很难说是一个称职的管理人员。我相信，如果大家能够更多地掌握人文、法律、管理、经济、哲学等方面的知识，那么科技部的管理质量和效率将会有相当大的提高。

关于"863"计划管理问题[①]

(2004年8月23日)

首先我代表科技部党组向当选为"十五""863"计划新一届领域专家委和主题专家组的全体专家表示热烈的祝贺。从现在起,你们将要继续或者首次参与"863"计划的管理,将要担负起国家高技术研究与发展事业的重任。利用今天新一届专家成立的机会,我就"863"计划管理问题谈几点意见。

一、充分认识"863"计划管理工作的重要性

"863"计划是关系到我国高技术研究与发展的科技计划,是我国高技术发展的重要组成部分。从事"863"计划管理工作责任重大。我们必须在把握"863"计划管理特点的基础上,结合政府职能转变的要求,进一步加强宏观管理,完善计划管理方式,提升计划管理水平。领域专家委员会、主题专家组,肩负着不同的职责,要真正负起责来、不辱使命,要有大局意识,加强沟通、密切配合,共同举好、举高"863"计划这面国家高技术研究与发展的大旗。

二、不断探索和完善计划管理体制

一是要逐步建立专家、部门和地方结合的管理机制。长期以来,各领域专家为"863"计划的管理和顺利实施做出了重要贡献。随着"863"计划进一步体现国家战略目标及政府职能的转变,仅仅依靠技术专家来完成"863"计划的管理就显得不够全面,还要充分发挥国务院有关部门,以及地方科技管理部门的作用,构建社会各界共同推动高技术及其产业发展的良好氛围;二是要充分发挥企业的作用。企业是国家技术创新体系的主体,"863"计划要采取多种有效措施和手段,逐步建立企业牵头组织,高等院校和科研机构共同参与的技术创新体制;三是要鼓励和支持

[①] 2004年8月23日在"十五""863"计划(民口)第二届领域专家委员会和主题专家组成立大会上的讲话。

创新研究，制定切实可行的措施，使具有原始性创新的课题得到及时、有力的支持。

三、要确保计划管理的公开与公正

要提高计划管理水平，使政府科技资源分配的公正性和有效性得到提高，从机制上约束和规范国家科技计划相关主体的行为，从源头上预防和遏制腐败。依法行政、政务公开是时代发展的要求，也是加强政府职能转变的重要方面。一方面要通过加强和完善制度建设，使各项管理有章可循、有法可依，形成公平、公正和公开透明的良好机制；另一方面，要加强信息的披露与公开，增加社会各界，特别是科技人员对"863"计划的了解，更好地参与，也便于接受社会的监督；同时，要加强信用制度建设，提高公正性。

四、要果断决策，正确行使权力，做到权力和责任的统一

专家组的成员都肩负着重要的历史责任，面对一些重大的科学技术问题，一定要勇于决策，敢于承担责任。当代科学技术迅猛发展，高技术发展存在创新风险，也存在市场风险。因此，意见分歧是正常现象，如果等所有人的意见都一致再做决策，往往会失去技术创新的机遇和市场的机遇。因此，"863"计划的专家就承担着在对各种情况做出分析和判断以后，正确做出决策的重大责任。我相信我们的专家不会放弃并且会勇于承担起自己的责任，为国家的发展创造新的机遇。

同时，我们要强调，作为"863"计划的专家，是一项崇高的荣誉，得到社会特别是科技界的高度尊重，我们一定要非常珍惜自己的荣誉，正确行使权力，做到权力和责任的统一。科技计划从科技管理部门到政府主管部门、项目主管部门、领域专家、主题专家都有一定的权力。在明确权力的基础上，也要确定每一个层次应当承担的责任，要建立责任追究制度。希望科技管理部门、政府主管部门、项目主管部门、各个层次专家，都要认真地负起责任，把我们的工作做好。

五、要勇于奉献、尽职尽责，成为国家一流的战略专家

在座的都是优秀的技术专家，在专家的选聘过程当中，已经充分显示了你们的实力。但仅仅是优秀的技术专家是不够的，我们还要有更高的要求，就是要通过参与和执行"863"计划的管理，成为一名优秀的战略专家。这次在国家中长期科技发展规划制定过程中，我们深刻体会到战略专家的极端重要性。"863"计划要解决国家的战略需求，你们要按照战略专家的要求做好"863"计划的有关管理工作。一方面要具有战略专家的"谋略"，能够结合国情，研究提出国家的战略需求。要

有大的视野，站得更高、看得更远，要从宏观着眼，准确把握世界发展趋势。另一方面要具有管理专家的实践和操作能力，要善于对日常管理工作进行总结提高，不断对管理机制进行探索和创新。"863"计划已经培养和锻炼了一大批专家，不少专家也已经成为我国优秀的战略专家。因此，希望我们在座的专家能够在参与"863"计划的过程中，尽职尽责，勇于负责，勇于奉献，做一名国家一流的战略决策者。

全面启动国家科技基础条件平台建设[①]

(2004年11月12日)

最近,国务院办公厅转发了四部委[②]制定的《2004—2010年国家科技基础条件平台建设纲要》[③]。现在,我就科技部贯彻落实《纲要》,推动科技基础条件平台建设,汇报两个方面的工作。

一、围绕《纲要》提出的目标,推进平台重点建设

从2004年开始,将启动几个方面的平台建设工作。

(一)国家科学数据中心群建设

科学数据是科技创新的源泉。目前,我国在气象、测绘、地震、农业、医药卫生、海洋等领域拥有大量科学观测和考察数据资源,但没有得到充分利用。要加大对科学数据资源整合的力度,建设和完善300个左右大型主体数据库,依托相关部门和单位,逐步构建40个左右数据资源丰富、管理规范的科学数据中心。同时,加强数据共享的软环境和运行机制的建设,强化网络服务功能,使科技人员可以方便地获取长期观测和不断积累的科学数据,保证科技创新活动的顺利开展。

(二)构建全国大型科学仪器设备协作共用网

科学仪器设备是科学研究最重要的手段,在整个科技资源中占有相当大的比重。据统计,目前我国单价50万元以上的大型科学仪器设备共11 400多台套,价值137亿多元。但是很多仪器设备利用率不高,造成了资源的浪费。为全面提升大型科学仪器设备的使用效益,在北京、上海、武汉等8个中心城市构建大型科学仪器协作共用网,将单价50万元以上的大型科学仪器设备的基本信息上网,并建立

[①] 2004年11月12日在《2004—2010年国家科技基础条件平台建设纲要》电视电话会议上的汇报。
[②] 科技部、国家发展和改革委员会、教育部、财政部。
[③] 以下简称《纲要》。

共享运行机制，提高服务水平，逐步形成全国性科学仪器设备共享网络，使科技人员可以迅速、便捷地检索到所需仪器的基本信息，并以较低的成本进行使用。

（三）扩大国家科技图书文献中心的服务能力

科技图书文献凝聚了科技创新活动的成果，是传播科学技术知识的重要载体。为使科技人员及时获得科技文献信息，科技部、农业部、卫生部、中国科学院等部门的7个科技文献单位联合组建了一个虚拟的国家科技图书文献中心。按照"统一采购、规范加工、联合上网、资源共享"的原则，积极推进科技文献信息资源的社会化服务，取得了显著成效。已订购外文期刊、会议录已达到1.4万种，订购文献量是共建前的3.5倍，对外文献服务量是共建前的4倍，得到了科技界的认同。下一步，国家科技图书文献中心将与中国高等教育文献保障系统、国家图书馆等文献系统进行联合，发展联机编目、馆际互借和原文提供等多种服务；增加标准文献、专利文献、学位论文、科技报告等内容，扩充图书文献资源范围；开展与国际著名大学、科研机构的合作，实现资源互联与对接，使科技人员随时可以查询到国际文献资源，及时掌握国外科学研究的最新动态。

（四）重要种质资源库建设

种质资源是农业、公共健康等研究工作的基本条件。我国目前重要植物种质资源、微生物资源保存数量不足，存储分散，保存设施落后，严重影响了相关领域的发展。要加大对现有重要植物种质资源的整合力度，提高保存设施的水平，逐步构建完善40个农业、林业等方面的种质资源库，使种质资源保存量由目前的50万份扩充到70万份以上；同时，要从公共健康出发，对现有高致病性和极端微生物资源进行整理和整合，在现有菌种保藏单位的基础上构建国家微生物资源中心，为我国农业、生命科学研究和医药事业的发展提供坚实的科技支撑。

（五）国家计量基标准体系建设

计量基标准是科技条件的一项重要内容。我国现有计量基标准多建于20世纪七八十年代，整体水平与国际先进水平有较大差距，影响了我国自主创新和高新技术产业的发展。为保证我国科学研究水平的提高，要逐步完善国家计量基标准体系。到2010年，使我国计量基标准达到国际先进水平的比率，由目前的40%增加到70%左右；参加国际比对的项目由目前的77项增加到约110项，为科技、经济和社会发展提供坚实的计量支撑。

（六）国家对地观测系统建设

目前，我国在以遥感技术为核心的对地观测方面已具备了一定的基础和观测能力，但在许多重要领域使用的数据基本上依赖外国卫星，并存在同水平重复建设和数据共享率低的问题。加速国家对地观测系统建设，将对航天、航空、信息等领域的高新技术发展具有重要的作用。根据目前我国的实际情况，从 MODIS 数据地面接收站数据共享系统建设入手，通过增强功能和数据资源整合，建成由 4 站 25 个应用节点组成的 MODIS 共享网。同时，开展多分辨率、先进雷达卫星遥感数据的获取和共享平台建设，实现多光谱、先进雷达数据和 MODIS 数据共享平台的有机结合；逐步建立我国高效运行的遥感地面支撑系统。为最终形成集高空间、高光谱、高时间分辨率和宽地面覆盖于一体的卫星（群）对地观测系统奠定基础。

（七）启动国家实验室建设

实验室是开展基础研究、公益研究和战略高技术研究的创新平台。经过多年的发展，我国初步建立了国家重点实验室体系，但不能满足科技事业发展的需要。要围绕国家科技发展的战略需求，对现有科学研究实验体系进行结构调整，联合教育部、中国科院学等部门，整合国家重点实验室和相关部门重点实验室，在生命科学、物质科学等领域，建设 20 个左右规模较大、学科交叉、管理创新的国家实验室，使国家实验室体系成为凝聚高水平人才的沃土和重大原创性成果辈出的摇篮。

二、采取切实措施，保障平台建设顺利开展

科技基础条件平台建设，是我国科技创新能力建设的一项重要任务。我们要不断总结经验，在体制、机制和管理方式上大胆创新，保障平台建设任务的完成。

（一）做好规划、合理布局

平台建设涉及国家科技、经济社会的发展，是一项长期性、基础性、公益性工作。在建设过程中，一定要强调国家意志，结合国家中长期科技发展的战略部署，自上而下地做好整体规划。目前，我们正在研究制定科技基础条件平台的中长期发展规划和"十一五"计划，加强顶层设计和宏观指导。各有关科技主管部门要按照科学研究的领域和区域分布做好布局，使科技条件平台的建设与科技事业发展的需求相结合，使资源配置与重大科技计划相结合，实现平台建设的合理布局。

（二）加强联合和集成

科技条件平台建设涉及面广，建设工作中需要部门间的联合。经与教育部、中国科学院协商，"985"工程、知识创新工程中有关条件项目的实施与平台建设统筹部署；同时，积极协调平台建设规划与国家基本建设计划的关系。去年，科技部会同国家发改委、财政部等 16 个部门成立了国家科技基础条件平台建设部际联席会和专家顾问组，加强了相互间的沟通、协调。下一步我们将促进国家科技基础条件平台建设部际联席会、专家顾问组与科技界的密切联系，从组织协调上保证平台建

设顺利开展。

（三）全面启动、管理创新

平台建设具有其自身的特点和规律，是一项长期的工作，我们已经开展了一批平台建设试点工作，初步取得了一些成效。要总结试点工作的经验，在突出重点的同时，全面启动平台建设各项工作。平台建设要突破原有项目管理体制和运作方式，每一项任务的提出与实施，都要按照国家科技发展的目标，创新管理机制，优化科技资源配置，使优质资源向优秀科研团队、机构聚集，改变长期形成的分散重复和利用率不高的问题。在重点项目的遴选和管理中要充分发挥部门和专家的作用。对平台任务承担单位的选择，既要体现公平竞争，又要与公益性科研机构改革相结合。

（四）加强科技条件资源的标准化、规范化工作

平台建设涉及种类众多的科技条件资源，如果没有统一的技术标准和规范，将会形成"资源孤岛"、"信息孤岛"，难以实现共享，因此，技术标准和规范制定是资源整合共享的前提，是平台建设的一项重要的基础性工作。我们要结合我国各类科技资源的特点，借鉴国际相关标准和规范，在信息网络、科学数据等领域，制定技术标准和规范制度，制定科技资源共享条例，确保分散在不同部门、地方和单位的科技条件资源实现共享。

（五）加强地方平台建设工作

近年来，地方科技工作日趋活跃，地方领导对科技工作更加重视，一批具有特色和活力的区域性创新集群正在形成，在平台建设方面积极性非常高，一些地方科技主管部门正在制订平台建设"十一五"计划。希望各地科技主管部门积极参与和配合国家科技基础条件平台建设，充分利用国家已经建好的平台资源，结合本地科技、经济发展的特点，积极推进本区域平台的建设，为地方科技、经济发展提供有效支撑。我们相信，各级科技主管部门要按照平台建设的整体部署，结合自身特点，积极推进。这项工作我们一定会持之以恒地长期坚持下去，一定会取得成效。

在科技部转变职能、调整机构动员大会上的讲话[①]

(2006年2月8日)

今天召开科技部机关全体同志和事业单位局级干部会议,目的就是要全面启动科技部转变职能、调整机构的工作。2006年对于科技部来说,形势大好、机遇难得,是重要而又关键的一年。一是1月9日至11日,党中央、国务院召开了新世纪第一次全国科技大会,提出了加强自主创新、建立创新型国家的战略目标。二是历时近三年研究编制的《国家中长期科学和技术发展规划纲要(2006—2020年)》已经由党中央、国务院批准发布,提出了未来科技发展的指导思想、方针和重点部署。这两件事是全社会的大事,是科技界的大事,更是科技部的大事。我们如何能够适应新形势、新任务的要求,认真履行职责,切实推进科技事业全面快速发展,是这次我们要全力抓好机构和职能调整的重要原因。这次改革的根本目的就是要转变政府职能、加强宏观管理、提高管理效率,用实际行动落实科技大会精神,为完成《规划纲要》和"十一五"的各项工作提供体制和机制保障。下面我就这个问题讲几点意见。

一、关于机构职能调整的必要性和紧迫性

今年是落实《规划纲要》、启动"十一五"计划的第一年,各项工作相当紧张,为什么在这么紧张的时候部署和实施机构职能调整工作,我谈几个方面的考虑。

(一) 科技发展的宏观战略研究仍需加强

科技部在过去几年的工作中,非常辛苦、非常努力,而且富有创造性,取得了明显的成绩,凝聚力空前加强,积极性空前高涨,这是大家都认同的事实。但是我们也必须承认,我们的工作还不是十全十美的,特别是面临贯彻落实《规划纲要》的历史性关头,我们还有许多工作需要加强。一方面,宏观战略思路的研究还需要

[①] 2006年2月8日在科技部转变职能、调整机构动员大会上的讲话。

加强。最近几年来，我们加强了宏观战略研究工作，特别是在编制《规划纲要》的过程中，科技部这支队伍又经受了严峻的考验，也经受了很好的锻炼，宏观思考能力、布局能力、政策把握能力都有了明显提高，大家开始习惯于从全局的高度、从长远发展的角度来考虑科技整体的布局问题、战略问题、政策问题，这是了不起的进步。但同时也要看到，中长期《规划纲要》的编制是我们用了两年的时间，组织了两千多位科学家共同工作的结果，今后很难有这样的机会来重复这样的工作。我们必须要在科技部建立一个长期的、稳定的从事战略研究的机制，不断地凝练出新的思想、新的方向和提出新的政策建议。如果做不到这一点，我们虽然今天有了一些丰硕的成果，但是再过几年又会变得陈旧，又会面临新的问题。所以，建立宏观战略研究的长期、稳定的机制至关重要。

（二）以项目为主的管理方式需要改变

在过去的"九五"、"十五"乃至更早的时间里，科技部围绕加强宏观管理，认真解决以项目为主的管理方式做了不少工作。但从根本上讲，这个格局没有改变，或者说没有根本性的改变，我们工作的主轴还没有完全摆脱以项目为主的管理方式的影响。要改变这个格局，当前要处理好几个方面的关系，首先是要处理好改革和发展的关系。我们坚信中国的科技不改革就谈不到发展，以改革促发展是非常必要的。特别是我们的体制还是在计划经济体制下衍生出来的，这样的管理体制还没有完全改变，各司局，特别是专业司局要处理好改革与发展的关系，高度重视改革工作。其次是在发展的过程中要处理好项目、基地和人才的关系。我们感到欣慰的是，这几年科技部在抓项目的同时，对基地的建设、人才的培养都给予了比过去更多的关注和支持，但是也要看到可操作的办法和得力的措施还不是很多，需要深入研究，并在实践中不断验证、充实和加强。再次是处理好研究发展和产业化之间的关系，包括在推动产业化过程中和相关部门、地方政府之间的关系。这个问题说起来很容易，做起来很难。我们必须明确科技部的定位，充分调动各方面的积极性，组织起浩浩荡荡的科技大军。目前，科技部管理的中央财政科技投入，只占中央财政科技投入总量的15%，即使这些经费都用好了，单靠这些经费也推动不了中国科技的发展，关键还是要着力发挥各方面的作用。

（三）高效的、鼓励创新的科技计划和经费管理体制需要建立和完善

最近几年来，我们陆续形成了一系列很好的科技工作思路。例如，在项目管理中，我们提出要鼓励创新、宽容失败；要切实转变以跟踪模仿为主的技术研发模式，加强自主创新能力；要建立鼓励青年人才脱颖而出的机制；要建立对非共识项目稳定支持的机制；要下力气建立以企业为主体、产学研相结合的机制等。这些机制的建立要通过转变政府职能加以解决，并在此基础上建立新的体制、机制。目前，我们的管理还是自己管自己、自己监督自己，还需要我们建立有效的监督机

制。所有这些，都需要充分发挥科技部全体同志的聪明才智，鼓励大家沿着自主创新的方向不断探索，在管理上不断创新，建立起高效的、鼓励创新的计划管理、经费管理体制和有效监督机制。

（四）深化行政管理改革，建设服务型政府的目标要大力推进

从转变政府职能、深化行政管理改革的意义上说，服务型政府是我国行政管理改革的目标选择。"以人为本"、"执政为民"是服务型政府的治理理念。"向人民学习，为人民服务，请人民评判，让人民满意"是服务型政府建设的基本要求。科技部作为政府的科技主管部门，如何做好为科技界的服务、为科研人员的服务，调动和凝聚社会各方面的力量是当前需要解决的重要问题。我们要通过这次改革解决机制上的问题，同时也要通过这次改革解决我们干部在思想作风和工作作风方面的问题，特别是要解决对科技界和科技工作者联系不够紧密，对实际情况不甚了解，凭想当然办事，工作方法有时简单，习惯于发号施令的官僚主义的作风，以及从局部或小团体利益出发，不能从科技发展的总体出发来思考和提出问题的缺乏大局的观念和作风。只有下决心解决这些作风问题，才能实现建立服务型政府的目标，才能营造有利于科技创新的良好政策环境、学术环境、管理环境、创业环境，才能营造崇尚创新、锐意创新、持续创新的良好科技创新文化氛围。才能发挥各级政府部门、高校、企业和社会各方的积极性，共同推动我国建设创新型国家的进程。

（五）面对新形势新任务，机关和事业单位的机构设置需要作必要的调整

科技部机关司局和事业单位的组织结构基本上是1998年机构改革时确定的。随着形势和任务的发展，一些机构设置已不完全适应目前工作的需要。近年来，虽然对急迫解决的机构问题进行了适当的调整，但还没有系统调整的考虑。今年《中华人民共和国公务员法》的实施，以及国家明确了对事业单位的改革方向，都需要我们做好准备，适应今后的调整需要。从机关和事业单位的长远发展出发，部党组下决心在这次转变政府职能的过程中，对部分单位的机构作必要的调整，这种调整是很少量的，也是慎重考虑必须要做的。

二、关于改革的主要目标和原则

关于加强宏观管理、转变政府职能的问题，我们在三年前就开始讨论。经过三年时间的不断学习，我们对中央精神的理解更加深入，结合科技部的实际，认识更加深化，我们提出这次改革是以加强科技部宏观管理、转变政府职能为总目标，以推进科技计划管理改革为切入点，进一步优化组织结构，理顺机关和事业单位的职责分工和工作关系，明确事业单位功能定位，推进决策、执行、监督相协调，进一步提高行政效能，预防腐败，更好地履行科技部"三定"职能，使机构、职能设置

和管理机制能够更加适应落实《规划纲要》和"十一五"科技工作的需要。

在改革方案制定的过程中，我们遵循了以下五个原则。

（一）整体考虑，系统设计

所谓整体考虑，就是将机关和直属事业单位作为整体，综合考虑机关、事业单位的机构职责定位和工作关系，加强计划管理改革与机构职能调整的有机结合。所谓系统设计，就是这次改革不只是机构职能的改革，还包括计划管理改革、经费管理改革和监督管理机制的建立。所以，这次改革方案表面上看变动不大，但实际上是通过职能调整推动科技管理体制和机制的改革，是一次深层次的改革。

（二）加强宏观，提高效能

这次改革明确提出，机关综合司局不再承担具体项目的组织实施，专业司局不再承担项目的具体过程管理工作。目的之一就是让机关司局有更多的时间和精力去履行"三定方案"赋予的决策、监督等宏观管理职能。同时，我们要组建中国科技发展战略研究院，以此来加强科技部的科技战略研究，带动科技部的宏观管理工作。这个设想已经得到中编办的正式批复，将在这次改革中启动组建。另外，在改革方案中明确提出推进计划项目的专业化管理等措施，以提高管理效率。

（三）局部调整，重点突破

这次机构改革和职能调整，重点为科技计划管理改革、科技经费管理改革和事业单位改革奠定基础。机关改革的重点是明确综合司局和专业司局在计划管理工作中的职责分工。事业单位改革的重点是建立四大事业板块。虽然目前我们所提的四大板块不是一个实体，但是我们要通过四大板块的建立，逐步推进事业单位的专业化建设。我认为这不仅仅是为了提高工作效率和规范管理的需要，从某种意义上说也是科技部生存和长远发展的需要，是必须要做的一项重要工作。

（四）责权对应，有效监督

这次改革明确了机关司局和事业单位是业务对口指导关系，机关司局原有的一些职能授权委托给事业单位后，具体的任务减少了，但指导和监督的责任更大了。通过建立规范的委托授权管理机制，明晰机关和事业单位的职责，避免委托工作的随意性，防止发生权力的寻租现象。这次改革后，事业单位承担的计划项目管理任务更多了，工作的自主权更大了，这有利于调动事业单位的积极性，同时，事业单位的同志也要认识到，有了这个权力，就多了一份责任，就要为确保计划管理目标的实现和科技经费有效运转负责。为保证这次改革的到位，要尽快建立起有效的责权对应、相互协调、监督制约的机制。

（五）积极务实，稳步推进

这次改革方案是经过长时间的反复酝酿产生的，不是短期行为，更不是一时的心血来潮。在"十一五"启动之年，党组下决心改革内部管理机制，就是为了解决我们管理工作中存在的突出问题，适应新形势、新任务的要求。同时，为了不影响"十一五"工作的启动，改革方案提出了积极务实的调整措施，确保工作的平稳衔接和人员队伍稳定。

三、关于改革的重点内容

这次改革的重点任务是通过调整机关和事业单位的职责，建立和完善更加科学合理的管理体制和机制，而不是重点调整机构和人员。因此，我们提出改革的前提是，在科技部"三定"方案的基础上，原则上机关司局职能与结构、司局领导职数、人员编制和处室数量基本保持不变。原则上现有事业单位数量、领导职数不减少，事业单位名称和行政级别不改变。根据职能调整的需要，做少量的机构、编制、人员调整。今天我想特别强调这一点，目的就是要保持科技部全体同志思想上的稳定。一方面我们的改革要态度坚决，另一方面我们一定要在保持稳定的前提下进行改革。

在这次改革方案中，机关司局和事业单位的调整要各有侧重。

（一）机关司局的调整，重点是落实"三定"方案赋予科技部的宏观管理职责

对照"三定"方案的要求，涉及统筹协调、战略研究、监督管理等方面的宏观管理职能，一直是我们机关司局工作中薄弱的环节，这里有思想观念的问题，也有管理机制方面的问题。这次调整就是要从管理机制上解决这个问题，不是要调整"三定"方案的职责，而是要切实履行好"三定"方案赋予我们的宏观管理职责。我们希望通过对司局之间职能交叉、重复性工作进行必要整合等措施，调整机关综合司局和业务司局的职责分工，建立责权对应和有效的监督制约的机制，提高宏观管理水平。比如，为加强科技计划的统筹协调，将条件平台计划管理职责调整到计划司；为加强和统筹科技人才工作，在政体司设立科技人才处；为加强科技经费的监督管理，在条财司设立会计与监督处；为加强对公益事业的协调和解决公益事业管理薄弱的问题，将农社司分为农村司和社会发展司等。调整后，机关的主要职能应放在组织战略研究、制定规划和政策法规、重大计划的组织和监督、评估评价等方面。应抓住一些战略性的问题、重大政策性问题和带有倾向性的问题加以研究，提出解决的措施。要把宏观管理职能与项目管理有机结合起来，实现政府管理目标。

（二）事业单位的调整，重点是构建四大事业板块，核心是推进专业化管理

围绕部机关加强宏观管理和科技计划管理改革，事业单位按照大的职能重新整合，构建科技发展战略研究、科技计划与项目管理、环境建设与产业化、科技评估四个大的事业板块。

（1）科技发展战略研究板块。以研究中心为基础，组建中国科学技术发展战略研究院，围绕科技发展重要的战略目标和领域建立若干个研究所，实行聘任制。根据科技部发展的需求开展战略研究，逐步建立起有效支撑宏观科技决策的管理体系，并和机关有关司局和事业单位形成一个有效的网络体系。我们的目标就是要建设一个具有国际水平的国家科学技术发展战略研究基地。我相信只要我们把各方面人员的积极性调动起来、组织起来，把有效的鼓励创新的机制建立起来，我们的战略研究院一定能发挥重大的作用。

（2）科技计划与项目管理板块。依托高技术中心、遥感中心、农村中心、生物中心、21世纪中心、科技基础条件平台管理中心（新建）、科技经费监管中心（新建）等单位构建。负责科技部"863"计划、"973"计划、攻关计划、条件平台计划等有关国家科技计划项目的过程管理工作。原则上计划项目管理板块内各单位按技术领域分工，逐步构建国家科技计划项目专业管理机构，加强国家科技计划项目的专业化管理工作。

（3）环境建设和产业化板块。依托火炬中心、交流中心、市场中心、科技人才中心等单位逐步构建。按照专业化和社会化的要求，统筹政策引导类计划和有关环境建设工作的组织实施和管理。

（4）科技评估板块。以评估中心为基础，适时整合部分力量逐步构建，负责科技政策、科技计划与项目、科技机构和区域创新能力等评估工作。我们希望通过这次调整，使事业单位的功能更加专一、队伍更加专业化、服务更加社会化。

对于这个方案，大家会从不同的角度去评价，但我想强调的是，评价时我们应重点看这个方案是否实现了这次转变职能、机构调整的总目标，特别是要看是否能够实现以下"四个有利"：一是是否有利于转变政府职能、加强宏观管理；二是是否有利于整合科技部的资源，提高整体实力；三是是否有利于规范管理，提高工作效率；四是是否有利于建立监督制约机制，防止腐败。如果改革方案体现了这"四个有利"，我们就应该支持这个方案，就应该努力去实施这个方案，方案中一些枝节的问题可以在今后的工作中逐步加以解决。

四、关于配套制度建设

加强制度建设是保证职能调整目标实现的基础，因此，这次科技部的机构与职能调整，关键是要完善制度建设，并通过制度建设使科技部这台机器高效运转。

（一）积极推行有利于创新的国家科技计划管理新机制

"十一五"国家科技计划管理改革要结合实际，统筹兼顾，突出重点，要把构建有利于自主创新的国家科技计划管理体系放到突出位置。发挥国家科技计划对创新活动的导向作用，围绕促进自主创新，进一步明确各计划的定位和支持重点。发挥部门（行业）、地方在促进自主创新中的作用，加大对企业技术创新的支持力度。在科技计划管理工作中，要积极推行有利于创新的科技计划管理新机制，建立和完善独立的评估制度，建立信用管理制度，建立统一的国家科技计划管理服务信息平台。进一步提高国家科技计划管理的公开性，要完善专家参与国家科技计划的管理机制，改革完善国家科技计划项目的申报评审机制，积极推行项目公告公示制度，提高科技计划管理的透明度。要建立国家科技计划管理分层责任制，建立咨询、决策、实施、监督相互独立、相互制约的新机制。

（二）构建"十一五"国家科技经费财务管理制度体系

按照加强自主创新的要求，以为科技事业发展提供保障和支撑为宗旨，以提高经费管理水平、切实发挥科技资金使用效益为目标，围绕科技计划管理改革，以制度建设为核心，以经费监管为重点，探索建立"制度完善、权责明晰、管理规范、公开透明、运行高效"的科技经费财务管理制度体系。科技经费管理的核心是要为科技事业的发展提供强有力的支撑和保障，要适应科研活动具有探索性、不可预见性的特点，为推动自主创新提供良好的服务。要采取有效的制度，加强对科技经费管理和使用情况的监督检查，提高科技经费的使用效益。

（三）建立对科技计划管理单位的监督机制

要切实改变自己管自己、自己监督自己的局面。各司局、事业单位的权利和职责要对应起来，要建立有效的监督机制。监察部门、人事部门要对综合司局负责的计划整体运行、经费配置使用等情况进行监督评估；综合司局要对专业司局相关计划中有关领域的组织、管理、实施，以及经费使用等工作进行监督评估；机关司局对相关事业单位经授权委托所承担的工作进行监督评估。同时，要建立健全专项监督检查制度，对科技计划、科技项目的重大事项和重大问题开展专项监督检查。

（四）建立机构和职能的动态管理机制

建立机构和职能的动态管理机制，就是要使机构、职能与科技管理有机地结合起来，根据科技管理的需要对机构与职能进行及时调整，使机关司局和事业单位的作用得到最大程度的发挥，科技管理也能够实现优化，更加科学、规范和高效。同时，我们也要对干部考核、机关司局和事业单位考核的内容和方式方法进行必要的调整。其中，对机关司局的考核重点是其履行职责、加强宏观管理的效果；对事业单位的考核重点是其完成授权委托任务的绩效，以及专业化服务的效果。以此来进一步推动科技管理理念、管理方式的转变。

这次职能调整是科技部酝酿多年、势在必行的一次改革。我们要团结一致，按照党组的部署，高效率、高质量地完成这次机构职能调整，把我国科技管理工作提高到一个新的水平。

建设创新型国家与创新型人才培养[①]

(2006年12月18日)

这里我就建设创新型国家与创新型人才培养问题，谈几点意见，供大家参考。

一、建设创新型国家必须充分发挥创新人才资源的作用

当代国际竞争的实际表明，综合国力的竞争是科技创新能力的竞争，而科技创新能力归根到底是创新人才的竞争。谁拥有创新人才优势，谁就能够抢占科技和经济发展的制高点，谁就能获得竞争的主动权。美国之所以能够领先世界科技近百年，一个重要原因就是其始终把吸引世界一流人才作为国家战略。第二次世界大战前后，美国从欧洲吸收了包括著名物理学家爱因斯坦、航天工业专家冯·卡门、核物理学家费米在内的数千名科学家，这直接促成了"曼哈顿"工程的成功。目前，在美国拥有博士学位的物理学家、数学家和计算机专家约50%是外国出生者，近10年里美国获得诺贝尔奖的学者中有一半是外国人的后裔。

正是由于科技人才对一个国家的发展具有长期的、战略性的意义，20世纪90年代以来，越来越多的国家把科技人才队伍建设放在重要位置。美国在《科学与国家利益》、《塑造21世纪的科学技术》等一系列政策文件中，把科技人才战略作为国家发展战略之一，明确提出"造就21世纪最优秀的科学家和工程师"，"提高全美国人民的科学技术素养"，"确保增强21世纪美国的科学、技术和工程劳动力"。英国政府在科技政策白皮书中，强调要用技能、能力和知识武装个人，把加强英国科学技术人员的国际化联系作为重要战略目标。韩国制订了国家战略领域人才培养综合计划。印度将"大力促进大学及其他学术、科学和工程机构的科学研究，把吸收最有才干的年轻人从事科技职业"作为科技政策的目标。

对于今天的中国，科技人才的意义更为突出、更为深远。中国是一个人口大国，人口问题始终是我国社会可持续发展所面临的首要问题。但这里需要特别强调

[①] 2006年12月18日在第二届中国·中部崛起人才论坛上的讲话（节选）。

的是，人口负担只是问题的一个方面，同时还应认识到，巨大的人口也是一笔巨大的财富。如何把人口负担转变为财富？关键在于提高人口素质和人的创造力。尽管我国的科技水平和教育水平还不高，但我国科技人力资源总量已达 3850 万人，研发人员达 136 万人，分别居世界第 1 位和第 2 位；我国大学在校生总量已达 2300 万人，在校研究生总量近百万人，向社会源源不断地输送高层次人才。庞大的科技人力资源，这是任何国家无可比拟的，是我国独具的建设创新型国家的最大优势。因此，投资于人力资源开发，培养大批具有现代科技素养和进取精神的创新人才，把人口负担转化为人力资源，使中国成为真正意义上的人力资源大国，是中国现代化的希望之路。

当今世界，各国政府在加强本国人力资源建设、稳住本国人才的同时，一直在采取政策措施，大力吸引和利用外国科技人才。美国政府出台的《加强 21 世纪美国竞争力法》，其核心就是要吸纳世界各国的优秀科技人才，以解决人才的短缺问题。德国为填补本国的人才空缺，通过给非欧盟国家成员发放"绿卡"，引进海外信息高级技术人才。日本为抢夺人才先后出台了《研究交流促进法》、《外国科技人员招聘制度》等法规，为利用外国研究人员"开绿灯"，不惜花重金从美、欧引进人才。英国、法国等国也制定了相应的人才战略。欧盟在第六框架计划中，更是设立专门的计划，吸引欧盟以外各国科技人员加入该框架计划的研究。韩国于 1996 年建立高等研究院，从世界各地招聘顶尖科技人才，力图以此带动韩国基础研究的发展。此外，许多国家的研究机构和大学加快吸引国际科技人才的步伐。面对严峻的国际科技人才竞争，我们必须清醒地认识到，在人才问题上，我们只有一条路，就是横下一条心来，参与国际人才竞争，全力创造一个有利于留住人才、有利于尖子人才成长的环境，吸收全世界的优秀人才参与中国的创新活动。

二、为创新人才的成长营造良好环境

人才成长需要相应的环境。《规划纲要》把人才问题放在一个非常突出的位置，用一个独立篇章来写人才问题，这在以前的规划中是没有过的。《规划纲要》及配套政策有多方面的政策措施，努力创造人才成长的良好政策环境。这里我重点谈其中几个问题。

（一）形成促进创新人才成长的正确导向

科技评价与奖励制度具有很强的导向性，是科技发展的重要"指挥棒"。近年来，国家在科技评价和奖励制度改革方面出台了一系列文件，采取了力度较大的举措。其中，科技评价改革的核心，是要改变一些研究机构和大学以往单纯依靠量化指标的评价做法，要求针对不同科研活动的性质和特点，采取不同的评价标准和办法，注重对科技人员和团队素质、能力和研究水平的评价，形成科学研究和技术创新活动的正确导向，避免急功近利和短期行为。另外，从 1999 年开始推进奖励制度的改革，减少了国家奖，取消了部门奖，大幅度压缩了地方奖，减少了科技奖励项目数量，奖励制度改革已迈出了第一步。当前，科研评价改革的关键是政策落实不到位。许多单位对从事基础研究人员的评价过于频繁和量化，甚至每年将发表论文数量与工作绩效和收入挂钩。对前沿技术研究有过于强调市场化的趋势，常常要求一个研究人员或团队完成从研究开发到市场实现的全过程。这种情况十分不利于科学家潜心开展研究工作，同时还可能进一步助长学术浮躁和急功近利行为。

（二）建立有利于基础科学、前沿高技术和社会公益研究发展的体制和机制

基础研究、前沿高技术和社会公益研究往往体现国家目标，事关国家长远发展，是提高创新能力和人才队伍建设的重点领域。对基础科学、前沿技术研究给予稳定支持、进行超前部署，是此次《规划纲要》的一个亮点。有了这一点，就能够为科研人员潜心研究提供基本的政策保障。除此之外，如何管理的问题也很重要。总结正反两个方面的经验，我们认为在科技管理中，把基础研究、前沿技术研究和面向市场的应用研究区别开来，把市场性科技活动与公益性科技活动区别开来，是科技活动认识上的一次飞跃，是科技管理思路的一个重大突破。这就要求我们不能用管理面向市场的应用研究的方式管理基础研究、前沿技术研究和社会公益性研究，而是要致力于建立一个鼓励探索、宽容失败的评价体制和激励机制，创造一个更加开放的、促进交流与合作的科研环境，建设一个有利于知识积累和数据共享的基础条件平台，营造一个更加注重人才、不断发掘人才潜力的环境。这些将对创新人才的成长产生更加明显的促进作用。

（三）把自主创新作为凝聚人才、促进人才成长的大舞台

对于人才工作，过去有一种认识上有偏颇，一谈到重视人才就是给待遇、给职务、给荣誉，尽管这些都很重要，但并不是最根本的。最根本的是什么？是事业！优秀人才最看重的是有没有施展才华的舞台。只有事业的成功才能真正形成对创新人才，特别是对一流人才的持久吸引力。这里有一个值得重视的现象，多年来我们一些重要产业坚持以引进为主的技术路线，而没有对消化、吸收进行具体有效的安排，许多非常优秀的企业科研人员，长期没有什么研究开发项目，多年下来，知识不能更新、业务荒废，非常可惜。现在，国家明确提出就必须提高自主创新能力，在若干重要领域掌握一批核心技术，拥有一批自主知识产权，造就一批具有国际竞争力的企业。这是创新人才成长的最大机会。因此，要制定有效政策和措施，要努力营造鼓励人才干事业、支持人才干成事业、帮助人才干好事业的社会环境，特别是要为年轻人才施展才干提供更大的舞台和更多的机会。特别是要充分利用重大产业技术创新活动、重大科技工程，特别是要充分利用国家重大科技专项、国家重大建设项目中的技术攻关项目、重大技术装备引进、消化、吸收再创新项目等，把最

优秀的科技人才凝聚起来，充分发挥创新人才的聪明才智，使他们把个人的理想、自身价值与建设创新型国家的伟大实践统一起来。

（四）培育良好的创新文化环境

良好的创新文化氛围和环境，是产生创新人才、优秀成果的重要前提。有的同志形象地比喻，人才就像森林里的蘑菇一样，只要有一个好的环境，有了一定的温度和水分，就会成片地自己生长起来。目前，在创新文化环境方面还存在着许多与科学精神和先进文化建设的要求不符的现象。例如，缺乏自由交流的学术环境，缺乏宽容失败的学术氛围，缺乏敢冒风险的学术勇气；官本位思想、论资排辈、压制后学等现象经常发生；缺乏学术开放的观念，门户思想、小团体主义时有滋长；急功近利、学术浮躁，甚至学术不端行为时有发生。这样的环境和氛围必然严重抑制人才成长，加剧尖子人才的流失。许多在国外学有所成的留学人员反映，他们回国的担忧，主要不是工作和生活条件方面的问题，而是缺乏一个公平竞争的环境和难以处理复杂的人际关系。如果这种局面不能得到根本扭转，中国的科学事业就很难有大的发展。因此，大力推进有利于自主创新的文化环境建设，是创新人才培养的一个重要方面。

当前，推进创新文化建设，需要特别强调几点。一要形成开放的学术环境，鼓励研究机构之间、学术观点之间交流和互动；二要倡导追求真理、宽容失败的科学思想，形成鼓励创新探索、敢冒风险、宽容失败、尊重不同学术观点的社会文化氛围，特别是要给青年科学家以更多的表达机会和发展机会，而不应当以权威压制人，以名望排挤人，以资历轻视人；三要摒弃急功近利、学术浮躁之气，加强学术自律，端正学术风气，弘扬科学道德。

（五）推动创新教育

改革开放以来，我国教育改革取得了很大进展，但是一个基本的问题总没有解决好，就是如何培养创新人才。中国教育历来强调知识传授，忽视实践能力的培养；主张培养"乖孩子"，主张循规蹈矩，小时候听父母的话，上学时听老师的话，这种教育可以培养出出色的执行者，但不能培养出事业的开拓者，这也可能是中国从经济到科技工作中习惯"跟踪"、"模仿"的深层次原因。这可以说是中国教育的一大问题。近年来，我们一直讲加强素质教育，但情况并未根本改变，我们的教育整体上仍被考试牵着走、被文凭牵着走，而适应21世纪发展需要的创新意识、创新精神和创造能力的培养仍然非常薄弱。这种情况在中小学教育、高等教育，包括研究生教育中都同样存在。这个问题应该真正引起我们的高度重视。现在我们在讨论21世纪全球创新能力的竞争，在讨论建设创新型国家的宏伟目标，如果我们不能彻底变革教育观念、教育体制、教育模式和教育手段，不能培养出大批创新型人才，21世纪靠谁来承负起建设创新型国家的重任？现代教育是一门科学，创新教育更是一门科学。在这一点上，积极学习和研究国外经验非常必要。近百年来，中国曾经掀起了数次出国留学热潮，到国外取"经"，学习先进科学技术知识；改革开放以来，我们又派出大量优秀人员出国留学，学习当代科学技术知识和其他人类优秀文化，极大地拓展了我们视野，加速了我们的人才培养。面对创新人才的紧迫需要，我们可能非常有必要再选派大量优秀人员到国外专门学习先进的教育思想和教育管理，来推动创新教育，加速我国创新人才的培养。

（六）重视尖子人才培养

国内外无数的成功经验表明，尖子人才在决定创新活动成败中有着不可替代的作用。新中国成立以来，正是因为有了钱学森、邓稼先、袁隆平、王选等一大批优秀领军人物，我国才能够在相关科技领域取得一系列突破性成就。目前，我国科技的一个突出问题是，科技人力资源总量庞大但优秀尖子人才十分匮乏，特别是缺乏世界级科学家和战略型科学家。面对当今科技资源全球流动和日益激烈的科技竞争，我们必须拥有一批世界级科学家和战略科学家，只有这样，我们才能在国际竞争中占据科学前沿，把握重大的科技发展方向，获得真正具有开创性的科技成果。另外，我还想特别强调，人才难得，需要特别珍惜。尖子人才不仅是个人才能和勤奋的产物，也是整个社会的产物，是国家教育、科技巨大投入的结果，是国家的宝贵资源。因此，尖子人才的流失，将是国家和社会巨大财富的流失。

今天在座的很多是青年同志。这里我还想谈谈青年科技人才的培养。青年是科技的未来。青年人思维敏捷、精力旺盛，最富创新精神。世界上众多伟大科学家的重要发现和发明，都是产生于他们风华正茂的青年时期。牛顿和莱布尼茨发明微积分时分别是22岁和28岁；爱因斯坦提出狭义相对论时是26岁，提出广义相对论时是37岁。在科技发展史上，一些小人物和青年人的创新灵感，一些具有很强学术性、探索性、创新性的小项目，往往对科学发展产生了不可估量的作用。因此，培养创新人才，要特别重视青年人才培养，要解放思想、突破陈规，使那些有独立思考、独创精神的小人物和青年人才顺利步入科学殿堂。

（七）利用市场化机制挖掘人才、聚集人才

这里特别想提一提要充分发挥猎头公司的作用。美国在第二次世界大战以后，大量地网罗全世界的精英人才。这样的一个过程被称为"headhunting"，即"猎头"。因为头脑是智慧、知识之所在，网罗人才就是为了获取他们头脑中的知识，获取最新、最前沿的技术信息。在当代，猎头已实实在在地发展为一个行业，主要业务是受企业委托，通过市场的方法，搜寻中高级的管理或技术人才。在欧美等发达国家，不少猎头公司与跨国公司有着密切的联系。IBM公司在处于低谷阶段时，由猎头公司为其请到了郭士纳先生任新总裁而获得了长足的发展。惠普公司的新掌门卡莉顿·菲奥里纳也是由猎头公司挖过来的。现在，我们谈创新人才，谈尖子人

才，也必须要发挥猎头公司的作用。为什么我要强调这一点呢？这是因为，在人才问题上，完全靠政府操作有很大的局限性。我们急用的人才很大程度上是高级人才，而高级人才并不愁没有工作做，找到这种人才要靠大量的细致的调查研究，需要大量的寻找过程。这显然是政府不易做到的。经济全球化使中国企业面对的竞争日益加强，竞争手段也越来越国际化。运用市场机制，通过猎头公司在全球网罗、发现、挖掘人才，为我所用，也应该成为我们全球网罗科技人才的重要途径。

我们这个时代是一个需要大量创新人才的时代，也必将是一个创新人才辈出的时代。加强自主创新、建设创新型国家为千百万科技人才施展才华提供了广阔的舞台。只要我们坚定不移地贯彻中央自主创新的战略决策，坚持在创新实践中培养人才、使用人才，做到人尽其才，才尽其用，就一定能把我国的人才优势转化为科技优势、产业优势和发展优势，为建设创新型国家提供坚实的人才保障和智力支撑。

我国的科技管理体制改革与科研诚信建设[①]

(2007年3月28日)

近年来,在我国科技界和教育界,违反科研规范、学术道德以至于相关法律规定的事件时有发生,并在社会上造成了很坏的影响。同样值得注意的是,由于我国的一些学术规范和科研诚信准则不够明确,有时正当做法与违规行为之间的边界并不十分清楚。如果我们不能明确学术规范、遏制科研违规行为,将可能使许多青年科学家和大学生、研究生误入歧途,那时再要解决这方面的问题将为时过晚。

通过对我国科研诚信方面的问题进行比较全面的分析判断,将有利于我们准确地把握形势,制定解决问题的策略。总的来说,我们必须充分认识到当前加强科研诚信建设的重要性和紧迫性,坚持标本兼治的原则,从法律法规、制度规范、人文和社会环境建设等多方面着手,采取切实可行的政策措施,加强科研诚信建设。当然,我们也应该充分肯定,改革开放以来,我国科技事业发展进步很快,在许多领域都取得了令世人瞩目的成就,说明我国科技队伍的主流是好的,是健康的。我们不能因为出现了一些科研诚信方面的问题,而对科技队伍的总体情况失去信心。下面我想就我国的科研诚信方面问题出现的背景,以及如何通过科技管理体制改革和政策调整促进科研诚信建设工作谈几点意见。

一、科技管理体制对我国科研诚信建设的影响

我国和西方国家的科研诚信建设工作有着不同的特点。西方国家这方面工作的重点是进行日常的宣传教育,以及堵塞一些个别的漏洞;而我国则需要全面加强制度规范建设,强化教育培训和引导,同时还必须努力适应科技管理体制改革所带来的种种变化。

(一)我国的重大社会变革对科技管理体制的影响

改革开放后,我国的一些重大社会变革对科技体制产生了深远的影响。一是我

[①] 2007年3月28日在科技部、教育部、中国科学院、中国工程院、国家自然科学基金委员会、中国科学技术协会科研诚信建设联席会议上的讲话。

国从计划经济转向市场经济，要求政府转变职能，科技管理和其他政府部门都要进一步加强宏观管理。二是国家近年来大幅度增加了对科技的投入，从"十五"开始到"十一五"结束，科技投入在10年左右的时间里大约增加了10倍，这对科技管理制度和办法也提出了新的、更高的要求。三是我国的科技结构出现了很大变化，研究院所特别是中央级研究院所过去一直是科研的主力军，但近年来高等院校所承担的国家重点研究项目的数量和所占比重都有所增加，目前已经超过了科研院所。此外，企业开始更多地作为科技投入的主体参与研发工作，国家对企业研发工作也给予了更多的支持。这些变化使政府必须面对因为大幅度增加科研经费后的项目管理方式的调整；大学的科研布局起步晚、科研管理工作比较薄弱；以及企业作为市场中经济活动主体，在科技研发中政府和企业的关系等众多复杂问题。这凸显了我国社会转型、科技管理体制与政策调整时期，相关的制度措施不够完善，给科研诚信建设带来的潜在问题，包括投入分配机制和项目管理机制的调整变化，以及政策措施的不配套，可能产生的新漏洞，从而导致更多科研不端行为的出现。

（二）科研管理工作的指导思想对科研诚信建设的影响

长期以来，我们的科研管理工作中也存在认识误区，导致在指导思想和政策方面产生失误。一是我们把基础研究、前沿技术的探索性研究与面向市场的应用研究这两种完全不同性质的研究混淆起来，采用了类似的管理体制、投入分配机制、项目评价与奖励机制。特别是以管理工程、管理经济的办法来管理基础研究，从而实际上是要求研究活动只能成功，不能失败。但基础研究又怎么能够只成功不失败呢？这说明我们对基础研究、高技术探索性研究的长期性和不确定性认识不足。在这样的思想的指导下，我们在管理工作中以项目管理为主的支持方式，对于研究基地、科研院所和科技人才的支持相对薄弱，不稳定，力度也不大。同时，争取项目就要竞争，迫使很多科研单位和科技人员急于求成，尽可能多地申请项目，尽可能快地出成果；由于担心失败，在研究工作中只能采取"跟踪策略"，做国外已经做成的事，否则一旦失败，各方面都将承受很大的压力。二是我们对技术创新过程的认识也有偏差，理解还不够全面，似乎科技人员有了成果就可以很快实现转化，就可以获得经济效益。有些研究院所对科技人员便提出这样的要求。政府的有些基础研究项目也要求申请者填写"经济效益"一项，包括"863"计划等。事实上，科技成果转化的过程本质上是市场化的过程，其中除了科技创新外，还包括管理创新、市场创新、金融创新、市场模式创新等。由于需要经过大量的筛选过程，这些创新的风险和难度往往并不比科技创新小，而且最终并非每项成果都可以变成实用技术或产品。因此，要求科研人员从技术创新开始，完成一个完整的经济过程很不现实。实际上，很多同志都清楚，在申请项目时所填的经济效益很多并不真实，我们是在让科技人员承担不能完成的任务。

这两个方面的问题，都助长了浮躁之风、浮夸之风和造假之风，污染了科技创新的环境，对科技诚信造成了重大危害。

（三）科研机构的管理体制对科研诚信建设的影响

近年来，在科研机构管理体制改革方面，教育部、中国科学院等部门进行了很多的探索。我举一个比较突出的例子，就是2001年开始由中组部、科技部、教育部和北京市等"八部一市"支持建立的北京生命科学研究所。这个研究所是为吸引留学人员群体回国而建立的，由国家投入资金，并按照西方发达国家基础研究的管理模式组建。研究所的人员在全球公开招聘，由十余名国际知名的科学家，包括多位诺贝尔奖金获得者组成的学术委员会对招聘人员进行面试和评议。该研究所基本建成仅三年时间，已经取得了一批突出的成果，2006年3月以来，我国在这个领域共有9篇论文发表在《自然》（Nature）、《科学》（Science）、《细胞》（Cell）等世界顶尖杂志上，其中这个研究所就占了5篇。

北京生命科学研究所管理体制和发展建设模式的主要特点，是政府稳定支持、研究所首席科学家通过公开竞争，课题立项、经费支持、职称评定、评价考核等方面实行国际通用的管理制度。通过竞争进入研究所的首席科学家，其中80%的经费由国家提供，另外20%的经费通过争取竞争性项目来补充。在这样的机构中，由于有国家的稳定支持，科研人员可以专心地沿着一个方向潜心研究，不必急于求成，也不必因为项目的变化不断改变研究方向，更没有必要为了获得经费和项目等弄虚作假。

当然，北京生命科学研究所的模式并不是其他研究机构都可以照搬的。特别是对现有科研院所来说，不可能在改革中把现有的人员全部赶走，然后再重新招人。但这个模式至少给了我们两个重要的启示：一是要逐步建立首席科学家公开招聘的机制；二是应大幅度增加国家对重点研究机构稳定支持的力度；三是应提高现有科研人员的事业费标准。现在我国科研机构的事业费标准是一个人每年两三万元，科技人员要搞研究只能靠争取项目。今后应使我国科技人员的工资和事业费达到一个适当的水平，使之具有一定的竞争性，包括能够吸引在国外的优秀华人科学家回国。当然，普遍提高科研人员的工资，使他们进入高薪阶层的思路也不可行，因为将会引起很多社会矛盾。但对一些真正能够做出突出贡献的科学家，要不惜代价地把他们吸引回来，使他们能够稳定地在中国工作。

二、通过科技管理体制改革能够促进科研诚信建设

我国现行的科技体制与社会主义市场经济体制，以及经济、科技大发展的要求，还存在诸多不相适应之处。从以上的分析中我们也可以看出，由于我们在制定科研项目的评价标准，建立科技人员考评体系时的指导思想出现偏差，在一定程度上助长了学术浮躁、弄虚作假等不良风气，而且有些制度安排本身便是在鼓励科技

人员造假，或为少数科技人员造假提供了空间。因此，改革科技管理体制非常重要，通过科研投入、项目管理、评价制度和奖励制度等方面的改革，可以促进科研诚信建设工作。

（一）增加对基础研究的投入

我国应当继续大幅度增加对基础研究和前沿技术研究方面的支持。我们有时希望多搞一些应用研究，似乎应用研究可以出很多结果，但实际不然。我们现在面临的很大问题是缺乏原始创新。我们现在的重大专项项目中，通过探索性研究获得成果，并在此基础上继续扩展到应用的成功项目相当少，我们主要还是在跟踪国外干。当然我不反对跟着别人干，因为这样做的目的也是为了赶上先进者，但问题是我们现在的科技积累太少，只有下决心加强基础和前沿探索性研究，使科学家安下心来，一代又一代变成科学的爬坡过程，才能攀登科学高峰。

在我国的"863"计划项目中，探索性研究占40%，面向应用的研究占60%。我以为应当提高对探索研究支持的比例。当然，这样做会受到各方面的压力，被批评为不关注现实的经济需求和社会需求。但实际上，我们必须明白，探索性工作恰恰是在为未来的经济社会发展奠定科学技术基础，科技部不做这方面的工作，谁来做？我衷心地希望，通过适当调整支持方向和方式，就一定可以在科学研究和科技诚信两方面都取得进步。

（二）改革财政经费管理制度

科研项目不同于工程项目，所以经费管理也不能只重设备不重人。科研工作的关键是人才，科研投入就是为了形成一个人才梯队，靠这个梯队有效地组织开展重大的基础研究、前沿高技术研究项目。但按照我们现在的规定，用于人员部分经费的比例相当少，现在"863"计划是15%，而有些国家类似项目的人员经费所占比例是55%，甚至更高。当然，我们增加的人员经费主要用于博士、硕士及其他流动科研人员，并不是要用在固定人员身上，不能让搞项目的人分经费。当前，相当多的部门科研经费和个人待遇挂钩，科技人员很难安心搞科研，很难不去作假，如将大量的时间和精力用于跑项目，甚至同时向多个部门申请类似的项目。

（三）改革科研评价体制

当前，科技评价有看重数量、轻质量的倾向，科研评价倾向于用可衡量的数量统计表解决诸多矛盾。我以为在对基础研究、前沿技术探索性研究进行评价时以论文数量和被引用数为标杆，也就是要同时考虑论文的数量和质量，和过去单纯追求数量相比是一个进步。但是，统计论文数和引用数的方法主要适将其用于研究集体，如一所大学、一个研究所的发明专利数等，如果将其用于衡量研究人员个人的科技成就，将引导科学家一味追求论文，而忽视了实质性的科学创新，进而鼓励弄虚作假。国外在这方面采取的一个好的做法，就是不看你发表了多少篇 SCI 论文，而只要求你把自己认为水平最高的三篇论文拿出来由专家评价，而且是开放式的评价。

对于面向市场、面向应用的项目，核心是要看市场回报和应用部门的得失。在科研项目和成果评价方面，我们也应适时引入第三方评估机制。实际上，科技部曾提出了这一问题，但还要加大改革力度，才能使第三方评估得以真正的、全面的实施。

（四）改革科技奖励制度

我国的科技奖励制度对于形成尊重知识、尊重人才的风气发挥了历史性作用。但是，现有的奖励制度也到了非改不可的阶段。1999 年我国进行了奖励制度改革，目标是大幅度减少奖励的数量。当时国家奖和省级奖励都减了一些，但力度还不够。现在地方的奖励每年大约有 7000 项，如果按每个奖项有 5 人获奖统计，每年也有 35 000 人获奖，而实际上很多奖项的获奖人数还不止 5 人。我国目前的研发人员总数是 105 万人/年，受奖人员所占的比例太大。在许多国家，奖励主要是一种荣誉，但在中国却成为对研究人员进行评价的基本指标，而且与职称、待遇等利益直接挂钩。这就造成科研人员把很大的注意力放在获奖上。对于从事社会公益性研究、国防研究的人来说，许多成果不能马上显现出来，有些论文也不能发表，那么他们的贡献如何来评定？现在评奖已变成了一个很大的产业，牵扯到很大的工作量。科研人员花费很大精力来申报奖项，一批人被请来请去参加评奖。此外，许多地方搞的应用研究项目评奖往往很不规范，还有些领导利用评奖的机会"搭车"，从而也影响了科研人员的工作积极性。

总体来看，有些奖励没有任何意义，而且评奖过程中可能有造假行为，所以应当大幅度减少对科技成果的奖励。要还科技奖励以本来面目，就是对做出杰出贡献的科技人员给予一种荣誉称号，是对全国科技人员的一种激励和导向，不应当与经济利益直接挂钩。科技部曾多次提出取消一些评奖和鉴定，但遇到的阻力很大，很多奖励根本取消不了，而且还有很多单位自己请人来鉴定。在这方面，我们今后还应做出更大的努力，首先取消对面向市场的应用性研究成果的奖励，让市场来检验成果。如果人家都买你的东西，那就是好的成果；如果人家不买，你获再多的奖也没有用。

（五）改革院士评审制度

我国的院士制度对于我国科学技术的发展也发挥了历史性作用，今后也还会继续发挥积极的作用。但是，目前对院士制度也有必要进行一定的改革。以前曾有同志对现行的院士制度提出意见，却受到各方的责难。我认为，改革院士制度符合国家的科技发展规律，也符合院士自身的根本利益。科学的精髓就在于平等，在科学精神最可贵之处就是敢于挑战权威。"院士"这个头衔只代表一个学者的过去，并不简单地等同于学术权威，更不是绝对的学术权威。现在在许多学术问题上把院士摆在了不太恰当的位置上，从长远来看，这对于中国的学术和院士本身都是不利的。

我每次出国时，都要和国内出去的一些杰出的科技人员座谈，请他们谈谈在回国问题上有些什么样的障碍。他们提到国内的投入问题、体制问题、管理问题、学术空气问题，还有一个问题就是置疑国内的院士制度。当然我国绝大多数院士是好的，但也确实有些院士容不得别人挑战自己的权威。这样的风气显然很不好，因为如果院士这样做，下面的人也会照此办理。在科学上形成等级森严的制度，对于科学的发展将非常不利。因此，我觉得我国的院士制度有必要作些改革，如淡化对院士的评选。美国科学院院士的评选采取的是投票方式，原来是寄信，现在是在网上的无记名投票。评选结果公布后，在美国《科学时报》上登一页纸，每人一张两寸的小照片；评上的院士还要交会费，没有任何特权可言。我觉得在这方面我国可以和西方国家的做法接轨。这样做的目的之一，就是要鼓励敢于挑战权威。所以，改革院士制度是为了更好地促进我国科技事业的发展。

三、科研诚信建设需要各方面协调配合进行

中国面临的很多科研诚信方面的问题不同于西方国家，我们必须通过体制机制改革、政策调整来解决。有些改革的难度并不大，但也有些改革将面临很大的阻力，需要多个部门配合进行。如果政府有关部门能够就一些重大问题取得共识并采取联合行动，许多方面的改革与政策调整将可以很好地促进科研诚信建设工作。

实际上，国内有关部门，如科技部、教育部、国防科工委[①]等在这方面已经做了大量工作，现在最需要的是加强改革的全面规划与综合配套，组织各方面同心协力地推动这项工作。目前，各部门都出台了很多管理规定、评价办法等文件，但由于各部门的规定不统一，甚至相互冲突，也没有共同行动的机制，结果使很多规定难以执行。所以，科技部门之间的协同行动，以及政府部门之间的理解、协调与合作，对于推动科技事业的发展极为重要。

我国科技体制方面的问题长期以来一直存在，而且从资源投入分配开始，一直延伸到研究实施、项目评价与奖励等，有些方面的问题还非常突出。2003年"非典"流行期间，我是科技攻关组的组长，曾组织调查各部门开展相关研究的情况。结果发现，我们原来没有做像猴子这样的大动物实验的P3实验室（即生物安全防护三级实验室），但"非典"流行后，一下建起了20多个。搞"非典"疫苗研究，当时也有20多家同时在做，虽然经常有些新闻报道，声称研究有什么重大突破，但最后真正成功的只有两家生产疫苗的公司。可以看到，一方面我国科技资源严重

---

① 即中华人民共和国国防科学技术工业委员会，简称国防科工委。

不足，另一方面由于部门分散管理、互不沟通，又造成了严重的浪费。

这些例子都说明，我国的科技管理工作非常分散。许多部门和单位都在根据掌握的资源进行科技规划和投入，但需要大力加强协调。我们并不是要把资源统一到某一个部门，如科技部。科技部主要还是要进行科技事业发展的宏观管理，做好战略研究、政策制定和科技规划等方面的工作。科技部现在管理的科技资源，从经费上看也只占到中央财政科技投入的20%左右。正因为如此，科技部的主要精力不应当是管项目。即使项目管得再好，也不过就是占20%经费投入的项目，解决不了其他部门管理的项目中的问题。因此，如何加强科技管理部门间的统筹协调，避免重复投入、重复建设，是一个亟待解决的问题。目前，科技部已经在建立数据库，通过把各部门的某些数据集中起来，避免项目的重复申请。但项目管理方面的协作只是统筹协调的一个方面，要达到更高的目标还有很长的路要走，特别是科技项目管理、科技评价、科技奖励等都和科技诚信建设密切相关，没有部门之间的协调，是很难做成功的。

当前，科技部联合教育部、中国科学院、中国工程院、基金委和中国科协建立了科研诚信建设联席会议制度，希望各部门统一认识、形成合力，共同办好这件事情。从政府职能来讲，科技部作为国务院科技主管部门，应当承担起这方面的责任。科技部曾经发布了《关于在国家科技计划管理中建立信用管理制度的决定》、《国家科技计划项目评估评审行为准则与督查办法》和《国家科技计划实施中科研不端行为处理办法（试行）》等一系列规定。但目前其他部门，也都管理着不同的科技计划，下属单位有不同的科研任务，也有着不同的资金来源，如教育部"211工程"、"985工程"、中国科学家知识创新工程，就不同于对科技计划项目的投入；也有着不同的评价、管理和奖励政策。为了使我国广大科技工作者和青年学生在工作和学习中能够遵循明确的学术规范和比较完善的科研管理规定，迫切需要有关部门配合，共同开展一些基础性工作，同时建立有效的科研诚信建设工作协调机制，争取能够在一些重大政策问题上取得一致，在对科研违规案件的处理中密切合作，共同营造良好的科研环境和学术氛围。

实践证明，政府部门的配合对于科技管理体制改革和科研诚信建设工作至关重要。如果国家发改委、财政部、人事部、监察部和国家新闻出版总署等部门也能够加入科研诚信建设联席会议，将更有利于形成政府部门齐抓共管，全面加强科研诚信建设工作的局面。

充分发挥科学家在科技决策与管理中的作用[①]

(2007年4月30日)

推进自主创新和建设创新型国家,落实《国家中长期科学和技术发展规划纲要(2006—2020年)》,对科技决策和管理提出了新的更高的要求。正确认识和把握科技活动的规律,完善科技决策管理机制,更好地发挥科学家的决策咨询作用,对于我国科技事业发展具有十分重要的意义。

一、科技决策与管理必须遵循科技活动自身的客观规律

科学技术发展到今天,既承载着探索未知世界的使命,更肩负着支撑经济社会发展、维护国家安全的重任。因此,对科技活动的决策与管理,不单纯是以鼓励自由探索为主要依据,也要充分考虑到市场需求、公众利益和国家意志。我们必须遵循不同类型的科技活动规律,从我国现实需要和长远发展的角度出发,采取科学合理的决策管理体制和咨询机制。

(一)基础研究与前沿技术探索性研究要坚持鼓励原始性创新和自由探索的导向,充分发挥科学家在决策与管理中的主导作用

基础研究是对未知世界探索的集中体现,通过对自然规律的不断深入的认识,为人类认识自然、改造自然提供新的概念、理论和方法,是科技创新的源泉,是科技人才培养的最有效途径。前沿技术探索性研究代表着高技术领域中具有前瞻性、先导性和探索性的重大技术发展方向,是未来高技术更新换代和新兴产业发展的重要基础。这两类研究比较突出的特点体现为以下几个方面。

(1)具有很强的探索性,其动力不仅源自于科学家"好奇心驱使",更多地来源于科学家的社会责任。

(2)具有原创性,"只有第一、没有第二",其成功必须基于对全球研究现状的

[①] 2007年4月30日发表在《科技日报》,后刊发于《中国软科学》2007年第8期。

全面理解和不同学术观点的反复撞击。

（3）具有高度的不确定性和非共识性，既有成功，也常有失败，失败往往是成功之母，而"有心栽花花不开，无心插柳柳成荫"的例子也举不胜举。

（4）需要长期积累，一项重大的原始创新成果，往往需要几代人深入系统地研究，厚积而薄发。

（5）杰出科学家及其团队在研究探索的重大突破中往往具有决定性作用。

这些特点决定了我们必须建立一个鼓励探索、宽容失败的评价体制和激励机制；必须创造一个更加开放的、促进交流与合作的科研氛围；必须建设一个有利于知识积累和数据共享的基础条件平台；必须营造一个更加注重人才、不断发掘人才潜力的文化氛围。在这些条件下，尊重和保护科学家的首创精神，提倡国家需求和科学前沿的结合，稳定支持基础研究项目、基地和人才，我们才能在基础研究和前沿技术探索性研究中不断取得丰硕成果。

目前，我国基础研究主要包括自由探索性基础研究和国家战略需求导向性基础研究两个基本方面，基础研究的发展坚持国家需求牵引和科学自身发展推动相结合，既考虑影响科技发展全局的重大科学前沿问题，也考虑影响国家经济社会发展和国家安全的重大基础性科学问题。但是，无论是自由探索性基础研究还是导向性基础研究，包括前沿技术探索性研究，都需要鼓励原始性创新，鼓励自由探索和宽容失败，在这一方面没有本质的区别。因此，对基础研究和前沿技术探索性研究，在指南编制、计划管理、项目确定和队伍组织等方面，都要尊重科学家的意见，充分发挥他们在决策和管理中的主要作用。

（二）面向市场及面向应用的科技创新活动要坚持市场导向和应用导向，充分发挥企业家、工程技术专家的首创精神和专家决策咨询作用

技术是人类利用和改造自然界的物质形态并使其满足自身需求的工具。技术创新本质是一个经济过程，除涉及科技本身的问题之外，还涉及市场、成本、管理、体制等众多问题。对技术创新活动的决策，一方面要尊重科学家和工程技术专家的首创精神，认真听取科技专家的意见；另一方面还要充分吸收企业家、经济学家和金融、管理等各方面专家的意见，因为他们对市场应用的需求、机遇和挑战有更深的了解和更准确的把握。在这方面，国际上有许多成熟的经验值得借鉴。许多国家的科技咨询机构，除有科学家参与外，还广泛吸收经济、企业、教育、管理、公共部门等众多方面的代表参加，尤其是注意保证产业界代表的比例。许多面向市场的应用型研究开发机构的董事会必须有一定比例的成员来自企业界。制订面向市场的科技创新计划时，必须吸收一定比例的企业界代表参与决策。

我国多年的技术创新实践表明，技术创新活动可以分为面向市场及面向应用两个方面。必须充分认识这两类技术创新活动的不同需求导向，建立相应的衡量标准，并以此为依据遴选相应的咨询专家。面向市场的技术创新活动主要以市场需求为导向，应当以形成具有市场竞争力的技术和产品为衡量标准；面向应用的技术创新活动，主要目的是满足应用部门的技术需求，应当坚持以应用部门的需求为导向。衡量这类技术创新活动成效的标准，是看其创新成果是否真正解决了用户面临的技术难题，是否能够满足用户的应用需求。我国现有的科技计划中，有相当比例是支持这两类技术创新活动。过去我们习惯用技术创新水平高低衡量面向市场和应用的技术创新成效，结果造成了部分专家的技术水平偏好，单纯追求技术水平的高、精、尖，很多成果技术水平很高，成本也很高，难以形成产业化能力，无法解决用户的实际需求。当前，又有一种观点认为，对技术创新活动的成效只需用获得自主知识产权多少作为衡量标准。这也是不全面的，甚至可能误导技术创新的方向。我们认为，衡量面向市场的技术创新成果的最终是市场竞争力，衡量面向应用的技术创新成果的标准是看其是否能够满足用户的技术需求，不能简单套用科学研究的评价方法，把面向市场和面向应用的技术创新用一些技术指标来衡量，也不能单纯地用专利的数量来衡量。因此，对面向市场的技术创新活动，我们必须更多地吸纳企业家、金融和管理方面的专家参与决策，充分利用他们对竞争市场的了解和经验，以市场竞争力为评价标准。对于面向应用的技术创新活动，必须与用户密切合作，了解用户的实际需求，以是否满足用户的技术需求为标准，形成对技术创新活动的正确导向。

（三）对于体现国家目标和战略意志的重大科技计划和工程，要在充分听取专家意见的基础上，发挥政府在决策中的主导作用

重大科技计划和工程事关国家长远和战略利益。一项重大科技计划或工程，其成功实施不仅能够有效带动相关学科、技术和产业的发展，形成新的经济增长点，而且能够充分体现国家战略意愿，提升国际地位，振奋民族精神，造福于整个国家和民族。《规划纲要》确定实施 16 个重大专项，目标就是要力争在若干重大战略产品、关键共性技术和重大工程上取得突破，填补国家战略空白，实现以科技发展的局部跃升带动生产力的跨越式发展。

当前，在市场经济条件下组织实施重大专项，我们面临许多新的问题和挑战。历史经验说明，重大科技计划和工程成功的关键，一是认真听取包括科学家、技术专家、工程管理专家和企业家等各方面专家的意见；二是充分发挥政府在决策中的主导作用。因此，政府在重大科技计划和工程问题上，必须坚持科学决策，同时要敢于决策。这是因为：第一，重大科技计划和工程的决策，涉及政治、经济、科技等一系列重大问题，需要站在国家和民族未来整体利益的高度，综合考虑政治、经济、科技、外交等各方面的因素。这样的决策不仅是一个科技决策，也是政治决策。第二，关于重大科技计划和工程的项目及技术路线选择上，机遇和风险并存。从某种意义上说，这类决策是对政府能力的一个重大考验。因此，要充分听取各方面意见，通过有效机制保障科学决策，并慎重对待与重大项目相关的策略问题。第

三，关于重大科技计划和工程的争论是难免的，一件新事物出现后，意见不一致是正常的，反对的人占多数也不奇怪。由于专家个人在专业和历史、现实背景等方面的差异，经常导致专家在重大科技决策意见上存在分歧，造成久拖不决。历史经验和教训表明，机遇稍纵即逝，面对争论，等待绝不是最好的选择。往往各方面意见一致之日，也就是市场机遇和技术创新机遇消失之时。因此，政府必须敢于承担责任，善于从众多不同的意见中博采众长，趋利避害，果断决策。只有这样，才能把握机遇，赢得先机和主动。第四，重大科技计划和工程本身是一项复杂、艰巨的系统工程，在实施过程中面临着很多不确定性，甚至有可能遭受挫折。无论有多大的风险和挫折，一经决策就不能动摇，必须坚定正确的信念、持之以恒，必须给予持续和稳定的支持。

在相当长的一段时间里，我们对基础研究、前沿技术探索性研究和面向市场的应用研究的规律没有形成深刻的认识，缺乏一个有效区分基础研究与面向应用研究的管理体制，带来了许多问题，教训十分深刻。实现科学决策、科学管理，就必须把基础研究和面向市场的应用研究区别开来。同时，还必须把市场性科技活动与公益性科技活动区别开来，把国家重大科技项目与一般性的自由探索项目区分开来，对不同类型的科技活动，要根据各自的规律和特点，采取不同的管理体制、评价体制和激励机制。

二、充分发挥科学家及各方面专家的作用，提高科技决策与管理水平

新中国成立以来，科学家在许多重大科技决策中都发挥了突出作用。早在 1955 年，中共中央对"两弹一星"重大工程决策前，毛泽东主席曾亲自主持会议，听取科技界的意见。改革开放之初，王大珩等四位科学家[①]根据世界高技术发展的态势，给邓小平同志写信呼吁设立中国高技术研究计划。邓小平同志已经对我国高技术的发展深谋远虑、成竹在胸，加上他本人尊重知识、尊重人才，善于听取来自科技界的意见，接到来信后马上批示，"宜速决断，不可拖延"。同年，中共中央和国务院就批准实施了《国家高技术研究发展纲要》（即"863"计划）。事实证明，"863"计划对我国高技术及其产业化发展做出了不朽的贡献。在这方面，我们不能忘记四位科学家在决策咨询方面的巨大贡献。

科技部一直重视在科技决策与管理的各个环节中发挥自然科学、工程技术等许多方面专家的重要作用，把政府的决策建立在专家咨询、科学论证的基础上。在国家"863"、"973"等基本科技计划的规划、立项评审、评价奖励等方面，每一个环

[①] 王大珩、王淦昌、杨嘉墀和陈芳允四位科学家于 1986 年 3 月向中央提出"发展中国的战略性高技术"的建议。

节都有专家参与，专家的建议和意见已经成为这些计划决策和管理中最为关键的一个因素。目前，为国家"973"计划提供支撑的专家人数已经达6000多人，"863"计划专家库的规模更是达到近2万人，国家科学技术奖励办公室的专家库则有3万多人。对于一些非共识项目和"小人物"的探索性研究，科技部等部门和单位在充分吸纳专家意见的基础上给予支持，尊重科研规律，激发了专家参与科技决策的积极性。

与此同时，随着我国经济发展和决策科学化、民主化的深入推进，大量专家开始进入到事关经济社会发展的决策程序中，在支撑科学决策方面建言献策，发挥了突出的作用。在三峡、青藏铁路、西气东输、南水北调等一系列国家重大工程的论证和设计方案筛选上，很多专家都作了重要贡献。2003年国家启动了中长期科学和技术发展规划战略研究和纲要编制工作，在此过程中，组织了全国2000多位自然科学、社会科学、工程技术和企业界的专家参与，成为在国家重大战略决策中发挥专家咨询作用的成功实践。

我国科学家及工程技术专家能够在决策与管理中发挥重要的咨询作用，主要有以下几个方面的原因：第一，科学技术的快速发展，尤其是知识经济时代的到来，使得各级各类的决策内容越来越丰富，决策过程的层次结构越来越复杂，决策产生的效果和影响越来越深远。在重大决策的过程中，不仅仅涉及政治、经济等多方面的知识，而且越来越多地会关乎众多领域乃至交叉科学和边缘科学的内容。面对这些复杂问题，只有熟悉科技发展趋势、懂得科技规律、秉持严谨科学精神的科学家，才能为决策提供清晰的思路和可选的方案。第二，新中国成立以来近60年的教育和科研实践，使得我国已经拥有了一支高水平的科学家和工程技术专家队伍。同时，我国广大科研工作者素有严谨的科学精神，具有心系国家、胸怀人民的高尚境界。他们清楚地意识到，只有国家富强、人民安康，才会有更加宽松、和谐的科研环境。为此，他们能够跳出实验室和小团体的束缚，站在国家和人民利益的基点上做出战略性的思考。在很多关乎国计民生、关系国家长远发展和人民福祉的重大决策方面有充分的体现。

三、发挥科学民主精神，正确引导科学家及各方面专家参与决策与管理

科学事业的本质在于追求真理和实事求是，这要求我们必须坚持科学民主精神，坚持在真理面前人人平等，坚持诚实守信的科学准则。近年来，对于在科技决策和管理中如何更好地发挥科学家的作用，社会各界包括科技界展开了许多讨论。这反映了社会各界对科技工作的重视和关心，对如何正确认识和发挥专家作用的关注。为此，必须进一步完善包括科学家在内的各方面专家参与决策与管理的工作程序、规范行为，主要包括以下几个方面。

（一）明确专家参与决策和管理的权利、义务和责任

我们在强调专家参与决策和管理的同时，还应该建立专家权力、责任和义务统一的机制，杜绝专家在参与决策过程中夹带私人和小团体的利益，或者对决策的后果不闻不问。当然，科学技术决策往往存在较大的不确定性，不可能完全由科学家对一些决策的后果完全负责。但是，实事求是、客观公正的态度应该是对每一位参与决策和管理的科学家的基本要求。

（二）建立公开透明的专家参与决策机制

按照党中央、国务院关于政务公开的要求，政府部门的管理应更加公开透明，保障社会公众的知情权，同时接受社会公众的监督。其中，加快推进决策咨询过程的公开公示，也是政务公开的一项主要内容。从国际经验来看，传统的同行评议及回避制度，还不足以有效地限制不公正行为的发生，在决策过程中吸引公众的参与更是有效的途径。因此，让公众更多地了解决策与管理的过程及其结果，有利于增进社会对科技的了解和支持。同时，这也有利于促使管理人员和专家依据事实和科学理论来发表意见，杜绝"暗箱"操作，防止学术腐败。

（三）倡导多学科专家参与决策咨询

随着经济社会的不断发展，决策问题不断增多且日益复杂，涉及的领域也越来越广泛。面对日新月异的科技进步与创新，没有哪一个学者是无所不能、无所不及的。各类学科的高度分化和交叉融合，决定了学者的眼界、知识和成就都只是"沧海一粟"。因此，跨领域、多学科的综合研究是支撑决策最有效的方式。国家中长期科学和技术发展规划的战略研究，就成功地证明了这一点。我们还必须强调，在科技决策与管理中，不存在所谓的"学术权威"，也没有任何一个科学家是"全能"型的，不能把"权威"的意见当作是决策的唯一依据，而是应该展开平等的讨论，形成民主、宽松的决策咨询氛围。

（四）进一步发挥专业咨询机构的作用

现代决策咨询正日益朝着专业化、组织化、社会化方向发展，成为一种集体劳动的职业过程。绝大部分决策不再只是依赖于"奏折式"的建言献策，而是把相关的决策问题委托给专业的咨询机构去完成。例如，美国的兰德公司等在美国政府决策中发挥着重要影响。近年来，我国在这方面的建设也取得了显著进展，不仅有中国科学院、中国工程院、中国社会科学院等集聚了大批高级人才的国家级专业咨询机构，而且还涌现了一批适应市场机制运行的软科学研究机构和咨询服务机构。今后，我们应该进一步引导、鼓励这些专业咨询机构的发展，推动科技决策与管理咨询的专业化、社会化发展，使更多的专家通过咨询机构而不是个人行为参与到决策

中来。

（五）大力弘扬求真务实、公正无私的精神

爱因斯坦反复告诫："大多数人说，是才智造就了伟大的科学家。他们错了，是人格。"从事科学研究的人，应当成为坚持真理并且不懈追求真理的人，成为社会道德的楷模。参与科技决策与管理，对于科学家个人来说首先是一种荣誉，应倍加珍惜。近年来，表现在极少数科学家身上的学术不端行为，已经损害了科技界的声誉。个别参与科技决策和管理的专家还代表着地方、行业、机构或研究团队的利益，影响了决策和管理的公正性、合理性。对此，必须从制度规范和思想教育入手，既要建立严格的专家信用制度和惩戒制度，也要在科技界大力弘扬求真务实、公正无私的高尚品德。

四、转变政府职能，建立健全专家参与决策与管理的体制机制

为落实中共中央、国务院转变政府职能的要求，近年来，科技部一直大力推动转变政府职能，加强宏观管理改革，把工作重点转移到战略研究、规划和政策制定、环境建设等方面，努力提高管理水平和效率，为实现科技发展战略部署提供机制和体制保障。其中，充分发挥科学家在决策与管理中的作用是改革的一个重要内容。

（一）加强科技发展战略研究，发挥专家在科技宏观决策中的咨询作用

战略研究对科技发展至关重要。科技部在"十一五"启动之际，就把加强战略研究作为一项重要工作，组建了中国科技发展战略研究院，加强对全体工作人员的战略研究培训。同时，我们注重吸引专家参与科技发展战略、规划和政策研究，每年安排一批科技战略研究和重大软科学研究课题，动员和组织自然科学、社会科学、工程技术领域的专家，围绕科技发展的重大问题开展研究，为科技宏观决策提供依据。

（二）推进科技计划管理改革，完善专家参与计划管理的机制

科技部把科技计划管理改革作为科技管理改革的突破口，为专家更好地参与科技决策与管理创造了更好条件。一是在项目立项过程中，充分听取部门（行业）及地方专家的意见，反映行业发展的科技需求；二是在计划指南的编制、重点领域和优先主题的确定、研究方案的论证咨询、研究单位的选择、研究成果的评价等科技计划管理的全过程中，广泛听取和尊重专家的意见和建议，充分发挥专家的积极性、主动性和创造性。三是扩大科学家参与决策和管理的范围，在涉及自由探索等领域的科技项目管理中，最大限度地发挥了科学家自我管理的作用。四是建立和完

善科技计划管理的新机制，引入第三方评估监理机制，发挥经济、管理和财务专家的作用，加强对计划实施绩效和管理绩效的考评，提高计划管理的效率和透明度。

（三）完善专家遴选、管理和评审制度，不断提高专家咨询质量

首先，拓宽专家的遴选范围。科技部不断扩大专家库专家的数量，力争在"十一五"末专家库专家的数量在现有的基础上翻一番。同时，建立专家任期制度，保证专家库的专家每年有一定比例的更新。其次，规范专家参与项目评审的方式和程序。对专家库专家按照领域进行严格分类，对立项咨询、项目评审和验收等各个环节的专家，按领域从专家库中随机抽取专家。根据不同的评审任务，制定严格的专家选择标准和办法。再次，积极探索建立和完善海外评审的机制，扩大海外优秀专家参与科技决策的范围，充分发挥海外华人专家和外国专家在科技评审中的作用。最后，建立健全评审专家信誉制度，对于信用较好的专家，在选择评审专家时优先考虑，对于信用较差的专家，坚决取消评审专家的资格。同时，建立评价专家的违规和失误记录档案，维护评审工作的权威性和严肃性。

（四）推进政务公开，保证专家客观、公正地参与决策与管理

实行政务公开，是充分发挥科学家参与科技决策与管理作用的前提。近几年，科技部一直大力推进依法行政和政务公开。一是按照行政许可法的要求，编制政务公开目录，及时向社会公开行政的实施依据、公开形式、范围和时限，扩大了公众对科技决策和管理的知情权、参与权、表达权和监督权；二是按照"公平、公开、公正"的原则，建立了国家科技计划信息管理平台，基本实现了网上申报、立项和评审，扩大实行计划项目的公告公示制度，确保在计划安排、项目立项、过程管理等方面发挥专家咨询的作用；三是通过多种渠道向社会公布科技改革发展的重大情况，及时向全国人大、政协委员和社会各界对科技工作的意见和建议。四是建立和完善政务公开的各项规章制度。研究制定科技部政务公开工作管理和考核办法，建立政务公开工作组织领导体制和工作机制，落实政务公开工作目标责任制。这些举措有力地推进了科技部政务公开工作，为保证科学家客观、公正参与决策与管理创造了条件。

（五）加强监督管理，推进学风建设

近年来，社会上十分关注科技界的学风问题。学风建设关系到科学技术事业的兴衰成败，也对社会风气具有重大影响。总体上看，我国科技界的学风是好的。但也存在着一些违背科学道德规范、败坏学术风气的不端行为，有的还比较严重。尽管这些现象是极个别的，但对科技事业的危害不容低估。科技部在扩大专家参与科技决策与管理的同时，正着力加强对专家的监督和管理，包括按照"权责对应"的原则建立评审专家监督管理办法；建立专家行为规范，规范科技评价行为；加强对

评估过程的监督,实行严格的评审回避制度;扩大评估活动的公开化程度和被评审人的知情范围等。这次举措将有效地遏制不正之风和非学术因素的干扰。

(六)严格自律,切实加强科技部自身队伍建设

造就一支高素质的科技管理干部队伍,是履行好科技宏观管理职责的重要保证。为此,科技部采取了一系列积极措施:一是对内部机构的设置和职能进行了调整,明确了部机关综合司局和专业化分工为基本框架的事业单位建设。二是认真贯彻中共中央、国务院关于党风廉政建设和反腐败工作的部署,贯彻胡锦涛总书记在中央纪委第七次全会上对领导干部作风建设的要求,制定了党风廉政建设和反腐败工作目标责任制和《关于进一步加强领导干部作风建设的决定》,坚决把党风廉政建设和反腐工作的各项任务落到实处。三是建立健全领导体制和工作机制,把加强领导干部作风和反腐倡廉贯穿于科技管理改革的全过程,加快职能转变,增强科技管理干部的廉洁从政意识和拒腐防变能力。四是深入实际,开展全方位、多层次的监督检查工作,确保反腐倡廉和领导干部作风建设深入开展并落到实处。

胡锦涛总书记多次强调,要大力推进决策科学化、民主化,努力使我们做出的决策特别是关系国计民生的重大决策符合客观规律和科学规律,符合人民群众的愿望。在2006两院院士大会上,胡锦涛总书记明确要求科技界要以实际行动推动重大决策的科学化、民主化。我们要认真贯彻中共中央的精神,深入推进科技决策科学化、民主化,积极探索、勇于创新,不断深化对科技活动规律的认识,更好地发挥专家在科技决策和管理中的作用,努力提高科技宏观管理水平,为落实《规划纲要》、加快建设创新性国家提供重要的体制和机制保障。

第六篇

科技创新促进经济增长方式转变

实施技术创新战略　推进"两个根本性转变"[①]

(1996年2月15日)

一、技术创新是实现"两个转变"[②] 的重要战略举措

(一) 建立技术创新体系和机制是建立和完善社会主义市场经济体制的重要目标

改革开放以来,我国科技体制改革取得重要进展,为经济发展和社会进步做出了积极贡献。但从总体上看,科技与经济密切结合的机制还未完全形成,正如江泽民总书记所指出的:"如何促进科技与经济的有机结合,仍是我国经济和科技体制改革需要着力解决的根本问题。"

技术创新是将科技与经济作为一个系统,通过技术变革促进经济发展的系统思路,建立和完善技术创新体系和机制,可以从根本上解决科技与经济的结合问题,为在自主创新的基础上发展民族工业提供支撑和保证。

技术创新作为一种技术经济实践活动,一方面,它是市场经济推动的结果,需要有适宜的市场经济体制环境;另一方面,也是通过对生产条件、要素和组织的创新,建立起配置合理、效能最高的生产经营系统。这些创新本身就包含了经济体制改革的某些内容,特别是生产经营组织创新,对于确立市场经济要求的企业主体地位,理顺与优化企业产权关系,提高市场运营效率,转换企业经营机制,都有着极其重要和直接的意义。因此,从这个意义上讲,技术创新是实现市场经济所要求的资源配置最优化目标的有效手段和主要途径,也是建立和完善社会主义市场经济体制的一个重要目标。

[①] 1996年2月15日刊发于《经济工作通讯》(现更名为《中国经贸导刊》)1996年第3期。

[②] 1995年9月25日至28日,中共十四届五中全会在北京举行,审议并通过了《中共中央关于制定国民经济和社会发展"九五"计划和2010年远景目标的建议》。该"建议"提出:实现奋斗目标的关键是实行两个具有全局意义的根本性转变,一是经济体制从传统的计划经济体制向社会主义市场经济体制转变,二是经济增长方式从粗放型向集约型转变。

（二）技术创新是促进经济增长方式转变的重要途径

长期以来，我国经济增长主要依靠上新项目、铺新摊子、增加生产要素投入维持。一方面，要认识到这是我国经济发展中的必然选择和必经阶段，为经济增长的转型奠定了基础；另一方面，也要认识到，这种高投入、低产出、高速度、低效益的粗放型经济增长方式不利于经济的持续、健康发展，必须通过深化改革促进经济增长方式向集约型转变。要实现这种转变，一靠优化产业和产品结构；二靠改善投入要素的质量；三靠提高经济运行系统的效能与效率。而要做到这些，必须依靠产品、工艺、组织、管理等方面的不断创新，以及人员素质的提高。

二、推动技术创新的主要思路

技术创新是一项系统工程。技术创新的基本思路是紧密围绕国民经济和科技发展的总目标，以改革为动力，以市场为导向，以企业为主体，部门和地方政府密切合作，组织协调科技力量，优化配置科技资源，推进产学研的进一步结合；立足于关键产业的技术创新体系、机制、创新能力的建设，提高企业的市场竞争力。

在技术创新的推进过程中，要注意把握好如下几个原则。

（一）坚持技术创新与制度创新相结合

围绕经济发展目标，在发展过程中深化改革，在改革过程中促进发展。一方面，要继续积极稳妥地推进科技体制结构调整和人才分流，建立有利于创新的体系和机制；另一方面，要贯彻"三改一加强"的思想，促进企业建立现代企业制度和广泛合理利用各方面科技资源的新机制。

（二）坚持从源头上促进科技与经济的结合

在创新项目的实施过程中，技术创新链中的诸环节要采用"并行"工作思路；在项目的实施方式上，要加强组织协调，推进产学研的紧密结合；在组织体系上，要通过各方面组织协调和协作配合，力争做到资源共用、信息共享、工作集成；在政策环境上，要创造有利于实现技术创新的环境和条件。

（三）坚持宏观管理与市场推动相结合

各行业和地方，必须从以项目管理为主，转向以促进行业、区域经济发展为目标的宏观管理上去。同时，要充分发挥市场机制在合理配置全社会有限资源，以及促进技术创新方面的作用。

（四）坚持引进国外先进技术与自主研究开发相结合

一方面，要注重引进关键和先进技术，集成国内科技力量，进行消化、吸收和"二次创新"；另一方面，要立足于发展民族工业，进一步探索在扩大对外开放的新形势下，国内自主开发与国际合作相结合的新的有效形式，提高自主研究开发和创新能力。

（五）坚持"有限目标，重点突破"的原则

在推进技术创新的过程中，要抓住对整个经济有带动作用的关键产业，从产业的技术创新体系和机制建设上取得突破。

三、要积极创造有利于技术创新的环境条件

（一）加强领导，统一协调

技术创新本身就包含组织体系的优化、资源的合理配置。这就需要各级经济、科技部门大力协同、密切合作，协调合作机制的完善与运行，这对于技术创新能否顺利实现至关重要。

（二）多渠道筹措资金，加大投入强度

要建立全方位支持、多方投入的技术创新资金保障体系，实现国家、行业、地方与企业资金相匹配的投资方式，特别是要通过激励政策和措施，鼓励企业加大技术创新投入的强度，逐步使企业成为科技投入的主体；要建立技术创新投资的风险和担保机制。

（三）加速培养懂技术、会管理、善经营的复合型人才

一是培养和造就一大批企业家队伍；二是培养熟悉市场经济规律的技术人才；三是提高经营队伍素质，造就一大批具有市场开拓能力的营销人才队伍；四是加强职工的培训工作，提高工人素质。

（四）落实政策，加强政策、理论与实践的研究

近几年来，国家、地方、行业已经出台或即将出台一些有利于技术创新的政策和措施，要认真研究并结合实际贯彻落实，充分发挥其作用。同时，针对出现的新情况、新问题，加强创新理论与配套政策的研究。

（五）加强统计评估，规范企业和院所行为

要根据实际情况，规定企业和院所创新能力的评价指标体系，进行企业和院所技术创新活动与能力的评估、统计等试点工作。同时，要注意总结试点经验，指导面上工作，使技术创新工作系统、规范、有序、健康地向前推进。

（六）加强国际合作，提高创新起点

要充分利用我国对外开放的良好环境，加强国际合作与交流，合理利用国外的人才、技术和资金条件，采用国际规范和标准，提高我国技术创新的起点。同时，积极探索在市场经济条件下推动国际合作的新的有效形式。

提高企业集团的技术创新能力[①]

(1996 年 4 月 14 日)

国家科委、国家经贸委和中华全国工商联合会联合召开这次企业集团的发展战略和管理现代化的研讨会，邀请部分企业集团的负责人交流经验和体会，探讨企业集团按照现代企业制度的要求制定集团的发展战略，建立健全技术创新的体系和机制，增强技术创新能力和国际竞争能力等问题，是一个内容丰富的会议。我借这个机会，就企业集团的技术创新问题谈几点意见，供大家讨论。

一、加强技术创新是当务之急

最近这几年，随着我国经济的日益发展，一大批国有企业、高新技术企业和民办企业逐步进入了规模化、集团化发展的新阶段。据统计，全国 500 家最大的工业企业的资产占国有工业企业总资产的 37％。在这 500 家企业当中，有一半以上属于企业集团，企业集团实际上已经成为国家经济的命脉。特别值得一提的是，高科技企业集团的成长，给我国经济发展注入了新鲜血液，推动了我国产业结构的优化和升级，促进了经济增长方式的转变。联想集团去年在我国 500 家最大工业企业当中名列第 56 位，北大方正集团列第 198 位，这些科技企业集团的历史都很短，能在短短的几年内超过了不少国有大企业，说明这些企业有着强大的生命力，为在社会主义市场经济体制下，建立新型的企业经营机制和技术创新机制探索出了新的经验。当然，我们应当看到我国企业在向集团化发展的过程当中，虽然有很多成功的经验，但也还存在不少问题，其中比较突出的问题是我国企业集团的技术创新能力比较差，特别是和外国的企业集团相比，还有比较大的差距，主要表现在以下几个方面。

(1) 科学技术进步对经济增长的贡献率比较低，技术创新的效果还不甚理想。根据 1993~1994 年 10％的国有大中型企业的统计，只有 70％左右的企业开展了技

---

① 1996 年 4 月 14 日在天津市召开的企业集团战略及管理现代化研讨会上的讲话，节选刊发于《中国科技产业》(月刊) 1996 年第 8 期。

术创新的活动。从实施效果来看，以技术创新为核心的技术进步对经济增长的贡献的份额只有 30%，和发达国家比较差距明显，一般情况下发达国家技术进步的贡献率可以达到 50%～70%。我国的经济增长主要还是靠资本的积累，它的贡献率达到 61%，而发达国家一般在 20% 左右。科技成果的商品化、产业化的程度比较低。据统计，具有一定应用价值的重大科技成果转化率仅仅达到 20% 左右，有大量的成果（指重大成果）没有能够转化成现实的生产力。

（2）引进技术的消化、吸收和二次创新的能力薄弱，主导产品的技术和来源装备主要还是依靠国外。根据对我国 129 家企业的调查结果，引进后进行了改进和二次开发的只占 14%，这就必然造成重复引进或者多次引进。

（3）企业对市场的快速反应能力比较差。据统计，我国机械企业产品的平均生命周期是 10.5 年，开发的周期是 18 个月；而美国同类产品平均生命周期仅仅为 3 年，产品开发周期仅仅为 3 个月。这个差距所造成的后果，是我国产品的竞争能力，特别是参与国际市场的竞争能力比较差。另外，我国有自主知识产权的技术、产品也要比人家少得多。

为什么会出现这样的问题？原因主要有以下几个方面。

（一）企业还远远没有成为技术开发的主体，企业技术创新体制和机制还没有形成

统计资料表明，我国大中企业设置技术开发机构的仅仅占全部大中企业比例的 53%；从事技术活动的人员占全国科技人员的比例为 40%；而在美国和日本则为 60%～70%，造成这种情况的原因是多方面的。

首先，从观念上看，我国正处在计划经济向社会主义市场经济过渡的过程，企业在市场竞争压力下对技术进步重要性的认识和观念的转变已经显现。但是在计划经济体制下，对于技术创新的忽视，不是一朝一夕可以改变的；从企业现状看，还有相当一部分企业比较困难，50% 左右处于亏损状况，技术创新的投入短期内不可能大幅度增加。所以一方面需要转变观念，在市场经济驱动下逐渐激发创新的愿望；另一方面也还需要有创新能力，这是一个过程。从科技现状看，我国经历了十年科技体制改革，在促进科技和经济相结合方面取得了进步。但随着市场经济的发展，科技体制、机制等方面的问题日益突出，主要的表现是在独立于企业之外的研究开发机构过多，工作重复，力量分散；不少科研机构的专业设置不合理，很多都是 20 世纪 50 年代开始形成一直延续至今，学科老化、设备老化，开放、流动、竞争、联合的机制没有形成。所以从科技、经济两个层次上我国技术创新体系的建立还需要一个过程，还需要我们做出极大的努力。

其次，科技成果的转化体系也还需要完善。现有的成果转化机构在机制和资源配置等方面都不能适应市场经济的要求，技术的吸纳能力和工程配套能力、辐射能力非常薄弱。

再次，社会化的技术服务体系还有待建立。大学和研究所的研究机制对于一个国家的经济发展是非常必要的，问题在于必须建立大学、研究所和企业之间的桥梁，这在计划经济体制下基本上是个空白。所以在当前，在科技体制改革的基础上建立科研院所和企业之间的中介机构，包括技术咨询，技术服务，技术培训，技术信息和技术市场等方面的机构，也是摆在我们面前一项重要的任务。从这三个方面来看，技术创新体系还需要科技界、经济界共同努力才能建立和完善起来。

（二）引进和消化、吸收创新紧密结合的机制还没有完全建立

十几年来，我国引进大量国外先进技术，对经济发展起到了重大作用，今后还应充分利用国外技术资源加快我国经济发展的步伐。但是，技术引进和自主研究开发有机结合的机制还有待建立。特别是要进一步完善在市场经济体制下技术引进、消化、吸收与再创新紧密结合的体制、机制和制定相应的政策。我国在引进技术方面有不少成功的经验，也有一些教训。例如，在造船业方面，从产业起步就考虑到与国际的接轨，在设计、材料、工艺和管理等方面都引进了国际著名船机社的规范和先进造船国家的技术标准，有计划有步骤地实现自主开发设计，主要船用设备的国产化率已经达到了80%，产品已经打入国际市场，船舶出口从20世纪80年代初的第16位上升到现在的前5位，成功走出了一条出口、引进、提高、再出口的技术创新道路。但在集成电路产业方面，我国和国外的差距就越来越大。1965年，当我国制成第一块集成电路时，和国际水平差距不大，而在目前已经落后了大约15年。和1974年起步的韩国相比差距也十分明显，1993年我国集成电路产量仅占世界总产量的0.4%，而韩国已经达到11.1%。韩国之所以后来居上，在电子、造船、汽车等领域都具有很强的国际竞争能力，主要原因就是坚持了"引进技术入门、自主开发为本"的战略。成功的经验和失败的教训都说明后发国家要取得国际竞争能力，在战略上必须处理好技术引进和自主开发的关系。在工作中必须逐步建立在规划、计划和政策的制定、实施，以及成果应用等方面互相衔接的协调机制，促进引进和消化、吸收、创新的紧密结合。

（三）企业研究和开发的投入严重不足

研究和开发是技术创新的源头，所以研究开发投入应是技术创新投入的重要组成部分，是持续地进行技术创新活动的基本保证。当前，我国的研究和开发投入体系还有待于进一步建立和完善。我举一些例子说明。从研究开发的经费占GDP的比例上来看，1995年我国只有0.5%，而美国是2.6%，日本是2.9%，韩国是1.9%。从研究开发经费的来源开看，我国主要靠政府投入，约占50%，企业只占23%左右；但发达国家的企业投入要占40%～70%。从产业层次来看，比如，机械制造业，我国企业研究开发经费占销售收入的平均比例不足1%；可是在日本达到4%～10%；国外电子集团的技术开发经费一般要占销售收入的20%，但我国熊猫

集团仅占 3%，这个比例在我国应该说还是佼佼者。

我国在引进中的消化、吸收能力的薄弱也和投入有关系，1991 年我国技术引进的资金和消化、吸收资金投入之比是 17：1，但印度是 9：1，比我们要高得多；1993 年我国 94 家生产数控机床的主要企业从事研究开发的总经费是 9400 万元人民币，还不及日本塞纳克一家公司的 1/8。列举这些数字说明，我国研究和开发经费的总量不足，来源结构不合理，是造成我国技术创新能力薄弱的另一个重要原因。

我到国家科委工作以后，一年多时间跑了 20 几个高新技术开发区，参观了 100 多家比较成功的高新技术企业。我看到高新技术企业有一个共同的特点，就是有很高的研究开发投入，最低是 3%，高的达到销售收入的 20%。所以，我们一方面要提高国家对研究开发的投入比例，另一方面要转变企业的经营机制，增强企业自身的创新能力，引导和激励企业增加对研究开发的投入。

以上我从三个方面分析了我国技术创新存在的问题，总结起来就是没有能够把技术和经济有机地结合起来，把引进和自主开发结合起来，把科技界和经济界结合起来。所以，这里面就提出了一个问题，怎么来理解技术创新？我想对技术创新正确的理解应是以企业为主体，以市场为导向，运用先进的科技成果进行技术开发，并且使它能够商品化的一个完整过程。从这个意义上来讲，技术创新不是一个单纯的科学研究或技术问题，而是一个技术和经济的综合体。它包括了产品的创新，工艺上的创新，组织上的创新，管理上的创新，以及市场开拓方面的创新各个方面。所以也可以讲，企业的技术创新能力实际上是把科技成果成功地转化为现实生产力的能力。国内和国外的一些企业集团的成功经验都表明，技术创新是企业的生命。现代企业的本质特征就是创新，所以只有在推行现代企业制度，转换经营机制的同时，大力加强技术创新，着力培养企业技术创新能力，提高企业市场竞争能力和应变能力，才能从根本上确保企业集团能持续快速、健康地发展。

二、加速建立健全技术创新的机制和体系

要加强技术创新的工作，首先要建立健全有利于企业技术创新的机制和体系。技术创新的机制可概括为动力机制、运行机制和发展机制。

企业经营机制的转换，企业家的创新精神，促进技术创新的企业文化和技术创新的激励机制构成了企业技术创新内部的动力源泉。下面就这几个方面分别谈一下。

（一）动力机制

首先，转换经营机制。转换经营机制，建立现代企业制度是带动企业建立技术创新机制的前提条件。只有在产权明晰、权责明确、政企分开的前提下，企业才有可能以市场为导向，自主地组织研究、开发和生产经营。

其次，倡导企业家创新精神。企业家是技术创新活动的主要的倡导者、决策者和组织者。企业家的创新精神是搞好企业的创新活动极为重要的保证。

再次，建立激发创新意识的人事制度、工资制度和鼓励人们勇于创新的其他激励机制。

大力培养和弘扬企业家的创新精神，着力建设推动技术创新的企业集团文化。在这一方面，一些新兴工业化国家的发展经验非常值得借鉴。比如，韩国的钢铁业，十年飞速发展为世人所瞩目，他们提出的口号"资源有限，创意无限"，就是这种精神的集中体现。我们的企业也要认真研究，在市场经济条件下具有自己特色的企业文化和企业精神。我们过去也有不少提法，如讲爱厂如家等。我想应在新条件下对企业文化作一个更深、更高层次的概括。

（二）运行机制

企业创新运行机制主要包括技术创新管理的组织机构、运行程序和管理制度。一个良好的技术创新运行机制使企业的技术创新活动能够在正确决策下得以持续不断、高质量、高效率地运行。在运行机制建设方面，企业集团需要建立起既能够集成技术创新的各种资源，又可以协调管理和实施创新链诸多环节的一个组织系统。企业内部有很多组织环节，有管理技术人员、技术中心、技术科，有生产车间，有供销科，还有质量检查、计量机构等，这些机构能否按照技术创新的要求，成为一个协调有机的整体？现实是条块分割、各自为政，不仅在宏观管理体制上存在，在一些企业当中也存在，所以就要求企业在深化改革过程当中努力地解决这个问题。

（三）发展机制

我想特别强调加强人才、技术等资源的储备问题和建立能够吸纳外部资源的机制问题。一个企业能够持续、稳定地发展，能够在市场当中占一定的位置，就在于其能够不断地创新。要达到这个目的，企业要有资源的储备和积累的机制。就技术而言，要分层次重点地解决一批生产技术问题，而且要预研一批未来的长期的技术。也就是要处理好近期和长期的技术发展的关系。另外，对于还没有具备独立发展技术条件的企业，应当处理好利用外部资源借鸡下蛋的机制。

三、抓紧技术创新能力建设

技术创新能力主要包括技术创新决策能力、研究开发能力、工程化能力、生产制造能力、市场开拓能力、组织协调能力和资源配置能力。在实施技术创新的过程当中，首先应当从技术和人才入手，要着重抓好三个能力建设，即研究开发能力、工程化能力和市场开拓能力。在研究开发能力建设方面，主要是要抓好重大关键技术的攻关，带有创新性的研究开发和引进技术的二次开发。在工程化能力建设方面，要努力提高工程技术集成配套的能力和成套技术装配水平，以及技术、资金、装备和材料优化组合的能力。在市场开拓能力建设方面，我国的基础十分薄弱，要特别予以注意。应当通过建立市场的快速反应网络体系和与国际标准接轨的标准体系，运用先进的通信手段，采取现代管理方式，大幅度地提高市场预测和快速反应能力，以此制定正确的发展战略和产品研制规划。把这几个方面结合起来，关键是人才。几方面的建设最终要通过人来实现。所以，在企业创新能力建设当中，把人才建设放到第一位，要培养和造就具有创新意识、懂技术、会管理、擅经营的企业家，及时地把握市场机会，提高创新决策的成功率；要培养具有研究开发和工程化能力的跨世纪的复合人才；要培养既懂专业，又懂经济和市场开拓能力的人才。这一点可能更重要一些，因为这是长期以来被忽视的领域。在国外许多高新技术企业中，从事这方面工作的都是很高层次的人员，包括硕士、博士，这方面的经验值得认真吸取。

四、为技术创新创造最佳的环境条件

（一）要加强组织领导，统一协调各个方面的资源

技术创新的本身就包含了组织体系的优化，资源的合理配置，所以就需要各级的经济、科技部门大力协同，紧密合作，充分发挥国家地方、行业和企业的积极性。加强国家的经济计划、科技计划、地方行业计划和企业振兴计划之间的紧密衔接，共同推进技术创新工作。

（二）要多渠道地筹措资金，加大科技投入的强度

主要建立全方位知识多方投入的技术创新的资金保证体系和技术创新投资的风险和担保机制，把国家地方行业和企业资金相匹配的投入的体制建立起来。

（三）要用好现行政策，加强政策、理论和实证的研究

加强统计评估，规范企业技术的创新活动，特别是要建立和制定企业创新能力的评价指标体系，进行企业技术创新活动和能力的评估、统计等基础性工作。要加强宣传报道，创造一个良好的社会环境。加强国际合作，提高创新的起点。

（四）加强统计评估，规范企业的技术创新活动

要根据实际情况，制定企业技术创新能力的评价指标体系，进行企业技术创新活动与能力的评估、统计等基础性工作。同时，要不断总结经验，使技术创新工作系统、规范、有序、健康地向前推进。

（五）要加强宣传报道，创造一个良好的社会环境

一是要加大技术创新理论和实践的宣传力度，以取得全社会的关心和支持，使产业发展的难点问题成为社会关心的热点和焦点问题，以此，集中全民族智慧，使技术创新成为我国民族工业发展的根本动力；二是要及时宣传和推广企业集团技术创新工作的成功经验，以点带面，推动技术创新工作的广泛开展。

（六）加强国际合作，提高创新的起点

要充分利用我国对外开放的良好环境，加强国际合作和交流，合理利用国外的人才、技术和资金等资源，采用国际规范和标准提高我国技术创新的起点。同时，要积极探索在市场经济条件下促进国际合作的新的有效形式。

我深信，我国企业集团在技术创新方面一定能够做好工作，起到带头和示范作用，并且通过自身技术的辐射，带活中小企业，使其实现优化组合和技术进步，从而提高我们国家整个民族工业的技术水平和国际竞争能力，增强我们的综合国力。

在技术创新工作会议上的讲话[①]

(1997年12月12日)

全国科技系统技术创新工作会议今天在这里正式开幕了。会议的主要任务是,认真贯彻十五大精神,研究分析技术创新工作面临的新形势,总结交流技术创新工程实施以来的实践经验,明确明年和今后一段时期的重点任务。下面,我代表国家科委作工作报告。

一、两年来技术创新工作的回顾

1996年年初,为了贯彻落实全国科技大会和江泽民总书记的重要讲话的精神,国家科委党组和委务会决定,在20世纪80年代中期以来开展技术创新理论与战略研究工作的基础上,将实施国家科委"技术创新工程"作为推进"两个根本性转变",实施"两个战略"的重要举措,审议通过了《技术创新工程纲要》,并选择辽宁、河北两省开展试点工作。1996年7月,国家科委在牡丹江召开了全国地方工业科技工作会议,在国家科委系统部署了技术创新工作,明确提出把技术创新作为今后一个时期工业科技工作的主线,从而揭开了国家科委技术创新工程的序幕。

两年来,技术创新思想正在成为全社会的共识,技术创新工程实现了良好的起步,主要表现在以下几个方面。

(一)确定了技术创新工程的基本思路和行动框架

制定了《技术创新工程纲要》和《一九九七年国家科委技术创新计划》,从而正式纳入了国家科技计划;发布了《国家科委关于实施技术创新工程的意见》和《"九五"技术创新工程实施要点》等指导性文件。这一系列文件的出台,明确了技术创新工程的指导思想、工作目标、主要任务和实施办法,构筑了技术创新工程的基本框架,为技术创新工作的全面开展打下了良好的基础。

[①] 1997年12月12日在全国科技系统技术创新工作会议上的讲话(有删节),原题为《认真贯彻十五大精神　深入实施技术创新工程　努力开创科技工作服务于经济建设主战场的新局面》。

(二) 技术创新体系和机制建设取得了初步进展

按照《国务院关于"九五"期间深化科技体制改革的决定》的部署，全面推进科研机构的结构性调整和运行机制转变，努力构建新型的科技体制。以企业为主体、产学研相结合的技术开发体系，在逐步形成以科研机构、高等院校为主体的科学研究体系，以及面向企业，特别是广大中小企业的社会化科技服务体系；与此同时，科研、开发、生产、市场紧密结合的技术创新机制也在日臻完善。

在深化科技体制改革和实施技术创新工程的过程中，我们着力推进了社会化中介服务体系的建立与发展。到目前为止，已建立不同层次的生产力促进中心130多家，国家工程技术研究中心82个，高新技术创业服务中心近80家。这些中心依托原有的科研机构、科技人员和科研成果，通过产学研结合，加速了科技成果的转化，在促进行业科技进步、提升产业和产品结构、发展我国民族高技术产业等方面发挥了日益重要的作用。

国家工程技术研究中心是促进科技成果配套化、系统化、工程化、产业化的中坚力量，按照"坚持一个目标、抓住两个关键、形成三个良性循环、争创四个一流"的要求，结合部分科研机构和企业的现有条件，建设了82个中心，其中工业领域约占一半，加强了成果转化的薄弱环节，加强了系统集成，加速了成果推广和扩散。

(三) 结合各项科技计划的实施，重点加强了四个"一批"的工作

一是重点推广了一批共性基础技术，例如，CAD技术的推广极大地推动了企业自主创新能力和市场竞争力的提高。现已在机械、建设、轻工、纺织、船舶、航空等行业，以及28个省市得到推广应用，共培训高级应用人才10万人、普及型人才40万人，有近3000家企业进入CAD示范工程，有超过万家的机构开始"甩掉图板"；国产CAD软件的年产值已超过亿元。

二是重点加强了一批有自主知识产权的技术和产品的研究与开发。利用现行的"863"计划、科技攻关计划安排的项目，按照技术创新的思想组织实施，突出了创新和市场导向，取得了良好的效果。例如，作为国家知识产权专项之一的专用化学品研究开发，已在水处理剂、石油化工催化剂、食品添加剂、松脂深加工等六个领域取得了重大的技术突破和实质性进展，申请并取得了百余项国内外专利，一些长期被国外封锁的关键技术和产品已被我掌握并有所创新，一些重要产品的性能价格比已优于国外竞争对手，取得了两亿元的直接经济效益和数十亿元的间接经济效益，提升了我国专用化学品行业的国际竞争力。

三是促进了一批高新技术成果的产业化和商品化。例如，在地方政府支持和企业的积极参与下，镍氢电池的产业化开发取得了重大突破，建立了中试基地和产业

化基地，形成了两大系列、18 个电池品种、1 亿多安时的生产规模，促进高新技术的商品化、产业化、国际化。

四是加强了一批引进技术的消化、吸收和二次创新。例如，烟台氨纶股份有限公司成功地消化、吸收国外 300 吨/年氨纶生产线的软、硬件技术，年生产能力由原来的 300 吨增加到 1500 吨；同时，在改进和创新的基础上，形成了整套生产专有技术，在"引进—消化吸收—创新"的发展道路上积累了有益的经验。

（四）区域技术创新试点蓬勃开展

作为一种新的经济发展战略，技术创新已成为地方政府推动科技与经济结合、促进区域经济发展和经济增长方式转变的重要手段。迄今已有 20 多个省市组织实施了技术创新工程。1997 年国家科委又确定了福建泉州等四城市作为新的区域试点。由于这些地区政府重视，统一协调，优势集成，重点突出，措施得力，技术创新工作已为区域经济和科技的快速发展带来了契机。

与此同时，各地方在组织实施技术创新工程中结合自己的实际，勇于探索，创造了许多好的经验。例如，辽宁省注重用高新技术盘活传统产业的存量，选择一批企业存在的重大关键技术问题，组织科技力量进行技术攻关和诊断，为搞活国有企业出谋划策。福建泉州、河南焦作等地也在区域技术创新的实施过程中进行积极探索，积累了经验。

近两年来，我们在技术创新工程的实践中初步形成了一些基本经验，主要有以下几个方面。

（1）技术创新是在"实现两个根本性转变"的新形势下对科技工作提出的新的更高的要求，是促进科技与经济紧密结合的有效途径。

（2）要努力转变观念，把面向市场作为技术创新工作的出发点和落脚点，把提高市场竞争力和市场占有率作为检验工作成效的主要标准。

（3）技术创新要与深化科技体制改革相结合，把技术创新体系、机制建设与创新环境建设作为工作的重点，把培育新的经济增长点、发展高新技术产业、改造与提高传统产业作为增强创新能力的主要任务。

（4）推动技术创新工作要紧紧依靠地方政府，密切配合经济部门，以技术创新为主线，加强现有科技工作与支撑条件的集成，集中力量，突出重点，发挥优势，抓好试点。

目前，技术创新工程的实施还处在起步阶段，对于技术创新内涵的认识和对于实施技术创新工程的必要性、迫切性的认识还有待提高；技术创新工作发展还不平衡；对创新工程支持的力度还很有限，高层次的协调机制，以及各部门的相互配合还需要加强等。

二、认清形势，提高认识

对于技术创新的意义和作用虽然逐步达成了共识，然而，对其概念和原理的认识却是不尽相同的。一般来说，技术创新是指为了获取潜在的市场份额利润，实现新的生产要素的重新组合或对现有生产要素进行新组合的活动，包括新产品及新工艺设想的产生、研究开发、工程化、商品化生产，以及市场应用与开发等诸多环节，是一个过程，一个系统，而不是仅指其中某一个环节。技术创新具有市场性、系统性、创造性和综合性的特点。同时，技术创新工作又包含国家、产业、区域和企业等层次。因此，从本质上看，技术创新是科技与经济密切结合的系统工程。我们正在开展的技术创新工作，是在国际经济和科技形势发生深刻变化的条件下进行的，正确认识和把握当前形势的特点是搞好技术创新工作，促进经济增长方式转变的重要前提。从总体上看，全球经济一体化和以信息技术革命为代表的知识经济时代的到来是当前国际经济形势的两大特点。这个新形势既给我们提供了发展的机遇，也向我们提出了严峻的挑战。

我们要看到，随着经济全球化步伐的加快，国际竞争更加激烈，技术创新已成为制胜手段。进入 20 世纪 90 年代后，各国为适应经济一体化而引发的竞争更加激烈，纷纷调整科技战略，把推动技术创新作为提高国家竞争力的主要手段。1997 年 4 月，美国总统科技政策办公室发布了最新科技战略报告《塑造二十一世纪的科学技术》。克林顿在其序言中称："发现激情和探险的意识始终推动美国的进步，……激励着我们以无所不能的精神从事技术创新。"美国政府力图通过改善商业环境，加大科学研究基础设施投资力度，增加民用研究开发经费，促进军用与民用技术的结合，加强高素质劳动大军的培养等措施，确保它在技术创新方面的领先地位。欧盟在 1995 年就发表了创新绿皮书，并于 1996 年 11 月通过了第一个欧洲创新计划。日本也在最近提出了面向 21 世纪的立国行动纲领："科学技术创造立国"，要建立自主前沿型研究开发体制，在未来全力创建高附加值产业，以振兴日本经济。

当前，我国许多产业和企业技术创新能力薄弱是导致竞争力不强的关键因素。主要表现为：整体工业技术水平低（约比发达国家落后 15～20 年）；科技成果转化率不高（具有一定应用面的重大科技成果转化率约为 20% 左右）；市场快速反应能力差（如我国大中型企业产品的市场生命周期为 10.5 年，开发周期为 18 个月，而美国同类企业产品平均生命周期为 3 年，开发周期为 3 个月）；引进技术的消化、吸收、再创新能力和自主开发能力薄弱（对我国 129 家大中型机械企业的调查结果表明，引进后进行改进和二次开发的只占 14%），等等。

产生上述问题的原因是多方面的，但有两点需要引起重视，并加以认真对待。其一，与社会主义市场经济体制相适应的以企业为主体、产学研相结合的技术创新体系还有待建立和完善。企业远未成为技术开发和技术投入的主体。据统计，1995

年我国大中型企业有研究开发机构的仅占39.8%，开展技术开发活动的企业占56.9%，研发平均占销售额不足1%。从科技角度看，组织结构矛盾日益突出。主要是独立于企业之外的研究开发机构过多，工作重复力量分散；不少科研机构专业设置不合理，学科老化，知识结构、人才结构更新与设备更新缓慢，不利于在技术创新中发挥重要作用的新兴学科的发展，社会化技术服务体系还有待建立和完善。其二，发挥高新技术对传统产业的渗透、激活、牵动作用，大力发展高新技术产业，推动整个产业结构优化是我们面临的新课题。产业结构调整的主要趋势是产业结构的高新技术化。例如，先进的电子信息技术渗透到三次产业中的各个领域，促进了产业的升级，加快了整个经济信息化进程。世界银行的统计表明，信息产业加上与其紧密相关的产业，其生产增加值占国内生产总值的比重，在发达国家已达60%～70%；电子信息产业开拓了众多的就业机会，加速了劳动力在产业中的大转移，据美国兰德公司预测，随着电子信息技术水平特别是工业自动化智能水平的提高，下个世纪美国制造业就业人口将仅为劳动力总数的百分之几。信息服务业及其他第三产业的就业人口将占劳动力总数的90%。这种产业结构变化对全球经济的影响是相当深远的。

三、关于今后工作的几点意见

国家科委组织实施技术创新工程的任务是坚持"面向、依靠、攀高峰"的总方针，动员和组织科技力量，着重从技术创新的体系建设、能力建设、环境建设和区域试点示范等方面推进技术创新，为促进我国高新技术产业发展和传统产业的改造与提高作出贡献。

在此，对技术创新工程工作，提出以下几点意见。

（一）深化科技体制改革，促进和完善国家技术创新体系和机制的建立

（1）深化科技体制改革，加强和经济部门的协调，推动企业成为技术创新的主体。

（2）要加强社会化中介科技服务体系建设，促进成果转化。

（3）要充分发挥高新技术产业开发区在技术创新体系和机制建设的示范和引导作用。

（二）推广应用高新技术，提高技术创新能力和市场竞争力

"九五"期间，要根据国民经济发展的目标和任务，加强各项科技计划的集成，大力发挥高新技术在培育新的经济增长点，改造与提高传统产业，促进农业发展和社会可持续发展，增强我国技术创新能力的作用。

1. 要大力推进工业智能化进程

过去 30 年，微电子和计算机科学的巨大进展，带动了智能系统理论和工程的发展，为产业技术进步创造了条件。信息技术的迅速发展和经济信息化已成为当前经济发展的重要特征之一。全面推广应用以计算机软件技术为基础的人工信息智能技术是已经开始了的新技术革命的关键所在。它正在全面改造着制造业、农业、服务业、社会管理等部门的生产和工作方式，以及人们的生活方式，为在科研、设计、开发、生产、流通等各领域工作的科技工作者、管理工作者和广大职工提供了全新的装备和武器，为脑力劳动或智力劳动者插上了新的翅膀。人工信息智能技术的发展和广泛应用将成十倍、成百倍地提高全社会劳动生产率，从而提高市场竞争力，这已为事实所证明。国务委员宋健同志多次提出，全面普及信息智能技术是中华民族求生存、求发展的时代主题之一。

推进工业智能化的目的是将飞速发展的，以微电子、计算机和软件技术为基础的信息处理技术推向各个领域，促进信息化与工业化的结合，为脑力劳动者及生产过程与经营管理提供新的工具，提高劳动生产率，保证产品质量，降低成本，提高市场竞争力。

国家科委拟结合科技攻关、"863"、"火炬"、成果推广等计划及科技体制改革试点工作，在机械、冶金、纺织、轻工、化工等行业，围绕产品开发设计、生产过程控制，以及经营管理等方面的需求，以软件为主，扶植、支持一批自主知识产权的工业智能系统的应用示范、重要技术和产品的开发、重要基础软件的开发。"九五"期间滚动组织实施工业智能技术专项项目。

其主要任务是：加强现代产品设计技术开发及应用，在 CAD 应用工程的基础上，继续在机械等行业推进产品设计的自动化和智能化；针对冶金、化工、纺织、机械等不同行业生产过程的特点，开发工业控制及管理软件，推广适用的专家系统、模糊控制、神经网络、仿真系统等技术，促进制造过程自动化、智能化；继续推进适合中国国情的 CIMS 技术，促进企业管理智能化；利用先进的信息技术及敏捷制造、虚拟企业等管理模式，进行分散网络化制造系统的试点示范；根据示范及应用工程的需要，组织一批基础性、共性工业智能技术和产品的开发（如智能材料、智能仪表、精良微控制器和基于微机平台的数控机床等）。同时，加强这一领域的基础研究，利用已有工作基础，开展智能交通系统，以及商贸自动化和智能建筑等方面关键技术开发与应用示范。

2. 要利用生物技术和信息技术改造传统农业，促进农业产业化的发展

农业是国民经济的基础产业，不管从现实的国情，还是长远发展的需要来看，保持农业和农村经济持续、健康发展，根本出路在于依靠科学技术的力量，提高农业科技的创新能力。

农业技术创新要特别重视现代高新技术，特别是现代生物技术研究和信息技术的研究与应用，这是提高农业技术创新能力的一个重要任务。要积极推动细胞和胚胎工程育种、转基因技术在农业领域的应用；针对我国农业发展信息化程度低的问题，促进农业专家系统等智能化软件技术，数据库和网络技术，遥感、地理信息系统和全球定位系统技术的应用；同时要进一步增强农药、化肥、农膜、农机、节水等自主开发创新能力，使传统农业得到全面的改造和提高。

各个部门要努力支持杨凌农业高新技术产业示范区的建设，尽快建立以节水农业为主的农业高新技术产业化基地，为中西部发展作出贡献。

3. 要积极推动能源环境领域的技术创新，为实施可持续发展战略提供技术保障

我国经济的高速增长，伴随着对能源的巨大需求，也由此引起了日益严重的环境污染。清洁能源技术和环境污染防治技术将是今后相当长一段时期我国科技发展的主旋律之一。

国家科委将结合"中国21世纪议程"和各项科技计划，与有关部门、地方密切合作，积极推动清洁能源与环境领域的技术创新，包括发展清洁煤技术，风能、太阳能和生物质能等可再生能源技术，以及核能利用等技术，进一步优化我国的能源结构；发展清洁生产、天然气等清洁燃料汽车和电动汽车、城市垃圾处理、大气与水污染防治技术；充分利用市场机制和政府的政策法规导向作用，促进能源环境技术的推广应用及产业化，使其成为新的经济增长点和新的产业。

各科技部门和地方应结合本行业特点和地方情况，对上述几个方面工作给予重视，在实施技术创新工程中做出相应安排。同时，可以结合本行业、本地区产业结构、产品结构调整的目标与市场需求，发挥自身优势，确定提高技术创新能力的重点任务，开发具有市场竞争力的名牌产品，培育新兴产业。

（三）加强区域技术创新试点示范工作

技术创新工程计划是一个指导性计划，目的是把有关技术创新的工作和科技计划加以集成，并实现改革和发展的有机结合；同时，也为地方科技部门创造一个有利于推进科技为经济发展作出贡献的工作空间。

实施区域技术创新试点的目的，是要在区域形成一个良好的技术创新体系、机制和政策环境，从而提高区域内重点产业和骨干企业的技术创新能力，推动区域的经济发展。同时，对其他地区和产业的技术创新起到示范作用，推动全国技术创新水平的提高。

为了推动地方的技术创新工作，国家科委将在"九五"期间结合"科技兴市"工作的深入开展，分期分批地选择20个城市作为国家技术创新的试点城市，依照《技术创新工程区域试点管理办法（试行）》，加强对试点区域工作的指导和支持。技术创新是一项系统工程，各部门要协同配合，共同推动。要充分发挥地方在推动

技术创新工程工作中的组织优势，以形成地方的政策优势，网络优势，以及各部门协同作战的优势。试点工作要加强领导，统一规划，要与科技兴市工作密切结合起来，将技术创新体系和环境建设作为工作的重点，加速地方的信息化网络建设。要通过出台若干鼓励技术创新的政策，加大创新投入。要加强各项科技计划与其他方面计划的集成，促进技术创新能力的提高。加强对技术创新的宣传和人才培养。通过组织重大项目招标、产学研供需洽谈会、成果推广会、企业技术难题发布会等多种形式，为企业技术创新服务。

（四）实施技术创新工程要有开放的眼光和思维

世界经济正走向全球一体化，国际市场和国内市场逐渐失去了界线，这就要求现代化的生产必须是开放的系统，从生产要素组织到市场占有都要着眼于开放，充分利用各种资源。各行业部门要积极组织科技力量为地方的经济建设服务。各地方也要注意发挥中央各部门研究机构在地方的作用。从整个形势发展来看，随着地方经济的发展，中央部门在地方的研究机构，特别是技术开发机构，将越来越依赖于地方经济和科技的发展。在这种条件下，要注意引导这支高水平的科研队伍成为发展地方经济的一支生力军，成为地方技术创新体系中的一个重要组成部分。要做到这一点，陈旧的封闭观念应该打破。过去地方、部门科研机构分割，形成"小而全"的封闭体系，在自己小的圈子里做低水平重复性的工作。但是在今天，在社会主义市场经济体制已经逐步发育的条件下，科技工作的重要任务，就是要提高地区和行业的技术创新能力，我们应当以提高市场竞争能力作为配置科技资源的基本原则，打破地方、行业的界限，推动科技力量在更广阔的空间为地区经济与行业发展作出贡献。

企业要在观念上实现将企业技术创新体系作为一个开放体系的飞跃。一方面立足于自主开发能力的提高，发展自己的独创技术，作为参与市场竞争与合作的根本；另一方面要以多种形式加强与科研院所、大专院校的合作，充分利用他们在研究开发和人才培养等方面的优势，集成国内外市场上性能价格比最优的各种技术，以降低技术开发成本，缩短开发周期，生产最有竞争力的产品。

要注意加强国际合作。有效的合作可起到提高研究开发的技术起点，降低开发成本、分享开发风险、实现优势互补等作用。现在，国外许多大公司开始注意利用我国的大学、科研机构为其服务，我们也要加强这方面的对策研究，采取措施，加强国际合作，促进我国企业创新能力的提高。

在我国由传统的计划经济向社会主义市场经济转变的过程中，要学习和借鉴国际上各国政府在推动技术创新方面的成功做法和经验。要继续加强与澳大利亚、加拿大、美国、欧盟、日本、韩国等在国家创新系统和创新政策等方面的合作研究；加强生产力促进中心与国外中小企业促进机构的交流与合作；加强与国外工业界、大企业和企业集团之间的交流与合作。

技术创新工程区域试点的几个问题[①]

(1999年6月9日)

一、加强技术创新工程区域试点的指导

技术创新工程区域试点工作最重要的经验，就是省市领导的重视和指导。众多的经验表明，哪个省市领导同志对技术创新工程工作重视，哪个地方试点工作就搞得比较好。反之，就困难重重。在加强领导中，关键是加强宏观的领导，包括以下几个方面。

（一）加强区域技术创新战略的规划研究

我们必须认真分析区域技术创新体系建设中存在的问题，提出解决问题的办法。比如，在促进区域技术创新工作中的薄弱环节在哪里？不同的地区的问题差异可能非常大。有的地方中介机构非常薄弱，技术市场没有充分发育；有的地方国有大中型企业的负担很重，技术创新步履艰难；有的地方对于发展中小科技企业特别是民营科技企业的问题重视不够等等。要做实事求是的分析，从而对建立区域技术创新体系的目标和重点有一个比较明确的认识。同时，要注意解决创造环境与上项目之间的关系问题。我个人的看法是，要把创造环境放在更加突出的位置，作为政府主要的任务。

（二）加强政策的研究

首先，中央制定政策非常重要，但中央制定政策的难度也大。部门之间的协调、互相之间的理解需要一个过程。中央领导大力支持也是重要因素。但是我也感到，地方制定政策的空间更大。市委书记、市长决策，事情就干起来了。所以，制定政策是地方一个大的工作空间，诸如鼓励民营科技企业发展的政策、有关生产力

[①] 1999年6月9日在泉州技术创新工程区域试点工作座谈会上的讲话（节选）。

促进中心等中介机构的政策等，应当认真地考虑和解决。

（三）解决带有倾向性的问题

各项工作都有一个发展过程，在不同的时期有不同的倾向。比如民营科技企业如何享受与其他的企业同等待遇的问题，就是一些地方面临的很突出的问题。总的来讲，希望试点城市的领导同志能够在宏观领导方面发挥更大的作用，把技术创新的工作推到一个新的高度。

二、探索通过技术创新改造传统产业的途径

科技部门如何从技术创新的角度支持国有大中型企业传统产业的改造，这是技术创新区域试点要认真考虑的问题。

（一）加强重大共性技术的研究开发、应用与推广、普及

在社会主义市场经济条件下，除对个别具有重大经济意义的大企业，政府通过项目方式给予支持外，大量的企业技术创新是政府做不了的，政府不可能管到每一个企业。在这样的条件下，政府做什么？我认为一项很重要的工作就是支持重大共性技术的研究开发、应用推广和普及。大家知道，很多共性技术对于提高行业或产业的技术水平、产品质量、生产效率都起着很巨大的带动作用，有重大的经济和社会效益。发达国家的历史经验表明，共性技术的开发、应用和普及不同于企业内部的技术创新，政府在这项工作当中可以发挥关键性的作用，具体体现在以下几方面。

（1）通过政府支持共性技术研究，为推广、普及这些技术奠定基础。

（2）通过政策的引导。例如：科技部和技术监督局正在制定鼓励使用CAD技术的政策，包括建筑行业在竞标当中，如果只能提供图纸不能提供光盘，就不能参加招标；设计人员不会使用CAD技术，不能晋升高级职称等。这是强制性的规定，是政府通过制定政策进行引导的普及CAD技术的措施。

（3）通过政府支持的中介机构加强共性技术的培训和示范。

总之，在推广共性技术方面，政府有很多的操作手段和很大的工作空间。其他国家，包括发达国家和一些发展中国家，都是采取类似措施支持、促进行业的技术进步。我国科技部门过去也做了工作，比如普及推广CAD，影响很大，反映也很好。今后科技部将在工业智能、清洁汽车、节水灌溉等方面推广和普及重大的行业共性技术。我们希望省市在技术创新工程区域试点工作中，根据自己的特点，充分发挥地方政府在推广、普及共性技术方面的作用，使整个地方的行业技术水平上一个新台阶。

（二）利用现在大中型企业的资本存量，通过技术创新激活存量

工作方式可以因地制宜，多种多样。例如政府做穿针引线的工作，推动一些科技企业在亏损企业内建立新的经济增长点。科技部在北京内燃机总厂做了试点。北京内燃机总厂是一个严重亏损的企业，但是它有很好的厂房、设备、劳动力和基础设施，也有相应的技术基础。科技部联合北京市，共同在这里建立了"创业服务中心"，把和它临近的北京工业大学联合起来，利用北京工业大学的科技成果，促进一批小型科技企业在北内孵化成长。我了解还有的地方政府把严重亏损的国有企业和一些有发展前途而且有一定经济实力的科技企业通过股份制改造联合起来，促进传统产业的改造。从目前情况看，它们的经验是成功的。

三、发展民营科技企业

民营科技企业是区域技术创新体系重要的组成部分，这是几年来实践中积累的宝贵经验。各地方领导同志在布局建设区域技术创新体系时，对于成长迅速的民营中小科技企业应当给予高度的重视，而且把工作的重点放在创造一个局部优化的环境上，这将有利于区域的中小科技企业在市场竞争中发展。最后，谈一谈民营科技企业和国有企业享受同等待遇的问题。大家知道，主体平等是市场运作的基本原则。所有经营人、法人在市场交易中处在平等地位。我们要根据这个原则制定我们的政策。因此，地方设立的各类科技发展基金，要对民营科技企业开放，要鼓励民营科技企业平等参与竞争；要支持他们从事科技成果转化活动；要从计划管理上保证民营科技企业有平等参与政府科技计划项目竞争的权利，对竞争获得项目的民营科技企业给予平等的支持。

四、加强区域创新体系的建设

（一）发挥属地化管理的中央科研机构作用

在构筑区域技术创新体系的时候，要把这些院所当成自己的亲儿子对待。事实已经证明，这些原中央所属的院所，有很强的科技力量和技术潜力，要充分发挥其在区域技术创新体系中的作用。当然，大家也需要从开放的市场环境考虑，不要只考虑你这个地区，要面向全国、面向国际大市场，布局它们未来的发展，充分发挥它的潜力和作用。

（二）要加强科技经济中介机构的建设

这确实是一个非常大的问题，核心是对科技和经济结合的理解需要深化。我们

很重视研究所办企业，也很重视大的企业办研究开发机构，这些都是正确的。但在市场经济条件下，任何一个技术创新体系都是开放的。一个大企业，不要以为建立了研究开发机构，就可以自己研发，形成一个新的封闭系统，完全依靠自己的研究成果支持企业的技术进步。这不是市场经济发展下的模式。国外的大企业都是一个开放的创新体系，它按照最有市场竞争能力的原则，非常注意从市场上获得必要的技术，和自己特有的技术集成，形成市场上最具有竞争力的商品。对于大量的中小企业，从市场获得技术更是普遍采用的做法。因此，将研究机构和企业联结起来、从事技术研究、咨询、评估、推广、普及的中介机构，在市场经济条件下有尤为重要的意义。

（三）在区域内，要优化科技资源，提倡企业共建或共同支持现有的科研机构

我们发现，有的研究所进入企业有困难，因为企业的产品比较单一，研究内容只能和研究所内一个研究室或课题组对应。这种情况下，有的地方实行这样的政策：几家企业共同支持一个研究机构，这个研究机构所发展的新技术由这些企业共享；同时，如果企业有特殊的要求，也可对研究机构有附加的投入，研发成果只有投入企业才能应用。这种模式很好，一些发达国家的企业也采用这种模式，希望大家能够探索。

（四）要加强信息网络的建设

在市场经济条件下，特别是在信息化迅速发展的条件下，网络化建设已经提到日程，对于未来立足于国际市场竞争，特别是中国加入WTO以后的竞争具有重要意义。可以说，没有信息就没有一切，信息不通畅的企业在市场竞争中一定会处于被动的地位。希望在地方技术创新体系的建设中对这个问题也给予充分地重视。

优化体制和政策环境，推进创新型企业建设[①]

(2007年2月26日)

今天，科技部、国资委、中华全国总工会在这里联合召开创新性企业试点工作会议。会议的主要任务是：交流创新型企业试点工作的经验和做法，研究部署下一阶段的工作，深入推进以企业为主体、市场为导向、产学研相结合的技术创新体系建设。下面，我就推进创新型企业建设工作讲几点意见。

一、充分认识建设以企业为主体、产学研结合的技术创新体系的重要意义

2006年年初召开的全国科技大会和随后颁布的《国家中长期科学技术发展规划纲要（2006—2020年）》明确提出，把建立以企业为主体、市场为导向、产学研结合的技术创新体系作为中国特色国家创新体系建设的突破口。这是党中央、国务院对世界科技进步与创新规律的深刻认识，是面对新形势、应对新挑战所做出的一项重大战略决策，对于贯彻实施自主创新战略，加快建设创新型国家的步伐具有重大的意义。

（一）建设以企业为主体、产学研结合的技术创新体系，是应对世界科技发展和竞争态势的战略选择

当今时代，全球科技创新成果不断涌现，科技竞争日益激烈，科技发展与创新活动已成为影响和推动世界经济、政治格局的主导力量。在此过程中，创新能力强的跨国公司成为全球经济和科技活动的主角之一。据统计，全球跨国公司的总数已超过6万个，产值约占全球总产值的1/4，贸易额占国际贸易额的60%，技术贸易占60%~70%，专利和技术许可费占98%。当今世界经济强国，其竞争力主要体现在掌握核心竞争力的跨国公司身上，如美国有通用、微软、英特尔，德国有大众、

[①] 2007年2月26日在创新型企业试点工作会议上的讲话（有删节）。

西门子、博世，日本有丰田、索尼、松下，韩国有现代、三星、LG。特别是作为后发国家的日本、韩国，在战后不到 30 年的时间就步入世界经济强国和创新型国家的行列，正是得益于一批创新性企业群体的骨干和引领作用。

改革开放以来，伴随着我国经济的高速增长，一大批充满创新活力的企业也迅速成长起来，如华为、中兴通信、海尔、联想、奇瑞、吉利、华中数控、神华、宝钢等。深圳华为技术有限公司持续以超过 10% 的销售收入投入研发，现有的 6 万多名员工中 48% 的人从事研发，2006 年研发投入超过 70 亿元，累计已申请专利 19 000 余件，获得专利授权 2700 余件。这些企业凭借日益增强的创新能力，不仅赢得了国内市场的较大份额，而且已经跻身于国际市场，对国外强大的竞争对手提出挑战。但是，我们也认识到，我国目前真正具有国际竞争力的创新型企业还很少，这与一个经济总量占世界第四位的大国地位是不相称的。在《财富》杂志评选的 2006 年世界 500 强企业中，中国内地企业只有 19 家，而且这些企业大都属于垄断行业或资源性行业。目前，我国在国际贸易和全球产业分工体系中的不利地位，与缺乏拥有核心竞争力的创新型企业直接相关。

实践表明，只有企业成为技术创新的主体，才能适应市场需求的快速变化，加快科技成果转化为生产力的步伐；只有企业成为技术创新的主体，才能摆脱对外资企业的技术依赖，提高我国产业在国际分工中的地位；只有企业成为技术创新的主体，才能打破国外设立的知识产权、技术专利和技术标准等新的贸易壁垒，提高产业创新能力和国家竞争力，确保国家产业安全。可以这样认为，中国经济的未来，很大程度上将取决于能否造就出一批掌握核心竞争力、站在国际产业竞争前沿的创新型企业。因此，推动企业成为技术创新的主体，形成以企业为主体、产学研结合的技术创新体系，对于迎接全球化和国际竞争的挑战具有重要意义。

（二）建设以企业为主体、产学研结合的技术创新体系，是实施自主创新战略的当务之急

多年来，我国科技和经济体制都发生了深刻变革，但科技与经济结合的问题仍然没有得到根本解决。究其原因，主要在于科技进步是在各自相对封闭的系统内部完成的，形成了两条并行线，缺乏广泛的交汇点。一方面，产业技术进步主要依靠从国外引进技术，许多重要产业没有形成自己的创新能力，甚至形成了对国外技术的依赖；另一方面，大学和科研机构对市场需求缺乏深入的了解和把握，应用研究开发活动的目标更多地表现为追求先进的技术指标，注重技术上的突破，却往往无法形成具有市场竞争力的产品和产业。从世界各国发展的经验来看，技术创新首先是一个经济活动过程，是技术、管理、金融、市场等各方面创新活动的有机结合，这个过程只能主要由作为投资主体、利益主体和风险承担主体的企业来承担。中央提出建设以企业为主体、产学研相结合的技术创新体系，就是要从制度上突破科技与经济脱节的问题，把自主创新战略真正落到实处。

近年来,随着科技和经济体制改革的不断深入,企业技术创新的积极性迅速增强。据统计,2000年我国企业研发经费支出仅为537亿元,到2005年已增长到1674亿元,年均增长42%;2000年国内企业获得职务发明专利授权仅占国内职务发明授权总数的28%,2005年已提高到52%。但从总体上看,我国企业的技术创新能力还比较薄弱,还远未成为技术创新的主体。2005年我国大中型企业研究开发投入强度仅为0.76%,开展科技活动的仅为38.7%,有研发机构的仅占全部企业的23.7%。国内拥有自主知识产权核心技术的企业仅为0.03%,98.6%的企业没有申请专利。

在当今全球化的竞争环境下,企业技术创新能力不仅直接关系到企业在国际分工体系中的地位,而且也关系到国家经济安全。近年来,我国对外贸易发展迅速,但许多产品和产业未能摆脱以廉取胜、以量取胜的传统模式。DVD行业、手机行业、电视机行业等相继出现的对外贸易困局,表面上看是外国政府和企业联手打压的结果,但本质上还在于我国企业缺乏技术创新能力,缺乏自主知识产权。有数据表明,我国DVD的生产量占到世界的70%,但是出口一台价格29美元的DVD机,要向外国公司交纳12~15美元的专利费;贴牌生产手机的专利费约占到售价的20%。由于缺乏开发新产品、开拓新市场的技术能力,许多企业难以摆脱降低成本、降低价格的恶性竞争局面。能否尽快实现从低附加值的加工组装环节,向高附加值的研发设计、品牌经营、供应链管理等环节攀升,已经成为我国众多产业和企业生死存亡的关键。

世界各国的发展实践充分表明,经济长期增长的根本动力不是建立在廉价劳动力基础上的,而是技术进步或技术积累。我们绝不能满足于现在的低端制造,更不能为世界产品的"生产车间"而自得,而是必须在技术进步和创新上下工夫,努力提升产业的整体实力和国际竞争力,赢得与他人进行公平利益博弈的机会和尊严。这是富民强国之路,也是企业的兴旺发达之路。

(三)建设以企业为主体、产学研结合的技术创新体系,是转变经济增长方式、调整经济结构的必然要求

经济结构的调整和经济增长方式的转变,必须坚定不移地建立在科技进步与创新的基础之上。从人类历史上看,新兴产业的崛起,新的经济增长点的培育,生产要素使用效率的提高,无不来自技术的创新与突破。目前,世界范围内新的技术革命浪潮方兴未艾,催生了一系列新的产业群,并且推动产业结构从劳动密集型、资金密集型向技术或知识密集型方向发展。由新技术、新产业所引发的产业部门分化与融合,进而引发整个产业及经济结构的巨大变化。现代科学技术的广泛应用和渗透,已成为各国经济结构演化的主流。

当前,我国传统的粗放型经济增长方式仍未得到根本性转变,资源消耗仍然过高,环境污染仍然过重。据有关资料分析,我国每创造1美元GDP,能耗相当于德国的5倍、日本的4倍、美国的2倍；我国的劳动生产率仅相当于美国的1/12、日本的1/11；我国以占世界4%的经济总量，消耗了全球石油的7%、原煤和钢材的30%、水泥的40%。从我国对外贸易格局来看，尽管我们已经是世界贸易的第三大国，但出口产品中拥有自主品牌和知识产权的大约只占10%；尽管我们已经是制造大国，但是中国石化装备的80%，轿车生产设备、纺织机、数控机床的70%，芯片设备的85%需要依赖进口。众多行业和企业长期形成的对外技术依赖局面，使得我国经济结构调整步履艰难。

中国是一个大国，大国的基本国情和特定需求决定了我国工业化、现代化进程必须有可靠而不是受制于人的技术来源。胡锦涛总书记在全国科技大会上明确提出，要把增强自主创新能力作为调整经济结构、转变增长方式的中心环节。这既是适应当今世界发展趋势、符合科技和经济发展规律的科学决断，也是我国经济和社会发展的迫切要求。在这一过程中，企业具有不可替代的作用。在竞争压力和外部环境的推动下，企业通过引入新的生产要素或改善生产工艺，提高生产效率，降低成本，使产业增长方式不断趋于集约化，从而提高整个经济的增长质量和水平。企业还通过不断地开发新产品、新工艺，提高产品附加值，开拓传统资源的新用途，从而引领产业结构不断高级化。总之，自主创新对于增长方式和结构调整的作用，最终必然通过企业的技术创新实践得到落实，也必须通过在企业中的技术应用得到实现。

二、把创新型企业建设作为技术创新体系建设的重要内容

全国科技大会召开以来，各地方、各部门深刻领会党中央、国务院的重大决策，迅速行动起来，研究部署本地区、本部门的科技工作。国务院各有关部门采取实际措施，加强对企业技术创新的支持。国家发改委安排预算内投资，加大对引进技术和设备的消化、吸收和再创新的支持力度。财政部建立和完善激励企业自主创新的财税制度。国资委将自主创新纳入大型国有企业领导人业绩考核指标体系。商务部建设一批出口创新基地，打造一批高科技自主品牌。大多数地方提出建设创新型省、市的发展目标，结合本地实际，细化相关配套政策，在加大科技投入、营造创新环境，支持企业技术创新等方面出台了许多有突破性的政策措施，促进企业技术创新的良好工作局面正在形成。开展创新型企业试点工作，就是落实中央关于实施自主创新战略、建设创新型国家的重要行动之一。

（一）开展创新型企业试点工作，引导和带动广大企业投身自主创新

我国不同地区、不同行业的发展背景和水平各不相同，企业的类型千差万别，技术创新的路径和模式也不可能千篇一律。2005年年底，科技部、国资委、中华全国总工会决定实施"技术创新引导工程"。就是要针对各类企业的特点和发展要求，

引导形成拥有自主知识产权、自主品牌和持续创新能力的创新型企业；引导建立以企业为主体、产学研紧密结合的技术创新体系；增强战略产业的原始性创新能力和重点领域的集成创新能力。

作为"技术创新引导工程"的重点工作之一，科技部、国资委、中华全国总工会三部门又于2006年7月联合开展了创新型企业试点工作。开展这项工作，就是要推动企业增强自主创新能力，建立和完善有利于自主创新的内在机制；就是要通过示范作用，引导不同类型企业制定正确的技术创新战略，探索创新发展的有效模式；就是要形成一批创新型企业，引导和带动广大企业走自主创新之路，促进企业成为技术创新的主体。三部门首批选择的103家试点企业，在各类企业中具有典型意义和代表性，包括国有大型骨干企业、民营科技企业、科技型中小企业和实施企业化转制的科研院所等各类企业。其中，民营科技企业占到首批试点企业的近70%。

为了做好试点工作，三部门建立了联合推动机制，共同制定试点工作方案，提出试点企业条件，确定试点企业名单，协调支持试点企业的发展。同时建立了地方参与机制，试点企业所在地方的科技、国资、工会等部门负责联系和指导试点企业。各地方也根据各自特点，开展当地的创新型企业试点工作。通过试点工作，我们期望打造出一批真正属于中国的创新企业巨人，成为千百万中国企业竞相效法的样板，成为支撑我国经济又好又快发展的脊梁。

（二）组织动员各方面力量，积极推进创新型企业试点工作

开展创新型企业试点工作，需要各方面的大力协同和相互配合。科技部、国资委和中华全国总工会从各自职能出发，有针对性地对试点企业予以支持，形成了推进企业技术创新的合力。

科技部结合"十一五"科技计划，特别是支撑计划的实施，积极支持试点企业积极承担国家科技计划项目，以及地方重大科技项目；在具备条件的试点企业建立重点实验室、工程中心等基地；积极疏通渠道，支持试点企业运用政策性贷款加大研发投入；组织开展对试点企业的人才培训等。据统计，2006年度有3家试点企业作为支撑计划项目的组织单位，获得经费支持1.76亿元；有27家试点企业作为支撑计划项目的承担单位，获得经费支持5亿元；试点企业还获得国家"863"计划批准立项61项。

国资委从依法履行出资人职责的角度，为企业提高自主创新能力营造良好的环境。一是争取更多地参与或牵头承担国家重大项目、参与国家相关政策的制定等；二是通过出资人的工作和相关制度的设计，建立创新友好型的出资人政策，促进企业的自主创新进程，包括改革、考核、分配、信息平台建设等方面。通过推进试点工作，形成一种创新友好型的企业内部机制。

中华全国总工会以推动建设创新型企业为目标，在全国职工中广泛开展"当好

主力军,建功'十一五',和谐奔小康"为重要内容的竞赛活动。开展一系列宣传教育和思想发动工作,引导广大职工认清历史使命,焕发创造热情,不断创造新业绩、铸就新辉煌。对试点工作取得成绩的企业,及时总结推广先进经验,予以表彰和宣传。对成绩特别突出且符合"全国五一劳动奖状"评选条件的企业,将推荐授予"全国五一劳动奖状"。

特别值得提出的是,到目前为止,全国已经有22个地方相继开展试点工作,10个地方选择确定了近千家试点企业,形成了上下联动的良好工作局面。许多地方科技主管部门会同国资委、中华全国总工会等部门,积极开展区域创新型企业试点工作,取得了重要进展,得到了当地党委政府的高度重视和支持。例如,四川省委、省政府多次召开会议专门研究部署此项工作,由省科技厅、经委、国资委、中华全国总工会等七部门联合开展的创新型企业建设工作,根据示范、试点、培育企业的实际情况,有针对性地从重大科技专项、科技计划、企业技术中心建设、税收激励、人才培养、考核等方面制定和落实支持措施。安徽省提出要以"培育一大批创新型企业"为核心,强化自主创新,推进安徽省的跨越式发展。北京市以中关村科技园区为载体,推出百家企业开展创新型企业试点工作。内蒙古自治区、浙江省等深入研究制定创建新型企业成长路线图,从政策上引导创新型企业建设。

(三)广大企业积极参与,通过试点推动自身创新能力建设

一年来,在各地方、各有关部门的积极支持下,试点企业在建立和完善有利于自主创新的内在机制上下工夫,在探索创新发展的模式上下工夫,发生了许多可喜的变化。103家企业都制定了试点工作方案,并结合各自实际情况,重点从研发能力建设,加大研发投入,培养创新队伍,健全创新管理和机制,营造创新文化等方面积极开展相关工作。

从目前的情况看,创新型试点企业重点加强了五个方面的工作。一是确立以创新为核心的发展战略。试点企业都明确把创新作为根本战略,以提升创新能力为核心,制定了新一轮发展规划。二是着力加强自身研发能力建设。试点重视加大研发投入,46%的试点企业研发经费投入占销售收入的比例超过6%。所有的试点企业都设有研发机构。三是努力掌握关键技术知识产权。很多企业认识到创造、保护和管理知识产权对企业自身发展的重要性,采取了行之有效的措施,注意在开发新技术产品的过程中加强知识产权保护,及时申请专利或做好专有技术保密工作。四是积极开展产学研合作。通过产学研结合等形式,实现各类创新资源在企业中的集成创新,提升企业技术创新能力,是试点企业的共同选择。例如,钢铁研究总院发挥转制科研机构的优势,联合国内骨干钢铁企业和大学筹建"钢铁可循环流程技术创新战略联盟",共同开发行业共性关键技术。五是积极培育企业创新文化。创新型试点企业普遍重视企业文化建设,围绕市场和经营目标,通过人力资源开发和管理,将创新精神作为广大职工的基本思维和行动指导。

三、积极营造良好环境，大力推进创新型企业建设

第二次世界大战以来，世界上许多国家都在寻求自身的现代化发展道路。但是，各国的发展水平并没有完全趋同，有些发展中国家与先进国家的差距明显缩小，有些反而越拉越大。理论和实践都已证明，对于一个国家来说，技术能力不是外源的，而是内生的，主要取决于体制、政策等发展环境。我国要在科技进步和创新中有更大的作为，要造就一批进入世界前列的创新型企业，就必须把营造良好的创新创业环境作为最重要的着力点。

（一）深化体制改革，为企业技术创新提供良好的体制机制保障

改革开放以来，科技体制改革已经取得了重大进展，大部分研究开发活动已经从远离市场、排斥市场转变为亲近市场、融入市场，全国数千家开发类科研机构已转制为企业，企业研究开发投入占到全社会的70%以上。

但是，影响企业技术创新的体制性障碍仍然没有完全消除，从根本上抑制了企业技术创新的动力。当前应当着重解决以下问题：一是建立公平的市场竞争秩序。没有竞争就没有创新。在一个缺乏充分竞争的市场环境下，企业将更多地选择"寻租"，而不是进行技术创新的投资。目前，我国行业垄断依然存在，地区市场尚未构建起统一的大市场，内外资企业之间的差异性待遇没有消除，民营企业的发展仍然受到诸多歧视。二是发挥市场配置资源的基础性作用。由于存在着行政干预不当，各级政府部门仍然控制着较多的资源配置权和重要生产要素的价格，扭曲了要素价格，削弱了企业技术创新的驱动力。政府与国有企业的关系还没有完全理顺，众多国有企业难以建立起有效的法人治理结构，以短期商业利益为目标的规模扩张行为仍然是国有或国有控股企业的普遍选择。三是构建完善的技术创新链。由于部分分割等原因，目前我国在研发、制造、应用等环节之间严重脱节，大量国外先进技术引进之后得不到及时消化、吸收，大批技术创新成果得不到来自用户的必要支持。

从企业内部管理机制来看，一是要加快建立规范的现代企业制度，建立健全"责权统一、运转协调、有效制衡"的公司法人治理结构，从制度层面上抑制企业经营者的短期行为，引导更多的企业关注长远的技术投资和人力资本投资。二是要积极探索工资管理制度和经营者分配制度改革，使收入分配向关键岗位倾斜，向取得创造发明成果的技术革新成果的科技人员倾斜，推进资本、技术等生产要素参与收益分配。

（二）落实《规划纲要》配套政策及其实施细则，构建有利于企业技术创新的政策体系

这次《规划纲要》60条配套政策及99条实施细则中，约有2/3是与促进企业成为技术创新主体有关，其中有多项重要的突破点。比如，在投资政策上，重点是通过国家重大建设工程提升关键领域的自主创新能力。在未来很长一段时期里，我国将大规模投资建设核电、超高压输变电、大型化工设备、轨道交通等重大工程，许多工程所形成的市场空间多达数百亿甚至上千亿元。这些重大工程项目的建设，应当充分利用自己的技术创新队伍、基础和能力，使我国宝贵的市场资源成为培育和提高企业技术创新能力的强大支撑。在税收政策方面，支持企业加大技术开发投入，提出允许企业按实际发生的技术开发费用的150%抵扣当年应纳税所得额，且使政策受益范围从工业企业扩展到各类企业。在金融政策方面，提出国家开发银行在国务院批准的软贷款规模内，向高新技术企业发放软贷款，用于项目的参股投资；中国进出口银行设立特别融资账户，为高新技术企业的参股投资和项目投资提供资本金。在政府采购政策方面，对具有较大市场潜力并需要重点扶持的自主创新试制品或首次投向市场的产品，政府进行首购。在引进消化、吸收、再创新政策方面，突出了限制盲目、重复引进，重点工程项目中确需引进的重大技术装备，由项目业务联合制造企业制定引进消化、吸收、再创新方案，作为工程项目审批和核准的重要内容。在消费政策上，重点是实施新技术产品补贴政策。新技术、新产品在投放市场的初期，必然面对产业规模小、成本高、不为消费者认同等普遍性问题。随着中长期科技规划纲要的实施，新能源、清洁汽车、海水淡化，环境保护等到一批关系可持续发展的新技术、新产品都将陆续涌现出来。我国也应当借鉴国际经验，对符合国家产业政策、环保政策等的重大新技术、产品提供消费补贴，实施消费环节的税收优惠政策，以使这些新技术尽快形成现实的生产力，使掌握这些技术的企业尽快发展壮大起来。

落实《规划纲要》配套政策及其实施细则，是贯彻全国科技大会精神及《规划纲要》的关键环节，也是今年科技工作必须完成好的三大战略任务之一。科技部将与有关部门一道，从推进自主创新、建设创新型国家的战略要求出发，认真抓好配套政策及其实施细则的落实工作。一是会同有关部门建立部门间落实政策的协调机制，确保各项政策实施过程的协调统一；二是建立中央和地方政策落实的联动机制，确保把国家的各项政策不折不扣地落实到基层；三是建立政策落实的督促检查机制，使各项政策措施能够切实发挥作用，使广大企业、科研机构、大学及科研人员充分享受到政策实惠；四是建立政策跟踪研究和不断完善的长效机制，使各项政策措施在实践中不断完善，形成科技政策和经济政策相互协调的政策体系。

(三）集成创新资源，引导和支持企业突破产业发展的重大关键技术

20世纪中后期以来，随着高技术产业的崛起，西方主要发达国家在WTO框架下支持企业研发和创新，已成为普遍的做法。

长期以来，我国十分注重发挥科技计划和基金的引导作用，聚集各种社会资源投入企业技术创新活动。通过"863"计划、攻关计划、科技新产品计划、科技型中小企业创新基金等对企业技术创新活动的支持力度不断加强。在2006年支撑计划的实施中，更加突出企业技术创新主体地位，促进形成产学研结合的项目实施机制。在首批项目中，95%以上都有企业参与；有9项直接委托企业作为项目牵头组织单位；由企业作为牵头承担单位的课题占到了1/3。对一些涉及产业发展的关键共性技术，组织国内相关企业联合科研院所与高等院校，共同组建产业技术联盟，集中力量联合攻关。

"十一五"期间，我们将深入研究企业参与科技计划的投入方式、产学研结合的运行机制及组织管理等制度和办法，进一步加大对企业技术创新的支持力度，形成政府支持企业创新的投入机制。一是继续积极支持企业承担国家科技计划项目，以及地方重大科技项目，包括支持企业开展事关国家安全和重大经济利益的研究开发活动，支持企业开展竞争前技术、共性技术、公益技术等研究开发活动。二是综合运用无偿资助、贷款贴息、风险投资、后补助、偿还性资助等多种投入方式，对企业的技术创新活动给予重点支持。三是建立国家科技计划征集和反映产业重大技术需求的有效机制。运用市场机制，促进产学研紧密结合，为创新型企业的成长提供有力的支撑。

（四）加强企业研发条件和人才队伍建设，提升企业技术创新能力

创新能力建设是企业技术创新的基础。加强企业技术创新，推进创新型企业建设，必须着力企业研发条件和人才队伍建设。目前，我国大多数企业特别是中小企业的技术创新基础比较薄弱，很多企业难以获得技术创新所必需的人才、科研条件等。为此科技部已经决定，在具备条件的试点企业建立重点实验室、工程中心等基地，并通过科技计划等形式鼓励企业与大学、科研机构共建各类研究开发机构和技术转移机构；国家重点实验室、大科学装置、重要试验设备等都要面向企业开放，为企业技术创新提供支撑和服务。

高水平的创新人才队伍是建设创新型企业的关键。我们将抓紧落实《规划纲要》及其配套政策关于支持企业培养和吸引科技人才的措施，着力营造企业培养和吸引人才的良好环境。一是会同有关部门制定政策，引导和鼓励高等院校、科研院所的科技人员到企业兼职进行技术开发，引导高等院校毕业生到企业就业。二是调整和充实人才培养方式，鼓励企业与高等院校和科研院所共同培养技术人才，造就一大批既懂技术，又懂市场的复合型创新人才。三是在试点企业积极探索建立知

识、技术、管理等要素参与分配的制度和措施，充分调动科技人员的积极性和创造性。创新型试点企业应当大力推行以人才为核心的创新管理，建立健全科学合理的人才资源管理和开发体制，不断完善人才引进、培养、使用的长效机制，用良好的机制、政策、环境和事业平台吸引人才、聚集人才。

科技型中小企业是技术创新的重要力量。和大企业相比，中小企业在技术创新中具有独特的优势。在美国，50%～60%的科技进步发生在小企业身上，80%以上新开发的技术是中小企业来付诸生产的。在我国，65%的国内发明专利是由中小企业获得的，80%的新产品是由中小企业制造的。实践证明，中小企业特别是科技型中小企业是最具创新活力的企业群体，是大企业成长的摇篮，是我国加强自主创新能力的重要基础。因此，提升企业技术创新能力，必须高度关注科技型中小企业的需求。一方面，要抓紧完善扶持科技型中小企业发展的政策体系，包括投资、贸易、金融、财税等方面的政策，特别是要尽快消除对科技型中小企业的歧视性政策；另一方面，要抓紧健全面向中小企业的社会化中介服务体系，特别是教育培训、咨询、技术服务、融资服务、管理服务体系等，为中小企业的创新创业提供及时、有效的支持和服务。

（五）促进产学研紧密结合，构建完整的技术创新链条

20世纪80年代以来，主要发达国家如美国、德国、日本、芬兰等纷纷通过国家科技计划支持、优惠政策鼓励、法规建设保障等措施促进产学研结合，培育了一大批在世界上具有领先地位的创新型企业。享誉世界的美国硅谷就是一个创新型企业高度密集的区域，其成功的一个重要原因在于形成了产学研有效互动的创新集群和创新网络，形成了完整的产学研创新链条。

对于我国来说，强调产学研结合有着更为现实和重要的意义。大学和科研机构是科技创新的重要源泉，经过近年来改革的大学和科研院所面向市场、为企业服务的意识和能力显著提高，已经成为技术创新的一支宝贵力量。因此，建立新的技术创新体系，既要突出以企业为主体地位，又必须坚持产学研的结合，两者同等重要。只有以企业为主体，才能坚持技术创新的市场导向，有效整合产学研的力量，切实增强国家竞争力。只有产学研结合，才能更有效地配置科技资源，激发科研机构的创新活力，并使企业获得持续创新的能力和适应需求的优秀人才。因此，我们必须在大幅度提高企业自身技术创新能力的同时，建立科研院所与高等院校积极围绕企业技术创新需求服务、产学研多种形式结合的新机制。

目前，发达国家已将产业技术联盟作为提高产业竞争力的重要手段。在高技术产业中，运用联盟加快技术研发，组织技术学习和技术积累，促进学术研究机构与产业结合，已成为日益普遍的选择。近年来，我国在TD-SCDMA标准、EVD标准等制定的成功实践也表明，在重点产业领域组织产学研结合的技术战略联盟，有利于发挥企业主体的积极性，有利于产业技术力量的集成，有利于技术市场的实现，

是政府引导产业技术发展的重要组织形式。

2006年年底，科技部、财政部、教育部、国资委、中华全国总工会、国家开发银行联合在北京召开会议，成立推进产学研结合协调指导小组，研究产学研结合中的重大问题，落实促进产学研结合的政策和措施，指导产学研结合新机制和新模式的探索。一是加强顶层设计，统筹协调，发挥各部门的作用，形成推动产学研结合的合力；二是围绕《规划纲要》关于促进产学研结合的政策要求，结合配套政策实施细则的制定和实施，进一步完善促进产学研结合的有关机制和政策；三是组织开展部门联合专项调研，深入分析我国产学研结合的现状和主要问题，研究各主要国家促进产学研结合的情况；四是结合"十一五"科技计划的实施，探索促进产学研结合的有效模式和机制，如在若干领域构建产业技术创新战略联盟等；五是结合区域经济发展战略和产业集群发展的特点，开展区域产学研结合的有关试点工作。在以上工作的基础上，我们将共同研究形成推动产学研结合工作的具体政策文件。

同志们，推进自主创新、建设创新型国家，是一项长期而艰巨的历史任务。建设创新型企业，构建以企业为主体、产学研结合的技术创新体系，同样需要付出艰苦卓绝的努力。在这个问题上，缺乏信心、无所作为是没有依据的，我们要有一往无前的创新胆识和脚踏实地的执著毅力，肩负起我们这一代人应尽的历史责任，使我国尽快走上以创新求发展的道路。让我们在以胡锦涛同志为总书记的党中央的领导下，坚持科学发展观，努力创新、不断开拓，以更加优异的成绩迎接党的十七大的胜利召开。

关于促进经济平稳较快发展的几点建议①

（2009年2月17日）

始于美国次贷危机的经济危机已持续了一段时间，我国无论是金融领域还是实体经济都受到了很大的冲击。为应对经济危机，国务院出台了一系列的措施。我相信，如果应对得当，我们一定会化"危"为"机"，解决一些长久以来困扰我国国民经济又好又快发展的老大难问题，借机完成我国的产业结构调整，实现经济发展质的飞跃。对此，我提几点建议。

一、基础设施建设投入要开拓新思路

国务院目前出台的经济刺激政策，资金主要投向了铁路、公路、机场、廉租房和水利工程等传统基础设置建设，这十分必要。但是，基础设施建设也要有新的思路，特别是要着眼于长远发展，为未来经济可持续增长与产业结构优化升级奠定基础。正所谓"不谋万世者，不足以谋一时；不谋全局者，不足以谋一隅"。从历史上看，只有那些立足于长远的基础设施建设，才是走出经济危机，迈向下一个繁荣周期的坚实基础。我们在基础设施建设上，不能简单地"头痛医头，脚痛医脚"。要下大决心，用大力气，着眼未来进行一系列的部署，为未来中国几十年的发展奠定良好的基础。这主要包括以下三个方面。

（一）要注重新兴产业的基础设施建设

新兴产业的发展不是靠一批企业就能搞起来的，政府必须承担起相应基础设施建设的任务。只有这些基础设施建设先行一步，新兴产业才能得到发展。比如，新能源汽车必须有一定分布密度的充气站、充电站，否则根本不能运行。风能、太阳能电站必须有新型电网和调控电站的支撑，否则也不可能实现产业化；发展信息产业必须要推动以IPV6技术为支撑的下一代互联网基础设施建设，所有这些都是政

---

① 根据2009年2月17日在政协会议上的发言整理。

府的重大责任，靠市场的力量是无法完成的。

（二）要重视社会事业的基础设施建设

当前社会对公平的要求越发强烈，社会保障体系建设的任务日益紧迫，社会的流动性大幅度提高，都对社会管理提出了更高的要求。社会管理的基础设施建设面临着严峻的挑战，比如，发达国家的身份证或者驾照，可以将个人信息、社会保险、公共医疗等一系列资料存储于其中，或者通过互联网获取这些资料，这种身份证件和相应信息管理的基础设施，对于我国未来社会保障体系和信用体系的建设，对于流动人口的管理，对于今后的社会改革，将发挥极其重大的作用。但是这类基础建设耗时长、投资大，必须从现在开始。同时，这还可以有力地带动当前十分疲惫的芯片设计和制造产业，以及信息管理服务业的发展。

（三）要重视科研的基础设施建设

总结国际重大科技突破的成功经验，强大的科技基础设施是关键性的前提条件。我国大力推动原始性创新，科技基础设施薄弱是重要的制约因素。当前，我国大型国家实验室、高端实验仪器缺乏，严重制约着我国科技的发展。特别是随着国家重大科技专项的实施，高端科研仪器设备的缺口将会更大，可能会影响到我国重大科技专项能否按时完成。因此，加强科研基地设施的投入，是一项十分紧迫的任务，将对我国未来核心竞争力产生重大的影响。

二、以政策为主要手段，推动新兴产业发展与企业的科技创新

用政策引导产业发展是政府的职能之一。当前，我国政府支持新兴产业发展的产业政策力度还很不够，制定和落实政策，对于调整结构有重大意义，也是当务之急。

（1）税收政策。我国更多地是把税收作为增加财政收入的手段，而没有充分发挥税收政策指导未来产业发展的功能。以新能源汽车产业为例，美国加利福尼亚州推行新能源汽车，每辆车补贴800～1000美元，法国推动电动汽车，也是大致按照这个比例补贴。新兴产业发展开始阶段，成本都很高。这就需要政府的远见，一旦确定了目标，就对这类行业进行及时和有效的支持。我认为，最近出台的汽车产业振兴政策的力度还是不够的。我们要深化对产业政策支持产业发展的认识，下大决心积极支持新兴产业的发展。

（2）价格政策。要通过理顺资源、环境等生产要素的价格机制，让市场主体明确转型的方向，比如，要求风电、太阳能电要以和火电相同的电价入网，新能源就很难市场化。

（3）政府采购政策。政府采购的核心是国家对技术上满足要求、价格合理的自

主产品优先采购，这是国际上通行的做法。有人把政府采购理解为同等优先，这是十分片面的。大家可以想象，国产民用客机如果按照同等优先的采购政策，根本无法与空客和波音竞争。因为即使达到试航标准且价格便宜，也会因为安全飞行时间少，很难进入市场。很多产品都将面临类似的情况，这将会导致重大专项的失败。

调整产业结构的关键在于企业的自主创新。支持企业创新有两种方式，一是项目支持；二是政策支持。目前，政府部门更习惯于通过项目支持企业的发展，但是应该看到，项目的支持只能使极少数企业在一定时期内受益，而政策支持则可以使相关的企业普遍和长期地受益。我们应该更多地强调政策支持，把政府的投入更多地用于政策实施上来，把政策制定好、使用好。

（1）企业研究开发投入的税前抵扣政策。这是发达国家促进企业加大研发投入、促进企业技术创新的最有效的方法。我国虽然制定了这方面的政策，但是在多数地方，因为各种原因没有得到有效执行。

（2）人才政策。我们要鼓励更多的科研人员进入企业。无论是发展新兴产业还是以企业为主体的技术创新，都需要大量的科研人员投入到企业中去。目前，我国主要的科研人员集中在科研院所和高校，主要科研成果也集中在科研院所与高校，产学研结合一直是老大难的问题。我们认为，要激励和动员科研人员深入企业，要靠两个政策：一是激励政策，要建立好企业与科研人员的利益共享机制，形成利益共同体，使科研人员能够享受科研成果市场化带来的利益；二是要有保障机制，为科研人员留条后路。万一与企业合作失败，科研人员还可以回到原单位。这样双管齐下，我相信还是有大量科研人员愿意投身于企业的。

（3）投资政策。我们可以利用金融危机提供的机遇，制定有效的投资政策，鼓励国内企业并购国外一些高技术小企业，获得技术和专利。据了解，国外一些企业，比如，硅谷有一批小企业就生存艰难，缺少资金，收购价格较低。我国企业通过并购，可以较快地获得先进技术和相应专利。

三、落实土地承包经营权流转政策，加大农村劳动力的转移力度

我认为，解决中国"三农"问题的根本出路还是实现农村劳动力的转移。中国有7亿的农村人口，人均耕地仅有1.43亩[①]。这种人多地少的现状，决定了我国无法靠农业实现全体农民的共同富裕。就算是在美国，农场主拥有大量的土地，再加上政府的农业补贴，才能够勉强过上中产阶级的生活。所以我认为，要真正缩小城乡差别，实现共同富裕，就必须让农民进城，享受城市的基础设施。但农民进城，存在两方面的问题：一是农民进城后的生活来源问题；二是农村土地的有效使用问

---

① 1亩≈666.7平方米。

题。目前，农村劳动力转移后留下的耕地多数以口头出租，甚至无偿借用等方式出租，形成了双方权利责任不规范等现象，土地承包人对土地的高效利用和保护缺乏长远考虑，耕地基础设施建设和增加土地肥力的措施不断弱化，粮食供应存在隐忧，也使得土地承包者难以获得较高的回报。

十七届三中全会关于土地承包经营权流转政策的相关文件，说明了党中央高度关注这个问题。我认为，只有实现农村土地承包权的市场化有效流转，才能实现农村土地的真正价值，使农民获得土地价值带来的实惠，也为他们进城生活奠定一定的经济基础。同时，土地承包经营流转政策的出台，为农村土地的有效利用提供了法律保障，有利于吸引社会投资，实现农业生产的规模化和现代化。

中国传统产业升级步履艰难，问题在哪里？[①]
——以制笔产业为例
（2010年7月9日）

要用小笔作大文章。小小一支笔，上至国家领导人，下至刚入学的小学生，无论穷人富人、工人农民，大家都要用笔，都知道笔。所以这个问题谈起来很有启发意义，有大众性。我们谈空心化，信息产业空心化大多数人不明白什么意思，但如果说中国的圆珠笔的空心化，大家很容易明白。这个事情为什么值得谈一谈，很容易在我们中国的公众、社会、媒体引起共鸣呢？因为它涉及一个广为人知的产业，就是圆珠笔。我觉得这个是非常好的一个题目，要通过解剖一下这个案例，分析当前我国在转变经济增长方式，调整经济结构当中的重大的问题。现在我想谈谈我的想法。

一、要研究一下制笔行业的利润链、价值链

中国出口一支圆珠笔的价格是5毛到1块人民币，在美国卖1美元，就是六七块人民币。美国人能赚到五六块钱，占利润的大头，90%以上的价值是由产品设计、采购、物流、批发、经营、零售服务等环节创造的。在整个圆珠笔的产业链和价值链当中我们有严重的缺失。特别是我们每支笔卖1块钱以后，扣除材料、劳动力成本，利润只有2%~5%，2~5分钱。我读着这个数字，心里感到很郁闷。中国的工人在这种工作条件不太好、工作非常紧张的条件下，只能拿到这么少的钱。所以说中国老讲扩大内需，我们的工人、农民能拿到多少钱去扩大内需啊？我们的电器生产线、电视机、洗衣机、空调设备大量闲置。没有人买，不是没有需求，而是买不起。我们能够满足于这种状况吗？我为什么要谈这个利润链的问题，因为从这个地方说起，有很强的感染力，能够唤起国人的共鸣，这个问题有相当大的典型意义。我们的笔记本电脑利润连1%都不到，鼠标、手机的利润更少。现在不要说是圆珠笔这样一个传统产业，我们的很多高技术产业的利润还比不上一般的产业。

[①] 2010年7月9日在"中国制笔产业核心技术及关键部件国产化问题"专题座谈会上的讲话。

我们从笔说起，大家都容易明白，引申到其他的重要产业，包括我们现在自称为高技术产业的产业上，看看这些产业到底为我们老百姓创造了多少财富，这个问题很值得我们深思。我觉得这篇文章应当从这个角度入手，要调查一下制笔的利润链、产业链是怎么形成的，我国在这个链条当中所处的位置。我们肯定是处于价值链的最低端，为什么会处于低端，我们需要认真研究。

二、要分析一下产业链的问题

这个问题有很大的普遍性，中国的一些产业，特别是新兴的产业，也包括我们原有的高技术产业，产业链的缺失问题是个重大的问题。最近，我到长虹谈过这个问题。长虹在搞 LED 面板生产线，花了很大的本钱，下了很大的决心，几十亿甚至上百亿的钱投进去，生产线也成功了，成品率、量产化问题也解决了，还是经营不下去。因为我国 LED 产业链是缺失的，和制笔行业类似，需要大量进口关键部件，成本居高不下。哪怕是技术上实现了突破，在产业链缺失的情况下，由于需要大量进口关键部件，产品也是没有竞争力的。还有创新的问题，大家都在搞创新，人家比你做得快，你的产品就卖不出去。现在国外 3D 电视已经出来了，我们没有技术储备，已经跟不上市场的发展。3D 电视据说下半年就上市了，再过一两年，不带专业眼镜的 3D 电视也可能出来了。我们的彩电产业怎么办？我们的 CRT（cathode ray tube）彩电产业已经全部垮掉，国家花了几千亿元，占据了 95％的电视机市场，但是平板电视一上来，CRT 电视产业就全部垮掉了。产业链第一个是关键技术的问题，大家说的比较多，还有就是产业链缺失的问题。让长虹一家企业解决这样的问题，是没办法的。在这个方面，政府应当承担起重大的责任。我们的政府搞具体的项目，修公路、建桥的事情搞得太多，而产业链、关键技术的问题，通过政府组织的中介、发展创新服务业就可以解决这方面的众多问题，但是政府却不愿意做这个事情。因为修路之类的事，带动 GDP 上升快，也比较简单。所以对于产业链的问题需要认真研究，研究我们在产业链中所处的位置，为何处在这样的位置，最终怎么解决这些问题。

三、我国的基础工业严重缺失的问题也很突出

现在我国工业的增加价值很多，也与 GDP 增长有关，但是很多机密工业，比如，精密机床、仪器都过不了关。包括我们的圆珠笔在加工方面也是这样的问题，机床过不了关。现在基础工业国家并没有力气来发展，只注重发展信息、材料这类的产业。而基础工业是支撑我国所有产业发展的最重要的产业，我们要认真地分析，举一反三。这个问题，不仅仅是制笔行业的问题，我们其他行业都有类似的制

约,这是制约我国企业进一步向前发展的重要因素,需要认真研究。

四、必须重视树立品牌

我觉得大家好像不是很关心中国产业的品牌问题。政府、企业、社会都不关心,企业也没什么作为。现在做来做去,只有华为成了知名品牌。关于制笔行业,过去我们都知道金星、英雄等品牌,现在已经没有影响力了,我们的下一代肯定不知道金星、英雄品牌了。而品牌的价值何等重要啊,我们不重视品牌,可能和我们的贴牌生产有很大的关系。怎么摆脱贴牌生产的状况,有什么困难,政府应该做什么,这是我们研究的方向。我们调研最后的落脚点应当是政府应该做点事情,解决这种现象,而不是只注重修路之类的事情。

五、关于企业技术创新的动力机制的问题

现在企业的创新能力不行,比如,制笔行业,只有一家行业研究所还是濒临倒闭,这个现象很有代表性。这里有一个深层次的问题,为什么企业不关心长期的创新,很多小企业是能力的问题,政府不给钱,银行贷款贷不到,创业板的门槛那么高,小企业根本没有能力搞研发。现在能进入创业板的企业基本是不需要政府支持的企业,而真正需要政府支持的中小企业进不去,得不到支持,这种现象一直没有根本的解决办法。没有钱怎么创新啊,风险投资问题,直到现在还是我们中国科技型企业发展的重大障碍,并没有因为创业板的上市而解决,看看创业板都是什么样的企业。还有就是创新动力问题,小企业没有钱,大企业也不愿意做。现在的大型国有企业,热衷于搞资本运作,国家严禁国企炒股票但他们也偷着炒股,股票不好了把房子当股票炒,直到最近地王还在不断出现。为什么企业不愿意在竞争性的领域做一些创新工作呢?这个问题值得调查和了解一下,可能和我们现有的这种GDP导向的机制有关系。现在国资委的口号就是"我只管保值增值",在这种导向下,国企谁愿意做有风险的技术创新?这种现象到底和我们的体制机制有没有关系,需要认真地研究。我们现在民企有民企的问题,国企有国企的问题,大企业、小企业都有问题。现在相当一部分企业对创新不感兴趣,当然我不是说所有的,华为的技术创新搞得不错。为什么相当大一部分企业对创新不感兴趣、不愿意冒险?这个问题关系到国家的未来发展,需要研究一下。

六、科研院所的评价机制问题

我当过很长一段时间科研院所的所长,我相信没有一个科研院所会愿意研究笔

芯的问题。为什么科研院所不愿意做这种事情，因为这种研究既不能出论文，又不能出有价值的专利。但是对于一个企业、行业来讲，这些技术就是其生命线。现在科研院所、高校的导向问题没有解决，依然是论文导向、专利导向，现在科研院所申请了很多发明专利，但这些专利能不能解决实际问题，没有人关心，更加没有兴趣与中小企业合作了。建立一个完善的产学研结合的机制是中国自主创新的生命线，现在这个机制有问题。我们的科研评价体制、奖励体制必须要进行彻底的改革。否则的话，在现行的体制下，像制笔行业需要的技术攻关，是不可能得到关注的。

七、要重视我国宝贵的市场资源

我有一个很重要的观点，就是市场资源是中国最宝贵的战略资源。我们说石油是战略资源，粮食是战略资源，但更应当强调，中国的市场是最重要的战略资源。我们过去说拿市场换技术，换来了没有？换来多少？对于这个问题今天不想谈，大家心中有数。我们怎么利用国内的市场，促进国内企业的发展，应当提到日程上来。国外精得要命啊，欧盟过一年就来个规定，产品安全级别提高了多少，某个一提出来，总是堵住国外竞争者的进入。我们政府不组织这方面的工作，怎么通过合理的壁垒来解决中国产品的国内市场问题。

上面这些问题通过这次调研，也不可能都解决，能解决一个问题、两个问题，说清楚，就是我们非常大的收获。现在讲这些话的人太少了，这方面的工作做得太少了。这篇文章最后应归结到政府怎么定位，政府应该做什么。

制笔行业的问题谈到了我们中国产业结构调整中最重要的，往往又被人忽视的问题——GDP导向的调整问题。我们的科技评价体制、激励体制也是必须要改革的，还有其他的问题。另外，应当强调政府要加强创新服务，建立各种平台为创新服务。中国的高技术产业的发展，创新服务业的发展，必须由政府来组织创新服务业。现在实际上是有很多缺失的状况，缺乏有效管理的状况。

这个调研要尽量避免就技术谈技术，而是要把动力、机制的问题解决，这个就是我们这个报告的特色。最重要的是，要明白我们为什么谈了十几年转变经济结构。转变发展方式，一直弄不好，就是要解决这个问题，解决动力机制到底出了什么问题。如果围绕这些方面把这个问题讲清楚，就有了很大的进步。为了国家的利益就要讲真话，把问题讲清楚是非常必要的，这个问题积累得太久了。扩大内需我们讲了十几年，结果现在消费比例从40%下降到了30%。这些问题应当从根本上，从这个笔作一个大文章。在调研方法上，要做一些数据方面的搜集和整理，简单的调研有时候不容易深入。要有几个人专门整理这方面的数据，包括笔的微观数据，还包括经济结构调整的宏观数据，并将两者结合起来。小小的圆珠笔就能说明国家的大问题。再有，报告重点从圆珠笔来谈我国产业结构调整，另外还应当考虑再形成一个报告，专门谈制笔业的问题。这也是一个很好的收获，制笔行业每年两三百亿的产值，维持一大批就业岗位，就把笔的问题谈一谈也很好。如果能拿出一两条建议，比如，成立一个中介机构，政府在浙江省成立一个技术服务机构，帮助企业进行公共设计、某些关键技术攻关，也是做了一件好事。总之，这个调研应该写成两篇文章，避免都说不清楚。

深圳为全国自主创新发展做出表率[1]

(2010年10月21日)

一、创新创业精神是深圳最可贵的精神

记者：您多次到深圳调研，并且一直关注深圳的发展。您认为，今天深圳特区之所以取得巨大成就，最值得传承的精神是什么？

徐冠华：30年来，深圳在建立社会主义市场经济体制和现代化建设等方面进行了积极探索，为全国的改革开放和建设有中国特色的社会主义道路积累了宝贵的经验，提供了成功的示范。特区精神、特区经验、特区速度、特区效应震动世界，深圳成功的经验值得好好总结。

我想重点强调的是，30年前，实行改革开放，深圳没有经验可循，靠的是什么？靠的是"敢闯敢试"、"杀出一条血路"的勇气，靠的是创新精神、创业精神，这是深圳最可贵的精神，也是深圳精神的重要特征之一。

深圳建立特区之初，随着体制的改变，人才、资本、技术等各种经济要素开始向深圳汇集。其中，人才的聚集对深圳的发展起着极为关键的作用。"没有梦想的人，不会来到深圳"，年轻的深圳就像一个拥有巨大磁力的"梦工厂"，吸引着怀揣"深圳梦"的各种人才汇集深圳，"深圳梦"所衍生出来的人的自由和解放成为深圳最大的吸引力。这些从全国四面八方涌来的人才都是带着理想和抱负，带着创业的梦想来的。随着越来越多的人加入，深圳"梦工厂"的能量越来越大，吸引了更多的人来深圳创业，实现梦想。这样一批"创业人"达到一定数量时就会产生群体效应，这种效应就凝聚成了创新精神、创业精神。因此，深圳拥有了一大批创新型的中小科技企业，许多从不知名的小企业成长为知名的现代化高科技企业。

创新已成为深圳的"魂"，在深圳海外装饰大厦，还可以看到"创意就是金钱、创新就是生命"的大字标语，这不仅成为深圳的象征，更被全体深圳人认可，成为这座年轻城市下一个30年发展的新动力。

---

[1] 2010年10月21日刊登于《深圳特区报》A6要闻版，深圳报业集团驻京记者李萍对徐冠华的访问录。

所以，一大批有创新创业精神的人是深圳能够取得如今的成就的基础。

记者：您如何看待深圳改革开放的领导者，以及一代又一代的"弄潮儿"在推动深圳经济社会全面发展中发挥的作用？

徐冠华：历届深圳的领导班子都是有创新精神、有战略眼光的领导集体，他们对深圳30年来取得的巨大发展成就做出了不可磨灭的贡献。任仲夷、吴南生、袁庚等一大批"敢为天下先"的改革闯将，创造性地大胆运用中央赋予的特殊政策和灵活措施，才使深圳"敢闯敢试"，"杀出了一条血路"，取得了令人瞩目的成就。

我印象深刻的是，历届深圳市委市政府对发展高新技术产业情有独钟，采取有力措施，循序渐进。从这个角度可以说，深圳的领导班子的创新精神、战略眼光最突出的表现就是，能够较好地处理长远利益与眼前利益的关系，较好地处理长远发展与当前发展的关系。因为科技发展多数很难在短期内取得效益，深圳领导班子如果没有远见和战略眼光，只着眼于眼前利益，不会在全国率先做出支持科技发展的决策。

实践证明，深圳市委市政府的这个决策是正确的，科技有力地支撑了深圳经济的发展。现在自主创新已经深入人心，成为国家发展战略的核心。

二、深圳率先走出了以企业为主体的创新模式

记者：2007年全国两会上，您说中国必须全力建设以企业为核心、产学研相结合的技术创新体系，才能在市场主导下提高中国的科技竞争能力。您为什么这么说？

徐冠华："对技术创新体系要以企业为主体"的认识有一个过程。我是科学研究出身的，从参加工作开始一直做科学研究。那时候我们有一种认识，就是多出成果，多出论文，多获奖，就是为国家作出贡献，很少也很难考虑市场对技术创新的要求。

这种观念相当长时间内在科技界占统治地位。上个世纪80年代后，从应用研究院所转拨事业费开始的科技体制改革，第一次使中国科技人员面向了市场，这是非常可贵的第一步。经过"十五"时期的发展，企业作为技术创新的主体地位得到明显加强，大量科技人员进入市场创新创业，一大批科技型企业迅速崛起。这些企业成为国家创新能力的重要载体。

记者：您对深圳的6个"90%"[①]怎么看？

徐冠华：深圳在这一领域更是先行一步，积极探索，率先走出了"以市场为导

[①] 深圳的"6个90%"现象，即90%的创新型企业是本土企业，90%的研发人员在企业，90%的科研投入来源于企业，90%的专利生产于企业，90%的研发机构建在企业，90%以上的重大科技项目发明专利来源于龙头企业。

向、以企业为主体"的特色鲜明的技术创新模式,为全国转变创新模式提供了可供借鉴的经验。

深圳市高等院校少,科研机构匮乏,无国家级实验室,无正式国家级研究机构,无名牌大学,按理说,这些都不利于创新型城市的建设。但深圳化劣势为优势,"先行一步"的市场经济使深圳的企业较早感受到了生存、发展的压力,市场经济体制发育比较充分的深圳,通过引进、消化、吸收、再创新建立起来的创新基础,探索了"以企业为主体、以市场为导向、产学研结合"的创新模式,完全颠覆了过去以高等院校、科研机构为技术创新主体的模式,形成了6个"90%"的新的创新格局,走出了一条新路。深圳的经验是具有普遍意义的,对其他地区的发展具有很好的借鉴意义。

我为什么一直强调技术创新体系要以企业为主体呢?技术创新首先是一个经济活动过程,不仅仅是技术突破,而且必须是技术、管理、金融、市场等各方面创新的有机结合。企业最了解市场需求,有实现技术成果产业化的内在动力,能够形成创新、资本与产业化的良性循环。只有以企业为主体,才有可能坚持技术创新的市场导向,迅速实现科技成果的产业化应用,真正提高市场竞争能力。因此,抓住了企业为主体的技术创新体系这个突破口,就抓住了进一步深化科技体制改革的主线。

三、建设国家创新型城市赋予深圳新的发展目标

记者: 事实上,您对自主创新的思考很早就开始了,您如何认识自主创新的意义?如何看待深圳建设国家创新型城市?

徐冠华: 我对自主创新的思考始于上个世纪90年代。1995年以来,我负责国家高新区的工作;2001年,科技部提出了高新区"二次创业"的口号和实现"五个转变"的要求[①],核心是要实现从注重招商引资和优惠政策的外延式发展向主要依靠科技创新的内涵式发展转变;2002年,科技部提出调整以跟踪和模仿为主的科技发展思路,大力加强原始创新和集成创新,实现科技创新战略的转变。同年5月,我在北京科技产业博览会上再次强调,"要努力实现从以跟踪模仿为主向以自主创新为主的深刻转变"。

从世界的发展趋势来看,科学技术已经成为推动经济和社会发展的主导力量,自主创新能力是国家竞争力的决定性因素。从国内的发展情况看,技术创新能力不足、缺乏核心技术已经成为我国经济发展的最主要瓶颈。在大到飞机、汽车、数控

---

① 我国未来科学技术发展将实现"五大转变",即在发展路径上向加强自主创新转变,在创新方式上向加强以重大产品和新兴产业为中心的集成创新转变,在创新体制上向整体推进国家创新体系建设转变,在发展部署上向科技创新与科学普及并重转变,在国际合作上向全方位、主动利用全球科技资源转变。

机床，小到服装、日用化学品、碳酸类饮料等的诸多产业领域里，表现出很强的对外国技术的依赖，国外资本、品牌和技术主导的格局日益显现。

事实上，改革开放以来，我国经济一直保持着高速增长的态势，取得了举世瞩目的巨大成就。但企业技术创新能力弱、部分产业空心化，"8亿件衬衫换一架波音飞机"式的发展已成为中国经济的增长之痛。同时，受资源、能源、环境等因素的制约，"高投入、高消耗、高污染和低附加值"的传统增长方式的弊病一直得不到根本改善。

如果不能大幅度增加科技对经济增长的贡献率，就不能够实现未来15~20年经济增长的目标，全面建设小康社会将成为一句空话。依靠科技进步和科技创新来支撑、引领经济社会的协调发展，促进经济增长方式由要素驱动的粗放型转向创新驱动的集约型，就成为我国经济社会发展战略的必然选择。

同样，近年来深圳在取得经济社会发展巨大成就的同时，也面临着土地、资源、环境、人口"四个难以为继"的硬约束，自主创新必然成为深圳可持续发展的唯一选择，必然成为深圳城市主导战略的唯一抉择。

2008年，深圳成为国家发改委批复的全国首个创建国家创新型城市试点，这是深圳市自主创新工作的一个新的里程碑，是深圳市深入贯彻党中央、国务院关于建设创新型国家的重大战略决策，全面落实科学发展观，促进国民经济又好又快发展，建设各具特色和优势的区域创新体系的又一重大举措。它为深圳未来的发展提出了新的发展目标，赋予了深圳探路先锋的历史使命。

希望深圳能进一步解放思想、创新思路、大胆探索，充分利用各种资源，结合深圳自身优势，发挥其作为国家创新型城市的示范带动作用，争做创新发展的排头兵，探索出一条具有中国特色的城市的自主创新之路。

四、政府要着力做好政策引导和环境营造

记者：深圳的目标是在2015年率先建成国家创新型城市，今年深圳第五次党代会报告中也提出，要大力推进国家创新型城市建设，加快自主创新能力的战略性跃升。您认为，要实现这一目标，政府工作的着力点应该在哪？

徐冠华：政府可以在引导和支持建立以企业为主体的技术创新体系工作中发挥重大作用。特别是在政策引导和环境营造方面，政府可以大有作为。政府支持企业技术创新可以采取包括制定政策、资金投入、项目支持、提供服务等多种措施，但起决定性作用的是政策。对于千千万万的中小企业来讲，包括税收、金融、政府采购等在内的各项激励政策是长时间、普遍起作用的因素。

许多国家的实践表明，中小企业研发新技术、新产品的效率远远高于大企业。深圳应该高度重视中小企业创新活动，给予其有力的政策支持。

我认为，科技中介机构建设是政府要解决的另一重大问题。国外的经验表明，

科技和经济的结合主要通过市场来实现。市场中谁能起到关键作用？是中介。把千千万万的企业和千千万万的研究机构连接起来主要靠大量的、各种类型的中介机构。可以说，在市场经济条件下，科技中介服务机构是产学研的纽带，是连接科技和经济的桥梁。要真正能够全面实现产学研结合，就必须充分发挥各种类型的中介机构，特别是市场化中介机构的重要作用。大力推动各种类型科技中介机构的建设，使政府大有可为。

五、加快优质人才资源的战略性引入

记者：刚才您特别提到了人才与创新密切相关，针对深圳第五次党代会报告提出的大力实施人才强市战略，您有什么建议？

徐冠华：人才是创新的基础，深圳一直注重人才建设，创造了良好的环境，吸引了一大批人才来深圳创业，这也体现了深圳的远见。

未来，深圳应加快优质人才资源的战略性集聚，吸引为实现深圳发展战略目标、适应创新型城市发展的高素质人才。

举例说，第一个亚洲人基因组图谱公布、大熊猫基因图谱被破译，克隆猪的问世……与此密切相关的深圳华大基因有七项重大科研成果分别在世界顶级学术杂志《科学》和《自然》上发表，成为深圳高新技术产业一颗冉冉升起的新星，引起了世界的关注。但一般来说，像华大基因这样的科研团队，地方政府不愿花大力气扶持，因为他们开始做的是基础研究。而深圳不同，深圳凭借不一般的魄力，以优厚的条件吸引华大基因这样的科研团队在深圳落户，这一方面体现了深圳不为当前利益所惑，立足长远，具有战略性的远见，另一方面也体现出深圳吸引人才的一种新思维。

很多像华大基因这样的研究机构，可以为深圳未来产业发展和成果转化提供源源不断的技术源泉，为深圳战略性新兴产业——生物基因产业的发展奠定良好的基础。

事实上，科学技术发展到今天，科技成果转化的速度大大加快，某些基础研究成果也可以迅速产业化。今年，华大基因科技服务收入预计将达到10亿元，实现250%的增长。而且深圳积极支持华大基因研究院申报国家重点实验室及基因组产业化国家工程中心、国家基因与健康数据库等项目，加快"深圳生物科技加速器暨华大基因研究院科研基地"建设步伐，将有可能进一步推动基因技术成果的产业化。

另外，如深圳的光启研究院，专门研究新材料，与多数高科技产业是以市场为驱动不断革新产品，由低端往高端走的模式不同，研究院从高端原创的技术开始，推动其走向市场，产业链更长、难度更大，如果取得成功，所带来的效果更好。而其科学家都是海归，领军人物刘若鹏才26岁。2009年，深圳市科协主席周路明在与刘若鹏在深圳中学时期的物理老师钮志红的沟通中，了解到了这一团队的情况后伸出了"橄榄枝"。周路明曾因此多次到北京与我交流，为引进这些国际优秀人才做了很多工作。而刘若鹏的团队当时对市科协和科工贸信息委的人员讲述他们的项目时，已经做好了可能遭遇"听天书"的误解或者被冷眼相看的思想准备，然而相关人员反复研究和征求专家意见后，不仅听懂了，还通宵帮他们准备材料，他们团队被深圳的敬业精神深深地打动，之前的忐忑、顾虑烟消云散，并最终选择了深圳作为创业的起点。

我相信，有了这样的吸引优质人才资源、大胆用人的指导思想，从基础研究开始支持，不急于一时的成果，放眼长远，深圳的基础研究、源头创新将获得极大的推动，我从中看到了基础研究未来的希望，这也将大大推动深圳创建国家创新型城市的步伐，为深圳未来的长远发展打下更扎实的基础。

六、共建深港创新体系具有战略意义

记者：2009年深圳市政府和香港中文大学签署了新的全面合作备忘录时，您说过，这不仅代表了深港创新圈战略实施的重要成果，还标志着深港两地的科技合作从产业层面过渡到创新体系的共建阶段。如何理解您的这句话？

徐冠华：近年来，深圳提出构建国家创新型城市的新目标，把构建区域创新体系作为城市的主导战略，这是深圳自主创新型战略的重大转变。深圳建设国家创新型城市的最大瓶颈，来自高等教育基础的薄弱，充分发挥香港高等教育资源的优势，共同建设国家创新体系，是深港两地双赢的选择。

可以说，深港双方的优势明显，香港丰富的高等教育资源、高水平的科研成果、发达的资本市场、具有国际水平的高端服务业优势，同深圳的高新技术产业生态和创新文化有机结合，可以实现创新要素的同城配置，加快深港创新圈建设，构建覆盖深港两地的创新体系，使深港成为亚洲乃至世界最具创新活力的区域之一。

当前，深港合作正处于历史最好的时期。《珠江三角洲地区改革发展规划纲要》的出台，为深港合作和"深港创新圈"建设注入了新的强大动力。我相信，"深港创新圈"将成为整合两地科研资源、形成产业链、提升深港地区和珠江三角洲区域自主创新能力的重要"引擎"。

我希望深圳继续当好全国改革发展的"排头兵"，全力提升与香港的合作，实现深港经济一体化，面向全球，巩固发展其创新中心地位。

七、把深圳建设成创新服务业中心

记者：三十而立，深圳站在发展的历史关键时期，要推动未来深圳的长远发展，政府应从哪些方面入手？

徐冠华：短短30年，深圳从一个边陲小镇发展到国际化城市，创造了世界奇迹。下一步怎么办，是个很好的问题。

当前，深圳地价高、房价高、劳动力成本高，吸引投资的优势逐步减弱，制约了城市的发展。同时，深圳过去吸引一些企业落户所具备的交通、通信、信息等各个方面的优势，也因为深圳产业自身的发展不断地弱化。因此，深圳曾经的优势，现已成为很多城市具备的普遍优势。

而且大城市的决策效率比不上"小地方"，城市管理成本高，效率低。所以，从长远来讲，深圳进一步的发展，不但一般的制造业不行，而且有相当一部分依靠引进技术的高技术产业都不再具备太强的竞争优势。

我认为，深圳可以结合自身优势，另辟蹊径，发展金融业，发展现代服务业；特别是要发展创新服务业，把深圳建成创新服务业的中心。

深圳如果把发展现代服务业特别是发展创新服务业作为产业结构调整的一个重要目标，首先要从战略高度上提升认识，将创新服务业作为一个战略产业予以重视，紧紧抓住服务业转移的机遇，依靠科技创新，走出一条中国创新服务业快速发展之路。

创新服务业是围绕增加创新能力，加强创新能力相关的一批服务性产业，是高增长值的服务产业。过去我们讲为科技服务的服务业，主要指科技和经济结合的中介机构，如创业投资、无形资产评估、知识产权服务、信息咨询、创业服务、公共技术平台服务等，这些都非常重要，而且目前仍旧十分薄弱，有着十分广阔的发展空间。但是创新服务业不仅仅是中介机构，也包括科研实体，这些创新服务机构首先要做的是研发，还要推动产学研的结合，用行业的形式和服务业的形式组织起来，解决产业链形成中的问题或前瞻性的问题。在这方面，政府应当承担起发展创新服务业的责任。

在统筹创新服务发展的问题上，政府要有所为、有所不为，突出抓好创新服务业的发展，重点支持生产性服务业、知识型服务业，用信息技术改造传统服务业的发展，以及公共服务体系的建设，按照市场化、产业化和社会化的方向着力创造良好的环境，包括体制环境、政策环境和市场环境。

鉴于企业固有的局限性，这就需要政府有远见，对战略性新兴产业产业链提前进行布局，做好前瞻性的新兴产业规划，而具体实施工作应交给市场，交给创新服务业，包括高等院校的研究院所、市场组织、企业。这样，可以使政府从具体工作事务中解放出来。换句话说，就是政府做政府的事，企业做企业的事，市场做市场的事，真正形成各司其职的一个大系统，这样，社会效率就大大提高了。

深圳在这方面有优势，2009年，深圳已陆续出台互联网、新能源、生物三大战略性新兴产业振兴规划，并且引入了两大国家重点实验室和国家超级计算机，实现了源头创新的重大突破；2010年，深圳还将酝酿出台新材料产业振兴规划。希望深圳市政府在做好新兴产业规划的同时，推动创新服务业的发展，为全国自主创新的发展做出表率。

政府造不出来乔布斯[1]

(2012年3月7日)

昨日,全国政协委员、原科技部部长徐冠华接受本报记者的采访,谈了科技体制改革和创新。

一、政府造不出来乔布斯

新京报:您经常提到中国要增强创新能力。去年宁波市政府提出计划:斥资5000万,花5年时间,打造10个乔布斯出来。您怎么看?

徐冠华:政府打造乔布斯这本身就不科学。乔布斯怎么能打造出来呢?政府造不出来的。他是市场环境创造出来的。搞科技政府不要拔苗助长,我强调要遵循"蘑菇理论"。就是政府创造一个环境,有了一定的空气,有了一定的水分,有了一定的湿度,蘑菇会自己长起来,政府不要去种蘑菇,也不要想选蘑菇,而是要创造这样一个环境,一个生态。

二、政府管理还未完全脱离计划体制

新京报:但也有人认为政府几乎无所不能?

徐冠华:这个理论对于经济发展、科技发展都适用。政府在非市场竞争的领域,可以做很多事情,或者说那是中国的优势。但在市场竞争的领域过多地强调政府的作用,去搞这种拔苗助长的事情,我认为很难成功。

新京报:但权力往往与利益相关联,放权很难。

徐冠华:所以就要改革,政府要从根本上把计划经济下的政府管理模式,进行一个彻底变革,要按照市场经济的管理方式进行管理。现在应该说有了很大的进步,但是总体上我们政府管理还没有完全从计划经济体制下解放出来。

---

[1] 新闻采访稿,2012年3月7日刊登在《新京报》。

三、中央可设置民生考核指标

新京报：这是改革不彻底的地方？

徐冠华：放权要有激励，比如，现在是 GDP 的导向，对于一个国家的发展来说，在很高层次的宏观调控上，GDP 是需要的。但是作为一个部门，作为一个地方政府，我认为必须废除 GDP 导向。

新京报：转变政府职能很难，到底该怎么做？

徐冠华：政府就不要再去搞那么多项目了，中央政府明确下来，不让他（地方）搞项目，是可以做到的。可以设置其他的目标考核机制，比如，在民生方面做了哪些事情，当地老百姓收入的差距，医疗保险，教育做得怎么样。以这个为考核目标，地方官员自然会改过来，现在是指挥棒有问题。

新京报：在您熟悉的科技领域，指挥棒有问题吗？

徐冠华：科技领域也是只看论文，看你得奖。不光科技，知识界也是这样，那就造成一个非常错误的指挥方向。评教授不看教书育人，看论文；医生不看医德医术，也是看论文得奖，错误的指挥棒就把整个知识界引到了一个错误的方向，追求这些浮躁的东西，必然造成学术腐败。

新京报：这个指挥棒是怎样产生的？

徐冠华：这是有历史原因的。过去"大锅饭"，领导决定。"大锅饭"改革以后，蛋糕得有一种分法，但相当一段时间，科研单位、大学的领导缺乏足够的权威和全面评价的体制来解决问题，于是最简单的办法，就是看得奖和发论文。这种方法在一定的历史时期起到了积极的作用，至少冲击了"大锅饭"，冲击了一些腐败，但现在越来越不能适应形势的发展。

四、国企的利益格局一定要调整

新京报：中小企业生存困难，怎么帮助他们转型？

徐冠华：我们国家要转变经济增长方式，靠我们那些大的国企能解决问题吗？还是要靠中小企业，但恰恰现在中小企业很难生存。

政府要把中小企业作为国家未来发展最重要的支撑点来看待。中小企业首先是解决就业，其次是税收，但最重要的是，他们是创新型企业的源泉。美国的微软、苹果、谷歌都是从小企业发展起来的。政府首先要有这种观念。解决中小企业转型升级，首先是金融政策要解决，解决他们的融资难的问题。

新京报：刚才讲的蘑菇理论，像在温州、东莞，有大量的小企业，他们要转型升级，让他们自己搞研发似乎很难，政府应怎样创造环境？

徐冠华：比如，纺织，纺织业是一个很传统的企业，但是现在有的地方政府就建设一个设计平台，实际就是一个软件系统，各家企业都可以使用，纺织企业的设计能力立刻就升级了，设计水平立刻提高了。还比如，玩具，政府建设一套测试系统，检测玩具的各种指标，这些建设成本比较高，小企业自己做不起来。地方政府做了，这个地方的这些小企业的成本可能就降下来了，慢慢地就完成了转型升级。

新京报：刚才讲到大国企，国企的职责定位有一条是要搞基础研究，促进国家的科技进步。但似乎现在国企什么行业赚钱搞什么？

徐冠华：是的，这里面确实有利益的问题，但这个利益需要政府来调整。政府如果调整不了，那就不是个强有力的政府。国企的利益格局要调整，政府要做，肯定要得罪一些人，得罪一些部门，但也必须要做。

五、声　　音

政府在非市场竞争的领域，可以做很多事情。但在市场竞争的领域过多地强调这个政府的作用，去搞这种拔苗助长的事情，我认为很难成功。

在《武汉 2049 远景发展战略》咨询会上的发言[①]

(2013 年 9 月 17 日)

我在科技部工作的时候常去武汉,结交了不少朋友,今天参加这个会议感到很亲切很高兴。

这个规划做得很好,很用心,下了很大工夫。对于武汉未来的发展来讲,有一个 2049 年的发展战略是非常重要的。有了一个战略就可以指导我们当前的工作,目的还是为了指导当前。所以,有些问题可能需要再关注、再讨论。

一、关于服务业的发展

报告中提到"2030 年前,三产超过二产,为国家中心城市的成熟阶段"。在另外一部分提出发展成"创新、贸易、金融、高端制造业方面的世界城市",这意味着武汉将在相当长的时间内仍旧以制造业为主,这就涉及把发展服务业放在什么位置,这个问题值得讨论。

服务业,特别是现代服务业的发展,包括创新服务、生产服务、金融服务和商业服务等诸多领域,和第一产业、第二产业的发展紧密相连、相辅相成。没有第三产业的发展,就很难支撑第一产业和第二产业的现代化。举个例子,我们曾研究圆珠笔的产业链和利润链问题。圆珠笔大家都用,非常熟悉,中国是最大的笔的生产国,世界 80% 的笔都是中国生产的然后卖到海外。一支圆珠笔在国内生产出来,卖给美国是 5 毛到 1 元人民币,在美国市场上售价在 1 美元以上。这就是说,我们卖了 1 元人民币,到美国变成了 6 元多人民币,增值 6 倍。我们卖的 1 元人民币做什么用呢?相当一部分是进口了笔珠和墨水,还有劳动力的费用,剩余的利润是每支笔 2~5 分钱。这说明圆珠笔这样一类典型的传统产业不是不赚钱,而是我们不占有圆珠笔从制造到进入消费者诸环节中的高端价值链。除了制造环节,因为缺乏核心技术赚不到钱外,还涉及产业链其他一系列环节,包括圆珠笔的设计、运输、贸

[①] 2013 年 9 月 17 日在北京召开的"武汉 2049 远景发展战略"院士专家咨询会上的发言。

易、商业模式直到消费者，在这些环节中我们都没有位置，也赚不到钱。所以，不能说传统产业没有利润，而是我们的产业没有站在利润链的高端。造成这样局面的重要原因，是没有现代服务业作支撑，仅仅制造笔，然后卖给别人贴牌，产业链的其他环节都让外国企业拿去了。

从这个例子中我想说什么呢？对于制造业来讲，第三产业，特别是现代服务业是重要的支撑。这个包括了创新服务、生产服务、金融服务和商业服务，这里有很大的赢利空间。从上述分析，可不可以这样说：没有现代服务业支持的第一产业就是传统农业，没有现代服务业支持的第二产业就是传统的制造业。所以，从根本上讲，从战略上看，绝不能把第三产业的发展和第一产业、第二产业的发展割裂开来。

中国最大的一个问题是第三产业滞后，特别是现代服务业滞后，不但远远落后于发达国家，也落后于像印度这样的发展中国家和新兴工业化国家，这就制约了我国现代工业、现代农业的发展。这是当前的突出问题，但往往没有引起各级领导和全社会的重视。过去我们是计划经济，产品从研发、制造到销售都是政府主导，中介服务一直是十分薄弱的环节。走向社会主义市场经济以后，现代服务业在GDP导向的激励制度下的发展，比高技术产业的发展要难得多，为什么？主要是现代服务业以智力投资、经验积累和数据积累为主，这些非常难，而且业态五花八门，各行各业都有，包括咨询、评估、融资、知识产权、信息、技术服务等。现代服务业发展不充分，限制了制造业的发展。我从事科技工作多年，感觉地方政府对这件事不十分感兴趣，为什么？其一是因为这一类服务业3年、5年看不到结果，需要长时间的积累。其二，现代服务业的贡献，包括了众多领域，是综合性的贡献，当前的激励制度无法衡量。所以，武汉如果要继续发展高端制造业，就一定要下决心首先补好发展现代服务业的一课。我希望武汉市把这个问题作为重点问题加以考虑，通过制定政策、创造环境引导市场化服务业的发展。

二、关于未来产业的发展

规划提出要大力发展高端制造业，这基本上是中国所有大中城市的目标，但如果大家都干高端制造业，谁干低端的？我认为技术可以分高低，但是就获取利润来讲没有高低之分，关键在于在产业链、利润链中所处的位置和能够发挥的作用。在这方面，需要做全面的布局。是不是一定要大搞制造业？我表示怀疑。中国大城市房价越来越高，劳动力越来越昂贵，已经不太具有比较优势了。将来能够留得住人吗？北京、上海、武汉这样发展，长远下去是留不住人的。还要更多地关注新兴产业、民生产业，并且能够站在高端，这里边当然也包括现代服务业。这样发展，就能够牵着"牛鼻子"，走出一条高产值、高利润、可持续的发展之路。

举个例子，对于医疗问题老百姓都很关心，武汉能不能有勇气提出在2049年消灭一些重大的疾病？比如，遗传类疾病。中国出生的智力有问题的孩子很多，占3％左右。如果对这3％的很大部分进行事先诊断，对于家庭、对于社会来说是很大的贡献。过去做孕妇检测，不易普及，容易出现感染、流产等问题。现在基因检测技术，利用外周血就可以解决问题，而且价格非常低廉。我建议大家到深圳华大看看，他们做了非常有成效的工作。如果把这些技术在武汉普及（我想两三年就可以普及，因为它的方法简单、价格便宜），武汉可以引领全国在这方面的发展，减少患唐氏综合征或其他先天有缺陷的孩子的出生率。妇女子宫颈癌、乳腺癌现在也有非常好的基因检验方法，可以在短期内用很少的费用诊断，最大限度地延长寿命，降低医疗费用。我讲这些例子的意思是，武汉要关心这些事情，这些事情老百姓关心，武汉既可以解决眼前的问题，还应着眼于长远需要。如果把这些问题解决了，对全国、全社会、对老百姓都会非常有吸引力。

三、关于改革和发展的结合

中国要发展，必须把发展与改革有机地结合起来，不改革是没有前途的。我们怎样立足于2049年的目标，把发展和改革有效地结合起来，这是很难的问题，但也是不容回避的问题。

远景规划关于硬件的建设提得比较多，也比较全面，我也很支持。但涉及改革、民生的一些重大问题，我以为应当在规划中给予更充分的反映。当前大城市老百姓除了关心交通、住房等问题外，也很关心医疗、教育等发展问题，在2049年的发展目标中应当详述，否则将很难面向未来。

先说教育。中国有好的教育传统，但也有糟粕。中国的教育思想有很多积极的方面，大家都认同，我也不详述，但也有糟粕的方面，比如，中国传统的"乖孩子"教育，即小时候听父母话，上学听老师话，工作后听领导、权威的话。这种教育有社会需求，因为这样可以培养出很多优秀的白领和蓝领。但是我国2049年的目标是追赶美国，我认为这种教育达不到这个目标。现在，中国的孩子去美国，即使中国很一般学校的孩子到美国都是优等生，在大学也类似，但到研究生阶段就开始落伍，为什么？我们的孩子缺乏独立思考能力和创造能力，习惯跟着别人做，也可以做得很好，但是缺乏创造性，缺乏自信心。这个问题不解决，我们国家可以赶上美国，但很难超越美国。现在谈"2049计划"，如果不考虑教育改革的问题、教育思想的更新问题，我担心那个时候我们在发展新兴技术产业方面，在商业模式、金融模式创新方面，仍旧赶不上美国。当然这不仅仅是中国的问题，在亚洲文化圈内也普遍存在这个问题。

再说科技。科技与经济结合的问题要解决。这个问题的核心，是怎样通过改革，强化科技与经济结合中市场的作用，弱化政府主导的产学研。我认为，政府通过项目支持企业技术创新是必要的，但有很大的局限性，只有少数企业能够受惠，也只能在短期内发挥作用。政府的主要任务应在于制定普惠性的、长期性的鼓励自主创新的政策和创造与维护开放、公平的创新环境，包括落实研发费用的税前价计扣除政策、政府采购政策、国企民企公平竞争的政策等，当前十分紧迫的任务还包括大力发展现代服务业。

科技和经济结合一定要充分认识和尊重科技和经济各自不同的规律。经济发展一定要发挥市场的作用，鼓励在市场竞争中大浪淘沙、滚动发展；科技发展一定要尊重创新的不确定性、高风险性。创新是一个积累的过程，应当承认在每一个成功者后面都有众多的失败者，而每一位失败者也同样为创新做出了贡献。问题在于，我们在指导科技创新中，习惯于按照工程的思路，要求每个科技创新项目都要成功，都要和市场效益挂钩，不能有失败，这是根本做不到的，从而鼓励了模仿，鼓励了跟踪，鼓励了学术浮躁，以至于弄虚作假。科技要改革，一方面要决心把政府的支持重点，除少数战略性产品的开发外，主要放在基础、前沿、共性和公益性研究中来，创造一个宽松和稳定支持的环境，让创新的幼芽能够遍地出现。另一方面，政府要强化科技和经济结合的各类中介机构等现代服务业建设，主要依靠市场的力量，从众多的科技成果中选择出最具有市场竞争力的成果。

我就谈以上三点意见，谢谢。

第七篇

传统产业升级与新兴产业发展

关于中国软件产业的发展[①]

(1996年9月2日)

我认为,发展我国软件产业,应当以市场为导向、以企业为主题,依托高等院校、研究院所的技术力量和科研成果,在现代企业机制下运行,向规模经济发展。

我国发展软件产业的主要优势在于人才和研究成果。而高等院校和科研院所是出人才、出成果的地方,每年都向软件界输送3000名左右本科毕业生和研究生,是软件产业的人才培养基地。高校和科研院所本身的科学技术人才、科研项目密集,每年都有一大批科研成果问世。其中,很多可以作为软件产品开发的原型。

我们很多软件企业已经十分重视和高校、科研院所的结合。有些,如东大软件集团、北大方正集团等,就是从高校或研究院所脱颖而出的,与高校、科研院所保持着天然的紧密联系。山东中创软件工程公司、长沙创智软件园等一些企业在高校设立人才培养基金、软件丛书基金等,既支持了教育事业,又保障了企业优秀人才和先进技术的来源。

如同其他高技术产品一样,软件产品的开发,也要以市场需求为目标。软件产品的形成,技术开发只是其中的一个环节,大量的工作包括手册编制、广告宣传、应用示范、市场开拓、用户培训及售后服务,需要大量的智力投入和高水平人才才能完成。只有在企业的机制下,才能组织专业队伍,完成这些必不可少的工作。所以说,软件产业的发展要以软件企业为主体。希望我们的高等学府、科研单位要主动与软件企业相结合,也可以建立自己的软件企业,共创我国软件产业的繁荣。

我们的软件企业要建立良好的运行机制。没有好的机制,软件企业很难迅速发展。在学习国内外先进技术和管理经验的同时,不仅要在技术和产品上创新,也要在管理上创新。我们许多民营企业采用的"自筹资金、自愿组合、自主经营、自负盈亏、自我约束、自我发展"的机制,很有生命力。管理机制的创新主要在于建立规范化的人事制度、财务制度、行政规章制度等。其中,人事制度尤为重要。要能够吸引人才、培养人才、合理使用人才和稳定人才。一些企业可以实行股份制,探

[①] 1996年9月2日在软件产业工作交流及研讨会上的讲话(节选),原题为"急国家之所急,加速软件产业发展"。

索技术入股的办法，目的是调动软件企业科技人员的积极性和增加凝聚力。企业还要有保护企业知识产权的措施，防止由于人员流动而导致企业技术的流失。

同时，我们的软件企业还必须重视产品质量，提供国产软件在用户中的信誉。要建立企业的产品质量保证体系，向 ISO 90003 国际标准靠拢。提高产品质量，加强售后服务，以质量和服务赢得国内外用户，扩大市场占有率。增加积累，尽快扩大企业规模，增强资金和技术实力，参与国际竞争，实现国际化。希望我们的软件企业，尽快发展成为产权制度股份化、筹资方面多元化、资源配置国际化、经营管理科学化、规模发展集团化和科研开发一体化的现代高新技术企业。

国家科委为推动软件产业发展正在组织以下几项具体工作，希望软件界的同志们积极参与，并提出建议。

（一）软课题研究

在去年软件产业研讨会报告的基础上，今年 3 月，我们启动了题为"发展我国软件产业的战略与对策研究"的软课题。该课题分为人才、产品、企业、市场、标准化五个子课题及一个软件版权保护专题，对软件产业中这些方面的现状、存在的问题及其原因、发展目标、战略及有关措施、政策进行分析研究，为国家领导提供发展我国软件产业的决策依据。课题组 40 多位成员主要来自有关部委、地方软件行业协会及部分软件企业。

课题分现状调查、问题分析及目标、对策研究三个阶段进行，将于 1997 年 3 月完成。目前，在各参加单位的大力支持和课题组全体成员的努力下，正在形成第一阶段报告。在第一阶段的调查工作中，得到了计算机世界报及北大方正集团等许多单位及专家、企业家的积极配合。在此，我们衷心感谢大家对国家软件产业的极大关心和热忱支持！同时，希望在课题研究的其他阶段得到大家更多的支持。

（二）软件产业基地

为促进尽快形成我国软件产业的支柱企业集团，国家科委正试行选择一批优秀软件园和软件企业集团作为国家"火炬"计划软件产业基地，给予重点支持。国家科委火炬办已于 1995 年 10 月批准东大软件园为第一个软件产业基地。此项工作也得到了许多地方和软件企业的关心和支持。例如，山东中创软件工程公司、齐鲁软件园、北大方正集团、长沙创智软件园等，都对基地工作给予了很大关注和推动。国家科委将在大家的积极配合和参与下，继续推进这一工作。

（三）软件产业发展基金

为解决我们的软件企业普遍存在资金不足的问题，作为国家有关部门拨款、贷款的补充，我们拟与有关方面合作，建立我国软件产业发展基金，择优支持急需资金的软件企业，加快其产品开发和必要的销售宣传。希望这项工作得到各位的积极支持，共同为软件产业的发展做一件实事。

（四）有关 2000 年计算机系统日期更换问题的工作

目前，大部分计算机系统中，日期的记录方式为××日/××月/××年。这种以两位数字表示年份的方法，将使系统在进入 2000 年时出现年份为"00"，而计算机无法识别的问题。由于该问题可能导致与年份有关的数据（如年龄、利息、保险金、各种特定期限等）的计算和预测的混乱，会给社会带来重大影响，造成巨大的经济损失，甚至引发安全问题。国家科委已召开专家讨论会就这一问题对我国的影响、问题的严重程度、解决方案及政府部门应采取的对策和措施等进行了讨论，并正在进一步组织和推动此项工作。希望得到软件界同志们的重视和支持。

发展空间信息技术，提高实用化和产业化水平[①]

(1997年2月21日)

空间信息技术是 20 世纪 60 年代兴起的一门新兴技术，70 年代中期后在我国得到迅速发展。目前，其主要包括遥感（RS）、地理信息系统（GIS）和全球定位系统（GPS）。作为一项综合性的集成技术，它是提高我国综合国力、实现四个现代化的一项战略性高技术。从"六五"计划开始，我国已经连续四个五年计划把这项技术列为国家科技攻关重点，取得了很大成绩，在不少部门得到了应用。在 1996 年开始实施的"九五"计划中，又把遥感、地理信息系统、全球定位系统技术综合应用研究列为国家科技攻关的重中之重项目。本文重点就其中的空间遥感应用技术的发展问题谈几点意见。

一、空间信息技术在地学研究和促进人类可持续发展中的重要地位

中国科技界对空间信息技术在地学中应用前景的认识经历了一个曲折的过程。20 世纪 70 年代不少人对空间技术的应用不持乐观态度，经过十几年的发展实践，认识逐渐趋于一致。1994 年，在中国科学院地学部组织的对地观测技术应用讨论会上，对空间信息技术应用的认识得到统一，充分肯定了这项技术在地学发展中的地位和作用。有的院士认为，空间信息技术应用是地学的一场革命，更严谨地说，是地学观测和分析技术的一场革命。我认为，这是一个准确的评价。

空间信息技术和传统的对地观测手段相比，优势表现在：它提供了以前没有的全球或大区域精确定位的高频度宏观影像，揭示了岩石圈、水圈、气圈和生物圈的相互作用的相互关系；扩大了人的视野，从可见光发展到红外、微波等波谱范围，加深了人类对地球的了解；在遥感与地理信息系统基础上建立的数学模型为定量化分析奠定了基础，在一些地学研究领域促进了从以定性描述为主到以定量分析为主的过渡；同时，还实现了空间和时间的转移。空间上将野外一部分工作转移到实验

[①] 1997 年 2 月 21 日在国家遥感中心成立十五周年纪念会上的讲话，发表于《中国软科学》1997 年第 2 期。

室，时间上从过去、现在的研究发展到三维空间上定量地分析预测未来。随着计算机、网络、通信等技术和遥感科学本身的迅速发展，这种影响将向广度和深度不断发展。

特别值得一提的是，空间信息技术对地球系统科学的形成和发展起到了重要的推动作用，传统科学思想是建立在牛顿力学体系之上的，在科学专业领域的划分上往往是简单的、机械的、封闭的。20世纪以来由于科学技术的迅速发展，这种状态发生了深刻的变革。同样，由于掌握了空间信息技术的理论、技术和方法，人类才有可能将地球的大气圈、水圈、生物圈及固体地球作为一个完整的、开放的、非线性的系统，在全新方法论的指导下，全面地、综合地、系统地研究地球系统的各个要素及其相互关系和变化规律。这些规律的研究构成了地球系统科学的重要内容，促成了地球系统科学的诞生和发展。在地学的应用领域，特别是涉及可持续发展的核心问题——资源与环境问题，空间信息技术应用的影响是长期的、深远的。当然也引发了另外一个重要领域——国防领域侦察手段的重要变化。这些事实说明，空间信息技术对国家经济、社会发展和国家安全具有重要意义。

应用空间信息技术，必须适应它在技术上和应用上高度综合的特点，就技术发展而言，空间信息技术中的遥感技术涉及遥感器的研制、卫星制造和发射、卫星数据的接收和处理，以及在各不同领域的应用等，因而没有各部门的通力协作，要建成一个有效的空间信息系统是不可能的。

就应用领域而言，遥感技术的优势在于综合，我们所习惯的各部门独立工作的方式在这一领域必然被打破。空间遥感所提供的信息是众多部门所需要的综合信息，而遥感数据处理技术也使我们有可能同时得到各部门所需要的基础数据，避免了重复操作。因此，如果没有各部门的联合，遥感技术的优势就得不到充分发挥。在遥感技术应用于资源与环境调查、监测、评价各项工作中，无论是组织方式、人员结构，还是标准规范等各方面，也都应当从综合角度出发，对现有体系进行调整，加强联合，加强协调，加强合作，使遥感技术真正地在应用水平上得到发展。

二、空间信息技术的实用化和产业化

空间信息技术虽然在过去20年间得到了迅速发展，但现在和未来要做的工作更多、更复杂、更繁重，特别是在实现产业化、实用化方面和国外的差距要抓紧赶上。目前，它应用于灾害监测、农作物估产等工作主要还处于研究阶段，没有做到像天气预报一样，定期向社会或主管部门发布信息。我国的地理信息系统硬件和软件还是以外国产品为主，基本上还是国外产品占领中国市场。这些都应当引起我们的高度重视，在今后一段时间内，要着重解决空间信息技术应用的实用化和产业化问题。要做到这一点，应当处理好以下几个关系。

（一）正确处理技术与经济的关系，技术的先进性与实用性的关系

长期以来，由于在导向和机制方面存在的问题，使我们的众多研究工作片面注重研究水平，对实用性的关注显得欠缺。因此，一些技术发展不配套，没有集成，不能实用；有的技术水平很高，但是不适合中国国情。比如，卫星遥感估产，在南方地区云笼雾罩，一年也接收不到几幅无云或少云照片怎么办？有关类似的一系列实用问题，今后必须着力加以解决，把技术的先进性和实用性有效地结合起来。

（二）正确处理研究部门和应用部门的关系

遥感技术的应用在我国当前的经济发展水平下，主要还是服务于社会公益性事业，多数不能赢利。在这种条件下，遥感技术应用要解决好应用部门与研究部门的关系问题。今后在发展应用系统时，要坚持社会需求的导向，首先有应用部门，有运行投入，然后再发展系统。否则一个五年计划，两个五年计划地搞下去，总是在研究过程中，而无办法实际操作，技术水平就难以迅速提高。因此，今后技术系统的研制和开发，必须强调应用部门的参与、合作和配合，着眼于实际运行的系统。

（三）正确处理研究部门与产业部门的关系

空间信息技术应用，当前也有部分可以直接进入市场，而且随着经济的发展会越来越多。这些可以进入市场的空间信息技术领域，例如，地理信息系统技术从"七五"以来搞了十几年却发展不起来，很重要的原因是软件产业观念淡薄。不少人认为，计算机需要由工厂生产，而软件则可以通过大学、研究所的研究生产，这种观点是不全面的。这是因为软件是一个产业，只有按产业模式生产才能达到产业化目标，科学研究和产品生产涉及不同的导向模式，研究所和大学主要是技术研究导向，追求研究水平。但软件产业是市场导向，追求市场竞争力，它不仅包括可以实用的技术开发，而且需要大量与开拓市场有关的工作，如手册编制、人员培训、系统维护、销售网络建设，以及其他各种售后服务等。这些工作占据了软件产业的大部分资金和劳力投入，在国外同样由高层次人员（包括博士、硕士）完成。在研究机构的机制下，这些高层次的科技人员不愿意从事这些产业化、市场化等必不可少的工作。因此，我们的软件产业，包括地理信息系统产业应当按照企业的模式运行。同时，软件产业与传统产业不同，它是智力高度密集型的产业，能否调动科技人员的积极性是企业成功的关键。要充分利用高校、研究所的技术力量，把这些人作为重要的技术依托，在企业的体制和机制下组织起来。股份制企业可以实行科技人员技术入股办法，把企业和科技人员的命运紧密地联系起来，尽快形成我国的地理信息系统产业。当然，在强调发展我国的地理信息系统的同时，并不是不要从国外进口系统，今后一个时期内我们仍要进口国外的先进地理信息系统技术，学习他们的先进技术，支撑我国的空间技术应用的发展。

三、加强空间信息技术应用的基础研究

长期以来，我们组织了一系列以科研工程项目为主的国家遥感和地理信息系统应用的攻关项目，对于促进科技与经济结合发挥了重要作用。但也存在着不足，主要是过于强调工程的规模，把大部分科研人员的精力和财力投入都放在完成工程目标方面，对关键技术的研究注意不够、强调不够。另外，也因为应用基础研究和技术开发往往是不同步的，应用基础研究的周期较长，研究成果往往在同一项目中不能得到有效的应用，因此也得不到管理部门、管理人员的重视。今后在科研工程项目中，应处理好应用基础研究的超前性和科研工程项目的工程性之间的关系，国家科委、国家基金委、中国科学院对空间技术应用的基础研究都给予了关注，提出了一批基础研究的重点项目，这对于扭转当前空间信息技术应用基础研究比较薄弱，制约工程技术发展的局面将会发挥重要的作用。今后还要强调多学科、多专业的综合，强调空间信息技术与各个应用领域的研究人员和从事数学、物理学、计算机科学技术方面科研人员的结合，大力培养年轻人才，争取在国际空间技术应用基础研究方面占有一席之地。

四、加强竞争机制

在计划经济体制下，研究机构没有建立开放、流动、竞争和协作的机制，形成大而全、小而全的封闭体系，队伍越来越庞大。不同领域的研究机构追逐资源，不少项目一哄而上，资源分配的平均主义使得各家的研究人员和机构都能勉强维持生存，但却无法发展，这种局面要尽快改变。空间信息应用技术研究要强调竞争，在竞争中择优，在竞争中发展。没有竞争，还容易造成另一种倾向，一些大部门总以为课题非我莫属，在原有体制下实际上也往往如此，这种状况不利于新单位、新人才的成长。在招标中发现一些没有国家投入的单位发展很快，工作得很好。因此，要通过竞争择优，发现和培养一批新的单位和人才，促进资源的合理分配，促进新生力量的成长。要处理好竞争和协作的关系。联合起来竞争和在竞争的基础上联合都是可取的。但是，在当前项目分散化、小型化的情况下，首先还是要鼓励在竞争中择优，在竞争的基础上联合。李鹏总理在国家科技领导小组会议上，关于项目要采取投标的指示是非常重要的，在空间技术应用项目研制中要坚决贯彻这个方针，在竞争中做到公平、公正和透明，让大家都满意。要通过竞争促进我们的发展，在竞争的基础上实现各部门的联合。

统一认识，推动我国软件产业迅速发展[①]

(1997年10月27日)

今天，全国软件产业工作座谈会在天津召开了。这次会议由国家计委、国家教委、国家科委、电子工业部、中国科学院、国家技术监督局等单位共同发起，得到了有关部门、单位和社会各界的热烈反响和支持。我谨代表国家科委向与会同志表示热烈欢迎，并预祝会议取得圆满成功！

这次会议既是一次有关部门、软件产业界交流经验、统一认识的务虚会，也是一次推动全社会各方面为我国软件产业发展做实事的务实会。当前，席卷全球的信息化浪潮正把人类社会推向信息时代，信息化程度和信息产业的水平已经成为衡量一个国家生产力水平和综合国力的重要标志。在信息产业中，软件产业具有尤为重要的特殊意义。

首先，当今世界性的趋势就是传统经济将逐步向"知识经济"过渡，以智能为代表的人力资本，以高技术为代表的技术知识和以高科技为核心构造的新的生产力系统，将在下一个世纪的世界经济中起到决定性的作用。软件产业作为以人为第一生产要素的智力密集型产业，将成为21世纪的主流产业，代表着一个国家的明天。

其次，从国内情况看，软件产业是我国实现经济增长方式转变的一个重要突破口，是我国科技与经济结合的特殊的结合点。一方面，大量从事软件研究与开发的队伍主要集中在高等学校和研究院所；另一方面，发展软件产业的主体是软件企业，两者的紧密结合是软件产业发展的必然趋势。

再次，软件产业是信息社会的核心和灵魂，是信息化进程的关键。它不仅本身为国家创造经济效益，保证国家安全，而且是其他众多高新技术产业的推动力，对众多经济领域具有辐射作用，在国民经济的发展中起到"倍增器"的作用，其渗透作用已深刻影响到国民经济的各个方面。

正因为如此，有关部门、地方政府，以及社会各界的有识之士对发展软件产业倾注了极大的热情和努力。十几年来，我国的软件产业从无到有，取得了很大的进

[①] 1997年10月27日在"全国软件产业工作座谈会"开幕式上的讲话。

展，市场规模不断扩大，1996年的国内市场销售额已达到92亿元人民币。

但是应当看到，我国软件产业同发达国家相比，存在着相当大的差距，甚至同一些发展中国家相比，也有较大的差距。据有关部门统计，目前我国软件销售额只占世界市场不到1％的份额，其中国外产品占有很大比重，国产软件占国内市场的份额还不足30％。美国微软公司1996年的产品销售额达到92.47亿美元，一家公司的销售额就相当于我国当年软件市场全部销售额的8倍多。印度与我国软件产业的初始条件、起步时间相仿。20世纪80年代初期，西方发达国家中有不少软件权威曾预言，中国和印度是发展软件产业最有潜力和优势的国家。然而仅仅经历了短短10年的时间，印度软件产业已走在中国的前面。1995～1996年度印度市场销售额已达12亿美元，出口额高达7.34亿美元，成为除美国之外的世界第一大软件出口国（我国当年仅为0.195亿元人民币）。与之相比，近年来我们的差距不但没有缩小，某些方面还在继续拉大，形势非常严峻！历史上由于种种原因，我国已经几次痛失近代、现代工业时代的重要发展时机，信息时代的到来和软件产业的大发展，给我国带来了一次追赶世界发达国家的宝贵机会，失去这个机会，就会使我国在信息时代再次落伍。这种与我国社会主义现代化进程和战略目标不相称的现实状况已经开始引起全社会的普遍关注。

正是在这样一个背景下，有关部委领导决定联合召开一次软件产业工作座谈会，一是统一思想，二是为我国软件产业的发展，认认真真地办几件实事。为办好这次会议，国家计委、国家教委、国家科委、电子工业部、中国科学院、国家技术监督局等部委的有关领导，召开了领导小组会议，讨论了这次会议的目标、日程及筹备工作，成立了专门的会议工作班子，承担会务工作和会议文件的组织及有关政策、措施的协调工作。经过几个月的努力，为会议顺利召开，奠定了很好的基础。天津市委、市政府作为东道主，为本次会议提供了很好的工作和生活条件。在此，向他们表示诚挚的谢意。

根据领导小组讨论确定，本次会议有三个主要目的：第一，交流发展软件产业的经验；第二，加强社会各界对软件产业重要性的理解和支持；第三，就软件近期发展中要解决的一些实际问题，达成共识，共同推动，并向国务院提出具体建议和报告。下面，我想就这几项任务，谈几点个人意见，供大家参考。

一、15年来我国软件产业发展的回顾

一年前，由国家科委组织，成立了包括十几个部委及地方共36个单位参加的《发展我国软件产业的战略与对策研究》软课题组。课题组在短短一年的时间里，做了大量扎扎实实的调研和分析工作。我参加了课题组的多次讨论，深感受益匪浅。今天下午他们将报告课题的成果。同时，还将有许多单位在大会上发言或做书面交流，我相信"他山之石、可以攻玉"，大家一定会从众多的报告中得到启发。

一个时期以来，我参加了多次软件产业发展的座谈会、讨论会，参观和调查了东软集团、西部软件园、中软总公司、方正集团、中国科学院软件园、青鸟集团等软件产业基地和软件企业，有的单位还不止去过一次，感触甚多。这些企业集团在较短的时间内都已形成了一定的规模，取得了长足的进步，形成了我国软件产业的雏形。总结众多成功企业的经验，他们有一些共同的特点。

（一）坚持以市场为导向，以企业为主体

这些企业都比较牢固地树立了软件是"产业"的思想。坚持以市场为导向，以企业为主体，把软件从单纯技术导向下的研究中解放出来。这是观念上的重大进步。过去十几年里，我们较注意发展我国的软件技术，相对忽略了软件的产业化问题和软件产业的国际化问题。软件技术的发展没有与市场紧密结合，没有与产业紧密结合，科研成果就不能及时地转化为商品，不能有力地促进软件产业的发展。当前必须进一步明确，"软件的问题是产业化的问题，产业化的问题是推广应用的问题"的观念，在发展软件产业的过程中坚决地转变为市场导向，把软件的产业化问题提到首要的位置上来，把发展软件产业的工作落实到推广应用上去。

（二）建立创新的人才培养和使用机制

软件行业的市场竞争非常激烈，但归根到底是人才的竞争。这些成功的企业都注意采取措施，大胆建立吸引优秀人才的机制，使其充分施展才华，实现自我价值。在培养高层次软件技术人才的同时，把立足点放在培养造就一批软件企业家和经营人才上，坚信有了一流的人才，就能办起一流的企业，为软件企业家的产生和成长，营造了良好的社会舆论氛围。

（三）建立创新的企业管理体制与运行机制

软件产业是具有高度竞争性的智力密集型产业。它是一个几乎完全由高智力人群组成的、具有严密组织管理的群体。它需要不断实现个人创造性和软件产业的高度整体性的结合，以及在对市场的高度敏感能力和对企业自身优势的深刻理解，同时具有迅速做出反应的能力。这些要求使得软件产业在传统的体制和机制下无法运行，迫切需要建立鼓励创新和高效运行的机制。软件企业具有智力投入大和高级软件人才工作稳定的特点。在国外企业大举进攻、国内企业面临激烈竞争的情况下，作为一个特殊的行业领域，企业要大胆地给软件人才特殊的优惠待遇和发挥才能的机会，用最大的魄力，花费巨大的投资，稳定一批软件优秀人才。在构建激励机制方面，普遍鼓励科技人员和管理人员以自己的技术成果和创业实绩拥有企业股份，探索实行技术股、创业股等多种形式的股份合作制，将个人利益和企业的发展结合起来，既调动了人员的积极性，又保证了企业的健康发展。

（四）持续创新是软件企业持续发展的根本保证

软件产业的灵魂是创新。近几年来，由于信息高速公路和互联网的发展，一些新兴的软件公司抓住机遇，以技术创新取得竞争优势，迅速崛起。如 Netscape 的浏览器，一炮打响，两年内即发展成为年销售额达 25 亿美元的大公司。因此，我们应该树立技术创新和市场创新是软件产业发展之本的思想，努力增加研究开发投入，加强软件企业和高校、研究所的结合，不断取得新的创新突破，不断形成新的经济增长点和有活力的产业群体，促进软件企业高速发展。

（五）软件产品和软件服务的质量是企业的生命线

成功的软件企业都比较重视软件产品和软件服务的质量，以提高国产软件在用户中的信誉。印度已有近百家软件企业获得 ISO9000 质量标准认证，成为世界上获 ISO9000 质量认证的软件企业最多的国家。据调查结果显示，目前大量外国公司热衷于进口使用印度软件的主要原因，已从过去印度软件的"价廉"变成了现在的"质优"。我们应该通过拟定和推动软件标准、规范，帮助企业建立符合国际通行标准的质量体系并通过相关质量认证或等级评测，提高我国软件开发的效率和质量，增强软件产品在国内外市场的竞争力。

二、转变观念，充分认识发展我国软件产业的紧迫性

近年来，世界软件产业以惊人的速度取得了突飞猛进的发展，1995 年世界软件销售额为 867 亿美元，1996 年达到 1000 多亿美元。有关方面预测到 2000 年，软件和信息服务业将成为世界市场的第一大产业，市场规模将超过 5000 亿美元。然而，我国目前不但谈不上占有国际市场，连国内市场中的系统软件和大部分支撑软件也被国外公司控制，甚至我们最具优势的中文软件领域也受到冲击。软件技术是渗透到经济、科技、贸易、金融、教育、国防等各个关键领域的高技术，软件的可靠性和安全性问题日益突出，这一点已引起了大家的高度重视。同时，我们还应看到我国面临发展软件产业的良好机遇：一方面由于软件产业固有的渗透性和对传统产业改造的倍增效应，使得软件产业在大中型企业的技术改造、实现经济增长方式由粗放型向集约型转变的过程中，起到突破口的作用；另一方面软件产业是信息化的灵魂和核心，必将在国民经济信息化的过程中起到决定性的作用。这些都为软件产业的发展提供了宝贵的机会和市场空间，这是机遇所在。

应该指出，发展软件产业的重要意义已经逐步得到全社会的认同。但在发展战略方面，有些观点还需明确和统一。

(一)"重硬件,轻软件"

长期以来,社会各行各业在实现信息化的过程中,相当一部分同志认为实现信息化就是要花大钱购买计算机设备,这是值得的,并且往往认为花了大量的钱,添置了计算机设备,信息化就指日可待了。人们在发展民族信息产业的过程中,更多的兴趣也集中在硬件产品,重视硬件产业的发展,投资引进也是建设硬件工厂。对于软件,只是将其当作硬件的附属品,满足于引进设备时厂家送一些软件;或是销售硬件时随机买一些软件。事实上,当今世界硬件与软件在信息产业中所占的比例,已由原来的硬件占绝大多数,演变为现在硬件、软件和信息服务业各占 1/3,可是我国去年 1000 多亿元的计算机工业销售额中,软件只有 92 亿元,服务业只有 80 多亿元。这和国外的状况相差甚远。

分析原因,在过去相当一段时间内在软件发展上存在一些错误的观念。有的同志认为,软件有几个人、几台计算机就可以开发,看不到软件在生产组织、技术开发和市场开拓中的高度产业化特征,缺乏软件是"产业"的观念;同时,在软件开发力量相对集中的高等院校和研究院所中,不少同志习惯于采用小循环做法开发和经营软件,很难形成产业规模;在软件研究开发中,存在过分强调技术而忽视应用、忽视市场的倾向,技术创新在市场竞争中不能充分发挥作用。

(二)"软件产业发展不需要大量的资本投入"

首先,那种认为软件产业是高利润产业,而中国智力劳动便宜,因此发展软件产业不需要大投入的观点是不对的。这不仅因为中国软件研究和市场开发人员待遇相对较低,人员流失已日趋严重,无法和国外软件产业竞争;而且也因为这种观点没有认识到软件产业生产、组织、管理高度产业化的特征,软件的研究开发阶段需要资金支持,产品投向市场更需要资金支持,软件商品化的过程更是资金投入不断加大的过程,这都需要大量的资本投入。

其次,这种观点没有认识到软件产业是高风险的产业,特别是软件的开发有较大的风险,主要表现在产品的无形性和市场的不可预测性,即使技术上是成功的,在市场上也不一定成功。比如,IBM 公司研究开发 OS/2 操作系统投入了几十亿美元,现在还远没有获得预期的市场。因技术竞争失败或市场估计错误造成软件企业失败的例子,国内外屡见不鲜。由于目前我国尚未建立软件产业的风险投资机制,这种风险还不能由社会来共同承担,而是由企业单独承担,使得软件产业的发展资金严重不足,束缚了软件企业的健康发展,使企业难以进入良性循环。因此,需要建立与股票市场相结合的风险投资机制,并引导股票市场大力支持软件产业这种最典型的高技术产业。

(三)"小企业成不了大气候"

当前,充分认识小企业的作用,对发展我国软件产业具有重要意义。实践已经表明,在市场经济条件下,企业不论大小,只要有技术创新能力,有开拓市场的本领和科学经营管理水平,就能把握市场机遇,得到超常规发展。国外的微软、网景,国内的联想、方正、东大、托普等公司的发展都说明了这条道路的有效性和重要性,它反映了在市场经济条件下,高新技术企业发展的一般规律。因此,我们要制定政策,鼓励软件企业到激烈竞争的市场中去大浪淘沙,走从小到大、滚动发展的道路。

目前的一些做法不利于小企业的超常规发展。例如,软件产业最鲜明的特性是大量高智力投入,但现行税赋中没有充分考虑智力投入的量化抵扣问题,使得软件产业税赋过重;又如,急需按照西方的习惯做法,制定政府采购政策,保证由政府出资的建设项目,在同等条件下,对民族软件产业提供优先的市场机会,并加强宣传,提高执行反倾销政策的自觉性;再如,我国软件产业的市场体系还很不完善,市场秩序也不够规范,缺乏保护软件产业的行规、行约及行业标准,不能为民族企业创造一个良好的公平竞争环境。而且,绝大多数软件企业没有建立符合国际通行标准的质量与产品体系,不能有效地消化、吸收、引进技术。这些都限制了我国软件企业向规模化方向发展。

因此,国家要制定针对软件产业特点的金融、税收、贸易政策,加强软件标准、规范和质量认证工作,并制定行规、行约及行业标准,鼓励软件企业从小到大、滚动发展,尽快形成规模产业。

三、达成共识,共同办几件实事

同志们,非常高兴的是,在这次座谈会的筹备过程中,有关部委的同志们经过认真、热烈的讨论,一致认为本次座谈会应在经过充分讨论和交流经验、达成共识的基础上,为发展我国软件产业办几件实事,这是有关软件产业发展研究认识上的一个重要飞跃。

国家科委长期以来一直关注着我国软件产业的发展,并希望与其他部门加强联合,共同为发展我国软件产业做几件实事,这里先谈谈国家科委近期工作的想法。

(一)努力加强各部委间的协调

充分发挥各部门联合的力量,积极参加协调有关产业基地建设、中介机构建设、知识产权保护、软件标准化,以及行规、行约及行业标准的制定等工作,并积极配合有关部门,就软件企业的股份制改造、合理确定软件产业税赋、优先发展民族软件工业的金融贸易政策、软件发展规划、技术体系制定及其他软件产业化有关工作提出建议。

（二）加强软件产业基地建设

印度软件产业成功的最重要的经验之一就是抓好了软件产业基地建设。软件产业基地的建设可以将有限的资金和人力资源集中起来，形成局部优化的生产、开发、生活环境和便于实施的政策环境；可以产生局部的聚集效应，不断实现资产、人才、技术各生产要素的优化重组；可以加强信息的沟通和交流；可以产生基地的集体名牌效应；还可以起到孵化器作用，使众多的小企业脱颖而出。我们几个部委可以在现有的软件产业基地的基础上，分别重点支持和建设几个软件产业基地，力争到本世纪末形成一定规模。国家科委力争到 2000 年以前建成 3~5 个年产值超过 5 亿元人民币的软件产业基地，并在基本建设、设备投资等方面给予软件产业基地重点扶持，同时支持在软件园区内建设孵化器、中央计算机系统、卫星高速数据通信系统，园区内正在孵化的软件企业可以优惠的价格使用园区内从事软件开发所必需的各种基础设施，并加大重大软件产业项目支持的力度。

（三）积极推动设立软件产业发展风险投资基金

优先支持面向国民经济信息化建设的应用软件、信息服务业、应用支撑软件，以及与中文信息处理有关的通用支撑软件和系统软件等产品；优先支持内部管理体制完善、运作灵活、业绩优良的软件企业，并对符合上市条件的软件企业优先推荐其股票上市。

（四）调动地方科委的积极性，配合有关部门，促进软件产业发展

改革开放以来，地方经济得到快速发展，地方经济实力大大增强。地方企业具有机制灵活、决策效率高等特点。要发展我国软件产业，必须调动中央和地方两方面的积极性。当前，特别要重视发挥地方的作用。国家科委呼吁有条件的省市领导要把发展软件产业提高到重要位置。地方科委要配合有关部门共同把发展软件产业的工作做好。现在有些省市在高新技术产业开发区内建立了软件工业园区、软件工程研究中心和软件产业基地，把软件产业作为地方经济的支柱产业给予扶持，希望更多的地方能这样做。

（五）大力推动软件应用项目与软件工程项目

国家科委将继续贯彻"抓应用，促发展"方针，和有关部门密切配合，以 CAD/CAM、CIMS、GIS 等对国民经济发展有重大影响的软件产品为突破口，做好培训、咨询和示范应用工作。认真总结许多省市成立的 CAD、CIMS 领导小组对 CAD、CIMS 的全面推行起了关键推动作用的经验，促进软件应用的大普及。从而开拓和培育软件产业发展的市场空间，以点带面，促进软件产业的全面发展。

（六）继续开展发展我国软件产业的战略与对策软课题研究

2000 年以前每年出一份研究报告，近期将针对如何发展我国的系统软件、我国软件产业的发展模式等问题联合有关部门、地方和软件企业开展专题调查研究，并提出相应的对策与建议。

在会议筹备期间，大家一致建议分两个层次形成发展我国软件产业的政策与措施建议。第一个层次是经过努力，我们这几个部委及有关部委可以实现的一些举措。第二个层次是向中央、国务院报告有关发展我国软件产业的政策与措施的建议。

通过这次会议，一定能够进一步在发展我国软件产业的战略与对策方面达成共识，并落实到具体行动上。我国的软件产业可以发展上去，我国的软件产业也一定能够发展上去。让我们大家共同为实现这一目标携手奋斗。

发展地理信息系统产业[①]

(1997年12月1日)

一、地理信息系统产业的地位和作用

当前我国正处在一个重要的历史时刻。信息化的浪潮正席卷全球，计算机及其相关技术的广泛应用正在深刻地改变人类的工作方式和生活方式，一个国家的信息化程度和信息产业发展的水平已经成为衡量其生产水平和综合国力的重要标志。

软件产业是信息产业的核心。近年来，中国软件产业有了迅速发展。软件市场规模逐年增大，1994年以来增长率达20%～40%，国产软件在我国应用软件市场占据主要地位。但是应当看到，整体上，软件产业同发达国家相比，存在着相当大的差距，甚至同一些发展中国家相比，也有较大的差距。目前，我国软件产品基本上没有进入国际市场，国内市场中的系统软件和大部分支撑软件也被国外公司所控制，甚至连我们最具优势的中文软件领域也受到冲击。近年来，差距不但没有缩小，某些方面还在继续拉大，形势非常严峻！历史上由于种种原因，我国已经几次痛失近代、现代工业时代的重要发展时机，信息时代的到来和软件产业的大发展，给我们带来了一次追赶世界发达国家的宝贵机会，失去这个机会，就会使我国在信息时代再次落伍。这种与我国社会主义现代化进程和战略目标不相称的现实状况已经引起全社会的普遍关注。

地理信息系统产业与其他软件产业相比，有其自身的发展特点和特殊意义。它涉及地理时空数据和在遥感、全球定位系统一体化基础上的系统集成、应用服务、企业和市场等诸多方面。人类社会生活、经济建设所涉及的信息中80%以上均与地理信息密切相关。地理信息系统产业是关系到国民经济增长、社会发展和国家安全的战略性产业，它不仅为国家创造直接经济效益，而且对众多经济领域具有辐射作用，能在国民经济的发展中起到"倍增器"的效果。因此，地理信息系统产业的发

[①] 1997年12月1日在全国地理信息系统技术与应用工作会议上的讲话，发表于《地球信息》1997年12月第4期。

展，越来越受到各部门、地方政府，以及社会各界的重视。

地理信息系统也是将进入普通百姓家庭的产业。随着网络技术的发展，人们已经开始进行网上地理信息查询等工作，随着信息种类和数量的需求增加，网络地理信息系统必将有一个广阔的市场；地理信息系统与全球定位系统的结合，将为家庭交通工具提供导航服务。可以预测，电子专题数据将逐步取代纸张制品的地位，成为家庭信息查询的主要载体。

中国必须发展自己的地理信息系统产业。地理信息系统有着如此巨大的市场，又与国民经济的各个方面有着密切的关系，因此开拓国产地理信息系统市场，不仅有着巨大的经济意义，而且有着重大的政治意义。经过十几年的努力，我国地理信息系统技术与应用有了长足的进步，推出了若干软件产品并且占领了一定的市场，在许多领域得到了应用，取得了明显的效果。当前，我们应该紧紧抓住稍纵即逝的时机，动员各方面的力量，团结一致，进一步发展我国的地理信息系统产业，争取在较短时间内取得明显的进展。

二、地理信息系统产业技术发展的特点

（一）多种高技术综合、集成和应用社会化的趋势

地理信息系统的发展越来越具有多种科学技术综合交叉、渗透的特点。地理信息系统产业已不能孤立地作为一个单纯的软件产业发展，必须和遥感技术的发展、全球定位系统技术的发展紧密结合起来。同时，当代软件和硬件的相互渗透，使得地理信息系统软件的发展和硬件的发展越来越紧密地结合在一起。中国的计算机产业在过去几年中发展很快，"联想"个人计算机已在中国市场份额上名列第一，包括"联想"、"长城"、"方正"、"同创"等一批国产计算机产品已经在国内市场上构筑了较为牢固的阵地和优于一些国外产品的市场服务和销售体系。在这种形势下，应当把我国的软件产品和我国的硬件产品联合起来开拓国内市场，这是我国企业家、科学家的一项重要任务。

（二）组件化系统设计软件和网络化发展

从目前的发展来看，地理信息系统软件像其他支撑软件一样，已经或正在发生着革命性的变化：由过去厂家提供全部系统或者有部分二次开发功能的软件，过渡到提供组件由用户自己再开发的方向上来。地理信息系统应用领域将更加广大：从地理信息系统软件到用户的模式转变成提供地理信息系统环境、发展软件，最后面向用户的新模式。当今在世界范围内正在蓬勃兴起的信息网络（如因特网）的发展所提供的是完全不同于单个计算机的运行环境，要求运行软件具有独特的功能，给包括地理信息系统在内的整个软件产业提出了新的问题、新的技术和新的市场机

遇。因此，在总体技术战略上，从事软件产业发展的企业家和科学家要充分注意这些变化，从长远考虑做出必要的调整，立足创新，争取在未来市场竞争中处于有利地位。

（三）数据资源共享机制的迫切需求

地理信息系统的市场已经从单纯的系统驱动转向了数据驱动。软件的目的在于应用，对于应用而言数据是核心。建立各种数据库，是使我国的数据管理迈上一个新台阶的重大措施，也是使地理信息系统能够持续运行的基本保证。

目前，我国数据建设还存在一系列问题，一是数据分散，各部门单位之间的数据交流性差，造成数据资源无法充分利用；二是综合数据服务和更新还没有提上日程。尽快推动数据资源共享、制定数据交换标准、提供国家指导的数据结构是一项十分紧迫的任务。希望各界充分认识这个问题的重要性和严重性，有关部门应采取切实可行的措施解决这些问题，这是当务之急。

三、我国地理信息系统产业发展的思考

21世纪将是信息化的时代，各国已经制定了不少耗资巨大的战略计划，为争夺21世纪的有利地位展开了激烈的竞争。软件产业正被视为全球竞争的重要手段。我们必须抓住时机，针对目前我国地理信息系统产业发展的现状和存在的问题，认真研究发展地理信息系统产业的战略，包括国家宏观战略、产业发展战略、企业发展战略、技术发展战略，采取切实有力的措施，推动地理信息系统产业的发展。

（一）研究和制定地理信息系统产业的发展战略和政策

管理部门应把更多的精力放到宏观规划、战略制定和政策制定等方面上来，加大工作力度，加强战略方针的指导，通过政策引导地理信息系统研究和产业的发展。

1. 技术发展战略问题

"抓应用、促发展"既是发展地理信息系统产业的方针，也是发展地理信息系统技术的方针。要在全国各行各业努力推广它的应用，抓好重点行业、重点地区的典型示范，有组织、有步骤地建立行业、地方的培训网络。只有做好应用和普及，才能为国产地理信息系统开辟一个广阔的市场，在市场竞争中提高系统的技术水平。国外地理信息系统软件开发已有雄厚的技术基础，新的版本层出不穷，加上市场销售网络的支持，具有很强的市场竞争力。因此，中国的地理信息系统软件产业发展只是跟踪国外的模式，很难有大的作为，要大力提倡在设计思想和方法上的创新，争取技术上有新的突破，为占领市场开辟道路。

2. 产业发展战略问题

地理信息系统是"产业"的观念来之不易。坚持以市场为导向，以企业为主体，把软件从单纯技术导向的研究所和实验室作业中解放出来，这是观念上的重大进步。从反面讲，一些地理信息系统软件之所以发展不起来以至于失败，关键也在于此。在过去的十几年中，我们比较注意发展我国的软件技术，这是完全正确的；但相对忽略了软件的产业化问题和软件产业的国际化问题，软件技术的发展没有很好地和市场紧密结合，没有和产业紧密结合，科研成果没有能及时地转化为商品，不能有力地促进地理信息系统产业的发展。

我们在当前必须进一步明确"软件的问题是产业化的问题，产业化的问题是推广应用的问题"这样一个观念。在发展软件产业的过程中，从技术导向坚决地转变为市场导向，把软件的产业化问题提到首要的位置上来，把发展软件产业的工作落实到推广应用中去。需要说明的是，市场导向不排斥技术，发展技术是重要的一面，很多情况下是决定性因素。但科学技术的创新必须服务于市场的需求，以提高市场竞争能力作为创新的出发点和归宿，并且和管理创新、市场开拓创新有机地结合起来，这样才能够真正成为有市场竞争能力的产品。所谓的市场导向，应该就是这个含义。

3. 产业政策问题

地理信息系统的核心是软件。软件企业为知识密集型企业，在经营活动中智力投资占有很重要的位置。合理的税收政策应把企业大量的智力、无形资产的投入作为生产要素打入成本。否则，在知识型经济不断发展的今天，容易造成企业不合理的税收负担，在一定程度上构成对高技术产业创新和发展的障碍。

同时，急需按照西方的习惯做法，制定政府采购政策，对民族软件产业提供优先的市场机会，并加强宣传，提高执行反倾销政策的自觉性。

在地理信息系统普及到一定水平时，应制定鼓励应用的政策，在这方面CAD技术的应用提供了一个范例。国家有关部门提出，今后光盘必须作为图件存储介质，否则不能参加投标；技术人员不会使用CAD，就不能够评高级职称等。地理信息系统产业的发展也面临着同样的课题需要加以研究，当然要注意可操作性，不能着急，让大家逐步都接受这项新技术，自觉应用新技术。

(二) 制定地理信息系统企业的发展战略

1. 建立新的企业管理体制和运行机制

软件产业是有高度组织性的智力密集型产业，主要由高智力人群组成，并且需要严密的组织管理。原因在于软件产业要实现个人创造性和工作高度整体性的结合，对市场的高度敏感能力和对企业自身优势深刻理解的基础上，做出迅速反应的能力。经验反复表明，成功的地理信息系统企业，总是按照这些要求，不失时机地推进技术创新、组织创新、管理创新和市场创新。软件产业的这种特征使得它在传统体制下几乎无法运行，迫切需要建立鼓励创新、高效运行的良好机制，这是软件产业的特点，或者推而广之，也是高新技术产业的特点，是和传统产业的根本不同之处。近年来，不少的民营企业，实行了以"自主经营、自负盈亏"为中心的方针，有效地提高了企业的运行效率和创新能力。在构建激励机制方面，实施科技人员和管理人员以自己的技术成果和创业实际拥有企业股份，探索技术股、创业股等多种形式的股份合作制度，把个人利益与企业的发展紧密地结合起来，既充分调动了人员的积极性，又保证了企业的健康发展。

2. 建立创新的人才培养和使用机制

地理信息系统的核心是软件，软件的竞争归根结底是人才的竞争。成功的软件企业都十分注意采取措施，建立吸引优秀人才的机制，特别是针对软件企业智力投入大、需要高级软件人才勤奋工作，并保持相对稳定的特点，在面临国外企业激烈竞争的情况下，大胆地给软件人才以特殊的优惠待遇和发挥才能的机会，以很大的魄力、花费大的投资、采取一切可能的措施稳定软件技术人才和管理人才。同时，努力建立新的人才使用、培养和流动机制，使软件产业的人才结构趋于合理。在培养高层次的软件技术人才的同时，把立足点放在培养、造就一批软件企业家上。我们坚信有了一流的人才，就能办起一流的企业。在这里强调一点：现在有些企业在这方面存在问题，特别是缺乏管理人才和市场开拓人才，隐含着危机，希望引起高度注意。

3. 造就大企业，注意持续创新

最近几年来，在社会市场经济条件下，我国一批地理信息系统企业在激烈的市场竞争中从小到大，大浪淘沙，滚动发展起来。实践证明，一些名不见经传的小企业，只要有适应软件产业的机制和体制，有持续创新能力和正确的市场策略，就能在短时间内迅速成长壮大。今后还要继续通过制定政策，鼓励企业从小到大地发展。但是，仅仅依靠自身滚动壮大是不够的。国家除了在政策上继续给予扶持以外，还要在企业发展的方向上加以引导，鼓励其按照"自愿结合、自主经营、自我发展"的方针，进行股份制改造，推进资本联合和重组，建立现代企业制度，在短时间内形成一定数量的大型骨干地理信息系统企业或企业集团，实现规模化生产和经营。在这个问题上要注意学习和借鉴国外一些迅速崛起的公司的发展经验。

4. 需要尽快着手的几项基础性建设

（1）集中力量加强国家地理信息数据库的建设。地理信息数据是应用的基础。但是，我国统一、规范的基础地理数据库及其服务体系发展十分缓慢。目前，覆盖全国的只有小比例尺（1∶100万）基础地理数据库（1∶25万正在建设中），各类专题数据库也相当缺乏，数据标准不统一，难以满足不同专业领域应用的要求。信息资源的缺乏已经成为发展地理信息系统应用的"瓶颈"。国家应投入必要的人力、物力和财力，在建立数据交换标准的基础上，统一规划，有计划地建设覆盖全国的多种比例尺的国家基础地理数据库和各类专题数据库，为大规模的地理信息系统应用提供基础数据。同时，制定信息共享的政策，使这些信息为全社会所充分使用。

（2）在国家的统一组织和协调下，尽快建立我国的地理信息标准。目前，我国没有统一的地理数据信息标准，各地、各部门自行数字化的地理数据格式各种各样，已经开发的地理信息系统之间数据无法直接交换。这种情况严重影响了国内地理基础数据的共享。在计算机网络日益普及的今天，这种局面必须迅速改变。

（3）建立测试和质量认定中心。国外软件测试已经占到整个软件研制总工作量的30%～40%，在医学、航空、航天等领域，甚至高达70%～80%，大量的测试研究中心陆续建立。国内地理信息系统测试和质量认定工作应当加强，建立相应机构。当前可考虑把测试工作和测评工作结合进行。

（4）建立产业协会。国外知识密集型的产业，特别是软件产业都采取建立产业协会的办法来实行集体的自我约束和保护。面对市场竞争，要协调各个企业的行为，避免自杀性竞争。在我国目前的情况下，建立行规行约，规范国内地理信息系统市场很有必要。可以考虑建立地理信息系统软件行业组织，制定相对统一的地理信息系统软件价格标准和工程实施费用计算办法，建立地理信息系统产品标准，逐步实行系统产品测试、认定和推荐。提倡优先使用符合行规、行约及行业标准的国产地理信息系统软件，反对不正当竞争。当前特别要防止那种既损害用户利益，又不利于企业发展的不合理削价现象的蔓延，逐步形成既有利于扶持民族工业，又有利于国内外企业交流的公平竞争的市场环境。

（5）发挥部门、地方的积极性，开展示范应用工程。地理信息系统的应用涉及国民经济、国家安全的各个领域，甚至渗入到千家万户。引导应用，没有示范不行。特别是在新开拓的领域，要建立一批应用示范点，辐射、带动整个市场的发展。地方政府具有机制灵活、决策效率高等特点，要发展我国地理信息系统产业，必须调动中央和地方两个方面的积极性。现在有些省市建立了软件工业园区和软件产业基地，把软件产业作为地方经济的支柱产业给予扶持，这是很好的开端。希望地方政府能够瞩目于地理信息系统这一重要而且具有广阔前景的产业，率先开展工作，在政策上引导，并给予一定的资金支持，鼓励国产地理信息系统产品和企业的发展。

我国的地理信息系统产业已经起步，各部门、各单位的技术人员、市场人员和管理人员正在努力工作。我相信，尽管前进道路上还有不少困难，但这些困难一定能够克服，发展我国地理信息系统产业的目标一定能够达到，让我们共同努力，为实现这一目标而携手奋斗。

全社会要高度关注"数字地球"[①]

(1999年1月)

"数字地球"是一个很重要的问题,中国科学院对这个问题的关注也是长期的,陈述彭院士和王之卓院士很早就对有关数字化问题给予了高度的关注,中国科学院地学部也做了很多工作。下面我谈几点看法。

一、从国家战略的高度看"数字地球"问题的必要性和紧迫性

各国的战略计划,如美国、俄国的登月计划、载人空间站计划等,都是从各自的全球战略利益出发考虑和决定的。中国当然需要从我国利益出发,对于这些计划做出必要的反应。有些从需要和可能来讲我们不做或者当前不做,有些就必须做出反应。我认为,我们应当对美国提出的"数字地球"构想及由此引发的地理空间数据基础设施建设等问题必须做出反应,积极应对。这是从我国的国家利益考虑,主要基于以下几个方面。

(一)国家可持续发展的要求

我国正在面临着越来越尖锐的资源和环境问题。1998年的水灾引人注目,黄河严重断流的现象引起社会各界的广泛关注;我国耕地面积在减少,荒漠化过程在加剧,这都是重要且亟待解决的问题。现在对这些问题往往是个别地做出反应,在某种程度上是头疼医头、脚疼医脚。有的部门提出要搞灾害评估系统,有的部门提出要搞耕地的监测系统,有的部门提出要搞农作物估产系统……,但每个系统都有结构和功能的局限性,而且也造成大量重复性工作,浪费了我国有限的人力、财力、物力资源,影响可持续发展。所以,必须要从更宏观的角度来考虑这些问题,在这

[①] 1999年1月刊登于《科学新闻》(周刊)1999年第1期。有关更多内容可参阅徐冠华、孙枢、陈运泰和吴忠良于1999年1月28日发表在《遥感学报》1999年第3卷第2期的文章《迎接"数字地球"的挑战》;徐冠华、陈运泰作为项目负责人发表在《当代中国科学思想库》(第一辑)的文章《关于"中国数字地球"发展战略的建议》(中国科学院地学部咨询报告);以及徐冠华1999年11月29日在"99数字地球"ISDE国际会议上的讲话,发表于《中国图像图形学报》(1999年12期)和《中国航天》(2000年第1期)。

方面，"数字地球"为我们提供了一个新的思路。它一方面立足于支持国家整体的可持续发展，另一方面和全球变化、资源、环境研究的一体化，以及国际经济一体化过程紧密地联系起来。从这个意义上讲，这项工作早晚得做，晚做就会浪费更多的资源，早做可以取得更多的主动。

（二）国家经济发展的需要

我国先后搞了几个"金字工程"，这些带"金"字的工程很多都和空间数据密切相关。据我所知，人类生活中涉及的数据有80%和空间数据有关，所以如果全球的、国家的信息系统不能提供地理空间有关的信息，这个信息系统一定是不完善的。回过头来看，美国在1993年提出国家信息基础设施建设，在1994年提出国家空间信息基础设施建设，在1998年又提出"数字地球"的概念，有必然的联系，是从经济、社会和可持续发展各方面考虑做出的重大决策。所以，我们应当从战略上对这个问题的必要性和紧迫性有所认识。

二、关于实现中国"数字地球"计划的可能性

这个问题归根结底是工业化和信息化的关系问题。有的同志认为，在中国没有完成工业化以前，不能搞信息化。实质上，这是中国经济能不能在某些领域跨越传统的发展模式、先走一步的问题。我认为从历史的角度看，技术跨越是必要的、可行的，而且往往是落后国家追赶先进国家的必要手段。回忆历史，英国的崛起是蒸汽机所导致的工业革命的直接结果，德国的迅速发展有赖于钢铁工业和合成化学工业，美国的发展则直接得益于电力和内燃机工业。历史提示我们，科技进步是使一个国家从落后赶上发达国家的必要手段。在近代和现代，我国已经几次痛失发展时机，信息时代的到来为我们提供了一个追赶发达国家的宝贵机遇，如果再次失掉发展机遇，我们既无法告慰前人，更无法面对子孙。有的同志担心，是不是又想搞"大跃进"？我认为，技术跨越和"大跃进"在本质上不同。"大跃进"是低技术水平产业的外延式膨胀，技术跨越集中于技术突破，是局部质变延伸到整个经济系统的更新。当然，也不是说中国在所有技术领域都要跨越，而是考虑到我们的需要和可能，在某个领域集中突破。

"数字地球"所涵盖的领域正是面临重大技术突破的领域。目前，为"数字地球"提供信息支撑的对地观测卫星技术已取得重大进展，制造和发射对地观测卫星已不需要巨额投资；小卫星系列可以提供高质量、短周期的数据，而成本只需亿元或数亿元；高速宽带网可以在不大量增加投资的条件下，实时传输多媒体数据。因此，为"数字地球"提供主要支撑信息基础设施已不存在重大技术和经济障碍，只要做好统一规划、集中攻关，促进"数字地球"的发展是完全可能的。

三、下一步应当采取的措施

(一) 我建议首先要动员社会关注"数字地球"的问题

"数字地球"是涉及国家发展的重大战略问题，须由最高领导做出决策。领导人做出决策的依据是来自各种渠道的信息，一个渠道是从部门反映上去；另一个渠道是从社会各界反映上去，包括舆论、宣传媒介，也包括个人渠道。现在看来，社会渠道往往发挥着重要的作用。所以，这项工作要取得领导人的理解和支持，必须首先得到社会的理解和支持，这是今后工作很重要的一方面，我有几个具体建议。

(1) 中国科学院可否考虑联合有关单位召开一次"数字地球"研讨会。
(2) 今年在中国召开一次"数字地球"的国际研讨会。
(3) 建立"数字地球"的科技论坛，有关研究所轮流主办。

(二) 把"中国数字地球计划"或"数字中国计划"作为国家的战略计划提上日程

我所说的"提上日程"不是现在立项，而这也不仅仅是立项能解决的问题。这个问题的重要性在于它是实施科教兴国战略和可持续发展战略的一项重大基础设施，是信息时代不可缺少的组成部分。它不仅仅是科学研究问题，也是工程问题，还有政策问题，涉及方方面面。这不是科技部或中国科学院能解决的问题，需要国务院做决策。例如，可以在以下几方面做决策。

1. 数据的获取

如何从"数字地球"的角度来布局对地观测卫星发展计划，需要很好考虑。

2. 数据共享的问题

现在数据共享不能实现的原因之一是提供数据的部门靠事业费不能维持业务运行，不得不卖数据。这样做的结果是很多单位如高校、研究所因为没有钱而不能使用数据。还有个别部门因为是独家经营，抬高数据价格。实际上，买数据的经费渠道都来自政府，只是拐了一个弯子，从国家转到部门后再转到提供数据的部门。如果下决心把政府的钱直接提供给生产数据的部门，让他们向高校、研究所和其他从事社会公益的部门无偿提供数据，一样用国家经费，问题可以解决。这个问题不解决，让其他部门共享数据很困难，所以需要政府做出决策。

3. 网络建设问题

现在三网合一的问题没有解决，通信网、广播电视网、数字网三网各自运行。

但中国处在目前这种发展阶段，是不是还有必要搞几个网并行？需要研究解决。总之，"数字地球"应当首先是一个想法，有一个目标，然后采取各种措施推动，让这个计划尽早提到日程，这对于国家经济建设、国家安全和可持续发展都有重要意义。

4. 数据库建设

"数字地球"的基础是数据库的建设，从数据的采集、处理、使用，一定要强调规范化、标准化，这是实现数据共享的基础。与此同时，随着国产地理信息系统基础软件的逐步成熟，还要考虑数据获取系统、地理信息系统和全球定位系统软件的国产化和产业化问题。

关于轨道交通的发展建议[①]

(1999年4月18日)

我们于近日看到了中国工程院3月31日报国务院"关于呈报《磁悬浮高速列车与轮轨高速列车的技术比较和分析》的咨询报告",虽然我们之中有人被列为报告的签名者,但对报告内容存在根本的分歧。鉴于高速列车涉及国家建设的全局,有必要反映下述意见。

一、要坚持市场导向,从未来全国交通运输的全局出发,做出战略决策

高速铁路建设方案论证,必须跳出铁路的圈子,从未来中国交通建设的全局出发,综合考虑铁路、公路和航空的市场需求,做出战略决策。

最近几年来,我们反复提出基于中国领土辽阔的情况,不同于法国、德国和日本,中国不宜发展高速轮轨列车,而应大力发展磁悬浮列车的观点。这主要是因为中国大城市间(京沪、京广、京成……)建设高速轮轨铁路,受速度限制,其运行时间将大大高于航空运行时间(指从家到家的时间),因此将很难和航空运输市场竞争,造成航空乘客不堪重负,高速轮轨乘客不足的后果。

最近,我们其中一些同志访问日本,获得了一些资料,即日本各种交通工具市场占有率与旅行距离的多年统计关系,进一步说明了这一观点的正确性。统计关系清晰地表明,时速250公里的新干线高速轮轨铁路,随着距离的增加,其市场占有率迅速上升,在距离约800公里时达到约70%的峰值;但随着距离的继续增大,旅客更多地选择了飞机,占有率急剧下降,距离达1200公里时下降至约30%。当时速500公里的高速磁悬浮列车投入运营后,占有率峰值估计将延续至1500～2000公里。我国主要铁路干线京沪线(1463公里)、京广线(2294公里)、京哈线(1297公里)、陇海线(连云港至兰州,1759公里)等均远超过800公里。作为全国大城

[①] 1999年4月18日笔者与何祚庥、严陆光共同撰写的一个报告。

市间、大客流量的主干线网需要有 500 公里/小时的高速度才能与民航竞争，从而保证地面轨道交通的骨干地位。

人们常常提出一个问题，为什么作为国家计划持续了二三十年，花了几十亿美元来有效发展高速磁悬浮列车的日本和德国，当今天掌握的技术已成熟到可以建造实际运营线时，反而在自己国内发生了不小的争议？我们认为，决定性因素也是市场的需求。德国领土南北长约 850 公里，东西宽约 600 公里；日本是南北长约 1600 公里，东西宽约 110 公里的岛国，以其首都为中心至各大城市的旅行距离一般不超过 500~800 公里。在这样的距离内，高速轮轨铁路运行时间和飞机运行时间（指从家到家的时间）大体相当，因而可以和民航竞争，成为城市间客运的主要交通工具。但在 500~800 公里的距离，高速磁悬浮列车速度由当前轮轨高速的 300 公里/小时提高到 500 公里/小时所能节省的时间（指从家到家的时间）并不十分显著，而且这些国家已有完整的高速轮轨铁路和高速公路网，因而建造磁悬浮实际运营线并非紧迫需要。

从幅员辽阔、经济发达和大城市间客流量大出发，高速磁悬浮列车应该适用于美国，但美国并未发展磁悬浮列车。其原因主要是：美国多年来大力发展了公路和民航，连高速轮轨铁路也没有发展，使得当今美国铁路在客运方面的作用很小。例如，1995 年在美国客运周转量中公路约占 80%，民航约占 20%，而铁路仅为 0.2%。美国已经形成了以公路与民航为主的客运交通体系。虽然高速磁悬浮列车具有明显的优越性，但交通结构调整的代价过大，且遭到汽车与航空工业界的强烈反对，也很难实现。

我国的国情与日本、德国、美国都有很大的区别。我国幅员辽阔，人口众多，南北长 5500 公里，东西宽 5200 公里，四大直辖市，以及各省会城市间直线平均距离 1400 公里，以北京为中心，2000 公里的直线距离可覆盖北至边疆，南至香港，西达新疆东部的广大经济发达地区。我国目前人口超过 100 万人的城市已有 32 个。随着经济的发展，大城市间长距离的客运量将迅速增加。大城市间 1400~2000 公里的距离，时速 500 公里的磁悬浮列车比时速 250~300 公里的高速轮轨列车在与民航竞争中具有显著的优势。特别是中国的人口远多于美国、欧洲，且分布高度集中，大城市间主要依赖于航空交通，将带来空中交通安全和机场建设等严重问题，因而磁悬浮列车的高速优势有重要意义。此外，中国目前尚未建设高速铁路，航空客运和高速公路也处在初期发展阶段，交通结构调整代价远比西方发达国家小。因而高速磁悬浮列车在证实其运营成熟性后，其更高速的优势及与高速轮轨相差不多的投资与运营成本必然会使其成为中国有轨交通首选的方案。

二、关于高速磁悬浮与高速轮轨的比较

关于高速磁悬浮在更高运营速度及其他方面的优越性已取得了共识，但是，

"报告"提出"造价高、风险大"作为高速磁悬浮列车存在的主要问题,我们认为不妥。实际上,"造价高、风险大"是任何一种新技术和传统技术比较时通常遇到的情况,不应成为使用新技术的障碍。新技术生存与否,完全取决于市场的需要,否则航空交通和地面交通、核电站和常规电站相比较,均无发展的可能。特别是高速轮轨与普通轮轨比,速度高1倍多,造价却高了2~4倍,按照"报告"的逻辑,高速轮轨就更无法发展。恰恰在磁悬浮与高速轮轨比较时,情况是造价并不太高,风险并不太大。关于建设投资问题,德国的工作表明,其磁浮线在平原地区比高速轮轨线约高25%~35%;日本估计,其磁浮线比新干线贵10%~20%。看来,磁浮线会较贵一些,但相差不大。速度高了50%~70%,而造价增加不多,应该是一个重大优越性。所谓风险问题,日本、德国经长期研究发展已使磁悬浮技术成熟到可建实用运营线的程度,德国30多公里的磁浮试验线已运行十余年,积累了大量的经验和数据。因而,在国际合作的基础上发展磁悬浮,风险要小得多。

三、京沪高速铁路立项中值得注意的几个问题

京沪高速铁路立项讨论中,我们感到下列意见值得重视。

(1) 京沪高速铁路全长1307公里,采用时速250~300公里的轮轨高速,其全程旅行时间需要6~7小时,像日本经验所证明的那样,难以与航空竞争。

(2) 近年来,我国铁路客、货运量有所下降,显著低于可行性研究的预期值,近期走向不清晰,长期走向也缺乏准确估计,立即建造京沪高速铁路可能出现长期亏损局面,应该延缓决策。

(3) 解决近期京沪线运输紧张问题可有多种可能方案,应该鼓励与支持有不同主张的同志提出可竞争的方案,进行深入论证,不要轻易否定。

(4) 既然时速为300公里的高速铁路在京沪线不能有效地与民航竞争,是否可以考虑建时速200公里的准高速线,这样投资可能会少得多(京沪高速预期7500万元/公里,而秦皇岛至沈阳的时速200公里准高速线建设投资3600万元/公里),且可更多依赖我们已有的技术基础。

总之,报告提出"建设京沪高速铁路是我国高速铁路的首先选择","在京沪线上采用轮轨技术方案可行"的结论不妥。建议发扬民主,耐心听取不同意见,对有关问题进一步进行深入、细致的论证。

四、建设一条高速磁浮试验运营线 是我国高速磁浮列车体系的当务之急

建设试验段是我国发展高速磁浮列车体系的当务之急。我们就此问题进行了酝酿讨论,有的同志还于最近赴日本访问,与日本同行进行了探讨,有了一些初步意

见，待进一步研究德国情况，在比较的基础上形成更成熟的意见后，再提出报告。

我国正处于对高速交通发展战略进行抉择的关键时刻。在技术路线的决策上，既要看到现实性，还需预见到超前性，否则，落后的决策就将失去未来的现实性。我国铁路、公路与民航系统还不发达，恰恰成为我们在交通领域实现技术跨越式发展，发挥后发优势、后来居上的重要机遇。优先发展基于当前众多高新技术前沿的高速磁浮列车体系，符合我国未来的市场需求，将为多种新兴产业的形成和经济发展起着重要的带动作用，并有可能在21世纪高速列车发展中占有领先地位。

农业科学技术推广、普及和产业发展中的几个问题[①]

(2000年11月5日)

很高兴能在杨凌参加中国农业高新科技论坛。本次论坛成功地举办，凝聚了与会各方可贵的热情和组织者不懈的努力，也反映出越来越多的人对杨凌农业高新技术产业示范区的建设，对西部农业的发展和对西部大开发战略的实施的高度关注。下面，我就依靠科技和体制创新，促进西部农业跨越式发展中应当注意的几个问题，谈几点认识，与大家交流。

一、处理好体制创新与科技创新的关系

体制创新是科技创新的保障和前提，没有体制创新，科技创新就不可能顺利实现。自去年242个科研院所转制以来，我国科技体制的改革进入快速推进阶段，今年社会公益性研究院所改革已提上日程。我国社会公益类科研机构在体制、机制方面均存在一些问题亟待解决。

（一）市场机制的作用有待加强

改革开放以来，随着经济和科技的发展，我国现有社会公益类研究机构的状况发生了很大的变化。在这类研究机构中，出现了有面向市场能力的科研机构和必须由政府支持的科研机构并存的局面，但两个方面的工作当前都仍旧主要靠政府投入支持。这样做的结果，一方面使得应该面向市场的科研机构不能够按照市场机制运作，活力动力不足，成果转化不力，在经济和社会发展当中没有发挥应有的作用；另一方面确实需要政府支持的科研机构，又因为有能力面向市场的科研机构耗费了相当大一部分资源，投入严重不足。

---

① 2000年11月5日在杨凌中国农业高新科技论坛上的讲话（节选）。

（二）科研机构重复设置，力量分散现象比应用开发类科研机构更为突出，经济负担沉重

我国有1100多个县级以上农业科研单位，在职职工12万人，是美国和苏联的两倍，但人均的科研经费还不足发展中国家的一半，人多钱少，经费只能主要用来养人。据1998年统计，我国社会公益类科研机构人均事业费仅仅为1.3万元，机构总收入人均大约3万元，仅相当于技术开发类机构的1/3~1/2，科技人员的工作和生活条件差。所以，一是要增加投入，二是要调整结构，分流人才。否则，即使再增加1~2倍的投入，也很难有实际效果。

（三）科研机构没有建立开放流动竞争的机制，科技人员的流失，特别是青年骨干人员的流失比较严重

这些问题如不及时解决，将对我国包括农业在内的社会公益性科学研究和创新产生严重影响。

二、处理好发展农业高新技术产业与改造传统农业的关系

西部发展农业高新技术产业要坚持因地制宜、突出重点、有限目标的原则，将重点放在高新技术在解决西部农业发展重大难点问题的实用性和高新技术在西部农业产业结构优化升级中的带动性上。共性技术对整个行业或产业的技术水平、产品质量和生产效率的提高，有着迅速、巨大的带动作用，具有重大的经济和社会效益。西部大开发要发挥科学技术的作用，政府就应在开发、普及和推广农业发展中的重大共性高新技术方面做出更大努力。所以，在西部农业发展中，包括杨凌农业高新技术产业示范区在内的科技产业机构、科研机构和高等院校，既要高度重视生物技术、信息技术等高技术在农业中的应用及产业化，又要积极研究推广节水灌溉、集水旱作农业、生态农业、设施农业，以及小城镇建设规划、设计和新材料应用等重大共性技术，改造传统农业。要以杨凌为中心，向周围广大地区辐射高新技术，使广大农民真正得到实惠，这样才能真正发挥杨凌的示范作用和带动作用。

三、处理好西部经济发展与生态建设的关系

西部地区要想实现跨越式发展，就要避免走东部地区所走过的弯路，始终将推进经济与环境协调的可持续发展放在重要的位置。西部地区的生态状况非常脆弱，一旦破坏，恢复起来代价更大，甚至有些环境破坏了将无法恢复。西部地区的生态环境的好坏不仅关系到西部的发展，也影响到整个国家的发展。因此，要坚决制止发展污染严重的小工业和加工业，制止东部污染企业向西转移。西部地区要树立长

远发展的思路,不能因为眼前利益而破坏长期发展的基础。

四、处理好专业人才培养与广大农民素质提高的关系

人才是创新的关键,是新经济中最重要的资源,是世界各国争夺的焦点。西部在地理、文化、经济等方面与东部,特别是与经济发达地区有很大差距。因此,西部地区在吸引人才、使用人才、培养人才方面要有勇气、有所创新。只有这样,才能培养、吸引一批高素质人才。要尽快造就一支由学术带头人、技术推广人员、农业企业家和职业经理人才组成的人才队伍,同时,要把提高广大农民和企业家的科学文化素质放到主要地位。没有亿万农民素质的大幅度提高,农业现代化就难以实现。

五、处理好改善条件与改变观念的关系

创新是一种文化,跨越是一种新的发展方式,仅仅依靠条件的改善远远不能满足农业跨越式发展的需求。跨越式发展必然要求观念的现代化,要求观念创新、体制创新与条件创新的有机结合。杨凌高新技术产业示范区的条件已经有了很大的变化,中央各部门还要进一步加大支持力度,改变杨凌的条件。与此同时,杨凌及西部地区一定要改变传统观念。国家的现代化,首先是人的现代化,而人的现代化,首先是观念的现代化。没有观念的现代化,没有创新意识,想都想不到,怎么能做到呢?日本的"技术立国",创造了东洋奇迹;韩国的"技术立国",使其由一个资源小国成为新兴的工业化国家,30年经济增长149倍;以色列硬是在沙漠地上创造了世界有名的高效农业。西部地区的资源比韩国丰富,自然条件比以色列强,只要转变观念,改革体制,加速技术的创新,有党中央、国务院的正确领导,有中央部门及兄弟省市的支持,一定能创造出更加辉煌的成绩,最终实现技术跨越与农业的跨越。

加强咨询能力建设，促进中国咨询业发展[①]

(2000年11月8日)

我们正生活在一个政治、经济和技术深刻变革的时代，经济的全球化、信息化，尤其是高技术引发的以知识为基础的新经济的出现，使人类对未来的发展更加难以驾驭，同时也增强了人类对生活质量更加美好的期望，世界各国都面临着严峻的挑战，中国自己也面临着特殊的挑战。

我们在社会主义制度下发展市场经济是一项前无古人的事业，我们的经济发展处于一个非常关键的转型时期。过去，我们走的是一条高投入、高消耗、低产出、低效益的粗放型增长之路，传统的产业结构、产品结构越来越不能适应市场变化和人民生活改善的需要。现阶段各级政府不仅面临着自身职能转变的"阵痛"，更要担负起在不干预经济微观运行的前提下，进行有效地宏观调控，促进产业结构调整和升级的重任。在这一历史性大转变中，要避免重大决策失误，迫切需要一支专业化的咨询队伍为决策提供数据翔实、评估和预测准确的市场分析和行业发展报告。

中国现在正在为加入 WTO 做积极的准备，在入世准备期间，要对我国贸易体制进行一系列的改革，我们将逐渐向外资企业开放国内市场，这将为国内企业带来新的竞争和挑战。我们的企业刚刚学会在市场经济中"蹒跚走路"，就要面临和外资共享市场的挑战，我们在市场把握、管理水平、创新能力和人才构成等方面存在着较大的差距。因此，我国的企业迫切需要一支能提供有价值咨询服务的队伍帮助企业提高市场竞争力。

加强技术创新，必须与经济和社会发展相结合，现在科技、教育与经济相脱节的现象还没有完全改变，我们希望咨询机构能帮助科研机构和企业正确地选择有市场价值的研究开发成果和提出成果转化的具体方向，使之与国家发展目标、市场需求和自身优势相一致。在技术创新和高技术产业发展的过程中，由于技术的不确定性、权益的不确定性和政策环境的复杂性，需要咨询机构提出实现和维持高效率的建议。

---

① 2000年11月8日在21世纪中国咨询业发展国际研讨会上的讲话。

因此，我们在极其复杂的环境中，如何充分利用人类积累的知识和智慧解决面对的问题非常重要。中国有一句古话："运筹帷幄，决胜千里"，就是强调知己知彼、善于决策的重要性。在当代迅速变革的社会中，中国比任何时候都更加需要咨询，大力促进中国咨询业发展具有特殊的重要意义。

中国咨询业是随着中国的改革开放发展起来的。20世纪80年代初期，中国政府就把推进决策科学化、民主化提到了工作日程，由此积累的经验和认识的深化，为促进咨询业发展奠定了基础。在社会主义市场经济环境中，咨询业，特别是专业咨询更如雨后春笋，茁壮成长。1992年，国务院颁布的《关于加快发展第三产业的决定》，明确提出了要加速发展会计、法律、科技咨询和其他咨询业务。1994年，国家科委在北京、天津、上海三个直辖市和江苏省进行发展咨询产业的试点，并将试点取得的成功经验向随后确定的12个重点联系省市推广，取得了良好的效果。1999年，中共中央、国务院在《关于加强技术创新、发展高科技、实现产业化的决定》中进一步强调，要大力发展中介服务机构，积极发展信息咨询服务，为企业特别是广大中小企业提供经营管理、市场营销、信息、财务、金融、法律等方面的服务，标志着中国咨询业进入了一个新时期。

经过近20年的发展，中国咨询业年营业额已近百亿元，初步形成产业规模。服务质量高、运作规范、基本符合国际通用要求的咨询机构不断涌现，正在成为中国咨询业发展的主力军。20年的实践说明，大力发展咨询业，不但可以提高各级政府和各类决策主体决策的科学化、民主化水平，避免和减少失误，而且可以利用所拥有的国内外科学技术资源，利用专业技术人员的技术和经验，为各类机构和组织提供解决市场中遇到的复杂问题的依据和方案，产生良好的经济效益和社会效益，从这个意义上讲，质量好的咨询意见被业主及时采纳、运用，就会转化为生产力和财富。

从总体上讲，我国咨询业还处于发展的初级阶段，主要表现在以下几个方面。

（1）我们还缺乏训练有素、工作经验丰富的咨询顾问，不少人对各类战略、战术决策，特别是对市场运作中的棘手问题还缺乏分析和解决的能力，咨询机构适应市场需求的管理和经营机制尚待提高和完善。

（2）政府各有关部门缺乏强有力的协调机制，缺乏指导和促进咨询业发展的必要立法和有效的激励和监督政策，缺乏足够的公开、公平、公正评价的咨询机构和任用咨询顾问的制度。

（3）全社会对咨询产业的作用还缺乏理解，对咨询的价值还缺乏认识，因此，还缺乏选聘和使用咨询顾问的动力、愿望和技能。多数的客户对咨询机构还没有认同。

咨询机构服务能力"良莠不齐"和服务质量在一些专业中得不到保证，成为困扰我国咨询业发展的难题。概括起来，中国的咨询产业已经起步，而现有的咨询服务还难以满足社会经济发展的需求。为了解决这一矛盾，我们当前的一项紧迫任务是要大力加强咨询能力的建设，要从供给、需求、环境三个关键因素及它们之间的协调发展出发，采取有效措施，切实提高咨询顾问的能力和水平，提高咨询机构的服务质量和效益；建立良好的客户界面，切实解决客户的问题，改进和优化咨询业的发展环境。

咨询的重要作用在于它可以不断消化、吸收有用的知识和信息，不断地输入新观念，以其技术、经济和管理方面的知识和经验，从全球的视野出发预测未来，向企业、政府和各类组织提出策略建议，从而为客户获利，或为国家发展作出贡献。发达国家的案例及其对咨询业发展提供的支持都值得我们研究和借鉴。我们要在更加开放的环境中，从实际出发，采取积极可行的措施，促进咨询业的发展。当前，特别要从以下几个方面加强咨询能力的建设。

一、加强政府对咨询业发展的激励和监督能力建设

政府对咨询业发展的支持和指导，是当前提升中国咨询业的重要方面。亚洲开发银行支持的《中国政府选聘咨询机构（顾问）规则指南》已经完成，根据我国相关法律法规，我们将组织起草《中国政府选聘咨询机构（顾问）的管理条例》，在条件成熟后发布实施，以实现政府选聘咨询顾问的公开、公平、公正，增强选聘过程的透明度。

加强政府制定政策法规和颁布重大投资前的咨询和投资后的评估，逐步将咨询纳入决策程序，这样既能减少决策失误，又给我国幼稚的咨询产业提供了更大的市场空间，提高咨询机构的社会地位，增强咨询顾问的责任感。

政府有关部门要通过示范和案例等方式强化社会各类机构、人员的咨询意识，介绍跨国公司在成功运作中咨询顾问所做出的贡献，让我国的企业、企业家更多地理解咨询的作用和价值。

利用财政、税收等经济手段支持咨询业的发展，对以向社会提供公共事业领域的咨询服务为主的咨询机构，经认定后可按非营利性机构运作管理。

我国经济正处于结构调整时期，随着科研院所和事业单位改革的深入，将会有更多的机构走上独立发展的道路，有利于他们客观、公正地提供咨询服务。

二、加强客户选聘和使用咨询顾问的能力建设

客户是咨询建议的最终决策者、实施者和受益者，因此咨询效果的好坏与客户对咨询建议的理解有着密切的关系，由于咨询顾问技术和身份的独立性，他们的建议可能不被理解和采纳，咨询业发展史上记载着几千份非常好的咨询报告，尽管客户形式上表示接受，但却一直存放在保险柜里没有实施过。这表明建立并保持咨询顾问和客户之间的相互理解、相互信任是很重要的。中国的咨询实践表明，咨询顾

问还远未被广大客户所理解和重视，这正是咨询业现阶段面临的重要难题。因此，加强对成功咨询案例的介绍，让中国公众更多地理解咨询顾问的作用，了解选聘和使用咨询顾问的基本程序，让客户在实践中明白自己在咨询过程中的责任，了解过程监控和评估方法，开发公众对现代专业咨询的需求意识是非常重要的。

三、加强咨询服务能力的建设

咨询业最核心的要素是供给，也就是咨询的服务能力，这方面的建设尤其重要。

（一）加强咨询行业协会服务能力的建设

发达国家咨询业发展的经验说明，咨询协会在推广咨询职业标准和协助年轻的咨询业获得客户和社会的信任中发挥了重要作用。中国工程咨询协会、中国国际工程咨询协会、中国建设监理协会在行业管理方面都有丰富的经验。我们在试点省市工作中，也把加强协会管理作为重点，效果很好。希望我国各地、各行业在吸收协会管理成功经验的基础上，更加努力地加强以下方面的能力建设。

（1）决策能力。协助政府研究制定激励和监督咨询业发展的政策、法规和行业发展规划。

（2）市场开发能力。沟通咨询机构和客户的业务联系，树立行业信誉和形象，促进市场秩序的形成。

（3）行业自律。通过建立行为准则（道德、专业水准），使其成为本行业从业人员自我约束行为的宣言，避免咨询人员个人行为的随意性。

（4）知识、技能传播。采用多种方法帮助会员提升专业服务能力，开发和传播本行业的知识和技能。

（二）加强咨询机构能力建设

咨询机构在为客户提供高质量的咨询服务的同时，自身也要取得必要的商业收益，这就要求其本身拥有高效的管理和服务创新能力。公司无论大小，都应该有自己的专业优势，有自己独特的发展战略和不断创新的服务产品。同时，也要有适合于自身发展的质量控制程序和项目管理方法，如果忽视机构自身的运作管理，不可避免地会导致高成本低效率，引发客户的不满。这是一些基本的道理，却常常被忽视。有一些公司，他们把不少精力花在寻找新任务上，但因为忽视自身的运作管理，导致服务质量下降，反而失去客户，这种情况值得重视。

（三）加强咨询顾问服务能力的建设

专职咨询顾问应受过良好的基础知识训练，具有解决问题的技能和经验，还要不断地跟上理论和实践的发展。他们在承接客户任务时，首先要站在客户的立场，在更广阔的社会需要和背景下考虑客户的利益。咨询是一个高智力的行业，产品在多数情况下是无形的，每个咨询顾问在为客户服务时应该遵守职业行为规范，以此约束好自己，保护整个行业的信誉和利益。

我们今天的环境，其政治、经济和社会复杂的深度和广度，是史无前例的。适应环境的变化能力，已经成为事业成功和生存的根本条件，这些变化为决策者提供了新机会，也为咨询业提供了广阔的服务新领域，咨询顾问们大有可为。

加强中国咨询能力建设是一项复杂而长期的任务，我们希望获得国际上的有关信息、思想、经验与建议，从中得到借鉴，也期待着通过加强国际合作，增进中外咨询机构的了解，提高其业务水平，共同开发建设中国的咨询市场。

探索符合国情的软件产业化道路[①]

(2002年9月10日)

国家"火炬"计划软件产业基地工作会议在无锡召开了。这是加强科技创新和体制创新，促进我国软件产业化发展的一次重要会议，对于在新形势下把握软件产业化的良好机遇，应对日趋严峻的国际竞争挑战，具有重要意义。下面，我就加快软件产业化的若干问题谈几点意见。

一、软件产业发展面临新的形势

软件产业作为信息产业的核心和灵魂，是极为重要的战略性产业，其发展水平直接关系到一个国家的经济发展、社会进步和国家安全。世界各国都在积极采取措施，加快本国软件产业发展。当前，国内外软件产业发展呈现出一些新的发展态势，集中表现在以下几个方面。

(一) 软件技术发展日新月异，正在酝酿着历史性的变革

目前，软件技术正在从以计算机为中心向以多媒体信息服务为对象发展，软件技术的开发平台网络化、系统构件化和开发工程化成为主要潮流。网络软件、高端计算机软件、操作系统微内核与源码技术、软件可靠性和安全性、软件开发和集成工具、面向个人的个性化应用软件等，成为软件技术越来越重要的研究领域。Linux等开放源代码软件的发展，以及网络接入设备的多样化，开拓了新的、巨大的市场空间，也开始对Windows的垄断局面构成直接威胁，预示着国际软件产业格局的重大变革。我们必须时刻关注这些新的动向和趋势，及时调整技术发展的方向，把握稍纵即逝的历史机遇。

(二) 软件产业的国际竞争日趋激烈，政府的积极干预成为许多国家的战略选择

软件产业作为信息产业的核心，对于带动经济增长、提高国家竞争力具有不可

[①] 2002年9月10日在2002年国家"火炬"计划软件产业基地工作会议上的讲话。

替代的重要作用。对于软件产业的战略性、基础性地位，发达国家和不少发展中国家都有一致的认识。在全球经济尚未完全走出低谷的形势下，面对激烈的竞争态势，越来越多的国家调整了政府不干预经济的政策，采取各种积极措施，保护和发展本国的软件产业。比如，在软件产业领域异军突起的印度，不断强化对软件产业的支持力度，1998年组建以瓦杰帕依总理为组长的"国家信息技术特别工作组"，制定了促进软件产业发展的108条措施。英国政府支持建立"英国软件行业网络"和"英国电信办公室"，通过这两个行业性组织将各自分散的软件同行聚集在一起，共同探讨如何获取风险资金和加强企业技术创新能力，共同开拓国外市场和消除阻碍企业发展的途径等问题。法国将软件技术列为国家关键技术项目，支持软件的研究开发工作，在政府实施的信息社会行动计划和科研优先领域中增加投资，鼓励技术移民从国外吸引优秀软件人才。此外，德国、意大利、日本、加拿大、爱尔兰等国也都采取积极的政策措施，支持本国软件业的发展。软件产业已被世界上众多国家作为赢得国际竞争的先导产业。

（三）软件产业的全球化分工日益显著，发展中国家有可能在软件产业中获得更多收益

信息技术的广泛应用为软件企业带来了世界范围内的市场，互联网的发展使软件开发和生产基地在全球范围内的优化配置得以实现。和其他任何领域的产业相比，软件产业具有更加显著的全球化分工特点。这一趋势为有较高的教育水平和有较好基础设施的发展中国家在参与全球分工中学习先进技术和经验，提高本国软件技术开发和产业化能力，消除数字鸿沟带来的不利影响，具有积极的意义。在影响深远的当代信息技术及产业革命浪潮中，发展中国家绝不应当只是"看客"，而是有机会成为这一历史性变革的积极参与者和推动者，成为这一人类最新文明成果的共同分享者。

（四）软件产业关键技术的垄断性，引起了世界各国对信息安全的高度重视

软件产业具有高度技术壁垒和垄断特点，这不仅带来了商业的安全隐忧，更直接威胁到国家的经济安全和国防安全。当前，许多国家包括众多的发达国家的有识之士都在大声疾呼，发展本国的软件产业和保护国家安全同等重要。

近年来，我国软件产业得到了长足发展，逐步走上了稳定、快速的发展道路。据统计，"九五"期间我国软件产业总产值年均增长率达到25.7%，是同期GDP增长速度的3倍，增长势头十分迅猛。特别是国务院颁布18号文件[①]以后，我国软件产业发展的内外环境都发生了巨大的变化。一方面，各级、各地、各部门支持软件

---

① 2000年国务院发布的《鼓励软件产业和集成电路产业发展若干政策的通知》（国发〔2000〕18号）。

业成长的共同愿望逐步形成为国家和地方政策，企业的生存空间优化；另一方面，软件企业调整方向，在工程质量控制、资金筹措、市场策略和品牌宣传等方面加强建设。这一切都表明，我国软件业正在进入蓄势待发、整体腾飞的关键历史阶段。

与此同时，我国软件市场的竞争日趋激烈。从去年年底到今年上半年，IBM、微软、甲骨文（Oracle）、摩托罗拉等众多跨国公司纷纷加快在中国软件市场的本地化进程。今年4月，IBM承诺3年内为中国培养10万软件精英、1000家软件合作伙伴。5月，惠普中国软件研发中心在上海正式落成。6月底，微软宣布未来3年内在华合作金额将超过62亿元人民币，并宣布在中国启动"长城计划"，将设在上海的微软亚洲技术中心扩大为微软全球技术中心，将设在北京的微软中国研究院扩展为微软亚洲研究院，在中国建立合资企业——中关村科技软件有限公司、微创软件公司。甲骨文宣布，分别在深圳、北京设立中国开发中心，并将在中国更多城市设立办事处。摩托罗拉宣布在成都设立软件基地。Sybase公司宣布在北京成立解决方案中心，与北京航空航天大学共建Sybase软件学院。BMC软件公司特别成立了BMC中国区。这一切都清楚地表明，国外软件跨国公司已经把赢得中国软件市场作为优先的企业发展战略，中国软件市场正在上演"山雨欲来风满楼"的纷争态势。

在经济全球化的条件下，我们没有必要也不可能畏惧全球化的竞争，而是要充分利用机遇，勇敢地面对挑战。我国软件产业界必须以高度的民族自信心和历史责任感，加快发展我国软件产业。早在20世纪50年代，新中国科技界在艰苦卓绝的条件下创造了以"两弹一星"为代表的辉煌成果，表现了高度的民族自信心、勇气和魄力。今天我们已经拥有了相对完备的科技、教育和经济基础，完全可以在国家的大力支持下，充分利用开放的环境、市场机制、有效的配置和国内外两种资源，抓住技术竞争的历史机遇，加快发展步伐，开创中国软件产业的辉煌。

二、认真面对我国软件产业发展中的问题

我们应当清醒地看到，我国软件产业发展和软件产业发达国家有相当大的差距，和国内的市场要求也有很大差距。据统计，2001年全球软件产业总额达6219亿美元，其中美国占42％，日本占10.6％，爱尔兰占1.7％，印度、韩国各占1.6％，中国仅占1.5％。2001年印度软件出口额达77.8亿美元，爱尔兰出口额为107亿美元，我国仅为7.2亿美元。在我国国内市场，国产软件仅维持30％左右的市场占有率，国民经济信息化带来的巨大需求并没有很好地形成对国产软件的有效需求。与此形成对照的是，跨国公司在我国的软件业务却快速增长，如微软公司在中国销售额短短两年内增长了2.5倍。2000年中国十大软件企业中，仅有用友和金碟两家国内企业排在第7位和第8位。

在我国现阶段经济和技术发展水平的条件下，影响我国软件产业发展的因素很

多，深层次的问题有以下几个方面。

（一）在国家战略上缺乏协调一致的推动机制

国家战略决定着一个产业发展的前途。特别是对于软件这样的战略性产业来说，持续稳定和积极有效的发展战略及政策往往具有决定性的意义。比如，印度政府早在1986年拉吉夫·甘地执政时期，就制定了极具前瞻性、战略性的《计算机软件出口、软件开发和培训政策》，此后的历届政府都把发展软件作为"重中之重"。但是，我国有关软件产业的发展战略研究明显滞后。在世界软件产业高速发展的前10年中，我国始终未能形成十分明确清晰的软件产业发展战略和思路，未能构建协调一致的软件产业宏观政策调控体系，从而导致目标不够明确、资源配置不够合理，某些政策措施的针对性和操作性不强，贯彻落实不力。同时，协调效率不高，尚未全面形成各部门和地方协同发展软件产业的格局。

（二）对软件产业化规律缺乏充分的认识

一方面，对软件产业化的特殊性及发展规律认识不够，没有充分认识软件产业发展以人为本的内在要求和高度技术风险与高度市场风险并存、个人创新与团队精神并重的特点，在观念、体制和机制上创新不足；另一方面，缺乏现代软件企业的管理经验，一些企业没有摆脱作坊式的管理和经营模式，技术开发的工程化、规范化程度低，软件产品质量和标准化程度不高，普遍缺乏先进的软件生产技术、经营管理模式和严格的质量监控措施。

（三）缺乏基础和核心技术，没有能够形成以产品开发为中心的技术创新机制

过去，我国在软件研究与开发上的投入长期严重不足，对自己原始创新能力信心不足，多注重跟踪和模仿，在操作系统、数据库管理系统和关键应用软件方面没有形成完整、系统的自主版权软件产品。缺乏关键技术和核心技术的知识产权，导致我国在软件产业领域受制于人，不仅使得大量利润流入外国企业，影响我国软件产业的再发展能力，而且不利于国家安全。另外，我国的软件企业，包括众多的软件开发机构主要从事软件工程项目，忽视了代表技术集成的软件产品的开发。工程项目往往做一个扔一个，很难形成版本不断更新的软件产品和专业化的服务体系，更难以和以产品开发为中心、以大力扩展软件服务为发展模式的国外软件企业相竞争。

（四）产业化发展环境有待完善

我国软件产业总体规模小，自我发展的基础弱，配套能力差、服务体系不够完善，标准、测试、培训、认证等促进产业化的诸多关键环节发展还不够均衡，不能够完全与国际接轨，同时也还面临着现行政策措施没有完全到位的问题。

融资渠道不畅是制约我国软件产业持续发展的难题。软件产品的重要特点是更新速度快，如果不能迅速占领市场，软件企业就不能迅速扩大规模，终将在市场竞争中失败。我国软件企业之所以长不大，一个重要原因就是难以得到资本市场的有效支持。软件产业的高风险，使得一般投资者望而却步，国外普遍使用的风险投资机制在我国还有待建立。

进一步加强知识产权保护也是改善我国软件产业发展环境的一个问题。盗版不仅减少了市场对正版软件的有效需求，影响了投资者对软件企业投资的信心，而且损害了我国软件产业在世界上的信誉和形象。从这个意义上说，打击软件盗版就是发展软件产业。

（五）软件人才结构不合理，高级人才匮乏

近年来，我国政府已经充分注意到软件技术人员不足、结构不合理的问题，并已采取措施认真加以解决。当前，应当引起更大关注的是我国严重缺乏技术开发和面向国际化的高级管理人员。我国软件企业难以形成规范的开发模式，开发出的软件产品质量、性能不能完全得到充分保证，新版本的软件往往不得不重复开发，主要在于缺乏了解规范的软件研发流程的高级管理人员。在美国、印度等国，这一类高级管理人员（比如，程序经理）的地位举足轻重，他们独立于研发部门，专门从事软件设计、研发、测试、文档的流程管理，在软件企业以产品为中心、不断更新技术的发展模式中发挥了关键作用。高级技术管理人才的匮乏，导致我国软件开发基础工作薄弱，开发机构急功近利，无法围绕产品进行技术积累。另外，我国软件企业还缺乏能够在国际市场上进行沟通、把握机会的经营型高级管理人才，这也是我们在国际化方面发展迟缓的一个重要原因。

三、积极探索符合中国国情的软件产业发展道路

在软件产业领域，世界软件大国都走出了一条适合本国国情和具有比较优势的发展道路。例如，日本和韩国的"内需带动模式"、以色列的"产品主导模式"、爱尔兰的"软件集散模式"等。特别是与我国几乎同期起步的印度，从国内市场有限、在国外留学的软件科技人员多、劳务成本低的国情出发，一开始就将软件产业发展模式准确定位于外包和加工出口，大规模建设软件园区，大刀阔斧地削减税赋，取得了令人瞩目的成就。

基于发展历程、发展条件等方面的差异，我国软件产业既要研究借鉴印度等国家的成功经验，又不可能简单照搬他人的模式。从当前软件产业发展的大趋势和我国的现实情况出发，我们应当扬长避短，充分发挥技术上的后发优势、经济上的比较优势和文化上的本土优势，走出适合中国国情的软件产业化道路。在今后一个时期，我们应当认真地学习和贯彻《振兴软件产业行动纲要》的精神，从软件产业发

展的总体要求出发,在国家软件基地的建设中,明确以下几个方面的指导思想。

(一)通过内需拉动,培育软件企业发展

我国与印度等国家相比,软件产业发展的优势在于有一个巨大的国内应用市场。自"八五"以来,我国信息产业一直保持持续、快速、稳定的增长,现已发展到世界第三的规模。根据信息产业部的数据分析,今后五年我国信息产业还将保持20%以上的增速,2005年市场规模将比2001年翻一番,在国内生产总值中的比重将提高到8%,2010年信息产业市场规模将比2005年再翻一番。随着我国国民经济持续快速的发展,特别是中央决定以信息化带动工业化,加快推进国民经济与社会信息化进程,内需拉动必须坚持"抓应用、促发展、见效益"的方针,为民族软件产业开辟更为广阔的发展空间。

我们也要看到,最终决定软件产业规模、锤炼企业竞争素质的力量是市场,市场是决定性因素。从这个意义上来看,政府要加快民族软件产业的发展,一定要坚持"抓应用、促发展、见效益"的方针,大力地开拓市场,帮助中小软件企业迅速成长。没有应用的推动,众多中小软件企业会处于困境;而应用的推动,没有政府的引导,也会出现混乱的局面。没有应用,就没有市场,这将对未来软件产业的发展形成新的制约甚至是障碍。因此,政府在应用方面的引导,对于软件产业的发展有着至关重要的影响。在"七五"、"八五"、"九五"计划当中,科技部与各部门、各地方合作,推动 CAD 技术的发展,对于促进 CAD 软件产业的发展发挥了重要的作用;在全国推动 GIS 技术的应用,也促进了地理信息系统软件产品的发展。今后,我们还应该在这方面有更大力度的措施,贯彻"以信息化推动工业化"的方针,带动软件产业的发展。政府要加强软件应用的政策导向,制定鼓励性的政策,在一些关键领域使自主侵权的软件技术和产品得到实际应用和推广。同时,加强一些关键领域的技术标准的制定,加强关键技术的攻关,从而带动众多领域的软件应用的发展。今后,科技部将继续贯彻"抓应用、促发展、见效益"的方针,大力普及软件技术应用,带动新兴产业,改造传统产业。我们也非常希望在这方面听到专家和企业家的意见和建议,找到突破口,在应用和市场开拓方面争取有大的突破。

必须指出,我们强调实施内需拉动,主要是基于扩大内需有很大的市场空间和政策空间,但决不意味着不大力开拓国际市场,放弃参与软件产业的国际竞争。恰恰相反,我国软件产业必须始终坚持国际化方向,不失时机地扩大出口。近年来,全球软件技术与软件产品升级周期不断缩短,各国或地区间的产业关联度不断增强,软件市场迅速增长,这为我国软件产业发展提供了扩大软件产品出口、直接参与国际软件产业大循环的重要机遇。同时,我国软件产业发展离不开国际化大环境,特别是在软件开发技术、标准、企业管理和队伍建设等方面,我们必须实现与国际接轨,从而提高我国软件产品和企业的市场竞争能力。当前,我们应慎重选择我国软件产业的优势领域,并以此为突破口,大力支持优势地区、优势企业生产出

口软件，并形成软件出口基地。

（二）通过整机带动，提高我国产业链的附加值

整机的发展离不开软件，而整机的发展反过来可以给软件创造巨大的市场空间。我国拥有强大的电子信息整机制造能力和研发能力，2000年全国电子信息产业销售额超过1200亿美元，是印度的10倍。随着世界制造业重心向中国转移，这个优势还会更加明显。但是，这个优势并没有为我国自己的微电子和软件企业更加有效利用。我国信息行业有相当一部分或相当大的一部分还只是装配业，其中的核心部分主要还是依赖进口。目前，我国计算机行业只有2%～3%的利润率，而国外只做系统芯片的企业利润率可以达到20%～30%，两者相差10倍以上。长此以往，我们与世界先进水平的差距不仅不会缩小，反而有可能继续拉大。所以，我国应当充分发挥在整机生产和研发方面的优势，大力带动芯片设计和嵌入式软件的发展，大幅度提高整机系统的附加值，并通过整机出口带动软件特别是嵌入式软件的出口，这是和印度发展不同的一条发展道路。当前，我们应当围绕网络计算机、通信系统设备、移动通信、信息家电、数字音视频设备等信息技术产品，促进国产软件和国产芯片的结合，带动集成电路设计、系统芯片、嵌入式软件的发展，为我国微处理器与操作系统的"捆绑式"开发、应用和推广创造条件，形成信息技术产业链，争取在较短的时间，显著提高我国信息产业的附加值和国际竞争能力。

（三）加快标准化进程，扶持具有自主知识产权的软件产品

在软件产业化发展中，我们应当坚持以产品开发为中心，以标准化体系建设为突破口，大力推动科技创新。软件产业的灵魂是创新，它需要不断实现高度的个人创造性和软件产业的高度整体性的结合，以及在对市场的高度敏感能力和对企业自身优势的深刻理解基础上做出迅速反应的能力。软件产品则是技术创新能力、市场判断能力和管理上快速反应能力的结合和集中体现。当前，软件技术发展、管理方式都处在重大转折时期，软件产业面临着空前的发展机遇。新兴的软件企业，如能像当年的微软等企业那样抓住机遇，以产品为中心，实现技术突破，取得竞争优势，就一定能够迅速崛起。

技术标准是软件产品开发和软件服务业发展的基础，也是当前内需拉动和整机带动的重要手段和可靠保障。有了统一的技术标准，才能形成既和国际接轨又有自己特色的软件产品；有了自己的技术标准，才能有效保护和培育国内软件市场；有了规范的软件标准，才能保证软件之间的兼容，促进数据、技术等资源的共享和共识，大幅度提高数据资源的使用效率。所以，以软件技术标准体系的建设为突破口，推动技术创新，是科技部门和有关部门共同面临的重大任务。

四、大力发挥软件产业基地的作用

建设软件园区，是世界各国特别是后发国家普遍采用的、实现软件产业快速发展的成功经验。科技部从1995年开始推动软件园区建设，得到了地方政府和有关部门的大力支持。1995年科技部批准了第一个国家"火炬"计划软件产业基地。1996年科技部批准制定了《国家"火炬"计划软件产业基地认定条件和办法（试行）》。一些软件园被认定为国家"火炬"计划软件产业基地，提升了软件园的知名度，营造了比较优化的局部环境，吸引了一大批软件企业入园，推动了软件产业化的发展。

经过7年的时间，目前全国已有国家"火炬"计划软件产业基地22个，软件企业3700余家，员工17万多名，2001年实现年技工贸总收入650亿元（比上年增长44%），软件产品及服务收入为450亿元（比上年增长133%），其中自主版权软件收入350亿元（比上年增长151%），出口创汇2.1亿美元，显示了软件产业基地对软件产业发展的重要牵引作用。软件产业基地的发展表明了以下几个问题。

（一）软件产业基地充分发挥了贯彻国家政策文件、特别是国务院18号文件的作用

国务院发布的18号文件对于中国软件产业的发展起到了推动作用，创造了一个有利于软件产业发展的环境。认真落实18号文件规定的若干政策是一项各有关部门共同面临的重要的任务，比如，"双软"认定的问题。2001年，北京软件产业基地累计认定软件企业723家，产品2418项，分别占全国的29%和41%；在引进中介机构和风险投资资金方面，长沙软件园引进风险投资、投资咨询和担保机构14家，投资额度超过8000万元；上海市2000年年底拨出5亿元资金支持软件产业发展，其中1亿元以引导资金形式，吸收社会资金组建7家风险投资公司，资金总量放大了9倍。各软件基地管理机构积极组织软件企业申报"火炬"计划项目，2002年立项130个。许多软件基地联合当地大学采用各种形式在软件园内设立了软件学院，为软件企业培养高素质人才。所有这些措施，都为贯彻国务院18号文件精神发挥了很好的作用。

去年11月，科技部为了进一步贯彻国务院文件精神，在总结几年来软件产业基地建设经验的基础上，制定了《关于进一步加强国家"火炬"计划软件产业基地建设的若干意见》。今年3月，科技部又召开了部务会议，专题研究落实《关于进一步加强国家"火炬"计划软件产业基地建设的若干意见》的问题，通过"863"计划、国家攻关计划、"火炬"计划、科技型中小企业创新基金、科技兴贸和相关重大专项，进一步加强了对软件产业基地的支持。

(二) 软件产业基地成为培养大型软件骨干企业和软件企业家的摇篮

软件产业基地是孕育大企业的摇篮，联想、华为、方正等众多的大型企业，都是从几十万元起家，经过从小到大、滚动发展成为产值数十亿元以至数百亿元的小巨人的。所以，培育和扶持中小软件企业，是软件基地发展的重要选择。软件产业基地一方面通过与科技部组建"孵化器"或"创业服务中心"扶持中小软件企业，另一方面通过鼓励和支持开展"并购"、"上市"等活动使软件企业做大、做强。用友、金蝶等软件公司近年上市充分说明了这一点。从2001年10月份以来，经过软件基地的重点培养和支持，科技部又在软件产业基地内认定了33家骨干软件企业。随着骨干企业的发展，一批软件企业经营、管理人才脱颖而出，他们中的一部分人通过自立门户，又开始了新的创业，长江后浪推前浪、推动着软件产业蓬勃向前发展。

(三) 软件产业基地架设了软件出口的桥梁

中国软件产业的发展离不开国际化大环境，软件出口主要是创造一个与国际市场对接的国内市场和工程化环境，特别是在软件开发技术、标准、企业管理和队伍建设等方面，我们必须通过吸收国际上先进的技术知识和管理经验，实现和国际接轨。近一年来，一些软件基地围绕扩大软件出口，加大了基地的环境建设。仅2002年以来，就有3个软件基地举办了国际软件技术论坛和交流会，还有3个软件基地承办了软件外包与项目洽谈会，一些软件基地通过软件出口联盟和国际软件业进行了各种接触。这些活动进一步向国际市场展示了中国软件产业的进步和发展，同时，也为一些软件企业开拓了出口渠道。为了配合软件出口，有的软件基地还举办了ISO9000和能力成熟度模型（CMM）的学习班，请已通过CMM三级的软件企业来人讲授课程，提高企业的软件出口能力。

五、全面推进国家"火炬"计划软件产业基地的创新和发展

今后一个时期，是国家"火炬"计划软件产业基地发展的关键时期。党的十六大即将召开，将为我国的社会主义建设提出新的任务和要求；我国加入WTO的过渡期余时不多，各行各业都在抓紧时机，力争在过渡期内尽快占据有利的竞争位置；国家信息化战略开始全面实施，以信息化促进我国工业化、现代化发展将成为我国实现国民经济持续、健康、快速增长的基本措施；国家创新体系的完善与发展，将大幅度提高我国的整体创新能力，提高国家的创新力。

新形势为国家"火炬"计划软件产业基地提供了良好的发展机遇，也提出了更高的要求。软件产业基地要力争在"十五"期间实现跨越式发展。主要标志是：在关键领域掌握核心技术并形成自主知识产权和标准；促进软件技术的产品化并形成

具有国内外市场优势的产品群；培育规模化的软件企业形成具有国际竞争能力的大型企业集团；聚集优秀人才形成具有世界规模和水平的人才队伍。要实现这一目标，我们必须本着"开放、联合、创新"的思想，在更广范围、更高层次上协调软件产业基地的工作，采取切实有力的措施，加快发展。为此，我们将重点采取以下措施。

（一）提高软件企业的创新能力，解决影响我国软件产业发展的核心技术问题

为提高软件产业化的竞争力，中央和地方政府应在突破软件和芯片设计核心技术的研究开发上加大支持力度，特别是要集中财力和人力，用于系统软件、中间件、重大应用软件和系统芯片的开发，争取形成有自主知识产权和国际竞争力的网络软件核心平台和 IP 库。在软件和芯片设计的研究开发中，要借鉴国外软件和芯片设计企业的经验，坚持以产品而不是技术或工程为目标，同时开拓产品和服务两个市场；要以企业作为研究开发和技术创新的主体，在此基础上实现产学研的联合。

科技部已经决定，"十五"期间在"863"计划中投入 8 亿元资金用于软件重大专项，重点支持操作系统、数据库管理系统、中间件和重大应用软件的应用开发。科技部将和信息产业部、国家质检总局等密切合作，共同努力，争取在这一领域取得重大突破。

软件重大专项中操作系统是重中之重。以 Linux 为代表的开放源代码运动的兴起，给我们提供了难得的机遇。Linux 作为自由软件，是各国软件工作者多年共同努力的结果。当前，国内已经推出了基于 Linux 内核开发的操作系统，如红旗 Linux、中软 Linux 等。北京市政府通过招标采购国产 Linux 操作系统一事在国内外都产生了很大影响。为了充分利用 Linux 带给我们的机遇，科技部决定大力推动 Linux 的研究开发和推广应用。

数据库管理系统是仅次于操作系统的重要系统软件，从市场角度考虑其比操作系统更容易切入。数据库管理系统无论从安全还是从经济利益的角度，都必须予以高度重视。中间件是一类在网络环境下介于操作系统和应用软件之间的重要软件，应用极为广泛。各国中间件也都处在起步阶段，我国有很大的发展机遇，包括办公软件、CAD、企业资源计划 ERP 在内的应用软件有巨大的市场价值，也是支持的重点。我国在数据库管理系统、办公软件等方面已经有了良好的基础。一批软件在政府招标或研发中都取得了很大成功，我们对此感到非常兴奋和深受鼓舞！

集成电路设计是和软件技术有众多相似之处的产业。为了加快解决长期制约我国信息产业发展的核心问题，科技部在"十五"期间将投入 7 亿元资金支持集成电路设计。中国科学院计算所最近研发成功了龙芯芯片，是我国在 64 位通用 CPU 方面的重大突破，说明中国人完全有能力在尖端技术领域占有一席之地。我们将根据需要和形势发展，从资金、政策等各方面向集成电路设计倾斜。这样，考虑到计算

机技术、通信技术、信息获取与处理、电子政务、信息安全、高性能计算机、高性能宽带信息网、制造业信息化、消除数字化鸿沟等方面的工作，科技部将在"十五"期间在软件技术发展方面的总投入将超过人民币 30 亿元。根据目前的经验，我们初步估计地方和企业将有 70 亿元左右的配套经费，总共形成 100 亿元的投入，来支持中国在重大软件技术和集成电路设计方面的发展。

"十五"期间，科技型中小企业技术创新基金将进一步加大对中小软件企业技术创新的扶持。用于软件项目支持的经费将超过基金总经费的 20%，预计总投入将达到 5 亿～8 亿元。我们希望各地方政府科技主管部门和国家"火炬"计划软件产业基地也要加大支持软件产业技术创新的力度，采取切实可行的措施，广开渠道，增加对软件产业的直接投入，帮助软件企业尽快提升创新能力。同时，要为软件企业技术创新做好服务工作，协调、做好各类创新资源，帮助企业做好"863"计划、公关计划、重大专项计划和各中小企业创新基金等各类科技项目的申报工作。

（二）大力开展电子政务、电子金融、制造业信息化等应用示范工程，落实政府采购法，为软件企业发展创造空间

在国家互联网信息办公室的指导下，科技部将和信息产业部等有关部门密切配合，在"863"计划、攻关计划和相关重大专项中，大力开展电子政务、制造业信息化、信息安全、电子金融等多项应用示范工程，为软件企业和软件产业的发展创造空间和新的发展机会。

电子政务是内需拉动的重点。随着我国加入 WTO，提高政府的工作效率，加强对各种政务活动的监督已经成为我国应对入世挑战的重要措施。一般来说，一个国家的政府市场约占整个软件市场的 1/3。根据统计，我们在今后几年里每年都有几十亿元的政府软件采购，这是一个巨大的市场。政府采购有强烈的导向作用，必将对全国的软件产业发展产生巨大的、深远的影响，必须对政府采购的问题高度重视。根据最近全国人大通过的"政府采购法"的规定，政府采购应采购本国货物、工程和服务。当然，有一个条款除外，就是需要采购的货物、工程或服务在中国境内无法获取，或者无法以合理商业条件获取的除外。我相信，我国的软件产业在"国家采购法"、"政府采购法"的支撑下，一定能够更好地利用法律手段，在涉及有关电子政务、电子金融、电子教育等方面取得新的突破，为我国软件产业发展创造新的重大机遇。这里有两点应当考虑：一是技术问题。大家都知道，软件产品在开始使用的时候，总会有比较多的毛病。几百万条、上千万条，甚至几千万条语句组成的系统没有经过成百万、上千万次的使用就不可能发现它所产生的一些问题或毛病。所以，希望大家不要在我们的软件使用初期出现一些问题就大惊小怪，就不使用国产产品，或者作为不使用国产产品的理由。因为即使在 Windows 代替 DOS 的起步阶段，也是有不少毛病的。当然，也还有一定的质量标准。二是价格的问题。有些同志向我反映，我国的软件产品一进入市场，有些国外同类产品就降价，

所以合理的价格是非常重要的。总之，我们应当严格按照"政府采购法"的规定，保护和促进中国软件产业的发展。

（三）进一步完善软件产业基地基础设施条件，营造良好的创新创业环境

我国软件企业的特色之一是中小企业多（约占软件企业总数的97%以上），中小企业受自身条件的制约，很难具备完善的创新、创业条件。"火炬"计划软件产业基地的建设就是针对中国软件企业发展的特点而营造的一个局部优化环境。实践表明，软件产业基地的建设已经成为孵化软件企业和培养软件企业家的摇篮。今后五年，科技部将考虑在现有工作的基础上，和地方协作再建设20家左右软件产业基地和集成电路设计产业化基地。

为进一步强化和完善软件产业基地的服务功能，我们将大力对基础设施条件的建设加强投入，预计"十五"期间用于此项工作的投入总额将达到1.5亿元。"863"计划将安排专项经费，用于软件企业技术开发环境的建设。"火炬"计划将通过引导性资金，联合地方加强对软件产业基地基础设施建设的投入。"十五"期间，通过中央和地方的共同努力，力争在每个软件产业基地建立一个技术服务中心、一个公用先进软件技术开发平台、一个培训基地和一个软件专业孵化器。

软件专业孵化器是加速软件成果产业化、培育中小型软件企业的重要手段，各软件产业基地要进一步强化孵化功能，加速软件企业的孵化进程。为了更好地利用和整合资源，"863"计划将和"火炬"计划一起，共同把软件产业基地和软件专业孵化器建设好。"863"软件产业孵化器和软件产业基地将统筹规划，尽可能建在软件产业基地内或靠近软件产业基地，软件产业基地要进一步加强与"863"软件产业孵化器的联系和联合，努力培育出具有较高水平的软件企业和企业家。

软件产业是智力密集型产业，人才发挥着根本性的作用。我们要在软件产业基地大力实施"人才战略"，加快建立一支专业化的人才队伍，重点培养一批软件开发的技术骨干、软件企业家和专业化的中介服务人员。我们将进一步通过组织培训班、讲座、开办软件学院、开展软件人员等级考试等各种形式提高软件从业人员的业务能力。

在软件产业基地建立完善的中介服务体系既是软件企业发展的需要，也是软件产业基地有别于分散型软件企业发展的重要特点。软件产业基地要进一步加强信息、培训、认证、测试、咨询、融资、法律和出口贸易等多种中介服务体系的建设。科技部将在今年第四季度召开全国科技中介机构工作会议，规划和部署科技中介机构的发展。

（四）加速软件产业国际化，努力扩大软件出口

随着中国加入WTO，我们的软件企业必须尽快提升国际化能力。近年来，一些软件产业基地已经在扩大软件出口方面进行了成功的探索，我们将进一步采取措

施，推动软件企业走向国际市场。

科技部将和有关部门密切配合，积极支持各地方软件出口联盟的建设，继续在条件较好的地方建立软件出口加工实验园，以加强对软件出口联盟工作的支持和指导。目前，科技部已经决定启动在美国马里兰州、俄罗斯莫斯科市和新加坡海外科技园的试点工作，海外科技园将重点引导和支持"火炬"计划软件产业基地内的企业创建软件国际化窗口，积极开拓国际市场。

科技兴贸计划将把推动软件出口作为重中之重。"十五"期间，我们将和对外经济贸易合作部密切配合，根据WTO有关规则，进一步加大对软件出口相关工作的扶持力度，特别是对"火炬"计划软件产业基地内的企业予以重点优先支持。

科技部将进一步支持和鼓励"火炬"软件产业基地内软件企业导入国际质量管理体系，加大CMM和ISO 9000体系的建立和推广力度，全面提升软件企业质量管理能力。"十五"期间，国家"863"计划将安排专项经费，用于CMM和ISO 9000的培训和认证工作。

另外，为加速软件产业的国际化进程，"十五"期间我们将从多渠道筹集1亿元资金，结合地方和企业的投入，努力提升软件产业的国际化水平。

（五）大力推进软件企业体制创新，加速软件企业规模化发展

软件企业要做大、做强，不仅要靠技术创新，而且要和体制创新有机地结合起来。我们要引导软件企业大力推进现代企业制度的建设，用先进的体制和机制保障先进生产力的发展。

公司治理是企业发展到一定程度融入社会经济大系统中必须经历的关键性变革。软件企业要用尽可能短的时间完成公司治理结构的革命；建立所有权和经营权分离并能对经营者产生有效激励和制衡的管理体制；要依法建立和完善董事会制度，建立独立董事在其中发挥重要作用的薪酬委员会、审计委员会；要改善股权结构，吸纳社会资源参与企业的发展，并提供有效的监督，尽快把软件企业做大。最近美国一些大公司出现财务丑闻，说明有效的治理结构是保证企业健康发展的基本条件，应当引起正在成长中的软件企业的高度重视。

软件企业体制创新的另一重要问题是建立起充分有效的激励机制，允许和鼓励技术、管理等生产要素参与收益分配，奖励有贡献的职工，特别是科技人员和经营管理人员。要通过设立技术股、创业股和管理股将企业利益和员工利益融为一体。有条件的软件企业还可以试行期权制。最近，财政部、科技部在总结试点企业经验的基础上，起草了《关于在国有高科技企业中实行股权激励试点的指导意见》，并已上报国务院。

软件和软件企业发展的一个显著特点是所谓的"胜者通吃"。要么迅速发展壮大，要么很快销声匿迹，不上不下的中间状态维持不了多长时间，大量的事例已经证明了这一点。我国的软件企业大多数比较弱小，单个企业难以抵御大企业的竞争和进攻，特别是那些已经被大企业垄断的软件领域。国内软件企业如果不能够有效地联合起来，而一味地靠压低价格引发恶性竞争，难免会被各个击破。为此，我们要在引进竞争机制的同时，推进企业联盟的建立。高技术计划不是扶贫计划，我们只能支持那些有优势的企业，通过引进竞争机制，使优秀的企业脱颖而出。所谓引进竞争机制，就是要对某些特有软件，允许支持 2～3 家不同技术特色的团队承担同一课题，执行一段时间后进行筛选，优胜劣汰，集中力量，确保整套软件开发的优化组合。与此同时，我们鼓励软件企业在竞争的基础上实行强势整合，鼓励企业之间形成联盟伙伴或股份组合。对同一类软件，积极推动在知识产权和技术标准方面的战略联盟。我们也支持具有技术研发优势、资金优势、市场优势的研究所、大专院校和企业，建立各种形式的企业联盟或战略合作关系，充分发挥各自的优势和特点，从而使自己立于不败之地。

中国的软件产业已经发展到关键阶段，在竞争当中、在科技攻关当中，企业联盟是大势所趋。软件企业要看清这个形势。我们在实施重大专项和其他重大项目当中，也要充分考虑竞争和联合的机制，推进软件产业的技术创新的发展。

国家"火炬"计划软件产业基地在过去的年代已经得到了发展，今后，在国务院18号文件的支持下，在贯彻国家软件发展纲要的过程当中，必将得到进一步的发展。我们和信息产业部的领导已经达成共识，我们要共同行动，共同来支持国家"火炬"计划软件产业基地的进一步发展。

同志们，传承了五千多年文明的中华民族历史上曾是农业文明大量先进生产力的提供者，灿烂的文化成就至今流光溢彩。我们在科学、技术、生产、文化方面的许多发明、发现和应用，为世界进入现代工业化社会奠定了基础。虽然近代以来，中华民族几次与重大的科技创新、产业革命失之交臂，但认识到"落后就要挨打"的中华民族从未停止过追赶世界的步伐。不论是群英激奋的"洋务运动"，还是百舸争流的"五四运动"，不论是众志成城的"两弹一星"，还是万马奔腾的"科教兴国"，都表现出中华民族有决心和勇气赶超当今世界先进的工业和科技发展水平，相信从事软件产业基地工作的同志们，一定会在未来创造辉煌业绩，为我国软件产业发展做出更大贡献。

关于发展大型飞机问题[①]

(2003年7月11日)

我对发展大型飞机问题一直十分关注。去年年初，科技部和中央政策研究室联合就这一问题组织进行了专题调研，我和中央政策研究室副主任郑新立担任调研组组长，梅永红等同志参加。经过一年的认真调研，形成了一个调研报告，并于今年年初通过中央政策研究室上报胡锦涛总书记、曾培炎副总理。通过调研，形成了以下几个基本结论。

一、中国必须发展自己的大型飞机

首先是军事急需。面对近年来世界地缘政治格局的迅速变化，我国安全形势也正变得日益严峻。发展大型军用特种飞机，包括加油机、预警机、侦察机、电子干扰机、通信中继机等，已成为我军形成完整作战系统的当务之急。据了解，为了保证全部国土安全，我军至少需要150～200架大型特种飞机。

其次是国民经济发展需要。按照我国目前的经济发展态势，未来20年内民航部门将新增客机1700余架，其中65%是大型客机。这是一个有着上千亿美元的庞大市场，如果完全拱手让人，就不仅仅是一个经济增长快慢的问题，还涉及国家经济安全问题。作为当代的决策参与者，我们也将愧对先人、愧对子孙后代。

二、中国完全有能力发展自己的大型飞机

早在20年前，中国就曾举全国之力，完全依靠自己的力量，设计制造出了符合国际主流思路的大型客机"运十"，这是一个在战略意义上丝毫不亚于"两弹一星"的伟大工程。20世纪90年代，在对外交流与合作中，我国又充分借鉴和学习了国外的先进制造和管理技术，形成了一支十分难得的研究队伍。可以认为，具备

[①] 2003年7月11日"关于科技工作若干问题的汇报"报告（节选）。

这种能力的国家在全世界都是不多的。

三、中国发展大型飞机必须坚持以我为主、自主创新

当今世界，航空工业作为高新技术密集的战略产业，已被世界居于领先地位的国家视为赢得国际经济、军事和政治利益的重点。任何一个掌握关键技术能力的国家都难以做出实质性的让步，欧美更不可能培养自己的潜在竞争对手。在这方面，我们靠欧洲靠不住，靠美国靠不住，靠其他国家也注定是靠不住的。回顾我国30年来的大型飞机发展之路，一个最为深刻的教训就是寄希望于他人，而对自己缺乏必要的信心。在未来的发展中，我们当然应当寻求更多的国际合作机会，但首先必须坚持以我为主、自主创新的方针。

关于这一问题，最近温家宝总理已有过多次批示，主要意见是要在中长期科技规划中进行充分论证。由于这项工作已有一定的研究基础，而且也不能再拖下去，所以我们准备先期启动论证，力争尽快形成论证意见，由中央决策。尽管目前有一些不同声音，但我们对此充满信心。在不久的将来，中国人一定能圆自己的大飞机之梦。

中国重视 ITER 计划[①]

（2003 年 11 月 10 日）

值国际热核聚变实验堆计划（ITER 计划）第 9 次政府间谈判会议在中国北京召开之际，我谨代表中国政府、科技部并以我个人的名义，对各位的到来表示热烈的欢迎！

ITER 计划是人类实现安全、高效、洁净的聚变能梦想进程中最为重要的一步。我很高兴地看到，目前 ITER 谈判在各位的努力下已经取得了很大的进展，大多数议题已经达成了共识，我希望在各代表团成员辛勤努力的工作下，各参与方本着积极协商一致的原则，能早日完成 ITER 计划谈判，签署联合实施协定。

在 ITER 原谈判各方的支持下，中国自 2003 年 2 月正式加入 ITER 计划谈判。中国政府非常重视 ITER 计划。目前，我们正积极参与 ITER 过渡期间安排，选派了多名技术人员赴 ITER 联合研究中心，直接参与 ITER 的研究工作。同时，我们正在筹划将 ITER 计划列入正在制定的国家中长期科技发展规划，争取为参加 ITER 计划做好准备。

几天来，在各代表团的努力工作下，即将完成预定的会议日程，我对各位的辛勤工作表示感谢。我相信有各位的努力，有各参与方政府的支持，ITER 计划谈判一定会取得成功。

[①] 2003 年 11 月 10 日在香山金源商旅中心酒店主持 ITER N-9 会议各代表团晚宴上的致辞。

抓住机遇 促进现代服务业的发展[①]

(2005年12月10日)

一、现代服务业与21世纪人类经济和社会发展

自20世纪60年代以来，全球呈现出"工业型经济"向"服务型经济"转型的大趋势，服务业在就业和国民生产总值中的比重不断加大，当前已居绝对优势；现代服务业发展又快于一般服务业，大有后来居上之势。2000年，全球服务业增长值占GDP的比重为63%，主要发达国家占到71%，中等收入国家为61%，低收入国家为43%。服务业吸收劳动力占社会劳动力的比重逐年提高，多数国家服务业吸收就业人数已经超过第一产业和第二产业吸收劳动力的总和。2002年，OECD国家服务业就业劳动力占全部就业劳动力比重平均水平已接近70%，最高的英国已达到79.9%。尤其是发达国家现代服务业的增长速度普遍超出了服务业的平均水平。1970～1986年，美国现代服务业的产值和就业分别增长了173.3%和200.8%，远高于同期服务业91.0%和85.3%的增长速度，现代服务业在第三产业中的比重日趋上升，优化了服务业的内部结构。

现代服务业与21世纪人类经济社会发展息息相关、交相辉映。在科学技术进步的强力推动下，21世纪的人类社会发展越发显现出三个新的重要特征：以知识为基础的社会，全球化的国际环境和可持续发展的增长方式，这些特征的形成与发展和现代服务业的发展息息相关。现代服务业是现代社会最具特色的新兴产业，也是以三个重要特征为标志的现代社会形成的基础条件。

(一) 以知识为基础的社会

在这样的社会里，国家财富增长的主要途径和方式，将越来越表现为知识的积累和创造。学习、获取和创造新知识将成为人们从事更有价值的生产和实现生活理

[①] 2005年12月10日在"首届中国现代服务业发展论坛"上的报告。

想的基本手段，由此将引发社会组织形态和人类活动方式的深刻变革。现代服务业的基本职能就是服务于人们学习、获取、创造新知识；引导和辅助人们应用新知识改善生产方式和生活方式。以知识为基础的现代社会发展的前提条件就包括功能齐全、充满活力的现代服务业体系。

（二）经济全球化的国际环境

随着全球化进程的不断深化，资本、信息、技术和人才等要素的流动不仅将在更广泛的范围内展开，而且也将不断地改变要素配置的方式，加快流动和配置的速度。在这一大趋势下，各个国家的发展将不可避免地融入到全球化进程之中。经济全球化既能够催生一大批新兴服务业，又需要现代服务业给予有力的支撑。要素向什么地方流向，资源如何优化配置，产业如何向有竞争力的地方转移，国际资本与当地优势如何结合等问题，都需要现代服务业提供大量的信息、咨询和服务工作。可以说，经济的全球化就是在现代服务业协同推进中的全球化。但需要注意的是，全球化并不会自然地导致各个国家普遍受益和财富分配更加均衡，相反，缺乏科技创新能力、现代服务业发展薄弱的国家将会面临被边缘化的威胁。

（三）可持续发展的增长方式

联合国环境与发展会议的《21世纪议程》已为绝大多数国家所接受。可持续发展的增长方式不再是一个国家达到某个发达阶段后的自然转变过程，而将成为处在不同发展阶段的各个国家必要的选择。面对能源、资源紧缺的约束，以及全球气候变化、科学伦理等诸多问题的困扰，人类社会需要做出共同的努力，来寻求人与自然和谐相处的新途径。在人类转变发展方式的过程中，现代服务业不可或缺。因为人类需要不断更新关于资源、环境等知识，需要大量新兴的服务业，加快用信息化、智能化、节约型、清洁型、环保型等技术改造传统产业的步伐。

总之，21世纪人类社会经济发展，不仅昭示出对现代服务业发展的强烈需求，更进一步揭示了现代服务业大发展的方向和重点。围绕这三大特征，加快相关现代服务业建设，是我们在21世纪应对挑战、抓住机遇的战略选择。

二、我国现代服务业发展面临的机遇与新型工业化道路

纵观世界经济的发展，作为现代经济增长、国际贸易的主要力量，作为现代经济增长国际贸易的主要力量，现代服务业已成为世界经济发展和国际竞争的新焦点。现代服务业正在成为一个新的增长领域，这对于处于结构调整和增长方式转变的我国来说，提供了新的发展机会。

当前，以现代服务业向发展中国家转移为特征的第二次产业转移正在成为一个新的趋势。2004年9月份联合国贸易和发展会议《世界投资报告》的主要观点和结

论之一，就是外国直接投资已在全球范围内逐步转向服务业。1970~2002年，服务业占全世界外国直接投资存量从25%上升到60%，而制造业则从42%下降到34%。如果说改革开放后积极承接国际制造业转移（即第一次转移）是我国经济飞速发展的重要原因之一，那么抓住初露端倪的服务业转移的机遇将会成为我国走新型工业化道路、实现持续协调发展的助推器。

没有现代服务业，就没有新兴工业化道路。从一定意义上讲，新兴工业化道路就是在发达的现代服务业基础上，以信息化带动工业化，进而实现科技含量高、经济效益好、资源消耗低、环境污染少、人力资源优势得到充分发挥的发展道路，新型工业化的核心就是要改变单纯靠增加投入，以消耗资源、污染环境为代价的粗放式增长方式。我们过去对产业发展的认识有片面之处，没有处理好工业化和服务业的关系，把工业化片面地等同于工业的发展。事实上，工业化是一个经济社会伴随其工业发展、实现全面变革和综合发展的过程，其中服务业具有突出的重要地位。没有服务业发展的支撑，工业化只能停留在比较初级的阶段。随着工业化的发展，在工业产品的附加值构成中，纯粹制造环节所占的比重越来越低，而服务业特别是现代服务业中物流与营销、研发、人力资源开发、软件和信息服务、金融服务、会计审计、律师等专业化生产服务和中介服务所占的比重越来越高，已经成为企业提高竞争效益的主导因素。因此，概括起来讲，没有现代服务业的长足发展，就不会有新型工业化道路。

特别值得提出的是，我国目前遇到的就业问题，既有"三农"问题带来的农村劳动力出路问题，又有工业社会向信息社会转变所造成的结构性劳动力转移问题。这种双重转变造成的就业难题，将持续释放出3亿~4亿的劳动力人口，使我国比世界上任何一个国家所面临的就业压力都大。虽然我国制造业规模还有一定的扩展空间，但大量研究表明，我国制造业所容纳的就业人口将不会明显增加，大量增加的就业人口必须依靠服务业的大发展，必须依靠传统服务业和现代服务业双管齐下，才能有效地缓解就业矛盾。据推算，如果我国服务业就业比重达到目前大多数低收入和中等收入国家服务业就业比重45%的水平，就可以多吸收1.3亿人就业。这就可以基本上吸纳从农村转移出来的劳动力。国际经验表明，如果现代服务业发展不上去，传统服务业也难以实现持续发展，这就要求我们必须把发展现代服务业作为解决我国中长期问题的基本战略来考虑。

当前，我国现代服务业发展还存在诸多问题。我国制造业大国地位虽然得以确立，但服务业总体上供给不足，生产性服务偏低，服务质量和效益不高，科技质量不高，竞争力水平低等问题开始凸显。从更深层次看，观念和认识问题、体制机制性约束、市场化程度低、自主创新能力弱是现代服务业发展滞后的重要原因。许多现代服务业领域在我国至今仍很大程度上被看作非生产性的活动来处置，忽略了其产业职能和价值的一面，并为部门所垄断，如在科研、教育、文化、体育、金融、保险、媒体、医疗卫生、后勤服务、市政服务都在一定程度上存在上述倾向。这些领域完全可以通过转变观念和机制，通过技术改造和提升，迅速成为现代意义上的服务产业。我国企业"大而全、小而全"的现象，在相当程度上也影响着我国服务业的发展。例如，我国仍有60%的大中型国有商业企业和50%的国有工业企业拥有自己的车队，效率低而成本高。在服务业内部结构中，传统服务业居多，现代服务业规模较小，成为影响很大的结构性缺陷。我国生产性服务发展缓慢，服务产业链不够完整，不但影响了我国服务业的发展，同时也制约了我国工业的发展，影响了企业的竞争力。根据世界银行的估计，目前我国社会物流成本相当于GDP的18%，而美国在20世纪90年代中期就已低于10%。该比例每降低1个百分点，我国每年可以节省1000亿元以上。我国服务业存在的问题是发展中的问题，必须依靠发展来解决。这其中的好多问题从另一个角度看，实质上都是市场需求和发展机遇。只要我们能够转变观念，抓住机遇，勇于创新，完全有可能在较短时间内实现服务业面貌的大改变。

三、加强自主创新与现代服务业发展

从国民经济发展的全局来看，加强自主创新是加快服务业发展的一个重要切入点和着力点。我国服务业发展滞后，其中一个重要原因是消费需求不旺，进一步的原因是大众购买力不高，大多数低收入群体收入水平长期徘徊不上，这与自主创新能力缺失存在很大的关系。由于缺乏核心技术和自主产权，我国制造业的自主创新能力薄弱，只能生产附加值不高的产品。很多企业长期被锁定在价值链的低端。由于利润微薄，企业没有资金从事研发和设计，也没有资金用于提高职工的工资、提高福利，消费水平无法提高，居民只能满足于自我服务。服务业，包括现代服务业很难发展。由此可见，自主创新能力提高不上去，会不可避免地影响到从生产、流通、分配到消费的各个环节。自主创新能力若提高不上去，我们很多地方的经济就很难走出只能生产和消费廉价商品、廉价服务和自我服务的低层次循环，中央提出的用工业反哺农业、城市支持农村的举措也将遇到巨大的阻力。在"十一五"期间，中央提出把加强自主创新摆在突出位置，作为促进结构调整、增长方式转变、提高竞争力的中心环节。我们应该深刻领会到，中央这一决策不仅是对科技工作提出的要求，更是面向经济社会发展全局进行的有远见的战略部署。

现代科技和现代服务业是在积极的互动中相辅相成、相互促进的。保证科技创新活动的成功进行，需要包括研究开发、中介服务、生产和市场服务、投融资服务等全过程服务，这是一个国家成功开展创新活动的基础条件。而现代服务业又是新技术的重要促进者，是创新最活跃的领域。现代服务业发展越来越离不开自身的创新活动，越来越需要研究和开发的支持。OECD成员国，2000年服务业的研究开发经费约占企业研发经费总额的23%，比1991年增加了8个百分点；像美国、挪威、丹麦、澳大利亚、西班牙等国，服务业的研发经费已占全部企业研发经费总额的

30%以上。我国目前的服务业对科技的需求还很有限，服务业研发活动尚处于起步阶段，服务业的科技含量不高，直接影响我国服务业的劳动生产率，在服务创新方面也无法满足服务业自身持续发展的需要，也满足不了生活水平提高了的人们不断提出的新需求。即使在我国信息化水平相对较高的银行业中，信息技术和产品的推广应用也与国外存在很大差距。2002年，我国每100万人口的ATM机拥有量不到40台，而美国为1100台。服务业科技的发展必须正视这样的差距，知难而进，因为这样的差距恰恰蕴藏着服务科技跨越发展的大好机遇。

正如胡启恒同志所讲到的，服务业科技问题的特点是应用性、系统性和集成性。应该承认，过去我们对这方面的认识有很大的局限性，且长期得不到突破，往往以产品或硬件科研模式来对待服务业科技问题。在研发过程中很少体现应用或用户导向，对多学科知识融合及多领域技术大跨度集成缺少有效的组织，缺乏将市场化管理理念、服务业务流程、创新的商务模式整合为完整技术解决方案的能力，适应不了服务产品创新更快，且大量个性化的市场特点。我国服务业研发活动尚在起步阶段，社会总体的研发基础条件平台建设还很薄弱，尚未形成完善的科技中介服务体系。改变这种状况是近一个时期国家科技工作、国家创新体系建设的重要内容。

四、加快我国现代服务业发展的思考和建议

未来15～20年，是我国经济发展的战略机遇期，是全面建设小康社会的重要历史阶段，也是现代服务业加速发展的机遇期。为此，在"十一五"期间，国家应把现代服务业作为发展的重点进行部署，依靠科技进步和自主创新，加快现代服务业的发展。

（一）从战略高度上提升认识，将现代服务业作为一个战略产业

现代服务业是我国未来经济发展的新的增长点，发展现代服务业有助于化解经济工作存在的诸多矛盾和难题，对于优化产业结构，保持经济和社会的协调健康发展有着重要意义。必须把发展现代服务业摆到全局工作中的重要位置，应当像改革开放以来重视制造业发展一样更加重视现代服务业的发展。要统筹协调和着力解决现代服务业发展的战略性、全局性和关键性问题，抓住现代服务业转移的难得先机，突出重点，提前布局。我们还必须增加紧迫感、使命感，从根源上破除忽视服务业发展的旧有思维，更新观念，提高认识，提高现代服务业在结构调整中的战略地位，大幅度增加人、财、物的投入，在加快服务业发展的同时，提高现代服务业在第三产业中的比重。

（二）依靠科技创新，走出一条有中国特色的现代服务业发展之路

我国第一、第二、第三产业的现代化都离不开科技；在现有的薄弱的基础上发

展面向服务业的科学技术更为迫切和必要。迅速增加科技投入，加大科技创新力度，促进科学技术的普及和应用，将成为今后现代服务业的重要内容。当前现代服务业正呈现出信息化、国际化、标准化的趋势，科学技术的广泛应用和渗透，使现代服务业与传统服务业的界限正逐渐消失。科学技术的应用不仅可以为改造传统服务业提供支撑，还可以引领新的服务需求，成为现代服务业发展的"发动机"。高新技术的发展，特别是信息技术的发展，为我国现代服务业的跨越式发展提供了可能。面对这一形势，我们应将现代服务业放在与高新技术产业同等重要的地位，制定有利于发展现代服务业的科技产业政策，以科技进步全面提速现代服务业的发展进程。

（三）抓住服务业转移的机遇，统筹国内外发展，采取和制造业并重发展甚至超前发展的思路

当前，现代服务业转移的机会已经出现，转移的规模不断扩大，我们能否抓住这个机遇，取决于我们的发展思路。面对WTO带来的大批服务业外资进入，对这个问题必须高度重视。新兴工业化不仅要求我国在国际分工和产业转移的大潮中，发挥承接制造业的转移，也要求我们同时注意到承接服务的产业转移，既要成为国际制造业中心，也要努力成为国际服务业的中心，避免"一条腿长、一条腿短"，使之相互促进，协调发展。只有采取现代服务业和第二产业并重发展甚至超前发展的思路，才有可能在新一轮国际竞争中不被淘汰。

特别是要引导大城市将战略重点逐渐转向现代服务业，通过辐射带动，推进城镇化建设和城乡经济的发展。大城市高度的工业化和城市化使得对服务业的需求更加多样化、专业化，有利于现代服务业的迅速发展。另外，现代服务业的高附加值、高技术含量，以及对人才素质的高要求突出了大城市资源丰富的优势。一座城市的国际竞争力和国际化水平，主要取决于经济结构中服务业，尤其是现代服务业的比重。我国大中城市应当把发展服务业放在更加重要的位置，优先考虑发展现代服务业。大城市的服务业发展，会为周边地区提供更便利的服务平台，从而促进周边地区的城镇化、现代化；也会加强核心城市的科技、管理、文化等的辐射能力，从而更好地发挥大城市引领全国经济发展的作用。

（四）政府应有所为、有所不为，重点支持生产性服务业、知识型服务业、用信息技术改造传统服务业的发展，以及公共服务体系的建设

这是因为这些行业具有投入多、风险大、辐射广等特点，需要超前发展，因此，需要政府在初始阶段大力扶持。一是加快发展生产型服务业，促进制造业和服务业融合。在打造国际制造业中心和承接国际服务业转移时，应把信息服务、现代物流、现代金融、电子商务等支持国民经济高效运行的生产性服务业作为发展重点。二是鼓励知识型服务业的发展。特别是要大力发展教育、培训、咨询、法律、专业服务等知识型服务业。三是加快用信息技术改造传统服务业。利用信息技术对

传统服务业进行改组改造、提高其技术水平和经营效率，进一步发挥我国传统服务业的经济潜力。四是强化公共服务职能，拓展公共服务领域，打造公共服务平台。进一步发挥政府的积极引导作用，为全社会提供公平、便捷的公共服务。在重视服务业基础设施建设的同时，更要重视相关制度和规则的制定和执行，以便利用好公共服务基础设施，提供更多更好的衍生服务产品。

（五）加快科技服务业的发展

科技服务业主要提供委托研发、科技咨询、工程设计、生产力促进、技术交易、科技信息、科技孵化、创业投资、检验检测、知识产权、软件增值等服务。作为现代服务业的重要内容，广泛渗透于经济社会的多个方面，不仅服务于第一、第二产业，而且也直接服务于第三产业，提升整个服务业的知识层次和科技含量。"十一五"期间，我们要重点支持并加快科技基础条件建设和重点科技服务机构建设，结合科技服务平台建设和科技资源整合，吸纳具备条件的公益型院所，搭建具有区域性、公益性、基础性和战略性的科技服务平台。建立多层次技术服务体系，特别是要建立面向中小企业、面向农村的技术服务体系。建立服务业科技创新引导资金并向科技服务业倾斜，支持科技服务业重点领域的科技攻关，科技服务机构的人才培养，学术交流和市场开发等。实施特色产业集群创新能力建设工程、公共科技条件服务平台建设工程、专利战略推进工程、标准化信息服务平台建设工程等一批重大科技创新能力建设项目。

（六）按照市场化、产业化、社会化的方向，着力创造良好的体制、政策环境和市场环境

进一步加快改革开放，在完善社会主义市场经济的过程中，逐步消除制约现代服务业发展的体制性障碍，要给国内服务业企业和外商投资企业在体制上和政策上以平等地位，使国内企业在开放竞争的环境下得以提高和发展。应加快投融资体制改革，提高金融机构整体竞争力。加快研究和建立现代服务业有关的标准体系，积极参与服务业国际标准制定工作。加快服务业人才激励体制和分配制度的改革，加强服务业职业培训工作，以普遍提高从业人员的专业技术素质和知识水平。加紧研究建立服务贸易摩擦预警机制，以积极应对日益增多的服务贸易纠纷。加快制定和完善发展现代服务业的有关的法律法规，营造有利于现代服务业发展的法律环境。

总之，现代服务业在中国的发展正当其时，政府应该有所作为，产、学、研、金融、贸易、中介组织等社会各界也要有所作为。就像当年国家发展高新技术产业一样，我们坚信，会有更多的有识之士能投身到这个充满希望的领域中来，会有更多企业能在市场竞争中持续壮大起来，成为现代服务业发展的中坚力量，使中国经济社会走上更健康、更可持续、更有创新活力的发展道路。

在考察苏通大桥建设现场时的讲话[①]

（2006年8月31日）

今天到苏通大桥建设现场参观学习收获很多。对于科技部的同志来讲，受到了很好的教育，得到了很多的启发。对于我国桥梁建设我们早有所闻，但百闻不如一见，现场看了以后印象非常深刻。

现场考察时我边看边想，感触很多很深。我觉得能不能这样讲，"中国的桥梁建设是我国自主创新的一面旗帜"。在自主创新思想的引导下，中国的桥梁建设走过了一条从大国到强国的道路，尽管凤总[②]讲得很谦虚很慎重，但确确实实迈进了很大的一步。因此，我们在桥梁建设方面的经验，既包括技术创新也包括管理创新，不仅对于交通行业，对于各行各业都是很好的借鉴。我们能从苏通大桥或者从中国的桥梁建设当中得到什么启发？我以为有以下几个方面。

（一）自信心

我们在桥梁建设过程中始终充满了对自己的国家、自己的民族和对自己的技术人员的信心，没有这种信心任何事情都干不成。凤总谈到过，有些事曾经在我们自己做还是让外国人来做这个问题上，有过不同意见。经过讨论，大家认为我们自己可以干成。我们下定决心了，我们也做成了。有没有自信心是一个非常重要的问题。没有对自己民族的信心，以及对自己技术人员的信心，很多事情就会知难而退，很多应当把握住的机遇就不能把握住。因此，我们在桥梁建设方面的经验是非常重要的，只要我们有了这样的信心，我们的工作就有了基础，有了一个支撑。

（二）求实精神

光有信心不行，光有信心没有实干精神就变成了说大话，这在我们国家不乏其人也不乏其事。但我们在桥梁建设过程中，正如凤总所说的，从20世纪80年代到90年代再到21世纪，走过了一条踏踏实实、一步一个脚印的道路。从学习到跟踪

[①] 2006年8月31日在考察苏通大桥建设现场时的讲话。
[②] 凤懋润，时任交通部总工程师。

到最后跨越式发展的道路绝不是一蹴而就的，一步想把所有的事都做好也是不可能的，而且失败会挫伤各个方面的积极性。因此，这种踏踏实实的求实精神也很值得我们学习。

（三）产学研结合

这样的体制对于科学研究和自主创新十分重要。我在多种场合反复强调过这样的看法，就是我国以企业为主体，产、学、研结合的技术创新体系建设的成功，在很大程度上决定了中国自主创新的成功，决定了建设创新型国家伟大目标的实现。应该说，这是我们改革开放几十年来的科技和经济结合经验的深刻总结。设想一下，我们的研究机构、我们的高等院校，关在房子里苦思冥想能给出问题的答案吗？可能甚至连问题都不能够提出来。没有产学研的结合，很多事情是不能做的，是做不了的。所以，以企业为主体的产学研结合的模式，是中国自主创新发展的根本途径。刚才有的同志也谈到，苏通大桥的模式是官产学研结合的模式。我觉得也是对的。对于一些重大的国家基础设施，对于一些战略性的产业，我们要发挥社会主义制度的优越性，要有政府的充分参与和支持，这是非常必要的，只有这样才能把工程有限的资源集成起来。当然，从另外一个角度来看，政府的触角不可能涉及千千万万中小企业、高等院校和科研院所，还是要靠各种中介机构把经济和科技联系起来。因此，政府在这方面要更多地关注建立一个产、学、研结合的机制，包括市场化中介机构的建设，相应的立法环境和政策环境的形成，都要发挥很大的作用。

（四）自主创新不是闭门创新

苏通大桥的经验也说明，我们强调自主创新不是关起门来搞创新，不是闭门创新，我们的创新一定要充分利用国际的先进经验，立足于广泛的国际合作的基础之上。我一直说，科学技术和经济不同，和体育运动不同，体育运动除了冠军还可以有亚军和季军，科学技术只有第一名。科学的发现只第一次，同样在技术上也是胜者全得。不学习人家的经验，闭门造车怎么能够站到国际的前列？怎么能够占领大部分市场？首先要了解人家，要学习人家。所以，我们强调自主创新绝不是否定引进技术，而是要在现有的基础上加强国际合作，要在引进的基础上消化、吸收和再创新，而不能引进、落后、再引进、再落后。

（五）有一支年轻的技术队伍

我还有一个很重要的体会，就是我们这座大桥的建设中有一支非常年轻的队伍。现场总指挥49岁、项目经理44岁，总设计师42岁，还有几位也都是年轻人。中国的自主创新的希望在中青年，如果不能建立一个有效地发现、培养、使用中青年科技人才的机制，我确实认为我们的科技发展是没有希望的。我们要下大力气建立这样一个机制，创造这样一个氛围，把我们中青年的科技人员的积极性调动出来、创造性发挥出来。当然，我并不是否定老专家的作用，毫无疑问，老专家在发现、培养、支持中青年人才方面发挥着重要作用，在关键问题的指导上也发挥着重要的作用，但是干事的、干大事的主要还是要靠中青年。

总的来说，今天半天的时间收获很大。感谢交通部，感谢李部长、凤总和其他同志，感谢部科技司的同志做了充分的安排。感谢仇副省长一直在陪我们，将一些很好的想法和我们沟通，使我们很受启发。感谢江苏省在科技创新方面做得很有成效的努力，现在我国的几座大型桥梁都在江苏，江苏在这方面有很大贡献。

抓好制造业信息化，实现制造业转型[①]

(2006年9月12日)

一、制造业信息化是实现制造业从大国向强国转变的基本途径

我国已经成为名副其实的世界制造业大国，工业增加值居世界第4位，全国制造业企业共130多万个，就业人员8300多万人，占工业劳动力的90%，制造业出口占全国外贸出口的91.2%，接纳外商实际直接投资额约占全国外商投资额的70%。但与工业发达国家相比，我国制造业的发展还存在很大差距。一是劳动生产率低，仅为美国的4.38%，日本的4%，德国的5%多一点；二是产业结构不合理，关键的装备制造业工业增加值占制造业的比重比发达国家大约低10个百分点；三是产品以粗放、低端为主，附加价值不高，高新技术产品大多进口；四是能源消耗大，制造业耗能约占全国一次耗能的6%。

经济全球化和全球信息化给我国制造业带来了新的机遇和挑战，当前我国制造业主要面临产品创新、结构调整、产业升级、持续发展等一系列重大问题。为了解决这些问题，我们必须大力推进制造业信息化，我们认为，推进制造业信息化是全面提升制造业技术水平的基本手段，是"以信息化带动工业化"，走新型工业化的重点和突破口，是我国从"制造大国"向"制造强国"转变的必由之路，是提升我国制造业自主创新能力，实现产业结构转型升级和跨越发展的重要技术支撑。这主要表现在五个方面。

（一）制造业信息化是促进产品研制创新的重要手段

制造业信息化通过产品数字化建模、数字样机、优化仿真分析等技术手段和工具软件，以及它们之间的集成，建立面向产品研制的数字化集成环境，改变传统的产品设计、优化、分析、仿真，以及数据管理等方法，实现产品设计数据、技术状

[①] 2006年9月12日在"全国制造业信息化科技大会"上的讲话（有删节）。

态、工程变更及研制过程的集成管理和状态控制，提高产品的研制创新能力，缩短设计周期，降低研制成本。制造业信息化已经成为提高产品研制创新能力的基本手段。

（二）制造业信息化促进管理模式创新

针对建立现代企业制度对管理提出的要求，结合企业各项业务流程和管理模式，制造业信息化以企业资源管理、供应链管理，以及客户关系管理等管理系统作为支撑，建立企业的数字化管理平台，促进企业业务流程重组和优化，以及组织结构的扁平化，促进企业管理模式和管理手段的根本性变革和创新，提高企业的经营管理能力，解决协作企业之间的快速组织、计划管理、物流控制和协同工作等问题。

（三）制造业信息化是实现国际协作和资源配置的基础

随着全球经济一体化的加速，全球制造资源的优化配置，以及企业的协同运行已经成为企业融入到全球制造网络体系的必然选择。企业突破了传统的车间—企业—社会—国家的界限，在全社会乃至全球范围内进行资源的优化配置。制造业信息化技术通过计算机、网络通信、建模仿真等技术手段，建立跨企业、跨区域、跨平台的协同研制生产系统，促使企业间物流、资金流、信息流的全面集成，支撑企业间的业务协同，为企业全球协作和资源优化配置奠定了基础，提升了企业的全球协作能力和竞争能力。

（四）制造业信息化是促进产业链发展和区域协作的有力工具

制造业信息化对支撑和促进区域中小企业集群发展，提升中小企业的核心竞争力和快速响应制造能力有重要的意义。通过网络化、专业化、服务化等制造业信息化工具和手段，建立面向中小企业群的公共服务平台，为单个企业或企业间的协作提供专业化公共服务，充分发挥产业聚集优势效应，提升区域的整体竞争能力，促使具有特色和知名品牌的制造业聚集、形成。

（五）制造业信息化是促进软件产业和现代服务业发展的重要途径

推进制造业信息化为软件产业和现代服务业的发展壮大提供了广阔的市场前景和技术土壤。制造业信息化的技术攻关、软件工具开发和集成应用等任务，为我国软件产品的开发、软件系统的集成和应用实施提出了明确的需求，有利于促进具有自主知识产权的软件产品的开发和产业化，有利于促进我国软件产业的发展壮大。制造业信息化要求中介服务机构从传统的咨询培训、技术支持、企业解决方案等技术服务向为企业提供设计、制造、管理等深层次的应用服务和信息服务方向发展，并且将进一步地朝着向企业提供技术服务、应用服务，以及能力服务的方向发展。

二、以企业为主体，产学研相结合，推进制造业信息化

在市场经济条件下，企业是经济活动的主体。技术创新活动本质上是一个经济过程，只有以企业为主体，才能真正坚持市场导向，反映市场需求。讲企业成为技术创新的主体，就是要使企业成为研究开发投入的主体、技术创新活动的主体和创新成果应用的主体。

我们强调以企业为主体，但同时也强调产学研相结合。我国企业整体上创新能力不足，研发机构很少。据统计，全国规模以上企业开展科技活动的仅占1/4，研究开发支出占企业销售收入的比重仅占0.56%，大中型企业仅为0.71%；只有0.03%的企业拥有自主知识产权。同时和其他国家一样，中国的科研机构和高等院校有丰富的智力资源，经过多年来的积累，具备了比较充足的科技潜力和原始创新成果。因此，建立以企业为主体的技术创新体系，必须整合资源，充分发挥科研机构和高等院校的作用。

我们强调以企业为主体，并不是否定政府的作用。政府很重要的责任，就是要为各种企业的发展创造良好的环境，为企业的技术创新制定有效的激励措施和政策，促使企业的科技进步。要突出政府的引导作用，充分发挥市场在配置资源中的基础性作用，促进企业成为工程的实施主体、投入主体和受益主体。要注重集成，通过科技计划把制造业信息化应用示范的内容与企业产品开发计划、基地建设、人才培养等措施有效地集成起来，整合资源，形成合力，共同推进。要加强分类指导，选择不同类型的企业开展应用示范工作，根据各自特点探索具有针对性的支撑措施和相应的评价办法；区别不同情况，指导企业根据各自特点开展工作。要建立公共服务平台提供专业化公共服务，降低信息化成本，提高企业竞争力。要坚持重点推进，选择具有代表性和辐射带动作用的企业进行重点引导和支持，开展应用示范工程，发挥其对同类企业的辐射和示范作用。

三、发展制造业信息化要注意的几个问题

目前，我国制造企业信息化水平和国外发达国家相比差距较大。从技术角度看，主要停留在单元技术的应用或集成技术的初级应用，"孤岛"现象严重，集成化应用水平不高，协同制造远不能满足国际化竞争的要求。从应用角度看，主要表现在以下几个方面：制造业信息化软硬件产品和企业应用缺乏标准规范的管理和指导，导致了市场无序竞争，企业信息化应用由于信息不对称存在较大的风险；制造业信息化软硬件产品不够完善，竞争力不强，以及地域保护等原因导致了低水平重复开发现象比较严重；企业对信息化认识还有待进一步加强；制造业信息化环境建

设也有待加强，支持企业间协作、实现制造资源共享的技术、产品和资源开发力度还远远不能满足需要；现行的学历教育不适应企业应用和产业发展的需求，而社会化的培训教育良莠不齐，造成了制造业信息化人才的匮乏。

针对这些问题，应当从以下几个方面有针对性地开展工作。

（一）科技工作的思路必须贯彻支撑经济发展的方针

制造业信息化工程和以往科技部抓的很多工作有很大的区别，这反映了科技改革引发的变化。过去比较重视具体的技术项目，但技术的开发，特别是应用推广，必须同市场需求联系起来，以市场为导向，注重开发成功。现在政府职能都在从微观向宏观转变。科技工作如何适应这种转变，更好地从微观转向宏观管理为主，把重大计划项目的实施与推动宏观科技工作、推动全社会科技进步、推动技术创新更好地结合起来。在这方面，通过制造业信息化工程的实施，我们要探索一条如何更好地把技术开发同市场结合，把科技同经济工作结合的途径。

（二）积极探索推动制造业信息化的有效机制

制造业信息化是一项长期的战略任务，我们要不断地适应技术发展和体制变化的新要求，从中国制造业企业的实际出发，认真探索推动制造业信息化工作的有效机制，促进制造业信息化工作的可持续发展。要坚持政府和各部门大力协同的工作机制，发挥科技引导和先行的作用，推动制造业信息化工程深入持久地开展。要充分发挥市场机制作用，在市场中主动寻找工作的切入点，搭建制造业信息化软件企业在竞争中合作的平台，把各方面的利益切实地捆在一起，调动大家的积极性，解决我国高技术产业化发展中的合作问题，产学研结合的问题等。

（三）制造业科技工程需要大力协同，充分调动部门、地方和企业各个方面的积极性

制造业信息化科技工程是一项庞大、复杂的系统工程，涉及全国主要行业和大部分省市地区的相关科技工作，要充分调动和发挥地方的积极性。制造业遍布全国各地，制造业信息化是各地促进地方经济结构调整，转变经济增长方式的重要途径。地方经济在过去十年中有了极大的发展，地方对科技进步的积极性有了空前的提高，因此如何充分调动地方的积极性是实施制造业信息化工程的关键环节。

（四）要加强制造业信息化咨询服务工作，注意培养复合型人才

制造业信息化应用工程不仅仅是一个单纯的技术项目，还涉及人才和资金、市场和产业、机制和管理等各个方面。咨询服务机构是政府工作延伸和深化的载体。它的建设应包括几个方面：一是人才。搞好咨询服务工作，核心在人才，咨询服务

工作是靠人去做的，靠智力来服务。二是手段。至少要有信息网络。如果说我们的人才只掌握自己头脑里的那些东西，只知道自己开发的东西，而不知道社会上总的行情和信息，就很难为企业提供不同的方案，这样就失去了咨询服务的功能。如何具有这种功能？就必须要有丰富的信息，把各方面的情况提供给企业，帮助他们来选择，所以信息包括信息库和载体都非常重要。

中国为什么参加国际热核聚变实验堆计划?[①]

(2006年12月6日)

一、什么是国际热核聚变实验堆计划

国际热核聚变实验堆计划（ITER计划）是1985年由美国、苏联首脑倡议提出的，1988年开始设计，2001年完成ITER《工程设计最终报告》后，有关国家开始筹备ITER计划谈判。现ITER计划七方为中国、欧盟、印度、日本、韩国、俄罗斯和美国。中国和美国于2003年5月加入ITER计划谈判，韩国于2003年6月加入，而印度于2005年12月最后一次政府间谈判会议上加入。印度的积极加入再一次证明ITER计划作为当今世界最大的多边国际科技合作项目之一，对解决未来能源问题的重要意义和它在国际合作中的重要地位。

2006年11月21日，经国务院授权，我代表中国政府在法国巴黎总统府爱丽舍宫与包括欧洲原子能共同体在内的其他六方共同签署了ITER计划《联合实施协定》，法国总统希拉克和欧盟委员会主席巴罗佐出席了签字仪式。根据已签署的协定规定，ITER计划将历时35年，其中建造阶段10年，预计耗资46亿美元；ITER运行与开发利用阶段20年，预计费用约40亿美元；最后是去活化和退役阶段，费用分别为2.81亿欧元和5.3亿欧元。

ITER计划的目标是验证和平利用核聚变能的科学和技术可行性，这是实现磁约束核聚变能商业应用不可逾越的步骤。ITER集成了当今国际受控磁约束核聚变研究的主要科学和技术成果，国际上对ITER计划的主流看法是：建造和运行ITER的科学和工程技术基础已经具备，成功的把握较大，再经过示范堆、原型堆核电站阶段，聚变能商业应用可望在本世纪中叶实现。

从总体能源看，核能包括裂变能和聚变能。裂变能核电技术已走向成熟，它没有导致温室效应和酸雨等危害环境的释放物，但资源有限，而且产生难以处理的高

[①] 2006年12月6日作者接受中央电视台新闻节目专访提纲。

放射性核废料。核聚变是把氢的同位素（氘和氚）混合加热到数亿度高温，使其原子核能够聚合，产生巨大能量。核聚变的原材料是地球上的锂（可生产氚）和海水中的氘，氘的含量可谓"取之不尽"。核聚变反应不污染环境，不产生高放射性核废料，是人类理想的洁净能源，安全性更有保障。因此，受控热核聚变的实现将为人类提供几乎取之不尽的理想洁净能源。ITER 计划是人类探索利用磁约束方式实现核聚变能源，解决人类面临的能源问题、环境问题和社会可持续发展问题的实验反应堆。

二、我国为什么参加 ITER 计划

（一）开发聚变能是中国实现可持续发展的战略需要

经过 50 多年的持续努力，核聚变能已成为当今世界最有可能从根本上解决人类能源问题的途径之一，被认为是人类的理想能源。能源问题将一直是我国经济持续高速发展的瓶颈，从这种意义上讲，参加 ITER 计划，大规模开发聚变能，对我国长期可持续发展具有更为重要的意义。目前，我国已是第二大能源消费国。我国能源危急状况会比其他国家提前来临。我国二氧化硫和二氧化碳排放量目前已分别居世界第 1 位和第 2 位。能源资源不足和生态环境破坏的双重压力，使我国能源形势异常严峻，能源安全问题日益成为心腹之患。实现受控核聚变反应需要长期的科学和技术的积累、大量的人力财力投入和多种高技术及基础工业的支持。所以，广泛的国际合作已成为当今世界开发聚变能的成功模式。参加 ITER 计划为我国聚变能开发能够与世界同步提供了可能。我国的磁约束聚变研究已有较好的基础，通过参加 ITER 的建造和运行，全面掌握相关的知识和技术，有可能用十几年的时间，使我国磁约束聚变研究赶上世界先进水平，大大加快我国聚变能开发的进程。目前，我国刚投入运行的中国科学院等离子体物理所自主建造的全超导托卡马克装置 EAST 和已经运行 4 年多的成都西南物理研究院的环流器二号 A（HL-2A）装置是我们进行相关国内研究的基础和优势。

（二）表达中国参与解决全球变化问题和应对能源挑战的坚定决心

中国参加 ITER 计划将显示我国应对全球气候变化和能源挑战，为人类可持续发展做出的重大努力，将加强我国核大国及和平利用核能的形象和地位。中国在最低承诺的基础上，参加谈判并发挥了积极作用，在政治和外交方面赢得了主动。参加 ITER 计划有利于我国在国际事务中发挥积极作用，体现中国是一个负责任、有能力为人类社会发展作出贡献的国家。

（三）历史证明，大科学工程将衍生一系列重大科技成果

现代科技发展史证明，在大科学工程实施和发展中，常常会有许多意想不到的

产物，甚至会有重大原创性成果或思想的迸发，这也是科学技术发展的内在规律。比如，曼哈顿计划孕育了第三次能源革命，星球大战计划造就了当今的网络革命。大量优秀科学家集体智慧的凝结，大量前沿高新技术的综合集成，预示着新的科学技术及产业革命的前奏。因此，参加 ITER 这样的重大国际科学工程，参与的过程和其结果同样重要。

（四）积极参与国际科技合作的标志性事件

参加 ITER 计划是我国有能力、有信心、有选择参加重大国际科技合作的标志性事件。中国不能长期被排挤在一些事关国家战略利益的国际高科技俱乐部之外，更不能由于自身原因，错失良机。

利用 ITER 计划谈判这一舞台，中国在国际政治和外交关系中充分发挥了积极的推动作用。ITER 谈判中，各方就确定建造场址展开了长达一年半的角逐。各方基于自身的国家利益，在台前幕后展开了一系列外交斡旋活动。在若干重要外交场合，参与 ITER 谈判各方领导人与我领导人会面时都谈到 ITER 场址问题，寻求中国的支持。欧盟委员会主席、法国总统和总理、日本两位前首相（中曾根康弘、小泉纯一郎）、日本外务大臣、文部科学省大臣等与我国相关领导会谈时均通过书信、特使和会谈等方式表达了希望支持场址的意向。在整个谈判过程中，中方坚定贯彻了我政治外交战略方针，选择法国场址，进一步密切了中欧、中法全面战略伙伴关系。2005 年印度加入谈判前积极寻求中方支持，胡锦涛主席高瞻远瞩，表示支持印度加入谈判，进一步推动中印外交关系的发展。

三、我国为什么这么晚才参加 ITER 计划

不是我们不想早参加，在 20 世纪 90 年代我们曾先后两次申请加入，但都因为某些国家的反对而未能如愿，直到 2003 年前夕，我国分别与当时的 ITER 四方欧盟、日本、俄罗斯和加拿大会谈后，才最终得以加入。随后美国也重返了 ITER 计划。

我们参加 ITER 计划的道路也是曲折的，国内也曾经有一部分人对我国参加这样的国际大科技合作计划持保留态度，我们在参加过程中虚心听取了各方面意见，把各方面意见落实在 ITER 计划的谈判中和将来 ITER 计划的执行中。

参与 ITER 计划四年的谈判，我们的收获是很大的。首先，参加 ITER 计划是实现我国科技强国战略目标的需要，是我国未来能源可持续发展的战略举措，机遇难得。国务院的及时决策有效地保障了我国有机会平等参加 ITER 计划各项规则和政策的制定。我国参加 ITER 计划具有重要的战略意义。

四、我国参加 ITER 计划有什么权利和义务

ITER 计划是规模仅次于国际空间站的一项重大的多边大科学国际合作计划，也是迄今我国有机会参加的最大的国际科技合作计划。2003 年 1 月，国务院授权科技部牵头参与 ITER 计划谈判后，科技部、外交部、科工委、中国科学院、中核集团公司等有关单位组成中国谈判代表团参加了所有谈判会议，并在我国成功主办了两次政府间谈判会议，扩大了我国在国际科技界和聚变界的影响。根据国务院的要求，按照权利和义务相对等的原则，经过谈判在刚刚签署的相关协定，我方的基本权利和义务有以下几个方面。

（一）中国参加 ITER 计划的主要权利

在未来 ITER 国际聚变能组织管理结构中，我国与其他各方一样可选派 4 名理事、一名副总干事，可按出资比例选派 ITER 管理人员和科研、工程及实验人员，从而确立了我国在未来 ITER 组织中的发言权或话语权。

在知识产权方面，中国有权使用 ITER 计划工程设计阶段的文献和技术，对 ITER 计划以后产生的知识产权，我方平等享有获得许可使用的权利。

在承担制造任务方面，中国得到了有利于我国集中人力、物力、财力掌握 ITER 计划核心技术的采购包共计 12 个（ITER 采购包总计 96 个），包括超导线材和线圈、直接面对上亿度高温等离子体的第一壁模件及包层模块、大功率脉冲电源系统部件、远程控制遥控车、等离子体诊断部件等的制造任务。

这些任务的完成将有利于促进科技界与工业界在核技术、国防重工业稀有金属材料技术、超导技术、高温材料技术、复杂系统控制技术、机器人及遥感技术、大功率微波技术、大功率脉冲电源技术、真空技术、高能离子束技术等众多领域的研究开发能力的提高；在承诺义务方面，我国谈判代表团一直坚持以平等伙伴的最低门槛出资参加 ITER 计划。2005 年 12 月印度加入后，经过谈判，我国在 ITER 建造阶段出资比例由 10% 下降到 9.1%，另 0.9% 作为我国向 ITER 组织承诺的必要时可以使用的不可预见资金，预留在国内；我国建造阶段出资额的 80% 为实物贡献，即按 ITER 组织的设计预算计价、国内加工制造的零部件，以及向 ITER 组织派遣借调人员。这部分用于国内的投入可以促进我国制造业和其他高技术产业的发展，使一批科研院所和企业走向国际市场，提高国际竞争力和自主创新水平。

（二）国内配套工作的开展

以参加 ITER 计划为契机，全面消化、吸收和掌握计划执行过程中产生的技术、知识和经验；建立健全热核聚变堆方面的安全法规和技术标准；学习国外大科学工程计划项目的先进管理模式；培养一批高水平管理和技术人才，为今后我国加入或

牵头组织多边国际科技合作计划积累经验。同时，我国只承担 ITER 采购任务的 10%，还应注重国内的研发，需要适当在国内投入以消化、吸收拿来的 ITER 计划产生的 100% 知识产权，也就是说必须要有相应的国内配套，为我国下一步自主开发聚变能源奠定基础。这也是我们参加这样的国际大科技合作项目的根本所在。国际上对聚变能源的普遍时间表是 2037 年左右建成聚变示范堆，2050 年左右实现聚变能的商业应用。

（三）人才培养

加强国内与 ITER 计划相关的聚变能技术研究和创新，建设和完善国家聚变能研发体系和平台，培养并形成一支稳定的高水平聚变研发队伍和聚变堆设计队伍，使我国在 2020 年形成自主研发设计制造聚变示范堆的能力，跨入世界核聚变能研究开发先进行列。在 ITER 计划 35 年期间，我国将有几百人次参与 ITER 工作、访问和交流。同期，在国际组织的人维持在 40 人以上的水平。这些人员的参与不但是我国参加 ITER 计划的权益和义务，也是我国参加 ITER 计划和在国内开展相关方面研究和开发的宝贵财富。

发展生物技术 推动生物产业革命[①]

(2007年6月27日)

大家好！作为大会主席、前科技部部长，我十分感谢来自世界25个国家和地区的2000多位专家、学者、政府官员、企业家和新闻界的朋友们出席今天的大会，十分感谢组织本次大会的国务院各部门、天津市政府和有关国际组织！2005年，我记得我们在北京召开了首届国际生物经济高层论坛，论坛对促进全社会对生物经济重要性的认识、加速生物经济及产业的发展起了很好的推动作用。今天，我们齐聚天津，再一次共商发展生物技术、推动新的科技革命、促进生物经济的对策和措施，意义十分重大。

一、生物技术引领的新的科技革命正在加速形成

进入新世纪，科技进步的速度明显加快，生命科学、生物技术的发展更加令人瞩目。未来学家预言，生命科学将成为未来推动社会发展的代表性科学。美国兰德公司对2020年全球技术革命的预测中，提出了56项可能取得突破的重大技术，其中有26项是生物及其相关技术。越来越多的专家认为，21世纪是生命科学和生物技术的世纪，以生物技术为主导的新的科技革命正在加速形成，必将在信息技术引领的第三次浪潮之后，推动又一次新的产业革命。这场新的科技革命将在农业、医药、工业、环境、能源、国家安全等方面，特别是在影响人类自身的方面产生巨大而深远的影响，概括起来有以下几个方面。

（1）基因组学、后基因组学、蛋白质组学等组学技术将使人类对生命规律的认识产生质的飞跃。2001年6月，人类基因组工作框架图完成，这是人类科技史上的第三个里程碑。在短短的几年时间，大鼠、水稻、酵母等100多种生物的全基因组测序工作相继完成。后基因组学和蛋白质组学的研究正深入开展，为人类进一步揭示生命的奥秘，推动新的科技革命奠定了基础。

[①] 2007年6月27日在天津国际生物经济高层论坛上的讲话。

(2) 农业生物技术将引发和推动第二次"绿色革命"。转基因动植物、生物肥料、生物农药、生物可降解地膜等产品的研究开发与应用，将大幅度降低农业成本，减少环境污染，推进农作物育种之后的又一次绿色革命。

(3) 医药生物技术将推动第四次医学革命。医药生物技术将从预防、诊断、治疗和再生医学几个方面，全面提升医药卫生科技水平。疫苗将继续在预防和消灭重大传染病中发挥不可替代的作用；生物芯片等技术将带来疾病诊断技术的革命性变化；干细胞和组织工程技术将使人类更换器官成为现实。继公共卫生制度、麻醉技术、疫苗和抗生素等三次医学革命之后的以生物治疗和再生医学为代表的第四次医学革命正在孕育之中，人类的寿命将有可能进一步延长。

(4) 工业生物技术将推进"绿色制造业"的形成和发展。工业生物技术将使化工、造纸、纺织、食品、发酵等传统工业领域的生产工艺与手段发生改变，减少污染物排放，大幅度降低生产成本，加速传统产业升级。

(5) 能源生物技术将促进"绿金"代替"黑金"，缓解能源短缺压力。利用生物质开发燃料酒精、生物柴油等生物质能，发展氢能，能够有效缓解能源短缺的压力。

另外，环境生物技术将在改善生态环境中发挥重要作用，加速"循环经济发展"；生物技术将在防御生物恐怖威胁中发挥不可替代的作用；生物技术与信息技术、纳米技术进一步交叉和融合，将给新的科技革命注入更加强大的动力。

二、生物技术引领的新的科技革命已经使生物经济成为新的经济增长点

现代生物技术对进一步改善和提高人类生活质量发挥着至关重要的作用，生物技术及其产业所孕育的生物经济已经成为新的经济增长点。近 10 年来，生物技术产业的销售额每 5 年翻一番，年增长率高达 30% 左右，约是世界经济增长率的 10 倍。2005 年全球生物药品销售额达到 600 亿美元，占整个医药工业的比重从 1995 年的不到 4% 迅速提高到 11%。2006 年，全球转基因农作物种植面积突破 1 亿公顷，10 年间种植面积增长了 60 多倍。美国生物技术产业组织（BIO）提出，2025 年以秸秆等生物废料为原料生产的酒精将能满足美国 25% 的能源需求，生物基材料将替代 10%～20% 的化学材料，生物制造、生物能源、生物环保等一批新兴产业正在快速形成。生物技术已经成为许多国家研究开发的战略重点，生命科学及其相关领域已经成为许多国家，特别是发达国家政府研发经费投入最多的领域。2005 年，美国在生物与医药领域的研发投入高达 830 多亿美元。不少跨国公司和国际金融机构纷纷投融资生物技术产业，大量的风险资金已经投向生物技术。据初步测算，全球上市生物技术公司的市值达 9000 多亿美元。生物经济已经成为发达国家和发展中国家争相培育的新的经济增长点，是发达国家继续保持经济领先的制高点，也是

发展中国家大有作为和迎头赶上的战略重点。

中国生物技术及产业的发展也迎来了难得的历史机遇。中国政府高度重视，明确提出把生物技术作为未来高科技产业迎头赶上的重点，生物技术领域的投入大幅度增长。以国家"863"计划为例，"十五"、"863"计划生物领域的经费投入比"九五"增加了3.8倍。"十五"、"863"计划生物技术领域申请专利总数比"九五"增长了10.4倍，论文发表总数增加了2.2倍，其中在国际学术刊物上发表的论文数增加了6.9倍。一批关键技术取得突破，创新能力显著提高。我国超级稻育种技术不断突破，新药创制不断取得新进展，禽流感基因工程疫苗等产品为我国有效防控重大传染病发挥了至关重要的作用。人才队伍不断壮大，我国已经形成了一支创新能力强的研究队伍，有6万多人在300多家科研机构从事生命科学和生物技术研究。北京生命科学研究所的组建，成功吸引了一批国际一流人才，为进一步做好人才队伍建设提供了经验。

三、加速推进新的生物科技革命，迎接新的产业革命浪潮

人类进入21世纪，人口增长、粮食短缺、环境污染、能源危机等全球性问题正在成为阻碍经济和社会全面协调可持续发展的主要瓶颈，呼唤新的科技革命，寻求新的解决途径，生物技术引领的新的科技革命正在成为世界各国不约而同的选择。中国作为世界上人口最多的国家，面临的挑战更加严峻，我们正在研究提出推进生物经济发展的一系列行动。

（1）生命科学前沿。努力在基因组学、蛋白质组学、干细胞技术、系统生物学、脑和认知科学等方向有所突破，为提高人类对生命规律的认知、改造和利用水平，以及推动新的科技革命奠定科学基础。

（2）生物医药。加速生物医药科技创新，提高人民健康水平，推动以基因治疗、再生医学为代表的第四次医学革命。继续发挥疫苗等生物制品在防治甚至消灭重大传染病中的重要作用；力争显著提高生物药在药物中的比重，并逐步形成化学药、生物药、天然药三足鼎立的药物新格局。

（3）生物农业。加速转基因技术、分子育种技术、克隆技术等农业生物技术创新，促进动植物品质的更新换代，培养超级动植物新品种，保障粮食安全，推动第二次绿色革命；生物肥料和生物农药逐步替代化学肥料、化学农药，降低农业成本，减少环境污染，大幅度改善农业生态环境，提高农产品的国际竞争力。

（4）生物制造。加速生物工业科技创新，工业生物技术将使传统化工、造纸、塑料、纺织、食品、酿造、发酵等工业领域的生产工艺与手段发生根本性变革，减少污染物排放，大幅度降低生产成本，加速传统产业改造升级，推进"绿色制造"。

（5）生物能源。开发无污染、可再生的燃料酒精、生物柴油等生物质能，加快生物能源科技创新，大幅度提升我国生物能源的技术水平，形成生物能源产品的产

业化示范，缓解能源短缺的压力。

（6）生物环保。大幅度提高我国废气、废水、废渣处理能力，以及对盐碱地的改良能力和脆弱生态环境的修复能力；生物法除污将成为城市污水、垃圾处理的主导方法，植物抗旱、耐盐碱基因的发现与应用，将用于有效改变干旱地区的生态环境；培育环境生物技术新兴产业，为突破环境制约，再造"秀美山川"。

（7）生物资源。生物资源是现代生物技术不断创新的源泉和动力，支撑着生命科学与生物技术发展的未来。生物资源的发掘与利用，已经成为 21 世纪国际科技与经济竞争的战略重点。加快特殊生物资源的开发和利用，将为新药的开发、动植物新品种的培养和微生物新功能菌株的构建带来决定性的影响，有望培养一批新的特色生物产业。

（8）生物安全。加快生物安全科技创新，建立健全实验室生物安全、转基因生物安全、食品安全的监控和管理体系，以及生物危害防御系统，提升生物安全保障和生物恐怖防御的能力和水平；疫苗、生物传感器、指纹鉴定及其他生物技术将在监测、控制外来有害生物入侵，防范生物恐怖，保障人民健康和生物资源安全等方面发挥不可替代的作用。

（9）生物技术产业化。加速生物科技成果转化和重大产品升级，培养新的经济增长点。支持和发展一批创新能力强、具有国际竞争力的生物技术企业，建立一批生物产业孵化基地和产业化平台，营造有利于生物技术产业发展的政策环境。

（10）生物科技国际合作。加速人才、资金、技术、产品的引进和利用，引导和推动企业开展国际合作，促进一批重大国际合作项目，建立联合研究机构，打造国际知名的生物技术交流平台，大幅度提高国际科技资源的综合利用能力。

在当今世界和平与发展的主旋律下，积极应对人类面临的各种挑战，提高人类生活水平和生存质量，是我们长久以来一直致力于的伟大事业。我们希望学习和借鉴各国在发展生物技术、推动生物经济方面的先进经验，愿与世界各国紧密合作、共同努力，推动生物经济的发展，共创和谐世界，使生物技术引领的科技革命成为一个真正的惠及全人类的新的科技革命，为和平、稳定、繁荣的 21 世纪做出贡献。

海洋高技术发展现状、趋势与海洋产业的发展[①]

(2008年11月28日)

21世纪将是人类全面开发和利用海洋的新时代。海洋竞争直接关系到一个国家的主权、利益和发展空间,近年来,国际间以占有和开发海洋资源为核心的海洋竞争日趋激烈,与之相伴的海洋技术实力的较量也日益凸显。今天,我就当今国际海洋领域的热点、海洋高技术发展的态势,以及上海海洋产业发展等问题提些看法和建议。

一、国际海洋竞争态势与热点

为了应对新形势的挑战,沿海国家普遍从战略全局的高度关注海洋。美国、日本和欧盟等国家和地区性组织都在加紧调整或制定新的海洋战略和政策,加大了对海洋科技研究与开发的投入力度,以在新一轮的国际海洋竞争中抢占先机。综观当今国际海洋竞争,重点围绕着四个方面展开。

(一)沿海各国竞相扩张自己的管辖海域,"蓝色圈地"运动越演越烈

1994年《联合国海洋法公约》生效,海洋争夺从以武力威胁、占领、开发和利用海洋,转为适度地合作与妥协,按照国际法维护各自的海洋权益。绝大多数沿海国家竞相制定或调整本国的海洋发展战略,加强立法规划,以多种形式争取和维护自己的海洋权益,拓展生存和发展空间。近年来,各沿海国家在加强200海里专属经济区划界与管理的同时,将目光投向了200海里专属经济区以外的外大陆架,提出外大陆架划界主张,掀起了新一轮"蓝色圈地"运动。目前,俄罗斯、英国、法国等国已经向联合国大陆架界限委员会提交了200海里以外大陆架划界申请案,日本、美国和南海周边国家也正积极准备。2008年,澳大利亚外大陆架划界方案得到联合国大陆架界限委员会批准,新增管辖海域面积250万平方公里。毋庸置疑,未

[①] 2008年11月28日在2008年上海海洋论坛上的讲话。

来谁能够拥有和控制更广阔的海洋，谁就掌握了更多的资源和生存空间，而科技上的领先地位将会直接导致发达国家对海洋资源的占有。

（二）油气与国际海底战略性资源等海洋资源竞争白热化

随着陆上和浅海油气资源储备日益减少和石油价格不断高涨，各国纷纷采取激励措施，推动深水油气资源勘探开发。目前，已有60多个国家开展深水油气勘探，发现33个超过5亿桶的深水巨型油气田。预计到2010年，深水石油产量占全球石油消费量的比例将从2004年的5％增加到10％。

天然气水合物是近年来发现的战略性新型能源资源，预计其资源量占全球已探明石油、天然气和煤炭资源量的两倍。美国、日本等国家高度重视天然气水合物开发，纷纷投入巨资，计划于2015年实现海上天然气水合物的商业化开采。

海底蕴藏着极为丰富的多金属结核、富钴结壳、海底热液硫化物等矿资源和深海生物与基因资源，据估计，大洋海底多金属结核总资源量约3万亿吨，有商业开采潜力的达750亿吨。作为长远的战略性资源，世界强国高度重视深海底战略资源的占有。目前，国际海底优质多金属结核资源已基本瓜分完毕，富钴结壳资源即将开放申请，热液多金属矿资源开放申请的相关准备工作亦将完成。一些国家正在加紧技术储备，迎接真正的商业开采时代的来临。深海生物基因资源因其巨大的开发利用潜力，已成为深海领域新的竞争热点，已形成年数十亿美元的产业，预计将形成21世纪一个新的产业生长点。

（三）军民两用海洋环境安全保障体系建设迅速发展

世界海洋强国积极拓展海洋发展战略空间，纷纷建立海洋环境立体监测系统，为海洋军事活动、防灾减灾，以及深水油气开发和海上交通等活动提供安全保障。西方国家将海洋战场环境保障称为"兵力倍增器"，将其与先进的武器装备、优势的作战信息并列，称之为海上高技术作战的三大基本保证。世界海洋大国积极推动军民兼用的业务化海洋环境保障体系建设，海洋立体监视、监测能力正在覆盖全球大洋，海洋环境要素的预报能力触及到世界各个敏感海域，美国正酝酿建立"全球海洋综合观测系统"。

（四）近海生态环境恶化已引起各国高度重视

海洋是人类生命支持系统的重要组成部分，是可持续发展的宝贵财富。但是，半个多世纪以来，海洋富营养化的区域和范围日益扩大，有毒赤潮频发，许多近海海域生态破坏十分严重，海洋有毒污染物的浓度不断增加，渔业资源日趋衰退等海洋污染和海洋生态破坏的大量事实给人类敲响了警钟。我国近岸海域已受到不同程度的污染，其中不少河口、海湾、港口水域及大中城市的重要工业区毗邻沿岸海区污染比较严重，突出的问题是水域富营养化日趋严重、赤潮频发，大规模围填海导致近海生态破坏，以及海上油污染事故不断发生造成损害。因此，加强海洋环境保护和海洋环境科学的有关研究工作、保护海洋生态环境已经迫在眉睫。

二、世界海洋高技术发展现状及趋势

海洋竞争实质上是综合国力和高技术能力的竞争，海洋高技术将有效地提高一个国家的海洋竞争能力，如今的发达国家，几乎都是海洋强国。各国政府高度重视海洋高技术发展，经过多年努力，国际海洋高技术取得了快速发展，主要体现在以下六个方面。

（一）海洋大国纷纷制定并实施海洋科技发展规划

发展海洋科学技术是实施海洋综合管理、保护海洋环境与生态系统、开发海洋资源等各项工作的重要前提和基本保障。美国、英国、德国、法国和日本等发达国家，以及印度等一些新兴国家，都把发展海洋高科技作为海洋竞争的战略举措。

美国于1986年率先制定了《全球海洋科学规划》，提出"海洋是地球最后的疆域"；2004年美国相继出台了《21世纪海洋蓝图》和《海洋行动计划》，明确指出美国将继续领导国际海洋钻探计划，该计划不仅有为研究海洋和气候变化服务的目的，更有海洋军事利益上的考虑；2007年美国发布了《美国未来十年海洋科学技术优先计划与实施战略》，确定了海洋在气候变化中的作用等20个重点研究领域。美国的海洋政策及其内涵，对全球产生了重要的影响。

2006年，《欧盟海洋政策绿皮书》突出了"发展海洋事业必须具有国际视野"，提出要建立必要的机制，加强海洋科技领域的合作与协调。现在正在研究建立"欧盟海洋科学技术信息共享平台"，以促进欧盟海洋科学技术的发展。

法国海洋战略的重点是加强海洋综合管理的科学技术研究和气候变化研究，并提出组织深海探测与开发的国家重大项目，由此全面推进法国的海洋科技发展，尤其是促进海洋油气勘探开发、生物技术、海洋药物等产业、造船和深潜器等新型海洋设施建造、海洋旅游娱乐、海上防务，以及海洋新能源勘探开发等多方面技术的发展。

英国在1986年成立了"海洋科学技术协调委员会"，负责制定英国海洋科技发展规划，协调各部门的海洋科技活动。1995年英国制定了《海洋科学技术发展战略》，提出海洋科学技术将发生一场新的革命，包括更加先进的观测手段和对海洋物理、化学、生物和地质的深入理解。最近，英国又制定了《面向2025年的海洋研究计划》，主要目的在于提高英国的海洋科学研究能力和基础设施水平。

日本于1970年设立了以开发海洋资源为主要目的的日本海洋科学技术中心，该中心开发出了可在深海作业的潜水技术和潜水系统，中心制订的"海洋开发长期计划"，确定了海底动态调查等五大研究领域。日本的深海钻探船"地球"号受到世界各国的广泛关注。

当前海洋科学研究的一个重要特色是通过大型国际科学研究计划来推动学科发展，如美国长达 15 年的"深海钻探计划"、"大洋钻探计划"，以及"综合大洋钻探计划"等，成果浩大，留给世人数百万卷资料，成为海洋科学的宝典，显著地提高了人们对海洋的认识，推动了海洋科学研究的快速发展。

（二）海洋环境监测技术向长期、实时、连续和立体方向发展

发展先进的海洋环境监测传感器和监测平台，建立区域性和全球性海洋环境监测与信息系统，通过空间、海面、水下和海底等平台实现海洋环境信息的实时、立体监测，提供全球或区域实时基础信息和信息产品服务，是海洋监测技术发展的方向。海底长期观测网已成为发达国家发展的重点，有望成为继调查船舶和卫星遥感之后深海观测的第三个平台，极大地提高了海洋环境信息获取的能力。此外，多功能、实用化深海遥控潜水器、水下机器人、载人潜水器和配套作业工具，已得到快速发展，成为水下调查、搜索、采样的有力工具。

（三）海洋能源勘探开发技术发展迅速，深水油气勘探开发技术成为竞争焦点；天然气水合物勘探开发技术成为研发热点

海洋油气开发国家在新油田开发、老油田延长生产周期等方面不断发展新的勘探、钻井和集输技术，作业范围不断延伸。深水高精度的震勘探、复杂油气藏识别、深水钻完井等深水油气技术，大型物探船、半潜式钻井平台和多功能浮式生产装置等深水油气勘探、开发和工程技术与装备发展迅速，油气勘探开发向着更深的海域推进，钻探水深已达 3000 米，开发油田水深 2000 米。

天然气水合物被认为是 21 世纪最具潜力的接替能源，世界上许多国家纷纷投入巨资开展研究和调查勘探工作，美国、日本、俄罗斯等国家都制订了各自的天然气水合物研究计划，其中，天然气水合物的勘探与识别、保真取样、资源范围和资源量有效评价、开发及其环境效应研究是研发的重点，预计在 2016 年左右实现商业化试采。

（四）深海矿产资源勘查技术向着大深度、近海底和原位方向发展

深海矿产资源勘查技术向着大深度、近海底和原位方向发展，其中精确勘探识别、原位测量、保真取样、快速有效的资源评价等技术已成为发展重点。多金属结核、软泥状热液硫化物的开采技术已完成技术储备，块状热液硫化物的开采技术已有技术积累。深海微生物的保真取样和分离培养技术不断完善，热液冷泉等特殊生态系统的研究正在揭示深海特有的生命规律，深海微生物及其基因资源的开发利用，初步展现了其在医药、农业、环境、工业等的广泛应用前景。

（五）海洋生物技术取得新的突破，海洋生物产业已成雏形

海洋生物技术受到沿海国家的高度重视。近年来，海水养殖技术在苗种繁育、病害控制、集约化养殖等方面有新的突破。海洋水产养殖、海洋天然产物开发和海洋环境保护等已成为开发海洋生物技术开发的热点，应用的现代生物技术，在从海洋生物资源中寻找新药及高值化产品，探索海洋生物特殊功能基因等方面，取得了进步，海洋生物资源立体化和高值化利用技术领域已有产业化趋势。

（六）海水淡化和海水综合利用技术规模不断扩大，海水利用产业链正在形成

进入新世纪以来，海水淡化正在呈现大规模加速发展的趋势，截至 2006 年，全世界已有 155 个国家采用淡化技术，淡化水日产量已经突破 4700 万吨，解决了 1 亿多人的生活用水问题。当前海水淡化产业发展的特点，一是单机和工程规模不断扩大；二是政府主导支持研发和示范；三是用政策规范海水淡化产业的发展。同时，发达国家重视海水的直接利用，大量采用海水作为工业冷却水，海水化学资源综合利用也成为世界海洋科技的优先发展主题。

三、我国海洋高技术开发进展与差距

自 2006 年海洋技术领域列入"863"计划以来，经过十多年的发展，我国海洋高技术经历了从无到有的过程，并在海洋油气资源开发、大洋海底矿产资源探查、海洋动力环境监测和海水养殖及海洋生物资源开发等研究开发方面取得了一批成果，为海洋高技术的进一步发展奠定了良好的基础。但是，与发达国家相比，海洋技术仍然是我国差距较大的领域，还不能满足建设海洋强国的要求，海洋高技术的发展任重道远。

（一）海洋环境监测技术进展

我国自主研究和发展了一批海洋动力环境、海洋污染与水质、海洋生态环境长期实时监测仪器和系统，形成了一批海洋动力环境要素遥感应用模块；突破了浮标、高频地波雷达、声学监测等关键技术；先后在近海建立了长江口及上海市沿海海域海洋环境立体监测系统、台湾海峡海洋动力环境实时立体监测系统及渤海生态环境综合监测系统，初步形成了若干个近海环境监测系统，从总体上提高了我国近海海洋环境的监测能力。而深海海洋监测技术则刚刚起步，尚未形成系统应用能力。

"十一五"期间，"863"计划重点加强对海洋动力环境的支持力度，实施了"南海深水区海洋动力环境立体监测技术研发"、"区域性海洋环境监测系统技术"等重大项目，重点发展极端海洋动力环境和深水区内波长期定点连续监测技术、海

洋卫星现场检测及遥感应用技术，为国家海洋安全和海洋资源开发提供信息保障。

(二) 海洋油气与天然气水合物勘探开发技术进展

我国于上世纪 90 年代开始关注深水油气资源开发技术领域，目前，我国已在深水区钻探了一批深海探井，最大钻探水深达 1480 米，积累了一定的深海勘探经验和资料。在海洋工程技术方面，我国通过对外合作成功开发了南海水深 310 米的流花 11-1 油田和水深 333 米的陆丰 22-1 油田，成为世界深水边际油田开发的典范；自主开发了水深 200 米的惠州 32-5 油田，应用了水下电潜泵、水下增压泵等多项世界深水领域的技术。2007 年 5 月 1 日凌晨，我国首次在南海北部神狐海域实施天然气水合物钻探，成功获取实物样品，这是我国天然气水合物勘探开发取得的重大突破。

"十一五"期间，"863"计划重点加强对深水油气勘探开发关键技术和装备研制的支持力度，实施了"南海深水油气勘探开发关键技术及装备"、"天然气水合物勘探开发关键技术"等重大项目和"油气层钻井中途测试仪工程化集成与应用"、"东海边际气田水下生产系统关键技术研究"等重点项目，重点突破南海深水油气资源勘探开发和安全保障等关键技术。

(三) 大洋矿产资源勘查技术进展

我国成功研制了多波束测深试验样机，覆盖宽度为 120 度，测深范围达到 10～1000 米；自主研制的小型深海底浅地层岩芯钻机已成为目前世界上同类产品在深海底实钻取芯次数最多的设备，技术趋于成熟。同时，还研制成功了近海工程高分辨率多道地震探测系统、极端环境下泥沙液化原位监测系统、高分辨率测深侧扫声纳和超宽频海底剖面仪等高技术设备，初步形成了近海工程地质环境探测与综合评价的技术体系。这些技术装备的研发，提升了我国在相关领域的自主研发水平和综合制造能力，在深海大洋资源探查、近海工程地质环境探测与评价中得到应用。

"十一五期间"，"863"计划在大洋矿产资源勘探开发方面设立了"深海底中深孔岩心取样钻机研制"、"4500 米深海作业系统"、"深海空间站关键技术研究"等重点项目，为大洋矿产资源的勘探提供了技术支撑。

(四) 海洋生物技术进展

在"863"计划的持续支持下，我国重点发展了基因工程、细胞工程、遗传工程、生化工程、功能基因组学、生物信息学等方面的关键高新技术，海水养殖种子工程、海洋药物、功能基因、微生物、生物制品等方面的研究，取得了一批居国际先进水平的研究成果，部分科技成果取得了很好的经济效益，海洋生物资源开发利用技术已成为我国海洋生物技术产业新的经济增长点。

"十一五"期间，"863"计划重点围绕海水养殖种子工程、海洋生物功能基因开发利用、海洋生物制品和海洋新药研制等一批重大关键技术，实施了"海水养殖种子工程"重大项目和"海洋药物研究开发"、"海洋生物功能基因工程产品关键技术研究"、"海洋微生物产品的中试研究"等重点项目，旨在开发一批具有自主知识产权的海洋药物与海洋生物制品等高值化产品。

（五）海水淡化及综合利用技术进展

我国海水淡化技术经过国家"八五"、"九五"、"十五"等多年的科技攻关，在科研水平、队伍组织、实验条件、工程示范等各方面打下了扎实的基础，在技术研究、装备制造、工程建设等方面形成了一定的实力，已经建成多座百吨级、千吨级海水淡化工程，基本形成了启动大型示范工程的技术条件。

"十一五"期间，国家科技支撑计划首批启动了"海水淡化与综合利用成套技术研究和示范"，旨在形成我国自主创新海水淡化技术、装备、标准和产业化体系，推进海水淡化产业快速发展。

经过十多年的努力，我国海洋高技术研究开发取得了长足进展，取得了一批海洋高技术成果，部分成果也得到了推广应用和产业化，为我国海洋经济的快速发展提供了技术支撑。但与国际先进水平相比，总体上而言，差距较大，主要表现为：近海海洋监测/观测技术尚不完善，深远海海洋监测技术刚刚起步；海洋油气资源勘探开发仅在200米水深之内，深水钻井的最大深度仅503米，缺少深水油气勘探开发的工程技术与装备体系；尚未形成深海底战略性资源勘查开发技术体系，深海运载核心技术仍受制于人；海洋生物资源利用与深度加工技术较为薄弱；规模化海水淡化及海水资源开发利用技术与装备有待开发；海洋高技术产业还比较薄弱。面对新一轮海洋竞争，我们必须加大投入，创新机制，大力发展海洋高技术，推动海洋高技术产业发展，实现海洋高技术由近浅海向深远海的战略转移，为我国发展海洋经济，以及跨出第二岛链、全面走向大洋提供技术推动力。

四、对上海发展海洋产业的建议

经过50年的艰苦努力，我国的海洋科技能力已具备了创新和腾飞的基础。发展海洋高科技是我们国家战略的需要，也是上海城市社会经济和谐发展的需要。上海市是我国经济、科技、教育和金融的重要中心，具有良好的经济基础，以及强大的科技实力和高效率的管理能力。国际海洋竞争空前激烈，上海濒临大海，具有发展海洋高技术产业的重大责任、良好的条件和难得的机遇。作为我国特大型沿海城市和国际大都市，如何放眼全球、抓住机遇，大力推进海洋高科技及产业的发展，具有重要的战略意义与现实意义。

目前，海洋传统产业在我国海洋经济发展中仍处于主导地位。2006年我国海洋油气业、海洋生物医药业、海洋化工业和海洋电力业的增加值仅占主要海洋产业增加值的 18.8%，海洋高科技产业对海洋经济的贡献率较低，大力发展海洋高技术产业是海洋经济发展的突破口和主要动力。从支撑我国经济可持续发展的角度出发，从未来着眼，必需下大力气实现从近浅海向深远海的转型，向远海、深海要资源、要增长、要效益，改变目前近浅海资源日渐枯竭和生态环境持续恶化的现状。

上海海洋科技研究门类齐全，海洋高科技优势明显，在海洋工程、海洋装备、海洋环境、海洋生物资源利用等方面具有较强的研究开发能力和产业基础。加快上海海洋科技的发展，做大做强上海的海洋产业，是加快我国海洋事业发展，维护国家海洋权益，保障国家安全的需要，也是上海在高层次上进行区域竞争与合作，引领长三角海洋经济的竞争与和谐发展的需要。这里我就上海产业发展重点提三个方面的建议。

（一）发展海洋装备产业

我国高端海洋装备制造的关键技术和设备受制于人，相关部分关键零部件、工艺装备依靠进口。特别是深海资源开发和存储装备、高附加值海洋运输装备、海洋资源探测装备发展滞后。我国近海海域油气储量约 40 亿～50 亿吨，大部分在南海深水水域，但国内能用于开采的半潜式钻井平台尚属空白。据估计，2006～2010 年全球对液化天然气船的需求是 140 艘，我国的需求量为 30～40 艘，只有个别船厂能够制造。

海洋开发研究是密集型的高新技术。现在海洋研究的发展与进步，不但需要有现代科学来支持，还需要有较发达的工业技术作为基础。上海有我国海洋工程与装备的主要研发机构，又有我国造船的中坚力量。目前，国内首艘 30 万吨浮式生产储油系统正在建造中；深水钻井与采油平台技术正取得新进展，需求日趋增大；大型船舶制造工艺技术取得了重要突破；海洋交通运输等海洋传统技术保持国内领先；在海底管道、海底光缆铺设、检测维修等方面取得重要进展；深海运载技术产业化已初具技术积累与基础。这些都为上海发展海洋装备制造产业奠定了良好的基础。当前的任务是以建立海洋装备产业为重点，引导各个相关部门的联合和协调，实现各种技术的有效集成，将海洋装备产业做大做好。

（二）发展海洋生物产业

海洋经济已成为上海经济发展的强大动力和重要保障。在上海海洋经济和科技发展中，海洋生物资源的开发和养护是上海市中长期海洋科技规划中的重要内容，也是确保上海海洋经济与海洋生态环境协调发展的重要支撑。上海作为我国生命科学的重要研究基地，在海洋生物资源利用方面有十分雄厚的力量。近年来，上海市先后开展了海洋生物资源调查与评估、海洋生物多样性、海洋药物及先导化合物筛选、重要经济海洋生物功能基因克隆、重要海洋生物生长发育、繁殖、生活史，以及生理等分子机理基础研究、鱼类细菌性重大病害防治、经济鱼、虾、蟹、贝、藻养殖技术与育苗技术等研究，在国内处于领先水平。建议上海市采取激励措施，建设海洋生物科技园区吸引海洋生命科研人员来南汇创业，推动陆上生物技术优势单位积极下海，参与海洋生物技术及海洋生物资源开发，推动上海海洋生物产业的发展。

（三）发展海水淡化关键设备产业

我国北部和东部沿海地区淡水供应日趋严重，成为这些地区经济发展和人民生活的重大瓶颈问题，海水淡化产业已逐步成为充满投资机遇的战略性产业。上海具有很好的区位、产业和科教优势，能否把该产业作为提升城市竞争力的"新亮点"，作为营造区域优势的新战略，具有积极的现实意义和战略意义。近年来，上海在海水淡化技术研发、海水淡化装备设计、制造及关键技术集成，海水淡化关键配套材料开发等方面开展了系列工作，一批从事高新材料研发和生产、电气化设备制造的企业积极尝试投资海水淡化产业，取得了进展，上海有积极的产业政策，这些都为上海海水淡化关键设备产业的顺利发展奠定了良好的基础。

海洋经济发展对海洋科技提出了新的要求。据统计，我国海洋科技成果转化率不足20%，海洋科技对海洋经济贡献率只有30%左右，而一些发达国家已达70%～80%。目前，我国海洋产业多以资源依赖型和劳动密集型为主，海洋产品主要集中在初级产品阶段，产品的科技含量和科技附加值低。因此，要发展海洋经济，必须大力发展海洋科技，努力建设以企业为主体、产学研结合的海洋技术创新体系。海洋科技发展问题固然突出，但也意味着解决这些问题将创造极大的发展空间，具备极大的发展潜力。让我们共同努力，让海洋为我国经济社会可持续发展做出更大的贡献。

现代服务业的发展趋势与对策[①]

(2009年5月11日)

现代服务业发展是当今经济全球化、产业转移、结构调整的重要方向和内容，得到世界各国的高度重视和积极扶持。本文着重探讨现代服务业同21世纪发展的关系，以及当前发展的态势及我国应采取的主要策略和措施。

一、现代服务业与21世纪发展

现代服务业是当前世界经济发展和国际竞争的焦点。目前，世界主要发达国家服务业占GDP的比重达到71%，中等收入国家达到61%，低收入国家达到45%。西方发达国家服务业就业比重普遍达到70%左右，纽约、伦敦、香港等国际大都市的服务业就业比重甚至达到90%左右。服务业吸收劳动力占社会劳动力的比重也逐年提高，多数国家服务业吸收就业劳动力人数已经超过第一、第二产业吸收劳动力的总和。

现代服务业与人类经济社会发展交相辉映。在科学技术进步的强力推动下，21世纪的人类社会发展越发显现出三个新的重要特征：一是以知识为基础的社会；二是全球化的国际环境；三是可持续的发展方式。这三个新的重要特征都与现代服务业的发展息息相关。

（一）以知识为基础的现代社会要求建立功能齐全、充满活力的现代服务业体系

人类进入21世纪以来，国家财富增长的主要途径和方式，越来越表现为知识的积累和创造。学习、获取和创造新知识将成为人们从事更有价值的生产和实现生活理想的基本手段，由此将引发社会组织形态和人类活动方式的深刻变革。现代服务业的基本职能就是帮助人们学习、获取、创造新知识；引导和辅助人们应用新知识改善生产方式和生活方式。以知识为基础的现代社会发展的前提条件就包括功能

---

① 2009年5月11日（修改稿收到日期）刊登于《战略与决策研究》2009年第24卷第3期（有删节），文章作者为徐冠华、刘冬梅和刘琦岩，其中刘冬梅为中国科学技术发展战略研究院研究员，刘琦岩为科技部调研室副主任。

齐全、充满活力的现代服务业体系。

（二）经济全球化需要现代服务业给予支撑

经济全球化既能够催生一大批新兴服务业，又需要现代服务业给予有力的支撑。在经济全球化过程中，生产要素的流向、资源的配置、产业的转移、国际资本与当地优势的结合，都需要现代服务业提供大量的信息、咨询和服务工作。可以说，经济的全球化就是在现代服务业协同推进中的全球化。

（三）实现人类可持续发展需要加快推进现代服务业

当前，面对能源、资源紧缺的约束，以及全球气候变化、科学伦理等诸多问题的困扰，人类社会需要做出共同的努力，来寻求人与自然和谐相处的新途径。在人类转变发展方式的过程中，现代服务业不可或缺。人类需要不断更新关于资源、环境和经济发展的知识，需要不断创新服务的技术和手段，加快用信息化、智能化、节约型、清洁型、环保型等现代技术和服务来改造传统产业的步伐，促进人类社会的全面、协调和可持续发展。

总之，21世纪人类社会的三大新特征也意味着三大需求，对现代服务业发展来说既是机遇，也是挑战；把握住这个特征，也就把握住了发展现代服务业的方向和关键。

二、世界现代服务业发展的现状和趋势

自20世纪90年代开始，以信息技术和网络化为基础，在不断加快的全球化进程中，现代服务业的发展呈现出日趋活跃和持续演变的新趋势，主要表现在以下五个方面的特点。

（一）服务业内部结构不断调整，现代化进程不断加快

一是服务业自身的现代化进程不断加快。随着信息技术的产业化、社会化，服务业的发展呈现出以知识密集、人才密集和网络化为特征的发展态势，并表现出两种类型的现代化进程：一方面，利用信息技术和网络技术实现服务业现代化改造，全面提高传统服务业科技含量，成为一些国家促进经济社会发展的基本做法；另一方面，伴随着以知识的创造、传播、应用和科技创新活动为内容的各类专业服务组织的兴起，一批新兴服务业领域迅速形成，成为高速增长的现代经济部门。特别是近十多年来，通过信息和通信技术的广泛应用，形成了能够满足个性化需求的多层次、多节点的服务网络，极大地扩展了商品和服务交易的时空范围。互联网的商业化应用，促进了电子商务、电子政务、金融信息化的发展；网络技术迅速发展，各种智能终端技术的日新月异，促进了数据、信息等资源的高度共享，为远程、多点

和跨区域的生产组织和商品与服务交易提供了有效的保证,促进了现代物流、远程教育、文化娱乐等新兴服务业迅速崛起、成长壮大,有的已成为国家或区域经济的支柱产业。

二是生产性服务业成为现代服务业的主要部分。从服务业内部结构来看,通信、金融、保险、物流、农业支撑服务、中介和专业咨询服务等生产性服务所占比重不断增加,成为服务业的主流,在主要工业国已达50%以上。许多著名跨国公司的主营业务也已经开始由制造向服务衍生和转移,服务在企业的销售额和利润中所占的比重越来越高。例如,20世纪90年代中后期,IBM开始了由制造商向服务商的转型,到2001年,服务收入达到349亿美元,占总收入的42%,首次超过硬件成为IBM的第一收入来源;2005年,IBM公司服务收入所占比例超过50%,利润连年增长高达10%以上;目前,IBM已是全球最大的IT服务厂商,远远超过传统的服务咨询企业,不论从企业经营状况来看,还是从外界的形象来看,IBM均已从硬件制造商成功转型为"为客户提供解决方案"的信息技术服务公司。可以预见,受大多数跨国制造企业的转型带动,全球生产性服务业未来仍将保持强劲的发展势头。

三是知识服务业大量兴起。知识服务业是提供知识产品和知识服务的产业,是智力型服务业群体的总称,它包括咨询、软件、研发、设计、文化传媒、广告,以及传统的教育、医疗等。知识服务业具有高聚集性、高附加值和高成长性的特点。近年来,以知识密集型为特征的研发设计、咨询、解决方案提供等知识服务业正在不断兴起,日益成为现代服务业的重要组成部分。据统计,欧盟服务业近50%的工作机会是知识密集型服务行业提供的;美国知识密集型服务业对其GDP的贡献率高达50%;韩国知识密集型服务业对GDP的贡献率也达到了22.1%。

(二)服务业的全球分工体系正在形成

服务业的全球化转移和分工体系主要通过三个层面进行。

一是项目外包。当前,跨国公司已从制造业外包为主转向服务业外包为主,把非核心的生产、营销、物流、研发乃至非主要框架的设计活动,都分包给成本更低的发展中国家(地区)的企业或专业化公司去完成。目前,全球外包业务活动的60%集中在北美。在美国的2600多万家企业中,采用项目外包方式的企业约占2/3。外包在美国已是一个极为普遍的现象,欧洲和亚洲也在朝这个方向发展,其中亚洲的发展尤为迅猛。以印度为例,2007年印度信息产业服务业中,服务外包出口75亿美元,与上一年的63亿美元相比增长约20%,仅服务业就支撑起印度全国经济总量的1/3。

二是跨国公司业务离岸化。即跨国公司将一部分服务业务转移到低成本国家。例如,通用电气公司(GE)提出,公司外包业务的70%采用离岸模式。据麦肯锡环球研究所估计,美国公司离岸外包每支付1美元,可以带来1.47美元的收益;其中美国公司获得 1.44 美元，而印度等发展中国家的承包公司仅得 3 美分。另据福里斯特公司预计，美国转移到发展中国家的工作岗位，2010 年将达 160 万个，2015 年将达 330 万个。到 2010 年，发达国家中 25% 的传统 IT 工作将转向印度、中国和俄罗斯。

三是服务型公司自身的业务转移。伴随跨国公司国际化战略的实施和制造业务的转移，为其配套的企业也将部分服务业务带到新兴市场国家，这其中也包括国际化的服务企业为了开展服务贸易而进行服务业国际转移。

（三）现代服务业对第一、第二产业的带动作用日益突出

随着现代服务业的发展，它与第一、第二产业结合得更加紧密，成为推动其他两大产业发展的重要因素。在未来的工业和农业发展中，由于市场需求的变化，无论工、农业产品自身还是组织形式都将从单一的大规模生产变得越来越精巧和个性化，需要各类服务的支持；资源枯竭问题的突显，使工、农业生产尽量减少对不可再生资源的消耗，增加可再生资源的使用，服务将更多地作为中间投入融入工农业生产中；信息技术在工、农业生产中的普遍应用，也增加了两大产业对相关服务的需求，这些都使未来工业和农业成为"服务密集型"领域，出现"产业服务化"的现象，即一些工业或农业部门的产品是为提供某种服务而产生的，知识和技术服务将伴随产品一同出售，服务还将引导工、农业部门的技术变革和产品创新。

（四）现代服务业正成为全球直接投资的重点

近年来，外国直接投资的重点已转向服务业。20 世纪 70 年代初期，服务部门仅占全世界外国直接投资存量的 1/4，1990 年这一比例不到一半；而进入 21 世纪，服务业平均已占外国直接投资总流入量的 2/3。在 1990～2002 年的 12 年间，第一产业和制造业在全球跨国投资中所占的比重分别由 9% 和 44%，下降到 4% 和 29%，而同期服务业的比重则由 47% 上升到 67%。目前，美国所吸收的外国直接投资中，有近 1/3 投向了金融、保险领域；欧盟吸收的外国直接投资，主要集中在公共服务、媒体、金融等领域；而日本跨国公司在英国 50% 以上的投资，也集中在金融、保险领域。世界投资重点转向服务业，体现了服务业在整个经济中地位的上升。

（五）以新技术为基础的现代服务业成为提升国家创新能力的重要力量

现代服务业是新技术的重要提供者和促进者，是创新活动最为活跃的部门。近年来，大多数国家通过增加和提高服务业研究开发费用在所有研究开发费用中的比重，达到提升国家科技创新能力的战略目标。1990～2003 年，OECD 国家服务部门的研发开支以每年平均 12% 的速度增长，而制造业部门只有 3%；1989～2003 年，美国服务业研发经费年均支出增长率高达 19.7%，而制造业研发年均增长率仅为 3.4%。

现代服务业有力地支撑了技术扩散和国家创新能力的提升，而技术的不断创新应用也有力地推动了服务模式转变和产业升级。一方面，现代服务业的发展通过大规模利用信息和通信等现代科学技术作为基本手段，使商品和服务性贸易活动在空间和时间上被大大扩展。例如，20世纪90年代以来，基于TCP/IP协议和3W标准的互联网的商业化应用，极大地促进了电子商务、电子政务、金融信息化的发展。另一方面，当代科学技术的发展又在不断地开拓现代服务业发展的新空间，特别是网络技术、基础计算环境、智能技术和智能终端、智能标签等，正成为服务业拓展的方向和新的综合支撑平台，如包括生物识别技术研发在内的一系列可靠性、安全性技术创新，为远程、多点和跨区域的生产组织和商品与服务交易提供有效的保证等。

三、我国服务业发展面临的挑战

改革开放以来，随着对发展服务业重要性认识的不断深入，我国服务业得到较快发展。国家统计局的数据显示，2005年我国服务业增加值已由1978年的860.5亿元增长至73 395亿元。按可比价格计算，年均增长11.2%，高于同期GDP增长率两个百分点；服务业产值占GDP中的份额也由1978年的24.2%，上升到2005年的39.9%，就业份额则由1978年的12.2%，增长至2006年的32.2%。然而，与发达国家乃至部分发展中国家比，我国服务业发展严重滞后、差距较大仍然是不争的事实，表现为如下几个方面。

（一）服务业增加值占GDP的比重偏低

长期以来，我国服务业发展速度低于经济增长的平均水平，服务业对经济增长的贡献也一直徘徊在1/3左右。从国内生产总值构成看，服务业在国民经济中所占比重不仅远低于主要发达国家71%的平均水平，也低于低收入国家45%的平均水平。

（二）服务业就业劳动力比重远低于世界平均水平

我国服务业就业劳动力占就业劳动力的比重仍远远低于大多数发展中国家水平。大部分发展中国家的该比重在1999年已经达到40%以上，而我国则刚刚达到30%。这也是由我国现阶段农村人口的生产和生活方式对服务业的需求较小、服务业总量规模不大、城市化水平低的特殊国情决定的。

（三）传统服务业现代化水平偏低，研发创新能力较弱

受传统经营模式的影响，我国传统服务业大多为劳动力密集型，其资本、科技含量较低，进而产业的信息化、网络化、经营连锁化、服务增值化等水平都较低，还在紧紧追赶国外现代化的步伐。在服务业的发展中，不论是传统服务业还是知识型服务业，除了软件、创意等产业外，我国企业的研发水平普遍远远低于国外同

行，也低于国内制造业的水平，创新能力不强，不能满足国内现代服务业迫切发展的需要，除依赖垄断手段外，都难以同跨国企业展开直接的竞争。

（四）市场开放程度低，竞争不够充分

2002~2006年，我国服务业中外商直接投资流入不升反降，从140.11亿美元降至116.79亿美元。事实上，我国服务业利用外资比例偏低，一直不到30%，而美国等发达国家的外资流入则一直以服务业为主，甚至超过了60%。

（五）知识型服务业在服务业中的比重较低

有研究表明，在我国的服务业总体结构中，知识型服务业所占比重只有27.4%（2005年），传统服务业所占比重达39%（2005年），而像美国、印度等国，其知识型服务业占整个服务业比重早已超过50%，传统服务业的比重不到30%。服务业内结构的差异导致了我国与美国、印度等国在服务业竞争力的不同。

（六）缺少现代服务业发展的动力基础

我国制造业的发展受三股力量推动：一是国有企业；二是乡镇企业；三是外资企业。过去的30年，这三股力量在中国都获得了较大的发展，使中国成了制造业大国。但我国现代服务业的发展却面临不一样的境况。国有企业的发展重心目前还不在现代服务业上，即使意识到要发展，内部调整起来也很困难，决策和发展相对滞后。民营企业主要是缺少能力、人才和政策激励，可以讲比当年的乡镇企业发展困难要大：如现代服务业的产业起点高，对人才、企业资质、发展环境有较高的要求；现代服务业广大的需求在郊区或乡村，但市场中心在城市，民营企业受资金限制很难在城市中心立足。外资企业普遍将国外发达的现代服务业当成自己高附加值和竞争力的来源，跨国企业依托母国公司总部，中小外资企业则凭借良好的渠道关系，国内企业在发展现代服务业方面还缺少有效的平台和手段。综上所述，我国现代服务业发展的动力基础还有所欠缺。

综上所述，中国的服务业发展仍很落后，中国服务业向现代服务业转型的任务更为艰巨。如果没有清醒的认识，没有科学的统筹安排，没有自主创新精神，没有大力度的政策措施，我们不可能在较短的时期内实现现代服务业较快的发展。

四、加快我国现代服务业发展的几点思考

当前，国家把"扩内需、保增长、调结构"作为新一轮经济发展的重要目标，从国际发展经验和国内发展需求上看，依靠科技进步和自主创新，加快现代服务业的发展，将更有利于高质量地实现上述目标。为此，我们建议做好以下几方面的工作。

（1）抓住机遇，把现代服务业作为产业结构调整的战略重点进行部署[①]。

（2）以市场为导向，制定政策和采取有效措施，引导和支持现代服务业的快速发展。现代服务业的发展，政策的作用至关重要。要按照市场化、产业化、社会化的方向，以创造宽松、公平、自主的发展环境为重点，加快面向服务业的改革，努力营造有利于现代服务业迅速发展的政策和市场环境。

一是制定积极的政策措施。要制定符合现代服务业发展规律、特点的政策措施，特别是要针对当前我国现代服务业发展存在的主要问题，采取一些优惠的税收、金融、贸易、市场准入、资源配置、服务采购等方面的政策，突破发展瓶颈，形成调动汇聚各方力量投入和发展现代服务业的新局面。

二是进一步开放服务业，消除体制障碍。除特殊领域外，服务业领域应该全部向社会开放，让社会力量公平参与和竞争。凡是向外资开放的领域，全部向民间资本开放。同时，也要给国内服务企业与外商投资企业在体制上和政策上以平等地位，使国内企业在开放竞争的环境下提高和发展，鼓励本土服务企业"走出去"，参与国际现代服务业竞争。

三是大力培育致力于现代服务业发展的企业和中介组织。采取政策扶持、项目带动、改革推动等手段，加快培养一批在国内国际有重要影响的现代服务业企业、中介组织，加快形成若干有一定规模、范围，有相当辐射带动能力的现代服务业产业领域。

四是加强信息网络设施、技术标准体系、研发体系等建设。要加快制定和实施行业技术标准与技术规范，制定市场准入标准，加强行业规范和外部监管举措，加快信用评价体系的建设和服务标准的制定。通过政策支持公益类研究机构的建设，加强共性技术的研发和应用，为现代服务业发展提供科技支撑。

五是加强社会信用体系建设。建立现代服务业信用信息库，实现信用信息的专业化、标准化、市场化。建立企业信用信息收集、储存、管理、分析制度，有计划地开放和使用信用信息资源。逐步建立信用评级体系，扩大信用评级覆盖面。建立个人信用制度，强化个人信用制约。

六是发展专业化教育。完善与现代服务业发展有关的人才政策、教育政策，加快培养金融、保险、物流、创意、信息、中介等现代服务业急需的复合型、创新型人才，建立健全现代服务业人才信息库和人才服务机构。加强职业培训和岗位技能培训，提高从业人员素质。建立健全激励机制，吸引、留住、用好现代服务业发展所急需的优秀人才。

（3）突出重点，力争在服务业关键领域实现突破性发展。近期和未来，我

[①] 本条建议的具体内容参见本书"抓住机遇，促进现代服务业的大发展"一文中"抓住服务业转移的机遇，统筹国内外发展，采取和制造业并重发展甚至超前发展的思路"部分的内容。

国服务业要统筹考虑传统服务业和现代服务业的发展,全面部署,力求在一些关键领域取得大的突破。

一是充分利用信息技术改造传统服务业,促进服务业的现代化。商业、物流、金融、旅游等传统服务业,规模庞大,涉及面广,具有很大的发展潜力。要充分利用现代信息技术手段,大力发展智能立体交通体系、城际综合交通网络、电子货币应用、交易安全保障、网络服务、信用体系等新型支持体系,提高传统服务业的技术水平、服务质量和经营效率。

二是利用先进科技手段,发展知识和技术密集型的新兴服务产业。充分利用信息和网络技术的迅速发展构建网络化服务运营体系,发展远程、多点和跨区域的生产组织、商品与服务交易,不断开拓新的领域,形成新的市场,促进研发服务业、设计服务业、信息服务业、软件服务业、电子政务与电子商务、远程教育、远程医疗等在内的一大批新兴服务产业的形成和发展。

这里要强调一下,要研发服务业和创意产业。研发服务业和创意产业是国家创新体系中不可缺少的部分。我国是制造业大国、人口和人力资源大国,在产品研发、人们精神文化需求方面有着任何国家都无可比拟的市场优势、人才优势,应当引起各部门、各地方关注,积极引导,促进其更快发展。

三是强化公共服务职能,拓展公共服务领域服务业的发展。与人的全面发展和经济社会协调发展密切相关的公共服务,是我国服务业十分薄弱的环节。近期发展更应该把体现以人为本的原则,提高公共服务的质量和水平,扩大公共服务供给,作为服务业发展的重点。其主要包括:加强公共服务设施建设,改善生活环境,大力发展社区服务、科普服务、公共知识信息服务;建立适应新形势要求的卫生服务体系和医疗保健体系,着力改善农村医疗卫生状况,提高城乡居民的医疗保健水平;建立多层次的技术服务体系,特别是要建立面向中小企业、面向农村的技术服务体系等。

(4) 把科技服务业放在与高技术产业同等重要位置,使其加速发展。科技服务业主要围绕企业技术创新和公共科技服务需求,提供委托研发、科技咨询、工程设计、生产力促进、技术交易、科技信息、创业孵化、创业投资、检验检测、知识产权、软件增值等服务。作为现代服务业的重要内容,科技服务业广泛渗透于经济社会的多个方面,不仅服务于第一、第二产业,而且也直接服务于第三产业,能有效提升整个服务业的知识层次和科技含量。未来一个时期,我们要把科技服务业的发展放在与高新技术发展同等重要的位置上,统筹规划,重点支持,加速发展。要加快科技基础条件建设和重点科技服务机构建设,结合科技服务平台建设和科技资源整合,吸纳具备条件的公益型院所,搭建具有区域性、公益性、基础性和战略性的科技服务平台,一定会创造出比制造业更加辉煌的未来!

以小型电动汽车为突破口，推动我国汽车产业转型[①]

(2010年6月23日)

全球汽车业正在发生全面转型，挑战与机遇并存，我国面临着历史性抉择。现就发展电动汽车的必要性、发展路径和政策，谈几点意见。

一、电动汽车是世界和中国汽车产业发展不可逆转的趋势

当前，发达国家把发展电动汽车作为重振经济、保护环境的重大战略抉择。我国政府也把发展电动汽车作为战略性产业的重大举措。但是，也有人提出，鉴于中国以煤电为主的电力结构，电动汽车不能有效解决二氧化碳和污染气体的排放问题，从而质疑我国把电动汽车作为新兴战略产业发展的决策。我们对于这种看法不能认同，原因如下。

（一）发展电动汽车是我国应对石油短缺严峻挑战的战略抉择

我国已成为世界最大的汽车市场，2020年我国轿车保有量预计将达1.2亿辆，如果20%是小型电动汽车，每年可节省汽油约2300万吨，相当于提炼近1亿吨原油的汽油产量。因此，电动汽车的普及将对中国能源安全产生深远影响。

（二）发展电动汽车是解决我国大中城市空气严重污染的根本途径

传统汽车排放的一氧化碳、碳氢化合物和氮氧化合物等已占大城市空气污染物的70%～80%，成为城市空气污染的主要来源。

（三）随着煤电比例逐年减少，可以有效解决电动车间接碳排放的问题

当前，我国煤电约占发电总量的80%，据研究，当煤电比例占87%时，电动汽

[①] 2010年6月23日首次发表，后刊于2011年9月27日《中国汽车报》。文章作者为徐冠华、陈清泰（国务院研究发展中心原党组书记、副主任）、吴敬琏（国务院研究发展中心高级研究员）、欧阳明高（民盟中央副主席、清华大学教授）和朱岩梅（同济大学中国科技管理研究院副院长）。

车和传统汽油车的碳排放已经达到平衡点；只要煤电比重低于此数，电动车减碳效果就很明显；若煤电比例降至65％时，和传统汽车相比，电动车会实现30％的碳减排。

二、以小型车为突破口，大力发展电动汽车，是中国汽车产业转型的一次历史性机遇

我们认为，小型电动汽车是技术可支撑、政府贴得起、百姓买得起、市场需求大的现实选择。

（一）在小型电动汽车及动力电池等关键部件的研发方面，我国已有一定的技术积累

国内自主研发的小型电动汽车，时速可达120公里，市内一次续航里程100公里，已能满足代步交通的需求；有的还可装备极小排量燃油发电机，能提供补充电力，行驶更长的里程，已初步具备产业化条件。

（二）大众消费方面，现阶段电动汽车技术和成本都更支撑小型车的发展

电池成本、容量和充电条件的限制是阻碍电动汽车进入市场的关键因素。小型电动汽车的电池成本只是中型车的一半，量产后的价格还会降低30％以上，且运行成本仅为同级别燃油车的1/3甚至更低，因此在技术和市场上更有可行性。

（三）小型电动汽车比较容易解决充电基础设施建设的诸多难题

小型电动汽车可用220伏民用电，在家中或停车场使用充电桩充电，慢充时的功率只相当于一台家用空调，充电桩的成本仅为千元级别。我国每天有9亿多度的夜间低谷电，可供数千万辆小型电动汽车充电，还能减少建设调峰电站的大笔投资。

（四）本土市场的巨大潜力是发展小型电动汽车的一张"王牌"

中小城市被视为"汽车企业决战未来的主战场"。随着城镇化进程不断推进，农村及中小城镇也正爆发出惊人的购买力，小型（含低速）电动汽车兼具经济性与方便性，更能满足这些消费群体的需求。

我们也看到，大中型电动汽车受技术、成本和充电设施的限制，普及尚需时日。油电混合动力车作为过渡车型有明显的节油减排效果，仍会有较长的发展期，而且其动力系统70％的技术与电动车共用，可以带动电池和核心零部件技术的成熟，推动大中型电动车的产业化。因此，对混合动力车发展应当按当前的政策继续予以支持。

三、政府的引导和支持是小型电动汽车产业化成败的关键

（一）明确发展重点，坚持标准和基础设施先行

政府要抓紧电动汽车发展规划，把发展小型电动车放在优先位置，作为汽车产业转型的重点予以支持；要采取有力措施，合理布局和分工，加快产业链形成，实行"技术标准从严、市场主体准入从宽"的政策，防止出现一哄而上，一哄而下的局面；防止以发展电动汽车之名进行传统汽车生产的重复建设；要采用政府与企业伙伴关系（public-private-partnership，PPP）的方式，抓紧具有电动汽车特色的电动车标准和充电设施标准的制定，加快充电基础设施建设，为小型电动车进入市场创造条件。

（二）推行绿色补贴和税费制度，大力推动小型电动汽车发展

我国普遍存在"住大房、乘大车、吃大餐"的消费观念，有悖于建立节约型社会的目标。许多发达国家并非如此，小型车在欧洲和日本非常普遍；日本1升排量以下的微型车占轿车保有量的40%以上，2008年新车销量排行前十强中的6款为微型车。我国应借鉴日本的小四轮车法，出台支持小型电动车发展的政策，增加对小型电动汽车补贴和免税优惠，并通过提高大、中型燃油车相关税费，平衡税收。各级政府应将小型电动汽车列入政府采购清单，带头使用，发挥表率和导向作用。

（三）加强科技投入，力求实现重大技术突破

战略性新兴产业的关键技术很难通过引进获得，必须大力推动自主创新。"十一五"期间我国在新能源汽车的研发投入还不到发达国家政府或大公司一年的投入。我国应大幅度增加投入，加强动力电池的基础科学和竞争前技术的研发，寻求原始创新的突破。引导建立产学研联盟，分工协作，统一部署，加快电动汽车产业链中薄弱环节的研发。采取实际措施，加快电动汽车和充电设施的标准研究，坚持标准优先，防止浪费，保障安全。我们相信，通过国家引导和扶持，以小型电动汽车为突破口，中国汽车产业一定会走在世界前列！

解放思想、立足改革，建立大型飞机产业[①]

(2011年7月17日)

很高兴和大家再次见面！五年前，在国务院的领导下，大型飞机重大专项论证工作正式启动。首先要感谢各位专家以对国家高度负责的态度，认真开展工作，经过七个月的集中论证，最终提交了《大型飞机方案论证报告》，为党中央、国务院决策立项提供了重要的依据。

五年过去了，我虽然不再担任科技部部长的职务，但仍旧非常关心大型飞机专项的进展，对专项实施的每一步进展都感到由衷的高兴，特别是今天听到商飞公司、航空工业集团所做的系统介绍，感到振奋。借这个机会，我想谈几点感想和意见。

一、大型飞机的立项和实施是解放思想、立足改革、科学论证、果断决策的结果

一是解放思想。发展大型飞机是中国几代人的愿望。从20世纪70年代"运十"飞机的研制和试飞开始，屡经挫折，走过了一条十分曲折的发展道路。中国要不要发展大型飞机？能不能发展大型飞机？怎样发展大型飞机？长期以来，争论持续不断，一直延续到新世纪。党中央、国务院着眼于中国未来发展，不怕分歧，把发展大飞机问题放在重大专项中论证，这是解放思想的体现。专项成立了一个跨行业跨部门的高层次论证委员会。这是一支由科技、产业、用户、政策研究等方面专家组成的论证委员会，又是一个体现国家意志，有代表性、能够全面反映各方面意见，对国家民族有高度责任感，有开创精神和战略眼光的团队。专家团队解放思想，总结了历史经验，听取了各种不同意见，经过充分讨论，统一了思想，最终形成了现有的方案，这个方案经受住了时间的检验。

二是创新体制机制。论证方案提出整合改革原有航空工业体系，组建新公司，

[①] 2011年7月17日在大型飞机方案论证五周年纪念座谈会上的讲话。

采用"主制造商—供应商"模式，以我为主，利用全球资源，军民融合协调发展的改革思路是非常正确的。2008年中国商飞公司成立以来，所取得的成就充分证明了这一点。中国航空工业集团重组后，采取了一系列大刀阔斧的改革措施，取得了很好的成效，有力地保障了军用运输机和大型客机研制的顺利推进。组建新公司发展民机，当时也有一些同志担心这样会分散国家本来就很薄弱的研发力量。现在看来，我国航空工业的整体力量不但没有分散，实际上是更强大了，越来越多的企业和人才已经或者将要投身到我国的航空事业中来。

三是果断决策。基于专家的方案论证意见，党中央、国务院果断决策，决定启动实施大型飞机重大专项。国务院领导亲自担任领导小组组长，组织推动并且为新组建的中国商飞公司选定了懂专业、懂管理、识大局的优秀领导核心，保证了专项的顺利实施。

大型飞机专项几年来发展所取得的成就充分说明，党中央、国务院作出的自主发展我国大型飞机的决策是英明和正确的。

二、大型飞机专项的顺利实施为我国在市场经济条件下集中力量办大事积累了宝贵的经验

大型飞机是中长期科技发展规划纲要制定过程中最先启动论证的重大专项。科技部当时基本的考虑是：一是面向21世纪越来越激烈的国际竞争，一定要发挥社会主义制度的优势，集中力量办几件大事；二是中国的市场资源是最重要的战略资源。我国幅员辽阔，人口众多，经济持续高度增长，人民生活水平不断提高，蕴藏着巨大的市场需求。需求拉动是我们选择大型飞机作为加强自主创新，建设创新型国家，提升我国制造业整体能力的切入点的重要因素。

大型飞机项目顺利进展，为我国在市场经济条件下发挥社会主义集中力量办大事方面提供了宝贵的经验。

一是坚定信心，打造新型航空产业。大型飞机专项不是仅仅着眼于研制出一架或几架大型飞机，而是要实现我国航空技术的跨越和建设航空产业体系，逐步占据产业链高端市场，形成有市场竞争力的大型飞机产业。这样做是基于对国家和民族的信心，"运十"飞机在"文化大革命"期间那么艰苦的条件下都能够上天，更何况当今的综合国力、人力资源、技术和产业基础都有了翻天覆地的变化。有了信心和决心，怎么能不成功？

二是辐射带动发展战略性新兴产业。大飞机是复杂的高端装备，涉及的科学技术门类多，具有多学科交叉融合的特点，体现了高新技术的高度集成，被誉为现代制造业的明珠。航空工业产业链长、辐射面宽，对工业基础的依赖性强，因而产业连带效益巨大。从这个意义上讲，大型飞机也是我国发展战略性新兴产业、发展高端装备制造业的代表性产品。中国大飞机产业一定能够在发展过程中不断"沿途下

蛋",发展一批高新技术,带动新兴产业发展和传统产业改造。

三是坚持自主创新,加强国际合作。经过这几年的努力,我们都看到,一旦我国下决心要干大飞机这件事,而且以我为主干,国际合作的环境就会发生巨大的变化。中国商飞公司成立三年来,不仅在总体设计、技术攻关等方面取得了重要进展,而且在适航取证、客户服务等方面严格按照国际通行的生产组织和服务模式开展工作,取得了阶段性的成绩,开拓了国际合作的新局面。通过国际合作,一批拥有掌控力的合资公司相继组建。航空工业集团还走出国门,收购了国外先进的复合材料公司。这是我国必须要坚持的发展方向。

四是坚持军民结合,协同发展。大型客机在国际合作和引进方面快速打开局面。这些合作将为未来军机及其他类型飞机的发展提供很好的支持。从长远看,这种支持将会更加全面,更加有力。我国国防建设对大型军用运输机的需求非常迫切,大运的研制进展顺利,令人鼓舞,在此,我也表示祝贺。我相信通过军民协同、互动发展,军民结合的机制会更加顺畅,军机研制将受惠于航空工业整体实力提升,质量会越来越好,发展速度会越来越快。从这个意义上讲,军民协同发展,大运、大客同时支持,既满足国防急需,着眼于整体航空工业能力提升,是协调各部门共同形成合力的成果,也是一项成功的范例。

三、几点期望

在座的各位都有共识,大型飞机专项刚刚起步,"革命尚未成功,同志仍需努力!"我国航空工业的崛起还需要长期不懈地艰苦奋斗。一方面,我们还有许多短板,不仅整机研制还没有走完一个完整的流程,航空发动机、复合材料、机载设备等方面的差距更大,不但要面对英国、美国、法国、俄罗斯等传统航空强国的封锁和挤压,同时还面临着日本等国航空产业发展的竞争。另一方面,民机的发展还有很多挑战。在实现经济性、安全性、环保性和舒适性要求的基础上,要赢得市场竞争,获得良好的经济回报,还需要克服许多苦难。因此,我们一定要坚定信心,在任何困难面前不退缩、不回避、不放弃,勇往直前,就一定能够取得新的突破。

一是要坚定不移地坚持自主创新。在党中央、国务院的坚强领导下,有大型飞机专项的持续支持,希望中国商飞公司、中国航空工业集团坚持自主创新,在以我为主的基础上,充分利用全球资源,不断探索产业发展新路,努力形成具有中国特色的自主的新型航空产业。大飞机是高端制造业,又是军民结合的专项,在这一领域,核心技术是买不来的!一定要坚定自主创新战略不动摇,不急不躁,要有潜心攻克难关的勇气和耐心,坚定不移地走完军机民机自主研发的全过程,不断吸取经验,不断发展和提升。创新不但要体现在技术上,管理也非常重要。要把系统设计和部署、科学管理和组织有机结合,既要符合国际通行标准,也要适应中国国情。因此,要对管理创新给予更多的重视。

二是要重视加强基础研究和关键核心技术前瞻性研究。专项当前的核心是C919和军用运输机型号研制，任务很重。但是，在着眼于当前研制任务的同时，特别要加强基础技术和关键核心技术的前瞻性研究，在基础储备上加大力度。基础技术研究不仅是航空产业长远发展的根本，而且在很大程度上事关型号研制的成败。国家要采取果断措施，加快国家大型飞机研究基地的建设。最近，听说两院院士提出了加大力度发展航空发动机的建议，中央领导非常支持，深受鼓舞。我国航空发动机几十年来一直走测绘仿制、型号牵引的道路，在基础研究方面欠账很多。发展航空发动机必须立足于产业体系和技术能力的整体提升，要把基础核心技术研究作为一项长期重要的任务在专项中统筹考虑。

三是要高度关注人才培养和团队建设。大型飞机专项启动以来，已经凝聚了一大批优秀人才和团队，中国商飞公司和中国航空工业集团，以及相关的高校在海外高层次人才引进方面做了大量的工作。与此同时，我认为更重要的是，要加大人才培养的力度，尤其是要加快培养和建设能够带领我国航空工业不断向前发展的优秀复合型人才和团队。高校和企业应当进一步加强合作，针对各类人才需求，制定相应培养规划，在干的过程中进一步发现人才、锻炼和培养人才队伍。北京航空航天大学过去在这一方面一直做得非常好，今天怀校长也在，衷心希望北京航空航天大学在高校和企业联合培养人才方面能够做出更多的尝试，为大型飞机专项的发展，尤其是人才培养做出更大的贡献。

最后，衷心祝愿我国自主研制的大型飞机能够早日飞上蓝天，期待着不断听到大型飞机研制进展的好消息！希望在座的各位专家继续关心和支持大飞机事业的发展。

关于促进我国创新服务业发展的几个问题[①]

(2011年9月5日)

经过30多年的改革开放，我国已初步建立了社会主义市场经济体制；科技宏观管理体制和院所管理体制也相应进行了改革，科技资源配置已经建立在市场机制基础之上，进入了提高自主创新能力、建设创新型国家的新阶段。在新的历史阶段，大力发展创新服务业对转变发展方式、实现科学发展，具有重要的战略意义。

一、创新服务业的内涵和分类

所谓创新服务业，就是通过市场机制为企业创新提供专业服务的产业。它是现代服务业的核心内容之一。

第一，创新服务业的产出是服务。它的产出形态不是物质产品，而是为企业技术创新、管理创新、经营创新提供的专业性服务，其中也有一些服务不能单独存在，需要以物质形态的产品为载体。

第二，创新服务业涵盖创新的全过程。创新服务业包括科技中介机构，但比科技中介机构宽泛。后者仅位于创新链的中段，主要是科技成果转化、转移等服务；而前者则涵盖整个创新链，既包括中段，也包括前端的设计、研发服务和后端的基础技术服务和技术改造服务。由于所处创新链的位置不同，我们可以把创新服务业细分为如下6个行业。

(1) 设计服务行业。包括创意设计、视觉传达设计、工业设计、工程勘察设计、建筑与环境设计、规划设计等服务。

(2) 研发服务行业。包括基础技术研发、共性技术研发、专有技术研发，以及工艺技术改进等服务。

(3) 创业服务行业。包括物业、人力资源、投融资等围绕企业孵化而开展的服务组合。

[①] 2011年9月5日刊登于《科技日报》第三版综合新闻的科技时评。原文作者为徐冠华、郭铁成、刘琦岩和王彦敏，郭铁成为执笔人。

（4）知识产权服务行业。包括知识产权商业化、技术转移、技术交易等服务。

（5）基础技术服务行业。包括信息服务、检测服务、认证服务、标准服务等。

（6）技术改造服务业。包括合同能源服务、信息化建设服务、设备改进服务等。

第三，创新服务业的运行机制是市场化的。创新服务业通过供求机制、价格机制、竞争机制和风险机制，在市场中自由竞争和自由交换，从而实现创新资源的有效配置。它属于中观层次的产业概念，不同于国民经济分类中的科技服务业，后者是宏观概念，既包括市场机制的服务业，也包括非市场机制的公共服务业；而创新服务业只包括市场机制的服务业，而不包括非市场机制的公共服务业。非市场化的基础研究活动、公益研究活动，如数、理、化、天、地、生等基础科学研究，气象、地震、海洋、测绘、地质勘察等公益性研究是由政府提供的，虽然包括在国民经济统计的科技服务业中，但却不包括在创新服务业中。

二、创新服务业是战略性产业

创新服务业是战略性产业，这是由以下三个特点决定的。

第一，创新服务业是从生产领域分化出来的知识最密集的产业。在农业社会，创新还是天才的、偶然的活动，同社会生产没有必然的联系，常常不需要规模的投入；进入工业社会，创新进入生产领域，成为生产的一部分，企业纷纷设立研发机构，不断增加创新投入，大力开展技术创新，从而获得垄断利润，这使得创新成为生产中知识最密集的部分。到了信息社会，社会分工日益完善，创新从生产中分化出来，成为独立的产业。由于它专门从事创新活动，主要投入要素是人力资本和知识资本，所以成为知识最密集的产业。

可以说，知识经济的出现就是以创新服务业的形成为标志的。设计、研发、技术转移、技术改造等原来都是企业内部的活动，整个创新都在企业的内部完成。从上个世纪八九十年代开始，这些属于企业内部的创新活动逐渐与生产分离，建立了大批的研发型的法人公司或集团，迅速在发达国家形成一批研发中心和创新中心；同时，一些企业把业务更集中地投入在优势方面，而把研发等创新服务外包给研发企业或研发组织。创新服务业还有一个来源，就是在创新从生产中分离出来的时候，创新也从科研中分离出来，世界上许多大学都出现了专门从事研究的教师。这些教师成立研发型的公司，专门从事面向生产的研发活动。创新服务业的形成，使创新资源能够在全社会甚至全世界的范围内有效配置，也使研发活动具有刚性的投入约束，大幅度地节约企业和社会的研发成本，成倍地提高了生产效率。目前，在许多发达国家，服务业增加值占GDP的比重在70%左右，生产性服务业（很大一部分是创新服务业）占服务业增加值的比重也在70%左右。

第二，创新服务业是与第一产业、第二产业高度融合的产业。创新服务业从生产中分离出来，也在更大的范围和更深的程度上与生产结合起来，把创新辐射到所有产业中去。创新服务业与第一产业融合，形成了现代农业；与第二产业融合形成了服务式制造和分布式制造。创新服务业越来越融入农业部门和制造部门，农业部门和制造部门也日趋服务化。2005年世界著名的传统制造公司利润的50%以上来源于服务活动，全球500强企业中56%的公司从事服务业。

创新服务业的产生深刻改变了人类的产业分工，一些国家主要发展创新服务业，从事设计、研发、知识产权等创新服务，占据新兴产业和传统产业的价值高端；另一些国家则只从事"三来一补"的加工制造，陷入价值低端。由于创新服务是知识高密集的产业，因而也是高附加值的产业。制造业的利润主要在制造之前和之后的创新服务环节，而不在制造环节。

有人没有看到创新服务业与传统产业高度融合的事实，认为创新服务业只是高技术服务业，这是不妥当的。高技术服务业只是创新服务业的一部分，比创新服务业的范围要窄。事实上，创新服务业不局限于高技术领域，设计服务、研发服务、知识产权服务、生产性服务、基础技术服务不仅覆盖高技术产业，而且也覆盖传统产业。创新服务业对传统生产要素的依赖程度有限，不仅本身的生产方式是资源节约和生态友好的，而且能够把研发、生产、市场结合在一起，改造传统产业，提升高新产业，彻底改变高投入、高消耗、高排放的粗放增长，实现国民经济的生态化、循环化、智能化和福利化。它还能直接解决高智力人群的就业问题，而且通过改善整个经济的质量创造大量就业岗位，吸纳千百万劳动者就业。

第三，创新服务业是各种服务业态高度综合的产业。创新服务业不同于传统服务业，它不是流水线式的单项服务，而是多业整合的综合服务，无论在创新链的哪个环节，设计研发服务、创业服务、知识产权服务、基础技术服务、技术改造服务、科技金融服务、科技人力资源服务、市场推广服务、税务事务服务、会计事务服务、审计事务服务、法律事务服务、管理咨询服务等，往往都是综合发生的。美国商务部对"知识密集型服务业"的定义与创新服务业的定义大致相当，它充分体现了创新服务业的综合性：提供服务时融入科学、工程、技术等的产业或协助科学、工程技术推动的服务业，包括通信服务、金融服务、商业服务、电脑软件、电脑及信息处理、研发与工程服务及其他服务、教育服务和健康医疗服务。

因此，在经济形态上，创新服务业一般是作为产业集群的一部分而存在，围绕科技园区、产业园区、经济园区等产业集群形成服务体系。美国的硅谷、中国的中关村等著名的科技园区，都是创新服务业最发达的地区。

三、发展创新服务业必须转变政府职能

改革开放以来，我国创新服务业从无到有，从小到大，建立起机构和队伍，极大地促进了科技创新和经济进步。但从目前的情况来看，还存在创新服务机构小而

散、产业结构不合理、服务机构市场化程度低、服务总体水平低等问题。

产生这些问题的原因在于，政府转变职能不到位。虽然社会主义市场经济体制在我国已经初步确立，但在管理、服务方面政府职能仍然存在一些错位现象，很多地方政务、事务、服务还没有分开，该放下去的由社会承担的"事务"还没有放下去，该放开由市场提供的"服务"还没有放开，这大大限制了创新服务业的发展空间。同时，很多应该由政府提供的公共政策和公共服务却没有提供；需要政府实施的管理、监督也出现缺失，这又使创新服务业的发展得不到有力的支持。

发展创新服务业，迫切要求政府转变职能。关键是要解决两个问题：一是政府在哪些地方越位，以及政府退出来后由谁来补位；二是政府在哪些地方缺位，以及以怎样的方式进入这些位置的问题。政府的正确定位是创造环境，为企业不断创新提供动力和支持，而不是直接介入到企业具体的经济活动中。

当前政府越位主要体现在通过项目手段干预微观的经济和创新活动，缺位则集中体现在创新体系建设和公共创新政策的不完善。长期以来，政府对技术创新的支持，主要是通过政府行政性地抓项目来实现的。对于后发国家来说，通过项目支持实现跨越式发展是完全必要的，也是应该继续坚持的。但项目支持也有局限：一是项目只能覆盖少数企业，不能惠及所有企业；二是项目发挥作用的时间短，在项目执行期间起作用，项目完成了作用也就终结了。要弥补项目支持的不足，发展创新服务业是重要的方面。创新服务业可以持续、普遍地支持企业创新，特别是项目不能惠及的广大中小企业的创新。而且能够为大企业的生产和创新提供配套服务，全面提高我国的自主创新能力。

政府的缺位主要体现在对市场化的创新活动支持不够。比如，关于产学研结合的问题，政府应该支持市场化的结合，而不应该由政府来主导结合。政府主导下的产学研结合，是政府制订计划、政府立项、政府出资，企业配套，企业与大学、科研院所联合研发，而至于研发出来的成果是否有用户，则很难保证。企业虽然参加了研发，但项目并不一定来自企业需求。产学研结合的问题，应该由市场主导，政府转而支持市场主导的结合，由企业制订计划、企业立项、企业出资，产学研一体化研发，政府配套资助。

在发展创新服务业的问题上，政府要退一步、推一把。凡是通过社会能够解决的问题交由社会解决；凡是通过市场能够解决的问题交由市场解决，而且要以社会化、市场化的政策为基础。比如，面向中小企业的科技创新、知识产权的商业化、技术转移和扩散、科技创业和风险投资、生产性的专业技术服务等，完全可以交由创新服务业去解决。政府不能越位，要退出来；但政府也不能缺位，其角色是制定公平的、普惠的经济政策和创新政策，推动创新服务业的发展。我们在抓项目的同时，应把更多精力转到创新环境的建设和完善上来，及时、准确、有力地为创新提供公共政策和公共服务，使创新者大有裨益。

四、发展创新服务业的政策选择

第一，确立创新服务业在建设创新型国家中的战略地位。创新服务业是战略性产业，对我国提高自主创新能力，对转变经济发展方式、调整优化产业结构，对服务业的转型升级，都具有重要意义。中央政府应出台创新服务业发展的统一规划，明确创新服务业的战略定位和战略方向，包括创新服务机构的法律地位、经济地位、管理体制、运行机制等；就科技服务业发展的愿景、思路和目标，科技服务业发展的重点和任务，支持科技服务业发展的综合政策措施等战略性问题，进行规划设计，指导我国科技服务业的发展。

第二，改革完善政府科技公共服务体系。行政性创新服务机构转制为企业。政府所属的或公益类科研院所所属的事业性知识产权中心、生产力促进中心、信息服务、政策咨询等单位，以及其他仍按政府和事业单位管理而经营性又很强的服务机构，本着政事分开、事企分开的原则，从原单位剥离出来，改制为营利性或非营利性企业，建立现代企业制度。对营利性机构和非营利性机构，实行不同的政策。营利性服务机构是独立的市场主体，自主经营、自负盈亏。非营利机构也要采取企业机制，公共服务领域的业务可申请政府的项目资助，收入不足部分由市场性服务收入弥补。原来完全从事公益服务的机构，仍保留事业单位性质或回归政府。

依托创新服务业建立政府的公共服务体系，把科技公共服务平台建在创新服务业上，通过创新服务企业提供政府的公共服务。

政府计划项目支持创新服务业发展，把支持创新服务业的发展纳入各级各类政府计划，吸纳创新服务企业深度参与计划项目实施和成果转化工作。也可以设立以支持创新服务业的专项计划，配套资助合同设计、合同研发和为技术转化、转移、扩散提供的服务。

第三，建立促进创新服务业发展的政策体系。引导创新服务业兼并重组，培育一批名牌创新服务企业。鼓励这些企业开展连锁经营，特别是面向科技资源缺乏的城市，面向中小城市和县域经济，面向农村、落后地区和中西部地区，面向传统产业的连锁经营，加大对这些地方的技术辐射和创新带动，建立与制造业和农业发展相适应的创新服务体系。

引导创新服务业优化结构，当前要特别鼓励设计、研发、知识产权、技术改造类服务企业的发展；鼓励面向特定技术领域、特定行业的创新服务；鼓励各级各类金融服务机构和社会资金支持科技创新活动。

建立创新服务行业人员专业职称制度、资质认证制度和行业准入制度，加快制定行业服务标准和管理规范；建立产业协会和行业协会。

鼓励大学和公共研究机构专业人员进入创新服务行业，创办各类创新服务企业；鼓励国有资本、民营资本、外资和科研单位联合兴办创新服务企业；鼓励国际知名创新服务企业在我国开展业务或创办企业。

第四,像改革开放初期那样大力引进和培养创新服务人才。成批引进海外高层次创新服务人才回国服务,聘请国外高层次创新服务人才来华讲学或在我国创新服务机构中任职;国家创新人才计划应把创新服务人才纳入资助范围;建立创新服务人员专业培训制度,组织业务骨干出国培训或到国外创新服务企业中任职;在大学、职业学校设立创新服务专业,培养各级各类创新服务人才。

在上海微电子装备有限公司的讲话[①]

(2011年12月2日)

今天看到的上海微电子装备有限公司(以下简称上海微电子),与四年前相比,有了翻天覆地的变化。那时候的上海微电子主要以研发为主,而现在正走向产业化。

当初要上光刻机,各方面分歧很大,主要从国家信息产业发展战略布局考虑做出决策。我很相信我们中国人,一旦看准了,下了决心,加上政府的支持和科技人员的努力,就一定能成功。但光刻机的复杂性远远超过了我的想象,贺总[②]带领这样一支团队,用了十年时间做出这样的成绩,是很不容易的。上海微电子的发展过程,为国家的自主创新积累了宝贵的经验,体现了难能可贵的精神。

一、第一种精神是奉献精神

光刻机项目从启动之初直到现在,一直面临众多的意见分歧和争议,你们始终在争论中前进,一路黑走到底,遇到困难不回头,为国家、为事业的奉献精神,难能可贵。我作为决策者之一,要承担风险,而你们是以一生的代价冒这个风险,我很感激你们,也应当向你们学习。在这个过程中,上海市承担了很大的风险,上海市科委也给予了很大的支持。

二、第二种精神是创新精神

中国在重大产业核心技术方面,如果把所有的国外专利全都买下来,是否能实现技术的飞跃?你们的实践证明,这是不可能的。如果没有潜心钻研,没有在创新实践过程中形成一支团队,没有经历那么多的困难和失败的考验,我们买来专利有什么用?无非是买一代落后一代再买一代,永远跟在别人后面。你们的实践证明了

[①] 2011年12月2日在上海微电子装备有限公司"光刻机项目实施十周年"会议上的讲话。
[②] 贺荣明,时任上海微电子装备有限公司总经理。

自主创新的内涵及其重要性，也为中国信息技术、信息产业的高端技术发展积累了宝贵的经验，这种创新精神和创新模式是值得认真学习和总结的，我过去看创新多是从技术层面理解，现在看到，管理上的创新、生产经营模式的创新同样重要。

三、第三种精神是团队精神

今天看到在贺总的领导下，培养出这样一大批来自各行各业、学科交叉的青年科学家、工程技术人员，实在难能可贵。贺总是难得的人才，能够把大家组织起来、团结起来，把积极性调动起来，为一个共同的目标奋斗，形成了团队精神。这种精神是具有最强战斗力的力量，是上海微电子这十年来积累的最宝贵财富。

上海微电子经过十年的奋斗，所形成的献身精神、创新精神和团队精神，归纳起来，就是"光刻机精神"。这是中国高技术产业发展宝贵的精神财富，也为中国高技术产业特别是信息产业的发展探索了一条道路，一条自主创新的道路。我们需要"光刻机精神"，要认真总结"光刻机精神"，发挥"光刻机精神"。

我深信，再奋斗十年，我们一定会取得更大成绩。

附　录　奏响自主创新主旋律
——访科技部原部长徐冠华[①]

（2009年9月22日）

时代背景

徐冠华，中国科学院院士，1995年起任国家科委副主任，2001年2月～2007年4月任国家科学技术部部长。

徐冠华在国家科技事业领导岗位上工作了12年。这是中国科技改革和发展取得重要进展的12年。

——1999年，推动应用开发类研究院所向企业化转制和社会公益类研究院所的分类改革。

——2001年，提出国家高新区"二次创业"，推动国家高新区发展方式的"五个转变"。

——2002年，实施人才、专利和技术标准三大战略，启动信息、生物、现代交通、现代农业等领域的12个重大专项。

——2003年，组织编制《国家中长期科学和技术发展规划纲要（2006—2020年）》，提出了今后15年中国科学技术发展的指导思想和方针、战略目标、重点部署和相关配套保障措施，并于2006年由国务院发布。

——2006年，党中央、国务院召开了进入新世纪的第一次全国科技大会，自主创新和建设创新型国家成为国家战略，中国科技事业奏响了自主创新的主旋律，迎来了建设创新型国家的新时代。

——2006年，为落实《规划纲要》，国务院发布实施若干配套政策，从财税、金融、产业、政府采购、引进消化吸收、知识产权等10个方面提出60条政策措施。

2008年，徐冠华任第十一届全国政协常委、教科文卫体委员会主任，支持和推动成立致力于我国创新战略与政策研究的高层国际论坛——"浦江创新论坛"，担任论坛主席。

---

① 2009年9月22日刊发于《科技日报》的"共和国历任科委主任、科技部部长访谈录"专栏，记者胡菊芹。

"在做了12年科技部长后，我更加注重用实事求是的态度推动科技和经济的结合。"推动科技与经济结合，这是徐冠华院士在接受记者采访时，强调最多的一句话。在主管全国科技工作期间，徐冠华领导、组织和推动了多项科技工作的新举措，中国科技沿着科技和经济结合的道路，取得了许多重要进展。

《规划纲要》："未来15年的科技发展共识"

2006年年初，《规划纲要》发布，明确了未来15年科技发展的指导方针、战略目标和总体部署，成为指导我国科技发展的纲领性文件。

在党中央、国务院的领导下，徐冠华直接组织参与了规划编制全过程。科技部是规划领导小组办公室的挂靠单位，徐冠华担任办公室主任。

从历史上来看，这是一次空前规模的科技改革与发展的战略研究，制定纲要的过程是社会各界就科技问题充分交换意见并取得共识的过程。徐冠华说，"规划统一了科技界、教育界、经济界和政府部门等对未来15年科技发展的认识。"因此，"规划成功的经验首先就在于它不是就科技论科技，不是科技界人士闭门造车，而是动员和组织社会各界人士广泛参与，充分讨论，取得共识。这些讨论又不是从项目开始，而是从战略开始，即从国家的重大需求和科学技术发展的方向研究确定中国科学技术发展的目标、指导方针、重点领域，并制定改革和发展的战略。"

在规划编制过程中，有来自各界的2000余名专家组成了20个战略研究专题研究组，有600家企业参加了规划工作，先后到124个地方和部门征求意见。例如，仅就企业技术创新问题就向500家企业发放了调查问卷。科技规划领导小组办公室多次召开各方面专家座谈会，征求了中国科学院、中国工程院院士和中国社会科学院学部委员的意见。最终就发展战略问题，从"自主创新、重点跨越、支撑发展、引领未来"的科技指导方针、2020年建成创新型国家的目标，到把能源、水资源和环境保护技术以及空间技术和海洋技术放在中国科学技术发展的优先位置等达成共识。这些远见卓识经历了最近几年风风雨雨的考验，凸显了其战略性与前瞻性。

自主创新：国家发展战略的核心

自主创新是贯穿《规划纲要》全篇的主线，是在新的历史条件下我国科技发展的指导思想，涉及科技以至国家未来的发展方向。

但是，在规划纲要战略研讨前期，还是有很多不同意见：一些经济学家强调主要是发挥比较优势，依靠引进技术。科技界内部也是众说纷纭。"这样的意见实在出乎我的意料，"徐冠华说，"但是中国知识分子确实有着强烈的国家责任感和执著追求真理的精神。面对中国未来发展的严峻挑战和对自主创新涵义的全面理解，大家在激烈的争论中最终统一了认识。"

改革开放以来，我国经济一直保持着高速增长的态势，取得了举世瞩目的巨大成就。但企业技术创新能力弱、部分产业空心化，"8亿件衬衫换一架波音飞机"式的发展已成为中国经济的增长之痛。同时受资源、能源、环境等因素的制约，"高投入、高消耗、高污染和低附加值"的传统经济增长方式的弊病日益显现。

我国经济数据的深入分析表明：如果不能大幅度增加科技对经济增长的贡献率，就不能够实现未来15～20年经济增长的目标，全面建设小康社会将成为一句空话。依靠科技进步和科技创新来支撑、引领经济社会的协调发展，促进经济增长方式由要素驱动的粗放型转向创新驱动的集约型，就成为我国经济社会发展战略的必然选择。

"经过了这几年的发展，又经历了2008年以来的国际金融危机，在自主创新这个问题上大家有了更多、更新的共识。"

其实，徐冠华对自主创新的思考很早就开始了。1995年以来，他长期负责国家高新区的工作。那时候，几乎每个月他都要选择去几个高新区调研。每次回来都感觉充满信心，自称去"充电"。因为他总会看到高新区内一批批具有自主知识产权的高技术企业迅速成长，看到一个个高新技术的企业孵化基地和产业化基地迅速崛起，充满了自主创新的活力。但他也看到一些高新区走单纯招商引资的道路，濒临发展的尽头。2001年，他提出了高新区"二次创业"的口号和实现"五个转变"的要求，核心是要实现从注重招商引资和优惠政策的外延式发展向主要依靠科技创新的内涵式发展转变。2002年，他提出调整以跟踪和模仿为主的科技发展思路，大力加强原始创新和集成创新，实现科技创新战略的转变。同年5月，他在北京科技产业博览会上再次强调，"要努力实现从以跟踪模仿为主向以自主创新为主的深刻转变。"

现在，自主创新已深入人心，国家高新区已成为具有活力的高新技术产业基地和技术创新基地，并在这次国际金融危机中经受了严峻的考验，成为实施自主创新战略进程中的一面旗帜。

正是在工作中不断发现问题、独立思考、勇于创新的习惯，使得徐冠华对我国科技战略和政策的认识不断升华提高。在谈到《规划纲要》的精神实质时，徐冠华反复强调自主创新思想的极端重要性。他说，"现在有的同志对《规划纲要》的理解有简单化和片面化的倾向。他们往往把纲要单纯地理解为一些优先领域、重点项目、重大专项。这是一种误解。""纲要的核心问题还是要解决对科技工作的认识，以及科技和经济的关系问题——这个又集中体现在规划的指导方针上。""自主创新、重点跨越、支撑发展、引领未来"，这是规划纲要的指导方针。徐冠华说，"这16个字中核心是头四个字——自主创新，这是对科技工作的基本要求，对科技和经济结合认识的深化，也是科技和经济结合的一个基本体现。"

国家创新体系建设:"为自主创新奠定制度基础"

《规划纲要》把建设国家创新体系作为重要内容,提出了建设以企业为主体、产学研相结合的技术创新体系,科学研究和高等教育紧密集合的知识创新体系,军民结合、寓军于民的国防科研体系,各具特色和优势的区域创新体系以及社会化和网络化的科技中介服务体系等重大任务。"建设以企业为主体、产学研相结合的技术创新体系是国家创新体系建设的重中之重。"徐冠华特别强调。

"技术创新体系建设的成功,在很大程度上将决定《规划纲要》的成功,决定自主创新的成功,决定建设创新型国家的成功。"徐冠华说,在这个问题上达成的广泛共识,是多年改革实践的经验总结,是在社会主义市场经济条件下对经济与科技关系问题认识的一个重大飞跃。

然而,一开始人们的思想并没有完全统一,"技术创新体系要以企业为主体"这一提法当时遭到了不少同志的质疑和反对。在这些同志看来,技术研究和创新主要是研究机构和大学的事。

徐冠华坦言,他自己对这个问题也有一个认识过程。"我是搞科学研究出身的,从参加工作开始就一直做科学研究。那时候我们有一种认识,就是多出成果,多出论文,多获奖,就是为国家做贡献,很少也很难考虑市场对技术创新的要求。"

这种观念相当长时间内在科技界占统治地位。上个世纪80年代后,从应用研究院所转拨事业费开始的科技体制改革,第一次使中国科技人员面向了市场。

"这是非常可贵的第一步,我高度认同当时的这项改革举措"。徐冠华说。

进入世纪之交,以促进科技与经济结合、提高科技自身发展能力为核心,以科研院所为重点的科技体制改革进入深化阶段。从1999年应用开发类科研院所向企业化转制改革开始,到2001年社会公益类科研院所的分类改革,一个符合市场经济规律和科技自身发展规律要求的研究开发新格局初步形成。"这是我国科技体制改革的又一重大部署。"徐冠华说。

经过"十五"时期的发展,科研院所改革取得了重大成果。转制院所的创新能力和产业化能力增强;公益类院所分类改革为国家集中财力加强公益研究工作创造了条件。更为重要的是,企业作为技术创新的主体地位得到明显加强,大量科技人员进入市场创新创业,一大批科技型企业迅速崛起。这些企业成为国家创新能力的重要载体。中央高度认同这些年来国家科技体制改革的成绩,在党的十七大报告中,还特别指出科技体制改革取得重大进展。

徐冠华认为,《规划纲要》提出建设国家创新体系、特别是建设以企业为主体、产学研相结合的技术创新体系,是改革开放以来我国探索科技与经济结合道路合乎逻辑的结果,是1984年应用研究院所减拨事业费、1999年应用开发类研究院所向企业化转制等一系列科技改革的深化和拓展。早期科技体制改革是以科技系统内部为主的改革，今天的国家创新体系建设则已经拓展为科技系统和经济系统、以至于全社会协同一致的综合配套改革。

徐冠华进一步解释，改革开放以来，促进科技与经济结合，一直是我国科技体制改革的主导思想。在推进科技进步方面，科技部门和经济部门都取得了很大进展。但是，这两个方面的进展是在各自相对封闭的系统内完成的，形成了两条并行线，没有广泛的交汇点，科技与经济结合的问题并没有从根本上得以解决。这直接导致了经济发展对外技术依赖严重，缺乏核心竞争力，国内科技成果难以转化、缺乏市场竞争力。

"为什么技术创新体系要以企业为主体？"徐冠华认为，"技术创新首先是一个经济活动过程，它是技术、管理、金融、市场等各方面创新的有机结合。企业熟悉市场需求，有实现技术成果产业化的基础条件，可以为持续的技术创新提供资金保证，能够形成创新与产业化的良性循环。只有以企业为主体，才有可能坚持技术创新的市场导向，迅速实现科技成果的产业化应用，真正提高市场竞争能力。因此，抓住了企业为主体的技术创新体系这个突破口，就抓住了进一步深化科技体制改革的主线。"

徐冠华进一步谈道，"建设以企业为主体的技术创新体系，必须坚持产学研相结合。大学和科研机构是科技创新的主要源泉，特别是原始性创新的重要源泉。充分发挥大学和科研机构在技术创新中的作用，是我们必须长期坚持的方针。经过近年来的改革，科研院所的创新能力和科技服务能力显著提升，面向市场、为企业服务的意识和能力显著提高，已经成为技术创新的一支宝贵力量。因此，建立新的技术创新体系，既要突出企业主体地位，又必须坚持产学研的结合，两者同等重要。"

重大专项："创新型国家建设的重要载体"

2001年7月，经国家科教领导小组批准，科技部组织实施了包括超大规模集成电路和软件、信息安全和电子政务、电子金融、电动汽车、功能基因组和生物芯片、奶业发展、创新药物和中药现代化等12个重大科技专项，进行了社会主义市场经济条件下国家实施重大专项的实践和探索，突出解决国家产业领域和社会公益领域重大的战略性紧迫性课题。同年，为了应对我国加入WTO后的机遇与挑战，科技部决定实施"人才、专利和技术标准"三大战略。十二个重大专项和三大战略前后呼应，互相配合，有力地推动了国家科技创新和产业化发展。

发挥社会主义制度集中力量办大事的优越性，通过实施重大战略性科技项目和工程，以局部的突破和跃升，带动科技水平的提高，提升综合国力，增强国际竞争力，是新中国成立以来科技发展的重要经验之一。

国际经验也表明，重大战略产品和工程事关国家长远和战略利益。一项重大战略产品计划的成功实施，不仅能够有效带动相关学科、技术和产业的发展，形成新的经济增长点,而且能够充分体现国家战略意志,提升国际地位,振奋民族精神。

政府如何选定重大专项?"科学决策、敢于决策、宽容失败。"这是徐冠华的答案。

"重大专项的项目选择和路径选择出现争论是难免的。一位诺贝尔奖获得者曾经说过,科学进步的过程是多数人服从少数人的过程,一件新事物出现之后,意见不一致是经常的,反对的人占多数也是正常的。大家观点都取得一致之日,往往可能就是市场机遇和技术创新机遇消失之时。"徐冠华曾在多种场合表达过这样一个观点。所以,"面对争论,面对机遇和风险,等待决策不是好的选项,政府必须承担起责任,大胆决策。"

事实证明,这12项重大专项都取得了丰硕的成果,不仅提升了国家科技实力,而且为经济社会的发展提供了强有力的支撑。

据统计,全国大部分省市、数十家产业管理部门、行业协会、科研机构和高等院校、2万多名科技人员以及3000多家企业等参与了重大专项的实施。到"十五"结束时,已取得多项技术突破,申请国内外专利和软件著作权近2000项,开发新产品、新材料1200多项,形成技术标准700多项,形成一批有自主知识产权和市场竞争力的产品。同时培养了一大批专业人才,各专项已培养出重大学科课题带头人1000多名,企业技术骨干1700多人,有近2000名博士和留学回国人员参加了重大专项,形成了一支由技术专家、企业家和市场中介人才组成的产业化队伍。更有意义的是,企业参与重大专项实施的比例接近50%,企业投入占总投入的1/2以上。重大专项在以企业为主体的技术创新体系建设方面具有重要的探索意义。

实施重大专项也是《规划纲要》提出的一项重大战略任务。徐冠华认为,"重大专项是《规划纲要》中建设创新型国家的重要核心任务,也是推进国家创新体系建设的重要载体。"

《规划纲要》确定了16个重大科技专项,涉及信息、生物等战略产业领域,能源资源环境和人民健康等重大紧迫问题以及军民两用技术和国防技术。目前,大飞机、重大新药创制等国家科技重大专项已陆续启动实施。

基础研究:科技引领未来

原始性创新往往孕育着科学技术质的变化与发展,是科技创新能力的重要基础和科技竞争力的源泉,也是一个民族对人类文明进步作出贡献的重要体现。科技要引领未来,就必须对事关国家长远发展的基础科学、前沿技术研究给予稳定支持、进行超前部署。徐冠华强调,"这是此次《规划纲要》的又一亮点。"

徐冠华认为,经过《规划纲要》的发展战略研究,对基础研究的重要性和特点统一了认识,包括:具有很强的探索性,研究有高度的不确定性,既有成功,也常有失败,而失败往往是成功之母;具有原创性,"只有第一、没有第二",其成功必须基于对全球研究现状的深刻理解和不同学术观点的反复撞击；需要长期积累，一项重大的原始创新成果，往往需要几代人深入系统的研究，厚积而薄发；杰出人才及其团队在基础研究重大突破中往往具有决定性作用。"加强基础研究，要充分考虑这些特点和规律。"

"总体而言，除了加大投入、稳定支持外，在基础研究如何管理的问题上统一认识更为重要。"徐冠华强调，把基础研究、前沿技术研究和面向市场的应用研究的认识和管理严格区别开来，把市场性科技活动与公益性科技活动严格区别开来，是对科技管理规律认识上的一次飞跃，是科技管理思路的一个重大突破。这就要求我们不能用管理面向市场的应用研究的方式管理基础研究、前沿技术研究和社会公益性研究，同样也不能用管理基础研究、前沿技术研究和社会公益性研究的方式来管理面向市场的应用研究。"加强基础研究和前沿技术研究，必须创造一个鼓励探索、宽容失败的评价体制和激励机制，必须创造一个更加开放的、促进交流和合作的科研环境，必须建设一个有利于知识积累和数据共享的基础条件平台，必须营造一个更加注重人才、不断发掘人才潜力的环境。"